MINISTÈRE DE L'AGRICULTURE

DIRECTION GÉNÉRALE DES EAUX ET FORÊTS

EAUX ET AMÉLIORATIONS AGRICOLES

LES
FORÊTS DE SAVOIE

PAR

P. MOUGIN

CONSERVATEUR DES EAUX ET FORÊTS

(Extrait des *Annales*. — Fascicules 48 et 49)

TEXTE

PARIS

IMPRIMERIE NATIONALE

1919

LES

FORÊTS DE SAVOIE

Fig. 1. FORÊT COMMUNALE DE THÔNES, CANTON DE MONT.
JEUNE FUTAIE D'ÉPICÉAS.

MINISTÈRE DE L'AGRICULTURE

DIRECTION GÉNÉRALE DES EAUX ET FORÊTS

EAUX ET AMÉLIORATIONS AGRICOLES

LES
FORÊTS DE SAVOIE

PAR

P. MOUGIN

CONSERVATEUR DES EAUX ET FORÊTS

(Extrait des *Annales*. — Fascicules 48 et 49)

TEXTE

PARIS

IMPRIMERIE NATIONALE

1919

LES

FORÊTS DE SAVOIE

CHAPITRE PREMIER.

GÉNÉRALITÉS.

SECTION I.

Topographie de la Savoie.

Les départements de la Savoie et de la Haute-Savoie constituent une des régions les plus montagneuses de France. L'ensemble de cette région historiquement connue sous le nom de Savoie occupe une surface de 10,784 kilom. 2 [1]. Ses coordonnées géographiques moyennes sont 45° 45′ de latitude Nord et 4° 4′ de longitude Est.

La Savoie est limitée au Nord par le Léman, puis par une ligne conventionnelle, d'Hermance à Chancy sur le Rhône qui constitue la frontière franco-suisse; à l'Est, par la chaîne des Alpes et un de ses contreforts, du côté de l'Italie et du Valais; à l'Ouest, par le Rhône et, au Sud, par les Alpes de Maurienne et une ligne conventionnelle traversant le Nord du massif de la Chartreuse.

A partir du Rhône, on trouve d'abord un premier plissement montagneux, prolongement du Jura : la chaîne de l'Épine (1,496 m.), celle de la Chambotte (852 m.), le Vuache (1,111 m.), le Salève (1,380 m.) et les Voirons (1,486 m.). L'altitude la plus basse est de 212 mètres, au confluent du Rhône et du Guiers.

Au delà des larges dépressions du lac du Bourget, des cols du Cheval-Blanc, d'Albens, d'Evires et de Jambaz, s'élèvent en hautes falaises les massifs des Dranses, des

---

[1] Service géographique de l'Armée, in *La France illustrée*, par J. JOUSSET. Larousse, éditeur.

Bornes, des Beauges et de la Chartreuse. Chacun de ces massifs est isolé du voisin par une cluse profonde; la vallée de l'Arve entre les Dranses et les Bornes, de Cluses (485 m.) à Sallanches (550 m.); le col de Faverges (500 m.) entre les Bornes et les Beauges, d'Annecy (451 m.) à Ugines (407 m.); le col de Saint-Jeoire-Prieuré (340 m.), de Chambéry (270 m.) à Montmélian (263 m.) entre les Beauges et la Chartreuse. Ces massifs, constitués par des rides parallèles ou à peu près, donnent naissance à des cours d'eau qui vont généralement se jeter dans le Rhône; la Dranse, le Fier, le Chéran, le Guiers coupent par des vallées de fracture très profondes les diverses lignes de crêtes. Les points culminants de ces massifs qui constituent les chaînes subalpines sont : dans les Dranses, les Hautforts (2,466 m.); dans les Bornes, la pointe Percée (2,752 m.); dans les Beauges, la pointe d'Arcalod (2,225 m.); dans la Chartreuse (partie savoisienne), le mont Granier (1,938 m.).

Derrière ces puissants remparts s'ouvre un fossé de plus en plus profond et plus large à mesure que l'on s'avance vers le Sud; il est orienté N. E.-S. W. Cette dépression, d'abord peu accusée, commence à la frontière suisse, au col de Couz (1,927 m.); elle se continue, jalonnée par le thalweg de la Dranse (1,208 m.), le col de la Golèze (1,671 m.), la vallée du Clévieux jusqu'à Samoens (700 m.), puis par celle du Giffre en amont de cette localité, le col d'Anterne (2,263 m.), la vallée de l'Arve de Servoz à Domancy (555 m.), le col de Mégève (1,121 m.). A partir de ce point, la vallée de l'Arly jusqu'à Albertville (340 m.) et ensuite la vallée de l'Isère, qui formait une partie de la Combe de Savoie, jusqu'auprès de Pontcharra, en Dauphiné (250 m.), séparent les chaînes subalpines des Alpes.

Entre cette ligne de démarcation et la frontière italienne, les Alpes se développent en un éventail qui a son sommet dans la région des Aiguilles Rouges-Buet (3,109 m.) et dont les rayons s'échelonnent de la Levanna (3,619 m.) au Puy-Gri (2,960 m.). D'importantes vallées presque parallèles concentriques, incurvées vers le Sud, fragmentent les chaînes intra-alpines : les thalwegs tombent rapidement à de basses altitudes, tandis que les crêtes avoisinantes les dominent d'environ 2,000 mètres.

On a ainsi, au Nord, la haute vallée de l'Arve, qui du col de Balme (2,202 m.) tombe à 1,050 mètres à Chamonix au pied du mont Blanc (4,810 m.) et du Dolent (3,830 m.), au S. E., des Aiguilles-Rouges (2,966 m.) et du Brévent (2,525 m.), au N. E. et à Servoz.

La vallée de l'Isère, née à la Galise à 2,600 mètres, descend déjà à 1,849 mètres à Val-d'Isère, puis à 810 mètres à Bourg-Saint-Maurice, à 492 mètres à Moutiers, à 340 mètres sous Albertville; les sommets voisins de ces localités sont : à droite, l'Aiguille de la Grande-Sassière (3,756 m.), le Roignais (3,001 m.), la Bagnaz (2,321 m.), le Mirantin (2,351 m.); à gauche, l'Aiguille Pers (3,317 m.), le mont Pourri (3,788 m.), le mont Jovet (2,563 m.) et la Grande-Lanche (2,115 m.).

Au Sud enfin, la vallée de l'Arc, la Maurienne, offre des différences de niveau analogues. La source de l'Arc est à 2,530 mètres sous la Lévanna (3,640 m.); à Lans-le-Bourg, au pied du col du Mont-Cenis, la rivière est encore à 1,398 mètres entre le Grand-Roc-Noir (3,587 m.) au Nord et le Signal du Grand Mont-Cenis (3,375 m.); à Modane (1,050 m.), la pointe Renod (3,372 m.), au N. W., fait pendant à l'Aiguille de Scolette (3,500 m.). A Saint-Jean-de-Maurienne (535 m.), l'Arc est resserré entre le Grand-Châtelard (2,148 m.) et le Grand-Coin (2,717 m.), tous deux en prolongement de la chaîne du mont Blanc. Le pont d'Aiton (309 m.), fin de la Maurienne, est flanqué au N. E. par le Grand-Arc (2,489 m.), au Sud par les crêtes de Mont-gilbert (1,476 m.).

On peut dire que toute la gamme des altitudes se trouve représentée en Savoie.

La répartition de la superficie de la Savoie suivant les altitudes précisera encore l'idée du relief. Les chiffres ci-après proviennent :

1° Des mensurations planimétriques exécutées par M. l'Ingénieur en chef des ponts et chaussées à Grenoble, de la Brosse, chargé du service d'études des grandes forces hydrauliques de la région des Alpes [1];

2° Des mensurations faites dans les versants du lac Léman et de la rive gauche du Rhône, non compris dans les bassins des Dranses, de l'Arve, des Usses, du Fier, du lac du Bourget, du Guiers et de l'Isère.

ZONES D'ALTITUDE.	SURFACE EN KM².	P. 100 DU TOTAL.
de 0 à 500............................	1,539	14.3
de 501 à 1,000........................	2,713	25.2
de 1,001 à 1,500......................	2,109	19.6
de 1,501 à 2,000......................	1,820	16.9
de 2,001 à 2,500......................	1,419	13.3
de 2,501 et au-dessus.................	1,184	10.9
TOTAL............................	10,784	100.0

Cette répartition n'est pas moins intéressante au point de vue forestier. On peut affirmer qu'en Savoie la forêt peut monter naturellement toujours jusqu'à 2,000 mètres d'altitude; dans certaines régions, comme la Maurienne, sa limite supérieure se rapproche même de 2,500 mètres. Par suite, les trois quarts au moins de la superficie seraient aptes à la végétation ligneuse, en ne tenant compte, bien entendu, ni des surfaces occupées par les lacs, les fleuves, les rivières et les torrents, ni des roches absolument stériles, ni des glaciers qui descendent parfois jusqu'aux régions cultivées.

Avec ce système orographique général, on a donc des plissements de l'écorce terrestre, dirigés en général du N. E. au S. W., presque parallèlement. Ils constituent le Jura, les Préalpes et les chaînes subalpines, alors que les rides du massif alpin sont en éventail. Ces ondulations profondément découpées par des vallées de fracture ou d'érosion offriront donc toutes les expositions.

L'influence de l'exposition ajoutée à celle de l'altitude agira donc dans le sens d'une plus grande diversité de la flore en un point donné. Aussi ne sera-t-il pas rare de rencontrer, dans une vallée, à l'adret, à l'«endroit», c'est-à-dire sur les versants ensoleillés et chauds, des plantes des régions basses, alors que sur le versant froid, ombré, opposé, à l'hubac, à l'«envers», comme on dit encore en Savoie, on trouvera les résineux et des plantes des pays du Nord ou de grande altitude. Nous nous servirons de ces terme «endroit», «envers», qui sont français, avec leur sens spécial, aussi bien que des mots méridionaux d'adret et d'hubac adoptés souvent par la langue scientifique.

---

[1] *Service d'études des grandes forces hydrauliques (région des Alpes). Résultats des études et travaux*, t. II et III. Paris, Imp. Nationale, 1905 et 1908.

1.

SECTION II.

Les sols de la Savoie.

La Savoie renferme à peu près toutes les natures de terrains. Nous avons ailleurs [1] étudié au point de vue géologique les diverses chaînes de montagnes de la région, nous ne pouvons que renvoyer à cet exposé.

Il n'y a pas lieu davantage d'examiner, étage par étage, la série des horizons géologiques. Pour être contemporains, les dépôts sédimentaires n'ont pas partout la même constitution. Si l'urgonien se présente partout en Savoie sous un facies de grandes tables de calcaire compact, limitées par des falaises abruptes, par contre, dans le même système crétacé, les bancs de valanginien sont tantôt de calcaire roux, dur (chaîne de l'Épine), tantôt de schistes ou de marnes tendres et très désagrégeables (Bornes). Au point de vue forestier, c'est la nature même du sol (argile, calcaire, silice), sa compacité, sa composition chimique qui importent.

I. Les granites et leurs dérivés, granulites, protogines, les orthophyres, diorites et euphotides constituent les deux grandes chaînes alpines : Aiguilles Rouges–Belledonne et Mont Blanc–Grandes Rousses. Ces roches forment tantôt les cimes les plus élevées (Mont Blanc), bien au-dessus de la limite supérieure de la végétation forestière, et tantôt se rencontrent au fond même des vallées (Beaufort, Épierre, Pontamafrey).

Les gneiss, les schistes cristallins, qui ceinturent les granites alpins, se retrouvent aussi vers la chaîne frontière en haute Maurienne avec des serpentines.

Des schistes permiens, plus ou moins métamorphisés, des grès quartzeux, des conglomérats de cailloux granitiques, du carbonifère, ont formé, ceux-là le massif du mont Pourri en Tarentaise. ceux-ci l'enveloppe des anthracites, de Vallorcine à Saint-Michel-de-Maurienne (Bandes de la Mure et du Briançonnais). C'est dire qu'on les coupe dans toutes les vallées.

Au trias appartiennent des quartzites très durs (région du mont Blanc, Pralognan, Val-d'Isère, Modane, Mont Thabor) difficilement désagrégeables.

Les grès de l'éocène mêlés aux schistes ardoisiens sont également siliceux : on les trouve de plus en plus développés, depuis le Cormet d'Arèche jusqu'aux Aiguilles d'Arves.

Des sables, des mollasses tertiaires, après disparition de leur ciment calcaire, si abondants, notamment dans la dépression comprise entre les Préalpes et les chaînes subalpines, fournissent également des éléments siliceux importants.

Enfin, il convient de citer les matériaux morainiques abandonnés par les glaciers, lors de leurs successives régressions, ainsi que les alluvions provenant soit des érosions des roches à base siliceuse, soit du remaniement des éboulis, des moraines et des dépôts siliceux par les eaux sauvages. Ces formations quaternaires ou récentes ne forment que des taches locales d'étendue médiocre; elles ne donnent que des éléments de faibles dimensions, tandis que les granites et les quartzites en place se disloquent,

---

[1] *Les torrents de la Savoie*, Grenoble 1914, première partie, chap. II.

sous l'action des agents atmosphériques, en prismes plus ou moins considérables. Ces prismes eux-mêmes se désagrègent soit par le choc, en tombant, soit par l'action des éléments météorologiques, en fragments plus faibles donnant un sol graveleux, filtrant, assez pauvre, mais propre à l'enracinement des végétaux.

II. Le calcaire est caractéristique des chaînes subalpines, des Préalpes et du Jura. Dans ces soulèvements, on trouve toute la gamme des étages de l'ère secondaire. Au contraire, dans les chaînes intra-alpines, ces formations sont beaucoup moins largement représentées.

Le calcaire se rencontre sous forme de carbonate et de sulfate de calcium principalement; parfois aussi, il est associé au magnésium. Mais le plus souvent les calcaires magnésiens voisinent intimement avec les gypses.

1. En Savoie, les gypses, dolomies et cargneules sont des dépôts anciens remontant au début de l'ère secondaire. On en trouve des gisements, mais peu étendus, dans les Préalpes et les chaînes subalpines : ainsi, dans les gorges de la Dranse, dans le bassin de la Menoge, du Foron de Taninges, au col des Annes (1,710 m.). Mais c'est entre les chaînes granitiques alpines et la frontière que cet horizon prend une ampleur considérable : on le rencontre dans le val de Chamonix, en une bande très mince (les Houches), puis vers Bourg-Saint-Maurice, du torrent de Reclus au pied du Petit-Saint-Bernard jusqu'au Nant-Agot à Villette. Le mont Pourri, l'Aiguille du Midi, le mont Jovet entre l'Isère et le Doron de Bozel, la vallée de Champagny, toute la dent de Villard, le mont Blanc de Pralognan entre le Doron de Bozel et l'Arc, la région de Sollières-Sardières, de Bramans, de Modane, présentent d'immenses surfaces de gypse et de cargneules. Plus à l'Ouest, une nappe s'étend de Moutiers-Salins à Mont-Pascal et à Saint-Jean-de-Maurienne et se ramifie par la vallée de Belleville, le col des Encombres et le pas du Roc jusqu'au Galibier.

Ces roches tendres, solubles, désagrégeables, sont extrêmement pauvres : les végétaux peu nombreux, qui s'y rencontrent, sont souffreteux, malingres : il n'y a guère que la forêt, qui puisse se contenter d'un sol aussi ingrat, l'améliorer à la longue, et, en le protégeant contre la rudesse des éléments, plus grande à la montagne, lui faire donner un rendement, bien minime, il est vrai. Le pin sylvestre et le pin à crochets sont les seules essences qui vivent actuellement sur les gypses : peut-être que, dans un avenir éloigné, quand la couverture morte amoncelée aura suffisamment amélioré le sol, d'autres essences plus précieuses pourront s'implanter spontanément. Mais il ne sera pas trop de l'art du forestier pour assurer jusque-là la pérennité des peuplements et préparer la prospérité, l'enrichissement des pineraies futures.

2. Le carbonate de calcium se présente sous forme de roches à texture variable, voire même de cristallisations. C'est principalement dans les fissures d'autres roches qu'il apparaît, tapissant les parois de rhomboèdres enchevêtrés, très divers, ou de prismes transparents ou laiteux. Ainsi dans les calcaires schisteux du bajocien aux Avanchers, comme dans les schistes liasiques d'Albiez-le-Jeune, on a découvert de tels cristaux qui n'ont aucune importance au point de vue spécial des forêts. Mais, comme ces dépôts sont assez fréquents, ils méritaient cependant d'être mentionnés.

Ailleurs, le calcaire prend l'aspect saccharoïde, tantôt blanc (Le Bois), tantôt veiné (gorge du torrent de Saint-Martin-la-Porte, Villette). Ces roches forment des marbres susceptibles d'un beau poli. Au Bois, la densité de ce calcaire a été trouvée de 2.7.

La désagrégation d'une telle pierre est forcément lente et le sol qui en provient est généralement peu profond.

Tout aussi compacts sont certains agglomérats formant des brèches très dures. La brèche liasique, dite du Télégraphe, qui a pris sa dénomination de la crête fortifiée au Sud du Pas du Roc, à Saint-Michel-de-Maurienne, est une des plus résistantes. On la retrouve à Saint-Jean-de-Belleville et au Bois. Dans le Nord de la Haute-Savoie, dans le massif des Dranses et de Platé, apparaît en nappe considérable un autre conglomérat calcaire, connu sous le nom de brèche du Chablais ; cette brèche n'a toutefois pas la cohésion de celle du Télégraphe et serait de désagrégation plus rapide.

Mais c'est surtout sous forme de calcaire compact, tantôt grossier, tantôt à pâte fine et tantôt oolithique que la calcite se présente. Des failles, des cassures provenant de mouvements orogéniques, des ravinements superficiels, des oules, des gouffres, des cavernes dus à l'érosion, à l'action dissolvante des eaux, donnent à ces roches une perméabilité considérable. Sous l'action des agents atmosphériques, ces calcaires, parfois portés à de très grandes altitudes, se fissurent en grandes masses ou en petites plaquettes. Il arrive que des pans entiers de montagne s'effondrent, ensevelissant villages et forêts (éboulement du Granier, 1248; de la Tête-Noire à Sixt, 1601; du Bec Rouge à Sainte-Foy, 1877); le plus souvent, heureusement, il ne tombe que des rocs plus ou moins volumineux, dont la chute a de moins désastreuses conséquences.

Ces roches filtrantes, dont le type le plus accusé forme les tables urgoniennes du Désert de Platé, du Parmelan, du Margeria et du Granier, ne donnent que des terrains superficiels, où la végétation forestière ne s'installe que lentement. Sur ces «lapiaz», la futaie résineuse peut cependant prospérer, mais il faut que le calcaire disparaisse sous une épaisse couche de débris végétaux, accumulés par les siècles. Cette couverture morte retient l'humidité nécessaire aux racines, en même temps qu'elle met à leur disposition les éléments fertilisants qu'elle tire de l'atmosphère, du substratum rocheux et des matières organiques qu'elle renferme. Mais la condition indispensable à cette bienfaisante action, c'est le maintien jaloux de la futaie pleine, la prohibition de la coupe blanche.

D'une façon générale, on peut dire que les chaînes jurassiques et subalpines, les Préalpes comme les hautes chaînes alpines entre Samoens-Sixt et la crête des Aiguilles-Rouges, sont constituées par ces calcaires.

Il arrive fréquemment de rencontrer dans les cuvettes et les dépressions superficielles des bancs calcaires certains dépôts plus ou moins colorés; l'absence de cours d'eau ou d'autres éléments minéraux dans le voisinage ne permet pas de voir là des alluvions ou le reste d'horizons géologiques rongés par l'érosion. Ces dépôts ne sont autre chose que le résidu de la lixiviation du calcaire par les eaux atmosphériques chargées de gaz carbonique; ils ne renferment plus trace de calcium et forment une sorte d'argile où pourront croître des plantes essentiellement calcifuges comme le châtaignier.

III. Si les calcaires sont abondants et de tous les âges, compacts, durs ou tendres, étagés depuis les calcites phylliteuses du trias jusqu'aux tufs contemporains, les argiles, par contre, sont récentes. Ce sont des terres et non des roches.

Parfois elles sont dues à la décomposition de granites, mais ces kaolins, peu abondants en Savoie, se trouvent dans les hautes régions granitiques, par exemple au mont Blanc, en petits amas, dans les dislocations des roches.

On trouve plus fréquemment des dépôts argileux dans les formations glaciaires ou fluvio-glaciaires, aussi bien dans les terrasses laissées sur les pentes lors des différents stades de glaciation que dans les fonds de vallées. Les lits d'argile intercalés dans les graviers et les sables descendent jusqu'à une très grande profondeur dans les grandes vallées du Rhône, de l'Arve, de l'Isère, des lacs du Bourget et d'Annecy. Mais ces régions basses, consacrées surtout aux cultures agricoles, n'intéressent que peu la forêt. On y aperçoit toutefois des plantations de peupliers et de petits îlots de bois blancs, saules, aunes, peupliers.

En montagne, on rencontre surtout des argiles provenant de la décomposition des schistes et souvent sur des surfaces considérables. Ce sont les schistes du flysch qui ont constitué les terrains argileux des Gets, du Pradelys, des vallées du Reposoir, du Borne supérieur, du Nom, de la Chaise, du bassin ardoisier de Saint-Julien-de-Maurienne et du versant oriental de la chaîne des Aiguilles d'Arves.

Les argiles des environs du mont Pourri sont dues à la désagrégation des schistes permiens; celles des bassins des torrents de Pousset et de la Grollaz ont pour origine les schistes carbonifères si largement représentés dans la région de Saint-Michel.

IV. Mais à côté de ces terrains caractérisés par de l'argile, du calcaire ou de l'arène à peu près purs, il en est d'autres qui sont constitués par l'association de ces éléments, soit en totalité, soit deux à deux. Ces mélanges peuvent avoir pour origine la nature du substratum rocheux ou bien un brassage, un remaniement des formations géologiques simples, après dislocation et émiettement par l'action des agents atmosphériques et orogéniques.

a. Il convient donc de distinguer d'abord les terrains provenant de la désagrégation des roches composées.

Les schistes lustrés d'âges divers, allant du trias supérieur à l'oligocène inférieur, assez tendres, argilo-calcaires, donnent des sols frais, fertiles : on les trouve notamment aux environs de Modane et, en amont, jusqu'au Mont Cenis, ainsi que vers le lac de Tignes et l'Iseran. Mais, en général, ils apparaissent dans le haut de la zone forestière.

Les schistes noirs du lias, très tendres, également argilo-calcaires, donnent des terrains de très grande fertilité et très profonds. La culture agricole et pastorale en a chassé à peu près complètement la forêt; mais, à raison de leur faible résistance à l'érosion, ces terrains sont la patrie d'élection des torrents (Rieu Bel, Bonrieu de Jarrier, Merderets de Villarembert et des Albiez, Glandon, Bugeon, Morel, Sallanche, Arandellys). Aussi leurs contours sont-ils adoucis et les crêtes peu élevées. Des plantations sur les surfaces aujourd'hui dégradées ne sauraient manquer de produire des peuplements bien vigoureux.

On peut répéter au sujet des schistes marneux, fortement colorés, du bajocien, du bathonien, du callovien, de l'oxfordien (jurassique), du berriasien et du valanginien (crétacé), si abondamment représentés dans les chaînes subalpines, ce qui vient d'être dit du lias schisteux. Le Brevon, les ravins des Ruttets, de Reninges, d'Arpenaz, le Nant-

Noir de Passy et le Nant-Trouble sont les principaux torrents naissant dans ces formations qu'on retrouve aussi dans les massifs alpins. Le mont Joly avec les ravins de
Nant-Borand, de Nant-Rouge et de Nant-Foudraz, le ravin de Mafond à Sixt, rongent
aussi des calcschistes.

Les mollasses, nous l'avons vu, constituent des grès à particules siliceuses agglo-
mérées par un ciment calcaire : par leur désagrégation, elles fournissent un sol
meuble, profond, frais, qui devient d'une très grande fertilité, si des argiles alluviales
ou des dépôts morainiques viennent s'y mélanger.

b. C'est qu'en effet les terrains les meilleurs sont constitués par un mélange de
trois éléments minéraux examinés ci-dessus : silice, calcaire, argile.

Ces conditions sont réalisées le plus souvent dans les sols des grandes vallées
alpestres. La Combe de Savoie et le Grésivaudan sont réputés pour leurs cultures : la
plaine de l'Isère et de Chambéry se trouve, en effet, dominée par les chaînes subalpines, fournissant d'abondants éléments calcaires charriés par les torrents, d'une
part ; de l'autre, par le grand pli granitique Aiguilles Rouges-Belledonne, dont les
roches éruptives, les schistes cristallins donnent la silice. L'Isère elle-même et l'Arc,
par leurs affluents descendus des rides intra-alpines, tiennent en suspension les argiles
arrachées par l'érosion aux schistes tendres du lias, de l'oxfordien, du berriasien et du
valanginien. Ces particules ténues, déposées naturellement ou arrêtées par des bassins
de colmatage, donnent au calcaire et à la silice la liaison nécessaire.

Mais, ainsi qu'on l'a vu, ces thalwegs n'intéressent guère la culture forestière confinée le plus souvent sur les pentes des montagnes. Là aussi, on peut rencontrer un
heureux mélange des trois éléments des sols.

Il n'est pas rare de traverser sur les versants des chaînes subalpines des terrasses
renfermant des cailloux arrondis, striés, de gneiss, granite ou quartz, alors que c'est
la calcite qui constitue l'ossature de la montagne. Le décapage par le ruissellement,
parfois aussi des éboulements partiels, contribuent au malaxage des matériaux[1].
Nous avons trouvé dans le glissement d'Arbin, survenu en 1892, des fragments de
protogine apportés de la région du mont Blanc par l'ancien glacier alpin : ces fragments en pleine décomposition se désagrégeaient sous le doigt. C'est à la présence de
ces débris feldspathiques et quartzeux au milieu des calcaires que les vignerons d'Arbin
attribuent la finesse de leurs vins.

Les moraines anciennes ont été disposées très loin des cirques d'origine des glaciers
(comme, par exemple, celles de la Roche-sur-Foron, de la Villette près Chambéry)
qui, sur leur long parcours, ont recueilli des débris rocheux des plus variés, qu'ils
ont usés, broyés. Parfois cependant les blocs erratiques abandonnés par les glaces en
fusion sont tellement nombreux et volumineux que seule la végétation forestière peut
occuper la moraine, à l'exclusion de toute culture agricole.

Dans les vallées principales, les cônes de déjections constituent des amas souvent
fort importants de matériaux de nature variée, d'une fertilité remarquable. Aussi, en
général, sont-ils bien cultivés et portent-ils des villages et des hameaux : seuls les
cônes à forte pente, hérissés de gros blocs et pavés de débris rocheux, sont livrés au
paturage des moutons et des chèvres, les bêtes aumailles s'y rompraient le cou. Bien

[1] Voir aussi «le Glaciaire et le fluvio Glaciaire du massif des Beauges», par M. l'Abbé Combaz,
in *Bulletin de la Société d'histoire naturelle de la Savoie,* 1911-1912, t. XVI, p. 91 et suiv.

souvent il sera nécessaire de reboiser ces pierriers pour garantir les cultures inférieures et les voies de communication (cône du Rieu-Sec à Saint-Julien, du torrent des Moulins à Épierre).

Il faut enfin citer comme cause du mélange des minéraux les éboulements, les glissements de pans de montagne. D'ordinaire, en vertu de leur plus grande masse, ce sont les gros quartiers de roc qui vont le plus loin sous l'action de la pesanteur. L'occupation par l'agriculture de ces éboulis se fait d'une façon analogue à celle des cônes de déjections : la forêt peut y trouver sa place.

SECTION III.

Répartition des forêts suivant la nature minéralogique du sol [1].

Les espèces végétales se divisent en deux grandes catégories, suivant qu'elles recherchent ou évitent les formations calcaires : elles sont donc calcicoles ou calcifuges. On désigne parfois ces dernières sous le nom de silicicoles, mais à tort, car c'est la chaux qui, trop abondante, les élimine. Certaines espèces poussent aussi bien sur les sols siliceux et argileux que sur les calcaires; elles sont dites indifférentes. Mais c'est le calcaire qui influe sur la composition de la flore en un endroit déterminé. On a parfois eu des tendances à vouloir distribuer les végétaux en des compartiments séparés d'une façon hermétique : bien rares sont les essences forestières caractéristiques d'un sol.

Ainsi, par exemple, on déclare calcifuges le pin sylvestre et le pin laricio de Corse. On peut voir en Maurienne (Modane, Villarodin-Bourget, Bramans, Sollières-Sardières, Termignon) et en Tarentaise (Bozel, Saint-Bon) le pin sylvestre occuper seul ou en mélange avec le pin à crochets des calcaires et même des gypses purs. Il forme aussi les admirables peuplements de la forêt domaniale de Creyers (Diois), reposant sur les calcaires de l'aptien, du barrêmien, du turonien et du séquanien. A Garde-Grosse (Nyons) et au Lubéron, le pin laricio de Corse se comporte fort bien sur le crétacé urgonien et turonien.

Inversement, on classe d'ordinaire comme calcicoles le pin noir d'Autriche, le chêne yeuse, entre autres. En Ardèche, on peut voir sur les granites ces deux espèces fort bien venantes : le pin noir, il est vrai, n'y est pas spontané, mais parfois il prospère mieux que les plantations voisines du silicicole pin sylvestre (Le Roux).

Sous le bénéfice de ces réserves, on peut affirmer que, sur les sols calcaires, la flore est riche, très diverse, les arbustes nombreux; malgré ce caractère général, il arrive trop souvent que les calcaires compacts, comme ceux de l'urgonien, si largement représenté dans les chaînes subalpines, ne supportent de beaux peuplements qu'à la condition de n'être pas découverts par des exploitations trop larges. De même, certaines marnes ne se couvrent que très difficilement de végétation, surtout si le climat est sec; les gypses si abondants dans la zone alpine ne donnent jamais que des arbres rachitiques.

---

[1] Par suite de la difficulté du raccord des horizons géologiques portés sur les diverses cartes de l'État-major, il n'a pas été possible de déterminer exactement les surfaces boisées correspondantes à chaque étage. (Voir notamment les feuilles de Saint-Jean-de-Maurienne, Albertville, Annecy.)

Au contraire, dans les sols siliceux, si la flore est pauvre, elle renferme pourtant des espèces envahissantes, des sous-arbrisseaux, comme les bruyères, qui, si elles gênent considérablement la régénération des essences ligneuses, forment du moins une sérieuse défense contre les érosions. Trop souvent l'invasion de ces morts bois est due aussi à l'imprudence de l'homme.

Les surfaces boisées et les séries de reboisement se répartissent ainsi dans les deux départements savoisiens entre les sols calcaires et les autres [1] et [2].

DÉPARTEMENTS.	SURFACE FORESTIÈRE.	SOLS CALCAIRES.		SOLS NON CALCAIRES.		OBSERVATIONS.
		SURFACE.	P. 100.	SURFACE.	P. 100.	
	h.	h.		h.		
Haute-Savoie	115,561	86,955	75.3	28,606	24.7	
Savoie	123.460	54,292	43.9	69,168	56.1	
TOTAUX	239,021	141,247	59.1	97,774	40.9	

SECTION IV.

Le climat de la Savoie.

Pour prospérer, les plantes ont besoin à la fois d'une certaine somme de températures et d'une certaine quantité d'eau. Il convient d'ajouter que, pour quelques essences, la prédominance de la nébulosité ou de l'insolation a aussi une importance primordiale.

§ I. LA TEMPÉRATURE.

Située sur le 51° de latitude nord, la Savoie aurait un climat tempéré; mais la présence de puissants massifs montagneux modifie énormément l'action de la position géographique du pays. La végétation de chaque espèce végétale est fonction directe des limites dans lesquelles se meut la colonne thermométrique. C'est donc moins la température moyenne annuelle que les écarts de la température en été et en hiver qui influe sur la flore. Certains arbres, comme le mélèze, supportent des température voisines de celles de la congélation du mercure, alors que d'autres, comme le chêne yeuse, succombent à un froid de quelques degrés. Plutôt que les isothermes ce sont les isochimènes et les isothères qui agissent sur la constitution de la forêt.

On sait d'ailleurs qu'en pays de montagne la température moyenne annuelle diminue de 1° par 180 mètres d'altitude, mais, en hiver, la différence de niveau correspondant à l'abaissement de 1° de température est de 230 mètres; en été de 130 mètres seulement.

L'exposition joue aussi un rôle considérable; un versant exposé au sud protège les

[1] D'après la statistique forestière de 1876 et les modifications constatées depuis.
[2] *Contenances des forêts de la Savoie à diverses époques*, état autographié P. MOUGIN.

terrains situés à son pied contre les vents glacés du nord et y accroît notablement la température locale. On peut donc trouver dans une même vallée, du seul fait de la différence d'exposition, des variations considérables dans les peuplements forestiers. La Maurienne, de Saint-Jean à Saint-Michel, est très caractéristique à ce point de vue.

Il convient enfin de mentionner l'action des courants atmosphériques sur la température : en été, dans les vallées alpines soufflent des vents spéciaux, d'aval en amont pendant le jour; de sens inverse, mais d'intensité moindre, pendant la nuit. Ces vents tendent à rafraîchir l'atmosphère et sont assez violents pour déformer et incliner les arbres vers l'amont, dans les thalwegs de l'Arve (plaine de Passy), de l'Isère et de l'Arc.

Malheureusement le nombre des stations météorologiques où s'enregistrent les températures quotidiennes est assez restreint. Les observations faites en Savoie de 1900 à 1906 sont résumées dans le tableau ci-après :

BASSIN HYDROGRAPHIQUE.	STATIONS.	ALTI-TUDES.	TEMPÉ-RATURE MOYENNE ANNUELLE.	BASSIN HYDROGRAPHIQUE.	STATIONS.	ALTI-TUDES.	TEMPÉ-RATURE MOYENNE ANNUELLE.
		m.	d.			m.	d.
Dranses........	Abondance........	935	+7.15	Rhône-et-Léman	Douvaine..........	428	+10.38
	Annemasse........	435	+11.19		St-Julien-en-Genevois.	478	+9.76
Arve..........	Bonneville........	449	+9.46	Fier..........	Thônes............	625	+8.52
	Chamonix........	1,044	+4.29		Annecy............	448	+9.69
Usses..........	Frangy..........	325	+10.98	Leysse....	Chambéry........	275	+11.25
				Arc............	St-Jean-de-Maurienne.	557	+9.94

Il y aurait quelque témérité à vouloir déduire la température moyenne d'un point par la seule considération de l'altitude comparée à celle d'une station à température connue. On n'aura jamais ainsi qu'une approximation souvent grossière : ainsi, par exemple, à Thones, le fond de la vallée du Malnant, très encaissé, protégé au midi par les falaises de la Tournette (2.357 m.), conserve la neige d'avalanche jusqu'à une saison avancée et parfois toute l'année. Aussi y voit-on fort bas des représentants des essences des plus hautes régions forestières, comme le pin cembro. La présence de telles espèces végétales témoigne de la rudesse du climat local.

Rien d'étonnant, dès lors, que des botanistes aient caractérisé par leur flore les diverses zones en lesquelles ils divisaient les régions montagneuses : certains distinguent la zone de la vigne, celle des bois feuillus, celle des bois résineux, celle des pâturages et enfin celle de l'enneigement persistant. D'autres établissent une région subalpine, parfois subdivisée en supérieure et inférieure, et des régions alpines supérieure et inférieure. La région subalpine inférieure correspondrait aux forêts de hêtres, la supérieure aux forêts de sapins, la région alpine inférieure se reconnaîtrait aux massifs de mélèzes et la supérieure aux pelouses alpestres. M. G. Briquet a voulu leur assigner les limites suivantes en altitude : région subalpine inférieure 500-1,300 mètres;

région subalpine supérieure 1,300 à 1,600 mètres; région alpine inférieure 1,600 à 2,000 mètres; région alpine supérieure 2,000 à 2,700 mètres.

Mais il n'est pas rare de voir les végétaux ligneux types se rencontrer au-dessus et au-dessous de ces limites. En amont d'Aime (651 m.) ou de Saint-Michel (711 m.) on chercherait vainement un hêtre, bien que le fond de la vallée de l'Isère ou de l'Arc soit loin d'atteindre 1,300 mètres. Inversement, à Macot et à Villargondran, le mélèze est spontané à une altitude de 700 mètres. A Modane, sur l'escarpement de cargneules qui forme la rive gauche du torrent de Saint-Antoine, le sapin pectiné atteint 2,000 mètres. Même dans une seule vallée, les conditions climatériques sont trop variables pour qu'il soit possible pratiquement de fixer *à priori*, uniquement d'après l'altitude ou la température, l'habitat exact des espèces végétales.

§ 2. LA LUMIÈRE.

En outre des radiations calorifiques, il faut tenir compte de la puissance actinique solaire. Les expériences de M. J. Vallot [1] ont démontré que l'actinisme chimique augmente rapidement à mesure qu'on s'élève dans la montagne et «explique la rapidité avec laquelle les végétaux accomplissent le cycle de leur végétation dans les lieux élevés. M. Duclaux a expliqué de même la rapidité de la végétation aux hautes altitudes».

Mais les observations sur la durée et l'intensité de l'insolation ne sont pas pratiquées dans les stations météorologiques ordinaires. Pourtant l'actinisme est un facteur qui joue un rôle primordial sur certaines espèces végétales comme le mélèze. Aussi les brouillards qui atténuent la lumière, en même temps qu'ils empêchent le réchauffement du sol, ont-ils une action considérable sur la composition des peuplements forestiers. Alors, comme on vient de le voir, que le mélèze prospère à 700 mètres d'altitude en Maurienne et en Tarentaise où il trouve la luminosité dont il a besoin, il ne se rencontre pas dans les forêts du Chablais à des altitudes qui lui conviennent, à cause de l'absorption des radiations actiniques solaires par les brumes du Léman.

Pour suppléer à l'absence de renseignements, l'indication du nombre annuel des jours de pluie ou de neige fournit déjà une grosse approximation sur l'importance et la durée de l'insolation. Ces chiffres, portés sur le tableau du paragraphe suivant, font ressortir, si imparfaite que soit cette méthode, la plus grande luminosité du ciel de la région intraalpine en Tarentaise et en Maurienne.

§ 3. LES PRÉCIPITATIONS ATMOSPHÉRIQUES.

Le tableau suivant fournit pour les diverses stations de Savoie la lame d'eau de précipitation, par saison et par an, avec le pourcentage de chaque saison dans la précipitation totale [2].

[1] *Annales de l'observatoire météorologique, physique et glaciaire du mont Blanc*, t. III, p. 81 et suiv.
[2] La publication des bulletins météorologiques de la Savoie et de la Haute-Savoie s'est arrêtée à l'année 1912 inclusivement.

STATIONS.	ALTITUDES.	PRÉCIPITATIONS.					POUR CENT PAR SAISON.				NOMBRE ANNUEL DE JOURS PLUVIEUX OU NEIGEUX.	OBSER-VATIONS.
		ANNÉE.	HIVER.	PRIN-TEMPS.	ÉTÉ.	AU-TOMNE.	HIVER.	PRIN-TEMPS.	ÉTÉ.	AU-TOMNE.		
	mèt.	millim.	millim.	millim.	millim.	millim.						

BASSIN DES DRANSES ET DU LÉMAN.

Thonon	431	985	162	218	294	311	0.16	0.22	0.30	0.32	138	
Le Biot	818	1,195	240	267	350	338	0.201	0.223	0.293	0.283	107	
Douvaine	428	894	152	198	264	280	0.17	0.22	0.29	0.32	122	

BASSIN DE L'ARVE.

Annemasse........	435	821	145	184	238	254	0.17	0.22	0.29	0.32	100	
Bonneville	449	1,003	168	235	314	286	0.17	0.23	0.31	0.29	130	
Sallanches........	555	1,075	221	234	325	295	0.21	0.22	0.30	0.27	119	Limite de la zone alpine.
Chamonix.........	1,044	979	188	195	322	274	0.19	0.20	0.33	0.28	121	Zone alpine.
Mélan............	629	1,297	266	300	389	342	0.20	0.23	0.30	0.27	139	
Les Gets	1,162	1,387	282	297	439	369	0.20	0.21	0.32	0.27	101	
Samoens..........	710	1,521	334	371	430	386	0.22	0.24	0.28	0.26	151	Limite de la zone alpine.
Boëge............	742	1,426	316	344	380	386	0.222	0.241	0.266	0.271	90	

BASSIN DES USSES.

Frangy...........	325	998	205	224	276	293	0.21	0.22	0.28	0.29	110	
Cruseilles.........	773	1,146	220	258	325	343	0.19	0.23	0.28	0.30	122	

BASSIN DU FIER.

Seyssel...........	252	1,060	233	230	277	320	0.219	0.217	0.261	0.303	106	
Annecy...........	448	1,294	241	304	365	384	0.19	0.24	0.28	0.29	126	
Thônes...........	625	1,556	343	346	411	456	0.220	0.221	0.264	0.295	134	
Rumilly..........	334	1,118	235	254	300	329	0.21	0.23	0.27	0.29	121	
Alby.............	397	1,216	238	281	348	349	0.19	0.23	0.29	0.29	145	
Le Chatelard......	735	1,470	295	345	421	409	0.20	0.23	0.29	0.28	129	
Leschaux	929	1,277	252	306	377	342	0.20	0.24	0.30	0.26	128	
Faverges..........	527	1,284	263	286	354	331	0.21	0.23	0.29	0.27	103	

BASSIN DU LAC DU BOURGET.

Chambéry	283	1,180	263	275	322	320	0.223	0.233	0.273	0.271	130	
St-Thibaud-de-Couz .	526	1,404	272	367	378	387	0.194	0.261	0.269	0.276	110	
Albens	361	1,203	251	290	309	353	0.21	0.24	0.26	0.29	114	

STATIONS.	ALTITUDES.	PRÉCIPITATIONS.					POUR CENT PAR SAISON.				NOMBRE ANNUEL DE JOURS NEIGEUX OU PLUVIEUX.	OBSER-VATIONS.
		ANNÉE.	HIVER.	PRIN-TEMPS.	ÉTÉ.	AU-TOMNE.	HIVER.	PRIN-TEMPS.	ÉTÉ.	AU-TOMNE.		
	mèt.	millim.	millim.	millim.	millim.	millim.						
BASSIN DE LA HAUTE ISÈRE.												
Albertville	340	1,154	278	257	289	330	0.24	0.22	0.25	0.29	115	Limite des zones alpine et subalpine.
Moûtiers	487	761	179	167	199	216	0.23	0.22	0.26	0.29	90	Zone alpine.
Bourg-Saint-Maurice	851	913	193	213	246	261	0.21	0.23	0.27	0.29	97	Idem.
Sainte-Foy	1,057	847	182	192	245	228	0.21	0.23	0.29	0.27	91	Idem.
Val-d'Isère	1,849	861	162	210	270	219	0.19	0.24	0.31	0.26	120	Idem.
Bozel	872	860	198	201	234	227	0.230	0.234	0.272	0.264	112	Idem.
Pralognan	1,421	994	168	249	319	258	0.17	0.25	0.32	0.26	127	Idem.
Saint-Martin-de-Belleville	1,394	847	168	191	261	227	0.20	0.22	0.31	0.27	118	Idem.
Flumet	961	1,642	399	382	426	435	0.243	0.233	0.259	0.265	141	Limite de la zone alpine.
Mégève	1,113	1,324	291	301	387	345	0.22	0.23	0.29	0.26	118	Idem.
Beaufort	745	1,375	307	306	399	343	0.22	0.24	0.29	0.25	130	Zone alpine.
BASSIN DE L'ARC.												
St-Jean-de-Maurienne	557	748	181	165	189	213	0.24	0.22	0.25	0.29	87	Zone alpine.
Modane	1,060	639	136	143	168	192	0.21	0.22	0.26	0.31	75	Idem.
Bessans	1,742	714	143	180	198	193	0.20	0.25	0.28	0.27	69	Idem.
Mt-Cenis. Refuge 18.	2,082	1,083	228	331	242	282	0.21	0.31	0.22	0.26	118	Idem.
Montgellafrey	1,081	1,028	218	236	288	286	0.212	0.23	0.28	0.278	(?)	Idem.
Saint-Jean-d'Arves	1,548	810	177	192	217	224	0.219	0.237	0.268	0.276	108	Idem.
Fort de Montgilbert	1,400	1,140	218	227	361	334	0.19	0.20	0.32	0.29	106	Idem.
BASSIN DU GUIERS.												
Novalaise	635	1,408	284	361	376	387	0.20	0.25	0.27	0.28	106	

Les chiffres de précipitation sont pour la plupart extraits de l'étude [1] de M. E. Bénévent sur la pluviosité dans le Sud-Est de la France.

Quelques remarques s'imposent :

1° Pendant la période de végétation, printemps, été, les précipitations sont à peu près aussi abondantes que durant la période de repos, automne, hiver.

2° L'importance des précipitations va en croissant de l'hiver à l'été.

[1] *La pluviosité de la France du Sud-Est*, par Ernest Bénévent, Grenoble 1913, imp. Allier frères, p. 16-21.

3° Pour toutes les stations situées en dehors des chaînes subalpines, le maximum des précipitations a lieu à l'automne; à l'intérieur des massifs subalpins et alpins, il a lieu en été. Ce fait est dû évidemment à la condensation de l'humidité des courants atmosphériques sur les escarpements et les chaînes périphériques des divers groupes montagneux où, en raison de l'altitude, le froid devient déjà vif.

4° Dans les Alpes, l'importance de la lame d'eau annuelle diminue du nord au sud.

5° Les chaînes subalpines sont plus copieusement arrosées que les Alpes; la lame d'eau annuelle y dépasse toujours 1 mètre. C'est la conséquence du régime pluvial de la Savoie qui est essentiellement océanique : ce sont principalement les vents d'Ouest et de Sud-Ouest qui amènent les ondées. Cependant les hautes vallées de l'Isère et de l'Arc, longeant la frontière franco-italienne, sont parfois envahies par les nuages chassés par le vent d'Est appelé «La Lombarde», chargés des vapeurs de l'Adriatique : ces courants, beaucoup plus humides que ceux venant de traverser la France et de franchir les crêtes des diverses chaînes subalpines et alpines, amènent des condensations abondantes.

6° On peut aussi vérifier l'exactitude des deux propositions de l'ingénieur Cézanne [1].

a. La tranche pluviable est d'autant plus épaisse que le courant atmosphérique arrêté par un obstacle est forcé de s'élever plus rapidement.

b. Pour un même vent, en pays de montagne, le faîte reçoit moins d'eau que celui des deux versants qui est remonté par le courant pluvial.

Comme les plantes ne peuvent vivre que dans une atmosphère contenant une certaine quantité de vapeur d'eau, qu'elles empruntent au sol, par l'intermédiaire des eaux souterraines qui imprègnent les éléments minéraux indispensables à leur alimentation, on voit que la Savoie, très régulièrement arrosée, doit, dans des conditions de sol et d'altitude convenables, présenter un beau manteau végétal. Sur les sommets, les neiges hivernales contribuent aussi puissamment, par leur fusion, à maintenir le régime des sources et la présence des massifs forestiers, en retardant leur transformation en eau, leur assure à elles-mêmes, en même temps qu'aux plaines inférieures, l'humidité indispensable.

Ainsi, pendant l'hiver 1906-1907, particulièrement neigeux, à Saint-Pierre d'Albigny, sur un versant couvert d'un taillis, à l'altitude de 800 mètres il est tombé 1 m. 674 de neige; cette couche neigeuse a disparu sous bois 13 jours plus tard que hors bois. A Sallanches, près du hameau des Houches, commune de Saint-Roch, la couche neigeuse tombée sur un versant exposé au Sud-Est, à l'altitude de 920 mètres et couvert d'une futaie résineuse, a été de 1 m. 56. Cette neige a complètement fondu hors bois 56 jours plus tôt que sous bois. A Saint-Pierre d'Albigny, la neige avait persisté sous bois pendant 111 jours et à Sallanches pendant 173 jours.

Si on ajoute que les forêts, les reboisements, augmentent la pluviosité, on voit donc que, si les montagnes de Savoie provoquent des condensations, les massifs boisés qui

---

[1] A. SURELL et E. CÉZANNE, *Études sur les torrents des hautes Alpes* (1872), Dunod, éditeur, Paris, t. II, p. 53 et 58.

en couvrent les flancs contribuent à en régulariser la répartition et à en assurer la continuité.

Au sujet de l'action de la forêt sur le climat en Savoie, pour éviter des redites, il convient de se reporter à l'étude sur «Les Torrents de la Savoie» [1], 1re partie, chapitre IV, section III.

Le tableau suivant permet de comparer les chutes de neige avec les pluies dans un certain nombre de stations où le service des Eaux et Forêts fait exécuter des observations nivométriques [2]. Bien que les chiffres ne se réfèrent qu'à la période de 10 hivers, 1900-1901 à 1909-1910, et qu'il ne soit pas légitime de les comparer à ceux de M. Bénévent qui portent sur un temps triple, le rapprochement donne cependant une idée approchée du rapport qui existe dans ces stations entre les précipitations liquides et solides.

Il faut noter que les neiges, par leur fusion printanière, donnent aux plantes une quantité considérable d'eau ainsi emmagasinée pendant la période hivernale et favorisent ainsi l'évolution de la végétation. Cette eau de fusion qui vient s'ajouter aux eaux de précipitation s'infiltre, il est vrai, en partie dans les profondeurs du sol, mais, en partie aussi, elle est utilisée par les racines au moment où le développement des bourgeons et la montée de la sève exigent un volume liquide considérable.

A Chamonix et à Saint-Jean-de-Maurienne il ne se fait pas de mensurations nivométriques, mais aux Houches et à Saint-Julien de Maurienne, situés à peu de distance et sans grande différence de niveau avec ces deux localités, les gardes forestiers en sont chargés. Les résultats de ces quatre stations seront mis deux à deux en parallèle. Comme il ne s'agit que d'une approximation, un tel rapprochement semble être sans grands inconvénients.

STATIONS.	ALTI-TUDE.	PRÉCIPITATIONS ANNUELLES.			NOMBRE ANNUEL DE JOURS			OBSER-VATIONS.
		TOTALES.	NEIGEUSES. (eau de fusion)	P. 100.	DE PRÉCI-PITATION.	NEIGEUX.	P. 100.	
	m.	mm.	mm.					
Thonon............	431	985	33	3.3	138	10	7.2	
Bonneville..........	449	1,003	59	5.8	130	18	13.8	
Sallanches..........	555	1,075	122	11.3	119	19	16.0	
Annecy.............	448	1,294	56	4.3	126	16	12.7	
Thônes.............	625	1,556	239	15.3	134	32	23.9	
Albertville.........	340	1,154	95	8.2	115	14	12.2	
Moutiers...........	487	761	129	16.9	90	17	18.9	
Bourg-Saint-Maurice...	851	913	196	22.0	97	28	28.9	
Sainte-Foy..........	1,057	847	218	25.7	91	27	29.7	
Val-d'Isère.........	1,849	861	630	73.2	120	49	40.8	
Bozel.............	872	860	193	22.4	112	20	17.8	

[1] P. MOUGIN, Les torrents de la Savoie. p. 192.

[2] Voir Direction générale des Eaux et Forêts : Études glaciologiques, t. III, Imp. nationale, p. 63 et suiv.

STATIONS.	ALTI-TUDE.	PRÉCIPITATIONS ANNUELLES.			NOMBRE ANNUEL DE JOURS			OBSER-VATIONS.
		TOTALES.	NEIGEUSES. (eau de fusion)	P. 100.	DE PRÉCI-PITATION.	NEIGEUX.	P. 100.	
	m.	mm.	mm.					
St-Martin-de-Belleville..	1,394	847	254	30.0	118	47	39.8	
Mégève.............	1,113	1,324	429	32.4	118	36	30.5	
Beaufort.............	745	1,375	211	15.3	130	26	5.0	
Saint-Jean-de-Maurienne.	557	748	106	14.2	87	20	23.0	
Modane.............	1,060	639	151	23.6	75	26	34.7	
Bessans	1,742	714	189	26.5	69	29	42.0	
Saint-Jean-d'Arves	1,548	810	322	39.7	108	43	39.8	
Chambéry...........	283	1,180	47	3.9	130	17	13.1	

La quantité de neige est donc loin d'être égale à la précipitation hivernale. A Chambéry, à Thonon, à Annecy par exemple, la couche neigeuse disparaît bien avant l'éclatement des bourgeons et l'eau de fusion ne profite pas directement, immédiatement aux arbres. En montagne, au contraire, l'importance de la lame d'eau de fusion comprend non seulement la précipitation des 3 mois d'hiver, mais encore une partie de celle de l'automne et du printemps. La juxtaposition des pourcentages portés sur les tableaux précédents est significative. Il y a donc de ce chef un supplément d'humidité mis à la disposition des végétaux qui compense, et au delà, la faiblesse relative des précipitations de cette saison.

A un autre point de vue, la connaissance des chutes de neige n'est pas moins importante. Suivant qu'elle tombe par le froid ou par un temps doux et humide, la neige a une consistance pulvérulente ou bien elle s'agglutine, s'attache à toutes les saillies. La légèreté spécifique (inverse de la densité) varie entre 2 et 42 et plus encore [1]. On peut juger par là des bris d'arbres et de branches qui se produisent quand il tombe une neige abondante et lourde.

Les neiges poudreuses engendrent des avalanches de poussière dont les effets se font sentir au loin par la violence des courants d'air qu'elles provoquent. Au contraire, lourdes, humides, les neiges dévalent le long des versants en avalanches de fond dont le choc renverse des cantons entiers de forêts, ainsi que les bâtiments et ouvrages situés sur leur route. Après avoir ravagé les peuplements, les masses neigeuses, mêlées de rocs, de terre, d'arbres brisés se déposent au pied des versants en cônes d'une épaisseur considérable que souvent la chaleur de l'été ne parvient pas à fondre. Tout ce qui couvrait le sol ainsi enseveli périt, bois, vignes ou cultures.

Ces avalanches, désastreuses quand elles se frayent un chemin nouveau, sont à peu près inoffensives — au point de vue forestier seulement — lorsqu'elles suivent leurs couloirs ordinaires. Elles ont même un avantage; en dépouillant le sommet des versants, elles favorisent l'action solaire dans leur bassin de formation et hâtent ainsi l'évolution annuelle du tapis végétal.

[1] Études glaciologiques, loc. cit.

L'existence de la forêt dans ces bassins empêche la formation du phénomène : aussi le reboisement des pentes d'où se détachent les masses neigeuses est-il, quand il est possible, le moyen le plus·efficace de supprimer les avalanches, de même que la reforestation des bassins de réception torrentiels est le remède contre l'irrégularité du régime des eaux et les érosions.

La persistance de la neige sur le même point, empêchant l'action calorifique et actinique des rayons solaires de parvenir jusqu'au sol et aux plantes qui le couvrent, provoque la stérilité. Il convient cependant de remarquer que la neige n'est pas entièrement opaque et qu'elle se laisse pénétrer jusqu'à une certaine profondeur par les radiations solaires.

En septembre 1903, au glacier de Tête-Rousse, à 3,180 mètres d'altitude M. Bernard [1] et nous avons introduit des thermomètres gradués au 1/5 de degré, isolés et portés par des bouchons, dans des trous horizontaux ménagés dans la couche de neige qui couvrait le glacier, alors que la température extérieure était de — 2°, bien que le soleil brillât; placés respectivement à 70 millimètres, 88 millimètres et 138 millimètres au-dessous de la surface, refroidis préalablement à — 6° C., ces instruments marquaient après 38 minutes, 39 min. 1/2 et 41 minutes d'exposition + 6°, + 1°,20, + 0°,30. Cette pénétration des rayons calorifiques au moins peut donc atteindre le sol quand la neige n'est pas trop épaisse, ni trop compacte et elle explique le développement rapide de certaines plantes qui fleurissent dès qu'elles émergent des neiges : ainsi la soldanelle et les perce-neiges.

La connaissance de la limite des neiges persistantes présente donc au point de vue de la flore une importance toute particulière : cette limite, fonction à la fois de l'importance des précipitations, de la température et aussi des vents, est essentiellement variable. On lui assignait, il y a quelque 35 ans, dans la vallée de Chamonix, l'altitude moyenne de 2,750 mètres. De 1901 à 1909 [2], elle se trouvait aux environs de 3,200 mètres dans le massif du mont Blanc et de 3,000 mètres dans la chaîne des Aiguilles-Rouges. En Tarentaise, cette ligne était, à cette dernière époque, proche de 3,200 mètres à l'adret et de 2,800 à l'hubac et, en Maurienne, de 3,200 mètres à l'adret et de 3,000 à l'hubac. Les abondantes précipitations, les étés froids et humides qui se succèdent depuis 1911, auront certainement pour conséquence un abaissement de cette limite.

CHAPITRE II.

LES ESSENCES FORESTIÈRES.

SECTION I.

Composition générale de la flore ligneuse savoisienne.

1. **Essences principales.** — Les chênes rouvre et pédonculé, le châtaigner, le hêtre parmi les feuillus; l'épicéa, le sapin, le mélèze, les pins sylvestre, et cembro, parmi

[1] Aujourd'hui professeur de mathématiques appliquées à l'École nationale des Eaux et Forêts.
[2] *Les torrents de la Savoie*, p. 76.

les résineux, sont les essences indigènes de première grandeur. Parmi celles de seconde grandeur, il n'y a que le charme et le pin de montagne. L'aune vert qui couvre tant d'espace en haute montagne n'est que de troisième grandeur.

II. **Essences subordonnées.** — Ne formant jamais de peuplements à elles seules, ces essences sont cependant plus nombreuses que les précédentes. Celles de première grandeur sont les érables plane et sycomore, les tilleuls à petites et à grandes feuilles, le frêne commun, les ormes champêtre et de montagne, les peupliers blanc et noir.

De seconde grandeur sont le bouleau blanc (Linné), les aunes blanc et glutineux, le peuplier tremble, le cerisier-merisier, l'érable champêtre.

Le sorbier des oiseleurs, l'alisier blanc et nain, l'érable de Montpellier et l'érable à feuille d'obier, le cerisier à grappes, les saules (notamment le marceau, cendré, pourpre, viminal), l'aubépine, l'if n'atteignent que la troisième grandeur.

III. **Arbustes.** — Les arbustes forestiers sont des plus abondants. Il faut citer le coudrier noisetier, le houx, le cytise faux-ébénier, le genêt et le sarothamne, la bourdaine, le nerprun des Alpes, l'épine vinette, le fusain, le prunier de Briançon, le rosier des Alpes et le rosier à feuilles rouges, le groseillier, le lierre, le cornouiller, les sureaux rouge et noir, la viorne, le chèvrefeuille, les airelles myrtille, uligineuse et canche, la bruyère et le rhododendron qui, avec les genévriers, couvrent parfois des espaces considérables de la lande alpine, la lavande officinale, les daphnés, l'hippophaé, le buis et enfin le saule herbacé qui ne dépasse pas le niveau des pelouses où il se cache.

IV. **Essences exotiques.** — Il y a encore peu d'essences exotiques introduites dans les peuplements forestiers : c'est surtout dans les jardins et les parcs que ces espèces ont été plantées. Quelques-unes cependant méritent d'être plus largement employées, soit pour l'amélioration de massifs existants, épuisés ou clairiérés, soit pour les travaux de reboisement. Le cèdre qui pousse parfaitement dans les grandes vallées, le pin noir d'Autriche, le pin Weymouth sont des résineux que l'on peut considérer comme naturalisés; le peuplier du Canada, le robinier faux-acacia, le noyer commun et d'Amérique, le platane, le marronnier d'Inde sont aussi très répandus en Savoie.

SECTION II.

Habitat des essences forestières les plus importantes.

Division 1. — *Feuillus.*

§ 1. Chêne rouvre (*Quercus robur sessiliflora*)[1].

Nom vulgaire. — Chàgne.

Sol — Le chêne rouvre se trouve sur les sols les plus divers : alluvions, calcaires compacts et argileux, schistes cristallins et marneux, granites. Mais c'est sur les terrains calcaires qu'on le rencontre le plus souvent, même aux expositions chaudes.

[1] Voir Planche III.

Station. — Il pousse dans toutes les grandes vallées de Savoie. Dans les Dranses, il pénètre jusqu'à Saint-Jean-d'Aulph et Vacheresse; en Faucigny, jusqu'à Servoz et Taninges; en Tarentaise, jusqu'auprès de Sainte-Foy et, en Maurienne, jusqu'à Saint-Michel.

Altitudes. — Les altitudes extrêmes de son habitat sont 220 mètres au confluent du Guiers et du Rhône et 1,700 mètres aux granges de Luth, à Magland, à l'exposition du S.-W.

Ennemis. — Le lièvre ronge l'écorce des jeunes chênes et l'écureuil endommage les rameaux. Parmi les insectes, les plus répandus sont le hanneton, la « larve blanche » de l'orcheste, la pyrale verte et le bombyx processionnaire.

Le gui se trouve rarement sur le chêne, mais les genêts, buis et genévrier étouffent souvent la jeune plantule. Le hêtre, l'épicéa et le sapin, voire même les épines, ont une tendance à se substituer à lui.

§ 2. Chêne pédonculé (*Quercus pedunculata*) [1].

Sol. — Le chêne pédonculé paraît indifférent à la nature géologique du sol — gypse excepté; mais il recherche des terrains frais.

Station. — Dans les Dranses, il ne dépasse guère Bioge, ni, en Faucigny, Sallanches et Samoens; en Tarentaise, Bourg-Saint-Maurice, et, en Maurienne, le défilé de Pont-amafrey jalonnent l'extrémité de son aire.

Altitudes. — Du fond de la vallée du Rhône (920 m.) il s'élève jusqu'à 1,300 mètres environ, à Montvalezan.

Ennemis. — Le lièvre, l'écureuil et le pivert endommagent l'écorce ou les rameaux. Parmi les insectes, outre le hanneton, l'orcheste, la pyrale verte qui attaquent le chêne rouvre, il faut ajouter les bostriches (velu? monographe?) à Samoens.

§ 3. Hêtre (*Fagus sylvatica*) [1].

Sol. — Le hêtre s'accommode de tous les sols, schisteux, calcaires ou granitiques, on le rencontrerait même sur le gypse (région de Moutiers, Bozel).

Stations. — Dans les chaînes subalpines, le hêtre est partout et, dans les Alpes, il pénètre jusqu'où s'avancent, le long des grandes vallées, les brumes automnales. Ainsi, en Faucigny, on le trouve jusqu'aux confins de Servoz et des Houches, en Tarentaise, jusqu'à Aime, en Maurienne jusqu'au défilé du Pas-du-Roc. C'est à tort que la flore forestière de Mathieu [2] le signale au mont Cenis.

Altitudes. — Les derniers représentants de cette précieuse essence montent jusqu'à l'altitude de 1,900 mètres à Bozel et à Saint-Rémy, alors que les cotes de Servoz, d'Aime et du Pas-du-Roc ne dépassent pas 880, 650 et 700 mètres. Dans les taillis, au niveau du Rhône, le hêtre est abondant.

[1] Voir Planche III.
[2] Mathieu, *Flore forestière*, 3e édition, p. 279.

Climat. — L'habitat du hêtre se trouve donc limité par l'altitude et le défaut de température et, en extension, par le défaut d'humidité. Les stations météorologiques les plus voisines de la limite climatique de cette essence fournissent les renseignements suivants [1] :

Sallanches : Lame d'eau annuelle 1,095 millimètres. Nombre de jours de pluie 119.

Moutiers : Lame d'eau annuelle 985. Nombre de jours de pluie 97.

Saint-Jean-de-Maurienne : Lame d'eau annuelle 699. Nombre de jours de pluie 87.

Pour être complet il faudrait connaître le nombre annuel de jours nébuleux et la valeur actinique des rayons solaires.

Ennemis. — Le lièvre et l'écureuil endommagent parfois l'écorce et les branchettes et ils mangent la faîne. Le hanneton, la cécydomie qui produit des excroissances piriformes aiguës et la chenille de l'orgye pudibonde, attaquent le feuillage.

Nom vulgaire. — Le nom de fayard est général; dans la Haute-Savoie principalement, on emploie aussi le mot de Feu ou Fau pour désigner le hêtre.

Tendance envahissante. — Très souvent le hêtre se montre envahissant, mais il lui arrive aussi d'être supplanté par le sapin, l'épicéa en montagne et parfois même par le chêne dans les régions basses ou de coteaux (Cruseilles, Savigny, Saint-Pierre-d'Albigny) en terrain calcaire, aux expositions chaudes.

§ 4. CHÂTAIGNIER (*CASTANEA VULGARIS*) [2].

Sol. — Le châtaignier pousse sur les schistes argileux ou cristallins, le granite, les alluvions et dépôts fluvioglaciaires; il apparaît même sur les calcaires, mais dans des poches sableuses ou remplies du lehm produit par la décalcification de la roche.

Station. — C'est donc la nature géologique du terrain qui limite l'habitat du châtaignier; partout où le sol renferme moins de 4 p. 100 de calcaire, le châtaignier apparaît : il est donc répandu dans toute la Savoie, bassin des Dranses, de l'Arve, des Usses, du Fier, de la Leysse, de l'Isère et de l'Arc.

Altitude. — Mais à côté de ses exigences minéralogiques, le châtaignier demande une certaine somme annuelle de température, ce qui limite son extension en altitude. En Savoie, il ne dépasse guère 1,000 mètres (La Rochette) et descend jusqu'au fond des vallées.

Si, dans les plaines et les coteaux, le châtaignier provient de plantations, il est spontané, semble-t-il, dans les taillis à pente raide de la grande chaîne alpine, vers la Batbie en Tarentaise, Epierre en Maurienne.

Ennemis. — L'écureuil, le corbeau, le geai recherchent la châtaigne; le hanneton dévore les feuilles, ainsi que la pyrale verte.

On trouve parfois du gui sur le châtaignier, mais rarement (Tarentaise, Maurienne).

Nom vulgaire. — Le nom de châtagni, utilisé surtout en Haute-Savoie, n'est qu'une mauvaise prononciation du nom ordinaire.

[1] P. MOUGIN, *Les torrents de la Savoie*, p. 54 à 56.
[2] Voir Planche III.

§ 5. Charme (*Carpinus betulus*) [1].

Nom vulgaire. — On désigne le charme sous le nom de chane (vallée d'Abondance), charpena, charpenne ou charpinne (Savoie propre); le mot de charmille est, de plus, partout en usage.

Sol. — En Savoie, le charme paraît indifférent à la nature géologique du sol ; on le trouve dans les sables, les calcaires, les schistes argileux ou cristallins, les granites ; il semble que les sables frais lui sont particulièrement favorables.

Station. — Le charme ne pénètre pas fort loin dans les grandes vallées alpestres ; il se confine dans le bas des Dranses ; en Tarentaise, il ne dépasse pas Moutiers, ni La Chambre en Maurienne et Saint-Gervais en Faucigny. Par contre, on le trouve dans les régions du Jura, des Préalpes et des chaînes subalpines.

Altitudes. — L'altitude maxima atteinte par cette essence est de 800 mètres à Saxel, dans le massif des Dranses; de 1,200 mètres à Thônes, dans le massif des Bornes; de 1,500 mètres à Puygros, dans le massif des Beauges, ainsi qu'à Grésy-sur-Isère. L'altitude minima est 220 mètres au bord du Rhône, près d'Yenne.

Ennemis. — Le lièvre serait assez friand de l'écorce des jeunes sujets, et l'écureuil des glands ; le hanneton et quelques chenilles (bombyx ou pyrale) s'attaquent au feuillage.

§ 6. Coudrier noisetier (*Corylus avellana*).

Noms vulgaires. — Le noisetier porte des noms fort variés : coudra, queudraz, coûtraz, caudre ou coudre, cudra, alagnier, allognier, ces derniers utilisés dans la Savoie propre et la Maurienne.

Sol. — Indifférent à la base minéralogique : sables, calcaires, schistes argileux ou cristallins, granites, gypses mêmes (Saint-Jean de Maurienne), le coudrier paraît préférer les sols meubles et frais et les expositions ensoleillées, surtout aux grandes altitudes.

Station. — Bien que de la même famille que le charme, le coudrier a une aire d'habitation beaucoup plus étendue ; il remonte au fond des Dranses, à Abondance, à Morzine, à Vailly. En Faucigny, on le trouve à Samoëns et à Chamonix ; dans les massifs des Bornes, des Beauges, dans les Préalpes et le Jura savoisien ; il suit le cours de l'Isère jusqu'à Bourg Saint-Maurice et celui de l'Arc jusqu'à Saint-Martin-la-Porte.

Altitudes. — L'altitude maxima à laquelle parvient cette essence est de 1,600 mètres en Chablais (Morzine, N. W.); de 1,500 mètres en Faucigny (Saint-Jean-de-Tholome, S. W., Saint-Martin, S. W.); de 1,500 mètres encore dans le massif des Bornes (Talloires, W.; Serraval, S.); de 1,400 mètres dans la chaîne jurassique de l'Épine; de 1,500 mètres dans les Beauges (La Thuile, W.); de 1,500 mètres encore en Tarentaise (La Bathie, Bourg-Saint-Maurice, Beaufort) et en Maurienne (Aiguebelle); l'altitude minima est celle des bords du Rhône.

[1] Voir Planche III.

Ennemis. — Les souris, l'écureuil, le lièvre mangent volontiers les noisettes. Parmi les insectes, il faut noter le hanneton et l'apodère qui attaquent les feuilles et la larve blanche de la balanine, fréquente dans les noisettes.

§ 7. Cerisier merisier (*Cerasus avium*).

Noms vulgaires. — Le merisier s'appelle souvent cerisier sauvage ou bâtard, mais il reçoit aussi des vocables très spéciaux tels que : frisier (Bozel), grefeni (Saint-Jeoire-en-Faucigny) ou grofinier (Faverges).

Sol. — Tous les sols, sables, schistes, calcaire ou granite, portent des merisiers. Le gypse seul paraît ne pas convenir à cette essence.

Station. — Dans les Dranses, le merisier s'avance jusqu'à Morzine et Abondance, dans la vallée de l'Arve jusqu'à Saint-Gervais, dans celle de l'Isère jusqu'à Bourg-Saint-Maurice, et dans celle de l'Arc jusqu'à Saint-Jean-de-Maurienne. Les chaînes subalpines et jurassiques l'abritent dans tous leurs replis. On voit donc que son habitat coïncide à peu près avec celui du hêtre. Il n'est pas ici question des sujets introduits artificiellement et qui se trouvent dans des endroits abrités, choisis, plus avant dans les Alpes. Le merisier est disséminé.

Altitudes. — Le merisier atteint 1,500 mètres d'altitude dans le massif des Dranses (Burdignin); 800 mètres dans les Bornes (Balme-de-Thuy, W.); 1,200 mètres dans les Beauges (la Thuile, N. W.); 1,700 mètres à l'entrée de la Tarentaise (Albertville) et 1,500 mètres à Bozel; 1,100 mètres en Maurienne (Fontcouverte, N. E.). Il descend jusqu'au Rhône.

Ennemis. — Le merle et la grive recherchent la merise. La pyrale attaque aussi le feuillage.
Le chêne, le hêtre, le frêne, le tremble et l'épicéa supplantent aisément le merisier.

§ 8. Cerisier mahaleb et cerisier à grappes (*Cerasus mahaleb* et *Cerasus padus*).

Ces cerisiers, disséminés, peu abondants, ne semblent pas avoir un nom vulgaire bien distinct de ceux du merisier. Le mahaleb paraît surtout être désigné par les mots de frézi, fréchi, frigé.
Ils s'avancent tous deux plus loin que le merisier dans les grandes vallées, assez indifférents à la base géologique du terrain; ils s'élèveraient très haut, à 1,620 mètres en Haute-Savoie (Passy); à 1,800 mètres en Savoie (Montvalezan).

§ 9. Tilleul (*Tilia*).

Noms vulgaires. — On confond les tilleuls à petites feuilles (*Tilia parvifolia*) et à grandes feuilles (*Tilia grandifolia*) sous les mêmes dénominations : ty, tillé, tilleu, tillot, tillière, tellier.

Sol. — Si l'on trouve surtout les tilleuls sur les sols calcaires, il ne fait pourtant pas défaut sur les sables, schistes et granites; il pousserait même sur la gypse (N.-D.-du Pré).

Station. — Répandus dans les chaînes subalpines et le Jura savoisien, les tilleuls pénètrent dans la région alpine jusqu'à Sixt, Passy-Servoz, Bourg-Saint-Maurice et Saint-Michel.

Altitudes. — Il monte dans le massif des Dranses jusqu'à 1,200 mètres (Mégevette, Chevenoz, Bonnevaux) aux expositions chaudes; dans le massif des Bornes jusqu'à 1,500 mètres (Dingy-Saint-Clair), ainsi que dans les Beauges (Montailleur) à 1,400 mètres en Tarentaise (Bozel) et à 1,500 mètres en Maurienne (Sainte-Marie-de-Cuines).

Ennemis. — Parmi les ennemis des tilleuls, en Savoie, on cite surtout le hanneton qui, à l'état parfait, dévore le feuillage et, à l'état de ver blanc, ronge les racines et diverses chenilles, sans doute celles de la némate septentrionale, de l'attante, à pieds annelés, du cossus gâte-bois, du liparis disparate, de l'orgye pudibonde et de la phalène hiémale.

§ 10. ÉRABLES, SYCOMORE ET PLANE (ACER PSEUDOPLATANUS ET PLATANOÏDES).

Noms vulgaires. — En général, on ne distingue pas ces deux espèces désignées communément sous les noms de plane, pleine, platane, irable, igrable, izérable, planelle. Plus spécialement, le sycomore s'appelle plane blanc et l'érable plane, plane rouge ou doré, d'après la coloration du bois.

Sol. — Tous les sols portent les érables plane et sycomore, qu'ils soient d'alluvion, de calcaire, de schiste ou de granite.

Station. — Tantôt ces essences entrent dans la composition des peuplements forestiers, tantôt elles croissent isolées dans les hauts pâturages, à proximité des bergeries et des chalets. Elles se rencontrent dans les Préalpes, le Jura savoisien et les chaînes subalpines; dans les vallées alpines, elles pénètrent jusqu'à Chamonix, Bourg-Saint-Maurice et Modane.

Altitudes. — Le sycomore monte d'ordinaire plus haut que son congénère; au fond de la vallée de la Dranse du Biot, il parvient à 1,600 mètres, alors que le plane s'arrête à Saint-Jean-d'Aulph à 1,300 mètres; en Faucigny, le premier va à 1,800 mètres, aux Contamines, le second à 1,550, sur Saint-Roch; dans le bassin du Fier, ils parviennent respectivement à 1,600 mètres (Dingy Saint-Clair), et à 1,100 mètres (Faverges, Doussard) et, dans le bassin de la Leysse, à 1,500 mètres (Saint-Thibaud-de-Couz) et 1,000 mètres (Vérel-Pragondran). Dans les Alpes, il en est de même : en Tarentaise, le sycomore pousse encore à Pralognan à 1,800 mètres, alors que le plane ne dépasse pas 1,400 mètres (Saint-Martin-de-Belleville—Bourg-Saint-Maurice).

Ennemis. — Parmi les rongeurs, le lièvre s'attaquerait à l'écorce des jeunes sujets et l'écureuil aux rameaux les plus tendres.

Les insectes nuisibles seraient le hanneton et les chenilles du liparis disparate, de l'orgye pudibonde et du bombyx.

Plantations. — Quelques communes ont fait des plantations de hautes tiges d'érable sycomore pour ombrager leurs places ou les routes aux abords des agglomérations : certains de ces arbres atteignent même l'âge de 70 ans. En général, ces plantations sont vigoureuses.

Essences envahissantes. — En forêt, les érables tendent à être éliminés par des espèces plus aptes à être élevées en massifs, telles que le chêne, le hêtre, l'épicéa, le sapin et même par des bois blancs, comme l'aune et le tremble, dans les stations basses.

§ 11. Érable champêtre (*Acer campestre*).

Nom vulgaire. — Son nom vulgaire le plus répandu est celui d'isérable ; celui d'irable est assez rare. Il est à noter que ces dénominations sont les mêmes que pour les érables plane et sycomore.

Sol. — L'érable champêtre est assez indifférent quant à la nature minéralogique du sol ; il existe aussi bien sur les schistes argilo-calcaires ou cristallins que sur les calcaires compacts ou le granite.

Station. — C'est un arbre de plaine ou de moyenne montagne : on le trouve donc dans les Préalpes, le Jura savoisien et les chaînes subalpines. Il s'enfonce dans les Alpes jusqu'à Passy et Servoz en Faucigny, jusqu'à Montvalezan et Bozel en Tarentaise et jusqu'au Pas-du-Roc en Maurienne.

Altitude. — Dans les divers massifs de Savoie, l'érable champêtre s'élève, au plus, à 1,400 où 1,500 mètres ; à 1,400 mètres à Abondance, à Saint-Jeoire en Faucigny, à Montvalezan ; à 1,500 mètres à la Balme-de-Thuy (W.), à Aiguebelle et exceptionnellement à 1,600 mètres à Mercury-Gemilly. On le retrouve dans les taillis et les haies jusqu'au niveau du Rhône.

Ennemis. — Le hanneton et sa larve, la chenille verte de géomètre (*Phalœna defoliaria*) et la courtillière sont les insectes les plus nocifs.

§ 12. Érable de Montpellier (*Acer monspessulanum*).

Cet érable, qui croît surtout dans les rocs calcaires, se trouve en Savoie à la limite de son aire. On le rencontre dans les environs d'Aix-les-Bains, jusqu'à Cusy en Haute-Savoie et dans les grandes vallées de l'Isère et de l'Arc, mais sans dépasser Villette dans l'une et La Chambre dans l'autre. L'altitude maxima à laquelle il parviendrait serait de 1,450 mètres aux Allues.

§ 13. Alisier blanc (*Sorbus aria*).

Noms vulgaires. — On le connaît sous les noms d'alli (Haute-Savoie principalement), d'allier, alise, feuille blanche (Savoie), d'arbessier (Saint-Michel-de-Maurienne).

Sol. — Il pousse dans tous les terrains, mais surtout dans les calcaires où il n'est pas rare de le voir, aux expositions les plus chaudes, enfoncer ses racines dans les fissures du roc.

Station. — Il pénètre presque jusqu'à l'extrémité des principales vallées alpestres, à Chamonix, à Bourg-Saint-Maurice et à Termignon, et il est répandu dans les régions subalpine et jurassique.

Altitude. — Les altitudes auxquelles il parvient sont considérables : 1,650 mètres à Abondance dans les Dranses; 1,700 mètres en Faucigny, aux Houches; 1,650 mètres à Thônes dans les Bornes; 1,500 mètres dans les Beauges à Faverges et dans le Jura méridional, à Saint-Thibaud-de-Couz; à 1,900 mètres à Bourg-Saint-Maurice, en Tarentaise, et à 2,000 mètres à Termignon, en Maurienne. Il descend jusqu'à la plaine rhodanienne.

Ennemis. — Le lièvre rongerait l'écorce des jeunes alisiers; la bécasse, la perdrix et la grive recherchent les alises.

Parmi les insectes, ses principaux ennemis sont le hanneton et son ver blanc et une chenille grise (?)

Essences envahissantes. — Cette essence disséminée, assez rare, est supplantée en forêt par le chêne, le hêtre, l'épicéa, le sapin; le coudrier même aurait une tendance à étouffer les semis naturels de l'alisier.

§ 14. SORBIER DES OISELEURS (*SORBUS AUCUPARIA*).

Noms vulgaires. — Le sorbier des oiseleurs a reçu les dénominations les plus diverses : temé ou tumé, tieumé (Chablais, Faucigny, vallée de l'Isère jusqu'à Cevins, val d'Arly et Beaufort, basse Maurienne jusqu'à Saint-Remy); quemel, tiemelaz, temel, tumel (Genevois, Aix-les-Bains, moyenne Maurienne); daillet (Aime); flairon, bois de grives (Yenne); frêne bâtard (Saint-Gervais-les-Bains, Bourg-Saint-Maurice, Bozel); fréné (Ruffieux); lacmélas (Menoge).

Sol. — Il se rencontre dans tous les sols siliceux (granites, schistes cristallins), argileux (schistes), calcaires, mais surtout dans les terrains légers.

Station. — C'est un des derniers représentants de la végétation forestière et il existe jusqu'à l'origine des vallées alpestres (Val d'Isère, Bonneval-sur-Arc) et dans les régions subalpines et jurassiennes.

Altitudes. — Au fond des Dranses, le sorbier atteint l'altitude de 1,660 mètres à Morzine, celle de 1,700 mètres à Vacheresse; dans les vallées de l'Arve, du Giffre et du Bonnant, celle de 1,800 mètres; dans le massif des Bornes, celle de 1,650 mètres (Thônes); de 1,600 mètres dans le Jura méridional (Saint-Thibaud-de-Couz). Mais c'est dans les Alpes qu'il s'élève le plus haut, 2,000 mètres à Presles, à Tignes, Valneinier, Villarodin, Lans-le-Villard.

Ennemis. — Parmi les quadrupèdes, l'ours, l'écureuil, le lièvre attaquent, celui-ci l'écorce, ceux-là les branches pour s'emparer des fruits. Non moins friands des sorbes sont les oiseaux, et notamment la grive, le merle et la perdrix.

Les insectes nuisibles sont le hanneton et son ver blanc, la chenille verte des géomètres (*Phaloena defoliaria*).

Essences envahissantes. — Le sorbier, dans la zone des forêts, tend à être éliminé par le chêne, le hêtre, l'épicéa, le sapin et même par l'aune; il est toujours disséminé.

Divers propriétaires ont fait des plantations de sorbier des oiseleurs, notamment les communes le long de leurs routes, généralement avec succès.

§ 15. Hippophaé (*Hippophae rhamnoïdes*).

Nom vulgaire. — Le plus ordinairement on désigne l'hippophaé sous le nom d'arcosse ou arcousse, parfois simplement sous celui d'épine, mais ce terme prête à confusion puisqu'il s'applique aux aubépines.

Sol. — Le terrain le plus favorable à l'hippophaé est le sable, l'alluvion, les marnes argilo-calcaires et les schistes, pourvu qu'ils soient frais.

Station. — On trouve l'hippophaé à peu près partout dans les vallées de Savoie, mais cette espèce végétale n'atteint cependant pas les limites de la végétation forestière.

Altitude. — Pourtant elle monte à des altitudes assez considérables : 1,600 mètres à Samoens, 1,500 mètres à Thônes, à Bourg-Saint-Maurice, à Saint-Jean-d'Arves ; elle descend le long des cours d'eau jusqu'au Rhône, à Chanaz par exemple, au confluent de ce fleuve et du canal de Savières (225 mètres).

Ennemis. — Le merle, la grive mangent volontiers le fruit acidulé de l'hippophaé. Le couvert épais des grands végétaux forestiers fait disparaître cette espèce, fort précieuse pour ameublir, amender le sol ingrat des schistes noirs magnésiens du lias ou de l'oxfordien.

§ 16. Orme de montagne (*Ulmus montana*).

L'orme champêtre qui croît surtout en dehors des massifs boisés présente peu d'intérêt au point de vue forestier, beaucoup moins, en tous cas, que l'orme de montagne qui se rencontre dans les peuplements de chêne, de hêtre et même de sapin. Aussi cette dernière espèce a-t-elle seule fait l'objet d'une enquête ; encore n'est-elle pas très largement représentée.

Noms vulgaires. — Le nom d'ormeau est répandu à peu près dans toute la Savoie avec ses dérivés ouarme, ouerme, oerme, iorme (Thônes), aume (Samoens).

Sol. — L'orme de montagne pousse sur les terrains les plus variés, alluvions, sables, calcaires, schistes cristallins ou marneux, granite ; il préfère les sols légers et frais.

Station. — Il se rencontre dans les régions jurassienne et subalpine et pénètre fort avant dans les grandes vallées alpestres : il existe à Sixt, à Vallorcine, à Bourg-Saint-Maurice et jusqu'à Orelle.

Altitude. — L'altitude maxima qu'atteint l'orme de montagne varie suivant les régions : elle est de 1,300 mètres en Chablais (Abondance); de 1,350 mètres en Faucigny (Vallorcine S. E.); de 1,000 mètres dans les Usses (Beaumont); de 1,500 mètres dans le massif des Bornes (Thônes, E.); de 1,400 mètres dans le Jura savoisien (Saint-Christophe-la-Grotte); de 1,600 mètres en Tarentaise et dans la Combe de Savoie (Saint-Martin-de-Belleville, E.; Bozel, S.; Grésy-sur-Isère, S.); de 1,400 mètres en Maurienne (Montaimont, W.; Thyl, S.).
L'altitude minima est celle de la Savoie, 220 mètres.

Ennemis. — Le lièvre rongerait l'écorce de l'orme jeune (Chablais et abords), mais les principaux ennemis de cette essence sont les insectes parmi lesquels le hanneton et sa larve, les chenilles de diverses liparis et géomètres.

Essences envahissantes. — L'orme de montagne est supplanté par le chêne, le hêtre et le charme, le frêne, l'épicéa et le sapin, suivant les stations.

§ 17. Buis (*Buxus sempervirens*).

S'il est souvent un obstacle à la propagation des grands végétaux forestiers, le buis a, du moins, l'avantage de maintenir énergiquement le sol sur les pentes et de le protéger contre le décapage.

Nom vulgaire. — On le désigne d'ordinaire sous le nom de buis, parfois de bi.

Sol. — Se rencontre principalement sur les terrains calcaires, même sur les roches, quelquefois sur les schistes marneux (Saint-Jean-d'Aulph, Cluses).

Station. — Par suite de ses préférences calcicoles et de ses exigences au point de vue des températures, le buis se trouve confiné dans les vallées et sur les versants inférieurs des chaînes jurassienne et subalpine principalement. Dans le Chablais, il remonte jusqu'à Morzine ; dans la vallée de l'Arve jusqu'à Sallanches ; dans celle de l'Isère jusqu'à Fontaine-le-Puits ; dans celle de l'Arc, il ne dépasse guère Aiguebelle.

Altitude. — Il s'élève dans les Dranses jusqu'à 980 mètres d'altitude (Morzine) ; en Faucigny à 900 mètres (Saint-Roch) ; dans le massif des Bornes à 950 mètres (Le Bouchet) ; dans le Jura méridional à 1,180 mètres (Saint-Thibaud-de-Couz) ; dans les Beauges à 1,200 mètres (Montmélian, Roche-du-Guet) ; en Tarentaise à 1,100 mètres (Fontaine-le-Puits).

Une de ses stations les plus basses est le Mollard de Vions (235 m. en face Culoz).

Essences envahissantes. — Le couvert épais des grandes essences forestières, chêne, tilleul, hêtre principalement éliminent le buis.

§ 18. Noyer (*Juglans regia*).

Bien que le noyer ne se rencontre guère dans les peuplements forestiers (Méry, Aime, Drumettaz), une mention spéciale lui est due cependant, tant à cause de la valeur économique et technique de son bois que par la possibilité de l'employer à des travaux de reboisement et de mise en valeur des terrains les plus fertiles, destinés à être restaurés. Les renseignements ci-après permettront de juger là où il est possible d'introduire cette essence ou le noyer noir d'Amérique.

Nom vulgaire. — Les désignations les plus connues du noyer sont : noï, noëraz, nouïre.

Sol. — Sables, calcaires, schistes marneux ou micacés sont aptes à l'éducation du noyer.

Altitudes. — On trouve le noyer commun dans les Dranses jusqu'à Saint-Jean-d'Aulph. S. E., à 1,000 mètres, et à Chevenoz ; en Faucigny jusqu'à Saint-Gervais,

Passy, S., à 950 mètres; dans les Bornes, à 1,100 mètres (S.) au grand Bornand; dans les bassins de la Leysse et du Guiers, jusqu'à 900 mètres; en Tarentaise, à 1,300 mètres (Saint-Jean-de-Belleville, E.); à 1,350 mètres à Bozel; à 1,100 mètres à Beaufort. Il remonte dans la vallée de l'Isère jusqu'à Montvalezan, 1,200 mètres, et en Maurienne jusqu'au Thyl, 1,200 mètres.

Ennemis. — Les principaux ennemis du noyer dans la région sont : l'écureuil, le corbeau qui attaquent le fruit; le hanneton et sa larve, la courtillière, les fourmis causent aussi de sérieux dommages.

Des gommes noires apparaissent aussi à l'extérieur ; il est très sensible aux émanations gazeuses des usines électro-métallurgiques : acides fluorhydrique, sulfurique ou sulfureux, goudrons, etc.

§ 19. Bouleau (*Betula*).

Noms vulgaires. — Dans toute la Savoie, le bouleau, quelle que soit son espèce, est appelé biolle ou biollaz. Ce vocable a dégénéré en ceux de biau (Chamonix), biais (Saint-Jean-de-Maurienne); plusieurs localités lui doivent leur nom. On ne distingue guère le bouleau pubescent du verruqueux.

Sol. — Tous les terrains, en Savoie, portent du bouleau : alluvions, dépôts glaciaires, schistes cristallins ou marneux, calcaires, granites, gypse même. Mais cet arbre préfère les sols légers et frais.

Station. — Aussi trouve-t-on le bouleau dans l'ensemble des deux départements savoisiens, d'autant mieux qu'il résiste bien au froid et n'a besoin pour végéter que d'une faible somme de température.

Altitudes. — Des bords du Rhône et du Léman, il atteint dans les Dranses l'altitude de 1,300 mètres (Le Biot); dans la vallée de l'Arve, 1,800 mètres (Chamonix); dans celle du Fier, 1,700 mètres (Dingy-Saint-Clair); dans le Jura méridional, 1,300 mètres (Saint-Thibaud-de-Couz, La Motte-Servolex); en Tarentaise, 1,800 mètres (Saint-Foy), ainsi qu'en Maurienne (Aussois).

Ennemis. — Le lièvre et l'écureuil attaquent l'un l'écorce, l'autre les ramilles les plus fines.

Parmi les insectes qu'il attire, il faut citer le hanneton et son ver blanc, le rhynchite du bouleau et les chenilles de la phalène.

Essences envahissantes. — Devant le chêne, le hêtre, l'aune blanc, le frêne, le sapin et l'épicéa, le bouleau disparaît; mais quand les circonstances météorologiques et les peuplements clairiérés s'y prêtent, il est assez envahissant. La facilité avec laquelle cette essence s'accommode des conditions les plus diverses la rend précieuse pour le reboisement et le repeuplement.

§ 20. Aune vert (*Alnus viridis*).

Noms vulgaires. — Dans le département de la Haute-Savoie on l'appelle ordinairement varosse, vorosse, vorasse, véroce ; Saint-Nicolas-de-Véroce lui doit son nom.

Dans le département de la Savoie, le vocable le plus employé est celui d'arcosse ou alcosse. En haute Tarentaise et en haute Maurienne, les termes de drose, derosse, drouse sont assez fréquents. Dans les régions de Beaufort et de l'Arly, les mots de varau et de vorret rappellent le vocabulaire faucignerand.

Sol. — L'aune vert se rencontre sur tous les sols, alluvions, dépôts glaciaires, granite, schistes cristallins et marneux : sur les calcaires il est assez rare (Abondance, Doussard, La Giettaz). Mais il lui faut beaucoup de fraîcheur.

Station. — C'est éminemment l'essence de la haute montagne : on ne la trouve pas dans les vallées basses, mais sur les crêtes qui les dominent.

Altitudes. — Les altitudes maxima et minima situeront exactement l'habitat de l'aune vert dans chaque région.

Chablais : altitude maxima à Chatel, 1,750 mètres; minima à Seytroux, 900 mètres.

Faucigny : altitude maxima (Les Contamines, Samoens), 1,900 mètres; minima (Saint-Gervais), 900 mètres.

Genevois : altitude maxima (Thorens, Les Clefs), 1,800 mètres; minima (Thones), 850 mètres.

Combe de Savoie : altitude maxima (La Table), 2,000 mètres; minima (La Thuile), 800 mètres.

Tarentaise : altitude maxima (Villargerel), 2,300 mètres; minima (La Perrière), 800 mètres.

Maurienne : altitude maxima (Montgellafrey, Saint-Jean-d'Arves, Villarodin), 2,200 mètres; minima (Aiguebelle, Frency), 1,000 mètres.

Les Beauges : altitude maxima (Plancherine), 1,800 mètres; minima (Outrechaise), 600 mètres.

L'aune vert ferait donc défaut dans les Préalpes et le Jura méridional.

Ennemis. — On ne lui signale pas d'ennemis.

Essences envahissantes. — L'aune vert peut être éliminé par les résineux, l'épicéa et le sapin notamment, qui ont un couvert assez épais. Mais par lui-même il est assez envahissant, car il rejette, drageonne et fructifie abondamment. En haute montagne, ses rameaux flexibles sont fréquemment couchés par la neige sur le sol où ils forment un lacis inextricable, à feuillage bas qui étouffe toutes les plantules, même résineuses. Cette disposition favorise d'ailleurs la formation des avalanches, les branches écrasées par la neige ayant toujours une tendance à se relever et à briser l'homogénéité de la couche neigeuse qui les recouvre.

§ 21. AUNE GLUTINEUX (*ALNUS GLUTINOSA*).

Noms vulgaire. — Fréquemment, dans le peuple, on confond l'aune glutineux avec l'aune blanc désigné simplement sous le nom de verne : dans certaines régions et notamment la Maurienne, on fait la distinction entre les deux essences et l'aune glutineux est appelé verne noire ou verne grasse, parfois vernette.

Sol. — L'aune glutineux semble indifférent à la nature minéralogique du terrain; mais il recherche les sols meubles et frais, les alluvions et les rives des cours d'eau. A Saint-Rémy en Maurienne, on le trouve même en terrain marécageux.

Station. — D'une façon générale, c'est donc dans les thalwegs que se rencontre l'aune glutineux : il pénètre très avant dans les vallées alpines ou subalpines. Saint-Jean-d'Aulph, Samoens, Saint-Gervais, Sainte-Foy et Saint-Michel sont les points extrêmes atteints sur la Dranse, le Giffre, l'Arve, l'Isère et l'Arc.

Altitudes. — Des rives du Léman et du Rhône, cette espèce atteint l'altitude de 1,100 mètres en Chablais (Bernex N-W); 1,000 mètres en Faucigny; 1,100 mètres dans les Bornes (La Clusaz W); 1,500 en Tarentaise (Bourg-Saint-Maurice, W) et 1,240 mètres en Maurienne (La Chapelle).

Ennemis. — Le lièvre et l'écureuil endommagent les écorces et ramilles encore jeunes; le hanneton et quelques chenilles dévorent aussi le feuillage.

Essences envahissantes. — Les autres bois blancs, peupliers, tilleul, de même que le chêne se substituent à l'aune glutineux ainsi que l'épicéa.

§ 22. AUNE BLANC (*ALNUS INCANA*).

Nom vulgaire. — Le mot qui sert à désigner l'aune blanc, non seulement en Savoie, mais en Suisse et en Dauphiné, est verne ou vernaz; il a servi à dénommer diverses localités (La Vernaz. Haute-Savoie). Un vernet ou vernay est un bois d'aune.

Sol. — L'aune blanc, comme le glutineux, ne semble pas influencé par la base minéralogique du sol; on le voit sur les alluvions, les schistes cristallins ou marneux, les granites, les calcaires, même le gypse (Bozel). S'il préfère les sols frais et meubles, il croît cependant sur des terrains filtrants et même secs. Cette essence s'accommode même des marnes noires liasiques qu'il améliore et amende par des détritus et y facilite ainsi la réintroduction d'essences plus précieuses qui n'auraient pu s'installer directement.

Stations. — Toute la Savoie, dans les limites, du moins, d'extension de la végétation forestière, est comprise dans l'aire et l'habitat de la verne.

Altitudes. — Du confluent du Guiers avec le Rhône, point le plus bas de Savoie (220 m.), l'aune blanc remonte jusqu'à 1,700 mètres d'altitude dans le Chablais (Bernex); 1,600 mètres en Faucigny (Saint-Jeoire, N) et en Genevois (Doussard, N); à 1,100 mètres dans le Jura méridional (Saint-Thibaud-de-Couz, La Bauche, W); à 1,700 mètres en Tarentaise et 1,920 mètres en Maurienne (Saint-Martin-sur-la-Chambre).

Ennemis. — Ses ennemis sont les mêmes que ceux de l'aune glutineux.

Essences envahissantes. — L'aune blanc cède devant le frêne, le peuplier, le coudrier, le chêne, le sorbier des oiseleurs, le sapin et l'épicéa. Sous son couvert, les semis de ces deux espèces résineuses s'installent aisément et prospèrent et c'est un dicton en

Savoie que «la verne est la mère de l'épicéa». Et de fait, il n'est pas rare de voir des couloirs d'avalanche, des cônes de déjections se couvrir d'abord d'aune blanc, à l'abri duquel la grande forêt se reconstitue (Les Houches, Epierre).

C'est peut-être à la verne que les forêts savoisiennes si éprouvées par des abus de toutes sortes, depuis la fin du XVIIIᵉ siècle, doivent de n'avoir pas régressé davantage; la verne est l'auxiliaire le plus précieux du reboisement surtout sur les marnes noires, liasiques ou oxfordiennes.

§ 23. Peuplier tremble (*Populus tremula*).

Noms vulgaires. — Cet arbre essentiellement forestier n'est pas séparé par le langage courant du peuplier ordinaire appelé poble, peublaz ou pèble. Toutefois, en Chablais, il est distingué par le nom de trimble et, en Maurienne, par celui de teimblaz.

Sol. — Il se rencontre sur tous les sols, calcaires, schistes cristallins et marneux, granite, dépôts glaciaires, alluvions; mais c'est sur les sables qu'il est le plus abondant, donc en terrain meuble, profond.

Station. — En outre, il faut au tremble une certaine humidité : aussi croît-il principalement le long des cours d'eau et dans les dépressions toujours plus fraîches. Il se rencontre jusqu'auprès des sources des grandes rivières savoisiennes, au cœur même des Alpes.

Altitudes. — Cependant le tremble, dont l'habitat est presque aussi étendu que celui de l'aune blanc, s'élève moins sur les pentes, faute sans doute de profondeur et de fraîcheur du terrain. En Chablais, il atteint au maximum 1,600 mètres (Samoens, Val de Dranse, S-W); en Faucigny, 1,540 mètres (Chamonix, Le Tour, N-W); dans le massif des Bornes, 1,500 mètres (Dingy-Saint-Clair, N); dans la Combe de Savoie 1,400 mètres; en Tarentaise 1,600 mètres (Bourg-Saint-Maurice) et en Maurienne 1,500 mètres (Valloires, N-W).

Ennemis. — Le hanneton dévore parfois complètement le feuillage du tremble ainsi que les chrysomèles. La larve de la saperde du peuplier se rencontre aussi; à Ugines elle s'installe dans les rameaux des trembles anémiés par les fumées de l'usine d'électrodes.

Essences envahissantes. — De tempérament robuste, le tremble meurt dès qu'il est dominé : le chêne, mais surtout le hêtre, l'épicéa et le sapin l'étouffent. Même des essences à couvert léger le gênent considérablement, comme l'aune blanc et le pin sylvestre.

Par sa faculté à drageonner, le tremble est fort précieux pour fixer les atterrissements.

§ 24. Peuplier noir (*Populus nigra*).

Nom vulgaire. — On le désigne, comme les autres espèces du même genre, sous les noms de pèble, poble, peubla.

Sol. — Indifférent à la nature géologique du sol, le peuplier noir pousse là où il se trouve sur terrain meuble, profond et frais. Très traçant, son enracinement s'étale beaucoup. Cette essence n'entre pas dans la composition des massifs forestiers, mais elle est disséminée le long des cours d'eau. De tempérament très robuste, elle ne supporte pas la concurrence des arbres forestiers.

Station. — Comme le tremble, le peuplier noir remonte le long des grandes vallées; mais il est beaucoup plus rare que son congénère. Il a été multiplié par plantations et par boutures en maintes localités des deux départements et avec succès.

Altitudes. — Son altitude maxima ne dépasserait guère 1,500 mètres (Montvalezan). Le peuplier noir présente de l'intérêt pour la fixation des berges des torrents et des atterrissements et pour la protection des marnes noires, en attendant l'introduction d'espèces ligneuses susceptibles d'être élevées en massif.

§ 25. Frêne (*Fraxinus excelsior*).

Sol. — Le frêne est indifférent à la base minéralogique du terrain : alluvions, calcaires, granite, schistes cristallins ou marneux lui conviennent également pourvu qu'ils soient suffisamment frais ou meubles.

Station. — Aussi le trouve-t-on le long des cours d'eau, fort loin dans les grandes vallées savoisiennes alpines ou subalpines, ainsi que sur les versants. Mais il se trouve toujours à l'état disséminé dans les peuplements forestiers et fréquemment conservé dans les pâturages, car son feuillage est très bon pour l'alimentation du bétail.

Altitudes. — Descendant jusqu'aux bords du Rhône et du Léman le frêne s'élève jusqu'à 1,600 mètres en Faucigny et à 1,800 mètres en Tarentaise et en Maurienne.

Ennemis. — Les hannetons, mais surtout les chenilles vertes de la tenthrède noire attaquent le feuillage; on cite aussi en certains endroits la cantharide, la liparis et le bombyx.

Division II. — Les résineux [1].

§ 1. Sapin (*Abies pectinata*).

Nom vulgaire. — Dans toute la Savoie le sapin est connu sous le nom de vargne, parfois déformé en ouargne, vuargne.

Sol. — Le sapin se rencontre sur tous les sols, qu'ils soient siliceux ou calcaires, schisto-cristallins ou schisto-marneux; les gypses même le portent, mais c'est surtout dans les sols frais, profonds, tels que les alluvions, qu'il se plaît et prospère le mieux.

Station. — C'est une essence de montagne qui se trouve aussi bien au fond des vallées (Giffre, de Samoens à Taninges, par exemple) que sur les versants. Aussi est-elle répandue dans toutes les régions savoisiennes alpines, subalpines ou jurassiennes. On lui attribue d'ailleurs le nom actuel de Savoie-Sapaudia, pays de sapins.

[1] Voir Planche IV.

Certaines communes lui ont aussi emprunté leur nom, ainsi le Sappey, Taninges (de l'allemand Tanne) et même quelques montagnes (Le Sapenay, au-dessus de Cessens; le Sapey, à Ugines).

Altitude. — Le point le plus bas où il semble spontané est la cote 350 mètres, à Grignon près d'Albertville.

Dans le Chablais, il s'élève des bords du Léman à 1,730 mètres (Montriond, S); en Faucigny, il atteint 1,700 mètres en diverses localités : Les Pratz-sur-Arly, Passy, Saint-Gervais, les Houches, les Contamines, Chamonix; dans le massif des Bornes, il monte jusqu'à 1,800 mètres à Saint-Jean-de-Sixt au S-E, mais, dans la Chartreuse, il ne dépasse guère 1,560 mètres à Saint-Thibaud-de-Couz.

Dans la région alpine il arrive à des altitudes considérables, mais à l'état isolé, 1,940 mètres à Cevins, 1,950 mètres à Saint-Jean-d'Arves, et même à 2,100 mètres sur la rive gauche du torrent de Saint-Antoine à Modane.

Ennemis. — L'écureuil assez abondant en certaines forêts coupe fréquemment les nouvelles pousses; le pic endommage l'écorce et le bois. Cet oiseau, en chassant les insectes, arrive parfois à provoquer sur la tige des sapins des séries d'anneaux le plus souvent gémellés qui rappellent les cannelures des bambous.

Le ver blanc du hanneton attaque les radicelles; en diverses localités on peut noter les ravages des bostriches curvidenté et liseré et du sirex géant, appelé souvent capricorne.

Parmi les végétaux, le gui est un de ceux qui attaquent le plus fréquemment le sapin; des cantons entiers de forêt en sont infestés (Pontamafrey, Montricher) et leurs arbres meurent, de ce fait, toujours prématurément et leurs produits sont sérieusement dépréciés.

L'*Accidium elatinum*, sous ses deux formes de chaudron et de balai de sorcier, n'est pas plus rare.

Enfin, le sapin voit encore ses aiguilles attaquées par d'autres maladies cryptogamiques. Comme les autres résineux à aiguilles persistantes, le sapin est fort sensible aux émanations des usines électro-métallurgiques.

§ 2. Épicéa (*Picea excelsa*) [1].

Nom vulgaire. — Dans la plus grande partie de la Savoie on désigne l'épicéa sous le nom de pesse : la pessière est le massif d'épicéa pur. Mais, en quelques endroits, il existe des vocables spéciaux : ainsi, à Moutiers, l'épicéa s'appelle darbi et, dans la Maurienne haute et moyenne, suiffaz, souiffe, souëffe, suffaz.

Sol. — De même que le sapin, l'épicéa s'installe sur tous les sols, quelle que soit leur base minéralogique, calcaire, siliceuse, argileuse, gypseuse même : il redoute seulement les terrains secs et arides et, à ce point de vue, les gypses lui conviennent assez peu; il s'y montre court, ses aiguilles sont peu développées, jaunâtres.

Station. — C'est encore au fond de la vallée fraîche de l'Isère, à 350 mètres seulement d'altitude, à Grignon, que se rencontrent les derniers exemplaires spontanés de

[1] Voir Planche IV.

l'épicéa, à leur limite inférieure. En Chablais, il monte jusqu'à 1,800 mètres (Morzine, S; Vacheresse, N-W; Chatel, W); en Faucigny jusqu'à 1,900 mètres (Chamonix); dans les Usses à 1,200 mètres (Cruseilles); 1,900 mètres dans les Bornes (Saint-Jean-de-Sixt); à 1,560 mètres dans le Jura méridional (Saint-Christophe-la-Grotte). Mais c'est dans les Alpes de Maurienne et de Tarentaise qu'il atteint son altitude maxima, 2,080 mètres aux Allues, 2,200 mètres à Montgellafrey, à Villarodin-Bourget et à Termignon.

L'épicéa et le sapin ont donc sensiblement la même distribution géographique, mais celui-ci n'atteint pas des régions aussi élevées que son congénère.

Ennemis. — L'écureuil et le pic endommagent l'épicéa comme le sapin. Mais ce sont principalement les insectes qui causent le plus de ravages et notamment les bostriches chalcographe et typographe et les hylésines. Sur les ramilles, les galles de kermès ne sont pas rares.

Le sirex géant, dit capricorne, et le ver blanc du hanneton font aussi des dégâts.

Par contre, les ennemis végétaux sont peu nombreux; le gui est fort rare et, dans un massif, il est fréquent de voir le sapin envahi par ce parasite alors que l'épicéa demeure indemne. Il existe aussi des chaudrons et balais de sorcier sur l'épicéa.

Essence envahissante. — Tantôt l'épicéa se montre envahissant et tend à se substituer au sapin sous lequel il s'installe et tantôt c'est l'inverse qui se produit. Mais quand il existe du hêtre, très ordinairement le couvert épais de cet utile feuillu étouffe l'épicéa.

§ 3. Mélèze (*Larix europaea*) [1].

Nom vulgaire. — Le mot le plus employé est «large» ou «larre», dérivation évidente du latin *larix* (haut Faucigny, Tarentaise moyenne, Moutiers, Bozel). En haute Tarentaise, à partir d'Aime, c'est le vocable «brinze ou bringe» qui est le plus usité. La Maurienne a aussi son terme spécial pour désigner le mélèze : «mélido» (Saint-Rémy), «meldo» (Saint-Jean-de-Maurienne), «meldon» (Modane).

Parfois aussi on se sert du mot mélèze ou mélège, mais au féminin.

Sol. — Le mélèze vit sur tous les terrains, calcaires, granites, schistes cristallins, carbonifères ou marneux, alluvions et dépôts glaciaires.

Station. — Arbre de haute montagne, le mélèze a besoin d'une vive insolation et redoute les brouillards persistants : il a donc un tempérament absolument contraire à celui du hêtre et, où celui-ci s'arrête, il apparaît. Il est spontané en Faucigny à partir de Saint-Gervais et à Sixt, en Tarentaise, en amont de Moutiers et, en Maurienne, sur les sommets à partir de Saint-Rémy, dans la vallée depuis Villargondran.

Altitudes. — L'altitude minima où descend le mélèze est 820 mètres au Pont-Pellissier sur l'Arve; 600 mètres à Aime dans la vallée de l'Isère et 700 mètres à Villargondran dans celle de l'Arc. Par contre, cette essence monte jusqu'à la limite supérieure de la végétation forestière, 2,100 mètres à Chamonix; 2,200 mètres en Tarentaise jusqu'à Val-d'Isère; 2,300 mètres à Villarodin-Bourget, en Maurienne.

[1] Voir Planche IV.

3.

Reboisement. — Comme la croissance du mélèze est rapide aux basses altitudes, on a cherché à propager cet arbre en dehors de son aire d'habitation naturelle. En Chablais, on l'a planté de Thonon (altitude 400 m.) au fond du val de Dranse sur Samoens (1,700 m.); le bas Faucigny, Saint-Jeoire, Cluses (500 m.), la région des Usses (Cruseilles 750 m.); la vallée du Fier, d'Annecy (500 m.) à la Clusaz et à Thorens (1,600 m.); le bassin de la Leysse, de Ruffieux (300 m.) à Saint-Baldoph (1,400 m.), offrent également des plantations de mélèzes assez bien venantes, en général.

Ennemis. — L'écureuil coupe souvent l'extrémité des rameaux et le lièvre ronge l'écorce des jeunes mélèzes.

Certaines années, de véritables invasions de la teigne du mélèze font rougir les aiguilles dès le mois de juin : les mélèzets de Maurienne ont eu particulièrement à en souffrir. La pyrale grise et les némates attaquent aussi le feuillage. Mais, d'ordinaire, les ravages de ces insectes sont d'une durée qui ne dépasse pas 3 ans; ils ont seulement pour effet de réduire la croissance.

Au contraire, les bostriches, curvidenté, typographe, du mélèze, font périr les arbres; leur présence a été constatée en quelques endroits, dans les environs de Moutiers notamment.

Essences envahissantes. — En certaines localités le sapin et l'épicéa éliminent le mélèze; cependant il n'est pas rare de voir ces essences mélangées en proportions diverses : Villargondran, Montricher, Macôt, Villaroger, Villarodin-Bourget, Modane.

§ 4. PIN SYLVESTRE (*PINUS SYLVESTRIS*) [1].

Noms vulgaires. — Comme pour d'autres essences, le peuple ne fait pas bien la distinction entre les diverses espèces du genre Pin et il donne le même nom à des espèces différentes. Ainsi, en Haute-Savoie, on le nomme aralle, arolle, comme le cembro : le terme de daille utilisé en Chablais, Faucigny et Tarentaise paraît bien désigner spécialement le sylvestre appelé aussi pin rouge, pin blanc (Termignon), perrotte (La Rochette) et même pin tout court.

Sol. — S'il est une essence indifférente à la nature géologique du terrain, c'est bien le pin sylvestre : granite et calcaire, schistes cristallins, anthracifères ou marneux, alluvions et dépôts glaciaires, tout lui convient. Il est même seul ou presque seul à occuper les grands affleurements gypseux de Maurienne et de Tarentaise et les services qu'il rend, en protégeant et en maintenant ces formations très friables et affouillables, sont inappréciables.

Station. — Son aire d'habitation s'étend presque à toute la Savoie : il n'y a qu'au fond des grandes vallées alpines qu'il fait défaut et encore le trouve-t-on jusque vers Tignes et Lans-le-Villard.

Altitudes. — Le pin sylvestre se rencontre des bords du Rhône et du Léman jusqu'à 1,750 mètres en Chablais (Abondance, S); 1,700 mètres en Faucigny (Chamonix, S-E); 1,350 mètres dans le bassin de la Leysse; 2,000 mètres en Tarentaise (Villargerel, S) et 2,100 mètres en Maurienne (Sollières-Sardières, S).

[1] Voir Planche V.

Reboisement. — Par sa rusticité, sa résistance aux climats les plus divers, le pin sylvestre a été fort employé pour remettre en valeur des terrains épuisés par la culture ou
envahis par la lande. On l'a planté de la cote 240 mètres (Chindrieux, W) jusqu'à
1,680 mètres (Grand Bornand) et toujours avec succès. Le semis a généralement moins
bien réussi (Cruseilles, S et W), même à des altitudes convenables (740 m.
à 900 m.).

Ennemis. — L'écureuil qui recherche les cônes du sylvestre coupe souvent les extrémités des rameaux. La courtillière, le hanneton attaquent, celui-ci les jeunes aiguilles,
celle-là les radicelles. Mais les plus redoutables ennemis du sylvestre en Savoie sont
les chenilles processionnaires (Bombyx pinivore); la chenille bleu-vert du lasiocampe
du pin et la géomètre du pin.

Des bostriches (probablement *B. laricis*, *stenographus* et *lineatus*) ont été aussi
signalés en Maurienne, en Tarentaise et dans la basse vallée du Fier.

Essences envahissantes. — Sous le couvert léger du pin sylvestre le sapin, l'épicéa, le
hêtre, le chêne même, s'installent et finissent par éliminer leur abri. Cette facilité
d'implantation d'essences précieuses en sous-étage fait du sylvestre une espèce transitoire extrêmement utile, permettant la création de la grande forêt, là où une telle
opération eut été directement impossible.

§ 5. Pin à crochets (*Pinus montana*, var. *uncinata*)[1].

En Savoie, le pin de montagne se présente sous la forme d'arbre bien droit, de la
variété à crochets. Ce n'est que très exceptionnellement que l'on rencontre cette espèce
sous la variété de pin mugho, rampant.

Noms vulgaires. — Les noms d'aralle, pin, sont communs avec les autres espèces du
genre Pin. Cependant les dénominations de taïr (vallée du Fier supérieur) et de fran-
chette (Modane) semblent bien être particulières à cette essence.

Sol. — Comme le sylvestre auquel il est fréquemment associé en montagne, le pin à
crochets pousse sur tous les sols et même sur le gypse.

Station. — L'aire d'habitation du pin à crochets est assez restreinte, confinée dans
les hautes régions : elle apparaît sur les plateaux et les sommets des massifs des
Bornes, de Chartreuse et dans les Alpes.

Altitudes. — Comme cette espèce de pin ne redoute pas le froid, on peut prévoir
qu'elle arrivera à peu près à la limite de la végétation forestière et, en effet, elle
atteint 1,900 mètres à Saint-Jean-de-Sixt, au cœur des Bornes; 1,800 mètres en
Chartreuse, à Entremont-le-Vieux; 1,900 mètres dans les Beauges, à Saint-Pierre-
d'Albigny; 2,200 mètres en Tarentaise, à Hauteville-Gondon et 2,300 mètres en Maurienne à Sollières-Sardières (S).

Par contre, elle ne descend pas fort bas dans les vallées; 1,450 mètres en Faucigny,
à Magland; 1,000 mètres en Chartreuse, à Saint-Thibaud-de-Couz; 1,500 mètres dans
les Bornes, à Thorens; 800 mètres en Tarentaise, à La Perrière; 1,200 mètres en
Maurienne, à Valloire.

[1] Voir Planche V.

Reboisement. — Sa rusticité l'a fait employer dans le reboisement de terrains assez ingrats et très froids.

Il est à noter que le pin à crochets installé dans des stations de basse altitude ne semble pas pousser plus vite qu'en montagne où sa croissance est toujours modérée; cette observation a été faite à l'éboulement d'Arbin, à sol profond et au S.-E., dont le pied est à 400 mètres d'altitude, ainsi que dans la forêt communale de Poisy, sur les alluvions du Fier.

Ennemis. — L'écureuil attaque les extrémités des rameaux; mais les mulots, en rongeant l'écorce du pied des jeunes pins à crochets, sur tout le pourtour de la tige, arrivent à détruire nombre de petits plants (Périmètre de l'Arc supérieur, série de Beaune, altitude 1,800 m.).

A raison de son habitat élevé, les insectes paraissent peu nombreux sur le pin à crochets.

Dans la basse Maurienne, il y aurait quelques balais de sorcier sur cette essence.

Aux grandes altitudes, la neige, souvent fort abondante, casse assez fréquemment les branches du pin de montagne et du sylvestre dans les jeunes plantations (Périmètre de l'Arc supérieur); par contre, on ne remarque pas de telles ruptures sur les pins croissant dans les forêts, ou du moins fort rarement.

Essences envahissantes. — Il n'est pas rare, dans les bons sols, de voir l'épicéa s'installer sous le couvert du pin à crochets et se substituer à cette essence. Sur le gypse, le pin demeure le maître incontesté du terrain.

§ 6. PIN CEMBRO (*PINUS CEMBRA*) [1].

Noms vulgaires. — Son nom le plus répandu est celui d'arolle, également usité dans la Suisse romande. En Maurienne, le cembro s'appelle Pinier dans la région Saint-Michel-Modane, et «Alvo» en haut de la vallée de l'Arc.

Sol. — On trouve l'arolle sur les terrains les plus divers, calcaires, granite, schistes cristallins, marneux ou gréseux, dépôts glaciaires et gypses.

Station. — Cette essence est caractéristique de la très haute montagne; elle résiste admirablement au froid et à la neige; même jeune, sa tige rigide fixe, sans plier, comme celle du mélèze notamment, les nappes neigeuses et contribue à empêcher les avalanches.

Elle pousse sur les plus hautes cimes des chaînes subalpines des Dranses et des Bornes, et dans les Alpes; elle semble faire défaut dans les massifs des Beauges et de la Chartreuse.

Altitude. — Les derniers représentants de la végétation ligneuse dans les montagnes sont toujours des pins cembros, quand l'homme n'a pas détruit cette précieuse essence. Ils arrivent dans les Dranses à 1,600 mètres (La Baume); en Faucigny, à 2,280 mètres (Chamonix); dans les Bornes, à 1,900 mètres (La Clusaz); en Tarentaise, à 2,200 mètres (Macot à Val-d'Isère), et en Maurienne, à 2,430 mètres (Modane).

[1] Voir Planche V.

L'arolle ne descend pas très bas : à 1,400 mètres à Magland, dans la vallée de l'Arve ; à 1,600 mètres à Thorens, dans les Bornes ; à 1.580 mètres à La Perrière, en Tarentaise. et à 1,600 mètres tout le long de la vallée de l'Arc.

Ennemis. — L'écureuil est très friand des graines volumineuses du cembro, et, pour s'emparer des cônes, il coupe les plus jeunes branches. Une fois tombées à terre les graines sont fréquemment la proie des rats. Ces rongeurs sont donc un sérieux obstacle à la régénération naturelle de cette précieuse essence ; de même, les semis en place ou en pépinière des graines de cembro sont fréquemment la proie de ces animaux. La lenteur de la germination de ces graines favorise singulièrement les déprédations des rats.

Essences envahissantes. — L'épicéa et quelquefois le mélèze et le pin à crochets se substituent à l'arolle. Mais en haute montagne, où le peuplement est très clairiéré, ce pin se défend bien d'ordinaire et on peut voir sous le couvert des épicéas de jeunes cembros atteindre hauteur d'homme et pousser sans paraître trop incommodés (Forêt de Modane).

Division III. — *Essences exotiques.*

§ 1er. — Pin noir d'Autriche (*Pinus austriaca*).

Sol. — Ce laricio recherche des sols calcaires ; il a été introduit sur les calcaires jurassiques et crétacés, dans les alluvions et sur les schistes argilo-siliceux. Il devrait être utilisé plus largement pour le reboisement, à raison de sa rusticité qui s'accommode de terrains secs, pierreux ou rocheux, et de sa végétation rapide.

Stations. — C'est surtout au moyen de plantations que le pin noir a été installé en Savoie ; mais on peut citer aussi des reboisements réalisés par voie de semis (Saint-Pierre-d'Albigny). Très généralement la réussite a été satisfaisante. Mais la neige, quand elle est abondante, surcharge les rameaux munis de longues aiguilles et les brise : de là, l'obligation de renoncer à cette essence dans les stations très neigeuses.

On trouve le pin d'Autriche dans les chaînes subalpines, le Jura méridional et les premières chaînes alpines et intraalpines ; en Chablais, il a été planté jusqu'à Abondance ; en Faucigny, jusqu'à Cluses ; en Genevois, de Frangy et Rumilly jusqu'à Alex ; un peu partout en Savoie propre ; en Tarentaise, jusqu'à Moutiers, et en Maurienne, jusqu'à Saint-Julien.

Altitudes. — L'altitude maxima à laquelle le pin noir prospère en Savoie paraît être de 1,300 mètres (Lyaud N – Le Bois N) ; il réussit aux plus basses altitudes et aux expositions les plus chaudes (Chindrieux W, 240 m. ; Chambéry, W, 350 m.).

Ennemis. — Parmi les animaux, il convient de citer le lièvre et l'écureuil, très nuisibles aux jeunes sujets dont ils rongent l'écorce et coupent les rameaux les plus récents.

La courtillière, le hanneton et sa larve causent aussi quelques dommages, mais ce sont surtout les chenilles du lasiocampe, de la géomètre, les processionnaires (bombyx) et les bostriches qui sont à redouter.

§ 2. Cèdre du Liban (*Cedrus Libani*).

Le cèdre du Liban est représenté par de fort beaux spécimens dans des propriétés des régions de Chambéry, Aix-les-Bains, Annecy, Bonneville, Albertville.

Mais en dehors des parcs et jardins, il en existe une plantation faite par la commune de Saint-Martin (Faucigny), âgée aujourd'hui d'une cinquantaine d'années et dont les sujets atteignent $0^m,45$ de diamètre.

Ces essais fournissent une indication utile, et dans les sols calcaires, chauds, sur les versants où ne stagne pas l'air froid en hiver, il serait possible d'utiliser cette précieuse essence pour le reboisement.

§ 3. Mélèze du Japon (*Larix Leptolepis*).

Des plantations de cette essence recommandable ont été exécutées, de 1905 à 1908, à Rumilly, à l'altitude de 400 mètres et à Chamonix (Bois du Bouchet), à 1,040 mètres en 1910. Les premiers résultats obtenus étaient satisfaisants; il y aura lieu de suivre le développement des jeunes sujets.

§ 4. Sapin de Douglas (*Pseudotsuga Douglasii*).

Mélangé au mélèze du Japon, le sapin de Douglas a été planté dans les localités indiquées au paragraphe précédent. Les mêmes observations à faire pour ces deux espèces résineuses.

§ 5. Pin Weymouth (*Pinus strobus*).

Des plantations de cette essence avaient été faites en diverses provinces, au milieu du XIXe siècle, en Tarentaise notamment. Les agents des inspections de Moutiers, de Saint-Jean-de-Maurienne n'en ont pas retrouvé trace. Sur la montagne de Taillefer, au-dessus de Duingt, à l'ouest du lac d'Annecy, il subsiste un seul exemplaire de cette espèce, à 600 mètres environ d'altitude, sur calcaire compact.

SECTION III.

Importance superficielle des principales essences.

La statistique forestière de 1878 ayant déterminé les surfaces occupées par les principales essences, afin d'évaluer leur importance relative et d'avoir des résultats comparables, il convient de suivre la même méthode pour l'interprétation des données fournies par la statistique de 1911; la Consigne des bois de 1824 donne également les surfaces occupées par les grands groupes de végétaux ligneux.

«Pour déterminer, par la surface occupée, l'importance d'une essence, il suffit de connaître l'étendue de la forêt où celle-ci se rencontre et la proportion, énoncée en dixièmes, suivant laquelle elle entre dans le peuplement... L'addition de tous les résultats partiels donne le coefficient général cherché. »

Les essences distinguées par la statistique de 1911 dans les départements savoisiens sont le chêne, le hêtre, le châtaignier, le sapin, l'épicéa, le mélèze, les pins sylvestre et à crochets. Pour les forêts non soumises, il sera fait application des chiffres de notre statistique de 1910, qui paraissent plus exacts pour les raisons énumérées ailleurs.

La méthode de calcul des surfaces élémentaires occupées par les essences est beaucoup plus précise que l'adoption du chiffre exprimé par la statistique administrative en dixièmes ou demi-dixièmes donnant l'importance d'une essence dans les peuplements d'un département. Une telle fraction, pour un arrondissement ou un département, ne donne qu'une approximation insuffisante, pouvant différer de plusieurs milliers d'hectares du chiffre réel.

Pour pouvoir donner la proportion d'une essence peu abondante dans l'ensemble des forêts du département, il faut aller jusqu'à la troisième et parfois à la quatrième décimale.

Comment, en général, sont constitués, à un siècle d'intervalle, les massifs boisés des deux départements? C'est ce qu'indique le tableau suivant. d'après la Consigne des bois de 1824, corrigée comme il est dit au chapitre suivant[1] et d'après la statistique de 1911.

DÉPARTEMENTS.	SURFACE OCCUPÉE PAR LES			POUR CENT DES		OBSERVATIONS.
	FEUILLUS.	RÉSINEUX.	FORÊTS.	FEUILLUS.	RÉSINEUX.	
	h.	h.	h.			
Haute-Savoie ... { 1824..	68,068	52,260	120,328	56.57	43.43	
1911..	56,898	58,663	115,561	49.24	50.76	
Savoie .... { 1824..	73,412	60,120	133,532	54.98	45.02	
1911..	59,357	64,103	123,460	48.08	51.92	
TOTAUX..... { 1824..	141,480	112,380	253,860	55.42	44.58	
1911..	116,255	122,766	239,021	48.64	51.36	

Étant donné que la zone au-dessus de 500 mètres d'altitude jusqu'à 2,000 mètres ne comprend pas moins de 6,642 kilomètres carrés et que la zone au-dessous de 500 mètres n'a que 1,539 kilomètres carrés, on peut affirmer que les résineux sont loin de tenir la place que leur assigne la distribution du territoire en élévation, malgré

[1] Pour avoir les surfaces occupées par les essences feuillues et résineuses, on a admis que la proportion donnée par la Consigne de 1824 pour les surfaces de chaque canton s'appliquait aux surfaces restituées pour chacun de ces cantons. La somme des nombres ainsi obtenus pour chaque département n'est pas, on le voit, mathématiquement exacte, mais approchée; cependant. dans un même canton, la distribution des espèces ne varie guère. La proportion des résineux donnée par les chiffres directs de la Consigne pour l'ensemble du duché n'est d'ailleurs que de 42.56 p. 100, inférieure encore à celle qui a été restituée. Que l'on admette l'un ou l'autre des nombres, le sens des conclusions à en déduire n'en est pas modifié.

leur multiplication au cours du XIXᵉ siècle, surtout depuis l'annexion, comme cela ressort du tableau de la page 43.

Le tableau ci-après donne l'importance de chacune des grandes espèces forestières dans l'ensemble des forêts savoisiennes d'après les chiffres de la statistique officielle de 1911.

ESSENCES.	SURFACE OCCUPÉE DANS LES FORÊTS DE LA			POUR CENT DE LA SUPERFICIE TOTALE DES FORÊTS DE LA		
	Haute-Savoie.	Savoie.	Région entière.	Haute-Savoie.	Savoie.	Région entière.
FEUILLUS.						
Chêne..................	18,354	13,407	31,761	15.88	10.86	13.29
Hêtre..................	20,684	19,058	39,742	17.90	15.44	16.62
Châtaignier............	173	3,104	3,277	0.15	2.51	1.37
TOTAUX............	39,211	35,569	74,780	33.93	28.81	31.28
RÉSINEUX.						
Sapin.................	10,545	12,080	22,625	9.12	9.78	9.47
Épicéa................	46,610	41,013	87,623	40.24	33.22	36.66
Mélèze................	1,253	5,009	6,262	1.10	4.06	2.62
Pin sylvestre..........	"	3,174	3,174	"	2.57	1.33
Pin à crochets.........	183	1,088	1,271	0.15	0.99	0.53
TOTAUX............	58,591	62,364	120,955	50.61	50.62	50.61
TOTAUX GÉNÉRAUX.......	97,802	97,933	195,735	84.54	79.43	81.89

Ainsi donc, quatre essences seulement[1] forment le fond des peuplements et en constituent plus des trois quarts (76 p. 100) : ce sont, par ordre d'importance, l'épicéa, le hêtre, le chêne et le sapin. Il serait injuste pourtant de ne considérer les autres que comme du remplissage : la plupart de ces espèces subordonnées, numériquement parlant, deviennent dominantes en certains cas. Ainsi le châtaignier sur les alluvions, les granites et schistes cristallins; les aulnes sur les marnes liasiques ou

[1] La statistique officielle de 1911 ne mentionne le charme que dans le département de la Savoie, bien qu'il existe aussi en proportion notable en Haute-Savoie. Elle donne la proportion de 1 p. 100 pour les bois non soumis, soit 4,840 hectares pour l'ensemble du département. Le tableau de détail n'en indique que 1 p. 100 dans le seul canton de Pont-de-Beauvoisin, soit 92 hectares. Dans les bois soumis, on n'en trouve aussi que 1 p. 100 du total du canton d'Yenne, soit 203 hectares. Il y a une erreur matérielle, ces chiffres sont inconciliables.

oxfordiennes; les pins sylvestre et à crochets sur les cargneules, les gypses et, à la limite de la végétation forestière, là où les autres végétaux s'effacent, le pin cembro joue un rôle d'avant-garde et de protection de premier ordre. On peut regretter que l'arolle ait été tellement méconnu par la statistique officielle qu'on l'ait relégué dans la colonne des résineux divers : il couvre cependant la presque totalité des 1,739 hectares occupés dans le département de la Savoie, en Tarentaise et en Maurienne seulement, par les résineux divers, puisque les autres conifères ont leur inventaire, et ces 1,739 hectares constituant 4 p. 100 des forêts du département.

Les données qui précèdent comblent à peu près la lacune que signalait l'auteur de la statistique forestière de 1878[1]. Mais ce travail renfermait un tableau par département de l'importance superficielle des principales essences dans les forêts soumises au régime forestier. Il est donc possible de voir les changements survenus dans la répartition de celles de ces espèces mentionnées dans ladite statistique et celle de 1911. Ni le pin à crochets, ni le châtaignier ne figurent en 1878, et. quant au charme, il ne peut être mis en question pour les motifs énumérés plus haut. Les surfaces soumises au régime forestier sont sensiblement les mêmes : 121,899 hectares en 1876 et 121,489 en 1911 en défalquant les terrains non forestiers antérieurement acquis par l'État pour les restaurer, en vertu de la loi du 4 avril 1882.

ESSENCES.	SURFACE OCCUPÉE DANS LA								
	HAUTE-SAVOIE.			SAVOIE.			RÉGION SAVOISIENNE.		
	EN 1876.	EN 1911.	DIFFÉRENCE en 1911.	EN 1876.	EN 1911.	DIFFÉRENCE en 1911.	EN 1876.	EN 1911.	DIFFÉRENCE en 1911.
			plus. / moins.			plus. / moins.			plus. / moins.
	h.	h.	h. / h.	h.	h.	h. / h.	h.	h.	h. / h.
Chêne.........	3,469	3,132	" / 337	7,696	5,783	" / 1,913	11,165	8,915	" / 2,250
Hêtre.........	8,905	5,999	" / 2,906	15,080	10,959	" / 4,121	23,985	16,958	" / 7,097
Sapin.........	3,920	5,938	2,018 / "	8,292	8,616	324 / "	12,212	14,554	2,342 / "
Épicéa........	16,550	22,784	6,234 / "	22,152	31,768	9,616 / "	38,702	54,552	15,850 / "
Mélèze........	720	1,112	392 / "	3,278	4,373	1,095 / "	3,998	5,485	1,487 / "
Pin sylvestre....	159	"	" / 159	3,976	2,941	" / 1,035	4,135	2,941	" / 1,194

Ce qui ressort au premier coup d'œil, c'est la diminution, de 1876 à 1911, du chêne et du hêtre, en même temps que le développement des grands résineux propres à fournir du bois d'œuvre, sapin, mélèze, épicéa surtout. Comme il n'existe pas de futaie de chêne, c'est donc aux dépens du taillis que s'est fait cet enrésinement dont les conséquences économiques ressortent dans la partie consacrée à l'examen de la période actuelle. On voit ainsi nettement l'action heureuse de la gestion de l'Administration forestière française, en même temps que le retour vers un état des peuplements plus conforme aux conditions climatiques et orographiques de la Savoie.

La multiplication de ces arbres à feuillage persistant a eu aussi sa répercussion sur le régime des cours d'eau et sur le climat local. Il suffit d'ajouter ce fait nouveau aux

[1] *Statistique forestière*. Imp. Nat., 1878, p. 77.

causes qui ont déjà été données des modifications constatées depuis 1860 dans la température et la pluviosité de la Savoie [1].

A ces divers points de vue, la comparaison de l'importance superficielle des principales essences forestières est d'un intérêt incontestable.

Quant à la raréfaction du pin sylvestre, elle est peu importante encore, quoiqu'elle se manifeste dans les deux départements : elle s'accentuera au fur et à mesure de l'envahissement par les espèces résineuses de valeur des surfaces où le sylvestre ne peut être considéré que comme un occupant temporaire.

CHAPITRE III.

LES FORÊTS; LEUR RÉPARTITION.

SECTION Irᵉ.

Distribution des forêts par nature de propriétaire [2].

On ignore quelle était, avant le premier tiers du xviiiᵉ siècle, la superficie exacte des massifs boisés en Savoie. On peut affirmer cependant qu'elle était considérable. L'inscription suivante, qui existe dans l'église Saint-Martin-d'Aime, est une invocation à Sylvain : l'importance que prend là une divinité latine secondaire prouve assez la grandeur des forêts de la haute vallée de l'Isère à l'époque romaine :

```
SILVANE SACRA SEMICLVSE FRA····
ETHVIV SALTIS VMME CVSTOS HORT····
TIBI HASCE GRATES DEDICAMVS MVSICAS
QVOD NOS PER ARVA PEQ MONTIS ALPICOS
TVIQVE LVVIS VAVEOLENTIS · HOSPITES
DVMIVS GVBERNATOREMQ FVNGOR CAESARVM
TVO FAVORE PROSPERANTI SOSPITAS
TVMEMEOQ VERE DVCES ROMAN SISTITO
DAQVE ITALA RVRA TE COLAMVS PRAESIDE
EGO IAM DICABO MILE MAGNAS ARBOR····
T. POMPONI VICTORIS PROC AVGVSTO····
```

«Sylvain, dont l'image abritée sous le frêne sacré est à demi enveloppée de ses branches; Dieu, gardien de ce jardinet haut situé, nous te dédions ces vers, expression de notre reconnaissance :

«Tandis que, Gouverneur de ce pays, je rends ici la justice et administre les biens des Césars, nous pouvons, à la faveur de ta protection bienveillante, parcourir sains

[1] P. MOUGIN, *Les torrents de la Savoie*, p. 192.
[2] Voir Planches I et II.

et saufs ces campagnes et ces monts alpestres et fréquenter, sans crainte des hôtes qu'elle recèle, cette forêt de pins odorants qui t'est consacrée.

« Veuilles accorder que moi et les miens retournions à Rome et qu'il nous soit donné de revoir et de cultiver sous ton patronage les champs que nous possédons en Italie. Je fais vœu, dès à présent, de te consacrer 1,000 grands arbres, offrande pieuse de Titus Pomponius Victor, Procurateur des Empereurs... » [1].

Enfin, il n'est pas jusqu'au nom de Sapaudia, donné sous l'empire romain à l'ancien pays des Allobroges, des Centrons et des Graiocèles qui, suivant certains étymologistes, signifierait région des sapins, qui ne tendrait à prouver que la Savoie était alors couverte de vastes forêts résineuses.

La mention, que font de vieilles chartes, de bois aujourd'hui disparus confirme l'existence au moyen âge et au début des temps modernes d'une aire forestière fort vaste, sans qu'il soit possible de fournir un chiffre précis. Il fallait attendre la confection du cadastre dans le nouveau royaume de Sardaigne pour connaître la contenance des forêts savoisiennes.

En 1738, lors de la confection de la mappe, la surface totale des forêts savoisiennes était de 287,934 hectares; elle est aujourd'hui de 239,021 hectares.

Le tableau ci-après (p. 46) donne pour chacun des départements et des arrondissements les variations de la propriété forestière de 1738 à 1910 [2].

REMARQUES.

I. La superficie des forêts, en 1738, provient du dépouillement, parcelle par parcelle, des tabelles du cadastre sarde : les tables récapitulatives par nature de culture faisant défaut, ce long travail de recolement était indispensable. Sous l'ancien régime, les biens communaux étaient exempts de taille : aussi les cadastreurs, dans les régions élevées de la Maurienne, de la Tarentaise et du Faucigny, d'un parcours long et difficile, ont-ils englobé souvent dans la même parcelle des alpages, des rochers et des bois. Pour la détermination de ce dernier élément, il a été nécessaire d'utiliser des documents postérieurs en date, principalement de la période révolutionnaire et impériale. Les autres provinces de Savoie n'offraient pas la même incertitude.

II. Sous la révolution et l'empire, l'assiette du régime forestier a fait dresser de nombreux états qui ne se réfèrent qu'aux forêts domaniales, communales et d'établissements publics [3]. Ces documents présentent assez d'intérêt par eux-mêmes, malgré l'omission des forêts privées, pour ne pas être laissés de côté.

III. Les déclarations faites par tous les propriétaires de forêts, en vertu de l'article 11, chapitre 1er du titre II des Royales Patentes du 15 octobre 1822, ont formé la « Consigne des bois » de 1824, qui a servi de base à l'administration forestière sarde. Ce document ne doit être consulté qu'avec beaucoup de prudence. Dès 1827,

---

[1] BONNEL, Les monuments anciens de la Tarentaise.

[2] Pour le détail par commune, voir P. MOUGIN, État des contenances des forêts de Savoie à diverses époques. Cet état autographié se trouve aux archives départementales de Chambéry et d'Annecy et dans les bureaux des agents de la 5e conservation.

[3] Arch. S., État des forêts de l'arr. de Moutiers, série L, nos 1153, 2220, 1157.
Arch. Tse, série I, nos 67, 72.
Arch. Genève, Hôtel de Ville, chap. 2, nº 482.

CONTENANCES DES FORÊTS DE LA SAVOIE.

DÉPAR-TEMENTS.	ARRON-DISSEMENTS.	EN 1738.				EN 1811.		EN 1824.(1)				EN 1910.				
		DOMAINE royal.	COMMUNES.	PARTICU-LIERS. Ordres religieux.	TOTAL.	DOMAINE.	COMMUNES. Établissements publics.	DOMAINE.	COMMUNES. Établissements publics.	PARTICU-LIERS.	TOTAL.	DOMAINE.	COMMUNES Établissements publics. SOUMIS.	non soumis.	PARTICU-LIERS.	TOTAL.
		h.	h.	h.	h.	h.	h.	h.	h.	h.	h.	h.	h.	h.	h.	h.
Haute-Savoie	Annecy............	103	30,146	30,408	40,657	1,517	18,097	712	13,964	11,778	26,454	662	14,271	1,536	23,117	39,586
	Bonneville........	"	33,639	28,849	41,308	1,948	16,002	796	16,654	19,104	39,954	434	17,350	1,484	16,346	35,614
	St-Julien-en-Genevois.	662	4,964	12,394	16,639	304	3,840	"	3,478	8,916	12,394	"	3,197	97	10,672	13,896
	Thonon...........	"	16,131	15,876	30,007	906	10,475	1	6,901	12,304	19,406	"	8,897	1,745	13,892	26,534
	Total.........	104	60,700	67,597	198,631	4,695	48,414	1,509	40,997	45,702	88,208	1,096	43,645	4,792	66,027	115,566
								1,509	48,414	70,405	120,328					"
Savoie	Albertville........	392	17,295	10,816	28,111	105	14,172	66	10,868	7,119	18,046	968	12,609	966	9,398	23,151
	Chambéry.........	392	30,161	28,746	59,299	5,031	28,589	2,912	27,464	13,790	42,966	"	36,342	734	30,946	46,292
	Moutiers..........	"	25,347	6,278	31,625	106	16,652	109	17,397	1,984	19,413	1,046	17,934	1,859	1,714	29,553
	St-Jean-de-Maurienne.	"	32,103	8,164	40,267	39	24,772	"	22,340	6,142	28,482	3,188	21,194	2,174	4,979	31,535
	Total.........	392	104,906	50,004	159,302	5,271	84,185	3,080	77,999	28,828	109,907	4,682	76,279	5,733	36,967	123,461
								3,080	84,185	46,967	133,635					"
	Total général...	496	165,606	121,531	287,033	9,966	132,599	4,589	118,996	74,530	198,115	5,578	119,924	10,525	102,994	239,051
								4,589	132,599	116,672	253,860					"
	p. 100.........	0.17	57.63	42.20	100	"	"	2.32	60.06	37.62	100	2.33	50.17	4.40	43.10	100
								1.81	52.23	45.96	"					"

(1) Les nombres en *italiques* ont été restitués; les autres sont ceux mêmes de la statistique de 1824, inexacte.

l'ingénieur Despines, directeur des Mines de Tarentaise et de l'École pratique de Moutiers, portait sur ce travail le jugement que voici : « La Consigne n'est pas très exacte ; les secrétaires n'étaient pas payés, on n'a pas contrôlé et on n'a même pas chargé les forestiers de vérifier ; les propriétaires, particuliers ou communes n'ont pas toujours fait des déclarations exactes ».

Il est aisé de voir, d'après le tableau qui précède, que ce sont les propriétaires particuliers qui ont le plus péché par omission. On ne s'expliquerait pas, sans cela, la conservation relative du domaine forestier communal. Mais, par comparaison avec les statistiques de 1811 et de 1910, on voit que les syndics avaient dissimulé de 10,000 à 12,000 hectares de bois communaux, et les particuliers au moins 30,000 hectares. Mais ce sont les variations de contenance des forêts domaniales qui sont le plus suggestives, si l'on remarque qu'en 1860 il ne restait plus comme forêt royale que celle de Bellevaux, de 835 hectares de superficie.

La Consigne des bois arrêtée en 1824, bien qu'incomplète, permet cependant de se faire une idée approchée de la superficie forestière de la Savoie à cette époque.

Les considérations suivantes sont de nature à préciser la question.

1° D'une façon générale, on peut affirmer que la contenance boisée a été en diminuant constamment depuis 1738 jusqu'à nos jours. Par suite, on peut conclure que l'aire forestière de la Savoie en 1824 a été au moins égale à ce qu'elle était en 1910 ;

2° Si l'on compare, commune par commune, l'étendue des forêts donnée par la Consigne de 1824 et celle de la statistique de 1910, on remarque que, dans 126 communes du département de la Savoie et dans 176 de celui de la Haute-Savoie, le chiffre de 1824 est supérieur à celui de 1910. Par conséquent, ces excédents qui, totalisés, donnent respectivement 10,072 hectares et 4,767 hectares pour chacun de ces départements, doivent être ajoutés à la contenance tirée de la statistique de 1910.

On obtient ainsi, pour la surface en 1824 des forêts de la Savoie, 133,328 hectares, et pour celle de la Haute-Savoie, 120,328 ; au total : 253,860 hectares. Et ce chiffre est un minimum. En examinant la Consigne, on s'aperçoit vite que les communes à proximité de la résidence des agents, mieux connues, offrent moins d'omissions que celles qui se trouvent dans les vallées écartées, et les excédents de 1824 sur 1911 y sont plus nombreux. Mais il serait dangereux d'adopter pour l'ensemble de chaque province le pourcentage de boisement déduit des déclarations faites dans le voisinage des chefs-lieux forestiers.

La superficie des bois communaux peut être établie également avec une assez grande certitude : elle était dans le département de la Haute-Savoie, en 1910, de 48,437 hectares, tant soumis que non soumis au régime forestier. Or, en 1811, cette superficie était de 48,414 hectares ; il y a donc concordance presque absolue. On peut donc, avec vraisemblance, dire que la superficie boisée en 1824 dans le département actuel de la Savoie était identique à celle de 1811, soit de 84.185 hectares, le court espace de temps qui sépare ces deux époques milite en faveur de cette supposition. La disparition de 3,875 hectares de forêts communales depuis 1824 s'explique fort bien par les acensements-partages qui eurent lieu surtout après 1833. Comme on connaît exactement l'importance des bois domaniaux par la Consigne, on obtient donc par différence la contenance approchée par défaut des bois particuliers, soit 46,267 hectares pour la Savoie, 70,405 pour la Haute-Savoie ; au total : 116,278 hectares.

Aussi le tableau ci-dessus porte-t-il, au-dessous du total de chaque département et de l'ensemble du pays, les chiffres restitués d'après la méthode précédente, inscrits en italique. C'est d'après ce chiffre qu'a été calculé le pourcentage.

SECTION II,

Taux de boisement [1].

Dans le tableau ci-après sont donnés les taux de boisement par arrondissement et département en 1738 et 1910, les valeurs de la chute de ce taux entre les deux époques, réelle et relative. Cette dernière est obtenue en prenant pour unité la surface boisée en 1738 et en lui comparant la superficie déboisée depuis la confection de la mappe.

DÉPARTEMENTS.	ARRONDISSEMENTS.	TAUX DE BOISEMENT EN		PERTE DE 1738 à 1910.	
		1738.	1910.	réelle.	relative.
Haute-Savoie............	Annecy.................	0.333	0.324	0.009	0.026
	Bonneville..............	0.288	0.248	0.040	0.138
	Saint-Julien-en-Genevois.....	0.224	0.186	0.038	0.170
	Thonon................	0.364	0.290	0.074	0.204
	Total..............	0.280	0.251	0.029	0.102
Savoie..................	Albertville..............	0.416	0.343	0.073	0.176
	Chambéry..............	0.420	0.327	0.093	0.220
	Moutiers...............	0.199	0.139	0.060	0.287
	Saint-Jean-de-Maurienne.....	0.200	0.160	0.040	0.200
	Total..............	0.258	0.200	0.058	0.225
Savoie entière..........................		0.267	0.222	0.045	0.17

Les 48,912 hectares de la forêt que la Savoie a perdus de 1738 à 1910 ne se répartissent donc pas régulièrement sur la surface du pays : c'est le département de la Savoie qui a été le plus déboisé; la déforestation y a sévi sur 35,843 hectares, alors qu'elle n'a porté en Haute-Savoie que sur 13,069 hectares.

Si l'on pousse les investigations plus loin, on note que ce sont les arrondissements de Moutiers, Chambéry, Thonon et Saint-Jean-de-Maurienne qui ont été le plus dévastés; le cinquième au moins de leurs forêts a disparu. En entrant dans une analyse plus détaillée encore, on relève des communes où la moitié des bois a été détruite : ainsi Lans-le-Villard qui, en 1738, avait une forêt de 1,176 hectares, ne possède plus que 558 hectares de bois, dont 132, non soumis, sont livrés à tous les abus.

[1] Voir Planche VI.

De même les forêts communales de Modane sont tombées de 1,779 à 1,025 hectares [1].

Mais le déboisement de la Savoie avait commencé bien avant 1738; les principales causes de défrichement ont été l'accroissement de la population, partant la nécessité d'une alimentation plus considérable; l'obligation de se créer des ressources de réserve pour les cas de disette, si fréquents au moyen âge. Le développement des troupeaux, la facilité de transport et de vente du croît du cheptel et des produits laitiers ont également poussé à la substitution du pâturage à la forêt. L'esprit de lucre et la rapine n'ont pas été des facteurs moins actifs de la déforestation, de même que le gaspillage de la matière ligneuse.

A ces causes générales, il convient d'ajouter l'exploitation des mines et des salines en Tarentaise, en Maurienne, et, en Faucigny, celle des verreries d'Alex et de Thorens; le roulement de nombreuses usines métallurgiques, fonderies et martinets dans les régions de la Rochette, des Beauges et du Genevois. Au XIX° siècle, à ces établissements éliminés par la concurrence ou l'épuisement des gisements minéraux, se sont substituées les papeteries qui dévorent annuellement un cube considérable de cellulose et les usines hydro-électriques dont les émanations sont souvent funestes à la végétation.

Enfin les travaux publics, les opérations de guerre et les accidents, incendies, avalanches ou éboulements ont encore contribué énergiquement à la destruction des massifs forestiers [2].

SECTION III.

Distribution des forêts relativement à la population.

DÉPARTEMENTS.	ARRONDISSEMENTS.	POPU-LATION.	SURFACE BOISÉE.	SURFACE BOISÉE PAR TÊTE d'habitant.
		hab.	h.	h. a. c.
Haute-Savoie............	Annecy.................	79,329	39,586	0.49 90
	Bonneville.............	69,002	35,614	0.51 61
	Saint-Julien-en-Genevois....	50,523	13,846	0.27 36
	Thonon.................	61,763	26,534	0.42 96
	DÉPARTEMENT........	260,617	115,560	0.44 34.
Savoie................	Albertville............:....	34,826	23,151	0.66 47
	Chambéry...............	132,292	46,222	0.34 94
	Moutiers...............	33.636	22,553	0.67 05
	Saint-Jean-de-Maurienne....	52,543	31,535	0.60 02
	DÉPARTEMENT......	253,297	123,461	0.48 74
Savoie entière.................		513,914	239,021	0.46 50

[1] Voir l'État des contenances des forêts de Savoie.
[2] Voir, pour plus de détails, Les torrents de la Savoie, 1re partie, chapitre IV, sections I et II.

Le nombre d'habitants est celui de 1910, d'après le *Bottin* de 1911. Ce qui ressort du tableau, c'est l'importance du boisement par tête d'habitant dans les arrondissements de Moutiers et d'Albertville. Or ces deux arrondissements forment un peu plus que l'ancienne conservation sarde de Tarentaise, à la fin du xviiie siècle.

L'ingénieur Albanis Beaumont [1] donne comme population du duché de Savoie, antérieurement à 1780, le chiffre de 399,052 habitants ; on peut supposer avec quelque vraisemblance que le renseignement s'applique à 1738, car on ignore la date exacte de ce recensement. Mais, dans tous les cas, dans ces 399,052 habitants sont compris ceux des communes de Savoie qui ont été réunies par le traité de Vienne, en 1815, au territoire de la République de Genève. En comparant ce nombre avec la superficie forestière de 1738 donnée ci-dessus, qui ne renferme rien des bois de ces mêmes communes, on aura un minimum. On trouve aussi qu'en 1738 la surface boisée correspondant à un habitant était de 72 ares 15 centiares, soit une fois plus qu'aujourd'hui.

En 1824, le duché de Savoie était peuplé de 501,165 âmes [2] ; si l'on adopte pour surface forestière à cette époque le nombre de 253,860 hectares, on voit qu'il y avait alors 50 ares 60 centiares par tête d'habitant, soit 1,09 plus qu'actuellement.

SECTION IV.

Surface des forêts comparée à celle des autres propriétés.

SITUATION AGRICOLE EN 1910.

NATURE DE CULTURE.	SURFACE OCCUPÉE EN			POUR CENT DE LA SURFACE TOTALE.		
	HAUTE-SAVOIE.	SAVOIE.	SAVOIE ENTIÈRE.	HAUTE-SAVOIE.	SAVOIE.	SAVOIE ENTIÈRE.
	h.	h.	h.			
Terres labourées.............	133,214	100,000	233,214	29.0	16.2	21.6
Prés et herbages.............	47,307	70,000	117,307	10.3	11.3	10.9
Vignes.....................	6,189	9,200	15,389	1.3	1.5	1.4
Forêts.....................	115,560	123,461	239,021	25.1	20.0	22.2
Landes, terres vagues, pâtures...	81,910	175,000	256,910	17.8	28.3	23.8
Bâtiments. Voies de communication...................	66,000	70,000	136,000	14.4	11.3	12.6
Rocs, glaciers, lacs, cours d'eau..	9,520	71,039	80,559	2.1	11.4	7.5
Totaux..........	459,700	618,700	1,078,400	100.0	100.0	100.0

Au point de vue de la surface, les forêts n'occupent plus en Savoie que le troisième rang, venant après les terres vagues, incultes, les landes qui tiennent le second rang et après les cultures de tous genres, terres labourées, vignes et prairies qui arrivent en première ligne.

[1] Alb. Beaumont, *Description des Alpes grecques et cottiennes.*
[2] *Calendario generale delle Stati.*

Il n'est pas sans intérêt de comparer les chiffres qui précèdent avec ceux fournis par la mappe de 1738. Mais, avant d'établir ce parallèle, il convient de faire remarquer que les cadastreurs sardes chargés surtout de faire œuvre fiscale plutôt que topographique ont négligé de lever exactement les régions de grande altitude; le plus souvent ils arrêtaient leurs plans aux crêtes apparentes dépourvues de toute végétation. Ainsi, par exemple, à Chamonix, la seule chaîne des Aiguilles, et non pas l'arête frontière actuelle, a été relevée par recoupements, de sorte que toute la profonde dépression occupée par les glaciers du Géant et de Talèfre fait défaut. Aussi est-il impossible, en nombre de cas, de juxtaposer les mappes de deux communes voisines, séparées par des arêtes escarpées ou des plissements rocheux absolument stériles et, dans l'ensemble, il manque, pour ces motifs, un certain nombre d'hectares des zones supérieures.

Mais, par contre, on peut affirmer que les régions cultivées ont été levées d'une façon satisfaisante et nous avons eu, à maintes reprises, à constater l'exactitude des opérations des agrimenseurs sardes. Sous réserve de ces observations, voici, d'après Grillet, la répartition des surfaces tirées de la mappe de 1738. Les communaux n'étant pas soumis à la taille sont groupés sans distinction de cultures.

D'après la mappe, la surface des terrains productifs de la Savoie comprenait 574,605 hectares, d'où il faut retrancher la superficie correspondante des communes cédées à la Suisse par le traité de 1815, soit 8,280 hectares [1]. Quant à la différence entre la superficie mappée et la superficie géographique, comme elle est due à l'absence de levé dans les hautes régions alpestres, stériles, elle doit être ajoutée au total des surfaces improductives. Il convient de noter enfin que les terrains productifs comprennent aussi bien les cultures que les prairies et les forêts; en défalquant les surfaces boisées, on obtient l'aire des terres arables, des prés et vignes.

Le tableau ci-après établi d'après la méthode qui vient d'être indiquée pour l'année 1738 permet de comparer les variations survenues dans la superficie productive de la Savoie depuis l'édit de péréquation jusqu'à 1910.

SITUATION EN 1738.

NATURE D'IMMEUBLE.	SURFACE DANS LA SAVOIE ENTIÈRE ACTUELLE.	POUR CENT DE LA SURFACE TOTALE.	OBSERVATIONS.
	h.		
Terres labourées, vignes, prairies et herbages...............	311,690	28.9	
Forêts.....................	287,934	26.7	
Landes, alpages, pâtures........	280,085	25.9	
Surfaces improductives. Rocs, glaciers, chemins, etc..........	198,691	18.5	
TOTAUX............	1,078,400	100.0	

[1] Alb. BEAUMONT, *Descriptions des Alpes grecques et cottiennes*, t. II, *passim*. — Les chiffres d'ensemble pour la Savoie et de détail différant pour les surfaces productives, c'est le plus élevé de ces chiffres qui a été adopté; il résulte de la totalisation des chiffres donnés pour chaque province.

4.

On voit donc l'augmentation considérable, 54,220 hectares, des surfaces cultivées. Les landes ont un peu diminué, probablement en suite d'épierrements et de mises en valeur après la vente ou l'incorporation des communaux. Quant aux surfaces stériles, elles paraissent avoir augmenté ; mais il faut tenir compte du classement toujours un peu arbitraire de certaines parcelles, de l'accroissement considérable des voies de communication au xixᵉ siècle, de la dégradation de versants jadis productifs et depuis ruinés par des abus, érodés par des phénomènes météoriques ou autres, et ils n'ont pas fait défaut [1].

SECTION V.

Régime et mode de traitement.

Le régime d'une forêt est le mode choisi pour en assurer la régénération. Il y a deux régimes, celui de la futaie qui perpétue l'état boisé par les semis naturels et celui du taillis qui s'applique uniquement aux essences feuillues dont la reproduction s'obtient au moyen des rejets de souches.

Dans chaque régime, on peut amener par des procédés culturaux différents la régénération du peuplement ; ces procédés constituent les modes de traitement.

Le régime de la futaie comporte deux modes de traitement :

1° Le jardinage dans lequel tous les âges sont mélangés sur une même surface et la coupe se fait en enlevant çà et là les arbres les plus anciens, les arbres viciés, tarés ou dépérissants. Ce genre d'exploitation est fort répandu dans les futaies résineuses savoisiennes.

2° Le mode des éclaircies, dans lequel les peuplements, uniformes sur chaque parcelle, présentent une graduation complète des âges ; des éclaircies successives appelées coupes d'ensemencement, secondaires et définitives, assurent la régénération.

Le régime du taillis offre aussi deux modes de traitement :

1° Le traitement en taillis simple qui, en Savoie, comprend deux variantes :

a. Le taillis simple proprement dit, où on exploite tout le peuplement à blanc étoc, avec ou sans réserve des meilleurs brins, appelés baliveaux : ces baliveaux sont abattus avec le taillis au retour suivant de la coupe.

b. Le taillis fureté, pratiqué surtout en Haute-Savoie. On n'exploite que les brins des cépées ayant atteint une certaine dimension. Le sol demeure ainsi toujours couvert, protégé contre les agents atmosphériques et contre le décapage superficiel et le ruissellement intensif.

La révolution est le nombre d'années nécessaire pour assurer la régénération d'une forêt ; dans le taillis simple ordinaire, elle est égale à l'intervalle qui sépare deux retours successifs de la coupe sur le même point.

2° Le taillis composé ou taillis sous futaie comporte la réserve d'arbres destinés à demeurer sur pied pendant deux, trois, quatre révolutions ou plus, s'ils sont bien-venants et appelés, suivant leur âge, baliveaux, modernes, anciens, ou vieilles écorces.

On appelle conversion l'opération qui a pour but de faire passer une forêt d'un

[1] Voir P. Mougin, *Les torrents de la Savoie*, première partie, chap. III, section 1.

régime à un autre. Pour passer du taillis à la futaie, on multiplie les réserves ou bien on conserve soigneusement les résineux qui s'installent dans le peuplement Ce dernier procédé peut s'appliquer utilement dans la plupart des taillis de Savoie et en amène la transformation et l'enrichissement progressifs.

La Consigne des bois de 1824 fournit des renseignements précieux sur le régime et le mode de traitement appliqués aux forêts savoisiennes. Mais les tableaux récapitulatifs ne distinguent pas les méthodes culturales par catégories de propriétaires On ne peut donc les comparer aux données globales fournies par la Statistique forestière de 1911 pour chaque circonscription administrative; encore faut-il avoir soin de faire subir aux chiffres sardes la correction indiquée plus haut avant d'établir les pourcentages.

Comme la Consigne ne distingue que les futaies, les taillis simples et les taillis mélangés, on doit comprendre, pour établir un parallèle, sous cette dernière rubrique non seulement les taillis sous futaie, mais encore ceux en conversion ou en voie d'enrésinement.

DÉPARTEMENTS.	SURFACES TRAITÉES EN			POUR CENT DE LA SURFACE TOTALE traité [1] en		
	FUTAIE.	TAILLIS SIMPLE.	TAILLIS MIXTE.	FUTAIE.	TAILLIS SIMPLE.	TAILLIS MIXTE.
	h.	h.	h.			
1824.						
Haute-Savoie............	43,348 17	43,525 63	33,469 07	36.02	36.17	27.81
Savoie................	59,878 23	45,746 09	27,887 77	44.85	34.26	20.89
Total..........	103,226 40	89,271 72	61,356 84	40.66	35.17	24.17
1911.						
Haute-Savoie............	61,260 29	38,188 31	12,937 66	54.51	33.98	11.51
Savoie...............	64,592 68	40,384 39	14,107 81	54.24	33.91	11.85
Total..........	125,852 97	78,572 90	27,045 47	54.37	33.95	11.68

[1] Les pourcentages ont été pris en ne tenant compte que des surfaces portées comme réellement boisées.

Ce qui ressort du tableau qui précède, c'est l'augmentation, non seulement en valeur relative, mais encore en valeur réelle, des surfaces traitées en futaie. Cet accroissement de l'aire de la futaie s'est fait surtout au détriment des taillis mélangés, probablement par le maintien des sujets résineux qui ont supplanté graduellement les cépées.

C'est sur les surfaces soumises au régime forestier que la transformation des peuplements est le plus sensible : les renseignements fournis sur la période française actuelle précisent l'importance de cette évolution intéressante, tant au point de vue économique qu'à celui de la protection des terrains en montagne et du climat régional. La Haute-Savoie a le plus profité de ces modifications.

SECTION VI.

Distribution des forêts par zones d'altitude.

Dans une région à relief aussi puissamment mouvementé que la Savoie il n'est pas indifférent de connaître la répartition des forêts aux diverses altitudes. Le tableau ci-après indique les surfaces boisées comprises dans des zones de 5oo mètres de hauteur et le taux de boisement de chacune de ces zones.

ZONES D'ALTITUDE.	SURFACE EN KILOMÈTRES CARRÉS des		TAUX de BOISEMENT	SURFACE BOISÉE DANS LE DÉPARTEMENT de la	
	ZONES D'ALTITUDE.	FORÊTS.	P. 100.	SAVOIE.	HAUTE-SAVOIE.
De 320ᵐ à 5oᵐ.............	1,539	196 02	12.7	73 47	112 55
De 5ooᵐ à 1,000ᵐ.............	2,713	767 14	28.3	336 35	430 79
De 1,000ᵐ à 1,5ooᵐ.............	2,109	987 11	46.8	514 22	472 89
De 1,5ooᵐ à 2,000ᵐ.............	1,820	391 56	21.5	262 75	128 81
Au-dessus de 2,000ᵐ.............	2,6o3	48 38	1.9	47 82	o 56
TOTAUX.............	10,784	2,390 21	22.2	1,234 61	1,155 6o

Si l'on fait abstraction de la zone située au-dessous de la courbe de 5oo mètres, qui est plus spécialement agricole, et de celle située au-dessus de 2,000 mètres, où la végétation ligneuse arrive à son extrême limite on voit que c'est entre 1,000 et 1,5oo mètres, c'est-à-dire dans la zone des versants que le taux de boisement est le plus grand. Grâce à ce développement du manteau forestier qui couvre près de la moitié de la surface d'une région où les précipitations atmosphériques sont particulièrement abondantes, on n'a pas trop d'érosions à constater sur les pentes. Mais, par contre, dans la zone comprise entre 1,5o1 et 2,000 mètres, où s'ouvrent les bassins de réception des principaux torrents, la superficie boisée est manifestement insuffisante : le plus souvent, c'est à l'homme et parfois aux éléments qu'il faut attribuer la déforestation des 4/5 d'une région dont l'intégrité intéresse au premier chef le régime des eaux et la sécurité des grandes vallées [1]. C'est là, et surtout en Savoie où les conditions locales le permettent mieux, dans la zone immédiatement au-dessus de 2,000 mètres, qu'il y aura lieu d'exécuter des reboisements dont l'action de régularisation et de protection est indispensable, en dehors de la cicatrisation des plaies qui déchirent les montagnes.

Les chiffres donnés dans le tableau qui précède ont été obtenus par la mensuration au planimètre des surfaces portées comme bois sur les cartes de l'État-Major [2], où ont été figurés les périmètres de restauration acquis par l'État en 1910.

[1] Voir P. MOUGIN, *Les torrents de la Savoie*, première partie, chap. IV, et deuxième partie.

[2] La différence constatée entre la mensuration au planimètre et la superficie totale boisée d'après le cadastre a été de 178 hectares en moins; cette différence de 75/100 000 a été répartie proportionnellement aux nombres trouvés pour les diverses zones.

SECTION VII

Valeur des forêts en 1910

La loi du 31 décembre 1907 (art. 3) a prescrit, en vue d'une meilleure répartition de l'impôt, de procéder à une nouvelle évaluation des propriétés non bâties. Les résultats de cette opération ont été consignés dans le rapport de M. le Ministre des Finances; le tableau n° 16 [1] de cet important travail donne la valeur, par département, des terrains boisés. Sous cette rubrique sont comprises non seulement les forêts proprement dites, mais aussi les aulnaies, saussaies, oseraies, etc. Aussi les contenances boisées diffèrent-elles sensiblement dans ce tableau de celles portées dans les statistiques forestières. De plus, le tableau ne distingue que les forêts domaniales; les bois des communes, des établissements publics et des particuliers sont groupés dans la même colonne. C'est donc sur ces chiffres globaux que doit porter la réduction de valeur proportionnelle aux contenances forestières en 1910.

Le tableau ci-après fournit les valeurs estimatives ainsi modifiées :

DÉPARTEMENTS.	NOMBRE de COM-MUNES COM-PRENANT des bois.	CONTENANCE DES BOIS			VALEUR VÉNALE TOTALE DES BOIS			VALEUR VÉNALE MOYENNE À L'HECTARE DES BOIS		
		des PARTI-CULIERS et des personnes morales autres que l'État.	de L'ÉTAT.	TOTALE.	des PARTICULIERS et des personnes morales autres que l'État.	de L'ÉTAT.	TOTALE.	des parti-culiers et autres.	de l'État.	en-sem-ble.
		h.	h.	h.	fr.	fr.	fr.	fr.	fr.	fr.
Savoie..............	326	118,979	4,482	123,461	41,166,734	1,142,910	42,309,644	346	255	343
Haute-Savoie.........	313	114,464	1,096	115,560	65,816,800	327,704	66,144,504	575	299	572
TOTAUX.........	639	233,443	5,578	239,021	106,983,534	1,470,614	108,454,148	458	264	454

Le taux d'intérêt moyen des forêts ressortirait à 2,26 p. o/o en Savoie et à 2,66 p. o/o en Haute-Savoie.

C'est dans le tableau 30 du même rapport [2] que l'on trouve les valeurs *maxima* et *minima* de l'hectare des propriétés boisées dans chaque département. En Savoie, ce serait la forêt de Saint-Vital qui aurait la plus grande valeur vénale moyenne à l'hectare, 1,601 francs; celle de Doucy-en-Beauges ne vaudrait que 35 francs par hectare. En Haute-Savoie, le maximum est attribué à la forêt de Nancy-sur-Cluses avec 2,089 francs, et le minimum à celle de Quintal avec 156 francs par hectare.

Ces chiffres, les *maxima* principalement, paraissent ne pas traduire exactement la réalité. Toute personne connaissant bien les massifs forestiers savoisiens ne pourra

[1] *Journal officiel*, 8 janvier 1914, Annexes, p. 74, 75.
[2] *Journal officiel*, 10 janvier 1914, Annexes, p. 124, 125, 5e catégorie.

qu'éprouver de l'étonnement à voir classer au sommet de l'échelle les forêts de Saint-Vital. On n'aurait que l'embarras du choix pour citer des communes dont la superficie boisée, couverte de superbes futaies résineuses, vaut en moyenne plus de 1,600 francs l'hectare. Aussi paraît-il prudent de considérer comme un minimum le chiffre de 108 millions trouvé comme valeur vénale globale des forêts de Savoie.

SECONDE PARTIE.

HISTOIRE DES FORÊTS DE LA SAVOIE.

PREMIÈRE PÉRIODE.

Les forêts de Savoie avant 1729.

CHAPITRE PREMIER.

DOCUMENTS LÉGISLATIFS ; ARRÊTS RÉGLEMENTAIRES DU SÉNAT.

La Savoie, comme toutes les régions montagneuses, a été originairement fort boisée. Son nom même de Sapaudia, pays des sapins, indique suffisamment l'importance et la nature des massifs que l'on y rencontrait à l'époque gallo-romaine. Aujourd'hui encore, malgré des vicissitudes nombreuses, les vallées qui pénètrent jusqu'au cœur même des Alpes, renferment de sérieux lambeaux du manteau de verdure qui les couvrait autrefois.

On ne peut s'empêcher d'établir une comparaison entre les Hautes et les Basses-Alpes, si dénudées, si ravinées, et les montagnes verdoyantes de la Savoie. Il faut bien faire la part du climat, ici humide, brumeux même vers le Chablais, là sec, ensoleillé. Mais en France, le climat ne peut agir que sur la nature et l'aptitude à la régénération des peuplements, mais non sur leur étendue. C'est l'homme qui, à de rares exceptions près (éboulements, avalanches), a été le seul agent de la diminution de l'aire forestière.

Et pourtant en France, dès le moyen âge, les rois ont multiplié les lois, les ordonnances pour sauvegarder le patrimoine forestier de la couronne, des communes aussi bien que des particuliers. En Savoie, au contraire, les monuments législatifs manquent presque entièrement avant le xviiie siècle. Le Sénat de Chambéry, qui fut tout à la fois autorité judiciaire et administrative, rappelant les Parlements de France, enregistrait, promulguait les édits royaux ou ducaux, en assurait l'application et, parfois aussi, rendait des arrêtés réglementaires étendant à toute une région une sentence rendue dans une espèce donnée.

Ce défaut à peu près total d'une législation forestière en Savoie surprend d'autant plus qu'à diverses époques cette province fut, pendant des périodes assez longues, occupée par les Français. Ainsi, par exemple, la Savoie conquise par François Ier en 1536 demeura annexée à la France jusqu'au traité de Cateau-Cambrésis en 1559 (25 avril). Durant ces vingt-trois années, la Savoie reçut tantôt une administration distincte et tantôt fut adjointe au Dauphiné; mais les lois et privilèges de la province furent confirmés par le Gouvernement français à diverses reprises. Le Parlement de Chambéry déclaré, en 1549, souverain par Henri II, reçut mission d'appliquer les fameux « Statuta Sabaudiæ » promulgués le 1ᵉʳ juin 1430 par le célèbre duc Amédée VIII qui fut élu pape en 1439 sous le nom de Félix V par le concile de Bâle. Il ne pouvait donc être question en Savoie des prescriptions des ordonnances rendues par François Iᵉʳ en mars 1515, janvier 1518, ni de l'édit de Henri II rendu en février 1554, formant un règlement général pour les eaux et forêts.

Sous le règne de Louis XIV, la Savoie, conquise par Catinat en 1690, demeura française jusqu'au traité de Turin (1697). Lors de la guerre de la Succession d'Espagne, reprise en 1703 par le maréchal de La Feuillade, elle ne fut restituée qu'en 1713 au duc Victor-Amédée, qui fut créé roi de Sardaigne. Pendant ces deux périodes d'occupation française qui durèrent seize ans, la France, « aussi habile que sage, ne toucha pas aux institutions locales, laissa fonctionner le Sénat et la Chambre des Comptes. On appliqua les lois du pays » [1].

Par suite, l'Ordonnance de Colbert sur les Eaux et Forêts (1669) ne fut pas mise en vigueur et aucun embryon d'administration forestière ne fut créé.

Est-ce à dire pour cela que les lois forestières françaises furent complètement ignorées en Savoie? Ce serait une erreur de le croire. Dans le Parlement de Chambéry créé par Henri II, le roi avait introduit des magistrats français. De même, au début du xviiᵉ siècle, Louis XIV nomme comme président du Sénat de Savoie Louis de Tencin, magistrat dauphinois. Les intendants chargés de la gestion des provinces conquises et qui, à ce titre, avaient à intervenir dans la gestion des bois, devaient, aussi bien que les conseillers et sénateurs d'origine française, se souvenir de la législation de leur pays. Si l'empreinte forestière française est peu sensible aux xviᵉ et xviiᵉ siècles, au xviiiᵉ, par contre, elle se retrouve très accusée dans les Royales constitutions et règlements particuliers. Il y a toute une étude comparative des plus intéressantes à entreprendre sur la législation sarde de 1729 à 1792 et l'Ordonnance française de 1669. On retrouve partout l'influence de cette ordonnance avec des modifications souvent heureuses, inspirées par la nature accidentée du pays et l'obligation d'assurer, en même temps que la conservation des bois, le roulement des industries locales.

Arrêts du Sénat de Savoie.

(9 décembre 1559 et 14 août 1654.)

Il convient de noter que le premier des arrêts du Sénat, relatif aux bois, est du 9 décembre 1559, de l'année même du traité de Cateau-Cambrésis. Cet arrêt a été rappelé par une nouvelle sentence du haut tribunal savoyard du 14 août 1654, ainsi conçue.

« Le Sénat, faisant droit à la remontrance du procureur général, et en exécution de l'arrêt rendu céans le neuvième de décembre 1559, *a fait itératives inhibitions et défenses à tous manans et habitans de ce ressort, de faire essarts aux montagnes et forêts, ny y mettre le feu et faire aucune taille et dépopulation de bois* et notamment rière les montagnes de Chignin, Torméry, Mont-Meillan, Cruet, aux endroits où sont situés les vignobles, pour empêcher les dégats d'iceux être, à peine de *500 livres contre les contrevenans et*

---

[1] Ch. Dufayard, *Histoire de Savoie*, Boivin, éditeur, Paris, p. 214.

autres portées par ledit arrest, lequel sera à ces fins publié et le présent par tous les sièges majes et autres lieux de ce ressort par les officiers locaux, lesquels, pour ce, ledit Sénat a commis et commet pour informer contre les contrevenans pour les informations rapportées au greffe criminel de céans, communiquées au remontrant, les conclusions ouïes, être pourvu comme de raison, auxquels officiers est, en outre, enjoint de faire faire ladite publication rière Montmeillan, Cruet, Chignin et Torméry dans la huitaine, à peine de cent livres à leur propre et privé nom ».

C'est bien d'un arrêt réglementaire qu'il s'agit, puisqu'il s'adresse à tous manants et habitants du ressort du Sénat, c'est-à-dire de toute la Savoie. On peut saisir ici l'action administrative du haut tribunal qui ordonne aux officiers locaux de publier l'arrêt de 1559 et de constater les infractions commises.

Arrêt du Sénat de Savoie.

(Septembre 1667.)

Il est à noter que ces défenses n'ont d'autre but que de protéger les propriétés inférieures. On n'a pas encore en vue de conserver les forêts pour assurer la production ligneuse. Toutefois, cette idée ne tarde pas à se faire jour et, en septembre 1667, le Sénat de Savoie rend ce nouvel arrêt : « En exécution des arrêts rendus le 8 mai 1559, 1594 et 9 décembre 1666 et des ordres de S. A. Royale portés par lettre de cachet du 10 septembre courant, inhibition est faite à toutes personnes de quelles qualité et condition qu'elles soient, de couper, ny faire couper aucuns bois de haute futaye qui seraient emportés hors du royaume ou transformés en charbon, à peine de 10,000 livres et de punition corporelle, s'il y échoit. »

C'est qu'en effet par la Dranse et le Léman, l'Arve, l'Isère, le Rhône, des trains de bois entiers descendaient pour alimenter les villes de Genève, de Grenoble et de Lyon. Par la grandeur de la peine on peut juger de l'importance du trafic d'exportation. Comme le précédent, cet arrêt a une portée générale, mais il s'applique à tous, sans exception, aux nobles aussi bien qu'aux manants.

Arrêt du Sénat de Savoie.

(30 mars 1672.)

Le 30 mars 1672 parut un nouvel arrêt réglementaire par lequel « le Sénat..... fait inhibition et défenses à toutes sortes de personnes et notamment à tous habitans rière le baillage de Ternier et Gailliard et Chablais, d'enlever ou faire enlever les escorces de toutes sortes d'arbres et icelles vendre, ni faire aucune dégradation des bois chesnes, tant grands que petits, à peine de 500 livres et du fouet contre les contrevenans ».

Ce sont toujours des décisions d'espèces, prises à la suite d'abus locaux, qui sont étendues à l'ensemble du pays, mais sans aucun lien entre elles.

Le duc semble ignorer les forêts de Savoie aussi bien que celles de ses autres provinces. Il faut arriver à 1679 pour trouver la première esquisse d'un règlement ducal sur les forêts dans un édit « touchant le domaine, les affranchissements, les amendes, les monnoies et autres matières. » Cinq articles seulement traitent « de la coupe et exportation des bois des forêts de S. M. » Il n'est pas encore question d'autres forêts que les royales.

Voici ces cinq articles de l'édit du 11 novembre 1679 :

Édit royal.

(11 novembre 1679.)

«ART. 29. Défendons à toute personne de couper aucun bois de haute futaye, ni autres, dans les montagnes et forests de S. A. R., sauf aux affouagers à en user en conformité de leurs reconnaissances, sans y commettre abus.

«ART. 30. Ordonnons aux officiers locaux d'informer et saisir les délinquants qui seront trouvés en flagrant délict, coupant les bois de S. A. R. avec le bétail qui en fera la conduite, charriots et autres attelages, pour être pourvu par la Chambre sur les informations et captures.

«ART. 31. On ne pourra aussi extraire, ni commercer les bois des dites montagnes, ny autres lieux, hors les états de S. M. sans son expresse permission duement vérifiée par la Chambre des Comptes, à peine de 500 livres et de confiscation des bois et seront establis des gardes et contrôleurs ez lieux nécessaires pour y surveiller et arrester et les bois et radeaux qui seront conduits sans ladite permission.

«ART. 32. Ceux qui auront des permissions vérifiées seront obligés de faire contrôler les bois qu'ils sortiront et le contrôleur annotera sur son registre et sur ladite permission la quantité et qualité d'iceux et en donnera billette aux voituriers s'ils requièrent.

«ART. 33. Pour la saisie desquels bois, radeaux et conducteurs d'iceux, ordonnons aux officiers locaux, sindics et communautés de prêter main-forte aux dites gardes, à peine de 25 livres ; lesquels presteront serment à la Chambre des Comptes, lors de leur réception et leur appartiendra pour les droits de garde et de surveillance le tiers de la confiscation des bois qu'ils saisiront, outre les frais et dépens qui leur seront adjugés contre les accusés et condamnés. »

L'article 31, répétant l'interdiction d'exporter les bois portés par l'arrêt réglementaire du Sénat de Savoie de 1667, a une portée générale.

Le service de surveillance créé par l'édit n'a rien qui rappelle l'organisation forestière française. C'est plutôt un service de douane qu'exercent les contrôleurs ; c'est sur les routes et les rivières que se trouve leur champ d'action. Dans la région des forêts, c'est aux syndics (aux maires, dirions-nous aujourd'hui) qu'incombe la police des exploitations.

On peut inférer du mode de payement des gardes et contrôleurs que les délits d'exportation étaient alors singulièrement nombreux, puisque, à défaut de salaire fixe, le tiers des amendes devait suffire à rémunérer les préposés.

Mais pour fruste que soit la charpente de ce premier édit, elle a été cependant la tige où sont venues successivement se greffer des dispositions de plus en plus nombreuses et variées. On trouve d'abord une série de prescriptions applicables seulement à certaines provinces à l'origine, étendues ensuite à des régions importantes comme le duché de Savoie et, après additions suggérées par l'expérience, généralisées pour l'ensemble du royaume de Sardaigne.

Règlement particulier pour le duché de Savoie.

(7 août 1723.)

Ainsi, on voit d'abord les princes de la Maison de Savoie rassembler, codifier en un règlement particulier au ressort du Sénat de Chambéry les arrêts rendus par cette haute juridiction. Le titre X du livre IV du Règlement particulier pour le duché de Savoie, promulgué le 7 août 1723, traite «des bois et forêts», mais il ne comprend que les trois articles ci-après :

«ART. 1er. Il est inhibé à tous habitans dans le ressort du Sénat de Savoie de faire des essarts aux montagnes, ny d'y mettre le feu et faire aucune taille ni dépopulation des bois, principalement aux endroits en dessous desquels sont situés les vignobles et autres terres labourables, à peine de 500 livres et de la galère contre les contrevenans, avec injonction aux officiers locaux d'informer et d'y tenir main et d'en répondre à leur propre et privé nom.

«ART. 2. Il est défendu à toutes personnes, de quelque qualité et condition qu'elles soient, de couper ou faire couper aucun bois d'haute futaie, soit pour les transmarcher hors des États, soit pour charbonner, à peine de 10.000 livres d'amende et de punition corporelle, s'il y échoit, ni de faire amas de bois, charbon, planches et ais pour les revendre, transmarcher et distraire hors de l'État, à peine de confiscation des dites marchandises et des voitures et de 200 livres d'amende.

«ART. 3. — Il est défendu à toute sorte de personne d'enlever ou faire enlever les écorces de toute sorte d'arbres et icelles vendre, tant dans les États que dehors, ni faire aucune dégradation des bois de chêne, tant grands que petits, à peine de 500 livres et du fouët contre les contrevenans.

«Il est pareillement défendu d'enlever la poix-résine des bois sapins, sans le consentement des propriétaires d'iceux, à peine du fouët et de tous dommages-intérêts et dépens.»

On retrouve dans ce règlement les mêmes expressions que dans les arrêts précités. A partir de 1723, on ne voit plus le Sénat rendre des arrêts réglementaires : il est toujours chargé d'enregistrer les ordonnances royales, mais il ne légifère plus. C'est de l'autorité royale qu'émaneront désormais les lois et règlements. Il ne faut pas oublier, en recherchant l'origine de ce développement du pouvoir central, que le traité d'Utrecht (1713) avait accordé à la maison de Savoie la dignité royale. Victor Amédée II avait, de plus, subi dans sa jeunesse l'influence de Louis XIV par l'intermédiaire de sa mère, une Française, Jeanne-Baptiste de Nemours (morte en 1684). Après le traité de Turin (1696), il avait marié sa fille aînée, Marie-Adélaïde, au duc de Bourgogne, petit-fils du grand roi. Rien d'étonnant que le prince n'ait pris auprès de son puissant voisin les principes du gouvernement absolu et voulu supprimer toute immixtion d'un corps de magistrats dans l'administration du nouveau royaume. L'histoire de la Fronde était là pour démontrer que, dans ce domaine, l'action des « parlementaires » n'était pas sans inconvénients.

<h1 style="text-align:center">CHAPITRE II.</h1>

LA PROPRIÉTÉ FORESTIÈRE, LES DROITS D'USAGE.

§ 1ᵉʳ. LES PROPRIÉTAIRES DE FORÊTS.

Il n'est malheureusement pas possible de suivre au travers des siècles les mutations de propriété dont les forêts ont été l'objet. Mais en Savoie, grâce à la mappe de 1738, qui jalonne, avec les premiers monuments législatifs généraux, la fin de la première période d'histoire forestière, on connaît exactement les surfaces boisées appartenant aux divers propriétaires, au premier tiers du xviiie siècle.

« L'état des contenances des forêts de Savoie à diverses époques » (autographie) que nous avons publié en 1910 fournit les renseignements ci-après, complétés par d'autres données tirées du dépouillement des tabelles cadastrales. En diverses communes on trouve, dès le xvie siècle, des registres de propriété, qui avaient succédé sans doute à d'autres plus anciens. Mais comme les limites de communes étaient souvent assez vagues, surtout en haute montagne, que leur fixation donnait lieu à des discussions sans nombre, que les mensurations étaient onéreuses, que la détermination du parcellaire soulevait des conflits entre les propriétaires non moins que l'estimation des biens, il n'y avait pas de cadastre général. L'édit du 9 avril 1728 permit de réaliser cette œuvre considérable. Les plans de chaque commune levés par des géomètres spéciaux ont été rapportés à l'échelle de 1/2372 : des tabelles générales contenant les noms des propriétaires avec tous les terrains possédés par chacun, le livre des « numéros suivis » donnant, par ordre numérique, les parcelles avec leur nature et leur contenance, sont annexés à la « mappe ».

Malheureusement il n'existe pas d'état récapitulatif de la superficie de chaque commune par nature de culture. Ce n'est donc que par le cadastre général sarde, rendu exécutoire par l'édit de péréquation du 15 septembre 1738, que l'on peut connaître l'ensemble de la surface forestière savoisienne.

	HECTARES.	P. 100.
Domaine royal.........................	496	0.17
Forêts des communes....................	165,907	57.63
Établissements religieux...................	12,185	4.23
Particuliers............................	109,346	37.97
TOTAUX.................	287,934	100.00

On est frappé en considérant ce tableau de la faible étendue des forêts royales et ecclésiastiques, qui, en France, étaient d'une autre importance. D'après M. Huffel [1] les 8 millions d'hectares boisés se répartissaient ainsi à la veille de la Révolution :

	HECTARES.	P. 100.
Domaine royal............................	796,500	10
Forêts ecclésiastiques, environ..............	800,000	10
Forêts communales.......................	1,800,000	22
Forêts particulières.......................	4,450,000	58
TOTAUX.................	8,000,000	100

En Savoie, ce sont donc les communes qui détiennent la plus grande part des forêts (58 p. 100) alors qu'en France ce sont les particuliers (58 p. 100). Mais en examinant de plus près les chiffres de notre statistique, on discerne aisément qu'il faut faire en Savoie deux zones bien distinctes, les Alpes d'une part, le reste du pays de l'autre. Les Alpes comprennent, *grosso modo*, les arrondissements actuels de Moutiers, Albertville et Saint-Jean-de-Maurienne, les cantons de Chamonix, Saint-Gervais-les-Bains et Samoens de l'arrondissement de Bonneville. La superficie boisée se répartit ainsi entre ces deux zones :

	ALPES.		LA SAVOIE moins les Alpes.	
	SURFACE.	P. 100.	SURFACE.	P. 100.
	h.	"	h.	
Domaine royal.............	"	"	496	0.28
Forêts des communes........	83,867	73.4	82,040	47.25
Forêts ecclésiastiques........	1,685	1.5	10,500	6.05
Forêts particulières.........	28,743	25.1	80,603	46.42
TOTAUX...........	114,295	100.0	173,639	100.00

La région alpestre renferme les 2/5 de l'aire forestière totale (39.7 p. 100) alors qu'elle occupe les 0.46 de la surface globale du pays.

Il est très remarquable de voir la propriété collective forestière qui, dans les Alpes, forme les 73 p. 100 de l'ensemble. tomber dans ce que nous appellerons, pour simplifier, la «zone antealpine» à 47 p. 100. Il faut noter qu'en 1790, c'est-à-dire 52 ans après l'édit de péréquation, la population totale du duché était, d'après une consigne [2], de 441.091 âmes, celle de la région alpine de 115.505 âmes seulement. La zone antealpine renfermait donc à peu près les 3/4 des habitants. On peut admettre sans trop d'erreur qu'en 1738 la proportion était la même, bien qu'on ignore le chiffre de la population à ce moment.

Rien d'étonnant qu'avec une population aussi dense, avec une agriculture plus développée, un plus grand morcellement de la terre agricole ou forestière se soit produit dans les pays les moins montagneux. Il convient aussi de tenir compte de la passion du paysan pour le sol, du désir qu'il a d'arrondir sans cesse son petit domaine : achats, empiètements surtout sur le bien communal toujours assez mal surveillé, voire

[1] G. HUFFEL, *Économie forestière*, t. I, 1904, p. 340. Laveur, éd., Paris.
[2] GRILLET, *Dictionnaire du mont Blanc et du Léman* (1807).

même procès vexatoires, tout est bon pour atteindre ce but. Nous verrons d'ailleurs,
dans le cours des xviii° et xix° siècles, se continuer l'émiettement de la propriété forestière communale, soit à l'insu, soit avec le silence et la complicité, soit avec l'aveu
des municipalités et des autorités. Il y a là un phénomène général que la soumission
au régime forestier, en 1860, des bois communaux a fortement contrarié, mais n'a
pu faire complètement disparaître.

Une des conséquences de la désagrégation de la propriété communale forestière est
la déforestation. Le campagnard s'empresse de défricher pour retirer de ses nouvelles
possessions des céréales, du foin : que lui importe le bois ? Il n'en conserve que ce dont
il a besoin pour le feu et la construction, quand la forêt commune n'est plus là pour
y suffire, ou quand le terrain est de telle nature que seul le bois peut l'occuper. Et
dans ce cas encore, le boqueteau sert de pâture et d'abri aux animaux de toutes
sortes.

En déboisant rapidement son terrain, il met ainsi les autorités en face du fait
accompli, il s'assure contre des mesures qui l'obligeraient à restituer à la communauté
les biens qui en ont été distraits.

Parmi les propriétaires de forêts, le roi n'est pas le mieux nanti. Il ne possède, en
effet, que 496 hectares de bois, formés principalement de deux massifs principaux : la
forêt de Hautecombe (392 hect.) sur les pentes à l'ouest du lac du Bourget, et la forêt
de Mandallaz (103 hect.) auprès d'Annecy. Le reste de son domaine ne se compose que
de petites parcelles, formant, au total, moins d'un hectare (77 a. 18) à Saint-Pierre-
d'Albigny.

Les forêts communales se trouvent le plus souvent sur le territoire des communes
propriétaires. Mais il arrive aussi parfois que ces forêts se trouvent en dehors (Beaune),
notamment quand une commune ancienne s'est scindée en plusieurs autres. Dans ce
cas, très fréquemment la forêt demeure indivise (Saint-Julien-de-Maurienne et Montdenis) en tout ou en partie.

Parmi les ordres religieux et établissements ecclésiastiques propriétaires de forêts il
faut citer :

1° Les Chartreux, propriétaires des grands massifs d'Aillon (1,119 hect.), de
Saint-Hugon (part de Savoie = 638 hect.), du Reposoir (1,858 hect.),
de Vallon (946 hect.), de Mélan (239 hect.), de Ripaille (70 hect.), de
Chevalines (169 hect.) et d'autres petits cantons, soit un
total de.. 5,673ʰ 89ᵃ 57ᶜ

2° Les trappistes de Tamié... 1,263 41 10

3° Ordre de Cîteaux, représenté par les couvents de Boulieu, de
Sainte-Catherine (forêt de Sainte-Catherine = 198 hect.),
de Saint-Jean-d'Aulph (67 hect.), d'Abondance (67 hect.),
de Hautecombe, avec.............................. 1,002 34 21

4° Les Bénédictins, avec les couvents de Bellevaux (720 hect.),
de Talloires (forêt du Roc-de-Chère = 169 hect.), avec... 1,007 98 89

5° Les Bernardines, possédant........................... 255 61 95

6° Les Augustins (abbayes d'Entremont et de Sixt)........... 131 65 06

7° L'Ordre de Malte (forêt de Beauvoir), ayant............. 298 44 92

8° Les Barnabites, possédant........................... 116 49 00

9° Les Franciscains, possédant........................ 140 49 81

10° Les Jésuites, possédant.......................... 114 18 65

11° La Commanderie de Yenne, possédant..................	106ʰ	77ᵃ 26ᶜ
12° La Visitation, possédant...........................	76	05 89
13° Les Cordeliers, possédant.........................	74	20 85
14° Les Clarisses, possédant..........................	66	43 81
15° Les Dames du Betton.............................	34	77 70
16° Les Annonciades, possédant.......................	32	16 99
17° Les Carmes, possédant............................	18	50 90
18° L'hospice du Petit-Saint-Bernard, possédant..........	17	87 46
19° L'hospice du Mont-Cenis, possédant.................	8	72 41
20° Les Ursulines, possédant..........................	7	84 58
21° Les Dominicains, possédant........................	6	52 61
22° Les Capucins, possédant...	3	58 56
23° Les Jacobins, possédant...........................	3	52 80
24° La Sainte-Maison-de-Thonon, possédant..............	2	80 01
25° Les Religieuses de Thonon, possédant................		80 23
26° Les Lazaristes, possédant..........................		67 29
27° L'archevêché de Moutiers, possédant.................	64	63 34
28° L'évêché de Saint-Jean-de-Maurienne, possédant........	36	90 67
29° Cures, chapelles, chapitres, hospices, établissements de bien-faisance..	1,616	84 67
Total...........................	12,184ʰ	81ᵃ 19ᶜ

Dans presque toutes les communes, la cure, des chapelles érigées par la piété des fidèles ou de quelques notables, étaient dotées d'immeubles dont les revenus ou les produits servaient à l'entretien du desservant ou de l'oratoire. Certaines cures étaient assez bien pourvues, d'autres, par contre, n'avaient que des parcelles boisées insignifiantes ou même rien : ainsi la mense curiale du Grand Bornand comprend 31 hectares 04 ares 70 de bois, tandis que celle de la Thuile (Savoie) n'a que 4 ares 37 et que d'autres cures, celle de Rumilly par exemple, n'ont pas le moindre boqueteau. Pour les chapelles il en est de même : telle, comme celle de Notre-Dame-de-la-Gorge, aux Contamines-sur-Saint-Gervais, possède 15 hectares 22 ares 58 centiares de bois, alors qu'à Saint-Jean-d'Arves un oratoire n'en a que 76 m². Une énumération complète de ces bois ecclésiastiques ne présenterait aucun intérêt et serait d'une longueur démesurée.

Ce qu'il faut retenir, c'est que, seuls, quelques puissants ordres monastiques, celui des Chartreux en tête, étaient assez bien pourvus de forêts : six seulement de ces ordres possédaient plus de 250 hectares de forêts.

§ 2. Origine de la propriété forestière.

A. Les forêts communales.

Les forêts communales formant plus de la moitié des surfaces boisées de la Savoie méritent, par leur importance d'abord, d'être étudiées en premier lieu. Quelques

documents anciens, que nous a légués le moyen âge, éclairent aussi d'un jour particulier l'histoire de la propriété forestière communale.

Il est clair que c'est par simple occupation des forêts sans maîtres que s'est créée
la propriété de ces forêts. S'il paraît incontestable que, sous le régime de la législation
gallo-romaine et barbare, il n'y avait pas de propriété collective dans les *fundi* et
villæ de la Gaule, peut-être en était-il autrement dans les vallées sauvages, difficiles
des Alpes et des chaînes subalpines. L'autorité du pouvoir central s'est-elle même
jamais exercée ailleurs que dans les grands couloirs qui, par le Mont Cenis, le Petit
Saint-Bernard, faisaient communiquer la vallée du Rhône avec celle du Pô? La tradition voudrait, par exemple, que la région de Valloire ait été peuplée par des chrétiens
fuyant les persécutions de Néron. Là seulement ils auraient été à l'abri des poursuites.
Est-il téméraire, dans ces conditions, de penser que l'immensité des massifs, l'abondance du matériel ne pouvaient inciter la cupidité individuelle à l'accaparement : la
forêt, primitivement *res nullius*, serait demeurée le bien de tous. Sous les Mérovin-
giens et les Carolingiens, d'immenses espaces déserts, inexplorés, boisés ou non,
étaient incorporés au domaine royal; dans les Alpes, en particulier, ces terres n'ont
jamais été reconnues, inventoriées. Sur une carte du royaume, leur place eut été en
blanc comme on voyait, il y a 50 ans, les régions inexplorées figurer sur les cartes
d'Afrique. L'étendue, l'ombre, le mystère des futaies, l'impression de religieuse terreur
qui s'en dégage, le nombre des fauves qui les habitaient ne pouvaient guère inciter
l'homme isolé à se tailler un domaine dans les peuplements forestiers.

La forêt a donc été, en montagne, un des principaux éléments de la propriété collective, un des liens qui ont réuni les membres de l'association de fait qui est devenue
la commune. Cette association ne s'augmente pas par l'agrégation de nouveaux venus,
«elle n'englobe pas tous les habitants d'un village parce qu'ils habitent ce village. Le
seul territoire qu'elle connaisse c'est celui qui est soumis au régime de la propriété
collective. Les comparsonniers qui ont droit d'en jouir indivisément forment une
association communale. Ceux qui n'ont pas ce droit en sont exclus, quand bien même
ils résident avec les autres dans le même village... A l'origine, le droit sur les biens
communaux et partant la qualité de communier était plus strictement héréditaire et
limitée à un petit nombre de familles qui se multiplièrent... Qu'un étranger vint à
s'établir dans le lieu, il était incapable d'acquérir par le domicile un droit d'entrer
dans l'association [1]. »

En certains endroits, il était presque impossible à un étranger de devenir «communier», témoin un albergement du 22 mai 1317 qui consacre les anciens privilèges de Lans-le-Bourg sur les forêts et les pâturages situés sur le territoire de cette
paroisse, mais avec interdiction de vendre ou donner des bois à toute personne étrangère.

Par lettres patentes du 4 février 1567, le duc de Savoie, Emmanuel Philibert,
dispose : «attendu la stérilité du lieu et le passage général, joinct qu'il étoit permis
à chacuns qui vouldroient venir habiter audit lieu.... couper du bois aux montai-
gnes, pourrait advenir qu'il n'y en auroit la moitié du chauffage et bastiments qu'il
convient faire audit lieu et dans peu d'années, iceux exposants seroient contraints
absenter le dit lieu, pour ce est voulons et nous plaist que tant le dit Bastian (qui

---

[1] G. Pérouse, *Les communes et les institutions de l'ancienne Savoie*, p. 4.

prétendait droit à l'affouage et au pâturage) que aultres de nouveau viendront habiter au dit lieu.. .. ne pourront jouir des dits privilèges de coper les bois concédés aux dits supplians sans leur volloir [1]. » C'est la confirmation de l'albergement de 1317.

Dans les documents précités il est question d'albergement des forêts et pâturages à la communauté de Lans-le-Bourg, ce qui amène à conclure que ces immeubles font partie d'un fief : les communiers n'auraient donc que la jouissance perpétuelle de ces biens. Il ne semble pourtant pas qu'il en ait toujours été ainsi et certaines chartes permettent, au contraire, de supposer avec quelque vraisemblance qu'avant le XIV* siècle les communes de la montagne, les moins accessibles, avaient la libre et pleine possession de leurs immeubles.

Une charte de Montdenis, du mercredi après la fête de Saint André de l'année 1315, expose que «les hommes de cette communauté, depuis un temps immémorial, jouissaient des forêts, pâturages et communaux et en disposaient à leur gré pour la construction de leurs maisons, l'affouage et la pâture de leurs bestiaux. Mais l'empereur (Henri VII) ayant donné de nouveau au comte de Savoie, Amédée V le Grand, le droit de régale qui lui appartenait déjà de droit ancien, le châtelain de Maurienne, Humbert de la Salle, saisit tous ces communaux et les réduisit sous la main du comte. Alors les habitants supplièrent le châtelain de leur céder l'usage des forêts, pâturages et aux communaux tel qu'ils l'avaient eu jusqu'à ce moment. Humbert de la Salle y consentit. Les habitants de Montdenis payent 40 sous forts neufs d'introge [2] et s'engagent à payer chaque année un servis de 10 sous forts neufs.

«Amédée V ratifia cette cession par une charte donnée à Chambéry le jeudi 21 avril 1317» [3].

Ce ne fut pas le seul coup de force par lequel le châtelain de Maurienne rattacha au domaine éminent du comte de Savoie les communaux, jusqu'alors francs, de la vallée.

«En cette année 1307, dit Pierre Varnier de Montvernier [4], notaire par l'autorité impériale, dans un parchemin écrit par son coadjuteur, Jean Varnier, notaire par l'autorité de la Cour de Savoie, il y avait discorde entre les gens de Montpascal, d'une part, ceux de Montvernier et du Villaret, de l'autre. Ceux-là voulaient qu'on partageât les forêts dites à Cleurel et le Bois noir dont on jouissait en commun; ceux-ci demandaient le partage des pâturages aussi demeurés en commun jusque-là. Enfin les 3 communautés s'assemblèrent au lieudit «à la montée», sur le territoire de Montvernier et, d'un commun accord, sans contradiction de personne, décidèrent que forêts et pâturages seraient partagés. On élut donc des agents sindics et procureurs, dans la meilleure forme qu'il fut possible, savoir : Bernard Maurice, Antoine et Jacques Dufresnes pour Montpascal, Jean Varnier et Joseph Baron pour la Plaineville de Montvernier et Anselme Durand pour le Villaret. On leur donna plein pouvoir de partager les forêts et les pâturages selon les droits qui revenaient à chaque

[1] *Société d'histoire et d'archéologie de la Maurienne* (Mémoires), t. V, p. 1 et suiv. Franchises de Lans-le-Bourg, par M. De Mareschal de Luciane.
[2] L'introge était une taxe due pour l'entrée en possession.
[3] *Société d'histoire et d'archéologie de la Maurienne*, t. VII, p. 35. Séance du 22 janvier 1894. Commune de Truchet.
[4] *Société d'histoire et d'archéologie de la Maurienne*, t. X, p. 89 et suiv. Chanoine Truchet, Montvernier, Montpascal, Le Villaret.

communauté et de régler toutes choses pour le mieux et l'on s'engagea à ratifier tout ce qu'ils auraient fait, tout comme si cela avait été fait par tous les hommes des trois communautés, avec cette seule réserve que les sindics élus ne feraient rien sans l'autorité, conseil et consentement de noble et docte seigneur Pierre de Clermont, châtelain et procureur de Maurienne sous peine de nullité.

« Que se passa-t-il ? On ne sait. Toujours est-il qu'une sentence fut rendue à la Chambre, le jeudi avant la fête de Saint Jean-Baptiste 1315, par François Gardin, juge de Maurienne et de Tarentaise, contre les 38 habitants de Montpascal, Montvernier et Le Villaret...

« Ils sont inculpés, dit le juge, d'avoir nommé plusieurs sindics de leur autorité propre, sans le consentement du juge ou du châtelain ou d'un officier de N. S. le comte ; avec leur consentement ces sindics ont établi des gardes dans les forêts de Montvernier, assigné des bans et pris diverses autres mesures, sans le consentement d'aucun officier du comte, usurpant ainsi les droits du souverain comme il en conste amplement par deux enquêtes, l'une du vendredi 11 avril 1315, l'autre du jeudi après la Pentecôte de la même année.

« C'est pourquoi, du consentement du seigneur Humbert de la Salle, châtelain de Maurienne et du seigneur Jean de Allodiis, procureur de Maurienne et de Tarentaise, nous avons transigé avec les inculpés sur ces choses, sur tout ce qui est contenu dans les enquêtes et sur tout ce qui s'y rattache, etc... à 27 livres fortes à l'écu, payables à N. S. le comte et, pour cette somme, nous les acquittons et absolvons tous et chacun d'eux de toutes ces choses. »

Par des albergements consentis par le châtelain Humbert de la Salle, le jeudi 5 février 1316, en faveur des communiers de Montpascal et le vendredi 28 janvier 1317 en faveur de ceux de Montvernier, lesdits communiers demandaient à tenir en fief, moyennant un droit d'introge et un servis (redevance) annuel les forêts et les pâturages qu'ils croyaient leur appartenir et à en jouir en commun suivant la coutume ancienne. Ici, au moins, Humbert de la Salle avait eu un prétexte pour intervenir alors qu'à Montdenis il mit purement et simplement l'embargo sur les communaux, jusqu'à la reconnaissance des droits prétendus du comte de Savoie.

Ces vieilles chartes nous montrent que les communes d'accès difficile étaient, jusqu'au début du xive siècle, demeurées en possession entière de leurs terrains communaux. La date de 1317, qui est aussi celle de l'albergement de Lans-le-Bourg, serait celle de la main mise de la maison de Savoie sur les terres franches de la Maurienne, celle de la sujétion à l'impôt, sous forme de servis, des communautés propriétaires. Mais de là à conclure « que ce qui s'est passé à Montdenis s'est aussi passé dans toutes les communes de la chatellenie de Maurienne », il y a loin. De nombreux albergements eurent lieu d'ailleurs, dans tout ce siècle, dans les diverses régions de la Savoie. Ainsi en 1375, le châtelain d'Ugines alberge aux habitants de Marlens tous les bois noirs et blancs possédés par Amédée VI, le Comte Vert, sur le territoire de cette paroisse. Cette convention fut confirmée le 30 avril 1376 par le prince [1].

Les alpages et les forêts de la vallée du Giffre ont également été l'objet de contrats d'albergement [2]. A Mieussy, curieuse coïncidence, c'est le 3e des ides de novembre

---

[1] Abbé Poncet, Monographie de Marthod in *Mémoires de l'Académie de la Val d'Isère*, t. VI, p. 378.
[2] Tavernier, Mieussy in *Société savoisienne d'histoire et d'archéologie*, t. XXIX.

1317 que Hugues, Dauphin, baron de Faucigny, alberge aux habitants la montagne d'Hima, achetée de Pierre de Grésy. Mais ici, il ne s'agit plus de biens de la communauté, car les albergataires déclarent qu' «ils ont coutume de paqueier et chautagner leurs animaux dans la dite montagne et d'y prendre des bois pour leurs maières, bâtiments et affouages, selon leur bonne volonté, au moyen de l'auciège qu'ils avaient coutume de payer.»

Dans les Beauges, les albergements ne sont pas moins nombreux à la même époque et les actes de la capitainerie du Chatelard en renferment une quantité [1].

Le prieuré de Bellevaux (Beauges) avait également concédé des droits d'affouage et de pacage aux habitants des hameaux de Carlet, Trés Roches et de la Chapelle, moyennant un servis annuel de 71 sols et 11 deniers, plus quatre journées de travail par tête de faisant feu. En 1586, il n'y avait plus que 19 personnes pour jouir de ces droits attachés à certaines familles qui, seules, faisaient partie de la communauté primitive.

On peut, d'après l'examen de ces pièces, voir très nettement la différence de situation des communes : celles des montagnes de Maurienne et, sans doute aussi, du reste des Alpes, hors les vallées principales, qui auparavant jouissaient de la pleine propriété des biens communaux, viennent d'être assujetties à une redevance, tandis que, dans le reste de la Savoie, les communiers payent depuis longtemps un servis au seigneur pour user des bois et des pâtures. Ces bois et pâturages réservés à l'usage de tous sont ceux qui faisaient partie des villæ gallo-romaines auxquels s'étaient appliquées successivement les lois des Burgondes et celles de Charlemagne et qui, sous le régime féodal, dépendent d'un fief [2].

En somme, dès le début du xive siècle, la situation est la même partout : les biens communaux sont, en droit, la propriété du prince ou du seigneur qui en concède la jouissance perpétuelle aux communiers par un acte alors très répandu, l'albergement. «L'albergement, dit M. le Dr Perouse, le savant archiviste départemental de la Savoie [3], est un contrat par lequel le souverain cède aux preneurs à perpétuité la jouissance de certains biens pour un prix fictif et sans proportion avec leur valeur, dit introge, et moyennant qu'il s'en réserve le domaine direct, en signe de quoi une redevance convenue dite servis lui sera payée annuellement. Il y a des biens qui ont fait l'objet d'albergements dits généraux dont l'ancienneté est immémoriale : ce sont les chemins publics, les eaux courantes, les bois noirs et les pâturages communs.»

Outre l'introge et le servis, les communiers devaient supporter d'autres redevances : en Maurienne et en Tarentaise seulement, les plaids, payables à la mort du seigneur et proportionnels à la valeur des biens, un droit de main morte, appelé amortissement, payable tous les 20 ans (édit du 10 octobre 1567) pour remplacer les droits de mutation de lods et vends.

Ces albergements ont été, à diverses reprises, l'objet de confirmations, surtout aux xve et xvie siècles, ou de reconnaissances. Par ces derniers actes, les communiers reconnaissaient tenir du duc, du seigneur ou de l'évêque leurs bois et leurs pâturages pour lesquels ils doivent payer les redevances; par les autres, le seigneur confirmait les

[1] L. MORAND, Les Beauges, t. I., pp. 91, 350.
[2] HUFFEL, Économie forestière, 2e édition, t. I, 1re partie, p. 285 et suiv.
[3] G. PÉROUSE, loc. cit., p. 63.

albergements consentis antérieurement. Il est arrivé plus tard, quand la commune, au sens moderne du mot, a été constituée, qu'elle a racheté ses redevances ou bien qu'entre elle et le seigneur est intervenu un *acensement*, bail à terme, en remplacement du bail emphytéotique, ce qui, à chaque renouvellement, permettait de modifier la redevance.

On a vu plus haut qu'à l'origine la commune, en tant que personne morale, n'existait pas : il n'y avait que des associés et c'est si vrai que les albergements désignent par leur nom chacune des personnes à qui l'usage en commun des bois et des pâturages a été concédé.

C'est à la fin du xvie siècle, sous le règne du duc Emmanuel Philibert (1553-1580), que la commune se transforme, que d'une simple association reposant sur un usage commun, ou, si l'on veut, d'une propriété commune, puisque l'albergement avait en somme ce caractère, elle devient un corps politique organisé. Les diverses associations existant dans un village conservent d'abord leurs communaux propres gérés par des sindics distincts; mais en même temps ces sindics s'occupent des affaires de l'ensemble des habitants. Aussi cette dualité d'attribution tend-elle rapidement à disparaître et il n'y a plus bientôt de distinction entre les communiers. «Cette évolution avait été pressée et ses résultats précisés par un édit fiscal de 1600 qui, en imposant les biens situés dans chaque commune et non plus comme auparavant à la personne des communiers, avait obligé la commune à se délimiter et à se transformer en circonscription territoriale. Vingt ou trente ans plus tard, le cadre de ces circonscriptions était fixé définitivement et il ne put plus être modifié qu'ensuite d'une décision spéciale après enquête» [1]. On avait donc la commune moderne au milieu du xviie siècle.

B. *Les forêts ducales.*

On a vu qu'il n'y avait guère que deux forêts dignes de ce nom appartenant au roi en 1738, celles de Mandallaz et de Hautecombe. Pour suivre l'histoire de la constitution du domaine royal, il faut se rappeler que la royauté sarde ne date que de 1713. Les princes de la maison de Savoie ne possédaient, au début, que des fiefs nombreux mais disséminés en Maurienne, en Tarentaise, en Genevois, en Chablais et en dehors du territoire actuel de la Savoie, dans la vallée d'Aoste, dans le Bugey et le Dauphiné. Leur suzerain était l'empereur germanique, dont l'autorité était bien incertaine. Puis, peu à peu, leurs possessions s'étendent des deux côtés des Alpes et Amédée III (1103-1148) prend le titre de comte de Savoie. C'est à ce moment qu'est fondé le monastère d'Hautecombe (1139).

Deux cents ans plus tard, par le traité de Paris du 5 janvier 1355, Amédée VI, le comte Vert, recevait le Faucigny et la suzeraineté du Genevois en échange de ses domaines du Viennois et de Novalaise abandonnés au Dauphin de France, le futur Charles V, le Sage. La maison de Genève s'étant éteinte en 1394 avec le pape Clément VII, ses États passèrent en 1401 à la maison de Savoie.

Dans les Bauges, au moyen âge, la plupart des forêts appartenaient aux princes de Savoie [2], de la montagne ou bois de la Maladière jusqu'à la dent de Rossane, du bois

[1] G. PÉROUSE, *loc. cit.*, p. 9.
[2] L. MORAND, *Les Bauges*, t. III, p. 226 et suiv., t. II, p. 89.

vers Frassin aux prés du Dessoubs, et d'un rocher au-dessus du Chatelard jusqu'au Nant de Mellesine. Ce domaine des Beauges fut peu à peu émietté par des inféodations, des albergements ou des donations.

Si on ne peut fixer une date exacte à l'acquisition des deux derniers massifs forestiers possédés en 1729 par les princes de Savoie, du moins on peut affirmer pour la forêt de Mandallaz qu'elle n'est entrée dans leur domaine qu'au xv° siècle et probablement en 1401. C'est vers la fin de ce siècle que la princesse Blanche de Montferrat, mère du duc Charles-Jean-Amédée (1489-1496) et régente et d'autres princes auraient accordé à quelques habitants de Sillingy et communes voisines un droit d'affouage en cette forêt [1].

C. Les forêts ecclésiastiques.

C'est du x° au xii° siècle qu'ont été fondées la plupart des grandes abbayes de Savoie, notamment après les terreurs de l'an 1000, qui engendrèrent un prodigieux élan de foi. Ainsi Talloires remonte à 1019, Contamine-sur-Arve à 1083, le prieuré de Chamonix à 1090, Bellevaux-en-Beauges à 1091, Saint-Jean-d'Aulph à 1094, le Bourget-du-Lac à 1097, Abondance à 1108. Tamié et Vallon à 1132, Hautecombe à 1139, Sixt à 1144, Le Reposoir à 1151, Aillon à 1170, Saint-Hugon à 1172. Sainte-Catherine à 1189. Ce sont aussi bien des princes et princesses que des seigneurs ecclésiastiques qui créent ces divers couvents ou prieurés, qui les dotent de nombreux biens.

Il faut ajouter qu'à la même époque les évêques obtiennent le titre et le pouvoir des comtes : ils réunissent dans leur main à la fois l'autorité spirituelle et la temporelle. L'archevêque de Moutiers, Amizzon, devient comte de Tarentaise en 996 et ses successeurs conservèrent cette dignité jusqu'en 1355 où ils cédèrent leurs droits au Comte Vert, Amédée VI. Les prélats de Maurienne furent également comtes de Maurienne jusqu'en 1327, époque à laquelle l'évêque Aimond de Miolans, à la suite de la révolte des Arvains, dut céder une partie de sa juridiction temporelle au comte Edouard de Savoie qui réduisit les rebelles.

Ainsi, aux xi° et xii° siècles, de plus en plus l'Église était entrée dans le cadre de la féodalité, au point même de se développer aux dépens de la féodalité laïque. Les dignitaires ecclésiastiques, les églises et les monastères avaient la pleine capacité d'acquérir et nombreuses sont les donations entre vifs ou testamentaires dont ils étaient les bénéficiaires.

Ainsi le comte Humbert III (1148-1189), qui fonda la Chartreuse d'Aillon, la dota de pâturages, de terres et de vastes forêts qui, en 1738, malgré des défrichements comprenaient encore à :

Aillon	1,118ʰ 77ᵉ 89ᶜ
La Thuile	82 95 07
Saint-Jean-de-la-Porte	57 43 09
Cruet	8 13
Villard-d'Héry	3 27 50
Chevalines	168 92 33
SOIT AU TOTAL	1,431ʰ 44ᵃ 01ᶜ

[1] Arch. H.-S., corr. 1. Ay., 1818, n° 572.

La Chartreuse de Saint-Hugon, établie en 1171 par Hughes d'Arvillard, à la limite de la Savoie et du Dauphiné, n'a pas été moins richement pourvue : elle n'aurait pas eu moins de 12.000 journaux de Piémont de terres, alpages et bois sur les deux provinces, soit environ 4.560 hectares [1]. Sur la Savoie seulement les forêts couvraient sur le territoire de :

Arvillard...	638ʰ 30ᵃ 04ᶜ
Detrier..	25 17
TOTAL...........................	638ʰ 56ᵃ 21ᶜ

Ripaille, fondée en 1410 par Amédée VIII, d'abord prieuré d'Augustins, fut enfin dévolue aux Chartreux. Son domaine ne comprenait pas moins de 1368 hectares, dont une partie provenait du prieuré de Vallon ; il englobait comme bois, sur les communes de :

Allinges en Chablais.............................	39ᵃ 09ᶜ
Bellevaux en Chablais............................	946ʰ 02 11
Thonon en Chablais..............................	67 53 53
Fessy en Chablais...............................	17 09 87
Lucinges en Faucigny............................	38 72
Mieussy en Faucigny.............................	2 20 16
TOTAL...........................	1,033ʰ 63ᵃ 48ᶜ

La Chartreuse du Reposoir, établie par Jean d'Espagne dans une sauvage vallée du massif des Bornes, reçoit d'Aimon Iᵉʳ, baron de Faucigny, en 1151, outre des terres et des pâturages, une quantité considérable de forêts, soit sur :

Scionzier [2].....................................	1,857ʰ 74ᵃ 15ᶜ
Thiez...	7 26 73
TOTAL...........................	1,865ʰ 00ᵃ 88ᶜ

auxquels il faut ajouter les propriétés du couvent de chartreusines de Mélan, administrées par les moines du Reposoir, c'est-à-dire sur :

		1,865ʰ 00ᵃ 88ᶜ
Thiez......................	3ʰ 64ᵃ 63ᶜ	
Chatillon....................	28 01 45	
Taninges......................	239 00 78	
TOTAL.............	270ʰ 66ᵃ 86ᶜ	
		270 66 86
TOTAL GÉNÉRAL......................		2,135ʰ 66ᵃ 75ᶜ

A Pommier, au nord du Salève, sur la commune de Beaumont, les Chartreux avaient fondé un couvent dès avant 1170. On ignore qui leur concéda le domaine boisé qu'ils

[1] VERNEILH, *Statistique du mont Blanc*, 1807, p. 54.
[2] La commune du Reposoir n'a été séparée de Scionzier que plus tard.

défrichèrent tant et tellement, de Cruseilles au Châble, que dans un diplôme l'empe
reur Charles IV les en complimenta [1].

De ces forêts il ne restait, lors de la confection de la mappe, que, à :

Beaumont..	133ʰ 77ᵃ 39ᶜ
Feigères..	3 09 89
Neydens..	1 39 79
Présilly..	101 64 04
Vers..	68 40
Viry..	9 17 25
Total.............................	249ʰ 76ᵃ 76ᶜ

Bien que située en France, la *Grande Chartreuse* possédait cependant dans le nord
du massif du même nom, sur Savoie, des étendues forestières non sans importance,
savoir :

Corbel..	70ʰ 97ᵃ 80ᶜ
Saint-Pierre-d'Entremont..............................	202 84 84
Saint-Thibeud-de-Couz................................	87 80
Total.............................	274ʰ 70ᵃ 44ᶜ

L'ordre de Saint-Bruno était de beaucoup le plus largement doté par les princes et
seigneurs et il comptait des monastères dans chacune des provinces de Savoie, celles
de Tarentaise et de Maurienne exceptées. Mais pour n'avoir pas d'aussi nombreux établissements, d'autres communautés religieuses avaient cependant reçu de la libéralité de
grands feudataires des biens considérables.

C'est ainsi qu'on voit, vers le milieu du xiᵉ siècle, un membre de la famille de Miolans nommé Nantelme, qui tenait à titre d'alleu du comte de Savoie le fond de la
vallée du Chéran, en faire don, ainsi que de plusieurs autres terres sises dans les
Beauges, aux Bénédictins, à charge d'y établir une maison de leur ordre. Cette donation, dont on ignore la date exacte, eut lieu avec l'assentiment du comte de Savoie,
Humbert II, et de l'évêque de Genève, Guy de Faucigny. Le couvent de Bellevaux fut
achevé et occupé vers 1090.

Dans la charte de confirmation et d'augmentation de ce prieuré, par Humbert II [2]
(il s'agit donc bien de la constitution d'un véritable fief), les propriétés allodiales de
Nantelme de Miolans sont transférées avec l'agrément du suzerain aux Bénédictins.
Les forêts relevant de Bellevaux étaient ainsi réparties en 1733, entre les communes
de :

École..	549ʰ 80ᵃ 87ʳ
Jarsy..	170 32 30
Saint-Pierre-d'Albigny..............................	44 48
Saint-Jean-de-la-Porte..............................	5 76
Aiton..	1 53 57
Total.............................	722ʰ 16ᵃ 98ᶜ

[1] *Académie salésienne*, t. XIII, p. 42. Monographie de Beaumont. FOLLIET.
[2] MORAND, *Les Beauges*, t. II, p. 34 et suiv.

Au premier tiers du siècle suivant, dans le col qui fait communiquer Albertville et Faverges, une abbaye de trappistes fut installée à *Tamié*, par Pierre Ier, depuis archevêque de Tarentaise, et par Guillaume et Eynard de Chevron [1]. Ce furent les comtes de Savoie Amédée III (1103-1148), Humbert III le Bienheureux (1148-1189) et Thomas Ier (1189-1223) qui dotèrent le nouveau couvent dont les possessions comprenaient comme forêts sur :

Gilly...............	5ʰ 82ᵃ 18ᶜ	Sainte-Hélène-du-Lac..	14ʰ 83ᵃ 84ᶜ
Mercury-Gemilly.....	33 07 01	La Bridoire........	8 53 08
Montailleur........	17 55 58	Verel-de-Montbel....	58 08
Plancherine........	206 83 47	Seythenex..........	306 80 35
Tournon...........	4 35 30		
Verrens-Arvey.......	281 49 11	TOTAL.....	1,263ʰ 41ᵃ 10ᶜ
Jarsy.............	383 53 10		

Les couvents de femmes n'ont pas été moins favorisés que ceux d'hommes. On a vu plus haut que les Chartreusines de Mélan avaient de nombreuses propriétés. A la porte d'Annecy, dans un vallon longeant le flanc occidental du Semnoz, Béatrix, fille de Guillaume Ier, comte de Genevois, a fondé, en 1179, une abbaye de Cisterciennes. Dès sa fondation, ce monastère de *Sainte-Catherine* a été gratifié par Guillaume Ier de la propriété des forêts voisines [2] et d'autres encore. La mappe de 1738 accuse à :

Allonzier-la-Caille	25ᵃ 87ᶜ
Annecy..	197ʰ 97 76
La-Balme-de-Sillingy..................................	21 00 16
Mésigny..	1 84 97
Vieugy...	5 04 97
TOTAL...........................	226ʰ 13ᵃ 53ᶜ

Lorsqu'en 1771 la communauté de Sainte-Catherine s'accrut de celle de *Bonlieu*, fondée en 1160 par les anciens comtes de Novery ou de Sallenoves, son domaine forestier s'accrut sur :

Mésigny, de......................	4ʰ 74ᵃ 28ᶜ
Sallenoves, de....................	9 67 92
Cercier, de......................	37 64 04
Cernex. de.......................	12 98 97
Contamines-sous-Marlioz, de	13 21 45
Minzier, de......................	10 65 87
Musièges. de.....................	75 08
TOTAL...........................	89ʰ 67ᵃ 61ᶜ

Ce qui donnait en tout 310 hect. 76 a. 17 de bois.

D'une façon générale donc, ce sont surtout des donations entre vifs qui ont servi à constituer les patrimoines ecclésiastiques : mais les libéralités testamentaires ayant le

[1] MORAND, *Les Beauges*, t. II, p. 284.

[2] *Soc. hist. et archéol. Savoie*, t. XXIV. L'abbaye de Cisterciennes de Sainte-Catherine, par F. MUGNIER.

même objet n'étaient pourtant pas inconnues. C'est ainsi que «l'illustre princesse Béatrice de Savoie, de pieuse mémoire, dans son testament daté du château des Échelles des ides de novembres de l'an 1266», a légué aux chevaliers de Saint-Jean de Jérusalem, devenus plus tard les chevaliers de Malte, la propriété de la forêt de Beauvoir, au-dessus du célèbre passage des Échelles [1]. L'ordre de Malte possédait encore d'autres forêts éparses dans tout le duché, savoir :

Saint-Christophe....................................	279ʰ 76ᵃ 94ᶜ
Passeirier...	3 97 90
Clermont..	15 70 08
TOTAL...............................	298ʰ 44ᵃ 92ᶜ

Les propriétés épiscopales, d'autre part, étaient constituées par des immeubles que l'évêque possédait aussi bien à titre de seigneur, membre de la hiérarchie féodale, que comme dignitaire de l'église, usufruitier d'une mense gratifiée par de pieux donateurs.

A la différence de ce qui s'est passé en France, ce n'est point pendant les périodes mérovingienne et karolingienne que se sont constitués les grands domaines ecclésiastiques. Les ordres religieux pénétraient dans des régions reculées, désertes souvent, les défrichaient et les mettaient en valeur, au fur et à mesure des actes de libéralité des princes intéressés au développement de la prospérité et de la population de leurs fiefs. Après les dévastations du xᵉ siècle commises par les Sarrasins et les Hongrois, les abbayes firent œuvre de réparation : leurs déboisements eurent pour conséquence d'éviter, au moins partiellement, les horreurs des effrayantes famines de cette époque. On sait qu'en France, dans le siècle qui suivit l'an 1000, il n'y eut pas moins de 48 années de disette. Il est donc probable qu'à côté des raisons de piété des motifs d'intérêt essentiellement temporel ont poussé les seigneurs à favoriser ces grands agents de civilisation qu'ont été les moines d'Occident.

On verra plus loin avec quel soin les religieux ont conservé une bonne part de leurs forêts et que l'exploitation judicieuse de ces bois a contribué au développement de l'industrie, alors que les communications étaient rares et difficiles et que chaque pays devait s'efforcer de vivre sur ses propres ressources.

D. *Les forêts particulières.*

On peut dire que les forêts particulières de la région antealpine et des grandes vallées alpines proviennent de l'occupation du sol lors de la création des villages, pendant la période gallo-romaine. Chaque domaine renfermait une forêt assez étendue et ces domaines se trouvaient dans les régions de plaines ou de coteaux, tandis que toute la région montagneuse était classée dans les saltus publici.

Lors des invasions, les Burgundes furent logés chez les propriétaires qui durent abandonner une partie de leurs biens : en somme, ces barbares étaient de véritables

[1] Arch. S., supplique au roi du 20 avril 1336 des sindics d'Attignat-Oncin, Les Échelles, Saint-Christophe, Saint-Jean-de-Couz et Saint-Pierre-de-Genébroz. (Dossier de Beauvoir.)

garnisaires. La loi Gombette, publiée à Lyon le 29 mars 501, permettait de plus à tout homme libre gallo-romain ou burgunde de prendre le bois nécessaire à ses besoins dans la forêt d'autrui, lorsqu'il n'a pas de forêt. Il est très naturel que le propriétaire ait consenti à abandonner en pleine propriété à cet usager spécial une partie de ses bois pour s'exonérer de cette charge. Ainsi donc l'installation des Burgundes dans la Saboja, comme on désignait alors la Sabaudia, a eu pour conséquence une augmentation du nombre des propriétaires fonciers et un émiettement des biens.

L'apparition du colonat, les nouvelles invasions qui suivirent la chute de l'empire de Charlemagne, modifièrent profondément le caractère de la propriété privée. Les hommes libres s'assurent contre le brigandage en s'attachant au seigneur à qui ils remettent leur personne et leurs biens. Ce seigneur, à qui ils sont désormais unis par un lien personnel, leur rendait la jouissance de leurs propres, mais en s'en réservant le domaine éminent et certains profits stipulés dans un bail à cens. Il ne pouvait être question de fief avec des roturiers, puisque le fief avait pour corollaire l'obligation au service militaire.

Aux xi⁰ et xii⁰ siècles, la fondation de nombreuses abbayes eut pour conséquence la formation dans les vallées reculées des Alpes et des chaînes subalpines de nombreux villages. Les habitants durent recevoir des abbés les terres qui leur étaient nécessaires; mais, pour les forêts, ils n'avaient le plus souvent qu'un droit d'usage au bois, moyennant redevance en argent ou en nature. Il a pu cependant arriver que certains ont acquis la propriété de parcelles boisées.

Mais, au même moment, le grand mouvement communal, né dans le nord de la France, avait un écho lointain en Savoie; il a consisté à améliorer la condition des personnes. C'est la région alpine, le haut Faucigny, la Tarentaise et la Maurienne où la montagne fait l'âme plus indépendante, la résistance plus dure, qui entame la lutte contre la féodalité laïque et ecclésiastique (Saint-Jean-d'Aulph, Chamonix, Moutiers, les Arves). Le censitaire n'est plus tenu qu'à payer une redevance fixée une fois pour toutes.

Le mouvement communal fut d'ailleurs aidé par le comte de Savoie, Édouard le Libéral (1323-1329), qui prodigua les chartes et les franchises, affaiblissant l'influence féodale (Maurienne), s'attachant directement les populations.

À côté des censives, il y eut pendant toute la durée du moyen âge des alleux, mais en général peu nombreux.

Quant aux biens particuliers de la noblesse, ils étaient tenus par leurs propriétaires à titre de fief, le plus souvent. Les bois étaient abondants dans ces domaines et les seigneurs s'efforçaient d'en augmenter la surface, afin de se réserver le plaisir de la chasse dans les futaies et les taillis. Souvent ces forêts étaient fermées, dans le but de favoriser la multiplication du gibier.

Depuis le xvi⁰ siècle, les biens particuliers subissent des modifications importantes dans leur condition.

Le fief qui, à l'origine, reposait sur l'obligation au service militaire n'entraîne plus que l'attribution de profits pécuniaires au seigneur.

Les terres tenues à cens sont toujours grevées de «servis» ainsi que de droits de mutation en faveur du seigneur (lods et ventes).

Mais bientôt tous les biens sont frappés de contributions spéciales dues au pouvoir central. Après le traité de Cateau-Cambrésis (1559), le duc Emmanuel Philibert, dit

Tête de fer, avait obtenu des trois États une gabelle sur le sel (3 novembre 1560) qui fut convertie, par édit du 12 juin 1563, en un impôt établi par tête. Un nouvel édit du 18 juillet 1564 abandonna la capitation et adopta les biens-fonds comme base de répartition de l'impôt par commune. C'est l'origine de la taille qui se superposa aux redevances féodales, et qui reçut son nom de l'édit du 1ᵉʳ mai 1600.

Ce système subsista jusqu'à la mise en vigueur de la mappe, qui permit de frapper d'impôt, d'après son revenu net, chaque parcelle de terre, alors qu'auparavant c'était la commune qui, au point de vue du fisc, était l'unité de répartition.

§ 3. LES DROITS D'USAGE.

Théoriquement les droits concédés par les contrats d'albergement n'étaient pas des droits de propriété mais uniquement des droits d'usage. Les termes des chartes de Lans-le-Bourg, de Montdenis sont très explicites. L'albergement du 29 juin 1445 consenti aux communiers de Montpascal, Montvernier et le Châtel n'est pas moins net : les hommes de ces villages sont accusés «contrairement aux stipulations des albergements antérieurs d'avoir pris des bois à leur gré et en avoir transporté où bon leur avait semblé, de n'avoir pas payé les tributs dus au duc de Savoie pour ces bois... »[1]. Ces restrictions dans la coupe des bois, dans la disposition des arbres, l'obligation d'une redevance pour exploiter, ne ressemblaient en rien à des variantes du droit de propriété. Le nouvel albergement reconnaît aux habitants des trois villages «le droit de mettre des gardes pour garder et conserver la forêt»; mais ce droit n'est pas spécial au propriétaire : ne voit-on pas aujourd'hui encore les adjudicataires de chasses faire surveiller le gibier par des gardes spéciaux?

Mais, peu à peu, les redevances fixées par les albergements ont cessé d'être payées : la valeur toujours plus faible de l'argent les réduit à des sommes bien minimes; en même temps, les usagers se comportent de plus en plus comme de vrais propriétaires et il n'y avait, au xviiᵉ siècle, pour ainsi dire plus de reconnaissances des droits seigneuriaux par les intéressés.

Pourtant tous les droits d'usage ne disparurent pas. Dans toutes les forêts sérieusement administrées, ils se maintinrent tels, sans se muer en droit de propriété.

A. Forêts communales.

Les forêts communales étant destinées à l'usage de tous sont rarement grevées de droits d'usage. On peut concevoir toutefois des délivrances spéciales de bois de feu ou de construction à des établissements ou à des institutions particulières. Ce fut sans doute le cas pour les hospices du Petit-Saint-Bernard et du Mont-Cenis qui devaient avoir des droits d'affouage et de maronage dans les forêts communales les plus voisines.

On verra au xviiiᵉ siècle des affectations à titre particulier, faites dans les massifs communaux, en Tarentaise notamment. De telles affectations n'étaient pas inconnues en France. (Voir Section VII du titre III du code forestier de 1827.)

[1] Soc. Maurienne, Montvernier, Montpascal, le Villaret, t. X, p. 89.

B. *Forêts royales.*

La forêt royale de Mandallaz était grevée de droits d'usage au bois de feu au profit des habitants de la commune de Saint-Martin : ces droits avaient été reconnus par une décision du Sénat de Savoie[1], et ils avaient été concédés sans doute très anciennement, peut-être même par les comtes du Genevois.

Sur la forêt royale de Hautecombe, diverses communes riveraines prétendaient également des droits : celle de Conjux avait des droits d'usage reconnus par un acte de 1721[2], lui permettant de prendre son affouage et de faire pâturer les bêtes aumailles dans les massifs. La commune de Saint-Pierre-de-Curtille jouissait des mêmes avantages, à la quotité près : la coupe d'affouage pour Saint-Pierre était de 6 à 7 journaux (1 hect. 77 à 2 hect. 06), celle de Conjux de la moitié. On ne sait la date de la concession initiale de ces privilèges.

C. *Forêts ecclésiastiques.*

Pour attirer et fixer les populations autour de leurs couvents, les ordres monastiques, outre la sécurité des personnes et des biens, avaient dû accorder, sur leurs immeubles forestiers notamment, des droits d'usage plus ou moins étendus, moyennant une redevance modeste, ou même à titre gratuit. Parfois aussi l'octroi de droits d'usage fut un moyen de battre monnaie.

Et, en effet, l'histoire des abbayes de Savoie nous montre par les revendications des intéressés, voire même par les procès survenus entre les usagers et les abbés ou leurs successeurs, la nature et l'étendue des droits concédés.

On connaît ainsi l'origine et les variations des droits d'usage au bois concédés par les Chartreux dans les forêts du Reposoir[3]. Deux siècles après sa fondation (1151), le couvent du Reposoir se vit dans la nécessité de se créer de nouvelles ressources. En 1372, le prieur concéda à certains habitants de Scionzier et de Saint-Hippolyte le droit de couper du bois dans les massifs dépendant de l'Abbaye, pendant un certain nombre d'années et moyennant un prix convenu. Il faut se souvenir ici qu'à l'origine les communiers étaient ceux des habitants d'un village qui jouissaient du même bien commun et non tous les habitants de ce village. Naturellement tous ceux qui ne faisaient pas partie de la communauté essayaient de s'y introduire pour profiter des avantages qu'elle offrait : la tentation était plus grande ici, puisque le bois à exploiter n'appartenait pas aux contractants des deux localités, peu intéressés à empêcher toute intrusion, mais bien à un ordre religieux. Quoiqu'il en soit, des abus se produisirent et un nouveau prieur essaya d'y remédier par un traité qui fut jugé préjudiciable au couvent et qui fut cassé en 1392. Les habitants se portèrent à des actes de violence, suivis d'excommunication, de procès : le différend prit fin par la transaction du 16 février 1397. Une nouvelle transaction de 1493, suivie d'une troisième du 12 février 1676, rappelant et complétant la précédente, fixèrent les droits de chacun.

[1] Arch. H. S., corr. du S.-P. d'Ay. avec le Préfet, an XI, n°⁵ 393-562.
[2] Arch. S., série L., n° 1131, O. de l'Int. gl. de Cy., registre 29, n° 76.
[3] Abbé I. FALCONNET, *La Chartreuse du Reposoir*, Montreuil-sur-Mer, 1895, chap. III.

À cette date, la commune comprend l'ensemble des habitants de la paroisse : ce n'est plus l'association restreinte des co-propriétaires d'un bien indivis. D'après ce titre nouveau, les communiers ont le droit de couper du bois « non seulement pour bâtir, pour le feu et autres nécessités, mais encore pour en vendre, toutefois sans abus ». « Ils promettent de payer de tout le bois qu'ils couperont tant pour leur usage et nécessité que pour en faire commerce, savoir : pour chaque billion de sapin, deux sols ». Les billions n'excéderont pas 10 pieds de chambre (3 m. 39). On pourra attacher à la queue de chacun « une autre queue de sapin ou branche de fayard inutile et qui ne soit propre que pour le feu ». Le complément n'excédera pas la longueur de 5 à 6 pieds, « autrement il passera pour 2 billions. Et pour les billions qu'ils fendront et partageront, chaque partie passera pour un billion. étant conduits par deux bêtes, tout de même que les billions qui excéderont 10 pieds. Et pour chaque traîne de bois de fayard et autre bois à brûler qui ne se peuvent mettre en billions, comme encore d'autre bois propre à bâtir, ils payeront deux sols.

« Lesdits communiers ne pourront couper aucun bois, pas même pour leur nécessaire, aux bois de réserve, confinés dans ladite transaction de 1493. Et les contrevenans et délinquans payeront 7 florins pour chaque plante (saisie en contrebande) qui demeurera aux dits religieux auxquels il sera permis de faire saisir les chevaux et autres bestiaux et de les détenir en la dite maison du Reposoir jusqu'au payement de la dite peine et, passé huit jours, ils pourront vendre les dits bestiaux saisis pour être payés tant de la dite peine, que de l'entretien d'iceux...

« Les religieux étant maîtres et propriétaires demeurent en liberté de faire des essarts, charbonner et couper du bois, ainsy qu'ils ont fait par le passé...

« Les communiers ne pourront passer leurs bois que dans les terres dévestues; ils ne pourront les y laisser, mais seulement ne fairont que passer. en sorte qu'ils ne puissent pas faire aucun dommage et venant à en faire quelques-uns, ils seront obligés au payement d'iceux ».

Cet acte contresigné par l'archevêque de Tarentaise, dans la maison de qui il fut passé, fut approuvé le 27 février suivant par le Procureur général des Chartreux et entériné au Sénat de Savoie.

D'ordinaire, les constitutions de droits d'usage sont beaucoup moins larges : elles n'accordent que le droit de prendre du bois de feu et de construction. ou seulement une de ces deux catégories et en quantité déterminée.

Le monastère des Bénédictins de Bellevaux-en-Beauges était environné d'une vaste forêts de 720 hect., grevée également de divers droits d'usage au profit des habitants des hameaux de Carlet, de Très-Roches, de la Chapelle et d'un certain nombre de familles de Jarsy et d'École (sans doute les descendants des communiers primitifs). Ces droits portaient à la fois sur les bois et sur le pâturage; ils étaient concédés par des contrats analogues aux albergements [1].

« Le village de La Chapelle jouissait de ce double privilège sur toute l'étendue du territoire qui l'entoure... sur plus de 1,200 journaux (354 hect.). Les chefs de famille en passèrent des reconnaissances en 1453 et 1586... Pour toutes les redevances, l'ensemble des faisant-feu payait annuellement un servis de 71 sols 11 deniers; chacun devait, en outre 4 diettes ou journées de travail.

[1] L. Morand, loc. cit., t. II, p. 46 et suiv.

« Les habitants du village d'Ecole avaient leur affouage dans tous les bois de la montagne d'Arclusaz dont il n'y avait de réservées que les forêts de l'Entraz et de Chalaz-Rosset. Ils devaient en servis annuel une journée de corvée et un vingtième des bois noirs qu'ils extrayaient pour les transporter hors du mandement de Bellevaux. Leur droit de pacage s'étendait sur les mas de l'Arrasin et de Pré-Borrel. Dans les reconnaissances qu'ils passèrent en 1463, ce droit portait sur 66 vaches.

« Les droits d'usage de Très-Roches et de Carlet s'étendaient sur la rive droite du Chéran... La reconnaissance en fut faite en 1586 ». L'étendue annuelle concédée en affouage à ces deux hameaux a été évaluée plus tard à 3 journaux (88 a. 45) dont 2 pour Carlet [1]. Quant au parcours, les usagers prétendaient pouvoir l'exercer par toute la forêt, même dans les cantons réservés [2].

Cinq communes : Attignat, les Echelles, Saint-Christophe, Saint-Jean-de-Couz et Saint-Pierre-de-Genébroz avaient des droits d'affouage sur la forêt de Beauvoir, propriété de l'ordre de Malte. On ignore la date de concession de ces droits dont l'existence est révélée par la mappe. Le n° 509 de la mappe de la commune de Saint-Jean-de-Couz est bien inscrit au nom de la Commanderie, mais au bas de cette cote on lit : « le n° 509 a été levé de la cote de la Commanderie et porté dans celles des communautés des Échelles, Attignat, Saint-Christophe, Saint-Pierre-de-Genébroz et Saint-Jean-de-Couz ».

Au bas de la cote de Saint-Jean-de-Couz, il est dit au sujet de la même parcelle : « la commanderie a fait déclarer le n° ci-contre ecclésiastique et d'ailleurs le fond affouagé aux communiers ».

Plus loin encore, une autre note dit toujours de ce numéro : « ce dernier numéro a été ôté de la cote ci-devant de M. le Commandeur de Malthe et porté à la présente pour la part afférente et le reste du produit dudit n° a été porté aux communautés des Échelles, Attignat, Saint-Christophe et Saint-Pierre-de-Genébroz, aussi chacune pour leur contingent, à cause des droits d'affouage respectifs qu'elles ont sur le dit mas ».

La taille afférente au n° 509, d'une contenance de 934 jx 122. t. 5 p. = 275 hect. 46 a. 85, s'élevait à 1,203 livres qui était répartie entre les communes affouagistes, au prorata de leur droit, ainsi qu'il suit :

	LIVRES.	P. 100.
Attignat	70 soit.....	5.8
Les Échelles	435	36.1
Saint-Christophe	315	26.2
Saint-Jean-de-Couz	188	15.6
Saint-Pierre-de-Genebroz	195	16.3

En outre, Saint-Christophe avait aussi le droit d'affouage et de pâturage sur deux autres parcelles, les n°s 815 et 816 de sa propre mappe, appartenant aussi à l'ordre de Malte, à l'exclusion des autres communes [3].

Rien ne permet de supposer que les communes usagères fussent tenues de rede-

[1] Arch. S., O. de l'Int. gl. de Cy., registre 30, 6 déc. 1817.
[2] Arch. S., série L., liasse n° 1145.
[3] Arch. S., Fonds sarde, dossier Beauvoir.

vances vis-à-vis de la Commanderie : les servitudes qui frappaient la forêt de Beauvoir n'avaient donc pas de contre-partie.

D. *Forêts particulières.*

Les forêts appartenant à des roturiers étaient, d'une façon générale, trop exiguës pour être frappées de droits d'usage. Au contraire, les bois provenant d'anciens fiefs nobles, avaient souvent une étendue assez considérable et des droits divers y avaient été concédés par leurs propriétaires aux communautés ou aux particuliers riverains, soit par acensement, soit par bail emphytéotique.

Lors de la Révolution, les biens des émigrés furent confisqués et on vit alors les usagers faire valoir leurs titres sur les forêts devenues domaniales ensuite du départ de leurs propriétaires qui avaient, par fidélité, suivi leur souverain.

Dans la forêt de *Vidonne*, située sur le territoire de Cusy, d'une contenance de 413 hect. 13 a. 47, appartenant à la famille de Vidonne, les habitants de Cusy jouissaient d'un droit d'usage au bois sur les trois quarts de la superficie [1]. Ce droit a été reconnu par décision de l'intendant général de Savoie du 23 juin 1733.

De même, les habitants de la commune de Nances prétendaient avoir un droit d'affouage dans les bois du marquis de Piolenc, d'une contenance de 327 hect. 53 a. 65, sis sur le territoire de cette commune [2]. Certains avaient peut-être aussi des droits au bois de construction.

La grande forêt dite de *la Bathie* que le marquis Clermont de Mont-Saint-Jean possédait sur les territoires de Montcel, Saint-Offenge et Trévignin (755 hect. 31 a. 95) était grevée de divers droits d'usage. La commune de Saint-Offenge-dessus avait des droits «d'alpéage, paquéage et affouage» ainsi que celle de Montcel. Divers particuliers prétendaient droit soit au bois de feu, soit au bois de construction [3].

Sur le territoire de *Cessens*, le comte Carron de Grésy avait une forêt de 220 hect. 18 a. 76, appelée le Sapenay, dans laquelle les habitants de la commune avaient un droit d'affouage. C'est encore par la mappe que l'on connaît ce droit : les 7 parcelles cadastrales que comprend la forêt sont portées pour le produit à la cote de la commune et à celles des comtes de Cessens pour la propriété. C'est la commune qui payait la contribution foncière [4].

Beaucoup des titres qui instituaient ou reconnaissaient ces droits d'usage ont disparu lors de la Révolution, soit en 1793 au moment où systématiquement on détruisait toutes les pièces rappelant la féodalité, soit dans l'incendie qui, dans la nuit du 23 au 24 frimaire an VII (14-15 décembre 1799), détruisit une partie du château de Chambéry.

On verra plus loin comment nombre de ces droits d'usage se sont éteints soit par rachat, soit par cantonnement.

---

[1] Arch. H. S., reg. corr. du S.-P. d'Ay., 1804-1808, n° 176.9
[2] Arch. S., série Q 21, n°ˢ 713, 758, 1107.
[3] Arch. S., série Q 26, n°ˢ 725, 1171, 1216; Q 94, tableau des forêts royales.
[4] Arch. S., série Q 26, n° 743; Q 94, tableau des forêts.

CHAPITRE III.

LA GESTION DES FORÊTS.

SECTION I.

Le régime forestier.

On a vu que les lois et arrêts réglementaires du Sénat n'avaient organisé rien qui ressemblât à un régime forestier.

SECTION II.

Le personnel administratif.

§ 1. Les forêts ducales.

I. Agents. — En Savoie, on ne trouve guère trace d'organisation administrative forestière. Pourtant les ducs, en d'autres régions, avaient des agents qui avaient les mêmes noms et sans doute aussi les mêmes attributions que les forestiers de l'Est de la France. Ainsi on voit que Philippe de Savoie, qui tenait la Bresse en apanage, avait, en 1469, un «gruyer, grand veneur et maître des Eaux et Forêts» de ce pays [1]. Mais l'insuffisance des princes, depuis Louis Ier jusqu'à Emmanuel Philibert (1434-1553), l'anarchie féodale et les guerres d'Italie ne permirent pas au pouvoir central de s'organiser; d'ailleurs le peu d'étendue des forêts ducales n'imposait pas la création d'un personnel spécial.

Mais Emmanuel Philibert ne paraît pourtant pas s'être désintéressé entièrement des matières forestières. Son passage dans le Nord de la France lui avait fait connaître l'organisation française. «Le 15 septembre 1563, ayant appris que plusieurs prenaient licence y chassants à toutes sortes d'animaux», il écrit à Charles Vidonne, seigneur de Charmoisy, grand voyer du Chablais, commis à la garde générale des bois et forêts de son pays de Chablais et de la dite chasse en icelluy pour l'avertir de la nomination que voici :

Messire François d'Allinges, seigneur de Coudrée, est député à la garde des bois et forêts sises rière ses juridictions de Chablais et Ternier, ainsi que ses fils [2].

Ce devait donc être le châtelain local, ou son délégué, le «mestral», à la fois administrateur et juge, qui devait gérer les forêts ducales, sous le contrôle du «bailli». Les châtelains qui originairement se recrutaient dans la noblesse arrivent, à la fin du XVIe siècle, ensuite de la décadence de la féodalité, à n'être plus parfois que de simples

[1]. Soc. sav. hist. et arch., t. XV, p. 22.
[2]. Ac. Salés., t. VI, p. xiv.

notaires. S'il est encore un personnage d'importance, il est, au xvii siècle, assisté par un « curial », qui, lui, est toujours un notaire. Quant au « mestral » ce n'est plus pour le chatelain qu'un huissier ou un appariteur, au lieu d'être son lieutenant comme au moyen âge.

II. **Préposés.** — Bien qu'il ne soit pas question, dans les documents que nous avons consultés, de la surveillance des forêts du prince, il est hors de doute qu'elle a été assurée par des gardes spéciaux. On voit, en effet, dans les contrats d'albergement consentis aux communautés le prince accorder aux communiers le droit de nommer des gardes pour leurs bois (Montpascal, Montvernier). Les administrateurs des domaines du prince ne pouvaient manquer de faire de même.

§ 2. Les forêts communales.

Les forêts communales, non plus que les ducales n'étaient administrées par des forestiers. Leur gestion était locale, faite sous le contrôle de l'autorité comtale ou ducale : elle se confondait avec celle des autres biens de la communauté. Il nous faut donc exposer l'organisation communale en Savoie, au moins dans ses grands traits : les renseignements ci-après sont tirés de l'étude très complète faite par l'archiviste départemental de la Savoie, M. le Dr Pérouse, sur « les communes et les institutions de l'ancienne Savoie ».

I. **La gestion communale.** — On a vu qu'au début les communiers étaient une association de tous ceux qui avaient la jouissance des mêmes biens communs; les droits des associés se transmettaient héréditairement. Jusqu'à la fin du xvie siècle, tous les actes relatifs à la gestion de ces biens sont décidés par « l'assemblée générale » des communiers. Les sindics ne sont tout d'abord que des délégués de l'assemblée générale, munis de procurations spéciales pour les divers actes qu'ils ont à accomplir.

Cette assemblée, pour délibérer valablement, doit comprendre les deux tiers, exceptionnellement les trois quarts des chefs des familles communières. Le chatelain ou son représentant doivent assister à la réunion qu'ils doivent provoquer chaque fois qu'ils en sont requis par les sindics. La délibération est prise au nom de tous les communiers présents, *ut singuli*, désignés séparément. La commune n'a pas encore de personnalité morale et les actes ne sont jamais rédigés au nom de la commune. « La conséquence de ce principe est que l'unanimité soit requise »; quand il y a des absents, les présents se portent forts pour eux, tout en réservant le droit de protestation.

« Ces indications sont vraies jusqu'au commencement du xviiie siècle; mais, depuis le milieu du xvie siècle, l'assemblée générale a cessé d'être la petite convention de la première époque. La commune s'est fortifiée aux dépens des communiers; elle agit par ses sindics à qui le pouvoir exécutif appartient désormais. Pas d'affaire qui ne passe d'abord à leur conseil avant de venir à l'assemblée générale à laquelle ils présentent d'ordinaire des propositions qu'elle n'a plus qu'à ratifier ou qu'à rejeter. En même temps, bien que l'unanimité continue d'être requise en principe, on s'habitue à s'en passer, depuis que l'intérêt collectif tend à primer le droit individuel de chaque communier ». Le vote se fait par tête. « L'assemblée générale nomme toujours les divers procureurs et officiers municipaux; elle seule a qualité pour décider la levée d'une

6.

taxe, elle approuve les règlements de police rurale, elle est appelée à délibérer sur l'usage des forêts et des biens communaux. La date de l'édit de 1738 est celle de sa décadence ».

L'assemblée générale nomme des « procureurs » spéciaux pour l'exécution de ses décisions; ces procurations sont toujours notariées. Puis, peu à peu, l'assemblée nomma des mandataires généraux, pour un temps déterminé auxquels on donna partout le nom de « sindics ». La date de l'élection, la durée du mandat, le nombre des sindics varient suivant les localités. Le sindic contracte en son nom propre, en promettant de faire ratifier ses actes par les communiers : ils sont donc responsables des engagements pris. Au XVIᵉ siècle pourtant, les assemblées générales finissent par garantir les sindics contre les risques de leur charge qui, d'ordinaire, est gratuite.

En somme, c'est « l'assemblée générale » et plus tard « les sindics » qui gèrent plus spécialement les forêts communes.

Il arrive cependant qu'au moyen âge le prince concède la police des bois communaux. Ainsi, « par acte du 29 juin 1321, par conséquent avant la réunion du Faucigny à la Savoie, le baron Hugues Dauphin, qui avait albergé quatre ans auparavant les montagnes et forêts d'Hima à la commune de Mieussy, accorde à un certain Jean Suchet la mestralerie, la garde des bois et la missilerie de Mieussy, pour la rente annuelle de 60 sols » [1].

Ce que Jean Suchet achetait ainsi devait être le droit de nommer les gardes, d'en recevoir le serment et de percevoir les amendes des délits. Les forêts étant acensées, leur exploitation devait demeurer dans les attributions du conseil.

II. **Préposés.** — On peut dire que l'institution des gardes forestiers remonte aussi loin que la propriété collective des communiers. Ces gardes étaient nommés par l'assemblée générale, plus tard par les sindics. L'albergement du 29 juin 1445 concède aux communiers de Montvernier, Montpascal et Le Villaret, soit à leurs procureurs « le droit de mettre des gardes pour garder et conserver la forêt. Ils pourront aussi retirer ces gardes quand ils le jugeront à propos. Ces gardes devront être de la juridiction du duc de Savoie. On appellera un des officiers des eaux le mestral ou le clerc de la curie de la Chambre, ou le sous-mestral, depuis Pontrenard en haut et, en sa présence et celle des délégués des communautés, les gardes jureront de garder les forêts pour le service de ces communautés et conformément aux règlements qu'elles leur donneront et de dénoncer au châtelain de Maurienne ou à son lieutenant ou à un des officiers ci-dessus désignés ceux qui les transgresseront. »

Ce contrat très explicite montre nettement que les gardes étaient nommés par les communautés, qu'ils devaient être assermentés. A noter d'ailleurs que le duc de Savoie qui, depuis le traité de Randens (1326), partageait la juridiction de l'évêque de Maurienne, a bien soin de spécifier dans l'acte que le serment des gardes forestiers devra être prêté entre les mains de ses officiers et que ce sont les agents du duc de Maurienne et non ceux de l'évêque, qui devront connaître des contraventions constatées.

Il est à retenir aussi que les communautés, dès le début du XIVᵉ siècle, ne pouvaient nommer de gardes forestiers que du consentement du comte de Savoie. Car dans la sentence rendue « le jeudi avant la fête de Saint Jean-Baptiste 1315, par François

[1] Soc. sav. hist. et arch., t. XXIX, Micussy, par H. TAVERNIER, p. 79.

Gardin, juge de Maurienne et de Tarentaise» contre 38 communiers de Montpascal, Montvernier et Le Villaret, un des griefs retenus est que les sindics «ont établi des gardes dans les forêts de Montvernier sans le consentement d'aucun officier, usurpant ainsi les droits du souverain». L'albergement de 1445 concède explicitement ce droit de nommer des gardes, aussi bien que celui du 28 janvier 1317 [1].

Parfois, et sans doute en vertu de privilèges spéciaux, les gardes forestiers prêtaient serment entre pardevant le conseil et les sindics. C'était le cas à Thonon (1er juin 1705) [2].

Quant au traitement des gardes, il ne paraît pas avoir été fixé partout de même. Très souvent la communauté se bornait à les indemniser de leurs déplacements et à leur accorder une partie des amendes encourues par les délinquants. Ainsi, à Thonon, les comptes des sindics portent en dépense au 12 juin 1700 : «3 florins 5 sols aux prudhommes et forestiers ayant fait la visite des bois de la ville, pour leur dîner».

Le 21 février 1707, deux gardes des bois de la même ville, ayant constaté un délit reçoivent «un florin pour leur course et rapport».

Des indemnités analogues sont encore accordées par le conseil les 10 et 12 juin 1708, le 29 mars 1713.

Fréquemment le mandat donné aux gardes ne dépassait pas une année.

§ 3. Forêts ecclésiastiques et particulières.

Les forêts des simples particuliers, assez peu étendues, ne devaient pas être l'objet d'une surveillance spéciale. Il en était différemment des massifs boisés appartenant aux ordres religieux, aux évêchés ou aux nobles qui les tenaient le plus souvent à titre de fief.

I. L'administrateur de la forêt était l'abbé, le prieur ou le procureur du couvent, l'évêque ou son délégué, le propriétaire noble ou son gérant. Lorsque le propriétaire jouissait du privilège de juridiction, c'était entre ses mains que les gardes institués prêtaient le serment de bien remplir leurs fonctions.

II. **Préposés.** — Le plus souvent les actes de donation ou d'inféodation des forêts accordaient au bénéficiaire le droit de nommer des gardes forestiers, avec des pouvoirs plus ou moins considérables.

L'examen de quelques conventions montrera quelques-unes des modalités de ces concessions.

a. Le prieuré de Cisterciens de Contamine-sur-Arve avait reçu de Villelme Ier, seigneur de Faucigny (1083-1119), la propriété de la région des Gets. Ensuite de contestations au sujet de limites, le baron Hugues Dauphin ordonna, le 17 août 1313, un bornage et décida que «le prieur pourrait tenir des forestiers pour garder les montagnes, bois et pour saisir et gager les délinquants. Ces forestiers jureront entre les mains du châtelain de Châtillon de relever les amendes pour le prince. Le saultier du prince ou son familier pourra prendre les délinquants, l'amende sera pour le prince,

---

[1] *Soc. Maurienne, Montvernier, Montpascal, etc.*, t. X, *loc. cit.*
[2] *Ac. Sal.*, t. XV. Extraits des délibérations du conseil de Thonon.

le dommage pour le prieur, la saisie pour le saultier. Celui-ci jurera de ne vendre ni de donner ces bois à personne, de relever les amendes pour le prince et les dommages pour le prieur [1]».

Un peu plus tard (en 1355, le Faucigny était passé à la maison de Savoie), par acte du 3 août 1384, le comte Rouge, Amédée VII, pour «favoriser les religieux de Contamine», leur abandonna tous les droits qu'il pouvait avoir sur les bois des Gets.

Par suite, à partir de ce moment, le prieur, qui avait le droit de nommer des gardes, en reçoit le serment et seul perçoit le montant des amendes encourues par les délinquants forestiers, en outre des dommages-intérêts qui lui étaient déjà réservés.

b. Le 17 décembre 1305, noble Aimé, seigneur de Faucigny, interdit de même à ses officiers locaux de troubler l'abbaye d'Aulph... à l'occasion des forestiers qu'elle entretient depuis Bornel jusqu'aux Gets et Samoens [2].

c. Les Chartreusines de Salettes (Ain) demandent au duc Louis (1439-1465) de confirmer leur droit de nommer des «Banderets» (sortes de gardes forestiers) pour surveiller leur forêt de Chamozarambert et d'élire un juge pour condamner les délinquants arrêtés par les banderets. Ce fut le 4 juin 1463 que le duc reconnut ce droit [3].

Bien que ce document soit étranger à la Savoie, comme il émane d'un duc dont les domaines s'étendaient alors sur la Bresse et le Bugey, il est intéressant en montrant la pleine juridiction accordée à un couvent de femmes : et il est probable que ce cas n'était pas isolé et devait se retrouver en Savoie.

Ainsi donc, dans cette première période, il n'existe pas d'administration forestière : aucun agent, qu'on l'appelle gruyer ou maître des eaux et forêts, ne s'occupe de la gestion des forêts publiques. Les châtelains pour le prince, les conseils ou les sindics pour les communes, les propriétaires ecclésiastiques ou laïcs gèrent leurs massifs comme bon leur semble.

La surveillance est généralement organisée au moyen de gardes assermentés nommés par le propriétaire, tantôt librement, tantôt avec l'agrément du prince.

SECTION III.

Les forêts publiques.

§ 1. Délimitation et bornage.

Les forêts publiques ont fréquemment des limites naturelles, crêtes, couloirs, ravins ou cours d'eau : mais elles sont rarement bornées sur le terrain. Il faut qu'une contestation surgisse, que des délits importants soient commis pour qu'il soit procédé à une délimitation.

Ainsi, au début du XIVe siècle, les limites entre les domaines du prieuré de Contamine-sur-Arve et ceux du comte de Faucigny sur le territoire des Gets sont, à certains

[1] *Ac. Sal.*, t. IX, monographie des Gets et de la Côte d'Arbroz.
[2] *Ac. Sal.*, t. XXVIII, l'Abbaye d'Aulph, p. 56.
[3] *Soc. sav. hist. et arch.*, t. XXXI, p. VIII et suiv.

endroits, assez indécises. Le prince ordonne, le 17 août 1313, une délimitation générale : un bornage est effectué et le compte rendu de l'opération indique, par exemple, pour le bois des Pas : «vers Combafol une limite est plantée au plan de la Gottrosa, près d'un plane, jointe le Nant de Roget, tirant en haut jusqu'à une seconde limite, jouxte le chemin allant du Pré-des-Fraises au plan de Bonneval. Ladite limite placée entre deux sapins marqués d'une croix et ledit chemin prend à partir de là pour aller droit au sommet des monts, etc. [1]».

À une époque où on ne procédait à aucun levé géométrique, où on ne dressait aucun plan, de tels procès-verbaux, bien qu'assez vagues, n'étaient pas inutiles : mais ils pouvaient être, et on l'a bien vu, la source d'interminables procès, pour peu qu'un des riverains ait eu l'humeur accapareuse ou l'amour de la procédure.

En mai 1700, le Conseil de Thonon procède à une reconnaissance des confins des forêts communales[2]. Un certain nombre de communes, même dans les vallées alpestres, avaient, dès le xvie siècle, des sortes de cadastres ou de registres terriers donnant pour chaque parcelle le lieu-dit, les confins, la nature de la culture et la contenance en mesure locale. Même un édit du 1er mai 1600, accompagné d'instructions spéciales du 1er juillet 1601, avait prescrit la création d'une sorte de cadastre dans toute l'étendue du duché. Mais la difficulté, le coût des opérations géométriques étaient considérables; de plus, nombre de propriétaires s'opposaient à la mensuration; des protestations, voire même des procès suivaient les opérations. Il s'en fallait donc beaucoup qu'au xviie siècle toutes les communes et, par suite, toutes les forêts fussent délimitées; mais enfin cette opération avait été exécutée dans un certain nombre de localités. Ainsi «d'après une statistique de 1709, en Savoie propre, le cadastre n'existe que dans un peu plus de la moitié des 212 communes et encore indique-t-on pour plusieurs que le cadastre y est ou mauvais ou trop vieux [3]».

§ 2. AMÉNAGEMENT.

Il ne faut pas s'attendre à trouver, soit dans les forêts ducales, soit dans les forêts communales, des aménagements réguliers ressemblant à ceux d'aujourd'hui.

Les forêts communales, de même que les domaniales, ne livraient guère que des bois de feu aux communiers, délivrés gratuitement dans celles-là, moyennant redevance dans celles-ci. «Chaque communier a droit de prendre son affouage, en en coupant assez pour se chauffer. La plupart des communes limitent à l'une des parties de leurs forêts, pour la durée d'un an, le territoire où pourra s'exercer le droit d'affouage : toutes défendent la coupe des jeunes plants». Pour les bois de construction, «le régime ordinaire est celui de l'autorisation; le communier qui veut construire ou réparer ses bâtiments doit la demander aux sindics [4]».

Enfin les conseils «bannissent» certains cantons dont la conservation importe à la sécurité des agglomérations ou des chemins.

On ne s'occupait, bien entendu, ni de la production du sol, ni de la superficie des

[1] Ac. Sal., t. IX, monographie des Gets, loc. cit.
[2] Ac. Chabl., t. XV, reg. des délib. du Conseil de Thonon.
[3] Dr G. Pérouse, Les communes de l'ancienne Savoie, p. 34-35.
[4] Dr G. Pérouse, Les communes de l'ancienne Savoie, p. 76.

forêts. Aussi est-il arrivé parfois que les forêts se sont trouvées complètement épuisées : il faut dire que les délits toujours nombreux contribuaient singulièrement à hâter cet événement.

Ainsi, en 1705, les forêts de Thonon sont dévastées par les fourniers et le conseil se transporte dans les dits bois de ville pour assigner à chacun des fourniers la part qui lui est concédée[1]». Deux ans plus tard, «il n'y a pas suffisamment de bois dans les bois de la ville pour chauffer les fours».

Lorsque, par hasard, un marchand se présentait pour l'exploitation des massifs, il était rare qu'il n'exploitât pas à son gré, à l'exception cependant des «bois de ban» nécessaires à la protection du pays. C'était la coupe blanche telle qu'on l'a vue pratiquée de nos jours dans les chênaies de Hongrie ou dans les massifs du Caucase et dans les forêts vierges extraeuropéennes. Il ne pouvait y avoir dans ces concessions aucune idée d'assurer la régénération des peuplements et encore moins de se ménager une source périodique de revenus.

§ 3. Coupes et exploitations.

On a vu au paragraphe précédent qu'il n'y avait guère d'exploitations régulières et que les communiers et affouagistes étaient autorisés à prendre dans les forêts le bois dont ils avaient besoin. Il est probable cependant que les habitants n'allaient pas isolément faire leur provision de combustible, car les co-usagers, très jaloux de leurs droits, n'auraient pas souffert que l'un d'eux s'appropriât les plus belles perches et dans les endroits les plus commodes. Il n'y avait pas comme aujourd'hui, d'entrepreneur responsable dans les coupes communales, mais seulement un délégué, conseiller ou sindic, chargé de la répartition des lots et de trancher les contestations entre communiers.

Quant aux usiniers et aux marchands de bois, qui avaient acheté du bois, ils devaient probablement recéper à tire et aire les surfaces boisées qui leur avaient été cédées.

Mais il arrivait cependant que les coupes fussent effectuées sans règle ni contrôle, quand les municipalités se désintéressaient des biens communaux, les abandonnaient au pillage de tous. Les mêmes désordres se produisaient aussi dans les forêts privées, grevées de droit d'usage. lorsque le propriétaire était éloigné ou absent et qu'il n'avait aucun gérant de ses immeubles[2].

La vidange des bois se faisait, comme on le voit encore aujourd'hui en certaines localités, de la façon la plus primitive. Les gros troncs ébranchés sont lancés dans les couloirs, emportés par leur poids : heurtant des rochers, franchissant des escarpements, ils n'arrivent souvent au pied de la montagne qu'impropres à tous usages. Les rondins de bois de feu prennent aussi le même chemin. Quant aux branches, aux ramilles, aux brins de faibles dimensions, l'affouagiste en forme des fascines qu'il fait rouler sur la pente jusqu'au bas du versant.

Au pied de la coupe ou de la montagne, les produits ligneux sont chargés sur des traineaux ou schlittes, auxquels on attelle un cheval, un bœuf ou un mulet à l'aide de

---

[1] *Ac. Chabl.*, t. XV, reg. des délib. du Conseil de Thonon.
[2] Arch. S., série C, n° 153, p. 39.

deux cordes. L'homme, derrière l'animal, tient les branches du traineau, dirige la charge, fait frein ou aide aux efforts de la bête.

Ceux qui sont le mieux outillés ont un essieu bas, de chaque côté duquel un rondin apointé, planté dans le bâti grâce à des ouvertures *ad hoc*, maintient les bois. L'autre extrémité des tiges appuie sur le sol qu'elles balayent.

On peut juger de l'état des chemins de desserte et autres, quand ils ont eu à supporter la traction prolongée et répétée de tels véhicules.

Du nettoyage des coupes il n'est pas question.

Lors des exploitations, les communiers ou usagers allument du feu là où ils se trouvent, sans grandes précautions et il est arrivé souvent que des surfaces forestières importantes, surtout des pineraies, ont été ravagées par la flamme.

Dans certains versants plus particulièrement favorables à la formation des avalanches, les exploitants étaient tenus de laisser sur la souche une certaine hauteur de tige, de manière à empêcher le glissement des neiges sur la pente. On voit encore pratiquer cet usage dans les forêts particulières exploitées à blanc etoc et situées en haute montagne. Ainsi à la montagne d'Arbarétan, près du col de la Perche en basse Maurienne. De même, dans les déboisements de Montsappey, de Beaufort, de la pointe du Vélan au-dessus de Faverges [1].

§ 4. Affectations spéciales de forêts.

I. **Forêts de protection.** — L'arrêt réglementaire du Sénat de Savoie du 8 mai 1559 avait interdit les exploitations et essarts de bois en montagne et notamment au-dessus des vignobles; il avait été rappelé et confirmé par les arrêts du 9 décembre 1666 et 1er juin 1672. Les conseils en faisaient application en indiquant les endroits où devait se prendre l'affouage, «où la coupe ne peut occasionner ni éboulements, ni ruines».

Il semble qu'il appartenait aux intéressés de réclamer le bannissement des cantons nécessaires à la protection de leurs personnes et de leurs biens, la demande devait probablement être adressée au conseil ou au châtelain. En cas de refus, les intéressés pouvaient sans doute recourir au châtelain, au bailli ou enfin au Sénat.

La mise en zone de protection, en «ban» comme on disait, pouvait être motivée par le danger des avalanches, des éboulements ou des glissements de terrain, ou des incursions des eaux.

Le plus souvent ce sont les communiers qui décident du «bannissement» lequel est approuvé par le châtelain. Le ban est publié au nom du duc de Savoie, du commandement du châtelain et à la demande des sindics.

II. **Services des usines.** — Le sol de la Savoie abonde en gisements métallifères de tous genres. Les princes ne pouvaient manquer de favoriser toutes les industries permettant de mettre en œuvre les richesses minérales et d'avoir sur place les métaux nécessaires au développement et à la prospérité du pays.

Ainsi, on voit le comte Amédée VIII (devenu plus tard le pape Félix V) autoriser la construction de martinets à Aillon et accorder dans ses forêts des Beauges, situées dans un rayon de 4 lieues, l'exploitation des bois nécessaires au traitement du minerai

[1] P. Mougin, *Les torrents de Savoie*, p. 96-128.

et de la fonte, moyennant une redevance annuelle de deux sols gros pendant trois ans et ensuite du 1/10 du produit.

En 1658, Marcel Petit établit un haut fourneau et une fonderie avec le droit de couper du bois payé à raison de 1 pistole par jour de coulée.

Le 23 février 1654, les religieux de Bellevaux concédèrent l'édification d'une usine à fer, le cours d'une partie du Chéran et la coupe des bois nécessaires pour le charbon à charge de payer tous les ans 20 florins.

III. **Affouages spéciaux.** — Les hospices du Mont-Cenis et du Petit-Saint-Bernard situés sur les cols les plus fréquentés des Alpes et destinés à secourir, à héberger les voyageurs passant de Savoie en Piémont ou *vice versa*, devaient prélever la grande quantité de bois de chauffage dont ils avaient besoin dans les forêts communales les plus voisines.

§ 5. Des droits d'usage.

Le chapitre II, paragraphe 3 précédent traite des droits d'usage et de leur origine. Il suffit de s'y reporter pour tout ce qui a trait aux droits d'affouage et de maronage. Mais il est un autre usage qui a été concédé dans les forêts et qui a souvent exercé la plus fâcheuse influence sur l'avenir, le développement et même l'existence des massifs dans lesquels il était exercé : c'est le pâturage.

Dans la charte de confirmation et d'augmentation de la fondation du prieuré de Bellevaux par le comte Humbert II de Savoie (1092-1103) on relève « la faculté de mener et faire paître les porcs du monastère dans la forêt qui est au-dessus des Voltes ».

Par contre, les forêts du monastère étaient elles-mêmes grevées du droit de parcours : ainsi les habitants d'École, d'après une reconnaissance passée en 1463, avaient le droit de faire paître 66 vaches; ceux des hameaux de Carlet [1], de Très-Roches, ceux de Jarsy avaient des facultés semblables.

En 1192, Guillaume Ier, comte de Genevois, accorde aux moines de Talloires un droit de pacage dans la forêt de Chevenieu [2].

Les forêts de Hautecombe, de La Bathie (Saint-Offenge), des Allues (archevêché de Moutiers), etc., étaient grevées de droits analogues.

Si les titres stipulent la quantité et l'espèce d'animaux à admettre au parcours, ils sont généralement muets sur les époques de « champéiage » des troupeaux et sur la limitation des cantons, d'après les exploitations de bois. Les usages locaux, les règlements de pâturage ont fixé pour chaque région les dates d'inalpage et de descente du bétail, et l'on sait que ces règlements ont été assez sagement conçus et appliqués en Savoie pour que les montagnes n'aient pas entièrement perdu, comme en mainte région de la Provence et du Dauphiné, leur armature végétale.

Mais peut-être aussi étendait-on aux forêts grevées d'usage au pâturage les dispositions édictées pour les forêts des communautés : dans ces dernières, comme pour l'affouage, les communiers indiquaient les cantons à mettre momentanément en défends; leur délibération, présentée par les sindics au châtelain, était approuvée par lui et publiée de son ordre au nom du duc [3].

[1] L. Morand, *Les Beauges*, t. II, p. 35, 46.
[2] *Soc. sav. hist. et arch.*, t. XXXIV, p. 8, F. Mugnier, L'abbaye de Sainte-Catherine.
[3] G. Pérouse, *Les communes de l'ancienne Savoie*, p. 73.

SECTION IV.

La police des bois et forêts.

§ 1. Les pénalités.

Pendant cette première période, ce n'est qu'à partir du second tiers du xvie siècle que les arrêts réglementaires du Sénat édictent des peines applicables dans tout le duché, savoir :

1° Toute coupe, défrichement ou essart de bois exécuté dans les endroits exposés aux éboulements est punie d'une amende de 500 livres.

2° Toute exploitation d'arbres de haute futaie qui seraient exportés hors du royaume ou transformés en charbon est punie d'une amende de 10,000 livres et, le cas échéant, de peines corporelles;

3° Tout enlèvement et vente d'écorces d'arbres, quelle que soit leur espèce, toute mutilation de chêne quelle qu'en soit la dimension, valent à leur auteur une amende de 500 livres et la peine du fouet.

4° Toute coupe, enlèvement et exportation de bois, sans autorisation ducale, entraîne une amende de 500 livres et la confiscation des bois.

5° Les officiers locaux, sindics et communiers doivent prêter main forte aux préposés chargés d'empêcher cette exportation, sous peine d'une amende de 25 livres.

Ce qui frappe surtout dans cette échelle des condamnations c'est la grandeur des amendes infligées : certaine même, comme celle inscrite sous le n° 2, paraît hors de toute mesure avec le délit. Il faut croire que le mal était bien grand pour qu'il ait fallu édicter une peine aussi considérable.

A noter aussi que la condamnation n'est pas proportionnelle à l'importance du délit.

Mais on aurait bien d'autres critiques à adresser aux pénalités appliquées dans chaque commune pour les infractions forestières. Toute localité a son petit code où la protection des bois n'occupe pas une faible place. Ces règlements sont, on l'a vu, homologués par le châtelain et publiés par son ordre, au nom du duc de Savoie.

« Ainsi fut publié, en 1612, à Tessens [1], un ban général « mis et imposé pour le temps et espace de 3 ans entiers. le jour de la confirmation d'icelui devoir à commencer. » Les deux premiers articles concernent un bois commun dont la situation et les confins sont minutieusement indiqués « avec inhibitions et défenses à toutes personnes, de quelles condition et prééminence qu'elles soient, de couper audit lieu aucune plante, à peine contre un chacun communier contrevenant, de 25 sols forts, et contre un chacun non communier, de 100 sols forts pour chacune plante, à S. A. applicables, sans permission des sindics et conseillers»; défense pareille d'y «champéier» leur bétail à peine de 25 sols forts d'amende et de 40 sols « pour les intérêts de la commune»; les articles 3 à 6 contiennent pour d'autres bois des défenses semblables; les articles 10 à 14 interdisent l'usage des forêts aux non communiers, à qui l'on ne

[1] G. Pérouse, Les communes de l'ancienne Savoie. p. 73.

pourra vendre du bois sans la permission des sindics et cette permission leur sera nécessaire pour en introduire ou en transporter sur la commune, à peine d'être présumés coupables de l'avoir volé et de payer par pièce de bois 10 sols forts « pour les intérêts de ladite commune et tous dépens légitimes; aux articles 7, 8 et 11 il est traité des pâturages communs dont l'accès est défendu aux non communiers, et il est interdit d'y introduire d'autres bêtes que celles que chacun aura hivernées sur les propriétés qu'il a dans la paroisse. . . ; l'article 9 prohibe le parcours des brebis et chèvres si fatal aux jeunes pousses, sur toute une partie du territoire depuis le commencement de mai jusqu'à la fin d'août. . . »

« Cet exemple d'un ban général suffit à donner une idée de ces règlements qui se ressemblent tous. » Le taux des pénalités varie pourtant dans d'assez fortes proportions.

§ 2. LES JURIDICTIONS.

Pendant cette période, la justice a un caractère essentiellement féodal. De même que, dans chaque fief, le seigneur a sur ses domaines droit de haute et de basse justice (comme, par exemple, les évêques de Maurienne, de Genève, de Belley, les archevêques de Tarentaise), de même. le duc de Savoie a, sur son territoire, des officiers chargés de rendre la justice et de remplir les fonctions d'administrateur.

En Savoie, au degré inférieur de la hiérarchie se trouve le châtelain : sa circonscription est souvent à l'origine extrêmement morcelée, ainsi en Maurienne et en Tarentaise. Dans la Savoie propre, la châtellenie comprend des territoires plus agglomérés.

Au châtelain appartient l'exercice de la basse justice, de la simple police, dirait-on aujourd'hui. « A ce titre encore. il connaît des affaires civiles de peu d'importance, tandis que, au criminel et sous la direction des cours supérieures qui administrent la moyenne et haute justice, il procède aux informations et aux arrestations, car une prison dépend du château qu'il habite; comme juge, il a une cour ou curia, et son tribunal est dit « le banc du droit [1] ».

Dans les châtellenies trop étendues. le territoire était divisé en « mestralies »; le « mestral », nommé par le châtelain, recevait une partie de ses fonctions judiciaires et administratives.

« Le châtelain, qui est toujours en ce temps-là un chevalier de bonne maison, est assisté à son tribunal d'un « clerc » qui le conseille et tient registre des décisions, sorte de greffier qui bientôt, du mot de curia, prendra le nom de « curial ». C'est encore comme juge que le châtelain a des auxiliaires analogues à nos huissiers et agents de police, dénommés « sergents » ou « familiers ».

Au-dessus du châtelain on trouve le « juge-maje ».

Enfin le tribunal supérieur est « le Conseil résidant de Chambéry, au-dessus duquel on trouve « le conseil du prince » également établi à Chambéry.

Après avoir conquis la Savoie en 1536, le roi de France, François Ier, supprima le Conseil résidant et le remplaça par le parlement de Chambéry organisé sur le modèle des parlements français. Ce parlement fut déclaré souverain par Henri II en 1549, divisé en deux chambres. Les « Statuta Sabaudiae » d'Amédée VIII furent maintenus

[1] G. PÉROUSE, loc. cit., p. 5.

comme lois de Savoie, en tant qu'ils n'étaient pas en opposition avec les ordonnances royales.

L'édit de Villers-Cotterets, d'août 1539, ordonna que tous les actes publics, civils et judiciaires seraient désormais rédigés en français : en même temps, il défendait aux juges ecclésiastiques de connaître des actions réelles et personnelles dirigées contre des laïques. Les juridictions épiscopales de Savoie ressentirent les effets de cette ordonnance.

Après le traité de Cateau-Cambrésis (1559), qui restitua la Savoie au duc Emmanuel Philibert, l'organisation judiciaire évolue.

A la base, le châtelain n'est plus guère qu'un agent subalterne des diverses administrations; de plus en plus, la noblesse s'éloigne de ses fonctions dans lesquelles elle est remplacée par des notaires. Mais enfin le châtelain a «gardé», avec la basse police et la qualité d'auxiliaire de la justice criminelle, la connaissance des causes civiles modiques et sommaires. Son tribunal est toujours le banc du droit et le «style et règlement» édicté par le Sénat en 1560 a peu modifié ses attributions judiciaires. Les sentences qu'il rend s'enregistrent à son greffe, pêle-mêle avec les enquêtes et informations qu'il prend sur une plainte ou sur l'ordre du juge maje.

«Son greffier ou curial est toujours un notaire; si le châtelain n'a pas cette qualité, comme il arrive encore, le curial a grand soin de l'assister dans l'exercice de toutes ses fonctions; dès qu'il peut y avoir lieu à la rédaction d'un procès-verbal, c'est lui qui le rédigera et le signera; dans ce cas même, on considère que le châtelain ne peut se passer de lui et qu'au contraire il peut le suppléer... Ailleurs, si le châtelain est un notaire, il finira par se passer du curial. Ailleurs, c'est le curial qui supplantera le châtelain absent ou réduit à un rôle honoraire, surtout dans les châtellenies seigneuriales où le choix du châtelain est souvent mauvais, tandis qu'on ne peut confier les fonctions de curial qu'à un professionnel. Quant au mestral, il n'a plus, comme jadis, une circonscription propre, depuis la multiplication des châtellenies; le Style de 1560 l'a interdit, il n'est plus qu'un agent modeste du châtelain; il fait ses courses, il procède aux publications et aux assignations et sa raison d'être disparaît à mesure que diminue le territoire de la châtellenie[1].

«Les juges majes, par contre, prennent de plus en plus d'importance. A leurs fonctions judiciaires ils ajoutent, depuis Emmanuel Philibert, un service administratif. Dans leurs provinces ils sont les représentants de l'autorité ducale; ils réunissent dans leurs mains presque tous les pouvoirs.

«Le souverain Sénat de Savoie qui a succédé, en 1559, au Parlement de Chambéry, rassemble toutes les attribution du pouvoir. Ce n'est pas seulement une compagnie judiciaire, c'est, à la fin du xvie siècle, une cour qui connaît de l'assiette de l'impôt, dont le président possède l'autorité politique et militaire. Grâce à lui, le prince impose toujours davantage au clergé le partage de l'autorité judiciaire.

«Toutefois, dans la seconde moitié du xviie siècle, le Sénat a perdu la connaissance des affaires qui peuvent avoir une répercussion financière et qui appartiennent dès lors à la Chambre des Comptes.

«Mais jusqu'à l'occupation française (1536) la justice en Savoie laisse fort à désirer.

«L'impuissance et la vénalité des juges, l'immunité des clercs, l'opposition irréductible

---

[1] G. PÉROUSE, p. 12-13, loc. cit.

des barons, la diversité des peines et l'arbitraire dans l'application, tout contribue au désordre judiciaire»[1].

A côté de cette organisation de la justice comtale, puis ducale, dans les domaines de la maison de Savoie, il faut mentionner le droit qu'avaient les seigneurs laïques ou ecclésiastiques de rendre la justice. Ce droit était une conséquence de la propriété du fief. Le seigneur qui en était investi ne l'exerçait pas toujours lui-même : il en confiait, affermait ou vendait alors l'exercice à des hommes d'affaires. Mais, déjà à la fin du xive siècle, il fallait distinguer deux catégories de nobles, au point de vue spécial du droit de justice : les grands barons, dotés d'un certain nombre de vassaux et de livres de revenu, qui avaient toutes les prérogatives féodales; les damoiseaux, vavasseurs et écuyers qui, avec leur fief, n'ont aucune juridiction. Toute la noblesse, depuis 1416, relève directement des ducs de Savoie qui, peu à peu, en réduisent les privilèges. L'occupation française au xvie siècle, ne fut pas, on l'a vu, sans aider à ce résultat.

La diversité de ces juridictions va de pair avec celle des pénalités : elle ne saurait être l'objet d'un exposé détaillé.

Il faut, cependant, mentionner certaines juridictions communales. Ainsi, à Thonon, au début du xviiie siècle, on voit le Conseil juger des contraventions forestières. Dans les délibérations de cette assemblée on lit par exemple, sous la date du 21 février 1707 : «Rapport de Bernard de Vuilliez, garde des bois de la Ville, lequel a trouvé hier les domestiques de Me Claude Destraz, notaire et bourgeois de cette ville, coupant des épines dans les forêts de la ville. Cité devant le Conseil, Me Destraz comparaît et dit qu'il avait la permission de M. Martiny, 2e sindic, lequel le reconnaît et l'a accordée par considération que ledit Destraz fournit quelquefois son cheval pour le service de la ville et aussi parce qu'il lui a fait entendre qu'on le lui avait souvent permis. Le Conseil l'absout, sauf qu'il payera 1 florin aux deux forestiers pour leur course et rapport»[2].

Le 26 juin 1708, le Conseil juge également un délit de pâturage commis dans les forêts de la ville. Les 10 et 12 juin, nouveau jugement et condamnation des coupables à une amende de 5 florins.

En haute Maurienne, on rencontre des tribunaux locaux intermittents. Les communautés obligées d'intenter des actions devaient plaider devant le juge maje et supporter de ce chef des frais considérables. Au début du xviie siècle, le juge maje, outre ses fonctions judiciaires, a reçu des fonctions administratives et il doit se rendre annuellement dans toutes les paroisses. A chaque instant, les syndics doivent plaider contre «les particuliers libertins» qui dévastent les bois ou surchargent de leurs troupeaux les alpages de la communauté. En 1611, les sindics de Termignon demandent au juge maje que les procès n'intéressant pas le prince fussent tranchés dans cette localité par le juge maje lors de ses assises et que 3 prudhommes jurés fussent élus pour traiter à l'amiable tous intérêts civils et criminels. Le juge maje agréa la première de ces requêtes et le Sénat de Savoie la seconde [3].

«Les communiers confièrent aux treize «estizeurs», chargés du choix des sindics,

[1] Dufayard, *Histoire de Savoie*, p. 159.
[2] *Ac. Chabl.*, t. XV. Extrait des délib. du Conseil de Thonon.
[3] G. Pérouse, *Une communauté rurale sous l'ancien régime*, p. 35.

le soin de nommer « trois prudhommes amiables compositeurs », qu'en 1621 une assemblée générale confirma dans leurs fonctions, en décidant qu'ils les exerceraient en présence des sindics et du lieutenant du châtelain; le petit tribunal siégait régulièrement et l'on tenait un « rôle et dénombrement des particuliers de Termignon qui ont contrevenu aux règlements, lesquels ont été jugés et cotisés suivant leur démérite par les prudhommes jurés » [1].

A Termignon, le tribunal était présidé par le vice-châtelain, représentant du pouvoir central, au nom duquel la sentence était rendue, tandis qu'à Thonon le Conseil paraît avoir seul jugé les infractions qui lui étaient déférées.

§ 3. La poursuite des délits.

La poursuite des délits forestiers devait être intentée par les propriétaires des massifs boisés ou par leurs délégués, en l'absence d'un service chargé de la gestion et de la surveillance de ces massifs. Cependant il devait y avoir des modalités différentes suivant qu'il s'agissait de forêts publiques ou privées.

Forêts ducales. — Les contraventions relevées par les gardes chargés de la surveillance du domaine étaient signalées au métral ou au châtelain. Celui-ci à raison de son double titre d'administrateur et de juge, après un supplément d'enquête, s'il y avait lieu, faisait comparaître le coupable au « banc du droit » et prononçait la sentence.

S'agissait-il de délits importants, l'affaire instruite par le métral ou le châtelain était transmise au juge maje compétent.

Forêts inféodées. — Pour les forêts appartenant aux nobles ou dignitaires ecclésiastiques jouissant du privilège de juridiction, la poursuite des délits devait être exécutée en la même forme, avec cette différence que le châtelain ou le juge maje était remplacé par le tribunal seigneurial ou ecclésiastique.

« Mais le souverain avait compris que le premier de ses devoirs était de se poser en redresseur de torts et en suprême justicier. S'il est obligé de laisser subsister la juridiction seigneuriale dans tous les fiefs qui lui rendent hommage, il affirme hautement, dès le xive siècle, son droit de juger souverainement » [2].

Ainsi donc, il était toujours possible, dès les derniers siècles du moyen âge, d'en appeler d'un jugement rendu par un tribunal féodal au Conseil résidant de Chambéry ou au Conseil du prince.

Forêts communales. — Les gardes forêts, ou les gardes générales chargés de veiller à la conservation de tous les biens, élus en assemblée générale ou nommés par les sindics, après avoir prêté serment entre les mains du châtelain, ont mission de constater les délits. Ces gardes font leur « rapport » des infractions aux règlements qu'ils ont pu relever au cours de leurs tournées, soit au Conseil (Thonon), soit aux sindics. Ces derniers qui ont reçu de l'assemblée générale mandat de gérer et de défendre les

---

[1] G. Pérouse, *Les communes de l'ancienne Savoie*, p. 74.
[2] Ch. Dufayard, *Histoire de Savoie*, p. 106.

biens de la communauté doivent porter plainte contre les délinquants et les poursuivre devant les juridictions ducales ou seigneuriales dont dépendait la communauté.

Dans ces actions, les sindics n'engagent que leur responsabilité personnelle civile ; mais ils ont un recours contre les communiers dont ils ont été les *negotiorum gestores*, dans le cas où ces communiers refuseraient de ratifier les actes accomplis.

Ces inconvénients n'existaient pas quand le Conseil prononçait les peines comme on l'a vu à Thonon, au début du xviiie siècle, ou lorsqu'il y avait un petit tribunal local avec jurés, comme à Termignon.

Parfois le délinquant soulevait l'exception préjudicielle de propriété et alors il s'engageait un procès d'interminable durée, poursuivi devant tous les degrés de juridiction : c'était le cas surtout quand les coupables appartenaient à une communauté voisine qui soutenait ses prétentions jusqu'à épuisement complet (Saint-Julien et Montdenis). Dans les condamnations encourues, ordinairement les amendes sont dévolues au souverain et les dommages-intérêts à la communauté lésée. Mais dans certaines localités privilégiées, comme Thonon, on voit les amendes prononcées par le Conseil attribuées à des établissements municipaux, aux pauvres de l'hôpital, «suivant le pouvoir que la ville en a[1] ».

SECTION V.

Les défrichements.

Au fur et à mesure de l'accroissement de la population les déboisements allèrent naturellement en s'accentuant. Mais en dehors de ce processus normal, il y eut des périodes caractérisées par des défrichements importants, sans qu'il soit possible d'en donner une indication numérique.

Ainsi, au premier siècle avant notre ère, la conquête romaine eut certainement pour conséquence une déforestation sérieuse, tant le long des grandes voies réunissant l'Italie aux Gaules qu'aux abords des camps et des cités occupés par les légionnaires.

D'après la légende, des chrétiens fuyant Rome et les persécutions impériales seraient venus se réfugier au iie siècle dans les vallées reculées du pays des Allobroges et auraient eu recours au feu pour se faire place au milieu des massifs sylvestres.

Puis survinrent les invasions barbares qui marquèrent la chute de l'empire romain et de celui de Charlemagne; l'installation en Savoie des Burgundes aux ve et vie siècles, des Sarrazins et des Hongrois aux ixe et xe siècles, l'exploitation des richesses minières et minérales entraînèrent la destruction de nombreux peuplements.

Les multiples fondations de couvents, d'abbayes et de prieurés sur toute l'étendue du pays, entre le ixe et le xiie siècle, amenèrent de nouveaux et importants déboisements, les plus considérables peut-être qu'on eut vus jusqu'alors.

Avec les temps modernes se développe l'industrie; les mines de fer des Hurtières, l'extraction du sel au roc d'Arbonne et à Moutiers exigent des quantités de combustible demandées exclusivement aux forêts. Du xive au xviie siècle on a exploité, sans se préoccuper de la régénération, de notables surfaces boisées que le pâturage subséquent

[1] *Ac. Chabl.*, t. XV, Reg. des délib. de Thonon, *passim*.

transforme en pelouses ou en landes. Les opérations de guerre sous Henri IV, Louis XIII et Louis XIV ont eu les mêmes résultats, en maintenant des troupes dans les hauts passages des Alpes[1].

A ces déforestations d'ordre général, il faut ajouter tous les défrichements locaux et particuliers.

Le pouvoir central voyait d'ailleurs de très bon œil ces mises en valeur qui avaient pour conséquence d'augmenter la population et la production agricole de la région. Ainsi voit-on les empereurs Charles IV et Sigismond décerner dans leurs diplômes des éloges aux Chartreux de Pommiers pour avoir défriché, en 1365, les forêts qui s'étendaient alors depuis Cruseilles jusqu'au Châble.

Pourtant, bien avant 1559, la faculté de défricher avait été restreinte, non pas d'une façon générale, mais en diverses localités. Là où une agglomération, des cultures, des passages importants étaient menacés par des éboulements, des chutes de roc, des avalanches de neige, les populations avaient décidé d'interdire les exploitations dans le massif dont le maintien s'imposait dans l'intérêt général. En général ce sont les communiers qui décident des «bannissements» ou «mise en ban» des forêts et, comme pour les autres délibérations des assemblées générales, c'est le châtelain qui approuve la mesure au nom du duc de Savoie et ordonne la publication.

A partir de 1559, les arrêts réglementaires du Sénat de Savoie étendent à toutes les zones dangereuses des montagnes du duché l'interdiction de défricher et d'exploiter. Mais le bannissement ne devait résulter que de décisions spéciales provoquées par les communiers ou les particuliers intéressés.

SECTION VI.

Le commerce des bois.

On peut prévoir que dans la période antérieure au xviii⁰ siècle le commerce des bois a été rudimentaire.

Au moyen âge, l'abondance générale des forêts, la division du territoire, l'insécurité des communications ont dû être autant d'obstacles à la création d'un mouvement commercial du bois.

Un peu plus tard, après l'époque des grands défrichements, la réunion de nombreuses provinces sous l'autorité des comtes puis des ducs de Savoie, et partant la suppression des péages, la disparition du brigandage par le développement du pouvoir central, les besoins de cités grandissant tous les jours et privées de forêts, ont dû probablement provoquer des transactions et des transports.

L'annexion de la Savoie à la France, de 1536 à 1559, a aussi certainement contribué à accentuer le mouvement commercial des bois de feu et de construction. La Combe de Savoie, la Tarentaise et la Maurienne étaient reliées par l'Isère à la ville de Grenoble; le Petit Bugey, les bassins du Bourget, du Fier et des Usses l'étaient à Lyon par le cours du Rhône. Ces places importantes étaient donc alimentées en bois au moyen de radeaux. Aussi, dès qu'il fut remis en possession de ses États, le duc Emmanuel

---

[1] P. Mougin, *Les torrents de la Savoie*, 1ʳᵉ partie, chap. IV.

LES FORÊTS DE SAVOIE.   7

Philibert dut-il faire interdire par arrêts réglementaires du Sénat, le 8 mai 1559, toute exportation de bois hors de Savoie.

Les occupations françaises de la Savoie sous le règne de Louis XIV rendirent certainement une nouvelle activité au commerce des bois de Savoie en Lyonnais et en Dauphiné.

Au nord de la Savoie, les provinces de Chablais et de Faucigny par l'Arve, les Dranses et le Léman alimentaient notamment la ville de Genève en produits ligneux. Malgré toutes les défenses portées, le commerce de bois que faisaient ces provinces avec la cité suisse ne cessa jamais complètement.

Ainsi, en 1710, un marchand de Vevey, Gédéon Berdaz, a exploité dans les vallées du Chablais « une grande quantité de bois qu'il a coutume de faire descendre depuis les montagnes par la dite rivière (de Dranse) » [1].

Dans l'intérieur même du duché, malgré les prohibitions anciennes portées dans nombre de localités sur l'exportation des bois hors du territoire de la commune, comme à Lans-le-Bourg en 1317, il y a cependant un certain commerce de bois. Nombre d'agglomérations dans les vallées n'ont que peu ou point de forêts et il leur faut des arbres pour la bâtisse, pour le feu; il y a aussi une quantité de petites usines métallurgiques, fourneaux de fonte, martinets, qui consomment du charbon. A cette époque, on ne connaît pas ou on ne sait pas utiliser les anthracites et les lignites, d'ailleurs assez pierreux, que fournit le sous-sol. Aussi nombre de propriétaires, voire même d'usagers (Le Reposoir), vendent-ils des bois, des sapins, des épicéas, aussi bien que des chênes, des pièces de charpente comme des fagots.

[1] Ac. Chabl., t. XV. Reg. des délib. de Thonon. 1710.

DEUXIÈME PÉRIODE.

Les forêts de Savoie de 1729 à 1792.

———

CHAPITRE PREMIER.

LA LÉGISLATION FORESTIÈRE.

———

SECTION 1re.

La législation générale du royaume de Sardaigne.

— —

§ 1. LES ROYALES CONSTITUTIONS DU 11 JUILLET 1729.

Abandonnant l'ancien système des édits applicables à une seule région, voulant soumettre toutes ses possessions à une législation unique, Victor Amédée II, que le traité d'Utrecht (1713) venait de faire roi, promulgua sous le nom de Royales Constitutions un véritable code civil et criminel.

Le titre IX du livre VI de cet important monument législatif est consacré spécialement aux «bois et forêts». Le seul fait qu'un titre ait été réservé à la propriété boisée montre l'importance croissante de la propriété forestière. Ce titre comprend les 14 articles ci-après :

«ART 1er. Les intendants des provinces veilleront attentivement à la conservation des bois et forêts et à faire réparer tous les abus qui pourraient y causer quelque préjudice. (OC. titres II, III, IV, V, IX.)

«ART. 2. Ils seront juges et conservateurs des susdits bois et forêts et ils auront pour vice-conservateurs les juges, châtelains et bailes des villes et terres de leurs provinces. (OC. titres I, III, IV, V, IX.)

ART. 3. Ils procéderont en l'assistance des avocats fiscaux, provinciaux ou en celle des procureurs fiscaux, respectivement et sur leur réquisition ou sur celles des propriétaires ou des gardes bois des lieux, et le dire d'un témoin assermenté, digne de foi, joint à quelque autre indice raisonnable, fera une pleine preuve contre les accusés. (OC. titres VI, XXVI, art. 5; titre IX, art. 5; titre X, art. 7. 8, 9.)

«ART. 4. Les vice-conservateurs seront juges dans les causes de première instance et les intendants en degré d'appellation, laquelle n'aura cependant lieu que pour les sommes qui excèderont 50 livres, et quant aux jugements qui seront rendus par les intendants, ils seront exécutés sans appel. (OC. titre III, art. I; titre IV, art. I, titre IX, art. 3; titre XII.)

7.

«Art. 5. Toutes les communautés et les particuliers qui possèdent des bois soit taillis, soit de haute futaie en remettront dans le terme de 6 mois entre les mains des juges, châtelains ou bailes du territoire un état assermenté dans lequel on spécifiera leur qualité, quantité de journaux et leurs confins, sous peine de 100 livres quant aux sindics et secrétaires de communautés, païables en leur propre et privé nom, et de celle de 50 livres quant aux autres, et laquelle peine on encourra également lorsque l'état donné ne se trouvera pas fidèle, outre le païement des frais d'un commissaire et d'un arpenteur qui seront commis par un intendant pour y remédier. (OC. titre XXIV. art. 1; titre XXV, art. 1.)

«Art. 6. Aussitôt que les juges, châtelains et bailes auront ces états, ils les enverront aux intendants 15 jours après, avec une note des communautés et des particuliers qui ne les ont pas remis, et les intendants prendront soin d'en former un registre qu'ils paraferont à chaque feuillet, et qui devra être numéroté et avoir son répertoire contenant les noms des propriétaires des susdits bois pour être ledit registre conservé dans les archives des intendances.

«Art. 7. Nous défendons à toutes les communautés, universités et particuliers de quelque état, qualité et condition qu'ils puissent être, de couper ou faire couper, tant par le tronc que par les branches ou rejetons, aucun desdits arbres de haute futaie sans une permission par écrit de l'intendant; comme aussi d'en retirer et recueillir la poix, résine ou térébenthine, sous peine de 50 livres pour chaque arbre. (OC. titre XXIV, art. 4, 5; titre XXV, art. 8; titre XXXII, art. 2.)

«Art. 8. Nous exceptons de la susdite prohibition les arbres de haute futaie qui se trouvent dispersés dans les campagnes et qui ne forment pas une forêt.

«Art. 9. Nous permettons aussi la coupe des bois taillis : ceux, pourtant, qui appartiennent aux communautés ne pourront être coupés qu'avec la permission de l'intendant, comme dessus, à moins qu'ils ne servent à l'usage ordinaire des particuliers des susdites communautés; et, en ce cas, la coupe ne s'en fera que dans l'endroit seulement qui sera, d'année en année, fixé par les intendants. (OC. titre XXIV, art. 3; titre XXV, art. 3, 9, 10, 11.)

«Art. 10. Les bois qui auront été coupés, soit taillis, soit de haute futaie, ne pourront point être défrichés ou réduits à culture sans la permission des intendants qui ne devront pas néanmoins l'accorder sans avoir reçu nos ordres; et il est défendu d'y faire paître aucune sorte de bestiaux, particulièrement des chèvres ou des brebis, pendant l'espace de 5 ans depuis qu'ils auront été coupés et jusqu'à ce que les plantes soient en état de ne pouvoir être endommagées, sous peine de trois livres pour chaque bête que l'on trouvera dans lesdits bois. (OC. titre XXIX, art. 1, 11, 13.)

«Art. 11. Il ne sera permis à qui que ce soit d'allumer du feu dans les bois et forêts, non plus qu'à leur voisinage, à une distance de 50 pieds, sous peine de 25 livres, outre le païement des dommages que les communautés et les particuliers pourraient en souffrir. (OC. titre XXVII, art. 32.)

«Art. 12. La coupe de toutes sortes de bois propres à la marine, qui se trouvent situés dans des endroits d'où ils peuvent être conduits à la mer, sera toujours défendue, de même que celle des ormes qui sont réservés pour le service de notre artillerie, sous peine de 100 livres et de la perte des bois, laquelle peine encourront tous ceux qui oseront les couper sans la permission des intendants ou du conseil de l'artillerie respectivement. (OC. titre XXI; titre XXVI, art. 3.)

« ART. 13. Nous défendons aussi la sortie de quelque espèce de bois que ce soit de nos états sous peine de la perte des mêmes bois et de celle des chariots, bœufs, chevaux, barques et autres voitures sur lesquelles on trouvera qu'on les transporte.

« ART. 14. Les bois et arbres, de quelque sorte qu'ils soient, qui sont propres à soutenir les neiges et à empêcher les avalanches et les éboulements de terre, ne pourront jamais être coupés sous peine de 50 livres, à moins que ce ne soit dans des endroits où les susdites avalanches et éboulements ne peuvent causer aucun dommage. »

Dans le titre VII du livre VI des mêmes Royales Constitutions, on rencontre des prescriptions analogues à celles de l'article 14, pour la conservation des arbres situés sur la rive des torrents. Ce livre intitulé : «Des fleuves et torrents» dispose en effet :

« ART. 1er. Nous déclarons tous les fleuves et torrents de nos états être royaux et qu'ils appartiennent par conséquent à notre domaine. (OC. titre XXVII, art. 46.)

« ART. 3. Nous défendons à un chacun, même à ceux qui en ont le droit, de dériver les eaux des fleuves ou torrents, de faire en iceux ou dans leur lit aucune œuvre qui puisse donner quelque empêchement à la navigation ou au libre parcours des eaux ou causer des inondations ou corrosions, sous la peine susdite (100 écus d'or) outre le remboursement du dommage. (OC. titre XXVII, art. 42, 44.)

« ART. 4. Il ne sera permis à qui que ce soit de déraciner ou brûler les troncs des arbres qui soutiennent les rives des fleuves et des torrents à une distance de 18 pieds communs, soit pieds de roi, et l'on ne pourra pas non plus couper les susdits arbres, mais on aura seulement la liberté d'en tailler les branches et la cime quand ils auront 7 années, de manière qu'on les laisse au moins d'une hauteur de 4 pieds au-dessus du sol.

« ART. 5. Nous ordonnons même aux communautés et aux particuliers à qui appartiennent les susdites rives des fleuves et torrents d'y planter tout au long des arbres qui ne soient pas éloignés l'un de l'autre d'une distance de plus de 18 pieds et ils devront prendre soin d'en substituer d'autres à la place de ceux qui viendront à manquer, sauf dans les endroits où la qualité du terrain ne le permettra pas, sous peine de 10 écus d'or contre ceux qui n'auront pas satisfait à ce que dessus, une année après la publication des présentes. (OC. titre XXVII, art. 42; titre XXVIII, art. 7.)

« ART. 7. Les rives des fleuves navigables devront être libres à une distance de 15 pieds, tant d'un côté que de l'autre desdits fleuves. (OC. titre XXVIII, art. 7.) »

Un billet royal du 21 novembre 1731, adressé à la Chambre des Comptes, décida que les arbres fruitiers n'étaient pas visés dans les règlements imposés aux bois et forêts.

Pour la mise à exécution des Royales Constitutions, l'intendant général de Savoie édicta, le 8 juin 1739, un Règlement qu'il adressa aux administrateurs des villes et bourgs du duché. Les dispositions qui traitent des forêts sont les suivantes :

« ART. 40. *De la coupe des bois.* — Comme il arrive souvent des dégâts aux fonds, par suite du peu d'attention qu'on a de conserver les bois dans les îles et verneys qui, fortifiant les bords des rivières, torrents, peuvent garantir les corrosions, les administrateurs fixeront et détermineront les endroits où il sera permis d'en couper, de manière que pour le front de 18 pieds de long desdits bords l'on n'y touche pas et quant aux autres que l'on ne coupe que ceux qui sont d'une certaine crue pour donner le temps aux nouveaux de croître, répartissant cette coupe quartier par quartier, afin que la paroisse ne reste pas tout à fait dépourvue de bois et la coupe ainsi réglée ils la notifieront au public et sera l'un d'entre eux député pour veiller à l'exécution et, en cas de contravention, il en informera le châtelain pour qu'il prenne les informations requises, ce qui aura lieu aussi pour les bois taillis, à forme des Royales Constitutions.

« ART. 79. *Des coupes de bois.* — Comme un des moyens pour garantir la plaine des dommages que les crues d'eau causent est d'empêcher la dégradation des bois, laquelle, outre ce, occasionne des avalanches, ainsi un soin particulier des administrateurs et secrétaires doit être de veiller à ce que les Royales Constitutions soient ponctuellement observées; et, à ces fins, dans une des assemblées de chaque année, l'on fera lecture de ce qui est contenu en icelles au titre des bois et forêts.

« ART. 80. Ledit conseil députera aussi tous les ans un des administrateurs pour veiller à la conservation desdits bois et à l'exécution de ce qui est porté par lesdites constitutions.

« ART. 81. Le député sera obligé de faire, au moins une fois l'année, la visite des bois, dont il fera sa relation au conseil, savoir : s'il a trouvé qu'on en ait coupé, si on y a fait quelque essert, ou si l'on a autrement contrevenu aux Royales Constitutions; auquel cas, le conseil en donnera avis à l'intendant et au juge ordinaire pour qu'il soit procédé contre les contrevenants.

« ART. 82. Au cas que faisant sa visite il trouve des bois coupés, non encore déplacés, alors il en donnera avis au châtelain qui procédera à la saisie d'iceux, sans autres, ne lui résultant pas de la permission de couper par ses registres.

« ART. 83. Ledit député sera le prud'homme pour assister, tant pour vérifier si celui qui demande la coupe de bois est dans le cas de l'obtenir par la quantité qu'il en demande, que pour fixer les endroits et pour veiller à ce que les précautions qui seront ordonnées suivant l'exigence des cas soient exactement suivies. »

§ 2. LES ROYALES CONSTITUTIONS DE 1770.

Quarante ans plus tard, le roi Charles-Emmanuel III promulgua un nouveau code général : ce sont les Royales Constitutions de 1770 où les titres VII et IX du livre VI sont respectivement consacrés aux fleuves et torrents d'une part, aux bois et forêts de l'autre.

«LIVRE VI, TITRE IX. — *Des bois et forêts.*

«ART. 1ᵉʳ. Les intendants des provinces veilleront attentivement à la conservation des bois et forêts et à faire réparer tous les abus qui pourraient y causer quelque préjudice. (OC. titres II, III, IV, V, IX.)

«ART. 2. Ils seront juges et conservateurs des susdits bois et forêts et ils auront pour vice-conservateurs les juges, châtelains et bailes des villes et terres de leurs provinces, sauf dans les lieux à l'égard desquels nous donnerons d'autres dispositions. (OC. titres I, III, IV, V, IX.)

«ART. 3. Ils procéderont en l'assistance des avocats fiscaux provinciaux ou en celle des procureurs fiscaux respectivement et sur leur réquisition ou sur celle des propriétaires ou des gardes-bois des lieux. (OC. titre VI; titre IX, art. 5; titre X, art. 7, 8, 9; titre XXVI, art. 5.)

«ART. 4. Les vice-conservateurs seront juges dans les causes de première instance et les intendants en degré d'appellation, laquelle n'aura cependant lieu que pour les sommes qui excéderont la somme de 50 livres; et quant aux jugements qui seront rendus par les intendants, ils seront exécutés sans appel et on pourra seulement recourir à nous, ainsi qu'il est porté au § 15, chap. IV, titre I de ce livre. (OC. titre III, art. 1ᵉʳ; titre IV, art. 1ᵉʳ; titre IX, art. 3; titre XIII.)

«ART. 5. Si les vassaux commettent quelque contravention dans l'étendue de leur juridiction, les intendants procéderont contre eux, même en première instance, ils pourront cependant commettre un gradué qui ne soit pas justiciable du vassal pour connaître de la contravention. (OC. titre III, art. 4 à 7.)

«ART. 6. La connaissance attribuée ci-dessus aux juges ordinaires des lieux n'est que cumulativement avec les intendants, de façon que ce sera celui d'entre eux qui aura prévenu de connaître, de décider, et il sera loisible aux dénonciateurs de porter leurs délations aux juges locaux ou aux intendants. (OC. titre I.)

«ART. 7. Si cependant les intendants sont informés de quelques contraventions connues du juge ordinaire sans qu'il ait poursuivi le transgresseur, ils procéderont à la vérification d'icelles et de la connaissance qu'en a eue le juge et ils en transmettront l'information au bureau de nos finances sur le rapport duquel nous donnerons les ordres convenables pour le châtiment des juges. (OC. titre IX, art. 7; titre X, art. 9.)

«ART. 8. Toutes les communautés et les particuliers qui possèdent des bois soit taillis, soit de haute futaye, en remettront, dans le terme de six mois, entre les mains des juges, châtelains et bailes du territoire, un état assermenté, sous peine de 100 livres quant aux sindics et secrétaires de communautés, payables en leur propre et privé nom, et de celle de 50 livres quant aux autres, laquelle peine ils encourront aussi lorsque l'état donné ne sera pas fidèle, outre le payement des frais d'un commissaire et d'un arpenteur qui seront commis par les intendants pour y remédier. (OC. titre XXIV, art. 1ᵉʳ; titre XXV, art. 1ᵉᵗ.)

« Art. 9. On donnera aussi l'état, non seulement des bois qui forment une forêt, mais encore des coteaux et tous autres terrains couverts de bois, lorsqu'ils seront de la contenance de 3 trabucs de Piémont en largeur et de celle de 10 en longueur, et quoiqu'ils seraient entrecoupés de champs, prés, vignes ou canaux.

« Art. 10. On spécifiera dans cet état la qualité et quantité, les confins et l'état actuel des bois; on y exprimera encore s'ils ont été coupés récemment, et en quel temps ils l'ont été et jusqu'à quel âge il faut les laisser croître pour les pouvoir couper.

« Art. 11. Les juges, châtelains et bailes enverront aux intendants ces états dans quinze jours après qu'ils les auront reçus avec une note des communautés et des particuliers qui ne les auront pas remis; les intendants en formeront registre qu'ils paraferont à chaque feuillet et qui devra être numéroté et avoir son répertoire contenant le nom des propriétaires des susdits bois, pour être, ledit registre, conservé dans les archives des intendances.

« Art. 12. Défendons à toutes communautés, universités et particuliers de quelque état, qualité et condition qu'ils puissent être, de couper ou faire couper, tant par les troncs que par les branches ou rejettons desdits arbres de haute futaye, sans une permission par écrit de l'intendant, comme aussi d'en tirer la poix résine ou térébenthine, sous peine de 5 livres pour chaque arbre, tant dans l'un que dans l'autre cas et de la confiscation des bois coupés ou de leur valeur. (OC. titre XXIV, art. 4, 5; titre XXV, art. 8; titre XXXII, art. 2.)

« Art. 13. Nous exceptons de la susdite prohibition les arbres de haute futaye qui sont dispersés dans les campagnes pourvu qu'ils ne forment pas un bois ou un coteau de la qualité et de l'étendue exprimées dans le § 9.

« Art. 14. Permettons aussi de couper les bois taillis lorsqu'il se sera écoulé, dès la dernière coupe, un intervalle de temps convenable, eu égard aux différentes qualités des bois durs ou tendres et à leur plus ou moins grand accroissement et dans les terreins respectifs et qu'ainsi ils seront parvenus à leur maturité et au cas d'être coupés; ceux cependant qui appartiennent aux communautés ne pourront l'être qu'avec la permission de l'intendant, comme dessus, et la coupe ne s'en fera que dans l'endroit seulement qui sera d'année en année fixé par les intendants. (OC. titre XXIV, art. 3; titre XXV, art. 3; titre XXVI, art. 1er.)

« Art. 15. Défendons à qui que ce soit de faire paître dans les bois qui auront été coupés aucune espèce de bétail et spécialement des chèvres ou brebis, jusqu'à ce que les plantes soient dans un état à ne pouvoir plus être endommagées, sous peine d'un demi-écu pour chaque bête qui sera trouvée dans les susdits bois et qu'on prouvera y avoir pâturé. (OC. titre XIX, art. 1er, 13.)

« Art. 16. Il est également défendu de faire paître du bétail dans des terreins qu'on aura semés ou plantés en bois, sous peine de 10 livres pour chaque bête qu'on y trouvera ou qu'on vérifiera y avoir été en pâture.

« Art. 17. Les intendants devront, en se conformant aux règlements particuliers de chaque province adaptés à la qualité des bois et des terreins, notifier au public le temps pendant lequel il sera respectivement défendu de couper les bois taillis et de faire paître le bétail tant dans les terreins où l'on aura coupé le bois que dans ceux où l'on aura nouvellement semé ou planté des arbres. (OC. titre XIX, art. 3, 4.)

«Art. 18. Les bois taillis et ceux de haute futaye ne pourront être déracinés pour réduire le terrein en culture sans notre permission, sous peine d'une amende qui sera fixée à raison de 100 écus pour chaque journal et diminuée à proportion, lorsque l'étendue des bois défrichés sera moins grande et ces bois seront encore rétablis aux frais du contrevenant.

«Art. 19. Comme il nous a été représenté qu'on pouvait avoir défriché des bois sans permission dans la partie de nos États où les Constitutions générales de l'année 1729 ont été publiées, en faisant grâce aux contrevenans de toutes les peines pécuniaires qu'ils ont encourues à cet égard, nous ordonnons à toutes les communautés, corps et particuliers de quelque état, qualité et conditions qu'ils soient, de remettre, dans le terme de quatre mois, au juge du lieu où l'on a défriché les bois, un état dans lequel ils spécifieront la quantité et la qualité des bois défrichés dès la publication desdites Constitutions; ils devront joindre à cet état une copie authentique des permissions qu'ils auront obtenues à cet égard, à peine de 100 écus contre ceux qui n'auront pas donné ledit état ou qui en auront donné qui ne sont pas fidelles.

«Art. 20. Les juges, dès qu'ils les auront reçues, les enverront, dans le terme de un mois, aux bureaux des intendants respectifs qui en dresseront un précis; nous nous réservons, sur le compte qui nous en sera rendu, de donner les dispositions que nous jugerons à propos pour faire remettre dans leur premier état les bois qui auront été défrichés sans permission et, dans ce cas, les possesseurs devront exécuter ce qui leur a été ordonné, de la manière et dans les termes qui leur seront prescrits et sous les peines qui leur seront imposées, en suite de nos ordres, par les intendants respectifs.

«Art. 21. Il ne sera permis à qui que ce soit d'allumer du feu dans les bois et forêts non plus qu'à leur voisinage, à une distance de 50 pieds, sous peine de 25 livres, outre le payement des dommages que les communautés et les particuliers pourraient en souffrir. (OC. titre XXVII, art. 32.)

«Art. 22. La coupe de toutes sortes de bois propres à la marine, qui se trouvent situés dans des endroits d'où ils peuvent être conduits à la mer, sera toujours défendue, de même que celle des ormes qui sont réservés pour le service de notre artillerie, sous peine de 100 livres et de la perte des bois, laquelle peine encourront tous ceux qui oseront les couper sans la permission des intendants ou du conseil de l'artillerie respectivement. (OC. titre XXI; titre XXVI, art. 3.)

«Art. 23. Nous défendons aussi la sortie de quelque espèce de bois que ce soit de nos États, sous peine de la perte des mêmes bois et de celle des chariots, bœufs, chevaux, barques et autres voitures sur lesquels on trouvera qu'on les transporte.

«Art. 24. Les bois et arbres, de quelque sorte qu'ils soient, qui sont propres à soutenir les neiges et à empêcher les avalanches et les éboulements de terre, ne pourront jamais être coupés sous peine de 50 écus, à moins que ce ne soit dans des endroits où les susdites avalanches et éboulements ne peuvent causer aucun dommage.

« Art. 25. Les peines respectivement établies ci-dessus auront lieu sur la déposition d'un seul témoin digne de foi, lorsqu'elle sera accompagnée de quelque indice raisonnable et, quand il s'agira de bois coupés, la preuve qui résulte de se les être appropriés ou de les avoir retirés sera aussi insuffisante par elle-même; lorsque les coupables de quelque contravention ne seront pas en état de payer la peine pécuniaire qu'ils auront encourue, ils seront subsidiairement châtiés par une peine corporelle proportionnée aux circonstances des cas. »

La consigne des bois et l'état des défrichements n'ayant été remis que très rarement, par Lettres Patentes du 18 mai 1771, le roi Charles-Emmanuel accorde de nouveaux délais en simplifiant les formalités :

« 1° Les communautés et les particuliers qui possèdent des bois pourront en remettre l'état au juge de leur domicile où à celui du lieu, rière lequel les susdits bois sont situés, nonobstant, à l'égard des vassaux, ce que les juges ayant été par eux nommés et même à un notaire par nous approuvé;

« 2° On pourra remettre ledit état par le ministère d'un procureur spécialement à ce constitué et il suffira que le pouvoir lui en soit donné par une simple procuration qui ne sera pas sujette à l'insinuation et qui devra lui être remise en original;

« 3° La quantité et les confins des bois devront être énoncés, par relation, ou à la mesure qu'on aura fait d'iceux ou au cadastre dans lequel ils sont portés à la colonne des possesseurs ou de leurs auteurs et de quelque autre document équivalent; et, à défaut de ce, l'on devra constater la fidélité et l'exactitude du susdit état de quelque autre manière claire et détaillée, nous réservant, dans ce cas, sur le compte qui nous sera rendu, de donner les déterminations particulières qui pourront être convenables, pour obliger les possesseurs à assurer plus amplement l'exactitude dudit état;

« 4° Dans l'obligation de donner l'état des bois, tant taillifs que de haute futaye, les oliviers, châtaigniers et autres arbres fruitiers n'y seront pas censés compris. Déclarons, en outre, quant aux communautés et particuliers qui possèdent des bois dans le duché d'Aoste et dans la province de Tarentaise, que les états remis en exécution et conformité de nos édits du 28 avril 1757 et 5 mai 1760 tiendront lieu de ceux prescrits par nos Constitutions, sans qu'on soit obligé à présent d'en donner de nouveaux, restituant en même temps par un effet de nos grâces ceux qui ne les auraient pas donnés aient à s'y satisfaire dans le délai ci-dessus fixé et leur remettant toutes peines qu'ils pourraient avoir encourues.

« Restituons encore en temps les possesseurs de terres défrichées, comme il est dit ci-dessus, à donner dans le même temps les états prescrits par le § 19 du susdit titre et livre des Constitutions. »

Ces patentes ont été enregistrées au Sénat de Savoie le 27 mai 1771 et ainsi rendues exécutoires dans le duché.

SECTION II.

La législation forestière spéciale à la Tarentaise.

§ 1. Lettres patentes du 22 décembre 1739.

La province de Tarentaise, qui comprend le bassin de l'Isère à l'amont du confluent de l'Arly, renferme des gisements minéraux fort variés et très considérables. On trouve le fer spathique à Montgirod, à Notre-Dame-du-Pré, à Longefoy, à Saint-Bon, aux Allues, à La Perrière, mais surtout à Peisey et à Macot, le plomb argentifère; le cuivre à Doucy et à Bonneval; le sel, mêlé au gypse, dans l'Arbonne, à Bourg-Saint-Maurice; en dissolution dans les sources de Salins.

Pour le traitement des minerais et des métaux et l'extraction du sel par évaporation, on employait comme combustible à peu près exclusivement le bois. De là, la nécessité de surveiller étroitement les forêts et les exploitations, afin d'assurer aux usines le bois et le charbon qui leur étaient indispensables; aussi le roi Charles-Emmanuel III fit-il précéder ses Lettres Patentes du 22 décembre 1739, portant règlement pour les bois de Tarentaise, des observations ci-après :

« Ayant pris en considération que la coupe journalière qui se fait dans les forêts de notre province de Tarentaise pour la manutention des bâtiments et cuite des sels qui se fabriquent à nos salines établies à Moutiers, outre celle que les particuliers font en suite des permissions qu'ils en obtiennent, mérite une attention toute particulière, afin qu'au moyen des règles fixes avec lesquelles on procédera à la coupe et transport des bois et d'un règlement particulier pour empêcher les abus qui peuvent se commettre dans lesdites forêts, nous soyons assuré qu'elles fourniront toujours, à la suite du temps, les bois nécessaires aux dites salines et à l'usage des particuliers, au grand avantage de la province. . . . .

« Avons décrété et décrétons ce qui suit :

« 1° L'inspecteur établi pour la conservation des forêts qui fournissent le bois pour la cuite des sels fera tous les ans au moins deux visites desdites forêts en présence des députés à ces fins par les paroisses, sçavoir, une pour fixer les endroits dans lesquels les bois doivent être coupés et la seconde pour vérifier si on n'a pas excédé les limites et si la coupe et transport ont été faits en conformité du présent. (OC. titre III, art. 10, 15, 19, 21; titre IV, art. 6, 7, 10, 11. 12; titre IX, art. 4; titre XVI.)

« 2° L'inspecteur assisté comme dessus visitera aussi dans chaque paroisse tantôt les unes, tantôt les autres forêts qui ne sont pas destinées à la coupe actuelle, comme encore les autres endroits qui peuvent être suspects de coupe de bois, et, s'il y trouve quelque amas de bois, planches, billions ou autres sortes de plantes, de crüe et de haute futaye, il se fera sur-le-champ présenter par les propriétaires d'iceux les permissions qu'ils auront obtenues; il vérifiera s'ils ne les ont point excédées et, trouvant de l'excès, ou que personne ne veuille convenir que ces bois lui appartiennent, il les fera saisir et mettre en sûreté. (OC. titre IV, art. 11.)

« 3° Il visitera aussi, comme dessus, les endroits où les bois ont été coupés les années précédentes pour voir s'ils ont repris, quels progrès ils font dans la crüe et s'il y a quelque arrangement ou disposition à donner pour leur bonification.

« 4° Dans tous les cas et occasions cy-dessus, ledit inspecteur dressera les verbaux respectifs de visite, ayant attention de bien spécifier en iceux respectivement les endroits destinés à la coupe et transport des bois, de bien détailler et identifier les contraventions et saisies qu'il aura faites et le nom des contrevenans, s'il est possible, avec toutes les autres circonstances qui seront venues à sa connaissance et d'expliquer dans quel état sont les endroits où on a coupé les bois les années précédentes, si les bois sont bien recrus à proportion du tems qu'ils ont été coupés et les moyens que les experts proposeront pour les bonifier.

« 5° L'inspecteur remettra à la fin de chaque année les verbaux de visite au bureau de l'intendance de la province; mais si les verbaux regardent quelque contravention au présent règlement, il les remettra d'abord à l'avocat fiscal provincial pour qu'il en fasse la poursuite, en donnant néanmoins une notte au bureau de ladite intendance.

« 6° Ledit inspecteur, à l'occasion de sa seconde visite, retirera du bureau de ladite intendance les certificats et verbaux particuliers dont est fait état à l'article 8 cy-après, que les officiers locaux auront envoyé et des mains des secrétaires des paroisses, les verbaux qu'ils auront dressé pour la visite particulière faite pendant l'année par les députés des paroisses, pour s'assurer par la vision oculaire des endroits de la fidélité d'iceux et, trouvant qu'il se soit commis quelque abus dans les forêts, sans qu'il en soit fait état ou qu'ils soient plus grands que ceux qui y sont marqués dans lesdits verbaux, il prendra toutes les connaissances nécessaires pour identifier les délinquants et même pour voir si les dégâts et abus peuvent être arrivés postérieurement au tems desdits verbaux par la voye même des expers autres que les députés des paroisses, en dressant procès-verbal qui sera remis à l'avocat fiscal pour être procédé comme dessus ;

« 7° Les députés pour la conservation des bois et forêts, rière les paroisses qui fournissent les bois pour la cuite des sels, outre qu'ils devront assister l'inspecteur, feront tous les ans au moins, une visite particulière, tout comme les députés des paroisses qui ne concourrent pas à fournir les bois susdits, et ces derniers, outre ladite visite, en feront au moins trois par an dans les endroits suspects, tels que seront les scies et places qui servent d'entrepôt pour les flottemens et transport des bois. (OC. titre XXV, art. 14, 16.)

« 8° Si, à l'occasion desdites visites, les députés ne trouvent aucun abus ny contravention, tant au présent règlement qu'aux Royales Constitutions, il suffira qu'ils fassent leur rapport entre les mains du secrétaire de paroisse qui en dressera verbal ; mais, au contraire, s'ils y trouvent des contraventions ou des amas de bois, planches ou autres, ils feront leur rapport bien circonstancié entre les mains du châtelain, lequel en dressera procès-verbal et, vérifiant sur les registres que lesdits bois ont été coupés sans permission et les précautions requises, il devra se transporter sur les endroits et procéder à la saisie des bois en l'assistance des députés, en dressant un autre verbal bien circonstancié, tant par rapport au corps de délit qu'aux contrevenans et lesdits verbaux seront envoyés au bureau de l'intendance, pour être ensuite procédé comme dessus. (OC. titre I, art. 14.)

« 9° Outre les visites cy-dessus ordonnées, les châtelains respectifs en feront lorsqu'ils le jugeront à propos ou qu'ainsi leur sera ordonné par l'intendant de la province, en l'assistance cependant du député de paroisse; et, en cas qu'ils trouvent des contraventions, ils verbaliseront et procéderont de la manière cy-dessus expliquée et les vacations des châtelains seront allouées au préjudice des condamnés.

« 10° L'intendant de la province donnera tous les ans à l'inspecteur, avant qu'il fasse sa première visite, un état du contingent des bois à brûler qui doivent être coupés rière chaque paroisse, lequel restera joint au verbal de visite. (OC. titre III, art. 11; titre XV, art. 5.)

« 11° Pour déterminer la fixation des endroits où la coupe doit se faire, l'inspecteur et les députés de paroisse, en l'assistance des entrepreneurs, s'il y en a, examineront la situation et la qualité des bois en se réglant de sorte que la coupe des bois n'occasionne aucun éboulement ou avalanches, qu'on prenne la portion de la forêt dont les bois sont plus en maturité et ne promettent pas une plus grande crüe, s'il y en a de cette espèce, et qu'en outre la coupe soit faite d'une façon que les coupes qui se feront après n'apportent aucun dommage aux plantes nouvelles par le transport ou roulement des plantes coupées. (OC. titre XXIV, art. 3; titre XXV, art. 3.)

« 12° L'endroit de la coupe étant ainsi déterminé, l'on fixera aussi les endroits par lesquels les plantes devront être transportées ou roulées et l'inspecteur couchera au bas de l'état qui lui aura été remis le résultat de la fixation de la coupe et transport et le fera ainsi signer par lesdits députés et entrepreneurs et du tout il remettra un double par lui signé auxdits députés. (OC. titre XV, art 52.)

« 13° Si la coupe, transfert et fente de bois sont à la charge des paroisses, faute d'entrepreneurs, lesdits députés présenteront au conseil de paroisses düement assemblées l'état porté par l'article cy-dessus et, sur icelui, ledit conseil fixera les jours auxquels on devra travailler à ladite coupe et transport, compatiblement avec les labeurs de la campagne, mais de façon que ladite coupe soit toujours faite une année d'avance et il fera dresser un rolle de tous les particuliers non exempts par privilège ou impossibilité, en répartissant entre eux, à juste proportion, la cotte part des bois que la paroisse doit fournir et le secrétaire de paroisse donnera à chaque particulier inscrit dans ledit rolle un billet portant la cotte d'ouvrage à faire, en y marquant les jours destinés; et, outre ce, pour le moins huit jours avant que l'on commence la coupe, l'on fera publier à l'issüe des offices divins que tel jour on travaillera à la coupe et transport des bois et que l'état portant la cotte d'un chacun est entre les mains du député de la paroisse. (OC. titre XXV, art. 11.) -

« 14° Tous les particuliers devront se transporter dans l'endroit indiqué et aux jours assignés, sauf légitime empêchement dont ils feront conster aux députés, pour y travailler sous la direction desdits députés qui devront toujours assister à ladite coupe et jusques à ce que tous les bois soient transportés hors des forêts.

« 15° Il est défendu auxdits députés de faire faire ou permettre la coupe ou transport des bois autrement que de la manière convenue avec l'inspecteur et, à chaque particulier, de couper des bois aux endroits marqués pour la coupe et sous prétexte de couper son contingent sans l'assistance dudit député.

« 16° Si les particuliers manquent les jours à eux marqués sans légitime empêchement, outre l'amende qu'ils encourront, il sera permis aux députés de mettre des personnes à leur folle enchère, faisant conster cependant de l'absence par un verbal qui sera dressé par le châtelain ou secrétaire de paroisse et envoyé ensuite à l'intendance ; et, si les particuliers ont quelque légitime empêchement, il leur sera permis d'envoyer quelqu'un à leur place aux jours indiqués, ou bien ils conviendront avec ledit député du jour qu'ils iront faire leur contingent et celui-ci sera obligé d'y assister et lesdits particuliers de lui payer les vacations qu'il fera pour ce retard.

« 17° Les députés feront prendre à compte du contingent de la paroisse les plantes qui se trouveront avoir été abattües et endommagées; ils feront aussi couper en premier lieu les plantes tortües et ensuite les plus grosses qu'ils trouveront, leur étant défendu d'en couper qui soient moindres de 6 pouces et demy d'épaisseur, à moins que, par leur situation, mauvaise qualité de terrain, elles ne puissent plus croître; auquel cas néanmoins ils devront avoir la permission expresse de l'inspecteur des bois.

« 18° Les plantes qui seront coupées, tant pour le service des salines qu'ensuite des permissions particulières, devront l'être à fleur de terre, étant expressément défendu de les scier et les souches seront, immédiatement après, couvertes de gazons et de terre, et les dépouilles en branches et les pointes des plantes coupées resteront dans la forêt même, sans qu'il soit permis à qui que ce soit de les extraire. (OC. titre XV, art. 42, 45.)

« 19° Les députés auront soin que la coupe des grosses plantes n'endommage point les autres que l'on doit couper et, à ces fins, il leur est ordonné de faire abattre les branches et ensuite de faire pencher les plantes de telle sorte qu'elles ne portent aucun dommage aux autres et ils veilleront aussi à ce que les bûches soient de la grosseur et longueur portées par l'état. (OC. titre XV, art. 43.)

« 20° Les entrepreneurs pour la coupe, transport et fente des bois se conformeront au règlement cy-dessus pour l'exécution de leur entreprise, leur étant défendu de faire la coupe, transport ou roulement desdites plantes sans l'assistance dudit député, du moins jusques à ce qu'elles soient hors de la forêt, et, à ces fins, les entrepreneurs et députés conviendront ensemble des jours destinés pour les coupes et transports, étant défendu auxdits députés d'y manquer et lesdits entrepreneurs rapporteront un certificat desdits députés d'avoir fait la coupe et le transport et rempli les obligations portées par le présent, lequel sera présenté au bureau de l'intendance et sans lequel il ne sera pas pourvu à leur payement.

« 21° Il est défendu, tant aux paroisses qu'aux entrepreneurs, de couper des bois au delà de ce qui est nécessaire pour le contingent des toises de chaque paroisse, et, comme il serait difficile d'arriver précisément à la quantité requise, tant lesdits entrepreneurs que les députés n'encourront aucune peine lorsque le surplus n'excédera pas la dixième du total contingent; et qu'il sera fidèlement consigné pour servir de fond pour l'année suivante, étant défendu aux uns et aux autres de s'approprier aucune plante de bois ou bûche aux peines cy bas marquées. (OC. titre XV, art. 10.)

« 22° Il est défendu à tout particulier, de quel rang et condition qu'il soit, de couper ou faire couper dans les forêts tant communes que particulières, même dans celles qui leur appartiennent en propre, aucun bois, nonobstant la permission accordée par l'intendant de la province, si par un préalable, en suite de la permission, les députés de la paroisse, en l'assistance du châtelain, n'ont fixé l'endroit, la coupe ou les plantes qui doivent être coupées conformément aux conditions portées par ladite permission et que le châtelain n'ait annoté au bas d'icelle que ladite permission est rapportée dans ses registres par la quantité y marquée et qu'ensuite toutes les pièces justificatives ne soient remises auxdits députés, et, faute d'exécuter ce que dessus, la permission sera censée pour non accordée, et, malgré icelle, l'on procédera contre ceux qui auront coupé les bois. (OC. titre XXVI, art. 1er; titre XXIV, art. 10.)

« 23° Les particuliers qui auront des permissions se conformeront aussi au présent règlement tant pour la manière de couper et transporter les bois que pour couvrir les souches. (OC. titre XV, art. 42 et suiv.; titre XXV, art. 16.)

« 24° Les députés des paroisses, quant à celles qui fournissent des bois pour la cuite des sels, présenteront à l'inspecteur, lorsqu'il fera ses visites, les pièces qu'ils auront retirées de ceux qui auront eu des permissions particulières, afin qu'il puisse vérifier s'il n'y a point eu d'abus; et quant à celles qui ne fournissent pas lesdits bois à brûler, elles seront remises aux secrétaires des paroisses, pour y avoir recours au besoin.

« 25° Il est défendu à qui que ce soit d'introduire dans les forêts où le bois a été nouvellement coupé aucun bétail, de quelque espèce qu'il soit, jusques à ce que les plantes nouvelles soient d'une grosseur à ne pouvoir plus être endommagées, et, comme par la différente qualité du terrein, il faudra, pour cet effet, plus d'années dans les uns que dans les autres, l'inspecteur donnera, tous les ans et dans le tems convenable, aux députés des paroisses, un état des taillis qui doivent être défendus, lequel état sera remis au conseil de paroisse qui en fera publier la défense un jour de fête, au sortir des offices divins, et renverra au bureau de l'intendance ledit état avec le certificat de publication, après en avoir pris un double pour y avoir recours, et quant aux forêts dans lesquelles on ne coupe pas le bois pour la cuite des sels, les députés dresseront l'état des taillis qui doivent continuer à être défendus pour les raisons cy-dessus, lequel sera remis au conseil et publié, et le certificat de publication au bas dudit état sera envoyé au bureau de l'intendance de la province. (OC. titre XIX, art. 1, 3, 4.)

Amendes contre les contrevenans.

« Les députés qui permettront la coupe et transport des bois pour les salines ailleurs que dans les endroits fixés encourront l'amende de 100 livres.

« Lorsqu'ils n'assisteront pas les jours fixés ou convenus avec les entrepreneurs à la coupe et transport des bois, outre le dédommagement auquel ils sont tenus envers les ouvriers qui, par leur absence, n'auront pas pu travailler, ils encourront l'amende de 10 livres pour chaque jour.

« Lorsque la coupe et transport sont faits aux endroits fixés, mais que les députés permettront qu'on coupe le bois autrement que de la manière portée par les articles 17, 18 et 19 du présent, ils encourront l'amende de 1 livre par plante.

« S'ils permettent la coupe d'une plus grande quantité de bois que celle portée par la fixation, au delà de la tolérance exprimée par l'article 21, lorsque ledit surplus sera consigné fidèlement, ils encourront celle de 50 livres.

«S'ils permettent qu'on fasse les bûches plus courtes ou plus longues que ce qui est porté par l'état, ils encourront l'amende de 2 sols par bûche.

«Pour chaque plante que lesdits députés s'approprieront, ils encourront l'amende de 10 livres et, pour chaque bûche de la longueur fixée, celle de 5 sols, outre la représentation et perte des bois.

«Les députés qui n'assisteront pas aux visites portées au présent règlement sans légitime empêchement, dont ils feront conster, outre les vacations de l'inspecteur, s'il en fait quelqu'une pour cet effet, encourront l'amende de 15 livres.

«Lorsqu'ils refuseront d'assister le châtelain dans les visites qu'il proposera ou qu'il a ordre de faire, outre la journée de ceux que les châtelains prendront pour les excuser, ils encourront l'amende de 5 livres.

«Et à l'égard des châtelains, députés et autres qui useront de suport ou conivence, exigeront quelque argent pour exempter quelque particulier ou cacher quelque abus, ou qui, à l'occasion de leur visite, ne feront pas leur rapport avec la fidélité et droiture requises, il sera procédé contre eux par les voyes ordinaires et en conformité des Royales Constitutions.

« Entrepreneurs.

«Les entrepreneurs qui couperont les bois ailleurs que dans les endroits fixés encourront l'amende de 10 livres par chaque plante. (OC. titre XVI, art. 9.)

«Et si le bois est coupé dans l'endroit indiqué et que le transport n'ait pas été fait de même, outre l'indemnisation pour les fonds et bois qui peuvent être endommagés à cause d'icelui, ils payeront l'amende de 1 livre par toise.

«Pour chaque plante qu'ils couperont avec des scies ou qu'ils ne couperont pas à fleur de terre ou dont ils ne couvriront pas la souche avec des gazons, outre qu'ils seront obligés de recouper à leurs frais les plantes qu'ils auront laissées plus hautes et de faire ledit couvrement, ils encourront l'amende de 4 livres par plante et semblable lorsqu'ils extrairont les pointes et dépouilles des plantes coupées. (OC. titre XV, art. 42, 44.)

«Lorsqu'ils couperont du bois au delà de ce qui est nécessaire pour faire le contingent des toises de la paroisse, en conformité cependant de la tolérance marquée à l'article 21, ce qui excédera ladite dixième, ils seront privés du prix convenu, mais s'ils s'approprient quelque plante ou bûche, ils encourront l'amende de 10 livres par chaque plante et celle de 50 sols pour chaque bûche.

«Lorsqu'ils feront des bûches plus courtes ou plus longues que ce qui est porté par l'état, lesdites bûches seront prises sans être payées.

« Particuliers.

«Les particuliers qui iront couper des bois dans les endroits indiqués pour leur contingent, sans l'assistance du député, encourront l'amende de 5 livres chacun. Ceux qui n'iront pas faire la coupe aux jours fixés encourront l'amende de 3 livres chaque fois.

«Si, les particuliers qui, dans la coupe des bois susdits, ne se conformeront pas à ce qui est prescrit par le présent, encourront pour chaque plante l'amende de 4 livres qu'ils payeront également, lorsqu'ils extrairont des forêts les dépouilles et pointes des plantes coupées.

«Et s'ils s'approprient quelque plante ou bûche, ils payeront 10 livres par plante et 5 sols par bûche. S'ils font des bûches plus courtes ou plus longues que ce qui est porté par l'état, lesdites bûches seront prises sans être payées.

«Ceux qui auront obtenu permission de couper des bois encourront les mêmes peines pour les plantes qu'ils auront coupées ensuite de la permission, si la coupe n'est pas faite de la manière portée par le présent règlement, de même que si les souches ne sont pas couvertes de gazon et s'ils n'ont pas laissé les dépouilles et les pointes des plantes dans les forêts.

«Pour chaque grosse bête comme chevaux, mulets, bœufs, vaches et génisses, qui seront trouvées dans les taillis défendus, l'on encourra l'amende de 3 livres et, pour chaque mouton, brebis ou chèvre, outre la confiscation des chèvres, on encourra l'amende de 1 livre et 10 sols. (OC. titre XIX, art. 13.)

«Toutes les amendes cy-dessus seront partagées en trois portions, dont l'une appartiendra au fisc, l'autre à la paroisse et l'autre au dénonciateur, et les chefs de famille seront tenus pour leurs femmes, enfants et domestiques. (OC. titre XXII, art. 17, 28; titre XXIV, art. 11; titre XXV, art 21, 22.)

«Quant aux contraventions qui ne portent pas des amendes au delà de 50 livres contre chaque contrevenant, elles seront censées suffisamment établies sur la déposition assermentée des députés des paroisses ou autres dénonciateurs publics où l'on est en coutume d'en établir, lorsqu'elle sera corroborée par des circonstances, en cas de dénégation des accusés, comme dessus. (OC. titre X, art. 8.) Lorsque les amendes seront plus fortes de 50 livres contre chaque contrevenant, l'intendant de la province procédera contre eux suivant les formalités requises par les Royales Constitutions, lesquelles continueront d'être observées pour les cas auxquels il n'a pas été spécialement pourvu par le présent.

«Les bois qui seront saisis, tant par la contravention au présent qu'aux Royales Constitutions, au titre des Eaux et Forêts, seront acquis aux propriétaires des forêts où ils auront été coupés, hormis que ce soit les propriétaires même qui, ayant contrevenu ou qu'ils fussent seulement trouvés en contravention hors du territoire des paroisses, rière lesquelles sont les forêts où ils ont été pris; auquel cas, ils seront confisqués en faveur du fisc, mais lesdits propriétaires n'en pourront disposer que sous les ordres et avec permission par écrit de l'intendant de la province, lequel, s'il en a besoin pour l'usage des salines, les fera payer ou à dire d'experts ou au prix des parties, s'il y en a pour semblable fourniture.»

Ce règlement a été enregistré au Sénat de Savoie, le 7 janvier 1740.

§ 2. ÉDIT ET RÈGLEMENT DU 2 MAI 1760.

Au début de 1760, l'intendant général de Chambéry reçut de Turin, la lettre suivante, datée du 5 janvier :

«Le Roy, ayant déterminé de donner un nouveau règlement pour mieux assurer la conservation des forests en Tarentaise, S. M. en a fait dresser le projet ci-inclus...

Vous observeres, Monsieur, par l'avant-propos de cet ouvrage et par les annotations qui sont en marge des articles du projet et au bas d'icelui, qu'à quelques additions et variations près ceux qui ont travaillé à ce projet l'ont moulé sur l'Edit du 28 avril 1757 pour les bois d'Aoste... S. M., avant que de donner ce nouveau règlement, veut que le susdit projet soit examiné en congrès par S. E. M. le premier Président, comte Artésan, par vous, Monsieur, et par M. l'Avocat fiscal général, pour en donner l'avis de ce congrès qui proposera en même temps par cet avis toutes les variations, additions et changements qu'il estimera plus convenables à un tel règlement, et même tous les moïens qu'il croira les plus propres et les moins onéreux aux particuliers et communautés, pour une répartition des dépenses et établissement des conservateurs, et enfin tout ce que ledit congrès jugera mieux de proposer à l'égard d'un nouveau règlement propre au but qu'on se propose, après qu'il aura pris en considération le susdit projet [1]. »

Le projet fut donc étudié par ces trois hauts fonctionnaires dont les observations furent consignées dans un mémoire du 30 janvier suivant. Ce mémoire fut examiné au Ministère par les rédacteurs du projet qui, dans un rapport complémentaire, exposèrent et développèrent leurs motifs. De nouveau, en vertu d'un ordre du 23 février 1760, le premier Président du Sénat, l'intendant général et l'avocat fiscal général, Maistre, durent se réunir pour discuter la réponse faite et y répliquer au besoin.

De ces travaux préparatoires qui montrent bien comment s'élaboraient les lois de la monarchie sarde sortit l'édit du 2 mai 1760, qui reproduit presque intégralement celui du 28 avril 1757 sur les forêts du duché d'Aoste. L'exposé des motifs surtout est différent. Voici les dispositions de l'«Edit du Roy, contenant règlement pour la conservation des bois et forêts dans la province de Tarentaise».

«L'expérience nous ayant fait connaître que ni les loix établies par nos Générales Constitutions, ni le règlement du 22 décembre 1739 pour la conservation des forêts n'ont point produit en Tarentaise le fruit que nous avions lieu d'en attendre, puisque les abus tendant à la dégradation desdites forêts y subsistent toujours, nous avons déterminé d'y pourvoir plus amplement en établissant non seulement les règles les plus propres et les mieux dirigées pour parvenir au but important de la conservation des bois qui existent, mais encore en prescrivant les moïens d'en assurer la multiplication et mettre ainsi nos bien-aimés sujets à l'abri des dangereuses conséquences irréparables de la disette d'un tel genre de première nécessité et leur en procurer même l'abondance.

« A ces fins, nous avons ordonné comme par le présent qui aura force de loi en Tarentaise de notre certaine science, pleine puissance et autorité royale, eu sur ce l'avis de notre Conseil, dérogeant au règlement sus énoncé et aux Générales Constitutions en ce qu'elles seraient contraires au présent, ordonnons ce qui s'en suit :

« 1° Toutes les communautés ou gens de main-morte, en personne de leurs légitimes administrateurs, et les particuliers propriétaires des bois, tant taillis que de haute futaye, devront, trois mois après la publication du présent, avoir consigné devant les secrétaires de chaque paroisse où lesdits bois sont situés, l'étendue exacte des forêts qu'ils possèdent, en détaillant leur situation, mas et aboutissants, l'état actuel des plantes, leur espèce, si elles sont en grande quantité, médiocrement fournies ou tout-

[1] Arch. S., série C 569.

à-fait dépeuplées, et les secrétaires qui auront reçu ces consignéments les remettront dans la huitaine aux conservateurs respectifs des départements avec la désignation des possesseurs, soit communautés. soit particuliers, qui n'auront pas consigné; et, s'il est question de consignement des biens en litige, celui fait par une des parties ne sera point censé préjudicier en rien à la propriété ou au possessoire de l'autre. (OC. titre XXIV, art. 1ᵉʳ; titre XV, art. 1ᵉʳ.)

« 2° Ceux qui ne feront pas le consignement dans le tems que nous venons de déterminer, ou qui l'auront fait. mais faux et infidèle. encourront, si ce sont des administrateurs de corps et de communauté. une amende de 100 livres par tête, en propre, sans répétition et, si ce sont des particuliers, celle de 50 livres, outre, tant pour les uns que pour les autres, les frais et dépens du conservateur et du topographe envoyés sur les lieux par l'intendant pour exécuter ce que ceux-là ont négligé de faire. (OC. titre XXIV, art. 1ᵉʳ *in fine.*)

« 3° Le tuteur, curateur et autres qui ont l'administration des biens des pupils, mineurs ou interdits, seront soumis aux peines portées ci-dessus contre les possesseurs particuliers (OC. titre XIX, art. 13; titre XXXII. art. 7. 10.)

« 4° Les sindics, conseillers, agens et possesseurs de bois et forêts, ne pourront s'absenter de ladite province. ni du lieu de leur domicile ordinaire. jusqu'à ce qu'ils aient fait le susdit consignement et les contrevenans seront châtiés par l'amende cy-dessus énoncée.

« 5° Les conservateurs, après avoir enregistré les consignements dans un livre destiné à cet effet, les enverront dans le mois. en original. à l'intendant, avec l'état des communautés. corps et particuliers qui n'auront pas consigné.

« 6° Avec ces consignements. l'intendant fera faire un livre en forme, servant d'indice ou répertoire par ordre alphabétique, contenant la désignation des corps et communautés, le nom et surnom des particuliers qui auront consigné et la page du livre où sera le consignement original; de ces mêmes originaux on formera un livre contenant aussi par ordre alphabétique tous les différents territoires de la province et districts ci-bas énoncés, où l'on laissera en blanc pour chacun d'eux le nombre de feuillets nécessaire pour leur enregistrement et sous la catégorie ou tabelle des noms de chaque territoire; on écrira à la marge des pages qui leur seront destinées, en premier lieu, les communautés ou gens de main-morte pour l'étendue des bois qu'ils possèdent et successivement tous les tenanciers particuliers avec leur nom et surnom par ordre alphabétique, la date du consignement par devant qui il a été fait, l'indication de la page du livre où il se trouve en original, la situation et les confins des mêmes bois.

« On dressera ensuite quatre colonnes : la première servira à désigner l'étendue des taillis; la seconde, celle des bois de haute futaye que les particuliers, corps et communautés ont consigné; la troisième. destinée à rapporter la quantité des taillis et des futayes contenues dans les deux premières; et dans la quatrième colonne, enfin, on réunira la totalité des bois qui sont dans chaque territoire, afin que, par ce moyen, on puisse voir d'un coup d'œil à quoi se monte la généralité des bois taillis et de haute futaye consignés dans la province. et le registre et son répertoire seront déposés au bureau de ladite intendance. afin que l'on puisse y avoir recours dans le besoin; mais comme un ouvrage aussi étendu dans ses commencements et aussi intéressant dans

8.

ses suites, pourrait exiger les soins entiers d'un homme, il y aura, pendant l'espace de tems que l'on jugera nécessaire, un secrétaire affecté à la juridiction des bois, qui sera à la nomination de l'intendant et, attendu l'obligation qui lui est cy-dessus imposée de former les livres et tenir les registres, on lui assignera, outre le casuel dont il sera parlé ci-après, des appointements, lesquels seront fixés par l'intendant et portés sur le général de la province et district dont est fait ci-dessus état, pour ensuite ladite fixation être par nous approuvée et répartie avec les autres charges de ladite province et districts.

« 7° Nous défendons à toutes personnes, de quelque état, grade et condition qu'elles puissent être, de faire ou faire faire, en grande ou petite quantité, une coupe de bois, soit taillis ou de haute futaye, dans les bois et forêts, comme aussi d'en tirer de la poix, résine ou térébenthine et dépouiller de leur écorce les souches ou quelles autres parties que ce soit des arbres de haute futaye et de les fendre, tailler et diminuer, en tout ou en partie, tant dans le tronc que dans les branches, sans en avoir auparavant obtenu la permission de l'intendant, sauf dans les cas cy-après énoncés, sous peine d'une amende de 5 livres par plante d'haute futaye pelée, percée, coupée ou détériorée, de 300 livres pour chaque journal de taillis coupé et de moins, à proportion de la contravention. (OC. titre XXIV, art. 3, 4, 5; titre XXV, art. 3, 8; titre XXVI; titre XXXII, art. 1er, 2.)

« 8° Le plus ou le moins de diamètre des plantes ne décide point qu'elles soient de haute futaye ou non et toutes celles qui, de leur nature, poussent des grands jets comme les pins, sapins, mélaizes, frènes, chênes et autres de cette espèce, sont censées de haute futaye, de quelque grosseur qu'elles soient. (OC. titre XXVII, art. 11; titre XXXII, art. 1er, 3, 5, 13.)

« 9° Les terreins principalement destinés à produire du bois sont réputés forêts et, par conséquent, on exceptera seulement des défenses cy-dessus tous les arbres fruitiers et ceux qui ne l'étant pas sont dispersés dans les campagnes cultivées ou dans des lieux arides qui ne sauraient produire des bois. (OC. titre Ier, art. 1er, 2, 11.)

« 10° Il ne sera permis à personne de faire du feu dans les forêts, ni dans le voisinage, qu'il ne soit au moins à 20 toises de distance, à peine de 25 livres d'amende pour chaque contravention, outre la réparation du dommage à ceux qui en auront souffert. (OC. titre III, art. 18; titre XXVII, art. 19 à 22, 32. — C. F., art. 42, 148, 202.)

« 11° On ne pourra établir aucun four à chaux, plâtre ou charbon, sans permission de l'intendant, à peine de 50 livres d'amende pour chaque four, lesquels seront détruits sur-le-champ aux frais des contrevenans par les forêtiers, sur les ordres des conservateurs des départemens respectifs; et quant aux fours qui se trouveront exister au tems de la publication du présent règlement, si les propriétaires, dans le terme de cinq mois, ne font conster, au conservateur du département où ils sont placés, de ladite permission, ils seront comme cy-dessus détruits à leurs frais par les forêtiers sur l'ordre que les conservateurs en doivent expédier. (OC. titre XXVII, art. 12, 23. — C. F., art. 151. — O. R., art. 177, 179.)

« 12° Il est aussi défendu de laisser paître les chèvres, brebis et autres bestiaux, dans les forêts où on aura fait une coupe depuis peu de tems et jusqu'à ce que les plantes nouvelles soient parvenues à un état de force qui ne leur laisse plus rien à craindre de la morsure de ces animaux, à peine, pour la première contravention, de 3o sols d'amende pour chaque chèvre ou brebis arrêtée en pâture, et de 6 livres pour les bêtes plus grosses, du double en cas de récidive et du quadruple pour la troisième fois; et les forêtiers pourront séquestrer les animaux trouvés en pâture pour assurer le payement de l'amende et de leurs frais; mais comme les bois, suivant la nature du terrein, ont plus ou moins de facilité à croître, l'intendant fixera, en conséquence, dans chaque territoire, le tems pendant lequel la pâture dans les bois cy-dessus dé- signés devra être interdite, qui cependant ne devra jamais être au-dessous de six années, quant aux bois de haute futaye, et de quatre, quant aux taillis. (OC. titre XIX, art. 1er, 3, 4, 13; titre XXXII, art 10, 11. — C. F., art. 76 à 78, 147.)

« 13° Les personnes suspectes ou diffamées pour dégradation [de bois qui seront, la nuit, trouvées près des forêts avec des instruments propres à la taille, seront con- damnées à une amende de 4 livres, quoique qu'elles justifient que, dans cette occasion, elles n'ont coupé aucune plante; en cas de récidive, l'amende sera de 8 livres. (OC. titre XXVII, art. 34. — C. F., ancien art. 146.)

« 14° Pour venir à connaissance des personnes susdites, les sindics et conseillers de chaque communauté, paroisse et village de ladite province et districts cy-bas énoncés, donneront dans le mois après publication du présent, aux conservateurs res- pectifs des départements, un état exact des habitants diffamés, suspects et accoutumés à dégrader et à détruire les bois, soit pour brûler, bâtir, faire des ustensiles ou pour en avoir l'écorce; et ils y spécifieront leur nom, surnom, âge, le nom des pères, à peine, en cas de l'inobservation, de 5o livres d'amende pour chaque sindic et conseiller, en son propre et privé nom. (OC. titre XXVII, art. 36, 38.)

« 15° Nous voulons que, dans les bois appartenans aux communautés et gens de main-morte, on sépare la quatrième partie de toute leur étendue, que nous destinons à être élevée en haute futaye et mise en réserve pour le service desdites communautés et gens de main-morte, dans le cas d'incendie, de réédification d'églises, maisons de communauté, réparation des ponts, digues, soit greniers à opposer aux ravages des rivières et torrens et généralement pour tous les ouvrages nécessaires qui intéressent le public, laquelle portion destinée en réserve sera, autant que faire se pourra, assignée dans les endroits d'un facile accès et propres à l'accroissement des plantes pour haute futaye et l'intendant ne pourra donner aucune permission de faire les coupes dans lesdites réserves, sauf dans le besoin urgent dont nous avons fait mention et dans les cas spécifiés à l'article 19, ou lorsque les plantes seraient parvenues à un tel point de maturité que, restant plus longtemps sur pied, elles ne feraient que dépérir. (OC. titre XXIV, art. 2, 4, 5; titre XXV, art. 2, 8. — C. F., art. 93. — O. R., 137, 140.)

« 16° Les conservateurs, dans le cours de six mois depuis la publication du présent, feront, chacun dans leur département, et sur les lieux mêmes, la séparation du quart en réserve cy-dessus, en y appelant les administrateurs, agents ou procureurs des communautés et corps intéressés; et si ceux-cy se présentent dans le tems qui a été assigné, elle se fera en contradictoire; mais s'ils refusoient de comparoître, les conser- vateurs ne laisseront pas de passer outre et de procéder à la séparation selon les règles de l'équité, et, dans l'un et l'autre cas, ils dresseront un verbal raisonné dans lequel, après avoir rappelé leur manifeste publié pour l'intimation de ladite séparation et l'assignation signifiée, la contenance totale des bois situés dans le territoire qui devront nommer selon les estimations des prud'hommes et qui sont possédés par lesdits corps ou communautés; ils indiqueront ensuite avec soin la tenue des bois qu'ils croiront devoir séparer et réserver. ils en désigneront la situation en donnant les ordres et vrais noms, les appartenances, l'étendue ou environ de leur superficie, la qualité des ter-reins et des plantes qui y sont, avec les confins les plus visibles et invariables qui servent de limites à cette portion mise en réserve.

« Et au cas que la nature des lieux ne fournisse point des confins apparens et inva-riables. les conservateurs feront planter des limites visibles et solides aux dépens des communautés et corps propriétaires, et dont ils feront clairement résulter par ledit verbal.

« Pour que personne ensuite ne prétende cause d'ignorance de la portion ainsi mise en réserve et de ses limites, elle sera notifiée au public un jour de dimanche ou de fête, à l'issue des offices divins, par la publication qu'en feront faire les conservateurs, laquelle marquera exactement le nom des lieux, des quartiers, attenances, limites et confins de la réserve et sera affichée à la porte de l'église ou au pilier public. (OC. titre XXIV, art. 2; titre XXV, art 2. — C.F., art. 93.)

« 17° Les trois autres portions des bois possédés par les communautés et non com-prises dans la réserve seront destinées à suppléer aux besoins journaliers des habitants du lieu. selon la coutume pratiquée, et l'intendant, après en avoir pris connaissance par le moïen des conservateurs. fera la répartition annuelle de la coupe et la réglera de manière que. par la circulation déterminée pour chaque année et proportionnée aux nécessités publiques, l'on abatte la portion de bois la plus mûre, en sorte qu'après avoir tout parcouru, l'on recommence ensuite la coupe par celle qui a été la première mise en œuvre.

« En conséquence, on ne pourra faire aucune taille dans lesdites trois portions des bois des communautés sans encourir l'amende énoncée cy-devant, excepté dans l'endroit précis que le conservateur du département indiquera chaque année, ensuite de la visite qui lui est cy-dessus ordonnée. par un manifeste qui devra être publié un jour de dimanche ou de fête, à l'issue des offices divins, et affiché à la porte de l'église ou au pilier public; et. afin que les coupes qui se doivent faire annuellement dans les endroits fixés et limités, s'exécutent avec règle et en conformité des ordres portés par le présent, le conseil ordinaire de chaque communauté fera toutes les années une ré-partition desdits bois entre les particuliers, qui soit proportionnée à leurs besoins, prescrivant à chacun d'eux le jour qu'ils en doivent faire la coupe, afin que les forêtiers à qui tout doit être communiqué, sachant les jours destinés à cela, puissent se trans-porter sur les lieux et reconnaître si on observe les règles établies par le présent règle-ment pour la coupe des bois. (OC. titre XIX. art. 4; titre III, art. 10, 11; titre XXIV. art. 3; titre XXV, art. 3, 9, 10. — C.F., art. 16.)

« 18° Les gens de main-morte ne pourront faire aucune coupe que ce soit, même dans les trois quarts ou portions des bois non mises en réserve. sans en avoir chaque fois obtenu. sur requête à l'intendant, la permission par écrit. (OC. titre XXIV, art. 3.)

« 19° L'intendant pourra seul accorder la permission de faire des coupes dans les bois et forêts à la requête des possesseurs et elle ne pourra jamais s'étendre à la portion réservée comme cy-dessus en faveur des communautés et gens de main-morte, hors les cas de nécessité dont nous avons fait mention ou dans ceux, bien justifiés, du manque de bois, à des communautés ou à des particuliers qui les composent, pour bâtimens ou soutiens de leurs vignes. (OC. titre III, art. 10, 11; titre XXIV, art. 3; titre XXV, art. 3; titre XXVI, art. 1er à 4. — C. F., art. 16, 113.)

« 20° On spécifiera dans cette requête, s'il s'agit de bois de haute futaye pour lesquels on demande la permission, leur grosseur, soit diamètre; et, si c'est pour des taillis, leur âge, leur situation, leurs confins, avec les motifs de la coupe. La requête sera envoyée aux conservateurs qui, sur l'exposé en icelle, entendra le rapport des forêtiers, et, après avoir combiné le tout avec l'état couché dans les registres, expédiera un certificat au bas de ladite requête, par lequel il déclarera si les faits qu'elle contient sont véritables et donnera son avis sur l'octroi postulé et, l'un et l'autre étant présentés à l'intendant en bonne et due forme, il accordera, s'il croit cela juste, la permission par écrit.

« Et quant à la portion des forêts mise en réserve pour le service des communautés et gens de main-morte, si elles se trouvent dans les circonstances énoncées aux articles 15 à 19 cy-dessus, elles s'adresseront aussi à l'intendance qui, ensuite de la visite du conservateur, et après la vérification des cas de nécessité allégués, permettra la coupe du nombre des plantes nécessaires aux besoins actuels ou celles qui menaceraient d'un entier dépérissement. (OC. titre III, art. 10, 11; titre XXIV, art. 3, 4, 5, 10; titre XXV, art. 3, 8, 9.)

« 21° Toutes les coupes de bois de haute futaye devront se faire d'après les règles ci-après établies, à peine de 5 livres d'amende où il y aura contravention.

« On ne pourra couper aucun arbre qu'avec la hache, défendant très expressément de se servir des scies pour cela, et la taille ne se fera qu'à fleur du terrain à moins que la situation des plantes ne le permette absolument point.

« Les plantes qui, à un pied et demi au-dessus de leurs racines, n'ont pas au moins 10 pouces de diamètre, ne pourront être coupées.

« Ceux qui auront abattu des arbres seront tout de suite obligés d'en couvrir suffisamment les racines avec de la terre ou du gazon.

« Ne pourront, sous quelque prétexte que ce soit, être transportées hors de l'endroit même, où les tailles seront faites, les pointes et les extrémités des branches, mais elles devront rester pour grainer dans la forêt.

« On aura aussi attention et on prendra toutes les précautions possibles pour que les arbres, par leur chute, ne causent aucun dommage aux autres voisins, qui sont sur pied.

« Et, à l'égard des bois taillis, on n'y mettra point les mains, qu'ils ne soient mûrs, et, comme on appelle ordinairement, en taille; et, par cette raison, on ne pourra y couper qu'ils ne soient en âge au moins de 8 ans, à peine de 100 livres d'amende par journal coupé par les contrevenans et, si de moins, à proportion.

« Ordonnons, en outre, que dans l'étendue de chaque journal desdits taillis on doive laisser quinze baliveaux dispersés en différens endroits, afin de les élever en haute futaye, cinq desquels seront choisis entre les plus grosses et les plus vieilles plantes et dix autres plus petites devront être d'un beau brin, droit, vigoureux et sain et de la meilleure espèce de bois qu'il y ait dans cette tenue, sous peine de 5 livres d'amende contre les contrevenans pour chaque baliveau défectueux ou manquant au nombre cy-dessus; lesquels baliveaux ne pourront être coupés qu'ils ne soient sur pied depuis quarante ans et on recourra, à cet effet, à l'intendant qui, en suite d'un certificat du conservateur portant vérification de ladite date, en donnera la permission, à peine de 5 livres d'amende par baliveau coupé.

«Défendons que jamais, sous quelque prétexte que ce soit, on rase tout-à-coup une forêt de quelque contenance qu'elle soit, tant de haute futaye que taillis, et voulons que les coupes se fassent en lignes parallèles et orizontales, autant que l'emplacement des bois et la qualité des plantes le permettront et que, d'une ligne à l'autre, on laisse un espace en pied égal à la ligne qui aura été coupée, de façon que, d'un vuide à l'autre, il reste toujours un intervalle de la forêt en pied, continuant ainsi, d'un bout à l'autre d'icelle.

«La forêt ainsi coupée restera entièrement en réserve jusqu'à ce que la ligne qui a été coupée la dernière ait repoussé et que les jeunes plantes soient parvenues à l'extré-mité de leurs tiges, à la superficie du sol, au diamètre d'un once environ. Alors l'in-tendant pourra permettre la coupe d'une des lignes restées en pied comme dessus, soit l'espace de forêt réservé entre les lignes précédemment coupées, observant ainsi la même règle pour la coupe des autres intervalles de vieux bois. (OC. titre XV, art. 11, 12, 42 à 45; titre XXIV, art. 3; titre XXV, art. 3. 11, 13; titre XVI, art. 1er. — O.R., art. 69, 70, 72, 134, 137.)

«22° L'intendant ne permettra jamais la coupe des buissons, arbres ou bois de quelque sorte ou espèce qu'ils soient, nécessaires et propres à soutenir les neiges et à empêcher les avalanches ou les éboulements de terre, sauf dans les endroits où lesdites avalanches ne peuvent porter aucun préjudice; et, au cas où quelqu'un vint à contre-venir à cette défense, il sera châtié par autant de tems de prison que l'intendant jugera à propos, eu égard aux circonstances, laquelle, néanmoins, ne pourra être de plus de six mois, outre l'indemnisation de tous dommages envers ceux qui en auront souffert.

«23° Et comme rien ne nuit tant à la conservation des bois que lorsque la taille s'est faite pendant qu'ils sont en sève, nous entendons que la coupe de toute sorte de bois se fasse dès octobre à tout mars inclusivement et ceux qui ne seront plus sur plante seront transportés hors des forêts avant le mois de juinret même plus tôt, à l'arbitrage de l'intendant, qui se réglera pour cela sur la position desdits bois, et ce, à peine de contravention. L'on sera obligé de voiturer les bois par le chemin ordi-naire et accoutumé ou par les lieux fixés par la permission de l'intendant sur le rap-port des conservateurs, à peine de 25 livres d'amende pour chaque contravention et de réparations du dommage; laissant néanmoins à la disposition de l'intendant d'ac-corder des permissions de couper plus tôt ou plus tard, suivant la différente exposi-tion des bois. (OC. titre XV, art. 40, 41, 52. — C.F., art. 30, 39, 40. — O.R., art. 92, 96.)

«24° Ceux qui voudront établir des fours à chaux, plâtre ou charbon, s'adresseront audit intendant auquel ils désigneront le territoire et lieu précis où ils destinent de faire lesdits fours à chaux ou à charbon, l'endroit où ils veulent couper les bois néces-saires, dans quelle quantité et quelles en sont les confins et attenances exactes.

«25° Si par le certificat du conservateur qui doit être joint à la requête, il conste à l'intendant que le territoire dans lequel on veut établir des fours ou faire du charbon est pourvu d'une telle quantité de bois qu'il ne reste aucun doute que les opérations puissent préjudicier aux besoins ordinaires des habitants du lieu, non plus qu'à ceux des salines et des mines en exploitation, sans y faire entrer pour rien la considération des bois en réserve, ledit intendant pourra alors en accorder aux recourans la permission, en fixant toujours la quantité des bois à couper, l'endroit où la coupe doit s'en faire et le tems pendant lequel elle doit s'exécuter.

« Et s'il s'agit d'établissement de fours, l'intendant, dans la permission qu'il en donnera, spécifiera la quantité et qualité des bois qu'on doit y employer pour faire le charbon ou calciner la pierre à chaux ou à plâtre; il indiquera aussi les endroits où devront être construits les fours qui seront toujours au moins à la distance de 20 toises des bois et forêts et le tems pour lequel ils doivent subsister, qui ne pourra excéder celui d'une année à l'expiration de laquelle les propriétaires des fours, s'ils veulent les continuer, recourront de nouveau à l'intendant pour en obtenir la permission sur un certificat favorable que leur aura expédié le conservateur.

« 26° Avant de se servir d'aucune permission obtenue de l'intendant, on devra la consigner au conservateur du département pour qu'il la registre; celui-ci en donnera acte au bas de ladite permission en indiquant la page du livre où l'enregistrement est couché, et toute permission qui n'aura pas été présentée au conservateur sera réputée inutile et sans force.

« 27° Soit que l'on coupe des bois avec la permission ou de ceux destinés aux communautés ou aux particuliers pour leurs besoins journaliers, on ne devra jamais, pour quelque cause ou prétexte que ce soit, les déraciner et, moins encore, réduire en culture le terrein où les bois sont situés, sans la concession expresse de l'intendant qui ne pourra l'accorder sans avoir reçu nos ordres, à peine de 5 livres d'amende contre les contrevenans pour chaque racine ou souche déracinée et de 5 livres par journal mis en culture, outre les frais nécessaires pour remettre ledit terrein en bois, comme il l'était auparavant, en y semant l'espèce de plante qui réussit le mieux dans cet endroit, ce qui s'exécutera par les ordres de l'intendant en l'assistance du conservateur et des forêtiers. (OC. titre III, art. 16.)

« 28° En cas de contravention au présent règlement, les pères, maris et maîtres seront responsables pour l'acquittement de l'amende et frais de justice que doivent payer leurs enfants, femme et domestiques, si les enfants, femmes et domestiques habitent avec leurs pères, maris et maîtres respectifs; s'il est prouvé que ceux-ci ont donné leur consentement et usé de connivence avec les autres, ce consentement sera censé avéré si, dans le domicile des pères, maris et maîtres, on trouve le corps du délit. (OC. titre XIX, art. 13; titre XXXII, art. 7, 10; C. F., art. 72, 82, 206. — C. C., art. 1384.)

« 29° Lorsque les contrevenans au présent n'auront pas de quoi payer les peines pécuniaires dessus énoncées, l'intendant les châtiera subsidiairement par une légère et arbitraire peine de prison pour peu de tems, par une majeure en cas de récidive, comme celle du carcan ou une plus grande détention dans les prisons, laquelle néanmoins ne pourra être de plus de 6 mois. (OC. titre XXXII, art. 18 in fine. — Édit français, mai 1716, art. 44.)

« 3o° Nous voulons que, pour la preuve des contraventions contre les contrevenans, la privilégiée suffise et, par conséquent, que la déposition par serment de deux gardes ou forêtiers donne lieu à la peine ordinaire, aussi bien que la déposition assermentée d'un seul garde, lorsqu'on trouvera au pouvoir de l'accusé des bois nouvellement coupés, de la même espèce et qualité que celle dont est parlé dans la déposition du forêtier, sauf que l'accusé fasse conster de les avoir coupés avec la permission de l'intendant ou justifie comment ces bois lui sont parvenus. (OC. titre X, art. 8 *in fine.* C. F., art. 165, 175 à 178, 188.)

« 31° Il sera en liberté d'un chacun de déceler les contrevenans, et les dénonciateurs auront la portion d'amende qui serait délivrée aux gardes ou forêtiers s'ils avaient donné cet avis; et, dans ce cas, la déposition d'un témoin digne de foi, jointe à quelque indice plausible, formera une preuve complète contre les accusés.

« 32° L'intendant donnera une attention particulière à la conservation des bois et forêts de toute la province et districts, dont est fait cy bas état et il remédiera aux abus qui pourraient encore s'introduire en contenant dans leur devoir toutes les personnes destinées à veiller à la conservation des bois et à faire exécuter le présent règlement.

« Il sera juge dans les cas de contravention et il n'y aura aucun appel de ses sentences, mais seulement un recours à nous. Il tiendra un registre desdites sentences et conservera dans ses archives les actes du procès qui lui ont servi de fondement et il fera mettre en exécution par les conservateurs qui auront fourni des preuves des contraventions. Pour trouver le tout dans la suite avec facilité, il en fera faire un indice ou inventaire par ordre alphabétique, sous la désignation tant du territoire que du nom et surnom des particuliers condamnés. (OC. titre III, art. 1, 4 à 7, 9, 20; titre IV, art. 1. 2. 3. 8, 12; titre IX, art. 3. 5, 8; titre XIII.)

« 33° La province sera divisée en 4 départements qui seront composés des villes, bourgs, villages et hameaux énoncés au bas du présent édit; et chaque département aura un conservateur des Forêts nommé par l'intendant après en avoir obtenu notre agrément; il devra être gradué ou, au moins, notaire expert, au fait de la procédure criminelle et d'une probité reconnue; il lui sera établi des appointements raisonnables, fixés par l'intendant et portés sur la généralité de la province comme ceux de l'article 6.

« Le conservateur fera sa demeure ordinaire dans le chef-lieu de son département et se servira des greffiers et procureurs fiscaux des juridictions respectives rière lesquelles les contraventions pourront être faites, et, en cas d'absence, ou faute desdits secrétaires et procureurs fiscaux, il pourra se servir des personnes qu'il choisira d'office en leur faisant prêter serment, pourvu que celui qui sera choisi pour faire les fonctions du fisc soit littéré et celui qui interviendra pour excuser le greffier soit notaire. (OC. titre II, art. 1; titres III à VI, VIII.)

« 34° En cas de contravention au présent règlement, lesdits conservateurs, avec assistance du greffier et procureur fiscal ou leurs respectifs excusans, en prendront les informations et procéderont aux actes nécessaires en conformité des Générales Constitutions, en abrégeant cependant les termes, soit pour l'ajournement personnel qui ne sera que de 8 jours, savoir : 2 pour le premier terme, 2 autres pour le second et

4 pour le dernier, soit pour les défenses des accusés, qui ne sera jamais au-dessus de 10 jours, voulant que, dans le terme de 4o jours tout au plus, la procédure soit finie et la sentence rendue et publiée sauf que, pour des causes légitimes, l'intendant juge à propos de proroger lesdits termes respectifs, lui conférant à ces fins l'autorité nécessaire, pourvu néanmoins que le procès soit toujours vuidé dans le terme de 2 mois, nonobstant les délais et restitutions en tems qu'il sera dans le cas d'accorder.

« Les conservateurs seront obligés de faire parvenir de 2 en 2 mois à l'intendant la liste des procès commencés, où ils spécifieront le nom et le surnom des enquis, la nature de la contravention, les terres et le lieu où elle a été faite et l'état actuel du procès, avec un mémoire des amendes qui ont été payées en exécution de chaque sentence, selon l'ordre de sa datte et de celles qui ne le seront pas, par l'impossibilité ou l'indigence des condamnés. (OC. titre II, art. 2 ; titre III, art. 1 à 8 ; titre IV, art. 1 à 4.)

« 35° Outre les visites ordonnées cy-dessus aux conservateurs et celles que l'intendant pourrait, de tems à autre, et selon les circonstances, leur prescrire, ils en feront une générale toutes les années, du tems de l'automne que l'intendant croira le plus propre, de toutes les forêts de leur département avec l'intervention de 2 députés des communautés et en l'assistance des forêtiers, pour marquer dans les 3 portions des bois des communautés non réservés les endroits que l'on doit destiner à la coupe de l'année et pour vérifier si les particuliers et communautés ou gens de mainmorte n'ont point excédé les limites fixées par les permissions accordées pour la coupe des bois, l'écorcement des arbres, l'établissement des fours et, en général, si on a observé dans tout cela les ordres et les règles que nous avons prescrites.

« Si, dans le cours de cette visite, les conservateurs trouvent des bois, planches, ais, troncs ou arbres coupés et pelés, des fours à chaux, plâtre ou charbon établis, ils se feront représenter sur le lieu même par les propriétaires des bois les permissions qui leur ont été accordées, afin d'examiner s'ils n'en ont point abusé ; et s'il arrivait que personne ne voulut reconnaître pour lui appartenir lesdits bois, écorces ou fours, ils feront séquestrer le tout en lieu sûr et prendront des informations convenables pour venir à connaissance des contrevenans, après avoir préalablement fait détruire les fours et s'il résulte que les propriétaires, s'ils sont dans les bois des particuliers, n'y ont aucune part, ils leur seront remis ou aux communautés et gens de mainmorte, si le terrein où la contravention a été commise leur appartient. (OC. titre III, art. 9, 21 ; titre IV, art. 6, 10, 11 ; titre IX. art. 4.)

« 36° Les conservateurs dresseront ensuite pour chaque territoire un verbal raisonné de leur visite et de tout ce qu'ils auront observé ; ils y diront si, dans les endroits où l'on a fait des coupes les années précédentes, les nouvelles plantes recroissent, les progrès qu'elles font, si l'on pourrait les faciliter, si les arbres que l'on a coupés l'ont été de la manière ordonnée ; ils feront mention des contraventions, de leur nature, du lieu précis où elles ont été faites, du nom et du surnom des contrevenans, s'il est possible, et dont ils prendront les informations, comme il est par nous établi ci-dessus ; ils donneront enfin un détail de l'état actuel des lieux où l'on a fait auparavant des coupes, en proposant, sur le sentiment des expers, les endroits où l'on peut semer des bois et les autres moyens propres à en favoriser la multiplication, et, un mois après leur visite, ils enverront lesdits verbaux en original à l'intendant. (OC. titre III, art. 16, 20; titre IV, art. 7, 11, 12; titre IX, art. 6. — C. F., art. 5, 7. — O. R., art. 14.)

« 37° Ces verbaux seront auparavant enregistrés par les conservateurs comme les consignements faits par les communautés, gens de mainmorte ou possesseurs particuliers, avec les distinctions qui leur ont été prescrites et les mémoires que les administrateurs leur donneront contenant la désignation des personnes suspectes de dégradation de bois et les certificats qu'ils ont faits au bas des requêtes qui leur ont été communiquées, comme aussi les permissions accordées en conséquence par l'intendant, tant pour les coupes des bois que pour l'érection des fours et l'écorcement des arbres. (OC. titre XXIV, art. 10.)

« 38° Lesdits conservateurs prêteront serment entre les mains de l'intendant de bien et fidèlement exercer leur office, d'exécuter et faire exécuter exactement par les gardes ou forêtiers ce qui est prescrit par le présent, aussi bien que les instructions et les ordres que l'intendant pourra leur donner dans la suite, tendant à la conservation des bois, à la vérification des contraventions et à l'accroissement et multiplication des forêts.

« 39° On établira un nombre suffisant de gardes ou forêtiers qui seront nommés par les conservateurs des départements respectifs et approuvés par l'intendant, lesquels sont destinés à veiller à la conservation des bois et on leur assignera le district d'un ou plusieurs territoires, à proportion de l'étendue, de l'éloignement et de la nature des forêts, ainsi que l'intendant le jugera à propos, après avoir consulté à ce sujet la conservation du département; et le premier leur fera donner une paye honnête et raisonnable par les communautés mêmes. (OC. titre X, art. 2, 5, 6, 7; titre XV, art. 14.)

« 40° Les forêtiers seront tenus de mettre en exécution les ordonnances du conservateur tendant à la conservation des bois du district où ils sont affectés; ils feront des visites exactes dans les forêts pour reconnoître si l'on observe ou contrevient au présent règlement, si l'on abuse des permissions qui ont été accordées et ils dénonceront au juge châtelain, s'il est dans le territoire, ou, à son défaut, au conservateur, dans le terme de 2 jours, les contraventions qu'ils ont découvertes pendant leur visite, sans omettre aucune circonstance des faits, non plus le nom et surnom du contrevenant, s'il leur est connu; bien entendu qu'avant d'entrer en office ils prêteront serment entre les mains du conservateur de leur département de l'exercer avec soin et fidélité, sans partialité ni connivence. (OC. titre X, art. 5 à 7; titre XXV, art. 14, 15. — C. F., art. 5, 6, 160. — O. R., art. 24, 25, 27.)

« 41° Si quelque forêtier était d'assez mauvaise foi pour abuser de la confiance publique en accusant des personnes injustement et à faux, la calomnie venant à être prouvée, l'intendant le privera d'abord de son office et renverra ensuite la cause par devant son juge compétent, afin qu'il soit puni selon droit et justice. (OC. titre III, art. 5, 7, 15, — C. F., art. 207. — O. R., art. 39.)

« 42° Toutes les amendes seront applicables, la moitié aux vassaux auxquels l'investiture donne ce droit et l'autre moitié sera partagée en 3 portions, dont 2 seront en faveur des forêtiers si, dans leurs dénonciations, ils n'ont pas été prévenus par d'autres, mais s'ils l'ont été, ces 2/3 seront délivrés à l'accusateur et l'autre portion restante à celui qui aura intervenu dans le procès pour le fisc du département.

«Et comme il pourrait arriver que le lieu où la contravention a été commise ne dépendît d'aucuns vassaux, ou que, s'il y en a, ils n'eussent pas l'investiture des amendes, la portion qui leur est destinée cy-dessus sera au profit des communautés, en diminution du registre.

«Si les contrevenans sont des gens qui n'ont et ne possèdent rien, les frais de bouche et de voiture seront à la charge des vassaux, s'ils ont l'investiture des amendes, et s'ils ne l'ont pas, à celle de la communauté dans le territoire de laquelle la contravention a été commise. L'intendant sera chargé de la liquidation de ces dépens sur le pied établi par le tarif. (OC. titre XXV, art. 21; titre XXVI, art. 5; titre XXXII, art. 17. — C. F., art. 210 à 213, 215, 216.)

«43° Toutes les permissions qui sortiront du bureau de l'intendant seront expédiées sans aucun droit ni émolument et il sera seulement permis au secrétaire de prendre 5 sols pour l'enregistrement de chaque permission, à moins qu'il ne fut seulement question que de 2 ou 3 charges de bois, lesquelles devront se donner gratis; mais quant aux sentences, l'intendant pourra en retirer l'émolument porté par le tarif sur le pied des juges-majes et le secrétaire en fera de même pour ce qui le concerne, aussi bien que l'avocat fiscal pour ses conclusions.

«Et les conservateurs ne pourront, de même, sous peine de perdre leur emploi, exiger plus de 5 sols à titre d'enregistrement pour chaque certificat qu'ils délivrent à ceux qui se pourvoient par requête pour obtenir des permissions, excepté le cas que, comme cy-dessus, il ne fut question que de 2 ou 3 charges de bois pour lesquelles ledit certificat doit aussi s'expédier gratis.

«Les conservateurs susdits auront soint tant qu'il sera possible, d'expédier à la fois 3 ou 4 et même plus grand nombre de requêtes par un seul certificat, auquel cas lesdits conservateurs, aussi bien que le secrétaire d'intendance n'exigeront pour l'enregistrement que 5 sols chacun, payables entre tous les recourans, afin que la dépense se rende par là moins sensible, et l'intendant veillera que cette méthode soit pratiquée autant que les circonstances pourront le permettre. (OC. titre III, art. 26, 27; titre VIII, art. 9, 10; titre IX, art. 8, 9.)

«44° Quoique partie des communautés comprises ès départements cy bas marqués soyent du ressort de la province de Savoye, voulons néanmoins qu'en fait de bois et forêts, soit pour l'usage des habitants, soit pour celui des mines et de nos salines, elles soient censées partie de la Tarentaise et du ressort de l'intendant de cette même province, nonobstant le règlement et répartition des provinces du 3 septembre 1749, auquel, en ce qui concerne les bois, dérogeons expressément.

«Si mandons et commandons à notre Sénat de Savoye et à la Chambre des Comptes respectivement d'enregistrer notre présent édit.

«Donné à Turin, le 2° du mois de may, l'an de grâce 1760 et de notre règne le 31°.»

CHAPITRE II.
LA GESTION FORESTIÈRE.

DIVISION I.
LES FORÊTS DU DUCHÉ DE SAVOIE, MOINS LA TARENTAISE.

SECTION I.
Le régime forestier.

Le régime forestier, ensemble des lois et règlements appliqués à la gestion des bois de l'État, des communes et établissements publics, est né en Savoie des Royales Constitutions du 11 juillet 1729.

D'après l'article 7 sont soumis au régime forestier :

1° Les bois appartenant aux communautés ;

2° Ceux des universités ;

3° Ceux des particuliers de quelque état, qualité et conditions qu'ils puissent être.

Comme on l'a vu plus haut, par le terme de « communautés » il faut entendre la commune ; les universités comprennent aussi les ordres religieux et établissements publics.

Il y a lieu aussi de remarquer que les bois royaux ne sont pas mentionnés : cela tient sans doute à ce que le roi est maître absolu. C'est lui qui fait la loi et il fera de son domaine particulier ce que bon lui semblera. Mais, en fait, les bois royaux sont implicitement soumis au règlement, puisque, d'après l'article 1er des Royales Constitutions de 1729 et de 1770, « les intendants des provinces veilleront attentivement à la conservation des bois et forêts et à faire réparer tous les abus qui pourraient y causer quelque préjudice». L'intendant était l'administrateur des intérêts royaux et la généralité des termes de l'article invite ce fonctionnaire à s'occuper de toutes les forêts, sans distinction.

SECTION II.
Le personnel administratif.

§ 1. FORÊTS ROYALES.

I. Agents. — Il n'y a pas d'administration spéciale chargée de la gestion des forêts royales. Mais, d'après l'article 2 des Royales Constitutions de 1729 et de 1770, ce sont les intendants des provinces qui sont «conservateurs des bois et forêts et ils ont pour vice-conservateurs les juges, chatelains et bailes des villes de leurs provinces».

On sait le rôle d'administrateur que jouent les châtelains à la base de la hiérarchie et au-dessus d'eux les juges-majes. Mais que sont ces intendants que, pour la première fois, on voit paraître?

En 1699, le duc Victor Amédée, beau-père du duc de Bourgogne, crée en Savoie «un intendant général de justice, police et finance». C'est la dénomination même des fonctionnaires royaux français placés à la tête des provinces. Lié par le sang aux Bourbons, ce prince s'inspire de l'idéal et de l'exemple de Louis XIV et veut créer un gouvernement fortement centralisé et un peuple discipliné. La formule de son chancelier Janus de Bellegarde traduit sa pensée : «Il ordonne comme maître ce que bon lui semble» [1].

Les attributions de l'intendant sont à peu près les mêmes qu'en France : «il connaît et décide privativement à qui que ce soit et sans appel sur toutes les affaires de la taille, domaine, gabelles, artillerie, fortifications et tous autres objets qui peuvent regarder l'économie des finances». Il a aussi l'administration et la comptabilité des communes.

L'intendant général du duché contrôle les intendants particuliers des provinces qui ont chacun dans leur région des attributions identiques [2]. Par suite de cette variété et multiplicité d'attributions le Sénat tend, de plus en plus, à n'être qu'un corps judiciaire.

Ainsi donc, au point de vue de l'administration des forêts royales, il ne reste après 1729 que le châtelain à la base et au-dessus l'intendant.

II. Préposés. — Les Royales Constitutions n'organisent pas la surveillance des forêts : elle laisse à chacun le soin de faire garder les bois. De nombreuses communes avaient des gardes pour leurs forêts, et il est probable que les importants massifs boisés du domaine royal avaient, de même, un personnel spécial chargé de reconnaître et de prévenir les délits. L'article 3 des Royales Constitutions prévoit d'ailleurs l'établissement de gardes bois.

§ 2. Forêts communales.

I. Agents. — Il n'y avait pas d'agents spéciaux chargés de la gestion du domaine forestier communal et on se trouve dans une situation voisine de celle de la période précédente. Jusqu'en 1738 ce sont les communiers. les sindics, qui s'occupent des questions forestières.

Mais bientôt l'édit du 15 septembre 1738 créa le «conseil» chargé d'administrer la communauté, de pourvoir à la conservation de ses droits et de ses intérêts. Au mois de novembre suivant, les communiers réunis en une assemblée générale comme autrefois élurent les nouveaux conseillers et le sindic.

Chaque année, le sindic était remplacé par le conseiller le plus ancien en charge et le conseil choisissait un nouveau conseiller. Le plus ordinairement le nombre des

[1] Ch. Dufayard, *Histoire de Savoie*, p. 221.
[2] G. Pérouse, *Les communes de l'ancienne Savoie*, p. 14.

conseillers est de quatre; il est de six dans les grandes communes. Généralement les conseillers se partagent les affaires : ainsi l'un sera chargé des ponts et chemins, un autre des forêts, etc. Après être sorti du conseil, on ne pouvait être réélu qu'au bout de six ans, mais en fait les fonctions de conseiller se maintinrent dans quelques familles [1].

Le conseil se réunit ordinairement une fois par mois, sur la convocation du sindic, et les conseillers sont tenus d'assister aux séances, sous peine d'une amende de 3 livres. Les délibérations sont consignées sur un registre par le «secrétaire».

Ce secrétaire est un personnage nouveau, non pas qu'il n'y eût point auparavant de rédacteur des décisions de l'assemblée des communiers, mais parce que des attributions administratives lui sont confiées, depuis la réforme de 1738. Nommé par l'intendant dont il dépend directement, il doit être pris parmi les notaires de la localité ou des environs; il rédige les procès-verbaux des séances du conseil, dirige les délibérations, publie les édits, garde la mappe et ses registres, veille à l'observation des règlements, sur les bois entre autres, il dirige des enquêtes de tous genres. Il est l'intermédiaire entre la commune et l'intendant.

Ce sera le conseil éclairé, guidé par le secrétaire, qui prendra l'iniative de réglementer, d'accorder des coupes, mais l'intendant devra approuver la délibération et la rendre ainsi exécutoire. Pour l'élaboration et la modification des bans champêtres et ruraux, la présence du châtelain dans le conseil est obligatoire. Mais c'est à peu près l'unique rôle que joue dans la gestion forestière ce fonctionnaire bien déchu. Car c'est au secrétaire à contrôler l'application des décisions prises, concurremment sans doute avec le conseiller chargé des affaires forestières.

Pourtant, jusqu'en 1781, on voit encore des règlements communaux soumis au Sénat, approuvés par lui. Cette cour souveraine, à peu près omnipotente, tant en administration qu'en justice au début du XVIIᵉ siècle, tend, en effet, de plus en plus, à être réduite à son rôle judiciaire. Tout ce qui ne lui a pas été expressément enlevé, elle le maintient jalousement et ses relations avec les communes subsistent jusqu'à ce que les questions relatives aux biens communaux aient été, en 1781, placées dans la compétence de l'intendant.

Dans ce cas, l'agent local du Sénat, chargé de l'application de ses arrêts, c'est le châtelain dont les fonctions judiciaires ont mieux subsisté que les administratives.

II. Préposés. — On a vu que l'article 3 des Royales Constitutions de 1729 et 1770 prévoyait la création de «garde-bois» chargés de constater les infractions aux lois forestières.

Toutefois, «après 1738 et à l'instigation de l'autorité, beaucoup de communes ont essayé de remplacer les gardes par deux ou trois des membres de leur conseil réorganisé, en confiant à l'un la surveillance des pâturages et à l'autre celle des forêts. La tentative ne fut pas heureuse et les gardes furent peu à peu rétablis [2]». Cependant on trouve assez tard des conseillers chargés des forêts : ainsi, en 1768, «sont désignés pour veiller à la conservation des bois les conseillers André Pralet pour Beaumont et Claude Chanot, sindic, pour Jussy [3]».

[1] G. Pérouse, Les communes de l'ancienne Savoie, p. 25, 26.
[2] G. Pérouse, Les communes de l'ancienne Savoie, p. 76.
[3] Acad. Chabl., t. XIII, A. Folliet, Monographie de Beaumont.

Mais le plus souvent les communes avaient des gardes forestiers nommés par le conseil avec autorisation de l'intendant. Ces gardes prêtaient ensuite le serment entre les mains du châtelain [1], parfois en l'assistance du conseil, «de fidèlement exécuter ce qui leur sera ordonné pour la conservation des bois [2]». Parfois aussi les gardes remplissent cette formalité par devant le seul sindic, mais c'est assez rare.

Les préposés étaient commissionnés pour une durée variable de 1 à 3 ans. La délibération ci-après du conseil de Saint-Laurent-la-Côte, du 17 janvier 1763, montre comment se faisait la désignation des gardes : «Le conseil nomme pour gardes forêt et champêtre (3 hommes) et c'est pour le tems et espace de 3 années, à commencer par cet jour, que ce jourd'hui et c'est avec tout le pouvoir annexé auxdites charges et aux conditions qu'ils se comporteront dans l'exercice d'icelles en hommes d'honneur et de probité et se conformeront en tout et partout aux Royales Constitutions et édits de S. M. émanés ou à émaner et ce sous les peines y portées en cas de malversation et presteront tous à ces fins le serment requis entre les mains du sindic moderne [3].»

Quant au traitement des gardes, il était des plus variables. Ainsi, on relève dans les registres les mentions suivantes : Gage du garde à Hermillon, six livres, à prendre sur les forêts, sinon il n'aura rien! En 1786, à Bourg-Saint-Maurice, le budget prévoit une dépense de 12 livres pour le gage de deux gardes. La Perrière est plus large et donne 10 livres à l'indicateur des bois (1783) et Le Bois va jusqu'à 12 livres (1789).

«Pour empêcher la dégradation des bois de la montagne que les habitants des communautés voisines y font», le conseil de La Thuile accorde au garde 25 livres par ans et 20 sous pour chaque contravention [4]. La commune de Coise arrive à payer 30 livres par an à son garde!

Mais on n'est pas toujours aussi large : de là des difficultés pour assurer la surveillance des forêts. Ainsi le secrétaire de Saint-Laurent-la-Côte écrit au sujet des trois gardes nommés le 17 janvier 1763 : «Les susnommés gardes forêts n'ont jamais voulu prester serment ny exercer lesdites charges, malgré les amiables invitations que le conseil et le soubsigné leurs en ay faittes, alléguant pour raisons qu'ils voulaient que la paroisse leur donnat un certain salaire chaque année pour servir, ce que la paroisse n'a jamais été en coutume de faire [5].»

On peut donc prévoir qu'avec des traitements aussi minimes, les gardes étaient obligés pour vivre d'avoir d'autres occupations et de laisser les forêts à l'abandon. Aussi à côté des gardes y a-t-il d'autres surveillants des forêts. D'après un règlement du 8 juin 1739, fait pour l'application des Royales Constitutions en Savoie, l'intendant général de Chambéry ordonne aux conseils des communautés (art. 40 et 80) de désigner tous les ans un député pour veiller à la conservation des bois.

«Le député, stipule l'article 81, sera obligé de faire, au moins une fois l'année, la visite des bois dont il fera sa relation au conseil, savoir : s'il a trouvé qu'on en ait coupé, si on y a fait quelque essert ou si l'on a autrement contrevenu aux Royales Constitutions.»

[1] Acad. Chabl., t. XIII, A. Folliet, Monographie de Beaumont.
[2] Arch. S., série C 66. La Thuille, 2 décembre 1768.
[3] Arch. S., série C 702.
[4] Arch. S., série C 66, La Thuile, 2 décembre 1768.
[5] Arch. S., série C 702.

S'il s'agit des bois réservés le long des fleuves et torrents, le délégué doit, en cas de contravention, informer le châtelain (art. 40).

Ces dispositions, inspirées à l'intendant général par la nécessité, montrent assez l'insuffisance de la surveillance des forêts.

Du côté du personnel supérieur, les difficultés n'étaient pas moindres. Le 27 mars 1776, l'intendant général de Savoie écrit à Turin : « Instruit des dégâts et coupes illicites, j'ai donné incessamment des ordres aux châtelains pour vérifier et saisir les corps des délits et prendre de promptes informations pour la poursuite des coupables... Tous ces soins n'eurent pas le moindre succès. Peut-être, Monsieur, que vous en ignorez la cause, la voici :

« Les juges et châtelains de coutume ne résident pas sur l'endroit et, quant aux derniers, peu de notaires voulant accepter les châtelenies qui, loin d'être lucratives, sont à leur charge, les seigneurs sont obligés d'en donner plusieurs au même notaire.

« Que s'il s'agit de contraindre les officiers locaux et surtout les châtelains à exécuter les ordres dont ils sont chargés, comme ils sont très occupés ailleurs ou comme substituts, procureurs ou autrement, ne voulant pas s'exposer à la double perte et d'abandonner leurs affaires et d'en être pour les frais de voyage, ainsi qu'il leur arrive ordinairement, ils se disposent plus volontiers à se défaire de leurs charges. Je viens d'en faire moi-même la fâcheuse expérience à l'occasion d'une ordonnance que j'ai fait publier le 26 février dernier, portant injonction aux châtelains de faire la visite pour la réparation des chemins. Quelques-uns s'y prêtèrent, mais en me faisant le rapport des dites visites, ils me déclarèrent tout haut qu'avec nombre d'autres ils allaient donner leur démission à M. le juge maje.

« La vérification des faits exige des transports et vacations et, faute de salaire pour cela, il faut conclure que leur inaction pourrait être excusable. »

On verra, par la suite, quelle a été l'importance de ces questions de salaires et combien l'insuffisance du personnel et des traitements a causé de ruines en forêt.

§ 3. Les forêts ecclésiastiques et particulières.

Ce sont, en général, les propriétaires qui administrent eux-mêmes leurs forêts : les couvents ont leurs abbés ou procureurs, les nobles des gérants, quand ils n'habitent pas sur place. La situation est donc la même qu'auparavant.

SECTION III.

La gestion forestière.

§ 1er. Délimitation et bornage.

On a vu que les Royales Constitutions de 1729 avaient exigé de chaque propriétaire « un état assermenté » des forêts qu'il possédait, à remettre dans un délai de 6 mois. Par édit royal du 21 avril 1730, le terme prescrit fut reporté à l'époque où la mappe serait publiée dans chaque paroisse; le travail cadastral n'ayant pris fin qu'en 1737, c'est à cette époque qu'il fut possible de connaître l'étendue totale des forêts de Savoie.

Les opérations des géomètres ont eu pour résultat de fixer exactement les limites des forêts royales : elles ont constitué une véritable délimitation, puisque des «indicateurs» nommés par les communes, accompagnant les opérateurs, leur indiquaient les confins des parcelles, les noms des propriétaires. Cet fut l'édit du 15 septembre 1738, connu sous le nom d'édit de péréquation, qui rendit exécutoires les cadastres établis ainsi, conformément aux prescriptions de l'édit du 9 avril 1728, après affichage et enquête.

Pour les forêts des communes, la mappe présente pourtant quelques incertitudes, au moins dans les hautes régions. Très souvent, en effet, les limites de la commune étaient incertaines : opérant avec la planchette, les géomètres ne faisaient aucun tour d'horizon du haut des cimes et l'alpinisme n'était pas encore né. La montagne inspirait encore une sorte de terreur, et très souvent les cadastreurs, au lieu de placer les bornes de la commune à la crête la plus élevée, se bornaient à lever par recoupement les points saillants de la crête apparente de la vallée et à joindre ces points par des droites. Aussi ne faut-il pas essayer de juxtaposer les mappes de certaines communes, comme Chamonix, Saint-Gervais et Courmayeur, par exemple, pour ne citer que ce cas des plus connus.

Les terrains communaux s'étendaient sur les flancs des montagnes, au-dessus des régions cultivées. Ils comprenaient surtout des forêts passant des massifs pleins à l'état de prés-bois, aux pâturages et, par-dessus, des roches nues, des glaciers. Toutes ces surfaces n'étaient pas taillables. Aussi le géomètre se soucie-t-il peu de faire un parcellaire exact. Le communal est fragmenté en grands mas dont chacun comprend du bois, de la pelouse, de la lande alpine parfois distincts, parfois enchevêtrés, et souvent se fondant l'un dans l'autre.

Dans certaines communes de la zone alpine, l'aire forestière est donc quelque peu incertaine. Au contraire, dans le reste du pays, l'œuvre des cadastreurs de 1730 présente une précision et une exactitude d'autant plus remarquable qu'à ce moment les méthodes et les instruments topographiques étaient loin de valoir ceux d'aujourd'hui.

D'où vient donc que des chiffres précis aient été donnés plus haut sur la contenance totale des forêts communales en 1738? Il convient d'abord de dire que ces chiffres ne peuvent être considérés comme une valeur mathématiquement exacte, mais simplement une expression très vraisemblable et très approchée de la vérité. On verra que, sous le premier empire, on a soumis au régime forestier toutes les forêts communales, et les agents français des Eaux et Forêts ont commencé par faire incorporer dans les surfaces considérées comme bois toutes les parcelles qui, sur les tabelles, portaient une mention pouvant faire croire qu'elles étaient couvertes de végétation ligneuse. De là des réclamations des municipalités qui se virent privées ainsi d'une partie de leurs pâturages : il s'en suivit des reconnaissances contradictoires des lieux et la délimitation des cantons réellement boisés. Ce sont les chiffres obtenus alors, pour les parcelles cadastrales renfermant diverses sortes de terrains, qui ont été adoptés. Les résultats obtenus doivent être entachés d'une certaine erreur par défaut, car on verra qu'au cours du xviii° siècle, de 1738 à 1799, le déboisement a progressé en Savoie.

Sous ces réserves, on peut dire que les forêts communales ont été délimitées et bornées à la fin de l'ancien régime.

9.

Les Royales Constitutions de 1770 demandèrent aux propriétaires forestiers une seconde consigne des bois, mais plus détaillée que la première. On doit y comprendre tous les massifs jusqu'aux boqueteaux ayant 10 × 3, trabucs, soit environ un arc (art. 9).

Les forêts ecclésiastiques, celles des nobles et des simples particuliers, rares dans les Alpes et ne s'étendant pas, mêlées à des pâturages et des rocs, jusqu'aux plus hautes cimes, sont exactement connues. Le cadastre destiné à servir de base à la taille devait naturellement établir un parcellaire précis par nature de culture, et chaque nature de culture était répartie en classes suivant le degré de bonté. Quoique les biens d'église fussent exempts d'impôts, ils n'en furent pas moins inscrits sur les registres avec leur taille figurative; cette immunité se trouva d'ailleurs réduite des deux tiers par lettres patentes du 17 juin 1783.

Les nobles se trouvaient aussi exempts d'impôts; mais ce privilège attaché à la personne fut limité par l'édit du 15 septembre 1738 aux terres véritablement féodales. D'un droit personnel, le roi Charles Emmanuel III avait fait un droit réel. Ces biens féodaux avaient aussi leur cote figurative.

Aucun doute ne saurait donc subsister sur l'étendue des forêts appartenant aux deux premiers ordres, pas plus que sur celle des forêts appartenant aux simples particuliers.

Le pouvoir central était ainsi fixé sur la surface boisée soumise à ce qu'on peut appeler le premier régime forestier sarde.

§ 2. Aménagement.

I. Des forêts royales, on ne sait rien. Les châtelains et intendants en étaient les administrateurs, et on ne trouve rien dans les archives qui ressemble à un aménagement. Ils devaient certainement observer les prescriptions des Royales Constitutions de 1770. L'article 15 ordonne « de ne couper les bois taillis que lorsqu'il se sera écoulé, dès la dernière coupe, un intervalle de temps convenable eu égard aux différentes qualités des bois durs ou tendres et à leur plus ou moins grand accroissement et dans les terrains respectifs, et qu'ainsi ils seront parvenus à leur maturité et en ce cas d'être coupés ».

II. **Forêts communales.** — Outre les précédentes règles, il y avait lieu, dans les forêts communales, de noter « que la coupe ne se fera que dans l'endroit seulement qui sera fixé d'année en année par les intendants ». Qui réglera, en fait, la succession des coupes? Ce sera le secrétaire représentant du pouvoir central auprès du conseil [1] et ses propositions seront rendues exécutoires par l'intendant (R. C. 1770, art. 14).

A Dingy, une forêt de 800 journaux (304 hect.) doit être exploitée par la verrerie de Thorens. L'intendant général règle ainsi les coupes, dans ce massif résineux :

« 1° La forêt sera parcourue en l'espace de vingt ans;

« 2° La première coupe commencera par le plus bas de la forêt, orizontalement, autant que la surface du sol le permettra;

[1] *Arch. Chabl.*, A. Folliet, Monographie de Beaumont, p. 162.

« 3° La seconde coupe s'exécutera aussi orizontalement en laissant un intervalle de bois sur pied entre la première et la deuxième, correspondant à la vingtième partie du total de la forêt; ainsi de la troisième à la dixième inclusivement;

« 4° Les intervalles qui seront laissés sur pied comme dessus seront ensuite coupés les uns après les autres, exclusivement au plus haut qui ne pourra se couper que dans le cas que les avalanches ou les éboulemens de terrein ne 'soyent pas à craindre, et l'intendant ne le permettra pas sans préalable visite d'expert sur les lieux pour reconnaître la proximité ou l'éloignement du danger;

« 5° A mesure qu'on exécutera la dite coupe, on y laissera le nombre de baliveaux que l'intendant jugera convenable;

« 6° Et enfin que l'acquéreur de ladite coupe soit en obligation de clore les endroits coupés ou par un fossé ou par le moyen d'une barricade capable à empêcher l'accès aux bêtes à cornes et chèvres, sous peine qu'il ne lui soit plus permis de couper [1]. »

On peut critiquer maintes dispositions de ce règlement, mais il faut reconnaître le souci d'obtenir la régénération naturelle des peuplements en prescrivant l'exploitation par bandes alternes horizontales et la réserve de porte-graines. Cet exemple donne une idée des méthodes appliquées dans les futaies résineuses. Il n'y faut pas voir la recherche par la commune propriétaire d'un rendement annuel soutenu : l'intendant n'était préoccupé que de garantir à la verrerie le combustible nécessaire pendant une assez longue période.

III. **Forêts ecclésiastiques et particulières.** — Les autres propriétaires de forêts, couvents, menses épiscopales ou curiales, nobles ou simples particuliers, ont fait parfois des règlements d'exploitation pour leurs bois; mais, le plus souvent, ils coupaient sans ordre.

Sur les forêts de l'abbaye de Haute-Combe, 301 journaux d'après la Consigne des bois faite le 1er août 1771, en exécution des articles 8 à 10 des Royales Constitutions de l'année précédente et des lettres patentes du 8 mai 1771, étaient réservés à l'affouage de Saint-Pierre-de-Curtille. Ces 88 hect. 75 sont, dit la Consigne, « en broussaille de chênes, charmilles, trembles, houx et aubépin; il ne pourrait se couper que tous les sept ans, étant même conservés, et serviraient pour des fascines pour le four et les tuilières [2] ».

Voilà donc un aménagement en taillis simple à sept ans : comme le sol est essentiellement rocheux, on peut imaginer le produit de coupes faites annuellement sur 12 hect. 65. Aujourd'hui encore, chez certains particuliers, on pratique ces exploitations à court terme.

Les Cisterciens jouissaient pour le service de l'abbaye, toujours d'après le même document, de 292 hect. 71 a. 34 c., dont 112 hect. 76 a. 37 c. « en bois taillif, partie chêne, partie en fayard, tilleul et charmille, lesquels se coupent ordinairement au bout de quarante ans, tems auquel ils ont communément trois à quatre pouces de diamètre [3] et servent pour le chauffage des religieux. Chaque journal (de

[1] Arch. S., série C 137, 31 juillet 1771.
[2] Arch. S., série C 578.
[3] Le pouce de 12 lignes avait 0 m. 02808.

29 a 48 c.) renferme environ 100 pieds d'arbres, de laquelle quantité il s'en coupe annuellement la vingtième partie pour l'usage.

«Les autres (179 hect. 94 a. 97 c.) sont en broussailles, partie chesne, charmille, noisetier et bouïs servant à faire des échallats et fascines au bout de six à sept ans.

«Les coupes se font chaque année pour le susdit usage.»

Ainsi, les bois du couvent se divisent en deux séries d'exploitation : l'une est destinée à fournir du rondin pour le feu; les tiges à 40 ans ont de 8 cent. 5 à 11 centimètres. Il y a une réserve de 339 baliveaux ou anciens à l'hectare. La surface exploitée annuellement est donc de 2 hect. 82 en moyenne. On a du taillis composé.

La seconde série, près de deux fois plus grande que l'autre, est traitée en taillis simple, si on peut se servir de ce terme. La révolution est de six à sept ans; il n'y a pas de réserve. On ne tire que des bourrées et des échalas d'un aussi pauvre peuplement. Sur le versant oriental de la chaîne de l'Épine, on ne devait guère voir que les aspérités des roches plongeant dans le lac du Bourget.

Si les aménagements de taillis à Hautecombe laissaient, sauf celui de la série de 112 hectares, bien à désirer, ils permettaient au moins de savoir où l'on allait; au contraire, il n'est que trop fréquent de trouver des forêts, même importantes, sans aucun règlement des exploitations. Un exemple typique est celui des forêts de la Chartreuse du Reposoir. C'est toujours la Consigne des bois, faite en 1771, qui nous renseigne sur ce point. On y relève [1] :

Bois d'Anferrand.	Broussailles................................	42ʰ 66ᵃ 38
	Bois noir.............	111 17 31

«Les broussailles diminuent ou augmentent selon que les communiers (usagers de Scionzier) essertent ou non pour les pâturages.

«Les bois sont en bon état, sauf du côté du couchant où les chutes de neige en ont beaucoup détruit. Les communiers en prennent pour le chalet et les particuliers de Scionzier y peuvent billonner à forme de transactions.»

Bois de la Thouvière.	Broussailles................................	43ʰ 94ᵃ 11
	Bois noir.................................	132 44 63

Les particuliers peuvent y billonner. Les communiers y prennent du bois pour leur grangeage.

Mas de la Chartreuse.	Bois fayard où les particuliers peuvent billonner..	140ʰ 34ᵃ 00
	Broussailles où les particuliers en coupent......	115 57 00

Bois de réserve pour la Chartreuse.	Bois noir à Sommier-dessous................	
	Bois de Mery, bois noir....................	265 32 30 [2]
	Dessous la Chartreuse, bois noir............	
	Mas de la Chartreuse, bois noir.............	

Si on rapproche ces chiffres de l'exposé fait plus haut des droits d'usage concédés par les Chartreux aux habitants de Scionzier qui étaient libres de couper non seulement pour leurs besoins, mais pour commercer, on peut se douter que les forêts du Reposoir

[1] Comme plus haut, les surfaces ont été traduites en mesures métriques.
[2] Abbé Falconnet, *La Chartreuse du Reposoir.*

devaient.être, au XVIIIe siècle, en assez mauvais état. La notion de la possibilité n'était pas encore fort développée et ne préoccupait guère les propriétaires ni les usagers.

§ 3. LES COUPES ET EXPLOITATIONS.

I. **Forêts publiques**. — Pour couper les taillis aussi bien que les futaies, il fallait une permission de l'intendant (art. 7, 9, R. C. 1729. — Art. 12, 14, R. C. 1770). Il était interdit cependant d'exploiter les arbres propres au service de la marine (disposition sans application en Savoie), les ormes nécessaires à l'artillerie et tous les bois propres à empêcher les avalanches et les éboulements.

Dans les forêts royales, c'est sans doute le châtelain qui était chargé de marquer l'emplacement de la coupe avec le concours des gardes.

Dans les forêts communales, l'ordonnance de l'intendant, rendue au vu de la demande du conseil, après avoir autorisé la coupe proposée, désignait ordinairement le conseiller plus spécialement chargé des forêts, pour fixer sur le terrain l'assiette de la coupe ou pour désigner les arbres des forêts à abattre [1].

Cette délégation se donnait non seulement pour les coupes ordinaires, mais aussi pour les délivrances de bois urgentes, en cas de vétusté, ruine imminente, avalanche, inondation ou incendie. Ces délivrances étaient tantôt gratuites, tantôt autorisées moyennant certaines redevances.

Quant à l'affouage, il était partagé par feu, c'est-à-dire par chef de famille, entre les communiers. Mais à la différence de ce qui se passe aujourd'hui où les parts sont égales, la répartition se faisait « à proportion de la cotte de taille » [2]. C'étaient les plus riches qui se trouvaient favorisés.

Mais le conseil pouvait aussi demander à l'intendant de vendre des bois au profit de la caisse communale : ces ventes n'étaient possibles qu'autant que l'acquéreur était nanti du droit d'exporter les produits de la coupe hors du territoire communal ou même hors du royaume. Dans une enquête faite par le gouvernement en 1782, les conseils déclarent généralement que les bois communs sont suffisants pour les besoins des habitants, mais qu'il ne saurait être question d'en vendre [3].

En dépit de cette affirmation des municipalités qui protestent de leurs bonnes intentions, on trouve au XVIIIe siècle des exploitations, très souvent délictueuses, de coupes vendues.

Si l'on passe de la théorie administrative à la réalité, la situation des forêts de Savoie n'apparaît rien moins que satisfaisante.

Tout d'abord, les conseillers, les sindics se soucient assez peu de négliger leurs propres affaires pour celles de la commune.

Ainsi, le 11 novembre 1766, l'intendant de Faucigny a autorisé la coupe de cinquante arbres dans les forêts d'Entremont et du Petit-Bornand pour reconstruire le clocher de l'abbaye royale d'Entremont. Les conseillers de ces deux localités, chargés des forêts communales, « ont refusé de se transporter sur les lieux pour y indiquer les endroits à couper lesdits bois ».

[1] Arch. S., série C 65, Entremont, 1er décembre 1766; C 569, La Table, 29 avril 1792.
[2] Arch. S., série C 158, fol. 74, Saint-Pierre-d'Albigny.
[3] G. PÉROUSE, *Les communes de l'ancienne Savoie*, p. 77.

L'intendant général de Savoie se voit dans l'obligation d'ordonner aux conseils et sindics de chaque paroisse de nommer un député pour aller avec le châtelain désigner les emplacements des coupes. De plus, le châtelain devra «enjoindre aux députés des deux respectifs conseils de veiller à la conservation desdits bois lorsqu'ils auront été coupés, comme encore de les rendre responsables en cas d'enlèvement furtif d'iceux» [1].

Ailleurs les sindics et conseillers se désintéressent complètement de la manière d'exploiter les coupes, où se commettent les plus grands abus. Ainsi, dans les forêts de Mercury, «un grand nombre de particuliers, sous prétexte de leur affouage, ont occasionné un dépérissement considérable de ces forêts au point que, dans les endroits à portée d'être exploités, il n'existe plus que de vieux arbres et de très jeunes plantes. On a toujours négligé de couper les premiers pour s'adonner à la coupe des jeunes plantes qui est plus aisée. Les ventes considérables qui s'en faisaient hors de la paroisse et qui n'étaient pas d'une grande utilité à la famille des vendeurs qui consumaient dans les cabarets la plus grosse partie du prix qu'ils en retiraient, ont donné lieu de craindre que, sous peu d'années, il n'y aurait plus dans la partie des communaux des bois pour suffire à la consommation des habitants [2]». Le rapport du secrétaire montre à quels abus aboutissait la négligence des municipalités, en l'absence d'un service spécial de gestion et de surveillance.

Il convient d'ailleurs d'ajouter qu'il s'est trouvé aussi des conseils pour réprimer les dévastations : ainsi à Beaumont, en 1782 [3]. Mais, vers la fin du XVIIIe siècle, il faut noter une agitation, dans la région du Chablais notamment, tendant à affranchir les communes du contrôle et de la tutelle du pouvoir central. On sait trop l'impuissance des municipalités à réagir contre les usurpations pour ne pas voir les conséquences d'un tel mouvement sur la prospérité des forêts [4].

II. **Forêts particulières.** — Les communautés religieuses, les nobles et simples particuliers avaient le droit, d'après l'article 9 des Royales Constitutions de 1729, de couper librement leurs taillis : cette faculté a été subordonnée, en 1770, à la condition qu'il se sera écoulé depuis la dernière exploitation un temps suffisant pour que ces bois «soient parvenus à maturité» (art. 14, R. C. 1770).

Quant aux arbres de haute futaie, leur coupe, leur élagage ou leur ébourgeonnement est soumis à l'autorisation préalable de l'intendant (R. C. 1729, art 7. — R. C. 1770, art. 10). Il importe peu que ces arbres forment un massif, comme dans les futaies, ou qu'ils soient espacés, comme dans les taillis composés. Seuls les arbres épars dans la campagne sont exempts de la prohibition. En 1729, il suffisait que ces arbres ne constituent pas une forêt (art. 8) : L'article 13 des Royales Constitutions de 1770 spécifie que le bosquet formé par ces arbres ne doit pas avoir plus de 3×10 trabucs, soit un are environ.

Par billet royal du 21 novembre 1731, Charles-Emmanuel III décida que les châtaigneraies fructifères qui constituent souvent un massif à couvert continu, que les autres fruitiers serrés en verger très dense ne tombaient pas sous le coup de la loi.

Il semble bien que certains ordres monastiques dont les couvents étaient perdus

[1] Arch. S., série C 65, Entremont, 1er décembre 1766.
[2] Arch. S., série C 688, 1er décembre 1791.
[3] Ac. Chabl., t. XIII. Monographie de Beaumont, p. 162.
[4] Ac. Chabl., t. X, p. 189.

dans les replis des montagnes aient pris quelque liberté avec les Royales Constitutions. « Il m'est revenu, écrit l'intendant général de Savoie au châtelain des Beauges, le 22 mai 1772, que ces religieux (de Bellevaux) étaient assez en usage de couper des bois de haute futaie sans aucune permission [1]. »

Mais il faut, pour que ces infractions viennent à la connaissance des intendants, que les moines soient en difficulté avec des usagers ou des voisins, ou que les exploitations menacent d'amener des avalanches ou des éboulements.

Quant aux autres propriétaires, ils paraissent souvent avoir ménagé leurs forêts aux dépens des forêts communales, parfois même des forêts ecclésiastiques. Mais ces dernières étaient vivement défendues par leurs détenteurs : de là de longs et nombreux procès (Le Reposoir, Bellevaux). C'est dans les Beauges que ces abus et empiètements ont été le plus sensibles.

« Il semble que, dès le commencement, les communaux ont été destinés pour servir de patrimoine aux pauvres... Mais cette destination primitive a été totalement renversée. Ce n'a été, depuis un très long temps, que la loi du plus fort qui a servi de règle dans l'usage que l'on en a fait. Le païsan riche et regorgeant de bois taillifs et de haute futaye... a su conserver ses propres bois pour dévaster ceux de la commune [2]. »

Combien plus vraie encore est cette constatation de l'intendant dans les pâturages de montagne ! On voit qu'au xviiie siècle la commune n'est plus l'association fermée de copropriétaires que formaient originairement les communiers : loin de chercher à maintenir le bien commun, les intérêts individuels tendent à le ruiner en en tirant le plus grand bénéfice possible, le plus rapidement possible.

§ 4. LES AFFECTATIONS SPÉCIALES DE FORÊTS.

I. **Forêts de protection.** — Les Royales Constitutions de 1729 (art. 14) et de 1770 (art 24) interdisent en termes identiques l'exploitation des arbres dont la conservation est nécessaire pour prévenir les avalanches, éboulements. Ces dispositions sont applicables, quel que soit le propriétaire des forêts.

Le maintien des forêts de protection dans une région aussi montagneuse que la Savoie n'avait pas laissé d'intéresser les intendants. Le 16 mars 1776, l'intendant général de Chambéry écrit à ce sujet au gouvernement : « Il est bien vrai que la façon de couper les bois de ce duché et les défrichements dans les montagnes contribuent aux éboulements. Aussi m'étais-je proposé d'abord, à mon arrivée dans ce pays, de prendre cet objet en considération ; mais les occupations dont j'ai été chargé jusqu'à présent et celles que j'ai encore ne m'en ont pas laissé la liberté... En attendant, comme la conservation des bois dépend uniquement de la vigilence des respectifs châtelains et les défrichements de celle des sindics et conseils des paroisses, j'ai déjà bien donné différentes dispositions pour exciter l'émulation et l'attention des uns et des autres [3]. »

Outre les pénalités édictées par les lois, les intendants généraux rendent des ordonnances répressives applicables soit à une province, soit à une commune seule-

---

[1] Arch. S., série C 180, fol. 1.
[2] Arch. S., série C 569, fol. 1.
[3] Arch. S., série C 142, fol. 158.

ment. Ainsi à Randens, il fallut que l'intendant général de Savoie intervint en ces termes : «Étant informé que des particuliers mal intentionnés vont furtivement couper des bois dans la forêt de Nambrun et dans le vernay du ruisseau de Vorgeray, situés sur le territoire de la paroisse de N. D. de Randens et qui tendent sur la collégiale d'Aiguebelle, ce qui est non seulement préjudiciable aux droits des tiers, mais encore peut causer des *avalanches*, il est inhibé à toutes sortes de particuliers, nul excepté, de couper, ni faire couper et extraire aucun bois de ladite forêt et vernay, à peine d'un écu d'or d'amende. applicable au fisc pour chaque pièce de bois qu'il résultera que des contrevenans au présent y auront coupé; chargeons à ces fins le châtelain du lieu et autres officiers locaux de tenir main à son exécution et, pour que personne ne puisse prétexter ignorance, nous ordonnons que ladite publication et affiction en sera faite tant à Aiguebelle qu'à N. D. de Randens, aux lieux et manières accoutumés, le premier jour de fête, à l'issue des offices divins, le peuple dûment assemblé [1].»

Mais il est arrivé plus d'une fois que des coupes ont été faites dans des forêts de protection avec la complicité des autorités locales. Ainsi, à Mercury-Gémilly, l'intendant général est obligé d'ordonner au secrétaire de verbaliser; on avait coupé à blanc douze journaux (3 hect. 5o environ). «Il conste, dit le procès-verbal, que si la coupe entière s'effectuait, les terreins inférieurs et le chef-lieu de la paroisse risqueraient d'être emportés par des éboulements ou quelques avalanches».

La coupe avait été vendue à la Société des minières de Bonvillard par le baron de La Tour; «le chatelain résidant à Mercury aurait dû informer de cette coupe faitte sans permission. Dans la crainte apparemment de désobliger le seigneur et le sieur Portier. directeur des minières, son beau-frère, il a gardé le silence..... qui peut être regardé comme criminel par rapport aux circonstances» [2].

Dans le fond des vallées, il pouvait y avoir aussi des forêts de protection, mais contre les divagations et érosions des fleuves, rivières et torrents. Dans l'ordonnance ci-dessus relative aux bois de Randens, le vernay du torrent de Vorgeray rentre dans cette dernière catégorie. La création de ces forêts de protection spéciale résulte de l'article 4 du titre VII du livre VI des *Royales Constitutions de 1729* ainsi conçu :

«Il ne sera permis à qui que ce soit de déraciner ou brûler les troncs des arbres qui soutiennent les rives des fleuves et des torrents à une distance de 18 pieds communs, soit pieds de roi. et on ne pourra pas non plus couper les susdits arbres, mais on aura seulement la liberté d'en tailler les branches et la cime quand ils auront sept années, de manière qu'on les laisse au moins d'une hauteur de quatre pieds au-dessus du sol.»

Il est clair qu'on n'envisageait que des peuplements de bois blancs, peupliers, aunes et surtout saules qui s'exploitent en têtards ou comme arbres d'émonde. Ce sont d'ailleurs les essences les plus répandues dans les terrains humides, voisins des eaux. Quant aux autres espèces, chênes, hêtres, frênes, ayant des fûts, ils ne pouvaient être exploités qu'en vertu d'une autorisation spéciale de l'intendant, conformément au titre des Bois et Forêts.

Comme, en général, les incursions des eaux menacent les meilleures terres, très

[1] Arch. S., série C 66, 15 sept. 1766.
[2] Arch. S., série C 153, folio 67.

souvent ce sont les municipalités qui soumettent au visa de l'intendant des règlements locaux pour garantir plus efficacement ces forêts. Ainsi, le 14 décembre 1768, le Conseil de Saint-Vital a pris une délibération de ce genre, sanctionnée le 24 février 1769 par l'ordonnance suivante de l'intendant général :

« Avons inhibé et inhibons à toutes sortes de personnes de couper, faire couper, ni arracher aucune sorte de bois dans les îles et communaux attigus à la rivière d'Isère ; défendons, en outre, d'y mener paître ni chèvres, ni boucs, ni brebis, à peine d'un demi-écu d'or pour chaque contrevenant et sous la réserve d'une plus grande peine, et même de prison, s'il y échoit, en cas de récidive. Chargeons le Conseil et le secrétaire de ladite communauté de tenir main à l'entière exécution de ce que dessus et ce dernier de dresser son verbal dans le cas de contravention, au moyen duquel lesdites contraventions soient constatées, lequel nous sera envoyé pour condamner sur le résultat d'icelui le contrevenant sommairement aux peines cy-dessus prescrites et c'est outre celles qui se trouveront être déterminées par les Royales Constitutions et règlemens..... pour mettre les endroits dont s'agit à l'abri des insultes de la rivière d'Isère et en garantir la partie du territoire qui y abboutit. Les amendes appartiennent à la commune pour « l'encourager à l'exacte observance de notre présente ordonnance » [1].

Ce document est curieux à plus d'un titre : tout d'abord, il faut noter la sévérité des peines qui, en cas de récidive, sont arbitraires et peuvent aller jusqu'à l'incarcération. Ensuite, les condamnations sont prononcées par l'intendant et elles se cumulent avec celles qui résultent des lois générales, autre aggravation. Enfin, contrairement à ce qui se passe d'ordinaire, l'amende est attribuée, non au fisc, mais à la caisse municipale. On peut juger, d'après cela, de l'importance des ravages causés par les divagations de l'Isère et on s'explique les lourds sacrifices que se sont imposés au XIXᵉ siècle les communes de la Combe de Savoie pour l'endiguement de la grande rivière alpine [2].

II. **Service des usines.** — Outre les forêts réservées avant 1729 pour le service des usines des Beauges, il y eut, dans le cours du XVIIIᵉ siècle, d'importantes surfaces boisées affectées spécialement à l'exploitation des importants gisements minéraux qui furent alors découverts en Savoie et notamment en Tarentaise.

Ainsi, en 1782, on voit se fonder la Société des Mines de Servoz [3] qui obtint par lettres patentes du roi Victor-Amédée III, en date du 29 juillet 1788, le droit de prendre dans les forêts communales voisines le combustible nécessaire « sur l'excédent des besoins des communautés, particuliers et habitants pour leur bâtisse, affouage et autres objets ».

La Société avait le droit de nommer des gardes pour la conservation des bois qui lui étaient assignés.

III. **Affouages spéciaux.** — Ces affouages destinés aux hospices des deux grands cols alpestres sont maintenus, d'autant plus que les relations s'accroissent entre les deux versants des monts.

[1] Arch. S., série C 66, 24 février 1769. Saint-Vital.
[2] Voir P. MOUGIN, Les torrents de la Savoie, p. 693 et suiv.
[3] Voir P. MOUGIN, Les torrents de la Savoie, p. 154.

§ 5. Les droits d'usage; les affranchissements.

Une quantité de terrains avait été, au moyen âge, concédée par les seigneurs, les dignitaires ecclésiastiques, les ordres religieux aux communautés et aux particuliers. Les actes d'albergement ou d'acensement, renouvelés dans la suite des temps par des reconnaissances des intéressés, stipulaient de la part de ceux-ci des redevances diverses, droits d'introge, lods et ventes, servis. On a vu que ces concessions avaient été souvent l'origine de la propriété ou des droits d'usage si fréquents.

Mais peu à peu, par suite de négligence dans l'administration du domaine des princes, de l'absence de reconnaissances de ses droits, les redevances féodales dues à la Maison de Savoie se réduisaient. Aussi, par édit du 22 novembre 1698, le duc Amédée II décida-t-il la vente de ses droits féodaux.

Au XVIII⁰ siècle, il n'y avait donc plus que des droits féodaux appartenant à des seigneurs sur des terrains communaux ou particuliers, droits réduits uniquement à des «servis» dus pour affouage ou l'alpéage.

A cette époque, on ne trouve plus de constitutions nouvelles de droits d'usage. Quant aux servis, ceux qui en étaient tenus pouvaient s'en décharger en traitant amiablement du rachat avec le seigneur titulaire du fief. Mais jusqu'à la fin de 1771 les seigneurs n'étaient pas obligés de consentir à cet «affranchissement». Il fallut l'édit du 19 décembre de cette même année pour les y contraindre. Le roi Charles-Emmanuel III permettait de libérer de tous droits féodaux tous les biens, communaux ou particuliers, qui en étaient grevés.

Certaines communes profitèrent aussitôt de ces dispositions libérales; d'autres refusèrent d'en user, faute de moyens. Un certain nombre des premières, afin de réaliser la somme nécessaire au rachat, aliénèrent de leurs communaux terres de cultures, pâturages ou forêts. Ainsi, ce qui n'était d'abord qu'un simple droit d'usage se mua en un droit complet, absolu de propriété.

«Et pour les assurer toujours mieux de l'affranchissement de leurs fiefs, les seigneurs remettaient aux communes, sur leur demande, les titres de ces fiefs ou terriers, dont un grand nombre fut brûlé à la Révolution»[1].

§ 6. Le pâturage en forêt.

L'article 10 des Royales Constitutions de 1729 interdisait tout pâturage dans les coupes récentes, non défensables. Les Royales Constitutions de 1770 étendent cette prohibition (art. 16) aux surfaces reboisées artificiellement, et les intendants devront déclarer, par des ordonnances rendues publiques, les cantons non défensables (art. 17).

L'habitude de faire paître les troupeaux dans les bois remonte, sans aucun doute, à l'origine de la vie pastorale. Mais ce n'est que peu à peu que le mal causé aux végétaux ligneux s'accuse, empire, pour aboutir enfin à la destruction des peuplements. C'est donc toujours assez tard que l'autorité intervient pour réglementer le parcours en forêt: en Savoie, il fallut venir jusqu'au premier tiers du XVIII⁰ siècle.

Le mal, déjà bien grand, ne se trouva pas arrêté: c'est ce que montrent bien les

[1] G. Pérouse, *Les communes de l'ancienne Savoie*, p. 69.

correspondances des intendants du duché. Dans une lettre de l'intendant général au seigneur du Chatelard, du 11 avril 1777, on lit : « je suis vraiment surpris de ce que plusieurs paroisses du marquisat des Beauges ayant prudemment banni les chèvres de leurs communaux et bois pour ladite conservation d'iceux, celle du Chatelard, qui en est le chef-lieu et le centre, bien loin d'avoir suivi un si bel exemple, souffre et tolère au contraire qu'il y en ait une quantité extraordinaire qui font dépérir tous les bois des communes et forêts, que chaque hameau de ladite paroisse en a son troupeau, souvent deux et même trois, et que ce sont les plus pauvres qui en tiennent le plus, jusque là que l'année dernière que le nommé Gavelin. qui n'y possède pour tout bien que sa maison, en avait un troupeau de 90 ». En conséquence, le secrétaire reçoit l'ordre d'assembler le Conseil et de convoquer le châtelain pour prendre les mesures nécessaires [1].

Mais le Chatelard n'était pas une exception, et bien d'autres communes des Beauges ruinent leurs forêts par le parcours des chèvres [2], l'intendant général avait été insuffisamment renseigné.

A Cessens, il y a mieux : les particuliers coupent pour nourrir à l'écurie leurs chèvres, lorsque la saison ne permet plus de pâturer, toutes les pousses annuelles et feuilles que la dent des animaux ne pouvait atteindre [3]. A Beaumont, ce sont les moutons qui pullulent, au point que le Conseil demande au juge maje de contraindre leurs propriétaires à s'en défaire. (Délibération du 24 avril 1767.)

Voici comment l'intendant général croyait pouvoir remédier au mal : il proposait un nouveau règlement forestier pour la Savoie propre, dans lequel on trouve : « Il est défendu de faire paître du bétail dans les bois d'haute futaye qu'après dix ans qu'ils auront été coupés, s'ils sont de bois résineux. comme sapins, pins, mélaizes ; et après trois ans dans les autres espèces de bois, de même que dans les taillifs. sous peine de 3 livres d'amende pour chaque bête qu'on y trouvera ou qu'on vérifiera y avoir pâturé et en outre de la confiscation si ce sont des chèvres.

« La défense (faite par les R. C.) de mener paître du bétail dans les bois nouvellement plantés ou semés s'étendra jusques à 20 ans dans ceux d'haute futaye et jusques à 6 ans dans les bois taillifs; les termes pouvant être prorogés et la peine sera de 10 livres d'amende pour chaque bête qu'on y trouvera ou qu'on vérifiera y avoir été en pâture et c'est aussi outre la confiscation des chèvres. »

L'intendant propose de mettre en réserve un quart des bois communaux dans lequel « on ne pourra mener paître sans permission de l'intendant du bétail, tant gros que petit, sous peine d'un écu pour chaque bête qui y sera trouvée et en outre de la confiscation des chèvres ou brebis.

« On ne pourra, de même, y mener paître du gros bétail que lorsqu'il lui (à l'intendant) constera qu'il ne peut aucunement nuire au bois de cette portion et jamais des chèvres et brebis [4]. »

L'intendant général de Savoie s'est évidemment inspiré pour rédiger son projet de l'ordonnance française de 1669, appliquée dans le Dauphiné tout voisin. L'idée du quart en réserve, l'exclusion des chèvres et brebis, la confiscation des bêtes ovines et

[1] Arch. S., série C 182, folio 181.
[2] Arch. S., série C 569, 7 avril 1779.
[3] Arch. S., série C 659, 2 nov. 1780.
[4] Arch. S., série C 569.

caprines sont des emprunts évidents à la législation de Colbert. Mais alors que l'ordonnance ne fixe pas l'âge des bois défensables, ce qui est une question de fait, l'intendant
savoyard, sans doute pour ne laisser aucune prise à la discussion, décide que le
parcours dans les taillis sera autorisé à trois ans! On peut se représenter ce que doit
être une coupe de trois ans, sur des calcaires secs, en pente, bien ensoleillés, sans
beaucoup de sol, comme on en trouve tant dans la Combe de Savoie, et on imagine
mal un si maigre recru capable de résister à la dent des bestiaux.

Un recensement de 1790 donne, par province, des renseignements précieux sur le
troupeau savoyard [1].

PROVINCES.	NOMBRE DE BÊTES			
	BOVINES.	OVINES.	CAPRINES.	PORCINES.
Chablais........................	15,200	3,880	422	1,814
Faucigny.......................	29,092	15,649	1,817	4,585
Carouge........................	11,867	1,503	82	1,079
Genevois.......................	37,509	22,991	2,666	9,749
Savoie propre..................	62,231	63,262	29,050	5,938
Tarentaise.....................	24,848	36,518	5,592	1,474
Maurienne......................	28,471	14,742	3,102	1,040
TOTAUX................	209,218	158,545	42,731	25,679

Les chiffres montrent l'importance de l'élevage dans la région de Chambéry; le
nombre des chèvres de la Savoie propre confirme éloquemment les plaintes de l'intendant. Si l'on admet cette statistique comme vraie, cinquante ans plus tôt — les
réserves bétail ont dû être terriblement mises à contribution pendant l'occupation
espagnole de 1742-1748 qui prit fin avec la guerre de la Succession d'Autriche par le
traité d'Aix-la-Chapelle — il y aurait eu au XVIIIe siècle par kilomètre carré de forêt
72 bêtes aumailles, 55 moutons, 15 chèvres et 9 porcs. Cette relation n'indique
d'ailleurs en aucune façon la quantité exacte d'animaux allant pâturer en forêt.

SECTION IV.

La police des bois et forêts.

§ 1. LES PÉNALITÉS.

Il n'y a pas lieu de retenir la sanction toute temporaire portée contre les propriétaires de bois qui omettraient de faire la déclaration assermentée, prescrite par les
Royales Constitutions. En 1770, comme en 1729, l'amende encourue est de 50 livres
«outre le paiement des frais d'un commissaire et d'un arpenteur».

[1] GRILLET, Dictionnaire du Mont-Blanc et du Léman, 1807, passim.

Les sindics et secrétaires étant chargés de l'administration des propriétés communales, c'est naturellement à eux qu'incombe le soin de faire la consigne des bois : leur qualité de fonctionnaire rend leur négligence plus répréhensible, aussi l'amende qu'ils encourrent est-elle portée au double, et «paiable en leur propre et privé nom». Cette dernière mention est évidemment un rappel du caractère essentiellement privé qu'avait auparavant l'administration du sindic : celui-ci, simple mandataire, avait un recours contre ses mandants pour toutes les dépenses faites à l'occasion de sa gestion.

Mais il n'y a pas là de délit forestier. Ceux que répriment les Royales Constitutions sont encore peu nombreux :

1° Le roi, sans doute dans l'intérêt de sa marine, de son artillerie et autres travaux, interdit à tout propriétaire d'exploiter, d'ébrancher, d'émonder ou de résiner les arbres de futaie, sous peine d'une amende de 5o livres par arbre. (Art. 7, R. C. 1729.)

Cette amende est ramenée à 5 livres par arbre en 1770 (art. 12), mais avec la confiscation des bois coupés ou de leur valeur.

La loi ne s'inquiète ni des dimensions, ni de la nature des arbres, ni des circonstances plus ou moins graves du délit. La confiscation édictée en 1770 n'est que la restitution de la chose exploitée et volée ou de sa valeur, quand il y a eu enlèvement par un tiers : c'est une aggravation de la peine quand c'est le propriétaire qui a fait l'abatage. De même, que dans l'ordonnance de 1669, les diverses mutilations que peut subir l'arbre sont assimilées à son exploitation.

2° Le pâturage est interdit sur les coupes pendant les cinq années après l'exploitation, sous peine d'une amende de 3 livres par tête de bétail (art. 10, R. C. 1729). Les Royales Constitutions de 1770 (art. 15) ne fixent plus de délai d'interdiction après la coupe et portent l'amende à un demi-écu, tout en proscrivant tout spécialement moutons et chèvres.

Ces prescriptions s'appliquent à tous les bois, quel que soit leur propriétaire. Ici encore l'amende est fixée, quelle que soit l'espèce du bétail, bien que depuis 1770, les espèces ovine et caprine soient considérées comme particulièrement nuisibles.

3° L'exercice du pâturage dans des semis ou plantations est puni d'une amende de 1o livres par animal.

Cette disposition a été introduite par l'article 16 des Constitutions de 1770. Comme la précédente, elle ne distingue pas la nature des animaux, ni le temps pendant lequel le parcours est assez nocif pour mériter la peine forte. Toute nouvelle, elle a sans doute été inspirée par le désir de protéger les reboisements ordonnés le long des rives des fleuves et torrents.

4° Il est interdit d'allumer du feu dans l'intérieur et à la distance de 5o pieds des forêts, sous peine d'une amende de 25 livres, sans préjudice des dommages-intérêts, s'il y a lieu.

En France, d'après une déclaration du roi du 13 novembre 1714, la distance des forêts où il était défendu d'avoir du feu était d'un quart de lieue; l'amende était arbitraire. (OC tit. XXVII, art. 32.) En Savoie, la peine est fixe, quelle que soit la gravité de l'infraction, aussi bien dans les Royales Constitutions de 1770 que dans celles de 1729.

5° La coupe des bois propres à la marine, situés dans des endroits d'où ils peuvent être conduits à la mer, de même que celle des ormes pour l'artillerie, est punie d'une amende de 100 livres et de la confiscation des bois. (R. C. 1729, art. 12. — R. C. 1770, art. 22.)

En Savoie, il ne pouvait être question que des bois réservés pour l'artillerie : cette prohibition n'avait pas sa parallèle dans l'ordonnance de 1669. On comprend que le roi de Sardaigne confisque ici, dans tous les cas, les bois qui sont nécessaires à l'armée.

6° L'exploitation d'arbres nécessaires au maintien des terres ou des neiges, là où les avalanches et éboulements seraient dommageables, entraînent une amende de 50 livres en 1729, élevée à 50 écus en 1770. (Art. 14. — Art. 24.)

C'est, on l'a vu, la nature montueuse du sol de la Savoie qui est l'origine de cette interdiction que ne connaît pas la législation française. Les Alpes étaient trop loin de l'Île de France.

7° Les terrains boisés ne peuvent être défrichés qu'avec l'autorisation du roi, mais les Royales Constitutions de 1729 (art. 10) ne sanctionnaient cette interdiction par aucune peine. Il faut croire que cette prohibition toute platonique fut peu efficace, puisque l'article 19 des Constitutions de 1770 porte : «comme il nous a été représenté qu'on pouvait avoir défriché des bois sans permission, en faisant grâce aux contrevenans de toutes les peines pécuniaires qu'ils ont encourues à cet égard, nous ordonnons à tous les propriétaires sans distinction de remettre un état des surfaces défrichées depuis 1729, à peine de 100 écus contre ceux qui n'auront pas donné ledit état ou qui en auront donné qui ne sont pas fidèles».

L'article 18 frappe d'une pareille amende tout défrichement non autorisé.

8° Il est défendu d'exporter du bois hors du royaume sous peine de confiscation et du bois et des attelages ou bateaux servant au transport.

En outre, des peines arbitraires, discrétionnaires, pouvaient toujours être prononcées,

Enfin, depuis 1770, «lorsque les coupables de quelque contravention ne seront pas en état de payer la peine pécuniaire qu'ils auront encourue, ils seront subsidiairement châtiés par une peine corporelle, proportionnée aux circonstances des cas.» (R. C. 1770, art. 25.)

§ 2. Les juridictions.

Les délits forestiers sont divisés en deux catégories, d'après le taux de l'amende encourue : 1° les infractions entraînant des condamnations s'élevant au plus à 50 livres; 2° celles qui entraînent des condamnations supérieures à 50 livres.

Tous les délits de la première classe sont jugés sans appel par les vice-conservateurs, c'est-à-dire par les châtelains, les juges majes ou les bailes des villes.

Les délits de la seconde classe sont jugés par les vice-conservateurs; mais les sentences peuvent être frappées d'appel.

Mais l'appel, au lieu d'être porté par devant le Sénat, le sera par devant l'intendant nommé *juge* et conservateur des bois et forêts par les Constitutions de 1729 et 1770 (art. 2).

Il arrive aussi que l'intendant soit saisi directement de l'affaire, sans que le châtelain ou le juge maje en ait préalablement connu [1], sans qu'il y ait privilège de juridiction.

Aucun recours n'est possible contre les arrêts rendus par les intendants (R. C. 1729, art. 4 *in fine*) jusqu'en 1770 ; mais la nouvelle législation spécifie nettement que même les arrêts des intendants pourront être déférés au roi (R. C. 1770, art. 4). Cela allait de soi : le roi, souverain justicier, a toujours eu le pouvoir de réformer les décisions de justice, ne fût-ce qu'en vertu de son droit de grâce.

Ce dessaisissement du Sénat, qui était chargé de connaître de la police rurale, est une nouvelle preuve des tendances de la jeune monarchie sarde de tout concentrer entre les mains de ses fonctionnaires : grâce à la dualité de leurs fonctions administratives et judiciaires, les châtelains et les juges majes conservent la juridiction qu'ils avaient auparavant.

§ 3. LA POURSUITE DES DÉLITS.

La dominante de la nouvelle législation, c'est l'unification des pénalités et des juridictions. Tous les délits un peu sérieux sont portés au prétoire de l'intendant.

Forêts royales. — Le châtelain ou le juge maje saisi par le verbal du garde fait comparaître le délinquant et prononce sa sentence, le procureur fiscal entendu. Ce procureur fiscal représente le Trésor destiné à encaisser les amendes et qui, ici, doit recevoir en plus les dommages-intérêts alloués, s'il y a lieu, par le magistrat : le procureur requiert l'application des amendes [2].

En appel, l'avocat fiscal provincial intervient aussi à l'audience de l'intendant.

Forêts communales. — Le garde forestier ou le délégué de la commune font leur rapport des délits constatés par devant le Conseil. C'est au Conseil, par l'intermédiaire des syndics, à saisir le châtelain ou le juge-maje. Fréquemment, au lieu de condamner lui-même, comme il en a le droit, d'après la loi, le châtelain porte l'affaire au tribunal de l'intendant, qui ordonne une enquête. Un document de procédure va montrer exactement comme fonctionnait alors la justice en matière forestière.

«du 14 janvier 1790.

«à Monsieur l'Intendant de la province de Maurienne,

«Remontre l'avocat fiscal provincial

que du verbal de visite auquel il a été procédé le onzième du courant par M. Gaspard Alexis Grange, chatelain du marquisat de Modanne, ensuite de votre décret de commission du cinquième du courant, mis sur notre remontrance du même jour, il résulte que, s'étant transporté avec les syndics et conseil dudit lieu, en l'assistance d'un intervenant pour le fisc, et en présence de deux témoins, jusqu'au lieu appelé à la Scie-d'en-haut appartenant à Jᵇ Bᵗᵉ Bernard et à Jᵇ Pʳᵉ Martin, il s'est trouvé aux avenues de ladite scie, soit au chemin qui tend à N. D. du Charmaix, la quantité de 121 billions de bois d'haute futaye au nombre desquels ledit Jᵇ Pʳᵉ Martin a dit lui en appar-

[1] Arch. S., série C 817, Modane, 14 janvier 1790.
[2] Arch. S., série C 575, O. de l'ing. Petitti, 1732.

tenir 6 et a empêché qu'on les séquestrât, sous le prétexte, a-t-il dit, que la place où ils étaient et la scie lui appartenaient..... et attendu qu'il ne résulte pas que ledit J[h] P[re] Martin ait obtenu aucune permission pour s'approprier lesdits 6 billons de bois d'haute futaye, il a par là contrevenu à la disposition du § 12, titre IX, livre vi des Royales Constitutions..... remontrant de faire réprimer telle contravention.

«A ce qu'il vous plaise, Monsieur, faire appeler par devant vous au 4me jour après la signification ledit J[h] P[re] Martin, habitant à Modanne, pour, eu égard à la preuve, qui résulte dudit verbal, de la vérité de ladite contravention au susdit paragraphe, s'ouïr condamner à l'amende y fixée et aux frais et dépens de justice [1].»

Le procès-verbal du châtelain mentionne qu'on découvrit encore 421 billons, dont 191 avaient été coupés en délit.

On voit que l'intendant ordonnait, en général, au châtelain ou à un notaire, de procéder à une enquête supplémentaire [2], de procéder à la saisie et à la mise sous séquestre des bois coupés en délit. C'est qu'aussi les coupes illicites étaient importantes. Le 15 juin 1792, par exemple, l'intendant de Maurienne condamne le baron Castagnère, de Châteauneuf, propriétaire des importantes usines métallurgiques du bassin d'Aiguebelle, à 1,050 livres d'amende.

Mais quand l'affaire est portée devant le Tribunal de simple police, le châtelain ou le juge prononce sa sentence «sur le dire d'un témoin assermenté, digne de foi, joint à quelque autre indice raisonnable», en somme d'après le verbal du garde ou du député du conseil.

Mais il paraît que la justice était lente et qu'en Savoie, comme ailleurs, elle allait *pede claudo*. Aussi l'intendant général, dans son projet de règlement de 1778, propose-t-il les mesures suivantes pour les juridictions inférieures : «les juges résidant dans la capitale de la province n'étant pas ainsi à portée de veiller à l'observation des dispositions des titres des rivières et torrens et des bois et forêts des Royales Constitutions, les châtelains, en cas de contravention, devront procéder aux informations, même sans greffier, s'ils n'en peuvent commodément trouver, cependant toujours avec l'intervention d'un procureur fiscal ou d'un excusant icelui. Ils devront, à cet effet, entendre les témoins et faire tous les actes nécessaires pour constater le délit et les délinquans jusques à sentence exclusivement. Les termes qu'ils accorderont pour l'adjournement personnel ne seront que de huit jours, savoir : deux pour le premier, deux pour le second, et quatre pour le dernier, et, après avoir assigné l'accusé à fournir ses défenses par devant l'intendant dans le terme de cinq jours, ils lui enverront la procédure qu'il pourra juger immédiatement après ledit terme sur les conclusions de l'avocat fiscal de la province [3]».

Il semble, d'après les documents d'archives, que, suivant les localités, les contraventions forestières étaient plus ou moins régulièrement constatées et poursuivies. Tantôt, en effet, on voit le Conseil se préoccuper sérieusement de la conservation des forêts (St François-de-Sales, Montsapey, etc...), tantôt il faut que ce soit l'intendant qui ordonne les poursuites. Ainsi, en 1782, c'est l'intendant général qui prend l'ini-

[1] Arch. S., série C 817.
[2] Arch. S., série C 182, fol. 102.
[3] Arch. S., série C 569, *loc. cit.*

tiative dès instances contre onze délinquants de la chatellenie de La Rochette qui, avec le curé du Pontet, avaient coupé en délit 474 arbres de futaie et furent condamnés à 645 livres d'amende [1].

Parfois, l'intendant général, par commisération, ne frappe les coupables que de peines minimes; ainsi, à Saint-François-de-Sales, il ne condamne plusieurs habitants qui dévastaient la forêt communale en charbonnant qu'aux dépens seulement. Voici, d'après le châtelain de la localité, les résultats de cette mansuétude : «Cet exemple n'a fait aucune impression, surtout dans le village de La Magne, hameau qui est venu à bout de détruire une forêt de bois noir de plus de 800 journaux (236 hect.)» [2]. La pitié du magistrat n'avait été qu'un encouragement au pillage et au vol.

Et qu'on ne croie pas cette déforestation confinée en certains endroits : le mal est plus général. Voici, d'après un mémoire de l'intendant de Maurienne, de 1776, ce qui se passe dans cette province : «Il ne laisse pas de se commettre toujours quelques abus ou contraventions que l'on réprime ou punit en conformité des Royales Constitutions, mais *la plus grande partie reste impunie,* faute qu'elle vienne en connaissance de l'intendant par le peu d'exactitude des châtelains et des administrateurs à remplir leur devoir, et s'il arrive qu'ils y satisfassent, ce n'est que lorsqu'il y a quelques démêlés entre les contrevenants et les administrateurs mêmes.

«Les juges même des terres semblent coopérer à pareils abus puisqu'ils ne font plus aucune procédure par la raison, dit-on, qu'ils ne sont pas charmés qu'on appelle de leurs sentences pardevant l'intendant, mais la preuve du refus n'est pas aisée [3].»

Ce dernier alinéa est particulièrement suggestif, mais il ne saurait étonner pour qui se rappelle l'esprit de corps de la magistrature sous l'ancien régime. La magistrature, Sénat et juges majes, avaient eu en Savoie la plénitude du pouvoir; leur autorité s'étendait sur l'administration comme sur la justice. Puis, pièce à pièce, leurs attributions leur avaient été retirées et confiées aux intendants. Comment ces magistrats n'auraient-ils pas eu les plus vifs regrets de leur grandeur passée? Quelle amertume pour eux de voir démembrer leur pouvoir judiciaire pour en revêtir leurs rivaux, les intendants déjà grandis à leurs dépens!

Bien plus, les sentences des juges majes, magistrats de carrière, étaient, en matière forestière, soumises à l'appel devant l'intendant! N'osant ou ne pouvant protester contre cette subordination, les juges se réfugièrent donc dans l'abstention.

Que l'on ajoute à cela la méfiance des montagnards envers des fonctionnaires souvent Piémontais, inconnus, sans attaches dans le pays, souvent changés et l'on comprendra que l'intendant devait être assez mal renseigné et secondé.

Enfin, il ne faut pas oublier le mouvement communal autonomiste de la fin du XVIIIe siècle, déjà signalé (Massongy. 1769) qui se retrouve encore aujourd'hui dans la volonté qu'ont nombre de communes alpestres de régler leurs propres affaires sans faire appel aux fonctionnaires; il y a aussi à rappeler les complaisances que les sindics et secrétaires même pouvaient avoir pour leurs proches et à cacher sous le manteau maintes entorses à la loi. De là, une sorte de conspiration tacite du silence entre Savoyards.

[1] Arch. S., série C 659, 18 juillet 1782.
[2] Arch. S., série C 700, 16 février 1783.
[3] Arch. S., série C 659.

10.

SECTION V.

Les défrichements. Les reboisements.

Tout défrichement doit être autorisé par le roi (R. C. 1729, art. 10; R. C. 1770, art. 18), sans quoi l'auteur, depuis 1770, est passible d'une amende de 100 écus par journal. Mais à la sanction pénale la loi de 1770 ajoute la réparation du mal en ordonnant que « les bois seront rétablis aux frais du contrevenant » (art. 18).

Tous les propriétaires ayant exécuté des défrichements devaient remettre au juge de la situation, dans les quatre mois, un état des surfaces déboisées avec ou sans autorisation et le roi se réserve (art. 20) « de donner les dispositions qu'il jugera à propos pour faire remettre dans leur premier état les bois qui auront été défrichés sans permission et, dans ce cas, les possesseurs devront exécuter ce qui leur a été ordonné de la manière et dans les termes qui leur seront prescrits et sous les peines qui leur seront imposées en suite de nos ordres par les intendants respectifs ».

L'article 4 du titre 7, livre VI des Royales Constitutions de 1729, relatif aux fleuves et torrents, interdisait également de défricher une zone de 18 pieds de largeur le long des rives. L'article 5 prescrivait, en outre, « aux communautés et aux particuliers à qui appartiennent les susdites rives des fleuves et torrens, d'y planter tout au long des arbres qui ne soient pas éloignés l'un de l'autre à une distance de plus de 18 pieds et ils devront prendre soin d'en substituer d'autres à la place de ceux qui viendront à manquer, sauf dans les endroits où la qualité du terrain ne le permettra pas, sous peine de 10 écus d'or à ceux qui n'auront pas satisfait à ce que dessus, une année après la publication ».

La Consigne des bois de 1770 a sans doute été exécutée, car on en retrouve diverses déclarations faites soit par des communautés, soit par des ordres religieux, soit par des particuliers. Mais ces résultats ne paraissent pas avoir été résumés en tableau par nature de propriétaires et par modes d'exploitation comme cela a eu lieu en 1824. Il eut été assez intéressant de savoir l'importance des déboisements exécutés de 1738 à 1770 à la veille de la tourmente révolutionnaire.

Il est d'ailleurs probable qu'il n'y eut pas énormément de défrichements radicaux, ayant pour but d'enlever à la forêt une surface pour la réduire de suite en culture; ce sont les défrichements indirects qui attirent moins l'attention des autorités qui ont dû dominer. C'est ce qui avait lieu notamment en Maurienne où, sur le parterre des coupes à blanc étoc pratiquées pour l'alimentation des usines métallurgiques importantes des Fourneaux, du Freney, d'Epierre, d'Argentine, on faisait paître chèvres et moutons. L'intendant de Saint-Jean signale bien que ces fabriques, « outre divers martinets, n'occasionnent pas moins la ruine des forêts dans leurs environs. Cependant, dit-il, leur suppression serait nuisible aux Royales finances[1] ».

Les habitants essayent aussi de tourner la loi en disputant sur les mots, en alléguant qu'il ne s'agit que de broussailles. Aussi l'intendant général propose-t-il de défendre « à qui que ce soit d'esserter, ni faire des fourneaux dans aucune partie des fonds inscrits sur le cadastre en bois broussailles ou broussailles seulement, sans avoir obtenu la

[1] Arch. S., série C 659, mémoire, 1776.

permission par écrit de l'intendant, sous peine de 200 livres d'amende par journal et ainsi à proportion et les sindics et conseillers seront tenus solidairement en leur propre et privé nom à 100 livres d'amende lorsqu'ils n'auront pas dénoncé aux châtelains les contrevenants dans le mois au plus tard[1]».

L'usage du feu paraît alors être très général : après la coupe on arrachait les broussailles, on brûlait les rémanents et la couverture morte ou vivante du sol. C'est ce qu'on appelait alors cuire les terres. On peut juger que le parcours du petit bétail, après une telle opération qui favorisait déjà l'enherbement, avait vite fait d'anéantir le recru qui avait résisté à la flamme. Parfois aussi, au lieu de chercher à constituer un pâturage pendant les premières années après la « cuisson », on ensemençait en seigle le sol un peu enrichi par la cendre, là où le roc n'était pas trop voisin de la surface.

Ces pratiques avaient lieu au vu et au su de tous; elles n'étaient que rarement dénoncées à l'intendant ou au châtelain. De là, les mesures de rigueur proposées contre les sindics et conseillers coupables d'un silence complice.

Parfois même, ces administrateurs municipaux ne se contentaient pas de fermer les yeux, comme ce Jean-Baptiste Genevois, conseiller de Cruët, qui, en 1773, le long de l'Isère, a distribué en maître les bois à ses amis et en refuse aux autres. Ce particulier était depuis vingt et plus d'années dans le conseil de la paroisse qu'il gouvernait à son gré[2].

Quelles seront les sanctions pour ces défrichements dangereux au plus haut point, puisqu'ils se font dans les vernets qui empêchent les divagations de l'Isère? C'est la révocation dudit Genevois et son remplacement dans le conseil; c'est l'interdiction de continuer le déboisement « sous peine de la saisie et perte de la prise », c'est enfin l'imposition d'une taxe pour ce qui a été exploité. Il faut reconnaître que ce n'était pas bien terrible et que cet exemple n'était pas fait pour décourager.

La suppression du recrû par rejets ou par brins de semence est aussi un moyen, lent il est vrai, de détruire l'état boisé. C'est une méthode assez communément employée, mais avec des modalités diverses.

Ici, les habitants, en allant recueillir l'herbe, « coupent les jeunes plantes[3] »; là, on enlève les jeunes brins, tantôt pour en faire des clôtures rustiques, tantôt, comme dans les Beauges, pour les travailler. Ainsi à Saint-François-de-Sales on fait, en 1783, de la vaisselle en bois : « les gens vont à la montagne et abattent les petites plantes de sapin, les mettent en pièces et les apportent en morceaux. Cet abus est journalier et a toujours existé sans qu'on ait pu l'empescher[4] ».

Le pâturage intensif en forêt, surtout par les chèvres et les moutons, empêche également toute régénération et amène aussi à la longue la suppression des peuplements.

C'est surtout le long des cours d'eau que les défrichements sévissent : la nature meuble du sol, souvent sa profondeur et sa constitution par des éléments alluviaux variés donnent, en effet, des terrains de culture très fertiles. Aussi l'intendant général propose-t-il encore en 1778 d'interdire les déboisements à 18 pieds non plus des rives mais de la limite « que les eaux occupent dans leur plus grande excroissance. — Cet

[1] Arch. S., série C 569, Projet de règlement, 1778.
[2] Arch. S., série C 180, fol. 44.
[3] Arch. S., série C 700, Saint-Jean-d'Arves, 24 juin 1785.
[4] Arch. S., série C 700, Saint-François-de-Sales, 15 février 1783.

article est nécessaire pour éviter les inondations auxquelles les Constitutions ne pourvoient pas assez [1] ».

Les Royales Constitutions prévoyaient bien aussi, dans le même but, l'obligation pour les riverains de planter le long des fleuves et torrents. L'intendant général avait rappelé ces prescriptions le 20 mars 1776, mais sans succès. Deux ans après, il constate qu'en Savoie propre « plusieurs personnes ne font pas les plantations nécessaires aux bords des rivières et torrents, parce qu'on coupe et vole aussitôt les jeunes plantes [1] ».

En Maurienne, l'intendant objecte : « quant à ce qui concerne les plantations d'arbres ordonnées par les Constitutions, elles ne sont guère praticables dans cette province, parce que les rives des rivières et torrents qu'il y a n'en sont guère susceptibles, étant presque toutes ou garnies de pierres ou d'un terrain mouvant ou sablonneux, de sorte que pour les faire exécuter dans les endroits qui peuvent en être susceptibles, il faudrait que chaque conseil en fît une visite exacte en suite de laquelle il fît faire lesdites plantations et, qu'en cas d'inexécution de la part des particuliers aboutissants dans le terme qui leur serait fixé, il envoyât une note au bureau de l'intendance pour en obtenir des ordres de contrainte, qui porteraient qu'à défaut de s'exécuter dans le nouveau délai qui leur serait fixé, lesdites plantations seraient faites à leurs frais, à raison de 20 ou 30 sous par pied d'arbres [2] ».

En somme, le reboisement ordonné n'avait pas été exécuté, non plus, sans doute, que le repeuplement des surfaces défrichées indûment. Les propriétaires qui essayaient de planter s'exposaient à de sérieux mécomptes. Ainsi le comte de la Tour avait fait planter dans une de ses terres, aux environs de Chambéry, 200 peupliers. On les lui enleva pendant une nuit sans en laisser un seul [3]. En 1778, la situation n'a pas changé et l'intendant général, dans son projet de nouveau règlement, prévoit : 1° le reboisement obligatoire des terrains menacés d'être emportés par les cours d'eau sauvages, sauf aux propriétaires à abandonner une largeur de 10 toises (27 m. 15) de terrain le long de la rive menacée ; 2° le repeuplement des forêts exploitées où, au bout de trois ans, la régénération naturelle ne sera pas assurée.

Mais aucune disposition législative nouvelle n'est venue combler les lacunes signalées par les intendants et la Révolution survint avant que rien ait été fait pour enrayer les défrichements et favoriser les reboisements.

CHAPITRE III.

LE COMMERCE DES BOIS.

A l'intérieur du pays, le commerce des bois était devenu à peu près libre. Le développement des industries métallurgique et verrière qui exigeaient des quantités considérables de combustible, les besoins des communes et des particuliers avaient fatalement amené l'abolition de l'interdiction d'exporter la matière ligneuse hors du territoire [4] de la commune. Les grandes surfaces boisées nécessaires aux usines, ce n'était pas

[1] Arch. S., série C 569, projet de règlement, 1778, *Passim*.
[2] Arch. S., série C 659, Mémoire responsif, 1776.
[3] Arch. S., série C 137, p. 38.
[4] Voir *Les torrents de Savoie*, p. 138-161.

seulement les communes mais les particuliers et principalement les nobles qui les vendaient.

« Il y avait anciennement dans la Savoie propre, écrivait en 1802, l'ingénieur Albanis Beaumont[1], plusieurs belles forêts tant en chênes qu'en châtaigniers, hêtres et sapins; leur destruction date du siècle dernier, vu qu'appartenant presque toutes à la noblesse, à part celles qui étaient communales, ces grands propriétaires, dont la fortune décroissait dans la même proportion que leur famille augmentait, étaient obligés de figurer à Turin, lorsqu'ils y étaient appelés pour remplir les emplois qu'ils occupaient à la cour, désirant aussi donner à leurs enfants une éducation analogue à leur rang et à leur naissance, étaient souvent dans le cas d'avoir recours à des coupes irrégulières très considérables pour se procurer du numéraire ».

On trouvait des exploitations minières en Maurienne, en Savoie propre aussi bien qu'en Genevois et en Faucigny : il y avait donc tous les éléments nécessaires à un commerce des bois.

Mais, par contre, tout commerce extérieur était interdit (R. C. 1729, art. 147; R. C. 1770, art. 24) « sous peine de la perte des bois et de celle des chariots, bœufs, chevaux, barques et autres voitures sur lesquelles on trouvera qu'on les transporte ».

En Savoie, le souci de faire vivre les industries locales qui mettaient en valeur les produits du sol justifiait jusqu'à un certain point cette inhibition. Mais les rivières, ces chemins marchant, conduisant en Suisse et surtout en France, l'occupation par les Espagnols alliés des Français, de 1742 à 1748, qui avait abattu les barrières douanières, favorisaient l'exportation sur Genève, Lyon et le Dauphiné.

Malgré les Royales Constitutions, les forêts du Chablais, du baillage de Ternier et Gaillard, celles des communautés du Genevois et du Faucigny à proximité de Genève voyaient leurs produits transportés et vendus dans cette ville « par tolérance », sans ordre ni permission préalable ». Pour enfreindre ainsi les lois, les intendants alléguaient que ces exploitations et exportations formaient « une branche de commerce qui fournit aux communautés les ressources pour payer les tributs royaux, d'autant que, pour les autres denrées, elles n'ont que le débouché dans ladite ville [2] ».

En 1754, un traité conclu avec la République de Genève régularisa la situation et autorisa désormais l'exportation vers ce centre important de consommation des bois du duché de Savoie.

Toutefois une réaction administrative s'esquissa vingt ans après, « Aux environs de 1774, il y eut ordre de se conformer aux Royales Constitutions en ne permettant aucune entrée de bois ni de charbon dans Genève. L'on fit même saisir en Chablais, sur les bords du lac (Léman), tous ceux approvisionnés pour y être transportés. Mais le Chablais ayant suffisamment de bois de chauffage et n'ayant que cette ressource pour se procurer du numéraire, on continua d'en tolérer l'exportation de cette province et de tout l'environ de Genève qui y a constamment vendu le bois de chauffage, celui de bâtisse étant excepté [3] ».

Ainsi la nécessité d'assurer la rentrée des impôts avait amené le fléchissement de la rigueur des intendants royaux dans le nord du Duché.

Mais les mêmes raisons n'existaient pas du côté de la France où le système des

[1] Alb. BEAUMONT, *Description des Alpes grecques et cottiennes*, t. II, p. 148, Paris. an XI.

[2] Arch. S., série C 72, p. 201.

[3] Arch. S., série C 153, p. 39.

autorisations royales fut toujours maintenu. C'est qu'en effet, les contrevenants, au lieu de donner au fisc l'argent qu'ils tiraient de leur trafic, préféraient « le manger au cabaret ou au jeu »[1]. Les délits se multipliaient d'une façon effrayante surtout dans les régions voisines du Rhône[2], où les forêts étaient ruinées. La dévastation était telle qu'en 1775 l'intendant général de Savoie dût solliciter de Turin l'autorisation « de tirer des environs de Belley 300 ou 400 douzaines de planches pour accélérer la perfection du palais du roi et de sa cour dans le château royal de Chambéry »[3]. On peut d'après cela se figurer l'état des forêts de la Combe de Savoie.

Aussi le gouvernement essaya-t-il de bonne heure de réagir. Le roi Charles-Emmanuel III (1730-1773), « informé de la ruineuse dégradation des forêts en ce duché, et de l'exportation des bois en France, à la faveur du lac du Bourget qui se dégorge dans le Rhône, et de cette rivière qui borde la Savoye depuis la Semine jusqu'à Saint-Genys inclusivement, ce qui forme l'étendue de 20 lieues environ[4], voulant d'un côté arrêter cet abus et voyant de l'autre que les §§ 7 et 13, titre IX, livre VI des Constitutions laissaient subsister des difficultés pour la preuve de cette espèce de contravention, détermina de la rendre plus aisée et, à ces fins, par ses Royales Patentes du 3 janvier 1742, défendait de faire flotter, autrement transmarcher sur ces frontières, ni d'embarquer sur ledit lac, sous quelque prétexte que ce fut, aucune espèce de bois travaillé ou non, sans permission par écrit des intendants. En déclarant que tous ceux qui seront trouvés dans l'étendue d'une demi-lieue à la ronde des frontières ou à un quart de lieue du lac du Bourget conduisant ou faisant conduire des bois de quelque espèce que ce soit, travaillés ou non travaillés et allant du côté desdites frontières ou dudit lac, dans l'étendue ci-devant spécifiée encourront les peines portées par ledit paragraphe 13, défendant au surplus de faire aucun amas en magasin desdits bois travaillés ou non dans les espaces ci-devant spécifiés sans la permission des intendants »[5].

En 1774, malgré ces règlements draconiens « la dégradation des forests et l'exportation des bois en France se manifestent de plus en plus; les plaintes générales dans la Savoie propre, notamment dans la partie aboutissante au Rhône et au lac (du Bourget) et l'énorme cherté de l'espèce en font une preuve trop sensible et convaincante »[5].

L'intendant général multiplie ses efforts pour enrayer le mal et, en 1776, il écrit à Turin non sans quelque amertume : « Si j'excepte une saisie dernièrement faite d'une quantité de plantes près du lac du Bourget, tous ces soins n'eurent pas le moindre succès »[6].

Aussi, en 1778, propose-t-il une aggravation de la législation existante et une extension des Lettres Patentes de 1742 : au lac du Bourget et au Rhône, il faudra ajouter « l'Isère au-dessous du pont de Montmeillant ». Si les surveillants ne peuvent saisir le corps du délit, « la peine sera de 200 livres d'amende et subsidiairement de 2 mois de prison ».

[1] Arch. S., série C 137, p. 38.
[2] Arch. S., série C 142, p. 158.
[3] Arch. S., série C 182, p. 33.
[4] La lieue de Savoie était de 7 kilom. 706.
[5] Arch. S., série C 141, p. 16.
[6] Arch. S., série C 142, p. 163.

La zone où le transport des bois est interdit est portée à une lieue « pour éloigner toujours plus le danger sur des frontières ouvertes. Mais on a limité la défense aux bois de bâtisse et planches, parce que ce n'est pas des bois à brûler dont on fait le plus souvent contrebande et que celui-ci était d'une nécessité journalière, les permissions gêneraient trop ».

Les scieries situées dans la zone d'interdiction ne pourront recevoir de bois sans se faire remettre en même temps les permissions délivrées par les autorités [1].

Et pourtant le flottage sur les cours d'eau ne pouvait se pratiquer qu'avec une permission de l'intendant [2]! Les châtelains, les commis et gardes des gabelles, les conseillers et syndics des communes étaient chargés de surveiller les rivières, de saisir les bois exportés en délits. Mais il n'y avait pas à faire grand fond sur tout ce personnel ; on a vu plus haut comment se comportaient les châtelains, syndics et conseillers. Quant aux douaniers, voici ce qu'en écrit l'intendant général lui-même au comte Corte à Turin : « La vigilance de employés des gabelles est trop peu de chose pour y compter dessus. Sur l'étendue de vingt lieues que le Rhône parcourt notre frontière nous n'avons que 8 employés dont 2 octogénaires, et tous sédentaires. Ces pauvres gens ne sont certainement pas en état d'y veiller, ni de s'opposer à cette espèce de contrebande » [3]. Comment dès lors s'étonner de l'impuissance des intendants à arrêter la dévastation et à empêcher les délinquants de tirer profit de leurs larcins?

DIVISION II.

LES FORÊTS EN TARENTAISE

SECTION I.

Le régime forestier.

Depuis les Lettres Patentes du 22 décembre 1739, tous les bois de Tarentaise sont soumis au régime forestier spécial institué par elles. Comme il n'existe pas dans cette province de forêts royales, il ne peut s'agir que de :

1° Forêts communales et établissements publics;

2° Forêts ecclésiastiques ou seigneuriales;

3° Forêts particulières (L. P. 1739, art. 22; L. P. 1760, art. 7, 8, 9).

La province de Tarentaise comprenait, sous l'ancien régime, tout le bassin de l'Isère en amont de Conflans, la vallée de Beaufort et la rive gauche de l'Arly depuis le confluent de cette rivière avec le Doron de Beaufort jusqu'à son embouchure dans l'Isère. A partir de 1760, on soumit en outre au régime spécial les forêts situées sur le territoire d'un certain nombre de communes de la province de Savoie propre : Sainte-Hélène, Grignon, Monthion, Notre-Dame-des-Millières.

[1] Arch. S., série C 569, projet de règlement.
[2] Arch. S., série C 66, p. 166, 191.
[3] Arch. S., série C 137, 13 août 1774.

Par suite, la Tarentaise forestière comprenait donc notre arrondissement actuel de Moutiers tout entier, une partie de l'arrondissement d'Albertville, soit le canton complet de Beaufort; dans le canton d'Albertville, les communes de Albertville partie, La Bathie, Cevins, Esserts-Blay, Grignon, Monthion, Rognaix-Saint-Paul, Tours, Venthon; dans le canton de Grésy-sur-Isère, Notre-Dame-des-Millières, Sainte-Hélène-sur-Isère. Les surfaces soumises au régime forestier spécial étaient par nature de propriétaires :

		En 1739.	En 1760.
	Communales................	35,491ʰ 47ᵃ 52	36,587ʰ 34ᵃ 17
Forêts.	Écclésiastiques..............	643 04 01	644 46 03
	Particulières................	10,184 79 47	11,151 10 89
	Totaux.............	46,319 31 00	48,382 91 09

Remarque. — Le total donné pour 1739, c'est-à-dire après l'édit de péréquation, peut être considéré comme l'aire forestière exacte de l'ancienne province de Tarentaise. La Consigne des bois ordonnée par les Constitutions de 1729 n'a pas été fournie. En 1758, l'intendant Angiono n'en trouve pas trace [1] : il oublie l'édit du 21 avril 1730 qui reporte à l'achèvement de la mappe la date de la déclaration. En 1760, une consigne des bois avait été faite (L. P. 1760, art. 1 à 6), mais ce document fait défaut aujourd'hui, ayant sans doute été détruit dans l'incendie du château de Chambéry en 1798. Les chiffres donnés ci-dessus pour 1760 ne sont donc qu'approchés.

Pour être plus précis, il eut fallu distinguer les forêts d'origine féodale, à côté des forêts ecclésiastiques.

Les peines portées dans l'édit royal du 2 mai 1760 contre les propriétaires ou administrateurs qui auraient négligé de remettre la consigne demandée sont les mêmes que celles des Royales Constitutions de 1729. Mais les mesures prises en 1760 pour obtenir une déclaration exacte et servant de base à des exploitations sont très dures : l'article 4 interdit aux propriétaires et administrateurs de forêts publiques ou privées de quitter la province, même le lieu de leur domicile, avant d'avoir fait leur déclaration ! Les consignes devaient être réunies en registres avec répertoires alphabétiques et tableaux de répartition suivant les modes de traitement (art. 5, 6).

Cette consigne a dû être trouvée satisfaisante puisque les Lettres Patentes du 18 mai 1771 déclarent que les états remis en exécution du règlement de 1760 tiendront lieu de ceux prescrits par les Royales Constitutions de 1770. Les registres des forêts de Tarentaise étaient d'ailleurs tenus à jour, au fur et à mesure des exploitations réalisées.

SECTION II.

Le personnel administratif.

A. *Régime des Lettres Patentes du 22 décembre 1739.*

I. **Agents.** — On voit apparaître l'ébauche timide d'un personnel de gestion spécial. Le premier mot de l'article 1ᵉʳ indique qu'un poste d'inspecteur des forêts de

[1] Arch. Moutiers, série I 74.

Tarentaise est créé. Mais cet inspecteur est subordonné à l'intendant de Moutiers qui, en vertu des Royales Constitutions, est «conservateur» des forêts et, à ce titre, seul a qualité pour autoriser les coupes (R. C. 1729, art. 7-9) et avec cette aggravation que, dans notre province (art. 22), les particuliers n'ont même plus la liberté de couper leurs taillis.

L'inspecteur a dans ses attributions la haute surveillance des forêts : il doit asseoir les coupes 2 fois l'an, visiter les coupes de bois pour les salines, parcourir le parterre des exploitations antérieures, vérifier s'il n'y a pas de délits, si la régénération se fait bien et, le cas échéant, ordonner les travaux nécessaires pour assurer le réensemencement et le développement des bonnes essences (art. 1 à 3); il règle aussi la vidange des coupes.

Il dresse des procès-verbaux de ses opérations (art. 4) qu'il remet à l'intendant : c'est au vu de ces rapports, des demandes de bois qui lui sont présentées par les communes, les usines et les particuliers, que ce magistrat arrête l'état des coupes à asseoir par l'inspecteur (art. 10 et 11).

La province entière forme la circonscription de l'inspecteur.

Au-dessous de cet agent supérieur, on rencontre, comme dans le reste du duché, le châtelain avec son double rôle administratif et judiciaire.

Quand les députés des communes constatent un délit, c'est par devant le châtelain qu'ils font leur déposition. Le châtelain vérifie sur ses registres que l'exploitation dénoncée n'a pas été autorisée par l'intendant, ouvre une enquête et saisit les bois après les avoir reconnus; il peut aussi recevoir de l'intendant l'ordre de faire en forêt des tournées de vérification ou de surveillance (art. 8 et 9).

Quand un particulier est autorisé par l'intendant à faire une coupe, même dans sa propre forêt, le châtelain accompagne les députés de la commune qui doivent fixer l'assiette de la coupe et le châtelain en fait mention et sur la permission et sur ses registres (art. 22).

Il faut remarquer que les lettres patentes de 1739 n'exigent de l'inspecteur aucune connaissance spéciale, ou un titre juridique ou autre. A la différence du maître des eaux et forêts de France, il n'intente pas d'action publique : c'est le procureur fiscal qui requiert contre les coupables.

Le premier agent forestier, nommé en Savoie, inspecteur des forêts de Tarentaise, s'appelait Varambon : il mourut le 28 octobre 1749. «C'était, écrit le directeur des salines de Moutiers qui avait avec lui de nombreuses relations de service, c'était un très homme de bien et fort au fait des fonctions de son office et comme l'article des forêts est le fondement des salines, il est à souhaiter que celui qui doit le remplacer possède les mêmes qualités du défunt».

Quelles sont donc ces qualités? L'intendant de Tarentaise, Maraldy, en rendant compte à l'intendant général du décès, dit : «Le sieur Varambon, inspecteur des forêts, après la visite faite des bois avec M. Natalis (directeur des salines), est mort d'une goutte remontée, le 28 du courant. Je crois que la grande fatigue qu'il a essuyée dans sa visite a occasionné sa mort. Bien des personnes vous auront, Monsieur, prié et fait prier pour remplir ce poste. Mais il faut pour cet emploi une personne de probité, de vivacité et de crédit dans les paroisses»[1].

[1] Arch. S., série C 564.

De l'honnêteté, de la robustesse et de l'activité, avec la confiance des populations, voilà ce que réclame l'intendant : de connaissances techniques pas un mot.

Il résulte seulement de cette correspondance que la nomination de l'inspecteur des forêts de Tarentaise rentrait dans les attributions de l'intendant général du duché.

II. **Préposés.** — Les lettres patentes du 22 décembre 1739 organisèrent une surveillance locale des forêts très particulière : dans chaque commune, le conseil désignait des «députés» chargés d'assister l'inspecteur dans ses visites (art. 1, 2, 11, 12) et, en outre, de contrôler les scieries et entrepôts de bois. Ces députés devaient aussi faire au moins une tournée de reconnaissance dans les forêts : s'ils ne constataient aucun délit, ils devaient simplement faire le compte rendu de leurs rondes au secrétaire de la commune, qui en dressait procès-verbal; sinon, il leur fallait s'adresser au châtelain chargé des enquêtes judiciaires (art. 8).

Les députés ont aussi à surveiller les exploitations et la vidange des coupes dont l'inspecteur a fixé l'assiette et les voies de desserte (art. 13 à 21) et à empêcher le pâturage dans les cantons non défensables et reconnus tels par l'inspecteur (art. 25).

Ces députés étaient frappés d'amendes parfois considérables pour toute négligence ou oubli dans leurs fonctions, de même que pour tout détournement dont ils se seraient rendus coupables.

Il semble bien que cette institution des députés forestiers communaux ait son origine dans le règlement du 8 juin 1739, fait par l'intendant général de Savoie pour l'application des Royales Constitutions (art. 80, 81) : elle a eu probablement pour but de dispenser les communes de payer des frais de garde et d'alléger ainsi leur budget en déficit. On rencontre pourtant en Tarentaise des gardes forestiers comme dans le reste du duché, sans plus forts traitements d'ailleurs. Ainsi à Aime, on trouve des gardes avec un salaire annuel de 7 livres [1]; à Landry, le garde touche 6 livres, à Longefoy, 2 livres; à La Perrière 5 livres, etc.

III. **Fonctionnement du service.** — Comment fonctionnait cette organisation? Un mémoire du chevalier Angiono, intendant de Tarentaise, du 22 septembre 1758, va nous l'apprendre [2]. Ce fonctionnaire constate d'abord que le règlement du 22 décembre 1739 est assez mal exécuté et il en recherche les causes. «Commençant par l'inspecteur, l'étendue non seulement de la province, mais encore celle de chaque vallée et des forêts considérables d'icelle démontrent assez l'impossibilité dans laquelle il se trouve de faire toutes les visites dont il est chargé et de reconnaître et d'être instruit de toutes les dégradations. Il est d'ailleurs chargé d'assister à la coupe des bois de toise et tous les flottemens qui s'en font pour le service des salines, ainsi qu'à la coupe et transport des pièces de bâtisse pour les réparations de bâtiments; il est arrivé assez souvent que sa présence se trouvait nécessaire tout à la fois dans différents endroits, et cet inconvénient a été plusieurs fois représenté au bureau général des finances.

«Quant aux châtelains, les dispositions qui les regardent supposent leur résidence dans les endroits, ce qui n'a jamais pu s'obtenir, attendu qu'ils n'ont point de gages et

[1] Arch. S., série C 971.
[2] Arch. Tse., série I, n° 74.

que les emplois sont plutôt onéreux qu'utiles, se trouvant par cette raison bien des juridictions qui n'en trouvent pas et dans lesquelles le Sénat est obligé de nommer d'office, ce qui arrive même à l'égard des juges. D'ailleurs, il y a plusieurs paroisses qui dépendent d'une même juridiction et dans lesquelles il n'y a, par conséquent, qu'un seul châtelain, telles que celles de la Val-d'Isère, du marquisat de Saint-Maurice, de celui de Saint-Thomas et il est impossible qu'un châtelain puisse suffire à tant d'endroits, d'autant plus qu'il ne leur est assigné aucun salaire pour les visites et actes qu'ils devraient faire.

« Passant aux charges prescrites par ledit règlement aux députés des paroisses, il est évident qu'elles exigent une quantité de journées pendant lesquelles ils sont obligés de quitter leurs affaires domestiques et les travaux de la campagne, et, comme ce sont des païsans qui vivent du travail de leurs mains et du produit des terres qu'ils cultivent, il s'en suit qu'ils manqueraient, dans lesdits jours de visite, des moïens de subsistance, sauf qu'on leur assignat un salaire pour leurs journées, ce qui cependant ne les dédommagerait pas encore puisque ces visites se rencontrant dans le tems le plus prétieux de l'agriculture, les dérangent dans leurs dits travaux de campagne, préjudice qui ne peut être compensé par la perception d'un droit de vacation, ce qui est si vray dans ce païs au tems des prises et semailles, comme il faut profiter des beaux jours, et que tous les païsans y sont occupés, on trouve difficilement des ouvriers. »

Le mal signalé était d'ailleurs tellement réel qu'on se décida, en 1759, à nommer à côté de l'inspecteur Bessy un sous-inspecteur des forêts, nommé Minoret (Jacques-Joseph), qui avait été secrétaire de l'inspecteur des forêts de Tarentaise depuis 1753.

Mais l'intendant Angiono avait proposé dans son mémoire une augmentation sérieuse du nombre des agents. Au lieu de ne former qu'une seule circonscription forestière, la Tarentaise devait être partagée en 8 sections ayant chacune un agent, savoir : la première, avec Sainte-Foy pour centre, comprendrait la haute vallée de l'Isère jusqu'à Villaroger et Séez, inclusivement.

La seconde engloberait tout le marquisat de Saint-Maurice, soit les communes de Bourg-Saint-Maurice, Hauteville-Gondon, Landry, Peisey, Les Chapelles, Valezan et Bellentre ;

La troisième aurait les paroisses d'Aime, Macot, Langefoy, Saint-Amédée-de-la-Côte, Granier, Tessens, Vilette, Montgirod, N.-D.-du-Pré, et son chef-lieu à Aime ou à Macôt.

« Les motifs qu'on a de proposer 3 départements pour cette vallée, dit le mémoire, sont l'étendue et l'importance des forêts qui se trouvent dans chacun ; mais encore l'espérance que, comme ces montagnes donnent plusieurs indices de mines et qu'on a fait plusieurs découvertes nouvelles, on pourrait en entreprendre la culture et dans lequel la conservation des forêts devient toujours plus de conséquence et la résidence d'un conservateur à portée de ces paroisses plus nécessaire, soit pour assister aux coupes, transport, que pour empêcher et reconnaître les contraventions. Étant presque impossible à un seul conservateur, dans le susdit cas de plusieurs exploitations de minières à la fois, de pouvoir veiller avec l'assiduité nécessaire sur toutes les forêts. »

La vallée de Bozel, jusques et y compris les Allues et Feissons sur Salins aurait constitué la 4e section, avec centre à Bozel ou aux Allues.

« Les paroisses de Briançon, Celliers, Bonneval, Pussy, Rognaix, Saint-Paul et Saint-

Thomas-des-Esserts. avec celles de Fessons-sous-Briançon. Cevins. La Bâtie et Tours exigent nécessairement un conservateur particulier, qu'on pourrait subordonner à celui de Conflans ou de Moutiers dont l'autorité et le contrôle s'étendrait sur les 5 autres sections et qui aurait la gestion des forêts les plus voisines de Moutiers et de ses salines, dans la vallée de Belleville, et les portions des vallées du Doron de Bozel et de l'Isère laissées dehors de la répartition précédente. »

L'agent de Moutiers aurait le titre de Conservateur principal ainsi qu'un agent dont la résidence eut été à Conflans et dont la section eut compris « les paroisses voisines de Conflans. les vernais du côté des Millières et ceux de la Batie et Tours, qu'on démembrerait des départements ci-dessus ».

Une section était prévue dans la vallée de Beaufort et une autre pour les paroisses confinant l'Arly, avec siège à Ugines.

Il est à remarquer que ces sections correspondent à peu près à nos brigades actuelles et les conservations principales aux inspections de Moutiers et d'Albertville; d'autant mieux que la section de Cevins pouvait être rattachée dans le plan de réorganisation à la conservation de Conflans.

B. *Régime de l'édit du 2 mai 1760.*

1. **Agents.** — Les rapports des intendants n'ont pas été inutiles et le règlement de 1760 pour les bois de Tarentaise est un acheminement vers une organisation plus complète de l'administration et du régime forestiers.

Désormais, la province sera divisée en 4 départements forestiers et non en 8, comme le proposait l'intendant Angiono deux ans auparavant :

1° Le département du Bourg-Saint-Maurice comprend toute la haute vallée de l'Isère jusques et y compris les territoires de Granier. Ayme et Macôt.

2° Le département de Moutiers s'étend à l'aval du précédent jusqu'à Rognaix et Feissons-sous-Briançon sur l'Isère inclusivement. et dans la vallée du Doron de Bozel jusqu'à l'extrémité du territoire de Moutiers seulement.

3° Le département de Bozel était formé par la vallée du Doron jusques et y compris Salins.

4° Enfin, le département de Conflans englobait le reste de la province sur l'Isère et l'Arly. la vallée de Beaufort et la région des Millières dépendant de la Savoie propre.

Les Conservateurs sont nommés par l'intendant et agréés par le roi (art. 33).

Pour être nommé conservateur, il faut être gradué en droit ou au moins notaire expert, au fait de la procédure pénale. Aucune condition d'âge n'est imposée.

Le traitement des conservateurs est à la charge de la caisse provinciale. Les fonctions des conservateurs sont celles qu'exerçait. avant 1760, l'inspecteur des forêts de Tarentaise (art. 16. 17, 33, 35 à 37, 26).

Avant de prendre possession de leur poste. les conservateurs prêteront serment entre les mains de l'intendant. Ce point est à retenir; ce n'est pas le tribunal ordinaire, le juge maje qui recevra ce serment, c'est le haut fonctionnaire délégué direct du roi (art. 38). D'ailleurs c'est l'intendant qui demeure toujours le « grand maître » des forêts de Tarentaise; comme auparavant (art. 15. 17 à 20, 22, 11 et 24. 25, 27).

II. **Préposés.** — Ici encore l'édit innove : le roi a renoncé à confier aux députés des conseils de surveillance des forêts et il ordonne de créer des gardes ou forestiers (art. 39). On a vu que l'emploi existait déjà en certaines localités.

Le nouveau règlement généralise l'institution (art. 39. 40).

Ces gardes sont nommés par le conservateur qui détermine aussi l'étendue des triages, pour employer le mot moderne, sous réserve de l'approbation de l'intendant.

Ces triages portent sur une ou plusieurs communes, selon que les forêts seront plus ou moins étendues, éloignées et montueuses.

Le salaire des gardes est payé comme aujourd'hui pour nos gardes communaux par les budgets des municipalités intéressées : il est fixé par l'intendant qui a dans ses attributions toutes les affaires financières.

C'est le conservateur qui reçoit le serment des préposés.

Les fonctions des gardes comprennent principalement la surveillance, la recherche et la constatation des délits (art. 40) et l'exécution des ordres tant du conservateur que de l'intendant. Aucun insigne, aucun armement n'étaient prévus.

Dans le cas où ces préposés abuseraient de leurs fonctions ou commettraient des actes de prévarication, ils s'exposent à être révoqués par l'intendant et, suivant les cas, à être poursuivis en justice (art. 41).

Aucune condition d'âge ou d'instruction n'était exigée des gardes.

III. **Fonctionnement du service.** — On pouvait espérer que le nouvel édit assurerait une meilleure gestion des forêts tarines; malheureusement il demeura lettre morte. Loin de créer 4 conservateurs, on laissa en fonctions l'inspecteur Bessy, jusqu'à sa mort. On peut imaginer ce que pouvait être le service actif d'un homme perclus d'infirmités. En 1776, date du décès de l'inspecteur, on était au même point que 16 ans auparavant. L'intendant de Tarentaise écrit à ce sujet :

« Je ne sais pas les motifs qui ont fait suspendre l'établisssment des Constitutions; mais nombre de considérations me font penser que l'un des moïens de procurer, mieux que par le passé, la conservation des forêts de Tarentaise, serait que les règlements statués par l'édit du 2 mai 1760 fussent mis en vigueur, ce qui ne peut s'exécuter qu'autant que l'on députera des conservateurs bien choisis pour chaque département. Dans ce cas, je proposerai le Sr Minoret pour le département du Bourg-Saint-Maurice, au gage de L. 350. L'on pourrait également trouver 3 autres bons sujets pour les départements de Moutiers, Bozel et Conflans. Leurs gages seraient à la charge des communautés de chaque département; l'on retrancherait le salaire que l'on admet dans les rôles d'imposition pour des forestiers inutiles que les administrateurs nomment dans chaque communauté et on leur substituerait 4 gardes forêts et un brigadier par chaque département : le brigadier serait payé à raison de 15 sous et les gardes forêts à raison de 10 sous par jour. Cette brigade serait sous les ordres du conservateur et de l'intendant et porterait sa vigilance dans les différents endroits où le besoin l'exigerait. Le brigadier et les gardes forêts seraient munis d'une bandoulière aux armes du roi et d'un fusil…

« L'expérience me démontre que, nonobstant les règlements pour la conservation des bois, les abus de la dégradation se maintiennent, les contraventions sont ignorées ou dissimulées de manière que, si l'on n'adopte pas ces précautions, la province de Tarentaise sera exposée dans l'espace de moins de 40 ans à manquer de bois pour le maintien de la fabrication des sels et de l'exploitation de la minière de Peisey et peut-être pour l'usage des habitants.

« Cet édit subsiste..., il ne reste qu'à déterminer l'établissement des conservateurs; l'on peut supprimer l'obligation d'être gradué ou notaire, ordonnée par le paragraphe 33 de cet édit. Tout autre sujet pouvant également s'habiliter à dresser des verbaux et se mettre au fait de la procédure contre les contrevenans...

« J'ai dit que chaque communauté salarie des gardes forêts inutiles : leur salaire pourrait être supprimé et servirait en partie à former le salaire des nouveaux gardes forêts et des conservateurs.

« Les nouveaux gardes forêts formeraient un corps de vingt hommes dans la province, qui pourrait servir pour plusieurs autres incombances qui intéressent le service et la sûreté publique. Ils pourraient être tirés parmi les soldats vétérans des régiments nationaux qui fussent cependant en état de soutenir quelques fatigues. » L'intendant ferait des préposés de véritables maîtres-jacques utilisables contre les vagabonds, les fainéants, les malfaiteurs, les contrebandiers : les conservateurs seraient également utiles à plusieurs fins : « ils pourraient remplir plusieurs autres commissions relatives à l'inspection d'un intendant dans tout ce qui a rapport à la manutention des chemins, des digues, comme aussi pour rectifier la construction des maisons des habitants de la campagne et veiller à ce qu'ils couvrent leurs bâtiments en ardoises [1] ».

Abstraction faite de la conception très spéciale que l'intendant de Moutiers se faisait du personnel forestier, on peut voir qu'en 1776 l'administration forestière de Tarentaise était encore à créer. Les communes continuaient à avoir comme avant 1760 des gardes payés d'une façon dérisoire [2] et sous l'entière dépendance des conseils.

L'idée d'avoir des brigades mobiles, par suite sous les ordres directs des conservateurs et de l'intendant, assurait en somme l'action du pouvoir central. On voit aussi que l'échelle proposée des traitements était des plus réduites : 350 livres pour le conservateur, 270 pour le brigadier et 180 pour le garde. Si l'on rapproche cette indigence des salaires du soin que l'intendant prend pour montrer l'intérêt du gouvernement à organiser une administration factotum; si on note, d'autre part, que de nombreux budgets communaux étaient en déficit, et qu'en fin de compte c'était les communes de la province qui devaient payer les forestiers de tous grades, on peut conclure que c'était la question d'argent qui avait été le véritable obstacle à l'application intégrale de l'édit de 1760.

Il est probable que les choses demeurèrent en état et qu'un nouvel inspecteur fut nommé. Dans un rapport fait, au sujet des bois nécessaires aux salines, par le chevalier de Buttet, capitaine lieutenant du corps royal de l'artillerie, en date du 4 avril 1779, il est prévu que « l'inspecteur des bois » fixera avec le directeur des salines l'emplacement des coupes et ensuite qu'il surveillera les exploitations et pour cela il se transportera continuellement des forêts de Moutiers à celles de Conflans pour y maintenir le bon ordre [3]. » Le traitement prévu pour l'inspecteur était de 1.000 livres par an.

Quant à l'ex-sous-inspecteur Minoret il a, ce semble, été nommé châtelain au Bourg-Saint-Maurice en 1777, ce qui lui valait les fonctions de vice-conservateur [4].

[1] Arch. S., série C 870.
[2] Arch. S., série C 981, Bellentre.
[3] Arch. Tse., relation du chev. de Buttet.
[4] Arch. S., série C 888, folio 69.

L'inspecteur devait alors avoir dans ses attributions tout ce qui avait trait aux forêts réservées pour les salines et le vice-conservateur, dans les siennes, aurait eu les coupes et charbonnages destinés à la minière de Peisey. Il n'y avait donc pas de conservateur à Moutiers, ni à Conflans, ni en autres lieux et il ne paraît pas qu'il en ait jamais existé.

En somme, on en est resté, au point de vue du personnel, à l'organisation de 1739.

SECTION III.

Les forêts publiques.

§ 1. DÉLIMITATION ET BORNAGE.

A. *Régime des patentes du 22 décembre 1739.*

Le règlement spécial aux forêts de Tarentaise ne renferme aucune prescription particulière au sujet de l'abornement des propriétés boisées. Cela se conçoit aisément : la consigne des bois ordonnée par les Royales Constitutions du 11 juillet 1729 venait à peine d'être établie; les opérations cadastrales étaient seulement terminées et l'édit de péréquation du 15 septembre 1738 avait consacré les opérations fixant la propriété de chacun. La situation en Tarentaise se trouvait donc la même que dans le reste du duché.

B. *Régime de l'édit du 2 mai 1760.*

On a vu plus haut avec quelle rigueur a été exigée une nouvelle consigne des bois de Tarentaise en 1760 et la comptabilité des coupes autorisées par l'intendant, au regard de la superficie boisée. Il a donc fallu une vérification des limites des forêts.

L'agent forestier, — en réalité l'inspecteur des Lettres Patentes de 1739 — dans ses tournées pour asseoir les coupes, devait obligatoirement reconnaître les confins des forêts où il opérait (art. 35). Pour détacher dans les bois des communes et dans ceux de main morte le quart de la superficie destinée à être mis en réserve (art. 15, 16), il fallait nécessairement connaître avec exactitude ladite superficie. De plus, dans le cas où des limites naturelles, crêtes, ravins ou couloirs n'auraient pas existé, l'agent devait «faire planter des limites visibles et solides». Les résultats de cette opération devaient être rendus publics.

A la différence des autres forêts de la région alpine, celles de la Tarentaise étaient donc parfaitement assises et, partiellement au moins, bornées. Aussi le capitaine Ravichio put-il faire une carte d'ensemble des forêts de la Tarentaise [1]. L'original de cette carte, datant de 1776, se trouve aux archives royales de Turin et une réplique photographique de ce travail, constituant un véritable atlas, a été adressée aux archives départementales de Chambéry.

[1] Arch. S., série C. 900.

§ 2. Aménagement. Sylviculture.

A. *Régime des royales patentes du 22 décembre 1739.*

Les prescriptions légales sont la négation même de toute idée d'aménagement : chaque année, l'intendant remet à l'inspecteur un état des bois à couper. Ce cube indiqué n'est autre que la somme des demandes présentées par les communes pour leur affouage et par la direction des royales salines pour le fonctionnement de cet établissement (art 10). Il appartient ensuite à l'inspecteur d'asseoir les coupes sur le terrain (art. 11).

Les seules règles à observer sont de prendre « la portion de la forêt dont les bois sont le plus en maturité et ne promettent pas une plus grande crûe, s'il y en a de cette espèce, et qu'en outre, la coupe soit faite d'une façon que les coupes qui se feront après n'apportent aucun dommage aux plantes nouvelles par le transport ou le roulement des plantes coupées. » La coupe ne doit pas être assise dans les endroits exposés aux éboutements et avalanches. De ces recommandations, il résulte seulement que les coupes se font à blanc étoc : seule la coupe rase peut déchaîner les coulées de neige et ne mettre aucun obstacle au roulage des produits.

Il faut donc chercher les autres règles imposées dans les documents. Le mémoire du chevalier Angiono, intendant de Moutiers[1], fournit encore de précieux renseignements sur :

1° La nature des peuplements : « la qualité des bois de toutes ces forêts n'est que de sapin, à l'exception de quelques-unes qui sont de faïard ou de mélèze et de quelques autres, mais très peu de bois de chêne et qui sont de très petite contenance. » Par sapin, l'intendant entend aussi bien le sapin pectiné que l'épicéa, le pin sylvestre et le pin de montagne.

Dans la vallée, en basse Tarentaise, sur les territoires de la Bathie et de Tours, il y a aussi une « grande quantité de vernais, qui sont de la contenance de 600 journaux environ, s'étendant jusques à Conflans et qui peuvent en partie suppléer à la provision de bois nécessaire pour la cuisson des sels des salines de Conflans ».

2° L'activité de la végétation. Dans les forêts de résineux, situées en montagne, « la crûe des plantes est fort tardive et, par le sentiment général, il y faut près de 100 ans pour qu'un sapin parvienne à son accroissement et, de fait, même dans les forêts les mieux exposées, où les coupes ont été faites avec le plus de règle, et ont été conservées avec le plus de vigilance, on voit bien qu'elles se repeuplent, mais les plantes sont très petites par rapport à leur âge. Et quant aux forêts qui ont été coupées en plein, comme il a été pratiqué par les Allemands au commencement de l'établissement de ces salines et par des particuliers, pendant la dernière guerre, sans y avoir laissé des plantes de distance en distance, il ne s'en est presque point fait de nouvelles pousses et le peu qui a paru ne donne que fort peu d'espérance, le terrain ayant séché, les semences brulées par l'ardeur du soleil et les rejetons dépérissant faute d'ombre et d'humidité, qui est ce qui contribue le plus à la crue du bois de sapin. »

Ainsi donc la coupe blanche a sévi jusqu'en 1748 et c'est après le traité d'Aix-la-

[1] Arch. Tse., série 1, n° 74.

Chapelle, quand la Savoie a été restituée au roi de Sardaigne, qu'on a commencé à laisser sur le parterre des coupes quelques arbres pour abriter le sol, et servir de porte-graines. C'est surtout de 1730 à 1734, par conséquent avec les Royales Constitutions de 1729, que les coupes les plus considérables ont été faites : on construisait alors les cinq bâtiments de graduation des salines de Moutiers.

3° La consommation industrielle des bois. La quantité de bois à délivrer aux communes pour leur affouage et la construction était assez variable suivant les besoins du moment. Mais pour les salines royales de Moutiers, qui devaient produire annuellement 25,000 quintaux de sel, il fallait 1,000 toises de bois en 1758 : et encore, cette année-là, employa-t-on pour chauffer les eaux salines l'anthracite local. La toise de bois des salines avait 7 pd. 9 p. de long, autant de haut et 3 pd. 1/2 d'épaisseur [1], soit 7 st. 204.

Comme il fallait assurer annuellement la fourniture de bois nécessaire aux salines. l'inspecteur des forêts et le directeur des salines déterminèrent sur chaque commune les surfaces boisées dont les produits devaient être réservés. Sur ces surfaces dont on apprécia la fertilité, on recherche à déterminer la production et, par suite, la possibilité. Un véritable règlement d'exploitation fut élaboré donnant le nombre d'arbres et de toises de bois; il porte le titre de : « *Tabelle générale des bois et forêts* de la province de Tarentaise, leur dénombrement, état et qualité, y compris les bannies, leurs contenances, distances d'icelles jusques aux rivières, qualité de leurs pousses et de leurs terroirs, qualité des chemins, qualité des arbres que l'on coupe annuellement, de même que des fournitures de toises de chaque paroisse et le prix d'icelles, le tout ensuite des visites que je, soussigné, contrôleur principal des royales salines de Moutiers, aurais fait par ordre de MM. de Grégory, général des finances de S. M. et intendant général deçà les monts, comte Ferraris, et conforme à ma relation du 23 octobre 1749. »

Il suffit d'extraire de ce tableau (p. 164 et 165) les renseignements relatifs aux forêts.

Il y a lieu de noter que les chiffres portés au tableau ne donnent pas les totaux indiqués par le directeur des salines. La surface est exacte, mais le nombre d'arbres est de 15,975 au lieu de 14,355 et le nombre de toises de 1,004 au lieu de 1,994. L'erreur commise sur ce dernier nombre doit être une erreur matérielle, le copiste aura pris o pour 9, ces chiffres ayant quelque ressemblance : de plus le nombre 1,004 se rapporte parfaitement au nombre de 1,000 toises indiqué par l'intendant Angiono.

Les forêts portées sur cet état n'alimentaient que les salines de Moutiers, à l'exclusion de celles de Conflans qui tiraient leur combustible de la basse Tarentaise, de la vallée de Beaufort et des environs de Conflans sur l'Arly et l'Isère.

Il résulte aussi de l'observation faite par le directeur Natalis que ces forêts n'étaient peuplées que de résineux.

La surface réservée aux salines de Moutiers comprenait donc 9,046 hectares de forêts sur les 46,319 que renfermait la province ancienne de Tarentaise, soit 19,5 p. 100 de l'ensemble et 25,4 p. 100 de la surface des forêts communales; ces 9,046 hectares donnaient annuellement 1,004 toises, soit 7,232 stères 8. Par suite, on coupait par hectare o stère 7995, soit à peu près o mc 5, soit en arbres 1,76 : l'arbre moyen cubait par conséquent environ 1/3 de mètre cube.

---

[1] Arch. Tse., relation de la visite des bois en 1777 par le chevalier de Buttet.

PAROISSES.	NOMBRE de FORETS BANNIES.	ÉTAT DES FORÊTS.	CONTENANCE DES FORÊTS RÉSERVÉES aux salines Journaux de Piémont.	QUALITÉ DE LA POUSSE DES PLANTES.
Villaroger.................	1	Fort bonne.	1,500	Fort belle.
Ayme.....................	"	Médiocre.	400	Avec succès.
Saint-Amédée-de-la-Côte........	"	Bonne.	150	Idem.
Les Allues.................	1	Médiocre.	700	Idem.
Les Avanchers	1	Bonne.	500	Médiocre.
Bellentre	"	Idem.	1,600	Beaucoup de suc...
Le Bourg.................	"	Médiocre.	1,200	Avec succès.
Le Bois...................	"	Idem.	300	Idem.
Bozel.....................	"	Délabrée.	500	Médiocre.
Saint-Bon.................	"	Bonne.	400	Idem.
Doucy....................	"	Médiocre.	500	Avec succès.
Fessons-sur-Salins	1	Idem.	300	Passablement be...
Fontaine-le-Puy.............	1	Idem.	250	Avec succès.
Sainte-Foy................	2	Idem.	3,000	Médiocre.
Granier...................	1	En bon état.	1,000	Avec succès.
Hautecour	"	Médiocre.	400	Beaucoup de su...
Hauteville-Gondon...........	1 1/2	Idem.	500	Avec succès quoique petit...
Landry...................	"	Idem.	500	Avec succès.
Saint-Laurent-de-la-Côte	1/2	Idem.	150	Idem.
Longefoy	1	Idem.	500	Beaucoup de su...
Saint-Marcel · · · · · · · · · · ·	"	Bonne.	400	Idem.
Macot	"	Fort bonne.	1,200	Idem.
Montgirod.................	"	Passablement bonne.	450	Médiocre.
Montvalezan-sur-Séez.........	1/2	Fort médiocre.	400	Idem.
Montagny.................	"	Bonne.	600	De longue hal...
La Perrière................	1	Passablement bonne.	500	Fort belle.
Pralognan	7	Médiocre.	1,800	Rare.
N.-D.-du-Pré	2	Fort bonne.	1,600	Fort belle.
Séez.....................	1	Idem.	1,500	Idem.
Tessens	"	Fort délabrée.	100	Rare.
Villargerel	2	Mauvaise.	250	Idem.
Villarlurin................	"	Médiocre.	350	Avec succès.
Villette..................	1 1/2	Idem.	300	Rare.

FORÊTS DE TARENTAISE.

QUALITÉ DES TERROIRS.	EN COMBIEN D'ANNÉE LES PLANTES que l'on coupe dans les forêts se remettent dans l'état présent.	QUANTITÉS DES ARBRES QUE L'ON COUPE annuellement.	DE PLANTES NÉCESSAIRES pour former une toise de 3 pieds 1/2 de long.	DE TOISES QUE CHAQUE PAROISSE fournit annuellement.	OBSERVATIONS.
Bon.	70	400	18	50	80 forêts capables, 46 forêts jeunes, 26 forêts bonnes, 23,800 journaux, coupe annuelle de 14,355 arbres et de 1,994 toises pour une dépense annuelle de 7,961 liv. 7 s. Il est à remarquer que les bois des particuliers, les bois fayards et d'autres espèces ne sont pas compris dans l'état, de même que les forêts de quelques autres paroisses, lesquelles, par leur éloignement, ne fourniraient pas actuellement aux salines.
Idem.	60	260	13	20	
Idem.	65	200	20	10	
Médiocre.	70	450	10	30	
Idem.	70	276	12	23	
Fort bon.	60	350	10	35	
Passablement bon.	75	700	20	35	
Idem.	70	189	21	9	
Médiocre.	70	320	20	36	
Idem.	70	150	10	15	Moutiers, le 23 octobre 1749.
Bon.	70	144	12	12	Natalis.
Médiocre.	65	480	20	24	
Bon.	65	126	21	6	
Médiocre.	80	1,600	20	80	
Idem.	70	1,000	20	50	
Fort bon.	65	320	20	16	
Médiocre.	75	376	10	47	
Idem.	75	300	20	15	
Bon.	70	160	20	8	
Fort bon.	70	396	18	22	
Assez bon.	65	240	8	30	
Fort bon.	65	500	10	50	
Médiocre.	70	400	20	20	
Faible.	80	300	20	15	
Sec.	80	360	20	18	
Bon.	65	600	20	30	
Fort pierreux.	80	2,208	16	138	
Bon.	65	300	10	30	
Idem.	70	1,730	10	73	
Mauvais.	80	280	20	14	
Idem.	80	240	20	12	
Médiocre.	70	300	20	15	
Sec, pierreux.	75	320	20	16	

Si le chiffre de 0 mc 35 représente la possibilité par hectare, il faut conclure que les forêts devaient être en assez mauvais état, fort claires : d'autre part, les arbres étaient exploités trop jeunes, si les chiffres de 60 à 80 ans sont exacts.

Mais, grâce à ce règlement, les salines assuraient le rendement soutenu en matière qui leur était indispensable.

Quant aux règles culturales, on ne pratiquait guère que celles édictées par les patentes : on devait, dans les coupes affouagères des communes, commencer par enlever «les plantes qui se trouveront avoir été abattues et endommagées, les plantes tortües» et celles qui, «par leur situation, mauvaise qualité de terrain, ne peuvent plus croître» (art. 17).

On devait, en outre, laisser sur pied tous les sujets ayant moins de 6 pouces 1/2 de diamètre (0 m. 133). Ces rares prescriptions avaient même été totalement méconnues, au moins pendant la guerre de la succession d'Autriche.

Aussi le chevalier Angiono propose-t-il dans son mémoire de compléter sur ce point les Lettres Patentes de 1739, par les mesures suivantes [1] :

1° Les coupes devraient être faites sur les versants «en lignes transversales et parallèles», lorsqu'elles sont destinées à l'affouage des communes et des salines. Déjà l'intendant impose cette condition dans les autorisations qu'il donne pour les coupes d'affouage et aux salines dans leurs exploitations.

2° On ne laisserait sur le parterre des coupes «que les petites dépouilles». L'article 18, *in fine*, des Patentes ordonnait, au contraire, que «les dépouilles en branches et les pointes des plantes coupées resteraient dans la forêt même, sans qu'il soit permis à qui que ce soit de les extraire.» Cette obligation qui avait sans doute pour but de protéger le sol contre l'action mécanique des pluies et des grêles, de conserver et même d'enrichir la couverture morte, dépassait son but. L'intendant signale au gouvernement cet excès de protection; «l'expérience ayant fait voir que la trop grande quantité des dépouilles ne sert qu'à former des tas qui étouffent les petites plantes et qui font pourrir le terrain, il conviendrait qu'il n'y laisser que les pommes, soit bovaches (cônes), les feuilles et les simples pointes des branches qui sont moindres d'un pouce (0 m. 028)».

3° Interdiction des coupes à blanc étoc. «Il n'est pas moins nécessaire, ajoute l'intendant, afin de prévenir le dépérissement d'une forêt de deffendre de la raser et d'obliger de laisser non seulement les jeunes plantes, mais encore de distance en distance de grosses plantes, tant pour la raison que la graine qui tombe de ces gros bois multiplie plus facilement la forêt, le terrain se maintient plus humide et il n'est pas si sujet à s'ébouler.»

La conception de ce fonctionnaire serait celle d'une futaie claire à deux étages : un peuplement assez complet de brins de moins de 0 m. 18 de diamètre, dominé par des réserves.

B. Régime de l'édit du 2 mai 1760.

Dans toutes les forêts des communes et gens de main morte, le 1/4 de la surface devait être mis en réserve et traité en futaie (art. 15). Sur le reste de la superficie, le

[1] Arch. Tse., série 1, n° 74. suite de la relation des bois et forêts.

conservateur devait asseoir les coupes «destinées à suppléer aux besoins journaliers des habitants» et «proportionnées aux nécessités publiques». On doit d'abord «abattre la portion de bois la plus mûre, en sorte qu'après avoir tout parcouru, on commence ensuite la coupe par celle qui a été la première mise en œuvre» (art. 17). L'édit n'a en vue que les futaies, qui tiennent d'ailleurs une très large place en Tarentaise.

C'est l'intendant qui arrête chaque année l'importance de la coupe (art. 17, 18, 19).

On voit apparaître l'idée d'une rotation régulière; mais la fixation par l'intendant de la coupe annuelle suivant les besoins du moment exclut d'avance tout plan d'une exploitation soit par contenance, soit par volume, soit par pied d'arbre, aussi bien que la fixation du temps de la rotation. Et pourtant, à défaut d'un inventaire du matériel ligneux, on pouvait au moins établir un aménagement par contenance, puisque l'article 21, al. 3, spécifiait qu'on ne devait exploiter que les arbres de plus de 10 pouces de diamètre (o m. 28).

Les coupes blanches totales sont interdites dans tous les cas. Les exploitations devront être conduites par bandes horizontales, alternes, de sorte que, «d'une ligne à l'autre, on laisse un espace sur pied, égal à la ligne qui aura été coupée.» Les bandes laissées debout ne pourront être abattues qu'autant que le parterre de la dernière coupe usée portera des brins d'une once de diamètre au niveau du sol.

On voit apparaître ici l'effet des remarques de l'intendant Angiono complétées par des mesures empruntées à la législation forestière du Val d'Aoste.

De même, au lieu de prescrire comme auparavant, l'abandon sur le parterre de la coupe de tous les rémanents, l'édit, article 21, al. 5, ordonne simplement de laisser «à l'endroit même où les tailles seront faites les pointes et les extrémités des branches qui devront rester pour grainer dans la forêt».

Pour les taillis, l'exploitation ne pourra avoir lieu que s'ils sont âgés d'au moins 8 ans. Il devra être réservé par journal dix baliveaux et cinq modernes ou anciens, choisis ceux-ci «contre les plus grosses et les plus vieilles plantes», ceux-là parmi les «beaux brins, droits, vigoureux et sains et de la meilleure espèce de bois.» Le journal de Tarentaise valant 25 à 91ᶜ, la réserve par hectare était donc de 60 arbres, c'est plus que ne prévoit notre ordonnance réglementaire (art. 137) et l'ordonnance de 1669 (titre XV, art. 11, 12, titre XXIV, art. 3). Ces arbres de réserve ne pourront être coupés qu'ils n'aient 40 ans (art. 21, al. 8).

Comme les coupes de futaie, celles de taillis doivent être assises par bandes alternes (art. 21, al. 9). Mais si on descend de la théorie légale à la pratique, on s'aperçoit qu'il n'y a pas grand changement dans les errements antérieurs. On en a la preuve dans «la relation de la visite des bois du département de Moutiers que le chevalier de Buttet a faite, par ordre du roi, en 1777[1]». Après avoir exposé que le jardinage serait le traitement le meilleur pour les forêts résineuses de Tarentaise, le chevalier ajoute que cette méthode ne peut convenir pour les exploitations destinées aux salines : «elle ne s'accorde pas avec l'économie lorsqu'il s'agit d'approvisionner à la fois une quantité de bois considérable, surtout lorsque les forêts sont d'une grande étendue et trop éloignées de l'endroit où l'on doit conduire les bois, en sorte qu'il soit nécessaire de construire des cannaux, des couloirs, etc., pour en faire l'exploitation. Le temps que l'on per-

[1] Arch. Tarentaise.

drait à choisir les plantes et les conduire en détail aux endroits où l'on aurait construit ces ouvrages rendrait l'opération trop pénible et dispendieuse.

« En outre, les cannaux, les couloirs, les chemins et les rateaux qu'on est obligé de faire dans les flotages sont des travaux très coûteux et qu'il ne tourne à compte de faire qu'autant qu'il s'agit d'exploiter une quantité suffisante de bois pour faire face à ces dépenses, c'est-à-dire que ces frais répartis sur la quantité de toises n'en rendent pas le prix exorbitant. Or la nature des bois de Tarentaise qui peuvent être destinés aux salines sont presque tous dans une situation à exiger des dépenses assez considérables pour leur exploitation et, par conséquent, ne doivent pas être exploités en détail, mais en coupe réglée.

« La méthode des coupes en détail devrait constamment être pratiquée par les communautés sur les fonds qu'on leur a assignés; car, ne devant pas faire de grandes coupes, il leur serait aisé de ne couper que les arbres les plus mûrs et laisser croître les jeunes. Il ne conviendrait pas même à l'économie de mettre les forêts que chaque paroisse peut donner aux salines en coupe réglée, comme l'on fait pour les taillis, parce qu'on n'a pas de forêts assez étendues. »

Ainsi donc toutes les coupes de bois pour les salines seront faites et se feront à blanc étoc, non pas par bandes alternes comme le voudrait au moins l'édit, mais par grandes surfaces atteignant parfois 68,5 journaux de Piémont, comme à Saint-Bon (26 hect.).

Bien entendu, les communes suivaient cet exemple et le chevalier de Buttet ne peut que donner les raisons qui devraient les engager à pratiquer le jardinage.

Les salines, on l'a vu, avaient besoin annuellement d'une quantité considérable, toujours la même, de combustible : l'intendant ne pouvait, tous les ans, autoriser les coupes nécessaires, faire rechercher par l'inspecteur des forêts l'emplacement de ces coupes. Il fallait un plan d'exploitation : c'est encore le chevalier de Buttet qui le donne. Mais comme l'établissement de Moutiers se trouve maintenant doublé par celui de Conflans, que le chevalier a imaginé un procédé pour augmenter l'évaporation des eaux salées et, par suite, réduire la durée de chauffe, il ne faut plus livrer annuellement à Moutiers que 600 toises de bois au lieu de 1,000 qu'on brûlait en 1749.

Le tableau ci-après résume les renseignements donnés par le capitaine de Buttet, en suite de sa tournée.

PAROISSES.	SURFACES		QUANTITÉS DE BOIS NÉCESSAIRES à la population.		SURFACE DES FORÊTS RÉSERVÉES pour les salines.		DURÉE PRÉVUE pour l'exploitation des bois.	RENDEMENT TOTAL probable des surfaces à exploiter.
	TOTALES des forêts résineuses communales.	DES FORÊTS résineuses réservées à l'usage commun.	pour constructions.	pour affouage.	1749.	1777.		
	Journaux de Piémont.	Journaux de Piémont.	arbres.	toises.	J.⁰ de Piémont.	J.⁰ de Piémont.	ans.	toises.
N.-D. du-Pré......	1,335	540	700	150	1,600	595	26	16,000
Longefoy..........	600	540	350	160	500	60	2	1,200
Saint-Marcel.......	311	134	300	40	400	177	5 1/2	3,300
Naves.............	1,323	800	1,000	150	»	353	15 1/2	9,324
Fessons-sous-Briançon	?	?	?	?	»	290	8 1/2	5,220
Aime	621	467	400	107	400	154	6	3,600

PAROISSES.	SURFACES		QUANTITÉS DE BOIS NÉCESSAIRES à la population		SURFACE DES FORÊTS RÉSERVÉES pour les salines.		DURÉE PRÉVUE pour l'exploitation des bois.	RENDEMENT TOTAL probable des surfaces à exploiter.
	TOTALES des forêts résineuses communales.	DES FORÊTS résineuses réservées à l'usage commun.	pour constructions.	pour affouage.	1749.	1777.		
	Journaux de Piémont.	Journaux de Piémont.	arbres.	toises.	J⁵ de Piémont.	J⁵ de Piémont.	ans.	toises.
Saint-Bon.........	1,189	543	1,000	90	400	240	3 1/2	2,000
Saint-Jean-de-la-Per-rière............	780	580	600	48	»	200	10	6,000
Le Bois..........	660	592	300	20	300	68	3	1,800
Pralognan........	2 074	1,000	1,200	100	1,800	288	11 1/2	7,000
Les Allues........	770	700	2,000	100	700	70	3	1,800
Hautecour........	470	360	700	40	400	109	4	2,400
TOTAUX........	....	....	....	....	....	2,604 = 989ʰ77	98 1/2	59,644 = 429,675ᵗ

D'après cet aménagement la révolution était de 100 ans environ; la surface du coupon moyen de 10 hectares, sur laquelle on devait exploiter 4,322 stères ou à peu près 2,882 mètres cubes, en admettant qu'un stère de bois de fente soit les 2/3 de mètre cube; le matériel moyen existant par hectare serait alors de 288 mètres cubes.

Toutefois, il convient de noter que le chevalier de Buttet, préoccupé d'assurer la régénération de la forêt, proposait les mesures suivantes : « 1° ne pas couper les plantes au-dessous de 3 pouces (0 m. 085) de diamètre; 2° dans chaque journal laisser sur pied au moins 20 plantes vigoureuses qui n'aient pas atteint leur total d'accroissement et qui aient entre 6 pouces (0 m. 17), un pied (0 m. 339) et un pied et demi de diamètre, et de belle espèce, afin qu'elles puissent donner de la graine. »

En outre, on aurait réservé des pieds corniers et pratiqué, là où cela n'offrait aucun inconvénient, l'arrachage des souches qui favorisent le réensemencement naturel. Même il était recommandé de repeupler artificiellement le parterre de la coupe au moyen de semis et de plantations. « Cette méthode n'était pas connue en Tarentaise, mais ailleurs on en tire un grand profit, puisqu'elle est facile et infaillible. »

Si l'on compare les tableaux des forêts réservées aux salines de Moutiers en 1749 et en 1777, on est frappé de la diminution des surfaces : au lieu de 23,800 journaux, il n'y en a plus que 2,604 ayant cette affectation spéciale, alors que, d'après la réduction du nombre des toises de bois, il eut dû encore en subsister 14,280. C'est qu'avant 1760 on extrayait concurremment le bois des salines et celui des communiers de la forêt, tandis qu'en 1777 on a distingué les surfaces réservées à l'établissement de Moutiers de celles conservées pour l'usage des habitants.

Un autre motif de la diminution du droit d'affouage des salines a été la nécessité d'assurer aux usines métallurgiques de Peisey le combustible nécessaire au traitement des minerais de plomb argentifère.

Les salines de Conflans, qui traitaient les eaux salées amenées de Moutiers par un canal, avaient également le privilège d'avoir non seulement en Tarentaise, mais encore dans les provinces de Savoie propre et de Faucigny, des forêts qui leur étaient

spécialement affectées. On trouve, en effet, qu'en 1750, les forêts ci-après four
nissaient du bois à ces établissements[1] :

	JOURNAUX.		JOURNAUX.
Queige.................	1,554	Cons.................	130
Villard-de-Beaufort.........	910	Montan?...............	377 1/3
Beaufort...............	5,139	Monthion..............	543
Hauteluce...............	489	Grignon...............	1,083
Mégève.................	382	Esserts-Blay.............	814
N.-D.-de-Bellecombe........	617	Saint-Thomas-des-Esserts....	215
Flumet.................	248	La Bathie..............	2,964
Crest-Volland............	803	Cevins................	1,669
Héry-sur-Ugines...........	1,784	Tours.................	1,377
Ugines.................	184		
Marlens.................	714	TOTAL..........	21,946 1/3

Mais il semble que la difficulté du flottage sur la Chaise ait fait abandonner les
forêts du bassin de cette rivière : il fallut procéder à une sorte de révision des massifs
destinés à alimenter les salines de Conflans.

C'est encore le chevalier de Buttet qui, conformément aux instructions du bureau
général des finances du 24 avril 1776, fit la reconnaissance et l'estimation en matière.
Malheureusement la relation qu'il fit est beaucoup moins complète que celle qui a trait
aux forêts réservées à l'établissement de Moutiers et il n'est pas possible de donner la
valeur des besoins des communes visées en bois de feu et de construction. Elle se
termine ainsi :

« La quantité totale des journaux de forêts qu'on propose de destiner aux salines de
Conflans forme un fond capable de fournir perpétuellement 350 toises de bois par
année, dans la supposition que la reproduction des forêts se fasse dans la révolution
de 100 ans environ.

COMMUNAUTÉS.	CONTENANCE DES FORÊTS destinées AUX SALINES DE CONFLANS.	PRODUITS DES FORÊTS EN BOIS DE TOISE.	ORDRE ET DURÉE des EXPLOITATIONS.
	Journaux de Piémont.	toises.	ANNÉES.
Héry........................	1,000	10,000	28
La Giettaz...................	100	2,000	5
Queige......................	100	1,500	4
Tours.......................	180	2,000	5
Cevins......................	200	3,000	8
Saint-Paul...................	300	6,000	17
Grignon.....................	100	1,000	2
Rognaix.....................	335	5,000	14
Pussy.......................	250	2,500	7
Crest-Volland................	167	1,500	4
Marlhod.....................	400	3,000	8
Bois particuliers estimés........	150	2,000	5
TOTAUX................	3,282	39,500	117

[1] Ac. Tarentaise, t. I, p. 551 et suiv.

On voit que la durée des exploitations dépasse de 17 ans celle de la révolution, que le rendement annuel des coupes varie dans d'assez fortes proportions et au lieu d'être de 350 toises atteint parfois 500 toises (Grignon), soit moitié en plus.

Bien entendu les règles posées pour les forêts des salines de Moutiers étaient encore applicables ici.

Le chevalier de Buttet ne nous dit pas comment il a déterminé la durée de la révolution, ni l'importance du matériel sur pied. Il n'y a certainement pas eu de comptages : il a fallu sans doute avoir recours aux ouvriers «tirolois» qui depuis longtemps se sont introduits dans le pays... et se chargent ordinairement de la coupe des bois. «Ces bûcherons ont dû fournir une estimation oculaire du nombre des arbres de chaque forêt et de leur rendement en bois de toise. C'était là une opération familière pour eux qui traitaient avec les entrepreneurs des salines pour l'abatage des coupes et il était «bien rare qu'on puisse se passer des Alemans».

Les salines de Moutiers et de Conflans, outre les bois de feu, exigeaient aussi du bois d'œuvre pour leur entretien, 150 à 200 arbres pour celles-là, 150 pour celles-ci, annuellement. Mais il ne semble pas qu'il y ait eu d'aménagement établi sur une forêt déterminée pour obtenir régulièrement cette fourniture.

§ 3. COUPES ET EXPLOITATIONS.

Aussi bien sous le régime des patentes du 22 décembre 1739 que sous celui de l'édit du 2 mai 1760, les coupes et exploitations étaient réglementées par un certain nombre de dispositions identiques. Comme il n'a pas existé de conservateurs des forêts de Tarentaise, que le titre d'inspecteur a été maintenu avec ses fonctions, même après 1760, nous appellerons toujours inspecteur l'agent chargé de la gestion des bois de cette province.

Les conseils des communes, les gens de main morte, les particuliers pour leurs taies adressent à l'intendant une demande d'exploitation indiquant la nature et étendue de leurs besoins en bois (L. P. 1739, art. 2, 22, 23. — Édit 1760, art. 17, 18, 19, 20).

L'intendant, après avoir consulté l'inspecteur, s'il s'agit de demandes spéciales, ou d'après les rapports annuels de cet agent, accorde par écrit la permission demandée L. P. 1739, art. 4, 10, 22. — Édit 1760, art. 19, 20).

De toute permission, il doit être, avant utilisation, pris note, de 1739 à 1760, par les députés de la paroisse et le châtelain compétents, et, depuis 1760, par l'inspecteur (L. P. 1739. art. 22. — Edit. 1760, art. 37), à peine de nullité.

Dans les bois des communes c'est l'inspecteur qui fixe l'assiette de la coupe, les voies de vidange (L. P. 1739, art. 11, 12. — Édit. 1760, art. 17, 18). Pour les particuliers, de 1739 à 1760, il fallait que les députés de la paroisse, en l'assistance du châtelain, eussent déterminé l'endroit où la coupe devait se faire : le châtelain en faisait mention aussi bien sur la permission délivrée par l'intendant que sur ses registres (L. P. 1739, art. 22). Depuis 1760, les particuliers sont libres d'exploiter leurs bois aux termes de la permission accordée : l'emplacement de la coupe n'est plus déterminé par les députés des communes.

Diverses règles sont posées par les règlements pour les exploitations :

1° L'emploi de la scie est interdit; la coupe se fera rez-terre et les souches seront aussitôt recouvertes de gazon et de terre (L. P. 1739, art. 18. — Édit. 1760, art. 21, 2ᵉ, 4ᵉ). Cependant, depuis 1760, l'exploitation au niveau du sol n'est exigée que si « la situation des plantes le permet ».

2° Les rémanents devront être laissés sur place (L. P. 1739, art. 18. — Édit. 1760, art. 21, 5°).

3° On devra prendre toutes les précautions pour que les arbres à abattre n'endommagent pas les voisins dans leur chute. Les patentes de 1739 spécifiaient même d'ébrancher les arbres avant abatage. (L. P. 1739, art. 19. — Édit. 1760, art. 21, 6°) : l'édit de 1760 prescrivait de n'exploiter qu'en dehors du temps de sève (art. 23).

Le contrôle des exploitations est fait par l'inspecteur : cet agent doit vérifier que :

1° Les limites de la coupe sont bien celles qui ont été assignées, ou que le nombre d'arbres abattus n'est pas supérieur à celui qui a été autorisé par l'intendant ;

2° Des permissions ont bien été délivrées pour chacune des exploitations reconnues ;

3° Toutes les conditions légales ou spéciales imposées aux exploitants ont été exactement remplies (L. P. 1739, art. 1, 24. — Édit 1760, art. 34 à 36).

À côté de l'inspecteur, trop absorbé pour pouvoir suivre de près toutes les coupes, d'autres personnes étaient chargées d'une surveillance plus immédiate : ce sont les châtelains et les députés des paroisses institués par les patentes de 1739 (art. 1), remplacés depuis 1760 par des gardes (art. 39, 40).

On a vu plus haut l'impossibilité matérielle pour l'inspecteur d'observer à la lettre les prescriptions légales : il ne fallait donc pas s'attendre à voir exercer par cet agent un contrôle qui régulièrement revient aux préposés locaux. Les députés des paroisses et les châtelains n'allaient pas abandonner leurs terres ou leur profession pour courir la montagne sans aucune rémunération. Les gardes des communes, payés d'une façon dérisoire, n'avaient pas plus de zèle ; quant aux forêtiers prévus par l'édit de 1760, ont-ils jamais existé ?

Avec les coupes rases, proscrites par les lois, mais pratiquées en réalité aussi bien par les fournisseurs de bois des salines que par les communes, au su même du gouvernement, comme en témoignent les rapports du capitaine de Buttet, il ne pouvait être question de récolement : on ne pouvait que vérifier s'il n'y avait pas d'outre-passe.

L'ordre de recouvrir les souches des arbres exploités avec de la terre et du gazon empêchait aussi toute vérification sérieuse, puisqu'on ne pouvait constater l'abatage des arbres de dimensions inférieures à 10 pouces de diamètre. On ne pouvait que compter les réserves laissées sur pied comme porte-graines, au moins à partir de l'édit de 1760 (art. 21 ; 8°).

§ 4. AFFECTATIONS SPÉCIALES DE FORÊTS.

I. **Forêts de protection.** — Dans une région aussi accidentée que la Tarentaise les avalanches sont fréquentes et souvent dangereuses : les plus désastreuses ont été, pendant la période 1739-1792, celles de Tours (1740 et 1748), de Saint-Jean-de-

Belleville (1749), de La Bathie (1763), de Tessens (1772), de Val d'Isère et de Tignes (1776), de Saint-Paul, Cevins et Queige (1778). Rien d'étonnant que des cantons boisés aient été mis en dehors des exploitations pour assurer la sécurité des agglomérations et des chemins. En 1749, d'après le tableau donné plus haut, on en compte 26.

Les rapports du chevalier de Buttet mentionnent, en 1777 et en 1778, diverses forêts bannies sur le territoire des communes dont les bois devaient alimenter les salines : ils donnent tantôt le nom, tantôt les numéros des parcelles cadastrales et tantôt la contenance des cantons. On voit ainsi que des surfaces parfois considérables étaient aussi placées dans la zone de protection : si, à N.-D.-du-Pré et à Saint-Paul-sur-Albertville, on ne trouve que 76 et 38 hectares mis en ban, par contre, on voit qu'à Pralognan il y en avait 299 hectares et 340 à Pussy.

Bien que l'on ne connaisse pas la superficie totale de ces forêts bannies, on peut affirmer, d'après ce que l'on possède, qu'elle était loin d'être négligeable.

II. Forêts affectées aux usines. — A. *Salines royales.* — Les salines de Moutiers commencèrent à être exploitées dans la seconde moitié du xvie siècle sous le règne d'Emmanuel Philibert : elles remplacèrent progressivement les extractions de sel faites à Bourg-Saint-Maurice dans le bassin du torrent d'Arbonne, qui amenèrent le déboisement total des pentes aboutissant à ce cours d'eau et aux versants voisins. En 1730, on construisit à Moutiers cinq bâtiments de graduation, ce qui «a exigé des coupes fort considérables dans les paroisses circonvoisines à cette ville[1]».

Le volume des bois extraits, les abus qui eurent lieu pendant la guerre de la Succession d'Autriche épuisèrent les massifs les plus voisins. Il fallut songer à assurer le roulement des salines pour obtenir une production du sel indispensable au pays.

C'est alors que les Lettres Patentes du 22 décembre 1739 accordèrent aux salines le droit d'extraire des forêts communales de Tarentaise le combustible nécessaire. L'inspecteur créé avait surtout pour mission d'asseoir les coupes nécessaires. Il fallait amener annuellement à Moutiers, on l'a vu, 1,000 toises de bois (7,200 stères).

Le directeur des salines remettait chaque année à l'intendant un état des bois de feu et de construction qui lui étaient nécessaires; ce fonctionnaire le transmettait à l'inspecteur des forêts (art. 10). Cet agent déterminait alors l'emplacement des coupes et les voies de vidange avec les députés des paroisses (art. 11, 12). Il arrivait fréquemment au début qu'on laissait à la charge des communes l'exploitation des bois destinés aux salines. C'était une véritable corvée imposée aux populations : le secrétaire devait dresser la liste des communiers, on publiait le jour de la coupe, l'époque des transports (art. 13) et tous les particuliers étaient obligés d'exécuter les travaux indiqués, aux jours dits, sous la surveillance des députés des communes (art. 14). Toute absence injustifiée des corvistes ou des députés donnait lieu à des amendes, outre le salaire des ouvriers embauchés pour remplacer le défaillant (art. 15 et 16). Les conditions édictées sur la manière d'exploiter, les dimensions des bûches, etc., étaient sanctionnées sévèrement : on tolérait un écart de 1/10 sur le volume des bois.

En 1758, on ne se servait plus «du moïen de faire fournir ladite quantité (de bois)

[1] Arch. Tarentaise, série 1, n° 74. Mémoire du chevalier Angiono.

par les paroisses, comme on pratiquait autrefois, par des répartitions annuelles qui, non seulement étaient onéreuses aux communautés mais donnaient encore occasion à des dégradations de plusieurs sortes et à plusieurs abus dans les coupes, mais bien par des coupes données à prix fait. Le premier marché de ce genre date de 1750; il s'applique à la coupe d'une forêt sur la paroisse de Villaroger et à la fourniture annuelle de 500 toises qui a continué depuis et qui peut encore durer quelques années.

«On a donné également à prix fait la coupe d'une forêt rière Pralognan, et c'est au moïen de ces deux provisions que ces salines ont été fournies de bois et il en reste encore un fond pour les deux ou trois campagnes[1].»

Parmi les inconvénients que signale le chevalier Angiono, il faut mentionner d'abord les conflits qui pouvaient surgir entre les municipalités et la direction des salines. Chaque partie voulait avoir naturellement sa coupe assise dans les endroits les plus accessibles, de vidange facile. Comme les salines étaient d'un bon revenu pour le trésor, les intendants accueillaient facilement les requêtes des directeurs. Ainsi, en 1755, l'intendant de Tarentaise écrit à l'intendant général pour le «prier de ne point accorder de permission pour la coupe des bois dans les forêts de Saint-Thomas-des-Esserts et Bïay par précaution pour le service des royales salines[2]».

Le tableau des pages 168-169 montre, d'autre part, la quantité énorme d'arbres qu'il fallait pour la construction et l'entretien de bâtiments généralement en bois. Pour les maisons, on devait nécessairement couper des pièces de choix, et comme environ 300 plantes étaient également nécessaires pour l'entretien des salines, il y avait là un nouveau motif de chicanes.

Aussi les plaintes de la population étaient-elles très vives : on criait au gaspillage, à la destruction des forêts, au profit des salines[3].

L'exploitation des coupes par l'ensemble des communiers d'une paroisse, forcément mal surveillée, par des députés de la paroisse, non payés de leur peine, parents ou amis des corvistes très nombreux, devaient aussi favoriser les délits. Aussi les directeurs des salines demandent-ils instamment à l'intendant de sévir contre les contrevenants, «de montrer un peu de rigueur singulièrement des communautés pour porter les habitants à observer les règlements[4]». D'où nouveau motif de mécontentement. Il est vrai que les sanctions portées par les patentes contre les députés des paroisses ne paraissent pas avoir été appliquées: les intendants estimaient que les amendes à infliger à des hommes, chargés d'une mission onéreuse et ennuyeuse tout à la fois, étaient «un peu fortes par proportion à la qualité des contraventions».

Faire exploiter les coupes des salines par un entrepreneur responsable constituait déjà un progrès, mais insuffisant.

On en arriva, en 1778, à envisager l'exploitation en régie par des équipes de bûcherons de métier, sous la direction de l'inspecteur des forêts de la province[5].

Mais déjà les bois se raréfiaient en Tarentaise et les forêts de la haute Isère devaient, dès le milieu du xviiie siècle, alimenter non seulement les salines de Moutiers mais les établissements métallurgiques de Peisey alors en plein développement. Il fallut aviser :

[1] Arch. Tarentaise, série 1, n° 74. Mémoire du chevalier Angiono.
[2] Arch. S., série C 564, 3 novembre 1755.
[3] Arch. S., série C 564, 15 mai 1749, 19 juin 1749.
[4] Arch. S., série C 564, 3 août 1749.
[5] Arch. Tarentaise. Relation du chevalier de Buttet, 1778.

on amena une partie des eaux salées de Moutiers, par une canalisation jusqu'au confluent de l'Isère et de l'Arly, sous Conflans. Les nouvelles salines pouvaient alors recevoir les bois de la basse Isère en Tarentaise et en Savoie propre, aussi bien que ceux des vallées de Beaufort et de l'Arly.

Mais la construction des bâtiments érigés sur les plans de l'ingénieur Castelli, en 1750, a exigé «8,000 pièces de bois de 7 onces d'épaisseur en carrure à la tête (l'once valait o m. 04287), outre une grande quantité de planches et de platteaux[1]».

Les salines de Conflans ont été détruites par un incendie dans la nuit du 23 au 24 novembre 1776 : leur réfection a exigé un nouveau contingent de bois d'œuvre.

La consommation des bois pour les salines qui, avant 1750, était de 1,000 toises, se trouva descendre à 950 toises après la répartition faite ensuite du billet royal du 1er mai 1753 sur les salines de Conflans, savoir : 600 pour Moutiers et 350 pour Conflans; et encore une partie de ces 350 toises provient-elle du Faucigny ou de la Savoie propre.

Une modification importante des errements anciens eut lieu en 1776. Le bureau général des finances de Turin enjoignit, le 24 avril de cette année, au chevalier de Buttet de reconnaître les forêts de Tarentaise et autres susceptibles de fournir des bois aux salines. Au lieu de prélever le contingent de bois nécessaire aux deux établissements sur l'ensemble des forêts communales, le chevalier procède, si on peut dire, par voie de cantonnement : chaque forêt communale est divisée en deux portions l'une réservée aux besoins des habitants, l'autre affectée spécialement aux salines.

Le capitaine commence par évaluer les besoins en bois de feu et de construction de la population d'une commune, non compris ce que peuvent fournir les forêts particulières : il estime ensuite la part de la forêt communale nécessaire pour rendre annuellement ce contingent, il ajoute la superficie des cantons à mettre en ban et le surplus est réservé pour la traite des eaux salées. Dans ses rapports, l'estimateur indique l'emplacement des surfaces réservées, et souvent les numéros des parcelles de la mappe qui les constituent.

Les tableaux des pages 168, 169 et 170 indiquent qu'une surface de 2,604 journaux de Piémont, portant sur 12 communes de Tarentaise, était affectée ainsi aux salines de Moutiers (989 hect. 77) et qu'une surface de 3,282 journaux de Piémont l'était aux salines de Conflans sur 6 communes de Tarentaise, 4 de Faucigny et 1 de Savoie propre (1,247 hect. 47). Au total, les salines absorbaient les produits de 2,237 hect. 24 intégralement. Auparavant, en 1749, le contingent de bois qui leur était nécessaire devait être cherché sur 9,046 hectares, concurremment avec l'affouage des communes.

Un tel partage de jouissance devait évidemment prévenir les heurts entre la direction des salines et la population; les règlements d'exploitation élaborés par le chevalier de Buttet, bien que sommaires, permettaient de voir où l'on allait et d'éviter les gaspillages. On en avait d'ailleurs grand besoin. «La consommation que l'on fait des bois de la Tarentaise, écrivait à l'intendant général, le 10 mai 1779, l'intendant Mouthon, depuis plus de cinquante ans excédant visiblement les reproductions ordinaires, ainsi que S. M. en est instruite, il s'en suit que, loin que la province de Tarentaise soit par la suite en situation de fournir des bois aux étrangers, une des principales attentions

[1] Arch. S., série C 566, 17 septembre 1750.

paraît devoir être d'économiser autant qu'il sera possible sur les consommations en bois, tant à l'usage des royales salines de Moutiers et de Conflans qu'à celui de l'exploitation de la minière de Peisey.

«La difficulté des bois à l'usage des salines se rend chaque jour plus sensible; les royales finances ne païaient autrefois le bois pour la fabrication du sel qu'à raison de 12 livres 10 sols la toise de bois de sapin; elle coûte actuellement 17 livres pour les salines de Conflans et 13 livres pour les salines de Moutiers et il est presque démontré que ce renchérissement ne peut qu'augmenter, soit parce que les bois deviennent chaque jour plus rares, soit parce que les forêts qui restent sont situées en partie dans les hauteurs» [1].

En 1749, on payait à peu près 8 livres la toise de bois destinée à Moutiers, soit un peu plus d'une livre par stère.

Cet épuisement des forêts était réel : ainsi, en 1768, les bois de la forêt de Rhonne, voisine de Conflans, manquèrent, le massif étant totalement coupé. Il fallut faire venir le combustible nécessaire aux salines de 4 à 5 lieues, de la vallée de Beaufort ou du Faucigny : cet établissement «se trouvant dans le cas d'interrompre la fabrication des sels ou de payer un prix un quart ou un tiers de plus que par le passé» pour le bois» [2].

Les bûches débitées à la longueur de 3 pieds et demi (1 m. 137) étaient le plus souvent amenées par flottage jusqu'à Moutiers ou Conflans. On plantait en travers du lit de la rivière de forts pieux peu espacés, qui formaient un «râteau» et les bois s'arrêtaient en arrière de ce barrage. Mais il arrivait qu'au moment des crues le râteau était emporté avec tout le bois, ou bien les eaux étaient trop basses pour qu'on pût flotter. Dans ces cas extrêmes, s'il n'y avait pas de combustible en réserve, les salines risquaient fort de chômer. Il fallait alors prendre du bois au plus près et le transporter à grands efforts et à quels frais sur des chars jusqu'à destination [3].

Pendant la guerre de la Succession d'Autriche, «à l'arrivée des Espagnols dans le duché de Savoye, il y avait une grande quantité de bois destiné pour les salines et l'on s'en est servi pour le distribuer à la troupe espagnole» [4]. Il fallut reconstituer l'approvisionnement. On peut juger d'après cela combien le directeur des salines avait à se préoccuper de son alimentation en combustible et combien ces pertes de bois avaient de fâcheuses répercussions sur les forêts de la Tarentaise.

B. *Minière de Peisey.*

C'est en 1714 que furent découverts les gisements de plomb argentifère de Peisey et de Macôt. Le roi en concéda l'exploitation à une société anglaise qui ne commença ses galeries d'extraction qu'en 1742 et le grillage et le traitement du minerai qu'en 1745. En suite d'un arrêt de la cour des comptes de Turin, les Anglais furent exclus en 1760 et remplacés par une société savoisienne qui céda ses actions, en 1790, au marquis de Cordon.

[1] Arch. S., série C 564.
[2] Arch. S., série C 870, 26 août 1776.
[3] Arch. S., série C 566, 3 août 1786; série C 564, 12, 19, 25 juin 1749, 3 juillet 1749.
[4] Arch. S., série C 158, folio 26.

Les seize fourneaux de grillage, de fonte, de revivification et d'affinage de l'usine de Peisey exigeaient une masse de combustible qui ne pouvait être prise que dans les forêts voisines, déjà chargées d'alimenter les salines de Moutiers. La société de Peisey payait au trésor royal une redevance annuelle de 15,000 livres[1], sans compter le seigneuriage; il était donc nécessaire d'en assurer l'existence sans nuire à la production du sel.

Aussi, le 28 juillet 1771, l'intendant général de Savoie prescrivait-il au chevalier Angiono, intendant de Tarentaise, sur l'ordre du roi «de procéder à une espèce de partage des forêts de la haute Isère entre la minière de Peisey et les salines de Moutiers»[2].

L'intendant assisté du lieutenant d'artillerie Bussoletti, directeur du laboratoire métallurgique du roi, du régisseur de la société et des députés et secrétaires des communes et enfin d'experts pris parmi les maîtres charbonniers, originaires l'un d'Alsace, l'autre du pays de Novare, visita donc au mois d'août suivant les massifs boisés. Les charbonniers étaient spécialement chargés d'estimer le rendement en bois de toises et en charbon du matériel sur pied : comme la reconnaissance des 7,175 hectares de forêts communales dans des régions de parcours difficile n'avait pris que quatorze jours, du 2 au 21 août 1771, cette estimation était oculaire et ne reposait sur aucun comptage. Une toise de bois rendait 10 charges de charbon.

Les forêts communales des mandements d'Aime et de Bourg-Saint-Maurice furent taxées ainsi qu'il suit :

	TOISES DE BOIS.	CHARGES DE CHARBON.
Sainte-Foy.................................	35,900 soit	359,000
Villaroger.................................	650	6,500
Séez......................................	4,000	40,000
Bourg-Saint-Maurice........................	13,000	130,000
Hauteville-Gondon..........................	4,750	47,500
Bellentre.................................	11,800	118,000
Macôt.....................................	15,250	152,500
Landry....................................	6,000	60,000
Peisey....................................	5,000	50,000
Totaux......................	96,350	963,500

dans ces chiffres on n'a pas compris les bois réservés à l'usage des habitants; de plus, un certain nombre de cantons avaient été déclarés hors des exploitations pour assurer la sécurité des villages et des routes.

Mais le rapport de l'intendant n'indique pas exactement les surfaces mises en ban ou à couper.

La consommation annuelle de bois à Peisey était considérable, celle des charbons — pas d'anthracite, ni de houille — ne l'était pas moins. Elles ont été exprimées en toises et charges; les fractions ordinaires réduites en décimales.

[1] Arch. S., série C 141, folio 70.
[2] Arch. S., série C 867, folio 49.

ANNÉES.	TOISES DE BOIS.	CHARGES DE CHARBON.	TOTAL EN TOISES.
1767............................	316,250	12,619,250	1,578,175
1768............................	317,875	11,972,750	1,514,150
1769............................	403,000	8,752,625	1,278,2625
1770............................	355,125	14,922,625	1,847,3875
Totaux.................	1,392,250	48,257,250	6,217,975
Moyenne..............	348,06	12,064,31	1,554,49

La consommation était donc une fois et demie celle des salines de Moutiers. Il ne peuvait être question d'assigner sur les forêts de la haute Tarentaise à la fois l'affouage des habitants et celui des établissements de Moutiers et de Peisey, sans vouloir ruiner complètement les peuplements. Aussi, quand le chevalier de Buttet, sept ans plus tard, vint visiter les massifs de l'Isère supérieure, ne fut-il pas question de ceux qui, en 1771, avaient été reconnus susceptibles d'alimenter les usines de Peisey.

Il convient, d'ailleurs, de mentionner que la commission de 1771 avait reconnu que la consommation de bois était excessive et qu'il serait possible, sans nuire au rendement, de diminuer les dimensions des fourneaux. Elle concluait que, « suivant les nouveaux traitements indiqués, sur l'hypothèse d'une exploitation de 60,000 rubs de schelik et mine grasse, toutes consommations et déchets doivent se réduire à 260 toises de bois et 8,628 charges de charbon ». Même avec cette réduction, il fallait couper encore 1,122 toises 8 de bois, ce qui fixait à quatre-vingt-six ans la durée de la révolution.

Mais les décisions de la commission ne furent pas acceptées par plusieurs des communes qui « ont réclamé tant contre l'estime de la quantité de bois que l'on a cru pouvoir extraire de chacune des forêts assignées que l'on a prétendu ne pas contenir cette même quantité que contre la fixation du prix, les administrateurs de la communauté de Bellentre ayant, en particulier, fait diverses représentations par suppliques au roi... Les représentations de la communauté de Bellentre ayant donné lieu à des vérifications, il en est résulté que l'on avait excédé dans l'estime de la quantité de bois que pouvaient fournir les forêts de cette communauté qui avaient été assignées à la minière de Peisey.... »

Les administrateurs se plaignent finalement que « nonobstant ce qui est disposé par le paragraphe 24 des Royales Constitutions, titre des bois, il y ait dans les forêts assignées des endroits exposés aux éboulemens de terre et aux lavanges et dans lesquels on n'aurait pas dû faire de coupes »[1].

Et, de fait, il fallut réduire de 11,800 à 4,000 toises le contingent en bois à fournir par les forêts de Bellentre (décision du roi notifiée par lettre du comte Corté, ministre au département des affaires internes du 12 février 1777)[2].

[1] Arch. S., série C 870, 21 août 1777.
[2] Arch. S., série C 888, folio 65 verso.

Landry réclame aussi, en 1777. «qu'il soit procédé à une nouvelle visite par des personnes expertes et non suspectes et que la coupe recherchée par le régisseur de la la fabrique soit suspendue jusqu'à ce que celle-ci (la visite) soit faite» [1].

Ailleurs, les secrétaires arrivent aussi à faire suspendre la coupe accordée à la minière [2].

On voit quelles difficultés rencontrait le directeur de la société pour assurer le roulement de son entreprise. Et pourtant, l'exploitation des forêts n'était pas sans procurer aux communes propriétaires des revenus pécuniaires notables, à une époque surtout où l'argent avait une grosse valeur. Alors que les salines payaient 20 sols par toise, la société de Peisey comptait à la commune de Macôt «5 sols par charge de charbon, ce qui porte le prix de la toise à 50 sols, l'aïant payé à d'autres communautés un plus haut prix, jusques à 14 livres la toise», c'est-à-dire environ 2 francs le stère [3]. Ainsi, en 1766, Bellentre encaisse de ce fait 1,065 livres 2 sols, Peisey, 2,200 livres [4]. Mais, à la fin, comme les prix ne pouvaient plus être arrêtés de gré à gré, à cause des prétentions croissantes des communes, il fallut les fixer par voie d'autorité : d'ordre du roi, le lieutenant Bussoletti, l'intendant de Tarentaise, Mouthon, et le secrétaire de l'intendance générale, Beauregard, décidèrent que la toise de bois serait payée 45 sols à Landry, Peisey et Bellentre; 35 sols à Macôt; 1 livre et demie à Bourg-Saint-Maurice, Séez, Villaroger; 2 livres à Hauteville-Gondon [5] (verbal du 22 juillet 1772).

§ 5. LES DROITS D'USAGE. — AFFRANCHISSEMENTS.

On peut considérer comme de vrais droits d'usage, établis par voie d'autorité, les droits concédés aux salines de Moutiers et de Conflans ainsi qu'à la minière de Peisey de prendre dans les forêts communales de la Tarentaise et du val d'Arly les bois qui leur étaient nécessaires. La création, le développement et les modifications de ces droits ont été examinés au paragraphe précédent; il n'y a donc pas à y revenir.

Il n'apparaît pas que d'autres droits d'usage aient été établis en Tarentaise : au contraire, les redevances féodales dues aux seigneurs en reconnaissance d'anciens albergements ont commencé à s'éteindre par rachat, en application de l'édit du 19 décembre 1771. Les communes de Beaufort, Hauteluce et Villard-sur-Doron «ont vendu aux particuliers un grand nombre de forêts pour avoir de quoi s'affranchir.» (De Buttet.)

§ 6. LE PÂTURAGE EN FORÊT.

En principe, le pâturage en forêt des animaux de toute espèce est admis, sauf dans les coupes récentes (L. P. 1739, art 25. — Édit 1760, art. 12). Sous le régime des patentes de 1739, il appartenait à l'inspecteur des forêts pour les bois réservés aux salines, au conseil de la commune pour les autres, de faire connaître et publier l'état

[1] Arch. S., série C 900, 2 avril 1777.
[2] Arch. S., série C 888, folio 21 verso.
[3] Arch. S., série C 867, folio 49.
[4] Arch. S., série C 981.
[5] Arch. S., série C 569.

des cantons non reconnus défensables; depuis 1760, c'était à l'intendant qu'incombait ce devoir.

Sous le régime des patentes de 1739, c'était, d'après l'état du peuplement, sans limitation d'âge, que le pâturage était interdit, après reconnaissance, suivant le cas, de l'inspecteur des forêts ou des députés des paroisses. L'édit de 1760 imposa un minimum d'âge : quatre ans pour les coupes de taillis et six pour celles de futaie.

La législation de 1739 punissait les délits de pâturage de 30 sous par tête de bête ovine ou caprine et, en outre, de la confiscation des chèvres, et d'une amende de 3 livres par tête de bête aumaille; l'édit de 1760 doubla cette dernière peine et imposa le doublement en cas de première récidive, le quadruplement en cas de deuxième récidive. Il ne faut pas entendre ce mot de récidive comme aujourd'hui où on considère l'intervalle de temps qui sépare deux délits consécutifs (art. 201, al. 2, C. F.); il suffisait alors que le coupable eut commis deux ou trois fois le même délit.

L'aggravation des pénalités en 1760 permet déjà de prévoir que le parcours du bétail avait eu sur les peuplements les plus fâcheuses conséquences, que la législation antérieure était impuissante à empêcher. Dès 1749, le directeur des salines de Moutiers, Natalis, signalait, le 15 mai, à l'intendant général du duché qu'une des «choses extrêmement préjudiciables aux forêts, dont l'inspecteur Varambon lui parlait fort souvent», était «la quantité énorme de chèvres qui sont très préjudiciables à la pousse des plantes nouvelles[1]».

En 1758, l'intendant de Tarentaise, Angiono, étudiant les effets et l'application des lettres patentes du 22 décembre 1739, écrit : «La défense portée par l'article 25... est certainement une des plus essentielles, mais on devrait y ajouter la défense en tous temps de l'entrée des chèvres; la morsure de cet animal étant la plus préjudiciable et qui, par leur instinct de grimper sur les arbres, font toujours plus de mal que tous les autres[2].»

Vingt ans plus tard, le chevalier de Buttet, en parcourant les forêts, reconnaît encore l'insuffisance de l'édit de 1760. Il demande «que, pendant 10 années consécutives, on ne permette l'entrée dans les tonsures (coupes à blanc étoc) à aucune sorte de bestiaux, dans quelque saison que ce soit : c'est pour ainsi dire la précaution la plus importante et l'on peut bien assurer que si l'on n'observe pas rigoureusement toutes ces précautions, tout ce que l'on pourra imaginer sera absolument inutile : les bois seront convertis en mauvais pâturages[3]». Cet officier signale en diverses communes les dégâts commis par les chèvres dans les massifs (Saint-Paul-sur-Albertville, Pussy, Beaufort, etc.) qu'elles empêchent de se repeupler.

Non contents d'exercer le pâturage dans les forêts, les Tarins appauvrissaient encore les peuplements en ramassant la couverture morte pour faire la litière et en coupant les pousses et branches nouvelles pour la nourriture des animaux. Le rapport de Buttet dénonce ces pratiques en plusieurs communes (Pussy, Saint-Paul, vallée de Beaufort, La Giettaz).

Les bergers ajoutaient à ces dommages tous les dégâts dont ils sont coutumiers : «les pasteurs brûlaient quelquefois plusieurs plantes pour des motifs très légers; on

---

[1] Arch. S., série C 564.
[2] Arch. Tarentaise, série 1, n° 74. — Mémoire Angiono, art 11.
[3] Arch. Tarentaise, Relation de la visite des bois, 1777.

donnait quelquefois le feu à la forêt, on écorchait les arbres et l'on coupait les jeunes plantes, en un mot, on y commettait ce qu'on appelle réellement des abus sans nécessité et on usait à l'égard de ces forêts comme l'on fait de toutes choses dont on a peu besoin et qu'on ne les croit pas importantes. »

§ 7. — DÉLIVRANCES DE BOIS. — GASPILLAGES.

Le droit reconnu aux particuliers de demander à extraire des forêts communales, en dehors de l'affouage, les bois nécessaires à leurs besoins n'était pas spécial à la Tarentaise; il existait dans tout le duché de Savoie. C'était un vestige des droits anciennement reconnus à l'association des communiers sur les biens de la communauté. Mais l'exercice de ce droit n'était pas et n'est pas encore même aujourd'hui sans inconvénients. Mais, nulle part plus qu'en Tarentaise on n'en a abusé; aussi est-ce dans l'étude de la législation de cette province qu'il a paru utile d'exposer les conséquences parfois désastreuses de cette pratique.

. Alors qu'auparavant le communier allait avec autorisation du sindic couper ce dont il avait besoin, depuis le xviiie siècle, il lui faut présenter une demande à l'intendant qui accorde ou non la permission (R. C. 1729, art. 7 du titre des Bois et Forêts. — R. C. 1770, art. 12, livre VI, titre 9. — R. P. 1739, art. 2, 22. — Édit 1760, art. 7). Malgré ces formalités, que les intéressés oubliaient parfois de remplir [1], les coupes se multipliaient et justifiaient les plaintes répétées du directeur des salines [2]. L'intendant général écrit à l'intendant de Moutiers «d'y veiller et d'aller, bride en main, pour donner des permissions»; ce haut fonctionnaire oubliait que, même à cheval, un administrateur de province ne pouvait matériellement vérifier toutes les requêtes qui lui étaient adressées, et force était de s'en rapporter, en l'absence d'un personnel spécial, aux vérifications des sindics. En certaines vallées comme la Maurienne, en 1776, les délivrances de bois paraissent avoir été l'objet d'un sérieux contrôle. «Lorsqu'un particulier, écrit l'intendant de Saint-Jean, a besoin de quelques pièces de bois pour bâtir, l'on fait procéder à la visite du bâtiment par un expert qui fait son rapport assermenté, sur lequel on fonde la permission de la coupe des bois nécessaires [3]».

En Tarentaise également, là où l'épuisement des forêts commence à se faire sentir, les municipalités se montrent rigides. «Et pour quant à la bâtisse, le conseil apportera tous ses soins pour veiller qu'on ne couppe aucune plante pardevant leur besoin absolu» [4].

Mais, dans certaines vallées, l'abondance des bois a eu sa répercussion sur l'architecture des immeubles ruraux : ainsi dans la région de Beaufort. On a déjà vu au tableau des pages 168-169 les quantités énormes de bois de construction qu'il fallait réserver annuellement à la population; on consomme chaque année 1,000 arbres à Naves, à Saint-Bon; 1,200 à Pralognan; 2,000 aux Allues. En 1758, l'intendant de Moutiers dénonce ces abus et constate que «les fréquentes permissions qu'on est dans le cas d'accorder, malgré toutes les précautions et les conditions qu'on insère pour s'assurer

---

[1] Arch. S., série C 564, 19 juin 1749.
[2] Arch. S., série C 158, folios 132, 133.
[3] Arch. S., série C 659, Mémoire responsif à la lettre de l'intendant général du 20 mars 1776.
[4] Arch. S., série C 696, Délib. C. M. Peisey, 28 octobre 1758.

de la nécessité des réparations et l'emploi des bois, rendent toujours plus certain que la bâtisse dans les villages consume une quantité prodigieuse de bois par la mauvaise coutume de ne faire aucunes murailles à mortier, ni même les piliers des couverts des maisons et granges, mais bien de se servir toujours de bois en entassant sommiers sur sommiers. Cette mauvaise manière de bâtir et les couverts à paille sont la cause de ces incendies entières des villages, puisque n'étant les bâtiments que de bois, dès que le feu prend malheureusement à un, il est impossible de pouvoir sauver les autres [1]. »

C'est peu en comparaison de Beaufort. En 1778, le chevalier de Buttet, dans sa reconnaissance des forêts, note qu'avec l'inalpage d'été les habitants sont obligés d'avoir chalets en montagne et maison dans la vallée. « Cette alternance de demeure oblige chaque famille à avoir plusieurs bâtiments, ainsi qu'en Tarentaise, mais le nombre en est beaucoup plus considérable et ils exigent beaucoup plus de bois pour leur construction et leur entretien.

« La raison de cela vient : 1° que ces bâtiments sont presque entièrement construits en bois. On n'y fait en maçonnerie qu'une enceinte de la hauteur de la porte. Sur cette enceinte on pose un plancher au-dessus de la muraille et de ce plancher on bâtit la grange toute en bois. Cette charpente est construite avec de simples poutres un peu équarris, posés horizontalement les uns sur les autres et assemblés sur les angles du bâtiment par des entailles. Après quoi on y pose dessus la charpente du couvert que l'on couvre avec plusieurs rangs d'ancelles de même bois refendu, qu'on appelle *tavaillons* (bardeaux)... Les séparations qu'on fait dans l'intérieur du bâtiment sont aussi bâties avec des poutres les unes sur les autres. Il faut pour la construction d'un pareil bâtiment de médiocre grandeur environ seize douzaines de plantes d'environ 15 pouces de diamètre (0 m. 424)...

« Par de plusieurs informations que j'ai prises et par le millésime que l'on voit souvent marqué sur la tête de la frête du couvert, il résulte que c'est mettre beaucoup que de calculer la durée de ces bâtiments à 150 ans. Même j'en ai vu fort peu qui eussent cet âge-là. D'ailleurs, on a soin, surtout dans les campagnes, de placer les bâtiments assez éloignés les uns des autres pour éviter communication du feu en cas d'incendie; les bâtiments y sont d'autant moins sujets qu'on ne les habite que pendant l'hiver. Toutes ces raisons font que ces désastres sont beaucoup plus rares et moins considérables qu'en Tarentaise.

« Dans la seule communauté de Saint-Maxime (Beaufort), qui est composée de 600 familles, on compte environ 3,500 bâtiments; en calculant leur durée à 150 ans, il faut pour les maintenir... 4,416 plantes par année de 15 à 16 pouces de diamètre.

« Or les forêts de cette paroisse ne peuvent produire tout au plus que 300 plantes du diamètre ci-dessus par journal du Piémont... et en mettant la production à 80 ans, il faut pour cette fourniture 1,120 journaux. »

Le chevalier de Buttet était trop optimiste : combien y a-t-il de forêts pouvant porter par hectare 790 arbres de 0 m. 42 à 0 m. 45 de diamètre? et les forêts de Beaufort montent jusqu'à la limite supérieure de la végétation forestière.

Aujourd'hui encore les maisons de la vallée de Beaufort sont construites sur le type

[1] Arch. Tarentaise, série I, n° 74. Mémoire du chevalier Angiono.

que décrit le chevalier, et la patine chaude que donne le temps aux poutres de la façade souligne encore l'originalité puissante de cette architecture.

Les incendies, les avalanches, en détruisant soit les chalets dans la montagne, soit les agglomérations constamment habitées, augmentaient encore les demandes de bois de construction. Le plus souvent, ces délivrances de bois étaient faites à titre gratuit. En 1756, l'intendant de Moutiers ordonne aux divers conseils de son ressort «de ne plus tolérer cet abus, de faire payer un prix raisonnable, se réservant de taxer en cas de différent, entre les mains de l'exacteur, et ce produit sera porté l'année prochaine dans les avoirs du rolle en diminution des dépenses»[1].

Il est évident que ces dons véritables ne pouvaient qu'inciter les particuliers à solliciter et à gaspiller les bois. Mais ce privilège était réservé aux communiers et les «étrangers habitans dans la paroisse» devaient payer une taxe pour user des forêts communales, quand cela même leur était permis[2].

SECTION IV.
La police des bois et forêts.

§ 1. Les pénalités.

Il est inutile de parler des pénalités portées par les Lettres Patentes du 22 décembre 1739 contre les députés des paroisses chargés de la surveillance des forêts et des exploitations. On a vu qu'elles n'avaient pas été appliquées.

1° *Coupe illicite de bois.* — Aucun barême des amendes n'a été établi, ni en 1739, ni en 1760 pour tenir compte des dimensions des arbres coupés en délit.

D'après les patentes de 1739, l'amende encourue par arbre de futaie est de 10 livres et, en 1760, de 5 livres (art. 7, 21, al. 7); s'il s'agit de taillis, l'amende est de 300 livres par journal.

2° *Exploitation irrégulière.* — Toute coupe faite sans se conformer aux prescriptions réglementaires fut d'abord punie d'une amende de 4 livres par arbre de futaie (L. P. 1739) et, depuis 1760, d'une amende de 5 livres (édit 1760, art. 21, al. 1); toute coupe d'un taillis de moins de 8 ans est punie de 100 livres d'amende par journal.

3° *Enlèvement des rémanents.* — La peine de 4 livres, portée par les patentes de 1739, a été élevée à 5 livres en 1760 (art. 21, al. 5).

4° *Réserves manquantes ou défectueuses.* — Seul l'édit de 1760 a prescrit de maintenir des réserves. L'exploitant qui ne pourra représenter quinze réserves saines par journal de forêt coupée encourt une amende de 5 livres par réserve manquante ou défectueuse (art. 21, al. 8).

5° *Pâturage dans les cantons non défensables.* — Les patentes de 1739 avaient puni d'une amende de 3 livres par bête aumaille et de 30 sous par bête ovine ou caprine,

[1] Arch. S., série C 971 passim.
[2] Arch. S., série C 981. Séez.

outre la confiscation des chèvres, toute introduction d'animaux dans un canton de forêt non défensable; l'édit de 1760 maintient l'amende fixée pour le petit bétail et porte à 6 livres celle qui se rapporte au gros bétail, avec double même pour chaque récidive (art. 12). La confiscation n'est plus de règle, mais les gardes ont le droit de séquestrer le troupeau.

6° *Interdiction du feu.* — Quiconque aura allumé du feu en forêt ou à une distance de 20 toises des forêts est puni d'une amende de 25 livres sans compter les dommages-intérêts (art. 10). Cette disposition est une aggravation de l'article 11 du titre des bois des R. C. de 1729 par l'édit de 1760.

7° *Construction de fours à chaux et à plâtre.* — Toute construction de fours à chaux ou à plâtre, toute création de place à charbon, doit être autorisée par l'intendant sous peine de 50 livres d'amende et de la destruction des fours aux frais des contrevenants par les forestiers (art. 11).

8° *Personnes suspectes en forêt.* — Toute personne suspecte trouvée en forêt, la nuit, avec des outils propres à l'abatage, encourt une amende de 4 livres et, en cas de récidive, de 8 livres (art. 13). C'est également une disposition de droit nouveau, inconnue avant 1760.

9° *Défrichement.* — Tout défrichement non autorisé est puni d'une amende de 5 livres par souche extirpée, augmentée de 5 livres par journal mis en culture (édit 1760, art. 27), en outre du reboisement de la surface déboisée.

10° *Exploitation dans les bois bannis.* — Quiconque coupe des bois dans une forêt mise en ban encourt une peine de prison qui peut aller jusqu'à six mois, sans préjudice des dommages-intérêts éventuels (édit 1760, art. 22).

Nombre de ces prohibitions sont évidemment empruntées à l'ordonnance française de 1669 et constituent une aggravation sérieuse de la législation générale antérieure.

11° *Responsabilité des pères, maris et maîtres.* — Les pères, maris et maîtres sont évidemment responsables des amendes et frais de justice à la charge de leurs enfants, femme, domestiques, s'ils ont donné leur consentement tacite ou explicite à l'acte délictueux (édit 1760, art. 28, R. P. 1739).

12° *Contrainte par corps.* — En cas d'insolvabilité, les délinquants sont punis de prison légère, pour une première infraction; de longue durée, mais sans dépasser six mois, en cas de récidive (édit de 1760), ou même du carcan.

13° *Répartition des amendes.* — Sous le régime des Lettres Patentes du 22 décembre 1739, les amendes prononcées se divisaient en trois parts, attribuées l'une au fisc, la seconde à la commune et la dernière au dénonciateur.

Mais cette répartition ne tenait aucun compte des droits seigneuriaux qui pouvaient grever les forêts. Ainsi, on voit le Révérendissime Claude Humbert de Rolland, archevêque et comte de Tarentaise, prince du Saint-Empire romain, établir des statuts et bans champêtres le 27 avril 1755, approuvés le 7 mai 1756 par le Sénat de Savoie, interdire toute coupe de bois dans les forêts de Villemartin.

L'article 2 de ce règlement frappe d'une amende de 3 livres tout enlèvement de bois blanc par charge d'homme et, « pour regard du bois noir, l'on se conformera à l'édit du 29 décembre 1739... Lesdites amendes... sont applicables, savoir : moitié en faveur de la mense archiépiscopale et l'autre moitié en faveur de la chapelle dudit Villemartin[1] ».

De même, il existait des droits féodaux dans le marquisat de Saint-Maurice au comte de la Val d'Isère[2], dans la vallée de Beaufort. Les patentes de 1739 n'avaient pas été sans leur causer préjudice à divers égards. De là des réclamations et des conflits. Aussi l'édit de 1760 (art. 42) stipule-t-il que « toutes les amendes seront applicables, la moitié aux vassaux auxquels l'investiture donne ce droit et l'autre moitié sera partagée en trois portions dont deux seront en faveur des forêtiers et l'autre portion restante à celui qui aura intervenu pour le fisc du département ». S'il n'y a aucun droit féodal, la moitié réservée aux vassaux passait à la commune : mais les vassaux ou la commune qui encaissent cette moitié ont la charge de la contrainte par corps.

Une partie des innovations contenues dans l'édit de 1760 avait, d'ailleurs, été demandée par l'intendant de Tarentaise, dans son mémoire sur les forêts de cette province de 1758[3], et notamment la contrainte par corps. On lit, en effet, dans ce travail : « On observe au sujet des amendes qu'il n'y a dans ledit règlement (de 1739) que des peines pécuniaires établies et point des subsidiaires dans le cas que le contrevenant soit insolvable, comme ils le sont pour la plupart, n'étant ordinairement que des personnes dépourvues de tout bien, qui, pour gagner leur vie, font des dégradations sans permission... et contre lesquelles on procède inutilement. Il paraît donc qu'il conviendrait pour les contenir de leur infliger dans ledit cas, subsidiairement, une peine légère, afflictive, de prison, pour quelque temps et, en cas de récidive, d'une plus forte, qu'on pourrait déterminer ou laisser arbitraire selon les circonstances de la contravention. »

§ 2. LES JURIDICTIONS.

Aussi bien sous le régime des Lettres Patentes de 1739 que sous celui de l'Édit de 1760, il n'y a plus dualité de juridictions chargées de connaître des délits forestiers commis en Tarentaise. Le juge c'est l'intendant. (L. P. 1739, art. 5, 6, 8, 9. Édit 1760, art. 29, 32.)

Du juge maje il n'est plus question et le châtelain est réduit le plus souvent au rôle de magistrat instructeur et parfois même aux fonctions d'officier de police judiciaire.

Pourtant un doute surgit du rapprochement des articles 32 et 33 de l'édit de 1760 : le premier dit que l'intendant sera juge. Or, à côté de l'intendant, il y a un procureur fiscal provincial, il y a des greffiers. Pourquoi dès lors, l'article suivant, dans son alinéa 2, spécifie-t-il que le conservateur se servira de greffiers « procureurs fiscaux des juridictions respectives rière lesquelles les contraventions pourront être faites » ? Pourquoi ce même article permet-il au conservateur de recourir à d'autres personnes à défaut de ces greffiers et procureur ? Il y a donc eu des poursuites en simple police jusqu'à 50 livres d'amende, comme dans le reste du duché et au-dessus de ce chiffre seulement devant l'intendant. L'article 34 dit en effet qu'il sera procédé « en conformité des générales constitutions » et les Patentes de 1739 y renvoient également, disant : « lorsque

[1] Acad. Tarentaise, t. IV.

[2] Arch. S., série C 141, folio 70.

[3] Arch. Tarentaise, série I, n° 74. Mémoire du chevalier Angiono.

les amendes seront plus fortes de 50 livres contre chaque contrevenant, l'intendant de la province procèdera contre eux ».

Les sentences de l'intendant étaient prononcées sans appel, même lorsqu'elles étaient en première instance : seul le recours au roi était réservé. C'est à la requête de l'avocat fiscal provincial que les jugements sont rendus.

L'intendant doit conserver les dossiers des affaires qu'il aura eu à juger et en tenir répertoire.

§ 3. Constatation des délits. — Poursuites.

L'inspecteur des forêts a qualité pour constater les délits (L. P. 1739, art. 2, 5, 6. — Édit 1760, art. 34, 35, al. 1, 36).

Sous le régime des Patentes de 1739, les députés des paroisses qui trouvaient des contraventions devaient faire « leur rapport bien circonstancié entre les mains du châtelain qui dressait procès-verbal », après avoir vérifié sur son registre que la coupe signalée n'avait pas été autorisée (L. P. 1739, art. 8). Ces députés n'étaient donc que de simples témoins dont la déposition était reçue par le juge.

Le châtelain pouvait aussi procéder à la visite des forêts, mais en l'assistance du député de la paroisse et dresser alors procès-verbal (art. 9).

L'édit de 1760 ayant supprimé les députés de paroisse et les ayant remplacés par des « forêtiers », c'est à ces gardes qu'il appartient désormais de rechercher et de constater les délits : c'est encore au châtelain ou, à défaut, à l'inspecteur, qu'ils doivent signaler les infractions qu'ils ont découvertes dans un délai de 2 jours.

C'est donc le même processus : les députés comme les forêtiers, en général illettrés, déposent devant le châtelain qui prend acte de leurs dires.

Tout particulier pouvait d'ailleurs dénoncer les délits (Édit 1760, art. 31) : bien que le texte n'en fasse pas mention, il est probable que c'était encore au châtelain à recevoir la dénonciation.

Il ne semble pas qu'il y ait eu de courtes prescriptions de l'action publique. Alors que les Patentes de 1739 exigeaient que la procédure fut conduite « suivant les formalités requises, par les Royales Constitutions, lesquelles continueront à être observées pour les cas auxquels il n'a pas été spécialement pourvus », l'édit de 1760 réduit les délais, les lenteurs du procès (art. 34), en fixant à 40 jours la durée de l'instance. Toutefois, « pour des causes légitimes », l'intendant peut accorder des prorogations, mais sans qu'il puisse s'écouler plus de deux mois, du début des poursuites au prononcé de la sentence.

D'ailleurs, tous les deux mois, le conservateur devait remettre à l'intendant un état des procès forestiers encore pendants.

Quant à la preuve des délits, elle était tenue pour pertinente quand elle résultait d'un procès-verbal du châtelain, de la déposition de deux gardes assermentés, ou de celle d'un seul garde corroborée par un fait indéniable. Il est remarquable que la créance à la dénonciation faite par un particulier est au moins égale à celle qui s'attache à la déposition d'un forêtier : « la déposition d'un témoin digne de foi, jointe à quelque indice plausible forme une preuve complète contre les accusés ». (Édit 1760, art. 31.)

L'exécution des sentences devait, depuis 1760, être contrôlée par le conservateur qui, dans son état, signalait à l'intendant les amendes non recouvrées et, le cas échéant, l'indigence du condamné. Voici encore un reflet de l'ordonnance française de 1669 et de

l'édit de mai 1708, qui chargeait certains gardes généraux déjà «exécuteurs des man-
demans, jugemens et ordonnances» des maîtres particuliers et des grands maîtres des
eaux et forêts, d'être aussi les collecteurs des amendes. En cas d'insolvabilité, le conservateur devait provoquer contre les délinquants une sentence de l'intendant relative à
la contrainte par corps (art. 29).

Tout garde convaincu de fausses dénonciations est révoqué de ses fonctions par l'intendant et déféré aux tribunaux ordinaires.

SECTION V.

Les défrichements, les reboisements.

Les Lettres Patentes du 22 décembre 1739 ne parlent pas de défrichements; il y a
donc lieu, conformément aux dispositions finales de ce document, de se référer aux prescriptions des Royales Constitutions de 1729. Or, d'après la législation générale (R. C.
1729), livre VI, titre IX, art. 10), tout défrichement est interdit sauf autorisations du
roi, mais cette prohibition manque de sanction.

L'édit du 2 mai 1760 répare cette lacune (art. 27) et indique bien ce qu'il faut
entendre par défrichement : l'extraction des souches et la réduction du sol forestier en
culture. L'autorisation de défricher est toujours réservée au roi; l'intendant se borne à
la notifier.

Il est regrettable que la consigne des bois faite en 1760, par application des articles
1 à 6, soit aujourd'hui fort incomplète : rapprochée du cadastre de 1738, elle eut
permis de connaître exactement l'étendue et la nature des défrichements effectués dans
le milieu du xviiie siècle. Mais à côté des déboisements opérés par destruction radicale
de la forêt, il y avait les défrichements indirects et ce n'étaient pas les moins nombreux,
ni les moins importants. Mais ces défrichements mêmes étaient tantôt la conséquence
de ces coupes blanches imprudentes, tantôt le résultat de délits ou de pratiques désastreuses. Tous les témoignages concordent. A Peisey, le conseil déclare : «à tout ce que
l'on peut connaître avec certitude, ce qui cause le déboisement des forêts, c'est bien plutôt quelques-uns ou quantité qu'on ne scauroit découvrir qui nuitamment, dans le temps
qu'il fait clair de lune, couppent et abbattent des plantes grosses et petites et les voi-
turent de nuict à la minière, sans cependant jusqu'aujourd'huy en avoir pu découvrir
aucun [1]». Maintenant encore on sait en Savoie ce qu'il faut entendre par «bois de lune».

Le capitaine de Buttet fait, en 1777, ces constatations : «l'exploitation ne se fesant pas
avec toutes les règles et les précautions nécessaires pour la reproduction des forêts, il
arrive que les coupes se reproduisent très difficilement [2]». Et plus loin : «on fesait
fréquenter les bois par les bestiaux en tout temps, ce qui a retardé la population». Il
faut rappeler enfin la malfaisance des bergers : mutilation. incendie des arbres.

Enfin, le capitaine nous révèle une des causes qui amenaient les montagnards à usurper et à défricher les forêts communales : «des païsans qui n'ont rien cherchent à profiter des dits terrains (communaux) particulièrement en vue de ce qu'ils ne sont point
cotisés dans le cadastre». Il était bien tentant pour un terrien de se créer ou d'agrandir

---

[1] Arch. S., série C 696, 28 oct. 1758.
[2] Arch. Tarentaise, Relation du chevalier de Buttet.

un domaine, sans bourse délier et sans avoir à redouter d'impôt. Et ces empiètements se faisaient au vu et au su de tous, sauf des autorités provinciales, car « il paraît impossible que dans des petites paroisses, comme sont la plus grande partie de celles de Savoie, le conseil ne puisse être informé des personnes qui ont fait ces défrichements ou allumé des feux ».

Le mal était donc général : aussi le chevalier exprime-t-il qu'il y aurait lieu de procéder à des repeuplements artificiels sur le parterre des coupes blanches qu'il reconnaît obligatoires dans les exploitations pour la fourniture des bois aux salines. Ces travaux devraient être faits aussi bien dans les coupes anciennes où aucun recrû n'apparaît que dans les coupes à faire. Il propose «de ramassser de la graine et de la répandre sur les tonsures autant qu'il sera possible... On pourrait aussi, ce qui serait infiniment meilleur, y transplanter des jeunes plantes de l'âge de 3 à 4 ans et plus, qui sont alors à la hauteur d'un pied environ. Cette méthode n'est pas connue en Tarentaise, mais ailleurs on en tire un grand profit puisqu'elle est facile et infaillible. Il faut arracher les jeunes plantes au printems lorsque le terrain est encore humide, sans endommager les racines autant qu'il se peut, les planter ensuite dans le terrain où s'est faite la tonsure et choisir les endroits qui sont plus frais et où il y a un certain fonds de terre. » Il n'est pas sans intérêt de savoir comment se faisaient alors les plantations que le célèbre praticien représente comme d'une réussite assurée. Ces repeuplements artificiels étaient d'ailleurs prévus par la loi (L. P. 1739, art. 4. — Édit 1760, art. 36) dans les coupes usées, mais non sur des terrains incultes pour les mettre en valeur.

Les réflexions du chevalier de Buttet n'ont pas été perdues, car, 9 ans plus tard, l'intendant de Moutiers voudrait tenter de reboiser le territoire très étendu, mais très pauvre en forêts, de Saint-Martin-de-Belleville. Ce fonctionnaire a «informé que cette communauté est totalement dépourvue de bois de haute futaie et que ses habitants sont dans une presque impossibilité de s'en procurer des paroisses voisines où ils sont déjà fort rares, aurait souhaité que le conseil ait proposé les moïens les plus propres pour parvenir par quelque essay en petit à la reproduction par semence des pin, sapin ou mélèze [1]. »

Le vœu de l'intendant a-t-il eu de l'écho auprès de la population? On peut en douter car, dans la période suivante, on voit ces habitants achever la destruction d'un canton banni !

CHAPITRE IV.

LE COMMERCE DES BOIS.

I. **Commerce intérieur.** — Les bois de feu et de construction nécessaires à la population locale étaient tirés soit des forêts particulières, soit des forêts communales. Il n'y avait guère de marchés, ni de cours établi pour ces marchandises.

Au contraire, les salines, les minières, les forges, les fours à chaux étaient de terribles consommateurs de bois. Les directeurs des établissements de Moutiers, de Conflans et de Pei-ey achetaient aux communes les arbres qu'elles ne pouvaient leur refuser : les prix étaient d'abord fixés à l'amiable, après débat sur les lieux, entre les régisseurs

[1] Arch. S., série C 888, folio 165.

et les délégués des paroisses, parfois en présence de l'intendant [1]. Plus tard, en présence des exigences croissantes des municipalités, ils le furent par le roi.

Il est possible de savoir la valeur du bois et de connaître l'importance des sommes déboursées annuellement en Tarentaise pour se procurer du combustible et du bois d'œuvre pour les usines. Il faut distinguer le prix payé aux communes propriétaires des forêts et les salaires des ouvriers employés à l'abatage et au transport.

« L'exploitation des bois en Tarentaise pour les salines se fait en grande partie par une bande de 8 à 10 ouvriers tirolois qui, depuis longtemps, se sont introduits dans le pays : ils contractent avec les entrepreneurs et se chargent ordinairement de la coupe du bois et de la conduite par des couloirs jusqu'au bord des rivières ou au pied des montagnes d'où les entrepreneurs le font après flotter ou voiturer aux salines. Quelquefois un entrepreneur se sert de quelqu'un de ces Alemans pour diriger son ouvrage et alors on le paye souvent 40 sols par jour. »

Les ouvriers ordinaires se payaient 30 sols par jour sur le terrain [2].

C'était avec des entrepreneurs ou des maîtres charbonniers comme tâcherons que la société de la minière de Peisey traitait pour couper et transporter à l'usine les bois d'œuvre et de feu nécessaires [3].

Mais alors que pour les salines, la plus grande partie du bois était flottée sur l'Isère ou l'Arly et leurs affluents, que des « râteaux » établis sur ces deux rivières retenaient les bûches, pour Peisey le transport devait se faire au moyen de bêtes de somme et le plus souvent en remontant. Peisey est à la cote 1300 et Landry, près du confluent du Ponthurin et de l'Isère, à 898 mètres d'altitude. La minière se trouvait plus haut encore à la cote 1510 m.

Le prix des bois payé aux communes propriétaires par les salines de Moutiers n'avait pas varié dans le cours du XVIIIe siècle. En 1771, il est encore de 1 livre par toise [3]. La toise rendue aux salines revenait, vers 1750, à 12 livres 10 sols, à 13 livres en 1779 [4]. il y avait donc une dépense de 11 livres 10 sols à 12 livres pour l'abatage, le façonnage et le transport.

A Conflans, les frais en 1779 s'élevaient à 16 livres par toise.

La minière de Peisey payait la toise de bois à un prix variable d'après la proximité et la facilité d'exploitation et de vidange : le prix unitaire variait de 30 à 50 sols.

Aucun des documents que nous avons eus ne donne la valeur de cette toise rendue à la mine : mais on ne s'éloignera pas de la vérité en l'évaluant à 17 francs, comme à Conflans, à raison de la difficulté du charroi.

Aux environs de 1775, on peut établir ainsi le mouvement du commerce des bois pour les usines de Tarentaise.

Salines de Moutiers.	Bois de toise, 600 toises à 13 livres............	7,800[liv]	00
	Bois de construction, 200 arbres, soit 12 toises 1/2 [5] environ............................	162	10
	Total..............................	7,962	10

[1] Arch. S., série C 141, folio 70; C 988, 1773, Peisey.
[2] Arch. Tarentaise, Relation du chevalier de Buttet.
[3] Arch. S., série C 867, folio 49.
[4] Arch. S., série C 564, 10 mai 1779.
[5] D'après le tableau des pages 164-165, il faut, en moyenne, 15.9 arbres pour faire une toise.

Salines de Conflans.	Bois de toise, 350 toises à 17 livres.............	5,950^{liv} 00
	Bois de construction, 150 arbres, soit 9 toises 1/2.	170 10

TOTAL.............................. 6,120 10

Minières de Peisey : bois de toise ou charbon, 1,554 toises 1/2 à 17 liv. 26,426^{liv} 10

TOTAL GÉNÉRAL......................... 30,508 10

soit 30,500 livres en chiffres ronds, chiffre considérable, étant donnée la valeur de l'argent à cette époque.

À côté de ces entreprises d'État ou estampillées par le gouvernement, il y avait encore en Tarentaise de petits établissements métallurgiques, fonderies ou martinets, forges et des fours à chaux qui consommaient énormément de bois acheté dans leur voisinage immédiat. La construction d'un four à chaux ou à plâtre sans permission de l'intendant était punie d'une amende de 50 livres, mais cette prohibition ne s'étendait pas aux autres usines à feu.

Aussi voit-on la minière de cuivre de Doucy faire tellement dévaster les forêts d'alentour pour se procurer le charbon nécessaire qu'une action fut intentée contre elle [1].

À Tours, il y avait deux martinets qui brûlaient tous les ans 300 toises de bois, dont la valeur était celle-là même du bois des salines, toutes proches de Conflans, soit 5,100 livres.

La Tarentaise, avec ses vastes massifs, alimentait aussi d'autres régions. La commune de Saint-Paul vend à des charbonniers une coupe de 200 journaux de Piémont (76 hect.), moyennant 800 livres. Si l'on admet que cette surface rende, comme les forêts affectées aux salines de Moutiers, 22 toises 9 par journal de Piémont, c'est une exploitation de 4,580 toises réparties sur 8 années. Ce bois pouvait donner annuellement 5,725 charges de charbon destinées aux usines d'Aiguebelle : c'était, au tarif de Conflans, une somme de 77,860 livres à répartir entre les propriétaires et les ouvriers [2].

De même, en 1769, l'intendant général demande à l'intendant de Moutiers d'autoriser les habitants de Chignin à faire couper dans les forêts de Tarentaise des bois pour reconstruire 80 maisons de Tormery, détruites par un incendie.

On vit même à Conflans, vers 1760, un français nommé Verdun, acheter dans cette localité et à Feissons-sous-Briançon des bois appartenant à des particuliers ou aux communes et fournir de bois de construction des propriétaires de la Savoie propre. Ces exploitations faites régulièrement étaient contrôlées par l'inspecteur des forêts [3].

Il y avait donc en Tarentaise un mouvement commercial sur les bois qui était loin d'être négligeable. Il convient d'y ajouter, à certaines époques, au moins, un trafic d'exportation assez intense.

II. **Commerce extérieur.** — L'exportation des bois hors du pays était interdite par les Royales Constitutions de 1729 et de 1770, qui s'appliquaient ici, en l'absence de

[1] Arch. S., série C 564, 19 juin 1749.
[2] Arch. Tarentaise, Relation du chevalier de Buttet, 1778.
[3] Arch. S., série C 72, p. 18.

dispositions spéciales. La peine prévue par les articles 13 et 18 respectifs au titre des Bois et Forêts était la confiscation des bois, des attelages et moyens de transport.

L'éloignement de la Tarentaise placée au cœur des Alpes ne favorisait pas évidemment la « transfugation des bois », et le le gouvernement n'avait pas reconnu le besoin d'assurer plus énergiquement à ce point de vue la conservation des massifs tarins. Mais l'occupation de la Savoie par les Espagnols pendant la guerre de la succession d'Autriche, en brisant les barrières du royaume, favorisa le trafic avec la France. Ce fut la forêt de Rhonne, appartenant à la ville de Conflans, qui fournit les premiers éléments. Deux marchands de bois français nommés Léotard et Habichon traitèrent avec la municipalité et achetèrent de gros bois pour les transporter à Marseille pour le service de la marine. Il résulte d'un procès-verbal de visite du 6 juillet 1745 qu'à cette date on avait abattu « 968 grosses pièces de 4 pieds de diamètre dans le bas, 402 de moyenne qualité, 1,145 et plus d'une qualité inférieure pour faire des chevrons... le tout quoy n'est pas moins estimé par ledit verbal de 16,468 livres [1] ».

« Le 24 août 1746, lesdits entrepreneurs achetèrent encore 103 pièces desdits bois sapins. Ils obtinrent ensuite une nouvelle permission pour abattre 300 pièces environ et mirent par terre un nombre presque infini tant de grosses que de petites plantes et les sindics et conseillers qui les leur vendirent, sans suivre les solanités et précautions prescrites, s'en attribuèrent la plus grosse partie du prix...

« Comme les sindics et conseillers ne laissaient pas de faire de nouvelles ventes aux étrangers... » deux des habitants de Conflans, au nom de la communauté, obtinrent, en 1748, de faire saisir en deux fois 139 pièces de bois; 1748, c'est la date du traité d'Aix-la-Chapelle.

Aussi, dès 1749, l'intendant général intervient-il énergiquement : « Je suis surpris, écrit-il au châtelain de Conflans, que l'on continue à dégrader la forêt de Rhonne sous vos yeux et sous ceux du conseil... Je dois réveiller là-dessus votre attention. »

En même temps de nombreux trains de bois descendaient l'Isère, de Tarentaise en France : ils étaient formés et pilotés par un français, nommé Gaspard. L'intendant général donne des ordres répétés pour tâcher d'arrêter les radeaux, soit à Conflans, soit à Montmélian [2]. Mais l'exportation n'en demeurait pas moins active.

Aussi, en 1754, l'intendant de Moutiers propose-t-il de barrer pendant la nuit avec une chaîne l'Isère au pont de Rhonne, et cette idée, dont la réalisation a été ajournée à cause de la dépense « tant de la chaîne que d'un garde », est à nouveau mise en avant en 1762.

A ce moment, c'est encore à Verdun, qui, depuis plusieurs années, faisait par l'Isère le commerce des bois entre la Tarentaise et la Savoie propre, qu'on reproche de faire passer par flottage des trains de bois en Dauphiné ; et il y avait déjà une chaîne à Montmélian, « endroit où l'on ne peut que passer pour transporter lesdits bois hors des états » [3].

En 1785, nouvelle plainte contre le commerce des bois fait par des étrangers dans la forêts de Rhonne souvent sans autorisation [4].

[1] Arch. S., série C 569, Conflans; date disparue. Requête antérieure Mysilier et Nicolas Oars
[2] Arch. S., série C 158 passim.
[3] Arch. S., série C 72, p. 18.
[4] Arch. S., série C 569, 12 août 1785.

Les crues violentes de l'Isère et de l'Arly, en détruisant les râteaux établis pour les salines de Moutiers et de Conflans, n'étaient pas sans entraîner aussi d'importantes quantités d'arbres hors du royaume de Sardaigne. Et parfois les troncs ainsi emportés par le courant endommagent sérieusement les ponts qu'elles viennent heurter avec violence, comme cela est arrivé à Montmélian, le 11 novembre 1774.

Quoi de plus naturel que le commerce ait eut tendance à suivre la pente des rivières?

CHAPITRE V.

LA POLITIQUE FORESTIÈRE.

I. — En réalité, il n'y eut pas de véritable politique forestière dans la Savoie pendant le xviii⁰ siècle. Le gouvernement s'est borné à combattre les exportations de bois en France par ce qu'elles amenaient la ruine des forêts et privaient par suite les populations d'une marchandise indispensable pour le chauffage et pour les constructions. A côté de ces inconvénients économiques, on entrevoyait aussi les conséquences fâcheuses de la déforestation sur le maintien des terrains en montagne et sur le régime des eaux.

Mais si les mesures prises pour enrayer l'exportation étaient bien peu efficaces, celles qui avaient pour but de combattre les défrichements et d'assurer la prospérité des massifs étaient à peu près inexistantes.

II. En Tarentaise, la politique forestière suivie, et c'est là seulement qu'il y en eut une, n'avait d'autre objet que d'assurer aux salines de Conflans et de Moutiers, ainsi qu'aux minières de Peisey, le combustible qui leur était nécessaire. Ces établissements étaient pour le trésor une source précieuse de revenus : la société des mines de Peisey payait une redevance annuelle de 15,000 livres. Les salines de Moutiers rendaient tous les ans au fisc en moyenne 87,000 francs [1], prix net de 950 tonnes de sel. C'était une somme de 102,000 francs assurés.

Ici encore, c'était la question économique qui avait été la cause déterminante de la législation spéciale et de la surveillance plus énergiques données aux forêts de Tarentaise. Les conséquences heureuses du boisement pour la protection du pays contre les avalanches, les érosions et les laves torrentielles étaient demeurées tout à fait au second plan.

Même les droits des communes avaient été sacrifiés à l'industrie et aussi à des conceptions théoriques exposées plus loin. Il est vrai que les aménagements rudimentaires faits dans les forêts réservées aux usines valaient mieux que les exploitations irrégulières, excessives, pratiquées auparavant et qu'en somme les communes conservaient avec le fonds la certitude du maintien de leurs forêts et tiraient des exploitations obligatoires qu'elles devaient subir des revenus appréciables.

Il faut reconnaître aussi qu'à cette époque où les voies de communication étaient difficiles, une marchandise aussi encombrante que le bois n'avait que peu ou pas de valeur et, en résumé, l'utilisation de ce combustible dans les salines ou les usines mé-

---

[1] Verneilh, *Statistique du Mont Blanc*, p. 475.

tallurgiques était le meilleur procédé d'en tirer un parti avantageux. Ce qui le prouverait d'ailleurs, c'est que, ce que l'État pratiquait en Tarentaise, les grands propriétaires forestiers, comme les ordres religieux, le faisaient dans le reste du Duché. Les forges et martinets de Saint-Hugon, d'Aillon, de Belleveaux, de Tamié, de Sixt, d'Aiguebelle, des Fourneaux utilisaient donc au mieux les produits des grands massifs savoyards.

III. Mais il est une tendance qui a commencé à se manifester au xvIIIᵉ siècle et qui n'a pas été sans conséquences sur la gestion des forêts au siècle suivant : nous voulons parler des efforts faits par les intendants pour réduire l'étendue des communaux, pâturages aussi bien que forêts.

L'aliénation ou le partage des communaux devait, d'après leur thèse, avoir les plus heureux résultats : alors que ces biens communs étaient l'objet d'empiètements innombrables, d'abus de toutes sortes qui les épuisaient et les ruinaient, ils auraient, devenus propriétés privées, reçu des soins de leurs détenteurs et leur rendement en eût été singulièrement augmenté.

D'autre part, les communaux n'étaient pas soumis à la taille et leur sécularisation, si l'on peut employer ce mot, aurait augmenté la superficie, en même temps que la valeur imposable des terrains payant au fisc.

Dans les deux provinces alpines notamment, les communaux occupaient 70 p. 100 de la superficie totale, alors que leurs revenus étaient, en Maurienne, de 17 p. 100 et en Tarentaise de 20 p. 100 des revenus de ces provinces [1]. En Savoie propre, ce rapport tombait même à 8.5 p. 100. Le rendement relativement élevé des communaux de Tarentaise tenait évidemment aux fructueuses exploitations des forêts et à l'importance des massifs boisés.

Ces rapprochements avaient certainement influé sur les fonctionnaires royaux qui avaient à cœur d'accroître les ressources du trésor. Mais jusqu'au xvIIIᵉ siècle inclusivement, les populations se prêtèrent peu aux vues gouvernementales. «Les paysans, en très grande majorité, assez sceptiques quant au degré d'amélioration dont les communaux étaient susceptibles, taxaient d'exagération les allégations relatives aux abus qui s'y commettaient ; surtout ils voyaient dans la vente leur propre expropriation : où faire des bois, où faire pâturer quand les riches les auraient dépouillés du patrimoine commun ? et le chauffage et le pâturage étaient dans leur vallée des questions capitales qu'on avait immémorialement résolues par la propriété communale, assurance du pauvre contre l'extrême misère, origine et base de la commune elle-même.»

L'édit d'affranchissement de 1771 indiqua la vente des communaux comme un moyen de racheter les droits féodaux et les Lettres Patentes du 22 juin 1781 autorisèrent les intendants à permettre aux communes et même à ordonner d'office la vente de leurs biens, lorsque leur utilité l'exigera. Mais l'aliénation des communaux n'eut pas plus de partisans. On a vu que Beaufort avait vendu une partie de ses forêts communales mais fort minime, et ce qui restait suffisait, et au delà, à l'usage de tous : ce fut une exception.

Le partage des communaux entre les communiers n'avait pas les inconvénients immédiats de la vente et tous, riches ou pauvres, avaient leur lot. Mais forcément, à la longue, par suite des transactions, il devait arriver que certains, après cession de

---

[1] G. Pérouse, Les communes de l'ancienne Savoie, chap. iv.

13

leurs terres, demeuraient dénués de tout, incapables de nourrir un mouton ou une chèvre; jusqu'à la fin du xviiiᵉ siècle, le partage des communautés a été une rareté.

Plus fréquents et plus anciens étaient les baux emphytéotiques des communaux.

On verra au xixᵉ siècle comment les fonctionnaires sardes, en amalgamant ces deux dernières sortes de contrats, sous le nom d'acensement-partage, parvinrent à désagréger la propriété forestière collective.

Il était nécessaire d'indiquer les origines de pratiques vicieuses qui ne peuvent que surprendre ceux qui les découvrent, et qui ne sont que la mise en application de théories économiques élaborées loin de la réalité.

TROISIÈME PÉRIODE.

Les forêts de Savoie de 1792 à 1815.

CHAPITRE PREMIER.

HISTORIQUE LOCAL SOMMAIRE DE LA PÉRIODE RÉVOLUTIONNAIRE ET IMPÉRIALE.

SECTION I.

La Révolution, le Consulat et l'Empire.

La France était depuis trois ans en pleine révolution et l'Assemblée législative venait de décréter, le 20 avril 1792, la guerre contre l'empereur François Iᵉʳ. Le roi de Sardaigne, Victor-Amédée III, hostile à la Révolution, accueillait les émigrés et armait. Le 22 septembre 1792, lendemain de Valmy, premier jour de l'ère républicaine, le général de Montesquiou, sans déclaration de guerre, envahit la Savoie, entrait le 24 à Chambéry et tout le duché, sauf les communes de Lans-le-Villard, de Bonneval et de Bessans, au fond de la vallée de l'Arc, ainsi que le plateau du Montcenis, échappait aux armées sardes.

La lettre par laquelle Montesquiou annonçait sa rapide conquête fut lue à la Convention, le 28 septembre, et, le 24 octobre, le député Lasource produisit à l'assemblée un rapport où il demandait que la Savoie fut laissée libre de ses destinées. La Convention adopta cet avis et Montesquiou reçut un décret lui enjoignant de donner aux Savoisiens toute indépendance pour choisir leur régime.

Le 14 octobre, 655 communes de Savoie nommèrent des députés qui se réunirent le dimanche suivant, 21 octobre, dans la cathédrale de Chambéry et se constituèrent en assemblée nationale des Allobroges. L'assemblée nouvelle siégea deux fois par jour, du 21 au 29 octobre : elle vota la déchéance de la Maison de Savoie, l'abolition de la royauté, la réunion de la Savoie à la France, et diverses mesures. Elle nomma aussi une commission d'administration provisoire, composée de 21 membres, ainsi que 4 députés chargés de se présenter devant la Convention, parmi lesquels Dessaix, de Thonon, le futur général, gouverneur de Berlin sous l'empire.

Dans ses séances des 24 et 25 octobre, l'assemblée avait constitué des comités de législation, de finances notamment, qui préparèrent des décrets pour organiser l'administration provisoire du pays.

La Commission provisoire d'administration se réunit, dès le 29, et élut un président et sept secrétaires.

Le Sénat avait été maintenu et, le 8 novembre, la commission lui ordonna de siéger; de même, l'assemblée avait conservé également les anciennes juridictions.

Un autre décret de l'assemblée des Allobroges obligeait ceux des habitants de la Savoie, qui avaient fui en Piémont lors de l'invasion française, à rentrer dans un délai de

:3.

deux mois, sous peine de confiscation de leurs biens ; mais on ne savait s'il fallait assimiler ces fugitifs aux émigrés français. En suivant leur roi, les Savoisiens ne faisaient qu'accomplir leur devoir de fidélité : mais la Convention consultée, occupée d'ailleurs de plus graves affaires, ne discuta pas la question.

Par un autre décret du 26 octobre, les biens ecclésiastiques furent confisqués au profit de la nation. Les quatre députés savoisiens arrivèrent à Paris, le 20 novembre, et ils se présentèrent dès le lendemain à la barre de la Convention, donnèrent connaissance de leurs pouvoirs et remirent un procès-verbal du vote des 655 communes, ainsi que l'adresse votée par l'assemblée des Allobroges. Les députés furent admis aux honneurs de la séance.

Ce fut le 27 novembre 1792 que la Convention décida l'annexion en ces termes :

«La Convention nationale, après avoir entendu le rapport de ses comités de constitution et diplomatique et avoir reconnu que le vœu libre et universel du peuple souverain de la Savoie, émis dans les assemblées des communes, est de s'incorporer à la République française ; considérant que la nature, les rapports et les intérêts respectifs rendent cette réunion avantageuse aux deux peuples, déclare qu'elle accepte la réunion proposée et que, dès ce moment, la Savoie fait partie intégrante de la République française.

«Art. 1er La Convention nationale décide que la Savoie formera provisoirement un quatre-vingt-quatrième département sous le nom de département du Mont-Blanc...»

Ce décret d'union parvint à la commission provisoire de Chambéry, le 3 décembre, avec une lettre des députés annonçant que les autorités étaient maintenues jusqu'à l'arrivée des représentants en mission.

Les quatre conventionnels arrivèrent le 15 décembre, prorogèrent les pouvoirs de la commission provisoire jusqu'à la nomination de l'administration du département, en lui enlevant toutefois le droit de faire des règlements qui lui avait été attribué par l'assemblée des Allobroges.

Le 22 janvier 1793, sur l'ordre des conventionnels, on procéda à l'élection des municipalités ; ce même jour, les représentants fixèrent à Chambéry le chef-lieu du département du Mont-Blanc, qui fut partagé en 83 cantons et 7 districts correspondant aux anciennes provinces de Chablais, Carouge, Faucigny, Genevois, Savoie propre, Tarentaise et Maurienne. Les chefs-lieux étaient toujours Thonon, Carouge, Annecy, Chambéry, Moutiers et Saint-Jean-de-Maurienne ; seul le Faucigny avait changé Bonneville contre Cluses.

Les lois françaises, parvenues le 25 janvier au greffe du Sénat, furent déclarées applicables à compter de cette date par une proclamation de Hérault de Séchelles du 6 février 1793.

Par une proclamation nouvelle du 8 février, les quatre représentants supprimèrent l'archevêché de Moutiers et les trois évêchés qui en dépendaient : un évêché fut maintenu à Annecy. Mais il y avait encore un certain nombre de couvents occupés par les religieux : le 18 mai, le Conseil général en ordonna la fermeture.

Le 17 février, on élut les dix députés à la Convention (art. 3 du décret du 27 novembre 1792), les huit membres du Directoire du département, les vingt-sept membres du Conseil général, enfin le procureur général syndic.

La municipalité de Chambéry ayant prévenu le Sénat que les juges du tribunal de district avaient été élus et que le palais était nécessaire à son installation, ce vénérable tribunal cessa ses audiences à la fin du mois de mars 1793.

Cependant le roi de Sardaigne, dont les troupes avaient occupé le Mont-Cenis et le fond de la vallée de l'Arc, s'était décidé à reprendre l'offensive : ses soldats envahirent la Maurienne, la Tarentaise et le Faucigny, dès le 13 août 1793. Par décret du 25 août, la Convention avait chargé les représentants Simon et Dumas d'organiser la défense. Les Sardes s'étaient avancés jusqu'à Cluses, Moutiers et Saint-Jean-de-Maurienne. Le 9 octobre, Kellermann les avait repoussés et, en 1794, les cols du Mont-Cenis et du Petit-Saint-Bernard tombèrent entre les mains des Français.

Un décret du 14 frimaire an II supprima les Conseils généraux et les procureurs généraux syndics, en conservant les directoires des départements, les districts et les administrations communales; dans le Mont-Blanc, le Conseil général se sépara de lui-même le 5 nivôse suivant. Le 9 nivôse, la Convention chargea par décret le représentant Albitte d'organiser révolutionnairement le Mont-Blanc : ce fut le 7 pluviôse que commença à s'exercer l'autorité arbitraire et tyrannique de ce délégué : les fonctionnaires et les assemblées locales furent épurés.

Du côté des Alpes, la Savoie fut à nouveau menacée et les troupes autrichiennes et sardes arrivèrent encore jusqu'aux cols principaux qu'il fallut mettre en état de défense, notamment en l'an VII : mais il n'y eut pas d'invasion.

A l'intérieur, la Constitution du 5 fructidor an III vint modifier l'organisation départementale. A la tête du département était placée une administration centrale de cinq membres, auprès de laquelle est installé un agent du directoire, portant le titre de commissaire du pouvoir exécutif. Le Conseil général du département demeurait supprimé.

Les communes étaient groupées en cantons et chaque canton avait sa municipalité composée de représentants de chacune des communes qui n'avaient plus ni maire, ni conseil. Auprès de chaque municipalité de canton se trouvait aussi un commissaire du directoire exécutif.

Les juges étaient élus suivant le principe révolutionnaire; mais la nouvelle constitution exigeait qu'ils le fussent par les assemblées électorales du second degré. Chaque tribunal avait également son représentant du pouvoir central : l'accusateur public, auprès du tribunal criminel, le commissaire du directoire exécutif près le tribunal correctionnel.

Mais bientôt la France s'agrandit encore : le 7 floréal an VI (26 avril 1798), la commission extraordinaire de Genève, créée par la loi du 19 mars précédent, votait la réunion de la république de Genève à la France et, par une loi du 28 floréal suivant, le conseil des Cinq-Cents ratifiait cette annexion nouvelle.

Le 8 fructidor an VI, le conseil des Cinq-Cents votait encore une «loi portant qu'il sera formé un nouveau département sous le nom de département du Léman». Le Léman était constitué avec le territoire de la république de Genève, le pays de Gex et tout ou partie des districts anciens de Thonon, Cluses et Carouge dépendant du département du Mont-Blanc (25 août 1798).

Genève, disait l'article 5, sera le chef-lieu du département et, d'après l'article 7, le département était partagé entre trois tribunaux correctionnels : à Genève ressortissant les anciens cantons du Mont-Blanc de Collonges, Carouge, Viry, Chaumont, Frangy, Cruseilles, Annemasse, Bonne, Régnier et Arbusigny; à Thonon, les cantons

de Thonon, Évian, Le Biot, N.-D.-d'Abondance, Lullin, Bons et Douvaine; à Bonneville, les cantons de Bonneville, La Roche, Thorens, Cluses, Viuz-en-Sallaz, Taninges
et Samoëns.

Il convient de remarquer que la haute vallée de l'Arve, formant les cantons actuels
de Sallanches, Saint-Gervais-les-Bains et Chamonix, ne faisait pas partie du Léman :
il fallait bien que le département du Mont-Blanc eut le Mont Blanc sur son territoire.

L'administration centrale du nouveau département ne commença à fonctionner que
le premier jour complémentaire de l'an vi [1].

Sous le Consulat, une nouvelle loi du 28 pluviôse an viii (17 février 1800) «concernant la division du territoire de la république» rattacha au Léman tout le haut
Faucigny. Les relations naturelles de cette région conduisaient normalement à Bonneville et à Genève; mais désormais le Mont Blanc était hors du département à qui il
avait donné son nom. Le 30 pluviôse an xii, le préfet du Mont-Blanc avait bien demandé la restitution de la célèbre montagne à son département. Le 21 ventôse suivant,
le Ministre de l'intérieur rejeta cette requête [2].

Deux mois auparavant, le 24 frimaire an viii (15 décembre 1799), une nouvelle
Constitution avait, une fois encore, modifié l'administration. Les municipalités cantonales, créées par la Constitution de l'an iii, furent supprimées et les communes
reprirent leurs maires et conseils municipaux, mais le maire était nommé par le Gouvernement, et le conseil choisi sur une liste de notabilités.

Les communes étaient groupées en arrondissements, moins nombreux que les
districts de 1790 : un sous-préfet et un conseil d'arrondissement, délégués du pouvoir
central, avaient dans l'arrondissement à peu près les mêmes fonctions qu'aujourd'hui,
mais ils étaient encore désignés par le Gouvernement.

Au-dessus, le préfet, représentant le pouvoir central, administrait le département.
La loi du 6 ventôse an vii réforma la justice : les juges cessèrent d'être élus; des tribunaux de première instance furent créés dans tous les arrondissements et l'appel, au
lieu de se faire de tribunal à tribunal, comme sous la Révolution, fut porté devant des
cours spéciales. Ensuite la région savoisienne, pendant toute la période impériale,
vit sa propre histoire se fondre dans celle de la France.

SECTION II.

La chute de l'Empire.

A la retraite de Russie avait succédé la campagne d'Allemagne et la coalition des
princes, naguère encore alliés de Napoléon Ier. L'armée autrichienne de Bubna envahit
la Suisse, puis le territoire français, le 30 décembre 1813, en s'emparant de Genève,
chef-lieu du département du Léman. Poursuivant son offensive, elle entre à Chambéry,
le 20 janvier 1814, et ses avant-postes, poussés jusqu'à Montmélian, occupent la rive
droite de l'Isère et, depuis Chappareillan, menacent le Fort-Barreaux. Le préfet se
retirait en Maurienne, le secrétaire général en Tarentaise, se rapprochant des Alpes

[1] Arch. Genève, chap. 1, n° 14.
[2] Arch. S., série L 239, n° 280.

et du Piémont occupé par l'armée d'Eugène de Beauharnais : les autres fonctionnaires étaient allés soit sur les Échelles, soit vers Grenoble [1].

Le général Dessaix, ayant réussi à organiser une très petite armée de volontaires, avait reçu du maréchal Augereau le commandement du département du Mont-Blanc et des troupes de l'armée, dite Réserve de Genève. Sous le vigoureux effort du chef énergique qui a mérité le surnom de Bayard de la Savoie, les Autrichiens reculent, poussés l'épée dans les reins, battus près de Chambéry (18 février), à Alby, à Annecy, au Chable, jusque sous les murs de Genève.

Mais, malgré leur ascendant, avec leur poignée d'hommes, sans ressources, épuisés par leurs succès mêmes, les généraux Dessaix et Marchand n'ont pu enlever Genève (22 mars). Leur petite armée en retraite, suivie par les Autrichiens, livre encore bataille à Annecy et au pont de Brogny (25 mars); mais, le 27, Chambéry est de nouveau abandonné et réoccupé le 1er avril par l'ennemi.

Le 12 avril fut publiée l'abdication de Napoléon et, le lendemain, la proclamation de Louis XVIII.

Par le traité de Paris du 30 mai 1814, les alliés rendaient au roi de Sardaigne, Victor-Emmanuel Ier, le Piémont, le comté de Nice et une partie seulement de l'ancienne Savoie. Le général Bubna, par arrêté du 2 avril 1814, avait organisé [2], par suite du départ des fonctionnaires, une commission centrale d'administration à Chambéry et des commissions subsidiaires. Ces commissions ont cessé d'exister, le 15 juin 1814, au retour du baron Finot, ancien préfet impérial du Mont-Blanc, maintenu dans ses fonctions par Louis XVIII. Mais, dès le 16 avril, Bubna avait ordonné aux magistrats restés sur place de reprendre leurs audiences.

Les troupes autrichiennes qui s'étaient retirées, le 3 mai, pour éviter tout conflit avec l'armée française rentrant d'Italie, évacuèrent la Savoie restée française le 18 juin 1814. Il fallait réorganiser le nouveau département du Mont-Blanc, qui comprenait la partie nord-ouest de la Savoie, soit à peu près les cantons actuels de La Roche, Reignier, Saint-Julien-en-Genevois, Frangy, Cruseilles, notre arrondissement d'Annecy, l'arrondissement de Chambéry moins les cantons de Chamoux, Montmélian, La Rochette et Saint-Pierre-d'Albigny, plus la commune d'Outrechaise. Une sous-préfecture fut créée à Rumilly par la loi du 8 novembre 1814, ce qui porta à trois le nombre des arrondissements, Chambéry et Annecy étant les chefs-lieux des deux autres.

Par déclaration du 11 juillet 1814, le roi Louis XVIII avait amnistié les délits commis dans les forêts de l'État, des communes et des établissements publics.

Dans la partie de Savoie rendue au roi de Sardaigne le gouverneur civil autrichien, par arrêté du 19 juin 1814, créa un arrondissement nouveau à Saint-Pierre-d'Albigny comprenant la Combe de Savoie, outre les cantons de Lhopital et d'Ugines; par un autre arrêté du même jour, il organisa une commission centrale d'administration, analogue à celle qui fonctionnait à Chambéry avant le 15 juin, formée de sept membres et siégeant à Saint-Jean-de-Maurienne : cette commission, avec les commissions subsidiaires installées dans les divers arrondissements, assurait l'administration de la Savoie sarde. Le chevalier de Mertens attribua, le 23 juin, à la commission centrale le traitement d'un préfet, aux commissions subsidiaires celui de sous-préfet. Ce fut ce jour-là que la commission cen-

[1] Arch. S., série L 246, 15 juin 1814.
[2] Arch. S., série L 1752, L 1766.

trale fut installée : elle devait correspondre à Turin avec le gouverneur de Mertens ou avec le général comte Bubna [1].

La commission subsidiaire de l'arrondissement de Saint-Pierre-d'Albigny siégea à Montmélian.

Ce ne fut que le 16 septembre 1814 que le comte Galléani d'Agliano, major général dans les armées du roi de Sardaigne, commissaire plénipotentiaire et commissaire général en Savoie, vint prendre possession du pays au nom de Victor-Emmanuel Ier. Le comte Caccia était nommé intendant général de la Savoie avec résidence à Lhopital [2].

Le 23 septembre, le conseil provisoire d'administration, établi à Saint-Jean-de-Maurienne, cessa ses fonctions sur l'ordre du comte d'Agliano [3] : l'intendant général reprenait ses attributions.

Le 19 octobre, ce haut fonctionnaire notifiait un tableau des autorités nommées en Savoie par le roi de Sardaigne : au fur et à mesure que les intendants désignés arrivaient à leur poste, les commissions subsidiaires se séparaient : celle de Montmélian [4] fut dissoute le 7 décembre, celle de Moutiers le 31 décembre 1814.

Par édit du 28 octobre 1814, Victor-Emmanuel Ier remit en vigueur dans ses États de terre ferme «les constitutions, lois, etc., émanées jusqu'au 31 décembre 1792 [5]». Aussi, dès le 8 novembre suivant, le comte d'Agliano rendit-il une ordonnance organisant la justice en Savoie.

Au Nord du duché, la province de Carouge, créée en 1780, fut reconstituée [6].

L'année 1814 s'était achevée au milieu de ce travail de réorganisation : la Savoie avait beaucoup souffert de l'état de guerre et la partie demeurée française qui ne formait guère que le tiers du pays avait supporté des réquisitions en nature s'élevant à 2,998,009 francs, non compris les charrois et transports militaires [7], auxquelles il fallait ajouter des pertes en bestiaux d'environ 600,000 francs, en suite d'une épizootie.

Ces épreuves allaient bientôt se renouveler. Le 1er mars 1815, Napoléon débarquait au golfe Jouan, au retour de l'île d'Elbe. L'arrivée de l'empereur sur le sol français fut connue le 5 à Chambéry. «La marche de l'administration y est restée comme incertaine et suspendue jusqu'au 15...» A cette date, le préfet, baron Finot, crut devoir cesser ses fonctions qui furent exercées par le plus ancien conseiller de préfecture; à partir du 1er avril, les registres sont vides. Pourtant le Mont-Blanc n'était pas dépourvu de chef et son préfet des Cent-Jours fut de Viefville des Essarts, jusqu'au 1er juillet [8]. La journée du 18 juin 1815 vit la chute définitive de l'empereur.

Pour n'avoir pas eu l'éclat des batailles de Belgique, les luttes livrées en Savoie n'avaient pas laissé d'être acharnées, malgré la faiblesse des éléments en contact. Suchet organise la défense. Un détachement conduit par Dessaix pénètre dans le Chablais, le 16 juin, et va chercher les Autrichiens jusqu'à Saint-Gingolph et même jusqu'au Bouveret, dans le Valais (23 juin). Mais il est obligé de reculer devant les forces ennemies

---

[1] Arch. S., série L 1768.
[2] Arch. S., série L 1764.
[3] Arch. S., série L 1770.
[4] Arch. S., série L 1765.
[5] Arch. S., série L 1759.
[6] Arch. H.-S., corr. I. Fy. 1814, n° 41.
[7] Arch. S., L 246, fol. 55.
[8] Arch. S., L 1783.

qui entrent le 24 à Thonon, le 28 à Carouge et à Reignier[1], non sans avoir subi de sanglants combats à Meillerie et au pont de la Dranse.

Un autre corps commandé par le colonel Bugeaud, depuis maréchal de France, entre en Tarentaise et envoie ses éclaireurs jusqu'à Moutiers même, le 19 juin[2]. Mais devant les forces austro-sardes, les Français durent reculer jusqu'à Lhôpital où ils livrèrent, le 28 juin, une furieuse bataille, infligeant à un ennemi trois fois plus nombreux des pertes considérables. Le 29 juin, le maréchal Suchet empêcha Bugeaud de continuer et, le 30 juin, un armistice mit fin aux hostilités.

Dans le département du Mont-Blanc, les alliés occupèrent Chambéry le 3 juillet. Le préfet s'était retiré avec l'armée française, ainsi que le sous-préfet d'Annecy; pour les remplacer, les Autrichiens créèrent une commission[3] départementale à Chambéry et des commissions d'arrondissement, les 3 et 4 juillet. Le 25 juillet, le comte de Wurmser nomma gouverneur du Mont-Blanc et départements voisins le conseiller aulique de Roschmann-Hoerburg, avec tous les pouvoirs qui, «aux termes des lois et règlements en vigueur, étaient de l'attribution des ministres». Le nouveau gouverneur maintint en place tous les fonctionnaires présents qui durent toutefois signer l'engagement suivant :

«Je promets fidèlement et loyalement de ne rien faire ni publiquement, ni clandestinement, ni directement, ni indirectement, soit par écrit, soit par avis, soit autrement, qui serait contraire à la sûreté des armées alliées et que je continuerai mes fonctions en honnête et galant homme. Je promets de même de suivre avec zèle et activité les ordres qui me parviendront du gouverneur sans restrictions, ni réserves quelconques.

«En foi de quoy, je signe les présentes.»

Louis XVIII, revenu à Paris, avait, à la fin de juillet, confirmé le baron Finot comme préfet du Mont-Blanc, le 30 juillet 1815. La Commission départementale voulut résigner ses fonctions entre les mains du baron Finot, mais le gouverneur n'ayant donné aucun ordre à ce sujet, l'installation du préfet ne put avoir lieu que le 3 août.

Ce fut également le 3 août que la commission de l'arrondissement de Chambéry fut dissoute[4]. Mais le rétablissement de l'administration ne mit pas fin aux exigences ni aux réquisitions de l'armée autrichienne. Malgré une convention du 28 juillet, les alliés accumulaient dans leurs magasins des approvisionnements énormes et vidaient les caisses publiques[5]; pour n'avoir pas voulu s'y prêter, le préfet dut entretenir des garnisaires autrichiens, tant à l'hôtel de la Préfecture que dans sa maison de campagne. Souvent même les alliés usaient de violence. Le 20 novembre 1815, fut conclu le traité réunissant au royaume de Sardaigne ce qui restait du département du Mont-Blanc.

Ce territoire avait été obligé de payer aux Autrichiens une somme de 1,696,022 francs. «On avait enlevé aux malheureux agriculteurs leur argent, leurs bestiaux, leurs semailles... L'administration n'était plus qu'un pillage organisé[6]».

Le 16 décembre, les troupes sardes entrèrent à Chambéry; les délégués de Victor-Emmanuel Ier publièrent l'ordonnance royale maintenant toutes les autorités dans

[1] Arch. H.-S., corr. I. de K., 1815.
[2] Arch. Tarentaise, arrêté de la Commission économique.
[3] Arch. S., L 1781.
[4] Arch. S., L 1782.
[5] Arch. S., L 246, 4 août 1815.
[6] Arch. S., L 1785.

l'exercice provisoire de leurs fonctions : l'armée sarde n'occupa Rumilly que le 23 et Annecy que le 24 décembre [1]. Dès le 17, le baron Finot remit ses pouvoirs au comte d'Andezeno, nommé gouverneur du duché de Savoie, et envoya l'ordre aux sous-préfets de faire de même.

Dans la partie de la Savoie déjà sarde, l'invasion rapide des Français, au milieu de 1815, ne causa qu'une courte interruption de l'Administration. Les intendants de Chablais et de Tarentaise s'étaient retirés : en vertu d'une lettre du premier président du Sénat, alors installé à Conflans, du 28 avril 1815, déclarant «que S. M. voulant prévenir, dans le cas d'une invasion, toute interruption dans le cours des affaires, a jugé à propos de créer dans chaque ville, chef-lieu de province, une commission pour exercer provisoirement toute l'autorité tant judiciaire qu'économique... que cette commission est composée du juge mage, de l'avocat fiscal et de l'intendant [2]». Une commission économique judiciaire et administrative de la province de Tarentaise se constitua à Moutiers, le 19 juin 1815 : elle n'eut à fonctionner que jusqu'au 4 juillet suivant. L'ancien sous-préfet de Moutiers, Avet, devenu simple secrétaire de la vice-intendance, fut chargé officiellement de l'intérim en l'absence de l'intendant, comte Solar : il continua à exercer ses fonctions d'antan jusqu'au 19 août.

Cet exposé de l'histoire locale, pendant ces périodes troublées, est indispensable à qui veut suivre les vicissitudes de la propriété et de l'administration forestières. Chaque événement important se trouve naturellement avoir sa répercussion sur les choses et les gens de la forêt. L'étude de la torrentialité le démontrait déjà, mais c'est au moment où il existe un personnel spécial de gestion, des documents nombreux de tous genres, qu'on peut le mieux suivre les conséquence des bouleversements politiques sur la propriété boisée.

CHAPITRE II.

LA LÉGISLATION FORESTIÈRE.

SECTION I.

Les décrets de l'Assemblée des Allobroges.

Dans son décret du 26 octobre 1792, l'Assemblée nationale des Allobroges a voté les dispositions ci-après :

I

«ART. 13. Les officiers municipaux sont expressément chargés de veiller au maintien exact de la police, à la sûreté des personnes et des propriétés dans toute l'étendue de leur ressort...

«ART. 14. La surveillance et agence nécessaire à la conservation des propriétés nationales, des bois et forêts, chemins publics sont confiées aux municipalités.»

[1] TARDY, *La Savoie de 1814 à 1860*, p. 50.
[2] Arch. Tarentaise, arrêté de la Commission économique.

II

Décret sur les biens du clergé, du 26 octobre 1792.

Dans la même séance, d'après l'observation faite par plusieurs membres qu'il est instant de veiller à la conservation des biens possédés par les corps religieux et de prévenir leur dilapidation, l'Assemblée a décidé qu'il sera nommé des commissaires pour se transporter dans les communautés religieuses où se trouvent des fabriques, usines, artifices, bois et forêts, pour prendre note dans leurs registres de leurs avoirs...

Ce fut encore le 26 octobre que l'Assemblée, sur le rapport de son comité de législation, vota le décret suivant sur les biens du clergé :

«Art. 1er. Tous les biens du clergé, tant séculier que régulier, passent en propriété à la nation qui leur en continue la jouissance provisoire jusqu'à ce qu'elle ait déterminé le meilleur mode pour leur assurer un traitement honorable.

«Art. 2. Sous la dénomination de biens du clergé, l'Assemblée nationale comprend les dîmes, prémices, biens ruraux, édifices, créances, titres, billets et tout effet quelconque formant sa propriété...

«Art. 4. A dater de la publication du présent décret, nul ecclésiastique séculier, ni les maisons religieuses de l'un et l'autre sexe, ne pourront aliéner, hypothéquer ou dénaturer, sous aucun prétexte quelconque, les meubles ou immeubles dont ils doivent être nantis.

«Art. 5. Il sera procédé par devant les officiers municipaux et secrétaires des communes à un inventaire de tous les biens ecclésiastiques, tant mobiliers qu'immobiliers, avant lequel les administrateurs, receveurs, prieurs, procureurs et tous préposés quelconques seront assermentés et sommés de dire la vérité...

«Art. 9. L'Assemblée nationale confie tous les biens ecclésiastiques à la surveillance paternelle des communes.»

III

Décret sur les biens des émigrés, du 26 octobre 1792.

«Art. 1er. Tous les citoyens qui ont émigré dès le 1er août sont invités à reprendre leur domicile ordinaire dans le laps de deux mois et provisoirement tous leurs biens seront séquestrés avec défense à tous les procureurs, débiteurs, censiers, chargés d'affaires et autres redevables sous dénomination quelconque, de ne rien aliéner, hypothéquer ou acquitter, que sur l'autorisation des syndics et conseils des communes, qui attesteront à la commission provisoire d'administration la rentrée et résidence des émigrés...

«Art. 3. Tout émigré qui, dans deux mois, n'aura pas rejoint son domicile ordinaire ou ne fera pas conster des causes légitimes de son retard subira la confiscation de tous ses biens au profit de la nation.

«Art. 4. A cette époque, il sera fait inventaire à double, sur papier ordinaire, de tous les biens meubles et immeubles des émigrés par le châtelain, en l'assistance de la municipalité, dont copie sera envoyée à la Commission provisoire d'administration. »

L'Assemblée nationale décrète, en outre, sur le rapport de son comité de législation, que tous les biens appartenant aux communautés étrangères, telles que l'ordre de Malthe, Saint-Maurice et Saint-Lazare, et tous les domaines ci-devant de la couronne sont séquestrés. Inventaire en sera fait ainsi que dessus et tous les censiers, procureurs et préposés quelconques à leur administration seront comptables de tout ce dont ils seront reconnus chargés.

IV

Décret sur la suppression des droits féodaux du 27 octobre 1792.

« L'Assemblée nationale, considérant que rien n'est plus contraire à la liberté et à l'égalité que le régime féodal;

« Que l'origine de la féodalité a presque toujours été la violence, l'injustice et la ruse;

« Considérant encore combien les droits féodaux et emphytéotiques pèsent sur les habitants des campagnes, nuisent à l'agriculture et à l'industrie,

« Décrète :

« ART. 1er. Qu'elle abolit, sans indemnité, toute juridiction seigneuriale, tous les droits honorifiques et utiles en dépendant, ceux de nommer des officiers de justice, de percevoir des émoluments de greffe, les droits exclusifs de chasse, de pêche, de colombier, fours, de moulins et banvins; droits de boucherie, langues, leides, péages et autres semblables.

« Sont néanmoins provisoirement conservés les droits de boucherie appartenant aux communes.

« ART. 2. Sont abolies de la même manière toutes les mains-mortes, les taillabilités réelles et personnelles et toutes les autres servitudes féodales, telles que les corvées et semblables.

« ART. 3. Toutes les propriétés sont déclarées franches de tous droits féodaux ou censuels, quelles que soient leurs dénominations et nature apparente, lesquels sont aussi abolis sans indemnité, à moins qu'ils n'aient eu pour cause une concession de fonds, laquelle cause ne pourra être établie qu'en tant qu'elle se trouverait clairement énoncée dans l'acte primordial d'inféodation, d'accensement ou d'albergement qui devra être rapporté.

« ART. 4. Tous les arrérages des droits supprimés par les présents décrets sont pareillement éteints et inexigibles. »

V

L'Assemblée a encore décrété, le 27 octobre, que la Commission provisoire d'administration dresserait des règlements pour la conservation des bois et forêts et, sur la motion d'un membre, a décrété que tous ceux qui, depuis le 22 septembre dernier, ont fait des coupes de bois dans les fonds communs sans y avoir été autorisés sont responsables des dommages.

Voici avec le rapport qui le précède le projet de règlement élaboré par le comité de législation de la Commission d'administration :

« La nation des Allobroges, après avoir recouvré son droit imprescriptible à la souveraineté, a établi une convention nationale qui, en affermissant sa liberté, bannit à jamais de son sol les despotes et tyrans qui l'avaient tenue si longtemps asservie par des loix arbitraires et pour qu'elle lui donnât une forme de gouvernement librement consentie, en lui faisant des loix justes auxquelles elle a juré fidélité et obéissance.

« Cette même assemblée a décrété tous les principes qui pouvaient tendre au bonheur du peuple et en a confié le soin et l'exécution à la Commission provisoire d'administration qu'elle a jugé nécessaire d'établir pour... établir provisoirement, en cas d'urgence, des règlemens avantageux et spécialement ceux qui concernaient l'administration, la conservation et la population des bois si abandonnées à la négligence des propriétaires, à la déprédation des communiers, qui la plupart sont maintenant ruinés et réduits en jachère... On distinguera particulièrement :

1° Les différentes qualités de bois et leurs propriétés ;

2° Leurs usages et consommation ;

3° L'abus qu'on en fait ;

4° Le moyen d'y remédier et d'augmenter leur population.

« ...Les bois taillis n'étant propres qu'au chauffage exigent moins de tems pour leur maturité, et le laps de dix ans et même de huit suffit pour leur exploitation. Ceux-là n'ont besoin que d'une surveillance pour les coupes ; ils viennent particulièrement dans les communaux négligés. D'autres sont bois taillifs de fayard..., c'est ceux-là particulièrement qui fournissent le bois de chauffage aux grandes communes, villes, et il leur faut le laps de douze à quinze ans pour leur maturité. Pour le chêne, il faut vingt ans.

« *De la consommation.* — La population du département se monte à 184,000 habitants, formant 106 habitations lesquelles doivent consommer 3 cordes de bois, ce qui fait 397,500 cordes, plus 2,000 cordes pour le bois que les cantons frontières fournissent à l'étranger, le reste pour les fabriques à feu... soit un total de 530,545 cordes.

« La dévastation des bois vient de la paresse, de la misère et de l'ignorance des gens de la campagne ; en effet, ils négligent, par paresse et indolence, le soin de leurs bois parce qu'étant nés dans un pays où il en croît en abondance, ils coupent partout et indistinctement, chacun à sa portée. La misère de plusieurs qui, ayant contracté l'habitude de bûcheron, ne savent trouver d'autre moyen pour se secourir dans leur malheur que d'aller chercher du bois qu'ils ont peine à ramasser dans le parcours d'une grande étendue de terrain ; quand ils l'ont, ils ne peuvent se résoudre à le vendre sur place et, par l'espoir d'un misérable gain, dont ils sont pour l'ordinaire frustrés, ils vont en ville ; là ils vont étouffer la pensée de ces mêmes malheurs dans un cabaret, y oublient leurs familles, en attendant en vain les secours qui n'existent déjà plus.

« D'autres, au contraire, grossiers, agissent par habitude et sans réfléchir à aucune conséquence, coupent tout ce qu'ils rencontrent et, quand ils ne voient plus rien devant eux, arrachent les souches de ce qu'ils ont détruit et procurent ainsi non seulement la destruction, mais encore la corrodation des terrains par les lavanches qu'occasionnent souvent les grandes pluyes.

«L'on connaît dans les bois plusieurs abus invétérés qui en occasionnent la rareté et la cherté. D'abord l'introduction du bétail, surtout des chèvres, la perte des bois, le fascinage, les liens pour les bleds et les foins, les haies mortes, les cercles, la trop grande quantité de charbon, des terres brûlées, les esserts soit le défrichement, la trop grande quantité de fabriques, sinon inutiles, du moins dispendieuses. Les chevrons des bâtiments, les lettes, soit liteaux, pour les couverts à chaume, les pieux d'arbres, les traîneaux de sapin, la mauvaise administration dans les scies, les coupes hors tems, sans limites et arbitraires, la dévastation des bourgeons, soit rejetons, dans la saison, qui ont pu échapper à la dent du bétail en pâture, pour lui être donné à l'écurie, les couverts en bois, les incendies qui n'arrivent que trop fréquemment dans les bois; l'on peut encore y ajouter la poix résine ou la gomme, les fours à chaux dispersés, les courbes pour les bateaux et les échalas pour les vignes; voilà à peu près les abus les plus communs auxquels il est très important de remédier.

«Il faut, en conséquence, défendre l'entrée de tout bétail dans les nouveaux abatis jusqu'à ce que les bois soient devenus défensables, ce qui sera désigné par le conservateur qu'il est nécessaire d'établir. Cette mesure est d'autant plus nécessaire que les gens de la campagne font une spéculation, une année par avance, lorsqu'on projette quelque coupe, en se procurant la quantité de bétail qu'ils peuvent avoir pour leur faire paître les nouveaux rejetons qui poussent abondamment et ils s'y tiennent jusqu'à ce que les ronces, les épines et framboisiers les aient éloignés et puissent servir de défense au bois qui pousse à travers, ce qui éloigne la production au moins de 10 ans.

«On ne tolérerait le pâturage des chèvres qu'aux pauvres femmes qui ne pourraient allaiter un enfant, au vu d'un certificat du médecin et de la municipalité, et encore jamais dans les bois.

«Les coupes se font ordinairement en sève.

«Ne permettre le charbonnage que dans les lieux où l'extraction des bois en nature est presque impossible, défendre la fabrication du menu charbon, surtout dans la région de Genève.

«Supprimer le chaume, les couvertures en bois, le résinage des résineux et le gemmage des cerisiers, la cueillette des bourgeons..... Dans les plans inclinés où des communautés ont laissé défricher une partie de leurs montagnes les lavanches occasionnées par les grandes pluyes corrodent et dévastent entièrement le sol supérieur; il serait à propos de faire entrer dans le règlement l'injonction à ces différentes communes de replanter ou ensemencer le sol, ainsi que tous les précipices ou terres inclinées le long des ruisseaux et rivières..... pour garantir des lavanches et corrodations.....

«Il est indispensable d'établir un conservateur ou régisseur général des bois du département, qui serait chargé d'ordonnancer les coupes et à ménagement, d'en établir les assiettes et martelages, de fixer les balivages des bois et, enfin, de remplir toutes les fonctions qui lui seront attribuées par le règlement cy-après; ensuite des inspecteurs qui lui seront donnés suivant le règlement et, pour éviter la création d'une nouvelle institution qui paraîtrait indispensable, j'ai cru que les juges de paix devaient être chargés de cette fonction; et des gardes dont le nombre serait de 4 par canton lesquels seraient, en outre, chargés des fonctions de garde-champêtre, en leur fixant un traitement de 20 sols par jour, avec une retenue pour un habit de drap bleu, sur lequel il devra y avoir un médaillon de drap jaune avec inscription, ainsi qu'il sera expliqué dans le règlement.

«Le conservateur devra, en outre, se choisir le nombre d'inspecteurs qu'il croira convenable pour diriger les opérations : il sera autorisé à avoir 1 ou 2 suppléants, sous sa responsabilité, pour accélérer la division des coupes pour le tems où les exploitations devront s'ouvrir.

«Considérant qu'aucun règlement d'administration forestière n'a été suivi dans ce département, que les forêts nationales et surtout communales sont, par un abus inouï, devenues la plupart désertes et presque jachères, que l'intérêt du département et de la République entière, exige, dans cette partie, un amendement et une amélioration qui les mette à même de tirer parti de la plus grande production d'un pays montueux et coupé, et considérant qu'en attendant que la République fasse exécuter des loix nouvelles sur l'organisation forestière,

«Considérant enfin le besoin d'un règlement particulier sur les localités du département;

«Ouï le procureur général,

«Arrête :

«TITRE PREMIER.

«ARTICLE PREMIER. Tous les bois, forêts ou broussailles, tant nationaux et communaux que ceux indivis, seront désormais soumis à la régie de l'administration forestière provisoire, ainsi que les bois des maisons de charité et d'éducation ou d'autres corps provisoirement conservés.

«ART. 2. Sous ce nom sont compris tous les bois qui excèdent la contenance d'un journal, quand même ils seraient divisés par quelque pièce de pré, paquéage ou autre, ainsi que ceux qui contiendraient une moindre contenance, s'ils existaient sur des plans inclinés.

«ART. 3. Cette régie sera administrée par un conservateur qui sera choisi provisoirement par le directoire du département; par les juges de paix qui feront provisoirement les fonctions d'inspecteurs et par les gardes-bois qui seront choisis par les électeurs de chaque canton, lesquels devront s'assembler dans leurs chefs-lieux respectifs où les secrétaires seront obligés de se trouver pour faire le choix de 4 sujets pris, autant qu'il sera possible, parmi les anciens militaires ou autres de probité reconnue et capables de remplir les obligations de gardes-bois et gardes champêtres.

«ART. 4. Si le nombre de 4 n'est pas suffisant, d'après les connaissances des localités, ils en nomment un cinquième qui devra être approuvé par le directoire du département, d'après observations du directoire du district et du conservateur. Si, au contraire, 3 suffisent, ils en feront conster par le même verbal d'élection qu'ils feront viser par ledit conservateur.

«ART. 5. (Envoi immédiat de l'élection au conservateur pour donner les ordres.)

«ART. 6. De cette régie sont exceptés les bois et propriétés à chaque particulier que la loi a rendu libre dans la conduite de sa personne comme dans l'administration de ses biens, sauf qu'il ne survint quelque dilapidation faite par des agens ou fermiers à l'insu du propriétaire, ou par des prodigues, dans quel cas les gardes avertiront l'inspecteur qui, sur une information sommaire, en fera suspendre l'exploitation provisoirement en en donnant avis au conservateur qui en référera à l'administration du département pour y pourvoir.

«Art. 7. Tous les préposés de cette régie ne pourront entrer dans leurs fonctions respectives qu'après avoir prêté le serment de remplir et de faire remplir leurs obligations respectives : le conservateur par devant le directoire du département, les inspecteurs par devant celui du district et les gardes par devant l'inspecteur, en l'assistance de la municipalité où résident ceux-ci.

«Art. 8. Aucun préposé à cette régie ne pourra être ni aubergiste, ni marchand de bois, ni forgeron, ni caution, ni propriétaire ou ascensataire d'usine ou fabrique à feu, ni oncle, ni neveu, ni frère.

«Titre II. — *Des deffenses générales.*

«Article premier. Il est défendu à tout citoyen, sous quelque prétexte que ce soit, même de faire des liens, de couper du bois dans les communaux ou ailleurs que sur la portion indiquée à chaque commune et suivant le mode prescrit par le conservateur qui sera choisi par le directoire du département, à peine de 10 francs d'amende, outre la confiscation du bois et des outils.

«Art. 2. Il est défendu d'y introduire aucune espèce de bétail que dans ceux défensables qui seront indiqués par le conservateur, à peine de 5 francs par chaque bête à cornes.

«Art. 3. Il est défendu expressément de tenir aucune chèvre, ni bouc, dans tout le département, un mois après la publication du présent, sauf dans les pâturages inaccessibles aux autres bestiaux, ce qui sera aussi définitivement statué par le conservateur, à peine de 4 francs par tête, outre la confiscation.

«Art. 4. Sont néanmoins exceptés les malades et les femmes qui ne peuvent allaiter leurs enfants. Ceux-là pourront obtenir la permission d'en tenir une, dans quel cas elle ne devra s'accorder que par le directoire du district et sur le certificat du médecin et de la municipalité, avec l'intimation expresse de ne pouvoir la faire pâturer que par le licol et jamais dans les bois, sous la même peine.

«Art. 5. Il est défendu de couper du même bois pour fascines, à peine de 5 francs d'amende par chaque fascine, outre la confiscation ou équivalente portion.

«Art. 6. Si les coupes fixées ne donnent pas d'autre bois les premières années, ceux qui seront dans le cas d'en faire des fascines ou autrement seront tenus d'obtenir certificat de l'inspecteur de la permission ou de leur propriété, lequel ils seront obligés d'exhiber à qui les surprendrait dans les bois ou ailleurs, sous la même peine.

«Art. 7. Il est défendu à l'avenir de planter des haies mortes le long des chemins ou pour division des terrains à peine de 20 francs par toise, outre la confiscation du bois qu'on aura employé, en invitant de faire des fossés ou de planter des haies vives en place.

«Art. 8. Il est défendu de faire ou employer aucun cercle, ni liens pour le bled ou foin, de bois en chêne, frêne ou châtaignier, à peine de 5 francs d'amende pour chaque cercle ou lien, laquelle peine aura lieu dans quelque lieu qu'il soit découvert.

«Art. 9. Il est défendu de faire du charbon ailleurs que dans les lieux où le bois est d'une difficile extraction, ni plus près de 3 lieues des villes, ce qui sera indiqué par le conservateur.

«Art. 10. Il est défendu d'employer du même bois pour le charbon, sous la même peine.

«Art. 11. Dans les usines et fabriques à feu pour lesquelles il faut du charbon, comme celui de sapin leur convient plus particulièrement, le conservateur sera obligé de ne laisser choisir pour cet usage, dans les forêts nationales et communales, que le bois de sapin, qui croît dans les endroits gras qui produisent abondamment au bout de 30 ans.

«Art. 12. Pour les usines nationales auxquelles ne sera affectée aucune forêt natio nale, le prix des bois communaux nécessaires sera arbitré par le directoire, en l'assis- tance des municipalités intéressées et du conservateur, ce qui ne devra être arrêté qu'après l'autorisation du directoire du département, et le conservateur aura soin d'en diriger spécialement les coupes, ainsi que celles des forêts communales.

«Art. 13. Sont entièrement réservés pour la bâtisse les bois qui croissent sur roc ou sur sol aride, ce qui sera vérifié par les préposés et dont le conservateur dressera procès-verbal.

«Art. 14. Il sera enjoint à chaque directoire de district de faire procurer dans chaque chef-lieu réputé ville des magasins de charbon de pierre, pour fournir au prix qu'il conviendra, suivant l'éloignement à ceux qui voudront en user et aux maréchaux et serruriers à qui il est défendu d'en employer d'autre après la publication du présent à peine de 10 francs d'amende.

«Art. 15. Il sera accordé une récompense proportionnée à la peine à celui qui aura découvert utilement une nouvelle minière de cette espèce.

«Art. 16. Il est défendu de brûler à l'avenir des terres nouvellement défrichées par le moyen des fournaises, ainsi qu'on le pratique dans divers cantons du département, à peine de 24 francs d'amende par journal et proportionnellement.

«Art. 17. Il est défendu de défricher des terres en bois et d'y arracher aucune souche à peine de 10 livres d'amende, outre la confiscation.

«Art. 18. Il est enjoint à toutes les communes qui ont laissé défricher leurs mon- tagnes ou collines de les replanter ou ensemencer, en suivant les précautions nécessaires pour que les lavanches ne détruisent leurs plantations et, dans le terme de 3 ans, sous peine d'y être procédé à leur folle enchère en en chargeant expressément les munici- palités sous leur responsabilité.

«Art. 19. Toutes les poteries ou fabriques à feu qui emploient d'autre combustible que du charbon de pierre et qui sont plus d'à trois lieues des chefs-lieux des districts sont supprimées, excepté néanmoins les tuileries, fours à chaux; il est défendu à tous ouvriers ou propriétaires de les faire plus proches de cette distance, un mois après la publication du présent, à peine de 400 francs outre la confiscation.

«Art. 20 et 21. (Sont spéciaux à la verrerie de Thorens.)

«ART. 22. Il est défendu d'employer à l'avenir pour les couverts de maisons aucun chevron, ni liteau qui ne soit de bois refendu, à peine de 20 livres d'amende pour le propriétaire de la maison et celui qui en aura coupé et 10 livres pour l'ouvrier qui en aura employé.

«ART. 23. Il est défendu d'employer de jeunes plantes de sapin, frêne, ou chêne, ou châtaignier pour armer ou servir d'épieu aux jeunes arbres, à peine de 10 francs par chaque pièce, payables par le propriétaire trouvé en contravention.

«ART. 24. Il est défendu de faire aucune exploitation de bois avant le mois de septembre, jusqu'à la fin de mars, à peine de confiscation.

«ART. 25. Sont néanmoins exceptés les sapins et les bois qui donnent de l'écorce, vu l'impossibilité de les extraire hors du tems de sève.

«ART. 26. Il est défendu d'extraire les écorces dans les bois sur plante, sans la permission de l'inspecteur, à peine de 20 francs par quintal, outre la confiscation, comme de la vendre à qui que ce soit, sans avoir obtenu le dit certificat lequel devra être exhibé et enregistré dans le livre de l'acquéreur pour en pouvoir faire conster à toute réquisition.

«ART. 27. Il est défendu de faire la pince, soit tordre les bourgeons ou rejettons des jeunes bois, en usage dans plusieurs cantons, pour nourrir le bétail, à peine de 10 francs d'amende chaque fois, dont le propriétaire sera responsable.

«ART. 28. Il est défendu à tout propriétaire qui fera bâtir à l'avenir et refaire son couvert d'y employer des anselles, soit travaillons. Les corps administratifs sont chargés d'y tenir main, sauf à aviser au moyen d'aider les pauvres à soutenir une plus grande dépense, après une sommaire aprise qui fera conster de la légitimité de leur impuissance.

«ART. 29. Il est défendu à tous ouvriers de scie de recevoir aucune pièce de bois qu'elle ne soit marquée du marteau de l'inspecteur, sous peine de confiscation et de 20 francs d'amende.

«ART. 30. Il est défendu de ramasser aucune poix résine, térébenthine, ni autre gomme sur les cerisiers, sapins et autres arbres résineux, avant le mois de novembre jusqu'au mois de mars exclusivement, à peine de 10 francs d'amende.

«ART. 31. Il est défendu de faire du feu au pied des arbres ni plus près de 50 toises des forêts, hors des cas de charbonnage, à peine de 10 francs d'amende, dont seront responsables les père et maître de leurs enfants ou domestiques respectifs.

«ART. 32. Il est défendu d'appenter sur de petites pièces de sapin ou autre bois non refendu réduit en traîneaux, sous peine de 30 francs d'amende, outre la confiscation du bois.

«ART. 33. Il ne sera plus permis à personne de couper du bois dans les communaux, sous quelque prétexte que ce soit, au delà de ce qui lui aura été fixé pour son usage domestique, qu'après avoir obtenu le droit d'exploitation sur les portions superflues aux besoins des communes, suivant la régie établie dans le titre suivant pour les ventes.

«Art. 34. Dans les exploitations de taillifs ou coupes ordinaires, on devra toujours faire taille franche, ne laissant que les baliveaux établis par le conservateur ou inspecteur, qui devront être d'une vingtième, choisis principalement contre les vents dominants et parmi les plus belles et plus vigoureuses plantes, lesquelles ne pourront jamais être coupées sans une permission expresse du conservateur, à peine de 20 francs d'amende pour chaque arbre, outre la confiscation.

«Art. 35. Dans les exploitations extraordinaires ou de grande futaye, les coupes ne se feront que sur le nombre et sur la désignation des pièces marquées par le conservateur ou inspecteur.

«Art. 36. Il est enjoint à toutes les communes ou autres propriétaires possédant fonds, de rétablir en bois tous les lieux inclinés ou précipices, le long des rivières, ruisseaux ou chemins dans le terme de 2 ans...

«Art. 38. La surveillance de toutes ces différentes injonctions cy-dessus est non seulement confiée aux préposés de la régie, mais encore aux municipalités respectives qui seront obligées, sous leur responsabilité, d'informer le conservateur de toutes les observances de ces différents articles et des abus qui se commettent dans leurs arrondissements respectifs, comme encore de fournir secours et assistance chaque fois qu'ils en seront requis par le service.

«Titre III. — *Des fonctions du conservateur.*

«... Art. 2. Il commencera ses opérations le 1er mai et se transportera, en conséquence, successivement dans toutes les communes du département où il y a du bois soumis à la régie pour procéder à la division des coupes par le moyen de l'arpentage et en établir l'assiette par le moyen du martelage, à quel effet il se fera accompagner par les inspecteurs et gardes de proche en proche, afin qu'ayant assisté aux opérations chacun puisse remplir la fonction qui lui est confiée, et choisira ensuite un ou deux arpenteurs suivant qu'il le croira convenable.

«Art. 3. (Le conservateur choisit des suppléants sous sa responsabilité.)

«Art. 4. (Les taillis de bois blancs sont aménagés et exploités à 10 ans.)

«Art. 5. (Les taillis de fayard le sont à 15 ans, ceux de chêne à 20.)

«Art. 6. S'il y a du bois à l'excédent des communiers, il en sera dans chaque portion réservé une pour être vendue à l'enchère et son prix réservé dans le trésor du district...

«Titre IV. — *Des fonctions des inspecteurs.*

«Article premier. Les juges de paix, en cas d'empêchement, leurs assesseurs, feront leurs fonctions d'inspecteur dans leurs cantons respectifs : ils veilleront à l'exactitude du service des gardes et visiteront chaque mois les bois de leur inspection.

«Art. 2. Ils se feront accompagner par les gardes et feront exhiber leurs registres, ils vérifieront l'état des forêts et constateront les délits que les gardes auront omis de faire constater, afin de les en rendre responsables, ce dont ils aviseront le conservateur.

14.

«Art. 3. (Ils martellent et balivent avec un marteau spécial.)

«Art. 4. (Ils surveillent les exploitations.)

«Art. 5. (Ils font le nécessaire pour les ventes et y assistent le conservateur.)

«Art. 6. (Ils accordent sous leur responsabilité diverses permissions en forêt.)

«Art. 7. (Ils tiennent un livre-journal de leurs opérations.)

«Art. 8. (Ils tiennent des sommiers distincts pour les bois nationaux, communaux, indivis.)

«Art. 9. (Ils envoient dans le mois les procès-verbaux de leurs visites au conservateur et au directoire du district.)

«Art. 10. (Il leur est interdit de s'absenter plus de 8 jours.)»

Aux gardes est attribuée la moitié du produit des amendes et il leur est retenu 5 sous par jour pour le vêtement [1].

Ce projet de règlement ne porte pas de date : il est certainement postérieur au 19 décembre 1792, car à la séance extraordinaire de ce jour un des membres de la Commission provisoire d'administration affirme «que la rédaction de ces règlements se trouve déjà très avancée et que l'on n'attend plus que quelques renseignements demandés pour en compléter le travail». Mais il est non moins sûrement antérieur au 6 février, car, à cette date, Hérault de Séchelles imposa l'application de toutes les lois françaises parvenues au greffe du Sénat le 25 janvier 1793. Le conventionnel n'eût certainement pas toléré une tentative de législation spéciale : on était trop à l'unité et à l'indivisibilité de la République. Il est probable, d'ailleurs, que le projet de règlement forestier ne parut pas sur le bureau de la Commission d'administration, car il n'en fut pas autrement question.

Une des particularités les plus remarquables du règlement élaboré, c'est un essai de fusion des prescriptions de l'Ordonnance française de 1669 et de la loi du 29 septembre 1791 et de celles qui ont été édictées, tant par les Royales Constitutions que par les Lettres Patentes applicables à la Tarentaise. Notamment au point de vue du personnel administratif, le projet prévoit une hiérarchie analogue à celle de la France : au sommet le conservateur, au-dessous les inspecteurs, puis les préposés. Mais le conservateur a les mêmes attributions que le conservateur de Moutiers puisqu'il marque et délivre les coupes. Quant à l'inspecteur, ce n'est autre que le juge de paix : il y a là une réminiscence évidente des fonctions dévolues au châtelain de l'ancien régime, à la fois juge de simple police et administrateur au premier degré.

La surveillance dévolue aux municipalités concurremment avec celle des gardes est aussi un souvenir de la législation sarde.

Il n'y a pas lieu de s'appesantir sur cette législation mort-née : mais il était nécessaire de la rappeler, d'abord à raison de ses considérants qui donnent un tableau de la situation forestière en 1792, et des tendances de ce temps, mais aussi parce que divers arrêtés préfectoraux se sont inspirés de ses dispositions et notamment au point de vue de la réduction du troupeau caprin qui s'accroissait sans cesse.

[1] Arch. S., L 1128

SECTION II.

La législation française.

C'est l'ordonnance de Colbert de 1669 qui est la base de la législation forestière française pendant la Révolution, le Consulat et l'Empire : mais ce monument législatif subit des remaniements profonds du fait des lois nouvelles qui ont changé l'organisation administrative des forêts et attribué aux tribunaux ordinaires la juridiction contentieuse.

L'histoire du régime forestier depuis 1789 suit toutes les fluctuations de la situation politique de la France jusqu'en 1815.

I. La première atteinte sérieuse portée à l'ordonnance de 1669 résulta de l'article 7 de la loi du 11 septembre 1790 qui supprimait les tribunaux forestiers : «en matière d'Eaux et Forêts, la conservation et l'administration appartiendront aux corps qui seront indiqués incessamment; il sera statué de plus sur la manière de faire les ventes et adjudications des bois.

«Les actions pour la punition et la réparation des délits seront portées devant les juges du district qui auront aussi l'exécution des règlements concernant les bois des particuliers et la police de la pêche et qui, dans tous les cas, entendront le commissaire du roi».

II. Cet article annonçait la loi qui fut promulguée le 29 septembre 1791.

Le titre Ier de cette loi soumit au régime forestier les forêts du ci-devant domaine de la couronne, les forêts ecclésiastiques, celles qui étaient possédées à titre de possession, d'engagement, d'usufruit ou autre titre révocable, les bois indivis et ceux possédés en grûrie, grairie, etc., les forêts des communes, des maisons d'éducation ou de charité, des établissements de mainmorte étrangers et de l'ordre de Malte. D'après l'article 6, «les bois appartenant aux particuliers cesseront d'y être soumis et chaque propriétaire sera libre de les administrer et d'en disposer à l'avenir comme bon lui semblera».

Le titre II organise, sous le nom de Conservation générale des forêts, une administration comprenant 5 commissaires, des conservateurs, des inspecteurs, des arpenteurs et des gardes.

Auprès de chaque conservateur, il y avait une ou plusieurs places d'élèves qui, au bout de 3 ans, pouvaient être nommés inspecteurs ou suppléants.

Le service de l'enregistrement était chargé de l'encaissement des recettes.

D'après le titre III, il faut 25 ans pour être agent ou préposé forestier. Le roi nomme et révoque les commissaires et les conservateurs et la conservation générale choisit ou renvoie le reste du personnel. Les inspecteurs sont recrutés parmi les élèves ou parmi les gardes ayant 5 ans d'activité. Les gardes sont pris parmi la population civile ou parmi les anciens militaires. Tous les agents et préposés sont tenus de verser un cautionnement (20,000 livres pour le conservateur, 6,000 pour les inspecteurs, 2,000 pour les arpenteurs, 3,000 pour les gardes); tous doivent prêter serment devant le tribunal du district de leur résidence.

Aucun agent ou préposé ne peut tenir auberge. exercer un commerce ou une industrie utilisant le bois, ni servir sous les ordres de parents.

Les titres IV, V, VI, VII règlent les fonctions des gardes, des inspecteurs, des conservateurs et des commissaires.

Le titre VIII chargeait le corps administratif et les municipalités de veiller à la conservation des forêts, de contrôler «l'exactitude et la fidélité» du personnel, d'envoyer leur avis et observations soit à la conservation générale, soit au pouvoir exécutif ou au Corps législatif.

Les ventes et adjudications se faisaient devant le directoire du district au-dessus de 200 livres : ce directoire accordait aux adjudicataires de coupes, après récolement, leur décharge.

Le titre IX prescrivit aux inspecteurs d'exercer des poursuites sur les procès-verbaux des gardes et aux conservateurs de poursuivre les malversations dans les coupes et les contraventions aux lois forestières. Les procès-verbaux des gardes faisaient preuve complète lorsque l'amende et l'indemnité n'excédaient pas 100 livres. Les agents avançaient les frais des poursuites, en étaient remboursés par les receveurs qui enregistraient en débet les procès-verbaux des gardes.

Les procès-verbaux des agents étaient dispensés de l'affirmation.

Les appels des jugements devaient être autorisés par le conservateur, les recours en cassation par la conservation générale.

Le titre X fixe les restrictions sous lesquelles les bois possédés à titre de concession, engagement, usufruit ou échange non consommés, sont gérés par l'administration.

D'après le titre XI, «les bois en grûrie ou indivis avec la nation sont régis par la conservation générale ainsi que les bois nationaux».

L'administration des bois appartenant aux communes, aux maisons d'éducation et de charité, aux établissements de mainmorte étrangers, est réglée par les titres XII et XIII. Les agents forestiers sont chargés des opérations de balivage, martelage et récolement, des déclarations de cantons défensables, des travaux d'amélioration, de la poursuite des délits commis sur la futaie et dans les quarts en réserve et de celles des malversations dans les coupes et exploitations.

Les adjudicataires de coupes devaient payer à l'enregistrement 2 sols par livre.

D'après le titre XIV, chaque agent est responsable non seulement de ses actes, mais encore de ceux de ses inférieurs, s'il y a négligence à constater les fautes de ces subordonnés. Mais le supérieur a toujours un recours contre son inférieur pour les condamnations encourues.

Enfin, l'ancienne administration, les grûries, maîtrises, sont supprimées par le titre XV. La loi du 29 septembre 1791 supprimait, modifiait ainsi totalement ou partiellement, les titres I à IX, XII à XIV, XXII, XXIV à XXVI de l'Ordonnance de 1669.

III. La loi du 6 octobre 1791 sur les biens et usages ruraux et sur la police rurale vint ajouter de nouvelles dispositions sur les forêts.

Dans le titre II, «de la police rurale», on lit en effet :

«Art. 36. Le maraudage ou enlèvement de bois fait à dos d'homme dans les bois ou futaies ou autres plantations d'arbres des particuliers ou communautés sera puni d'une amende double du dédommagement dû au propriétaire. La peine de la détention pourra être la même que celle portée en l'article précédent (3 mois, suivant la gravité des circonstances). (C. F., art. 194.)·

«Art. 37. Le vol dans les bois taillis, futaies et autres plantations d'arbres des particuliers ou communautés, exécuté à charge de bête de somme ou de charrette, sera puni par une détention qui ne pourra être moindre de 3 jours, ni excéder 6 mois. Le coupable payera, en outre, une amende triple de la valeur du dédommagement dû au propriétaire. (OC., titre XXXII, art. 3. — C. F., art. 194.)

«Art. 38. Les dégâts faits dans les bois taillis des particuliers ou des communautés par des bestiaux ou troupeaux seront punis de la manière suivante : il sera payé d'amende pour une bête à laine, 1 livre; pour un cochon, 1 livre; pour une chèvre, 2 livres; pour un bœuf, une vache ou un veau, 3 livres.

«Si les bois taillis sont dans les 6 premières années de leur croissance, l'amende sera double. Si les dégâts sont commis en présence du pâtre et dans les bois taillis de moins de 6 années, l'amende sera triple. S'il y a récidive dans l'année, l'amende sera double; et, s'il y a réunion des deux circonstances précédentes ou récidive avec une des deux circonstances, l'amende sera quadruple.

«Le dédommagement dû au propriétaire sera estimé de gré à gré ou à dire d'expert. (OC., titre XXXII, art. 10. — C. F., art. 199, 201, 202.)

«Art. 39. ... Tout dévastateur... pris sur le fait pourra être saisi par tout gendarme national, sans aucune réquisition d'officier civil. (C. F., art. 163.)»

Ainsi se trouvait protégée la propriété forestière privée.

IV. En votant la loi du 29 septembre 1791, l'Assemblée nationale semblait vouloir maintenir le vieux principe royal de l'inaliénabilité des forêts du domaine. Mais en créant des assignats, elle se vit dans l'obligation de donner à ce papier-monnaie une base et une garantie. Déjà un décret de la Constituante du 19 décembre 1789 avait ordonné la vente de 400 millions de biens ecclésiastiques : mais, en l'absence d'acquéreurs, il fallut en quelque sorte hypothéquer ces biens. L'argent faisant de plus en plus défaut, il fut question de vendre les forêts royales et celles provenant du clergé. Les comités réunis des finances, de l'agriculture, du commerce, de la marine et des domaines furent chargés de faire un rapport sur les avantages qu'aurait la nation à aliéner ses forêts en tout ou partie. Si cette mesure était votée, il devenait inutile d'avoir une administration des forêts. Aussi la Législative vota-t-elle la loi du 11 mars 1792 qui suit :

«Jusqu'à l'instant où l'Assemblée nationale aura prononcé sur la vente ou conservation des forêts, il sera sursis à la nomination aux places de la nouvelle organisation forestière et l'activité des préposés déjà nommés sera suspendue.»

V. La loi du 31 juillet 1792, créant 300 millions d'assignats, disposait dans son article 4 :

«Il sera mis en vente... la coupe des quarts de réserve et futaies faisant partie des bois ci-devant ecclésiastiques et le fonds des bois épars qui, d'après l'avis des corps administratifs, pourront être vendus.» Il n'était donc plus question d'aliéner les grands massifs exceptés des ventes de biens nationaux par la loi du 23 août 1790.

VI. Mais la guerre contre les Prussiens, les Autrichiens et les Sardes, la guerre de Vendée avaient vidé le trésor : le 23 août 1793, la Convention avait décrété la levée en masse. Pour soutenir un tel effort, il fallait des ressources : aussi la loi du 2 nivôse an IV (22 décembre 1796) ordonna-t-elle la vente des bois nationaux «d'une contenance moindre de 150 hectares, séparés ou éloignés des autres bois et forêts d'un kilomètre au moins».

VII. De même, ce fut l'épuisement du trésor public par les désastreuses guerres de la fin de l'Empire qui détermina les Chambres à voter le 23 septembre 1814 l'aliénation «de 300,000 hectares de bois de l'État, sol et superficie».

Ces diverses dispositions eurent pour conséquence de diminuer sérieusement l'étendue des forêts domaniales dont le nombre s'était accru depuis le début de la Révolution :

1° Par la loi du 2 novembre 1789 mettant à la disposition de la nation les biens ecclésiastiques ;

2° Par la loi sur les émigrés.

Mais ces réductions ne furent pas assez importantes pour amener la disparition de l'administration des Eaux et Forêts dont le personnel connut bien des vicissitudes. Ainsi les agents et préposés furent d'abord rattachés à l'administration de l'enregistrement et des domaines.

Dispositions spéciales au personnel.

VIII. Les vacations attribuées aux agents forestiers pour leurs tournées de martelage, balivage ou récolement par l'ordonnance de 1669 (titre III, art. 17-25), puis par la loi du 15 août 1792, furent à nouveau réglementées par la loi du 29 floréal an III (18 mai 1795).

IX. Les significations de tous actes et exploits en matière forestière, réservées par les articles 4 et 15 du titre X de l'Ordonnance de 1669, purent, à partir de la loi du 29 fructidor an III (15 septembre 1795), être faites par les huissiers.

X. La prestation de serment des agents ou préposés ne résidant pas au siège du tribunal put être faite entre les mains du juge de paix. (Loi du 16 thermidor an IV.)

XI. La loi organique du 29 septembre 1791, qui renfermait un certain nombre de dispositions défectueuses, fut, dix ans plus tard, modifiée par une loi du 16 nivôse an IX (6 janvier 1801) dont la teneur suit :

«Art. 1er. La partie administrative des bois et forêts sera séparée de la régie de l'enregistrement et confiée à 5 administrateurs qui résideront à Paris.

«Art. 2. Les administrateurs auront sous leurs ordres des conservateurs, des inspecteurs, des sous-inspecteurs, des gardes généraux, des gardes particuliers et des arpenteurs, dont le nombre, l'arrondissement, la résidence et le traitement seront déterminés par le gouvernement. (L. 29, VII, 91, art. 8; O. R., art. 10, 11.)

« Art. 3. Le nombre des conservateurs ne pourra excéder 30, celui des inspecteurs 200; celui des sous-inspecteurs 300; celui des gardes principaux 500 et celui des gardes particuliers 8,000. (O. R., art. 10.)

« Art. 4. Le traitement annuel des agents forestiers autres que les arpenteurs sera fixé; il ne pourra excéder, savoir :

« Administrateurs	10,000 francs.
« Conservateurs	6,000
« Inspecteurs	3,500
« Sous-inspecteurs	2.000
« Gardes principaux	1,200
« Gardes particuliers	500

« Art. 5. Les arpenteurs recevront à titre de rétributions, et pour tous frais, 2 francs par hectare de bois dont ils auront fait le mesurage et 1 fr. 50 aussi par hectare de bois dont ils auront fait le récolement.

« Art. 6. Les dépenses totales de l'Administration forestière ne pourront excéder 5 millions, y compris la dépense des semis, plantations et améliorations et celle de 50,000 francs pour encouragement.

« Art. 7. Les fonctions attribuées par les lois actuelles aux divers agents forestiers seront remplies par les agents ci-dessus dénommés.

« Ils n'entreront en exercice qu'après avoir prêté serment et fait enregistrer leur commission au tribunal civil de leur résidence. (L. 1791, titre III, art. 1er, L. 16 thermidor, IV; C. F., art. 5.)

« Art. 8. Il sera fait un fonds pour les retraites par une retenue sur les traitements. Les retenues et les retraites seront réglées conformément à ce qui est prescrit pour la régie des domaines et enregistrement.

« Art. 9. Les agents actuels de l'Administration forestière cesseront leurs fonctions au moment où ceux établis par la présente entreront en activité. Ils leur remettront, sous bref inventaire, les marteaux, plans, titres et papiers de l'Administration, dont ils sont dépositaires ».

La retenue pour la retraite était de 1 p. 100 du traitement.

Un arrêté des Consuls du 6 pluviôse suivant fixa les arrondissements et les sièges des conservations. Les départements du Mont-Blanc et du Léman continuèrent à dépendre de la 17e conservation dont le siège était à Grenoble.

Un arrêté des Consuls du 7 ventôse an x (8 mars 1802) rappela que la loi du 29 septembre 1791 destinait aux préposés la moitié du produit net des amendes forestières : il décida que cette moitié, « déduction faite de tous frais de poursuite et de recouvrement, serait laissée à la disposition de l'Administration forestière pour être distribuée aux dits gardes d'après les états qui seront par elle arrêtés chaque année et soumis à l'approbation du gouvernement ».

Il y a lieu d'ailleurs, de noter que l'article de la loi de 1791 auquel renvoie cet arrêté n'existe pas.

Une loi du 2 ventôse an XII (22 février 1804) décide qu'à compter du 1er vendé-

miaire précédent le produit total des amendes forestières, déduction faite des frais,
« pourrait être réparti annuellement entre les agents forestiers, à titre d'indemnité ».

XII. Les préposés furent organisés par le titre III de la loi du 9 floréal an XI
(29 avril 1803) en un seul corps, sous le nom de garde forestière, qu'ils fussent aux
gages de l'État, des communes ou des établissements publics.

De même que la gendarmerie, la garde forestière pouvait être employée pour tous
les services de police et justice civile et militaire.

XIII. L'Administration forestière avait bien un conseil de direction, mais elle ne
possédait aucun chef à sa tête. Cette lacune a été comblée par le décret du 7 thermidor
an XIII (29 juillet 1805) qui créa un conseiller d'État, directeur général des Eaux et
Forêts.

XIV. Un autre décret, en date du 17 janvier 1806, éleva de 1 à 2 p. 100 la
retenue sur les traitements pour assurer aux intéressés une pension de retraite : les
pensions ne sont délivrées que jusqu'à concurrence des fonds disponibles. Pour avoir
droit à une retraite, il faut 30 ans de services, sauf le cas d'infirmités contractées
dans l'exercice des fonctions. La pension se calcule sur le taux de la moitié de la
moyenne du traitement des 3 dernières années, avec maximum de 4.000 francs pour
les conservateurs, 3.000 francs pour les autres agents et 400 francs pour les
gardes.

Les pensions et secours aux veuves et orphelins, sont au plus, de la moitié de la pension du défunt.

XV. Napoléon Ier crut nécessaire d'ajouter à l'Administration des Eaux et Forêts des
vérificateurs chargés du contrôle de la gestion : ces agents nouveaux, appelés inspecteurs généraux, au nombre maximum de 12, furent créés par décret du 23 mai 1806.
Ils jouissaient d'un traitement fixe annuel de 6.000 francs et d'une indemnité journalière de tournée de 25 francs : le maximum de cette indemnité était également de
6.000 francs.

XVI. Depuis la Révolution, le recouvrement des amendes forestières, réservé par
l'ordonnance de 1669 (titre XXXII, art. 18) à un sergent collecteur, était fait par les
receveurs de l'Enregistrement. Un décret du 2 février 1811 chargea de ce soin les
gardes généraux des forêts qui versaient ensuite le produit de leur collecte dans les
caisses des domaines.

XVII. Par décret du 8 mars 1811, l'Empereur, « voulant assurer de nouvelles récom-
penses aux militaires admis à la retraite ou réformés pour cause d'infirmités ou de
blessures », leur ouvrit les portes de divers services civils et notamment de celui des
Eaux et Forêts.

« Art. 1er. Les emplois ci-après désignés seront accordés aux militaires de terre et
de mer, jouissant de la solde de retraite ou à ceux qui, sans avoir obtenu cette solde,
avaient été réformés par suite d'infirmités, d'accidens ou de blessures provenant d'un

service de guerre et, lorsque, dans l'un et l'autre cas, ils auront satisfait aux conditions nécessaires pour remplir ces emplois.

« Art. 2. Seront affectés aux officiers supérieurs et subsidiairement aux officiers de tout grade, dans la proportion déterminée par l'article 7 les emplois..... d'inspecteur des forêts.....

« Art. 3. Seront affectés aux officiers particuliers de tout grade, également dans la proportion de l'art. 7, les places de..... sous-inspecteurs et gardes généraux des forêts.....

« Art. 4. Seront affectés aux sous-officiers et soldats sachant lire et écrire les places de..... gardes-forestiers....., de gardes particuliers et de gardes à cheval des forêts..... ».

« Art. 7. Les places accordées aux militaires ne pourront excéder pour le moment la moitié de celles qui seront déterminées par le cadre d'organisation.

« Art. 8. Les emplois de..... l'Administration des Forêts ne pourront être donnés qu'à des militaires encore en état de mener une vie très active.

« Art. 9. Les militaires ayant leur retraite ou réformés pour cause d'infirmités ou de blessures, nommés à des emplois, devront fournir les cautionnements qu'ils exigent et remplir, en outre, les conditions et formalités requises pour les exercer.

« Art. 10. La solde de retraite continuera d'être cumulée avec le traitement ou les remises affectés aux emplois dont les militaires sont susceptibles.

« Art. 12. A l'avenir, nul ne pourra être admis à exercer un emploi dans aucune administration civile s'il ne compte 5 années de service, s'il ne jouit de sa retraite ou s'il n'a été réformé pour les causes énoncées en l'art. 1er. Cependant s'il ne se présentait pas un nombre suffisant de militaires, ou si ceux qui se présenteraient ne remplissaient pas les conditions exigées, il pourra être nommé, comme par le passé, aux emplois qui leur sont réservés ».

Dispositions spéciales aux forêts domaniales.

XVIII. Les débuts de la Révolution furent marqués par un pillage des forêts : dès le 3 novembre 1789, le roi Louis XVI invita, par une proclamation, au respect des bois; le 26 mars 1790, il publiait des lettres patentes approuvant le Décret de l'Assemblée nationale du 18 mars précédent, suspendant toutes les coupes. Enfin la Constituante prescrivait par une loi du 25 décembre 1790 de poursuivre toutes les contraventions.

XIX. Après l'aliénation des biens nationaux, une loi des 16-27 mars 1791 stipula qu'aucun droit d'usage, « de quelque nature qu'il soit, dans les bois et autres domaines nationaux, non plus qu'aucune rente ou redevance affectés sur les mêmes biens n'ont dû être compris dans les ventes ».

XX. Malgré que la conservation des forêts ait été déclarée « un des projets le plus important et le plus essentiel aux besoins et à la sûreté du royaume », à diverses reprises, les assemblées durent céder aux appétits des populations. Ainsi par la loi du 12 fructidor an II (29 août 1794) la Convention permit « à tous particuliers d'aller ramasser les glands, les faînes et autres fruits sauvages dans les forêts et bois qui appartiennent à la nation ».

Le 28 fructidor suivant (14 septembre 1794), elle interdit aux particuliers d'introduire des porcs dans les mêmes forêts avant le 1er frimaire, sauf dans le cas où la forêt ne renfermerait pas de hêtres. En effet, l'article 7 de cette loi ordonnait de récolter les faînes et de les convertir en huile.

Cependant en présence d'« abus et de dégradations sans nombre », le Directoire prit un arrêté le 5 vendémiaire an VI (26 septembre 1797) rappelant que l'introduction du bétail est interdite en forêt, sauf aux usagers portés sur les états arrêtés en Conseil du roi. Quant aux personnes qui prétendraient des droits, elles devraient en justifier devant les administrations centrales des départements contradictoirement avec les agents des forêts et domaines.

Par un autre arrêté du 19 pluviôse an VI (7 février 1798), le Directoire prescrivit de vérifier le bornage et de limiter par des fossés les forêts domaniales, afin d'éviter les empiètements, et, le 25 pluviôse suivant, il ordonna aux riverains et aux municipalités de combattre les incendies en forêt « à la première réquisition des gardes forestiers ».

XXI. La loi du 19 ventôse an IX (10 mars 1801) exempta de contribution les forêts nationales.

Sous le Consulat, nombreux furent les émigrés autorisés à rentrer en France et à qui on restituait leurs biens non aliénés : le Sénatus-Consulte du 6 floréal an X (26 avril 1802) spécifia que les forêts confisquées, de plus de 300 arpents, déclarées inaliénables par la loi du 2 nivôse an IV, ne pouvaient être rendues à leurs anciens propriétaires.

XXII. Une loi du 28 ventôse an XI (19 mars 1803) enjoignit à tous les usagers non reconnus par le Conseil du roi de déposer leurs titres aux préfectures et sous-préfectures, dans un délai de 6 mois.

Même délai pour le même objet fut imparti par la loi du 19 germinal an XI aux communes qui avaient obtenu des tribunaux la reconnaissance de droits de propriété ou d'usage dans les forêts nationales, pour faire examiner et réviser dans l'année ces jugements dont l'exécution avait été suspendue par la loi du 29 floréal an III.

XXIII. Lors de l'invasion, en 1813 et 1814, les délits forestiers se sont multipliés énormément. Le roi Louis XVIII accorda, le 11 juillet 1814, une amnistie entière aux coupables. Étaient pourtant exceptés de cette mesure de clémence les adjudicataires pour les malversations commises dans leurs ventes; les maires et les habitants pour les coupes faites sans les formalités prescrites; les propriétaires qui avaient défriché, construit à distance prohibée ou abattu des futaies sans autorisation.

Dispositions spéciales aux bois communaux.

XXIV. Beaucoup de forêts communales étaient, en 1789, soit indivises entre les seigneurs et les communes, soit grevées de droits purement féodaux. La loi des 11 août-

3 novembre 1789 consacra la renonciation faite par les ordres privilégiés à ces droits haïs du peuple.

Par décret du 18 juin 1792, la Législative déclara rachetables les seuls droits que le seigneur pourrait prouver avoir été institués par une concession du fonds. Ainsi étaient annihilés tous les droits usuels non justifiés par le titre primitif authentique.

Quant aux droits fixes, la loi du 25 août 1792 les supprima, à moins qu'ils n'aient eu « pour cause une concession primitive du fonds », laquelle cause ne pourra être établie qu'autant qu'elle sera clairement énoncée dans l'acte primordial d'inféodation, d'accensement ou de bail à cens qui devra être rapporté.

XXV. Enfin, par le décret du 28 août 1792, l'Assemblée « rétablit les communes et les citoyens dans les propriétés et droits dont ils ont été dépouillés par l'effet de la puissance féodale ». Les cantonnements des droits féodaux pouvaient être attaqués et révisés par devant le tribunal du district.

Les communes pouvaient revendiquer la propriété des biens ou des droits d'usage dont elles auraient pu se dépouiller ou être dépouillées au profit des ci-devant seigneurs, à condition de justifier d'en avoir eu la possession ancienne. « S'il y a concours de plusieurs titres, le plus favorable aux communes et aux particuliers sera toujours préféré, sans avoir égard au plus ou moins d'ancienneté de leur date, ni même à l'autorité de la chose jugée en faveur des ci-devant seigneurs ».

Telle était la situation au moment de la constitution du département du Mont-Blanc.

XXVI. La Convention alla plus loin encore et, par un décret du 17 juillet 1793, abolit purement et simplement les droits féodaux, sans indemnité. Les actions engagées conformément aux dispositions des décrets antérieurs furent éteintes *de plano*, sans répétition de frais de la part des intéressés.

XXVII. D'après l'article 13 du titre XII de la loi du 29 septembre 1791, les fonds provenant de la vente des coupes des quarts en réserve devaient être versés entre les mains du trésorier du district. Une loi du 13 messidor an II (1er juillet 1794) décida que ces fonds seraient, à l'avenir, confiés à la Caisse des Dépôts et Consignations pour être dépensés au fur et à mesure des besoins.

XXVIII. Quant aux coupes ordinaires, ce fut la loi du 30 juin 1793 qui régla l'emploi des fonds qui en provenaient. Les agents de l'Enregistrement et des Domaines ne devaient plus s'immiscer dans la perception du prix des ventes de bois : les receveurs des districts en étaient chargés. C'était au directoire du département à ordonnancer les dépenses municipales payables sur la caisse du receveur du district. L'article 21 de la loi disposait que ces règles étaient « applicables aux dommages-intérêts prononcés au profit des communautés contre les délinquants; au produit des glandées, vain pâturage . . . . . ».

XXIX. Un arrêté des consuls du 19 ventôse an X (10 mars 1802) réglementa les coupes extraordinaires; ses principales dispositions sont :

« ART. 1er. Les bois appartenant aux communes sont soumis au même régime que les bois nationaux et l'administration, garde et surveillance en sont confiées aux mêmes agens. (L. 29 septembre 1791, titre I, art. 4; titre XII, art. 7, 8, 14 à 19 O. C.; tit. XXV, C. F., art. 1ᵉʳ, 4°, 90.)

« ART. 2. La régie de l'enregistrement est chargée du recouvrement du prix des adjudications de toutes les coupes extraordinaires des dits bois.

« ART. 4. (Le prix de ces coupes sera versé à la caisse d'amortissement qui paie un intérêt de 3 p. o/o.)

« ART. 8. Les fonds qui seront dans la caisse d'amortissement, appartenant aux dites communes, seront mis à leur disposition, sur une décision motivée du Ministre de l'Intérieur.

« ART. 9. Toutes les dispositions précédentes sont applicables aux bois des hospices et des autres établissements publics ».

La loi du 29 septembre 1791 comme l'ordonnance de 1669 avaient imposé aux communes d'avoir des gardes pour leurs forêts. Dans son titre II, la loi du 9 floréal an XI (29 avril 1803) complète ainsi ces dispositions :

« ART. 10. La nomination des gardes des bois des communes et des établissements publics est faite par les maires et administrateurs, sous réserve de l'approbation du Conservateur chargé de délivrer la commission.

« Pour être garde, il faut au moins 5 ans de services militaires.

« ART. 11. Les gardes mixtes sont nommés uniquement par l'Administration forestière.

« ART. 12. Les gardes prêtent serment devant le tribunal de 1ʳᵉ instance; ils constatent les délits dans tous les bois publics et dans les bois particuliers, quand ils en sont requis par le propriétaire.

« Ils sont soumis à l'autorité des agents de l'État.

« ART. 13. Ces gardes seront payés par l'Administration forestière qui sera remboursée de ces avances soit sur les revenus annuels des communes et autres établissements, soit sur le produit des coupes de bois, ainsi qu'il sera réglé par le Gouvernement.

« ART. 14. Ces gardes peuvent être révoqués par l'Administration et, « suivant le zèle et l'intelligence qu'ils auront montrés », ils pourront être nommés domaniaux. » (C. F., art. 98; A. M. 11 décembre 1886.)

XXX. L'article 5 de la loi du 11 frimaire an VII (1ᵉʳ décembre 1798) indiquait déjà que les impôts et les frais de surveillance seront prélevés sur le prix de vente d'une portion de la coupe annuelle délivrée aux habitants. « Cette portion sera distraite de la coupe ordinaire, avant toute distribution : la vente en sera faite aux enchères et par devant l'Administration municipale». (Loi 1791, titre XII, art. 2, 12, 13; C. F., art. 109; O. R., art 144.)

XXXI. Le traitement des préposés communaux a fait l'objet d'un nouvel arrêté du 17 nivôse an XII, ainsi conçu :

« ART. 1ᵉʳ. Les gardes des bois communaux et des établissements publics seront payés pour le service de l'an XI dans la même forme que pour le passé.

« ART. 2. A compter du 1ᵉʳ vendémiaire an XII, ils seront payés par les préposés de l'Administration de l'Enregistrement et des Domaines, chacun dans son arrondissement, d'après les états qui en seront arrêtés par l'Administration générale des forêts et approuvés par le Ministre des Finances. (L. 9 floréal an XI.)

« ART. 3. Le montant des salaires des gardes des bois des communes sera versé chaque année et d'avance dans les caisses desdits préposés, en vertu des ordonnances qui seront expédiées au profit de ceux-ci par les préfets des départements, sur les fermiers ou receveurs des revenus ordinaires des communes.

« Lorsque ces revenus seront composés en partie du produit des ventes annuelles des dits bois, les ordonnances seront expédiées directement sur les adjudicataires des dites coupes.

« ART. 4. En cas d'insuffisance des autres revenus et lorsque le produit des bois se distribuera annuellement entre les habitants par forme d'affouage, les dites ordonnances seront expédiées sur les adjudicataires des portions de bois dont, en ce cas, la vente est ordonnée par l'article 5 de la loi du 11 frimaire an VII.

« ART. 5. Lorsqu'il n'y aura ni revenus ordinaires suffisans, ni coupe ou affouage annuel, mais seulement des coupes éloignées l'une de l'autre de 3, 6, 10 ans ou plus, l'avance du salaire des gardes-bois sera faite pendant le temps intermédiaire par la caisse de l'Enregistrement et des Domaines qui en sera remboursée par prélèvement sur le prix d'adjudication des dites coupes, sur lequel sera aussi prélevé moitié du montant des salaires qui devront courir jusqu'à la prochaine vente ».

XXXII. Outre le prélèvement fait sur le produit des coupes pour acquitter les impôts et les frais de garde, l'Empereur ordonna par décret du 21 mars 1806, pour créer un fonds destiné aux travaux publics, de verser 25 p. 100 des sommes provenant de la vente des coupes des quarts en réserve dans les bois communaux. Ce prélèvement devait être déposé à la caisse d'amortissement.

XXXIII. Malgré l'arrêté du 17 nivôse an XII, la question des frais de garde à payer par les communes peu riches en bois demeurait difficile. Aussi une loi du 22 mars 1806 prescrivit-elle un autre mode de payement des préposés pour les communes sans revenus :

« ART. 1ᵉʳ. Le montant des salaires des gardes des bois des communes qui n'auront ni revenus, ni affouages suffisans pour l'acquitter, sera ajouté aux centimes additionnels des contributions de ces communes.

« ART. 2. L'imposition additionnelle ne pourra avoir lieu que sur l'autorisation du gouvernement, par un décret d'administration publique ».

Ce régime subsista jusqu'au décret du 31 janvier 1813, ci-après :

« Napoléon . . . . . Considérant que les versements des fonds nécessaires pour le payement des gardes par les receveurs des communes dans les caisses des préposés de l'Administration des Domaines, pour le dit payement être effectué par eux, entraînent sans utilité des retards dans les payements et augmentent la dépense des communes par les remises allouées à ces préposés.

« Notre Conseil d'État entendu, avons décrété et décrétons ce qui suit :

« Art. 1er. Les salaires des gardes des bois communaux qui devront être acquittés par les communes le seront à l'échéance de chaque trimestre par les receveurs de ces communes sur les fonds à ce destinés par leurs budgets et sur les ordonnances des préfets.

« Art. 2. Les conservateurs des forêts seront tenus d'adresser, à l'avance, au préfet de chaque département de leur conservation, l'état des gardes en activité et du montant de leur traitement. Il sera dressé autant d'états qu'il y a d'arrondissements de sous-préfecture.

« Art. 3. Le préfet fera parvenir à chaque sous-préfet l'état qui concernera les gardes de son arrondissement; le sous-préfet en donnera connaissance aux percepteurs et aux receveurs des communes qui en acquitteront le montant sur l'émargement des gardes ».

Affouages communaux; partages.

XXXIV. Par décret du 26 nivôse an II, la Convention nationale ordonna que le partage de l'affouage dans les bois communaux se ferait par tête et non par feu, dérogeant à l'article 11 du titre XXV de l'Ordonnance de 1669.

Ce mode de partage fut à nouveau approuvé par un arrêté des Consuls du 19 frimaire an X.

Par contre, lorsqu'il y a lieu à partage de terrains indivis entre deux communes, le Conseil d'État, dans son avis du 20 juillet 1807, estima que le partage devait être fait par feu : dans un nouvel avis du 26 avril 1808, cette haute Assemblée décida que cette procédure « est applicable au partage des bois comme à celui de tous les autres biens ».

Constatation et poursuite des délits.

XXXV. L'article 4 de la loi du 11 décembre 1789, l'article 5 du titre IV de la loi du 29 septembre 1791, l'article 41 du Code des délits et des peines du 3 brumaire an IV prescrivaient aux gardes forestiers de suivre et de saisir les bois de délit. Mais trop souvent les agents municipaux se refusaient à accompagner les forestiers dans leurs perquisitions. Aussi le Directoire exécutif prit-il, le 4 nivôse an V (24 décembre 1796), un arrêté enjoignant aux officiers municipaux qui en seraient requis d'assister aux perquisitions (art 2), sous peine d'être suspendus et traduits devant les tribunaux sur l'avis du Directoire exécutif (art. 3).

Si la personne requise est un commissaire de police, son refus entraînera la destitution.

Un nouvel arrêté du Directoire, du 26 nivôse suivant, étendit les prescriptions de l'arrêté du 4 nivôse à la recherche des bois volés sur les rivières flottables ou navigables.

XXXVI. D'après l'article 7 du titre IV de la loi du 29 septembre 1791, les gardes devaient, dans les 24 heures, affirmer leurs procès-verbaux devant le juge de paix du canton. Cette disposition fut modifiée par l'article 11 de la loi du 28 floréal an X

18 mai 1802) relative aux justices de paix. Désormais l'affirmation put être reçue aussi par les suppléants de la justice de paix, par les maires et les adjoints.

XXXVII. Tous les actes de procédure faits par les gardes généraux durent être taxés comme ceux des huissiers des justices de paix. (Décret du 1ᵉʳ avril 1808.)

XXXVIII. D'après l'article 5, titre IX de la loi du 29 septembre 1791, les inspecteurs et conservateurs étaient chargés des poursuites, mais rien n'indiquait leur place au prétoire. Un décret du 18 juin 1809 vint combler cette lacune; ce document est daté du camp de Schœnbrünn :

«Dans les audiences publiques tenues par nos tribunaux correctionnels pour le jugement des délits de bois poursuivis à la requête de l'Administration des Eaux et Forêts, les Conservateurs, inspecteurs, sous-inspecteurs et les gardes généraux chargés de poursuivre au nom de leur Administration auront une place particulière à la suite du parquet du procureur impérial et de ses substituts. Ils se tiendront découverts.»

XXXIX. Le décret du 18 juin 1811, modifié par le décret du 7 avril 1813, a réglementé les frais de justice. Les frais de déplacement des préposés, les gratifications pour capture de personnes sont fixés par ces actes.

Bois des particuliers.

La loi du 29 septembre 1791 avait donné aux particuliers le droit d'administrer leurs bois et d'en disposer à leur guise. Ce principe a été confirmé et étendu par l'article 2, titre I de la loi du 6 octobre 1791. Aussi les défrichements, déjà nombreux avant 1789, s'étaient-ils multipliés depuis le début de la Révolution. La loi du 9 floréal an XI, pour arrêter cette déforestation croissante, supprima la liberté de déboiser et régla dans son titre I les droits des particuliers sur leurs bois. (Circulaire 148, du 7 prairial an XI-27 mai 1803.)

SECTION I. — *Des défrichements.*

«ART. 1ᵉʳ. Pendant 25 ans, à compter de la promulgation de la présente loi, aucun bois ne pourra être arraché et défriché que 6 mois après la déclaration qui en aura été faite par le propriétaire devant le Conservateur forestier de l'arrondissement où le bois sera situé. (C. F., art. 219.)

«ART. 2. L'Administration forestière pourra, dans ce délai, faire mettre opposition au défrichement du bois, à la charge d'en référer, avant l'expiration de 6 mois, au Ministre des Finances, sur le rapport duquel le Gouvernement statuera définitivement dans le même délai.

«ART. 3. En cas de contravention aux dispositions de l'article précédent, le propriétaire sera condamné par le tribunal compétent, sur la réquisition du conservateur de l'arrondissement et à la diligence du commissaire du gouvernement : 1° à remettre une égale quantité de terrain en nature de bois; 2° à une amende qui ne pourra être au-

15

dessous du cinquantième et au-dessus du vingtième de la valeur du bois arraché. (C. F. art. 221.)

ART. 4. Faute par le particulier d'effectuer la plantation ou le semis dans le déla qui lui sera fixé après le jugement par le conservateur, il y sera pourvu à ses frais pa l'Administration forestière. (C. F., art. 222.)

«ART. 5. Sont exceptés des dispositions ci-dessus les bois non clos, d'une étendu moindre de 2 hectares, lorsqu'ils ne sont pas situés sur le sommet ou la pente d'un montagne et les parcs où jardins clos de murs, de haies ou fossés, attenant à l'habita tion principale. (C. F., art. 224.)

«ART. 6. Les semis ou plantations de bois des particuliers ne seront soumis qu'aprè 20 ans aux dispositions portées à l'article 1er et suivans.» (C. F., art. 224, al. 1.)

La section II de ce titre parle des droits de la Marine de prendre dans les forêts pa ticulières les arbres qui lui sont nécessaires.

La section II du titre II traite de la surveillance des forêts privées.

«ART. 15. En cas de refus par le Conservateur d'agréer les dits gardes, celui qui le aura présentés pourra se pourvoir devant le préfet du département qui statuera.»

Les textes complets des lois françaises se trouvent dans la *Collection générale de Loix, proclamations, instructions et autres actes du pouvoir exécutif (1789-1793)* et dans l *Bulletin des lois*. Aussi n'a-t-il pas paru nécessaire de reproduire, en général, ce textes.

CHAPITRE III.

LES FORÊTS NATIONALISÉES.

Les forêts nationales du département du Mont-Blanc provenaient :

1° Du domaine royal ;

2° Des propriétés ecclésiastiques. Dans ses décrets du 26 octobre 1792, l'Assemblé nationale des Allobroges avait prononcé l'attribution à la nation de la propriété de biens de la couronne et du clergé. Les lois françaises des 2 novembre 1789 et 5 no vembre 1790 avaient le même résultat.

3° De la confiscation encourue par les personnes émigrées depuis le 1er août 179 et qui ne seraient pas rentrées dans un délai de 2 mois, courant du 26 octobre 1792 Cette peine fut confirmée par une loi du 25 brumaire an III, corrigée par une autre lo du 14 frimaire suivant qui déclarait émigrés «tous ci-devant savoisiens qui, domicilié dans le département du Mont-Blanc, en sont sortis depuis le 1er août 1792 et n'étaien pas rentrés sur son territoire ou tout autre partie de celui de la République au 27 jan vier 1793».

SECTION I.

Forêt de l'ancien domaine royal.

§ 1ᵉʳ. LA FORÊT DE MANDALLAZ OU DU SANGLE.

D'après le cadastre, cette forêt qui faisait partie du domaine royal comprenait 103 h. 23 a. 56 c.; par suite de délimitations et bornages ultérieurs, sa superficie se trouva de 114 h. 31 a. 18 c. : elle était située sur le territoire de la Balme de Sillingy, sur le versant sud-est de la montagne de la Balme.

Elle était peuplée d'un taillis de hêtre.

Au début de la Révolution, la forêt de Mandallaz fut dévastée par les populations voisines. L'Administration municipale du canton de Sillingy, avisée de ces délits, en saisit le service des domaines, car il n'existait pas de gardes forestiers et la constatation et la poursuite des contraventions appartenaient aux commissaires de la conservation générale des forêts [1].

Le Directeur des Domaines répondit à la municipalité du canton que c'était à elle à proposer un candidat garde et à requérir le juge de paix pour reconnaître les infractions et en poursuivre les auteurs [2]. Mais, dans une lettre du 25 messidor an v, le juge de paix déclare «que ses démarches ont été infructueuses» [3].

L'année suivante, l'administration forestière fut installée en Savoie et la forêt de Mandallaz eut son garde. Mais les difficultés n'en furent pas pour cela terminées.

Les habitants des communes de Sillingy, de Saint-Martin prétendent avoir un droit d'affouage sur l'ancien domaine du roi [4], le font reconnaître le 25 floréal an vii par l'administration du canton de Sillingy et déclarent «ne pouvoir être assujettis à aucune redevance, ni envers le trésor, ni envers la commune, parce que les droits féodaux ont été abolis».

Le conservateur des forêts de Grenoble renvoie les pétitionnaires à se pourvoir devant les Consuls, «pour obtenir, s'il y a lieu, un cantonnement». Les intéressés s'appuyaient sur un arrêt du Sénat de Savoie. Mais le garde forestier s'oppose énergiquement à toute incursion des prétendants-droit dans la forêt, avant toute décision de justice. Le tribunal refuse de condamner les délinquants surpris, «vu qu'ils produisent des titres sur la non-validité desquels on n'avait pas prononcé».

Les choses tournèrent vite au tragique et le garde repoussa de vive force un habitant qui était venu faire des fagots.

Le sous-préfet demande la solution rapide de cette affaire et, en attendant, la permission pour les intéressés de couper une quantité déterminée de bois. Le droit des pétitionnaires fut reconnu et un septième de la surface de la forêt fut réservé à l'affouage de ces riverains, mais cela ne mit pas un terme aux délits.

---

[1] Arch. H.-S., Délib. mun. canton de Sillingy, 3 prairial an iv; 30 fruct. an v, p. 16-39.
[2] Arch. H.-S., L³ 66, 5 prairial an v.
[3] Arch. H.-S., Délib. mun. canton de Sillingy, 3 prairial an iv; 30 fruct. an v, p. 16-39.
[4] Arch. S., Q 21, n° 463. Arch. H.-S., corr. S. P. Ay. avec P., an xi, nᵒˢ 393, 562.

Au moment de l'invasion de 1814, les habitants de Sillingy pillèrent les bois communaux aussi bien que la forêt royale, «se permettant même des injures et des menaces contre le garde forestier, lorsque ce dernier s'opposait à ces dévastations».

SECTION II.

Forêts d'origine ecclésiastique.

§ 1. LA FORÊT DE HAUTECOMBE.

Cette forêt est considérée tantôt comme royale, tantôt comme ecclésiastique : cela provient de ce que l'abbaye de Hautecombe, à qui elle a été affectée, appartient à la maison royale de Savoie qui l'avait choisie comme lieu de sépulture. Mais comme les produits et revenus de la forêt revenaient aux Cisterciens du monastère et non au trésor, il paraît préférable de la ranger parmi les forêts ecclésiastiques,

Les forêts dépendant de l'abbaye de Hautecombe formaient deux massifs de très inégale importance, séparés par le lac du Bourget et sis, l'un sur le territoire de Saint-Pierre-de-Curtille de 327 hectares 98 ares 14; l'autre, de 46 hectares 21 ares 28, sur la commune de Brison-Saint-Innocent.

Aussitôt après les mémorables séances de l'Assemblée des Allobroges, les voisins de l'abbaye commencèrent à couper dans les bois du monastère à hache que veux-tu. Le citoyen Curtillet, «officier municipal d'Hautecombe et Chanaz», dénonça le 10 décembre 1792 à la Commission provisoire d'administration les dégradations qui se commettaient [1]. Les mesures prises furent de bien peu d'efficacité, car le pillage continua, et, le 29 juin 1793, le Conseil général du département du Mont-Blanc, «sur les renseignements parvenus que différents particuliers de la commune de Saint-Pierre-de-Curtille font des dégradations considérables dans la forêt d'Hautecombe, en y coupant et écorchant une quantité de chesnes», ordonna qu'il serait nommé «un commissaire pour procéder à la visite et reconnaissance des dégâts....., procéder à information sur les auteurs, dresser procès-verbal du tout» [2].

Mais les délinquants saisis prétendirent avoir des droits d'usage sur la forêt [3], en vertu d'un acte du 17 février 1787.

Les besoins du trésor public devenant chaque jour plus impérieux, on fit application du décret de la Constituante du 19 décembre 1789 et on vendit, le 25 thermidor an IV, l'abbaye et les terres d'Hautecombe avec 64 hectares de forêt. Cette aliénation fut faite contrairement aux lois du 23 août 1790, 3 nivôse et 6 floréal an IV [4]. Aussi l'administration forestière, quand elle eut pris possession des peuplements savoisiens, essaya-t-elle, dès l'an X, avec le concours du service des domaines, de faire annuler la vente *in parte qua*.

Cependant les habitants de Saint-Pierre-de-Curtille avaient fait reconnaître leur droit d'usage au bois par arrêté du 8 brumaire an XIII : un nouvel arrêté du Ministre

[1] Arch. S., Répertoire des séances de la Commission provisoire d'administration des Allobroges.
[2] Arch. S., L 29.
[3] Arch. S., Q 26, n° 672.
[4] Arch. S., Q 26, 8 vend. an XI.

des finances du 10 mars 1809 spécifia que les intéressés ne pourraient exercer ce droit «que d'après la possibilité desdites forêts, dans l'état où elles se trouvent».

Mais il se produisait, malgré tout, des tiraillements. Cette même année 1809, à l'automne, la commune de Saint-Pierre-de-Curtille fait opposition à la vente d'une coupe assise dans la forêt de Hautecombe. Sur l'avis de l'inspecteur, le préfet du Mont-Blanc a passé outre, et, à son tour, l'inspecteur s'est refusé à délivrer à la commune l'affouage que lui attribuait l'arrêté ministériel.

La coupe d'affouage est enfin délivrée, mais, le 22 décembre 1809, le maire la refuse parce qu'il la juge trop éloignée. Aussi l'année suivante, l'inspecteur proposa-t-il de cantonner les droits de Saint-Pierre-de-Curtille et, le 14 juillet 1810, la commune est invitée à présenter ses observations.

Quelques jours après, le 19 juillet, les habitants du hameau de Communal, dépendant de la Chapelle-du-Mont-du-Chat, réclament à leur tour un droit d'affouage : il y avait dix-huit ans que la forêt était nationalisée et ils n'avaient pas songé à élever jusqu'alors cette prétention [1].

Les gens de Conjux, à leur tour, demandèrent à prendre leur affouage sur le domaine de Hautecombe et, le 23 novembre 1814, le préfet les invita à demander au Conseil de préfecture l'autorisation d'intenter l'action en cantonnement; le 4 septembre 1813, Saint-Pierre-de-Curtille avoit obtenu cette autorisation et l'affaire était pendante par-devant le tribunal civil [2].

A côté de ces revendications faites en la forme légale, on constatait des délits et toujours la procédure se compliquait, les inculpés soulevant invariablement l'exception préjudicielle de propriété [3].

Enfin, comme si ce n'eut pas été suffisant pour émietter la forêt, lorsque les Autrichiens envahirent la Savoie en 1814, leur général, Zechmeister, fit prendre à Hautecombe les bois nécessaires au chauffage des troupes.

Le canton de Saint-Innocent n'était pas mieux traité : le village de Brison y prétendait des droits d'usage, mais ne produisait aucun titre, celui de Saint-Innocent en renvendiquait mais en s'appuyant sur certains papiers. Les Autrichiens y prélevèrent également du bois de feu; quand la Savoie revint au roi de Sardaigne, cette petite forêt, peuplée en chêne, frêne et hêtre, «garnie de vieilles souches, de plantes malvenantes et rabougries», se trouvait, au dire de l'inspecteur forestier, «dilapidée par les événements de la guerre».

§ 2. Forêts de la Chartreuse d'Aillon.

Les Chartreux d'Aillon possédaient trois grands massifs forestiers : l'un se trouvait sur les territoires d'Aillon même et de la Thuile; le second sur Saint-Jean-de-la-Porte; le dernier sur Chevaline.

I. Forêt d'Aillon. Cette forêt s'étendait dans le vallon, dit Combe de Lourdens, et la région allant du col du Lindar au canton de la Joug.

[1] Arch. S., Q 26, nᵒˢ 672, 804, 849, 968, 971.
[2] Arch. S., L 246, fᵒ 445 vᵒ.
[3] Arch. S., L 134, fᵒ 11; L 135, fol. 39.

La surface de cette forêt comprenait 1,118 hectares, 77 ares 89 sur Aillon, 82 hectares 95 ares 07 sur la Thuile, soit au total 1,201 hectares 72 ares 96 : mais les dépendances rattachées à la forêt portaient la superficie à 1,363 hectares [1]. Les peuplements étaient constitués par un mélange de hêtres et de résineux, sapin et épicéa notamment : les produits des coupes qui n'étaient pas utilisés pour l'affouage ou la construction étaient convertis en charbon et servaient à faire fonctionner 1 haut-fourneau, 2 martinets et 1 martinette.

II. Le second massif, dit *Les Frasses*, de 63 hectares 73 ares 67, se trouvait au fond du vallon triangulaire, près du mont Pelat, sur la rive droite du torrent de Morbier. Sur calcaires jurassiques et atteignant jusqu'au col de la Sciaz qui mène à Aillon, à l'exposition du S.-E., il n'était constitué que par des taillis.

Ces deux massifs très voisins, mais de natures très différentes, ont eu la même histoire. Il n'y a donc pas lieu de les séparer.

L'Assemblée des Allobroges qui avait décrété la nationalisation des propriétés du clergé, considérant «qu'il est instant de veiller à la conservation des biens possédés par les corps religieux et de prévenir leur dilapidation», décida de nommer des commissaires pour procéder à un inventaire (25 octobre 1792). Deux jours après, elle chargea son bureau de désigner deux commissaires pour Aillon, qui furent les citoyens Vagnat et Michon.

La Commission provisoire d'administration, après avoir eu le rapport des deux délégués qui n'avaient pu faire qu'un examen rapide, «arrête, qu'eu égard à la grande quantité d'avoir de la dite Chartreuse....., elle nommera un commissaire pour résider à la dite Chartreuse et y surveiller l'administration tant des Chartreux que de la municipalité» (1er décembre 1792). Ce fut le citoyen Nicoud, avoué, qui fut choisi.

Le nouveau régisseur ne tarda pas à s'apercevoir de son impuissance à conserver les biens dont il avait la charge et notamment les forêts. Sur ses réclamations, le directoire du département du Mont-Blanc lui prescrivit, le 14 juin 1793, de présenter des candidats gardes et, de plus, il représenta «aux communes dans le territoire desquelles existent les bois l'obligation que leur impose la loi de veiller à leur conservation» [2]. L'avoué Nicoud put continuer sa gestion.

Mais à la fin de 1793, trois industriels, Baile, Guillermin et Marguet, vinrent avec l'abbé Simond, conventionnel en mission, visiter le domaine d'Aillon; puis, avec l'appui de ce représentant, ils obtinrent de gré à gré, le 19 brumaire an II [3], du directoire du département la jouissance pour douze ans des usines d'Aillon, Belleveaux et Tamié, des bâtiments et forêts avec les minerais, fontes, fers et charbons approvisionnés. Dans un rapport du 17 thermidor an X, l'inspecteur des forêts du Mont-Blanc signale de plus que «les représentants du peuple mirent en possession les citoyens Marguet et Cie aux termes d'un arrêté contenant un projet de bail sans fixation de prix» [4].

Cette concession absolument et doublement illicite, puisqu'elle ne résultait pas

[1] Arch. S., Q 94.
[2] Arch. S., L. 29.
[3] Arch. S., L 33. f° 4.
[4] Arch. S., Q 97.

d'enchères publiques, fut l'origine d'abus considérables. Les charbonniers de l'usine d'Aillon furent autorisés, pour se payer, à charbonner pour leur propre compte; divers particuliers eurent aussi la permission de couper des bois de service; «bientôt, presque tous les habitants des communes sont accourus en foule, tout presque a été dévasté.»

Le 9 fructidor an V, l'administration centrale du département ordonne une reconnaissance, puis le service des domaines intente une action contre la société Marguet et Cie. La société répond par un mémoire justificatif qu'elle fait imprimer; le directeur des domaines réplique en attaquant la validité de la concession; le 20 fructidor an XII [1], nouveau et volumineux mémoire des industriels dont les prétentions vont croissant. Cinq ans plus tard, ils revendiquent, ainsi que les fermiers des Chartreux, la propriété même de certaines parcelles boisées (nos 2592, 2592 1/2, 2554, 2554 1/2, 2591 de la mappe) [2]. Un des demandeurs, pour aboutir plus sûrement, alla même jusqu'à falsifier un acte de vente, en changeant les numéros des parcelles. Cette altération fut relevée par l'inspecteur des forêts du Mont-Blanc, le 21 messidor an XII.

On vit même des particuliers, dont les prétentions avaient été rejetées par le Conseil de préfecture (14 floréal an XII), vendre à autrui 50 hectares de futaies domaniales, en une seule fois [3]. Un arrêté du Conseil de préfecture de Chambéry du 10 mai 1810 accueille ces demandes [3].

S'appuyant sur cette décision, les intéressés se hâtèrent de couper les bois à la propriété desquels ils prétendaient, de défricher les terrains les plus propres à l'agriculture et d'y envoyer des bestiaux [4]. M. Marguet alla même plus loin et manifesta son intention, en 1811, «de faire les coupes à force ouverte», dans les bois litigieux [5]. Il est à noter qu'il restait encore, au 20 mai de cette année, à intervenir une décision du Ministre des finances au sujet de ce procès.

Lors de la chute de l'empire, cette affaire n'était pas encore terminée et l'inspecteur des forêts du duché de Savoie n'estime pas à moins des trois quarts des forêts d'Aillon la surface revendiquée.

De même, la forêt des Frasses, à Saint-Jean-de-la-Porte, était réclamée par l'acquéreur de la ferme du Morbier, ancienne propriété des Chartreux : bois et terres auraient été aliénées ensemble. Mais aucune décision n'avait été prise au 30 mai 1814, époque à laquelle cette forêt fit retour au roi de Sardaigne.

Comme si ce n'était pas assez, les communes de la Thuile, Montmélian et Arbin demandaient à prendre de l'affouage dans les bois des Chartreux : de là aussi, entre les usagers, la société Marguet et l'État, des conflits aigus.

Ainsi le 17 floréal an III, — il n'y avait pas encore d'agents forestiers, — deux délégués du Conseil général du Mont-Blanc vinrent, en exécution d'un arrêté de cette assemblée du 27 germinal précédent, marquer 8 places à charbon dans le canton du Lindar, pour les usines d'Aillon. Le 25 floréal, les municipalités de Montmélian et d'Arbin adressent au Conseil général une protestation «contre la dévastation que se permettoient les charbonniers qui ne laissaient pas même des baliveaux dans la mon-

[1] Arch. S., Q 97.
[2] Arch. S., Q 26, n° 770-937.
[3] Arch. S., L 1132.
[4] Arch. S., Q 26, n° 1097.
[5] Arch. S., Q 26, n° 1129.

tagne de la Joug, sur laquelle les communes ont le droit d'usage, aux termes de la transaction passée entre les ci-devant Chartreux d'Aillon et les communiers de la Thuile, le 26 mai 1696, et autres titres. »

Le même jour, la municipalité de la Thuile reconnaît le bien-fondé de la réclamation d'Arbin et de Montmélian, mais elle prétend avoir la propriété de la montagne de la Joug qui aurait, par erreur, été inscrite au cadastre au nom des Chartreux : au surplus, elle reconnaît également la dévastation de la forêt.

Les mêmes délégués, commis à nouveau par arrêté du directoire du département du 3 messidor an III, constatent «que les 8 places de charbonnières sont dans la montagne de la Joug sur laquelle lesdites communes prétendent un droit d'usage, mais ils ne pensent pas que ce droit puisse empêcher d'établir des charbonnières, ainsi que les Chartreux le pratiquoient et qu'on l'a même fait l'année dernière. Ils ajoutent qu'il doit y avoir des titres postérieurs à la susdite transaction et que les communes de Montmélian et d'Arbin n'ont même rien prétendu sur la dite montagne depuis plus de soixante-dix ans, ayant pour lors aliéné en faveur des Chartreux certains fonds qui leur appartenoient ; ils disent encore que les communiers de la Thuile ne cherchent euxmêmes qu'à dévaster la dite forêt dont ils vendent le bois, en ayant suffisamment pour leur usage dans leur commune. »

Aussi, par arrêté du 21 messidor an III, le directoire du département maintient-il les charbonnières et renvoie-t-il les trois communes en justice [1].

Les trois communes ont donc poursuivi la reconnaissance de leurs droits d'abord devant le tribunal du district et, après l'an VIII, devant le Conseil de préfecture du Mont-Blanc. Les juges administratifs qui accueillaient si facilement toutes les prétentions ont, comme le directoire du département en l'an III, estimé sans doute «que l'allégation des communiers de la Thuile....., quant à la propriété était formellement contredite par la transaction» de 1696 et ils n'ont déclaré établi que le droit à l'affouage, comme pour Arbin et Montmélian, par arrêté du 23 septembre 1809 [2].

Une décision du Ministre des finances du 1er mars 1813 a approuvé cet arrêté du Conseil de préfecture [3].

Après la curée à facies légal, le vol.

On a vu qu'en l'an V tous les riverains de la forêt y pratiquaient librement des coupes. Après l'an VI, le service forestier est organisé, le pillage continue. En frimaire an X, le sous-inspecteur Bernard, accompagné du garde général Pacoret, doit procéder lui-même à des visites domiciliaires dans les communes d'École et de SainteReine [4].

Un an plus tard, le 13 brumaire an XI, le préfet du Mont-Blanc écrit aux maires d'École, Sainte-Reine, Saint-Jean-de-la-Porte, Aillon, Thoiry et La Thuile : «Je suis instruit que les habitants de votre commune commettent des dégradations fréquentes dans les forêts nationales d'Aillon, y forment même des attroupements et menacent les gardes forestiers. Une pareille conduite est dans le cas d'attirer sur eux les peines les plus rigoureuses ; elle pourrait même rendre la commune civilement responsable

[1] Arch. S., L 37, f° 36.
[2] Arch. S., L 130, f° 208 v°.
[3] Arch. S., L 246, f° 439 v°.
[4] Arch. M^nt, Livre-journal du sous-inspecteur, 5 frim. an x.
[5] Arch. S., Q 26.

aux termes de la loi du 10 vendémiaire an IV » [1]. On voit que le mal était partout : un exemple montrera son intensité.

Dans un rapport du 13 juin 1809, l'inspecteur des forêts du Mont-Blanc expose que « le sieur Louis Andrevon est prévenu d'avoir, tant par lui-même que par ses fermiers, commis depuis l'an VI des délits graves dans les forêts impériales d'Aillon ; il est accusé de s'être, nuitamment et à main armée, transporté sur cette propriété nationale, d'avoir, le fer d'une main, la torche de l'autre, cherché la destruction de cette belle forêt. » Poursuivi, ce malfaiteur excipe du droit de propriété, comme c'était alors l'habitude et le tribunal le renvoie pour satisfaire à l'article 12 du titre IX de la loi du 29 septembre 1791 [2]. Il est à noter que le garde général Pacoret avait verbalisé contre Andrevon le 29 thermidor an X, que le préfet, par arrêté du 9 vendémiaire an XI, toujours sur l'exception préjudicielle de propriété soulevée par le délinquant, avait ordonné une délimitation et le bornage sur les confins communs à la forêt d'Aillon et aux propriétés d'Andrevon : il ne pouvait donc plus, en 1809, y avoir de doute [3].

Il semble d'ailleurs que, dans toute cette période, la justice ait eu pour les délinquants des trésors de mansuétude. A l'apogée même de l'Empire, elle accueille tous les arguments des inculpés qui cherchent l'impunité dans le maquis de la procédure. Sous la Révolution, c'était pis. On lit dans une lettre du commissaire du pouvoir exécutif auprès de l'administration municipale du canton de Lescheraines au directeur des domaines, portant la date du 30 germinal an IV : « .... Les bois sont dans un état de ruine totale et la dévastation augmente tous les jours. Ce sont les habitants d'École, de Sainte-Reine, de la Thuile et d'Aillon, en très grand nombre, qui s'en rendent coupables ; les fermiers des grangeries y contribuent aussi..... D'ailleurs le juge de paix fait de nombreuses instructions qui n'ont produit aucun effet : un nommé Blaise Gaudin fut pris une fois en flagrant délit par le citoyen Dumaz, notaire au Noyer, et des gendarmes. Le délit était constant, il y eut une instruction qui n'a pas eu plus de succès. Vous sentez combien cela enhardit les dévastateurs et ce qui les enhardit davantage, c'est le défaut de gardes..... Il n'y en avait plus qu'un et il était absolument insuffisant. En effet, il n'ose pas se hasarder seul parce qu'il est certain que la plupart des coquins qui dévastent lui couperaient le cou comme ils coupent un arbre » [4].

Pendant la période troublée de la chute de l'Empire il se produisit une recrudescence de délits. En 1814, les habitants de la Thuile, redevenus par le traité de Paris du 30 mai sujets du roi de Sardaigne, se mirent à dévaster le canton du Lindar, de la forêt d'Aillon, demeuré sur territoire français. Les gardes n'étaient pas en nombre suffisant pour pouvoir s'opposer à un pillage qui se faisait par bandes ; l'inspecteur des forêts demanda alors 25 hommes de la garnison de Chambéry pour faire saisir les délinquants, leurs chars et leurs bestiaux. Le préfet ne crut pas devoir accueillir cette requête, la présence de troupiers sur la frontière pouvant amener des complications ; il se borna à signaler la situation au gouverneur de Savoie à l'Hôpital en le priant de prendre des mesures pour faire punir les coupables [5].

[1] Arch. S., Q 26.
[2] Arch. S., L 1144.
[3] Arch. S., Q 21, n° 337.
[4] Arch. S., Q 97.
[5] Arch. S., L 246, f° 423.

III. La forêt de la Combe d'Ire, située sur le territoire de Chevaline, sur le flanc oriental de la Montagne de Charbon, avait une superficie de 168 hectares 92 ares 33. Ici encore, les bois convertis en charbon allaient alimenter les forges et hauts fourneaux de Giez et de Doussard et de la Combe d'Ire même [1].

Aussi l'avoué Nicoud, régisseur des biens des Chartreux d'Aillon, sollicita-t-il et obtint-il du directoire du département, le 5 juin 1793, l'autorisation de faire faire du charbon dans les bois de la Combe d'Ire [2].

Mais la situation de cette forêt sur des pentes escarpées, accessible seulement par une gorge longue, difficile, l'absence d'habitations dans le voisinage, ont protégé la forêt des Chartreux contre les convoitises : le massif se gardait tout seul et n'était pas grevé de droit d'usage. Cependant, sur l'invitation de l'administration centrale du département, la municipalité du canton de Faverges proposa le 13 thermidor an IV d'installer à Chevaline un garde forestier.

On ne trouve guère que des délits de pâturage commis par les gens de Jarsy qui traversaient avec leurs bestiaux le col de Chérel [3].

§ 3. Forêt de Saint-Hugon.

La forêt de Saint-Hugon appartenait à l'ordre des Chartreux, elle constituait un très grand massif dans la vallée du Bens dont le versant de gauche était en Dauphiné, celui de droite en Savoie. Le couvent était en Savoie : il était entouré de 1,430 hectares de futaies dont 640 hectares 08 sur le territoire d'Arvillard.

Comme à Aillon, on voyait auprès du monastère, sur la Savoie, une fonderie, un martinet, des hangars et divers fonds ruraux; sur la France, une autre fonderie avec un martinet [4]. Les forêts fournissaient le combustible nécessaire à ces usines.

Le 20 octobre 1792, les Chartreux avaient affermé aux citoyens Pralet et Puget leurs établissements métallurgiques des deux côtés du Bens, moyennant un loyer annuel de 360 livres, avec le droit de faire dans les forêts 20,000 charges de charbon payables 20 sols l'une.

L'Assemblée nationale des Allobroges se réunissait alors; elle envoya les citoyens Lyonnaz et Decret pour inventorier les biens du couvent. Ces délégués trouvaient à Saint-Hugon deux compagnies de volontaires en train de se livrer à des excès de tous genres et «dans un état d'insubordination qui faisaient craindre des suites fâcheuses» [5]. Les commissaires étaient aussi menacés que les religieux et la Commission provisoire d'administration des Allobroges demanda le rétablissement de l'ordre, «soit en faisant remplacer la compagnie restante des volontaires par une demi-compagnie de troupes de ligne, soit autrement».

Après la réunion de la Savoie à la France, le directoire du département nomma un administrateur de la ci-devant Chartreuse, le citoyen Lombard, qui devait «s'occuper

---

[1] Arch. H.-S., corr. S. P. Ay. 1810, n° 236.
[2] Arch. S., L 29.
[3] Arch. H.-S., L 3/21, p. 124 v°.
[4] *Statistique du Mont-Blanc*, par Verneilh, p. 54-55.
[5] Arch. S., Répertoire des séances du Conseil d'administration des Allobroges, 4 nov.

à surveiller les usines, la conservation des bois et forests, de la maison et du jardin, la coupe des dits bois et à conduire les ouvriers qui les exploiteront sur les lieux où il l'aura jugé convenable [1] » (5 juin 1793). Puis l'exploitation métallurgique fut rendue aux associés Pralet et Puget.

Mais alors que le directoire du département de l'Isère refusait d'exécuter le bail pour ce qui était sur la rive gauche du Bens, celui du Mont-Blanc laissa le contrat suivre son cours, jusqu'au mois de messidor an IV. A ce moment, une société Rey, Louaraz et Cie acquit, en exécution de la loi du 20 ventôse précédent, le monastère, les fabriques et prairies de Saint-Hugon. Ceci ne faisait pas l'affaire de l'administration centrale de l'Isère qui voulait voir passer tout le domaine de Saint-Hugon à une société grenobloise et qui fit intervenir les Ministres des finances et de la guerre. Mais l'administration du Mont-Blanc, consultée, « a fait de vigoureuses représentations sur l'injustice d'une réunion qui tendrait à enlever à ses administrés les ressources que présentent à leur commerce et à leur industrie les usines de Saint-Hugon placées sur leur territoire ». Ces protestations furent entendues, les adjudicataires, envoyés en possession par arrêté du 27 germinal an VII, « jouirent des usines....., achetèrent pour les alimenter les bois que l'administration forestière faisait vendre annuellement, conformément à l'ordonnance de 1669. »

L'administration des domaines ayant remarqué qu'« indépendamment des parties couvertes de bois ou naissant ou en coupe, les montagnes contenaient encore 257 journaux de pâturage », était d'avis qu'ils devraient être cédés à la Société Rey et Louaraz. Mais l'inspecteur des forêts du Mont-Blanc s'y opposa de toutes ses forces : « Ces pâturages, dit-il, sont situés dans le milieu des forêts, il est de la plus haute importance de les excepter de l'aliénation, en supposant que la soumission soit reconnue valide, ce serait une calamité de les y comprendre » [2].

Lors de l'invasion autrichienne, on exploita dans la forêt de Saint-Hugon des bois pour faire des palissades autour du fort Barraux et reconstruire le pont de Montmélian. Le 12 mai 1814, le maire d'Arvillard fut autorisé par la Commission centrale d'administration du Mont-Blanc à prendre dans la forêt domaniale les arbres exploités pour les travaux de défense et non utilisés [3].

§ 4. FORÊT DU REPOSOIR.

La forêt du Reposoir se trouvait sur le territoire de Scionzier, le village du Reposoir n'ayant pas été encore érigé en commune. Nationalisée en vertu du décret du 26 octobre 1792 de l'Assemblée des Allobroges, elle comprenait alors 1,857 hectares 74 ares 15 situés dans le bassin supérieur du Foron de Scionzier presque entièrement à l'amont de l'étroit défilé où s'élevait la Porte d'Age.

On a vu plus haut (p. 78) les prétentions anciennes des gens de Scionzier sur ces forêts. La Révolution en vit éclore de nouvelles. Sept parcelles, en nature de bois ou broussailles, se trouvaient portées à la mappe de 1738 à la cote des Chartreux, sous

[1] Arch. S., L 29.
[2] Arch. S., Q 97, Mémoire sur la situation de Saint-Hugon.
[3] Arch. S., L 1761, 1763.

les n° 4,183 à 4,190 [1], d'une contenance de 153 hectares 83 ares 94. La municipalité soutenait qu'elle avait un droit de propriété ou au moins un droit d'usage. Le maire affirmait que, lors de l'inventaire des biens meubles et immeubles de la Chartreuse, ordonné par l'Assemblée des Allobroges, les parcelles litigieuses n'ont pas figuré sur l'état assermenté remis par les moines; il alléguait, en outre, que, par bail du 22 vendémiaire an VI, la commune avait acensé à un certain J⁰ J^h Antoine une surface d'environ 2 hectares avec faculté de défricher : le locataire ayant coupé des sapins s'était vu verbaliser, le 15 octobre 1807, par le sous-inspecteur des forêts et acquitter par le tribunal de Bonneville, le 6 février 1808.

Le préfet objectait que les droits des propriétaires sont fixés par la mappe, que toutes précautions avaient été prises pour éviter des erreurs, par les manifestes et ordonnances rendus avant l'édit de péréquation, qui demeurait irrévocable [2]. Avant lui, le 16 brumaire an VIII, le directoire exécutif du département, « considérant que c'est un de ses principaux devoirs d'empêcher qu'il ne soit en aucune manière porté atteinte aux propriétés nationales », avait nommé un commissaire chargé d'aller sur place, de se faire représenter les titres de la commune, d'en prendre copie, de nommer des experts pour évaluer les dégâts [3].

Le Préfet avait donc conclu au rejet des prétentions de Scionzier : mais la municipalité ne se tint pas pour battue, soumit sa demande au contentieux, fut admise à faire la preuve : une enquête nouvelle eut lieu. L'affaire se termina par un arrêté du Conseil de préfecture du 8 décembre 1812 qui reconnaissait aux habitants de Scionzier un droit d'affouage dans les forêts du Reposoir [4].

En 1813, le préfet du Léman ordonna la délimitation et le bornage de la forêt impériale du Reposoir [4], qui, à la chute de Napoléon, ne comptait plus que 1,330 hectares 22 ares.

Les gens de Scionzier avaient espéré mieux : La municipalité n'avait-elle pas pris, le 15 pluviôse an II, un arrêté ordonnant à la commune d'acheter « tous les biens ecclésiastiques, mappés et cadastrés sur ce territoire, pour être également partagés à tous les habitants ».

Mais les particuliers, en attendant le moment de cette répartition, obtenaient des concessions de bois d'urgence dans les forêts de la commune ou bien commettaient des délits dans celles de l'État; en l'an V, le 17 messidor, le receveur des domaines signale « que des dilapidations considérables se sont commises et se continuent dans les forêts nationales du Reposoir ». En l'an III, des gens du Grand Bornand viennent couper au canton d'Auferrand « 160 plantes de bois sapin de haute futaie » [5].

Mais, en somme, il ne paraît pas y avoir eu au Reposoir, comme à Aillon, par exemple, de ruées de pillards et, le 21 thermidor an XIII, le sous-préfet de Bonneville écrivait à ce sujet : « Quelques plantes de bois sont enlevées de tems en tems, mais il ne s'y commet pas de dégâts considérables, bien moins, à la vérité, par suite de la bonne volonté des voisins que par la difficulté d'extraire les bois. »

---

[1] Arch. Genève, Ch. 1, 17-16 mai 1811, 24 mai 1811.
[2] Abbé Falconnet, *La Chartreuse du Reposoir.*
[3] Arch. Genève, Ch. 1, 9, n° 20; Ch. 1, 16, 18 brum. an VIII.
[4] Arch. H.-S., corr. S. P., B^lle 1812, n° 105; 1813, n° 709.
[5] Abbé Falconnet, *loc. cit.*

§ 5. Forêt de Vallon.

La forêt de Vallon appartenait à la Chartreuse de Ripaille, au moment de la Révolution. Sise au fond de la vallée du Brevon, sur le territoire de Bellevaux, elle comprenait 946 hectares 02 ares 11 centiares.

Son éloignement, les difficultés de transport la mirent à peu près à l'abri des délinquants. L'absence de gisements métalliques dans le voisinage empêchait d'en utiliser les produits comme à Aillon, à Bellevaux, à Tamié ou à Saint-Hugon. En l'an 11, un inspecteur des mines, s'étant rendu en Chablais, put constater «que beaucoup de bois à Vallon se trouvait hors d'état à pouvoir servir pour les bâtiments et que la grande quantité d'arbres couchés et à demi pourris et quantité de branches inutiles seraient propres à faire du salin et podache (potasse?). On comptait jusqu'à 100,000 charriots de ces bois couchés et endommagés par le temps.» Aussi le directoire du district de Thonon marque-t-il, le 9 thermidor an 11, «qu'il conviendrait de hâter cet établissement (de fabrication), afin d'en tirer parti avant l'hiver» [1].

Deux gardes furent d'ailleurs nommés peu après, le 11 vendémiaire an 111, pour la surveillance de cette forêt [2].

Mais il dut y avoir des revendications de droits de propriété ou d'usage, car un état des forêts nationales de première origine du département du Léman n'accuse plus, sous l'empire, pour la forêt de Vallon, qu'une superficie de 261 hectares 97 ares 50 [3]. Ce document ne porte ni date, ni signature.

§ 6. Forêt de Bellevaux.

Les Bénédictins du prieuré de Bellevaux possédaient une forêt située dans la haute vallée du Chéran, voisine de celle qu'avaient les religieux de Tamié. Ces massifs s'étendaient sur les territoires de Jarsy et d'École, entre lesquels ils se répartissaient ainsi :

Commune de Jarsy { au prieuré de Bellevaux...............	170ʰ 32ᵃ 30ᶜ	
à l'abbaye de Tamié..................	383 53 10	
Commune d'École, au prieuré de Bellevaux.................	549 80 87	
Total............................	1,103ʰ 66ᵃ 27ᶜ	

Ces forêts furent nationalisées par le décret de l'Assemblée des Allobroges du 26 octobre 1792. Les 30 et 31 octobre, la Commission provisoire d'administration nomma les délégués chargés de procéder aux inventaires. Puis elle désigna le citoyen Dardel pour gérer le prieuré de Bellevaux : le régisseur eut, dès l'origine, bien des difficultés à vaincre. Un des moines, Besson, avait adressé un mémoire à la Commission provisoire contre la gestion de Dardel; le 8 décembre 1792, la Commission le mande à sa barre et, le 10, elle ordonne de faire comparaître aussi Dardel. C'est le 14 décembre qu'eut lieu la discussion. Besson reprochait à Dardel ses absences qui ont occasionné

[1] Arch. H.-S., corr. dist. Thonon, an 11.
[2] Arch. H.-S., L 2/40.
[3] Arch. Genev., Ch. I, 476.

«la dégradation des bois qu'il aurait pu empêcher en partie»; à cette allégation Dardel riposte «qu'il n'aurait pas été prudent pour lui d'aller empêcher les coupes de bois dès que Besson avait animé les habitants d'École et leur avait prêché, le jour de l'assemblée primaire, pour les soulever contre lui». Cette confrontation se termine par la motion, votée à l'unanimité, que Besson soit blâmé et censuré et qu'il lui soit enjoint d'être plus circonspect à l'avenir.

Par arrêté du 18 mai 1793, le Conseil général du Mont-Blanc prononça la dissolution de toutes les communautés religieuses; les districts sont chargés de l'évacuation des couvents [1]. Un nouveau régisseur, nommé Bertin, fut choisi. Comme à Aillon, comme à Saint-Hugon, les forêts servaient à alimenter des usines métallurgiques qui traitaient le minerai de fer amené des minières de Saint-Georges d'Hurtières.

Mais, à la fin de cette année, le 19 brumaire an II, la société Marguet, Guillermin et Baile obtint la concession des fabriques, ainsi qu'on l'a vu pour Aillon. Il ne semble pas que cette société ait exploité en bon père de famille. Mais, ce qui est certain, c'est que le pillage des bois, commencé dès 1792, ne cessa d'augmenter.

Le 2 ventôse an IV, l'administration municipale du canton du Châtelard demandait la nomination d'un nombre suffisant de gardes forestiers et requérait le juge de paix d'informer contre les délinquants. Le directoire du département l'invita alors à présenter autant de candidats que le prieuré entretenait jadis de gardes.

«Les gardes, une fois établis, seront assistés par la force armée, toutes les fois que les circonstances le requerront», ajoutait l'article 2 de l'arrêté du 11 germinal an IV [2].

Le nombre des pillards était tel que, le 18 messidor suivant, le commissaire du pouvoir exécutif près du tribunal correctionnel de l'arrondissement de Chambéry recevait «les informations prises contre ceux qui ont dilapidé les usines et forêts nationales de Bellevaux», en un cahier qui ne comprenait pas moins de 42 feuilles [3].

On finit par nommer deux gardes [4].

Les habitants des hameaux de Carlet, Très Roches, La Chapelle et d'École ne pouvaient manquer d'invoquer leurs droits d'usage concédés par les Bénédictins (p. 79). Le 9 frimaire an IX, les villageois de Carlet et de Très Roches exposèrent au préfet du Mont-Blanc «qu'ils jouissaient paisiblement ainsi que leurs auteurs, dès un temps immémorial, du droit de couper les bois nécessaires à leur chauffage et de faire paître les bestiaux, sans abus, dans les bois dépendant du monastère de Bellevaux......». Les pétitionnaires avouent que, dès un temps immémorial, on a cependant toujours envisagé comme réservés, en faveur du monastère, le bois appelé de L'Intraz, dans la montagne d'Arclusaz et celui de Chalaz-Rosset, au-dessus de Bellevaux, à la gauche du Chéran. Mais, dans ce dernier bois, les pétitionnaires n'étaient privés que du droit de la coupe des plantes sur pied et exerçaient librement celle du bois mort, ainsi que le paquéage par leurs bestiaux.....

«Il a sans doute existé des titres constitutifs ou au moins récognitifs des droits..... Les pétitionnaires n'ont pris aucun soin d'en assurer la conservation, parce que leur possession forme seule le plus sacré et le plus respectable de tous les titres. Il est à présumer que ceux qui ont créé ou reconnu leurs droits auraient pu se retrouver, sans

---

[1] Arch. S., L 28.
[2] Arch. S., Q 97.
[3] Arch. S., L 80, f° 46 v°
[4] Arch. S., Q 21, n° 72.

l'incendie général de tous les documents féodaux qui contenaient notoirement les actes de cette nature, la dispersion des titres qui existaient à l'époque de la Révolution aux archives du monastère et l'embrasement du local de l'administration centrale auquel avaient été portés tous les titres des dits religieux qui existaient entre les mains de leur procureur. »

Un arrêté du Conseil de préfecture du 21 prairial an VIII avait, en effet, exigé de tous les usagers, dans les forêts administrées au nom de la République, la production et la consignation de leurs moyens. Les intéressés avaient exhibé deux transactions, en extrait, l'une du 23 février 1654 relative à deux montagnes situées sur les rives du Chéran, l'autre du 25 août 1739, reconnaissant aux religieux la propriété de ces bois et aux usagers le droit de paquéage et de coupe de bois pour leur usage.

Le 8 nivôse an IX, l'inspecteur des forêts à Chambéry dit que les pièces fournies ne prouvent rien en leur faveur et qu'il s'expliquera plus clairement, lorsqu'un registre de reconnaissances et autres pièces soustraites à la République lui auront été restitués [1].

Les droits des pétitionnaires finirent par être reconnus.

Comme exemple du rendement de la forêt de Bellevaux, on peut citer qu'en l'an XI, on a vendu à Bellevaux :

1° Commune d'École : 1 hect. 78 a. 58 de sapins et platanes (?), lieu dit Tête noire . . . . 650 francs.
2° Commune d'École : 4 hectares hêtres, lieu dit à Taillaz Coutaz, 83 baliveaux hêtres 1,400
3° Commune de Jarsy : 75 ares de sapins isolés, à Orgeval, n° 1020 de la mappe 325
Total 2,375

En l'an XII, les adjudications ont donné :

1° Commune de Jarsy : 4 hectares de la parcelle 1020, à Orgeval, 80 sapins, hêtres ou planes réservés . . . . 885 francs.
2° Commune d'École : 1 hect. 50 futaie et taillis, hêtre et plane, parcelle n° 586 385
3° Commune de Jarsy : 3 hect. 40 a. 22 hêtre et sapin, à Taillaz Coutaz, pas de baliveaux 850
Total 2,120

§ 7. Forêts de Tamié.

Le couvent de Tamié, de l'ordre de Cîteaux, possédait à ses environs immédiats d'importants cantons de forêts, savoir :

Sur le territoire de
{ Seythenex 306h 80a 35
  Verrens-Arvey 281 49 11
  Plancherine 206 83 47
  A reporter 795 12 93

[1] Arch. S., L 1145.

Report.............		795ʰ 1ᵃ 93
Sur le territoire de {	Mercury-Gemilly..................	33 07 01
	Montailleur...................	17 55 58
	Gilly.........................	5 8ᵃ 18
	Tournon......................	4 35 30
	TOTAL......................	815 93 00

Les bénédictins de Talloires avaient aussi en forêt :

Sur le territoire de Seythenex.......................... 115ʰ 47ᵉ 05

Ces massifs formaient deux groupes principaux; celui de Seythenex, au fond du vallon du torrent de Saint-Ruph, de 422 hectares 27 ares 40, et celui de Tamié, moins aggloméré, réparti sur les communes de Mercury-Gemilly, de Plancherine et de Verrens-Arvey, comprenant 521 hectares 39 ares 59.

Les forêts de Tamié, nationalisées par le décret du 26 octobre 1792 de l'Assemblée des Allobroges, servaient à alimenter 1 haut fourneau et 2 martinets, ainsi que cela se pratiquait à Bellevaux, à Aillon et à Saint-Hugon. Elles reçurent du directoire du département, le 7 juin 1793, un régisseur, en la personne du citoyen Emeu [1]; l'inventaire des biens du couvent avait d'abord été fait par trois commissaires, Bouchet, Comte et Exertier, nommés le 31 octobre 1792, par la Commission provisoire d'administration des Allobroges. Le 28 juin 1793, un nouvel administrateur, Vautier, fut choisi pour assurer le fonctionnement des usines.

La société Marguet, Guillermin et Baile reçut, toujours par l'acte douteux du 19 brumaire an II, la concession des fabriques de Tamié et le directoire du district décida la quantité de bois qui devait être abattu cette année, en vue du traitement de la fonte et du minerai [2]. Plus tard, ces industriels durent se procurer aux adjudications les coupes nécessaires. Mais il semble que ces achats, que les exploitations, de même que le bail des usines n'aient pas toujours été irréprochables [3].

Tout le monde d'ailleurs n'y prêtait pas la main. Ainsi, le 15 vendémiaire an III, les directeurs des usines de Tamié demandent à l'administration municipale du canton de Faverges d'indiquer les forêts de cette commune «les plus à portée d'alimenter leurs fabriques». L'Assemblée répond «qu'il n'y en avait aucune, à moins qu'on ne voulût courir le risque de submerger la plaine de Faverges» [4].

En l'an X, l'administration des domaines s'occupa de demander à la société Marguet des comptes sur sa gestion : cette société s'attendait à être dépossédée et ne travaillait plus guère : mais comme elle détenait les usines, les coupes ne trouvant pas d'acquéreurs demeuraient invendues, depuis un an. Il est vrai que, depuis dix ans, la hache n'avait guère chômé. En 1800, l'ingénieur Albanis Beaumont, grand prospecteur de mines, était passé par Tamié et il put faire les constatations suivantes : «Ce charmant vallon ne présentait déjà plus qu'un tableau de ruines et de destructions; plus de cent ouvriers étaient employés à couper les arbres de ces belles forêts et à les métamor-

[1] Arch. S., L 29.
[2] Arch. S., L 33, f° 4.
[3] Arch. S., Q 25, 30 brum. an VIII.
[4] Arch. H.-S., L 3/42, p. 2.

phoser en charbon qui était transporté à dos de mulet jusqu'aux bords de l'Isère ou on l'embarquait ensuite pour Grenoble : ces forêts n'existent plus maintenant [1]. »

On allait même plus loin : on vendait aux usines les bois de gré à gré et, le **3** frimaire an XI, l'inspecteur des forêts dut rappeler que «les délivrances de bois aux usines sont interdites par décisions du ministre des finances, de l'administration du domaine et de celle des forêts. Les propriétaires ou fermiers des usines doivent concourir aux adjudications ou traiter avec les adjudicataires, comme bon leur semblera». Ce fonctionnaire signale aussi qu'on a «aliéné, en contravention à la loi du 3 floréal an IV, non seulement le grand pré, mais encore tous les ruraux indispensables au roulement des usines... et des mas de bois futaie». Les protestations de l'inspecteur ne paraissent pas avoir été beaucoup écoutées, car, à la fin de l'Empire, les forêts de Tamié ne comprenaient plus que 395 hectares et encore les acquéreurs des fermes et autres immeubles ruraux prétendaient-ils encore à une partie de ces bois [2]. Le cadastre français n'attribue même plus à l'État que 65 hect. 14 a. 72 sur Plancherine. Les usines avaient été vendues dans l'hiver de l'an XIV.

Les délits aussi avaient contribué à éclaircir énergiquement les vieilles futaies des Bernardins de Tamié, ainsi que le prouve le document administratif suivant qui fixe au 26 brumaire an VI la soumission effective des massifs de Tamié au régime forestier. «Nous, inspecteur des Eaux et Forêts du département du Mont-Blanc, après nous être transportés dans les forêts dépendant de la cy-devant abaye de Tamié et y avoir reconnu les dégâts considérables qui s'y commettent journellement et y avoir reconnu la nécessité d'établir un garde pour arrêter la dite dévastation, y avons nomé à cet effet, en vertu de la loi du 29 septembre 1791, le Citoyen.... [3]»

Sous le Consulat et l'Empire, les coupes de Tamié donnaient les résultats ci-après :

An XI. {	Commune de Plancherine. {	59 hect. 50, futaie et taillis, fayard et sapin, parcelle n° 740 de la mappe............	2,725 francs.
		4 hect. 03 a. 15, hêtre. Réserve de 28 baliveaux hêtre, à la grande forêt...............	1,200
	TOTAL DE L'EXERCICE........................		3,925

An XII. Commune de Verrens : coupe de jardinage, 300 sapins à la Chévrerie... 2,500 [fr]

§ 8. FORÊT DE BON-VERDANT OU DE SAINT-RUPH.

Ainsi qu'on l'a vu au paragraphe précédent, cette forêt de 422 hect. 27 a. 40, sise sur le territoire de Seythenex, était constituée par les bois des Bénédictins de Talloires, sur la rive gauche du torrent de Saint-Ruph, pour 115 hect. 47 a. 05, et par ceux des Bernardins de Tamié sur le versant opposé, sous la Sambuy (2,203 m.).

Il en fut ici comme à la forêt de Vallon : l'éloignement et la difficulté d'accès découragèrent spéculateurs et délinquants et la forêt de Saint-Ruph n'a pas d'histoire. Elle ne fut toutefois pas sans tenter les acquéreurs des fermes voisines venant également des

[1] Alb. BEAUMONT, *Descriptions des Alpes grecques*, t. III, p. 481.
[2] Arch. S., Q 94. Tableau des forêts royales.
[3] Arch. H.-S., L 3/43.

religieux, qui ont prétendu qu'une partie des peuplements était comprise dans la vente. Et, de fait, à la chute de Napoléon, la superficie de cette forêt se trouva réduite de 422 à 355 hectares[1].

Pourtant, malgré la distance et les mauvais chemins, les coupes arrivaient à se vendre. Ainsi, en l'an xi, on vend

3 hect. 40 a. 79 peuplement de hêtre, avec réserve de 75 baliveaux hêtre,
à la Colonne . . . . 1,500 francs.
4 hect. 45 a. 51 peuplement de hêtre avec réserve de 89 baliveaux hêtre,
à Bon Verdant 2,300

§ 9. Forêt de Sainte-Catherine.

La forêt de Sainte-Catherine, jadis dépendance de l'abbaye de femmes du même nom, située dans un repli de la chaîne du Semnoz, près d'Annecy, renfermait 210 hect. 94 a. 59, dont les 0,95 étaient couverts d'une futaie de sapins[2].

Après la dissolution de la communauté des Annonciades, on installa dans le couvent une fabrique dont l'alimentation en combustible fut assurée par une affectation spéciale de 89 hect. 82 dans la forêt.

La proximité d'une agglomération importante comme Annecy, les troubles de la Révolution et le relâchement de l'autorité ne pouvaient que favoriser les délits. Le citoyen Burnod, régisseur de la fabrique de Sainte-Catherine, ne fut pas d'ailleurs des derniers à dévaster les peuplements, « tant dans les forêts comprises dans les baux (de l'usine) que dans celles qui étoient réservées ».

Déjà, le 6 ventôse an iii, le directoire du département du Mont-Blanc avait demandé la vérification de la gestion du citoyen Burnod et l'avis du directoire du district sur la vente des bois et biens de Sainte-Catherine, en exécution des lois du 23 août 1790 et 10 avril 1793:

Le 28 fructidor suivant, le directoire du département, « considérant que les dégâts qui se commettent dans les bois et forêts dépendant de la fabrique de Sainte-Catherine peuvent anéantir une manufacture utile sous plusieurs rapports et qu'il est urgent de prendre des mesures convenables pour les arrêter,

« Arrête . . .

« Art. 1. Le directoire du district se prononcera sur la question de savoir si la forêt doit être vendue.

« Art. 2. Le même directoire est invité de prendre les mesures . . . et d'établir, en conformité de la loi du 20 messidor dernier, les gardes-bois et champêtres nécessaires pour empêcher toutes ultérieures dévastations et dégradations des forêts et ruraux dépendant de la dite fabrique.

« Art. 3. Le procureur syndic près le Directoire d'Annecy rendra compte dans les 3 jours à ce directoire des poursuites qu'il a été chargé de faire et il demeure autorisé

[1] Arch. S., Q 94. Tableau des forêts royales.
[2] Arch. S., Q 2. 9 brumaire an ix.

à les continuer sous sa responsabilité au nom du procureur général syndic du département, sans interruption, ni retard [1]. »

Un an plus tard, le 3 thermidor an IV, le commissaire du pouvoir exécutif du département écrit au commissaire près le canton d'Annecy qui lui avait signalé de noveaux délits à Sainte-Catherine : « Il n'y a pas de doute que vous ne devrez directement surveiller toutes les propriétés nationales qui sont dans le canton d'Annecy. Je vous invite à faire toutes les poursuites nécessaires contre les dilapidateurs [2]. »

La sollicitude des pouvoirs publics était d'autant plus en éveil que la forêt de Sainte-Catherine était la seule qui pût fournir à Annecy les bois de construction dont la cité avait besoin. Aussi, afin de conserver cette ressource, vit-on, le 9 brumaire an IX, le maire d'Annecy demander, pour ce motif, de surseoir à une vente de 800 sapins à prendre à Sainte-Catherine.

Le 12 brumaire, l'inspecteur des forêts répond que les 800 plantes sont sèches, viciées ou tarées, que l'État a le droit de jouir de son bien et que si les bois communaux d'Annecy sont dévastés la municipalité n'a qu'à les faire surveiller. Le 13 brumaire, le directeur des domaines estime qu'il y a lieu de passer outre à la vente et le Préfet de Chambéry, le 19, « pour concilier l'intérêt de la ville avec celui du Trésor public », jugea à propos de restreindre l'abatis à la moitié, soit 400 plantes [3].

On voit, en effet, la forêt nationale fournir aux particuliers d'Annecy des bois de construction, même en 1814, pendant l'occupation autrichienne. C'est alors le général comte de Klebersberg qui, sur l'avis du sous-inspecteur des forêts et de la commission subsidiaire de l'arrondissement, accorde les autorisations nécessaires [4].

Durant les guerres qui marquèrent la chute de l'Empire, en 1814 et en 1815, de la forêt de Sainte-Catherine on tira le bois de chauffage pour les troupes, les corps de garde et les hôpitaux militaires et les matériaux nécessaires à la mise en état de défense du château d'Annecy [5].

A la suite de rectifications de limites, à la fin de l'Empire, la forêt de Sainte-Catherine ne comportait plus qu'une étendue de 197 hect. 97 a. 26 cent.

§ 10. Forêt de Beauvoir.

Les chevaliers de Malte possédaient sur la montagne de Beauvoir, au-dessus du célèbre passage des Échelles, à la jonction des chaînes jurassiques et subalpines, une forêt de 438 hect. 38 a. 53 située sur les territoires de

Saint-Christophe.	280ʰ 46ᵃ 37
Saint-Jean-de-Couz.	157 92 16

123 hect. 83 a. 15 étaient en futaie résineuse et le reste en taillis et en broussailles.

[1] Arch. S., L 37, f° 177.
[2] Arch. S., L 80, f° 58.
[3] Arch. S., Q 2. Arch. H.-S., corr. S. P. Ay., an IX, n° 473.
[4] Arch. S., L 1766, 14 mai 1814; Arch. H.-S., corr. S. P. Ay., 1814, n° 1440.
[5] Arch. H.-S., corr. S. P. Ay., 1814, n° 1190; 1815, n°ˢ 143, 152, 155, 163.

16.

Après le décret du 26 octobre 1792, la forêt de Beauvoir devint propriété nationale. Les habitants des Échelles, de Saint-Christophe, d'Attignat-Oncin, Saint-Pierre-de-Genebroz et de Saint-Jean-de-Couz prétendirent avoir un droit d'affouage sur la portion de cette forêt sise sur la parcelle n° 509 de la mappe de Saint-Jean-de-Couz; ceux de Saint-Christophe réclamaient en outre le droit de pâturage sur la parcelle n° 816 de la mappe de leur commune. Ces deux parcelles faisaient partie des biens de l'ordre de Malte.

Mais aucune de ces communes n'a pu fournir la preuve de son droit, conformément aux lois des 28 ventôse an XI et 14 ventôse an XII. Les gens de Saint-Christophe notamment alléguaient « l'impossibilité de se procurer certains titres détruits à l'époque de la Révolution, soit dans les incendies des archives au château de Chambéry, soit dans les archives du bourg du mandement des Échelles qui fut entièrement consumé en l'année 1752, soit dans les archives de la commune, qui ont été incendiées dans le mois de mars 1798 ».

L'argument unique des réclamants était le cadastre. Le n° 509 de la mappe de Saint-Jean-de-Couz est bien inscrit au nom de la Commanderie de Malte, mais au-dessous de la cote on lit : « le n° 509 a été levé de la cote de la Commanderie et porté dans celle des communautés des Échelles, Attignat, Saint-Christophe, Saint-Pierre-de-Genebroz et Saint-Jean-de-Couz. »

Au bas de la cote de Saint-Jean-de-Couz, il y a, au sujet du même numéro 509 : « la Commanderie a fait déclarer le numéro ci-contre ecclésiastique et d'ailleurs le fonds affouagé aux communiers. »

Plus loin, il existe une autre note où il est dit de cette même parcelle : « ce dernier numéro a été ôté de la cote ci-devant de M. le Commandeur de Malthe et porté à la présente pour la part afférente et le reste du produit dudit numéro a été porté aux communautés des Échelles, Saint-Christophe, Attignat et Saint-Pierre-de-Genebroz, aussi chacune pour leur contingent, à cause des droits d'affouage respectifs qu'elles ont sur le dit mas. » La taille générale affectée au n° 509 s'élevait à la somme de 1,203 livres ainsi répartie sur les fonds actifs des communes en faveur desquelles il était grevé d'un droit d'affouage, savoir :

Attignat.	70 livres.
Les Échelles.	435
Saint-Christophe.	315
Saint-Jean-de-Couz.	188
Saint-Pierre-de-Genebroz	195

L'administration française ne reconnut pas ces mentions comme suffisamment probantes et refusa aux communes les droits d'usage auxquels elles prétendaient [1].

Il n'y avait pas que les communes pour revendiquer des droits sur la forêt de Beauvoir; certains particuliers firent de même. Ainsi deux habitants de Saint-Christophe prétendent détenir des parcelles de Beauvoir « en fief emphytéote reconnu par leurs ancêtres en faveur des ci-devant seigneurs des Échelles, moyennant une redevance abolie par la Révolution ».

Mais, par arrêté du 13 thermidor an XIII, le Préfet du Mont-Blanc déclara que les

[1] Arch. S., Dossier de Beauvoir.

actes invoqués par les demandeurs ne peuvent «fournir aucune induction en leur faveur» quant au n° 815 porté à la cote de la Commanderie et que, pour le reste, il y a lieu de procéder à une délimitation [1].

En somme, la forêt de Beauvoir fut mieux protégée que beaucoup d'autres : lors de l'invasion de 1814, elle abrita les troupes françaises chargées de défendre le passage des Échelles. «Plus de 3,000 plantes, sapins, ont été coupés par l'armée pour barrages, fortifications [2].»

§ 11. Forêts du Mont et de Mont-Tissot.

Ces deux petites forêts situées sur le territoire d'Albiez-le-Jeune appartenaient à la mense épiscopale de Saint-Jean-de-Maurienne. Situées sur les pentes escarpées qui regardent Mont denis et Jarrier, séparées par le profond sillon du Rieu-Bel, elles ont pour superficie,

Celle de Mont Tissot	17ʰ 01ᵃ 99
Celle du Mont ou du Crêt	12 29 69
Soit au TOTAL	29 31 68.

La forêt du Mont était alors peuplée de «sapins mêlés de quelques mélèzes».

Le peu d'importance de ces massifs et la raideur des versants ne pouvaient guère tenter les amateurs de propriétés et le pâturage pouvait difficilement s'y exercer. Mais les délinquants ne manquaient pas et le Sous-Inspecteur de Saint-Jean trouve, en 1802, ces forêts aux trois quarts dévastées [3]. La présence d'un agent à Saint-Jean n'a même pas ralenti le maraudage et, le 9 messidor an XII, ce même agent écrit à l'inspecteur du département : «Depuis mon arrivée dans ce pays, j'ai vu avec peine que les deux petites forêts nationales provenant de l'évêché de Maurienne sont continuellement la proie des dévastateurs, principalement celle située au Crest qui est au-dessus de Saint-Jean. Les dévastations s'y commettent de nuit et la commune d'Albiez-le-Jeune, sur laquelle sont situées ces 2 forêts, n'a point de garde. Pour mettre fin à ces dévastations je vous propose le meilleur garde que j'aye à ma disposition.»

L'installation d'un préposé semble avoir été efficace, car on ne relève plus de plaintes au sujet des délits dans ces deux cantons.

§ 12. Forêt du Chênay.

La forêt du Chênay, qui, avant la Révolution, appartenait à l'archevêché de Moutiers, se trouve sur le territoire des Allues. Elle était peuplée principalement de hêtre traité soit en futaie, soit en taillis, mêlé au chêne. Sa superficie était de 47 hect. 84.

Au début de l'an XII, les habitants des Allues présentent «une pétition tendant à

---

[1] Arch. S., L 111, f° 102.
[2] Arch. S., Consigne des bois de 1822.
[3] Arch. Maurienne, Livre journal du sous-insp., 18 prairial an X.

établir que, dès un temps immémorial, tant par eux que par leurs auteurs, ils avaient constamment joui du droit de faire paître leur bétail dans la forêt nationale de bois fayard, dite le Chenai et bois Champion, située rière ladite commune... Pour établir ce droit, ils produisent, en exécution de la loi du 28 ventôse an xı, une sommaire apprise de 9 témoins qu'ils ont fait entendre par devant le juge de paix du canton le 28 prairial an xı... Le Maire de ladite commune a déposé... un arrêt du cy-devant souverain Sénat de Savoye, du 9 février 1580, qui maintient le curé du lieu de prendre du bois pour lui et sa maison dans ladite forêt nationale du Chenai, dans lequel droit ledit curé a encore de nouveau été maintenu par Ordonnance sénatoriale du 20 juin 1716. »

Le Conseil municipal interrogé appuya ces pétitions par délibération du 9 ventôse an xıı : l'inspecteur des forêts invoquait la déchéance des pétitionnaires «par une nouvelle loi rendue en partie, que les journaux ont annoncée, quoique non encore publiée». Au contraire, le sous-préfet de Moutiers conclut à la validité des revendications[1].

Le succès de ces réclamations ne pouvait manquer d'en faire surgir d'autres : neuf habitants des Allues ont remis, le 30 fructidor an xıı, une nouvelle requête au sous-préfet pour faire reconnaître leurs droits d'usage. Ils joignaient à leur demande des déclarations de l'archevêché de Tarentaise des 8 novembre 1761, 30 juin 1764, 3 avril 1766, 17 avril 1769 et 18 avril 1775; mais ils avaient omis d'annexer au dossier d'autres pièces importantes. Le sous-préfet ne put que les leur réclamer.

Mais ces questions n'empêchaient pas de vendre des coupes à peu près régulièrement durant la période impériale. Ainsi on adjuge en :

		PRIX.
An xıı. Hêtre..............................	3ʰ 86ᵃ 14	476ᶠ 90
An xıv. *Idem*.............................	3 31 00	185 36 [2]
1807. *Idem*..............................	2 00 00	"
1808. *Idem*..............................	6 42 00	"
1809. *Idem*..............................	6 02 43	"
1810. Taillis chêne et hêtre 25 ans........	6 01 43	"
1811. Taillis hêtre mêlé...................	5 20 40	"
1812. *Idem*..............................	4 51 20	157 92
1813. *Idem*..............................	5 62 31	"

Mais parfois ces coupes soulevaient des réclamation de la part des populations, non point à cause des droits particuliers qui pouvaient être en jeu, mais à raison de la sécurité publique. Aussi, le 22 novembre 1812, le Conseil municipal des Allues demandait qu'il fut sursis à l'exploitation de la coupe, «la conservation de cette portion de forêt étant indispensable pour garantir le chemin vicinal tendant des Allues au Plan du Raffort contre les avalanches et éboulements... et prévenir même l'interruption de la communication par ce chemin dans les temps de neige et pluies».

Une reconnaissance fut ordonnée et la réclamation reconnue bien fondée et, le 19 mars 1813, le Préfet du Mont-Blanc prit un arrêté pour distraire de la coupe une surface de 1 hect. 32 a. = 44ᵐ × 300ᵐ dont le bois devait être laissé sur pied[2].

[1] Arch. Tarentaise, corr. S. P., an xıı, n° 40-334 ; Arch. S., Q 21, n° 627.
[2] Arch. Tarentaise, corr. S. P., an xıv, n° 128.

§ 13. Forêt de Villarlurin.

La forêt de Villarlurin a été constituée par la nationalisation des 3 cantons ci-après :

Champion {	provenant des Cordeliers qui les tenaient de l'archevêché.	12ʰ 33ᵃ 50
	provenant des Capucins.........................	12 85 35
Chalençon, provenant du séminaire de Moutiers.................		25 41 00
	Soit, d'après la mappe....................	50 59 85

Ces trois massifs, sis sur le territoire de Villarlurin, étaient entièrement séparés.

Avant l'installation de l'administration forestière, la gestion de la forêt demeura entre les mains des directoires locaux qui vendaient les coupes.

Ainsi, au printemps de l'an v, les fournisseurs de bois pour les salines demandent à prendre des bois dans la forêt nationale de Villarlurin ; mais l'administration municipale du canton de Moutiers, «considérant qu'il résulte du rapport des experts et avis (du préposé de la régie des domaines) qu'il est avantageux à la République d'aliéner l'exploitation des forêts désignées en conformité de la loi du 2 nivôse an iv», est d'avis que la coupe «soit adjugée par enchères, suivant les cahiers des charges qui seront dressés par les préposés à la régie»[1]. Le 12 prairial an v, l'administration centrale du département, adoptant cette opinion, ordonne la vente aux enchères[1]. Un incendie dévora en l'an v le canton de Bellevillet et 1/4 de celui de Champion.

Les délits n'étaient d'ailleurs pas rares, comme partout, dans cette période, et on trouvait à Villarlurin «des tas conséquents de grosses pièces de bois dans différents endroits de la commune». Le commissaire du directoire exécutif du canton de Moutiers en fit vérifier l'origine. En l'an ix, il fallut rappeler aux maires de Villarlurin et du canton l'obligation de recevoir l'affirmation des procès-verbaux des gardes[2].

Quant aux coupes, elles étaient fixées par les nécessités du moment et la notion du rendement soutenu était inconnue à Villarlurin. En l'an xii, sur les 50 hectares de la forêt, on fit couper 12 hect. 03 a. 64 cent. aux cantons de Chalencon, Rajeat.

§ 14. Petites forêts.

A côté des grands massifs forestiers déjà cités, le domaine de l'État français comprenait nombre de petits boqueteaux épars dans tout le nord de la Savoie, et qui, d'une contenance moindre que 150 hectares, n'avaient pourtant pas été aliénés en vertu de la loi du 2 nivôse an iv.

Ainsi, on trouve en Chablais, comme anciens bois ecclésiastiques nationalisés :

1° La forêt des Perrières, commune de Veigy, provenant des Minimes.................................		14ʰ 97ᵃ 00

---

[1] Arch. Tarentaise, Adm. mun. Moutiers, an v, fⁿ 155, nⁿ 4, fⁿ 162, 8°.
[2] Arch. Tarentaise, Adm. mun. Moutiers, an vi, fⁿ 121, 11°. Corr. S, P. Moutiers, 8 frimaire an ix.

2° La forêt de la Turche, commune d'Habère Poche, provenant
de l'abbaye d'Aulph...................................... 8ʰ 23ᵃ 35ᶜ

3° La forêt des Arcilles, commune d'Allinges, provenant des Annonciades de Thonon.................................. » 88 62

en Faucigny :

4° Le bois du Gruz, commune de la Chapelle-Rambaud, provenant
des Dominicains....................................... 2 69 46

5° Bois, commune de Cluses, provenant des Cordeliers.......... 2 09 58

6° Bois, commune de Nancy-sur-Cluses, provenant des Cordeliers.. 17 96 40

7° Bois Bussat, commune de Petit-Bornand, provenant de la
cure... 3 59 28

TOTAL...................... 51 43 69

Si on ajoute la superficie des autres forêts de même origine...... 7,342ʰ 68ᵃ 08

On obtient à la fin de l'Empire............ 7,394 11 77

§ 15. USURPATIONS ET ALIÉNATIONS.

On a vu que les administrations centrales et locales de la Savoie avaient aliéné, en même temps que des immeubles ruraux et bâtis, des portions de forêts faisant partie de massifs considérables et ne tombant pas dans les prévisions de la loi du 2 nivôse an IV.

On peut citer parmi les boqueteaux vendus sous la Révolution ceux de Ripaille, de Pommiers, de Corbel, notamment, provenant des Chartreux; du roc de Chère, à Talloires et qui méritent une mention spéciale.

A: *Les bois de Ripaille.* — Le domaine, clos de murs qui entouraient le château de Ripaille, résidence favorite d'Amédée VIII, le pape-duc, comprenait 67 hect. 53 a. 53 c. de futaies. La Commission provisoire d'administration des Allobroges désigna, le 31 octobre 1792, Bailly et Michaux pour procéder à la reconnaissance et à l'inventaire des biens du célèbre monastère, occupé par les Chartreux.

La proximité du Léman, voie commode et sûre pour aller en Suisse, le voisinage de la ville de Thonon ne pouvaient que tenter les délinquants. Des trous furent pratiqués par les pillards dans les murs d'enceinte, permettant d'entrer dans les bois et d'en sortir avec les arbres abattus, sans être vu. Les vols n'étaient pas poursuivis et ce ne fut que lorsque le procureur général syndic de Chambéry en eut connaissance que ce fonctionnaire saisit le directoire du district de Thonon et requit « la nomination d'un garde-bois, vrai sans-culotte, qui ne craigne point les menaces et ne cède point aux offres des malveillants qui ne cherchent qu'à s'engraisser aux dépens de la nation ». On était au 12 novembre 1793; il y avait un an que le pillage avait commencé[1], et plus d'un mois que la municipalité de Thonon avait signalé ces abus au district[2].

Le lendemain, le citoyen Gondevaux fut nommé garde et l'administration du district décida, en outre, que deux commissaires choisis l'un par le district, l'autre par la ville, « seraient invités à surveiller Ripaille, d'y faire de fréquentes visites, aux fins d'em-

[1] Arch. H.-S., corr. district Thonon, *passim.*
[2] Arch. H.-S., L 2/46.

pêcher les fraudes et dilapidations et rompre les mesures liberticides des fermiers et autres malveillants».

Malgré tout, les délits continuèrent et, le 1er complémentaire an III, le district prend un nouvel arrêté «concernant les dégâts et dilapidations qui ont eu lieu et qui continuent dans la forêt nationale de Ripaille»[1]. Et ce n'étaient pas seulement des particuliers qui coupaient des bois : le garde accusait les soldats du poste de Saint-Disdille de venir à main armée abattre des plantes dont la conservation est du plus grand intérêt. Il est vrai de dire que ces troupiers peu disciplinés appartenaient à un bataillon franc dont le commandant reçut, le 27 nivôse an III, cet ordre du district : «Je t'invite de prendre des moiens pour arrêter ces dégradations et faire punir les auteurs, si tu peux parvenir à les connaître; dans tous les cas, tu dois et tu peux faire cesser ces abus[2].» Il en fut donc à Ripaille comme à Saint-Hugon.

Mais malgré la garde, malgré les arrêtés du district, les délits se multipliaient au point que, le 26 brumaire an IV, il fallut recourir à la force publique. Le document vaut d'être cité; il montre jusqu'où allaient l'audace et le nombre des pillards :

«Vu une dénonciation du garde de la forêt de Ripaille adressée au receveur de l'agence nationale des domaines et transmise céans par celui-ci en extrait et portant qu'une foule de personnes coupent les bois dans ladite forêt et y commettent des dégradations considérables,

Le Directoire arrête, ouï le procureur syndic, de requérir le commandant de la force armée cantonnée en cette commune et celui de la gendarmerie et de se transporter sur-le-champ dans ladite forêt avec tous les volontaires et gendarmes actuellement disponibles et accompagnés de 2 officiers municipaux, à l'effet d'y arrêter tous ceux qu'ils trouveront occupés à y couper ou prendre du bois, ainsi que les chevaux et attelages qu'ils auront et de les traduire pardevant le juge de paix de cette commune qui est invité à procéder de suite contre les auteurs de ces dévastations[3].»

Les beaux arbres de Ripaille, objets de tant de convoitises, avaient aussi été jugés bons pour la marine. Au printemps de l'an III, 500 chênes sont martelés par les agents de la marine et l'administration réquisitionna, pour l'abatage et le façonnage des arbres, des bûcherons et charpentiers qui furent logés au monastère[4]. On exploita ainsi un volume de 8,623 pieds cubes pour la marine, soit 377 mètres cubes.

Les entrepreneurs de la marine, après avoir commencé par dénoncer les délits nombreux que l'on commettait sous leurs yeux[5], finirent par suivre l'exemple général et, dans son arrêté du 1er jour complémentaire an III, le directoire du district de Thonon constate, en effet, «avec autant de regret que de surprise :

«1° que l'on a excédé de beaucoup la coupe de 500 plantes de chêne qui avaient été marquées et destinées pour l'usage de la marine...

«2° qu'on a soustrait et enlevé la plus grande partie des bois traversiers sur lesquels chacune de ces pièces avait été placée pour les garantir de putréfaction;

[1] Arch. H.-S., corr. district Thonon, passim.
[2] Arch. H.-S., L 2/46.
[3] Arch. H.-S., L 2/43.
[4] Arch. H.-S., L 2/40.
[5] Arch. H.-S., L 2/42, f° 39 v°.

« 3° qu'au lieu d'une coupe déterminée de 500 plantes... l'on a abattu et coupé 630 de chêne et 924 de charmille, grosses et petites;

« 4° qu'on a aussi coupé et emporté une quantité considérable de broussailles, non comprises dans ce nombre; ...

« 6° que lesdits entrepreneurs ou leurs agents ont fait passer à l'étranger 11 à 12 barques chargées du bois de Ripaille, dont la cargaison arrive à plus de 400 cordes, outre quantité de fascines qu'ils ont vendu et livré à différentes personnes de ce district, provenant de la même forêt... ;

« 7° que pour faciliter la sortie des bois de ladite forêt du côté du lac, les faire plus promptement embarquer et transporter à l'étranger, ils ont fait plusieurs brèches au mur de clôture, celle dite proche le Pavillon de la largeur de 17 pieds sur la hauteur de 9 pieds et une autre du côté du vent de la première, de 6 pieds de largeur sur la hauteur de 5 1/2 pieds, qui facilitent la contrebande et exportation des denrées et bestiaux et occasionne jour et nuit la dévastation totale de ladite forêt [1]. »

Les entrepreneurs de la marine avaient donc bien suivi et même perfectionné les méthodes des délinquants.

L'administration du district de Thonon, de son côté, n'hésitait pas à ordonner des coupes dans le parc de Ripaille. On la voit, le 3 pluviôse an II, autoriser le directeur de l'hôpital militaire à prendre à Ripaille les pièces nécessaires à la réparation de cet établissement [2]. Un an plus tard, le 29 nivôse an III, c'est le salpétrier qui reçoit la permission de « faire couper les bois morts et inutiles » [3].

Qu'on imagine après cela ce qui pouvait rester des somptueuses futaies du parc de Ripaille quand le couvent et ses dépendances furent aliénés !

B. *Forêt de Pommiers.* — Le reste des vastes forêts du Châble défrichées par les Chartreux de Pommiers, qui avaient reçu à ce sujet les éloges de l'Empereur Charles IV, ne comprenait plus à la Révolution que deux parcelles :

L'une inscrite à la mappe de Présilly sous le n° 1371, de.........	101^h 64^a 04
L'autre formant la parcelle 227 de la mappe de Beaumont, de......	133 77 39
Soit au total.........................	235 41 43

Le couvent possédait encore sur le territoire de

Feigères............................	3^h 09^a 89
Neydens............................	1 39 79
Vers...............................	68 40
Viry..............................	9 17 25

Tous ces bois étaient exploités en taillis à très courte révolution.

En 1792, la Commission provisoire d'administration des Allobroges avait, le

[1] Arch. H.-S., L 2/42, p. 199
[2] Arch. H.-S., corr. district Thonon.
[3] Arch. H.-S., L 2/40.

31 octobre, désigné pour faire l'inventaire et prendre toutes mesures conservatoires à Pommiers les citoyens Gentil et Frarin. Dès la fin de cette année, on fait des coupes à Pommiers à la requête du citoyen Villat, commissaire [1].

En l'an III, il fallut assurer du chauffage aux troupes cantonnées dans le nord du département du Mont-Blanc et le directoire de Carouge fut chargé de ce soin pour son district. Le Directoire avait indiqué «des forests d'une exploitation difficile, à une distance de plus de 5 lieues, une partie sur des montagnes inaccessibles en hyver, tandis que les forêts du Wache et celles de Pommiers, très rapprochées de Carouge, n'offrent aucune de ces difficultés». Aussi le directoire du département ordonne-t-il, le 4 frimaire an III, de prendre une partie du combustible nécessaire à Pommiers.

L'assemblée de Carouge voulait simplement se réserver cette forêt et ne chercher «que son intérêt individuel, eu égard que ce bois, plus à sa portée, doit lui coûter moins d'exploitation et de transport» [2]. On avait, à cette date, déjà coupé 1,200 fascines : le directoire du Mont-Blanc en accorde encore 2,000. La municipalité de Carouge devait payer «dans la caisse des domaines nationaux le prix d'estime des bois sur plante». Toujours la vente de gré à gré.

Le 27 vendémiaire an III, l'administration centrale du Mont-Blanc vendit le domaine et les forêts de Pommiers aux frères Malher et Aguimac. Comme le massif avait plus de 150 hectares, il échappait donc aux prévisions de la loi du 2 nivôse an IV et il n'eut pas dû être aliéné.

On s'en douta un peu tard et, le 2 brumaire an VIII, l'administration centrale du Léman chargea «le citoyen Dubois, conservateur dans les départements du Mont-Blanc et du Léman, les citoyens Céard, ingénieur en chef, et Garella, ingénieur ordinaire des Ponts et Chaussées, de concerter entre eux le temps et les moyens de procéder incessamment à la mensuration des forêts...» procédées de la chartreuse de Pommiers [3].

Les acquéreurs furent troublés par des prétentions des riverains de la forêt : ils appelèrent l'État en garantie en 1811 : un décret du 2 mai prescrivit de délimiter les surfaces aliénées. La vente avait été maintenue [4].

C. *Forêt de Chère.* — Les Bénédictins de Talloires possédaient sur le roc de Chère, dominant le lac d'Annecy, une forêt de 169 hect. 05 a. 14 cent. Comme partout, en l'absence d'un personnel de surveillance, les délits se multiplièrent, sans que les autorités locales aient cherché à y mettre résolument obstacle.

Les habitants de Talloires, de Menthon conduisaient sans vergogne leurs troupeaux dans la forêt de Chère. Le Directoire du district d'Annecy avait déjà interdit tout pâturage et enlèvement de bois à ces riverains par arrêtés de prairial et du 11 fructidor an III; mais ce fut sans succès. La Municipalité du canton de Talloires renouvela ces défenses, le 11 frimaire an IV, et, «considérant que de tels abus ne peuvent être commis que par des individus immoraux..., que ces abus et les dévastations... sont des crimes aussi griefs que les vols et les larcins [5]», elle nomma deux gardes.

[1] Arch. S., L 23, f° 108, v°.
[2] Arch. S., L 35, f° 91, f° 93, v°.
[3] Arch. Genève, chap. I, t. 9, n° 15.
[4] Arch. Genève, chap. I, n° 17, 22 juin, 16 août.
[5] Arch. H.-S., L 3/74.

Seul le hameau d'Écharvine se vit reconnaître des droits «d'affouage, fagotage et pâturage» concédés par une transaction du 20 novembre 1773.

Mais en l'an v l'abbaye, les terres et dépendances de Talloires furent vendues : bien que la forêt eut plus de 150 hectares, elle fut malgré les termes de la loi du 2 nivôse an iv, adjugée à une association de 4 propriétaires qui, aussitôt mis en possession, s'empressèrent d'installer un garde.

D. *Forêt de Corbel.* — Le couvent de la Grande-Chartreuse possédait sur la Savoie deux massifs :

L'un, sur le territoire de Corbel, de......................... 70^h 97^a 80
L'autre, sur la commune de Saint-Pierre-d'Entremont, de........ 202 84 84

La commission provisoire d'administration des Allobroges ne paraît pas avoir envoyé de délégués pour reconnaître ces forêts, n'ayant pris cette précaution que là où il y avait un monastère renfermant des titres et richesses mobilières. Des bois de Saint-Pierre-d'Entremont, il ne semble pas qu'il ait été fait mention; sur ceux de Corbel les documents sont rares. On a fait un relevé des parcelles cadastrales appartenant aux Chartreux sur cette commune, qui montre que le quart de la superficie était en broussailles, 1/5 était peuplé en hêtre pur et le reste occupé par une futaie sapin et hêtre [1].

Dès l'automne 1792, la municipalité de Corbel, attentive aux événements, avait demandé «qu'il lui soit permis de se servir des bois sapins coupés furtivement des fonds nationaux dans son ressort et qu'elle a fait saisir pour les employer aux réparations de son église... La Commission (d'administration des Allobroges) passa à l'ordre du jour motivé, parce que ladite municipalité n'offre point de payer la valeur de ces bois et que la nation n'est point tenue de fournir les bois nécessaires pour les réparations des édifices d'une commune [2]». Le rapporteur eut pu ajouter que la commune possédait 94 hect. 29 a. 36 de forêts. La Municipalité détenait le bois; elle n'insista pas pour s'en faire régulariser la possession et depuis il ne fut plus question de la forêt des Chartreux. Fut-elle vendue au profit du Trésor, ou plus simplement fut-elle partagée entre les habitants ? Nos documents ne permettent pas de conclure.

§ 16. Résultat de la nationalisation des forêts ecclésiastiques.

Au début de la Révolution, la superficie des forêts appartenant au clergé tant régulier que séculier, dans la Savoie telle qu'elle est aujourd'hui, s'élevait environ à 12,384 hectares.

A la fin de l'Empire, l'État n'était plus détenteur que de 6,279 hectares de ces forêts. Par suite, la surface boisée aliénée, cantonnée ou usurpée se trouve être de 6,105 hectares; ainsi donc 49 p. 100 des forêts d'origine ecclésiastique, formant en général des cantons de peu d'importance, ont été remis en circulation.

[1] Arch. S., Q 65.
[2] Arch. S., Comm. prov. d'adm. des Allobroges, 19 décembre 1792.

SECTION III.

Forêts confisquées aux émigrés.

§ 1. Forêt de la Bathie.

Cette forêt appartenait avant la Révolution au marquis Clermont de Mont-Saint-Jean : elle s'étendait sur les pentes de la chaîne du Revard, sur le territoire de 3 communes, savoir :

Montcel...	165ᵖ 71ᵃ 36
Saint-Offenge dessous.................................	}
Saint-Offenge dessus..................................	} 512 46 20
Trévignin..	228 01 56

Cette forêt, sitôt qu'elle fut devenue bien national, fut envahie par les délinquants : elle brûla partiellement en l'an v. Malgré l'installation de l'administration des Eaux et Forêts en l'an vi, les délits continuèrent : les gardes mêmes étaient d'accord avec les voleurs et le préfet du Mont-Blanc dut écrire au directeur des domaines, le 27 messidor an viii, pour l'aviser de ces contraventions avec invitation à les poursuivre [1].

Presque tous les pillards que l'on défère au tribunal correctionnel excipent du droit de propriété : de là des lenteurs infinies, des reconnaissances de lieux, des vérifications de limites et cela qu'il s'agisse de pâturage ou de coupes illicites [2].

Le maire de Méry fait de même, essaie de se dérober au châtiment en se jetant dans le dédale des procédures [3] : il dénonce les gardes qui verbalisent contre lui et même l'inspecteur des forêts de Chambéry.

C'est en vain que les agents et préposés essaient de faire respecter la forêt : ils ont l'opinion contre eux. Tous les intérêts sont ligués contre le service forestier : «La ville d'Aix, les personnes aisées du pays sont approvisionnées en partie des bois de la forêt de la Bâthie, coupés en plein jour. La plupart de ceux qui veulent construire trouvent des voleurs de bois qui leur en vendent. Ces dilapidateurs, qui sont-ils? des gens qui n'ont rien, qui ne laissent pas que d'intéresser cependant : ils rendent trop de services. Ce sont des malheureux, dit-on, qu'on ne doit point poursuivre, ils sont réputés ne couper que de chétives broussailles, c'est pour se garantir du froid, c'est pour subvenir à leur extrême misère qu'ils vont au bois [4]».

Dans le seul triage de Montcel, d'octobre 1809 au 14 avril 1810, le garde dresse 79 procès-verbaux constatant la coupe de 1,446 hêtres, 227 sapins, 48 chênes, 178 coudriers, 98 frênes, 9 platanes, 2 trembles et 531 arbres d'autres essences. «Au total, 2,534 plantes coupées en délit, dont 130 d'un mètre et plus de tour.» Ce préposé signale encore l'établissement de 17 charbonnières, l'enlèvement de 19 chars de

---

[1] Arch. S., Q 21, n° 62.
[2] Arch. S., L 133, f° 214, 229 v°; L 135, f° 38 v°.
[3] Arch. S., Q 26, n° 1250, 1539.
[4] Arch. S., L 1137.

bois, de 44 fagots, la construction d'un chemin, le pâturage de 170 bœufs et vaches, de 42 chèvres et de 1 mulet [1].

Parfois les choses tournent au tragique. En 1812, le brigadier Melin surprend les pillards en flagrant délit dans la forêt de Montcel. Il est assailli par ces délinquants en grand nombre, reçoit 19 coups de barre; en légitime défense, le brigadier tue un des voleurs; déféré à la Cour d'assises, il est condamné, le 30 décembre 1812, aux travaux forcés à perpétuité et à la flétrissure. Le préfet, en rendant compte de cette affaire au ministre des finances, ajoute : «M. le Président de la Cour d'assises et M. le Procureur impérial, avec qui j'ai eu une conférence à cet égard..., m'ont dit que les juges n'étaient point de l'avis des jurés, surtout **avec ce qui concerne** la provocation...

«Je dois ajouter que le triage du Montcel a constamment été l'objet de dévastations les plus hardies et les plus impunies. La sentence sévère portée contre Melin ne pourra que décourager tous les gardes, exciter les délinquants et compromettre de la manière la plus forte les intérêts du gouvernement.

«C'est sous ce dernier rapport que j'ai cru devoir m'adresser à Votre Excellence pour qu'elle daigne prier le grand juge de faire reviser cette affaire et de solliciter en faveur du malheureux Melin, père de 7 enfants en bas âge, la grâce que S. M. accorde quelquefois en de semblables circonstances [2].»

Et de fait, l'activité des délinquants ne se ralentit pas : lors de l'invasion autrichienne, en 1814, elle augmente dans de sérieuses proportions : les préposés, les agents forestiers, les autorités administratives s'étaient retirés devant l'ennemi, laissant le champ libre aux instincts de rapine. Aussi, dès son retour, le baron Finot, préfet du Mont-Blanc, écrit-il, le 27 juin 1814, au maire du Montcel «pour le charger d'empêcher toutes ultérieures dévastations des bois situés sur le sol de cette commune et le prévenir qu'un agent forestier assisté de la force armée se rendrait sur les lieux pour constater les bois coupés et gisant sur place [3]». La précaution, on l'a vu, n'était pas inutile.

Confier au maire du Montcel la garde de la forêt, maintenant royale, de la Bâthie, était d'ailleurs mettre le loup dans la bergerie. Pendant l'occupation étrangère, ce maire et son conseil avaient vendu à des habitants de la commune de Saint-François-de-Sales des bois à prendre tant dans la forêt de l'État que dans celle de la commune du Montcel. La commission centrale d'administration du Mont-Blanc avait dû, par arrêté du 13 juin 1814, annuler cette vente «illégale sous tous les rapports... et comme tendant à priver le gouvernement et la commune d'une propriété dont il ne pouvait être disposé sans une autorisation supérieure...» Le maire et les membres du Conseil municipal qui avaient pris part à la vente étaient déclarés responsables «en leur propre et privé nom de tous les dommages qui ont pu en résulter [4]». L'affaire était manquée.

Mais, pendant un quart de siècle, la forêt de la Bâthie avait vu toutes les infractions, subi toutes les déprédations. Il ne lui avait même pas manqué d'être l'objet des revendications d'usagers.

[1] Arch. Tarentaise, série I 75.
[2] Arch. S., Q 26, n° 1289.
[3] Arch. S., L 246, f° 292 v°.
[4] Arch. S. ͬ 1776.

La commune de Saint-Offenge-Dessus réclama, en l'an xi, des droits d'alpéage, paquéage et affouage [1], d'après un contrat d'affranchissement du 24 juillet 1785. Un arrêté du Conseil de préfecture du Mont-Blanc, du 23 mars 1810, accueillit cette revendication et reçut, le 24 janvier 1812, l'approbation du ministre des finances. Mais cette sentence stipulait que la commune devait payer une somme de 4,040 francs fixée comme prix de l'affranchissement. Le préfet représenta que cette redevance, établie en vertu d'une convention entachée de féodalité, n'était plus due, la loi des Allobroges du 27 octobre 1792 ayant aboli toutes les servitudes féodales et annulé tous les contrats d'affranchissement dont le prix n'avait pas encore été payé aux possesseurs de fiefs. Par lettre du 4 janvier 1813, la commune de Saint-Offenge-Dessus fut dispensée de payer la somme [2] et invitée à demander le cantonnement de ses droits avant le 1er novembre 1813.

De son côté, la municipalité du Montcel avait présenté pareille revendication dès le 26 floréal an xi [3]; une décision du ministre des finances du 6 septembre 1811 reconnut ses droits sur 20 parcelles cadastrales comprises dans la forêt de la Bâthie.

Au mois d'août 1814, on procédait à l'assiette des droits de Montcel sur le terrain, quand les habitants du hameau de la Magne, de la commune de Saint-François-de-Sales, se réunirent, menacèrent le maire du Montcel et le géomètre forestier qui suspendirent leurs travaux. Il fallut que le préfet menaçât d'envoyer à Saint-François-de-Sales «un détachement de 50 hommes pour y tenir garnison aux frais des habitants et protéger l'opération, le tout indépendamment des vacations du commissaire rendues ou qui deviendraient inutiles par le fait des empêchements éprouvés [4]».

Enfin, il n'est pas jusqu'au maire délinquant de Méry qui ne se prétendît propriétaire d'une partie de la forêt. Un arrêt du Conseil de préfecture du 19 juin 1813 avait même ordonné une enquête, mais les événements se précipitèrent et l'Empire tomba avant qu'aucune décision fût intervenue [5].

Une ordonnance de Louis XVIII du 21 août et la loi du 5 décembre 1814 rendirent aux émigrés leurs biens non vendus : elle s'appliqua même aux émigrés sardes, propriétaires dans le département du Mont-Blanc, qui avaient été dépossédés par le décret du 26 octobre 1792 de l'Assemblée nationale des Allobroges.

Le marquis de Mont-Saint-Jean réclama ses bois au préfet de Chambéry dont il reçut, le 28 janvier 1815, la réponse suivante : «Vous ne pouvez douter des soins que j'apporterai à ne prendre et ne laisser prendre aucune décision qui puisse être défavorable à vos intérêts, relativement aux biens non vendus dont vous avez réclamé la propriété... Je me suis déjà assuré qu'il n'existait, soit dans mes bureaux, soit au Conseil de préfecture, aucune affaire concernant ces biens et j'ai ordonné qu'il fut sursis à l'instruction de toutes celles de ce genre qui pourraient se présenter et qu'on se bornât à en donner avis à vos fondés de pouvoir [6].»

Ce fut la fin de la forêt nationale de la Bâthie : elle se trouvait réduite à 850 hectares.

[1] Arch. S., Q 26, n° 725, 1124; Q 21, n° 529.
[2] Arch. S., Q 26, n° 1216; L 143, f° 186.
[3] Arch. S., Q 21, n° 488; Q 26, n° 1171.
[4] Arch. S., L 246, f° 335.
[5] Arch. S., Q 26, n° 1539.
[6] Arch. S., L 246.

§ 2. Forêt de Vidonne.

La forêt de Vidonne, située sur le territoire de Cusy, appartenait avant la **Révolution** au marquis de Saint-André; elle était contiguë, au Sud, à la forêt de la Bâthie, de sorte que le couronnement des pentes extérieures du massif des Banges, du Revard au pont de Banges sur le Chéran, appartenait à l'État. La superficie de cette forêt était de 431 hect. 13 a. 47 (parcelle n° 3000 de la mappe).

Comme beaucoup de forêts seigneuriales, celle de Vidonne se trouvait grevée de droits que les bénéficiaires revendiquèrent quand elle fut nationalisée. Ces droits avaient déjà été reconnus à la commune de Cusy, par décision de l'intendant général de Savoie, du 26 juin 1733; mais, en 1769, ils avaient fait l'objet d'un litige entre le propriétaire et la commune [1].

Des arrêtés du Conseil de préfecture du Mont-Blanc, des 26 fructidor an XIII et 31 juillet 1810, avaient reconnu le bien-fondé des prétentions municipales qui ne s'élevaient pas à moins qu'à la propriété des trois quarts de ladite forêt. Aussi, en juillet 1811, avant d'approuver ces arrêtés, le ministre des finances demanda-t-il communication [2] de toutes les pièces qui avaient servi à la procédure.

A la Restauration, aucune décision définitive n'était intervenue.

Pendant que la juridiction administrative examinait la cause, les délinquants ne chômaient guère et étaient à peine moins audacieux que dans la forêt de la Bâthie. La municipalité de Cusy commençait à affirmer, dès floréal an XII, ses droits de propriété en délivrant et en vendant des bois de la forêt nationale [3] et le sous-préfet estimait que c'était à tort que les habitants étaient inquiétés. Ce fonctionnaire n'avait, on le voit, que des notions de droit administratif assez incomplètes. Sur la proposition de l'inspecteur des eaux et forêts, le préfet du Mont-Blanc, «pour soustraire les auteurs des délits aux poursuites..., ordonna le versement du prix des ventes qui ont eu lieu dans la caisse du receveur des domaines [4]».

La population des communes voisines venait aussi marauder dans le massif de Vidonne. Ainsi, le 7 messidor an XIII, le garde de Cusy et un de ses collègues surprennent en flagrant délit deux hommes de Saint-Offenge-Dessous qui se livrèrent à «des menaces et excès». Quand les préposés voulurent affirmer leur procès-verbal devant le maire de Cusy, cet officier municipal ne reçut l'affirmation que «si les délits sont tels et qu'ils soient commis sur la montagne communale de Cusy, mais non impériale». Était-ce une nouvelle forme de revendication des droits prétendus par la commune ou simplement le refus de s'occuper de la forêt nationale? Le procès-verbal communiqué au préfet fut reconnu par lui pour valablement affirmé et renvoyé à l'inspecteur des eaux et forêts pour les poursuites ultérieures [5].

L'invasion de 1814 fut naturellement l'occasion de nouveaux désordres et de violences contre les préposés. Le 6 avril, la Commission subsidiaire de l'arrondissement d'Annecy est obligée d'envoyer 4 soldats du régiment autrichien de Colloredo et 2 gardes natio-

---

[1] Arch. H.-S., corr. S. P. Ay., an XII, n° 1769; 1811, n° 705.
[2] Arch. S., Q 21, n° 849; Q 26, n° 1063.
[3] Arch. H.-S., corr. S. P. Ay., an XII, n° 789.
[4] Arch. H.-S., corr. S. P. Ay., an XIII, n° 1769.
[5] Arch. S., L 11, f° 108.

naux d'Annecy pour accompagner le brigadier et le garde chargés de reconnaître et de séquestrer les bois coupés en délit dans la forêt de Vidonne. Les frais de déplacement des préposés et de leur escorte ont été laissés, sauf recours contre les coupables, à la charge de la commune, prévenue, en outre, «que si la voie de la douceur n'est pas suffisante pour rappeler les personnes égarées à l'ordre, sur le premier avis, 25 militaires seront dirigés sur la commune et placés à discrétion [1]».

Partout le pillage des forêts impériales était à l'ordre du jour.

§ 3. Forêt du Sapenay.

Située sur le territoire de Cessens, la forêt du Sapenay, s'étendant sur le flanc oriental de la montagne de la Chambotte, était, avant 1792, la propriété du comte Carron de Grésy; sa superficie était de 220 hect. 18 a. 76; elle était peuplée de résineux, d'où son nom.

Les 7 parcelles qui formaient la forêt du Sapenay étaient portées à la mappe au nom du comte de Grésy pour la propriété et à la commune de Cessens pour le produit : c'était donc la commune qui était chargée de la taille, puis de la contribution foncière. La commune aurait joui de son droit en toute liberté jusqu'en l'an VI, époque de l'installation de l'administration forestière [2]. A ce moment, la commune de Cessens s'adressa au tribunal pour se faire reconnaître un droit de propriété; mais quand survint le coup d'État du 18 brumaire an VIII, aucun jugement n'était encore intervenu.

L'affaire fut portée devant le Conseil de préfecture du Mont-Blanc qui repoussa la demande par arrêté du 24 pluviôse an XII, mais le commissaire du gouvernement déclara qu'il y avait lieu pour la commune à faire valoir ses droits à un cantonnement.

Les prétentions de la municipalité à un droit d'usage furent accueillies par un arrêté du Conseil de préfecture du 12 brumaire an XIV. Mais, le 20 mars suivant (1806), le ministre des finances invita le Conseil de préfecture à revoir ses deux précédents arrêtés.

Le maire présenta un nouveau et volumineux mémoire de 32 pages, mais sans pouvoir produire le titre de concession du droit d'usage. Tout le dossier fut transmis au ministre des finances le 1er août 1809. Cependant la commune s'impatientait de ces atermoiements et, le 26 juillet 1809, le maire déclarait s'opposer à toute coupe dans la forêt impériale «jusqu'à ce qu'on ait procédé à un cantonnement des droits de la commune [3]».

Les choses n'en allèrent pas plus vite et, en 1815, on exécutait seulement l'arpentage préparatoire au cantonnement [4].

Dès le début de la Révolution, la forêt du Sapenay fut mise au pillage et les documents donnent, par le détail, l'histoire des délits qui marquèrent cette période, antérieure à l'installation du service forestier. Le 3 février 1793, le procureur syndic de la commune de Cessens signale à la municipalité que les habitants des communes voisines : Massingy, Moye, Chindrieux et Ruffieux «et même quelques particuliers de la présente commune font un dégât considérable, au point que, si ce désordre continue, elle aura

[1] Arch. H.-S., Com. subs. Ay., 1814, n° 2.
[2] Arch. S., Q 26, n° 743.
[3] Arch. S., Q 26, n° 742.
[4] Arch. S., L 246, f° 243.

le regret de voir les bois tour à tour dévastés : il est à présumer que ces habitants se portent à des dévastations dans l'idée sans doute que les loix établies pour les bois et forêts sont ou sans vigueur, ou qu'elles ne sont plus observées». La municipalité a estimé qu'elle «n'avait pas d'autres moyens pour arrêter et empêcher lesdites dévastations que d'établir des gardes forêts à qui il serait passé un petit gage, outre une assurance qui leur serait faite d'une portion quelconque dans l'amende à laquelle seront condamnés les contrevenants.Les gardes devront non seulement dénoncer les étrangers, mais encore ceux des citoyens de la commune qui en abuseraient, quoique les habitants de cette commune aient le droit d'usage sur lesdits bois et forêts». Quatre gardes furent nommés, avec salaire annuel de 12 francs, plus le tiers des amendes.

Le juge Fortis et l'administrateur du district trouvent dans un seul, très petit hameau de Chindrieux, 177 jeunes sapins et 93 billots. Dans leur rapport, ces enquêteurs ajoutent : «La dévastation faite dans cette forêt est immense... Grands arbres, jeunes plantes, petites plantes naissantes, tout a été inhumainement sacrifié à un pillage qui n'écoute plus que sa fureur dans les moyens de saisir sa proye. Tandis que les uns abataient avec précipitation les plus grands arbres, que pour se frayer un chemin ils aplanissaient tout ce qui se trouvait devant eux, d'autres, plus adroits que les premiers, allaient furtivement scier les plus belles quilles en 2 ou 3 billions et leur enlever par un vol le fruit d'un autre.

«Le plus grand nombre de ces dévastateurs nous a paru s'autoriser sur l'exemple général; d'autres ont allégué en leur faveur une permission publique donnée par la municipalité de Cessens, mais presque tous avaient par devers eux la conscience de leur rapine, puisqu'ils avaient employé les moyens de soustraire ces bois à nos recherches et que, malgré nos recherches, ils n'y ont sans doute que trop réussi.»

Le 5 thermidor an II, devant de nouveaux délits, l'agent national près le district de Chambéry écrit au juge de paix de la Biolle : «Citoyen, je suis instruit que de grandes dévastations se sont commises et se commettent journellement dans les bois de Cessens. Les malveillants cherchent, sans doute, à priver la République d'une partie de ses ressources en ce genre : ton devoir est d'empêcher ces dégâts et de sévir avec toute la rigueur des lois contre ces déprédateurs; tu dois savoir que les fonctionnaires publics sont responsables du mal qu'ils n'auront pas empêché. N'épargne donc rien pour mettre à l'abri ta responsabilité; informe de suite contre tous ceux qui ont eu l'impudence de couper de belles plantes dans les bois que possédait le ci-devant de Grésy; entends tous les témoins que tu pourras découvrir et fais-moi incessamment passer les informations pour que la loi prononce sur les coupables. Je te requiers de t'occuper de suite de cet important objet; ainsi ne le perds pas de vue. Salut et fraternité. Morel.»

Avec des ordres aussi péremptoires le juge de paix va trouver l'agent national de la commune de Cessens qui lui dit être instruit par un des gardes des délits commis. Aux reproches faits, les délinquants ont répondu : «Ce bois est à la nation, nous en pouvons tous couper.» Les gens de Cessens arguent de la permission que leur aurait donnée leur municipalité.

Un certain nombre de ces délinquants fut traduit devant le tribunal du district de Chambéry : le jugement du 5 floréal an III condamna les coupables «d'après le paragraphe 37 titre II de la loi sur la police rurale, eu égard que l'ordonnance de 1669 n'a jamais été en vigueur dans le département du Mont-Blanc[1] ». Hérault de Séchelles avait, en partie du moins, perdu son temps.

En l'an iv, les délits continuent; le commissaire du pouvoir exécutif auprès du département écrit au commissaire près le canton de la Biolle de faire contrôler les délits[2] commis dans la forêt du Sapenay et de poursuivre les coupables.

L'épuisement des massifs et sans doute aussi l'installation de l'administration des Eaux et Forêts en l'an vi réduisirent peu à peu le nombre des délits.

Aussitôt promulguée la loi du 5 décembre 1814, le comte Carron de Grésy adressa sa demande en restitution de la forêt du Sapenay[3]. Les Cent-Jours, la seconde invasion survinrent avant que satisfaction lui ait été donnée.

§ 4. Forêt de Nances ou de l'Épine.

La forêt de Nances, située sur le territoire de la commune de ce nom, s'étendait sur le versant occidental de la chaîne jurassienne de l'Épine jusqu'au bord du lac d'Aiguebelette. Elle appartenait avant la Révolution au marquis de Piolenc, qui émigra. Le décret du 26 octobre 1792 de l'Assemblée nationale des Allobroges, complété par les lois du 25 brumaire et 14 frimaire an iii, amena la confiscation de cette forêt ainsi que des biens du marquis de Saint-Séverin qui avait le droit de prendre pour sa ferme, dite de Madame, les bois d'affouage et de construction nécessaires. L'affouage comprenait 100 voitures de bois attelées de chevaux ou de bœufs.

Le marquis de Saint-Séverin étant revenu sous l'Empire obtint la restitution de ses biens et il voulut à nouveau user de son droit d'usage dans la forêt nationale de Nances. Le Conseil de préfecture du Mont-Blanc, devant lequel il s'était pourvu, admit sa réclamation par arrêté du 14 mars 1806. L'administration des Eaux et Forêts s'éleva contre cette décision qu'annula un décret du 10 mars 1807 sur ce motif que la loi du 2 nivôse an iv, qui défendait l'aliénation des forêts, s'opposait aussi à la restitution des droits prétendus sur ces forêts. Il eût été plus simple de s'appuyer sur l'article 705 CC décrété depuis le 10 pluviôse an xii.

De son côté, la commune de Nances revendiquait aussi un droit d'affouage dans la forêt impériale[4], dès l'an xii. Le 14 frimaire an xiv, le maire demandait que ce droit fût cantonné. Mais rien n'avait été fait en 1815[5] et, à la Restauration, la superficie de la forêt était toujours de 327 hect. 53 a. 65 cent.

A Nances, les délinquants ne manquent pas et ils accompagnent leurs larcins de violences comme au Montcel, à la Balme de Sillingy. Sur les instances de l'inspecteur des forêts, le préfet du Mont-Blanc prit, pour essayer d'enrayer le mal, l'arrêté suivant à la date du 11 juin 1810 :

« Vu le rapport qui nous a été fait le 9 de ce mois par M. l'Inspecteur des eaux et forêts de ce département, duquel il résulte que des habitants de Saint-Sulpice,

[1] Arch. S., L 1144.
[2] Arch. S., L 80, f° 26 v°.
[3] Arch. S., L 246, 14 fév. 1815.
[4] Arch, S., Q 21, n°ˢ 713, 937.
[5] Arch. S., Q 94, tableau des forêts royales.

17.

Meyrieux-Trévouet, Novalaise, Nances et Vertemex se portent en nombre dans la forêt impériale de Nances et y commettent des dévastations journalières, que les gardes employés ne peuvent eux seuls empêcher ces abus à raison du nombre des dévastateurs, des excès auxquels ils se portent envers les gardes dont 2 ont été blessés dans la journée du 8 du courant et encore parce qu'ils ne peuvent dresser des procès-verbaux pour faire punir les coupables dont ils ignorent les noms;

« Considérant qu'il est urgent de prendre une mesure propre à mettre un terme aux dévastations à force ouverte qui se commettent dans la forêt impériale de Nances;

« Arrêtons ce qui suit :

« Les maires des communes de Novalaise, Nances, Vertemex et Saint-Sulpice sont chargés de mettre à la disposition des gardes de la forêt impériale de Nances 4 à 6 gardes nationales de leurs communes respectives pour leur prêter main-forte, les aider à arrêter le cours des dévastations qui se commettent dans cette forêt en procurant la punition de leurs auteurs qui seront signalés;

« Dans le cas de nouveaux excès de la part des habitants de ces communes, soit envers les gardes forestiers, soit envers les gardes nationales fournies en aide, il en sera dressé procès-verbal pour faire poursuivre contre les communes les condamnations à l'amende et prononcées par la loi du 10 vendémiaire an IV et il sera placé en cantonnement dans chaque commune et aux frais des habitants une force armée suffisante pour assurer la conservation de la forêt [1]. »

A la chute de Napoléon, il ne pouvait pas ne pas se produire de délits : le maire de Nances les dénonça à la préfecture. Mais, ce qui est caractéristique, c'est que ni le garde forestier, ni la police municipale n'en dressèrent procès-verbal [2].

§ 5. Petites forêts [3].

I. **Forêt de Longefan.** — Située sur la montagne de Corsuet, commune de Saint-Germain, elle appartenait à l'émigré de Coudrée d'Allinges; elle avait une surface de 86 hect. 29 a. 37.

II. **Forêt de Bourdeau.** — D'une contenance de 15 hectares, sur le territoire de Bourdeau, elle provenait du marquis Cordon de la Tour qui possédait aussi la

III. **Forêt de Tremblay.** — Sur Mercury-Gemilly; surface : 39 hect. 74 a. 38.

IV. Sur la commune de Douvaine, divers petits cantons : Bona, Verdaz, Lesserte, Eau-Bonne, Bois-au-Rotes, Layat, L'Émoly, Morenaz, Bois-Rond, appartenant, avant 1792, aux émigrés Passerat, Joseph Foraz, de Costaz, de Coudrée d'Allinges, Georges Mathieu, couvraient 33 hect. 03 a. 43.

V. On rencontrait de même à Messery des parcelles boisées dites Roncet, Raffort,

---

[1] Arch. S., L 130, f° 198 v°.
[2] Arch. S., L 1782, 15 juillet 1815.
[3] Arch. Genève, ch. I, n° 476; ch. II, n° 478

Farlet, Farquelai, Bergouin, ci-devant propriétés des nobles de Costaz et d'Antioche, formant, au total, 89 hect. 66 a. 27.

VI. Les 30 a. 80 c. formant le bois d'Écolle, à Nernier, venaient de l'émigré d'Antioche.

VII. Au canton des Esserts, à Yvoire, 1 hect. 27 a. 04 avaient été confisqués à l'émigré Dumancy.

VIII. Du même Dumancy et d'un certain Mordey provenaient 36 hect. 12 a. 77 de bois, sur Excenevex, formant les cantons de Vert, Pagny, Affouages, bois au Raveclot.

IX. Le Vernet en Fora, de 8 hect. 86 a. 59, à Massongy, faisait partie des biens d'Allinges, ainsi que

X. Les 64 hect. 25 a. 86 des cantons de Coudrée, du Devin, en Taillefer, sur Sciez.

XI. Le bois Seigneur, le bois de la Cour, le bois Rouchet, à Loisin, appartenaient aux émigrés d'Allinges et Montgenis et couvraient 14 hect. 59 a. 57.

XII. A Ballaison, les bois dits au Chenaz, en Rosset, Longuemaille, Messuillière, Saletaz, Saint-Michel, Gache, Lognière, La Thuilière, La Perle, aux Lattes, au Cros, formant, au total, 72 hect. 46 a. 12, étaient auparavant la propriété de Passerat, Dupérier, Foras, de Costaz et de Coudrée d'Allinges.

XIII. Les nobles Janus de Sonnaz et Coudrée d'Allinges avaient perdu à Brenthonne les bois aux Dames et d'Avully, d'une superficie de 8 hect. 17 a. 33.

XIV. Les bois de la Fouilleuse, à Montfort, sur Bons, provenaient du domaine d'Allinges. Contenance : 42 hect. 42 a. 93.

XV. Les cantons de Taille Bonnet, à la Clouye, à la Bossiaz, en Platty, au-dessus des Forges, au Châble et Bourgeau, à l'Essert du milieu, au Crey des Combes, à l'Aussiège, aux Croix, à la Lance, Buffavent, Combe Navau, aux Creux, Chaussard, au Pré Bavet, au Pré Garin, au Clos Villaz, bois Rôti du territoire de Fessy, formant une surface globale de 56 hect. 07 a. 25, appartenaient, avant 1792, à Janus de Sonnaz, Aimé-Louis Piguet et Coudrée d'Allinges.

XVI. Sur Cervens, Janus de Sonnaz possédait le bois des Abattues, de 19 hect. 08 a. 67, et

XVII. Sur Lully, les bois Robin, d'Orsan, Brollex, d'Argent, de 22 hect. 89 a. 25.

XVIII. Parmi les autres forêts confisquées sur Coudrée d'Allinges, il faut encore mentionner les cantons du Bouchet, aux Usses, à Taillefer, donnant, au total, 14 hect. 22 a. 29 sur Perrignier,

XIX. Sur Margencel, le bois d'Essert, de 12 hect. 25 a. 29, et

XX. Le bois de Brut, de 41 hect. 49 a. 30 sur Larringe.

XXI. Aux Allinges, les bois aux Neisselles, aux Arules, de 8 hect. 88 a. 40, venaient des émigrés Foras, Rivolaz, d'Antioche, Delloi.

XXII. De ces deux derniers propriétaires provenaient les bois de la Cour, Grillet et Cornebut, sis sur Lyaud et Armoy, d'une contenance de 16 hect. 91 a. 91.

XXIII. L'émigré Morand a perdu à Bernex ses bois de Châtillon et de Devinel de 57 hect. 94 a. 72.

XXIV. On trouve encore, parmi les biens confisqués de Coudrée d'Allinges, le bois du Cluzet de 1 hect. 79 a. 64, à Machilly;

XXV. Le bois de Montfort, de 51 hect. 19 a. 74, à Saint-Cergues;

XXVI. Le bois de Coudrée, de 17 hect. 96 a. 40, à Scientrier;

XXVII. Le bois de Bruel, de 11 hect. 67 a. 66, à Feigères;

XXVIII. Le bois de la Mouilleuse, la Cavatannaz et de Plan du Bois, d'une contenance globale de 14 hect. 66 a. 06, à Thairy.

XXIX. A Ville-la-Grand, le bois de la Rose, de 9 hect. 58 a. 08, appartenait, en 1792, au noble d'Éville,

XXX. Et celui de la Charniaz, de 5 hect. 98 a. 80, à Bonne-Lucinges, au noble de Seyssel.

XXXI. Le bois des Rosses, à Vetraz-Monthoux, de 11 hect. 97 a. 60, venait de l'émigré de Monthoux.

XXXII. Le noble d'Oncieu a perdu par émigration le canton boisé du Fertand, de 1 hect. 79 a. 64, à Valleiry, et

XXXIII. Brolhy d'Antioche, celui de Savigny, de 5 hect. 98 a. 80, sur le territoire de Savigny.

XXXIV. Sur Vulbens, 194 hect. 61 a. 60, formant les forêts du Vuache et de Chavannaz,

XXXV. Et, à Taninges, les bois de Lassias, des Gets, de Cheniaz, de Tour, de Plan-des-Granges, de la Polière, de La Lanche, du Praz-de-Lys, de Vers-les-Chaux et des Suets, d'une superficie totale de 53 hect. 99 a. 80, venaient des domaines de La Grange.

XXXVI. Janus de Sonnaz avait, à Arenthon, le bois de Sonnaz de 4 hect. 49 a. 10 et

XXXVII. D'Aviernoz le canton d'Autet, à Étaux, d'une superficie de 5 hect. 68 a. 86.

XXXVIII. Le bois de Groisy, sur la commune de ce nom, venait de l'émigré de la Fléchère; il avait 4 hect. 49 a. 15.

Au total, les forêts nationales provenant de confiscations sur les émigrés atteignaient sous l'Empire une superficie de 3,042 hect. 95 a. 47.

A part les massifs de la Bâthie, de Vidonne, de Nances, du Sapenay et du Vuache, toutes ces forêts, jadis particulières, étaient trop morcelées pour pouvoir être l'objet d'une surveillance exacte et d'exploitations régulières. On en avait aliéné d'autres, dont nous ne connaissons ni le nombre, ni la superficie.

SECTION IV.

Statistique résumée des forêts nationales.

Vers 1813, on peut établir ainsi la contenance totale des forêts domaniales existant en Savoie (non comprise la partie du territoire de l'ancien duché, réunie en 1815 à la République de Genève) :

	NOMBRE.	SURFACE.
Anciennes forêts royales......................	1	114ʰ 31ᵃ 18
Anciennes forêts ecclésiastiques..................	26	7,394 11 77
Forêts provenant d'émigrés....................	112	3,042 95 47
TOTAL....................		10,551 38 42

Ces massifs boisés se répartissaient ainsi entre les départements du Mont-Blanc et du Léman et entre leurs arrondissements :

Forêts domaniales {	du Mont-Blanc....................	7,206ʰ 83ᵃ 90
	du Léman........................	3,344 54 52
TOTAL....................		10,551 38 42

DÉPARTEMENT DU MONT-BLANC.

ORIGINE DES FORÊTS.	ARRONDISSEMENT			
	DE CHAMBÉRY.	D'ANNECY.	DE MOUTIERS.	DE MAURIENNE.
Domaine royal.............	"	114ʰ 31ᵃ 18	"	"
Biens ecclésiastiques.........	4,216ʰ 78ᵃ 85	721 89 59	98ʰ 43ᵃ 85	29ʰ 31ᵃ 68
Biens d'émigrés.............	1,594 95 28	431 13 47	"	"
TOTAUX............	5,811 74 13	1,267 34 24	98 43 85	29 31 68

DÉPARTEMENT DU LÉMAN.

ORIGINE DES FORÊTS.	ARRONDISSEMENT		
	DE GENÈVE.	DE THONON.	DE BONNEVILLE.
Biens ecclésiastiques....................	14ʰ 97ᵃ 00	956ʰ 14ᵃ 08	1,356ʰ 56ᵃ 72
Biens d'émigrés....................	280 53 38	672 15 53	64 17 81
TOTAUX....................	295 50 38	1 628 29 61	1,420 74 53

CHAPITRE IV.

CINQ ANNÉES D'ANARCHIE FORESTIÈRE (1792-1797).

SECTION 1.

L'état des forêts au début de la Révolution.

Le Comité de Salut public adressa aux départements, au début de l'an III, un questionnaire comprenant 175 numéros au sujet de l'agriculture, des arts et manufactures, du commerce, etc.

Le rapport du citoyen Velat, secrétaire général du directoire du départemant du Mont-Blanc, en répondant aux questions posées, fournit de précieux renseignements sur la situation forestière de la Savoie.

Le n° 51 interrogeait : *Y a-t-il beaucoup de bois ?*

« Peu de pays pourraient fournir autant de bois que le département du Mont-Blanc, s'ils y étoient maintenus par de bonnes loix forestières; mais l'homme qui s'intéresse à son pays ne peut que gémir sur les abus qui réduisent à une nullité de produits entière des milliers de journaux devenus broussailles parce que, depuis que les couppes des gros bois ont été faites, elles n'ont plus été deffendues ou préservées du pâturage et du fascinage. Sans doute, on ne peut qu'être affecté en voyant une destruction pareille et l'on peut dire générale dans un pays où il y a autant de minéraux et de fabriques à fer.

« L'on sait que ce pays est environné de montagnes, que toutes ces montagnes sont plus ou moins couvertes de bois; cependant le bois manque généralement, excepté dans les pays où il est trop difficile à transporter.

« Je ne dirai qu'un mot pour prouver la rareté du bois dans les environs de Chambéry : il est de fait qu'une personne seule dépensera plus en achat de bois pour faire cuire deux livres de viande que cette même viande lui coûtera. L'on peut juger de là que les artistes qui employent du bois et du charbon sont, sans doute, à plaindre. D'où vient cette pénurie, me dira-t-on? Je répondrai en deux mots que toutes les montagnes qui environnent Chambéry, à prendre depuis la montagne de Bo(u)rdeaux, au-dessus du lac du Bourget, et suivant toutes les montagnes qui forment le bassin de Chambéry, y compris Saint-Pierre-d'Albigny, jusqu'à Cusy, ce qui compose 35 lieues de poste de longueur environ, on ne voit que broussailles journalièrement détruites par le fascinage et par le pâturage, sans que jamais l'on puisse espérer que les bois se remettent, si de bonnes loix ne viennent à leur secours.

« Toutes ces montagnes qui entre elles contiennent certainement bien près de 100,000 journaux [1], tant deçà que delà, ont été anciennement couvertes de bois noirs et de grands hêtres et aujourd'huy on n'y trouve pas seulement des bois de 2 pouces

[1] 29,483 hectares; en réalité 31,078 hectares, d'après la mappe.

de diamettre, tant de l'une que de l'autre espèce. Il est plus sûr que si l'on introduisait un ordre dans les couppes et que l'on adaptasse à chaque feu une quantité de bois nécessaire aux habitants des environs de ces montagnes, en mettant en réserve et sous bonne garde le reste de la contenance des bois de chaque commune, il est presque sûr, dis-je, qu'en moins de 10 ans ils auraient acquis une grosseur de 5 à 6 pouces de diamettre et que, de là, il résulterait une quantité étonnante de bois pour le chauffage et le charbonnage et que les portions que l'on voudroit laisser en bois noir d'haute futaÿe seroient, au bout de 40 ans, et, ainsi de suitte, en état de fournir tous les bois de construction que l'on pourroit désirer, tant pour la marine en fait de mats et autres.

« Pour parvenir à connoître tout l'avantage de la deffense des bois, il faudrait avoir un état positif de leur contenance, afin de déterminer la quantité de journaux à être mis en coupe dans chacune de ces montagnes pour le service et l'affouage des habitants et ensuite celui destiné par des ventes au service public; l'on trouveroit certainement de grandes ressources dans une administration forestière bien combinée..., l'on obtiendrait encore un grand bien, celui de retenir les terres dans les montagnes et leur empêcher de venir couvrir celles de la plaine où les ruisseaux les entraînent. On aurait la facilité d'établir telles fabriques à feu que l'on voudrait, tandis que, dans l'état actuel, tous les forgerons des bourgs et villes de cette basse vallée sont obligés de tirer le charbon de terre de Rive de Gier à très grands frais qui, malgré qu'ils soient d'une cherté extraordinaire, revient encore à meilleur marché que le charbon de bois; on ne finirait pas sur cet article, si l'on entreprenait de déduire tout le mal qu'occasionne la destruction des bois...

« Un plan d'administration forestière bien combiné est absolument nécessaire, je dis bien combiné parce que les forests ne sont pas toutes susceptibles du même traittement et que les localités peuvent comporter des coupes plus ou moins répettées selon les besoins du commerce auquel elles sont à portée de fournir. Par exemple, tous les bois qui avoisinent le lac du Bourget, le Rhône et l'Isère, en fait de bois de chauffage, produiraient de plus grands avantages que d'autres, parce que tous le bois de chauffage qui se trouveroit au-dessus du nécessaire serait transporté avec grande aisance par l'Isère, d'une part, et par le Rhône, de l'autre, et fourniroit aux manufacturiers de Lyon de grands secours... »

52. *Y a-t-il des bois de construction? Pour quelles espèces de construction?*

« Le sapin est naturel à toutes nos montagnes; il y abonde et il fourniroit le plus beau bois que l'on puisse désirer pour les matures, s'il y était conservé comme il devrait l'être. Il fournit à la construction des bois à tous les planchers, à la menuiserie, au chauffage et à tous usages.

« Il se trouve dans les montagnes du district d'Arc, de la Haute Tarentaise et du haut Faucigny, dans le voisinage du Vallai, des bois de mélèze. Cette espèce de bois est l'une des plus précieuses: il a la légèreté du sapin et la durée du chêne.

« Il existe dans le pays beaucoup de chênes. On en fait un très gros abbatisse en plusieurs endroits pour la marine... »

55. *Y a-t-il du pin? En fait-on extraire le goudron?*

« Il se trouve en plusieurs endroits des forests de pin de peu d'étendue; la manière d'en extraire le goudron par le moyen des fourneaux n'y est point connue; l'on se sert de ce bois-là, soit pour le feu, soit pour le chevronnage; il s'en trouve peu d'assez gros pour servir de poutres.

«On en extrait le goudron par le moyen d'incitions de la même manière qu'on extrait la résine de la peisse [1], la térébenthine des jeunes sapins et la colofagne des cerisiers, tout cet ensemble produit un petit commerce qui ne laisse pas que de valoir.»

56. *Les forests nationales du pays ont-elles essuïé des dévastations conséquentes?*

«Il n'est pas douteux que les forests nationales n'ayent subi de très grandes dévastations et qu'elles n'en essuyent encore, jusques au moment où de bonnes loix réprimeront ces abus destructeurs et ce ne sera jamais que par une bonne administration forestière et de gardes bien soldés que l'on parviendra à réparer les forests et de faire des bois broussailles des forests très conséquentes.»

57. *Sont-elles aménagées avec intelligence? suivant quel sistème?*

«La réponse que l'on a faite à l'art. 51 paraît démontrer assez qu'il n'y a actuellement dans l'aménagement des forests ni intelligence, ni sistème.»

58. *A-t-on essayé dans le païs la culture de beaucoup d'arbres étrangers?*

«Le meurier, l'acacia, le peuplier d'Italie, le platane composent a peu près tous les genres d'arbres étrangers que l'on a essayé dans le pays; ils s'y sont très bien acclimatés et il serait à souhaiter que l'on augmentasse considérablement les plantations des peupliers d'Italie, parce que cet arbre qui, en 20 ans, parvient à la grosseur des plus grosses poutres, tiendrait lieu dans la plaine du sapin que l'on laisserait croître dans les montagnes jusqu'à ce qu'ils eussent acquis la grosseur nécessaire pour être employés en mats. Cet arbre vient partout, même dans les hautes montagnes [2].»

Le citoyen Villat nous montre bien à quel degré d'épuisement étaient arrivées les forêts de la Combe de Savoie, mais ses renseignements sur le reste du pays sont assez insuffisants. Un rapport du procureur syndic près le district de Thonon du 11 fructidor an 11 est beaucoup plus explicite sur les forêts du Chablais.

«Le district de Thonon, dit ce fonctionnaire, est très abondant en bois; il le serait encore davantage quand on parviendra à les soigner en réglant les coupes dans des temps propres et quand on pourra anéantir la malveillance, le désir de nuire à la chose publique par les dévastations.

«Des connaisseurs des bois du district assurent que, dans l'état actuel, ils peuvent fournir par des coupes réglées 1/3 au delà de la consommation des habitants, mais on ne comprend pas la consommation des troupes qui est devenue considérable.

«Il y a trois cantons dans les montagnes, ceux de Lullin, le Biot et Abondance, qui possèdent beaucoup de bois, la plupart dans des lieux escarpés et inaccessibles. Une grande partie périt de vétusté sur la plante, sans pouvoir être exploité. On ne pourrait pas les radeler (flotter par radeaux), faute de rivières assez fortes. On pourrait se servir d'une partie en les charbonnant sur les lieux pour alimenter les fabriques de la plaine et des villes, sans préjudice de celles qu'on pourrait y établir.

[1] L'épicéa.
[2] Arch. S., L 25.

«Les cantons de Thonon, Évian, Douvaine, Bons, sont très abondants en bois de haute futaye et en bois taillis. Leur position, la proximité des grandes routes et du lac offrent tous les moyens de les exploiter sans beaucoup de difficultés... [1]»

Les forêts de Savoie, suivant leur situation et la plus ou moins grande difficulté des transports, étaient tantôt à l'état de forêts vierges, tantôt réduites à n'être que de simples broussailles; mais, en général, leur appauvrissement était réel, et cela dès avant la Révolution, car ce n'est pas en deux ans que des délinquants auraient pu réduire à l'indigence les massifs du bassin de Chambéry notamment. On a vu au chapitre précédent l'influence de l'esprit de rapine sur les forêts qui étaient demeurées domaniales sous l'Empire; on l'apercevra mieux encore sur l'ensemble des peuplements, pendant la période révolutionnaire.

SECTION II.

La gestion forestière.

———

§ 1. LE PERSONNEL DE GESTION.

La suppression radicale de l'organisation administrative de la Savoie, l'absence d'un personnel forestier spécial, avaient laissé à l'abandon le plus complet les forêts des communes; en même temps, la nationalisation du domaine royal, des propriétés ecclésiastiques, dès le mois d'octobre 1792 et, au début de 1793, la confiscation des biens des émigrés augmentaient dans de sérieuses proportions la superficie des forêts publiques.

Aussi l'Assemblée nationale des Allobroges et plus tard la Commission d'administration s'étaient-elles déjà préoccupées de cette question : un projet de règlement avait même été élaboré (p. 208) qui prévoyait la création d'un conservateur et d'inspecteurs. Puis Hérault de Séchelles ayant imposé l'application des lois françaises à partir du 25 janvier 1793, il fallait suivre l'ordonnance de 1669, modifiée par les premières lois révolutionnaires et notamment par celles des 29 septembre 1791 et 11 mars 1792.

Ce n'était pas au moment où la Législative venait de suspendre, pour ainsi dire, l'existence de l'administration forestière en France qu'il pouvait être question de faire essaimer le corps des anciens maîtres et grands-maîtres des Eaux et Forêts. Si la gestion des forêts de Tarentaise eut été organisée comme l'avait ordonné l'édit du 2 mai 1760, les «conservateurs» de cette province eussent pu constituer le cadre, restreint il est vrai, des agents chargés de la gestion des forêts du département du Mont-Blanc. Mais cet élément même faisait défaut. Aussi les administrations élues n'étaient-elles pas sans être embarassées, et, le 2e sans-culottide an II, le Directoire du département écrivait-il à la Commission des revenus nationaux :

«Dans un département où il n'existe malheureusement ni administration forestière, ni institution quelconque qui puisse provisoirement en tenir lieu, dans un département qui, par l'effet de son incorporation, n'a jamais été soumis aux anciennes ordonnances qui s'exécutent encore dans les autres relativement à cette partie, est-ce à

———

[1] Arch. H.-S., L 2/46.

l'agent national du district ou au commissaire national à poursuivre les délits en dégradation de bois et forêts et surtout des forêts et bois nationaux [1] ?»

Paris répondit le 15 vendémiaire an III : «Le département du Mont-Blanc a dû exécuter les lois forestières de la République du moment que sa réunion avec elle s'est opérée. Or ces lois chargent les officiers des ci-devant maîtrises d'actionner les délinquants devant les tribunaux du district et le commissaire national de poursuivre le jugement de l'instance. Si le régime des maîtrises était inconnu dans votre département, il y avait sans doute des agents forestiers qui en tenaient lieu : ce serait, dans ce cas, à ceux-ci à remplir les fonctions que ces officiers exercent dans le reste de la République. Mais en supposant la non-existence de tout agent forestier, ce qui ferait craindre que les forêts n'y fussent dans l'abandon, il appartiendrait à l'agent national du district de faire ce qu'exigerait la conservation de cette portion du domaine public et, par conséquent, d'actionner ceux qui y porteraient atteinte, conformément à la loi du 25 décembre 1790. Au surplus, il sera incessamment décrété un régime forestier uniforme pour toute la République.»

C'était donc l'agent national près le Directoire de chaque district qui se trouvait chargé de la gestion et des poursuites forestières. L'article 3 du décret du 27 pluviôse an II confirma ces attributions.

Avec la constitution de l'an III, les municipalités de canton succédèrent aux districts supprimés dans leurs attributions.

Mais, à côté de ces corps administratifs, le service de l'enregistrement et des domaines s'était installé dans le département du Mont-Blanc, au début de l'an II. C'est aux receveurs de cette administration que furent remis les titres et documents relatifs aux forêts nationales [2].

C'est le Directoire du district, puis l'administration cantonale qui gèrent les forêts. Ainsi dans les districts il y a un bureau chargé de la régie des biens et domaines nationaux, «pardevant ce bureau se prépareront les comptes à rendre par toutes les municipalités ou autres corps ou individus quelconques qui auront géré et administré les dits biens [3]».

Les Directoires de district, ensuite les municipalités cantonales prennent des arrêtés accordant des coupes dans les forêts domaniales, après avoir demandé l'avis ou sur la proposition du service des domaines; ils agréent les gardes des forêts nationales le plus souvent présentés par les communes. Certains de ces arrêtés ont un but réglementaire, édictent des prescriptions renouvelées de l'Ordonnance de 1669 souvent inconnue, ou de la loi de 1791.

Le Directoire du département intervient aussi, à maintes reprises, dans la gestion des bois nationaux. Déjà la commission provisoire d'administration des Allobroges avait désigné des commissaires pour intervenir et gérer les biens d'origine ecclésiastique.

Le 16 avril 1793, le Directoire charge les municipalités de s'emparer des biens des émigrés et d'en dresser l'inventaire.

Trois jours après, il enjoint aux communes forestières de céder de gré à gré ou à dire d'expert les bois nécessaires aux fournisseurs de l'armée [4].

[1] Arch. H.-S., L 2/15.
[2] Arch. H.-S., L 2/15, 14 frimaire an II.
[3] Arch. H.-S., corr. dist. Thonon, 29 avril 1793.
[4] Arch. S., L 27.

Le 2 mai suivant, les Directoires de districts reçoivent l'ordre de dresser l'état des propriétés d'origine ecclésiastique, de les faire estimer « de manière à faciliter les ventes en détail ».

Le 5 juin, le Directoire du Mont-Blanc autorise le régisseur d'Aillon « à faire charbonner dans la forest dépendante dudit monastère, située à Chevalline et dans celle ditte la Commune »; il charge aussi le régisseur de Saint-Hugon de « surveiller les usines, la conservation des bois et forests, la coupe des dits bois et conduire les ouvriers qui les exploiteront sur les lieux où il l'aura jugé convenable [1] ».

Le 29 juin, l'assemblée demande que les habitants de Meillerie et de Saint-Gingolph soient autorisés à exporter leurs bois en Suisse : le département reçut, le 22 brumaire an II, la mission des représentants du peuple près l'armée des Alpes [2] d'accorder aux populations intéressées la permission sollicitée.

De nouveau se pose la question du chauffage des troupes et, le 8 frimaire an II, le Conseil général du Mont-Blanc prend un arrêté à ce sujet.

Puis le Directoire revient à des gestions particulières comme celles des minières de Peisey, des salines de Moutiers et de Conflans [3].

Pour l'hiver suivant il faut aux troupes une fourniture de 3,000 cordes de bois. Le 2ᵉ sans-culottide an II, le Directoire décide que la coupe s'en fera d'abord dans les forêts de la nation et des émigrés, à défaut dans celles des communes par moitié et dans celles des détenus pour l'autre moitié [4]. Les principes avaient varié, il n'est plus question d'épargner les forêts nationales; les forêts communales sont mises à contribution, éventuellement c'est vrai; mais il n'est pas question d'indemnité.

Lors des revendications des droits d'usage leur appartenant, par les communes de la Thuile, Arbin et Montmélian sur les forêts d'Aillon, le Directoire du département, dans son arrêté du 21 messidor an III, descend à des détails très particuliers : il spécifie notamment que, dans les endroits où le bois doit être charbonné, il sera réservé « 16 baliveaux par journal de bois de haute futaye des plus belles pièces [5] ».

Ainsi donc pour les forêts domaniales, le Directoire du département, celui du district ou la municipalité de canton se chargent de la gestion; les agents des domaines s'occupent des adjudications des coupes et de la perception du prix de vente. Aucun agent pour marteler les arbres, faire les estimations, les récolements : en un mot, l'anarchie, au sens étymologique du mot.

Pourtant au début de l'an II, le Conseil général du Mont-Blanc eut une velléité de remédier au mal, au moins sur un point spécial. Son arrêté du 19 brumaire de cette année [6] porte, en effet :

« Art. 1ᵉʳ. Les minières de Peisey devenues domaines nationaux par l'émigration de presque tous les fonctionnaires (actionnaires?) seront exploitées par régie...

« Art. 2. Les officiers employés à cette régie seront : un directeur, un garde-magasin, un chirurgien, un caissier, un inspecteur aux bois et un sergent mineur.

---

[1] Arch. S., L 29.
[2] Arch. S., L 32, f° 77.
[3] Arch. S., L 32, f° 58; L 34, f° 7 v°; f° 51 v°.
[4] Arch. S., L 34, f° 233 v°.
[5] Arch. S., L 37, f° 36.
[6] Arch. S., L 32, f° 58.

«Art. 9. L'inspecteur aux bois, devant parfaitement connaître l'agriculture, aura soin de régler les coupes, marquer les arbres qui devront être abattus et, en cette qualité, quittera le moins qu'il lui sera possible les sapeurs pendant leur travail. Il sera aussi chargé de la partie des charbons...

«Art. 12. Les achats de bois nécessaires à l'exploitation seront (faits) par le district, de concert avec les officiers employés à la régie et ceux-ci ne pourront conclure aucun achat au-dessus de 100 écus sans autorisation...»

C'est une réminiscence de l'édit de 1760. Le district de Moutiers désigna bien deux commissaires qui procédèrent le 23 prairial an II avec des délégués de Macot, alors dénommé Riant-Coteau, à la visite des bois de cette commune destinés à l'établissement de Peisey. Mais il n'est pas question d'un inspecteur forestier; pas plus qu'après 1760, il ne fut nommé de conservateur en Tarentaise.

Quatre mois plus tard, le 21 brumaire an III, le Directoire du département, afin d'assurer le fonctionnement de l'importante minière de Saint-Georges-d'Hurtières, en Maurienne, décide qu'il sera créé un inspecteur des gardes-bois. Cet inspecteur aura 2,400 francs d'appointements payables par les propriétaires ou fermiers des hauts fourneaux. «Ceux-ci présenteront dans la décade un citoyen capable de remplir cette place. Le département le nommera de suite... Les fonctions de cet inspecteur seront principalement de veiller au choix de la mine et de tenir le magasin de tous les objets que le département fera mettre à la disposition des mineurs.» Ces attributions étaient bien peu forestières et trahissent la même tendance qu'autrefois avait l'intendance de Tarentaise en 1776 (p. 160) d'avoir des forestiers Maître Jacques. Il ne paraît pas que ce projet ait été réalisé.

Quant aux forêts des communes, elles étaient laissées à la discrétion des municipalités et des populations. Dans la région de Moutiers, les habitants «de toutes les communes du canton se permettent, au mépris de la loi, de couper sans permission, ni autorisation, des bois de toutes qualités, sous prétexte de leur affouage journalier et nécessaire [1]».

Aux environs d'Annecy et partout en Savoie, il en était de même; la municipalité du canton de Duingt, constatant «la coupe irrégulière et démesurée que se permettent de faire quelques citoyens sans autorisation», décide, le 9 floréal an VI, qu'à l'*avenir* elle «déterminera à chacun la quantité qu'elle autorisera de couper suivant les besoins et l'endroit où cette coupe devra avoir lieu [2]».

Il est à remarquer que c'est en l'an VI seulement, alors qu'on cherche à remédier un peu au désordre, que ces administrations cantonales signalent ces pratiques abusives vieilles déjà de plus de 5 ans. Ici encore, nulle direction, une totale anarchie.

§ 2. Le personnel de surveillance.

I. **Préposés domaniaux.** — Le titre III de la loi du 29 septembre 1791 prévoyait la nomination de gardes pris parmi les habitants du département ou parmi les anciens

[1] Arch. Tarentaise; Adm^{on} cant. Moutiers, an VI, f° 44, n° 8.
[2] Arch. H.-S., L 3/21, p. 92.

militaires, ayant un certificat de bonne conduite (art. 7). Ces préposés étaient tenus de verser un cautionnement de 300 livres (art. 11) et de prêter serment.

Comme le domaine forestier national était de date récente, il y avait à créer le personnel de surveillance. Une lettre du directeur de l'enregistrement et des domaines du 10 pluviôse an II fixe exactement la situation, un an après la mise en vigueur des lois françaises[1] ; elle est adressée aux Directoires de district :

« Je sais, dit ce fonctionnaire, qu'il n'y a point de régime forestier établi dans ce département et que les bois continuent d'être gardés par de simples gardes ou des domestiques soldés ci-devant par les maisons religieuses ou les émigrés. Je sais aussi que ces gardes sollicitent le payement de leurs gages et peut-être en avez-vous payé quelques-uns.

« Les dégradations continuelles qui se commettent dans les bois et forests nécessitent des mesures pour conserver dans ce département ce genre précieux de propriétés nationales, en attendant l'organisation définitive du régime forestier dans la République. J'estime qu'il vous conviendrait d'adopter un mode provisoire uniforme dans l'étendue de votre district. Les gardes actuels, mal payés, veillent mal aux forests. On peut les intéresser à leur conservation en adoptant le mode établi par la loi du 29 septembre 1791 qui leur attribue la moitié des amendes prononcées contre les délinquants : mais pour que ces gardes aient un caractère public, il conviendrait qu'ils fussent établis par vous en nombre suffisant et assurés d'un gage proportionné à leur arrondissement, qu'ils fussent bien choisis parmi les gens probes et reconnus patriotes, qu'ils fissent serment devant le tribunal du district... Outre la moitié (de l'amende), les gardes seraient payés par la régie des gages que vous aurez fixés par trimestre et ensuite de vos ordonnances soutenues d'un certificat de la municipalité du lieu portant que les gardes ont fait régulièrement leur service.

« Tel est le mode usité dans les autres départements : si vous l'adoptez, sauf les modifications que vous jugerez à propos d'y faire, je vous prie de me transmettre votre arrêté. »

Les districts et plus tard les cantons procédèrent à la nomination de gardes forestiers, mais les traitements [2], aussi bien que l'étendue des triages, étaient des plus variables. Ainsi, à Bernex, en Chablais, les 2 gardes nommés le 27 brumaire an II avaient à surveiller 57 hect. 94 a. 72 et recevaient un salaire annuel de 500 francs [2]. La forêt nationale de Chère de 169 hectares était également surveillée par 2 préposés avec traitememt 3/4 en froment et 1/4 de seigle en mesure d'Annecy (an IV) [3].

Par arrêté du 18 vendémiaire an V, l'administration centrale du Mont-Blanc uniformisa les traitements et fixa le salaire des gardes à « 365 francs par an, payable mois par mois [4], en espèces métalliques, mandat au cours ou valeur en denrées » par les receveurs des domaines au vu d'un certificat délivré par les municipalités que les gardes ont bien rempli leur service.

Malheureusement il s'en fallait que ce salaire de 1 franc par jour fut exactement payé. Ainsi, par exemple, les gardes de la forêt de Chère, installés depuis le 1er ni-

---

[1] Arch. Tarentaise; série I, n° 75.
[2] Arch. H.-S., L 2/40, 12 frimaire an III.
[3] Arch. H.-S., L 3/74, f° 110 v°.
[4] Arch. H.-S., L 3/20, f° 11 v°.

vôse an iv n'avaient encore rien touché de leur traitement le 1ᵉʳ ventôse an v, au bout
de 14 mois. Vainement ils avaient réclamé à la municipalité du canton de Talloires;
celle-ci avait transmis la requête au receveur des domaines qui l'avait conservée sans
faire réponse [1].

Aussi l'administration centrale du Mont-Blanc constate-t-elle, le 19 vendémiaire
an v, que la plupart des gardes ont abandonné leurs fonctions et s'efforce-t-elle d'assurer
leur payement [2]. Les municipalités de canton réduisent, de leur côté, les formalités en
n'exigeant plus que la commission des préposés et la taxation de leur salaire par
arrêté.

A la fin de l'an v, la surveillance des forêts nationales n'était donc guère mieux
assurée que leur gestion.

II. **Les gardes communaux.** — Le titre XII de la loi du 29 septembre 1791 disposait :

«Art. 1ᵉʳ. Les communautés d'habitants seront tenues de pourvoir à la conservation
de leurs bois et d'entretenir, à cet effet, le nombre de gardes nécessaires.

«Art. 2. Si une communauté négligeait d'établir un nombre suffisant de gardes ou
de leur fournir un traitement convenable, le nombre et le traitement seront réglés
par le directoire du district, à la réquisition et sur l'avis de l'inspecteur.

«Art. 3. Les communes auront le choix de leurs gardes parmi les personnes ayant
les qualités requises (pour les gardes domaniaux); mais leur choix devra être approuvé
par le conservateur et elles ne pourront les destituer sans le consentement de la conservation. Le choix sera fait par le Conseil général de la commune.

Art. 4. A défaut par les communes de faire la nomination de leurs gardes dans la
quinzaine de la vacance des places, la nomination sera déférée à la conservation.

«Art. 5. Les dits gardes fourniront un cautionnement et prêteront serment ainsi
que ceux des bois nationaux.»

Il ne semble pas que, dans les premières années qui suivirent l'annexion, les communes aient établi beaucoup de gardes pour la surveillance de leurs forêts. Pourtant,
quand le pillage des forêts communales était trop absolu, il arrivait, comme à Novel,
le 6 pluviôse an 11, que le directoire de district prescrivait à la municipalité «d'établir
un forestier à gages [3]». Mais ce n'est que vers l'an iv que l'on trouve des délibérations
proposant des candidats gardes. Ainsi, le 4 fructidor an 111, le conseil général de la
commune de Cluses, considérant «que la nomination d'un seul garde serait insuffisante pour toute l'étendue de la commune et principalement pour la déprédation des
vernes qui sont la seule ressource de la commune pour réparation de digues»,
nomme 2 gardes [4].

Ailleurs, dans le canton de Faverges, par exemple, les municipalités s'aperçoivent
que le régime de la liberté sans contrôle n'est pas sans présenter quelques inconvé-

[1] Arch. H.-S., L 3/74, p. 216 v°.
[2] Arch. S., L 1,146; Arch. Tarentaise, corr. cant. Moutiers, an vi, f° 125, 7°.
[3] Arch. H.-S.; Direc. Dist. Thonon.
[4] Arch. H.-S., L 2/21.

nients et qu'il est nécessaire de créer des gardes [1]. Une circulaire du ministre de la justice du 10 prairial an V pousse d'ailleurs à la nomination de préposés communaux, champêtres et forestiers.

Les administrations cantonales s'efforcent donc d'avoir un personnel de surveillance pour les forêts communales. Quant aux gardes mixtes, l'administration centrale du département montre peu d'empressement à nommer les candidats présentés par les municipalités : des propositions faites en thermidor an IV ne sont pas encore sanctionnées en pluviôse an V, Mais le nombre, le traitement, l'importance des triages des gardes varient dans des proportions extraordinaires.

Le garde de Chevaline a la surveillance de 600 hectares de bois communaux en montagne pour un salaire annuel de 80 francs; celui de Doussard, pour un même travail (634 hectares tout voisins), reçoit 120 francs; celui de Cons-Sainte-Colombe, toujours dans la même région, n'a que 73 hectares de bois et un traitement de 200 francs par an. En Tarentaise, la rémunération des préposés devient dérisoire : le 1er nivôse an IV, la municipalité cantonale de Moutiers approuve « la nomination de 2 gardes-forêts à Saint-Marcel au salaire annuel de 5 livres»; les bois à surveiller ont 265 hectares. En pluviôse, elle agrée les 3 gardes de Hautecour pour 462 hectares, «sous le traitement ordinaire payé en nature par les possédans fonds, le garde de Salins au traitement annuel de 7 livres en numéraires» pour une surface boisée de 100 hectares, les deux gardes des Avanchers pour 456 hectares «au salaire annuel de 7 livres 4 sols [2]».

Dans le Genevois, fréquemment les préposés n'ont pour traitement qu'une quote part du chiffre des amendes, ordinairement la moitié (Sevrier, Naves, Épagny); on trouve aussi, comme à Annecy-le-Vieux, un salaire fixe, 20 sols par jour, mais à percevoir sur le montant des amendes [3].

Mais la tendance générale est de nommer plusieurs gardes, même quand les massifs sont peu étendus : à Ayse, il y a trois gardes pour 240 hectares; à la Côte d'Hyot, il y en a 4 pour 32 hectares[4]. On satisfait la vanité plutôt que les appétits des principaux du pays. Et c'est d'autant plus vrai que les gardes communaux ne sont pas mieux, ni plus régulièrement payés que les domaniaux.

Aussi qu'arrive-t-il fatalement? Pour vivre, les préposés sont obligés de se livrer à d'autres occupations ou de fermer les yeux quand le délinquant sait reconnaître cette complaisance. Ainsi, en prairial an VI, les municipalités cantonales sont-elles amenées à révoquer les gardes de Doussard, de Saint-Jorioz, etc. [5]... En frimaire précédent, des gardes de Saint-Jorioz avaient vainement réclamé leurs salaires d'un semestre; la municipalité d'Annecy. prétendant leur mauvais service, s'y était refusée.

Avec ces prix de famine, il n'était pas commode de trouver pour l'emploi de garde des gens absolument sûrs. Les Commissaires du Directoire exécutif ont beau presser les municipalités de présenter des candidats, on voit à Annecy l'administration répondre, le 15 messidor an IV, que «les efforts faits ont été infructueux... parce qu'aucun ci-

[1] Arch. H.-S., L 3/34, 11 floréal an IV.
[2] Arch. Tarentaise, Délib. cant. Moutiers, p. 46, 75, 79, 102.
[3] Arch. H.-S., L 3/6.
[4] Arch. H.-S., Délib. cant. Bonneville, 29 messidor an IV.
[5] Arch. H.-S., L 3/21, passim.

toyen n'a voulu accepter la place de garde-champêtre et forestier [1]». Au bout d'un an, nouvelle instance des agents du pouvoir central; le 17 thermidor an v, la même municipalité fournit des noms, mais les candidats désignés se récusent, celui-ci comme assesseur du juge de paix, celui-là comme ne sachant lire ni écrire [2]. D'autres, bien qu'illettrés, avaient moins de vergogne et acceptaient les fonctions de garde : ce n'étaient pas les moins nombreux [2].

Cependant il ne manquait pas d'esprits perspicaces pour voir d'où venait le mal et, le 22 messidor an iv, un des membres de la municipalité de Talloires fit observer que le meilleur moyen pour remédier à la multiplication des délits était d'«accorder aux gardes champêtres et forestiers une récompense conforme aux peines que cette charge leur impose, que la majeure partie de ceux nommés ne daignent pas continuer leurs fonctions soit parce qu'on ne punit pas les dénoncés, soit parce qu'ils ne jouissent d'aucun salaire [3]». Mais il fallait trouver le moyen de payer les gardes et, avec la pauvreté des communes, ce n'était pas chose facile. De là l'imputation du salaire sur les amendes : c'était bien aléatoire, surtout avec des délinquants insolvables.

La Municipalité cantonale de Moutiers proposa une solution plus pratique. Le 22 messidor an v, après avoir reconnu «que, quoiqu'il y ait des gardes forestiers et champêtres établis dans toutes les communes du canton, la modicité du traitement qui leur a été fixé ne leur permet pas de donner tous les soins qu'exige l'importance de ces fonctions», elle arrêta ce qui suit : ...« 2° pour fournir au payement du gage des gardes forestiers, il sera payé au percepteur de la commune 12 sols pour la coupe de chaque plante de bois dans les forêts communales par les cottisés et 2 livres pour les non cottisés dans la commune; et 2 livres par les cottisés pour chaque toise de bois mort pour l'affouage et 4 livres pour chaque toise par les non cottisés.»

Les traitements de l'an iv sont relevés fortement, tout en demeurant très minimes, au lieu d'être de 5 à 7 francs, ils varient maintenant de 6 à 24 francs et sont de 2 à 4 fois plus forts que ceux des gardes champêtres [4].

Ces embarras financiers vont être le boulet que traînera l'administration forestière dans l'organisation et le fonctionnement de la surveillance des bois communaux.

Chose à noter, toutes les nominations de gardes communaux étaient faites en application de la loi du 6 octobre 1791 sur la police rurale et nullement en vertu de la loi du 29 septembre 1791.

De l'ordonnance de 1669, il n'est jamais question.

Ainsi donc, au moment où va être assis le régime forestier en Savoie, le personnel des préposés est très incomplet, composé en grande partie d'illettrés et, spécialement pour les communaux, d'hommes besogneux, qu'un traitement de famine amène à délaisser ou à négliger leurs fonctions pour vivre, quand il ne les dispose pas aux pires compromissions.

Il n'est, d'ailleurs, question nulle part d'uniforme, ni d'équipement pour les gardes.

[1] Arch. H.-S., L 5/3. p. 72, 129, 183, 185.
[2] Arch. H.-S., L 3/74, p. 110 v°.
[3] Arch. H.-S., L 3/74, p. 103.
[4] Arch. Tarentaise, Délib. cant. Moutiers, an v, f° 188 v°.

§ 3. Délimitations, bornage, aménagement.

I. Forêts nationales. — On a vu plus haut, au Chapitre III, la constitution du domaine forestier national qui commença aussitôt à se démembrer en vertu de la loi du 31 juillet 1792 et de celle du 2 nivôse an IV. Les fermiers des couvents, ceux des émigrés, les acquéreurs des biens ruraux, sans compter les riverains, essayèrent soit d'arrondir leurs domaines, soit d'augmenter leurs revenus par des exploitations illicites : l'absence de tout plan, de toute délimitation lors de ces ventes favorisa grandement les usurpations.

L'inexistence d'un personnel forestier, agents, arpenteurs et gardes, empêcha de marquer de suite les limites des massifs que l'État venait de s'approprier.

II. Forêts communales. — Pour les forêts communales la situation n'était pas différente et les délits, les empiétements, les usurpations et défrichements en réduisirent singulièrement la densité et la surface.

Jusqu'en l'an V l'incertitude des limites, les exploitations pour la marine, pour l'armée, pour les usines, les coupes d'affouage, de bois d'œuvre faites fréquemment sans aucune autorisation et toujours sans contrôle, bouleversèrent les aménagements rudimentaires, là où il en avait existé et l'idée de réglementer pour l'avenir les massifs savoyards, domaniaux ou communaux, si elle fut exprimée parfois, n'entra jamais dans la pratique.

§ 4. Coupes et exploitations.

I. Forêts domaniales. — C'était tantôt le Directoire du département et tantôt celui du district qui ordonnait les coupes. Parfois, l'arrêté spécifie que l'exploitation se fera dans les lieux et de la manière usitée par le précédent propriétaire, c'est le cas notamment pour les forêts d'origine ecclésiastique dont les produits alimentaient en combustible les usines à fer [1].

Mais les Assemblées locales ignorant tout de la gestion forestière non moins que de la consistance des peuplements nomment assez souvent «des commissaires experts pour donner des instructions sur les bois et forêts qui existent» dans les divers cantons. Ces délégués sont «chargés de dresser l'état des bois à mettre en coupe, en l'assistance d'un officier municipal de la commune dans l'arrondissement de laquelle ils se trouvent. Pour faciliter et hâter leurs opérations, il leur sera donné quelques renseignements sur la situation et la contenance des bois à mettre en coupe [2]».

Il arrive aussi que le Directoire s'adresse aux cantons, aux communes, pour obtenir les renseignements voulus pour les ventes. «Il est indispensable, écrit celui de Thonon le 16 fructidor an II, que vous fassiez connaître le nombre d'arpents à mettre en coupe approximativement. Il suffira que vous le désigniez par 1/4. 1/2 ou le total de la forêt; dans la colonne des ressources vous désignerez le plus approximativement possible, dans l'article Construction, la quantité des bois propres à la marine, à la charpente, char-

---

[1] Arch. S., L 29, 1ᵉʳ juin 1793. Arch. H.-S., L 2/43, p. 2 v°.
[2] Arch. H.-S., distr. Thonon, 9 fruct. an II.

ronnage, menuiserie; pour le chauffage, vous indiquerez à peu près la quantité de
bûches ou de fagots que l'on peut tirer de la forêt. Le fayard et le chêne peut se porter
par douzaine de perches ou par moules ou cordes qui peuvent être façonnés dans la
forêt, soit sapin, soit hêtre, soit chêne, l'âge de la coupe [1]. »

Cette énumération donne une idée des renseignements qui étayaient l'estimation de
la coupe : mais ces évaluations ne reposant sur aucun comptage, aucune mensuration,
étaient purement oculaires. A l'origine, le juge de paix était commis pour recevoir les
déclarations des experts : après nivôse an III, ce fut le receveur des domaines qui intervint dans la détermination de la valeur des produits.

Une fois ces données obtenues, le Directoire divisait les forêts en lots et on vendait
aux enchères. Les adjudications étaient faites à la diligence du service de l'enregistrement et des domaines.

Mais il ne semble pas qu'à part les bois réservés pour la marine aucun arbre ait été
martelé soit en délivrance, soit en réserve. On ne prescrivait guère que le maintien des
sujets de fortes dimensions « qui servent de limites aux forêts et qui ne doivent point
être coupés, ni écimés [2] ».

Les fermiers des domaines ruraux nationalisés en même temps que les forêts avaient
le droit de s'approvisionner de bois morts dans les terrains de l'État, mais il leur était
interdit de couper aucun arbre vif; pour l'entretien et la réparation de leurs bâtiments,
abreuvoirs, ils devaient solliciter un arrêté du Directoire et faire l'abatage des pièces
accordées — déterminées par leur longueur et leur diamètre — en présence de l'agent
national de la commune et du receveur de l'enregistrement [3].

Rien n'indique qu'il ait été procédé à des récolements de coupes vendues ou délivrées.

II. Forêts communales.

— On a vu plus haut que, jusqu'en l'an IV, les forêts com-
munales étaient considérées comme les biens de tous; chacun s'y fournissait librement
d'affouage et de bois d'œuvre. Aussi les peuplements s'appauvrissaient-ils rapidement et
les municipalités menacées par la disette de bois de feu et de construction finirent-elles
par se souvenir au moins des anciens règlements.

Pour l'exploitation des taillis, on laissa les choses aller sans grand contrôle; il suffisait que ceux qui voulaient « prendre leur affouage dans les bois communaux ou pour
cuisson de pain en fissent aviser l'agent de leur commune, qui donnait certificat de la
quantité qu'il est dans le cas de consumer et, sur le visa de ce certificat, l'administration accordait la permission requise». Mais pour les arbres de futaie, on revint à la
pratique instituée par les Royales Constitutions de 1770, livre 6, titre 9, art. 12. Les
administrations cantonales exigèrent de tout particulier ayant besoin « de bois à bâtir »
une demande qui serait examinée «par un expert charpentier qui fera son rapport en
l'assistance de l'agent municipal du lieu où habitera le nécessiteux [4] ».

Malgré cette précaution, les permissionnaires «usent de fraude en faisant couper le
double des pièces qui excède leur besoin». On voit alors certaines municipalités cantonales, comme celle de Faverges, édicter des mesures qui rappellent les pratiques

[1] Arch. H.-S., L 2/44.
[2] Arch. H.-S., L 2/43, p. 2 v°.
[3] Arch. S., Q. 97.
[4] Arch. H.-S., L 3/20. p. 85. Arch. Tarentaise, corr. canton Moutiers an VI, f° 132 v°, n° 9.

forestières françaises : le 11 floréal an IV, cette dernière assemblée prend l'arrêté suivant :

«Il sera nommé un citoyen probe et reconnu tel par ses vie et mœurs, qui, après avoir prêté serment en tel cas requis, se transportera avec le pétitionnaire dans la montagne où ils voudront couper les pièces de bois qu'ils demandent et marquer les pièces qu'ils choisissent de la lettre F, avec un fer qui lui sera remis et qui portera cette empreinte; et toutes les pièces qui seront abattues sans cette empreinte seront confisquées et l'infracteur tenu au payement de l'amende portée par la loi [1].» Ici c'était le requérant qui choisissait ce qui lui convenait, ailleurs c'était le garde qui désignait les sujets à abattre.

En certaines forêts, le nombre des arbres exploités et laissés sur place était tel que la municipalité commence par les délivrer aux pétitionnaires avant d'autoriser des exploitations nouvelles [2].

En dépit des prescriptions les abus continuent et on voit à Talloires, à Montmin, les concessionnaires de bois prendre dans les forêts communales et vendre les arbres qui leur ont été délivrés au lieu de les employer : de là de nouveaux arrêtés interdisant cette pratique [3].

De récolements, il n'est jamais question.

§ 5. Bois pour l'armée et la marine.

I. **Bois pour l'armée.** — Les opérations militaires qui suivirent l'occupation de la Savoie par l'armée française amenèrent le stationnement de troupes assez nombreuses dans les diverses vallées de la région : il fallut naturellement fournir aux divers détachements le bois de feu nécessaire, sans compter les abatis et défenses en bois de tous genres établis sur le front, en face de l'ennemi.

La fourniture de ces bois fut donnée par adjudication publique dès le 25 janvier 1793. Parmi les conditions portées au cahier des charges, il faut retenir les suivantes :

«La fourniture commencera le 1er janvier 1793 et finira le 31 décembre de la même année. L'entrepreneur fournira tout le bois nécessaire aux troupes qui se trouveront dans le département du Mont-Blanc, soit dans les camps, cantonnements, garnisons ou quartiers qu'elles occuperont. Il fournira également le bois de chauffage qui lui sera demandé par les diverses administrations de l'armée comme le général, le commissaire ordonnateur, les hôpitaux et autres, dans tous les établissements qui seront formés dans le département.

«Le bois sera dur; dans cette dénomination seront compris le bois de châtaignier et, dans les endroits où l'entrepreneur fournira du bois doux, il en donnera 1/6 de plus en compensation, sans augmentation de prix.

«Le bois sera fourni aux troupes à raison de 5 cordes 1/3 pour 100 hommes pendant 30 jours d'hiver, faisant 2/1125 de corde par homme et par jour et 2 cordes 1/3 également pour 100 hommes pendant 30 jours d'été, faisant 7/9000 de corde par homme

[1] Arch. H.-S., L 3/34, p. 85. Arch. Tarentaise, corr. canton Moutiers, an VI, f° 132 v°, n° 9.
[2] Arch. Tarentaise, corr. canton Moutiers, an IV, f° 210, n° 11.
[3] Arch. H.-S., L 3/74; p. 349, 386 v°. Arch. Tarentaise, corr. canton Moutiers, an VI, f° 44, n° 8.

et par jour. Chaque corde aura 8 pieds de couche sur 4 pieds de hauteur et la bûche 3 pieds 6 pouces de longueur, ce qui donne 112 pieds cubes par corde [1]. Il sera compté pour le chauffage des troupes qui séjourneront dans l'étendue du département du Mont-Blanc 6 mois d'hiver qui commenceront au 16 octobre. »

. Le prix de la corde, d'après le procès-verbal d'adjudication, était de 51 livres [2]. Les quantités de bois variaient donc suivant les effectifs et ce ne devait pas être une mince tâche que d'assurer ces fournitures. Dès le mois d'avril 1793, les adjudicataires demandent au Directoire du département d'inviter les communes et particuliers propriétaires de bois à les leur vendre de gré à gré ou à dire d'expert : mais les administrateurs du Mont-Blanc passèrent à l'ordre du jour [3].

A l'expiration du premier marché, le Directoire du Mont-Blanc se préoccupa d'assurer à partir du 13 nivôse an II (1er janvier 1794) la fourniture de bois aux troupes et, le 8 frimaire, il prit l'arrêté suivant, très caractéristique de l'époque [4] :

« L'Administration, considérant que le traité des fournisseurs du bois de chauffage pour la troupe expire au 12 nivôse prochain, qu'il importe de former des approvisionnements pour assurer une fourniture aussi importante et que les représentants du peuple ont même expressément chargé le conseil de faire verser dans les magasins de l'armée une quantité suffisante de bois pour les besoins de l'armée pendant cet hyver;

« Considérant qu'il intéresse de conserver les forêts nationales, qu'on peut facilement remplir l'objet de la fourniture dont il s'agit en abattant les bois de luxe qui formaient les avenues ou les promenades des maisons des ci-devant privilégiés et des riches et qu'on rendra ainsi à l'agriculture un terrain que réclame le pauvre, arrête :

« ART. 1er. La fourniture des bois de chauffage pour l'armée sera faite au moyen des bois de luxe existant dans les biens nationaux ecclésiastiques, ceux des émigrés et des absents; sont cependant exceptés les bois qui forment les promenades publiques.

« ART. 2. Les Administrations de district dans le ressort desquelles ne se trouverait pas une quantité de bois de la qualité sus-énoncée suffisante pour la consommation des troupes sont autorisées à faire abbattre les bois de luxe des particuliers, quoique non-absens de la République, après avoir cependant épuisé les bois de luxe ci-dessus mentionnés. .

« ART. 3. En cas d'insuffisance de ces bois pour la dite fourniture, on aura recours pour la continuer à la coupe des forêts nationales.

« ART. 4. Les administrations de district mettront de suite à l'enchère, au rabais, la coupe desdits bois dans l'ordre ci-devant expliqué . . . Elles feront faire l'estimation de ces bois avant leur versement dans les magasins militaires.

« ART. 5. Il sera mis en condition dans les enchères que les bois dont la coupe est ordonnée seront déracinés par l'entrepreneur à l'effet que le terrain qu'ils occupent puisse, de suite, être soumis à culture [5]. »

[1] Soit 3 st. 839.
[2] Arch. S., L 24.
[3] Arch. S., L 27.
[4] Arch. S., L 32, f° 18 r°.
[5] Arch. S., L 32, f° 18 v°.

C'était une idée peu heureuse que de réduire en bois de feu des futaies souvent vénérables qui eussent pu donner du bois d'œuvre d'une bien autre valeur; que de dépouiller de leur ornement le plus beau des vieilles demeures qu'on allait mettre en vente et qui se trouvaient ainsi dépréciées; que d'exproprier des particuliers non émigrés, dont le seul tort était de n'être pas chez eux à ce moment-là.

L'année suivante, ce sont les directoires de district qui doivent s'occuper d'assurer la fourniture du bois pour les troupes et ces directoires se déchargèrent de ce soin sur les municipalités. Mais ces administrations locales, tout en voulant appliquer l'arrêté du département du 8 frimaire an II, éprouvent cependant des difficultés provenant soit du défaut de main-d'œuvre, soit de la nécessité de conserver du combustible pour la population. De là des réclamations du directeur des subsistances militaires du Mont-Blanc : ainsi Carouge voudrait réserver pour les habitants les forêts nationales les plus proches et du parcours le plus facile et faire exploiter pour l'armée les bois les plus éloignés. Naturellement aussi les régisseurs militaires protestent auprès du département, représentent que le district accordant ces facilités aux communes «par préférence à l'agence des subsistances militaires, le trésor national est lésé parce qu'il sera obligé de payer à un plus haut prix les bois qui lui seront indiqués à une plus grande distance ou de plus difficile exploitation [1]».

Ailleurs, à Cervens, à Fessy, à Lully, à Larringes, etc., les municipalités ont été autorisées par le district à réquisitionner des ouvriers bûcherons pour l'abatage de ces bois [2].

Les quantités de bois à fournir ainsi à l'armée étaient loin d'être négligeables : pour l'an III, il fallut livrer 3,000 cordes de bois, 11,500 m³.

II. **Bois de Marine.** — Le 10 février 1793, le général Kellermann, commandant l'armée des Alpes à Chambéry, transmet à la commission provisoire d'administration du Mont-Blanc une lettre du ministre de la Marine demandant des renseignements «sur les forests qui existent dans le district de Maurienne, près de Modane et de Bramant et qui offrent des pins sylvestres d'une hauteur remarquable.

«La discussion ouverte, un membre propose que le citoyen Marcoz, médecin à Saint-Jean-de-Maurienne et versé dans l'histoire naturelle, soit commis pour fournir les instructions demandées et qu'à cet effet il lui soit adressé copie de la lettre du général et de la ditte notte; un autre propose que le citoyen Decret, maire de Bonneville, soit en même temps commis pour donner des instructions sur les bois de la nature demandée et autres propres à la marine qui pourroient exister dans le district du Faucigny et sur la nature et les frais de transport et qu'il lui soit de même adressé copie des dites lettres et nottes.

«Un autre propose que le ministre de la marine soit, en même temps, avisé qu'il existe à Ripaille, domaine national, une forest de bois chesne très propre à la marine et d'une exploitation très facile par sa position au bord du lac Léman; un autre membre propose que le ministre de la marine soit avisé que si l'on coupoit cette forest en tout ou partie, ce domaine national seroit considérablement déprisé, en cas de vente.

[1] Arch. S., L 35, f° 91-93.
[2] Arch. H.-S., L 2/40 passim.
[3] Arch. S., L 25, f° 18 v°.

« Le procureur général syndic requiert que les commissaires nommés donnent en même temps toutes instructions sur les localités et convenances relativement aux bois qu'ils indiqueront ». Ces propositions furent adoptées le 13 février 1793.

En fructidor an II, les districts demandèrent aux municipalités d'indiquer les quantités de bois propres à la marine [1]. Aussi les agents de la marine ne tardèrent-ils pas à venir dans le Mont-Blanc prélever les arbres à leur convenance.

Le 15 ventôse an III, on adjugeait à Annecy le transport par terre et par eau de 491 pièces de chêne équarries et de 1,200 sapins qui devaient être rendus par terre jusqu'au port du Puer, sur le lac du Bourget, et de là, par eau, jusqu'à Arles. Les chênes provenaient des communes ci-après : Épagny, 2 ; Poisy, 24 ; Lovagny, 12 ; Chavanod, 226 ; Alby, 1 ; Seynod, 72 ; Vieugy, 34 ; Montagny, 24 ; Chapéry, 35 ; Viuz-la-Chiésaz, 7 ; Saint-Félix, 19. A Ripaille, cette même année, la marine extrait 500 chênes qu'exploitent 10 charpentiers réquisitionnés dans les communes voisines et payés 12 francs par jour et couchés au couvent [2].

Il convient de noter que l'estimation de la valeur de ces arbres, chênes ou sapins, avait été faite par des experts nommés par le district, « sans se transporter sur les lieux et conséquemment très à l'aveuglette ». D'autre part, « les ouvriers occupés à la coupe et écarrissage desdits arbres n'en ont point tiré le parti qu'ils auraient pu : plusieurs de ces arbres auraient pu former plusieurs pièces, tandis que, par un écarrissage outré, chaque arbre n'a donné qu'une pièce, ce qui a été une perte réelle pour la République et pour le particulier... Les agents de la Marine, pour opérer plus facilement, ne se sont pas gênés de réduire telle ou telle pièce de 20 ou 25 pieds cubes tandis qu'ils auraient pu en tirer 30 ou 35... Presque tous les arbres ont été coupés à 2 ou 3 pieds au-dessus de terre [3] ». Un arbre équarri de 35 pieds cubes vaut en unité métrique 1 m. 32, ce qui représente en grume $\frac{1.2}{0,7854} = 1$ m^3 527, non compris les houppiers. Les chênes de Savoie n'étaient donc pas négligeables.

Comme les amateurs de bois abattus et équarris ne manquaient pas, des vols de ces arbres destinés à la marine se produisirent, notamment dans la région d'Annecy. L'Administration du département, informée de ces rapts par le maître charpentier de la marine, décida, le 7 thermidor an III, que la municipalité de la commune assisterait au martelage et qu'elle serait chargée de la surveillance des bois de marine pris dans les forêts publiques ; c'était le propriétaire qui avait cette garde pour les arbres marqués par la marine dans ses propres forêts [4].

§ 6. Affectations spéciales des forêts.

I. **Minière de Peisey.** — Le 10 décembre 1792, une poche d'eau inonda les galeries de la minière de Peisey et y provoqua un éboulement [5]. Les travaux se trouvèrent paralysés en partie et l'entreprise vécut sur les approvisionnements pendant quelques mois. Le 21 mai 1794, les citoyens Boutron et Millioz, chargés de l'exploi-

[1] Arch. H.-S., distr. Thonon.
[2] Arch. H.-S., L 2/40.
[3] Arch. H.-S., L 3/5, p. 31.
[4] Arch. S., L 37, f° 74.
[5] VERNEILH, Statistique du Mont-Blanc, p. 502.

tation, se présentèrent devant le Conseil général du département et exposèrent qu'ils ne pouvaient plus continuer, «vu que la plupart des ouvriers se sont retirés, que les bois et charbons manquent, que les municipalités du territoire desquelles on tirait ces objets indispensables aux travaux s'opposent à ce qu'on y coupe aucun bois et qu'on en extraise des charbons et ils demandaient que l'administration prenne des mesures promptes pour donner cours aux opérations de la dite minière».

«Ouï ce rapport, le Conseil général, considérant que l'intérêt de la République entière sollicite impérieusement la continuation de cet établissement autant utile par son produit que par sa durée qu'annonce l'exploitation du minéral,

«Arrête qu'il sera nommé un Commissaire qui se rendra à la minière de Peisey, prendra sur les lieux toutes les notices nécessaires sur son état et ses besoins, avec pouvoir de... donner les dispositions que le cas exigera pour approvisionner la fabrique de toutes les matières, de la pourvoir d'ouvriers et d'intimer des ordres aux municipalités du territoire desquelles on était en coutume de tirer les bois et les charbons d'en laisser jouir, comme par le passé, les Directeurs de la minière sans indemnité [1]».

Il faut croire que cette mesure ne suffit pas car, onze mois plus tard, on l'a vu (p. 269), le Conseil général ordonne l'exploitation en régie de la minière désormais nationalisée et la création d'un inspecteur aux bois (19 brumaire an II). Il ne paraît pas que cet inspecteur ait jamais été créé puisque, le 5 prairial suivant, le Directoire du département informé «du peu d'économie et de régularité qui s'opèrent dans la coupe des bois qui servent à l'exploitation de la minière de Peisey et des salines de Montsalin [2] et de Conflans..., arrête que le district de Montsalin nommera sans retard un commissaire chargé de faire sa visite des forêts qui servent et peuvent servir à l'exploitation de la dite minière et des dites salines [3]».

Le district désigna deux commissaires, les citoyens Fondruel et Crose, qui visitèrent les forêts de Macôt avec les délégués de la commune, le 23 prairial an II. Ils ne trouvèrent guère d'exploitables que le canton des Frasses, le bas du canton de Cavart. On avait extrait de cette forêt pour la minière, dans les 30 dernières année, 102,433 charges de charbon et 1,474 toises de bois, soit au total 11,717 toises des salines, ou 84,400 stères représentant une coupe annuelle de 2,813 stères.

En outre, on extrayait pour les réfections ou l'entretien des bâtiments dans la commune 982 arbres en moyenne par an [4].

Mais, malgré tout, la prospérité des établissements de Peisey déclinait rapidement.

II. **Salines de Tarentaise.** — Propriété royale, les salines de Tarentaise tombèrent comme la forêt de Mandallaz dans le domaine national. En 1792, celles du roc d'Arbonne étaient affermées à une société bernoise [5].

La Commission provisoire d'administration des Allobroges, avant de statuer «sur l'entretien ou la suppression des salines de Moutiers et Conflans», décida de nommer deux experts, l'un instruit dans l'analyse de la chimie, l'autre dans l'économie des bois, l'architecture et l'hydraulique.

[1] Arch. S., L 28.
[2] Nom révolutionnaire de Moutiers.
[3] Arch. S., L 34, f° 7 v°.
[4] Arch. Tarentaise, série I, n° 74.
[5] VERNEILH, *Statistique du Mont-Blanc*, p. 475.

« L'expert architecte rapportera sur le montant de l'entretien des bâtiments des salines, de leurs artifices et ustensiles, des digues et chaussées qui y amènent l'eau salée
et autres dépendances, sur le plus ou moins grand éloignement des bois..., sur l'em-
ploy qu'on pourrait faire des bâtiments des salines, le parti qu'on pouvait tirer des
terres qui en dépendent, des artifices qui y sont construits et surtout les avantages
locaux qu'ils peuvent présenter.

« L'expert chymiste rapportera sur le mérite et la qualité du sel des 2 salines, tant
singulièrement que comparativement au sel de Pekey et à celui tiré du rocher d'Arbonne; s'il est ou non avantageux d'exploiter la matrice pour la rendre en sel d'usage;
les 2 experts examineront si les Suisses s'occupent à l'extraction du sel de la Roche
d'Arbonne, par quelle voye et préparation, ils le rendent parfait. »

Le citoyen Garella est nommé expert-architecte et le citoyen Boisset, médecin,
expert-chimiste. Ensuite de son refus, le Dr Boisset fut remplacé par Lard, apothicaire
à Chambéry, le 4 décembre 1792. L'architecte Garella était connu par ses études sur
l'endiguement de l'Isère, de l'Arve et ses travaux hydrauliques.

Il fut décidé que l'on continuerait en régie l'exploitation des salines de Moutiers et
de Conflans; mais en l'an III, en répondant au questionnaire du Comité du salut public,
Villat constate que l'exploitation de la minière de Peisey « sera toujours contraire par la
coupe des bois nécessaires aux sallines de Moutiers. Deux exploitations à feu, semblables à celles-cy, doivent sans cesse être en opposition, parce que toutes les deux
ont besoin de beaucoup de bois que les montagnes ne peuvent fournir à cause du défaut
d'ordre qui règne dans les couppes ».

On fut bien obligé d'en revenir au partage des forêts comme avant la Révolution et,
le 11 nivôse an V, l'administration centrale du département prescrivit de fixer et délimiter les parties des forêts communales de Longefoy et de N.-D.-du-Pré à réserver pour
l'usage des salines. Mais l'architecte des salines et l'arpenteur nommé durent surseoir
à l'opération à cause de la neige : il fallut attendre au 8 floréal suivant. Cependant
divers habitants de N.-D.-du-Pré firent opposition à ce travail, en prétendant que les
cantons qui avaient été autrefois assignés aux salines étaient maintenant exploités et
qu'il n'y avait pas lieu d'en prendre d'autres.

Les adjudicataires de la fourniture de bois ne pouvant se procurer les arbres nécessaires s'adressent, le 3 prairial an V, à la municipalité du canton de Moutiers et demandent l'autorisation de prendre leur contingent dans les forêts nationales de Villarlurin; mais cette assemblée ne voulut pas entrer dans ces vues [1].

L'année suivante, le fournisseur des salines acheta à divers propriétaires de Hautecour « des bois raboux gris » et se disposait à les faire abattre quand les gardes-forêts de
la commune l'en empêchèrent. Le 15 prairial an VI, ce marchand recourt encore à la
municipalité du canton de Moutiers qui autorise l'exploitation et décide de prendre le
surplus dans la forêt communale de Hautecour [2].

On ne comprendrait pas pourquoi les gardes de Hautecour se sont opposés aux coupes
dans les forêts des habitants, contrairement aux dispositions de l'article 6 du titre Ier
de la loi du 29 septembre 1791 qui rendait la libre administration de leurs forêts aux
simples propriétaires, si l'on ne se rappelait qu'en Tarentaise l'édit du 2 mai 1760

[1] Arch. Tarentaise, canton de Moutiers, an V, f° 68, 76 v°, 141 v°, f° 215.
[2] Arch. Tarentaise, canton de Moutiers, an VI, f° 122.

interdisait toute exploitation de bois, même aux particuliers, sans la permission de l'intendant. Cet enchevêtrement de la législation sarde avec la française sans qu'aucune autorité intervint est une nouvelle preuve de l'état d'anarchie forestière du moment.

Les quantités de bois livrées aux salines ont été [1] :

		TOISES.
An i de la République..........................		466
An ii	....	129
An iii	....	559 à 2ᶠ68 = 1,500ᶠ
An iv	....	390 à 55ᶠ l'une.
An v	....	315

En outre, il a été fourni 24 quintaux de charbon à 3 francs l'un.

La société bernoise à qui avait été louée pour une durée de 50 ans l'exploitation du Roc salé d'Arbonne avait reçu le droit de « prendre dans les forêts, moyennant payement, tous les bois nécessaires pour la bâtisse. Elle ne pouvait employer annuellement pour la fabrication du sel que 100 cordes de bois et, pour le surplus, elle devait se servir de houille... Il lui était permis d'acenser et même d'acheter les communaux pour y faire des plantations en bois et s'en servir à la fabrication du sel [2] ».

III. **Forêts de protection.** — Bien que la législation française fut muette sur les forêts de protection, la nécessité de maintenir ces massifs pour la sécurité des villages et des routes amena à continuer les errements anciens.

Les municipalités rappellent les décisions antérieures, font valoir que les raisons qui avaient amené les intendants à prononcer le bannissement d'une forêt subsistent toujours : le directoire de district ou le canton prend alors un arrêté ordonnant « que les délibérations et déterminations citées recevront leur pleine et entière exécution et seront de nouveau lues, publiées pour être exécutées [3] ».

IV. **Projets d'affectations diverses.** — La minière de fer spathique de Saint-Georges, d'Hurtières, en Maurienne, alimentait 10 hauts fourneaux. Aussi, pour assurer la production de la fonte, le Directoire du département, prit-il, le 21 brumaire an iii, un arrêté prescrivant de mettre en coupes réglées les bois communaux de Saint-Georges d'Hurtières et de Montgilbert; « il en sera assigné les parties nécessaires pour le strict affouage des particuliers de ces communes et le grillage de la mine. » On a vu plus haut que ce même arrêté créait un inspecteur forestier aux frais de la minière : il instituait de plus 2 postes de gardes forestiers avec traitement de 500 francs payable, moitié par la commune de Saint-Georges-d'Hurtières sur les amendes et dommages-intérêts prononcés pour les délits constatés, moitié par la minière.

Peut-être les municipalités intéressées protestèrent-elles contre ces affectations, peut-être les propriétaires de la mine se refusèrent-ils à payer des fonctionnaires dont ils s'étaient passés jusqu'alors, toujours est-il qu'il ne fut plus question de créer ce droit

[1] Arch. Tarentaise, canton de Moutiers, an iv, fᵉ 161; an v, fᵉ 106.
[2] Arch. Tarentaise, canton de Moutiers, an v, fᵉ 35, art 16.
[3] Arch. Tarentaise, canton de Moutiers, an iv, fᵉ 265, nᵒ 15.

spécial d'affouage industriel en faveur des établissements métallurgiques des Hurtières. Ici encore il y a une réminiscence de l'état de choses créé en Tarentaise par l'édit du 2 mai 1760 : le passé, la tradition, la coutume s'imposent, malgré tout, au présent.

§ 7. LES DROITS D'USAGE.

C'était principalement dans les forêts domaniales que ces droits avaient une grande importance et on trouve dans le chapitre III précédent l'historique des revendications et de l'assiette de ces droits dans les bois de l'État.

Il reste simplement à rechercher comment s'exerçait le pâturage dans les forêts communales. Le parcours n'y est pas à proprement parler un droit d'usage; c'est un des modes du *jus utendi* de la collectivité propriétaire. On ne trouve aucune restriction à la faculté qu'avaient les communiers d'envoyer leur bétail dans les forêts : de même que les habitants prenaient à leur convenance l'affouage dans les massifs communaux, de même ils y envoyaient, sans contrôle, grands et petits animaux.

Le troupeau savoyard semble s'être augmenté au début de la Révolution (voir p. 141, 142) : en l'an III, on estimait, au bas mot, l'importance du cheptel à 40,000 bœufs, 126,000 vaches, 60,000 veaux de boucherie et 20,000 veaux d'élevage, soit 246,000 bovins; à 540,000 moutons et brebis; à environ 2,000 chevaux et mulets [1]. On ne trouve aucune évaluation du nombre des chèvres; il y a d'autant plus lieu de le remarquer que ce nombre s'était considérablement accru. Les plaintes qui s'élèvent de toutes parts contre les ravages de ces animaux, portées devant les administrateurs du département et des districts, en sont la meilleure preuve [2]. Certaines municipalités vont même jusqu'à la proscription totale : cette exagération même démontre la gravité du mal. La chèvre est partout, dans les champs, dans les vignes aussi bien qu'en forêt; on presse le département de prendre des règlements. Dans les cantons de Duingt, de Sillingy, de Doussard [3], de Saint-Thibaud-de-Couz, dans les Beauges, tout le monde dénonce le danger. Voici ce que dit une municipalité : «Les chèvres se sont accrues en si grand nombre dans diverses communes de ce canton et causent de tels dommages qu'elles sont la ruine totale des bois, tant particuliers que communaux, et s'il n'est pris les mesures les plus sévères à ce sujet, les bois et forêts tant particuliers que communaux et nationaux sont menacés d'un dépérissement total.»

Dans sa réponse au questionnaire du Comité de Salut public, Villat, secrétaire du directoire du Mont-Blanc, n'est pas moins catégorique, et à deux reprises, sous les articles 51 et 74, il signale qu'aux forêts ont succédé des broussailles «journalièrement détruites par le fascinage et le pâturage».

Il y avait pourtant des lois qui permettaient de réprimer ces abus, l'Ordonnance de 1669, la loi du 29 septembre 1791, titre XII, art. 16 : mais on les ignorait et il ne semble pas que les autorités électives de cette époque fussent soucieuses d'en provoquer l'application.

---

[1] Arch. S., pièce communiquée en classement : Produit immense des vacheries, etc., du départ. du Mont-Blanc.

[2] Arch. S. L 26, fᵒ 19 vᵒ. L 37, fᵒ 148. L 80, fᵒ 66, vᵒ. Arch. H.-S., canton Talloires, L 3/74.

[3] Arch. S., L 81, fᵒ 52 vᵒ; fᵒ 58 vᵒ. Arch. H.-S., L 3/20 p. 77; L 3/25: L 3/35; L 3/6; L 3/74; p. 393, 408, 418.

SECTION III.

La police forestière.

------

§ 1. LES PÉNALITÉS.

En ne modifiant que les dispositions relatives au personnel et à la juridiction des Eaux et Forêts, la loi du 29 septembre 1791 avait maintenu implicitement les autres titres de l'Ordonnance de 1669. Il suffira, pour connaître les pénalités portées contre les diverses infractions forestières, de parcourir les divers titres de ce document législatif.

« TITRE XV. - *De l'assiette, balivage, martelage et vente de bois.*

« ART. 37. Tout adjudicataire de bois de futaie est tenu d'avoir un marteau, dont la marque sera déposée au greffe, sous peine de 100 livres d'amende. (C. F., art. 32-43; O. R. art. 94-95.)

« ART. 40. Les exploitations et vidanges seront faites aux époques indiquées « à peine « d'amende arbitraire et de confiscation des marchandises contre les adjudicataires ». (C. F., art. 40; O. R., art. 96, 138.)

« ART. 44. Le taillis ne peut être abattu qu'à la hache, à peine de 100 livres d'amende, de confiscation des marchandises et des outils. (C. F., art. 37, 198 al. 2, 201 al. 2.)

« ART. 49. Le travail dans les coupes, les jours de fêtes ou la nuit, est interdit sous peine de 100 livres d'amende. (C. F., art. 35, 201.)

« ART. 51. Les adjudicataires sont responsables des délits commis autour de leurs coupes, dans une zone de 25 à 50 perches (ouïe de la cognée) s'ils ne les signalent pas. (C. F. art. 31, 45.)

« TITRE XVI. — *Des recolemens.*

« ART. 9. Si le marchand a outrepassé les limites de la coupe, il « sera condamné de « payer le quadruple, à raison du prix d'adjudication » si les bois sont de même nature que ceux de la vente; s'ils sont meilleurs ou plus âgés, il payera la vente et la valeur calculée d'après le diamètre. (C. F., art. 192, 193, 194.)

« TITRE XIX. — *Des droits de pâturage et de passage.*

« ART. 6. Les animaux d'un même village doivent être marqués identiquement, former un seul troupeau et suivre le chemin prescrit par les agents forestiers, « à peine de « confiscation des bestiaux, amende arbitraire contre les propriétaires des bestiaux et « de punition exemplaire contre les pastres ». (C. F., art. 71, 73, 74; O. R., art. 121.)

« ART. 8. Toute personne qui fait pâturer séparément son bétail, sans droit, encourra « 10 livres d'amende pour la première fois, confiscation pour la seconde et, pour la « troisième, privation de tout usage ». (C. F., art. 72 al. 1, 199.)

«Art. 10. Les usagers qui abriteraient des bestiaux appartenant à des citadins verraient les animaux confisqués et seraient condamnés, la première fois à une amende de 5o livres, et, en cas de récidive, à la perte du droit d'usage. (C. F., art. 7o.)

«Art. 11. Les animaux trouvés en délit en forêt seront confisqués et leurs propriétaires (non usagers) condamnés à 1oo livres d'amende.

«Art. 13. Les usagers ne peuvent envoyer aucune bête ovine ou câprine pâturer en forêt ni aux abords des forêts, «à peine de confiscation des bestiaux et de 3 livres «d'amende pour chaque bête. Et seront les bergers et gardes de telles bêtes condamnés «à l'amende de 1o livres pour la première fois, fustigés et bannis du ressort de la maî-«trise en cas de récidive.» Les maîtres propriétaires sont civilement responsables des condamnations encourues par leurs bergers. (C. F., art. 78, 199, 2o6.)

«Art. 14. L'usage au pâturage est interdit aux bestiaux de commerce, «à peine «d'amende et de confiscation. (C. F., art. 7o, 12o; O. R., art. 118.)

«Titre XXV. —Des bois... appartenant aux communautés.

«Art. 8. Toute coupe dans le quart en réserve, élevé en futaie, est interdite «à «peine de 2,000 livres d'amende contre chacun particulier contrevenant», sauf en cas d'incendie ou ruine totale d'édifices publics. (C. F., art. 16, 9o; O. R., art. 71, 134.)

«Titre XXVII. — De la police et conservation des forêts.

«Art. 4. Les riverains des forêts domaniales sont tenus, à peine de réunion, de séparer leurs bois de ceux de l'État au moyen de fossés.

«Art. 6. Il est interdit de planter du bois à moins de 5oo perches des forêts domaniales, à peine de 5oo livres d'amende et de confiscation des bois qui seront arrachés ou coupés.

«Art. 11. L'arrachage de plants en forêt est frappé de punition exemplaire et de 5oo livres d'amende. (C. F., art. 195.)

«Art. 12. Toute extraction de sable, terre en forêt, toute fabrication de chaux, à moins de 1oo perches de distance, est punie d'une amende de 5oo livres et de la confiscation des chevaux et harnais. (C. F., art. 144, 151.)

«Art. 13. Toute délivrance de menu bois aux fabricants de poudre et salpêtre est prohibée à peine de 5oo livres d'amende pour la première fois, du double et de punition exemplaire en récidive.

«Art. 17. Toutes les maisons sur perches, construites dans l'intérieur ou à une demi-lieue des forêts seront détruites : il n'en pourra être établi dans un rayon de deux lieues des forêts sous peine de punition corporelle. (C. F., art. 152.)

«Art. 18. Toute maison ou château ne pourra être construit à moins d'une demi-lieue des forêts sous peine d'amende et de confiscation du fonds et des bâtiments. (C. F., art. 153.)

«Art. 19. Il est interdit dans toutes les forêts publiques de faire des cendres, «à

peine d'amende arbitraire et de confiscation des bois vendus, ouvrages et outils».
(C. F., art. 38, 42, 148.)

« ART. 21. Les adjudicataires ne pourront faire de cendres que dans les coupes et en
transporter que dans des tonneaux marqués de leur marteau, à peine d'amende arbitraire et de confiscation. (C. F., art. 148.)

« ART. 22. Il est interdit de brûler, charmer ou écorcer les arbres, sous peine d'amende
arbitraire. (C. F., art. 196, 41.)

« ART. 23. Les vanniers, tourneurs, sabotiers ne pourront s'installer à moins d'une
demi-lieue des forêts domaniales, à peine de confiscation des marchandises et de
100 livres d'amende. (C. F., art. 154-155.)

« ART. 26. Aux adjudicataires et aux propriétaires forestiers, il est défendu de payer
les ouvriers avec du bois et aux bûcherons d'en emporter, à peine de 50 livres d'amende
et de punition en récidive.

« ART. 27. Tout enlèvement de graines forestières entraîne une amende de 100 livres.
(C. F., art. 144.)

« ART. 28. Les adjudicataires qui feront écorcer leurs bois sur pied seront punis de
500 livres d'amende et de confiscation. (C. F., art. 36, 196.)

« ART. 29. Ils ne pourront établir d'ateliers, de loges que dans leurs ventes, sous
peine de 100 livres d'amende et de confiscation.

« ART. 30. Ceux qui habitent à l'intérieur ou au bord des forêts ne pourront faire le
commerce ou l'industrie des bois, à peine de confiscation, d'amende arbitraire et de
démolition des maisons. (C. F., art. 154.)

« ART. 32. Il est défendu d'allumer du feu dans toutes les forêts, à peine de punition
corporelle et d'amende arbitraire, en outre des dommages-intérêts. (C. F., art. 148.)

« ART. 34. Quiconque sera trouvé, la nuit, en forêt, hors des chemins ordinaires,
avec un outil propre à la coupe, sera emprisonné et condamné, pour la première fois à
6 livres d'amende, 20 livres pour la seconde et pour la troisième banni de la forêt.
(C. F., art. 146.)

« ART. 35 Toute personne déclarée inutile devra s'éloigner à plus de deux lieues des
forêts domaniales; quiconque aurait, dans cette zone, recueilli l'inutile sera condamné à
300 livres d'amende et rendu responsable des amendes prononcées contre l'inutile. »

« TITRE XXXII. — *Peines, amendes, restitutions, dommages-intérêts et confiscations.*

« ART. 1er. Est punie d'une amende de 4 livres par pied de tour la coupe illicite de
chêne, châtaignier et de 50 sous par pied de tour, celle des saules, hêtre, orme, tilleul,
sapin, charme et frêne, et de 30 sous par pied d'arbre celle de toutes les autres espèces,
la mesure étant prise à un demi-pied de terre. (C. F., art. 192.)

« ART. 2. Toute mutilation d'arbre est punie comme son abatage. (C. F., art. 196.)

« ART. 3. Toute charretée de bois d'industrie façonné emporte l'amende de 80 livres;
celle de bois de chauffage, l'amende de 15 livres; toute charge de bête de somme

entraîne une amende de 4 livres et la coupe d'un fagot celle de 20 sous. (C. F., art. 194.)

«Art. 4. La coupe d'un baliveau est punie de 50 livres d'amende et de 10 livres seulement pour les baliveaux de l'âge de moins de 20 ans; l'abatage d'un pied cornier martelé l'est de 100 livres et de 200 livres si le pied cornier a été arraché ou déplacé. (C. F., art. 33, 34, 192.)

«Art. 5. L'amende est double si le délit a été commis de nuit, ou avec la scie ou le feu, par les agents, les préposés, les usagers, les adjudicataires ou leurs employés, par les maîtres de forges ou tuiliers. (C. F., art. 33, 34, 201, al. 2.)

«Art. 6. Toutes les personnes ci-dessus seront privées en cas de récidive, savoir : les officiers de leurs charges; les marchands de leurs ventes et les usagers de leurs droits et coutumes et que tous soient bannis à perpétuité des forêts... (C. F., art. 207.)

«Art. 7. Tous ceux qui habitent à l'intérieur ou à deux lieues des forêts seront civilement responsables des délits de leurs employés, pâtres ou domestiques. (C. F., art. 206.)

«Art. 8. Les dommages-intérêts ne pourront être inférieurs à l'amende. (C. F., art. 202.)

«Art. 9. Outre l'amende, la restitution et les dommages-intérêts, les animaux ayant servi au transport des bois et des outils seront saisis. (C. F., art. 198 al. 2.)

«Art. 10. Les bestiaux trouvés en délit seront confisqués; s'ils ne peuvent l'être, le propriétaire payera une amende de 20 livres par tête de gros bétail, 100 sous par veau, 3 livres par mouton; le double pour la seconde fois et pour la troisième fois le quadruple de l'amende, le bannissement des forêts contre les pâtres dont les maîtres ou parents demeurent responsables. (C. F., art. 147, 199, 206.)

«Art. 12. Toute extraction ou enlèvement d'herbe, graines forestières, est punie pour la première fois d'une amende, savoir : «pour faix à col, 100 sols»; pour une charge de bête de somme, 20 livres, et par colliers, 40 livres; le double pour la seconde, et la troisième bannissement des forêts; en tout cas, confiscation des animaux et harnais. (C. F., art. 144, 198, 201.)

«Art. 14. Les transactions avant ou après jugement sont prohibées.» (C. F., art. 159, al. 4.)

À côté de ces pénalités, il faut mentionner celles de la loi du 6 octobre 1791 concernant *les biens et usages ruraux et la police rurale.* Ces dispositions nouvelles s'appliquent surtout aux bois des communes et des particuliers. Dans le titre II, qui traite spécialement de la police rurale, il faut retenir :

«Art. 3. Tout délit est punissable d'une amende ou d'une détention ou des deux peines réunies, sans compter les dommages-intérêts payables avant l'amende.

«Art. 4. Les moindres amendes seront de la valeur d'une journée de travail, au taux du pays, déterminé par le Directoire du département. Les amendes ordinaires n'excèdent pas trois journées de travail; elles sont doublées, en cas de récidive dans l'année, ou si le délit a été commis de nuit; elles sont triplées quand ces deux circonstances aggravantes sont réunies.

«Art. 7. Les pères, mères, maris, tuteurs, maîtres, sont civilement responsables des délits de leurs enfants, femme, pupille, domestiques ou employés.

«Art. 36. Dans les forêts des communes et des particuliers l'enlèvement de bois à dos d'homme est puni d'une amende double du dédommagement dû au propriétaire, la détention pourra être de trois mois au plus.

«Art. 37. Dans ces mêmes forêts, l'enlèvement de bois, à l'aide de chars ou de bêtes de somme, entraîne une détention de trois jours à six mois et une amende triple du dédommagement dû au propriétaire.

«Art. 38. Les dégâts faits dans les taillis des communes ou des particuliers par le bétail sont passibles d'une amende de 1 livre par mouton ou cochon, 2 livres pour une chèvre, 3 livres pour une bête bovine. L'amende est doublée si les bois ont moins de 6 ans ou s'il y a récidive dans l'année, ou bien si le pâtre est présent. Le concours de la récidive et de l'une des deux circonstances aggravantes amène le quadruplement de l'amende.

«Le dédommagement dû au propriétaire est déterminé de gré à gré ou à dire d'experts.»

§ 2. Les juridictions.

La loi du 11 septembre 1790 avait stipulé dans son article 7, alinéa 2, que «les actions pour la punition et la réparation des délits seront portées devant les juges de district qui auront aussi l'exécution des règlements concernant les bois des particuliers...» C'était la suppression des maîtrises des Eaux et Forêts.

Mais bientôt la loi du 6 octobre 1791 vint apporter un tempérament à cette simplicité et on lit, au titre II sur «la Police rurale» :

«Art. 1er. La police des campagnes est spécialement sous la juridiction des juges de paix et des officiers municipaux et sous la surveillance des gardes champêtres et de la gendarmerie.

«Art. 2. Tous les délits (ruraux) sont, suivant leur nature, de la compétence du juge de paix ou de la municipalité du lieu où ils auront été commis.

«Art. 6. Les délits qui entraînent une détention de plus de trois jours, dans les campagnes, seront jugés par voie de police correctionnelle, les autres le seront par voie de police municipale.»

Par suite, l'enlèvement de bois prévu par les articles 36, 37 relevait de la correctionnelle.

D'après le titre IX de la loi du 29 septembre 1791, les délits commis dans les forêts nationales et les «contraventions aux lois forestières» étaient de la compétence des tribunaux de district. Les actions sont intentées au nom et par les agents de l'administration forestière (art. 1er et 2).

Ce sont les inspecteurs, qui sont chargés des poursuites des infractions constatées par les procès-verbaux des gardes (art. 5) et les conservateurs de celles des malversations commises dans les coupes et des «contraventions aux lois forestières» (art. 6).

LES FORÊTS DE SAVOIE.   19

Les actions se prescrivent par trois mois quand le délinquant est connu, sinon par l'année (art. 8): le délai d'opposition est de huit jours, qui courent de la signification du jugement. L'instruction est faite à l'audience; si l'inculpé soulève l'exception de propriété, il est tenu de soumettre au procureur général syndic du département, dans la huitaine, les pièces sur lesquelles repose l'exception.

L'appel des jugements rendus par les tribunaux de district était porté au tribunal voisin d'après un tirage au sort. Le code de brumaire an IV ayant attribué la connaissance des affaires correctionnelles aux tribunaux civils, l'appel fut ensuite porté devant la cour de justice criminelle.

Il était interdit aux agents forestiers d'interjeter appel sans autorisation et il appartenait à l'agent qui avait suivi l'affaire en première instance de la poursuivre en appel (art. 17): la requête civile est traitée comme l'appel.

Les agents ne peuvent, sans y être autorisés, se désister des poursuites, ni acquiescer aux condamnations prononcées contre l'administration forestière (art. 19).

Comme l'administration forestière n'avait, pendant la période 1792-an VI, aucun représentant dans le Mont-Blanc, qui donc, au lieu et place des inspecteurs et conservateur, était chargé de la poursuite des délits?

Le directeur des domaines à Chambéry estima, le 25 prairial an II, «que la poursuite des délits et malversations commis dans les bois nationaux appartenait aux agents nationaux près les districts, ainsi qu'il résulte de l'article 3 du décret du 27 pluviôse précédent, jusqu'à ce que l'administration forestière ait été organisée dans le département [1]». Le 15 vendémiaire an III, la Commission des revenus nationaux à Paris, consultée par le Directoire du Mont-Blanc, émet le même avis en invoquant la loi du 25 décembre 1790 [2].

Une circulaire du 9 frimaire an IV, adressée par le Ministre de la Justice «aux agens nationaux des ci-devant maîtrises», précise les principes nouveaux portés par le Code des délits et des peines du 3 brumaire précédent:

«L'établissement du nouvel ordre judiciaire paraît devoir faire naître des doutes sur le mode de procéder dans les actions forestières. C'était devant les tribunaux de district que la loi vous chargeait de porter ces actions et plusieurs de vous semblent en conclure que cette attribution doit passer aux tribunaux civils du département.

«Le Code des délits et des peines porte qu'en attendant la revision de l'Ordonnance des Eaux et Forêts, des lois des 19 juillet et 28 septembre 1791, 20 messidor an III, de toutes celles enfin qui sont relatives à la police municipale, correctionnelle, rurale et forestière, les tribunaux correctionnels appliqueront aux délits qui sont de leur compétence les peines qu'elles prononcent.

«On trouve au titre III du livre Ier du même code: les gardes forestiers remettent leurs procès-verbaux à l'agent de l'administration forestière désigné par la loi. La loi règle la manière dont cet agent doit agir suivant la nature du délit.

«Il résulte clairement de ces dispositions que les délits forestiers n'appartiennent pas à une classe particulière, mais qu'ils sont dans la classe de tous les délits dont la poursuite est réglée par les lois générales Tel est, en effet, le principe de notre légis-

[1] Arch. S., L 1129.
[2] Arch. H.-S., L 2/15.

lation qu'elle veut constamment que toute action publique soit poursuivie d'après un mode uniforme et qu'elle consacre ainsi, dans l'administration de la justice, l'égalité, base essentielle de toute justice. L'application de ce principe se retrouve sans cesse, soit qu'elle classe le délit, soit qu'elle assigne la peine; et le premier devoir qu'elle impose aux magistrats dans la recherche des délits est d'examiner la nature de la peine à laquelle ils donnent lieu, parce que de là doit résulter nécessairement la désignation du tribunal à qui la connaissance en appartient.

« On ne peut donc pas douter que l'intention du législateur ne soit d'attribuer le jugement des actions forestières aux différents tribunaux qu'elles peuvent concerner suivant les cas particuliers, c'est-à-dire aux tribunaux de police, quand il y a lieu à une peine qui n'excède pas trois journées de travail ou trois jours d'emprisonnement; aux tribunaux correctionnels, quand il y a lieu à une peine plus forte, sans néanmoins qu'elle soit afflictive ou infâmante, et aux tribunaux criminels, quand une peine afflictive ou infâmante peut être le résultat du procès. La loi règle *sans doute* la manière dont l'agent de l'administration doit agir; c'est le vœu de l'article déjà cité; mais tel est le véritable sens qu'il ne s'agit que des formes selon lesquelles il doit être procédé devant les tribunaux compétents... Salut et fraternité. *Signé* : MERLIN [1]. »

Cette interprétation subsista jusqu'en l'an ix où la Cour de cassation reconnut que le code des délits et des peines, établissant des règles générales pour les délits, n'avait pas dérogé aux lois qui en établissent de particulières.

Ces variations dans la compétence des tribunaux, jointes à l'absence d'agents chargés des poursuites, devaient bien peu favoriser la répression des délits.

§ 3. LA CONSTATATION ET LA POURSUITE DES DÉLITS.

La recherche et la constatation des délits dans les forêts domaniales étaient confiées par le titre IV de la loi du 29 septembre 1791 aux gardes (art. 3), établis en conformité de l'article 7 du titre II. Ces préposés avaient le droit de séquestrer les animaux ou les objets saisis, de procéder à des perquisitions dans les maisons et cours, mais avec l'assistance d'un officier municipal ou par autorité de justice (art. 5); ils devaient, dans les vingt-quatre heures, affirmer leurs procès-verbaux par devant le juge de paix ou l'un de ses assesseurs à son défaut.

Dans les bois des communes et des établissements publics, les gardes choisis par les municipalités ou les administrateurs sont chargés de la constatation des délits qu'ils y trouveront : leurs procès-verbaux sont dressés dans la même forme que ceux des domaniaux, mais ils ne doivent adresser à l'inspecteur des forêts que les procès-verbaux concernant les délits commis dans les quarts en réserve ou les vols de futaie. Quant aux autres, « ils les déposent au greffe du juge de paix et avertissent le procureur de la commune pour faire les poursuites requises, conformément aux lois de police ». (Titre XII, art. 6.)

Les corps administratifs — donc les directoires de département, de district, les municipalités — pouvaient visiter les bois soumis au régime forestier, contrôler le service des préposés et dresser des procès-verbaux. (Titre VIII, art. 3.)

[1] Arch. S., L 82.

Il ne manquait pas, on le voit, de personnes chargées de la mission de constater les délits forestiers, sans compter les agents des Eaux et Forêts. On a vu ci-dessus (chap. III) combien les forêts nationalisées avaient été ravagées pendant la Révolution, en dépit du nombre de surveillants institués par la loi de 1791; les autres massifs ne furent pas mieux partagés. L'inertie du personnel de surveillance n'eut d'égale que l'indifférence des tribunaux.

Seul, le Directoire du Mont-Blanc essaye de rappeler aux districts, aux municipalités de canton, aux commissaires du pouvoir exécutif près les juridictions la nécessité d'appliquer la loi aux pillards.

Le 27 ventôse an II, l'Assemblée départementale, dont l'attention avait été appelée «sur les dilapidations et dégradations journalières qui se commettaient dans les bois nationaux et des communes», poussa les districts à nommer des gardes [1].

Certains districts transmettent aux directeurs de jury près les tribunaux correctionnels des procès-verbaux dressés par les gardes, aux fins de poursuites [2]. Mais bientôt les gardes démissionnent, faute de payement, et les districts d'inviter les municipalités à nommer de nouveaux préposés, comme si des fonctions pénibles, non rétribuées, pouvaient tenter quelqu'un [3].

Les municipalités n'usent guère des pouvoirs que leur confère le titre VIII de la loi de 1791; le procureur syndic du district s'adresse surtout au juge de paix, le charge «de prendre des informations sur les dégâts, de s'adresser à l'agent national de la commune qui fournira des renseignements. Tu feras ensuite, ordonne ce fonctionnaire, parvenir les procès-verbaux ou informations au tribunal du district qui est chargé de poursuivre les délinquants [4]». Voilà le juge de paix transformé en officier de police judiciaire. Et ceci n'est pas rare, en Savoie, à cette époque et n'a rien d'ailleurs qui doive étonner. Il y a toujours une réminiscence des fonctions dévolues jadis aux châtelains, à la fois juges de simple police et administrateurs et qui, en Tarentaise, avaient même pour mission de dresser procès-verbal des contraventions qui leur étaient signalées, procédaient à la saisie des bois de délits et transmettaient ensuite leurs procès-verbaux à l'intendant, chargé de juger. On voit immédiatement la raison d'analogie qui amena cette nouvelle procédure.

Parfois aussi le Directoire du district désigne un de ses membres pour se transporter sur place et reconnaître les délits ou «procéder en l'assistance de deux experts à la vérification et estimation des bois coupés existants dans la forêt... dont il dressera procès-verbal [5]».

On trouve des délégations plus étonnantes encore, telle la suivante, donnée le 11 thermidor an III, par le Directoire du district de Thonon:

«Vu la pétition de la municipalité de Vacheresse qui expose que les dégâts se continuent dans les bois communaux, malgré les efforts qu'elle n'a cessé de faire pour mettre un frein à ces dilapidations et en faire punir les auteurs;

«Le Directoire, considérant que l'inutilité des mesures employées jusqu'à présent

---

[1] Arch. S., L 33, f° 97.
[2] Arch. H.-S. L 2/40, 9 nivôse an III.
[3] Arch. H.-S., L 2/40, 9 pluviôse an III.
[4] Arch. H.-S., L 2/46, 92 v°.
[5] Arch. H.-S., L 2/42, p. 133; L 3/20, p. 61, 63 v°.

provient de ce que la municipalité n'a pas pu déployer une force active et a ignoré la marche qu'elle avait à faire pour réprimer ces délits;

«Arrête, ouï le procureur syndic, de nommer le citoyen Antoine Bron d'Évian pour se transporter à la commune de Vacheresse, où il recueillera tous les renseignements nécessaires pour découvrir les auteurs des dégâts commis dans les forêts communales en se concertant avec le juge de paix du canton d'Abondance, afin de poursuivre ensuite les délinquants devant les tribunaux [1]. »

On trouve tout dans ce document : l'ennui d'une municipalité de voir piller par quelques habitants le bien de la communauté; l'appréhension de la vengeance des délinquants si elle les désigne nommément; la crainte de l'énergie du pouvoir central capable de rendre le maire responsable des délits qu'il n'aura pas dénoncés; le désir de ne pas grever les finances communales en nommant un garde, l'envie de voir les membres du district, plus lointains, se charger de mettre un terme aux abus, de frapper les coupables.

Quand, dans une commune, il existe un garde, il n'est pas rare de voir, une fois la constitution de l'an III mise en vigueur, l'agent municipal des anciennes communes refuser l'affirmation des procès-verbaux dressés par le préposé [2].

Il arrive aussi que les municipalités de canton agissent comme si elles étaient autonomes; elles font saisir, vendre les bois coupés en délit, tant dans les forêts nationales que dans les communales, sans en rendre compte. Nulle dénonciation des délinquants d'ailleurs [3].

Avec la nouvelle organisation, les gardes forestiers ne sont pas plus nombreux : ce sont les gendarmes qui les remplacent en certaines localités. Parfois, l'agent municipal fait des tournées en forêt, mais sans pouvoir « atteindre les auteurs des dégradations qui s'y commettent journellement [4] ».

Le commissaire du pouvoir exécutif du Mont-Blanc essaye de réagir et adresse, le 10 messidor an IV, la circulaire suivante à tous les commissaires près les administrations cantonales :

«De toutes parts, on se plaint des dilapidations qui se commettent dans les bois et forêts de ce département. La malveillance sert, par ce moyen, puissamment, les ennemis de notre liberté puisqu'elle prive la République d'une de ses plus précieuses ressources. La plupart des fonctionnaires publics chargés plus particulièrement de la surveillance sur cette partie paraissent favoriser le mal en ne sévissant pas promptement contre le criminel. Aussi l'impunité l'enhardit et les bois sont journellement sa proie. Je me garderais bien de tenir un silence coupable sur ces abus scandaleux; je ne veux pas partager la responsabilité des agents municipaux et de tous ceux qui sont obligés d'arrêter ces maux faits aux propriétés nationales et de dénoncer les coupables. L'amour du bien public et l'accomplissement de mon devoir m'en impose l'obligation la plus expresse. J'espère trouver en vous un digne coopérateur et que vous me seconderez de toutes vos forces pour parvenir à découvrir les coupables, à les mettre sous le glaive de la loi et arrêter ces funestes dilapidations...

[1] Arch. H.-S., L 2/42, p. 152.
[2] Arch. S., L 80, f° 22 v°.
[3] Arch. H.-S., L 3/34, 15 fructidor an IV.
[4] Arch. H.-S., L 3/34, p. 7.

« J'espère que je n'aurai pas réclamé en vain et que vous justifierez la confiance que le gouvernement a mise en vous [1] »

A quoi pouvait servir de découvrir les coupables s'ils demeuraient impunis ? Ainsi, à Annecy, le juge de paix chargé d'enquêter sur les délits commis dans les forêts du Semnoz n'en découvre pas les auteurs. Le directeur du jury d'accusation lui prescrit de ne pas saisir les bois coupés illicitement. La municipalité du canton, en transmettant au département ces renseignements, lui demande de « prendre les mesures nécessaires pour rappeler le directeur du jury à son devoir »; elle ajoute « que la plupart des dilapidations ont été commises par ceux qui font aller la fabrique (Sainte) Catherine qui est située dans ladite montagne [2] ».

Ainsi donc on avait découvert les délits, on désignait les coupables, mais la justice demeurait sourde et aveugle.

Le 14 thermidor de cette même année, le commissaire du pouvoir exécutif du Mont-Blanc signale au commissaire national près le tribunal criminel du département « que le tribunal de police correctionnelle de Moutiers et le juge de paix dudit canton ne mettent pas dans la répression des délits qui se commettent dans les bois et forêts tout le zèle et l'activité nécessaires, que ce dernier surtout montre une insouciance des plus blâmables à remplir ses fonctions [3] ».

Le 26 prairial an IV, ce même fonctionnaire dénonce au tribunal correctionnel de Chambéry la dévastation des forêts du canton d'Aix; le 2 thermidor, « aucune procédure n'avait été entamée [3] ».

En face de cette inertie de la justice, l'audace des délinquants croît, ne connaît plus de bornes. A Groisy, dans le canton d'Albigny, les adjudicataires de la marine se disposaient à exploiter 62 arbres dans la forêt de la Peysse; « ils ont été attaqués par un grand nombre d'individus armés de fusils qui leur ont tiré dessus et les ont forcés de fuir en laissant leurs outils et leurs hardes dans la forêt, sans trouver aucun secours de la part de la commune de Groisy [4] ».

A Alex, il en est de même : « pour pouvoir donner aide et protection aux ouvriers qui devront couper les bois marqués du marteau de la marine et les préserver de tout inconvénient, il faudrait avoir une force armée en nombre suffisant pour envoyer dans tous les points où la malveillance cherche à paralyser les intentions du gouvernement [4] ».

A Peillonex, « on a abattu 300 pieds d'arbres frappés du marteau de la marine, que l'on a ensuite fait transporter à Genève ». Il est à noter que l'exportation des bois à l'étranger était alors interdite et que ces 300 arbres de choix ont pu, sans encombre, franchir les 20 kilomètres qui séparent Peillonex de la cité suisse.

Ces vols de bois de marine semblent se faire avec la complicité de tous. « Ces délits sont connus des autorités constituées et surtout des juges de paix, écrit encore le commissaire du Directoire exécutif du département; mais je vois avec regret que ceux-ci ne mettent pas à informer tout le zèle que la gravité des cas exige [5]. »

[1] Arch. S., L 80, f° 39.
[2] Arch. H.-S., L 3/5, p. 97 v°; L 3/10, 3ᵉ compl. IV.
[3] Arch. S., L 80, f° 65.
[4] Arch. S., L 80, f° 64, f° 67, f° 57 v°, f° 43, f° 71.
[5] Arch. S., L 80, f° 64, f° 67, f° 57 v°, f° 43, f° 71.

Sur le Semnoz, il y a, le 1ᵉʳ messidor an IV, «plus de 2,000 arbres abattus en délit; et on n'épargne même pas les forêts de protection [1]».

Le pillage s'exerce sous toutes ses formes : les bois de marine sur pied ou déjà abattus, la futaie comme le taillis sont également bons pour les délinquants. On écorce les arbres sur pied ou bien on les coupe pour enlever l'écorce et on abandonne la tige pelée, à côté de la souche [2]. Parfois, pour avoir moins de peine, on les écorce à hauteur d'homme. Enfin, toujours et partout le pâturage accompagne ou suit, chose à noter, l'exploitation des bois.

Directoires du département ou des districts, municipalités des cantons ou des communes dénoncent à l'envi les ravages, invoquent la loi du 29 septembre 1791, celles du 6 octobre suivant et du 20 messidor an III; ils rappellent le Code des délits et des peines; mais l'Ordonnance de 1669 leur reste parfaitement inconnue, ils l'ignorent. L'eussent-ils connue qu'il n'en eut pas été autrement : il n'y avait personne pour garder les forêts, pour y constater les délits et personne pour vouloir poursuivre les coupables.

SECTION IV.

Les défrichements.

L'Ordonnance des Eaux et Forêts de 1669 (titre XXII, art. 4; titre XXIV, art. 4; titre XXV, art. 8) interdisait implicitement les défrichements. Mais des arrêts du Conseil des 4 juillet 1716, 12 mai 1722, 16 mai 1724, 22 février 1729 et 29 mars 1735 avaient posé explicitement le principe de la prohibition de défricher, sans autorisation du roi, et prononcé des amendes allant jusqu'à 3,000 livres.

Mais l'Ordonnance de Colbert ne figurant pas dans les recueils législatifs publiés depuis la Révolution n'existait pas en Savoie. Il devait arriver que des propriétaires, suivant les errements antérieurs, adressent aux autorités nouvelles des demandes en autorisation de défricher. Quelle procédure fallait-il suivre? Un arrêté de l'Administration centrale du Mont-Blanc, en date du 9 floréal an V, trancha la difficulté à propos d'une réclamation des concessionnaires de la mine de lignite d'Entrevernes.

Les pétitionnaires exposent qu'ils ont construit un chemin allant de la mine au lac d'Annecy, que divers particuliers riverains «font des défrichements pour mettre leur terrain en culture qui ne manqueraient pas de causer des éboulements qui emporteraient le chemin dans les parties où ils auraient lieu. Ils demandent qu'il soit pris des mesures pour prévenir la dégradation du chemin par le moyen des traînées (des bois) et qu'il soit défendu de défricher la montagne d'une manière qui puisse leur être nuisible».

L'Assemblée départementale, «vu la délibération de l'Administration municipale du canton de Duingt du 21 ventôse dernier;
«Vu les observations de l'ingénieur en chef du 17 germinal suivant :
«Vu les lois et constitutions de la ci-devant Savoye portant paragraphe 18, titre IX,

[1] Arch. H.-S., L 3/47, 6 prairial an IV.
[2] Arch. H.-S., L 3/5, p. 167; L 3/21, p. 92.

livre VI (des Royales Constitutions de 1770), les paragraphes 21, 24 et 25 du même titre (cités *in extenso*);

«Ouï le rapport, considérant que le chemin dont il s'agit a été établi sur un sol acquis par les concessionnaires de la mine d'Entrevernes;

«Considérant que le Gouvernement a fait la concession de la mine...;

«Considérant que le corps législatif n'ayant rien statué de contraire aux dispositions ci-dessus rappelées, elles doivent être provisoirement exécutées aux termes du décret du 21 septembre 1792;

«Le Commissaire du pouvoir exécutif entendu,

«Arrête :

«Art. 1er. Il est défendu de descendre des bois par le chemin de la mine d'Entrevernes à traînée, soit à dos d'homme, soit avec des charriots à deux roues ou de la dégrader de toute autre manière.

«Art. 2. *Les dispositions portées par les paragraphe 18, 21, 24 et 25, titre IX, livre VI des lois statutaires de la ci-devant Savoye continueront d'avoir lieu.*

«Art. 3. Les agents municipaux des communes de la Thuile, d'Entrevernes, veilleront soigneusement au maintien de la police du chemin d'Entrevernes et de la montagne dans laquelle il est établi.

«Art. 4. Les contraventions aux dispositions du présent seront portées par devant les tribunaux par les concessionnaires ou les commissaires du Directoire exécutif dûment autorisés [1].»

Cet appel à la législation sarde pour combler les lacunes que l'on supposait exister dans les lois françaises est très remarquable : on a vu de même les Assemblées révolutionnaires locales approuver les anciens règlements locaux sur le bannissement de certains cantons.

Mais il est arrivé aussi que certaines municipalités de canton ont réglé les défrichements et se sont attribué le droit de les autoriser moyennant finances [2].

Il est fort rare d'ailleurs de voir les propriétaires de forêts solliciter la permission de défricher [3] : il était si commode de le faire sans être inquiété. L'Administration départementale ne connaissait guère de déforestations que celles qui lui étaient dénoncées par les personnes dont la suppression de l'état boisé menaçait la demeure ou les biens. Aussi n'est-il pas possible de dire quelles surfaces ont été clandestinement déboisées pendant cette période : elles ont dû être considérables. Pour tous ceux qui usurpaient des terrains communaux, le défrichement était l'opération qui marquait le plus énergiquement la prise de possession, en même temps qu'elle rendait les contestations plus difficiles, plus lentes, et qu'en cas d'intervention de l'autorité elle mettait les administrations en face du fait accompli contre lequel il est difficile de réagir.

[1] Arch. H.-S., L 3/29.
[2] Arch. H.-S., L 3/74, p. 240.
[3] Arch. S., L 25, f° 65 v°.

On connaît quelques chiffres sur les déboisements qui ont eu lieu dans des cas particuliers :

Les communes qui constituent le canton actuel de Grésy-sur-Isère ont été cadastrées à nouveau sous l'Empire. En comparant les contenances boisées en 1738 et 1811, on trouve que, dans quatre de ces communes, il avait été défriché 187 hect. 59 a. 11.

SECTION V.

Le commerce des bois.

Commerce intérieur. — Immédiatement après la réunion de la Savoie à la France, le commerce des bois prit une grande extension. La suppression des barrières douanières ouvrait le cours de l'Isère vers Grenoble et celui du Rhône vers Lyon. Les bois de chauffage et de construction trouvaient dans ces deux villes des débouchés assurés.

La présence dans les diverses vallées du Mont-Blanc de contingents de troupes assez importants pour lutter contre les troupes sardes nécessitait également la fourniture d'un stock important de bois de feu. La consommation de l'armée n'était pas inférieure, on l'a vu plus haut (section II, § 5), à 11,500 stères par an.

Comme avant la Révolution, les salines de Tarentaise consommaient beaucoup de bois, ainsi que les établissements métallurgiques. Seule la minière de Peisey, à demi abandonnée, exigeait de moindres quantités de charbon.

Les multiples délits qui se commettaient n'avaient pas pour but de satisfaire aux besoins de leurs auteurs en matière ligneuse : ils étaient simplement destinés à procurer du numéraire. L'ouverture de nombreux dépôts destinés à recevoir les approvisionnements en bois favorisait, provoquait les exploitations.

Ainsi, le 19 brumaire an II, le Conseil général du Mont-Blanc autorisait le district de Chambéry «à approvisionner en bois et charbons les marchés de cette ville, pour le terme de six mois en six mois et par avance, au moyen de la coupe de la forêt nationale de Montagny [1]».

Quant au prix du stère, il était de 13 fr. 30 à 14 fr. 30; le fagot valait 2 sols; le charbon, 3 francs le quintal.

Commerce extérieur. — Le 13 février 1793, l'administration provisoire du département du Mont-Blanc recevait des «réclamations faites par les habitants des communes de Carouge et de Chesnes, relativement... aux bois dont l'exportation leur était empêchée par les municipalités desdits lieux». Le procureur général syndic requit «que cette exportation fut prohibée, afin de fournir tant aux habitants qu'aux troupes plus de facilités à se procurer tous les bois... qui leur sont nécessaires». L'administration arrêta que les lois existantes seraient observées suivant leur forme et teneur [2].

Or les lois interdisaient précisément de transporter les bois et charbons à l'étranger tout comme les Royales Constitutions de 1770. De telles défenses lésaient gravement les propriétaires forestiers du Chablais et du bas Faucigny, communes ou parti-

[1] Arch. S., L 32, f° 62.
[2] Arch. S., L 25, folio 21 v°.

culiers. Aussi, dans la séance du 12 avril 1793, le Directoire du département, «sur les réquisitions du procureur général syndic, Considérant que les lois prohibitives de l'exportation du bois de chauffage et des charbons pourraient être préjudiciables aux districts circonvoisins de Genève et notamment aux districts de Thonon et de Carouge;

«Considérant que l'extrémité septentrionale de ce premier district, en particulier, n'a presque d'autre ressource que la vente de ses bois de chauffage; que, dans le district de Carouge, il existe une quantité considérable de charbons qui dépérissent faute de débit; qu'il est dans l'esprit de toute loi prohibitive et dans les principes adoptés par la République de procurer dans l'intérieur de l'État le débit des matières prohibées à la sortie, afin de concilier de cette manière l'intérêt général avec les différentes localités;

«Considérant enfin que lors de la publication des dites lois, le procureur général syndic proposa déjà au ministre de prendre des mesures pour l'achat et le débit notamment du bois de chauffage dans l'intérieur;

«Arrête que les commissaires de la Convention nationale seront invités à procurer et accélérer l'achat de la part de la République des bois de chauffage, charbons et autres objets prohibés à la sortie et l'établissement à cet effet de 2 magasins dont l'un au port de Rive-sous-Thonon et l'autre à Carrouge, où tous les citoyens des susdits distrits et autres qui auraient à vendre des bois, charbons et autres objets prohibés à la sortie pourront les présenter aux préposés qui seront, à ces fins, établis pour les recevoir et en payer le prix[1]».

Il était clair que les représentants en mission ne pouvaient qu'être embarrassés de telles propositions qui ne tendaient à rien moins qu'à transformer la France en marchand de bois; la création d'un magasin militaire fut pourtant décidée à Thonon. Mais il est certain que l'interdiction de vendre en Suisse les produits forestiers du Chablais gênait particulièrement certaines communes riveraines du lac, comme Meillerie et Saint-Gingolph qui n'avaient d'argent que celui résultant de ce trafic. Comme le pays de Gex jouissait du privilège d'exporter ses bois à Genève, les Chablaisiens imaginèrent «de conduire leurs bois et charbons à Versoix, district de Gex, ce qui les mettait dans la dépendance de ce district et excitait des jalousies et des rivalités[2]».

Aussi le Conseil général du Mont-Blanc intervient-il à nouveau, le 29 juin 1793. Cette assemblée, dit la délibération de ce jour, «considérant que le district de Gex jouit de l'exception de la loi prohibitive, en sorte que les bois venant du district de Thonon passent ensuite à Genève où le district de Gex fait ainsi le commerce exclusif des bois et charbons;

«Considérant que cette préférence pour ce district et les entraves qu'éprouve celui de Thonon ne peuvent convenir à un gouvernement républicain, nuisent considérablement à l'esprit public, excitent de jour en jour des réclamations et des mécontentements toujours plus grands;

[1] Arch. S., L 27.
[2] Arch. S., L 29.

«Considérant que, par sa position, ce district est encore plus dans le cas de l'exception ayant des bois beaucoup au delà des besoins de sa consommation et n'ayant aucune autre industrie, ni commerce;

«Considérant que la mesure adoptée par les représentants du peuple Hérault et Simond de l'établissement d'un magasin à Thonon pour y acheter les bois et charbons prohibés à la sortie, n'est point encore en exercice;

«Considérant enfin que la loi dont il s'agit ne porte point à la fin «nonobstant toutes exceptions contraires», arrête,

«Vu l'urgence et sur les réquisitions du procureur général syndic qu'il sera demandé aux représentants du peuple près l'armée des Alpes, une détermination à l'effet que les communes du district de Thonon et notamment celles de Meilleraye et Saint-Gingouph puissent conduire à Genève les bois de chauffage et charbons qui ne seront pas nécessaires à la consommation de la troupe et des habitants. »

Les excellents motifs de cet arrêté influencèrent les conventionnels, qui, par décision enregistrée au département le 22 brumaire an II, autorisèrent l'administration du Mont-Blanc «à permettre aux habitants de Saint-Gingolph et Milleraye d'exporter les bois qui sont sur le territoire, leurs poissons et chaux», en la chargeant de prévenir les abus [1]. La prohibition était donc maintenue pour le reste du district.

Mais à Hérault de Séchelles, à Simond, avait succédé le fougueux terroriste Albitte qui supprima toutes les facilités accordées par ses prédécesseurs. Les communes de Thonon et de Saint-Gingolph lui adressèrent une pétition pour solliciter l'autorisation d'exporter en Suisse des bois, des pierres et de la chaux. Le district de Thonon à qui le dictateur transmit cette requête pour avis prit la délibération suivante, le 30 germinal an II :

« ... Considérant que les habitants des dites communes, privées de presque toute autre ressource et industrie, languissent dans la misère et l'inaction, dès que ce commerce leur a été interdit; ...

«Considérant enfin que, quoique indépendamment de la privation dudit commerce si nécessaire à ces deux communes, la Révolution ne leur présente pas des avantages matériels aussi étendus et conséquents qu'aux autres communes, tels que ceux de la suppression des droits de dixme, lods et servis, dont à défaut de terrain cultif ils n'étaient pas grevés, ils se sont cependant assez généralement montrés partisans de cette Révolution et ont donné, dans plusieurs occasions, des preuves non équivoques d'attachement à la République et de haine contre les tyrans et les suppôts de l'aristocratie et du fanatisme,

«Arrête de déclarer être avis qu'il soit permis aux habitants des dites communes d'exporter en Suisse et à Genève leurs bois, pierre, chaux... [2]. »

Ainsi les principes qui avaient fait la beauté du mouvement révolutionnaire, les droits de l'homme, tout se résumait dans la suppression de certaines redevances et dans la réalisation «d'avantages matériels et conséquents».

Il est probable que les communes riveraines du lac n'eurent pas à réitérer leur péti-

[1] Arch. S., L 32, folio 77.
[2] Arch. H.-S., distr. Thonon, an II.

tion, car, audébut de l'an III, le district de Carouge fut requis de fournir à l'autorité militaire 1,000 cordes (3,839 st.) de bois de feu dont 300 furent mises à la charge de la commune de Meillerie [1].

CHAPITRE V.

L'ADMINISTRATION FORESTIÈRE FRANÇAISE.

SECTION I.

Les agents.

§ 1. LES AGENTS FORESTIERS DES DÉPARTEMENTS.

La loi du 29 septembre 1791, qui avait supprimé les maîtrises des Eaux et Forêts, avait, en même temps, créé, pour les remplacer, un corps de fonctionnaires spéciaux. Sous les ordres directs de la Conservation générale ou administration centrale, étaient institués des conservateurs, dont le nombre était proportionné à l'étendue et à la distance relative des forêts dans les départements (titre II, art. 5).

«Il était établi sous chaque conservateur un nombre suffisant d'inspecteurs, déterminé sur les mêmes bases» (art. 6).

Jusqu'au 1er janvier 1797, les conservateurs nommés par décret, les inspecteurs par l'administration, devaient être choisis «parmi les sujets les plus expérimentés dans la matière forestière» (titre III, art. 4, 5, 6).

La loi du 16 nivôse an IX vint modifier, en la complétant, l'organisation de 1791 : aux conservateurs et inspecteurs étaient adjoints des sous-inspecteurs et gardes principaux à qui on rendit plus tard le nom de gardes généraux existant dans l'Ordonnance de 1669.

Le département du Mont-Blanc et celui du Léman furent rattachés à la 17e Conservation forestière dont le siège était à Grenoble.

Au début, il n'y eut qu'une inspection pour les deux départements; puis à partir du Consulat, le Mont-Blanc et le Léman eurent chacun leur inspecteur résidant l'un à Chambéry et l'autre à Genève.

Dans le Mont-Blanc, on trouve, depuis l'an IX, deux sous-inspecteurs, l'un à Annecy, l'autre à Saint-Jean-de-Maurienne.

En outre, il existait des gardes généraux à Annecy, à Moutiers, à Saint-Jean-de-Maurienne et à Chambéry, donc dans chaque arrondissement et aussi à Saint-Pierre-d'Albigny. Au début, en l'an VII, ce dernier poste se trouvait à Lhôpital. Après l'abdication de Napoléon Ier et la mutilation de la Savoie, le département du Mont-Blanc conserva avec son inspecteur de Chambéry, un sous-inspecteur à Annecy avec des gardes généraux résidant à Chambéry à Annecy et à Rumilly, alors érigée en sous-préfecture.

[1] Arch. H.-S., L 2/40, 27, 28 vendémiaire an III.

Le département du Léman formait l'inspection de Genève dont dépendaient les sous-inspecteurs de Genève, de Bonneville et de Thonon. Le Léman, supprimé par le traité du 30 mai 1814, n'existait plus en fait depuis l'occupation de Genève par les Autrichiens, le 30 décembre 1813 [1].

Les agents forestiers de la Savoie, outre le traitement qui leur était fixé, recevaient, en vertu de l'Ordonnance de 1669, titre III, articles 17 et 25, modifiée par la loi du 29 floréal an III, des vacations pour leurs diverses opérations sur le terrain. Le tarif était de 4 livres 10 sous par arpent pour balivage et martelage dans les taillis et futaies sur taillis. Les récolements, les visites de forêts donnaient droit également à diverses indemnités.

§ 2. RECRUTEMENT DES AGENTS.

D'après la loi du 29 septembre 1791, titre III, les agents forestiers «doivent être âgés de 25 ans accomplis, être instruits des lois concernant le fait de leur emploi et avoir les connaissances forestières nécessaires».

A partir du 1er janvier 1797, les conservateurs ne devaient être choisis que parmi les inspecteurs ayant 5 ans de grade et les inspecteurs parmi les élèves attachés aux conservations et ayant au moins 3 ans d'ancienneté. Ces élèves devaient travailler sous les ordres des conservateurs pour «acquérir les connaissances propres à être admis aux emplois». Les gardes ayant 5 ans de grade au minimum et ayant les connaissances requises pouvaient être nommés inspecteurs concurremment avec les élèves.

De 1791 à 1797, pour être agent, il suffisait l'être «expérimenté dans la matière forestière». On a vu plus haut (p. 218) que, par décret du 8 mars 1811, Napoléon Ier avait ouvert la carrière forestière aux anciens officiers, retraités ou réformés.

Il semblerait donc qu'au début les fonctions d'agents devaient appartenir principalement aux anciens fonctionnaires des maîtrises. Mais, en réalité, les agents forestiers de Savoie se sont recrutés dans les milieux les plus divers.

Des conservateurs de Grenoble, les documents ne disent rien.

Un des premiers inspecteurs du Mont-Blanc, Dubois (Pierre-Antoine), venu à Chambéry, en l'an VII, qui méritait cet éloge du préfet : «estimable fonctionnaire dont la moralité et le talent égalent le zèle, l'activité et le dévouement», était un ancien militaire.

Son successeur, Guimberteau, avait été directeur général des transports aux armées de l'Ouest, des côtes de Brest et de Cherbourg, sous la Révolution; «tout ce qui était relatif aux charrois, aux vivres, à l'ambulance...» était sous ses ordres. Il avait été chargé également de la remonte et des ateliers de construction de ces armées [2]. Ayant donné sa démission après la pacification de la Vendée, il était devenu forestier d'abord dans l'Eure.

Le sous-inspecteur de Maurienne, Bernard, né à Moûtiers, en 1760, exerçait, avant la Révolution, la profession d'architecte ou d'ingénieur civil. Après l'annexion,

[1] Voir P. MOUGIN, Liste chronologique des agents forestiers de la Savoie, jusqu'au 31 décembre 1910. (Autographie.)

[2] Arch. Tarentaise, série I, n° 75, 1810. Arch. S, L 1144.

il avait servi dans le corps du génie, jusqu'en l'an v, et, en l'an vi, était entré dans l'Administration des Eaux et Forêts [1].

En Tarentaise, Georges-Antoine Gabet, en l'an v, est adjudicataire de la fourniture des bois nécessaires aux salines [2]; en l'an vi, il commence dans la politique son *cursus honorum*, il est adjoint au maire de Moutiers [3]. En l'an vii, le département le désigne, le 9 nivôse, « pour occuper la place de garde général rière l'arrondissement de Moutiers [4] ». Ce politicien est tellement « expérimenté en la matière forestière » que, le 19 floréal an x, donc trois ans après, l'inspecteur Dubois est dans l'obligation de lui indiquer comment il faut procéder pour les martelages, la constatation des délits, etc. [5].

Le dernier garde général de Bonneville, Nomis, était d'origine turque [6].

Après la publication du décret de 1811, plusieurs officiers en retraite demandèrent des emplois forestiers : parmi ces candidats on relève, en 1813, le nom d'Albert-François de Gerbaix de Sonnaz, capitaine retraité à Chambéry, ayant 34 ans de services militaires et 10 ans de services comme rapporteur et juge auprès de tribunaux spéciaux des départements du Pô, de l'Isère, des Hautes-Alpes et du Mont-Blanc [7]. Ce représentant d'une des grandes familles de Savoie sollicitait un poste de sous-inspecteur.

Un autre officier en retraite, membre de la Légion d'honneur, aspirait, en 1812, à une place de garde général [8]. Mais ces candidats ne furent pas nommés, s'ils le furent jamais, dans le service forestier de Savoie.

§ 3. Moralité.

D'une façon générale, la moralité des agents des Eaux et Forêts était irréprochable. On a vu ci-dessus le témoignage rendu à l'inspecteur Dubois, par le préfet du Mont-Blanc. Dans sa statistique du Mont-Blanc, le préfet Saussay confirme cette attestation par cette déclaration : « l'Administration forestière s'améliore cependant chaque jour, grâce au zèle et aux lumières du citoyen Dubois ».

Cet agent est chargé, en l'an xiv, de l'intérim de la Conservation de Grenoble, lors du départ de J.-B. Cullet, son titulaire, et on le retrouve, en 1809, inspecteur général [9].

L'honnêteté de l'inspecteur Guimberteau ayant été attaquée en 1810 par le maire de Méry, Rambert, contre qui plusieurs procès-verbaux avaient été dressés, cet agent reçut des témoignages d'estime de la part des autres fonctionnaires qui ne laissent aucun doute sur son honorabilité [10]. Son remplacement en 1815 fut dû uniquement à

---

[1] Arch. Maurienne, livre-journal du sous-insp., 13 messidor an xii, 6 germinal an xii.
[2] Arch. Tarentaise, canton de Moutiers, an v, folio 155, n° 4.
[3] Arch. Tarentaise, canton de Moutiers, an vi, folio 128.
[4] Arch. Tarentaise, canton de Moutiers, an vii, 28 nivôse an vii.
[5] Arch. Tarentaise, série 1, n° 68.
[6] Arch. H.-S., corr. l. Fy., 1814, n° 236.
[7] Arch. S.-L., 244, n° 1252.
[8] Arch. H.-S., corr. S. P. Ay., 1812, n° 1322.
[9] Arch. S.-L. 2211, 8 août 1809.
[10] Arch. Tarentaise, série 1, n° 75.

sa retraite avec l'armée impériale, quand les Autrichiens réoccupèrent le Mont-Blanc. La Restauration ne pouvait pardonner aux fonctionnaires qui n'avaient pas oublié Napoléon et ses aigles et s'étaient ralliés à lui pendant les Cent jours.

Mais à côté des agents irréprochables, il s'en est trouvé de réputation douteuse ou d'indélicatesse reconnue.

Par décret impérial du ? complémentaire an XIII, J.-B. Cullet fut destitué de ses fonctions de chef du XVIIe arrondissement forestier, après 31 ans de services. Dans une lettre publique, imprimée du 16 vendémiaire an XIV, cet agent proteste contre les faits qui lui sont imputés et déclare qu'il fut l'objet d'un complot : il cite à l'appui de son dire une lettre d'un ancien sous-inspecteur d'Annecy, André, deux fois destitué, à un certain Laumier, secrétaire de la conservation, lui aussi précédemment destitué [1]. J.-B. Cullet ne fut pourtant pas réintégré et fut remplacé par l'inspecteur de Chambéry, Dubois : les griefs relevés contre lui étaient des irrégularités.

Il semble pourtant que le conservateur Cullet fut bien victime d'une vengeance du sous-inspecteur André, d'Annecy. Voici les renseignements fournis à la Police générale par le préfet du Mont-Blanc, à la date du 22 brumaire an XIV, au sujet de ce peu intéressant agent : «les causes principales de la destitution du sieur André sont une insubordination manifeste, des prévarications évidentes dans l'exercice de ses fonctions, des ventes illégales de bois, des exactions de payement pour de prétendus martelages dans les bois des particuliers, des demandes de remboursement de frais de port de lettres par des états reconnus faux, etc.

«Le sieur André est prévenu d'avoir attaqué le conservateur Cullet sur la route de Chambéry à Grenoble et il existe à ce sujet une procédure pendante au tribunal de police correctionnelle de Chambéry.

«Avant d'être employé dans ce département, il avait été forcé par son inconduite de quitter la Conservation de Moulins; dans le département des Hautes-Alpes, où il a été employé, il a été traduit devant les tribunaux et déjà destitué sur les plaintes de M. le Préfet.

«Il ne m'est pas revenu de plaintes sur la conduite qu'il tient à Annecy, depuis qu'il y est en surveillance... Il est à présumer que les motifs de sa demande (d'être affranchi de la surveillance de la haute police) avaient pour but la poursuite d'un établissement qu'il avait en vue avant sa destitution et au sujet duquel il a donné des scènes scandaleuses.

«D'après ces observations, la conduite passée du sieur André, l'existence d'une procédure qui n'est pas terminée, je pense, Monsieur le Conseiller d'État, qu'il n'est pas encore le cas de faire cesser la mesure de surveillance exercée envers le sieur André et qu'il serait à propos de l'envoyer pour rester soumis à cette mesure dans son département ou dans toute autre ville de l'empire [2]».

Le tableau est complet : la brebis galeuse dont le Préfet demande à être débarrassé avait sans doute réussi à s'installer sur la ruine des maîtrises des Eaux et Forêts pendant les troubles de la Révolution. La révocation est trop peu pour de tels bandits et il est nécessaire que les chefs des grands services nationaux se montrent impitoyables

[1] Arch. Tarentaise, série 1, n° 75.
[2] Arch. S.-L. 241, n° 259.

pour cette lie qui souille, déconsidère et déshonore toute une administration. Mais après de violentes tourmentes il n'est pas rare de voir d'immondes écumes arrachées on ne sait où, flotter sur les ondes les plus pures.

§ 4. TRAITEMENTS ET INDEMNITÉS.

Traitements. — Le décret du 29 septembre 1791, en supprimant les droits et allocations des forestiers dans les bois soumis à leur gestion, fixait en même temps les traitements des agents de tous grades. Mais la loi du 11 mars 1792 suspendit l'application de la partie du décret précédent relative à l'organisation d'une administration forestière. Les agents maintenus provisoirement continuèrent à être payés par leurs vacations suivant le taux déterminé par les lois des 15 août 1792 et 29 floréal an III, jusqu'à ce que la loi du 16 nivôse an XI eut attribué aux agents et préposés domaniaux un traitement fixe annuel. Les vacations étaient tarifées à raison de 9 francs par hectare de taillis et 0 fr. 25 par pied d'arbre de futaie pour les délivrances faites aux communes.

Il ne semble pas que les traitements fixes accordés aux agents aient jamais fait l'objet de réclamations. Mais la loi de l'an XI paraît bien avoir sérieusement amélioré les appointements des agents : d'après l'article 4 de cette loi, les inspecteurs touchent annuellement une somme de 3,500 francs; en l'an VI, l'inspecteur Donnadieu reçoit pour 9 mois une somme de 1,350 francs correspondant à une rémunération annuelle de 1,800 francs.

Après l'an XI, le traitement des gardes généraux est de 1,200 francs, en l'an VI, de 1,100 francs [1].

Mais, parmi les gardes généraux, il en était qui n'avaient guère dans leur service que des forêts communales, ainsi ceux de Moutiers et de Saint-Jean-de-Maurienne. Le traitement de ces agents était alors réparti entre les communes propriétaires de forêts et il n'était pas rare que les communes fussent en retard de s'acquitter. En somme, on appliquait alors aux gardes généraux le régime actuel des brigadiers mixtes ou communaux (L. 9 floréal an XI. Circ. 7 prairial an XI).

Le 18 juillet 1811, le garde général de Maurienne, Pierre Berthet, écrit au directeur général des eaux et forêts : «depuis 5 ans j'exerce en Maurienne les fonctions de garde général communal; j'ai été forcé de morceller mes petits avoirs pour donner à mon zèle et à mon activité tout l'essor conforme au désir de remplir mes devoirs... Mais toujours accablé de peine, jamais de soulagemens, toujours aux dépens de ma petite fortune, jamais assuré du traitement que l'Administration m'a fixé et dont seulement j'ai perçu la moitié dès l'an 1807... Cependant je persiste avec la même ardeur dans l'exercice de mes fonctions dans la ferme considération que votre justice me procurera un meilleur sort, au moins en me plaçant dans un arrondissement impérial, qui m'assurerait un traitement plus réel que le mien, qui n'a été jusqu'ici que figuratif pour la moitié [2]». Berthet ne devait pas voir sa demande exaucée.

Dans l'arrondissement d'Annecy où pourtant les forêts nationales étaient plus nombreuses et assez vastes, le garde général Perret n'est pas en meilleure situation. Le

---

[1] Arch. L. 1153.
[2] Arch. Maurienne, livre-journal du gg., n° 551.

28 décembre 1813, il lui était dû, selon l'attestation délivrée par le sous-inspecteur Pacoret :

Sur 1807	89ᶠ 12
1808	421 87
1809	670 81
1810	739 32
1811	721 74
1812	773 03
1813	1,000 00
Total	4,415ᶠ 89

Le chiffre de 1,000 francs précise le contingent communal dans le traitement de 1,200 francs du garde général. On voit avec quelle lenteur les communes s'acquittaient et quelle gêne c'était pour des agents, souvent peu fortunés, de ne percevoir que le sixième de leur traitement, en toute une année, comme en 1813. Le garde général d'Annecy parvint toutefois, au début de 1814, à se faire payer 4,350 francs : il fit valoir que l'ennemi était proche et s'emparerait de tous les fonds qui existaient dans les caisses publiques, il désigna (pas très exactement, il est vrai) les cantons dans lesquels il prétendait être créancier et on lui délivra mandat de 4,350 francs. Il s'en faut que les autres gardes généraux de Savoie aient été aussi heureux.

Vacations. — On peut prévoir, d'après ce qui précède, que le payement des vacations par les communes à qui des coupes étaient délivrées a été lent et irrégulier. Les sommes étaient d'ailleurs loin d'être négligeables, ainsi que l'indiquent les quelques renseignements suivants relatifs au seul département du Mont-Blanc.

Exercice			Exercice	
	an XII	6,842ᶠ 32	1809	15,501ᶠ 52
	an XIII	8,781 29	1810	15,160 17
	an XIV	9,976 65	1812	15,549 14
	1806	15,066 74	1813	18,191 54
	1807	13,418 87	1815	4,467 07
	1808	19,383 01		

D'après une circulaire du «Conseiller d'État ayant le département des recettes et dépenses des communes», en date du 22 prairial an XI, «les vacations attribuées par les lois des 15 août 1792 et 29 floréal an III aux agents forestiers devaient être acquittées de la même manière que les frais de garde». Par conséquent, il fallait en prélever le montant sur le prix des coupes vendues; dans le cas où les coupes étaient délivrées en nature aux communes, il fallait, avant tout partage, en vendre une portion pour payer les frais.

Les municipalités ne laissent pas de protester contre cette lourde charge : celle de Marlens déclare qu'elle paye en moyenne 300 francs par an de ce fait et que «ces sommes exhorbitantes excèdent, en quelque façon, le parti que la commune peut tirer de ses bois».

En 1806, celle de Beaufort réclame contre une taxe à 600 francs, pour vacations des agents forestiers dans les années XII et XIII et signale qu'aucun martelage n'a été fait pendant ces deux années, ni pendant aucune autre [1].

Le maire de Pralognan [2], le 22 messidor an XIII, n'est pas disposé à payer la vacation de 150 francs due pour une coupe de 600 résineux « prise parmi les arbres rabougris, vieux et impropres à la bâtisse et, par conséquent, qui n'aurait pas dû supporter la même taxe que les plantes destinées pour bâtisse ».

Ailleurs les bois délivrés proviennent d'arbres brisés par l'avalanche; plus loin, un maire affirme que la forêt ne donne pas 2 chars de bois par hectare, un autre que la coupe se trouve dans un bois ne renfermant que de petites broussailles éparses. Partout la conclusion est la même; la taxe légale n'est pas applicable, car elle dépasse la valeur de la coupe.

L'inspecteur Dubois n'est pas sans reconnaître la part de vérité que renferment ces protestations et « ne ménage rien pour rendre la délivrance aussi peu dispendieuse que possible aux communes ». Mais il est des communes que rien ne désarme, ni la bonne volonté des agents forestiers, ni la circulaire du préfet du Mont-Blanc du 28 messidor an XIII qui prévient les maires de « l'emploi de la voie de contrainte contre les percepteurs qui seraient en retard d'acquitter ces dépenses ». Certaines se refusent à payer des vacations déclarées recouvrables par le préfet depuis plusieurs années [3] (Gruffy, Viuz-la-Chiésaz, etc.). Il faut que les receveurs de l'enregistrement et des domaines délivrent des contraintes ensuite de sommations [4]. En 1811, dans le seul arrondissement d'Annecy, 28 communes reçoivent ces avertissements.

Certains maires, comme celui de Gruffy, ne s'émeuvent pas des injonctions de l'administration préfectorale : ainsi, les vacations de l'an XIV déclarées recouvrables par le préfet en 1807 font l'objet d'un rappel en 1809, le 17 mai; en 1810, le 30 janvier. Sur la réclamation du service de l'enregistrement, le 6 octobre 1811, le préfet donne ordre que la somme, 73 fr. 50, soit payée avant le 25, sinon elle serait prélevée sur les frais de bureau et le salaire du secrétaire de la mairie. Cet exemple, qui n'est pas unique, montre assez à quelle inertie se heurtaient les fonctionnaires de tous les services.

Le plus souvent on répartit les frais de martelage ou d'arpentage entre les affouagistes; mais parfois on prélève sur la coupe délivrée une portion destinée à être vendue, et dont le prix servira à couvrir le coût des vacations. Mais il est arrivé, dans ce dernier cas, que la somme obtenue s'est trouvée insuffisante [5].

§ 5. Fonctions.

A. **Conservateur.** — Le titre VI de la loi du 29 septembre 1791 énumère les fonctions dévolues aux conservateurs. Ces agents ont le contrôle général du service et sont tenus à des vérifications sur le terrain; au cours des tournées, ils étudient les questions de coupes, aménagement, repeuplement, donnent des instructions au per-

[1] Arch. S.-L. 1151.
[2] Arch. L. 1153.
[3] Arch. L. 1134.
[4] Arch. H.-S., corr. S. P. Ay., 1811, nᵒˢ 2440, 1028.
[5] Arch. H.-S., corr. S. P. Bonneville, 1810, nᵒ 1317.

sonnel pour les balivages et martelages, assistent aux adjudications, procèdent aux récolements, accordent, s'il y a lieu, mainlevée aux acquéreurs de coupes, etc. Ils rendent compte à l'administration des remarques qu'ils ont pu faire et ils tiennent des sommiers des produits et des poursuites.

L'article 6 du titre IX chargeait aussi les Conservateurs « de la poursuite des malversations dans les coupes et les exploitations et de celles des contraventions aux lois forestières ».

Le Conservateur (tit. XII, art. 3) agréait les gardes forestiers communaux nommés par les municipalités.

Mais il convient de remarquer que le 17ᵉ arrondissement forestier, comprenant outre le Dauphiné et le Lyonnais, le département de l'Ain, avec ceux du Mont-Blanc et du Léman et ultérieurement le département du Simplon, était beaucoup trop vaste et d'un parcours trop difficile pour que le Conservateur qui en était chargé pût souvent revenir sur le même point.

B. Inspecteur. — Les fonctions de l'inspecteur sont définies surtout par le titre V de la loi du 29 septembre 1791. Il a le contrôle et la surveillance du personnel sous ses ordres : il fait les balivages, martelages, vérifie les limites des forêts, les exploitations des coupes; il a la poursuite des délits constatés par les gardes; il assiste le conservateur dans les ventes et aux récolements. En réalité, il fait seul les opérations réservées au conservateur.

C. Sous-inspecteur. — La création des sous-inspecteurs date de la loi du 16 nivôse an IX. Ces agents ont dans leurs circonscriptions les mêmes fonctions que les inspecteurs (Instruction du 7 prairial an IX, art. 7, § 3); ils exécutent les ordres que leur donnent les inspecteurs avec qui ils correspondent. Comme l'inspecteur, ils ont des livres d'ordre, sommier, registre-journal. Ils assistent aux opérations de l'inspecteur.

D. Garde général. — La loi du 29 septembre 1791 n'avait pas plus établi de gardes généraux que de sous-inspecteurs, de sorte que l'inspecteur avait correspondance directe avec les préposés. La loi du 16 nivôse an IX vint combler cette lacune.

Le garde général est placé à la tête d'un cantonnement qui peut renfermer de 6,000 à 7,000 hectares de bois et une vingtaine de triage (Instruction du 1ᵉʳ germinal an IX). Il doit contrôler le service des gardes, participer avec l'inspecteur ou le sous-inspecteur aux balivages, martelages, récolements, ventes, exécuter les autres opérations prescrites, transmettre aux préposés sous leurs ordres les instructions des agents supérieurs et en vérifier l'application; il surveille les exploitations.

Le garde général peut aussi ester en justice au nom de l'Administration (C. I. C., art. 182, 190. D. 19 juin 1809).

Un décret du 2 février 1811 avait même chargé les gardes généraux de recouvrer les amendes, restitutions et autres condamnations prononcées pour délits forestiers. C'était une réminiscence d'un édit royal de mars 1708.

Le garde général avait également livre-journal et sommier des procès-verbaux.

20.

SECTION II.
Les Préposés.

§ 1. LES PRÉPOSÉS DOMANIAUX.

La loi du 29 septembre 1791 (tit. I, art. 7) maintenait un personnel de préposés chargés de la surveillance des bois nationaux. Ces gardes devaient être pris parmi les hommes domiciliés dans le département, âgés de 25 ans au moins, anciens militaires, et parmi ceux qui étaient alors en fonctions (tit. III, art. 7, 8); ils étaient nommés par la Conservation générale (art. 5). La loi du 9 floréal an XI spécifia que les candidats gardes devraient avoir cinq campagnes ou cinq années de service militaire, à partir du 1er vendémiaire an XIV.

Nul ne peut être garde s'il n'a pas un certificat de bonne conduite et s'il n'a les connaissances forestières indispensables (art. 1). Une circulaire du 9 mars 1807 recommandait de n'admettre que des gardes sachant lire et écrire. Une autre, du 1er août 1812, spécifiait de plus que « les gardes ne peuvent être pris que parmi les militaires ayant fait la guerre et, autant que possible, jouissant déjà d'une solde de retraite».

Le triage normal d'un garde est de 600 hectares quand il est formé d'un massif, et de 250 hectares quand les cantons boisés sont épars, mais pas très distants (Circulaire du 1er germinal an IX).

Officiers de police judiciaire, les gardes recherchent et constatent les délits commis dans les forêts, même dans les forêts non soumises, quand ils en sont requis par le propriétaire (L. 9 floréal an XI, art. 12); les coupes de futaie chez les particuliers n'en ayant pas fait la déclaration préalable (D. 15 avril 1811, art 10); les défrichements, les délits de pêche et de chasse. Les procès-verbaux qu'ils dressent sont soumis à l'affirmation par devant le juge de paix ou le maire.

Les préposés peuvent suivre les bois de délit là où ils ont été transportés, mais ils n'ont le droit de s'introduire dans les maisons, ateliers et enclos sans être assistés d'un officier public (L. 29 sept. 1791, tit. IV, art. 5).

Par ses articles 15 et 16, la loi du 9 floréal an XI avait organisé les préposés forestiers domaniaux ou communaux en un corps appelé «garde forestière» qui pouvait être employé comme celui de la gendarmerie : ainsi, sous l'Empire, ils étaient, à ce titre, chargés de l'arrestation des déserteurs et recevaient, pour chaque déserteur remis à la gendarmerie une prime de 25 francs (D. 12 juin 1811).

Il était interdit aux gardes de faire commerce de bois, d'exercer un métier utilisant le bois, de tenir auberge, etc..... (O C., tit. XV, art. 22. — L. 29 sept. 1791, tit. III, art. 14, 15.)

Quand 3 à 5 gardes peuvent se rassembler aisément sans s'éloigner de leurs triages, on en forme une brigade dont le chef est un garde ferme et actif. La brigade n'est pas une création de la loi ou d'un décret : elle est instituée par une instruction du 7 prairial an IX; elle est donc d'origine purement administrative.

Les gardes domaniaux avaient pour uniforme (D. 29 sept. 1791, art. 16) un surtout bleu de roi sur lequel ils portaient un médaillon de drap rouge avec cette inscription en jaune « Conservation des Forêts ». Ce médaillon fut remplacé de bonne heure par une bandoulière en cuir chamois avec bandes de drap vert et une plaque (A. 15 germinal an ix. Circ. 16 germinal an x. Circ. 30 nov. 1808). Les gardes devaient toujours porter cette bandoulière dans l'exercice de leurs fonctions.

L'armement des gardes consistait en un fusil (Circ. 31 juillet 1806).

Il ne semble pas qu'au moins au début on ait trouvé aisément de nombreux candidats gardes pour les forêts nationales. En l'an viii, le directeur des domaines du Mont Blanc demande au sous-préfet d'Annecy des renseignements sur deux candidats qu'il destine aux forêts de Sainte-Catherine et de Mandallaz : le sous-préfet lui fit cette réponse : « Je crois que vous pouvez leur confier la garde des forêts nationales de Sainte-Catherine et de la Balme, d'autant plus qu'on ne peut s'attendre à trouver des gens qui soient des perles de vertu pour exercer un tel office[1]. »

L'un des « individus » que le sous-préfet traitait avec tant de dédain, Cibil ou Sibille, fut nommé garde de la forêt de Mandallaz : cinq ans plus tard, il payait de sa vie l'accomplissement de son devoir en essayant de protéger les bois confiés à sa surveillance contre une bande de délinquants[2].

Les gardes domaniaux de Savoie surent toujours remplir leur mission.

§ 2. LES PRÉPOSÉS COMMUNAUX.

L'Ordonnance de 1669 (tit. XXV, art. 14), comme la loi du 29 septembre 1791 (tit. XII, art. 1er et tit. XIII, art. 1er), oblige les communes et les établissements publics à assurer au moyen de gardes la surveillance de leurs propriétés boisées.

C'est le Conseil municipal qui désigne à l'agrément du Conservateur les candidats gardes qui doivent remplir les mêmes conditions que les candidats gardes domaniaux (L. 29 sept. 1791, tit. XII, art. 3. L. 9 floréal an xi, art. 10). Si les communes négligent d'assurer la surveillance de leurs bois, il y est pourvu d'office par l'Administration, sur la proposition du Conservateur, après avis du Préfet (L. 29 sept. 1791, tit. XII, art. 2, 4).

Quand les gardes surveillent à la fois des forêts nationales et des forêts communales, la nomination se fait comme pour les préposés domaniaux.

Les gardes communaux ont les mêmes chefs que les domaniaux (L. 9 floréal an xi, art. 12); leur suspension peut être prononcée par le conservateur et leur révocation par l'Administration (Oc., titre III, art. 6. L. 9 floréal an xi, art. 14).

Les fonctions des préposés communaux sont les mêmes que celles des domaniaux (L. 29 septembre 1791, titre XII, art. 6; titre XIII, art. 1er).

On ne voit pas que les gardes communaux aient eu un uniforme analogue à celui de leurs collègues de l'État : ils devaient seulement porter une bandoulière munie d'une plaque de métal portant l'inscription « Forêts communales » (Circ. 23 brumaire an xii).

En pratique, les nominations des préposés communaux étaient plutôt laborieuses. Les communes continuent, comme par le passé, à vouloir un nombre de gardes excessif, eu égard de l'étendue de leurs forêts. Ainsi Moutiers a 1 garde particulier pour 36 hect. 63 de forêts; Salins, 2 pour 63 hectares; Bellecombe en a 2 pour 62 hectares; Saint-Oyen,

[1] Arch. H.-S., corr. S. P. d'Annecy, an viii, n° 749.
[2] Arch. S.-L. 1153.

2 pour 55 hectares; Le Bois. 2 pour 3o3 hectares. Les deux premières de ces communes, contigües, avaient donc 3 gardes pour surveiller 100 hectares; les trois autres communes. également juxtaposées, avaient 6 gardes pour 420 hectares[1]. On est loin des triages de 600 hectares. Et malgré cela, les candidats désignés refusent l'emploi offert : ne leur demandait-on pas de débourser 3 francs pour l'enregistrement de leur commission, outre le coût du papier timbré[2].

Parfois, le sous-préfet, ignorant la loi, exigeant que les candidats présentés fussent agréés par le conservateur, renvoie aux maires qui les lui avaient transmises pour approbation les délibérations nommant des gardes, en ajoutant que «personne mieux qu'eux ne connaissait les habitants de la commune» et que toute approbation serait superflue.

Il arrive aussi que les candidats désignés par les municipalités sont, après avis de l'inspecteur des Eaux et Forêts, acceptés par la préfecture[3] et non par le conservateur.

Souvent il faut que les préfets pressent les maires de choisir des gardes, les menacent, s'ils tardent encore, de mesures de sévérité[4].

Pour réduire la dépense, il n'est pas rare que les communes demandent que les gardes fussent à la fois champêtres et forestiers et, chose remarquable, ces communes ne montrent pas plus de discrétion dans le nombre de ces préposés : Allonzier a une forêt de 112 hectares et 2 gardes champêtres forestiers; Saint-Martin, pour 35 hectares de bois, veut 3 gardes et Argonnex 2 pour 76 hectares[5]. Il est vrai que les traitements promis ne sont pas des plus brillants. Mais c'est la commune de Bessans qui détient le record : en l'an IX, elle n'a pas moins de 8 gardes champêtres forestiers pour les 446 hectares de bois communaux; et le sous-préfet de Maurienne agrée ces candidats, au mépris de l'article 4, titre XII, de la loi du 29 septembre 1791[6].

Mais à l'apogée même de l'Empire, dès le début de 1812, alors qu'il s'agissait d'une réorganisation du service, on voit de nombreuses municipalités refuser de nommer des gardes, principalement dans l'arrondissement de Chambéry. Les raisons alléguées sont des plus variées.

Certaines délibérations portent que les bois communaux sont trop peu étendus ou trop épuisés pour exiger la création d'un garde et souvent ces allégations sont absolument mensongères : ainsi Lescheraine déclare n'avoir que 10 à 12 hectares de bois alors qu'il en existe près de 100 hectares.

Le 4 février 1813, le maire d'Attignat-Oncin écrit que son conseil «n'a pas cru devoir s'occuper de la délibération qu'il aurait eu à prendre relativement à la réorganisation du régime forestier, attendu qu'il n'a jamais été d'avis qu'il y eut de garde forest, que c'était une cause de dépenses sans avantage et que l'expérience a démontré évidemment que les gardes sont dans les communes une petite calamité, sans espérer d'eux le plus léger bien».

Ailleurs, la municipalité demande purement et simplement la distraction du régime forestier; aux Mollettes, le Conseil assure que la commune est trop boisée et que le ter-

[1] Arch. Tarentaise, canton Moutiers, an VII, 28 floréal, 14 prairial. Arch. H.-S., canton Bonneville, an VI, p. 127 v°.
[2] Arch. Tarentaise, corr. S. P., an VIII, 7 fructidor.
[3] Arch. S., L 101, f° 4 v°.
[4] Arch. Genève, chap. 1, n° 16.
[5] Arch. H.-S., L 3/47, p. 48, 50.
[6] Arch. Maurienne, A. du S.-P., 15 germinal IX.

rain ainsi inutilisé, s'il était défriché et loué, permettrait de payer les dépenses. Aussi cette assemblée décide-t-elle, à l'unanimité, que la commune n'a nullement besoin de garde et demande le défrichement et la location de la forêt communale [1].

En 1814, la situation est plus tendue encore Le 8 décembre, l'inspecteur des Eaux et Forêts écrit au préfet du Mont-Blanc : « Notre service est tellement désorganisé que nous manquons de gardes en bien des endroits. Non seulement MM. les Maires refusent d'en nommer, mais personne ne se présente pour occuper les places qui vaquent. Là où il y a encore un service tel quel, les gens du pays s'élèvent contre; ils maltraitent les gardes ouvertement; ils s'appuient de cette raison qu'il n'y a pas de gardes ailleurs, qu'ils sont bien bons d'en souffrir ».

Les nominations de gardes ne se faisaient donc pas suivant une méthode uniforme, ni sans résistance de la part des communes, malgré les lois existantes. Ces difficultés avaient été signalées à Paris : aussi les administrateurs généraux des forêts firent-ils passer, le 18 fructidor an IX, au conservateur du 17e arrondissement forestier la lettre suivante [2] :

« La nomination des gardes des bois communaux est un objet sur lequel plusieurs d'entre vous appellent notre sollicitude. Il en est même qui désireraient que cette nomination appartînt exclusivement à l'administration et ce vœu est motivé sur les inconvénients qui résultent de l'abus que font les communes du droit qu'elles ont de nommer et de révoquer les gardes de leurs bois.

« Nous apprenons, d'un autre côté, que des communes négligent de préposer des gardes à la conservation de leurs bois qui se trouvent ainsi livrés à la dévastation et menacés d'une ruine absolue : il est bien important de réprimer l'un et l'autre de ces abus. Mais sans priver les communes du droit qu'elles ont de nommer leurs gardes, elles le tiennent des lois de 1669 et 1791 auxquelles il n'a point été dérogé sur ce point... La loi du 29 septembre 1791 porte que les communes ont le choix de leurs gardes en le faisant néanmoins approuver par le conservateur et qu'elles ne pourront le destituer sans le consentement de la conservation.

« Conformément aux lois, nous avons, par l'article 23 du paragraphe 1 de l'instruction du 7 prairial, chargé les conservateurs, faute par les communes d'établir des gardes, de nous mettre à même d'y pourvoir à leurs frais : cette disposition est suffisante à l'égard des communes.

« Il s'agit donc de vérifier : 1° si les gardes des bois des communes, actuellement en exercice, ont les qualités requises par les lois de 1669 et 1791...; 2° si le nombre des gardes est proportionné à la quantité de bois à surveiller, si leur salaire est réglé d'une manière équitable par une délibération en bonne forme et dûment homologuée, si le salaire des gardes est exactement payé et si ce ne serait pas une mesure utile aux communes qui auraient des bois entremêlés avec ceux de la République de se servir des gardes de ce dernier.

« Dans le cas où, par le résultat de ces vérifications, vous reconnaîtrez que des gardes des bois communaux n'ont pas les qualités requises que nous venons d'énoncer et qu'ils ne rapportent pas fidèlement des procès-verbaux sur des délits, ou enfin qu'ils

[1] Arch. S., L 1157, passim.
[2] Arch., S., L 2211.

se rendent coupables de malversations dans l'exercice de leurs fonctions, vous requer-riez leur destitution du maire des communes et leur remplacement par d'autres sujets dont la nomination, conformément à la loi du 21 septembre 1791, serait, sur votre avis, soumise à votre approbation et, faute par les maires d'adhérer à cette réquisition, vous nous proposerez tous candidats conformément à l'instruction du 7 prairial et vous vous expliquerez sur l'étendue des bois à surveiller et sur le salaire qu'il convient de fixer aux gardes.

« La destitution de ces gardes pourrait pareillement avoir lieu sans que, sur votre avis, nous y ayions donné notre consentement; ce moyen nous paraît le seul propre à assurer aux gardes des bois communaux l'indépendance nécessaire pour remplir leur devoir sans craindre d'être victimes des haines et des persécutions des habitants des communes.

« Quoique toutes ces mesures soient puisées dans la loi et, par cela même, il ne doive rien manquer à leur efficacité, cependant il pourrait se faire que des communes se montreront peu disposées à s'y conformer. Alors il faudrait, pour les y contraindre, informer de leur conduite les préfets et nous en référer, afin de mettre le ministre des Finances à portée de donner les ordres nécessaires ».

Cette lettre ne fut pas inutile et, par deux fois, il fallut nommer d'office des gardes pour les bois communaux de la Biolle : de là une requête adressée par le conseil mu-nicipal au préfet le priant « d'inviter l'administration forestière à se tenir dans les bornes de ses attributions » [1].

Quant aux révocations, il fut nécessaire d'en prononcer quelques-unes [2]. Mais il est arrivé que certaines municipalités ont révoqué des préposés sans saisir le service fores-tier, sans enquête préalable, ce qui amena le préfet à maintenir le garde en fonctions en refusant d'approuver la délibération [3].

La surveillance des forêts communales était une question de tous les jours, irritante, liée intimement à la question financière ainsi qu'on va le voir.

§ 3. TRAITEMENTS.

Préposés domaniaux. — L'article 4 de la loi du 16 nivôse an IX fixait à 500 francs, au plus, le traitement annuel des gardes domaniaux. Cette disposition s'appliquait aussi aux gardes mixtes dont le traitement était payé en partie par le trésor, en partie par les communes.

Le payement des traitements des gardes domaniaux ne paraît avoir donné lieu à aucune réclamation. En l'an VI, les gardes domaniaux recevaient 400 francs par an [4].

Préposés communaux. — La loi du 29 septembre 1791 (titre XII, art. 2) n'indi-quait pas le montant du traitement à allouer aux gardes communaux; elle se bornait à spécifier qu'il leur fut fourni un traitement convenable. Si la commune négligeait ou

---

[1] Arch. S., L 1157.
[2] Arch. Maurienne, livre journal du gg. 1811, n° 467. Arch. S., L 1149. Arch. H.-S., corr. S. P., Ay. 1808, n° 471; 1812, 29 août.
[3] Arch. S., L 104, f° 1.
[4] Arch. S., L. 1153.

refusait d'accorder une rémunération suffisante, il pouvait y être pourvu par l'administration sur la proposition du conservateur, après avis du préfet. Une fois le service organisé, le traitement officiel des gardes communaux se trouva parfois être au moins égal, sur le papier, à celui des domaniaux; il dépassait même 500 francs. Ainsi le garde de Sollières-Termignon recevait 516 francs, celui de Seythenex 559 fr. 94, celui des Hurtières 581 fr. 04 [1]. Les salaires avaient été calculés sur la base de 0 fr. 50 par hectare alors que dans les forêts nationales ils l'avaient été à raison de 1 fr. 25 par hectare [2]; bien entendu, il ne s'agit ici que du personnel purement forestier et non des gardes à la fois champêtres et forestiers.

Mais il fallait assurer le payement des gardes. La loi du 11 frimaire an VII, article 5, stipulait «qu'il y serait pourvu par la vente annuelle d'une portion suffisante de bois d'usage. Cette portion serait distraite de la coupe ordinaire avant toute distribution entre les habitants». En outre, en vertu de cette même loi (titre III, art. 8, 9, 31; titre II, § 2, art. 6), pouvaient être payés sur le montant des centimes additionnels: le prix de location des biens communaux, les amendes de simple police, etc. Le payement avait lieu sur mandat du maire, visé par le sous-préfet et arrêté par le préfet.

On a vu plus haut que les communes montraient peu d'empressement à nommer des gardes : elles n'en mettaient pas plus à les payer régulièrement; de là, un relâchement du service de surveillance. Pour y remédier, la loi du 9 floréal an XI, titre II, article 13, décida que désormais les préposés communaux seraient «payés par l'administration forestière qui serait remboursée de ses avances soit sur les revenus annuels des communes et autres établissements, soit sur le produit des coupes de bois», conformément au règlement à élaborer par le gouvernement.

Une circulaire du directeur des recettes et dépenses communales, du 22 prairial suivant, rappela que ces remboursements devaient se faire conformément à la loi du 11 frimaire an VII. Un arrêté du 17 nivôse an XII stipula notamment qu'en cas d'insuffisance des revenus communaux l'administration des domaines devait faire l'avance des traitements forestiers (art. 5).

Une nouvelle loi du 22 mars 1806 ajouta que, dans le cas où les communes n'auraient ni revenu, ni affouage suffisant pour assurer le service des salaires des gardes, il devait être ajouté aux centimes additionnels des contributions les sommes nécessaires (art. 1). Par cette disposition le service des domaines cessait d'être chargé de faire l'avance du traitement des gardes communaux; mais les receveurs des domaines continuaient à payer ces préposés avec les sommes que leur versaient les receveurs municipaux.

Cette procédure subsista jusqu'au décret du 31 janvier 1813 qui décida qu'à l'avenir les gardes communaux seraient rémunérés trimestriellement sur les fonds à ce destinés par les receveurs municipaux.

En 1807, les communes du Mont-Blanc qui se trouvaient dans la situation prévue par la loi de 1806 n'avaient encore pris aucune délibération pour créer les moyens de payer leurs préposés et le préfet leur adressa, le 4 mars 1807, un premier rappel. Les receveurs des domaines se heurtaient, en voulant faire rentrer les sommes par eux

[1] Arch. Maurienne, corr. S. P. Maurienne, 1809, n° 631. Arch. H.-S., corr. S. P. Ay. 1808, n° 584.
[2] Arch. S., L 1153, 25 fructidor an XIII.

avancées, au mauvais vouloir des municipalités et des percepteurs et aussi à des impossibilités matérielles, lorsque la caisse était vide. Pour ne pas demeurer en débet, les receveurs envoient des contraintes aux maires d'où des protestations souvent appuyées par les sous-préfets, celui de Maurienne notamment. En l'an XIII[1], dans le département du Mont-Blanc, on comptait dans l'arrondissement de

	COMMUNES AYANT DE QUOI PAYER les gardes.	
Chambéry	144 sur	175
Annecy	78	104
Moutiers	69	71
Maurienne	68	70

Malgré tout ce qu'ils purent faire, les receveurs des domaines furent impuissants à faire rentrer normalement les fonds qu'ils avaient avancés pour le salaire des préposés forestiers. Par arrêté du 27 août 1807[2], le préfet de Chambéry avait prescrit au service des contributions directes d'imposer 159 communes d'une somme de 27,437 fr. 89 sur l'exercice 1807 et d'autant sur l'exercice 1808 pour le payement de leurs gardes forestiers. Le ministre de l'intérieur s'était opposé à l'exécution de cette décision, le 10 décembre 1807, en alléguant «l'esprit de nos lois qui ne veulent pas qu'aucune imposition puisse avoir lieu sans l'intervention du Corps législatif ou du corps qui en est chargé[3]».

Chaque année, le préfet renouvelait ses propositions apportant des documents nouveaux et toujours le ministre différait une décision, arguant toujours de l'irrégularité des mesures préconisées, espérant notamment que les communes allégées des dépenses du culte, un certain nombre d'entre elles au moins auraient «des fonds disponibles qu'elles pourraient employer au payement du salaire de leurs gardes bois». Le temps s'écoula sans que la situation se fut améliorée : il fallut en finir. En avril 1811, le ministre de l'Intérieur se décida à transmettre le dossier à son collègue des Finances. Par décret daté du quartier général de Smolensk, le 24 août 1812, Napoléon approuva l'imposition extraordinaire de 159 communes de la somme de 54,875 fr. 78 pour le remboursement du traitement des gardes communaux pendant les exercices 1807 et 1808.

Le 10 septembre, le préfet demandait au ministre des Finances d'étendre les effets du décret aux quatre années suivantes, aucun changement n'étant survenu dans la situation financière de ces mêmes communes; à la date du 27 septembre le ministre déclarait que cette mesure excédait sa compétence.

Un nouveau décret du 7 avril 1813, rendu à l'Élysée, autorisa la perception dans ces mêmes communes, sur les exercices 1813 et 1814, par moitié, de la somme de 109,751 fr. 56 «pour le payement des gages arriérés des gardes forestiers pendant les années 1809, 1810, 1811, 1812». Le 10 juin, le préfet ordonne la publication des rôles pour le recouvrement des sommes prévues par le décret[4]; l'argent est versé par les contribuables et n'arrive pas à destination. L'ennemi menace, envahit la Savoie,

[1] Arch. S., L 1153.
[2] Arch. S., L 119, f° 164.
[3] Arch. S., L 1154.
[4] Arch. S., L 142, f° 106.

est refoulé jusqu'à Genève, revient ensuite en force et c'est la Restauration. Le directeur des Domaines réclame le remboursement des avances du trésor pour le traitement des gardes et reçoit, le 29 août 1814, cette réponse du préfet : «dans les budgets des communes de 1813, j'avais assuré des fonds pour opérer en partie ce remboursement. Mais la nécessité d'assurer les divers services militaires... dans le département m'ont forcé à disposer de ceux dont il s'agit pour donner des acomptes aux fournisseurs et empêcher ainsi la cessation totale des services militaires. Les budgets 1814 n'étant pas encore réglés, je ferai en sorte d'y porter une partie des fonds à rembourser. Cependant les dépenses considérables auxquelles les communes ont été tenues dans les premiers mois de cet exercice par l'effet des circonstances de la guerre laissent peu de moyen du payement des avances dont il s'agit [1]».

A l'automne suivant, on sollicite un nouveau décret pour autoriser en 1815 une imposition extraordinaire comme les années précédentes [2]. Au milieu du bouleversement des Cent-Jours, le gouvernement, impérial ou royal, avait d'autres soucis; le décret ne parut pas.

Ce n'étaient pas seulement les préposés forestiers qui se trouvaient victimes de ces difficultés financières; l'État français lui-même qui avait avancé diverses sommes pour le traitement des gardes n'était pas entièrement remboursé. Ainsi, au 1er mars 1810, le Trésor était créancier de diverses communes du Mont-Blanc de 51,473 fr. 23; au 1er juillet, il l'était encore de 20,632 fr. 30.

Pourtant les divers préfets du Mont-Blanc n'avaient rien ménagé pour assurer le fonctionnement normal du service. En transmettant l'arrêté du 17 nivôse an XII, qui n'entrait en vigueur que le 1er vendémiaire an XIII, le préfet écrivait le 28 thermidor an XII : «Les communes sont trop intéressées à la conservation de leurs bois pour qu'elles n'emploient pas tous les moyens propres à l'assurer et qu'elles ne fassent pas tous les sacrifices que cette conservation peut exiger. Il importe, en conséquence, qu'elles aient toutes le nombre de gardes nécessaire et que le payement de leurs gages soit assuré et fait avec exactitude, pour prévenir tout prétexte de négligence de leur part. Ce payement sera assuré à l'égard des communes qui ont suffisamment de bois pour que, chaque année, il puisse y être fait des coupes ou des délivrances en nature. Mais il n'en sera pas de même à l'égard de celles qui ont très peu de bois, où il ne peut être fait que des coupes éloignées l'une de l'autre de plusieurs années ou de celles qui, en l'état, n'en ont point par suite des dévastations ou autres causes, dont le sol est susceptible d'en produire au moyen d'une surveillance rigoureuse dans les unes et dans les autres. Il importe néanmoins d'assurer le payement des gages des gardes qu'elles doivent avoir. Les unes ont d'autres revenus que leurs bois et peuvent faire face à ce payement; les autres, à défaut de revenus suffisants, ne pourraient donner aucune assurance et, à l'égard de ces dernières, je dois indiquer à Son Excellence le Ministre des finances, les moyens les moins onéreux pour elles de pourvoir à cette dépense indispensable... »

On pourra juger de la situation à ce moment en notant que dans la Tarentaise, pourtant si riche en forêts, sur 71 communes, 24 étaient dans l'impossibilité de payer les traitements des gardes. On voit des communes comme Tours, propriétaire de

[1] Arch. S., L 246, f° 364.
[2] Arch. S., L 246, f° 452 v°.

4oo hectares, incapables de rien payer; de même, Celliers, propriétaire de 258 hectares, Hautecour de 3oo hectares, etc. [1].

Le 15 avril 18o6, nouvelle circulaire invitant les conseils municipaux des communes qui n'ont ni revenus, ni affouages suffisants, à examiner s'il leur serait plus avantageux à faire payer les salaires des gardes par une imposition additionnelle aux contributions, ainsi que l'autorisait la loi du 22 mars précédent ou par le moyen du même octroi que celui pour le traitement des desservants. Très peu de municipalités déférèrent à cet avis et, le 4 mars 18o7, les maires sont prévenus d'avoir à tenir une session extraordinaire pour délibérer sur cet objet.

Les conseils adoptent les solutions les plus diverses : les uns veulent frapper d'une taxe ceux qui ont reçu des bois antérieurement, même délivrés gratuitement (Beaufort), d'autres estiment que les ressources de la commune ne suffisent pas aux dépenses ordinaires et le sous-préfet ordonne de délivrer mandat sur le prix d'une coupe.

Certains demandent une diminution du traitement du garde et ajoutent : «s'il faut payer annuellement les vacations et un salaire si fort (il s'agissait de 254 fr. 80 pour une forêt de 322 hectares), nous aimons mieux renoncer à la forêt parce qu'également l'on ne peut plus y trouver une plante capable pour une poutre.»

Il y eut même des conseils qui offrirent leur démission.

Quelques communes contestèrent le chiffre fixé pour le traitement du garde, en prétendant que leur forêt n'avait pas la contenance indiquée. Vérification faite, le préfet maintint le montant par lui arrêté [2].

Le préfet obtint l'autorisation d'imposer les communes débitrices pour 18o9 et 1810 et, pour liquider l'arriéré, proposa à l'inspecteur du Mont-Blanc «de faire opérer des ventes de bois dont le produit serait exclusivement destiné pour éteindre cette dette». Il écrit en même temps au Conservateur à Grenoble (3o décembre 18o9) : «il n'y a pas de doute qu'une réduction dans le nombre des gardes serait indispensable pour diminuer d'autant la somme des salaires qui est excessive pour le département en général; mais ce travail est nécessairement subordonné à celui que j'ai ordonné en 18o7 pour reconnaître et déterminer d'une manière définitive les portions de terrains qui, dans chaque commune, doivent être considérées comme sol forestier [3]».

Cette année 1810, les sommes votées par les communes pour rémunérer leurs gardes se sont trouvées inférieures de 28,111 fr. 7o aux besoins dans le département du Mont-Blanc. En 1811, le déficit a été encore de 24,823 fr. 3o. Aussi préfets et sous-préfets écrivent-ils aux maires lettre sur lettre pour les inviter à verser aux receveurs d'enregistrement les sommes dues pour le traitement des gardes [4]. Certains receveurs municipaux sont même poursuivis à la requête du préfet et contraints par voie de garnisaires. Mais les communes comme les percepteurs ne montraient aucune bonne volonté : certaines vont jusqu'à décider la suppression des gardes forestiers [5].

Quelques conseils demandent à revenir aux pratiques d'avant la Révolution. Ainsi celui du Bourget, dans une délibération du 2o avril 1812, affirme qu'«avant l'organi-

[1] Arch. Tarentaise, série I, n° 75.
[2] Arch. H.-S., corr. S. P. Ay., 18o6, n° 9o8.
[3] Arch. S.-L., 243, n° 348.
[4] Arch. H.-S., corr. S. P. Ay., 1811, n°ˢ 925, 1016, 1028, 1135.
[5] Arch. H.-S., corr. S. P. Ay., 1811, n°ˢ 75o, 797, 177.

sation de l'administration forestière on n'avait à se plaindre d'aucun dégât. Chaque particulier habitant de la commune avait la faculté de s'y affouager. Chaque conseiller dans son hameau surveillait sévèrement pour découvrir s'il ne se faisait point la coupe de quelque bois, toujours prohibée sans permission de l'intendant». Ce qui se passait dans les communes riveraines du lac, en dépit des intendants, montre ce que valent de telles allégations (voir p. 152).

Au début de 1813, le Service des domaines réclame à nouveau très instamment le payement des sommes avancées par le Trésor. «Les receveurs se plaignent des lenteurs que les percepteurs apportent à verser entre leurs mains ce qui a été bilancé pour cet objet au budget de 1812 [1].» Sur l'intervention du préfet et des sous-préfets, les percepteurs des arrondissements de Chambéry et d'Annecy firent leurs versements; mais ceux de l'arrondissement de Moutiers, «malgré les démarches les plus pressantes, n'ont pu se déterminer à rien verser [2]».

De la résistance systématique opposée par les maires et les percepteurs aux réclamations d'une administration de l'État et aux instances préfectorales, on peut juger des obstacles que les malheureux gardes rencontraient pour toucher leurs traitements.

§ 4. MISÈRE ET DÉMORALISATION DES PRÉPOSÉS COMMUNAUX.

I. Département du Mont-Blanc. — Innombrables sont les réclamations des gardes communaux qui demandent le payement de leur traitement; chaque année, leur nombre va en augmentant. Quel lamentable spectacle que celui de ces hommes obligés de mendier sans cesse un acompte, de quoi ne pas mourir de faim, et se heurtant souvent à des refus que rien ne justifie. Parfois même l'intervention de l'inspecteur des Eaux et celle du préfet demeurent impuissantes.

En 1812, par exemple, le garde du Verneil se présente chez le percepteur de la Rochette pour toucher un mandat visé par le préfet; le percepteur refusa en ajoutant «qu'il lui viendrait cent mandats de l'espèce qu'il n'en acquitterait aucun». Et ce comptable, acharné à poursuivre les contribuables, ne manquait pas d'argent [4].

Il y a mieux encore, en 1814, le percepteur de Faverges refuse de payer un garde sous prétexte de manquer de fonds et il montre au préposé des comptes faux à l'appui de son dire [2]. Souvent, il est nécessaire que le préfet, ordonnateur des mandats, en présence du refus des percepteurs intervienne et ordonne à ces comptables de remettre aux titulaires le montant des sommes dues.

A Saint-André, le maire retient indûment un mandat forestier de 268 fr. 40 : le préfet est dans l'obligation d'aviser ce magistrat qu'il va mettre un garnisaire à sa charge jusqu'à ce que le mandat lui ait été remis [3].

En 1806, presque aucun garde de Maurienne n'a reçu de traitement pour l'an XIII et le sous-préfet justifie ainsi les municipalités : «le défaut de payement du salaire des gardes..... que vous avez ordonnancé pour l'an XIII ne provenait point de mauvaise volonté de la part des maires et percepteurs des communes; il n'était dû qu'à la circonstance de la non-existence des fonds pour ce regard, c'est-à-dire que tous les re-

---

[1] Arch. Tarentaise, corr. S. P. Moutiers, 1813, n° 19.
[2] Arch. Tarentaise, série I, n° 75, 15 janvier 1815.
[3] Arch. S., L 1154.
[4] Arch. H.-S., corr. S. P. Ay., 1811, n° 1135; 1814, n°1674.

venus de la commune se trouvant affectés à des dépenses autorisées dans le budget du
même exercice, il n'est rien resté dans la plupart des communes pour faire face à celle
relative à l'agence forestière». Et voilà !

En Tarentaise, certains gardes, en 1813, n'avaient reçu que partiellement leur
traitement depuis plusieurs années et on trouve des salaires arriérés remontant à
1806 [1], et même à l'an x [2].

Mais il y a mieux, on voit des marchandages s'établir entre les maires et les gardes
et les municipalités essayer — par quels moyens et quelles promesses? — de réduire
encore à l'amiable les maigres salaires des préposés. C'est la commune d'Esserts-Blay
qui, la première, essaya de faire surveiller au rabais ses 339 hectares de forêts. L'arrêté organique du préfet du Mont-Blanc avait fixé, le 3 frimaire an xiii, à 250 francs
la part contributive de la commune dans le traitement du garde : le 4 mars 1806, une
délibération demande d'abaisser à 70 francs la somme imposée pour cet objet [3]. Ni le
préfet ni le service forestier ne voulurent entrer dans cette voie qui semblait ne pas
déplaire surtout au sous-préfet de Maurienne [4]. Le refus du préfet arrêta pour un
temps les tentatives de réduction : elles réapparurent quand ce haut fonctionnaire eut
un successeur. Le maire de Marlens, proposa, le 29 juin 1811, de ramener de
241 fr. 07 à 100 francs le traitement du garde, ce préposé paraissant devoir s'en
contenter : en transmettant cette requête à son chef, le sous-préfet d'Annecy ajoutait
qu'elle lui paraissait justifiée. Il est indiscutable que les salaires des gardes n'étaient
pas comparables avec ceux d'avant la Révolution; mais, en réalité, ils n'étaient guère
plus élevés, se trouvant plus apparents que réels.

Aussi quel déplorable sort était celui des gardes? A propos de l'un d'eux, le sous-
préfet d'Annecy écrit au maire de Saint-Jorioz, le 18 décembre 1812 : «Le nommé
Chantelube, garde-forestier de votre commune, n'a reçu d'acompte de ses salaires de
5 ans que la somme de 80 francs, est réduit à la misère et à la veille d'être poursuivi
par les individus qui lui ont fourni jusqu'à ce jour du pain et des souliers..... Il est
nécessaire et même urgent de faire donner un nouvel acompte audit Chantelube sur
ses traitements arriérés. Je vous invite, en conséquence, à examiner combien il reste
en fonds libres dans la caisse communale et à délivrer mandat de tout ce dont vous
pouvez disposer [5]».

Avec un personnel miséreux, criblé de dettes, harcelé, vaincu par les besoins de
chaque jour, nul service n'était possible. Le 17 septembre 1812, le garde général de
Moutiers avait ordonné à son brigadier de Villette de se rendre à Beaufort pour coopérer à la délimitation des forêts : il en reçut cette navrante réponse : «J'ai reçu votre
lettre datée du 17..... Vous me réduisez à un point bien désagréable pour moi par
cet ordre, car je suis obligé de vous déclarer qu'il m'est impossible de vous obéir, vu
le manque de moyens que j'éprouve dans ce moment-ci.

«Vous n'ignorez pas que, depuis l'an 1808, je n'ai reçu que quelques à-comptes
sur mon traitement et même pour l'an 1810 et 1811 je n'ai reçu que 182 francs et

---

[1] Arch. Tarentaises, corr. S. P. Moutiers, 1813, n° 358, 394, 525, 671. — Arch. H.-S., corr.
S. P. Ay., 1812, n° 133; 1814, n° 1342, 1568, 1600, 1868, 1635; 1815, n° 2312, 147, 130.
[2] Arch. S., L 1766, 8 juin 1814.
[3] Arch. S , L 115, f° 82, L 1152.
[4] Arch. Maurienne, corr. S. P. Maurienne, an xiii, n° 347.
[5] Arch. H.-S., corr. S. P. Ay., 1812, n° 1349; Arch. S., L 1154.

1812, qui est bientôt terminé, est sans espoir encore de salaire. Comment est-il possible maintenant de vivre? Le plus grand malheur pour moi est d'avoir une famille à nourrir. Vous savez encore que j'ai travaillé sans cesse aux délimitations, que j'ai déjà opéré dans 21 communes..... Vous voyez donc que ces services extraordinaires m'ont occasionnés des frais que je ressens encore. Et voilà un troisième voyage que vous m'ordonnez (à Beaufort); il me faudra au moins 15 jours pour travailler dans cette commune : Quand je ne dépenserais que 2 francs par jour fait cependant 30 francs et je n'ai pas 6 francs à mon service. Où prendre donc pour satisfaire à vos ordres? Je suis forcé même de vous déclarer une chose qui est que, si je ne suis payé de l'arriéré, je suis obligé de vendre une portion de mon bien pour payer les dettes que j'ai contracté depuis quatre ans, faute d'avoir reçu mon salaire. C'est douloureux pour moi d'être obligé de vous déclarer semblable chose [1] ».

En certaines régions, l'administration se trouvait même entièrement paralysée. Le brigadier de Chambéry écrivait, le 8 avril 1812, à son chef de cantonnement : « C'est avec peine que je me vois dans le cas de ne pouvoir plus répondre du service de ma brigade, vu que je ne suis pas payé et que les gardes refusent le service pour être dans le même cas et, en outre, dans la plus affreuse misère, qu'ils se voyent obligés pour subsister de s'occuper de toutes autres choses que de leurs devoirs..... »

Si quelques préposés tâchent d'exercer encore leurs fonctions, combien d'autres cherchaient ailleurs une subsistance que leur métier ne leur procurait plus : Les uns abandonnent leur poste pour cultiver un lopin de terre [2]. Il en est qui se font instituteurs, porteurs de contraintes et d'autres, cabaretiers [3]. D'autres quittent leur résidence, vaquent à d'autres occupations [4].

Bientôt apparaît l'insubordination : le brigadier Champollier de Saint-Jean-de-Maurienne, interrogé par son garde général sur sa présence continuelle en ville, répond : « je travaille au bureau du percepteur et je continuerai malgré vous : je ne vous crains pas [5] ». Le prédécesseur du brigadier ne se rendait pas aux tournées où il avait été convoqué.

Il n'est pas rare de voir des préposés se montrer insolents vis-à-vis des maires qui les payent si mal [6]. Inversement il s'est trouvé des maires qui ne ménageaient pas les vexations aux brigadiers des Eaux et Forêts [7]. Parfois même les maires poussaient leurs concitoyens à la violence, comme celui de Moye qui voulait faire tuer le garde local à coups de fusil et commandait à ses administrés : « Tirez dessus, je réponds de tout. »

Ailleurs, on ne veut pas loger les forestiers ou bien on leur offre des maisons inhabitables, sans croisées aux fenêtres, comme à Lornay. Il arrive même que la population, menace, invective, assaille à coups de pierres le malheureux qui finit par quitter une place aussi ingrate [8]. Même là où l'accueil est moins rude, le garde est fréquemment

---

[1] Arch. S., L 1139.
[2] Arch. S., L 1134, 13 octobre 1810.
[3] Arch. Maurienne, livre journal gg. 1811, n°ˢ 476, 479.
[4] Arch. Maurienne, corr. S. P. Maurienne, 1809, n° 1859; Arch. S., L 1138.
[5] Arch. Maurienne, registre du gg., 4 décembre 1813.
[6] Arch. S., L 1136, 30 juillet 1811.
[7] Arch. H.-S., corr. S. P. Ay., 1809, n°ˢ 1442, 1163.
[8] Arch. S., L 1152.

l'objet de plaintes plus ou moins fondées de la part des municipalités ou même de simples particuliers contre qui il a dû verbaliser [1].

Mais il arrivait aussi que le garde était en excellents termes avec le maire : le service n'en allait pas mieux et bien des délits demeuraient impunis. Au préfet qui s'en étonnait, l'inspecteur écrivait le 3 juillet 1808 : « Veuillez considérer que les trois quarts des gardes communaux sont sous la férule des maires. Vous savez de quelle manière ils sont payés; des maires tirent avantage de cette circonstance. Ils leur font donner ou refusent de faibles à-comptes sur leur traitement, comme et ainsi que ces fonctionnaires sont à leurs ordres. Je ne crains pas de le dire, les gardes craindront la menace du maire plutôt que la mienne. Il m'est arrivé de donner des ordres dans des circonstances où des maires en ont donné et alors j'ai connu l'insuffisance de mon pouvoir [2]. » Naturellement le garde, devenu l'homme lige du maire, relèvera jusqu'aux moindres peccadilles des adversaires et des ennemis de son suzerain et fermera les yeux sur les actes, même les plus répréhensibles, de ses amis. Il ne faut pas avoir mécontenté le tyranneau pour que la caisse communale s'entrouvre en faveur du pauvre hère.

Le garde de l'Hôpital surprit, en 1813, deux délinquants chez qui il but « tout le jour de l'Assention » et ivre il se rendit chez le maire demander « s'il devait accomoder avec ces gens-là ou verbaliser, témoignant qu'il ne voulait faire que ce que le maire prescrirait ».

A Couz, le maire écrit au garde général qu'il voyait d'un mauvais œil le remplacement d'un garde convaincu publiquement, au tribunal de Chambéry, le 6 avril 1813, de graves concussions.

Mais les finances municipales n'étaient pas toujours brillantes, il s'en fallait, et la protection du maire n'en pouvait souvent tirer grand'chose. La nécessité amenait alors le garde à descendre d'un échelon plus bas et à tomber de la servilité dans la prévarication.

Le Conservateur des Eaux et Forêts constate que « la plupart des plaintes ou dénonciations ont pour objet des exactions commises par des gardes..... sur les usagers des bois ou sur les communes, à raison des délivrances qui leur sont faites annuellement. On reçoit des repas, même de l'argent, mais on a soin de dire que rien n'est exigé et que tout est volontaire de la part des communes et des usagers [3] ». Lors des martelages, les délégués municipaux apportaient donc des victuailles en abondance sur le terrain et les préposés en profitaient : cette coutume s'est perpétuée. Mais les gardes de l'époque impériale manquant du nécessaire allaient parfois plus loin que ne le disait le Conservateur : le garde de Montgilbert ne dressait de procès-verbaux que contre ceux qui ne lui faisaient point de cadeaux ou ne le faisaient pas boire [4]. Un autre préposé accepte d'un délinquant de pâturage, pour ne pas verbaliser, une modeste somme de 2 fr. 75 [5]; un second constate un délit analogue et reçoit pour prix de son silence 5 fromages et 26 fr. 35; un troisième vend l'autorisation de pâturer

---

[1] Arch. Tarentaise, corr. S. P. Moutiers, 1808, n° 133; 1810, n° 231; 30 germinal an x; Arch. H.-S., corr. S. P. Ay., an xiii, n° 373.
[2] Arch. S., L 1133.
[3] Arch. S., L 2212.
[4] Arch. S., L 2151.
[5] Arch. S., L 1143.

dans les bois communaux confiés à sa surveillance, moyennant 12 francs reçus en beurre [1].

On voit enfin des gardes se transformer en délinquants et piller les forêts qu'ils devaient faire respecter [2].

Certains trouvaient plus agréable de se procurer des ressources par la chasse et les coupables de cette faute vénielle n'étaient pas rares [3] ; certaines accusations paraissent cependant n'avoir pas été justifiées. Les préposés devaient être armés, ils étaient organisés en corps pour le service de police : à diverses reprises, la Préfecture avait été consultée sur le genre d'armes à imposer aux gardes et sur leur fourniture par les communes. Rien n'avait été décidé et nombre de préposés avaient un fusil de chasse [4]. Mais quelques actes de chasse illicites ne pouvaient guère assombrir le tableau esquissé par le préfet du Mont-Blanc, réclamant le décret qui allait être rendu à Smolensk :

« J'ai eu l'honneur d'écrire particulièrement à Votre Excellence pour lui dépeindre l'anarchie véritable où se trouve mon département sous le rapport des bois, par suite du non payement. Je dois répéter à Votre Excellence que rien n'égale le désordre de cette partie de l'Administration; les gardes privés de leurs salaires depuis 5 ans ne peuvent vivre qu'en trafiquant de leurs procès-verbaux ou en vendant eux-mêmes les bois qu'ils devaient conserver. Les habitants qui peuvent payer dilapident impunément; les malheureux qui se refusaient à payer le tribut exigé par les gardes sont traînés devant les tribunaux pour des délits qu'ils n'ont pas commis. L'administration ne peut empêcher ces infâmes abus, les honnêtes gens ne peuvent accepter des places où ils ne pourraient subsister qu'en manquant à leurs devoirs : les fripons seuls demandent des places de gardes et les obtiennent.

« L'inspecteur des Eaux et Forêts me presse chaque jour pour que je fasse connaître à Votre Excellence cet état de choses, il m'annonce que toute subordination (a disparu), que non seulement les gardes, mais les brigadiers et les gardes généraux se refusent à obéir et à faire un service pour lequel ils ne sont pas payés [5]. »

Les troubles de la fin de l'Empire, l'invasion autrichienne se renouvelant, l'attribution à la défense nationale des sommes dues aux préposés forestiers et rassemblées à grand peine grâce à des décrets spéciaux, tout contribuait à faire empirer la situation du Service des Eaux et Forêts, que l'inspecteur de Chambéry décrit ainsi pendant les Cent jours :

« Notre service forestier a toujours été contrarié dans cette inspection. Le défaut du payement des traitements des gardes en a été la cause. Cet état de choses a amené la démoralisation des gardes, qui, pour avoir du pain d'abord et ensuite par pur objet de cupidité, ont vendu leur devoir. Les autorités locales, au lieu de dénoncer et de surveiller, ont préféré la plupart agir dans leur intérêt particulier : elles n'ont pas voulu souffrir de gardes que lorsqu'elles ont pu couper et faire couper aussi des bois sans être

[1] Arch. Maurienne, Reg. Jg. 1813, juillet.
[2] Arch. H.-S., corr. S. P. Ay., 1814, n° 586.
[3] Arch. S., L 1136; L 1151.
[4] Arch. S., L 1139.
[5] Arch. S., Q 26, n° 1365.

contredites. Comment, avec de tels éléments, nos forêts auraient-elles pu être dans un état bien prospère ? Grâce à la fertilité du sol cependant et à quelque surveillance qui a toujours été exercée, les forêts présentaient des ressources réelles à l'arrivée des Autrichiens. Mais, à cette époque, le service ayant été tout à fait abandonné, n'y ayant plus aucun frein pour arrêter les dilapidations, un désordre affreux a suivi l'entrée des troupes ennemies et, depuis ce moment, le service a été de mal en pis. Comment en aurait-il été autrement ? Les communes sans gardes, les autorités contentes de n'en point avoir, refusant d'en nommer [1]. »

II. **Département du Léman.** — Pour avoir été moins aiguë, la situation du personnel forestier dans le département du Léman n'avait cependant pas laissé d'être fort misérable. L'organisation de ce département créé par la loi du 8 fructidor an vi, la nomination tardive d'un inspecteur des Eaux et Forêts à Genève différèrent l'application des lois forestières.

Dès le 9 germinal an vii, l'inspecteur Dubois avait invité les communes à nommer des gardes pour la surveillance de leurs forêts. Le 9 messidor suivant, l'administration du canton de Bonneville, nomma dans chaque commune « un garde champêtre qui fera en même temps les fonctions de garde forestier ». Il y a lieu de retenir le considérant suivant de l'arrêté qui fut pris : « L'expérience a démontré que la multiplicité des gardes champêtres dans une commune, outre le doublement de frais, ne produit pas plus d'avantages que s'il n'y en avait qu'un seul et il vaut mieux les payer en proportion de la grandeur de la commune et des courses à faire journellement tantôt dans un endroit, tantôt dans l'autre, que d'en multiplier le nombre, puisque alors le garde champêtre, presque uniquement occupé à cet objet, en fera presque sa profession, dénoncera mieux les délinquants pour avoir plus de part dans les amendes. » « Presque » est suggestif. Les traitements votés par les municipalités justifient d'ailleurs le mot : ils varient de 15 à 60 francs [2].

Ce ne fut que 8 ans plus tard qu'un sous-inspecteur fut installé à Bonneville et c'est à ce moment que l'on fit agréer par le conservateur les gardes nommés par les communes, conformément à l'article 3, titre XII de la loi du 29 septembre 1791 [3]. Comme il existait dans le Léman une quantité de petites forêts domaniales, il appartenait à l'administration forestière de choisir les préposés qui forcément devaient surveiller les propriétés de l'État et celles des communes les plus voisines (Loi du 9 floréal an xi; circ. du 7 prairial an xi). Les municipalités intéressées ne manquèrent pas de protester puisqu'elles n'avaient pas été consultées et déclarèrent ne vouloir reconnaître ces gardes que sur l'ordre formel des sous-préfets [4].

Le 26 novembre 1808, le préfet du Léman adressa à ce sujet une circulaire aux maires et invita les municipalités à faire agréer par le conservateur les gardes déjà nommés par elles et celles qui n'auraient pas encore de gardes à désigner des candidats [5]. Certains conseils présentèrent des sujets, d'autres s'en rapportèrent au choix que ferait l'administration forestière.

[1] Arch. S., L 1149.
[2] Arch. H.-S., canton de Bonneville, an vii.
[3] Arch. H.-S., corr. S. P. Bonneville, 1807, n° 2095.
[4] Arch. H.-S., corr. S. P. Ch., 1808, n°° 745, 980.
[5] Arch. H.-S., corr. S. P. Bonneville, 1808, n° 3905,

Le contingent de chaque commune dans le traitement des gardes fut fixé par arrêté préfectoral du 4 juillet 1809 : cette taxation fut aussitôt l'objet de très nombreuses réclamations [1]. L'arrondissement de Thonon devait payer annuellement 20,970 francs, celui de Bonneville 19,900 fr. 83.

Dès 1808, les traitements forestiers communaux ne sont plus payés régulièrement et le préfet fait paraître dans le *Mémorial administratif* du Léman une série d'arrêtés indiquant aux maires les moyens de solder les salaires arriérés des gardes généraux et particuliers (15 mai et 7 octobre 1808, 4 juillet et 25 octobre 1809, 3 février 1810). Un nouvel arrêté du 2 novembre 1811 ordonne de liquider « ce qui reste dû jusqu'à ce jour pour frais de garde des bois communaux». Cet arrêté révèle un bien grand désordre dans la comptabilité : certains maires ont fait directement des versements aux préposés, des triages ont été vacants, des mutations ont eu lieu, depuis le 1er juillet 1808, qu'il faut rappeler [2].

Les municipalités montrent peu d'empressement à assurer la rémunération des gardes. Des plaintes fréquentes s'élèvent contre les maires très nombreux «qui mettent constamment des entraves à assurer le service forestier». A la date du 2 juillet 1812, le préfet dut prendre encore la décision suivante : « étant informé que les dispositions de son arrêté du 2 novembre 1811 relatives au payement de l'arriéré et du service courant pour le salaire des agents forestiers ne sont pas ponctuellement exécutées, qu'il est plusieurs receveurs municipaux qui retiennent dans leurs caisses les fonds libres des communes au lieu de verser dans les caisses des receveurs des domaines des chefs-lieux d'arrondissement les sommes auxquelles ont été taxées les communes par l'arrêté du 4 juillet 1809 pour le service forestier, Arrête :

«Art. 1er. Les sous-préfets sont autorisés à forcer par voie de garnisaires les versements des receveurs communaux pour le service des agents forestiers, tant pour l'arriéré que pour le service courant, ainsi et de la manière prescrite par notre arrêté du 2 novembre 1811.

«Art. 2. Les garnisaires sont envoyés à ceux de ces comptables qui, ayant des fonds dans leurs caisses, n'auront pas d'icy au 15 du présent mois, versé jusqu'à concurrence du débet dont il s'agit, en supposant toutefois que les fonds en caisse l'excèdent, ou bien la totalité de ces fonds en supposant qu'ils ne l'atteignent pas [3]. »

Mais l'exécution de cet ordre se heurta au même mauvais vouloir que celle de l'arrêté de 1811.

Le préfet «s'est trouvé dans le cas de fermer l'oreille aux réclamations des agents forestiers pour les traitements antérieurs à 1812 parce que toutes les communes ont manifesté le plus grand mécontentement sur leurs prétentions à cet égard [4]». Pourtant il ordonne aux percepteurs de payer «les salaires (de l'année) à concurrence des fonds libres des communes auxquels il n'aurait pas déjà donné une destination [5]».

[1] Arch. H.-S., corr. S. P. Ch., 1809, n°s 412, 511, 673; 1810, n° 154.
[2] Arch. H.-S., corr. S. P. Ch., 1811, n° 729.
[3] Arch. Genève, Ch. II, n° 482.
[4] Arch. H.-S., corr. S. P. Bonneville, 1814, n° 413.
[5] Arch. H.-S., corr. S. P. Bonneville, 1813, n°s 1175, 1002; 1812, n° 28; 1810, n°s 1003, 1004, 1613, 1662.

Telle était la situation au 30 décembre 1813, époque de l'entrée des Autrichiens à Genève. Les municipalités et les receveurs municipaux du Léman avaient fini comme ceux du Mont-Blanc à triompher, à force d'inertie, des instances du personnel des Eaux et Forêts.

Fréquemment les maires refusent le payement des gardes en alléguant que ces derniers n'ont fait aucun service et il faut que le sous-préfet leur enjoigne d'acquitter leur obligation [1]; les percepteurs ne montrent pas moins d'hostilité, même quand ils ont en caisse l'argent nécessaire, même quand cet argent provient de rôles spécialement établis ou de ventes de coupes exclusivement faites pour rémunérer les préposés.

Malheureusement les caisses communales, trop souvent vides, justifient en bien des cas les maires. C'est ainsi qu'au 31 décembre 1811, dans le seul arrondissement de Bonneville, il manquait 16,652 fr. 78 pour payer les gardes. Les taxes d'affouages ne suffisaient pas à l'acquittement des frais de surveillance. Dans dix communes du Faucigny et non des moindres, dont Magland, Petit-Bornand, Taninges, possédant 5,340 hectares de forêts, l'affouage ne rend que 1,542 francs en 1812, alors que les frais de garde s'élèvent à 2,367 francs [1].

On voit donc les municipalités s'efforcer de réduire les charges qui les accablent, faire des arrangements avec les préposés pour ne pas appliquer les tarifs de salaires arrêtés par la préfecture. Il arrive que les rabais obtenus ou extorqués aux gardes sont allés jusqu'aux deux tiers de la somme fixée. A la différence de ce qui eut lieu dans le Mont-Blanc, le préfet décida qu'à partir du 1er mars 1810, «partout où les gardes se contenteraient d'un salaire convenu de gré à gré, (cet accord) leur vaudrait libération complète, soit que ce payement ait lieu avec les fonds provenant des affouages ou des revenus communaux ou d'une répartition entre les habitants, sans examiner si cette somme ainsi payée serait la même que celle fixée par l'arrêté du 4 juillet 1809 [2]».

Les délibérations municipales constatant les accords intervenus étaient soumises à l'approbation préfectorale.

Naturellement le défaut de payement et la diminution des traitements devaient avoir les mêmes conséquences que dans le département voisin. On voit les gardes, moyennant quelque argent, concéder le droit de couper des arbres dans les forêts communales [3] ou ne pas constater des délits : certains extorquent une soi-disant redevance aux particuliers désireux d'exploiter leurs taillis [4]. Pendant l'occupation autrichienne on vit même un ancien garde démissionnaire, à qui il était sans doute encore dû partie de son salaire antérieur [5], percevoir lui-même le prix des coupes vendues en 1813 et 1814.

On peut aussi citer quelques refus d'obéissance : ainsi, en 1807, un arpenteur refuse d'asseoir la coupe de Thonon, sous prétexte qu'il n'a pas été payé de son opération de l'an XIII [6].

Mais, d'une façon générale, la crise du personnel communal a été moins longue, moins aiguë dans le Léman que dans le Mont-Blanc : dans les deux départements elle

[1] Arch. H.-S., corr. S. P. Bonneville, 1812, nos 4375, 4499, 4959 à 4972.
[2] Arch. H.-S., corr. S. P. Bonneville, 1810, nos 1043, 1190, 1318.
[3] Arch. H.-S., corr. S. P. Bonneville, 1811, nos 2949-1807, n° 1872.
[4] Arch. H.-S., corr. S. P. Ch., 1811, n° 229.
[5] Arch. H.-S., comm subsd. Fy., 1814, n° 768.
[6] Arch. H.-S., corr. S. P. Ch., 1807, 23 mai.

a eu les conséquences les plus fâcheuses aussi bien au point de vue de la prospérité des forêts qu'à celui de la moralité du public et de son opinion sur une administration qui commençait à rendre de sérieux services.

SECTION III.

Les débuts de l'administration forestière française.

D'abord l'extrait de naissance. « L'administration forestière, écrit le Ministre des Finances à l'administration centrale du département du Mont-Blanc, n'avait pas été mise en activité dans votre arrondissement et comme il était nécessaire de tirer parti des bois que la nation y possède, le gouvernement a autorisé la régie de l'enregistrement, chargée de cette administration par la loi du 4 brumaire an IV, à nommer les inspecteurs Donnadieu et Escebeck.

« Ceux-ci n'ont point, sans doute, le droit de nommer les gardes forestiers; mais ils peuvent le faire provisoirement, sauf confirmation de la régie à laquelle ce droit appartient.

« Les salaires des gardes doivent être, d'après la loi du 15 août 1792, ceux dont ils jouissaient par le passé; mais comme en général leurs gages étaient fort modiques, le corps législatif leur a accordé par celle du 15 pluviôse an II une indemnité qu'il a réglée à 1 sol par arpent [1] des bois nationaux confiés à leur surveillance pour les gardes généraux et à 4 sols par arpent pour les gardes particuliers. Mais il a, en même temps, fixé le maximum de tous ces gages à 1,100 livres pour les premiers et à 500 livres pour les seconds. Ainsi c'est d'après ces bases que les taxes doivent être faites par les inspecteurs forestiers [2]. »

Les deux inspecteurs furent installés au début de l'an VI. Les comptes rendus décadaires du Commissaire du Directoire exécutif près l'Administration centrale du Mont-Blanc renseignent exactement, comme un livre journal, sur les débuts de ces deux agents.

2e décade, vendémiaire an VI. — L'excessive difficulté d'exploiter les forêts qui présentent les plus grandes ressources les rend absolument inutiles. Celles qui sont à portée du chef-lieu de ce département sont dans un état de dépérissement dont la cause naît de la négligence des agents nationaux et le bois à brûler qui devient plus rare devient conséquemment plus cher.

3e décade, vendémiaire an VI. — Il vient d'arriver des commissaires envoyés par la régie générale des domaines nationaux qui vont faire une tournée et, au moyen des renseignements que l'administration centrale s'empressera de leur donner, on espère le meilleur effet.

1re décade, brumaire an VI. — Des inspecteurs envoyés par le gouvernement visitent les montagnes de ce département. Peut-être qu'au moyen des connaissances locales

---

[1] L'arpent des Eaux et Forêts était de 51ª 07ª.
[2] Arch. Genève, Ch. II, nº 481.

qu'ils acquerront et des renseignements de cette administration arière elle, l'on pourra parvenir ou trouvera quelques moyens d'utiliser les beaux bois qui, jusqu'à présent, ont été nuls.

3ᵉ décade, brumaire an VI. — Il est instant d'organiser le régime forestier dans le Mont-Blanc et de stimuler le zèle des juges de paix et tribunaux qui ne mettent pas assez d'importance à la dévastation des forêts.

1ʳᵉ décade, frimaire an VI. — Les commissaires envoyés par la régie générale des domaines nationaux continuent leur tournée de laquelle on peut espérer un heureux résultat.

2ᵉ décade, frimaire an VI. — Je ne néglige rien pour que les commissaires surveillent les dévastations qui pourraient se commettre dans celles (des forêts) qui font partie du domaine de la République et en poursuivre les auteurs devant les tribunaux compétents.

3ᵉ décade, frimaire an VI. — Il est instant d'organiser de suite le régime forestier; il n'est pas encore connu dans cet arrondissement. Deux agents se sont seulement présentés, mais ils sont loin d'avoir encore remédié aux inconvénients. Les juges de paix ne poursuivent pas avec assez de vigueur les dévastateurs des forêts. Un relâchement des plus dangereux s'est introduit dans cette intéressante partie.

1ʳᵉ décade, nivôse an VI. — Les renseignements que j'avais demandés aux inspecteurs envoyés par le gouvernement m'ont été transmis : il en résulte qu'il est infiniment instant d'organiser dans ce département le régime forestier, si on veut prévenir la dévastation totale des forêts qui sont en très grand nombre et dont le gouvernement pourrait tirer une grande quantité de bois de construction, si elles étaient à l'abri du pillage et mieux surveillées.

3ᵉ décade, nivôse an VI. — L'Administration centrale, par son arrêté du 21, a fait défense aux administrations municipales de canton de disposer de leurs bois communaux sans avoir préalablement obtenu l'autorisation. Cette mesure a été jugée indispensable d'après les instructions données par les agents forestiers envoyés par le gouvernement dans ce département.

1ʳᵉ décade, pluviôse an VI. — La négligence qu'apportent quelques juges de paix à poursuivre les dévastateurs des forêts et particulièrement les dévastateurs des forêts nationales, malgré les dénonciations multipliées que je leur ai fait parvenir, toutes les fois que des délits de cette nature sont parvenus à ma connaissance, est la cause du dépérissement de ces importantes propriétés. L'Administration s'occupe à recueillir des preuves de la négligence de ces fonctionnaires insouciants pour provoquer auprès des autorités compétentes leur destitution.

Les commissaires forestiers envoyés dans ce département s'occupent de chercher des moyens pour préserver ce qui reste et l'administration centrale les seconde de tout son pouvoir.

2ᵉ décade, pluviôse an VI. — Les jugements que viennent de subir plusieurs de ceux qui se sont permis des dégâts dans les forêts en préviendront sans doute la continuation. Les commissaires forestiers continuent à se procurer les connaissances nécessaires pour aviser aux moyens de garantir et soigner ce qui nous reste. Des incendies y ont fait un mal conséquent avant le 18 fructidor.

3ᵉ décade, pluviôse an VI. — Les agents forestiers continuent à recueillir les renseignements nécessaires pour aviser aux meilleurs moyens de soigner les forêts et de les garantir.

Le défaut de gardes-forêts, faute d'un salaire suffisant et régulièrement payé, et les circonstances de la Révolution les ont laissé délabrer.

La coutume de faire des feuillerins à l'excès et les chèvres sont deux fléaux pour les forêts qu'il sera difficile de détruire.

2ᵉ décade, ventôse an VI. — Le défaut de payement fait que le petit nombre de gardes forêts ne mettent aucun zèle à leurs fonctions; les forêts continuent à se dilapider.

3ᵉ décade, ventôse an VI. — Les gardes forêts n'étant pas payés négligent leurs devoirs. Cependant les tribunaux correctionnels ayant poursuivi vigoureusement les dévastateurs, les dégâts ont sensiblement diminué. Le Ministre de la Justice a fait passer à l'Administration l'Ordonnance des Eaux et Forêts de 1669, en vigueur dans les autres départements de la République et qui n'était pas connue dans celui-ci; les moyens coercitifs qu'elle prescrit auront, je l'espère, un heureux résultat.

« *Rapport pour le mois de prairial an VI.* — Les forêts nationales et communales sont dévastées; une anarchie complète a existé dans cette partie; l'inspecteur des eaux et forêts a nommé des gardes forestiers. Nous avons fait publier l'Ordonnance de 1669; plusieurs jugements rendus par les tribunaux ont arrêté les dévastations, mais c'est un peu tard. Il faut nécessairement prendre des mesures pour asseoir le régime forestier.

« *Rapport pour le mois de messidor an VI.* — Depuis la nomination des gardes généraux et la publication de l'Ordonnance des Eaux et Forêts de 1669, les dévastations qui s'y commettaient sont devenues beaucoup plus rares, mais il sera difficile de réparer les maux qu'a causés la trop longue anarchie qui a existé dans cette partie. Les commissaires forestiers s'occupent des moyens d'y remédier et l'administration centrale les seconde de tout son pouvoir.

« *Rapport pour le mois de vendémiaire an VII.* — Chaque jour, l'administration forestière fait des progrès; les dévastateurs de forêts commencent à trouver auprès des tribunaux la punition qu'ils méritent. Les coupes de bois ne sont plus livrées aux caprices des habitants des communes; elles se font en conformité des lois et sous l'inspection des agents forestiers. Un nouvel inspecteur des forêts (Dubois) arrive dans ce département : il paraît être animé de la meilleure volonté et sentir l'importance des obligations qui lui sont imposées. Depuis longtemps on parle au Corps législatif de compléter l'organisation forestière. Cet objet devrait être pris dans la plus sérieuse considération.

« *Rapport pour les mois de brumaire et frimaire an VII.* — Pendant les mois de brumaire et de frimaire, la régie des domaines a travaillé à compléter l'organisation du régime forestier dans cet arrondissement; le directeur des domaines dans ce département a soumis à la régie la nomination des gardes généraux et gardes-forêts. Vu l'urgence, l'Administration centrale les a mis en activité provisoirement, L'inspecteur des eaux et forêts paraît rempli de zèle pour l'exercice de ses fonctions [1]. »

Pendant ces quinze mois, les inspecteurs des Eaux et forêts n'avaient pas perdu leur temps : reconnaissance des massifs, organisation de la répression des délits, contrôle des exploitations, création provisoire d'un personnel de surveillance et de gestion.

Mais si les rapports faits au département du Mont-Blanc résument la situation du service forestier, ils ne laissent pas voir tout le travail d'organisation qui fut nécessaire, ni l'effet de la division de la Savoie en deux départements.

L'inspecteur Donnadieu avait nommé à titre provisoire cinq gardes généraux qui ne furent mis en fonctions que le 1er messidor an VI, conformément à la lettre du Ministre des finances, du 23 nivôse précédent. Ces cinq agents étaient désignés :

Bernard pour Chambéry;

Dufour pour Annecy;

Arnaud pour Moutiers;

Vossenat pour Saint-Michel-de-Maurienne;

Jacquemard pour Carouge.

Après l'annexion de Genève à la République française, les administrateurs demandèrent au Ministre de l'intérieur, par lettre du 4 nivôse an VI, d'organiser le service forestier; il leur fut répondu, le 8 prairial, que l'étendue des forêts était trop minime pour être l'objet d'un service particulier et que «les bois pouvaient rester sous la surveillance des inspecteurs et agents forestiers des départements de l'Ain et du Mont-Blanc». Le département du Léman fut créé ensuite, le 8 fructidor an VI.

Le 9 vendémiaire an VII, le directeur des domaines de Chambéry, peu satisfait des deux agents, anciens militaires, qui lui avaient été adressés un an auparavant, et qui avait dû, au bout de sept mois, destituer l'un d'eux, Escebeck, signale au Ministère des finances que «malgré tous ses soins il ne peut parvenir à son but sans avoir des agents forestiers actifs et qui soient en état de surveiller (les forêts) et d'indiquer les moyens de leur conservation et rétablissement».

Tout en applaudissant à l'intention du gouvernement de récompenser les vertus guerrières, ce fonctionnaire insiste pour avoir «quelque personne instruite»; il propose alors de créer trois inspections forestières, deux dans le Mont-Blanc et une dans le Léman. Pour un des postes du Mont-Blanc il présente le citoyen Bernard, âgé de 42 ans, déjà garde général provisoire. Selon un arrêté de l'Administration du département du 26 brumaire an III, Bernard «a servi dans l'ancien régime et sous le commencement de celui-ci à la satisfaction de cette administration, comme ingénieur des Ponts et Chaussées, d'où il fut tiré par réquisition du général en chef de l'Armée des Alpes pour adjoint au corps du génie, par rapport à ses connaissances de localité. Il a servi en cette qualité trois ans consécutifs, au bout duquel temps une maladie grave de plus d'une année, occasionnée par les fatigues de la guerre, le mit dans la nécessité de solliciter sa démission auprès du gouvernement pour se conserver à ses enfants... Il a de plus les talents nécessaires pour l'agence forestière : il est probe, actif et il a une parfaite connaissance de toutes les forêts du département [2]».

[1] Arch. S., L 77b.
[2] Arch. S., Q 85.

Quelques jours après l'envoi de ces propositions, arrivait l'inspecteur Dubois auquel Bernard fut adjoint. Ainsi se trouvèrent remplacés les deux premiers «commissaires» forestiers.

Le 7 brumaire an VII, l'Administration centrale du Léman insiste auprès de l'Administration des domaines : elle annonce qu'elle s'est conformée à la lettre du 8 prairial précédent, qu'elle a consulté « les deux seuls inspecteurs forestiers pour le département du Mont-Blanc et pour le Léman, les citoyens Dubois et Bernard. Mais ces citoyens ayant l'un et l'autre leur domicile à Chambéry, on n'a pu communiquer avec eux que par correspondance, moyen qui entraîne après lui des longueurs, des frais et souvent l'inefficacité des mesures ». On demande que l'un de ces deux agents ait sa résidence à Genève.

Ce fut deux mois plus tard que le directeur des Domaines Bella et l'inspecteur des Eaux et Forêts Dubois soumirent à l'approbation de l'Administration centrale du Mont-Blanc leur projet d'organisation et « la nomination provisoire de dix gardes généraux, ensuite des certificats de moralité et d'aptitude (?) délivrés à chacun d'eux par la dite Administration », savoir, les citoyens :

Pacoret (Jean-Marie-Melchior);
Bellemin (Marie-François);
Dupuy (Gabriel);
Bernard, architecte;
Ravier (Jean-Pierre);
George (Claude);
Gabet (George-Antoine);
Arnaud, ancien militaire;
Vossenat, ancien militaire;
Muguet (Pierre-Antoine).

L'Administration s'en rapporte au patriotisme et aux lumières de l'inspecteur Dubois et déclare « que le surplus du travail étant combiné dans les rapports de localités, étendue et population des forêts, facilité par les gardes généraux, elle ne peut que l'approuver provisoirement, sauf à y opérer, de concert avec la régie et l'inspecteur, les changements que l'expérience viendrait à indiquer comme utiles et convenables [1] ».

Il y a lieu de noter que Paris n'ayant admis qu'une inspection, Bernard se trouve n'avoir qu'un poste de garde général.

Dans le Léman, deux gardes généraux provisoires sont nommés le 1er germinal an VII, savoir [2] :

Bussat (Jean-Pierre);
Martin (Pierre).

Le 28 ventôse an VIII, l'inspecteur Dubois écrivant au directeur des Domaines du Mont-Blanc apprécie ainsi la situation : « ... Je vous ai particulièrement rendu compte par ma lettre du 11 messidor dernier du plus ou moins d'aptitude des gardes généraux

[1] Arch. S., L 46, f° 30.
[2] Arch. Genève, Chap. I, tome X, 13 brumaire an VIII.

et l'insouciance avec laquelle la plupart remplissent leur devoir. Vous désirez de nouveaux renseignements que je m'empresse de vous donner.

« Quatre gardes généraux sont plus que suffisants pour une bonne surveillance quelque active qu'elle soit (dans les forêts domaniales); neuf reçoivent des traitements.

« Les citoyens Pacoret, Ravier, Muguet et Bellemin sont les seuls qui ayent donné quelquefois des preuves de bonne volonté à remplir leurs fonctions. Les citoyens Gabet et Vossenat également, mais ceux-ci n'ont point de forêts nationales à surveiller. Le premier a peu de moyens. Le citoyen George sait à peine signer son nom; j'ignore à quoi le citoyen Arnaud passe son temps, j'ai infructueusement cherché à le stimuler. Je n'ai plus rien à dire du citoyen Perrety que vous avez suspendu. Vous m'avez parlé du citoyen Martin, officier blessé, très estimable, et dont j'ai eu à me louer lorsqu'il a exercé ses fonctions dans le cy-devant Faussigny. C'est une justice que je m'empresse de lui rendre. On pourrait lui désirer plus de capacité, mais il est susceptible d'acquérir. Et d'ailleurs, il a été blessé en montant à l'assaut d'une redoute à Toulon...

« Les bois communaux ne doivent point entrer dans la formation des arrondissements. Le soin de les conserver regarde les communes qui en sont propriétaires et, si elles manquent à ce devoir, on peut les forcer à le remplir : les frais des gardes les concernent, la loi est formelle... [1] »

Il n'est pas question de Bernard dans cette lettre il exerçait alors les fonctions d'inspecteur pour Genève. On avait ainsi donné satisfaction au département du Léman.

La loi du 16 nivôse an IX qui créait des sous-inspecteurs et enlevait au service des domaines la gestion des forêts nationales amena une réorganisation des services. Les départements du Mont-Blanc et du Léman furent rattachés à la Conservation de Grenoble, la 17e; l'inspecteur Dubois se trouva confirmé dans ses fonctions d'inspecteur du Mont-Blanc. L'inspecteur Bernard, enlevé au Léman confié à l'inspecteur Sibuet, fut nommé sous-inspecteur à Saint-Jean-de-Maurienne [2]; il s'installa à son nouveau poste, après avoir prêté serment, le 11 thermidor an IX. Le sous-inspecteur de Maurienne ne tarda pas à regretter les aimables montagnes du Chablais et du Faucigny : le 20 prairial an X, il écrit à son inspecteur : « Je vous assure que c'est un métier de chien. Les montagnes de ce pays sont si difficiles que les mulets ne peuvent pas même les pratiquer. Il faut partout grimper cinq à six heures avant que d'atteindre sa destination. Dans ma dernière course, il m'a fallu 10 heures de pied avant que de parvenir à mon but [3]. » Bernard n'était point alpiniste.

En vendémiaire an XIV, l'inspecteur Dubois ayant été appelé à Grenoble pour assurer le service de la Conservation, à la suite du renvoi du titulaire Jean-Baptiste Cullet, ce fut le sous-inspecteur Bernard qui fut chargé de l'intérim de l'inspection du Mont-Blanc. Lorsque le nouvel inspecteur de Chambéry, Guimberteau, s'installa (22 juillet 1806), Bernard obtint de résider au chef-lieu du département.

Une seconde sous-inspection fut créée à Annecy, dont les deux premiers titulaires

[1] Arch. S., L 41, f° 99.
[2] Arch. Maurienne, Livre journal du sous-inspecteur, 13 messidor an XII.
[3] Arch. Maurienne, Livre-journal du sous-inspecteur, an X.

6

6

furent André (Jean-Baptiste) et Monniot. A partir de l'an XIII, ce poste fut occupé par l'ancien garde général Jean-Marie-Melchior Pacoret.

Il avait été décidé aussi qu'il existerait une sous-inspection à Moutiers, centre forestier important et siège d'une école des mines. Mais il n'y eut jamais de sous-inspecteur en Tarentaise. Le sous-inspecteur d'Annecy administrait alors les forêts des arrondissements de Chambéry et d'Annecy et celui de Saint-Jean les autres [1].

La nouvelle organisation laissa subsister les cantonnements de gardes généraux de Chambéry [2], Annecy, Moutiers et Saint-Jean-de-Maurienne. Le décret du 2 février 1811 ayant décidé que les gardes généraux seraient chargés de la perception des amendes forestières, un des cantonnements de Chambéry fut transféré en 1813 à Saint-Pierre-d'Albigny.

Dans le Léman, après le départ de Bernard en l'an IX, l'inspection de Genève fut gérée successivement par Sibuet jusqu'au 1er avril 1812 et par Ferry Bellemare jusqu'au 31 décembre 1813.

Une première sous-inspection, à Genève, s'étendait sur le Chablais et le versant du Rhône; une seconde, à Bonneville, comprenant le Faucigny et le haut du bassin de la Fillière; elle eut pour titulaires Germain et Pascal. Il y avait un cantonnement pour le Chablais, dont le garde général résidait à Thonon; un pour le Faucigny, avec centre à Bonneville et un pour l'ancienne province de Carouge dont le garde général habitait Genève. Les gardes généraux qui se sont succédé à Genève ont été :

Bussat (Pierre), jusqu'au 20 thermidor an VII;
Gaillard (Antoine), jusqu'à l'hiver de l'an VIII;
Martin (Pierre), jusqu'au 31 janvier 1812;
Fournier (Marc), jusqu'au 31 décembre 1813.

Ceux de Bonneville sont :

Martin (Pierre), jusqu'au 28 ventôse an VIII;
Nomis (Jean-Félix), jusqu'au 31 décembre 1813.

Ceux de Thonon :

Chapuis (Jean-Louis), jusqu'en 1807;
Berthier de Manessy, jusqu'au 31 décembre 1813.

SECTION IV.

Organisation administrative.

I. **Département du Mont-Blanc.** — Une instruction du 7 prairial an IX décida, on l'a vu, que partout où trois ou cinq gardes peuvent facilement se rassembler sans s'éloigner de leurs triages, il fallait former une brigade dont le chef doit être un garde ferme et actif. Aucune attribution spéciale, aucun avantage ne distinguaient le brigadier de ses hommes, d'après cette circulaire et, au début, il en fut ainsi, mais on

[1] Arch. Maurienne, Livre-journal du sous-inspecteur, 1er nivôse an XII.
[2] Arch. Maurienne, Livre-journal du sous-inspecteur, 13 messidor an XII.

ne tarda guère à s'apercevoir de la difficulté d'accorder une sorte d'autorité nominale
à un garde sur ses collègues et d'obtenir de ceux-ci obéissance et déférence.

On fut amené, pour donner aux brigadiers une entière liberté de contrôle et de
surveillance, à leur enlever tout triage et ensuite à relever leurs traitements, vers
1807 [1], mais en réduisant leur nombre.

En l'an VI, l'inspecteur Donnadieu avait seulement dix-neuf gardes domaniaux dont
trois dans la région qui servit à constituer le département du Léman. Parmi ces préposés on relève le nom de Pacoret surveillant les bois de Candie près Chambéry. C'est
alors que les municipalités de canton sont invitées à nommer les gardes des bois communaux.

En l'an XII, « sur 369 communes forestières », 164 seulement ont nommé des gardes;
180, propriétaires de 33,507 h. 54 a. 43 c., n'en ont pas encore nommé, non plus
que 25 communes possédant 583 h. 71 a. 73 c, de broussailles. Avec ces éléments
très incomplets, l'inspecteur Dubois organise en l'an XIII ses triages et ses brigades.

Dans l'arrondissement de Chambéry il y a 13 brigades, dont 4 sans titulaire avec
63 gardes.

Dans l'arrondissement de Moutiers il y a 6 brigades, dont 2 sans titulaire avec
29 gardes.

Dans l'arrondissement de Maurienne il y a 9 brigades, dont 4 sans titulaire avec
35 gardes.

Dans l'arrondissement d'Annecy il y a 6 brigades, dont 4 sans titulaire avec
9 gardes.

Au total il y a 34 brigades, dont 15 sans titulaire avec 136 gardes. L'année suivante il y a 290 gardes.

Il faut arriver à 1808 pour trouver une organisation complète :

Arrondissement de Chambéry, 2 cantonnements : 8 brigadiers impériaux à Montcel,
Saint-Jean-de-Couz, Tamié, Saint-Pierre-d'Albigny, Novalaise, Hautecombe, Arvillard;
2 brigadiers communaux à Chambéry, Apremont; 47 gardes communaux et 3 impériaux.

Arrondissement d'Annecy, 1 cantonnement : 3 brigadiers impériaux à Annecy, La
Balme-de-Sillingy, Épagny, 2 brigadiers communaux à Thônes, Saint-Martin,
35 gardes communaux et 1 impérial.

Arrondissement de Moutiers, 1 cantonnement : 7 brigadiers communaux à Beaufort, Conflans, Sainte-Foy, Peisey, Cevins, Passy et Bozel; 53 gardes communaux.

Arrondissement de Maurienne, 1 cantonnement : 1 brigadier impérial à Albiez-le-
Jeune, 6 brigadiers communaux à Aiguebelle, Randens, La Chambre, Hermillon,
Saint-Michel et Lans-le-Bourg; 28 gardes communaux.

Au total, le département du Mont-Blanc était réparti en 5 cantonnements, 12 brigades mixtes, 17 communales, 4 triages de gardes domaniaux et 163 triages de gardes

[1] Arch. Maurienne, Correspondance S. P. de Maurienne, 1807, n° 355.

communaux. En outre, il existait un certain nombre de gardes, à la fois champêtres et forestiers.

Un arrêté préfectoral du 22 juillet 1807 avait ordonné une revision du régime forestier : il devait en résulter forcément un remaniement des triages et des brigades. Mais cette opération de longue haleine n'était pas entièrement terminée à la chute de l'Empire, de sorte que le tableau de 1808 n'a pas cessé d'être exact, à quelques détails près, pendant toute cette période.

D'après la statistique du Mont-Blanc, publiée en 1807 par le préfet Verneilh, les forêts gérées par l'Administration forestière comprenaient :

ARRONDISSEMENT.	CONTENANCE DES FORÊTS		
	IMPÉRIALES.	COMMUNALES.	TOTAL.
Chambéry........................	6,213ʰ 30ᵃ 73	30,673ʰ 63ᵃ 35	36,886ʰ 94ᵃ 08
Annecy.........................	2,141 00 00	17,915 87 84	20,056 87 84
Moutiers.......................	155 00 00	29,823 30 51	29,978 30 51
Saint-Jean-de-Maurienne..........	29 00 00	33,723 21 26	33,752 21 26
Totaux..................	8,538 30 73	112,136 02 96	120,674 33 69

Ces surfaces ont d'ailleurs varié dans de sérieuses proportions au fur et à mesure de la revision du régime forestier.

II. **Département du Léman.** — Un arrêté préfectoral du 10 décembre 1807 approuva le projet suivant d'organisation du service forestier dans le Léman.

Le cantonnement de Genève comprenait 12,643 h. 06 a. 28 c. de forêts communales, répartis en 6 brigades et 31 triages. De ces brigades 2 seulement, celles de Carouge et de Chaumont, s'étendaient sur le territoire de la Savoie.

Les 3 brigades de Thonon, Vacheresse et Saint-Jean-d'Aulph, divisées en 21 triages de gardes, englobaient 9,397 h. 07 a. 30 c. de bois et constituaient le cantonnement de Thonon.

Dans le cantonnement de Bonneville on trouvait 18,088 h. 36 a. 93 c. de forêts et 39 gardes formant les 7 brigades de Bonneville, Saint-Jeoire, Samoens, Chamonix, Saint-Gervais, Cluses et Thorens.

Le Préfet du Léman avait ordonné, par arrêté du 2 novembre 1811, de délimiter et de borner les forêts tant communales que domaniales; le 31 décembre 1813, lors de l'entrée des Autrichiens à Genève, le travail était loin d'être terminé.

Il y a lieu de noter qu'un certain nombre de forêts, même appartenant à l'État, étaient placées sous la surveillance de gardes champêtres. Il n'existait, en effet, que 19 gardes mixtes pour protéger la multitude de petits boqueteaux domaniaux répartis tout le long du Léman, outre 23 gardes champêtres chargés des parcelles les plus éloignées et le moins étendues.

Les cantonnements du Léman se trouvaient moins chargés en même temps que d'un parcours moins difficile, en général, que ceux du Mont-Blanc. La plus grande différence est fournie par le Chablais et la Maurienne, qui sont dans le rapport 278/1.000.

SECTION V.

La fin de l'Administration française.

Dans le Léman, l'entrée à Genève des Autrichiens de Bubna, le 30 décembre 1813, marqua la fin de l'Administration française. Le traité du 30 mai 1814 consacra officiellement la séparation de la République génevoise, du Chablais et du Faucigny d'avec la France. Les agents d'origine française s'étaient retirés devant l'invasion et il ne resta à Genève que Jean-Jacques Bouchet, garde à cheval du service de la pêche, qui assura jusqu'au 30 juin 1814 le service de l'inspection.

Dans le Mont-Blanc qui ne fut que partiellement occupé par l'armée de Bubna, les choses se passèrent moins simplement. Le 26 décembre 1813, le préfet avisa les sous-préfets de l'approche de l'ennemi. Les divers receveurs des services financiers durent verser ce qu'ils avaient en caisse entre les mains des receveurs particuliers ou général qui avaient l'ordre de se retirer sur Grenoble [1]; les autres fonctionnaires étaient invités à mettre leurs archives en sûreté.

Dès le milieu du mois, le directeur général des Eaux et Forêts avait demandé à son personnel de consentir des sacrifices pécuniaires pour aider à repousser l'ennemi. « Ce n'est point comme l'année dernière, disait le garde général de Maurienne dans une circulaire à ses brigadiers, des sommes à retirer sur des rentrées incertaines, c'est un quantum réel qu'il faut fournir promptement» [2]. Que pouvaient offrir des malheureux qui n'avaient même pas touché leur salaire de 1813, qui envoyaient un député au préfet pour solliciter une décision «autorisant le payement de salaires sur simple mandat des maires, conformément aux budgets» [3] ?

Au moment où l'ennemi se rapprochait de Chambéry, le préfet autorisa, le 19 janvier 1814, les agents forestiers à faire de suite des dispositions de retraite sur Grenoble. Pendant qu'inspecteurs et sous-inspecteurs passaient en Dauphiné, les gardes de la Maurienne étaient rassemblés et formaient une compagnie que le sous-préfet employa plus tard à arrêter des déserteurs [4].

Au moment de l'offensive des généraux Dessaix et Marchand qui ramenèrent les Autrichiens jusque sous les murs de Genève, en leur infligeant une série de petites défaites, l'inspecteur Guimberteau rentra à Chambéry, le 18 février, et se fit rendre compte par les gardes généraux des événements survenus en son absence.

Les troupes de Bubna renforcées reprirent bientôt l'offensive et pénétrèrent de nouveau dans le département du Mont-Blanc; le 19 mars, l'inspecteur Guimberteau se repliait derechef sur le fort Barraux et les Français se maintinrent sur la rive gauche de l'Isère en Savoie. La campagne de France s'achevait : les alliés occupèrent les régions que les troupes impériales abandonnaient. Un armistice est signé à Planaise : c'est la fin des hostilités. Les fonctionnaires civils regagnent leurs postes. Le 18 avril,

[1] Arch. Tse., Correspondance S. P. Tsc., 1813, n° 1232. — Arch. H. S., Correspondance S. P. Ay., 1814, n° 1190.
[2] Arch. Maurienne, reg. G. G., 1813, 13 décembre.
[3] Arch. Tse., Correspondance S. P. Tsc., 1813, n° 722.
[4] P. MOUGIN. Les premiers chasseurs forestiers, in Revue des Eaux et Forêts, 1914, p. 16 et suivantes.

l'inspecteur Guimberteau adresse à son personnel une circulaire demandant adhésion à la déchéance de Napoléon et reconnaissance des Bourbons.

La Commission centrale d'administration du Mont-Blanc, créée par le général Bubna, le 2 avril 1814, en communiquant l'extrait du *Moniteur* du 5 avril, portant décret du Sénat déliant les Français de leur serment de fidélité à l'Empereur, exprimait «le désir individuel de tous ses membres que la Savoie rentre incessamment sous le gouvernement paternel de la dynastie qui l'avait rendue heureuse pendant plus de 800 ans».

Le 16 avril, la commission ordonna aux tribunaux de reprendre leurs audiences et de rendre la justice au nom du Gouvernement provisoire; dix jours après, le comte d'Ugartes, nommé gouverneur général civil autrichien des départements de l'Ain, du Mont-Blanc et du Léman, maintint les autorités constituées et leur hiérarchie[1]. L'inspecteur Guimberteau, vétéran des guerres de la Révolution, ne pouvait admettre d'être subordonné à l'étranger et il avisa de son départ la commission centrale par lettre du 2 mai; sur l'ordre du gouverneur général, cette commission destitua Guimberteau et le remplaça par le sous-inspecteur Bernard.

Cependant le traité de Paris, du 30 mai 1814, vint disloquer la Savoie; le 18 juin, en vertu d'une délégation du préfet de Chambéry, le sous-préfet d'Annecy avisa les membres du gouvernement de la ville de Genève qu'il venait prendre possession des cantons de Reignier, Saint-Julien, Frangy et La Roche, détachés du Léman et incorporés dans le nouveau département du Mont-Blanc. Ces territoires dépendirent de l'arrondissement, donc du cantonnement d'Annecy et du sous-inspecteur Pacoret à la même résidence[2]. Le baron Finot, l'ancien préfet impérial, avait été remis par Louis XVIII à la tête du Mont-Blanc; l'inspecteur Guimberteau reprit aussi, le 15 juin 1814, ses anciennes fonctions. Une fois encore Bernard redevenait sous-inspecteur, mais à Chambéry.

C'est aussi à la fin de ce mois que les agents forestiers demeurés dans les parties de la Savoie rendues au roi de Sardaigne par le traité du 30 mai furent invités à faire connaître, dans les vingt-quatre heures, aux commissions administratives, s'ils optaient pour la France. Les gardes généraux Gabet de Moutiers, Berthet (François) de Saint-Jean-de-Maurienne, Nonnis (Jean-Félix) de Bonneville et l'ex-garde à cheval Bouchet, chargé de l'intérim de l'inspection de Genève, choisirent la nationalité sarde.

Comme le cantonnement de Saint-Pierre-d'Albigny comprenait la Combe-de-Savoie redevenue sarde et une partie des Beauges, la question fut posée à son titulaire, le garde général Frérot, par la commission subsidiaire de Montmélian, le 29 juin[3]. Le 30, Frérot n'ayant pas répondu nettement s'il voulait conserver ou résilier ses fonctions fut invité à nouveau par la commission à faire une déclaration catégorique; il opta pour la France. Il lui fut aussitôt enjoint d'avoir à rendre compte au 15 juillet de la situation de son service pour le territoire redevenu sarde à l'adjoint au maire de Saint-Pierre-d'Albigny et à l'ancien brigadier forestier Geydet. Au jour indiqué, les deux délégués se présentèrent au bureau du cantonnement pour recevoir les renseignements et les dossiers; Frérot déclara avoir avisé «son inspecteur et autres chefs compétents,

[1] Arch. S., L 1766.
[2] Arch. H. S., Correspondance S. P. Ay., 1814, n⁰ˢ 1218, 1481.
[3] Arch. S., Commission subsidiaire, Montmélian 1814, *passim*.

et attendre la réponse de ses susdits chefs avant d'exhiber les pièces demandées. »
Insistance des délégués; Frérot cédait, quand intervient un tiers qui s'écrie : « Si
j'avais été à la place de M. Frérot, je vous aurai fermé la porte au nez ». L'adjoint est
obligé de requérir deux hussards pour pouvoir terminer l'opération [1].

Les fonctionnaires, pas plus que les militaires français, ne se résignaient à l'amoin-
drissement de leur pays, à la victoire de gens cent fois vaincus depuis un quart de
siècle !

Cependant il fallait organiser le nouveau département : le garde général Frérot fut
placé à la tête du cantonnement de Chambéry; Perret (François) demeura chargé
de celui d'Annecy. Le 20 juillet 1814, le préfet confia provisoirement au sous-préfet
d'Annecy la partie du Léman cédée à la France. « Le sous-inspecteur forestier de cet
arrondissement dut, de son côté, considérer cette partie du Léman comme classée
dans sa sous-inspection et assurer par tous les moyens la conservation des bois et
forêts qui s'y trouvaient » [2].

Il en résulta un conflit d'attributions, car, en même temps, le préfet invitait l'inspecteur Guimberteau à aviser le conservateur à Grenoble pour qu'il fut pourvu à l'administration des nouveaux cantons rattachés au Mont-Blanc. Or, le 20 août, le préfet
apprit que le garde général d'Annecy correspondait au sujet de la gestion des bois des
cantons en question avec le sous-inspecteur de Genève, Pascal, réfugié à Grenoble.
Aussitôt, il proteste en ces termes auprès du conservateur : « il résulte de cet arrangement que le chef d'une partie qui ressort de mon administration réside ailleurs que
dans le chef-lieu de mon département, que je me trouve privé de tous renseignements
que je puis demander et que je suis sans moyen d'exercer à cet égard la surveillance
qui m'est attribuée. Je vous prie, Monsieur le Conservateur, de donner l'ordre au sous-
inspecteur de se rendre de suite à Chambéry, à moins que vous ne préfériez réunir cette
partie de l'administration à la sous-inspection existante en ce moment au chef-lieu de
mon département et de l'arrondissement d'Annecy [3].

Le conservateur ne voulut pas se dessaisir de Pascal : aussi le préfet se fâche-t-il et
répond-t-il vivement, le 14 octobre : « Je dois vous déclarer que je ne puis prendre
aucune mesure relativement aux bois des quatre cantons du Léman réunis à mon
département, tant qu'il ne se trouvera pas auprès de moi un agent avec qui je puisse
conférer. Il est surprenant que je ne puisse obtenir aucune satisfaction à cet égard et
que l'on me renvoye à une décision à intervenir de l'Administration, tandis que
M. Pascal cumule effectivement le titre et les appointements de cette inspection avec
deux autres fonctions.

« Je regarde comme indispensable, Monsieur, ou que M. Pascal renonce à l'inspection de ces cantons ou qu'il vienne en remplir les obligations. Il est pénible de remarquer que l'Administration forestière d'une partie de mon département est sacrifiée
absolument à des considérations personnelles.

« Je vous invite à notifier à M. Pascal l'ordre que je lui donne de se rendre dans les
vingt-quatre heures à Chambéry pour y résider en qualité d'inspecteur des quatre
cantons du Léman, si réellement cette surveillance est dans ses attributions; dans le

[1] Arch. S., L 1764, 1 : 58.
[2] Arch. S., L 246, f° 314.
[3] Arch. S., L 246, f° 48 verso.

cas où il n'aurait pas de motifs plausibles pour obtempérer à cette demande, je prendrais à son égard un arrêté que je transmettrais à Son Excellence le Ministre des Finances » [1].

Une sous-préfecture fut créée à Rumilly et un cantonnement nouveau établi dans cette ville. Le garde général et le sous-inspecteur d'Annecy furent chargés des forêts provenant du département du Léman; le nouveau cantonnement ne fut pourvu de son premier et unique titulaire, Pierre Martin, l'ancien garde général de Bonneville et de Genève, que le 14 août 1815; il avait été formé de partie des anciens cantonnements d'Annecy et de Chambéry.

A la fin de l'année 1814, l'ex sous-inspecteur Bernard, qui, né à Moutiers, avait, ensuite du traité du 30 mai précédent, perdu la qualité de Français, demanda à y être réintégré [2].

Le service était donc à peu près réorganisé quand survint le débarquement de Napoléon au golfe Juan, le 5 mars 1815. Le baron Finot, déjà préfet du département sous l'Empire, abandonna ses fonctions le 15 mars : mais les agents forestiers demeurèrent à leur poste, enchantés certainement du retour de l'île d'Elbe. Surpris par la réapparition de l'Empereur, les Souverains alliés ne tardèrent pas à mettre leurs troupes en mouvement et, le 18 juin, la fortune de l'Aigle s'effondrait dans les champs de Waterloo, alors que partout on s'apprêtait à résister à l'ennemi. Le préfet impérial de Chambéry adressait, le 21 juin, aux sous-préfets les instructions du Ministre de l'Intérieur : ces fonctionnaires devaient « tenir la campagne, suivre les mouvements de l'armée, afin d'être à portée de continuer l'administration du territoire non envahi ou la reprendre aussitôt que possible. Le cas arrivant, ils auraient à se concerter avec les chefs militaires pour rendre leur présence utile au pays et favoriser les opérations de l'armée : ayant des notions exactes sur les ressources des contrées où les troupes françaises prendraient position, ils indiqueraient les moyens de pourvoir aux approvisionnements de la manière la moins onéreuse aux habitants : par leur exemple et leurs exhortations, ils soutiendraient l'esprit de leurs administrés et favoriseraient les entreprises des citoyens courageux qui feraient le service des partisans, nuiraient à l'ennemi en arrêtant sa marche, en interceptant les convois et surprenant les postes » [3]. Ce ne fut que le 28 juin que fut connue la défaite de Waterloo et le maréchal Suchet avait ordonné aux troupes qui avaient pénétré en Savoie sarde de se replier : mais la petite phalange de 1,900 hommes qui, sous le colonel Bugeaud, occupait l'Hôpital, se refusant à reculer, infligea au général autrichien Trenk, posté à Conflans, des pertes énormes (2,000 blessés ou tués et 760 prisonniers). Là s'arrêta l'épopée. Suchet emmena ses soldats et l'inspecteur Guimberteau se retira avec l'armée française, en même temps que le préfet des Cent-Jours et le garde général Frérot [4], conformément aux ordres donnés le 28 juin [5], « aux employés du Gouvernement ».

Le 1er juillet, le général autrichien, baron de Frimont, fit publier une proclamation par laquelle il ordonnait aux autorités administratives de continuer leurs fonctions. « Si des fonctionnaires publics s'éloignaient de leur poste, ils devaient être remplacés

[1] Arch. S., L 246, f° 79.

[2] Arch. S., L 246, f° 128.

[3] Arch. S., L 1752.

[4] Arch. S., L 1784.

[5] Arch. H.-S., Correspondance S. P. A., 1815, n° 183.

par ceux qui leur succèdent dans la hiérarchie des emplois ou, à leur défaut, par le choix des communes ».

« Je ne garantis pas, ajoutait cet officier, les propriétés des fonctionnaires publics ou de tous autres habitants qui abandonneraient leurs emplois et leurs domiciles; elles seront frappées de fortes contributions de guerre et livrées au pillage... Les communes qui feront de la résistance à main armée seront livrées au droit de la guerre, pillées et incendiées... » [1].

On n'eut pas mieux dit cent ans plus tard. C'était l'arrêt de révocation de l'inspecteur Guimberteau. Aussitôt, l'ancien sous-inspecteur Bernard, demeuré sans emploi depuis la cession de la Maurienne à Victor-Emmanuel Ier, sollicita l'inspection devenue vacante. Par arrêté du 9 juillet 1815, approuvé le même jour par le vice-intendant de l'armée impériale-royale d'Italie, la commission départementale de Chambéry nomme Bernard inspecteur des Eaux et Forêts du Mont-Blanc [2].

Dès le lendemain, le nouvel inspecteur reçut du sous-intendant autrichien une demande de l'état des forêts et des coupes du département. Il requit donc la commission départementale de lui faire délivrer les archives de l'inspection. Un commissaire fut donc chargé d'aller avec Bernard faire le triage des papiers au domicile de Guimberteau : on ne les trouva d'ailleurs pas. Le 13, Guimberteau est de retour : la commission départementale se trouve embarrassée, elle s'excuse auprès de lui, alléguant qu'elle « a dû, aussitôt qu'elle a été installée et conformément aux ordres qu'elle a reçus, organiser les administrations et proposer le remplacement des titulaires qui avaient quitté leur poste. Vous avez été de ce nombre, ajoute-t-elle dans sa lettre, et sur la proposition de la commission, qu'elle a cependant différé de quelques jours, M. l'intendant a nommé M. Bernard pour vous remplacer. Vous voudrez donc lui remettre, sur son récépissé tous les sommiers titres et papiers de l'administration.

« La commission ne peut que vous manifester son regret de votre remplacement, mais elle ne peut rien changer aux déterminations prises par M. l'intendant [3] ».

En réalité c'était la candidature, l'insistance de Bernard, originaire du pays, qui avait amené la commission à tant se hâter de pourvoir d'un titulaire l'inspection des Eaux et Forêts. C'est si vrai que le garde général Frérot qui, lui aussi, avait suivi l'armée française n'a pas été destitué, malgré les ordres du général Frimont. La commission se borne, le 17 juillet, à inviter cet agent à correspondre avec Bernard « nommé inspecteur en remplacement de M. Guimberteau ».

Après s'être confondue en regrets vis-à-vis de l'inspecteur destitué, la commission départementale s'avise, le 18 juillet, qu'il sera maintenant possible d'avoir les archives : elle autorise donc la commission d'administration de l'arrondissement de Chambéry à se faire livrer les dossiers par Guimberteau et même « à prendre les mesures nécessaires pour l'y contraindre dans le cas où il s'y refuserait ».

Le 21 juillet, Bernard est enfin détenteur du bureau; la commission départementale lui rappelle, dès le lendemain, les exigences de l'intendant autrichien; le 28, c'est un état détaillé des forêts, des traites à payer par les marchands de bois qu'il faut

[1] Arch. S., L 1783.
[2] Arch. S, L 1784.
[3] Arch. S., L 1785, passim.

livrer. Les chefs autrichiens ne négligeaient rien pour rançonner le pays et la France : aussi s'étaient-ils opposés à la réintégration du préfet, baron Finot, prévoyant, ce qui arriva, que ce fonctionnaire résisterait à toutes leurs exactions.

Ce ne fut que le 3 août que cessèrent les pouvoirs de la commission départementale. Ce même jour, le préfet avisa Bernard qu'il le maintenait provisoirement comme inspecteur des Eaux et Forêts du Mont-Blanc et Guimberteau « qu'en suite des instructions reçues du gouvernement, il ne pouvait le rétablir dans ses fonctions d'inspecteur [1] ». Louis XVIII ne pouvait pardonner à ceux qui avaient reconnu Napoléon.

Mais le conservateur des Eaux et Forêts refusa de correspondre avec le nouvel inspecteur nommé par l'Étranger et non reconnu par l'administration. Le préfet intervint, le 16 août, en ces termes : « Dans le cas où vous croiriez devoir continuer à ne pas reconnaître M. Bernard, je crois devoir vous inviter à envoyer un sous-inspecteur qui puisse prendre, sous votre direction, la charge du service et pourvoir de commissions les employés dont la présence est essentiellement nécessaire dans les arrondissements. Dans le cas où l'organisation du service de votre administration éprouverait des retards, j'ai l'honneur de vous prévenir que je l'assurerai par des commissions provisoires, l'intérêt du gouvernement et du département exigeant impérieusement que je ne laisse en souffrance aucune partie de l'administration publique [2]. »

Bernard ne resta à la tête de l'inspection du Mont-Blanc que pendant cinquante jours, jusqu'au 28 août. À la fin de l'année, il n'avait pas été payé de son traitement. Les conditions de la paix étaient connues dès le 16 septembre : on ne jugea pas utile à Paris de nommer pour quelques jours un chef du service forestier du Mont-Blanc. Le 27 décembre 1815, le baron Finot avisa les maires du département qu'en suite des ordres reçus il remettait l'administration aux agents du roi de Sardaigne, sans aucun délai [3].

CHAPITRE VI.

LA GESTION FORESTIÈRE FRANÇAISE.

SECTION I.

Les bois soumis au régime forestier.

I. **Département du Mont-Blanc.** — Il ne s'agit pas ici d'étudier les lois et règlements faits en vue de la gestion des forêts publiques, mais simplement de voir l'application qui fut faite aux forêts savoisiennes de la législation forestière française. D'après la loi du 29 septembre 1791, il n'y avait de soumis au régime forestier que les bois de l'État, des communes et des établissements publics. Les inspecteurs forestiers envoyés en l'an VI commencèrent par procéder à la reconnaissance des massifs domaniaux et

[1] Arch. S., L 246, f° 251 verso

[2] Arch. S., L 246, 16 août 18.

[3] Arch. S., L 246, f° 280.

communaux du pays : mais ces visites, utiles pour donner un aperçu du pays, étaient insuffisantes pour déterminer la contenance des forêts. Déjà, à la requête de ces agents l'Administration centrale du Mont-Blanc avait pris, le 22 nivôse an VII, un arrêté interdisant aux municipalités de canton de disposer d'aucune partie des bois communaux sans l'avis du service forestier [1]. C'était poser le principe qu'il fallait faire passer dans la pratique.

Un arrêté réglementaire du préfet du Mont-Blanc du 21 prairial an VIII, préparé par l'inspecteur Dubois [2], peut être considéré comme fixant la date à partir de laquelle le régime forestier fut appliqué dans le département. De même que sous l'ancien régime les maires des communes durent remettre aux sous-préfets dans un délai d'un mois un état des bois communaux (titre VII, art. 2). La mappe était la base indiquée, mais les municipalités devaient y apporter les modifications nécessitées par les changements survenus depuis 1738; les contenances devaient être exprimées en mesures métriques, par parcelles et la nature des peuplements, broussailles, taillis ou futaie, devait être mentionnée dans dix colonnes ad hoc.

Le texte de l'arrêté ne faisait pas mention des biens domaniaux; mais dans la colonne d'observations du modèle de l'état à fournir, on demandait la note des forêts nationales situées dans la commune et celle des forêts vendues en exécution de la loi du 21 ventôse an IV. Les maires étaient, de plus, invités à «apporter la plus grande attention à la rédaction de cet état qui doivent (sic) fixer invariablement l'administration, l'exploitation et la restauration des forêts communales».

En outre, l'arrêté renfermait un résumé des principales dispositions de l'ordonnance de 1669 et des lois révolutionnaires en matière forestière.

Mais le délai de 3 décades imparti se trouva insuffisant et les états des forêts de Tarentaise, par exemple, ne furent transmis que le 23 brumaire an IX [3]. Dans l'arrondissement d'Annecy, ce fut bien pis; à la fin de pluviôse de cette même année, plusieurs maires n'avaient envoyé que des notices insuffisantes, tandis que d'autres n'avaient rien adressé [4]. L'état des forêts de cet arrondissement ne se trouva complet que le 26 ventôse an X [5]. C'est l'histoire des consignes forestières du XVIII° siècle qui recommençait.

Une circulaire préfectorale, portant à la connaissance des maires l'arrêté des consuls du 19 ventôse an X, assimilant les bois communaux aux domaniaux, servit aussi à rappeler les municipalités à l'observation des règlements forestiers : il en fut de même de la circulaire du 5 pluviôse an XIII.

Le tableau dressé par Verneilh (voir p. 333) dans sa Statistique du Mont-Blanc donne, d'après les états fournis par les communes, l'étendue des forêts soumises au régime forestier à la fin de 1806. Mais ces états non contrôlés devaient être pour la plupart inexacts : les uns étaient simplement la reproduction de la mappe, les autres omettaient des surfaces importantes. Comme les traitements des gardes avaient été basés sur les contenances, il en était résulté que certaines communes n'ayant que de maigres broussailles payaient comme frais de surveillance plus que ne rendait le bois. Ail-

[1] Arch. Tarentaise, Série I., n° 73.
[2] Arch. Tarentaise, Corr. S.-P. Tarentaise, 17 floréal an VIII.
[3] Arch. Tarentaise, Corr. S.-P. Tarentaise, 30 brumaire an IX.
[4] Arch. H.-S., Corr. S.-P. Ay., an IX, n° 679.
[5] Arch. H.-S., Corr. S.-P. Ay., an X, n° 1245.

leurs, les gardes verbalisaient contre qui coupait ou faisait pâturer en des parcelles que la mappe ne qualifiait pas de forêt et qui, depuis 1738, avaient été plus ou moins envahies par la végétation ligneuse. De là, des réclamations incessantes. Pour y mettre fin, le préfet Poitevin-Maissemy décida de procéder à une révision des terrains soumis au régime forestier et adressa aux maires de son département la circulaire suivante, datée du 22 juillet 1807 :

« Monsieur le Maire, les contestations multipliées qui ont lieu dans l'Administration des bois et forêts des communes, sous le rapport de la nature et de la contenance de ces bois ; les contraventions nombreuses qui sont constatées et poursuivies et auxquelles on oppose souvent que les portions où les délits ont été commis ne sont pas classées parmi les bois ou ne doivent pas y être classées en raison de la nullité de leur produit, de leur défrichement légal ou illégal et du changement de la nature du sol depuis la péréquation, etc., exigent une opération générale qui, en déterminant d'une manière précise le classement des bois qu'il est intéressant de conserver, assure cette utile conservation et rende au pâturage du bétail tous les autres terrains communaux qui ne sont pas susceptibles d'être maintenus en forêts.

« Pour atteindre ce but et parvenir à ce classement désirable, j'ai besoin de renseignements qui fassent connaître exactement quels sont les terrains qui sont réellement et qui peuvent être qualifiés bois ; ceux qui, portés comme tels au Cadastre, doivent nécessairement perdre cette dénomination par l'effet des défrichements opérés ou autrement, et qu'il serait impossible ou très long ou très difficile de rétablir en bois ; ceux qui ne sont couverts que de broussailles sans espoir d'accroissement ; ceux qui, depuis la péréquation, ont pu acquérir la qualité de bois, quoique non dénommés comme tels au cadastre ; en un mot, il faut que ces renseignements soient assez étendus, assez clairs et surtout assez fidèles pour déterminer la véritable étendue de terrain qui, dans chaque commune, doit être et rester sous la surveillance et la main de l'Administration forestière et celle qui peut être remise à la libre disposition des communes, soit pour le pâturage, soit pour tout autre usage, comme n'étant actuellement ni bois, ni propre à le devenir.

« Je vous invite, en conséquence, Monsieur le Maire, à dresser et à me fournir dans le délai de 20 jours, à dater de la réception de cette lettre et par la voie de M. le Sous-Préfet de votre arrondissement, l'état des bois et forêts appartenant à votre commune dans la forme du modèle ci-joint que vous aurez soin de remplir avec toute l'exactitude possible et en même temps avec sincérité. Ce serait en vain qu'on prétendrait soustraire par des renseignements inexacts à la surveillance de l'Administration forestière des terrains communaux boisés ou susceptibles de le devenir : ce moyen serait sans effet ; une contre-vérification qui aura lieu réparerait cet oubli volontaire, en même temps qu'elle me signalerait les maires qui, sous quelque prétexte que ce soit, se seraient permis de céler le véritable état des choses que je ne désire connaître que pour l'intérêt des communes.

« Ce motif sera, sans doute, suffisant pour vous déterminer à apporter dans ce travail célérité et exactitude ; vous pouvez, si vous le jugez convenable, dresser l'état exigé avec le conseil municipal : j'ai autorisé, à cet effet, la réunion.

« Mais, pour que cet état soit dressé avec l'exactitude convenable, il est indispensable que vous vous transportiez vous-même ou votre adjoint sur toutes les parties de terrain dont il s'agit de constater la nature, ce que je vous recommande expressément, ainsi que de vous adjoindre dans cette visite locale 2 membres du conseil municipal : vous y appellerez pareillement comme indicateur le garde forestier de la commune. L'état sera signé par vous, Monsieur le Maire, et par les personnes qui vous assisteront dans cette inspection; il y sera fait mention du transport sur les lieux.

«Il est aussi très important de considérer dans le travail que je vous demande la situation des terrains communaux placés sur les sommets ou les pentes des montagnes ou des collines, qu'il est si utile de conserver ou de rétablir en bois ou futaies pour prévenir les éboulements et les avalanches qui détruisent souvent les habitations et menacent sans cesse les propriétés, les personnes, les routes et la sûreté des voyageurs. Il est essentiel de spécifier et de comprendre les terrains de ce genre dans le nombre de ceux qui non seulement doivent être maintenus en nature de bois s'ils y sont, mais replantés, si les bois y sont détruits.

«Il serait même nécessaire que les bois des particuliers fussent assujettis à cette salutaire surveillance, ainsi que les anciennes lois l'ordonnaient; que même on pût contraindre les propriétaires des terrains de cette espèce, actuellement en prairie ou en culture, à y planter des arbres forestiers ou fruitiers pour garantir des accidents ci-dessus rappelés».

En transmettant le 27 juillet 1807 cette circulaire aux sous-préfets chargés de la faire tenir aux communes, le préfet ajoutait : «Non obstant la recommandation expresse que je fais aux maires d'apporter dans ce travail exactitude et sincérité, je crains que quelques-uns d'entre eux, dirigés par une popularité mal entendue, par un faux zèle d'intérêt particulier et pour leur commune et pour les habitants, ne se conforment pas ponctuellement aux instructions que je leur donne pour les diriger dans ce travail. Cette crainte me détermine, Monsieur le Sous-Préfet, à vous inviter à vérifier, avant de m'en faire l'envoi et au fur à mesure qu'ils vous parviendront, les états demandés, à renvoyer aux maires pour être rectifiés ceux qui vous paraîtront susceptibles de l'être et à vous environner au besoin de renseignements particuliers pour découvrir les oublis volontaires que vous soupçonneriez dans ces états et à les faire réparer»[1].

Fait à remarquer, les agents forestiers n'avaient à intervenir ni dans l'établissement, ni dans le contrôle des états. Mais les sous-préfets chargés de la vérification eurent vite fait de s'en remettre de cette tâche aux sous-inspecteurs locaux[2]. L'Administration forestière, de son côté, réclama une contre-vérification minutieuse du travail fourni par les maires et envoya dans le Mont-Blanc l'inspecteur général Dubois, l'ancien chef de service des Eaux et Forêts dans ce département. Il fut convenu entre ce haut fonctionnaire et le préfet que la révision du régime forestier se ferait par l'agent local et un commissaire spécial, nommé par le préfet, conformément aux instructions ci-après données, par l'inspecteur général, le 28 mars 1809[1] :

«MM. les agents devront suivre un mode uniforme dans la rédaction de leurs procès-verbaux que MM. les maires et commissaires nommés ad hoc par M. le Préfet seront appelés à signer comme devant aider et concourir aux contre-vérifications. Voici

[1] Arch. Tarentaise, Série I, n° 67.
[2] Arch. H.-S., Corr. S.-P. Ay., 1807, n° 1111

l'ordre dans lequel ce travail se présente naturellement et qu'il paraît convenable d'adopter.

« 1° Reconnaître sur les lieux les opérations faites par MM. les maires et conseillers municipaux, afin d'élaguer de ce travail tout ce que ces fonctionnaires auraient constaté être en nature de bois;

« 2° Examiner les parties des bois à pouvoir déclarer défensables et celles qu'on peut sans inconvénient livrer au pacage, avec réserve de la surveillance des gardes pour tout délit autre que celui du pâturage.

« 3° Rechercher, s'il y a lieu, et désigner les numéros omis et les cantons présentés par les communes comme susceptibles d'être pâturages, alors même que le sol en est évidemment forestier.

« 4° Visiter et reconnaître les terrains défrichés ou abroutis dans l'intérieur des bois ou qui y sont enclavés, les pentes des montagnes et collines, afin d'en interdire désormais la culture et le pâturage pour les remettre en nature de bois.

« 5° Constater dans le sens littéral de la circulaire de M. le Préfet ce qui, pouvant être considéré comme vaine pâture, ne doit plus rester sous la surveillance des agents forestiers.

« 6° Déterminer la partie broussaille sans espoir d'accroissement.

« 7° Faire mention des défrichements et pâturages impossibles à remettre en bois.

« 8° Proposer la fixation invariable des chemins où devront passer les bestiaux pour aller en pâture, aux fontaines et autres lieux servant d'abreuvoir.

«Attendu que MM. les Commissaires seront probablement choisis de préférence parmi les géomètres, ils pourront, de suite, fixer les limites des bois, pâturages et autres qui sont susceptibles de l'être.

«Les procès-verbaux se termineront par des remarques utiles à la conservation, restauration et amélioration des bois communaux et par des renseignements sur la statistique demandée par M. le Conseiller d'État, directeur général. »

L'Inspecteur général invitait les agents à montrer le plus grand esprit de conciliation et, pour les maires, il ajoutait : « il nous reste à détruire l'erreur dans laquelle tous les habitants du Mont-Blanc sont constamment demeurés en ce qui concerne les bois résineux. Nous terminerons par observer que les sapins se reproduisant par graine ne peuvent jamais être déclarés défensables; il est à remarquer que l'on ne veut point parler ici des pâturages sur la sommité des montagnes où se trouvent accidentellement quelques plantes de sapin éparses, à cause de la dent et du pied du bétail : il est de fait que les rejetons de cette essence seront dévorés ou mutilés par la dent des bestiaux, si on les y laisse introduire, d'où l'on peut conclure que, dans l'espace d'une ou deux révolutions, ces intéressantes propriétés disparaîtront. Alors les torrents, les précipices, les éboulements combleront très sûrement les vallées étroites qu'elles dominent et l'habitant qui ne s'occupe que du présent, sans prévoir l'avenir, s'apercevra, mais trop tard, qu'il a laissé détruire l'agent le plus actif du sol qu'il cultive... ».

Ce fut le 17 avril 1809 que le préfet nomma les commissaires chargés de la révision : il résulte d'ailleurs de son arrêté que certaines communes n'avaient pas encore fourni le tableau réclamé 21 mois plus tôt, et que «la plupart des états ne présentaient pas d'une manière aussi claire que l'on aurait désirée les renseignements exigés»[1]. L'arrêté rendait exécutoires les instructions de l'inspecteur général Dubois et fixait à 9 francs les honoraires journaliers des commissaires.

La commission comprenait d'ordinaire 1 géomètre, 2 maires et 1 forestier. En général, les municipalités se montrèrent fort pressées de voir aboutir ce travail[1]. Mais une aussi vaste opération ne pouvait être terminée en quelques semaines. D'autre part, on a vu que le défaut de payement empêchait les préposés de faire de longs et partant de coûteux déplacements; il arriva que les commissaires nommés par le préfet, après avoir convoqué les municipalités et les brigadiers, n'ont pu, en l'absence de ces derniers, remplir leur mission. S'ils passaient outre, il n'était pas rare que le brigadier retardataire s'emportât[2], ainsi qu'il arriva pour la reconnaissance de la forêt communale de Hauteville-Gondon.

Il s'en fallait donc qu'au bout de deux ans la révision des terrains soumis au régime forestier fut terminée. Aussi, par arrêté du 15 mai 1811, le préfet accorda-t-il provisoirement aux communes l'ouverture au pâturage des terrains reconnus ne pouvoir plus faire partie du sol forestier, avant même toute décision de l'Administration des Eaux et Forêts.

Mais ici encore des difficultés surgirent : comme ces terrains n'étaient pas officiellement distraits du régime forestier, il se trouva des préposés qui verbalisèrent contre ceux qui voulaient profiter de l'arrêté préfectoral et qui saisirent le bétail[3].

Diverses communes se refusèrent à accepter les résultats de la contre-vérification : elles recoururent encore au préfet qui parfois ordonna qu'il serait procédé à une nouvelle visite. Ces protestations n'étaient pas rares, chaque fois que la Commission n'accueillait pas intégralement les exigences des municipalités[4]. On put lire dans certaines délibérations des affirmations d'une haute fantaisie, comme celle-ci : « le seul moyen de restaurer les broussailles et d'en faire des forêts par la suite c'est de n'en mettre qu'une faible partie en réserve et d'abandonner tout le reste soit en propriété aux particuliers, soit en pâturage pour les bestiaux[5]». D'autres prétendaient seulement que «les bois n'étaient pas de nature à être soumis au régime forestier» et qu'il conviendrait de n'en mettre en réserve qu'une faible portion (Sainte-Hélène-du-Lac).

C'était surtout dans les arrondissements de Chambéry et d'Annecy que les vérifications traînaient et par la faute du personnel forestier. «Malgré les vives sollicitations de l'inspecteur, les gardes généraux de l'arrondissement de Chambéry s'occupent de tout autre chose que de cet objet et le sous-inspecteur d'Annecy a un garde général qui ne veut pas s'en occuper». En Maurienne, la révision avait été terminée au milieu de 1811[6] mais, en 1813, elle ne l'était dans aucun des autres arrondissements[7] ; il s'en fallait de peu qu'elle ne le fut en Tarentaise.

Les premiers résultats fournis pour les arrondissements alpins ne furent pas sans

[1] Arch. H.-S., Corr. S.-P. Ay., 1809, n° 910, 942.
[2] Arch. Tarentaise, Série I, 67, 1811, 19 juillet.
[3] Arch. H.-S., Corr. S.-P. Ay., 1811, n° 929.
[4] Arch. H.-S., Corr. S.-P. Ay., 1811, n° 1015.
[5] Arch. S., L. 1143, Puisgros, 5 avril 1812.
[6] Arch. S., L. 2220.
[7] Arch. Tarentaise, Corr. S.-P. Tarentaise 1813, n° 1134.

frapper le préfet : «J'ai vu, écrivait-il le 12 juillet 1813, avec étonnement que, d'après les derniers états, le sol forestier des communes est, en général, beaucoup plus étendu aujourd'hui qu'il ne l'était à l'époque du Cadastre, c'est-à-dire en 1738, tandis qu'il devrait être bien moindre, puisque, depuis lors, on a défriché presque partout et repeuplé nulle part.

«La différence pour l'arrondissement de Maurienne est de près de 3,000 hectares, pour celui de Moutiers de près de 5,000 hectares; pour les autres arrondissements elle n'est pas encore connue.» Elle ne le fut jamais, la chute de l'Empire arrêta toutes les opérations. Mais cette remarque du préfet est typique.

Pour la Maurienne, les commissions de révision avaient fourni les résultats ci-après :

À maintenir sous le régime forestier	26,413^h 34^a 70
À distraire du régime forestier.	4,243 80 51
TOTAL	30,627 15 21
Or, en 1738, la superficie des bois communaux était de.	32,103 47 08

On peut donc se demander si les commissions avaient exactement relevé sur les tabelles la totalité des parcelles boisées communales. Un sérieux doute subsiste donc sur la valeur des opérations faites pour la révision du régime forestier.

Si on rapproche ces chiffres de ceux qui avaient été donnés dans la statistique de 1807, on voit que les maires avaient porté sur les états par eux fournis, en application de l'arrêté préfectoral du 21 prairial an VIII, comme forêts communales, une superficie de 33.723 hect. 21 a. 26 et que la révision avait fait tomber ce chiffre à 26.413 hect. 24 a. 70.

Cette révision ayant abouti à la distraction de 4.213 hect. 80 a. 51, le total antérieur diffère donc de celui de 1811 de 3.096 hect. 06 a. 05. Que peut représenter cette différence? On peut seulement supposer qu'il s'agit de landes alpines où, au milieu d'un tapis de génévriers, de rhododendrons, se rencontrent quelques cépées d'aunes verts, des tiges isolées, branchues de mélèze, d'arolle ou d'épicéa. Ces «gogants» épars faisaient la difficulté et amenaient à classer, suivant le plus ou moins d'importance qu'on leur attribuait, la lande tantôt dans la forêt et tantôt dans le pâturage.

II. **Département du Léman.** — Pour déterminer la contenance des forêts confiées à leur gestion, les agents des Eaux et Forêts s'étaient basés uniquement sur la mappe. Mais les limites ont été toujours assez mal fixées et, en l'an XI, le sous-préfet de Thonon signale que chaque commune de son arrondissement «a des bois, broussailles, communaux servant au pâturage du bétail des hameaux qui se trouvent à portée. Mais ils n'ont pas une utilité générale. On désirerait que le Conservateur des Eaux et Forêts forçât les conseillers municipaux à les mettre en réserve (c'est-à-dire soumettre au régime forestier) et à supprimer ce mode abusif d'en jouir en commun [1]».

Il y eut, comme dans le Mont-Blanc, des déclarations des municipalités ordonnées par arrêté préfectoral du 5 mai 1808, pour déterminer les surfaces à soumettre au

[1] Arch. H.-S., Corr. S.-P. Ch. an XI, tableau statistique.

régime forestier. Dans tout le département du Léman, d'après la mappe, la superficie forestière était de 5o.285 hect. o3 a. 69; d'après les déclarations des maires, 4o.128 hect. 5o a. 51, et, si on ne considère que les communes comprises dans l'actuelle Savoie, la surface forestière était d'après la mappe : 4o.392 hect. 57 a. 74; d'après les déclarations des maires : 3o.38o hect. 27 a. 86. Comme dans le département voisin, des difficultés surgirent, aussi bien à propos du traitement des gardes, établi d'après la superficie boisée, qu'à l'occasion du parcours dans des terrains que les forestiers qualifiaient de bois et les populations de pâturages. De nombreuses communes réclamèrent donc qu'on vérifiât les changements survenus depuis 1738 dans la nature et l'étendue des forêts [1]. En Faucigny, le sous-préfet enjoignit, le 8 juin 181o, aux agents forestiers de procéder à une reconnaissance des forêts communales, de concert avec les municipalités [1], en même temps qu'il demandait à ces assemblées de délibérer sur ce sujet. Mais, de l'aveu même de ce fonctionnaire, les délibérations reçues étaient si peu concordantes avec celles qui avaient été adressées l'année précédente par les mêmes conseils, la plupart étaient si exagérées sur la prétendue dégradation des bois et l'impossibilité de les rétablir, qu'on ne pouvait les considérer comme renseignements méritant quelque confiance [2].

Par arrêté du 2 novembre 1811, le préfet étendit à tout le département la mesure prise dans l'arrondissement de Bonneville et un ingénieur fut chargé de la délimitation et du bornage des forêts impériales et communales, avec le concours de géomètres. Les maires furent invités «à tout disposer...; à rassembler et préparer tout ce qu'ils croiraient propre à assurer le succès des opérations. Ils en feront prévenir les propriétaires riverains des forêts de leurs communes qui sont appelés à y concourir [3]».

Il s'agissait donc d'une opération plus sérieuse que celle entreprise dans le Mont-Blanc; elle devait exiger un temps assez considérable. L'ingénieur chargé du travail s'en aperçut bien et, le 9 juillet 1812, il écrivait au préfet que les levés marchaient avec moins de célérité qu'il ne l'avait cru, qu'il y avait de l'incertitude dans les limites, etc.

L'inspecteur général des Eaux et Forêts, Guy, intervint et écrivit, le 2 octobre 1812, au préfet pour lui proposer une méthode à suivre dans l'assiette du régime forestier :

«Monsieur le Baron, les réclamations successives de MM. les préfets du département contre la sévérité de l'Ordonnance de 1669 en matière de pâturage dans les bois impériaux et communaux, l'impossibilité d'en suivre à la lettre les dispositions sans compromettre l'existence de leurs administrés, celle non moins sentie d'abandonner à l'arbitraire l'application des peines que prononce cette ordonnance et qu'il est interdit aux tribunaux de pouvoir modifier, ont engagé M. le comte Bergon à prendre, de concert avec ces magistrats, une mesure qui fût également favorable aux besoins des peuples, à la régularité du service et à l'intérêt des lois.

«Je mets d'autant plus de confiance en la proposition que j'ai l'honneur de vous faire de l'adopter, qu'elle forme comme le complément nécessaire de votre excellent arrêté du 2 novembre 1811 et se rattache essentiellement à toutes les parties de son titre I.

---

[1] Arch. H.-S., Corr. S.-P. Fy., 181o, n°ˢ 913, 1148.
[2] Arch. H.-S., Corr. S.-P Fy., 181o, n° 1318.
[3] Arch. Genève, Ch. II, n° 482.

« Elle consiste à ranger dans les 3 classes qui suivent la généralité du sol forestier communal. La première comprend toutes les portions qui, abrouties pendant un long espace de temps, sont arrivées à un tel état de dégradation qu'il est désormais impossible de les voir convertir en bois. La seconde se compose de celles qui, situées sur des penchants rapides, en des lieux escarpés, sur des pics inaccessibles, ne présentent aucun avantage dans leur exploitation, mais sont pourtant d'une utilité majeure pour le maintien des terres et d'une précieuse ressource pour le pacage des bestiaux.

« La 3ᵉ embrasse toutes les parties abondamment pourvues ou susceptibles de reproduction dont l'accès, l'étendue, le voisinage, les débouchés promettent un produit plus ou moins remarquable et offrent un intérêt sensible.

« La première classe, dorénavant distraite du sol forestier, demeure consacrée au pâturage et exempte de toute surveillance de la part de l'Administration forestière. La deuxième y est sujette pour la simple conservation du bois et non pour le parcours qui y reste, comme dessus, licite et sans réserve. La 3ᵉ, au contraire, est placée rigoureusement sous la sauvegarde des agents forestiers, soumise à toutes les dispositions de l'Ordonnance et les délits y commis passibles de toutes les peines qu'elle articule ».

On ne peut qu'admirer la conception d'un haut fonctionnaire forestier qui admet le parcours effréné, sans réserve, dans des terrains où le maintien de l'état boisé est une question de vie ou de mort. Les populations de la Savoie avaient des forêts bannies, des zones de protection qu'un agent supérieur condamnait à disparaître. L'inspecteur général Guy ignorait le torrent, l'avalanche, la montagne enfin! Cette méthode avait été appliquée en Tarentaise.

La débâcle impériale survint avant que le régime forestier fut assis dans le Léman, et, au moment où Napoléon abdiquait, nombre de communes réclamaient l'abolition de la tutelle forestière [1].

SECTION II.

Délimitation et bornage.

Ce furent surtout les questions de pâturage qui amenèrent de nombreuses communes à réclamer la délimitation et le bornage des bois soumis au régime forestier. Les éleveurs craignaient à tout instant d'encourir des amendes et des condamnations, à raison du parcours de leurs bestiaux dans des terrains de nature incertaine, près-bois, landes alpines ou broussailles [2].

Les reconnaissances prescrites par le préfet du Mont-Blanc, dès le 21 prairial an VIII, aboutissaient, en somme, à la fixation des limites des forêts régies par l'Administration. C'était surtout dans la région alpine, haut Faucigny, Tarentaise et Maurienne, où la pelouse couronnait la forêt, que les populations réclamaient le plus énergiquement cette mesure et se montraient le plus impatientes de jouir des alpages délimités.

Lorsque, par l'arrêté du 22 juillet 1807, le préfet de Chambéry ordonna la vérification des états de la superficie des bois communaux, le service forestier demanda que les commissaires délégués par ce haut fonctionnaire fussent pris parmi les géomètres,

---

[1] Arch. H.-S., Comm. subsid. Fy, 1814, nᵒ 461.
[2] Arch. Tarentaise, Corr. S.-P. Tarentaise, 1807, nᵒ 205.

«afin de pouvoir dresser les plans divisionnels des parties qui pourront être abandonnées au parcours de celles où il sera définitivement défendu [1]».

Les levés furent donc exécutés après la contre-vérification faite suivant l'arrêté préfectoral du 17 avril 1809 et les résultats furent consignés dans des tableaux fournis par
les commissaires-géomètres. Ainsi, pour avoir une idée du travail, on peut citer les
résultats obtenus pour les communes de Rognaix, Pussy, Celliers, Saint-Oyen, Saint-
Marcel, Notre-Dame-du-Pré, Longefoy, Macot, Tessens, Granier, Montgirod, Hautecour
et Notre-Dame-de-Briançon.

	abandonnée dans ces 13 communes............	2,186h 46a 13
Contenance	livrée au pacage, sous la réserve des bois........	1,463 83 66
	reconnue bois et réputée forêt.................	2,692 01 66
	Contenance totale, trouvée d'après les mesures...	6,342 31 45 [2]

C'est le modèle recommandé par l'inspecteur général Guy dans le Léman, en 1812.
Une décision du Ministre des Finances du 19 septembre 1811 avait d'ailleurs statué
sur les formalités à suivre pour arriver à la fixation des limites des forêts appartenant
à l'État, aux communes et aux établissements publics. Deux circulaires du 24 octobre
et 26 décembre 1811 expliquaient la décision ministérielle et notamment imposaient
aux riverains l'obligation de contribuer à la dépense.

Aussi, le préfet du Léman a-t-il fait de l'assiette du régime forestier dans son département une question exclusivement de délimitation et de bornage. On a vu que, ni
dans l'un, ni dans l'autre des départements savoisiens, on n'avait achevé ces opérations à la fin de la période impériale.

Les levés sur le terrain, l'établissement des plans exigeant naturellement des
dépenses assez sérieuses et on sait quelle était, en général, la situation des budgets
communaux, on recourut à des coupes extraordinaires : en Faucigny, en 1813, les
frais de délimitation et de bornage de 12 forêts communales s'élevèrent à 10.400 fr. [3]
D'après un état de 1815, ces forêts couvraient 7.622 hect. 32 a. 77, ce qui représente
une dépense moyenne de 1 fr. 35 par hectare, avec un maximum de 5 fr. 70 à Pont-
chy et un minimum de o fr. 635 à Petit-Bornand.

SECTION III.

Aménagement.

Il convient de spécifier que, par ce mot, il ne faut pas entendre, comme sous l'ancien régime, «le recépage des bois abroutis, le repeuplement des places vaines et
vagues» et, en général, tout ce qui peut être l'objet de l'amélioration des bois. Ce sens
du mot adopté dans les ordonnances royales et notamment dans l'article 57 de l'édit
de mai 1716 n'est plus usité aujourd'hui.

La définition de l'aménagement, tel qu'on l'entendait sous l'Empire, a été donnée

[1] Arch. Tarentaise, Corr. S.-P. Tarentaise, 1809, n° 180.
[2] Arch. Tarentaise, Corr. S.-P., Série 1, n° 67.
[3] Arch. H.-S., Corr. S.-P. Fy. 1813, n° 1283.

dans l'annuaire forestier de 1811. L'aménagement, alors, était « l'art de diviser une forêt en coupes successives ou de régler l'étendue ou l'âge des coupes annuelles, de manière à assurer une succession constante de produits pour le plus grand intérêt de la conservation de la forêt, de la consommation en général et du propriétaire ». L'ordonnance de 1669 ne prévoyait que la coupe à tire et aire, donc la coupe par contenance. Un décret du 30 thermidor an XIII autorisa le jardinage dans les sapinières pures ou mélangées de hêtres, dans les boqueteaux disséminés et pour les arbres épars.

Quant à l'âge de l'exploitation, il ne pouvait, dans les bois-taillis des communes et établissements publics, être inférieur à 10 ans : au cours du XVIIIe siècle, la tendance générale était pourtant de fixer cet âge à 25 ans. Dans ces forêts, l'ordonnance de 1669 prescrivait de mettre un quart de la surface en réserve pour être élevé en futaie et, dans les coupes de taillis, de maintenir 32 baliveaux par hectare. (Titre XXIV, art. 3.)

Il était habituel qu'on appliquât cette règle dans les taillis domaniaux, dans le silence de la loi sur ce point. Comme les futaies étaient exploitées à tire et aire, il était prescrit d'en laisser 20 baliveaux par hectare. (Titre XV, art. II.)

Le 20 août 1790, l'Assemblée nationale avait sollicité des administrations des vues sur le meilleur plan d'aménagement des forêts nationales et communales. Mais rien de bien sérieux ne pouvait en résulter. Une instruction du 17 prairial an IX demanda aux conservateurs des renseignements analogues et la circulaire du 14 floréal an XII renferme des indications pour l'aménagement des forêts communales.

Mais, pour pouvoir aménager une forêt, il est essentiel d'en connaître exactement la superficie et, on a vu ci-dessus (section I) combien l'assiette du régime forestier laissait à désirer, était incertaine. Tout travail d'aménagement devant avoir pour base un plan exact de la forêt était fatalement subordonné à l'achèvement des opérations géométriques.

Dans le département du Léman où la délimitation des forêts ne devait commencer qu'après 1811, un arrêté du préfet du 2 brumaire an IX avait ordonné de séparer les quarts en réserve des forêts communales. Le 1er prairial an X, l'inspecteur des Eaux et Forêts avisa les maires qu'il y avait lieu de diviser les forêts communales (quarts en réserve déduits) en 25 coupes s'il s'agissait de taillis et en 10 si les peuplements étaient résineux [1].

Les futaies étaient donc à la rotation de 10 ans : on n'extrayait chaque année les bois d'œuvre que dans un seul de ces coupons. Mais rien n'indique qu'on ait déterminé la durée de la révolution, l'âge ou, au moins, le diamètre d'exploitabilité, ni une possibilité par volume ou par pieds d'arbre. On exploitait dans un coupon ce dont on avait besoin pour la construction, l'entretien ou la réparation des bâtiments.

Dans le Mont-Blanc, les taillis de nombreuses communes étaient exploités au minimum d'âge, à 10 ans, notamment à l'ouest du département. Ainsi, à Aiguebelette, où la coupe annuelle s'étendait sur 14 hect. 50 a., à Lépin (coupe de 4 hect.) [2] et ceci à la fin de l'Empire, en 1812. D'après l'arrêté préfectoral du 21 prairial an VIII (titre VII, art. 1er) les forêts communales s'exploitaient de 4 façons différentes : 1° par

---

[1] Arch. Genève, Ch. II, n° 482.
[2] Arch. S., L. 1138.

coupes blanches; 2° par jardinage; 3° par coupe de taillis avec réserve de baliveaux; 4° en tétard, pour recueillir les pousses et les feuilles destinées à l'alimentation du bétail. Le préfet prévoyait l'assiette de ces coupes; il ordonnait aussi (art. 6) le recépage et la mise en défends des cantons abroutis.

Il ne paraît pas qu'il y ait eu d'aménagement dans les forêts nationales. Tantôt, en effet, les exploitations se font à tire et à aire, sur des surfaces variant chaque année, tantôt elles ont lieu par pieds d'arbre sans indication de volume. Aucun règlement d'exploitation ne semble avoir été établi : on coupait suivant les exigences du moment.

Dans les forêts communales aménagées, c'était, bien entendu, la commune propriétaire qui supportait les frais de délimitation et de bornage, ainsi que ceux de l'assiette de l'aménagement, sans subvention de l'État[1].

SECTION IV.

Coupes et exploitations.

§ 1ᵉʳ. ASSIETTE DES COUPES.

D'après la loi du 29 septembre 1791 (titre VI, art. 10), le conservateur doit indiquer l'assiette des coupes, et l'instruction du 7 prairial an IX avait rappelé cette disposition qui était inapplicable. Comment eût-il été possible au chef d'un arrondissement qui comprenait l'ancien Dauphiné, le Lyonnais, Genève et la Savoie, puis le Valais, de fixer l'assiette des coupes ? Aussi une circulaire du 16 mai 1805 se borna-t-elle à demander seulement aux conservateurs de veiller à ce que les opérations des coupes fussent faites intelligemment par les agents.

Ce sont donc les inspecteurs et sous-inspecteurs qui, en réalité, sont chargés de l'assiette des coupes, des martelages et balivages : la pratique fit tomber l'assiette des coupes communales entre les mains des municipalités. Le plan des coupes est levé, dressé par les arpenteurs (O. C., titre XI, art. 3; instructions des 7 prairial an IX, § 1, art. 3, 9 frimaire an X, art. 5, II).

§ 2. ADJUDICATIONS DES COUPES; L'AFFOUAGE.

Forêts domaniales. — Les coupes doivent être vendues entre le 15 août et la fin de chaque année (arrêté du gouvernement du 5 thermidor an V; instruction du 7 prairial an IX). Les adjudications, d'après la loi du 29 septembre 1791, devaient être faites par les directoires de district, remplacés depuis la constitution de l'an III par les administrations des municipalités de canton[2] (arrêtés des 28 frimaire an IV et 5 thermidor an V) et, après la constitution de l'an VIII, par les sous-préfets (loi du 28 pluviôse an VIII, art. 9); elles ne pouvaient avoir lieu qu'en l'assistance des agents des Eaux et Forêts, conservateur ou, à son défaut, le chef du service qui a fait l'estimation

[1] Arch. S., Q. 20, 26.
[2] Arch. S., L. 107, f° 123 v°.

de ces coupes (L. 29 septembre 1791, titre V, art. II; instructions 7 prairial an IX, § 1er, art. 21), du trésorier-payeur général et du directeur des domaines ou de leurs délégués. Les adjudications ont lieu au siège des administrations municipales, puis des préfectures ou sous-préfectures.

Ni les agents, ni leurs familles ne pouvaient être adjudicataires de coupes. Les adjudications doivent être annoncées au moins 15 jours d'avance; elles se font aux enchères, à l'extinction des feux.

Ce n'est qu'après avoir obtenu des agents forestiers un permis d'exploiter délivré au vu des certificats du trésorier et du receveur des domaines que les adjudicataires peuvent commencer l'abatage. Les coupes doivent être exploitées à tire et aire, à la cognée, les souches et étocs ravalés rez-terre (O. C. titre XV, art. 42, 44).

Les exploitations doivent être terminées aux époques indiquées par le cahier des charges.

Forêts communales. — Les adjudications des forêts communales se font avec les mêmes formalités que celles des forêts domaniales (O. C. titre XXIV, art. 10). Les coupes extraordinaires des quarts en réserve sont obligatoirement vendues par adjudication publique, les coupes ordinaires peuvent ou bien être délivrées en nature ou être vendues par adjudication, après autorisation du gouvernement accordée sur l'avis du conservateur et du préfet (OC. titre XXV, art. 12; loi 29 septembre 1791, titre XII, art. 10).

Les ventes ont lieu au chef-lieu d'arrondisssment, en présence des agents forestiers et des représentants des communes propriétaires, d'après un cahier des charges concerté entre le service forestier et l'administration intéressée, commune ou établissement public.

Le titre XV de l'Ordonnance de 1669 règle les conditions des exploitations tant domaniales que communales : interdiction d'endommager les réserves, de travailler la nuit, les jours de fête et dimanches, réserve des parois, pieds corniers, baliveaux, modernes et anciens; défense de donner du bois en payement aux ouvriers, de charbonner ailleurs que dans les ventes, d'allumer du feu en dehors des loges et ateliers marqués par les agents; obligation de respecter les arbres marqués par la marine, etc.

Pour permettre de comparer les clauses et conditions des ventes de bois d'il y a un siècle avec celles d'aujourd'hui, nous donnons ci-après copie du cahier des charges rédigé le 8 vendémiaire an IX par l'inspecteur des Eaux et Forêts du Mont-Blanc, Dubois :

«Art. 1er. Le prix principal des adjudications aura lieu conformément à la décision du Ministre des Finances, en 4 termes de portions égales, dont la première échoira au 30 germinal prochain, la 2e au 30 messidor, la 3e au 30 vendémiaire an X et la 4e au 30 nivôse suivant.

«Les adjudicataires fourniront 4 traites acceptées, chacune du 1/4 du prix, payables aux termes cy-dessus indiqués et rédigées dans la forme prescrite par la circulaire de la Régie du 19me nivôse an V, n° 998, et dont connaissance leur sera donnée. Les adjudicataires donneront préalablement bonne et suffisante caution qui s'obligera solidairement de payer le prix principal et de satisfaire à toutes les charges de l'adjudication.

«Art. 2. Le décime par franc du prix principal sera payé comptant ainsi que les frais d'affiche, timbre, enregistrement, publication et expédition des procès-verbaux d'assiette et du présent au Ministre des Finances, à l'adjudicataire et au receveur du domaine national.

« Art. 3. Les procès-verbaux d'assiette de coupe, balivage et martelage des portions de bois et arbres épars cy-devant désignés, dressés par l'inspecteur, seront amenés au présent, les adjudicataires ne pouvant s'écarter des limites qui y sont prescrites, sous les peines portées par les lois, réglements et ordonnances; les arbres de lisière pieds corniers, baliveaux frappés du marteau national et autres objets désignés dans les procès-verbaux, seront réservés sous les mêmes peines.

« Art. 4. En cas de dommages sur les propriétés qui avoisinent les coupes par l'effet de l'extraction des bois, les adjudicataires demeureront chargés des indemnités qu'on pourrait prétendre; ils seront responsables des délits commis aux environs des ventes, s'ils n'en donnent avis dans la décade à l'inspecteur; ils ne devront également prendre des harts que dans leur coupe, lorsqu'elle pourra en fournir.

Art. 6 [1]. Les vidanges entières des coupes auront lieu le 29 fructidor de la présente année, eu égard à la situation des bois dans les montagnes où la neige séjourne environ 6 mois, pendant lequel temps elles sont inaccessibles; les recolements se feront dans les délais expliqués aux procès-verbaux d'assiette.

« Art. 7. Les adjudicataires, ni autres particuliers, ne pourront faire d'association secrète ni empêcher par voie indirecte les enchères, sous peine de la confiscation des ventes et condamnation à une amende arbitraire conformément à l'Ordonnance. Un adjudicataire ne peut avoir plus de 3 associés qu'il sera tenu de présenter dans la huitaine au bureau du receveur du domaine, ensemble y mettre le traité de son association et y faire la soumission, lui et ses associés, de satisfaire à toutes les charges de l'adjudication, sous peine de 1,000 francs d'amende.

« Art. 8. Tout citoyen reconnu solvable aux termes de l'article 1er du § 1 de l'instruction décrétée le 3 juillet 1791 pourra enchérir lors de l'adjudication, ainsi que tiercer et doubler les ventes dans les 24 heures, après lequel temps il n'y aura plus lieu au tiercement, sous quel prétexte et considération que ce puisse être. Le tiercement et doublement seront faits par devant le receveur et par lui signifiés le même jour aux adjudicataires dans la forme prescrite par l'article 32, titre XV de l'ordonnance de 1669, en se conformant à l'article 34 du même titre.

« Art. 9. Le tiercement est une enchère qui augmente du 1/3 le prix de la vente et fait le 1/4 sur le total et le demi-tiercement une autre enchère sur le tiercement, qui est de la moitié du tiers, en sorte que si le prix de l'adjudication est de 1,500 francs, le tiercement sera de 500 francs et le demi-tiercement de 250 francs.

« Art. 10. Le demi-tiercement sera reçu sur le tiercement, mais on pourra, d'une seule enchère, faire le tiercement et demi-tiercement, ce qui s'appelle doublement; acte en sera dressé et signifié comme il est dit en l'article 8 : l'adjudicataire sera reçu à y mettre une simple enchère et, sur cette enchère, le tierceur et doubleur seront reçus à enchérir l'un sur l'autre seulement, en résultat de quoy la vente demeurera au dernier enchérisseur, sans y plus revenir.

[1] Il n'y a pas d'article 5.

« ART. 11. Si des adjudicataires se désistaient de leur enchère et renonçaient aux ventes, ils seront arrêtés jusqu'à ce qu'ils aient payé ou donné caution de leur folle enchère, les ventes retourneront aux précédents enchérisseurs, successivement des uns aux autres et, dans le cas où il n'y aurait point d'ultérieurs enchérisseurs, la vente à folle enchère du premier acquéreur aurait lieu à la diligence du receveur du domaine national.

« ART. 12. L'exploitation des coupes sera suspendue du 15 germinal au 15 floréal et du 20 messidor au 20 thermidor, époques des 2 sèves.

« ART. 13. Les places de charbonniers seront déterminées par les agents forestiers, de manière à éviter les incendies dont les adjudicataires sont responsables.

« ART. 14. Les adjudicataires sont tenus de se conformer tant au conenu du présent qu'à tout ce qui est prescrit dans les procès-verbaux d'assiette, balivage et martelage qui y sont joints ».

Mais avant d'en arriver à l'application régulière des dispositions légales, il fallut bien des efforts et du temps. Après l'installation des premiers inspecteurs des Eaux et Forêts, l'Administration centrale du Mont-Blanc avait, à la demande de ces agents, par arrêté du 22 nivôse an VI, interdit aux administrations municipales de disposer d'aucun produit des bois communaux sans son autorisation, après avis du service forestier [1].

Ces entraves apportées au droit de jouissance des communes, succédant à une période de licence, ne pouvaient manquer de provoquer des réclamations. Certaines municipalités, comme celle de Sévrier, admettent l'intervention de l'administration « pour ce qui concerne les bois noirs et de haute futaye », mais revendiquent dans les taillis la liberté entière de couper tout ce qui est nécessaire, non seulement à l'affouage des habitants, mais à la fabrication de la chaux, à la vente, celle du parcours des moutons et de la récolte du feuillerin pour la nourriture de ces animaux en hiver [2].

Et pourtant le préfet avait réduit au minimum les formalités dans son arrêté du 21 prairial an VIII. Le titre VII disposait (art. 5) : « Les maires et adjoints remettront annuellement, le 1er messidor, un état… des bois qu'ils veulent mettre en coupe avec le n° (de la mappe) soit en partie ou totalité, contenance, essence, taillis; si c'est dans les futaies sapins, ils expliqueront la quantité d'arbres choisis parmi les secs, viciés et dépérissants et un certain nombre pour la bâtisse, en égard aux besoins présumés de leur commune.

« Les sous-préfets en dresseront un tableau général qu'ils adresseront à la préfecture (avec l'observation de laisser beaucoup de distance d'une commune à l'autre pour que l'inspecteur puisse faire des réserves). Ces états tiendront lieu de procès-verbaux d'assiette de coupe. L'inspecteur y fera dans la colonne d'observation, à l'article de chaque commune, les réserves prescrites par les lois; il en ordonnera le martelage et le balivage; après quoi, ils seront renvoyés aux sous-préfets qui transmettront aux aux communes respectives de leur arrondissement l'article qui les concerne.

[1] Arch. H.-S., L. 3/74.
[2] Arch. H.-S., L. 3/6, p. 47, v°.

23

« ART. 6. — Les communes pourront commencer l'exploitation des coupes qui leur seront délivrées, le 15 fructidor de chaque année; les vidanges devront avoir lieu le 1ᵉʳ floréal, passé lequel temps, nul ne pourra s'y introduire sans donner matière à un procès-verbal. Les bois restés gisans seront séquestrés.

« ART. 7. — Le partage aura lieu par tête, en conformité des lois du 10 juin 1792 et 26 nivôse an II. »

En somme, c'était la municipalité qui fixait l'importance et l'emplacement de la coupe. On peut croire que ces coupes ne se distinguaient pas par leur modération[1].

Mais bientôt l'arrêté des consuls du 19 ventôse an X vint assimiler, au point de vue de la gestion, les bois communaux aux domaniaux; les receveurs des domaines étaient chargés de recouvrer le prix des adjudications qui était versé dans la caisse d'amortissement, laquelle, en retour, servait aux communes propriétaires un intérêt de 3 %, l'an.

Une instruction des administrateurs généraux des forêts du 25 ventôse an XI spécifia qu'il appartenait aux agents de faire « procéder à l'arpentage et de procéder à l'assiette des coupes » ordinaires. Si ces coupes étaient délivrées, l'inspecteur devait en distraire une portion destinée à être vendue pour le payement des vacations des agents. La délivrance se fait au maire et le partage n'a lieu qu'après l'abatage.

Aussi, dès floréal an X, les inspecteurs et sous-inspecteurs ont-ils eux-mêmes déterminé l'assiette des coupes[2]. Mais les municipalités ne furent pas insensibles à cette augmentation des pouvoirs de l'administration; il y eut des maires qui refusèrent de communiquer avec les agents, d'indiquer les quantités de bois nécessaires. Les sous-préfets durent intervenir, faire remarquer aux maires que leur abstention desservait les intérêts mêmes de la population, puisqu'on ne pouvait faire de coupes sans l'intervention des agents forestiers[3]. Au demeurant, les communes restèrent maîtresses de fixer sinon la situation, du moins l'importance de la coupe affouagère.

Cependant la nécessité d'obtenir de Paris l'autorisation de vendre tout ou partie de la coupe ordinaire pour subvenir aux besoins de la commune, autres que le payement des vacations, entraînait fatalement des lenteurs. La difficulté fut tournée : le préfet autorisa les communes à taxer les bois, autres que ceux d'affouage proprement dit, délivrés aux particuliers : les sommes devaient être versées entre les mains des percepteurs[4]. Le sous-préfet de Maurienne prit même un arrêté général à ce sujet, le 19 fructidor an XIII, approuvé par le préfet le 29 fructidor suivant : il ne s'agissait que des bois de service faisant partie de la coupe ordinaire. Ce fonctionnaire, sans doute peu satisfait de son premier essai, rédigea un nouvel arrêté le 12 juillet 1806 que le préfet approuva encore, le 26 juillet suivant. Voici ce règlement que son auteur, cette fois content de lui, rappela à diverses reprises[5].

« *Bois d'affouage.* — ART. 1ᵉʳ. — MM. les maires des communes constateront par un procès-verbal particulier la remise des bois pour l'affouage des habitants.

« ART. 2. — Ce procès-verbal énoncera le nom et le prénom de chaque individu, le

---

[1] Arch. Tarentaise, Corr. S. P. Tarentaise, an X, 27, 28 pluviôse.
[2] Arch. Maur., Corr. S. P. Maur., an X, 11 floréal.
[3] Arch. Maur., Corr. S. P. Maur., an X, 8 messidor, 8 fructidor.
[4] Arch. Tar., Corr. S. P. Tse, an XIII, p. 51. — Arch. S-L, 111, f° 304; L, 114, f° 178, 185.
[5] Arch. Maur., Corr. SP. Maur., 1806, n° 102. — A. SP. Maur., 1806, n° 111.

nombre des membres de sa famille et la quantité de pièces qui lui sera accordée, ainsi que le temps dans lequel les bois seront coupés et enlevés.

« Art. 3. — Le rôle de cette délivrance sera présenté chaque année au conseil municipal dans sa session ordinaire, pour qu'il y fasse les observations convenables sur les délivrances faites et sur celles à faire à l'avenir.

« Art. 4. — Pour le cas où les communes seraient dans l'intention de vendre une partie de leur affouage, la délibération qui sera prise à cet égard sera soumise à l'approbation de l'autorité supérieure qui prononcera sur l'avis de l'agence forestière.

« *Bois de construction.* — Art. 1er. Les bois accordés aux communes pour constructions ou réparations des ponts et bâtiments ne seront délivrés aux particuliers que d'après notre autorisation, conformément à ce que prescrit notre arrêté du 19 fructidor an XIII, approuvé le 29 dudit.

« Art. 2. Les autorisations seront données sur le rapport du maire justifié par les procès-verbaux de reconnaissance des besoins et au moyen du payement des bois. suivant la fixation qui en sera faite par le conseil municipal.

« Art. 3. Le prix de ce bois sera versé dans la caisse du percepteur du canton pour en être disposé comme des revenus de la commune et appliqué particulièrement au payement des gardes. »

Il est à noter que le préfet se bornait à approuver les décisions des sous-préfets et qu'il ne prit aucun arrêté applicable à tout le département. Ainsi dans l'arrondissement d'Annecy, aucune taxe sur les bois de construction n'avait encore été appliquée en 1813[1]. Les taxes, quand il en était imposé, étaient d'ailleurs fort minimes : elles étaient le plus souvent de o fr. 25 par pied d'arbre. Parfois, elles s'élevaient jusqu'à o fr. 40 : c'était un maximum.

Malgré tout, les municipalités abusaient de leurs forêts; «elles n'apportent point. constate le préfet, dans les délibérations... tout le soin et toute l'attention qu'exige l'intérêt de leur commune. Les conseils ne s'assurent point si les bois abattus et gisants sur place et les bois secs, sur pied, rabougris et mal venants. ne pourraient pas suffire aux besoins. sans se livrer à des coupes de plantes vivaces et de bonne venue : ils assignent presque toujours les coupes à la proximité des hameaux. quoique la ressource ci-dessus existerait sur des points des forêts plus éloignés; ils oublient enfin les besoins de la génération future, en ne pensant qu'à ceux du moment»... «Sur plusieurs points, on a demandé des délivrances en bois, tant d'affouage que de construction, excédant les vrais besoins des habitants. Cet abus est constaté par les ventes qui se font d'une portion des bois délivrés pour l'affouage au-dessus du nécessaire, par l'abandon qui se fait, sur le bord des chemins, des plantes destinées pour constructions et qui y périssent. Les conseils municipaux doivent s'assurer des vrais besoins avant de déterminer l'étendue des bois taillis et le nombre des plantes à couper et à délivrer.

«Il existe encore un abus qu'il n'est pas moins important de faire cesser pour la conservation des forêts. Plusieurs habitants conduisent et vendent aux marchés les bois qu'ils ont reçus dans le partage et qui leur sont néanmoins indispensables pour leur

[1] Arch. H-S., Corr. S. P. Ay., 1813, n° 574.

23.

affouage. Ayant ainsi disposé de leurs bois, ils sont ensuite forcés, pour leur chauffage ou même pour construction, de se livrer à des délits et contraventions journalières dans les forêts communales ou particulières.

« Pour prévenir cet abus et forcer, pour ainsi dire, ces habitants à conserver des bois destinés à leur affouage, une mesure de rigueur devient indispensable et j'en prescris l'emploi aux agents de l'administration forestière. C'est la saisie, la confiscation et la vente au profit de la commune, des bois conduits aux marchés, reconnus provenir de délivrances en nature pour affouage et appartenir à des habitants qui n'ont pas de ressources pour s'affouager sur leurs propriétés ou par voie d'achat.....

« Jusqu'à présent, on s'est écarté des dispositions des réglements dans l'exploitation des délivrances en nature pour les besoins des habitants et des communes, en laissant exploiter par les habitants mêmes les bois délivrés.....

« Dorénavant la réunion des conseils municipaux pour délibérer sur les délivrances de l'espèce devra avoir lieu le 1er mars de chaque année. Vous en convoquerez les membres sans attendre une nouvelle autorisation ou un nouvel avis de ma part. L'envoi des délibérations au sous-préfet devra être fait pour le 10 du même mois, terme fixe..... » Cette circulaire du préfet aux maires, du 8 mars 1810, avait été adressée en suite de lettres de l'inspecteur des Eaux et Forêts des 3 et 18 février précédent, détaillant les abus des affouagistes [1].

Dans une nouvelle lettre, du 28 avril 1810, informant les maires que désormais les bois délivrés devaient être partagés par feux et non par têtes, conformément à l'avis du Conseil d'État, approuvé par l'Empereur le 26 avril 1808, le préfet rappelle sa récente circulaire et mentionne de nouveaux abus découverts : « Dans plusieurs communes la distribution des bois pour construction est des plus vicieuses et sans proportion avec les besoins; communément l'homme aisé est le mieux partagé et celui qui a de vrais besoins ne reçoit pas des bois de l'espèce en quantité suffisante pour les satisfaire. On délivre même de ces bois à des habitants à qui ils ne sont aucunement nécessaires; aussi les vendent-ils hors de la commune [2]. » Pour compléter le tableau il suffira d'ajouter que certains propriétaires ayant obtenu du préfet des arrêtés les déclarant affouagistes ne pouvaient cependant, dans les communes reculées, obtenir des municipalités les bois auxquels ils avaient droit [3].

Dans les coupes vendues par adjudication, on n'a pas à relever tant d'irrégularités. Pourtant il est quelques exemples typiques de la gestion forestière de cette époque.

Ainsi, le 13 brumaire an XI, on vend à Joseph-Marie Paday, dans la forêt communale de Cevins, 2,000 arbres : lors de la coupe, il n'en trouve que 1,129 martelés. Le sous-préfet saisi de la réclamation se rend sur place avec le maire, le garde général et le garde forestier et reconnaît le déficit à la fin de l'an XIII. La municipalité décide de délivrer à Paday d'autres plantes de manière à parfaire le nombre de 2,000 : un martelage complémentaire eut lieu, le 30 fructidor an XIII, en présence de l'adjoint de la commune et du garde, mais dans un canton plus éloigné. En 1810, l'adjudicataire prétend qu'il n'a accepté cette délivrance d'arbres plus petits qu'à la condition de pou-

[1] Arch. S.-L., 1137.
[2] Arch. Tse., série L., n° 68.
[3] Arch. Tse., Corr. SP. Tse. 1810, n° 234.

voir couper aussi tous les fayards qui se trouvaient au-dessous : de là, dénégations des administrateurs de Cevins et de l'inspecteur des Eaux et Forêts[1]. Paday ne montrait d'ailleurs pas beaucoup d'empressement à exploiter sa coupe, puisque en 1809 il lui restait encore 514 arbres à abattre.

A Bonvillard, le 14 mai 1807, le conseil municipal prend la délibération suivante : «... Considérant enfin que la majeure partie des bois restant de la forêt appelée de Raz-Sapey ont été dès longtemps dilapidés, qu'il n'y existe plus que des plantes éparses, rabougries et endommagées, qu'il est de l'intérêt de la commune de les raser pour que la dite forêt puisse se reproduire en belles plantes..., est d'avis et arrête de vendre la coupe des bois essence sapin, hêtre et bouleau qui reste à la commune, lieu dit au Verney...»

Le sous-inspecteur Bernard appuie la demande, parce que «ce massif d'environ 4 hectares d'étendue a été, dans sa majeure partie, la proie des habitants qui en ont enlevé les plus belles plantes dont l'abatage sans précaution a écrasé les petites et que la jeunesse a été rongée et dévorée par les bestiaux pendant les premières années de la Révolution[2]».

Ailleurs, comme aux Chavannes, c'est la crainte des avalanches et des éboulements qui amène la municipalité à s'opposer à la vente d'une coupe demandée par la commune de La Chambre[3]. Le marché conclu, le 11 mai 1808, fut résilié le 17 juillet 1812.

Dans le département du Léman, le préfet avait indiqué dans le «Mémorial administratif» de 1808 (n° 14) les formalités à remplir par les municipalités pour obtenir la délivrance des coupes ordinaires. De nombreux maires ne se conformèrent pas à ces prescriptions et la fin de l'année arriva : pressés par les réclamations des habitants, ils demandèrent simplement par lettre l'affouage de la commune.

Le 4 juillet 1809, le préfet dut leur rappeler le règlement par une nouvelle circulaire. Les demandes de coupes ordinaires de bois doivent être remises à l'inspecteur forestier avant le 1er mai. Les conseils municipaux dont la session est également fixée au 1er mai ne peuvent, dans cette session, demander en temps utile une coupe de bois pour la même année.

«Il est donc nécessaire, chaque année, que les conseils municipaux dans leur session périodique déterminent la portion de bois communs qui devra être coupée l'année suivante et que leurs délibérations contiennent la demande. Il faut aussi qu'ils expliquent leur intention sur la question de savoir si cette coupe sera vendue en tout ou en partie, ou si elle sera distribuée en nature ou par forme d'affouage. Si la coupe doit être vendue, il conviendra de dire à quelle somme le conseil municipal estime que pourra s'élever le produit de la vente.

«Dans le cas où toute la coupe serait destinée à être distribuée en affouage, on doit proposer la rétribution à percevoir des habitants qui reçoivent l'affouage[4].»

On voit la différence de régime des deux départements : dans le Mont-Blanc les conseils municipaux sont autorisés à s'assembler le 1er mars pour délibérer sur les

[1] Arch. Tse., Corr. S. P. Tse., an XIII, N° 401-1810, n° 231. Arch. S. L. 127, f° 247.
[2] Arch. Mne. A. S. P. Mne., 1807, n° 74.
[3] Arch. Mne., Corr. S. P. Mne. 1808, n° 1682 ; 1809, n° 1913. Arch. du S. P. Maur., 1812, n° 111.
[4] Arch. Genève, chap. II, n° 489.

coupes; dans le Léman ils devront traiter cette question l'année précédente; ici, la taxe est assez générale, là elle est régionale, pour ainsi dire. On voit assez fréquemment dans le Léman les habitants réclamer contre les taxes imposées, contre l'estimation des coupes, la répartition des bois. Aussi arrive-t-il que les agents proposent au préfet de vendre simplement aux enchères la coupe ordinaire[1].

§ 3. LES DÉLIVRANCES D'URGENCE.

Alors que les Royales Constitutions prévoyaient des délivrances d'urgence aux particuliers ayant besoin de bois d'œuvre pour la réparation ou l'édification de bâtiments, les lois françaises étaient muettes sur ce point. Les coutumes de Savoie se justifient par la difficulté qu'ont souvent les propriétaires, notamment de la zone alpine, de trouver en dehors des forêts communales les bois nécessaires aux constructions des pâturages, par la brièveté de la saison d'estivage. Mais ces délivrances faites sans contrôle sérieux, comme dans la période révolutionnaire, entraînaient de graves abus et la ruine des forêts, et la plupart de ceux à qui il était accordé des arbres s'en servaient pour battre monnaie[2].

Ces bois d'urgence étaient accordés le plus souvent en sus de la coupe ordinaire, au lieu d'être prélevés sur le contingent annuel.

Aussi, dès que l'administration centrale du département eut avisé les municipalités de canton de n'avoir plus à disposer de leurs forêts, vit-on ces assemblées s'enquérir aussitôt de la portée de l'interdiction. Comme toujours, on fit valoir l'intérêt des indigents, alors qu'il ne s'agissait que de celui des riches[3]! Et d'ailleurs, en l'an vi, nombre de ces administrations cantonales continuèrent à autoriser des coupes d'urgence, sans l'intervention des agents forestiers.

La nécessité avait fait maintenir les délivrances d'urgence, mais l'administration centrale du Mont-Blanc imposa aux bénéficiaires de payer le prix principal des bois au receveur municipal et le 1/10 de ce prix au receveur des domaines : de là, des réclamations. La municipalité du canton de Moutiers protesta que ces délivrances devraient être faites à titre gratuit : elle prétendit que la taille des terrains communaux était répartie, depuis l'édit de péréquation, entre tous les habitants, ceux-ci devaient, en retour, avoir droit à la jouissance des produits de ces propriétés, sans avoir de redevance à acquitter, qu'autrement ils se trouveraient taxés doublement[4].

Quand fut appliquée la constitution de l'an viii, l'administration préfectorale, reconnaissant les abus de ces délivrances, essaya de les limiter : l'obligation de payer une partie au moins de la valeur des bois était déjà un frein, mais qui ne fut pas appliqué d'une façon générale. Le moindre prétexte était d'ailleurs invoqué pour obtenir dispense non seulement de l'estimation pourtant réduite des arbres, mais même des prélèvements minimes à verser au Trésor pour les vacations des agents forestiers[5].

Certains sous-préfets n'hésitaient pas, au vu des renseignements fournis par les communes et par le service forestier, à refuser les arbres demandés, renvoyant « les

[1] Arch. H.-S., Corr. S. P. Fy. 1813, n° 4772, 4883.
[2] Arch. H.-S., L. 3/74, f° 386 v°.
[3] Arch. H.-S., L. 3/21, p. 45 v° et passim.
[4] Arch. Tse., administration Moutiers, an vii, 18 prairial.
[5] Arch. Tse., Corr. S. P. Tse., 1809, n° 323.

pétitionnaires» se procurer par voie d'achat et auprès des particuliers les bois dont ils avaient besoin[1]. D'autres, plus faibles, estimaient qu'en présence des réclamations des bénéficiaires qui se trouvaient insuffisamment servis ou n'avaient pas obtenu tout le bois qu'ils demandaient, il y avait lieu à expertise nouvelle. Mais, dans ces cas, le préfet jugeait qu'il n'y avait pas lieu «à passer outre la concession faite par le conseil municipal et que le pétitionnaire n'avait qu'à acheter le surplus au commerce»[2].

La procédure suivie alors pour les délivrances d'urgence était la suivante : le demandeur adressait sa requête sur timbre au maire de la commune, il indiquait la nature des travaux projetés. Le maire devait se transporter sur place, vérifier avec un charpentier-expert la quantité de bois nécessaire, constater que le pétitionnaire ne pouvait en acheter chez d'autres particuliers; ensuite de quoi, ce magistrat donnait son avis, indiquant la qualité et la dimension des pièces et spécifiant l'endroit où la coupe pouvait être faite. Ensuite le sous-préfet transmettait le dossier à l'inspecteur des Eaux et Forêts qui produisait un rapport, au vu duquel le sous-préfet statuait. L'arrêté réglementaire du 21 prairial an VIII était muet sur ces délivrances, alors que l'arrêté du sous-préfet de Maurienne du 13 frimaire an X, approuvé par le préfet, les autorisait.

A la date du 19 fructidor an XIII, le même sous-préfet rappelle les formalités déjà édictées sur ce sujet et ajoute, dans un nouvel arrêté, cet article applicable à tout l'arrondissement : «Le prix des plantes devra être versé dans la caisse du percepteur, avant leur coupe et enlèvement, et le produit sera appliqué de préférence à acquitter le traitement des gardes»[3].

Malgré tout, les abus se continuaient; le contrôle des maires était illusoire, ces magistrats accordant tout ce que demandaient leurs administrés : les forêts subissaient une sélection à rebours et les cantons les plus proches des agglomérations étaient les plus dépeuplés.

Le préfet dut intervenir; dans sa circulaire du 8 mars 1810, adressée aux municipalités, il avait constaté que les délivrances de bois d'affouage ou de construction excèdent souvent les besoins des habitants.

Le sous-préfet de Maurienne, Bellemin, qui aimait tant à tout réglementer, voulant sans doute se montrer bon prince, s'était parfois montré trop large pendant les années 1808 et 1809, et avait accordé des bois sans aucune des formalités prescrites pour leur délivrance. L'inspecteur général Dubois dans sa tournée l'avait noté et signalé ensuite au Directeur général des Eaux et Forêts. Piqué au vif, le sous-préfet écrit à son chef : «Ayant moi-même pris l'initiative de quelques-unes de ces délivrances et connaissant les motifs qui les ont déterminées, comme de celles que vous avez vous-même ordonnées, j'ai cru devoir faire un mémoire responsif à cette dénonciation et instructif sur plusieurs faits que M. l'Inspecteur général s'est plu à taire ou à dénaturer»[4]. C'était le sous-inspecteur Bernard qui avait donné communication au sous-préfet du rapport de l'inspecteur général et provoqué ainsi cet incident. Mais d'ordinaire, il faut le reconnaître, l'administration préfectorale appuyait le service forestier dans ses efforts pour réduire le gaspillage et sauvegarder l'avenir des forêts communales.

Dans le Léman, des demandes de bois d'urgence en l'an VII, ne pouvant être sou-

[1] Arch. Mne. A. S. P. Mne., an IX, 19 prairial. Arch. S. L., 101, f° 4.

[2] Arch. Tse., Corr. S. P. Tse., 1812, n° 185.

[3] Arch. Mne. A. du S. P. Mne., an XIII, n° 116.

[4] Arch. Mne., Corr. S. P. Mne., 1810, n° 96.

mises au contrôle du service forestier qui n'était organisé que très imparfaitement, on l'a vu, et dont les agents se trouvaient dans le Mont-Blanc, servirent de prétexte à l'administration centrale pour réclamer une inspection des Eaux et Forêts à Genève [1].

L'année suivante, l'administration centrale saisie de nouvelles demandes à satisfaire dans les forêts nationales, l'inspecteur du Mont-Blanc et du Léman entendu, «considérant que les lois s'opposent à ce qu'il soit extrait du bois des forêts nationales autrement que par suite d'enchères publiques», refuse [2]. Aussi ne trouve-t-on guère de bois d'urgence que ceux destinés aux travaux d'entretien ou de réparation des édifices municipaux [3].

Quelques chiffres montreront l'importance de ces délivrances d'urgence qui, bien souvent, n'avaient d'autre but que l'entretien des bâtiments et eussent pu, par conséquent, être imputées sur l'ordinaire. En l'an viii, dans 18 communes de Tarentaise où il n'y avait rien d'anormal, on a accordé 2,450 arbres et 6 toises de bois mort [4].

Mais en cas de sinistre [5], les coupes sont considérables; ainsi en 1808, pour quelques maisons incendiées au hameau de Fessonet, commune de Fessons-sous-Briançon, il faut 520 sapins; au hameau de Hauteville, commune de Notre-Dame-du-Pré, 625 arbres. En 1810 [6], pour reconstruire le village de Sangôt brûlé, on accorde 7,830 arbres; mais, cette fois, à raison du cube énorme extrait, on limite cette quantité à ce que pourra renfermer la forêt. Cette même année, on livre 200 arbres à Albiez-le-Jeune pour la réparation de la maison commune et de l'école, 400 pour reconstruire 19 bâtiments incendiés à Entremont-le-Vieux, 407 encore à Macot, etc. [7].

Il était d'ailleurs entendu que «dans les cas d'urgence, tels que la rupture d'une digue, une inondation subite à prévenir ou autre accident imprévu, les maires étaient autorisés à faire prendre, en présence du garde forestier, dans les forêts communales les bois nécessaires, sans avoir besoin de recourir immédiatement aux autorités supérieures, sauf à faire régulariser ensuite leurs opérations» [8].

On peut assimiler aux coupes d'urgence celles qui étaient accordées aux entrepreneurs de travaux publics qui ne trouvaient pas dans le commerce local ou chez les particuliers les bois qui leur étaient nécessaires pour édifier ponts, gardes-fous [9], casernes ou maisons cantonnières. Ces entrepreneurs suivaient, d'ailleurs, les errements de tous : «ils demandaient plus qu'ils n'avaient besoin et faisaient commerce public de charbon, au grand scandale du public et au détriment des forêts» [10]. Transformer du bois d'œuvre en charbon était une trouvaille. Aussi ces délivrances spéciales, qui seront exposées plus loin (affectations spéciales des forêts), ruinant les forêts des communes, provoquèrent-elles des protestations de la part des municipalités.

[1] Arch. Genève, chap. 1, n° 14-4, nivôse an vii.
[2] Arch. Genève, chap. 1, n° 3.
[3] Arch. H.-S., Corr. S. P. Ch., 10 messidor an xiii.
[4] Arch. Tse., Corr. S. P. Tse., 16 fructidor an viii.
[5] Arch. Tse., Corr. S. P. Tse., 1808, n°⁵ 223, 229.
[6] Arch. S.-L., 1134. L. 130, f° 109.
[7] Arch. S.-L. 131, f° 12 v°; f° 82. Arch. Tse. Corr. S. P. Tse. 1810, n° 90. 103.
[8] Arch. H.-S., Corr. S. P. Ay., 1812, n° 1270.
[9] Arch. Mne., Corr. S. P. Mne., an xii, n° 12, 1808, n° 1045.
[10] Arch. S.-L., 2212, 26 septembre 1809.

§ 4. LES VENTES ILLICITES.

La liberté, en fait illimitée, dont jouirent les communes propriétaires de forêts jusqu'en l'an VI, ne pouvait que laisser des regrets le jour où l'intervention de l'administration forestière vint limiter le pouvoir des municipalités. Nombreux furent les maires qui disposèrent de leurs bois communaux à l'insu des agents des Eaux et Forêts.

On trouve toutes les variétés de l'action illicite des municipalités : tantôt le maire accorde lui-même les affouages, laissant les habitants exploiter à leur fantaisie[1], au delà de leurs besoins, avec l'arrière-pensée d'accroître les pâturages aux dépens des massifs forestiers; tantôt, sur l'avis de quelques membres du conseil, il vend sans autorisation une portion de l'affouage destiné aux particuliers[2]. Souvent même, le maire ne vend pas aux enchères et traite de gré à gré notamment avec les propriétaires d'usines, de verreries[3].

On trouve mieux parfois : ainsi l'ancien maire du Frenay, resté en possession du cadastre, falsifie les contenances de parcelles voisines de la forêt communale, ce qui permet au propriétaire de ces terrains d'exploiter, en empiétant, les bois de la communauté[4].

Il arrive aussi fréquemment que c'est le conseil municipal, au lieu du maire, qui enfreint les règlements, vend des bois sans y être autorisé[5]. De même que les maires, les conseils municipaux sont loin de recourir toujours à l'adjudication et souvent passent des conventions amiables : pour justifier leurs errements, ces assemblées se réfèrent quelquefois à des contrats antérieurs à la Révolution. Ainsi le 30 pluviôse an X, le conseil de Dingy-Saint-Clair cède des bois à la verrerie de Thorens et argue de l'exécution d'un contrat passé le 27 juin 1779 avec M. de Sales, qui aurait obtenu un délai de 30 ans pour l'exploitation et la vidange des bois à lui cédés[6].

Enfin, il n'est pas jusqu'au sous-préfet de Maurienne qui, avec ses tendances dominatrices, n'ait commis quelques irrégularités. Le 6 nivôse an XII, sous le prétexte qu'il n'y avait dans son arrondissement ni sous-inspecteur, ni garde général, il autorisa le maire de Montvernier à vendre de jeunes sapins renversés par un éboulement, avant qu'ils n'eussent été reconnus par le service forestier et sans avoir pris l'avis des agents[7].

Dans le département du Léman, on relève également des ventes illicites de bois faites par les communes. Mais il est arrivé que ces opérations dénuées de toute garantie ont eu des conséquences imprévues et fâcheuses pour ceux qui les avaient exécutées. Ainsi le maire de Saint-Laurent (Faucigny) avait cédé, le 19 septembre et le 6 octobre 1813, deux coupes de taillis à un certain Raphoz, moyennant une somme de 156 francs qui devait être payée de suite.

[1] Arch. Mne., Corr. S. P. Mne., an X, 8 messidor. Reg. gg. Mne., 13 avril 1813. A. du S. P., 1813, n° 140.
[2] A. A du S. P. Mne., 1806, n° 2.
[3] Arch. H.-S., Corr. S. P. Ay., 1806, n° 808. Arch. Tse., Corr. S. P., 1808, n° 30.
[4] Arch. Mne. A. du S. P. Mne., 1807, n° 287.
[5] Arch. H.-S., Corr. S. P. Ay., 1807, n° 1509.
[6] Arch. H.-S., Corr. S. P. Ay., 1812, n° 624.
[7] Arch. Mne. A. du S. P. Mne., an XII, 42.

Raphoz s'empressa d'exploiter et de ne rien payer : il était insolvable et ne possédait absolument rien. Le percepteur qui avait porté en recette le prix de la vente réclama et on songea à se retourner contre le maire coupable de n'avoir pris aucune sûreté. Il est probable que l'invasion autrichienne, le retour au royaume de Sardaigne de cette partie de la Savoie empêchèrent cette affaire d'avoir les suites qu'elle comportait [1].

Mais quand l'autorité administrative ou les agents forestiers découvraient de semblables irrégularités, à quelles mesures avaient-ils recours pour en prévenir le retour et assurer les sanctions légales? Au début de l'Empire, il semble qu'on ait montré quelque énergie à faire observer les règlements. Ainsi le maire de Saint-Jean-d'Arves, pour avoir autorisé l'enlèvement de bois, fut poursuivi en vertu du décret du 24 nivôse an XIII [2].

Mais, au fur et à mesure que se développent les guerres, la préfecture devient moins stricte. En 1807, en Tarentaise, le maire de Notre-Dame-du-Pré a permis une coupe dans une forêt communale. Le sous-préfet consulté déclare que ce maire «manifeste cependant beaucoup de zèle et de bonnes intentions dans l'exercice de ses fonctions. Il serait donc bien dur pour lui qu'une destitution et sa traduction devant les tribunaux fussent la suite d'un acte qui, quoique peut-être irrégulier au fond, n'est pas l'effet d'aucun mauvais dessein de sa part» [3].

Deux ans plus tard, dans un cas analogue, il n'est plus question de sévir contre le maire; on poursuit simplement l'adjudicataire qui avait outrepassé les limites de la coupe qui lui avait été concédée et le sous-préfet de Maurienne écrit au préfet : «S'il n'eut agi vraiment que quelques fascines d'épines, comme l'annonce l'acte de vente produit, du 28 mai 1809, il n'aurait pas paru le cas de poursuivre la contravention commise, surtout que les membres du conseil municipal l'avaient consentie... Un avertissement donné au maire aurait suffi pour le rappeler à ses devoirs» [4].

La conscription, les droits réunis font peser des charges de plus en plus lourdes sur le pays; l'autorité préfectorale mollit encore, les municipalités, signe des temps, protestent, bravent. Par exemple, le maire de Puygros a autorisé plusieurs de ses administrés à couper des bois dans la forêt communale, ce qui a entraîné la condamnation d'une vingtaine de personnes : il écrit alors au tribunal : «Nous, soussigné, maire de la commune de Puisgros, certifions à MM. les juges et Procureur impérial du tribunal civil de Chambéry ainsi qu'à M. l'inspecteur des Eaux et Forêts du département du Mont-Blanc que le procès-verbal rédigé par les gardes forestiers Anthelme Donaz et Théodore Maler, sous date du 18 juin (1812) contre différents particuliers de la commune de Puisgros, hameaux de Marlioz et Arvey, est inique et injuste... Si le garde n'avait pas montré de l'animosité contre une partie de ces particuliers, il aurait fait son devoir en y comprenant la commune entière» [5].

Aussi cette année 1812 est-elle caractérisée par une multiplicité de délits commis par des personnes à qui les maires permettent des coupes de bois : les inculpés arguent naturellement devant les tribunaux des autorisations accordées et sont acquittés. Le

---

[1] Arch. H.-S., Corr., I, Fy., 1814, nᵒˢ 403, 467.
[2] Arch. S.-L., 1135. Arch. Mne., Corr. S. P. Mne., an XII, nᵒ 275.
[3] Arch. Tse., Corr. S. P. Tse., 1807, nᵒ 253.
[4] Arch. Mne., Corr. S. P. Mne., 1810, nᵒ 36. Arch. S.-L., 2212, 11 mars 1810.
[5] Arch. S.-L., 1138.

procureur impérial en écrit à l'inspecteur des Eaux et Forêts et celui-ci demande au préfet de mettre un terme à ces abus. Le 13 octobre 1812, le préfet adressa donc aux maires une circulaire pour leur interdire de délivrer du bois et leur rappeler que les tribunaux doivent les condamner, ainsi que les délinquants[1].

Pendant l'invasion de 1814 et pendant l'occupation autrichienne qui suivit, les fonctionnaires français s'étaient retirés avec l'armée impériale. L'occasion était trop belle pour certaines municipalités : des ventes de bois nombreuses, plus ou moins clandestines, furent conclues. Mais c'est au Montcel que se produisirent les abus les plus graves. Les membres de la commission centrale d'administration du Mont-Blanc reçurent cette dénonciation : «Les habitants de la commune du Montcel recourent à votre justice pour réprimer un abus d'autorité inouï que se sont permis le maire et le conseil municipal et dont la répression est de la plus grande urgence. Après une orgie de 2 jours avec des particuliers de la commune de Saint-François-de-Sales, ils leur ont vendu pour le prix de 25 louis la coupe générale de toutes les forêts situées sur la commune du Montcel, non seulement de celles qui appartiennent au gouvernement, mais encore de celles qui sont communales. Les acquéreurs s'attendaient, ainsi qu'ils l'ont dit, qu'on leur demanderait au moins 2,000 francs de la coupe de la moitié. On peut juger d'après cela combien est vil le prix pour lequel cette prétendue vente a été faite. Cependant ils s'en prévalent, la vente a été conclue avant-hier et, dès aujourd'hui, la cognée dévastatrice retentit sur tous les points de la montagne. Il est très urgent d'arrêter un abus aussi énorme».

Cet acte d'accusation fut transmis au sous-inspecteur Bernard qui était demeuré à Chambéry et qui adressa à la Commission centrale l'avis ci-après non moins caractéristique : «Vu la plainte ci-jointe des habitants de la commune du Montcel, l'inspecteur par intérim du Mont-Blanc, soussigné, a l'honneur d'observer à M. le Président que, de temps immémorial, les habitants voisins des forêts nationales et communales du Montcel les ont continuellement dévastées, malgré les efforts réitérés de l'administration et même de la force armée pour les conserver; depuis environ 10 années, plusieurs gardes y ont été assassinés; deux, entre autres, pour avoir résisté à main armée ont été condamnés ignominieusement par suite de la coalition des intéressés à ravager et faire leur profit de cette forêt. D'où suit qu'il n'est aucun garde qui ose actuellement se charger de cette surveillance; M. le Garde général refuse aussi de s'y transporter, attendu que ces habitants sont en mesure pour repousser l'administration et même lui faire un mauvais parti en cas qu'elle veuille intervenir». L'inspecteur propose d'annuler la vente et de faire comparaître devant la Commission centrale le maire et le conseil municipal du Montcel, pour rendre compte de leur conduite; il conclut en demandant «qu'avec l'autorisation de M. le Général commandant les troupes dans le département, 20 hommes de troupe bien armés soient incessamment mis à la disposition de M. le Garde général Letanche...» (11 juin 1814).

Le 13 juin la Commission centrale d'administration du Mont-Blanc annulait l'acte sous seing privé passé par la municipalité du Montcel et déclarait les vendeurs responsables de tous les dommages causés aux forêts nationale et communale. Le 27 juin, le préfet, revenu à Chambéry, fit intimer par le maire du Montcel aux acquéreurs défense de poursuivre leur exploitation. Sans tenir compte de cette injonction, ces derniers

[1] Arch. S.-L., 1139, Tar., 1812.

continuèrent à abattre les arbres et quand le sous-préfet voulut intenter des poursuites opposèrent l'amnistie accordée le 11 juillet 1814. Mais cette fois, la Préfecture ne voulut rien entendre et décida qu'il serait «procédé, à la diligence de M. l'inspecteur des Eaux et Forêts, que les saisies et ventes de bois gisants sur place seraient ordonnées conformément aux réglements»[1]. Tout commentaire affaiblirait ces documents.

§ 5. Importance et valeur des coupes.

ANNÉES.	SURFACES EXPLOITÉES.	ARBRES ÉPARS.	PRIX DE VENTE		
			PRINCIPAL.	DÉCIME.	TOTAL.
Forêts domaniales du Mont-Blanc[1].					
An vi............	4ʰ 00ᵃ 00	"	"	"	12,237ᶠ 75
An vii............	41 52 92	330	7,304ᶠ 65	654ᶠ 20	17,958 95
An viii...........	88 20 00	411	18,229 00	1,806 46	20,035 46
An ix............	64 88 00	776	18,099 00	1,787 40	19,886 40
An x.............	67 45 37	1,055	20,722 00	2,072 20	22,794 20
An xi............	65 72 94	"	35,966 67	3,596 66	39,563 33
An xii...........	42 71 67	400	15,693 56	1,569 35	17,262 91
An xiii..........	"	"	"	"	13,275 00
An xiv...........	19 68 93	"	10,227 88	"	"
Forêts domaniales anciennement du Mont-Blanc et incorporées au Léman[2].					
An viii...........	144 80 76	1,423	29,625 00	2,962 50	32,587 50

[1] Verneilh, *Statistique du Mont-Blanc-Annuaire du Mont-Blanc*, an xiv.
[2] Saussay, *Statistique du Mont-Blanc.*

Bien que fort incomplets, ces renseignements n'en sont pas moins intéressants; ils correspondent à la période de gestion de l'inspecteur Dubois qui fut le véritable organisateur du service forestier en Savoie et livrait à l'exploitation environ 65 hectares de forêts chaque année.

Le tableau ci-contre fournit quelques données sur les ventes et délivrances de bois communaux du département du Mont-Blanc.

Remarque. — Ce tableau n'offre de lacunes complètes que pour les exercices 1811, an viii; les coupes de 1807 ne figurent pas. Les années xiv et 1806 n'en forment en réalité qu'une seule à laquelle sont attribuées deux séries de produits. C'est uniquement pour conserver jusqu'à l'apparence des pièces d'archives que les années xiv-1806 n'ont pas figuré sur une ligne unique et qu'il n'a pas été attribué à 1807 les données numériques figurant au compte 1806.

[1] Arch. S.-L., 1153.

FORÊTS COMMUNALES DU DÉPARTEMENT DU MONT-BLANC[1].

Les nombres entre parenthèses sont restitués.

ANNÉES.	COUPES RÉGLÉES.	ARBRES ÉPARS.	PRODUIT EN ARGENT.		DÉLIVRANCES EN NATURE.			MENUS MARCHÉS.	PRODUIT RENTRÉ OU À RENTRER.		
			PRINCIPAL.	DÉCIME.	COUPES RÉGLÉES.	ARBRES ÉPARS.	VACATIONS.		AU TRÉSOR.	AUX COMMUNES.	TOTAL GÉNÉRAL.
An VII........	104^h 50" 00	"	8,810f 00	881f 00	"	"	"	229f 00	881f 00	9,039f 00	9,920f 00
An VIII........	"	"	"	"	"	"	"	315 00	"	315 00	315 00
An IX........	"	"	20,715 00	2,071 50	"	"	"	1,487 56	2,071 50	22,202 56	24,274 06
An X........	115 97 33	"	38,848 44	3,884 85	1134 26 00	27,840	7,482 23	29 70	11,367 08	38,878 14	50,245 22
An XI........	109 40 97	3,100	6,333 50	613 35	45 16 47	23,390	6,238 97	"	6,842 32	6,153 50	12,975 82
An XII........	253 07 88	100	(10,362 60)	1,036 26	113 39 78	27,948	7,745 03	"	"	"	10,462 51
An XIII........	"	"	"	"	"	"	9,069 60	"	"	"	"
An XIV........	"	"	(16,378 70)	1,637 87	1,139 20 22	38,077	13,038 87	"	"	"	"
1806........	"	"	"	907 64	1,037 97 07	38,665	19,383 01	"	"	"	"
1807........	"	"	(9,076 40)	629 52	979 69 21	35,838	14,872 00	"	"	"	"
1808........	"	"	(6,295 30)	{ 1,109 75 / 1,330 00(2)	1,131 42 01	41,939	14,050 42	"	"	"	"
1809........	"	"	(11,097 50)								
1810........	"	"	"	639 32	1,335 88 06	35,179	14,909 82	"	"	"	"
1811........	"	"	(6,393 20)	2,826 62	1,538 48 79	35,884	15,369 92	"	"	"	"
1812........	"	"	(28,366 30)		696 98 00	3,213	4,467 07	"	"	"	"

[1] Verneilh, Statistique du Mont-Blanc, Arch. S. L 1166 à 1180, passim.
(2) Décime extraordinaire.

SECTION V.

Affectations spéciales des bois.

———

§ 1er. Bois pour la marine.

C'est surtout pendant les premières années qui suivirent la réunion de la Savoie à la France que la Marine exploita le plus de bois dans les départements du Léman et du Mont-Blanc. Mais elle continua à s'approvisionner surtout de bois résineux dans la région jusqu'à la fin de l'Empire : en 1813, par exemple, le prix payé à la commune de Le Bois était de 2 francs par plante et le nombre d'arbres achetés n'était pas moindre de 2,000 [1].

Depuis le décret du 9 messidor an XIII, les départements du Mont-Blanc et du Léman avaient été rangés dans le 1er arrondissement forestier de la Marine.

§ 2. Bois pour l'armée.

Si l'Ordonnance de 1669 (titre XXI) et divers arrêts du conseil des 21 septembre 1700, 25 mai 1725, 15 janvier 1726 permettaient aux commissaires de la Marine de prélever dans les forêts les arbres nécessaires à la flotte, il n'existait aucune disposition analogue au profit de l'armée. Mais les exigences des opérations militaires amenèrent, en fait, à prélever aussi dans les forêts les bois destinés au chauffage des troupes, à l'édification de divers ouvrages de défense.

En l'an VII, la ligne des Alpes était menacée par les Autrichiens; à la demande de l'adjudant-général Herbin, commandant en chef des troupes du Mont-Blanc, l'administration centrale du département mit à sa disposition le sous-inspecteur Bernard, architecte, «pour faire relever les anciennes redoutes et tous les autres moyens de défense pratiqués sur le Mont-Cenis». Bernard avait, sans doute, en 1793, sous les ordres du même officier, exécuté une partie des ouvrages édifiés sur ce col important [2].

Le 7 messidor de cette même année, cette même administration, toujours à la demande du général Herbin, autorisa la réquisition à Sainte-Foy, à Bourg-Saint-Maurice, à Bellentre, à Bozel et à Moutiers, des planches nécessaires à la construction de baraquements pour les troupes cantonnées aux cols du Petit-Saint-Bernard, du Mont, etc. [3].

Dans le Léman, pour le chauffage des troupes, les fournisseurs militaires demandent au directeur des domaines de vendre une coupe dans la forêt nationale de Vulbens en imposant à l'adjudicataire, comme condition, la fourniture d'une certaine quantité de bois au magasin militaire de Genève. La valeur de cette fourniture devait être arbitrée

[1] Arch. Tarentaise, corr. S.-P. Tarentaise, 1813, n° 351.
[2] Arch. S., L 42, f° 149.
[3] Arch. S., L 43, f° 40 et suiv.

par l'administration municipale du canton de Genève et indiquée sur le récépissé délivré par le gestionnaire du magasin; ce récépissé serait reçu par le trésor public
comme argent comptant pour prix de la coupe [1].

On ne peut qu'admirer l'ingéniosité de cette proposition que leurs auteurs veulent
bien reconnaître contraire aux règles de la comptabilité publique.

L'année suivante, l'année de Marengo, le 22 brumaire, l'aile gauche de l'armée
d'Italie cantonne en Savoie. Sur l'ordre du général Grenier qui la commandait, l'administration centrale du Mont-Blanc prescrit de préparer 800 cordes de bois pour le
chauffage des troupes du Mont-Cenis et 300 pour le Petit-Saint-Bernard; le prix était
de 70 francs la corde de 3 stères 834. C'était 4,217 stères 4 à livrer! En messidor
an VIII, tout était consommé et les troupes des «monts Bernard et Valaisan» n'avaient
même pas de quoi faire cuire leur soupe [2].

En l'an x, le Mont Cenis est encore occupé militairement et le sous-préfet autorise
la coupe du bois de chauffage nécessaire dans la forêt communale de Lans-le-Bourg,
le maire devant indiquer le nombre et l'emplacement des arbres à exploiter. Le garde
forestier devra veiller à l'exacte observation des prescriptions municipales.

Il faut, en l'an XII, 140 stères de bois de feu pour l'hôpital militaire de Termignon;
le sous-inspecteur des Eaux et Forêts que, pour la première fois, on voit intervenir, écrit au maire que, les forêts communales «étant absolument délabrées», il
faut faire la coupe «dans la forêt du côté d'Entre-Deux-Eaux où il y a beaucoup de
chablis [3]».

Au moment de la guerre contre l'Autriche, de nombreuses troupes cantonnaient ou
passaient dans le département du Mont-Blanc : le col du Mont-Cenis était très fréquenté. De là des coupes incessantes pour fournir l'affouage aux militaires [4] aux environs de Chambéry et en haute Maurienne. Bien des forêts se trouvèrent épuisées, les
municipalités des vallées qui, presque seules, supportaient la charge des mouvements
ou du stationnement des régiments, protestèrent : sur la proposition de l'inspecteur
des Eaux et Forêts, le préfet prit des arrêtés mettant à la charge des communes de la
montagne, éloignées des grandes voies de communication, la fourniture des bois de
feu aux soldats [5].

La campagne de 1813 ramena les armées vers les frontières de France : à nouveau,
les forêts savoisiennes furent mises à contribution. Certaines municipalités eurent beau
protester que leurs ressources forestières étaient insuffisantes, forestiers et sous-préfets
arguant de «la nécessité d'assurer un service public» passèrent outre et accordèrent
les bois [6].

Un décret du 22 novembre 1813 ordonnait d'approvisionner les places de guerre
en bois de toutes sortes pour le feu, les palissades, etc. On exploita dans la forêt impériale de Saint-Hugon de quoi exécuter 6,000 palissades au fort Barraux qui commande
la vallée du Grésivaudan [7]. Pour mettre Genève en état de défense, il fallut fournir,

[1] Arch. Genève, chap. 1, n° 17.
[2] Arch. Tarentaise, corr. S.-P. Tarentaise, an VIII, 20 messidor.
[3] Arch. Maurienne, livre-journal du sous-inspecteur, 18 fructidor an XII.
[4] Arch. S., L 1133, 1134, passim.
[5] Arch. S., L 125, f° 88, 118.
[6] Arch. Maurienne, corr. S.-P. Maurienne, 1813, n° 532; arr. S.-P. Maurienne, n° 687.
[7] Arch. S., L 244, n°s 1279, 1281.

depuis le 10 novembre, 30,000 palissades et 4,500 troncs de chêne des plus grosses dimensions» [1].

L'invasion et l'occupation de la Savoie par l'armée autrichienne en 1814 furent l'occasion de nouvelles coupes de bois de feu [2]. Les Cent-Jours virent les dernières réquisitions de bois : pour assurer la défense de l'important défilé des Échelles, pour la construction d'une redoute à Chanaz, d'un ouvrage au Vuache, face au fort de l'Écluse, il fallut des quantités d'arbres de fortes dimensions : pour le fort Barraux, le génie militaire réclama encore 564 stères de bois et 94 stères pour le camp des Échelles; le département du Mont-Blanc eut, de plus, à fournir pour approvisionnement de siège 621 stères [3].

La seconde occupation autrichienne pesa plus lourdement sur le département du Mont-Blanc : la manutention militaire de Chambéry exigeait chaque jour, depuis le 11 août 1815, 33 cordes, soit 126 stères 5. Le 3 septembre 1815, les alliés réquisitionnent tout le combustible des boulangers et il faut remplir le magasin de la ville de 25,000 fascines.

A Annecy, l'armée autrichienne exige 2,000 planches de 10 pieds, le 20 août; il lui en faut encore 1,000 huit jours après.

Toutes les communes forestières sont taxées à des fournitures de bois de toutes sortes [4].

Il est bien difficile d'évaluer l'importance du stock de bois brut ou façonné qui fut extrait des forêts de Savoie depuis l'automne 1813 : les quelques chiffres que fournissent les documents prouvent que les massifs, ceux du moins des régions d'Annecy et de Chambéry, ont dû être singulièrement dévastés.

§ 3. LES SALINES.

Les salines de Moutiers et de Conflans, propriétés nationales, continuent à être exploitées. Mais certains fournisseurs de bois n'ayant plus la faculté, comme sous l'ancien régime, d'extraire des forêts communales les bois nécessaires à la fabrication du sel, recourent aux administrations de canton pour obtenir le droit de prendre les arbres achetés aux propriétaires particuliers. Des gardes de Tarentaise, ignorant les dispositions de la loi du 29 septembre 1791 (titre 1er, art. 6) et encore imbus des restrictions apportées aux droits des propriétaires forestiers par l'ancienne législation spéciale à cette province, refusaient aux entrepreneurs la faculté d'exploiter « sans une permission préalable de l'autorité compétente [5] ».

D'autres adjudicataires, tenus par d'anciens marchés des 7 mai 1784, 7 mars 1792, exploitent les forêts communales de Notre-Dame-du-Pré, de Longefoy, d'Héry-sur-Ugine et livrent de 600 à 800 toises de bois par an aux salines de Moutiers, et de 400 à 600 à celles de Conflans, à raison de 18 livres la toise de 7 stères 2 (toise des salines) [6].

[1] Arch. Genève, chap. 1, n° 13b.
[2] Arch. S., L 1761, 7 août 1814.
[4] Arch. S., L 1772.
[5] Arch. S., L 1785, 1787.
[5] Arch. Tarentaise, adm. mun. Moutiers, an vi, f° 122 v° ? 4°.
[6] Arch. Tarentaise, arr. mun. Moutiers, an vii, 21 pluviôse.

Le 8 frimaire an vii, la commune de Le Bois vend la coupe de sa forêt de La Coche, à exécuter en quatre années. En l'an x, la moitié du matériel formé de gros arbres, sapins ou épicéas, est à terre; le garde général s'avise alors que, si l'exploitation s'achève, la ville et la saline de Moutiers vont manquer de bois de construction. Consulté, le régisseur de la saline émet un avis identique; le sous-préfet, «considérant que toutes les forêts existantes dans les communes circonvoisines, qui seules peuvent alimenter la saline de Moutiers et les habitants, sont considérablement dépeuplées», proroge pour le terme de douze ans, à partir du 8 frimaire an xi, le délai de l'abatage [1].

Malgré tout, les bois devenaient de plus en plus rares et la saline de Conflans est abandonnée; ses bâtiments de graduation sont vendus le 12 germinal an xi [2]. La saline se mue en fonderie [3]: par application du décret du 22 frimaire an xiii, terrains, bâtiments et canaux sont remis à l'administration des Mines [4].

Les concessionnaires de la saline de Moutiers, pour économiser le bois, demandent, le 5 janvier 1808, pour 97 ans, l'exploitation des mines d'anthracite situées sur les territoires d'Aime et de Macot. Mais, par arrêté du 17 février 1808, le préfet estima que cette autorisation devait être limitée à 50 ans, terme légal, moyennant une redevance annuelle de 60 francs à Aime et de 100 francs à Macot et sous la condition de céder aux habitants de ces deux communes, ainsi qu'à la mine de Peisey, tout le charbon de terre dont ils pourraient avoir besoin [5].

§ 4. LES MINES ET LES USINES.

Les travaux qui languissaient à Peisey depuis le 10 décembre 1792, en suite d'éboulements et d'inondation dans certaines galeries, avaient été totalement suspendus en vendémiaire an viii.

Bien que, par l'émigration de son possesseur, la minière fût devenue propriété nationale, elle avait été aussi délaissée que les forêts de l'État. Mais le 1er messidor an x, l'ingénieur Schreiber, directeur de l'école pratique des mines installée à Moutiers, en prit possession et une première coulée d'essai eut lieu en septembre 1803 (vendémiaire an xi).

La consommation annuelle de bois était alors de 6.500 stères. Mais les forêts de la Haute-Tarentaise et notamment celles de Sainte-Foy, Villaroger, Séez et Bourg-Saint-Maurice, avaient été exploitées presque entièrement pendant les guerres de la Révolution et ne pouvaient plus fournir de combustible pour le traitement des minerais. Les préfets exprimaient le désir que la coupe des forêts de Bellentre, Landry, Peisey et Hauteville-Gondon fût exclusivement affectée comme autrefois à l'établissement métallurgique, «en ménageant d'une manière juste et équitable l'intérêt des communes propriétaires à qui l'on en payerait la valeur» [6].

Mais il n'était plus possible de revenir à la législation sarde et l'approvisionnement du bois devenait de plus en plus difficile. Le 30 fructidor an viii, le sous-préfet de

[1] Arch. Tarentaise, arr. S.-P. Tarentaise, 21 nivôse an x.
[2] Arch. Tarentaise, corr. S.-P. Tarentaise, an xi, n° 944.
[3] Arch. S., Q 25, 6 messidor an xii.
[4] Arch. S., L 109, f° 57.
[5] Arch. S., L 125, f° 131 v°; L 243, n° 101.
[6] VERNEILH, Statist. du Mont-Blanc, 502.

Moutiers écrit aux maires d'aider au fonctionnement des usines de Peisey, en leur vendant les bois nécessaires, «sans nuire gravement aux besoins des administrés, comme à la conservation et à la reproduction des forêts, à un prix juste et modéré, sans chercher par des demandes évidemment exagérées à spéculer trop sur le besoin de bois que peut éprouver l'établissement qui, dans ce cas, serait réduit à solliciter et obtiendrait inévitablement des affectations de forêts dont les suites pourraient devenir moins avantageuses pour les communes [1]».

De telles recommandations n'étaient pas inutiles, car les municipalités montraient peu d'empressement à aider au roulement des usines de Peisey; les arbres se vendaient le double qu'avant la Révolution.

Le service forestier et la sous-préfecture finirent par trouver le moyen de procurer à l'ingénieur en chef Schreiber les bois nécessaires. «Au lieu de vendre de gré à gré les bois à la mine de Peisey, ce qui était contraire à la loi qui exige les enchères, on a pris la forme de délivrances consenties par les maires des communes intéressées, le prix des bois étant établi à dire d'expert et accepté par les maires et le directeur de l'école des mines». Le dossier ainsi constitué était transmis au préfet pour approbation [2]».

La suppression de la saline de Conflans et sa conversion en une fonderie rattachée à l'école pratique des mines de Moutiers avait pour effet de diminuer la consommation du combustible ligneux à Peisey, où elle excédait la possibilité des massifs et de permettre de tirer parti des peuplements situés dans les vallées de l'Arly et de Beaufort [3]. Il semble bien que l'ingénieur ordinaire des mines Hérault, directeur de cette fonderie, ait eu moins de difficultés avec les communes que son ingénieur en chef; on voit, en effet, la municipalité de Conflans lui vendre de gré à gré, à l'insu du sous-préfet, des arbres pris dans la forêt de Rhonne [4].

Naturellement les propriétaires des autres établissements métallurgiques demandèrent aussi à acheter à l'amiable des communes le bois indispensable, sans passer par la formalité des enchères [5].

Mais certaines usines, dès avant la Révolution, avaient traité avec des communes pour se réserver les coupes nécessaires à leur roulement. Ainsi, par contrat du 28 mai 1787, les hauts fourneaux d'Epierre avaient le droit d'exploiter les forêts de cette localité, sous la condition «que les bois seraient parvenus en maturité et en laissant en réserve la partie nécessaire aux habitants». En 1811, le fonctionnement de l'usine exigeait 5,000 charges de charbon [6]; le directeur de cet établissement sollicitait la délivrance d'une surface suffisante pour obtenir le bois indispensable; après reconnaissance des agents forestiers, le préfet prenait un arrêté pour autoriser la coupe dont la valeur était évaluée par des experts.

En Faucigny, l'ingénieur Albanis Beaumont fonda une société pour exploiter à la fois les filons métallifères du bassin de Sixt et les forêts de la haute vallée du Giffre [7].

[1] Arch. Tarentaise, corr. S.-P. Tarentaise, an XIII, n° 444.

[2] Arch. Tarentaise, corr. S.-P. Tarentaise, 1806, n° 28; arch. Maurienne, livre-journal GG¹, 1810, n° 451.

[3] Arch. S., Q 25, 6 messidor an XII.

[4] Arch. Tarentaise, corr. S.-P. Tarentaise, 1808, n° 30.

[5] Arch. S., Q 21, n° 543.

[6] Arch. Maurienne, arr. S.-P. Maurienne, 1812, n° 443.

[7] Alb. BEAUMONT, *Fonderie et exploitation des mines de fer de la vallée de Sixt*.

A Thorens, l'alimentation en bois de l'importante verrerie et cristallerie dirigée par Chappuis était assurée par la vente passée le 27 juin 1779 entre MM. de Sales et de Chazal, les précédents propriétaires, et la municipalité de Dingy, de la coupe de la forêt communale [1]. Un arrêté préfectoral du 19 janvier 1813 autorisa l'enlèvement des arbres coupés et gisants.

Une autre verrerie avait été créée à Alex. Les bois se raréfiant dans la vallée de Thônes, les industriels demandèrent à transporter leur usine dans la Combe-d'Hyre et à exploiter les forêts impériale (Les Chartreux) et communale de Chevaline, La Thuile et Doussard. Mais une telle concession qui, eût constitué un véritable privilège, ne fut pas accordée [2].

§ 5. LES TRAVAUX PUBLICS.

L'ouverture de la grande route reliant Lans-le-Bourg à Suze par le col du Mont-Cenis, la création de la commune et le rétablissement de l'hospice de ce nom ; la rectification et l'élargissement de la route nationale allant de Chambéry à Turin par la Maurienne, la construction d'une auberge et d'une caserne à Lans-le-Bourg forment une partie importante du programme de travaux publics adopté par Napoléon. La charpente, les planchers et la menuiserie des maisons, l'alimentation en bois de feu des refuges et de l'hospice, l'établissement de ponts et de garde-fous, le long de la route, exigèrent un cube immense de bois qui fut prélevé d'autorité dans les forêts des communes les plus voisines. Lans-le-Bourg, Lans-le-Villard, Termignon, Bramans, notamment, furent mis à contribution. Les communes eurent beau protester que leurs forêts s'épuisaient, les habitants se virent réduits pour leur affouage à la portion congrue [3]. C'était sous forme de délivrances estimées par experts que se faisaient le plus souvent les ventes de bois aux entrepreneurs.

§ 6. LES BOIS BANNIS.

Une fois le service forestier organisé, on pouvait se demander si les forêts de protection allaient être mises en coupes réglées. Les agents, très sagement, laissèrent subsister tous les bans établis ; bien plus, de nouveaux cantons furent placés en dehors des exploitations. Mais, comme ni l'Ordonnance de 1669, ni la loi du 29 septembre 1791 ne prévoyaient ces cas exceptionnels, on s'ingénia à trouver une base légale à l'interdiction de l'abatage des bois ou du parcours du bétail. Les procédures varièrent comme le choix et l'interprétation des textes.

En Maurienne, à Saint-Sorlin-d'Arves, divers particuliers demandent, le 25 germinal an IX, pour une durée de 30 ans au moins, le bannissement des bois Bernard, avec défense du pâturage sous peine d'une amende de 100 francs et de la confiscation des animaux. Consulté, le maire donne un avis favorable, le 7 floréal suivant, puis le sous-préfet ordonne l'ouverture d'une véritable enquête *commodo et incommodo*, en suite de laquelle il prend un arrêté par application de l'arrêté réglementaire du préfet

---

[1] Arch. H.-S., corr. S.-P. Ay., 1813, n° 106.

[2] Arch. H.-S., corr. S.-P. Ay., 1810, n° 2007 ; 1809, n° 860.

[3] Voir pour plus de détails pour ce paragraphe et les précédents : P. MOUGIN, *Les torrents de la Savoie*, 1re partie, chap. IV, § 5, 6, 8, 9.

du Mont-Blanc du 21 prairial an VIII et de la loi du 6 octobre 1791 sur la police rurale [1]. A Lans-le-Bourg, le sous-préfet n'exige même plus d'enquête, l'initiative de la mise en ban venant de la municipalité. Dans ces divers cas, il s'agissait de prévenir les avalanches de neige; aux environs de Chambéry, ce sont les laves torrentielles qui causent des ravages et c'est pour en empêcher la formation que le préfet interdit toute exploitation de bois dans le bassin de réception des ravins de Revert et de Sérarges. L'arrêté du 19 fructidor an XIII s'appuie sur «l'article 15 de la loi du 6 octobre 1791 qui défend d'inonder l'héritage du voisin et de lui transmettre volontairement les eaux d'une manière nuisible», ainsi que sur la loi du 9 floréal an XI, «relative au régime des bois appartenant aux particuliers, qui excepte de l'exploitation les bois situés sur le sommet ou sur la pente d'une montagne». La loi du 9 floréal an XI s'applique au défrichement et non aux simples coupes; mais il convient de noter ces efforts pour étendre à de simples coupes en pays montueux des dispositions qui ne visaient que la destruction de l'état boisé [2].

Dans l'arrondissement d'Annecy, le sous-préfet s'appuie aussi sur la loi de floréal an XI pour interdire aux particuliers toute exploitation «sans déclaration préalable à l'administration forestière qui tiendra la main à ce que les coupes soient prohibées sur les points qui l'exigent».

Dans les forêts communales, il appartient au conseil municipal, en exposant «ses vues sur les coupes annuelles», de faire mettre en réserve les bois dont la coupe pourrait être suivie d'avalanche et d'éboulement [3]».

On ne saurait trop remarquer ces «bannissements» nécessaires à la sécurité des villages et des voies de communication, imposés à l'autorité par la population, en l'absence de toute disposition légale, et auxquels préfets et sous-préfets cherchent à donner une base juridique en torturant les textes.

SECTION VI.

Droits d'usage et pâturage.

§ 1er. DROITS D'USAGE.

Un arrêté du Directoire exécutif du 5 vendémiaire an VI interdit l'introduction des bestiaux dans les forêts nationales provenant de l'ancien domaine royal, sauf aux usagers reconnus et dénommés dans les états dressés par l'ancien Conseil du Roi et dans les forêts nationalisées depuis la Révolution, sauf aussi aux usagers qui auraient justifié de leurs droits par devant les administrations centrales des départements, contradictoirement avec les agents des Eaux et Forêts et des domaines. Cet arrêté rappelait les dispositions du titre XIX de l'Ordonnance de 1669.

L'arrêté réglementaire du Préfet du Mont-Blanc, du 21 prairial an VIII (titre 1er, art. 4), mit en demeure les communes et les particuliers prétendant à des droits

---

[1] Arch. Maurienne, arr. S.-P. Maurienne, 7 floréal an XI: corr. S.-P. Maurienne, 23 germinal an X.
[2] Arch. S., L 111, f° 176.
[3] Arch. H.-S., corr. S.-P. Ay., 1807, n° 1493.

d'usage quelconques dans les forêts nationales d'avoir à en justifier dans le délai d'un mois. L'article 5, même titre dudit arrêté, spécifiait que le parcours ne pourrait s'exercer que dans les cantons reconnus défensables par les agents forestiers. Les droits d'usage au bois devaient être fixés par le conseil de préfecture, l'inspecteur des Eaux et Forêts et les agents des domaines entendus.

La loi du 19 germinal an xi ordonna une révision de tous les droits déjà reconnus par les tribunaux aux communes dans les forêts de l'État. Les municipalités durent remettre les titres et jugements au préfet, dans un délai de 6 mois, pour être examinés conformément aux articles 2 et 3 de la loi du 28 brumaire an vii; ce délai a été prorogé de 6 mois par la loi du 7 ventôse an xii [1].

On a vu plus haut (chap. iii) avec combien peu de rigueur ces prescriptions ont été appliquées.

Dans le silence de la loi, ce furent surtout les conseils de préfecture qui statuèrent, sans que, pour cela, la compétence des tribunaux de l'ordre judiciaire fut supprimée. En matière de cantonnement, quand il n'y avait pas accord entre le propriétaire de la forêt et l'usager, seuls les tribunaux ordinaires étaient appelés à décider. Ce principe a été officiellement reconnu par décret impérial du 7 février 1807. S'il y avait des difficultés sur l'assiette du cantonnement, c'était encore au tribunal qu'était réservée la décision, et il importait peu que le préfet, comme c'était l'habitude, en eut approuvé l'emplacement. Quant à la surface accordée en toute propriété à l'ayant droit, elle était déterminée d'après les droits et les besoins de l'usager. En France, sous le régime de l'Ordonnance de 1669, on ne portait ordinairement pas le cantonnement au delà du tiers de la superficie du fonds grevé. Mais, en Savoie, où il n'existait aucune tradition sur ce point, on vit des cantonnements absorbant jusqu'aux deux tiers des forêts [2].

Le cantonnement ne s'appliquait pratiquement qu'aux droits d'usage au bois et non aux droits de pâturage. Ainsi la commune de Villarembert, à qui une transaction du 11 novembre 1652 avait reconnu le droit de pacage dans des forêts particulières, s'était heurtée, en l'an xii, à l'opposition des propriétaires au parcours du bétail des habitants; la municipalité sollicite l'autorisation d'ester en justice pour faire valoir ses titres. Le sous-préfet estima qu'en présence des documents les propriétaires ne pouvaient que racheter les droits dont leurs forêts étaient grevées, conformément à l'article 8, section IV, titre 1er de la loi du 6 octobre 1791 [3].

On trouvera au chapitre III ci-dessus les divers droits d'usage dont ont été grevées les forêts nationales, ainsi que les décisions et cantonnements dont ils ont été l'objet [4].

§ 2. LE PÂTURAGE DANS LES FORÊTS.

Durant les premières années de la Révolution, les forêts de Savoie étaient livrées sans contrôle, sans restrictions, au parcours de toutes sortes d'animaux. Lors de

[1] Arch. Tarentaise, série 1, n° 76, 15 messidor an xii.
[2] Arch. S., L 104, f° 154.
[3] Arch. Maurienne, corr. S.-P. Maurienne, an xii, n° 349.
[4] Arch. S., Q 21, *passim*.

l'arrivée des agents forestiers dans le Mont-Blanc, des plaintes s'élevaient de toutes parts contre les ravages du bétail et surtout des chèvres, dans les forêts, dans les champs et même dans les vignes.

Les municipalités de canton ordonnent, au printemps de l'an vi, aux agents municipaux, sous leur responsabilité, de publier et d'afficher dans leurs communes l'article 18 du titre II de la loi du 28 septembre 1791 [1]. Il ne paraît pas que cette mesure ait été bien efficace, car on voit ces mêmes municipalités prendre des arrêtés de proscription contre les chèvres. L'une d'elles, celle d'Annecy, le 9 prairial an vi, « considérant que les chèvres se sont accrues en si grand nombre dans diverses communes et causent de tels dommages qu'elles sont la ruine totale des bois tant particuliers que communaux et que, s'il n'est pris les mesures les plus sévères à ce sujet, les bois et forêts, tant particuliers que communaux et nationaux, sont menacés d'un dépérissement total, arrête :

« Invitation sera faite par publication et affiche du présent de se défaire desdites chèvres dans l'espace de deux décades dès cette publication; passé lequel temps, le garde-champêtre et, à son défaut, l'agent de chaque commune sera tenu de dénoncer tous les individus qui retiendraient encore des chèvres, en désignant de quelle manière et en quel lieu elles sont conduites à la pâture, afin qu'il soit pris à leur égard les mesures les plus sévères conformément aux lois [2]. »

Il en fut de ces arrêtés comme des lois antérieures; mais, un mois et demi après, la municipalité d'Annecy insiste ainsi : « L'Administration considérant que, malgré les diverses mesures par elle prises et les diverses invitations par elle faites, notamment par son arrêté du 9 prairial, lequel a été publié dans chaque commune, il lui résulte qu'il reste encore des chèvres, que les animaux de ce genre causent l'entière destruction des vignes... Arrête que les délinquants comparaîtront devant elle pour y être interrogés sur les motifs qui leur font conserver lesdites chèvres ».

Les divers particuliers mandés viennent donc s'expliquer. La plupart déclarent tenir des chèvres pour en avoir le lait qui leur a été ordonné par des officiers de santé. Un autre dit qu'il n'a pas les moyens de tenir une vache; un tiers avoue posséder 8 boucs qui se sont égarés dans la montagne pendant un mois, mais qui seront gardés à l'écurie [3].

A Sevrier, l'agent municipal expose que les habitants ont deux parcelles, l'une en broussailles, l'autre en bois sapin (336 hect. 39 a. 36 c.) appartenant à la commune, où ils sont en coutume de mener constamment paître leurs bestiaux, surtout les moutons ; couper le bois non seulement nécessaire à leur affouage bâtisse, mais encore le feuillerin que consument annuellement leurs menus bestiaux [3].

Un an plus tard, cette même municipalité constate que, malgré toutes ses prescriptions, pour prévenir les dégâts que les chèvres causent aux arbres et à la récolte, le nombre s'en augmente à un tel point que, dans quelques communes de cet arrondissement, elles causent de grands dommages aux propriétés particulières et publiques, ordonne aux agents municipaux, sous leur responsabilité, de dresser, chacun dans sa

---

[1] Arch. H.-S., L³ 35.
[2] Arch. H.-S., L³ 74, p. 393, 408, 410, 418; L³ 48, f° 66 v°; L³ 6, p. 82.
[3] Arch. H.-S., L³ 6, p. 47 v°.

commune, un état des propriétaires de chèvres, afin de les obliger à faire conduire ces animaux à l'attache (1ᵉʳ prairial an vii) [1].

Si un canton comme celui d'Annecy arrivait à d'aussi piètres résultats, que penser de ceux de la montagne où tout le monde pratiquait l'élevage des moutons et des chèvres?

Dans son arrêté du 21 prairial an viii, le préfet du Mont-Blanc (t. VI, art. 2) rappela les pénalités portées par la loi du 6 octobre 1791, titre II, art. 36 à 38, pour les délits de pâturage. En l'an ix, on voit quelques municipalités se décider à demander l'autorisation d'envoyer le bétail de la commune pâturer dans les forêts [2]. Certains maires font même la police dans leurs bois, dressent des procès-verbaux et insistent pour qu'une rapide sanction soit appliquée [3]. Mais ces cas sont très exceptionnels et souvent l'amour du bien public ne se trouve pas être l'unique motif de telles dénonciations.

Les ravages du petit bétail se continuent partout. Le sous-préfet d'Annecy écrit, le 24 germinal an xi, au préfet : «Vous avez été témoin dans votre voyage de l'état déplorable des bois communaux; les chèvres sont la cause de leur destruction. Je reçois de toutes parts des plaintes à ce sujet. Il serait de la plus grande importance de renouveler les anciens règlements et de prendre même de nouvelles mesures pour rendre moins nombreux les animaux destructeurs. Le dégât qu'ils font actuellement est plus sensible que jamais. Ils dévorent tous les bourgeons; on les laisse même aller dans les vignes [4]. »

Ce sous-préfet prend divers arrêtés pour essayer d'arrêter la divagation des chèvres; il recommande aux maires «de poursuivre et de punir sans ménagements tous ceux qui bravent à ce sujet les autorités et les tribunaux [5] ».

Le préfet approuve toutes les réglementations faites par les communes et notamment celles qui ordonnent la mise au piquet des chèvres menées au pâturage [6], mais sans prendre aucun arrêté général. Ici encore, c'est le sous-préfet de Maurienne qui est le premier à légiférer pour son arrondissement; le 9 floréal an xi, il adressa aux communes de la vallée de l'Arc les ordres suivants [7] :

«Le sous-préfet de l'arrondissement de Maurienne, informé que, malgré les défenses portées par les lois de mener paître des chèvres dans les bois communaux, plusieurs particuliers se permettent d'y en conduire;

«Que non seulement ces inhibitions sont enfreintes pour les chèvres existantes dans la commune, mais encore pour des troupeaux entiers que l'on prend en pâturage pendant l'été;

«Considérant que cet abus est très préjudiciable à la reproduction des bois et forêts; que tant qu'il ne sera pas pris de mesures sévères pour empêcher que ces chèvres n'aillent dans ces bois, les efforts de l'administration forestière pour rétablir cette ressource publique seront toujours sans effet;

[1] Arch. H.-S., L³/6, p. 155 v°.
[2] Arch. Maurienne, arr. S.-P. Maurienne, 26 prairial an ix.
[3] Arch. Tarentaise, corr. S.-P., 5 brumaire an x.
[4] Arch. H.-S. . corr. S.-P. Ay., an xi, nᵒˢ 684, 706, avec le Préfet.
[5] Arch. H.-S., corr. S.-P. Ay., an xi, nᵒˢ 738, 1195; an xii, nᵒ 1301.
[6] Arch. S., L 101, fᵒ 209 v°.
[7] Arch. Maurienne, arr. S.-P. Maurienne, an xi.

« Considérant qu'il appartient au conseil municipal de régler la pâture des communaux et le nombre de bétail que l'on peut y conduire,

« Arrête ce qui suit :

« ART. 1ᵉʳ. Tout particulier qui aura des chèvres sera tenu d'en déclarer le nombre au maire de la commune dans le terme de huit jours et d'indiquer les lieux où il se propose de les mener paître.

« ART. 2. Le maire recueillera des notes et les présentera au conseil municipal qui délibérera, soit sur la quantité de chèvres que pourra tenir le particulier, soit sur les endroits où l'on pourra les conduire pour la pâture.

« ART. 3. Ce règlement rédigé, il sera défendu à tout citoyen d'y contrevenir à peine de l'amende et des dommages déterminés par la loi du 6 octobre 1791.

« ART. 4. En attendant, il est fait défense expresse d'aller dans les autres communes prendre des troupeaux de chèvres pour les faire pâturer dans la paroisse.

« ART. 5. Toute chèvre qui sera trouvée partie hors des endroits fixés par le conseil municipal, à moins qu'elle ne soit tenue à l'attache et sur les fonds des propriétaires, soumettra celui-ci à l'amende d'une journée de travail par tête d'animal et aux dommages réglés par l'article 18, titre II de la susdite loi.

« ART. 6. Si elles étaient trouvées dans les bois, le propriétaire sera soumis aux peines et dommages portés par l'article 38 du même titre.

« ART. 7. Les chèvres qui excéderont dans les pâturages indiqués par le conseil le nombre déterminé pour chaque habitant seront séquestrées et saisies au profit de la commune, si le propriétaire ne l'enlève pas dans le jour qui lui sera fait la notification.

« ART. 8. Les mari, père, mère, tuteur et maîtres sont civilement responsables des délits commis par leurs enfants, pupils (sic), mineurs et domestiques.

« ART. 9. Les gardes champêtres sont aussi responsables des contraventions qui se feront au présent, s'ils ne justifient pas de leurs diligences, soit pour les arrêter, soit pour en faire punir les auteurs.

« ART. 10. Les conseillers municipaux sont invités à faire eux-mêmes des visites pour découvrir les infractions qu'on y ferait.

« ART 11. Le présent arrêté sera publié deux dimanches consécutifs, à l'issue des offices divins, et il nous sera transmis un certificat de cette publication. »

Le sous-préfet de Saint-Jean avait perdu de vue l'arrêté des consuls du 19 pluviôse an X, qui soumettait les forêts communales au même régime que les bois nationaux et en confiait l'administration et la surveillance au personnel des Eaux et Forêts. Par suite, il n'appartenait pas au conseil municipal d'autoriser l'introduction des troupeaux dans des peuplements avant que le service forestier ne les eût déclaré défensables ; à côté et en outre de la loi du 6 octobre 1791, il y avait lieu d'appliquer le titre 32, 19 de l'Ordonnance de 1669.

C'est le sous-inspecteur de Maurienne qui, dans une lettre valant d'être citée, adressée à l'inspecteur des Eaux et Forêts, indique l'effet négatif produit par l'arrêté du sous-préfet, un an après, le 27 prairial an VII : « Toutes les communes de cet arrondissement entretiennent une si grande quantité de chèvres qu'il est impossible que les forêts puissent se repeupler, d'autant que les gardes, devant faire leur cour aux différents maires pour en obtenir leur payement, ne feront jamais de dénonciations sur cet article. Les maires et membres des conseils étant tous les plus riches des communes font la loi; ce sont eux qui entretiennent le plus grand nombre de chèvres et, à leur exemple, les petits particuliers en tiennent aussi ce que leurs facultés leur permettent d'acheter et tous ces animaux ne vivent que dans les bois.

« Je vous joins ici les renseignements que j'ai recueillis sur le nombre de chèvres entretenues dans neuf communes de ce canton seulement : Bonvillaret 1,000, Randens 10, Montsapey 1,500, Argentine 200, Saint-Georges-d'Hurtières 1,000, Aiguebelle 200, Saint-Alban 200, Montgilbert 200, Saint-Pierre-de-Belleville 500. Total : 5,800. Vous voyez combien ce nombre est effrayant; on se plaint de toutes parts qu'il n'y a plus de bois et partout, malgré les défenses réitérées, bien loin de détruire les chèvres, on en augmente journellement le nombre.

« Je ne puis obtenir des gardes de dresser des procès-verbaux contre les pâturages dans les forêts. Quelques-uns des gardes que j'ai menacés de la rigueur de la loi m'ont avoué que les autorités locales leur défendent d'en prendre connaissance. Je dois même vous avouer que le maire de Saint-Georges-d'Hurtières entretient dans les forêts de la commune, malgré les défenses réitérées. un troupeau considérable de ces animaux depuis le lever du soleil jusqu'à son coucher n'abandonnant pas les forêts... Quoique je ne vous parle pas des autres cantons de cet arrondissement, je sais très positivement qu'ils ne se conduisent pas avec plus de sagesse, car si on faisait le dénombrement de toutes les chèvres de la Maurienne, je suis persuadé que le nombre excède 50,000 [1]. »

Le préfet continue à prendre des arrêtés particuliers, quand il en est requis, pour interdire le libre pacage des chèvres [2]. pour soumettre à une taxe ces animaux et les moutons introduits sur les communaux. Mais il arrive assez souvent que ces arrêtés, pris sans l'avis du service forestier, provoquent de la part des agents des réclamations basées sur les dispositions de l'article 13, titre XIX de l'Ordonnance de 1669, défendant l'introduction des chèvres, brebis et moutons, non seulement dans les forêts, mais même «ès landes et bruyères, places vaines et vagues». Le préfet doit alors rapporter ses décisions. Les communes, de leur côté, protestent ouvertement contre la limitation ou l'interdiction du pâturage; elles font entendre des raisons qui ne devaient pas être complètement indifférentes aux administrateurs. Dans sa délibération du 5 mai 1806, le conseil municipal de Séez dit, par exemple, en réclamant le libre parcours en forêt : «Le sol de cette commune adossé aux Alpes ne produit, non plus que les environnantes, ni vin, ni autres boissons que l'eau; jusqu'à ce jour, le lait des brebis et des chèvres était le principal aliment des habitants et la laine de cette seconde espèce servait à leur vêtement. Toutes ces ressources leur sont retranchées à la fois par la maintenue des dispositions de cet arrêté (du 21 prairial an VIII); personne ne pourra plus tenir le bétail, *on ne pourra pas payer les contributions*, ces moyens étant ôtés.

« L'ancien gouvernement avait déjà fait des efforts pour extirper les chèvres, mais, s'étant convaincu qu'il en résulterait un plus grand mal par le calcul qu'il n'en avait fait. les choses en étaient demeurées là, et les chèvres comme l'autre bétail furent

[1] Arch. Maurienne, livre-journal du sous-inspecteur.
[2] Arch. S., l. 104, l. 108, f° 114; l. 114. f° s v°.

tollérées et elles devraient l'être davantage où il n'y a que des forêts de sapins comme
dans cette commune où le lait de chèvres tient lieu de vendange et leur chair d'aliment [1]»

Les sous-préfets de la région alpine appuient même les réclamations des populations,
insistent auprès du préfet pour demander au gouvernement une modification aux lois
sur ce point spécial [2]. C'est qu'en effet le nouvel inspecteur Guimberteau faisait appliquer strictement les règlements, saisir les chèvres surprises dans les forêts et infliger
l'amende de 3 livres par tête d'animal prévue par l'Ordonnance de 1669. Les Mau-
riennais prirent peur, commencèrent à vendre leurs chèvres et se proposaient de n'en
plus tenir quand leur sous-préfet les arrêta et invita les conseillers municipaux «à délibérer sur les moyens d'entretenir ces animaux sans endommager les bois [3]».

Une circulaire du directeur général des Eaux et Forêts, en date du 10 mars 1807,
relative à l'application du décret du 17 nivôse an XIII et de l'avis du Conseil d'État du
16 frimaire an XIV exigeant l'établissement chaque année d'un état des cantons défensables soumis désormais à l'approbation de l'administration, étant parvenue tardive-
ment, on continua cette année à autoriser le parcours du bétail en forêt au moyen
d'arrêtés préfectoraux [4].

Cette même année, en présence des protestations des municipalités qui soutenaient
que de nombreux terrains soumis au régime forestier et où, par suite, le pâturage
était interdit, n'avaient de forêt que le nom, le préfet du Mont-Blanc prit son arrêté
du 22 juillet pour faire vérifier la contenance des surfaces réellement boisées (voir plus
haut, section I, p. 341). Cet arrêté fut complété par les instructions données par
l'inspecteur général Dubois, le 28 mars 1809, qui appelait les agents forestiers à
contrôler les opérations des communes.

Cette révision du régime forestier et les distractions qui en devaient être la conséquence allaient trop lentement au gré des habitants; avant même que les décisions
administratives eussent consacré le résultat des déclarations dûment vérifiées, les maires
demandent aux sous-préfets d'autoriser le parcours dans la partie à abandonner au
bétail ou, au moins, d'empêcher le service forestier «d'employer autant de sévérité
envers ceux qui y mènent paître leurs bestiaux [5]».

Les communes de la haute Maurienne, Lans-le-Bourg, Lans-le-Villard, s'adressent
directement à l'Empereur qu'elles avaient vu souvent franchir le Mont-Cenis pour
obtenir le droit de livrer leurs forêts au pâturage [6].

Cependant, malgré la difficulté des lieux, malgré, aussi, le peu d'empressement ou
le défaut de payement du personnel forestier, la vérification des forêts s'achevait dans
la région alpine. Le 15 mai 1811, le préfet du Mont-Blanc «autorisait le pâturage des
bestiaux dans les terrains qui ont été reconnus ne pouvoir plus faire partie du sol
forestier, soit que la contre-vérification ordonnée par arrêté du 17 avril 1809 ait eu
lieu, soit que cette distinction ait été faite par les maires seulement». L'autorité faiblit,

[1] Arch. S., L 1151.
[2] Arch. Tarentaise, corr. S.-P. Tarentaise, 1806, n° 248.
[4] Arch. Maurienne, corr. S.-P. Maurienne, 1806, n° 60.
[4] Arch. S., L 118, f° 262.
[5] Arch. H.-S., corr. S.-P. Ay., 1809, n°° 837, 942; arch. Maurienne, corr. S.-P. Maurienne, 1808,
n° 1254.
[6] Arch. Maurienne, corr. S.-P. Maurienne, 1808, n°° 1009, 1091; arch. S., L 1133.

elle n'attend plus la contre-vérification par le service forestier. Le garde-général à Saint-Jean-de-Maurienne, pour prévenir des interprétations trop larges, adresse aussitôt aux brigadiers les instructions suivantes : «Connaissant le travail de la plupart des maires de cet arrondissement, je crains que cet arrêté donne lieu à des abus et des dégradations qui, en un seul instant, nous feraient perdre le fruit de notre surveillance de nombre d'années. Il est donc nécessaire que je vous observe que les bois résineux tels que le sapin, le mélèze, le pin, etc., enfin les bois qui ne reproduisent pas par souches ne peuvent jamais être déclarés défensables et que l'introduction du bétail y est absolument interdite. Ce n'est que dans les bois taillis reconnus défensables que les bestiaux seront introduits; dans tous les cas, les permissions de pâturage ne peuvent jamais concerner les moutons, les boucs et les chèvres qui sont le fléau des bois et trouvent toujours le moyen de les atteindre et de les abroutir [1]».

Le garde-général s'illusionnait en s'imaginant pouvoir préserver ses forêts, car le préfet, en pratique, alla jusqu'à absoudre, pour des considérations absolument étrangères à l'économie agricole, ceux dont les chèvres étaient surprises en forêt. La lettre suivante du 24 avril 1811, adressée à l'inspecteur des Eaux et Forêts à Chambéry, donne les causes de tant de mansuétude; elle eut pu servir encore un siècle plus tard en d'autres localités :

«Monsieur l'Inspecteur, dans ma tournée à Saint-Pierre-d'Albigny pour la levée de la conscription, il m'est revenu que le brigadier forestier employé dans la commune avait opéré la saisie de 15 chèvres pâturant en contravention dans la commune de Saint-Jean-de-la-Porte; cette saisie, quoique conforme aux règlements, m'a paru, dans la circonstance, très rigoureuse et j'ai cru devoir, pour donner aux habitants une preuve de la bienveillance du gouvernement qui désire plutôt prévenir les délits que de trouver des coupables, inviter le brigadier à restituer les chèvres saisies et à ne donner aucune suite au procès-verbal. Vous reconnaîtrez avec moi que cet acte devenait nécessaire dans un moment toujours pénible pour les habitants, celui de la levée de la conscription [2].»

Sentant la préfecture céder, les municipalités se montrèrent plus exigeantes, déclarèrent insuffisant l'arrêté du 15 mai 1811. Certains maires allèrent jusqu'à dire que si les habitants étaient «soumis aux lois et règlements forestiers pour faire des coupes dans la partie des terrains qui est plantée de broussailles, ils seraient obligés de réduire le nombre de leurs bestiaux, vu que les pâturages qui existent n'étant pas suffisants pour les nourrir, ils ont, de tout temps, eu recours aux feuillerins provenant de ces broussailles pour y suppléer [3].» D'autres demandent et obtiennent le parcours dans des bois de 5, de 4 et même de 3 ans.

Les forestiers, par contre, avaient, on vient de le voir, une tendance déjà ancienne à tenir ferme et à ne pas étendre les facilités données par l'arrêté préfectoral. De là des heurts, des procès-verbaux dressés par les préposés, des protestations des populations, des recours au préfet qui décida que «l'administration forestière n'avait plus rien à faire dans les surfaces distraites du régime forestier, sauf pour les coupes de broussailles [4].»

[1] Arch. Maurienne, livre-journal du garde-général, 1811, n° 527.
[2] Arch. S., L 1136.
[3] Arch. H.-S., Corr. S. P. Ay., 1811, n° 612; Arch. Maurienne. Arr., 1813, n° 140.
[4] Arch. H.-S., Corr. S. P. Ay., 1811, n°˙ 229, 758; Arch. Maurienne, Corr. S. P. Maurienne, an x, 25 mess.

Toutefois, le préfet refusa toujours de laisser faire du feuillerin dans ces terrains enlevés à la surveillance des agents des Eaux et Forêts [1]. Les communes eurent beau revenir à la charge, réitérer leurs demandes, la décision prise fut maintenue. Mais le personnel forestier déjà démoralisé en arriva à laisser dévaster les forêts : une lettre de l'inspecteur Guimberteau au préfet, du 25 août 1812, dépeint la situation. Le garde général Adam « s'était rendu lui-même dans les bois de Francin, accompagné de deux gardes; il les avait trouvés broutés pour être fréquentés par les bestiaux; ils étaient même maltraités par la hache... Trouvant mal conservée cette portion...., il avait voulu s'assurer si tous les bois... étaient aussi peu soignés. A cet effet, il était entré dans le bois de Sainte-Hélène-du-Lac, il les avait trouvés remplis de bestiaux, y ayant même des troupeaux de moutons en plein bois et la plus grande partie des vaches était dans la coupe de cette année. Le garde étant survenu à ce moment, il lui avait fait de vifs reproches... Cet employé lui avait répondu que le maire actuel de Sainte-Hélène-du-Lac, qui dit être très bien avec vous (préfet), l'avait menacé de le faire destituer s'il rédigeait des procès-verbaux pour délits de pâturage, c'est ce qui l'avait empêché de verbaliser, même dans les bois de Francin. Le garde général s'est contenté de faire sortir les bestiaux sans dresser de procès-verbal, les bergers lui ayant unanimement rapporté que le maire leur avait dit qu'ils pouvaient parcourir tous leurs bois et que si M. Adam les en empêchait il lui apprendrait à vivre. Voyant les habitants dans cette croyance, il n'avait pas voulu les rendre victimes de la confiance dans laquelle ils étaient et il dit que les bois sont mangés de la manière la plus pitoyable, quoique le parcours de cette commune, non compris les bois en réserve, soit très étendu [2] ».

Dans les montagnes, outre la destruction progressive de l'état boisé, le pacage avait parfois pour conséquence de rendre dangereuse la circulation sur les grandes routes établies dans la vallée, au bas des pentes. Les sous-préfets eux-mêmes dénoncent la menace suspendue sur la tête des voyageurs [3].

La question des pâturages subit dans le département du Léman une évolution analogue : l'arrêté préfectoral du 2 novembre 1811 ordonna la révision du régime forestier de manière à rendre au libre parcours du bétail tous les terrains qui ne pouvaient être classés comme bois. Mêmes impatiences de la part des communes, mêmes difficultés du côté du service forestier que dans le Mont-Blanc.

Au printemps 1813, l'inspecteur des Eaux et Forêts avait formellement interdit d'introduire des bestiaux dans les bois non déclarés défensables : protestation générale des municipalités. Les sous-préfets prennent fait et cause pour la population, objectent que des arrêtés préfectoraux spéciaux avaient autorisé le parcours dans nombre de forêts communales et qu'ils ne sauraient être mis à néant par la décision de l'inspecteur. Saisi de ces protestations, l'inspecteur fait la sourde oreille, ne retire d'abord rien officiellement : il avise seulement les gardes généraux d'avoir à regarder comme non avenue la défense portée.

Cependant des préposés rencontrent des troupeaux de moutons en forêt, les mettent en fourrière. Le sous-préfet de Bonneville insiste auprès de l'inspecteur : « Je suis harcelé de réclamations de la part de mes administrés, je ne sais que leur répondre. La mesure

[1] Arch. H.-S., Corr. S. P. Ay., 1813, n° 388.
[2] Arch. S.-L., 1139.
[3] Arch. Tarentaise, Corr. S. P. Tarentaise, 1809, n° 480.

est-elle rapportée? il faut que les communes sachent à quoi s'en tenir. » Par lettre du 7 juin 1813, l'inspecteur Ferry de Bellemare leva pour cette année l'interdiction qu'il avait édictée [1].

L'invasion autrichienne vint empêcher ces discussions de se renouveler : en substituant aux autorités établies des commissions subsidiaires d'administration, formées de notables du pays, elle permit à certaines municipalités de demander l'introduction des chèvres dans les forêts communales, ce qui leur fut accordé sous condition d'une entente avec le brigadier forestier local, trop besogneux et désireux d'être payé de son traitement arriéré pour refuser [2].

SECTION VII.
Le commerce des bois.

La réunion de la Savoie, de la République de Genève, d'une partie des cantons suisses de Vaud et du Valais à la France supprimait la possibilité d'exporter des bois en dehors des barrières douanières d'une façon à peu près totale. Seule, la côte nord du Léman permettait l'approvisionnement en bois de feu de Lausanne et de ses environs.

Les coupes des forêts communales étaient le plus souvent délivrées et il est presque impossible de se faire une idée de la valeur des bois d'après les taxes imposées aux bénéficiaires, taxes dont le montant variait suivant les années et les localités. Le pied d'arbre est souvent cédé pour o fr. 40 [3], o fr. 25 le plus souvent. Mais ce n'est pas dans ces coupes d'urgence qu'il faut chercher la valeur du bois, c'est dans les adjudications publiques, dans les mercuriales.

Il est clair que pour les coupes par contenance les prix variaient suivant la nature et la densité des peuplements, suivant l'éloignement et la facilité de la vidange et suivant la prospérité du pays.

Au début du Consulat, en l'an IX, on relève les transactions suivantes :

			PAR HECTARE.
Forêts	de Saint-Hugon.	Taillis de hêtre vendu...............	132f 00
		Taillis de chêne vendu...............	1,283 00
	de Hautecombe.	Taillis et futaie, hêtres mutilés.........	183 00
	d'Aillon......	Taillis et futaie, hêtre, lieu dit Saint-Bruno.	367 05
		Taillis et futaie, hêtre, au Lindar........	160 05

Dans les ventes de l'an XI, on note :

Forêts	de Saint-Hugon.	Hêtres, à Préchevrier................	350 06
	d'Aillon......	Sapin et hêtre, lieu dit aux Embruniers...	319 05
		Sapin et hêtre, lieu dit Mollard-Prapollier.	1,496 03
	de Bellevaux...	Hêtres, lieu dit à Taillaz-Coutaz.........	350 00
	de Tamié.....	Commune de Verrens, lieu dit à la Chèvrerie, 3,000 sapins valant l'un............	8 33
		Commune de Plancherine, lieu dit Grande-Forêt. Hêtres....................	297 06

[1] Arch. H.-S. Corr. S. P. Fy., 1813, nᵒˢ 835, 837, 879, 906.
[2] Arch. H.-S Corr. Comm. subs. Fy., 1814, nᵒ 271.
[3] Arch. S.-L 114. fᵒ 165.

On ignore le matériel exact correspondant à de tels prix : mais cette même année on trouve que le bois de feu rendu au marché d'Annecy valait 6 francs le stère, 7 à Rumilly [1].

La Tarentaise qui alimentait la minière de Peisey et la saline de Moutiers formait un marché spécial, où la valeur du bois variait en proportion inverse de la distance du parterre de la coupe au lieu de consommation. Pendant cette même année, an XI, on a vendu [2] :

Forêts communales	de Cevins une coupe jardinatoire de sapins et hêtre 2,000 arbres, l'un...............................	1ᶠ 25
	de La Bathie (l'hectare).............................	183 10
	de Longefoy (l'hectare).............................	157 50

La mine de Peisey achète le bois de feu dans les forêts de :

	AN XIV.		1809.	
	QUANTITÉ.	VALEUR.	QUANTITÉ.	VALEUR.
	stères.	francs.	stères.	francs.
Longefoy........................	2,000	0 55	1,200	0 50
			400	0 60
Aime............................	2,000	0 60	"	"
	1,000	0 75	"	"
Bourg-Saint-Maurice................	1,200	0 60	"	"
Hauteville-Gondon..................	600	0 38	"	"
Bellentre........................	320	0 62	"	"
Villaroger.......................	1,600	0 45	800	0 30
Macot...........................	2,000	0 50	"	"
N.-D.-du-Pré.....................	"	"	2,000	0 20

Le charbon de bois pour la mine se vendait en l'an XIV, à Aime, 0 fr. 75, ce qui pour 3,000 charges correspond à 2,161 stères de bois payés charbonnés 1 fr. 04. Pour les bois ouvrés, on a une série de prix de la minière de Peisey pour les produits provenant de la forêt communale de Le Bois et transportés à pied d'œuvre :

Planches de 8 pieds de long, 8 à 10 pouces de large, 15 à 18 lignes d'épaisseur..	9ᶠ 00
Parefeuilles de 8 pieds de long, 6 à 8 pouces de large, 9 lignes d'épaisseur.	4 00
Liteaux de 14 pieds de long, 2 pouces 1/2 de large, 1/2 pouce d'épaisseur.	7 00
Bois en grume, 26 pieds de long, diamètre de 6 à 9 pouces, équarris ou dressés seulement sur une ou deux faces, à 0 fr. 45 le pied, ce qui porte le prix de la pièce à....................	11 70
Soliveaux de 26 pieds de long et de 4 pouces d'équarrissage, le pied......	0 25
Soliveaux ordinaires de 3 à 4 pouces de diamètre, le pied.............	0 10

L'ingénieur en chef fait remarquer que ces prix sont relativement hauts [3].

La Haute Maurienne, avec les importants travaux de l'hospice, des refuges et de la route du Mont-Cenis, de la caserne et de l'auberge de Lans-le-Bourg, avait aussi d'im-

[1] Arch. H.-S. Corr. S. P. Ay., an XI, n° 63.
[3] Arch. Tarentaise. Série 1; n° 71.
[2] Arch. Tarentaise. Série 1; n° 74.

portantes exploitations de coupes. Les ventes se faisaient par pied d'arbre : d'après
les adjudications ou les délivrances faites aux entrepreneurs, en 1809-1810, la valeur
de l'arbre variait :

Mélèze, de...	3ᶠ 5u à	6ᶠ 77
Sapin, épicéa, de...	1 33	3 5u
Pin sylvestre ou de montagne, de..........................	0 3u	3 0o

Les forêts exploitées étaient celles de Bramans, Sollières-Sardières, Termignon,
Aussois, Lans-le-Villard et Lans-le-Bourg.

SECTION VIII.

La politique forestière.

Au point de vue de l'Administration, la Révolution avait supprimé la juridiction
spéciale des Eaux et Forêts, soumis toutes les affaires forestières aux tribunaux ordinaires. Plus de tables de marbre ni de grûries seigneuriales.

La reconstitution d'une administration spéciale en remplacement des anciennes
maîtrises fut l'œuvre de nombreuses dispositions législatives : lois du 29 septembre 1791,
12 mars 1792, arrêté du Comité du salut public de vendémiaire an IV, loi du 16 nivôse
an IX, arrêté gouvernemental du 6 pluviôse an IX, décrets du 7 thermidor an XIII et
du 23 mai 1806.

I. Dans la gestion forestière on ne trouve que peu de directions d'ensemble. Considérablement agrandi par la nationalisation des biens ecclésiastiques et la confiscation
des terres des émigrés, le domaine de l'État était devenu immense : mais, dans les
directoires et administrations de département, il semble qu'on se désintéresse des
forêts laissées à l'abandon, livrées au pillage des riverains et des spéculateurs. Quand la
surveillance des massifs fut organisée, les empiètements, les aliénations licites ou non
avaient déjà réduit sérieusement la surface des bois nationaux.

Le principe initial posé par les assemblées révolutionnaires, c'était. en effet, l'aliénation. Toutefois, la loi du 25 juillet 1790 admettait déjà une restriction en matière
de forêts : un décret était nécessaire pour chaque forêt. La loi du 23 août 1790 s'élève
au-dessus de la question financière. Elle reconnaît « que la conservation des bois et
forêts est un des objets les plus importants et les plus essentiels aux besoins et à la
sûreté du royaume et que la nation seule, par un nouveau régime et une administration
active et éclairée, peut s'occuper de leur conservation, amélioration et repeuplement
pour en former en même temps une source de revenu public ». Les grandes masses de
forêts ne doivent plus être aliénées; on ne pourra vendre que les boqueteaux de moins
de 100 arpents : pour ceux de plus de contenance, isolés et distants de plus de
1,000 toises de bois de grande étendue, il fallait l'avis de l'assemblée du département.

Tout en insistant sur la nécessité de réaliser le domaine de l'État, la loi du 1ᵉʳ décembre 1790 (art. 12) fait encore exception pour les grandes forêts nationales. Mais
une nouvelle loi du 2 nivôse an IV vint autoriser « la vente des bois d'une contenance
moindre de 15,000 ares, séparés et éloignés des autres bois et forêts d'un kilomètre
au moins ».

Après les désastreuses campagnes de Russie, d'Allemagne et de France, la loi de finances (déjà!) du 23 septembre 1814 portait « qu'il serait vendu jusqu'à 300,000 hectares de bois de l'État, sol et superficie, dont le produit serait affecté au paiement et à l'amortissement des obligations du trésor royal ».

En Savoie, les agents ne paraissent avoir en vue que d'assurer la protection des massifs domaniaux et d'en tirer des revenus.

En ce qui concerne les aliénations, l'Administration centrale du Mont-Blanc adressa, le 24 brumaire an VII, aux experts nommés des instructions sur l'estimation des biens nationaux à mettre en adjudication. Elle reproduit et développe la circulaire du 9 fructidor an VI du Ministre des finances, relative à l'application de la loi du 6 floréal an IV. Les parties relatives à l'évaluation des cantons boisés sont assez intéressantes :

« La valeur vénale de l'objet estimé sera fixée à huit fois le prix d'estime du revenu annuel, s'il s'agit de biens ruraux... Les bois taillis dépendants d'un corps de ferme seront estimés séparément, lorsque le bail n'en attribue pas la coupe au fermier. Mais si le bail en attribue la coupe au fermier, il sera seulement procédé à l'estimation des baliveaux et arbres de réserve, dont le prix d'estime sera joint à celui du restant du domaine pour composer le total de sa valeur.

« Les bois, tant de futaie que baliveaux sur taillis, dont la contenance n'excédera pas 300 arpents (15,000 ares) et qui seront éloignés des forêts de plus de 1,000 toises (2 kilomètres) en calculant cette distance à vol d'oiseau et non par les chemins ordinaires, sont estimés de la manière suivante :

« L'expert chargé de procéder aux estimations s'adjoindra l'agent forestier du canton de la situation des bois à estimer, et, en sa présence, après vérification faite par ce dernier de la contenance desdits bois et de leur distance des forêts dont il sera, ainsi que de son dire et de ses observations, dressé procès-verbal, si le bois dont s'agit est déclaré aliénable, aux termes de la loi du 26 vendémiaire et des instructions y relatives, l'estime en sera faite comme suit.

« D'abord il sera dressé procès-verbal de l'état de croissance des bois.

« S'il résulte qu'ils soient parvenus à l'âge où la coupe peut s'en faire convenablement en tout ou en partie, cette coupe sera estimée et formera un objet de vente distinct dont la première mise à prix sera huit fois le prix d'estime.

« Les fonds, avec baliveaux ou taillis qui y sont réservés pour la repopulation de la forêt, seront de même estimés séparément et feront un autre objet de vente. Si le bois se trouve divisé en coupes annuelles, alors on n'estimera pour être mis en vente séparément que la coupe de l'année et le surplus du bois sera estimé conjointement avec les fonds et le tout vendu ensemble sur une première mise à prix de huit fois le prix d'estime [1]. »

Comment se fit l'estimation des cantons boisés à aliéner ? On ne sait; mais les résultats des expertises antérieures à l'an VI avaient été certainement très défectueux, car, le 15 germinal an VIII, l'Administration des Domaines est informée que « la multiplicité des ventes requises en exécution des lois du 28 ventôse et 6 floréal an IV n'ayant pas permis aux administrateurs de vérifier précisément les objets dont on sollicitait les ventes, il en est résulté qu'il a été consenti des ventes de bois taillis et de haute futaye

[1] Arch. S.-L 41.

donnés sous la dénomination de broussailles; mais cette Administration, sur état qui lui a été transmis par la régie, le 24 ventôse dernier, a suspendu par un arrêté du 26 toutes coupes de bois dans ces forêts et fait défense aux acquéreurs d'enlever les bois coupés existant dans lesdites forêts, jusqu'à ce qu'ils ayent fourni leurs moyens de défense et qu'il ait été prononcé sur la validité de ces aliénations par le Ministre des finances et ordonné que la notification leur en serait faite par les administrations municipales du lieu de leur domicile[1]».

Le 24 ventôse précédent, une note du Directeur des Domaines énumérait les cantons aliénés contrairement aux lois, savoir :

Contrats des 3 et 15 thermidor an IV et 6 pluviôse an V :
Communes de Plancherine et de Seythenex, lieu dit le Haut-
du-Four 279ᵇ 23ᵃ 85
Commune de Chevron, { lieu dit la Cassine............. 71 64 42
/ lieu dit à la Plancherine........ 4 13 10
('Tous ces bois, sapins et hêtres, haute futaye, faisant
partie des grandes forêts de la cy-devant abbaye de
Tamié.)

Contrats du 15 thermidor an IV :
Communes de Verrens { lieu dit la Chèvrerie.......... 93 51 63
et de Jarsy, / lieu dit le Haut-du-Four....... 205 07 20

Contrat du 3 fructidor an IV :
Commune de Plancherine, { lieu dit La Tour............. 13 63 42
{ lieu dit Les Charvins......... 3 64 42

Contrat du 21 vendémiaire an V :
Commune d'Aillon, lieu dit La Fully................. 10 47 90

Contrat du 25 thermidor an IV :
Commune de Saint-Pierre-de-Curtille, lieu dit la Côte-d'Hautecombe.. 67 87 10

Contrat du 1ᵉʳ fructidor an IV :
Commune de Jassy, lieu dit Chérel.................. 119 76 00

TOTAL.......................... 868 96 04

Report......................... 868ᵇ96ᵃ 04

Cette liste même n'est pas complète : il faut y ajouter au moins :

Contrat du 3 thermidor an IV :
Commune de Seythenex, lieux dits : les Ollières, les Ortiers,
le Plan-du-Tour.............................. 103 68 31

Contrat du 3 fructidor an IV :
Commune de Chevron, lieu dit Pontverre.............. 24 05 93

Contrat du 17 vendémiaire an V :
Commune d'Aillon, lieu dit La Fully................. 25 00 00

Contrat du 21 vendémiaire an V :
Commune de Faverges, haute futaie, sapin et hêtre, lieu dit
Curtillet.................................. 7 00 00

TOTAL.......................... 1,028 70 28

[1] Arch. S. Q., n° 1.

Tous ces contrats avaient été passés avant l'arrivée en Savoie des agents forestiers; «les ventes ont été faites sans estimation en fonds et superficie; les experts n'étaient pas allés sur place et avaient fait un prix d'après les données du cadastre et avaient compté comme rocs et broussailles ce qui était en haute futaie».

Aussi, le 26 ventôse an VIII, le conservateur des Eaux et Forêts, après avis du directeur des Domaines, de l'inspecteur des Eaux et Forêts du Mont-Blanc et du commissaire du Gouvernement près de ce département, prit-il un arrêté invitant les acquéreurs de ces forêts à fournir, dans la décade, leurs observations au sujet des bois qu'ils avaient achetés [1].

Un arrêté des consuls du 24 thermidor an IX prescrivit de faire un état des forêts domaniales non aliénables en vertu de la loi du 2 nivôse an IV : cette décision mit fin aux ventes arbitraires qui avaient eu lieu antérieurement.

Quand les frontières de France furent ouvertes aux émigrés, la question de restitution des biens confisqués se posa : le principe en fut admis par le sénatus-consulte du 6 floréal an X, sauf pour les forêts. Tous les massifs déclarés inaliénables par la loi du 2 nivôse an IV demeuraient la propriété de la République.

Après la chute de Napoléon, une ordonnance du roi, du 21 août 1814, et une loi du 5 décembre suivant avaient rendu aux émigrés leurs biens confisqués, non vendus. On a vu plus haut[2] que les intéressés avaient présenté leurs revendications, mais le traité du 20 novembre 1815 remettant la totalité de la Savoie au roi de Sardaigne intervint avant que fussent faites les restitutions aux émigrés [3].

Il y avait, en outre, à appliquer la loi de finances du 23 septembre 1814. Une circulaire du baron Louis, Ministre des finances, spécifia que la vente ne devait porter que sur les cantons boisés, isolés, de moins de 150 hectares et sur les parties des grands massifs formant des angles saillants sur les propriétés particulières. Le 23 octobre, le Ministre avait écrit à ce sujet au baron Finot qui adressa, le 7 novembre, les intéressants renseignements qui suivent :

«Je n'ai aucun sujet de penser que cette vente puisse produire aucun effet désavantageux sur l'esprit public. Les bois susceptibles d'être vendus, d'après le compte général que je me suis fait présenter, proviennent tous d'ordres religieux supprimés. Leur vente ne peut, sous ce rapport, affecter d'une manière défavorable ni le clergé qui n'y a aucun droit, ni les habitants qui ne peuvent en avoir l'usage. Les acquéreurs ne seront, de même, écartés par aucune crainte de se voir blâmés dans leur achat ou inquiétés dans leur propriété [4].

«Toutefois, je crois devoir vous observer que le moment actuel serait très mal choisi pour opérer cette vente d'une manière profitable pour le Gouvernement. Le sort de ce département, fixé par le traité de paix, ne l'est point dans l'opinion de la plupart des habitants... Les personnes qui désirent la réunion du Mont-Blanc au Piémont n'omettent aucun moyen d'entraver nos mesures. Cet état de défiance qui paralyse toutes les opérations administratives serait surtout funeste au succès des ventes dont il s'agit. L'issue du Congrès pourra seule nous faire sortir de cette position critique et je sup-

[1] Arch. S.-L 41, f° 100-L 45, fol. 115.
[2] Chap. III, section III.
[3] Arch. S. Corr. P. avec Min. 27 mars 1815.
[4] Arch. S.-L 246, f° 97 v°; L 1149.

pose que Votre Excellence pensera, comme moi, qu'il convient d'attendre cette époque pour la vente des bois dans le département. »

Le préfet n'en pressa pas moins le service forestier de procéder à la reconnaissance et à l'estimation des forêts destinées à être vendues[1]; mais la seconde invasion et le retour de la Savoie au royaume de Sardaigne empêchèrent les opérations d'aboutir. En résumé, l'État français qui n'avait trouvé en 1792 dans le domaine royal que la seule forêt de Mandallaz, 104 hectares, remettait en 1815 à Victor-Emmanuel Iᵉʳ la propriété de près de 100 kilomètres de forêts (9,960 hectares 84 ares).

II. Le titre XXV de l'Ordonnance de 1669 donnait aux maîtres des Eaux et Forêts les droits de surveillance et de gestion sur les bois des communes. La loi du 29 septembre 1791 avait, de même, confié aux agents forestiers les opérations des coupes dans ces bois, mais elle accordait aux corps administratifs une trop large part dans l'administration des bois : en décidant que les forêts communales seraient soumises au même régime que les domaniales, l'arrêté du 19 ventôse an x fit cesser les abus que l'immixtion des municipalités en matière forestière avait engendrés pendant la Révolution.

La tendance de la législation était donc de plus en plus favorable à la conservation des massifs communaux. Mais la propension qu'avaient les premières assemblées révolutionnaires à affranchir communes et particuliers de la tutelle et du contrôle de l'État eut sur les forêts communales de Savoie une répercussion fâcheuse; avec l'absence de toute organisation forestière, l'idée déjà ancienne de la répartition des biens des communes entre les communiers, souvenir de l'antique co-propriété, fut mise en pratique. Un décret de la Convention du 10 juin 1793 posait en principe (art. 3) que toutes les propriétés appartenant aux communes pourraient être l'objet d'un partage, si elles en étaient susceptibles, à l'exception toutefois « des bois communaux qui seront soumis aux règles qui ont été ou qui seront décrétées pour l'administration de forêts nationales.» On accepta le principe qui permettait de satisfaire tant d'appétits sans s'arrêter à la restriction imposée; les membres des municipalités étaient eux-mêmes trop intéressés à ces accaparements pour dénoncer au département les infractions à la loi. Les défrichements très nombreux sur les cônes de déjections des torrents et les bords des rivières amenèrent la divagation des eaux sauvages et attirèrent l'attention de l'Administration centrale. Quand les premiers agents forestiers furent installés dans le Mont-Blanc, ils reçurent, ainsi que les commissaires du Directoire exécutif auprès des cantons, la circulaire ci-après datée de Chambéry, le 22 thermidor an vi : « Citoyens, plusieurs communes s'occupent en ce moment du partage des biens communaux. Cette opération exige de votre part une surveillance particulière. Il est beaucoup de ces biens appartenant aux communes qui ne peuvent être partagés d'après les articles 4 et 8 de la loi du 10 juin 1793. La dévastation des forêts, qui a surtout augmenté d'une manière effrayante depuis la Révolution et qui aurait pour suite inévitable une pénurie de bois absolue dans quelques communes, exige que vous teniez scrupuleusement la main pour le maintien des dispositions de l'article 4, dans le cas où les bois auraient été défrichés en partie... Dans aucun cas, vous ne devez tolérer le partage jusqu'à ce que

[1] Arch. S.-L 446, f° 341.

25.

les visites des agents forestiers ayent été faites et leurs procès-verbaux dressés en conformité de l'article 8... »[1].

Le mouvement était si bien lancé que, malgré ces instructions, on vit des communes demander à partager les communaux entre les habitants : l'inspecteur des Forêts et le Directoire du département y faisaient d'ailleurs opposition. Ces tentatives se renouvellent sous le Consulat et l'Empire. Parfois les motifs invoqués à l'appui des propositions de partage ne manquent pas d'originalité. Ainsi, le 28 août 1811, dans une lettre au préfet, le maire de Saint-Jean-d'Arvey expose que la destruction des bois a les plus graves inconvénients, que des ravinements se forment qui engravent villages et chemins : en 1810, le hameau de Montagny «faillit être entraîné ou couvert de marrhein et pierres, car les premières maisons en furent encombrées jusqu'aux toits». Chaque année le conseil municipal a fait des observations qui demeurent lettre morte : «Les broussailles ne laissent pas que d'être dévastées chaque jour par les particuliers qui, au mépris de l'intérêt général, coupent non seulement tout ce qu'ils peuvent, mais encore arrachent les troncs et les racines et, qui plus est, font encore brouter par leurs bestiaux, au printemps, les bourgeons naissants des plantes qu'ils coupent encore dans la sommité pour litière.» Le maire ne voit «aucun moyen pour restaurer ces bois et mettre conséquemment la commune à l'abri de sa perte, si ce n'est d'abandonner toutes ces broussailles en propriété aux particuliers avec faculté de les faire porter à leur colonne pour la portion que chacun en aura, d'après le partage qui en sera fait par l'autorité locale, parce que, pendant que ces broussailles seront communales, elles seront toujours dévastées et que, quand elles deviendront propriétés particulières, chaque particulier en aura soin, élèvera les jeunes plantes pour en former un taillis, les élaguera, ne coupera que les ronces, épines et les plantes qui ne seront pas susceptibles d'accroissement et enfin soignera si bien sa propriété qu'il est plus que certain que, dans dix ans, les habitants auront par ce moyen de beaux bois plus que suffisants pour leur affouage [2].» On ne savait pas les habitants de Saint-Jean-d'Arvey si bons sylviculteurs, ni les pentes du Pennay si fertiles !

Dans le département du Léman, le partage des forêts communales n'était pas moins en faveur [3] et parfois consacré par des décisions administratives, des arrêts du conseil de préfecture.

Mais il est arrivé aussi que les partages ont été réalisés de fait, sans que l'autorité départementale ait été consultée : et ces partages n'ont été connus que longtemps après, quand ils l'ont été. Ainsi à Tournon [4], à Ruffieux, les habitants se sont divisé la forêt communale par lots et par feux, en 1804, et se comportaient vis-à-vis de ces lots en vrais propriétaires; mais le maire se réservait le droit de délivrer les permis d'exploiter et, comme d'ordinaire, les conditions imposées étaient assez strictes; qu'on en juge par cette autorisation : «Il est permis à François Ritaud d'aller couppé du bois à la montagne sur son laux lundi douze de mars, et il lui sera accordé un jour suivant pour le sortir et il lui ait défendu de faire des roulos de bois, ni de les faire roullet sur les laux des autres, ni sur les siens sous peine de la mande et de la confiscation du bois.» Quelles protestations n'a pas soulevées l'interdiction du roulage

[1] Arch. H.-S. L 3/84, p. 357.
[2] Arch. S.-L 1138.
[3] Arch. H.-S. Corr. S. P. Fy., 1812, n° 3118, 4571.
[4] Arch. H.-S. L 1129.

par l'Administration forestière dans les coupes communales [1]! Mais contre le maire, personne ne dit mot. C'est encore le maire qui, en 1814, poursuit devant le juge de paix les délits commis dans les bois de la commune. Ne vit-on pas des maires vendre aux enchères, sans aucune autorisation, des terrains communaux boisés, acquérir quelques-uns de ces lots, les défricher et poursuivre avec énergie la rentrée du prix de ces adjudications [2]!

Cependant, il faut le reconnaître, la population préférait se partager gratuitement les communaux plutôt que d'en payer la valeur, ce qui est bien naturel. Aussi, quand la loi du 20 mars 1813 vint ordonner la vente des biens communaux pour alimenter la caisse d'amortissement, nombre de communes de Savoie protestèrent-elles avec véhémence. Cette loi ne concernait d'ailleurs pas les bois, pâtis, tourbières, dont les habitants jouissaient en commun : mais, malgré cette restriction, il se trouva certaines communes, comme Hauteville-Gondon, qui profitèrent de la circonstance pour aliéner des bois non soumis au régime forestier [3]. En résumé, alors que les lois avaient en vue la conservation du domaine forestier communal, la tendance générale allait plutôt vers le partage des bois ou leur vente entre les habitants. Ce mouvement, ajouté aux usurpations et empiètements des riverains des massifs boisés, est venu se superposer aux aliénations consenties à la fin du siècle précédent par les municipalités savoisiennes pour le rachat des servitudes féodales : la résultante de ces réactions de même sens contre le patrimoine forestier des anciennes communautés a été une diminution d'environ 33,308 hectares dans la contenance des forêts communales de 1738 à 1814.

CHAPITRE VIII.

POLICE ET CONSERVATION DES BOIS. DÉLITS.

En ce qui concerne les juridictions et les pénalités, il suffit de se reporter à ce qui a été dit plus haut (chapitre II et chapitre IV, section III).

SECTION I.

Des délits forestiers.

§ 1. MULTIPLICITÉ DES DÉLITS.

La constatation des délits forestiers, d'après l'Ordonnance de 1669, était faite par les gardes. D'après la loi du 29 septembre 1791, titre IV, titre XII, art. 6, les préposés, tant domaniaux que communaux, demeuraient également chargés de dresser procès-verbal de toutes les infractions commises dans les forêts publiques; mais l'article 3 du titre VIII de cette même loi accordait aussi aux corps administratifs le droit

[1] Arch. H.-S. L 1137. L. 1132.
[2] Arch. H.-S. L 1133. Les cheraines. 1807.
[3] Arch. Tarentaise. Corr. S. P. Tarentaise, passim; Arch. S.-L 1143.

de dresser des procès-verbaux et de les transmettre « avec leur avis et observations, soit à la conservation générale, soit au pouvoir exécutif, soit au Corps législatif pour prendre les mesures qui seront jugées convenables ».

D'autre part, la loi du 6 octobre 1791 confiait la police des campagnes aux juges de paix, aux officiers municipaux, aux gardes champêtres et aux gendarmes.

On a vu, avant l'installation de l'Administration des Eaux et Forêts, combien insuffisantes avaient été la constatation et la répression des délits forestiers.

L'Administration centrale du Mont-Blanc stimulée par le commissaire du Directoire exécutif accrédité auprès d'elle et aussi par les inspecteurs des Eaux et Forêts, arrivés à Chambéry en vendémiaire, prit, le 5 prairial an vi, un arrêté invitant les municipalités de canton à procéder à la reconnaissance des forêts et à se conformer aux prescriptions de l'ordonnance de 1669. Ces municipalités firent publier dans les communes ladite ordonnance et envoyèrent les délégués visiter les forêts, y relever les délits[1]; à leur tour elles prirent des arrêtés au sujet des délivrances de bois, du pâturage, nommèrent des gardes[2]. Certaines même n'avaient pas attendu les ordres du département pour réglementer les coupes, l'écorçage et dénoncer les gardes négligents[3].

Les agents et notamment les gardes généraux récemment nommés adressent, de leur côté, des circulaires aux municipalités de canton pour leur demander de nommer des gardes communaux, les interroger sur les causes des délits (!) et leur rappeler leur rôle de protection[4] et réclamer leur concours dans l'élaboration du cahier des charges: mais, malgré cela, surtout dans les vallées alpines secondaires, les lois forestières sont peu observées. A la fin de l'an viii, le sous-préfet de Maurienne prend un arrêté ordonnant la publication à Saint-Colomban-des-Villards, pendant trois décades de suite, de la loi de 1791 : le maire avait signalé que dans les forêts communales on se livrait « à un brigandage ouvert, dont la répression était de toute urgence pour prévenir les avalaisons et éboulements de terre qui menacent d'engloutir le hameau ». A Tignes, la population n'est pas plus sage; à Saint-Alban un attroupement ayant à sa tête l'agent municipal menace de pillage les bois d'un particulier[5]. Les sous-préfets, peu instruits de la législation et pourtant désireux d'enrayer la dévastation des bois, donnent aux maires des ordres ou des conseils quelque peu incohérents : parfois, ils prescrivent à ces magistrats de dresser des procès-verbaux, de les adresser au juge de paix ou au tribunal correctionnel[6], sans trop spécifier. Le despote au petit pied qu'était le sous-préfet de Saint-Jean de Maurienne fait une circulaire destinée aux municipalités, le 3 nivôse an x; après avoir rappelé que le Ministre de l'intérieur a recommandé l'observation stricte des lois du 11 septembre 1789 et 29 septembre 1791, il ajoute : « Que tous les délits qui vous seront dénoncé par les gardes ou autrement soient au plus tôt constatés par un procès-verbal de votre part et que, sans attendre l'invitation du garde, vous vous transportiez de suite sur les lieux pour cet objet.

« Que ces actes soient remis au plus tôt au juge de paix, afin qu'il poursuive le

[1] Arch. H.-S. L 3/84, p. 314, 316, 325; L 3/6, p. 41 v°.
[2] Arch. H.-S. L 3/53. p. 7.
[3] Arch. H.-S. L 3/21, f° 23 v°, 27 v°, 92, 115 v°, 119 v°, 124 v°.
[4] Arch. Tarentaise. Série 1. n° 67. Adm. mun. Moutiers, 28 vend. an vii.
[5] Arch. Maurienne. Arr. S. P. Maurienne. 6 mess an viii; Arch. S.-Q. 26.
[6] Arch. Tarentaise. Corr. S. P. Tarentaise. 3 vend. an ix.

délinquant; qu'une copie m'en soit transmise pour que je provoque l'accélération de
la procédure [1]. »

Et ce n'est pas un vain mot que cette promesse d'intervenir dans l'administration
de la justice; notre sous-préfet morigène le ministère public, ce représentant du pouvoir exécutif, il lui donne des ordres. « Il s'est commis, écrit-il, le 11 pluviôse an ix,
au commissaire près le tribunal civil de Saint-Jean, plusieurs contraventions au régime
forestier dans la commune d'Aiton et les procès-verbaux ont dus en être transmis au
directeur du juri. Veuille, citoyen commissaire, m'informer de l'état de ces procédures; il intéresse à la commune et à l'ordre public que les délits de ce genre soient
promptement réprimés [2]. »

Par un autre arrêté, le même sous-préfet interdit aux gens de Lans-le-Bourg de
couper du bois sans autorisation et prescrit que « les gardes forêts et, à leur défaut,
les conscrits et réquisitionnaires feront des patrouilles répétées dans les forêts de la
commune et arrêteront tous ceux qu'ils y trouveront et les traduiront devant le juge
de paix [3]. » S'il ne mobilise pas, chaque fois qu'il se commet un délit forestier, la
force armée comme en Haute-Maurienne, le sous-préfet Bellemin entend ne laisser
passer aucune occasion de montrer son autorité, de rendre des édits. Apprend-t-il
qu'on coupe illicitement des bois, il écrit : « Je m'étonne, citoyen maire, que, responsable des délits de cette nature, vous ne m'en avez pas instruit vous-même et provoqué
des mesures pour en faire punir les auteurs. En appelant toute votre attention sur cet
objet, je vous invite à me faire connaître incessamment tous ceux qui ont trempé dans
ce délit, afin que je les fasse poursuivre devant les tribunaux [4]. »

Cet administrateur touche-à-tout prescrit aux maires de séquestrer les bois de délit,
les charge d'inviter les fraudeurs à suspendre leurs coupes (!); il menace de poursuivre
les gardes, les maires négligents. Mais on ne voit pas que, dans cette agitation, il ait
jamais eu recours aux agents forestiers, au garde général en résidence à Saint-Jean.

En Tarentaise, le juge de paix de Moutiers dénonce à la même époque (1er frimaire
an ix) au Ministre de la justice de nombreux délits commis dans son canton et généralement non constatés : il propose en même temps ses idées sur la manière de gérer
les forêts communales. Les maires visés déclarent que les infractions forestières signalées remontent au début de la Révolution pour la plupart, que les plus récentes ont
été l'objet de procès-verbaux : de son côté, l'inspecteur Dubois écrit que des procès-
verbaux ont été dressés par les gardes, mais que beaucoup ont dû être abandonnés par
défaut ou par vice d'affirmation ou d'enregistrement [5]. Le commissaire du Gouvernement près le tribunal de Moutiers reprocha ensuite au juge de paix de n'avoir pas fait
son devoir en ne poursuivant pas les coupables; le juge enfin, se rétractant partiellement,
dit n'avoir voulu parler que des préposés communaux.

Mais, en général, les délits étaient fort nombreux et très importants et dans toutes
les régions du département du Mont-Blanc. Dans l'arrondissement d'Annecy, à Quintal,
à Cusy, à Annecy-le-Vieux notamment, les exploitations illicites sont considérables :
dans une seule commune, on compte plus de 1,000 arbres abattus par les marau-

---

[1] Arch. Maurienne. Circ. S. P. an x.
[2] Arch. Maurienne. Corr. S. P. an ix.
[3] Arch. Maurienne. Arr. S. P. an ix.
[4] Arch. Maurienne. Corr. S. P. 9 vent. an ix. et *passim*.
[5] Arch. Tarentaise. Série 1, n° 67. 29 germ. an ix.

deurs [1]. La gendarmerie reçut l'ordre d'arrêter sur les routes toutes les pièces de bois menées aux marchés ou aux scieries, d'exiger des certificats d'origine, les autorisations de couper.

En Tarentaise, les vols de bois avaient un peu diminué en l'an IX, mais cette amélioration n'eut pas de lendemain : l'introduction des chèvres et la hache portée dans les peuplements éclaircissaient les massifs. A Conflans, le maire, l'inspecteur des Eaux et Forêts, le sous-préfet réclament l'envoi d'un détachement de sept hommes de la force armée «pour mettre un frein aux dévastations qui se commettent dans les forêts communales... puisque la surveillance ordinaire est insuffisante pour intimider les dévastateurs habituels [2]».

Ce sont surtout les forêts de la Haute-Maurienne qui souffrent du pillage et s'épuisent.

Les travaux de la route nationale, le chauffage des troupes cantonnées au Mont-Cenis et à Lans-le-Bourg, l'affouage de l'hospice exigent des quantités de bois considérables : souvent les habitants vendent à bon prix le bois qui leur a été délivré sur les coupes ordinaires et vont chercher ensuite dans la forêt de quoi remplacer les arbres qu'ils ont cédés; les entrepreneurs aussi gaspillent et trafiquent. Les troupeaux de moutons et de chèvres complètent l'œuvre de la cognée. Parfois, la contravention prend des allures héroï-comiques, ainsi qu'en témoigne ce procès-verbal dressé par le maire et l'adjoint de Montvernier. «L'an x de la République française et le 7 prairial, vers les cinq heures du soir, le citoyen Martin Vernay, capitaine de la garde nationale de la commune de Montvernier, ayant requis cinq hommes de la dite garde, pour se rendre avec lui à la forêt réservée de cette commune, lieu dit à Coppet, où ayant trouvé du bois de haute futaie, dit sapin, coupé depuis peu, il leur ordonna en sa qualité de capitaine d'enlever ce bois et de le vendre; quelques-uns, de ceux-ci, voulant refuser d'obéir aux ordres qui leur paraissaient arbitraires, lui firent observer qu'il ne doit point se saisir d'un bois coupé en délit dans une forêt réservée, sans être nanti d'une permission authentique, mais qu'il doit seulement en faire son rapport. Celui-ci, malgré cette observation, réitéra ses ordres et force la garde à le prendre. Commençant lui-même à s'en charger d'un morceau, il ordonna aux autres d'en faire autant et de le suivre, qu'il répondait de tout l'événement et qu'il saura assez se défendre contre ceux qui lui diraient la moindre chose. Ceux-ci tenus d'obéir, se chargeant de tous ces bois et suivant leur capitaine, se rendent à Mont-Brunat, hameau de cette commune, où ils déposent ce bois sur le chemin; quelques individus du village s'y étant assemblés... le capitaine leur propose d'acheter ce bois qu'il venait furtivement d'enlever; il le met à l'enchère, après l'avoir adjugé au plus offrant, il va en boire le montant [3]».

Il s'en fallait donc de beaucoup qu'à la fin du Consulat le pillage des bois fut devenu négligeable. Dans le département du Mont-Blanc, depuis le commencement de l'an VII jusqu'à la fin de l'an XI, on n'avait dressé que 507 procès-verbaux [4] soit une centaine en moyenne, par an. C'était peu en raison du nombre et de l'importance des infractions. Aussi l'audace des délinquants ne connut-elle plus de bornes.

[1] Arch. H.-S. Corr. S. P. Ay., an XI, n°* 749-844, avec P. au x, n°* 1316, 1380, an XI, n° 913, 949-975, 1039, 1133, 1137.
[2] Arch. Tarentaise. Adm. cant. Moutiers, 3 fruct. an IX. Corr. S. P. 26 fruct. an x, an XI, n° 32.
[3] Arch. Maurienne. Corr. S. P. an x, 17 frim. 13, 29 pluv., 21 vent., 8 prair., 5 therm.
[4] Annuaire du Mont-Blanc, an XIII.

En Maurienne, à Saint-Martin-sur-la-Chambre, le maire autorise presque la totalité des habitants à aller couper du bois dans les forêts communales et le sous-préfet sollicite même du Gouvernement l'autorisation de déférer ce maire à la justice. A Argentine, le maire lui-même va couper du bois dans les communaux : il fallut le suspendre[1]. A Montvernier, les gardes saisissent en forêt des chèvres et des brebis : les pâtres aidés d'un certain nombre de femmes reprennent les animaux et injurient les préposés[2].

Mais il n'y eut pas jusqu'à l'autocrate sous-préfet de Maurienne qui n'ait violé les lois. Le sous-inspecteur de Saint-Jean rend ainsi compte à son inspecteur, le 25 nivôse an XIII, de ce qu'il lui arriva de constater : «Le 29 frimaire, arrivant avec Létanche (le garde général) de bonne heure des ventes qui ont eu lieu à Saint-Léger et Saint-Georges pour assister à deux causes forestières qui devaient se juger dans la matinée, nous apprenons, à l'entrée de la ville, qu'il y avait au bas de la commune de Villargondran des bois abattus que des particuliers de la dite commune faisaient voiturer à Saint-Jean. Létanche requit le silence et me dit en particulier que le lendemain, de bonne heure, il s'y transporterait. Ce garde général s'y transporta effectivement de bonne heure en se faisant accompagner par un garde particulier.

«Il y a trouvé trois hommes, une voiture à trois chevaux, l'a accompagné jusqu'à Saint-Jean et m'ayant averti lui-même, chez moi, je suis descendu de suite et l'ai accompagné chez le juge de paix le plus voisin pour lui faire dresser son procès-verbal de saisie et de séquestre. Sur ces entrefaites, les particuliers qui conduisaient la voiture ont déclaré que c'était de l'ordre du sous-préfet. Je leur ai déclaré en présence de bien des curieux qui s'étaient assemblés que ce magistrat était incapable de donner de semblables ordres et que je saisissais la voiture, les chevaux et le bois. Étant monté aussitôt chez le juge de paix l'un des conducteurs vint me dire que M. Albert (le secrétaire de la sous-préfecture) me demandait à la sous-préfecture; lui ayant fait réponse que je ne le pouvais pour le moment, M. Albert vint un instant après me rejoindre chez le juge de paix en me disant que c'était M. le sous-préfet qui avait requis des bois d'affouage pour son usage et me priant de ne dresser aucun verbal. Je lui ai répondu que je ne connaissais pas comment il avait pu faire une réquisition semblable, vu que lui-même, par son arrêté du 19 thermidor an XI, approuvé par le préfet le 23 du même mois, a dit que l'affouage accordé chaque année aux habitants n'est donné que pour leur usage particulier et ne saurait être aliéné sans donner lieu à des poursuites contre les vendeurs. M. Albert ajouta que M. le sous-préfet avait requis ces bois sur les affouages de Villargondran et d'Albiez le Jeune. Je lui ai répondu que les maires de ces deux communes avaient refusé leur affouage de cette année, parce que les habitants en avaient encore suffisamment du surplus de l'exercice précédent. Il me représenta encore qu'il fallait dételer les chevaux parce qu'il faisait bien froid et que ces animaux prendraient mal. Je lui ai répondu que j'allais les faire mettre en sûreté. Ma réponse ayant choqué, il s'est retiré avec la hauteur du magistrat outré. Létanche a ensuite séquestré les chevaux.

«Bien d'honnêtes gens que vous connaissez et estimez dans ce pays ont loué mon énergie[3]! Peste soit de cette maudite énergie!»

[1] Arch. Maurienne. Arr. S. P. an XII, n° 98 bis; Arch. S. L 104. f° 137.
[2] Arch. Maurienne. Corr. S. P. 1807, n° 391.
[3] Arch. Maurienne. Livre Journal du S. insp.

L'histoire ne manque pas de piquant; elle n'eut, bien entendu, aucune suite.

Dans l'arrondissement de Chambéry il en était de même. Relève-t-on des délits de pâturage en forêt? Les maires protestent que c'est à tort, que le terrain ne donne aucun espoir de produire jamais des bois [1]. Dans les Beauges encore, le maire du Noyer commet plusieurs contraventions, vend seul des coupes non autorisées [1]. Les maires qui voulaient remplir leurs fonctions, comme celui des Déserts, étaient menacés, injuriés, comme en justifie un arrêté préfectoral du 8 messidor an XIII : « Vu le compte rendu par le maire, duquel il résulte que, sur la réquisition des brigadiers et gardes forestiers employés dans cet arrondissement, il s'est transporté, le 5 courant, dans les forêts impériales et communales dépendant du territoire des Déserts.

« A l'entrée de la forêt, lieu dit au Sapey, il a vu ainsi que les susdits agents forestiers, les nommés Perrin Joseph et F. Perrin, son oncle, à la tête de 7 individus (nommés) outre 2 autres individus qui n'ont pu être reconnus, tous armés de bâtons, les suivre et dans l'intention de s'opposer à cette démarche qui aurait pour objet de constater les nombreux délits qui se commettent chaque jour dans les dites forêts.

« Pour prévenir les excès des attroupés, il les engagea à se retirer; dans cet instant, le nommé Joseph Perrin se porta aux propos les plus outrageants, tant contre lui que contre les autorités administratives et l'Administration forestière. Enfin, craignant d'exciter un trouble général et les suites qui pourraient en résulter, il s'est vu forcé de se retirer ainsi que les agents forestiers sans lesquels il eût couru le danger d'être maltraité et sans qu'ils aient pu remplir leurs obligations. »

Le préfet dénonce ces agissements au Parquet, ordonne au commandant de la gendarmerie d'envoyer des garnisaires. Le 10 messidor, les coupables sont incarcérés. Mais ces sévérités n'intimident guère les Désertiers et, un mois après, l'arpenteur forestier chargé de la délimitation des forêts de cette même commune vit les bornes qu'il avait plantées arrachées par une femme nommée Guerraz et trois hommes. « Les mauvaises dispositions reconnues dans la dite Guerraz et ses assistants ont obligé l'arpenteur à cesser ses opérations et à se retirer. Un nouvel arrêté du préfet accorde à l'opérateur le droit de « requérir et se faire assister aux frais de qui de droit par un gendarme ou par des hommes de la brigade forestière du canton, s'il venait à éprouver de nouvelles entraves [2] ».

Il n'est pas rare de voir le préfet autoriser la vente de nombreux bois de délit : Chignin, 240 arbres; Fréterive, 10 hêtres et 8 voitures de bois; Coise, 1 voiture de bois; Francin, 1 voiture de bois; Saint-Pierre-de-Curtille, 110 chênes et tilleuls [3]. C'est pis encore dans l'arrondissement d'Annecy.

Le maire de Chevalines dénonce, en 1808, les gardes des forêts de Chevalines, Doussard et La Thuile où on a récemment coupé 60 sapins par hectare, sans compter de 30 à 40 charges de bateau de bois blanc. Les préposés signalés étaient cependant actifs et avaient déjà dressé nombre de procès-verbaux. S'ils n'avaient pas été sans cesse gourmandés par les maires des trois communes, ils en eussent fait davantage, mais ces trois fonctionnaires, tout en demandant qu'il fut verbalisé contre les délinquants

[1] Arch. S.-L 1134, Aillon, 5 juillet 1809 et passim.
[2] Arch. S.-L 111, f° 20, 32 v°, 95 v°.
[3] Arch. S.-L 196, f° 159 v°.

étrangers à leur commune s'opposaient toujours à ce que des verbaux fussent dressés contre leurs concitoyens et, lorsque les procès-verbaux étaient faits, il n'y avait pas de démarches qu'on ne fît pour en empêcher la poursuite[1]. Ces pratiques ne sont d'ailleurs pas caractéristiques du début du xixe siècle.

A Viuz la Chiésaz, c'est encore le maire qui proteste auprès de l'Inspecteur des Eaux et Forêts au sujet d'une exploitation de 2,160 arbres qu'il attribue à un propriétaire de la montagne du Semnoz : or, les dégâts et coupes dont se plaint la mairie de Viuz ne sont point le fait du citoyen... mais celui des habitants de Viuz la Chiésaz et des autres communes voisines déjà surpris plusieurs fois par la gendarmerie en flagrant délit[2].

A Allèves, les habitants, maire en tête, vont saccager la forêt communale[3]. Mais c'était mieux encore à Chavanod. Le 20 prairial an xiii, le brigadier et 4 gardes des Eaux et Forêts « s'étant transportés, le dit jour, dans la commune de Chavanod pour constater un délit et étant arrivés au lieu de Marlansod, ont rencontré, avant d'entrer au hameau, quantité de gens armés qui, ayant l'air de chasser dans un champ ensemencé de froment et de seigle et les ayant aperçus ont crié à droite à gauche en se réunissant derrière les arbres, ont fait feu sur les dits gardes et ont tiré 8 coups de fusil.

« Au bruit des coups de fusil, les autres habitants du dit hameau et de ceux voisins, dans le nombre desquels ils (les proposés) ont distingué quantité de femmes, se sont réunis aux attroupés et ont paru tous armés. Enfin, n'ayant pu résister au choc d'un pareil attroupement, il sont été forcés de se retirer». Le préfet, qui reconnut la véracité de ces faits prit, le 22 prairial suivant, l'arrêté ci-après :

« Art. 1. M. le Commandant de la gendarmerie impériale du département est requis de donner les ordres pour qu'une force armée suffisante prise dans son arme et, au besoin, dans la garde forestière, soit de suite portée dans la commune de Chavanod. Cette force armée sera établie dans la dite commune par les soins du maire et à défaut par ceux de l'adjoint à la charge des habitants et, pour tenir lieu de subsistance, tant pour les hommes que pour les chevaux et frais de déplacement, chaque garde forestier employé en contrainte recevra 3 francs par jour, à titre d'indemnité; chaque brigadier forestier en recevra 4; chaque gendarme en recevra 5, chaque brigadier en recevra 6; le maréchal des logis 7 et l'officier commandant 10. Le montant total de l'indemnité sera chaque jour versé par le maire entre les mains de l'officier commandant, pour en faire la répartition entre les gardes forestiers et les gendarmes. La dite force armée ne sera retirée que sur la réquisition du préfet et lorsque les auteurs et fauteurs de l'attroupement auront été connus, désignés aux tribunaux et constitués prisonniers.

« Art. 2. Les habitants de la commune de Chavanod, exceptés ceux qui seront porteurs du port d'armes, seront désarmés. Le commandant de la force armée qui y sera envoyée est chargé d'opérer ce désarmement, conjointement avec le maire dans le jour de son arrivée. Les armes saisies seront transportées aux frais de la commune et déposées à la Sous-Préfecture d'Annecy. Il en sera dressé inventaire dont copie restera déposée dans les archives de la Mairie.

[1] Arch. S.-L 1133.
[2] Arch. S., L 104, f° 100.
[3] Arch. H.-S., Corr. S. P. Ay. an xii. n° 1392.

«Art. 3. M. le Procureur général impérial près la cour de justice criminelle du département est invité à faire procéder à information sur les attentats commis le 20 du courant, par les habitants de la commune de Chavanod et d'en poursuivre avec sévérité la punition.

«Art. 4. Le maire et l'adjoint de la commune de Chavanod rendront compte dans les 24 heures au Sous-Préfet de l'arrondissement des mesures qu'ils ont dû prendre pour prévenir l'attroupement qui a eu lieu; à défaut par eux d'avoir rempli les dispositions des lois et des instructions transmises dans le temps sur les événements qui intéressent l'ordre et la tranquillité publique, il sera pris à leur égard telles mesures que les circonstances pourront nécessiter... » [1]

Après cet arrêté, le préfet, Poitevin-Maissemy, publia le 1er messidor an XIII la circulaire ci-après adressée «aux maires, aux agents forestiers, aux citoyens : Le sol forestier du département fut sa première richesse; c'est à elle seule qu'il doit l'exploitation de ses mines et les seules véritables branches d'industrie qu'il possède.

«Cette richesse est, en grande partie, détruite par des dévastations sans nombre, commises aussi inconsidérément par les communes qu'impunément par les particuliers. Elle ne peut-être récupérée qu'avec le temps et des soins conservateurs, ceux apportés depuis l'organisation de l'Administration forestière ont atteint et prévenu quelques délits, mais n'ont point encore assuré à cette partie si précieuse des propriétés nationales et communales tout le respect dont il est enfin temps qu'elle jouisse.

«Des attentats contre la personne des gardes viennent d'être commis avec les caractères les plus graves dans 2 communes de l'arrondissement d'Annecy; la force armée y est établie à leurs frais, sous le principe de solidarité consacré par la loi du 10 vendémiaire an IV; les principaux coupables sont arrêtés, les autres n'échapperont point à la sévérité des poursuites, et bientôt la publication des jugements sera, nous l'espérons, un avertissement salutaire aux communes et d'un exemple utile aux dévastateurs.

«Nous avons cru cependant devoir faire précéder cette publication d'un nouvel avis, persuadé qu'en éclairant les communes et les citoyens sur leur véritable intérêt et surtout sur notre ferme intention de réprimer tout acte de rébellion et de dévastation quelconque, il en résultera une surveillance plus active de la part des maires, et, en général, de tous les fonctionnaires publics ainsi que de nouveaux encouragements pour les agents forestiers. Nous désirons beaucoup aussi qu'il nous évite la triste nécessité de frapper les coupables.

«MM. les Maires ne sauraient trop s'attacher à faire connaître à leurs administrés que les bois communaux sont tous soumis au même régime que les bois impériaux; que c'est à l'administration seule qu'appartient le droit d'en déterminer les coupes, d'y régler l'exercice des droits d'affouage et de pacage. Je les invite à relire, à ce sujet, les instructions que je lui ai adressées dans les instructions générales sur la tenue des sessions ordinaires des conseils municipaux (5 pluviôse an XIII).

«J'invite également MM. les agents forestiers à se pénétrer de plus en plus de l'étendue de leurs obligations, des services qu'ils sont appelés à rendre à la société en

[1] Arch. S., L 110, f° 195.

lui conservant l'un des principaux gages de la prospérité publique, par une fermeté et une activité que la sagesse et la prudence doivent toujours accompagner: qu'aucune crainte n'arrête leur zèle et leur vigilance, ils trouveront dans la volonté et la force de l'autorité qui exerce la haute police toute la protection dont ils auront besoin . . » [1].

La vigueur dont avait fait preuve le Préfet arrêta pour un moment les rébellions à main armée, mais elle ne parvint à diminuer ni le nombre, ni l'importance des délits; ni même l'hostilité plus ou moins déguisée des maires et des populations. On alla même jusqu'à déclarer au sénateur Abrial, de passage à Annecy, « que les gardes forestiers étaient les auteurs de la grande quantité de délits qui se commettaient dans cet arrondissement; que les infortunés qu'on condamnait journellement étaient de fort bonnes gens, victimes de vengeance.» Cependant Napoléon venait de répudier Joséphine de Beauharnais pour épouser l'archiduchesse autrichienne Marie-Louise. Pour marquer l'époque de ce mariage par des actes d'indulgence, l'Empereur par décret du 25 mars 1810 amnistia, entre autres, les délits forestiers commis avant le 31 du même mois.

Pendant la première moitié de l'époque impériale, de 1806 à 1810, la répression des délits forestiers avait été plus énergique que pendant la période antérieure. Il y avait eu, en moyenne, par an, 842 jugements en matière forestière dans le département du Mont-Blanc [2].

Mais malgré les poursuites, il se commettait encore des délits parfois importants. Jusqu'à la fin de 1813 on relève des infractions assez sérieuses aux lois; il suffira de citer les plus graves.

Dans l'arrondissement de Chambéry, les habitants de Verthemex saccagent en masse les bois de Vacheresse, section de cette commune, au printemps 1810 [3]. A Vimines, les bois communaux sont dévastés et, parmi les délinquants, on relève des déserteurs (1811) [4].

En Maurienne, on peut signaler des violences contre les gardes à Montgellafrey [5]; de nombreux délits non reconnus par des gardes négligents [6] dans la région des Hurtières notamment et à Saint-Pierre de Belleville, sans compter des exploitations plus ou moins répréhensibles pratiquées grâce à l'incertitude des limites et à l'absence de tout signe de bornage. Mais c'est à Valloire que l'on trouve la note la plus caractéristique; le 25 juin, on constate une coupe illicite de 400 arbres. Le 17 août suivant, l'Inspecteur des Eaux et Forêts va en tournée dans cette commune et en rend compte au préfet ainsi : « le maire a usé auprès de moi de tous les moyens possibles pour écarter ces procès-verbaux, il s'est même permis de m'engager ainsi que le garde-général à rayer du procès le nom de quelque-uns de ses amis. Le 5 août, où le premier procès-verbal a paru au tribunal, le maire a fait porter chez le garde-général un pain de beurre par un de ses délégués pour que cet honnête employé se désistât de ses poursuites, ou lui fut favorable.» Lorsque les gardes ont constaté les délits, « les pré-

[1] Arch. Tarentaise, Série 1, n° 68.
[2] Arch. S., L 1144.
[3] Arch. S., L 1134.
[4] Arch. S., L 1135
[5] Arch. Maurienne, Reg. du gg., 19 août 1812.
[6] Arch. Maurienne, livre-journal du gg., 1811, n°ˢ 476, 587, 590.

venus se sont moqués d'eux et ont coupé en leur présence, à quoi ils n'ont pu s'opposer, vu que les prévenus étaient trop nombreux et qu'ils se méfiaient de leurs menaces...
Les habitants de Valloire ne se sont pas contentés de cette seule infraction, ils viennent d'en commettre une autre dans les communaux où ils ont coupé 83 plantes. »

Le maire est allé trouver le sous-préfet et a pu ainsi faire ajourner les poursuites; l'Inspecteur proteste auprès du préfet contre une pareille immixtion de l'autocrate de Saint-Jean.

En Tarentaise, entre de nombreux délits courants, on doit retenir les agissements du maire de Bellecombe : « sous prétexte qu'il faut du bois pour couvrir le bâtiment destiné au recteur, on a coupé dans le courant du mois de juin (1811) plus de 200 plantes dont la majeure partie a été employée à construire une grange pour le maire, à réparer les bâtiments de son fils et ceux de J.-J. Léger, membre du conseil municipal. L'année dernière, le fils du maire et ledit J.-J. Léger se seraient avisés de commander les habitants du quartier des Hautes pour couper chacun une plante et que le produit de cette coupe a été vendu à leur profit [1]. »

Après l'entrée des Autrichiens en Savoie, le départ des autorités laissa le champ libre à tous les appétits. Ce fut une ruée sur les forêts tant impériales que communales et l'Inspecteur Guimberteau pouvait écrire au baron Finot : « depuis l'occupation de notre territoire par l'ennemi, nos forêts ont perdu le fruit de 15 années de soins et de travaux qui avaient été fructueusement employées à leur restauration. Les rapports qui me parviennent de toutes parts annoncent des dilapidations inouïes ».

Bien que la vallée de l'Arc n'eut pas été envahie, les gardes avaient été mobilisés quelques jours. Le garde général, Pierre Berthet, recommande aux maires de lui signaler les délits; vaines paroles! A Saint-Colomban des Villards, « les délinquants s'introduisent en grand nombre et armés dans les forêts et les 3 fils du maire en font partie, ce qui enhardit les autres » [2]. Des bois nombreux descendent de la Haute-Maurienne. Dans les deux mois qui s'écoulèrent depuis l'abdication de Fontainebleau jusqu'au milieu de juin, la basse Maurienne vit les délits suivants :

Aiguebelle : la forêt est en exploitation.
Aiton : 40 peupliers et 400 stères d'autres.
Bonvillaret : 100 sapins: Bonvillard : 50 sapins.
Bourgneuf : 3 chataigniers; 200 stères, verne et hêtre.
Chamousset : 100 stères hêtre et pâturage dans les coupes.
Montgilbert : 150 sapins, 400 stères, hêtre et tremble.
Saint-Georges d'Hurtières : 15 sapins. 400 stères, hêtre et coudrier.
Saint-Alban : 10 sapins, 20 stères, hêtre et chêne.
Saint-Pierre de Belleville : 80 sapins.
Saint-Étienne de Cuines : 380 sapins et 10 voitures de verne.
Saint-Léger : 97 sapins.
Argentine : 12 sapins.
Randins : 40 sapins.
La Chapelle : 160 sapins.

[1]. Arch. t. X. Corr. SP, 1811, n° 375.
[2] Arch. Maurienne. Reg. du gg, 1814, passim, Arch. S. L 2213, passim.

Mais, bientôt la province est séparée de la France pour être rattachée au royaume reconstitué de Sardaigne.

Dans l'arrondissement de Chambéry, les forêts communales de Puygros [1], du Chatelard, de Saint-Offenge, de Saint-Pierre d'Albigny, de Marthod, de Saint-Jean de la Porte [2] sont dévastées, parfois avec la complicité avérée ou tacite des maires. On a vu que les forêts impériales, celles de la Bathie, de Nances notamment, n'avaient pas été épargnées, pas plus que celles de Mandallaz et de Sainte-Catherine de l'arrondissement d'Annecy où le pillage sévit plus qu'ailleurs.

A Cusy, les habitants dévastent aussi bien les bois communaux que les particuliers, se portent à des violences contre qui veut les arrêter. La commission d'administration y envoie 4 soldats autrichiens du régiment de Colloredo, 2 gardes nationaux et un brigadier forestier pour saisir les bois. Les massifs de la vallée de Thônes ne sont pas indemnes [3]. Pourtant quand, comme à Metz, une commune avait à sa tête un homme énergique et intègre, ralliant les bons citoyens et de sa main arrêtant un des plus insolents maraudeurs déféré aussitôt au parquet, les pillages cessaient aussitôt [4].

Le 11 juillet, Louis XVIII, accorda amnistie pour les délits commis pendant la période troublée qui avait précédé son retour en France.

La déchirure arbitraire faite par le traité de Paris dans la terre de Savoie allait avoir pour conséquence de rendre plus difficile la constatation et la répression des délits dans les communes voisines de la nouvelle frontière, de créer des froissements.

Les habitants d'Ugines redevenus sardes allaient piller les bois de la commune d'Outrechaise qui était restée française ; au début d'août 1814, ils avaient même enlevé 80 voitures de jeunes chênes et hêtres. Aussi le 19 de ce mois, le baron Finot, préfet du nouveau département du Mont-Blanc, écrivit-il à la commission subsidiaire de Montmélian pour lui dénoncer ces abus et l'informer des mesures prises par lui pour y remédier : «tout individu appartenant à la commune d'Ugines qui sera surpris en flagrant délit dans les dites forêts (d'Outrechaise) sera arrêté à la diligence des gardes assistés de la gendarmerie de Faverges et au besoin de gardes nationales pour être conduit dans les prisons d'Annecy et n'être rendu à la liberté que donnant caution française solvable pour le payement de l'amende encourue et des dommages. Les mêmes dispositions étaient applicables aux bois de Marlens» que les habitants de Marthod dévastent tant par le pâturage de leurs bestiaux que par l'abatage d'arbres sapins [5].

La commission transmit copie de la lettre du préfet au maire d'Ugines, le 21 août, en l'invitant à prévenir son collègue de Marthod [6], ainsi qu'au conseil provisoire de Saint-Jean de Maurienne, en ajoutant : «ces mesures nous paraissent un peu violentes ; il nous paraît que l'on doit en user de même pour les délits forestiers que pourraient commettre à l'avenir des Français sur notre territoire (le droit commun des nations étant fondé sur la réciprocité). D'après ce, nous sollicitons auprès de vous l'ordre d'employer de semblables mesures jusqu'à ce que M. le Préfet se dispose à prendre des mesures moins orientales pour arrêter les délits forestiers».

[1] Arch. S., L. 246, f° 313 v°.
[2] Arch. S., L. 1763, passim, L 1782, idem.
[3] Arch. H.-S., Corr. S. P. Ay., 1814, n°s 2, 43, 380.
[4] Arch. S. 1814, Corr. diverses. Rapport du maire de Metz.
[5] Arch. S., L 246, f° 47 v°.
[6] Arch. S., L 1764, passim.

Cet avis fut entendu et le conseil provisoire de Saint-Jean adressa aux maires de la frontière, au Sous-Inspecteur Crusilliat et au garde général Geydet un arrêté analogue à celui du préfet. En avisant le baron Finot, le 24 août, de cette décision, la commission subsidiaire de Montmélian écrivait, sans beaucoup de franchise : « Nous avons l'honneur de vous transmettre l'arrêté que vient de prendre le conseil provisoire d'après la transmission que nous lui avons fait de votre lettre du 18 courant; nous sommes *fâchés* qu'il ait adopté le système de la réciprocité, bien persuadés que s'il nous en eut tracé un autre, vous vous seriez empressé d'y adhérer... Nous vous prions également de faire connaître à tous vos administrés de la frontière les dispositions du conseil, afin que nous ne soyons jamais dans le cas d'user de ces mesures, mais, au contraire, de continuer nos relations amicales comme par le passé ».

Il faut croire que ces foudres n'intimidèrent pas beaucoup les Uginois et le préfet, renonçant à appliquer son règlement, se borna à cette plainte adressée, le 9 septembre 1814, au Conseil provisoire de Saint-Jean de Maurienne.

« Messieurs, j'avais donné connaissance à la commission subsidiaire de Montmeillant, le 19 août dernier, de la mesure que j'avais été forcé de prendre pour arrêter le cours des dévastations que les habitants d'Ugines et de Marthod commettaient dans les forêts d'Outrechaise et de Marlens. Elle m'a, de son côté, informé de l'arrêté que vous avez pris le 23, même mois, pour faire user de réciprocité et d'en étendre l'effet sur toute la ligne de la frontière.

« J'ai lieu de présumer, Messieurs, que lorsqu'on a transmis votre arrêté au maire d'Ugines, on n'a pas eu soin de lui en expliquer le sens et de lui donner des instructions pour son exécution. Tout annonce que les habitants d'Ugines ont cru trouver dans cet arrêté une autorisation tacite de continuer leurs dévastations et de les opérer à force ouverte. Le 1er de ce mois, la gendarmerie de Faverges s'étant portée, à la réquisition du maire d'Outrechaise, dans la forêt de cette dernière commune, à l'occasion de coupes qui s'y faisaient par des habitants d'Ugines, des attroupements de ces derniers, la plupart armés de bâtons, se sont formés. Leur nombre s'accroissant et tout annonçant une résistance opiniâtre qui aurait pu avoir des suites fâcheuses de part et d'autre, la gendarmerie s'est retirée. Je rends compte au gouvernement de l'événement pour qu'il me trace la marche à suivre pour forcer le respect aux propriétés de la commune d'Outrechaise. En attendant ses déterminations que j'aurai soin de vous faire connaître, il serait important, Messieurs, que vous voulussiez bien donner les dispositions que vous croirez propres à arrêter le cours des dévastations dont se plaint la commune d'Outrechaise; j'aurais bien pu placer dans cette dernière commune un détachement de troupe assez fort pour en imposer aux habitants d'Ugines et assurer l'exécution de la mesure que j'ai prescrite, mais j'ai cru devoir ajourner l'emploi de ce moyen dans l'espoir que vous parviendrez à ramener les habitants d'Ugines aux égards que se doivent des voisins [1]. »

Desinit in piscem...

Dans l'intérieur du nouveau département du Mont-Blanc, réduit à une longue et étroite bande de terrain, s'allongeant du Nord au Sud, du défilé de l'Ecluse au pied du Granier, les délits ne cessaient pas.

[1] Arch. S., L 246, f° 60.

A Puygros, le maire dénonce tous les mois les délits nombreux commis dans la forêt communale, en juillet aussi bien qu'en novembre 1815. Le garde fait tout ce qu'il peut pour les empêcher. « Voyant les menaces qu'on lui faisait, il s'est fait accompagner par 3 membres du Conseil municipal. Le 2 novembre, ils se sont transportés dans la forêt, ils ont constaté plusieurs délits, ils ont saisi des bois, ils les ont fait conduire chez le maire, ils ont été poursuivis à coups de pierre, enfin pendant la nuit du 2 au 3 les délinquants ont enlevé le bois qui avait été transporté dans la grange du maire [1]. »

A Puygros, il y avait encore un garde qui s'efforçait de faire son métier; à Thorens, près d'Annecy, il n'y en avait plus, faute de payement. En octobre 1814, le Sous-Préfet écrit au maire qu'il se commet chaque jour des délits nombreux dans les forêts de la commune et que les coupables ne sont jamais atteints. Pour remédier au défaut de surveillance, le Préfet veut établir des gardes et les faire payer [2].

Au mois de mars 1815, le maire de Thorens se plaint encore des dévastations en forêt et propose de charger de la garde les préposés des communes voisines, sans parler de salaire [2]. Pendant la seconde occupation autrichienne, les vols de bois se multiplient; on réclame à la commission subsidiaire de l'arrondissement qui apprend « que le sieur Chappuis, propriétaire de la verrerie de Thorens, tandis qu'il a rempli les fonctions de maire, n'a pris aucune mesure pour réprimer les délits forestiers et que plus de 20,000 pièces de sapins ont été abattues et enlevées par différents particuliers qui les lui vendaient ensuite à vil prix pour alimenter sa fabrique. Les plaignants qui sont presque tous membres du conseil municipal ont aussi déclaré que le dit sieur Chappuis, par précaution, avait fait transporter une quantité considérable de pièces de bois sur sa propriété située sur la montagne de Glière, lieu dit aux Langes et que plus de 2,000 pièces coupées en délit étaient encore dans la forêt de Noireval, où on les emploie à la construction des artifices de la verrerie ».

Le Sous-Préfet donne l'ordre de saisir le procureur, mais on savait déjà que le département du Mont-Blanc était définitivement supprimé.

On peut avoir une idée des ravages commis en forêt en voyant certaines communes demander comme affouage les bois de délit que les maraudeurs avaient abattus sans les enlever [3]. Cruseilles, Annecy le Vieux, Saint-Jorioz, Leschaux, Sévrier, Doussard et Montmin paraissent avoir été les communes de la région annécienne où les forêts ont le plus souffert.

Département du Léman. — Dans le département du Léman, dont les forêts étaient au début gérées par les agents forestiers du Mont-Blanc, les délits étaient fréquents; aussi bien dans les forêts domaniales que dans les communales. En l'an VII, par exemple, dans la forêt nationale du Vuache, sur le territoire de Vulbens, le garde ne dresse pas moins de 33 procès-verbaux; mais ni le préposé, ni le juge de paix de Viry ne purent découvrir les auteurs de ce pillage [4]. On a vu plus haut (3ᵉ période, chap. II) combien les forêts domaniales avaient été dévastées et notamment celles qui se trouvaient à proximité d'agglomérations importantes ou desservies par des chemins ou voies suffisants.

[1] Arch. S., L. 1782.
[2] Arch. H.-S., Corr. S. P. Ay. 1814, n° 1731; 1815, n° 2265; n° 95.
[3] Arch. H.-S., Corr. S. P. Ay, 1815, n° 162.
[4] Arch. Genève, Chap. 1, n° 3; n° 14.

Pour essayer de diminuer le nombre considérable des délits, l'Administration centrale du Léman prit un arrêté, le 19 frimaire an VIII, rappelant aux autorités locales leurs droits et devoirs de surveillance, tant sur les agents forestiers que sur les forêts nationales et communales «et éclairant» les citoyens sur la nature des divers délits et sur les peines qu'ils encourent [1].

Le pillage des forêts ne se ralentit guère [2]. Quelques procès-verbaux furent dressés, qui effrayèrent pendant un certain temps les délinquants, notamment dans la région de Saint-Jeoire, à La Tour, à Ville en Sallaz, mais voyant qu'aucune procédure n'était entamée, ni aucune peine prononcée, les maraudeurs «revinrent effrontément à leur premier usage et se permirent les dégradations les plus nuisibles, notamment de couper avec la faucille les jets de jeunes plantes pour nourrir leur bétail» [3].

Mais, d'une manière générale, on peut dire que dans le Léman les délits étaient moins nombreux et moins graves que dans le Mont-Blanc; il faut arriver à l'époque de l'approche et de l'invasion autrichienne pour trouver de sérieuses dévastations.

Pendant l'occupation des alliés, les habitants de Chaumont et de Savigny ont saccagé les forêts situées sur la montagne de Chaumont et appartenant au marquis de Chaumont; ils ont même molesté les maires et les gardes qui voulaient s'opposer à ces déprédations [4].

Les forêts couvrant les pentes sud-orientales du Salève avaient été mises en dehors des exploitations régulières, depuis 1809, pour reconstituer les peuplements ruinés par les abus antérieurs. De telles réserves ne pouvaient manquer de tenter les riverains. Une partie des populations des villages du Sappey et d'Arbusigny n'hésitèrent pas à y pénétrer à l'automne de 1814. «Le 31 octobre, il a été coupé en délit plus de 30 voitures de bois dans les forêts du Sappey, par 2 individus de cette commune auxquels s'étaient réunis plusieurs individus des communes voisines. L'adjoint d'Arbusigny aurait fait partie de cet attroupement». Les gardes furent maltraités et injuriés; certains habitants du Sappey, voyant qu'aucune sanction n'était appliquée, accusèrent leur maire de partialité et de connivence avec les malfaiteurs. Il est juste de dire que les gens du Sappey ne laissaient pas de ravager aussi les bois du Salève. De là naturellement une certaine animosité entre les deux communes [5].

A ce moment, cependant, l'administration était réorganisée; on peut juger de là de ce qui eut lieu lors de l'invasion autrichienne devant laquelle Préfet, Sous-Préfets, agents de tous les services s'étaient retirés. La ruée sur les forêts fut telle que, le 13 avril 1814, le général Greth ordonna de faire poursuivre les délits reconnus; malheureusement une partie des contraventions était couverte par la prescription de l'action, une autre n'avait pas fait l'objet de procès-verbaux; le plus petit nombre seulement fut déféré aux tribunaux. Parmi les peines qui furent prononcées à la requête de l'autorité militaire étrangère figurent des journées de travail qui furent employées aux travaux de fortification que l'armée de Bubna édifiait autour de Genève [6].

Le délit le plus grave que cet ordre permit de punir fut une incursion dans les

[1] Arch. Genève, Chap. 1, t. VIII; t. IX, imprimés p. 191.
[2] Arch. H.-S., Corr. S. P. Fy an XIII, n°s 1; 533; Corr. S. P. Ch. an XIII, 16 thermidor.
[3] Arch. H.-S., Corr. S. P. Fy 1806, n° 866.
[4] Arch. S., L. 246, f° 214.
[5] Arch. S., L. 246; Arch. H.-S., Corr. S. P. Ay, 1814, n°s 1835, 1891, 2216.
[6] Arch. H.-S., Comm. subs. Fy, 1814, n°s 325, 330, 356, 373.

bois communaux par la généralité des habitants de Saint-Laurent ayant l'adjoint et les notables en tête.

§ 2. Constatations et poursuites des délits.

Les délits forestiers sont constatés par des actes appelés procès-verbaux et rédigés par les gardes, les arpenteurs ou les agents des Eaux et Forêts, par les commissaires de police, les maires et les adjoints. Lorsqu'un préposé (c'est d'eux qu'il sera uniquement question ici) veut suivre les arbres enlevés, il lui faut requérir la présence du juge de paix, ou du commissaire de police, ou du maire ou d'un adjoint pour pénétrer dans les maisons, ateliers, bâtiments, cours adjacentes et enclos (CI. C. art. 16). La personne requise ne peut se refuser d'accompagner sur-le-champ le garde dans sa perquisition, à peine de destitution et de demeurer responsable du dommage souffert (lois du 11 décembre 1789, du 29 septembre 1791, du 3 brumaire an IV, Ordonnance de 1669). Elle est tenue de signer le procès-verbal de perquisition; en cas de refus le garde doit en faire mention.

Les procès-verbaux des gardes, à la différence de ceux des agents. sont soumis à l'affirmation dans un délai de 24 heures à partir de la signature des procès-verbaux. Cet acte, par lequel un préposé déclare avec serment que le procès-verbal par lui rédigé et dont il lui est fait lecture est l'expression de la vérité, est reçu par le juge de paix ou, en son absence, par son suppléant. Quand juge et suppléant sont absents, l'affirmation peut être reçue par le maire ou l'adjoint de la commune où le délit a été commis, ou même, à leur défaut, par un membre du conseil municipal (loi du 29 septembre 1791, tit. IV, art. 7).

Enfin, il faut que tout procès-verbal soit enregistré dans les 4 jours. Tout délit doit être poursuivi dans les 3 mois qui suivent leur constatation par procès-verbal, faute de quoi l'action publique est prescrite. C'est aux agents forestiers qu'il appartient d'exercer les poursuites en matière forestière (loi du 29 septembre 1791, tit. IX).

Perquisitions. — Un des devoirs les plus pénibles à remplir par les maires ou adjoints est sans contredit l'obligation qui leur est imposée d'accompagner chez leurs administrés les gardes à la recherche de bois de délit. L'ennui d'aider à l'action de l'autorité contre un concitoyen, parfois un ami; la crainte, réelle aussi en bien des petites localités, de se créer ainsi des inimitiés, des rancunes et parfois aussi de provoquer des vengeances; enfin, surtout dans les pays de montagne. le déplaisir de contrarier les tendances assez vives à l'indépendance, à la mise à l'écart du pouvoir central, sont les motifs qui poussent les maires à essayer d'éluder les visites domiciliaires.

Ce n'était pas seulement en Savoie que le service des Eaux et Forêts se heurtait à la mauvaise volonté des corps municipaux dans les recherches des délits et, le 15 frimaire an X, le Ministre de l'Intérieur dut adresser aux Préfets des départements une circulaire à ce sujet : «Veuillez, citoyen Préfet, concluait ce document, porter votre attention sur l'insouciance ou la connivence qu'on reproche à cet égard aux fonctionnaires administratifs et prenez des mesures pour être exactement instruit de la conduite qu'ils tiendront dans cette occasion. Tous ceux qui donneraient lieu à l'impunité des voleurs de bois ou autres objets ne peuvent conserver la confiance de leurs concitoyens, ni celle du gouvernement, et je vous recommande expressément d'en provoquer la destitution, indépendamment des autres peines que la complicité pourrait entraîner.»

Certains Sous-Préfets rappelèrent également aux maires de leurs arrondissements l'obligation d'accompagner les gardes forestiers dans les perquisitions [1]. Le 25 février 1807, le Préfet, en suite d'instructions du Ministre de l'Intérieur du 26 août 1806, invite à nouveau les maires du Mont-Blanc à se conformer aux lois du 4 nivôse an v et 28 floréal an x, sur la recherche des délits dans les maisons et sur l'affirmation des procès-verbaux. Malgré tout, maires et adjoints ne montrèrent aucun enthousiasme pour ces visites domiciliaires.

Les raisons alléguées, par ces administrateurs pour éviter leurs obligations sont des plus variées; ici, le maire déclare «qu'on devait empêcher les délits dans les forêts; que le bois étant dans les maisons il n'y avait plus lieu à poursuites»; là, il se retire disant que «le bois volé dans d'autres communes ne le regardait pas». A Saint-Avre, en 1806, le maire autorise une coupe, sans aucun droit; le garde veut rechercher les bois de délit et se heurte à un refus du maire et de l'adjoint. Saisi de l'affaire, le Sous-Préfet de Saint-Jean trouve cette opposition toute naturelle : «en effet, écrit-il au Préfet, le maire de la commune ayant donné l'autorisation de la coupe du bois pour lequel la visite était demandée, l'on ne pouvait raisonnablement exiger de lui cette assistance... L'adjoint au maire, qui, sans doute, avait pris part à cette autorisation ne pouvait non plus agir contre lui-même [2].» Conclusion : «une simple admonition suffisait». Avec un aussi bon défenseur, pourquoi les maires de Maurienne se seraient-ils gênés ?

Le plus souvent, à la réquisition des préposés, les maires et adjoints répondent par un refus pur et simple, sans explication [3], sans qu'il en résulte grand inconvénient pour eux. Ordinairement ils reçoivent des reproches, des observations du Sous-Préfet.

Pourtant, on relève quelques sanctions moins platoniques : ainsi le 6 mars 1810, le Préfet du Mont-Blanc, en vertu de la loi du 4 nivôse an III, suspend de ses fonctions le maire de Drumettaz-Clarafond qui avait refusé d'accompagner le garde des Eaux et Forêts dans ses visites domiciliaires [4]. Mais bien rares sont ces mesures de rigueur.

Affirmation. — Quand ils venaient demander aux maires et adjoints de recevoir l'affirmation de leurs procès-verbaux, les préposés forestiers n'étaient pas mieux accueillis. Et pourtant il ne s'agissait plus là que d'une simple formalité et non de pénétrer dans une maison; mais on peut juger par là de la force des raisons — les mêmes — qui amenaient les administrateurs communaux à refuser d'assister aux perquisitions.

Il est assez curieux de rechercher les prétextes allégués par les maires, en réponse aux interrogations que leur adressaient les Préfets et Sous-Préfets; l'un s'excuse en disant que le garde, ayant déjà dressé plus de 40 procès-verbaux, ne lui avait demandé de recevoir l'affirmation d'aucun [5]. Un autre dit : «qu'il était instruit positi-

---

[1] Arch. Tarentaise, Corr. S. P., 1er nivôse an x.
[2] Arch. Maurienne, Corr. du S. P. avec P., 1806, n° 180.
[3] Arch. Tarentaise, Corr. S. P. Tarentaise, 1809, n° 351; Arch. S., L 1133, Outex.
[4] Arch. S., L 1134.
[5] Arch. S., L 1135. Montagnole.

vement de la fausseté du contenu du procès-verbal » [1]. Un troisième estimait que le procès-verbal renfermait des irrégularités [2]. Certains, allant plus loin, émettaient la prétention de corriger les procès-verbaux et devant l'opposition du préposé rédacteur, ou bien ayant à se plaindre du garde et ne voulant le reconnaître, refusaient de recevoir l'affirmation [3].

Comment expliquer qu'un maire essaie de justifier son refus d'un procès-verbal en alléguant la misère du coupable ? Or il se trouvait que le délinquant avait des biens qu'il cultivait, et tenait dans son écurie une paire de bœufs et plusieurs vaches [4]. Ce même maire, d'accord avec un délinquant, s'éloignait de sa commune, alors sans adjoint, pour empêcher le garde d'affirmer son procès-verbal dans les délais légaux. Toutes les suppositions sont permises, d'autant plus que, pendant plus de 6 ans, ce maire put pratiquer son système d'obstruction sans encourir autre chose que des menaces, jamais suivies d'effet, d'être « traduit devant les tribunaux comme protégeant les contraventions aux lois et réglements ».

Comme le refus d'assister aux visites domiciliaires, celui de recevoir l'affirmation de procès-verbaux n'attirait aux maires et adjoints qui s'en rendaient coupables que des semonces et des recommandations bien vite oubliées [5].

Cette mauvaise volonté des maires se manifestait même vis-à-vis des gardes des forêts particulières [6].

Rien d'étonnant donc qu'avec l'hostilité des municipalités encouragée implicitement par l'indifférence de l'Administration préfectorale, qu'avec la misère profonde des gardes communaux peu ou pas payés, les délits forestiers se soient continués avec autant d'intensité, même durant la période 1800-1813 qui, à tant d'égards, avait été bienfaisante.

Poursuites. — Devant les tribunaux la poursuite des contraventions forestières trouva auprès des juges, suivant les lieux et les époques, plus ou moins d'empressement. Durant la période révolutionnaire, les juges de paix avaient montré peu de bonne volonté dans les causes forestières ; ils font preuve encore de la même inertie après l'installation des agents forestiers, après la circulaire du 22 nivôse an VI de l'Administration centrale du Mont-Blanc [7].

Les tribunaux correctionnels n'agissaient pas différemment. En l'an XI, le Préfet du Mont-Blanc reprocha à l'Inspecteur des Eaux et Forêts de ne pas réprimer les délits forestiers. Cet agent protesta et prouva qu'il avait tout fait pour obtenir des sanctions ; il avait transmis à la justice 185 procès-verbaux sans que le tribunal de Chambéry les inscrivît au rôle. Il fournit un état détaillé de tous ces procès-verbaux, des lettres écrites au commissaire du Gouvernement et au substitut près le tribunal criminel de Chambéry et demeurées sans réponse [8]. Le tribunal de Moutiers paraît avoir été

[1] Arch. Maurienne, Corr. S. P. Maurienne avec P., 1809, n° 580.
[2] Arch. S., Q 26, n° 393.
[3] Arch. Tarentaise, Corr. S. P., 1806, n° 310; 1807, n° 380.
[4] Arch. H.-S., Corr. S P. Ay, 1812, n° 457; 1813, n° 718; 1808, n° 1963.
[5] Arch. S., L 1133 (Montagnole, Bramans); L 1130. Saint-Jean d'Avrey, L 1134; Gerbaix, L 246, 1814; Saint-Jean de Couz.
[6] Arch. S., L 1134, Loisieux.
[7] Arch. H.-S., Admᵒⁿ mun. Blle 29 thermidor an VII.
[8] Arch. S., L 1130.

sévère [1], celui de Maurienne beaucoup moins. De plus, il faut bien le dire, il y avait des magistrats ignorants des lois forestières, Et, de ce fait, dans la période an VII — fin an XI, dans tout le département, sur 2,147 délinquants déférés aux tribunaux, 739 avaient été condamnés, 378 avaient été absous et pour 1,030 aucune solution n'était encore intervenue [2]. Il est vraisemblable que le Préfet intervint pour stimuler les magistrats.

Le nombre des absolutions était considérable : c'est qu'en effet les prévenus soulevaient devant le tribunal l'exception préjudicielle de propriété prévue par l'article 12, titre IV de la loi du 29 septembre 1791. L'absence de limites, de bornes, les usurpations, les empiètements réalisés surtout depuis la Révolution, la complicité des voisins placés dans la même situation, le désintéressement même des municipalités dont les membres ne se souciaient guère d'exciter l'animosité de leurs concitoyens, tout tendait à faire reconnaître les prétentions des inculpés. L'obligation de reconnaître le terrain, de procéder à l'application de la mappe de 1738 en partant de points quelquefois contestables, entraînait des pertes de temps et des frais considérables [3]. Le tribunal renvoyait régulièrement le prétendant droit au Préfet qui ordonnait la vérification administrative de propriété.

Il faut, pour être équitable, reconnaître que certains procès-verbaux ne semblaient pas très justifiés et avaient un caractère vexatoire : le Préfet dut intervenir et écrivit même à ce sujet, le 19 juillet 1812, à l'Inspecteur des Eaux et Forêts du Mont-Blanc une lettre fort dure [4]. C'était, il est vrai, à l'époque où le personnel forestier de surveillance, sans payement depuis plusieurs années et mourant littéralement de faim, était totalement démoralisé et cherchait par tous les moyens à se procurer des subsistances.

L'intervention préfectorale dans la répression des délits n'était pas toujours, il s'en faut, aussi heureuse. En 1812, le Préfet prit, le 10 septembre, un arrêté déclarant qu'il n'y avait pas lieu de poursuivre un habitant de Villarodin-Bourget qui avait coupé 3 pins dans la forêt communale, qu'il serait procédé par experts à l'évaluation du bois indûment coupé et que le prix réglé serait versé à la caisse de la commune [5]... On se rappelle que l'année d'après le Sous-Préfet de Saint-Jean de Maurienne fit suspendre les poursuites engagées contre les délinquants de Valloires. De ce simple rapprochement ressort nettement l'action exercée par cet administrateur.

Une fois le jugement rendu, les délinquants s'ingéniaient à échapper aux conséquences des condamnations prononcées contre eux; le plus souvent ils esquivaient le payement des amendes encourues en produisant des certificats d'indigence arrachés à la complaisance des municipalités [6].

«Il paraît que les maires ou adjoints auxquels ils s'adressaient, ne croyant pas être responsables de l'abus qui peut résulter de cette délivrance inconsidérée, s'y prêtaient

---

[1] Arch. Maurienne, Livre journ. du S. isp., 16 ventôse an X; 26 prairial an VI; 29 nivôse an XII.

[2] *Annuaire du Mont-Blanc*, an XIII.

[3] Arch. S., L 1132, Ontex, L 1143, Cruet, L 118, f° 126 v°; f° 244. Arch. Maurienne, Corr. S. P. au P., 1806, n° 130. Arch. H.-S., Corr. S. P. Ay, 1808, n° 1907; 1813, n° 133, Comm. subs. Fy, 1814, n° 551.

[4] Arch. S., Q 26, n° 1266.

[5] Arch. S., L 2211.

[6] Arch. Maurienne. Reg. du gg, 1809.

avec une sorte d'empressement. » Après avoir fait cette constatation, le Préfet de Chambéry recommande aux Sous-Préfets sous ses ordres d'appeler l'attention des maires
sur des certificats dus seulement à ceux que leur pauvreté met dans l'impossibilité
absolue de payer[1]. Ces instructions du 20 fructidor an x furent l'occasion pour le
Sous-Préfet de Maurienne d'adresser aux maires de l'arrondissement une circulaire
indiquant la forme à donner aux certificats d'indigence, se réservant le droit de les
vérifier et de les légaliser.

En 1814, les commissions d'administration organisées lors de l'invasion autrichienne
décidèrent, pour ne pas laisser impunies toutes les contraventions que la retraite des
fonctionnaires et magistrats avait empêché de poursuivre, que le délai de prescription
des délits et de l'action publique serait prorogé du temps pendant lequel l'administration française avait été suspendue[2].

Le montant des condamnations prononcées de l'an vii à l'an xi inclusivement par
les tribunaux du Mont-Blanc dans les poursuites forestières a été :

Amendes.. 14 639f 81
Restitution.. 2 078 12
Dommages-intérêts aux communes........................ 2 644 65
Frais... 5 035 90

Total............................... 24 398 48

Pendant les 9 premiers mois de l'an xii, les condamnations prononcées ont atteint
7,326 francs[3], soit, en moyenne, par an, 4,879 fr. 70. Ce qui correspond à un total
annuel de 9,768 francs; soit le double de la moyenne antérieure. On voit nettement
le résultat de l'action accélératrice donnée à la répression des délits après l'an xi.

SECTION II.

Des défrichements.

D'après l'article 6, titre I de la loi du 29 septembre 1791, chaque propriétaire de
bois avait le droit de les administrer et d'en disposer à l'avenir comme bon lui semblerait. Cette liberté illimitée eut pour conséquence immédiate l'anéantissement d'une
quantité de forêts. Les empiètements et les usurpations réalisés pendant la période
révolutionnaire au détriment des forêts nationales ou communales étaient immédiatement suivis de défrichement. On reconnut alors la nécessité de revenir aux principes
de conservation si imprudemment répudiés par la Constituante.

Ce fut la loi du 9 floréal an xi qui imposa le frein indispensable pour mettre un
terme à la fureur des défrichements. Pour défricher il fallut désormais obtenir une
autorisation du Ministre des finances, rendue après reconnaissance du terrain et sur

[1] Arch. Tarentaise, Série 1, n° 70, Corr. S. P. Tarentaise, an x, 27 fructidor. Arch. Maurienne,
Corr. S. P., an x, n° 413.
[2] Arch. H.-S., Comm. adm. Fy. 1814. n° 686.
[3] *Annuaire du Mont-Blanc*, ans xiii et xiv.

l'avis du service forestier. Aucune autorisation n'était exigée pour le défrichement des bois non clos, de moins de 1 hectare, non situés en montagne, non plus que pour les parcs, jardins et plantations âgés de moins de 20 ans.

Tout particulier qui aura contrevenu à ces dispositions était condamné à l'amende et tenu à reboiser une surface égale à celle qui avait été défrichée; faute d'y satisfaire, la plantation était exécutée d'office et aux frais du propriétaire.

Le délai accordé à l'Administration pour statuer sur une demande de défrichement était de 6 mois.

Dans un pays aussi montagneux que la Savoie, les inconvénients et les dangers des défrichements devaient se faire sentir plus rapidement et plus fortement qu'ailleurs. Aussi l'Administration centrale du département du Mont-Blanc invita-t-elle par une circulaire du 23 thermidor an vi les municipalités de canton «à inhiber à tout citoyen de faire aucun défrichement ou essert sur les biens appartenant aux communes»; elle s'appuyait sur le décret du 10 juin 1793, art. 3 et 4 [1].

Mais il ne semble pas que ces prescriptions aient beaucoup ému les gens qui se permettaient des innovations dans les biens communaux. A Chevaline, par exemple, c'est le feu qui est l'agent de destruction de la couverture vivante du terrain [2]. Mais bientôt la mise en vigueur de la Constitution de l'an viii vint renforcer l'autorité du pouvoir central. A Sainte-Marie de Cuines, le Sous-Préfet Bellemin put constater lui-même «la multiplicité des défrichements exécutés en l'an x»; si l'on n'y apporte empêchement, écrit-il au maire, toutes les forêts seront en culture et les propriétés de la plaine ravagées par les eaux qui descendent des montagnes» : il annonce que le Sous-Inspecteur des Eaux et Forêts déterminera quels sont ceux de ces défrichements que l'on devra de suite abandonner [3].

Les inconvénients de la destruction des bois pratiquée à la Chapelle étant moindres, le Sous-Préfet prescrit au Conseil municipal «de faire payer un loyer aux occupants» des communaux défrichés (21 germinal an xi) [4].

Sur une plainte des habitants des hameaux des Chambons et de Curiaz, à Saint-Jean d'Arves, contre des particuliers qui pratiquaient des défrichements dans les communaux de Coin du Blanc, du Mollard de l'Aigle et de Gevo, «lesquels coteaux sont sujets aux éboulements du terrain qui augmente chaque jour», le Sous-Préfet prend un arrêté reconnaissant les dangers des défrichements signalés, «lesquels il est urgent d'inhiber et défendre à peine d'une amende qui peut se porter à 50 francs, plus ou moins et même de prison» [5]. En dehors de la Maurienne, on voit encore le Préfet autoriser une session extraordinaire du Conseil municipal de Doussard «pour délibérer sur les mesures à prendre pour empêcher les défrichements des fonds communaux et pour faire tourner au profit de la commune ceux qui ont été défrichés [6]». De même à Talloires, etc.

Ainsi, avant la publication de la loi du 9 floréal an xi, la nécessité de garantir la sécurité du pays contre les torrents, les avalanches et les glissements du sol, avait

[1] Arch. H.-S., L 3/74, p. 429.
[2] Arch. H.-S.. L 3/21, p. 232 v°.
[3] Arch. Maurienne, Corr. S. P., 17 thermidor an x.
[4] Arch. Mne Arr. S. P., an xi.
[5] Arch. Arr. S. P., 18 germinal an x.
[6] Arch. H.-S., Corr. S. P. Ay. an vi, n° 1588; n° 317.

amené les autorités à combattre le principe posé par la loi de 1791 et à restreindre la liberté trop absolue des propriétaires forestiers.

Immédiatement après sa promulgation, la loi sur les défrichements est appliquée : elle répondait trop aux besoins de la région. Au maire de la Thuile qui voulait déboiser un terrain en montagne, le Sous-Préfet d'Annecy répond, le 27 prairial an XI, qu'une telle opération exige une autorisation spéciale après reconnaissance du service forestier et qu'elle a peu de chance d'être permise : un recépage serait sans doute accordé [1]. Mais partout où il n'y avait aucun danger à redouter le déboisement direct ou indirect se pratiquait sans frein.

Ce qui montre le mieux l'esprit public en matière de défrichement, c'est une lettre des maire et adjoint de Termignon, du 4 fructidor an XI, adressée au sous-préfet de Saint-Jean-de-Maurienne [2] : «Voyant que nous ne pouvons pas faire notre devoir, n'étant pas soutenu, des malintentionné continue à défricher les forêts malgré les ordres qu'on a donné. Le Cⁿ Henry nen a au moins défriché depuis la visite que le Cⁿ Bernard, sous-expecteur, a fait sur une pièce de pré dont il a trouvé environ trois quartelle de défriché, il en a encore à peu près défriché à peu près au temps et enlevé les bois la nuit d'après les rapports qui nous ont été fait.

« Cⁿ, vous en decidere comme vous en gugeré à propeaux; la loi demande que les maire et adjoint doive estre changé au 1ᵉʳ vendémière. Nous ne voulons pas être continué. Ainsi vous n'avé qua donner vos ordre pour que nous soyons remplassé.»

On a une autre preuve de l'importance des défrichements qui sévissaient en Maurienne, principalement par une lettre du sous-inspecteur Bernard au Conservateur des Eaux et Forêts, en date du 13 messidor an XII :

«Partout je reçois de la part des gens sensés des plaintes sur les dévastations inouïes auxquelles est livrée la majeure partie des forêts communales de cet arrondissement... Plusieurs motifs contribuent journellement à la dévastation ou, pour mieux dire, à l'anéantissement du sol forestier; la cupidité insatiable de quelques habitants privilégiés ou craints dans leur commune leur en fait faire un commerce habituel; d'autres les défrichent pour les ensemencer ou en faire des pâturages et généralement tout le bétail, qui est immense dans cette vallée, y prend habituellement sa pâture pendant les grosses chaleurs. Enfin les chèvres, ces animaux si voraces, dont la dent meurtrière fait périr toutes les plantes qu'elles attaquent, y sont en si grand nombre, d'après les renseignements que je me suis procurés, qu'il excède 40,000... [3]. »

Dans certaines communes, les municipalités ont trouvé avantageux de revendiquer les terrains communaux usurpés puis défrichés et de les louer ensuite, soit moyennant une taxe fixe, soit aux enchères [4]; ailleurs, le conseil municipal alla jusqu'à proposer des poursuites contre les individus qui avaient indûment défriché les communaux [5]. Le métier de déboiseur n'était donc pas sans risques; mais, parfois aussi, il n'était pas sans profit. Par exemple, à Saint-Pierre-d'Albigny, 73 hectares du bois Paillard

[1] Arch. H.-S., Corr. S. P. Ay. an XI, n° 934.
[2] Arch. S., L. 2215.
[3] Arch. Maurienne, Livre journal S. isp.
[4] Arch. Maurienne, Arr. S. P., an XIII, n° 112 : 1806, n° 52.
[5] Arch. H.-S., Corr. S. P. Ay, 1810, n° 1541.

avaient été attribués en propriété aux habitants du hameau de Pau, sous réserve d'un droit de pâturage au seigneur de Châteauneuf. En 1808, «la majeure partie de ces 73 hectares a été défrichée, une portion est cultivée, une autre portion est en pâturage, et il n'y a plus en bois que 5 à 6 hectares...[1]».

Il est bien difficile de préciser par un chiffre l'importance des défrichements, d'abord par défaut d'éléments statistiques, ensuite à raison de ce fait que beaucoup de ces défrichements ne se sont pas produits par le brusque passage de l'état boisé à la culture agricole ou pastorale. Beaucoup de terrains qui avaient été l'objet de coupes blanches, comme aux abords des cols du Petit-Saint-Bernard et du Mont-Cenis, au moment des opérations militaires sur les Alpes, se sont peu à peu transformés en pâturages, l'introduction du bétail et notamment des chèvres anéantissant le recrû ou la régénération au fur et à mesure qu'ils se produisaient.

Il eut fallu avoir la consigne des bois ordonnée par les Royales Constitutions de 1770 — en admettant l'exactitude de ce travail — et le cadastre entrepris sur l'ordre de Napoléon (arrêté du 12 brumaire an XI) et rapprocher les chiffres pour pouvoir tirer une conclusion.

Mais le cadastre français était loin d'être achevé lors de la chute de l'Empire; quant aux déclarations des propriétaires forestiers de 1770, elles n'ont pas été contrôlées, et celles qui existent dans les archives ne sont pas complètes.

SECTION III.

Les incendies.

§ 1ᵉʳ. RAVAGE DES INCENDIES.

De grands incendies ont dévasté, à diverses reprises, les forêts de la Savoie, mais principalement sous le Consulat : leur propagation et leur durée dépendent directement des conditions de température et des précipitations atmosphériques, abstraction faite de la malfaisance.

Vers la fin de l'an V, les forêts de Bramans ont été la proie de deux incendies. Sur la rive gauche de l'Arc, une trentaine d'hectares du bois du Nant, peuplés de mélèzes, ont été brûlés; sur la rive droite, ce sont les parcelles cadastrales nᵒˢ 4114 à 4116 qui ont été parcourues par les flammes[2]. Les forêts d'Aussois, de Modane, de Villarodin-Bourget (plus de 30 hect.), d'Albanne furent aussi ruinées en partie par les incendies[3].

L'an VIII, si funeste par sa grande sécheresse, a vu le feu détruire partout en Europe d'immenses surfaces boisées. La Savoie ne devait guère être mieux partagée que la Suisse. Aux portes même de Chambéry, le 20 thermidor, le feu éclate dans les forêts communales de Saint-Thibaud-de-Couz, d'Entremont-le-Vieux et de Saint-Cassin. Le 21, le préfet prend un arrêté ordonnant des mesures pour combattre le

[1] Arch. S., L 1133.
[2] Arch. Maurienne, Livre journal du S. isp., 22 mess. an x.
[3] Arch. Maurienne, Livre journal du S. isp., 22 mess. an x, passim.

fléau; il est insuffisant : le 24, nouvel arrêté réquisitionnant. «tous les habitants des communes ci-après, aptes à manier la pioche ou la hache», qui devaient se rendre chaque jour sur le lieu du sinistre dans les proportions suivantes ·

Entremont-le-Vieux	25	Saint-Jean-de-Couz	15
Saint-Cassin	30	Bissy	25
Corbel	30	Cognin	20
Saint-Thibaud-de-Couz	30	Montagnole	20
Vimines	30	Jacob-Bellecombette	15

A ces 240 hommes devaient s'adjoindre les ouvriers charpentiers de Chambéry, dirigés par le conducteur principal des Ponts et Chaussées. L'ingénieur ordinaire des Ponts, les gardes généraux des Eaux et Forêts pouvaient requérir les chefs d'équipes et les ouvriers nécessaires, même au delà du chiffre fixé par le préfet, et dirigeaient le travail. D'après ces mesures, qu'on juge de la grandeur de l'embrasement [1]. Le 24 thermidor, ce sont les bois communaux de Saint-Jorioz et de Saint-Eustache, au sud du lac d'Annecy, qui sont en flammes; le 28, l'incendie continuait toujours. La forêt des Clefs flambe à son tour [2].

Puis, le 1er fructidor, c'est dans les forêts de Saint-Offenge, de Trévignin et du Montcel, au-dessus d'Aix-les-Bains, que le feu éclate. Par arrêté de ce jour, le préfet autorise les gardes généraux à réquisitionner des ouvriers munis de serpes et de haches dans toutes les communes du canton et même à requérir l'envoi d'un détachement de troupes si c'est nécessaire. «Les communes requises pouvaient, en cas de rénitence, être contraintes par la gendarmerie : à ces fins, le capitaine commandant cette partie de la force publique était invité à maintenir sur les lieux les brigades qu'il y avait fait passer sur l'avis qui lui avait été donné de l'incendie [3]. »

La Maurienne, qui avait été à peu près épargnée en l'an vm, est éprouvée par le feu un peu plus tard. En l'an x, le 22 thermidor, les taillis de Saint-Michel, sis à Praz-Novaz, brûlent; le 6 fructidor, c'est le tour des forêts de Sainte-Marie-de-Cuines; le 21 du même mois, les bois de Saint-Remy sont dévorés aussi par le feu [4].

Mais ce sont les massifs communaux de Sollières qui furent le plus gravement éprouvés. Le préfet avisa le Ministre de l'intérieur de ce sinistre, le 30 messidor an xi, en ces termes [5] : « J'ai l'honneur de vous rendre compte que le 9 de ce mois, à 8 heures après midi, un incendie des plus terribles s'est manifesté dans les forêts communales de Sollières, arrondissement de Maurienne, par suite de l'imprudence d'un jeune berger que l'on m'annonce avoir mis le feu à un buisson à l'entrée des forêts, d'où il s'est bientôt communiqué aux grands bois sapins par l'effet d'un vent qui règne presque constamment dans ces montagnes.

«Le berger avait pris le feu dans un brusin fait dans son terrain par un particulier, trop près des bois, en contravention aux lois. Cette affaire est pendante devant le tribunal de Saint-Jean-de-Maurienne.

[1] Arch. S., L 97, f° 133 et suiv.
[2] Arch. H.-S., Corr. S. P. Ay, an vm, n° 261; Arr. S. P. Ay, n° 261.
[3] Arch. S., L. 99, f° 135.
[4] Arch. Maurienne, Corr. S. P., an x, passim.
[5] Arch. S., L 239, n° 320; Arch. Maurienne, Arr. S. P., 11 mess. an xi.

«Aussitôt que le sous-préfet de l'arrondissement a été instruit de cet événement malheureux, il a requis tous les habitants des communes voisines et le sous-inspecteur des bois et forêts de se rendre de suite sur les lieux, pour arrêter le cours de l'incendie en ouvrant des tranchées et faisant des abattis pour empêcher la communication. Tous ont répondu à cet appel et ont travaillé avec la plus grande activité et le courage le plus soutenu, jour et nuit, jusqu'au 11 de ce mois qu'on crût le feu éteint; mais il ne l'était pas, et on travailla de nouveau à en arrêter le cours, malgré les plus grands efforts et les plus grands dangers. L'incendie n'avait pas entièrement (cessé) au 13 de ce mois. J'ai lieu de croire cependant, d'après les nouvelles dispositions faites ce jour-là par le sous-inspecteur, qu'il doit être éteint à ce moment...

«Cet incendie a parcouru la superficie de plus de 170 hectares de forêts entièrement couverts de bois sapin. Le jour qu'il s'est manifesté, il a péri un homme et un troupeau de 80 chèvres et moutons.

«En vous faisant part de ce triste événement, je ne dois pas vous dissimuler, citoyen Ministre, qu'il est à craindre de les voir se multiplier si les tribunaux n'apportent pas la plus grande sévérité dans la poursuite des délits forestiers qui leur sont dénoncés et dans la condamnation des coupables. L'administration forestière de ce département se plaint particulièrement de l'indulgence du tribunal de Saint-Jean-de-Maurienne envers les contrevenants et de la lenteur qu'il apporte à rendre jugement sur les procès-verbaux de contravention... Signé : Verneilh.»

Ce fut le dernier incendie important à signaler dans les forêts de Savoie jusqu'à la fin de l'Empire. On relève encore les dégâts commis par le feu en diverses localités, comme dans les broussailles appartenant à la ville d'Annecy, au lieu dit Combe-Noire, en 1812 [1]; mais aucun de ces sinistres n'eut l'importance des vastes embrasements de l'an VIII ou de Sollières en l'an XI.

§ 2. MESURES DE PROTECTION CONTRE L'INCENDIE.

L'Ordonnance de 1669, titre XXVII, article 32, interdisait de porter et d'allumer du feu dans les forêts publiques ou particulières sous peine de punition corporelle et d'amende arbitraire, outre la réparation des dommages que l'incendie pourrait avoir causés. Ces dispositions ont été déclarées, comme toujours, en vigueur par arrêté du Directoire exécutif du 25 pluviôse an VI.

Une circulaire de la régie des domaines, en date du 13 prairial suivant, adressée aux inspecteurs des Eaux et Forêts, rappela aux agents la stricte exécution des règlements et leur fit savoir «qu'à l'avenir l'incendie d'une partie de bois quelconque appartenant à la République serait un motif de destitution [2]».

Lors des grands incendies de l'an VIII, le préfet du Mont-Blanc prit, par mesure préventive, l'arrêté ci-après, le 25 thermidor de cette année :

«Le Préfet du département du Mont-Blanc,

«Considérant qu'au mépris des lois des particuliers s'introduisent dans les forêts communales pour y faire des esserts et y établir des brésigos qui ont donné lieu à

[1] Arch. H.-S., Corr. S. P. Ay, 1812, n° 369.
[2] Arch. Tarentaise, Série 1, n° 68.

plusieurs incendies; considérant que, pour prévenir de pareils désastres, il importe que les autorités locales, les gardes forestiers surtout, exercent la police et la surveillance la plus active;

«Arrête, par suite des dispositions de son arrêté du 21 prairial dernier :

«ARTICLE 1ᵉʳ. Les gardes forestiers, généraux et particuliers sont tenus, aux termes de la loi, de faire des tournées journalières dans les forêts confiées à leur surveillance.

«ART. 2. Ils feront arrêter et dresseront procès-verbal contre tout individu qui aurait esserté ou établi des brésigos dans les forêts ou se serait rendu coupable de quelques autres délits, feront éteindre de suite le feu et détruire les brésigos...

«ART. 4. Les directeurs d'usine qui auraient encore du charbon à cuire sont tenus de faire suspendre provisoirement les travaux des charbonniers et d'apporter toutes les précautions imaginables pour prévenir les incendies dont ils deviendraient personnellement responsables.»

De nouvelles instructions ou circulaires de l'administration, des 7 prairial an IX (art. 45), 15 fructidor an XI et 21 vendémiaire an XII, vinrent recommander aux agents de prévenir autant que possible les incendies et d'appliquer strictement l'ordonnance de 1669, ainsi que l'article 10, titre II, de la loi du 28 septembre 1791.

Quant aux moyens pratiques de combattre le feu, ils consistaient dans l'ouverture de fossés aussi larges que possible, dans le débroussaillement et le déboisement le long de ravins ou de crêtes. De méthodes préventives, de gardes-feux, il n'était pas question encore.

§ 3. Fours, fourneaux.

L'établissement de fours à proximité ou à l'intérieur des peuplements, constituant un danger permanent d'incendie, était interdit par l'article 18, titre III, de l'Ordonnance de 1669. De même, était défendue la création de fourneaux pour la fonte du minerai sans autorisation spéciale. (Lois du 28 juillet 1791, titre II, art. 2, et du 21 avril 1810, art. 73, § 4.)

Outre les risques de communiquer le feu aux massifs, les fours et fourneaux avaient, par leur consommation considérable de combustible ligneux, alors surtout que l'usage de la houille était peu répandu, une action indiscutable sur la prospérité et l'avenir des forêts.

Aussi, en Savoie, l'autorité préfectorale s'efforça-t-elle de limiter le nombre des fours particuliers, même de ceux servant à cuire le pain : elle n'hésitait pas à ordonner la destruction de tels fours[1]. Lors de la construction de la route nationale de France en Italie par le Mont-Cenis, on permit aux entrepreneurs d'établir de nombreux fours à chaux en vue de la construction des maçonneries nécessaires au maintien de la chaussée : l'épuisement des forêts de la haute Maurienne provient, en partie, des quantités considérables de bois livrées pour la cuisson du calcaire[2].

Comme la Maurienne était de beaucoup la région la plus intéressée à la limitation

---

[1] Arch. Maurienne, Arr. du S. P., 1ᵉʳ thermidor an XII.
[2] Arch. Maurienne, Corr. du S. P., 1808, n° 1093.

des fours, l'autorité administrative devait être amenée à édicter une réglementation : le sous-préfet ne manqua point à cette tâche et, le 3e jour complémentaire an XIII, prit cet arrêté : « Nous, François-Jean-Marie Bellemin, sous-préfet de l'arrondissement de Maurienne, satisfait du résultat des mesures que nous avons prises, soit avant l'organisation de l'administration forestière, soit depuis et de concert avec elle, pour la conservation des bois communaux, et jaloux de faire cesser tous les abus qui peuvent encore exister et contrarier nos intentions dans cette partie,

« Ordonnons ce qui suit, sous l'approbation de l'autorité supérieure :

« ART. 1er. Par suite des dispositions contenues dans notre lettre du 9 frimaire an IX, il est défendu à qui que ce soit d'établir des fours publics ou particuliers sans notre autorisation spéciale.

« ART. 2. Les fours actuellement existants, réduits au nombre purement et strictement nécessaire pour le service des habitants, de manière à ce qu'il n'y en ait qu'un pour chaque village ou hameau un peu conséquent, et dont l'éloignement du chef-lieu serait à une distance de plus d'une heure. Cette réduction sera ordonnée par la sous-préfecture sur le rapport du maire et l'avis à donner par le conseil municipal dans la session de février prochain.

« ART. 3. Afin de donner le temps aux communes de faire réparer ou même construire des fours dans le chef-lieu et dans les autres endroits jugés nécessaires, la réduction du nombre des fours n'aura lieu qu'à dater du 1er juillet 1806; elle sera ordonnée par la sous-préfecture.

« ART. 4. Dans le cas de reconstruction ou de réparation des fours communaux, les maires auront soin de faire comprendre dans l'état de la dépense celle d'une petite chambre à côté des fours pour y pétrir et déposer les pains.

« ART. 5. Tout particulier propriétaire du four qui sera compris dans la réduction devra le faire démolir, dénaturer dans le terme de quinze jours après la notification qui lui en sera faite, à défaut de quoi il sera démoli à ses frais et le contrevenant soumis aux peines prescrites par l'article 9, titre II de la loi du 6 octobre 1791.

« ART. 6. Ne sont pas compris dans cette réduction les fours des particuliers qui ont sur leurs propriétés des bois en suffisante quantité pour leur consommation, mais ils ne pourront les conserver qu'après l'autorisation de notre part et en faisant la promesse expresse de ne s'en servir que pour leur famille.

« ART. 7. Les maires comprendront séparément dans l'état des bois qu'ils demandent pour l'affouage de la commune ceux nécessaires pour les fours qui seront conservés, et cet état, qui devra énoncer le nombre des fours et le nom de ceux qui les tiennent, sera fourni à la sous-préfecture avant que d'être envoyé à l'administration forestière [1]. »

Ce règlement très draconien, contraire d'ailleurs sur de nombreux points au droit nouveau, était une réminiscence de la législation sarde antérieure à la Révolu-

---

[1] Arch. Maurienne, Arr. du S. P., an XIII, n° 117.

tion ; aussi le préfet ne put-il se résoudre à l'approuver, malgré qu'il en reconnût l'utilité.

Comme la déforestation ne cessait de croître, ce fonctionnaire crut devoir exposer la situation au Ministre de l'intérieur, mais le 10 avril 1808 seulement, par la lettre suivante :

« Les sages mesures que renferme la loi du 22 juillet 1791, concernant les établissements qui consomment des bois en grand, ont eu pour but principal d'empêcher les établissements de l'espèce dont la nécessité ne serait pas reconnue et qui, conséquemment, ne tendraient qu'à augmenter inutilement la consommation des bois et à procurer la dépopulation des forêts. Les mêmes motifs me paraîtraient devoir attirer l'attention du Gouvernement sur d'autres établissements dont le nombre augmente chaque jour sans nécessité et qui occasionnent une grande consommation de bois, je veux parler des fours à cuire le pain et la pâtisserie.

« Dès la réunion de ce département à la France, le nombre de ces fours a presque doublé ; un seul four suffisait par hameau, maintenant on en trouve 3 ou 4. Dans cette ville, par exemple, le nombre des fours est de 75, non compris 5 à 6 fours publics, tandis qu'avant la Révolution il arrivait au plus à 50, et cependant, à cette époque, ce nombre suffisait, quoique la population fût plus forte qu'actuellement. Tous ces fours ne sont chauffés qu'avec des fascines. La plupart des boulangers, à raison de leur grand nombre et conséquemment du moindre débit d'un chacun, ne font qu'une fournée par jour ; de là, une plus grande consommation de bois ; de là, la dilapidation des bois communaux qui environnent cette ville, nonobstant la surveillance la plus active ; de là, dans les campagnes, des incendies multipliés, les vols des bois des particuliers, etc. ; tels sont les inconvénients majeurs qui résultent du trop grand nombre de fours sur lesquels j'appelle l'attention de Votre Excellence.

« Avant la Révolution, le nombre des fours était à peu près limité, les boulangers ne pouvaient en établir qu'en vertu d'un permis de l'autorité municipale et à la charge formelle de les démolir en changeant de logement. Sur plusieurs points du département, on sollicite des mesures qui mettent un terme à l'abus qu'entraîne la multiplicité des fours dont le nombre s'accroît chaque jour. On demande que, dans les villes et bourgs, leur nombre soit réglé et basé sur la population ; dans les campagnes, que l'autorisation de construire un four ne soit accordée que lorsque celui qui veut le faire établir aura justifié avoir sur son terrain des bois suffisants pour l'alimenter, en un mot que la construction des fours ne puisse avoir lieu sans autorisation et sans nécessité reconnue.

« Je n'ai pas cru devoir prendre de déterminations à cet égard sans en avoir référé à Votre Excellence [1]. »

Très vraisemblablement, le Ministre s'est retranché derrière le principe de la liberté commerciale, car depuis il ne fut plus question, même en Maurienne, d'autorisation pour la construction de fours à pain. L'établissement de fours à chaux et de fourneaux pour le traitement des minerais demeura toujours subordonné à l'approbation administrative.

[1] Arch. S., L 241, n° 776.

SECTION IV.

Le reboisement.

Le mot, l'idée qu'il représente aujourd'hui n'existaient pas officiellement. Au début du XIXᵉ siècle, il n'est question que de repeuplement, c'est-à-dire de regarnir les vides des forêts par des semis ou des plantations.

Pourtant dans les Alpes, et notamment en Savoie, tout le monde connaissait l'action protectrice de la forêt : le bannissement de certains cantons en est la meilleure preuve. Il était naturel que là où il y avait à redouter des avalanches, des éboulements ou des glissements de terrain, on eut l'idée de reconstituer les massifs disparus. Ce fut le cas pour les déboisements stratégiques exécutés au Mont-Cenis, d'où partaient des coulées neigeuses qui coupaient la route nationale de Paris à Turin[1]. En 1812, le préfet recommandait de récolter des graines résineuses «pour ensemencer les portions de forêts des communes qui ont été défrichées et qui, étant en pente de montagnes, donnent à craindre qu'il y ait des avalanches ou des éboulements»[2]. C'était encore du repeuplement, mais avec la pensée de l'utilité publique ajoutée à celle de la mise en valeur de terrains devenus improductifs.

Il fallait encore 47 ans pour que la conception de la Restauration des terrains en montagne par le reboisement se généralisât, mûrit et aboutît, au Parlement français, à la loi du 28 juillet 1860, contemporaine du retour de la Savoie à la France.

La Maurienne était la vallée de Savoie dont le manteau forestier était le plus dégradé; aussi le sous-préfet prit-il un arrêté, le 5 fructidor an x, prescrivant de faire des semis dans les forêts communales. Cet ordre a été transmis notamment aux maires de Saint-André, Sollières-Sardières, Modane, Albanne, Villarodin-Bourget, Lans-le-Villard et Termignon[3].

Avant de choisir le mode de repeuplement à prescrire, le sous-préfet avait pris ses renseignements, non pas auprès du service forestier, mais auprès des municipalités. Le 27 pluviôse de cette année, il avait demandé au maire de Modane :

«1° Dans quelles communes du canton il existait le plus de mélèzes?

«2° S'il serait plus facile d'avoir des jeunes plantes pour les transplanter ou de la graine, et à qui il faudrait s'adresser pour cet objet?

«3° Quel serait le prix de chacune de ces jeunes plantes rendues à Saint-Jean?

«4° Dans quelle espèce de terrain cet arbre se plaît le mieux?

«5° Quel soin exige-t-il?

«6° A quel usage emploie-t-on le bois et faut-il beaucoup d'années pour le rendre de service?

«7° En quel temps les transplante-t-on et connaît-on quelques moyens particuliers pour la plantation plus favorable de cet arbre et quelques procédés pour la culture?[4]»

[1] Arch. Maurienne, Livre journal GG., 1811, n° 573.
[2] Arch. Maurienne, Reg. GG., 12 sept. 1812.
[3] Arch. Maurienne, Corr. S. P., an x, passim.
[4] Arch. Maurienne, Corr. S. P., 27 pluv. an x.

Les agents forestiers de l'arrondissement, de leur côté, se préoccupaient de repeupler les vides des forêts, proposaient au sous-préfet de prescrire des semis à Lans-le-Bourg, à Lans-le-Villard, sur les surfaces incendiées des bois de Bramans, etc.... C'est sûrement à leur intervention qu'est dû l'arrêté du 5 fructidor an x[1].

Mais certains préposés mettaient peu d'empressement à seconder ces vues, et notamment le brigadier de Lans-le-Bourg. Lorsqu'il fut remplacé, en 1810, pour obéir aux ordres de l'inspecteur des Eaux et Forêts du Mont-Blanc et du conservateur à Grenoble, le garde général de Saint-Jean ordonna à son successeur de récolter des graines de mélèze : « C'est au commencement de frimaire qu'il faut cueillir les cônes... Au fur et à mesure que vous récolterez cette semence, vous aurez soin de la tenir dans un endroit sec jusqu'au mois de mars prochain[2]. » On pratiquait donc la cueillette des cônes pour en retirer la graine. En 1812, la récolte de toutes sortes de graines résineuses fut très abondante et des ordres furent donnés pour en profiter[3].

Il semble donc que le semis de graines ait été le procédé adopté pour les repeuplements, probablement à cause de la modicité de la dépense. On ne voit pas qu'il ait jamais été créé des pépinières.

A l'occasion du mariage de Napoléon avec Marie-Louise et de la naissance du roi de Rome, des plantations ont pourtant été faites pour en perpétuer le souvenir. Le registre du garde général de Saint-Jean-de-Maurienne renseigne sur ce qui fut fait dans la vallée de l'Arc.

Le 13 mai 1811, cet agent adresse à ses brigadiers la circulaire suivante[4] : « Je viens de recevoir des reproches de la part de M. l'Inspecteur. Je suis cité comme le seul garde général de ce département qui n'ait fait faire aucune plantation pour consacrer la mémoire de l'auguste mariage de Leurs Majestés Impériale et Royale; un événement non moins fortuné me fournit l'occasion de réparer mes torts : il faut que dans tous les triages des arbres contemporains de la naissance du roi de Rome lui prouvent un jour que jusqu'au sein des forêts tout tressaillit de joie à son avènement au monde.

« Votre dévouement m'est un sûr garant que je rivaliserai dans cette circonstance avec mes collègues; de concert avec les gardes sous vos ordres, vous allez concourir à la plantation à laquelle nous sommes tous invités et les procès-verbaux qui constateront ce que vous aurez fait à cet égard me seront envoyés dans le plus court délay. »

Le brigadier de Modane reçut l'ordre « de faire planter à chaque angle du pont de Saint-Antoine, grande route de Paris à Milan, quatre plantes de bois, essence sapin ou mélèze, celle qui conviendra le mieux à la qualité du terrain. Il sera, en même temps, effectué une plantation de 50 mètres de longueur de chaque côté du pont situé à Lans-le-Bourg. Cette plantation se fera en avenue sur les talus de chaque côté de la route du Mont-Cenis».

Depuis longtemps, les plantations du roi de Rome ont disparu, mais la grande route d'Italie est toujours là, évoquant le souvenir de Napoléon.

[1] Arch. Maurienne, Livre journal du S. insp., an x, passim.
[2] Arch. Maurienne, Livre journal du GG., 1810, n° 434.
[3] Arch. Maurienne, Reg. du GG., 12 sept. 1812.
[4] Arch. Maurienne, Reg. du GG., 12 sept. 1811 n° 518

SECTION V.

Scieries et chemins.

—————

§ 1ᵉʳ. LES SCIERIES.

Aucune disposition spéciale ne régissait l'établissement des scieries ou, comme on disait alors, des moulins à scies. L'Ordonnance de 1669 ne s'occupait que des installations faites sur les cours d'eau navigables et flottables et non des petites usines bâties sur les ruisseaux (tit. XXVII, art. 43); c'est à cette dernière catégorie qu'appartiennent la plupart des scieries de Savoie. Toutefois un arrêt du Conseil du Roi du 28 janvier 1750 interdisait à toute personne de faire construire aucun moulin à scier le bois sans en avoir obtenu la permission du Roi, à peine de démolition des moulins, de confiscation des matériaux et d'une amende de 300 livres; ces dispositions étaient applicables à tout le royaume.

Un décret du 23 prairial an XII, en renvoyant aux tribunaux correctionnels la connaissance des infractions aux règlements sur l'établissement des scieries, confirma le principe posé par le Conseil. Et, de fait, un arrêté préfectoral autorisait la création des scieries nouvelles [1].

L'existence de scieries au voisinage des forêts, transformant les bois en grume, rendait difficiles l'identification, la recherche des arbres coupés en délit, et on a vu s'ils étaient nombreux. Il fallait donc organiser un contrôle des moulins à scie; aussi l'inspecteur des Eaux et Forêts du Mont-Blanc demanda-t-il au préfet d'intervenir ici encore par voie réglementaire, par la lettre suivante, portant date du 13 mai 1807 [2]:

«J'appelle votre attention sur une des principales causes des dévastations des forêts de ce département, je veux parler des moulins à scier le bois.

«Le grand nombre de ces usines, leur situation sur des torrents au pied des montagnes, donnent aux délinquants les plus grandes facilités pour échapper à la vigilance des gardes, pour couvrir leurs nombreuses dilapidations. Diminuer le nombre de ces usines, y établir une police sévère, ce sont là, Monsieur le Préfet, les moyens que j'ai l'honneur de vous proposer et les seuls que je connaisse pour mettre enfin un terme à des délits si multipliés aujourd'hui qu'ils font craindre la disparition du sol forestier.

«L'état général des moulins existants... fait connaître ceux qui sont considérés comme devant être conservés à cause de leur utilité ou détruits parce qu'ils sont nuisibles. Il ne s'agit donc, si vous le voulez bien, que de faire prendre des renseignements convenables pour vous mettre à même de prononcer, ou conservation ou suppression.

«Quant à la police à établir dans ces usines, il conviendrait, je pense, de forcer ceux qui les font rouler à tenir des registres dûment cottés et paraphés qui constateraient l'entrée et la sortie de tous les billons, qui établiraient leurs dimensions, dési-

[1] Arch. H.-S., Corr. S. P. Ch., 6 mars 1806.
[2] Arch. S., L 1151.

gneraient la forêt dont ils proviennent et indiqueraient le nom de ceux qui les auraient présentés, de celui qui les aurait retirés.

« Ces registres, ouverts à toutes les réquisitions des employés forestiers, arrêtés par eux à des époques fixes, même quand ils le jugeraient convenable, seraient de la plus grande ressource pour le service. Les abus que je vous dénonce seraient, il n'y a pas de doute, signalés; ils seraient réprimés. »

Et de fait, il y avait dans le département du Mont-Blanc 208 scieries, dont 72 créées depuis 1792, savoir :

		NOMBRE TOTAL des SCIERIES.	SCIERIES créées en 1792.
Arrondissements	de Chambéry	36	6
	de Maurienne	35	7
	de Moutiers	69	32
	d'Annecy	68	27
	Totaux	208	72

L'inspecteur proposait d'en supprimer 70, savoir : 7 dans l'arrondissement de Chambéry, 23 dans celui d'Annecy, 13 en Maurienne et 25 en Tarentaise.

Ce ne fut qu'au bout de deux ans, le 15 novembre 1809, que le préfet prit un arrêté obligeant les sagards à tenir le registre de mouvement des bois demandé par l'inspecteur des Eaux et Forêts [1]. Et encore fallut-il que cet agent insistât (lettre du 7 novembre) [2].

Mais bien avant, à diverses reprises, le préfet avait, par des arrêtés d'espèce, ordonné la démolition de scieries, non sans se heurter parfois à l'inertie des propriétaires. Ainsi, à Arvillard, en 1805, il fallut deux arrêtés préfectoraux pour arriver à la suppression d'un moulin à scie [3].

A Thônes, il s'était créé 6 scieries nouvelles depuis la Révolution; la municipalité, dans le but, assurément fort louable, de conserver ses forêts, fit saisir le matériel de ces usines par le garde général d'Annecy; le sous-préfet, devant l'illégalité d'une telle mesure, ordonna la restitution des objets indûment saisis [4].

De son côté, le sous-préfet de Maurienne avait, dès l'an x, les 30 prairial et 27 fructidor, fait ses règlements sur les scieries [5].

§ 2. Les chemins.

L'existence d'un bon réseau de vidange est toujours très utile pour assurer aux coupes un bon rendement; en pays de montagne, il est indispensable. Faute de voies d'accès, les bûcherons peuvent difficilement exploiter, et le lançage des arbres dans les couloirs, au milieu des rochers, n'amène le plus souvent, au bas des pentes, que des

[1] Arch. Tarentaise, Corr. S. P.. 1809, n° 564.
[2] Arch. S.-L 2221.
[3] Arch. S.-L f° 44.
[4] Arch. H.-S., Corr. S. P. Ay, an xiii, n° 312.
[5] Arch. Maurienne, Circ. du S. P., an x, n° 411.

tiges mutilées, brisées, parfois complètement inutilisables. Pour mettre en valeur une
forêt alpestre, il faut donc y ménager des chemins forestiers bien tracés; mais l'exécution de tels travaux exige toujours du propriétaire une avance de fonds qui peut
être considérable, mais qui n'en constitue pas moins un placement des plus rémuné-
rateurs.

La municipalité de Lans-le-Bourg l'avait fort bien compris et elle avait sollicité
l'autorisation de construire un chemin au travers de la Grande-Forêt pour permettre
l'extraction des chablis et autres bois qui, sans cela, seraient demeurés inexploitables.

Le 5 août 1811, le préfet du Mont-Blanc prit un arrêté « portant : 1° qu'il serait
ouvert et construit par la commune de Lans-le-Bourg, à travers la Grande-Forêt, un
chemin depuis l'ancien pont sur Arc jusqu'à La Grand'Combe et le pont dit Derbeau
serait détruit; le dit chemin serait tracé de la manière la plus avantageuse pour sa
destination par un agent des ponts et chaussées, en l'assistance d'un agent forestier;
2° à défaut de ressources de la part de la commune pour faire face à la dépense de
l'ouverture de ce chemin, il serait construit par la voye de prestations en nature... » [1].

Bien peu de communes prirent exemple sur Lans-le-Bourg; il est vrai de dire que
la municipalité de cette importante localité venait d'avoir la meilleure des leçons de
chose. « L'ouverture de la route nationale du Mont-Cenis lui avait révélé tous les
avantages d'une excellente voie de desserte au milieu des forêts. »

Dans presque toute la Savoie, à cette époque, les produits des coupes étaient lancés
dans les couloirs. Outre la nécessité de tronçonner les arbres de futaie et, partant,
l'impossibilité d'en tirer des pièces de charpente toujours de grande valeur, outre les
risques de perte de ces « billons » qui n'avaient jamais plus de 3 à 4 mètres de longueur, on arrivait fréquemment à endommager par le choc des troncs abandonnés
à elles-mêmes sur les pentes les arbres les plus voisins des couloirs. Et trop fréquemment la perte était triple : au bris des arbres, à l'excoriation du sol qui produisaient
l'élargissement des vides de la forêt, venait s'ajouter le dévalement des neiges,
d'abord en simples coulées, et ensuite, avec le recul de la végétation ligneuse, en formidables avalanches.

Une fois les tiges coupées parvenues au bas des pentes, sur les chemins ruraux et
vicinaux, au lieu de les charger sur roues, on les traînait sur les chaussées qu'elles
ruinaient. Aussi, le 1er août 1811, le préfet du Mont-Blanc dut-il prendre un arrêté
pour interdire ces pratiques désastreuses.

« Nous, préfet... Considérant que, dans plusieurs communes, les habitants transportent leurs bois sur des traîneaux à 2 roues construits de telle sorte que le bois,
soulevé seulement à l'une de ses extrémités, porte de tout son poids sur le sol de la
route, le sillonne profondément, entraîne les matériaux et détruit en un moment les
réparations les plus solides;

« Considérant qu'il n'est permis à personne de se servir des chemins d'une manière abusive et que la loi prononce des peines contre ceux qui les détériorent;

« Considérant cependant que l'usage des traîneaux peut être toléré lorsque la terre
est couverte de neige ou de glace, parce qu'alors les corrosions qu'ils occasionnent
n'atteignent pas le sol du chemin; qu'il peut y avoir également lieu à en permettre

[1] Arch. Maurienne, Livre journal du GG., 1811, n° 559; Arch. du P., 1811, n° 66.

l'usage pour la descente des bois sur la pente des montagnes et par des passages déter minés par l'autorité locale,

«Avons arrêté ce qui suit :

»Art. 1er. A dater du 1er septembre prochain, la circulation des traîneaux pour transporter les bois et autres objets est interdite dans tous les chemins vicinaux du département pour tout le temps où le sol des dits chemins ne sera pas couvert de neige et de glace.

«Art. 2. Chaque maire ou officier de police fera arrêter tout traîneau qu'il trouvera employé dans le territoire de sa commune en contravention à l'article précédent.

«Art. 3. Il dressera procès-verbal de la contravention, pour le délinquant être poursuivi devant le juge de paix à la diligence de l'adjoint municipal ou du commissaire de police, en vertu de l'article 40, titre II de la loi du 6 octobre 1791.

«Art. 4. Dans les communes où l'on est forcé par la pente rapide des montagnes de descendre le bois à traîneaux, le maire déterminera par un arrêté réglementaire les portions de chemins vicinaux où ce moyen de transport sera permis [1]».

Et ce n'est pas seulement dans les localités situées dans les replis des Alpes que cette méthode de transport était pratiquée, on la voyait appliquée aux portes même de Chambéry, à Saint-Jean-d'Arvey, aux Déserts par exemple [2]. Après avoir pris des arrêtés pour enrayer ces abus en diverses localités, voyant que ces errements étaient répandus dans toute la région, le préfet se décida à réglementer le traînage dans tout son département.

SECTION VI.

Les bois particuliers.

La loi du 29 septembre 1791, titre I, article 6, avait accordé aux particuliers la libre disposition de leurs forêts. Cette mesure trop libérale amena la destruction d'une grande quantité de bois; pour mettre un terme à cette ruine, la loi du 9 floréal an XI interdit de défricher sans autorisation, mais elle alla plus loin. Dans la deuxième section de son premier titre, elle obligeait les propriétaires de forêts à déclarer les coupes qu'ils avaient l'intention de faire, pour permettre aux agents de la marine de venir y marquer les arbres propres aux constructions navales.

La déclaration à produire six mois à l'avance ne s'appliquait pas aux arbres situés dans les lieux clos, fermés de murs ou de haies vives avec fossés et attenants à une habitation.

Un décret du 15 avril 1811 n'assujettit à la déclaration que les chênes de futaie et les ormes ayant au minimum 13 décimètres de tour; il prononce une amende de 45 francs par mètre de tour pour chaque arbre soumis à la déclaration et qui aurait été abattu sans qu'elle ait été faite.

À côté de la législation générale, il y eut, comme en d'autres matières, un règle-.

[1] Arch. S., L 135, f° 134 bis.
[2] Arch. S., L 127, f° 233 v°; L 131, f° 107 v°.

ment spécial au département du Mont-Blanc, datant du 1ᵉʳ avril 1807 : «Nous, préfet, etc.... Considérant que les dispositions de la loi du 9 floréal an XI, qui défendent à tout propriétaire de bois d'y faire aucune coupe et défrichement que 6 mois après la déclaration qu'il est tenu d'en faire au Conservateur des forêts de l'arrondissement, sont restées jusqu'à ce jour sans exécution, malgré les soins que l'autorité a mis à les faire connaître et à en faire sentir toute l'importance; qu'à défaut de ces déclarations, des coupes et des défrichements inconsidérés ont eu lieu sans opposition de l'administration forestière; qu'il en est résulté des éboulements et des avalanches qui, sur divers points, ont entraîné des habitations et des fermes, ont englouti des familles entières, ont assailli des voyageurs et dévasté d'immenses propriétés;

«Considérant que, pour mettre un terme à ces calamités et tout au moins en prévenir le nombre, il importe d'assurer non seulement l'exécution littérale de la loi du 9 floréal an XI, mais encore de déterminer toutes les mesures administratives autorisées par sa nécessité et, au reste, prévues par les anciens Règlements forestiers de Savoye;

«Vu ces anciens règlements, au titre 9, livre VI des constitutions sardes de 1768, portant défense à toutes les communautés, à tout particulier, sans exception, de couper ou faire couper, tant par les troncs que par les branches ou rejetons, aucun arbre de haute futaie, comme enfin d'en extraire de la résine sans une déclaration de l'intendant de la province, donnée sur l'avis des sindic et conseil des communes, que la tonte ou la coupe de ces arbres peut avoir lieu sans inconvénient pour la conservation du sol, la sûreté des habitations et propriétés avoisinantes»,

«Arrêtons ce qui suit, après avoir conféré avec M. l'Inspecteur forestier du département :

«Arт. 1ᵉʳ. Tout propriétaire de bois de haute futaie, quelle que soit leur situation, et de bois taillis plantés sur des points tels que le sommet ou la pente des montagnes et collines, ne pourra les écimer, tondre, couper et défricher le fond, s'il ne justifie de l'autorisation de l'administration forestière.

«Arт. 2. L'administration forestière ne délivrera aucune autorisation de l'espèce qu'au moyen de la déclaration exigée par l'article 1ᵉʳ de la loi du 9 floréal an XI et le consentement donné par le sous-préfet de l'arrondissement, sur l'avis préalable du maire et du conseil municipal de la commune.

«Arт. 3. Les maires s'opposeront à toute tonte, écimage, ébranchage de bois de l'espèce désignée et à tout défrichement de terrain planté d'arbres forestiers s'ils ne sont pleinement édifiés de l'autorisation conforme à ce qui est prescrit par l'article cy-dessus; ils dénonceront à l'inspecteur forestier toute entreprise qui y serait contraire.

«Arт. 4. Tous les terrains défrichés, tant sur les propriétés impériales, communales que particulières, en des points susceptibles d'éboulements et d'avalanches, seront replantés à la diligence et à la poursuite de l'inspecteur forestier de chaque arrondissement, conformément aux dispositions de l'article 3 de la loi du 9 floréal an XI.

«Arт. 5. Ces points seront reconnus par les gardes généraux qui en dresseront un état rectifié et divisé par désignation de communes, hameaux, nature et contenance.

Ces états seront remis à l'inspecteur du département chargé de l'exécution du présent qui sera par conséquent soumis à l'approbation de LL. Excellences les Ministres des finances et de l'intérieur. Il en sera également adressé copie à M. le Conservateur des Eaux et Forêts de la division. »

En pratique donc, on considéra la déclaration à faire au conservateur des Eaux et Forêts comme une demande d'autorisation. Le permis d'exploiter était soumis au timbre et à un droit de 36 francs en faveur de l'administration forestière [1].

Et voilà comment, sous le voile d'un arrêté préfectoral, après quinze ans d'interruption, les Royales constitutions sardes furent partiellement remises en vigueur pour suppléer aux lacunes de la législation française.

[1] Arch. S., L 1133.

QUATRIÈME PÉRIODE (1815-1860).

Les forêts de Savoie sous le régime sarde contemporain.

RÈGNE DE VICTOR EMMANUEL Ier.

CHAPITRE PREMIER.

LA LÉGISLATION FORESTIÈRE.

Peut-être paraîtra-t-il surprenant de suivre dans l'étude des forêts de Savoie, pendant la période de quarante-cinq ans qui sépara la chute de l'Empire de l'annexion de la Savoie à la France, la succession des divers règnes des rois de Sardaigne dans cet intervalle. Mais il faut considérer que si, dans l'ordre politique, on peut distinguer les temps d'avant et d'après 1848, dans la gestion forestière, au contraire, chacun des trois premiers rois a donné son empreinte spéciale.

En prenant possession de la Savoie, Victor Emmanuel Ier, qui avait succédé en 1802 à Charles Emmanuel IV (1796-1802), releva complètement l'ancien régime. La France avait reçu une charte, le royaume de Sardaigne reconstitué se vit appliquer les Royales Constitutions d'avant la Révolution. Mais cette résurrection des vieilles lois ne fut pas entière : les forêts avaient été gérées par un personnel spécial dont l'action, malgré bien des défauts, ne pouvait passer inaperçue. L'utilité générale des massifs boisés apparaissait toujours plus claire. Aussi le gouvernement de Victor Emmanuel cherchait-il une formule qui permît d'administrer les forêts, sans trop rappeler les méthodes françaises. Par Billet royal du 5 novembre 1816 fut créé un bureau d'administration des domaines.

Il était réservé au roi Charles Félix qui monta sur le trône en 1821 de donner, le 15 octobre 1822, la première loi forestière générale, qui fut en vigueur pendant tout le reste de son règne. Charles Albert, qui lui succéda en 1831, se préoccupa surtout d'assurer au plus bas prix la gestion des massifs boisés et, deux ans à peine après avoir pris le pouvoir, édicta un «nouveau règlement pour l'administration des bois», le 1er décembre 1833. Bientôt apparut l'insuffisance des dispositions imposées et il était question de refondre une fois de plus la législation forestière sarde quand, en 1849, Victor Emmanuel II prit le pouvoir. Mais ce souverain qui fut le premier roi constitutionnel de Sardaigne avait assez à faire d'organiser sa politique extérieure, la réunion de toute la péninsule italique sous un même sceptre, celui de la maison de Savoie.

Au point de vue forestier, les règnes de Charles Albert et de Victor Emmanuel II devront par suite être réunis dans la même section.

Lorsque le traité de Paris du 30 mai 1814 fut entré en vigueur, un mois plus tard, les autorités existantes, les commissions d'administration établies pendant l'occupation autrichienne continuaient plus ou moins à appliquer les lois françaises. Ce ne fut que le 29 octobre 1814 qu'un édit de Victor Emmanuel Ier vint mettre en vigueur les anciennes Constitutions Royales.

Le comte Galliani d'Agliano, commissaire plénipotentiaire du roi, chargé de prendre possession de la partie de la Savoie rétrocédée par la France, était arrivé le 16 septembre à Montmélian et avait proclamé les noms des administrateurs des diverses provinces. Jusqu'alors c'était les commissions subsidiaires, mises sous le contrôle d'un conseil provisoire d'administration, créé à Saint-Jean-de-Maurienne pour remplacer la commission centrale de Chambéry, qui avait joué le rôle des intendants.

A la tête du duché de Savoie était placé Gaudence Marie Caccia, comte de Momentino. Une nouvelle province, celle de Carouge, était créée aux dépens du Faucigny et du Genevois.

Le 30 novembre 1814, l'intendant général adressait aux intendants sous ses ordres et à la commission de Montmélian (qui subsista jusqu'au 7 décembre) une proclamation sur les bois et forêts, qui devait être transmise aux juges de paix et aux forestiers, publiée et affichée dans toutes les communes. Elle affirmait l'intention du gouvernement de faire respecter les lois forestières.

Un édit royal du 13 décembre suivant vint amnistier les délits de tous genres commis dans la période antérieure, si troublée.

En 1815, la lutte qui termina les Cent jours et amena les troupes françaises jusqu'à Moutiers et à Saint-Gingolph fut trop courte pour troubler gravement le pays. Ce qui resta du département du Mont-Blanc fut arraché à la France et, le 16 décembre, les soldats sardes pénétrèrent à Chambéry. Ce même jour, les commissaires royaux Thaon de Revel, gouverneur de Gênes, le comte d'Andezeno, gouverneur, et le comte Caccia, intendant général du duché, le premier président du Sénat, Gatinara, publièrent une ordonnance du prince maintenant provisoirement les autorités établies[1]. Le 23 décembre, l'intendant de Faucigny prit, par intérim, l'administration de la province de Genevois[2].

Des lettres patentes du 4 janvier 1816 remirent en vigueur toutes les lois non abrogées en 1792. Le Sénat de Savoie fut reconstitué le 8 mars. « En même temps qu'on rétablissait l'ancienne organisation administrative et judiciaire, le passé renaissait dans ses institutions caractéristiques : droit d'aînesse, fidéicommis, majorats, tribunaux d'exception, juridictions multiples et mal définies[3]. » Dans cette tempête de réaction, tout fut emporté, même les institutions les plus utiles : le système métrique disparut aussi bien que le Code civil et les principes de la législation pénale moderne!

Un second édit d'amnistie fut rendu par le roi le 19 janvier 1816[4].

Par billet du 26 janvier 1816, Victor Emmanuel Ier ordonna la restitution aux émigrés savoyards de leurs biens confisqués lors de la Révolution et non encore vendus.

A côté de ces mesures législatives générales, on ne trouve que peu d'actes de l'autorité au sujet des forêts. Comme, avant 1792, il n'existait pas d'administration

[1] Arch. S., Fonds sarde, Reg. 124.
[2] Arch. H.-S., corr. I. Gen., 1815, n° 1.
[3] Dufayard, Histoire de Savoie, p. 284.
[4] Arch. H.-S., corr. I. Gen., 1816, n° 472.

forestière, la remise en vigueur des Royales Constitutions comportait logiquement l'abandon du service des Eaux et Forêts établi durant la période française. Mais le nombre et l'importance des délits, l'imminence de la ruine des peuplements n'avaient pas été sans frapper les intendants des provinces et, en fait, les agents furent laissés en fonctions par simple mesure administrative, mais sans engagement pour l'avenir. Pourtant des Lettres Patentes du 19 mars 1816, en créant à Turin une intendance des Eaux et Forêts, dont le premier titulaire fut le comte Caccia, intendant général du duché de Savoie, avait montré que le pouvoir central ne se désintéressait pas des questions forestières; les années s'écoulèrent sans qu'aucun règlement nouveau intervînt et, quand Victor Emmanuel Iᵉʳ abdiqua, en 1821, on était toujours sous le régime dit *provisoire*.

CHAPITRE II.

LES FORÊTS DOMANIALES.

SECTION I.

L'émiettement du domaine forestier royal de 1815 à 1860.

La France avait légué au roi de Sardaigne un domaine forestier constitué pendant la Révolution et qui, sans être très considérable, n'était cependant pas négligeable. Les massifs royaux n'occupaient pas moins de 10,551 hectares : à part la forêt de Mandallaz, de 103 hectares d'après la mappe, qui provenait de l'ancien domaine royal, tous les autres peuplements provenaient de la nationalisation des biens ecclésiastiques ou de la confiscation des propriétés appartenant aux émigrés.

Comme Louis XVIII, Victor Emmanuel Iᵉʳ avait, lors de la restauration, ordonné la restitution aux émigrés de ceux de leurs anciens biens qui n'avaient pas été aliénés : ce n'était que justice. A la différence des Français, les émigrés savoyards, en se retirant en combattant auprès de leur souverain, ne pouvaient être considérés comme déserteurs enrôlés sous les bannières de l'ennemi : cette distinction dans les situations mérite d'être retenue.

D'autre part, quand Charles Félix succéda à son frère, il rétablit successivement les anciens évêchés de Savoie, celui d'Annecy en 1822, ceux de Tarentaise et de Maurienne en 1825. Mais le siège archiépiscopal qui, avant la Révolution, se trouvait à Moutiers était transféré à Chambéry. Très pieux, Charles Félix dota les menses épiscopales avec plusieurs massifs d'origine ecclésiastique. Les séminaires, les fabriques, les chapitres et canonicats reçurent également des biens des maisons religieuses supprimées par la Révolution. L'Économat royal ecclésiastique, créé par Lettres Patentes du 9 avril 1816, fut l'organe par l'intermédiaire de qui furent réalisées des libéralités. «On appelait ainsi une caisse ou réserve établie de concert entre le Pape et le Roi, attachée au ministère des Royales Finances et chargée spécialement de percevoir les revenus des biens appartenant à des congrégations supprimées, ainsi que ceux des bénéfices vacants [1].»

---

[1] Chanᵉ Mᴇʀᴄɪᴇɴ, *Le Chapitre de Saint-Pierre de Genève et d'Annecy*, p. 334.

Ce fut un billet royal du 19 novembre 1816 qui fit passer du domaine royal à celui de l'Économat de nombreuses forêts nationalisées.

Plus tard même, quand certains grands ordres religieux, comme celui des Chartreux, relevèrent quelques-uns de leurs couvents abandonnés depuis 1793, le roi les gratifia encore des bois qui, jadis, dépendaient de ces mêmes abbayes, lorsqu'ils n'étaient pas aliénés.

Enfin une autre cause de la dispersion du domaine forestier royal, et non des moindres, fut l'obligation de subvenir aux frais occasionnés par les diverses guerres ou expéditions entreprises par la monarchie sarde. La dernière campagne, bien courte il est vrai, contre la France, en 1815, le bombardement de Tripoli et la chasse aux pirates de la Cyrénaïque, par la flotte de Victor Emmanuel Ier; la guerre de Charles Albert contre l'Autriche en 1848-1849, qui se termina par la défaite de Novare et le payement d'une indemnité de 75 millions; l'expédition de Crimée en 1854, entreprise avec la France, l'Angleterre et la Turquie; enfin la grande guerre de 1859 contre l'Autriche, avec le concours de la France, couronnée par la victoire de Solférino et qui donnait la Lombardie au Piémont, avaient occasionné des dépenses considérables. Pour y faire face, les rois de Sardaigne se mirent à aliéner ce qui subsistait de leurs massifs boisés.

Par une loi du 8 février 1851, le gouvernement sarde fut autorisé à aliéner le domaine royal aux enchères publiques. Le dernier fleuron du domaine forestier était mis en vente, quand survint le traité du 24 mars 1860 qui réunissait la Savoie à la France. C'est à cette heureuse circonstance que l'État français dut d'avoir, dans le massif des Bauges, une forêt de 838 hectares, seul reste des grandes futaies impériales de 1814.

De 1815 à 1860, les princes de la maison de Savoie s'étaient dépouillés d'une masse de 9,713 hectares de forêts!

Dans les monographies ci-après des principales de ces forêts, il ne sera fait aucune distinction entre les divers règnes : chaque massif sera suivi jusqu'à sa sortie du domaine royal et son historique y gagnera en clarté. Les questions techniques générales seront étudiées avec détail dans des chapitres spéciaux, sous chaque régime légal, aussi bien pour les bois royaux que pour les communaux.

SECTION II.

Historique des principales forêts domaniales.

——

§ 1. LA FORÊT DE MANDALLAZ OU DU SANGLE.

D'après un état des forêts royales dressé le 5 août 1816, celle de Mandallaz, provenant de l'ancien domaine royal, était peuplée de chêne et de hêtre. En y faisant des coupes réglées de 4 à 5 hectares, l'inspecteur estime qu'elle donnerait un revenu annuel de 400 francs, « en continuant la surveillance exercée depuis la Révolution ».

Aussi, l'année suivante, l'intendant du Genevois nomma-t-il un garde royal au traitement de 100 francs par an. Mais, malgré ce préposé, des délits nombreux se commettaient : les usagers au bois ou se prétendant tels, car aucun titre n'avait été produit, coupaient à qui mieux mieux.

Les propriétaires de forêts voisines de celle du Sangle étendaient, par des anticipations journalières, leurs propriétés aux dépens de celle du domaine[1]. L'intendant de Genevois signala le mal, demanda des mesures, incertain des pouvoirs qui lui étaient dévolus en pareille matière : aussi, le 17 avril 1818, la royale Chambre des comptes rendit-elle un arrêt interdisant « toute voie de fait ultérieure au préjudice de la forêt ».

Après la promulgation du règlement forestier du 1ᵉʳ décembre 1833, l'Administration générale des finances confirma le garde existant dans ses fonctions et fixa son traitement annuel à 300 francs par décision du 29 décembre 1834[2].

Une première vente fut faite, en 1816, de 9 hect. 70; la coupe fut achetée par les propriétaires de la manufacture royale d'Annecy, à raison de 75 francs l'hectare. Une autre coupe de 7 hect. 56 c. ne trouva aucun amateur[3].

De nouvelles ventes faites en 1837 renseignent sur les exploitations pratiquées dans le massif par le service sarde. La surface vendue aux enchères comprend 8 journaux; celle qui est délivrée en affouage aux usagers est de 12 journaux pour 4 ans, soit 3 journaux par an[4]. Les coupes annuelles, s'il y avait eu un aménagement, auraient donc été de 11 journaux = 3 hect. 25. Comme la superficie totale de la forêt est de 104 hectares d'après la mappe, il en résulterait que la durée de la révolution eut été de 32 ans.

Mais l'hypothèse d'un aménagement doit être résolument écartée, car, cette même année, on voit l'Administration générale des finances autoriser dans la forêt une vente de 20 journaux = 5 hect. 89 a. 68, coupe qui fut adjugée, le 24 novembre suivant, au prix de 595 lires 83, soit à 100 lires l'hectare, en chiffres ronds[5].

La difficulté des lieux écartait souvent les amateurs et il n'était pas rare de voir des coupes demeurer invendues, faute de bons chemins d'exploitation.

Une loi du 8 février 1851 autorisa le gouvernement sarde à aliéner la forêt du Sangle, peuplée d'un taillis de hêtre; soit une surface de 114 hect. 31 a. 18; « 50 journaux = 14 hect. 75 étaient réservés de la vente et destinés à l'acquiescement des habitants de quelques bourgs qui prétendent y avoir droit d'affouage ».

Le revenu annuel de la forêt était indiqué comme étant de 1,500 francs.

§ 2. FORÊT DE HAUTECOMBE.

Des deux massifs qui, jadis, dépendaient de l'abbaye de Hautecombe, il ne reste plus que celui de Saint-Pierre-de-Curtille : il semble bien que, dans la période troublée de la fin de l'Empire, devant les revendications des usagers, les agents saisis d'une action en cantonnement n'aient considéré comme domaniale que la surface qu'ils jugeaient devoir être attribuée en pleine propriété à l'État. C'est ainsi que l'inspecteur forestier du duché, dans sa statistique de 1816, n'attribue au massif royal de Hautecombe qu'une superficie de 149 hectares au lieu de 328 : faut-il conclure de là que la portion estimée représentant les droits d'usage était de 179 hectares?

Quoi qu'il en soit, cet agent déclare que la « conservation de cette forêt est des plus importantes puisqu'elle sert au roulement des diverses usines à fabriquer le fer. On ne

[1] Arch. H.-S., corr. I. Ay. avec I. Gl., 1818, n° 572.
[2] Arch. H.-S., corr. I. Ay. avec I. Gl., 1834, n° 436.
[3] Arch. H.-S., corr. I. Ay. avec I. Gl., 1816, n° 464.
[4] Arch. H.-S., corr. I. Ay. avec I. Gl., 1837, n° 3.
[5] Arch. H.-S., corr. I. Ay. avec divers, 1837, n° 6, 506.

peut, dit-il, tirer parti de ces bois que par des coupes en jardinant et par le charbonnage; le produit des ventes qu'on y peut faire chaque année serait de 1,200 francs. » Les peuplements constitués essentiellement par du chêne associé au hêtre étaient presque totalement exploités en taillis : par suite, le jardinage dont parle l'inspecteur n'est autre chose que le furetage très anciennement pratiqué dans la région.

Lors de la consigne des bois faite en vertu du règlement forestier du 15 octobre 1822, la surface de la forêt est portée à 368 hect. 6 a. 8 c., preuve que les actions en cantonnement des droits prétendus par les communes de Saint-Pierre-de-Curtille, Conjux et La Chapelle-du-Mont-du-Chat n'avaient pas abouti.

En 1824, le roi Charles Félix racheta l'abbaye de Haute-Combe aliénée pendant la Révolution et, le 5 août 1826, après avoir remis les bâtiments en état, il la concéda avec les terres et bois qui en dépendaient aux Bernardins de la Consolata de Turin.

Mais dès que fut reconstitué le domaine de Haute-Combe, la question des droits d'usage reprit son acuité. Sous le précédent règne, les habitants de Conjux recevaient annuellement 3 journaux de bois (88 a. 45) et ceux de Saint-Pierre-de-Curtille 6 et le droit de faire pâturer les bêtes aumailles dans certains cantons reconnus par le service forestier [1]. En 1825, le marquis Paul d'Oncieu, administrateur provisoire de Haute-Combe, fit opposition aux coupes demandées par délibérations des municipalités intéressées. Les communes déposèrent leurs titres entre les mains de l'intendant général du duché qui les transmit au chevalier Chabod, intendant général du patrimoine particulier du roi. Ce monarque, en attendant que l'affaire reçût une solution définitive, octroya les coupes «dans le mode suivi pour les années précédentes, sous la condition toutefois que cette permission ne serait que provisoire et restreinte à l'année courante». Conjux reçut donc 3 journaux et Saint-Pierre, 7 [2].

Les droits des deux communes ne furent pas vite reconnus et, chaque année, une ordonnance de l'intendant général accordait toujours dans les mêmes conditions l'affouage réclamé [3].

Mais quand les Bernardins furent installés dans l'abbaye, d'autres difficultés surgirent; les moines prétendaient être entièrement libres de gérer et d'exploiter leurs forêts comme bon leur semblait. Le 23 février 1833, l'intendant général du duché écrivait au Prince : «J'ai cru devoir consulter l'autorité supérieure qui me marque que les RR. PP. ont le droit de couper chaque année la quantité de bois nécessaire à l'affouage de la communauté, mais qu'il n'est point en leur pouvoir d'en faire de la spéculation». En répondant à la lettre de ce fonctionnaire, le 4 mars, le Prieur s'engageait à ne plus dépasser la contenance de la coupe concédée.

Mais, en 1851, les pères de Hautecombe recommencent à faire des coupes sans l'intervention du service forestier et à vendre du bois. L'inspecteur des forêts à Chambéry signale à l'intendant général que ce bois est exploité et transporté de nuit par le lac du Bourget (28 mai 1851). Observations de l'intendant au prieur. Réplique des religieux prétendant «que leurs propriétés boisées ne peuvent et ne doivent pas être soumises aux dispositions du règlement; qu'en conséquence, ils ne sont pas dans l'intention de se munir d'une autorisation quand ils voudront faire à l'avenir opérer quelque coupe de

[1] Arch. S., Fonds sarde, Reg. 29, n° 76.
[2] Arch. S., Fonds sarde, O. I. Gl. Cy., 8 janvier 1825.
[3] Arch. S., Fonds sarde, O. I. Gl. Cy., Reg. 38, 1er mars 1827.

bois». Le conflit était net; mais on n'était plus au temps du pieux Charles Félix et l'époque était proche où le gouvernement de Turin proposait de supprimer couvents et ordres religieux. Aussi l'intendant général invite-t-il l'inspecteur «à donner aux agents forestiers les ordres nécessaires pour dresser des procès-verbaux de contravention contre quiconque sera surpris à couper du bois dans les propriétés dont il s'agit»[1].

La loi sur les communautés monastiques fut votée par le Parlement le 29 mai 1855. Les pères de Hautecombe furent dispersés et les propriétés dépendant de l'abbaye furent mises aux enchères. Mais elles ne trouvèrent pas acquéreur[2].

Quand la Savoie revint à la France, l'abbaye de Hautecombe avec ses tombeaux des princes de la maison de Savoie, ses terres et ses bois demeura dans le patrimoine des rois d'Italie, et aujourd'hui encore, à ce titre, jouit du privilège d'exterritorialité.

§ 3. LA FORÊT D'AILLON.

On a vu que la Révolution avait vendu ou assuré les biens ruraux provenant de la Chartreuse d'Aillon. Les acquéreurs des fermes enclavées dans les forêts avaient réussi, bien postérieurement, à se faire attribuer par le Conseil de préfecture une partie des peuplements. Aussi l'inspecteur forestier du duché ne porte-t-il en 1816 qu'à 241 hectares la surface de la forêt : il constate que les contrats de vente des fermes ne paraissent nullement attribuer aux acheteurs la propriété des bois et qu'«il serait important pour le domaine royal d'examiner les droits des acquéreurs sur ces bois d'après les actes. Cet examen ne pouvait que procurer à l'État la restitution de plus de 800 hectares de bois que lesdits acquéreurs semblent indûment posséder».

Le service forestier s'était refusé à reconnaître l'arrêt du Conseil de préfecture, alléguant que, d'après l'ordonnance de 1669, de telles décisions étaient de la compétence du Conseil d'État. Cette haute juridiction n'ayant pas été saisie, la question demeurait entière. Aussi l'intendant général du duché estima-t-il que l'affaire devait être portée devant la Chambre des comptes à Turin : en attendant qu'une solution intervînt, ce fonctionnaire prit, par ordonnance du 7 octobre 1816, les mesures conservatoires utiles : «La propriété des forêts provenant des Chartreux d'Aillon ayant été contestée aux acquéreurs des fermes enclavées dans les forêts par l'ancienne administration forestière, d'ailleurs n'ayant point été statué d'une manière irrévocable sur le fond de cette contestée, il importe, dans le cas où elle serait jugée favorablement au domaine royal qui a succédé aux droits de l'ancienne administration forestière, que lesdites forêts ne soient pas détériorées. A ces fins, défendons à tous particuliers et prétendant quelconque, à quelque titre que ce puisse être, de couper et faire couper dans lesdites forêts, soit taillis soit de haute futaie, sous peine d'être les contrevenants, poursuivis comme tout autre délinquant en matière forestière»[3].

Une bulle pontificale du 19 juillet 1817 publiée par arrêt du Sénat de Savoie du 19 novembre suivant créa l'archevêché de Chambéry.

Victor Emmanuel Ier attribua comme dotation à la nouvelle mense archiépiscopale les forêts d'Aillon qui sortaient ainsi du domaine royal.

[1] Arch. S., Fonds sarde, Reg. 188, n° 50.
[2] TARDY, La Savoie de 1814 à 1860.
[3] Arch. S., Fonds sarde, Reg. 29, n° 95.

En 1823, la consigne des bois ordonnée par le Règlement du 15 octobre 1822 n'attribuait encore à la forêt de l'archevêché qu'une superficie de 418 hect. 20 a. 17.

§ 4. Forêt de Saint-Hugon.

Depuis le traité de Paris du 30 mai 1814, la forêt domaniale de Saint-Hugon avait été mise au pillage, grâce à la complicité du garde. L'inspecteur Crusilliat exposa ainsi au comte Caccia, le 5 octobre 1815, la nécessité de remplacer ce préposé : « quoique chaque jour les habitants d'Arvillard commettent des délits dans la forêt, loin de chercher à les réprimer par des procès-verbaux, je suis informé qu'il (le garde) protège les délinquants et que même il s'entend avec eux. Depuis un an environ, il a entièrement méconnu l'autorité de ses chefs immédiats, n'a voulu recevoir aucun ordre de service d'eux et, à l'instigation de quelques intrigants de la commune d'Arvillard, il est devenu leur délateur auprès de l'autorité supérieure; je dois ajouter que ce garde, par son grand âge et ses infirmités, est dans l'impossibilité de faire le service actif qu'exige sa place. La forêt de Saint-Hugon est très voisine d'Arvillard. Cette commune recèle une quantité de dévastateurs qui, jusqu'à présent, sont allés impunément dans cette forêt, sans que le garde, depuis qu'il est sous mes ordres, ait rédigé un seul procès-verbal ».

L'importance du massif était portée à 640 hectares en 1816 et son revenu annuel estimé à 3,600 francs. Il convient de noter que les statistiques administratives de cette époque lui donnent pour contenance soit 678 hectares, soit 622. La forêt fut remise à l'Économat royal ecclésiastique : d'après la consigne des bois ordonnée par le règlement du 15 octobre 1822, sa superficie était réduite à 536 hect. 75 a. 52 c.

Le 13 avril 1824, l'Économat vendit à la société Puget neveu et Lepasquier les parcelles inscrites sous les numéros 1539 et 1540ᵉ de la mappe d'Arvillard. Le quart des forêts passa, par acte du 24 mars 1827, à Antoine Lovaraz et les trois quarts à Auguste Lepasquier, préfet du Jura.

Alors que le gouvernement sarde autorisait l'aliénation de la portion de la forêt de Saint-Hugon située en Savoie, les 790 hectares de cette forêt demeurés en France étaient jalousement conservés et ils forment aujourd'hui encore un des joyaux forestiers du Dauphiné.

§ 5. Forêt de la Combe d'Ire.

Chaque année on fait dans cette forêt, dite aussi *des Chartreux* comme ancienne propriété du couvent d'Aillon, une coupe de 2 à 3 hectares. Les bois transformés en charbon étaient transportés aux usines métallurgiques de Giez et de Bellevaux. Son rendement annuel était évalué, en 1816, à 600 francs; mais alors que sa contenance cadastrale est de 168 hect. 92 a. 33 c., les statistiques administratives lui donnent tantôt 241 hectares, tantôt 145 hectares seulement, à la même époque : la consigne de 1822 porte bien le chiffre tiré de la mappe.

Une coupe de 3 hect. 51 a., vendue en 1816, fut achetée par le comte de Villette, propriétaire de plusieurs usines au prix de 110 francs l'hectare [1].

Remise à l'Économat ecclésiastique, en vertu du billet royal du 19 novembre 1816, cette petite forêt fut aliénée en 1829, le 20 mars.

---

[1] Arch. H.-S., corr. I. Ay. avec I. Gl., 1816, n° 464.

§ 6. Forêt du Reposoir.

La surface de la forêt du Reposoir n'était plus, à la Restauration, que de 1,330 hect. 22 a., diminuée depuis 1793 de 527 hect. 52 a., au profit des usagers de Scionzier et de Nancy-sur-Cluses. Ses peuplements de sapin et hêtre étaient assez riches et donnaient des espérances malgré le peu de profondeur d'un sol pierreux et pauvre : ils furent réunis à l'Économat ecclésiastique en vertu du billet royal du 19 novembre 1816.

Mais cette nouvelle affectation ne mit pas fin aux prétentions de tous genres élevées par les riverains : ce fut la question des impôts qui souleva d'abord des réclamations. Par arrêt du 8 décembre 1812, le Conseil de préfecture du Léman avait reconnu à l'État la propriété du massif et à la commune de Scionzier un droit d'usage au bois. Devant l'opposition de l'administration forestière, la commune avait été troublée depuis 1807 dans l'exercice de son droit, mais, par contre, elle avait payé la contribution foncière imposée sur le massif, pour les exercices 1808 à 1812 inclusivement. Il avait été ensuite question de libérer la municipalité «des 2 sols par plante qu'elle retirerait de la forêt, pourvu qu'elle se chargeât de continuer le payement des contributions, mais le conseil s'y est formellement opposé, par le motif que la valeur des bois qu'elle retirerait de la forêt n'équivaudrait point au payement de la contribution... » [1].

Dès 1814, le maire de Scionzier avait protesté auprès de la commission d'administration de Bonneville au sujet de la contribution foncière imposée à sa commune pour la forêt du Reposoir. La commission avait admis que la commune devait supporter seule l'impôt sur la partie où elle avait des droits d'usage [2].

En 1815, la commune revint à la charge et l'intendant général des Finances demanda des renseignements sur la forêt, les revenus qu'on en pourrait tirer «en l'acensant pour des usines ou par des coupes réglées» et à combien on pourrait porter l'impôt «en cédant la propriété de la forêt à la commune» [3].

L'inspecteur des forêts du duché, dans son état du 5 août 1816, n'avait estimé qu'à 350 francs le revenu annuel de la forêt, soit 0 fr. 263 par hectare et par an! Ces renseignements furent expédiés le 23 août 1816 et, en février 1818, l'Administration des finances n'avait encore pris aucune décision. Mais l'attribution de la forêt à l'Économat ecclésiastique vint fournir un autre argument à Scionzier; l'Économat ayant succédé au droit des Chartreux qui, en vertu de privilèges, ne payaient aucune taille, devrait actuellement supporter l'impôt, puisque les exemptions accordées aux biens ecclésiastiques avaient été supprimées.

L'intendant de Faucigny ajoutait qu'il existait dans la forêt des bois, dits de réserve, d'une contenance de 672 journaux = 198 hectares, sur lesquels les gens de Scionzier n'avaient aucun droit, que l'ancienne cote figurative taxait à 410 livres anciennes, lesquelles devaient naturellement demeurer à la charge de l'Économat. Enfin, ajoutait ce fonctionnaire, l'Économat avait vendu en 1817 plus de 500 arbres : n'était-il pas juste qu'il payât les charges, contre-partie de cette jouissance [4] ?

---

[1] Arch. H.-S., corr. I. Fy., 1815, n° 40; 1816, n° 443.
[2] Arch. H.-S., Comm. prov. Fy., 1814, n° 18.
[3] Arch. S., Fonds sarde, Reg. 123, 14 février 1816.
[4] Arch. H.-S., corr. I. Fy. avec I. Gl., 1818, n° 533.

Ces raisons finirent par être entendues et, le 10 décembre 1822, le Ministre des finances ordonna :

« 1° Que la forêt du Reposoir appartenant à l'Économat royal des biens ecclésiastiques devait concourir, ainsi que tous les autres immeubles, au payement de la contribution foncière en proportion de son allivrement;

« 2° Qu'en conséquence, elle devait être portée au rôle à charge de l'Économat précité, sauf à celui-ci à faire valoir ses droits pour obtenir des habitants de la commune de Scionzier telle redevance qui sera due en raison de l'exercice du pâturage et autres usages dont ils jouissent dans la même forêt [1]. »

Maintenant qu'il était chargé de l'impôt foncier, l'Économat royal le trouva lourd, inexact : il protesta auprès du percepteur. Ce fut l'intendant de Bonneville qui répondit : « Il ne m'appartient pas ni d'approuver, ni d'improuver les décisions de l'autorité supérieure, mais celle de S. Excellence me paraît parfaitement conforme à l'équité et aux droits de la commune de Scionzier qui se trouvait chargée d'une contribution énorme pour des biens dont elle n'était pas propriétaire. Aujourd'hui que l'Économat royal en supporte seul le poids, il le trouve excessif et le même sentiment d'équité doit me porter à reconnaître qu'il a raison ». Il invita donc l'économe à se pourvoir auprès du roi, seul compétent pour modifier la cote, conformément à l'article 6 de l'édit du 15 septembre 1738. Scionzier avait gain de cause sur l'impôt.

Au cours de ces contestations, le roi Charles Félix dota l'évêché d'Annecy, le seul qui eut été maintenu pendant la période française, « de toutes les propriétés non vendues des anciens Chartreux du Reposoir qui avaient été jusque-là gérées par l'Économat royal ». Notification de cette décision fut faite, le 26 juillet 1823, au syndic de Scionzier [2].

Il ne semble pas que l'Économat ait recouru au roi en modération d'impôt : mais il ne se résignait que difficilement à payer et il fallut qu'à côté des appels du percepteur demeurés vains l'intendant de la province vint stimuler le sous-économe d'Annecy à solder son dû au Trésor [3]. Parfois aussi l'économe ne se libérait qu'en formulant des réserves vagues [4] que relevait encore l'intendant.

De son côté, le conseil de Scionzier réclamait le remboursement des impôts payés par la commune du Reposoir « depuis que les Révérends Chartreux ont été dépossédés de ces forêts..... jusqu'en 1823 » [5]. Il limita ensuite ses revendications « aux tailles de 1814 à 1822 inclusivement, soit la somme de 15.785 livres neuves, 6 centimes. Il fit telles réserves que de droit pour les contributions antérieures et s'offrit à payer cent francs pour chaque année écoulée pendant la susdite période en compensation de la redevance usitée jadis et qui avait cessé de se payer à la Porte d'âge » [6].

Mais la situation se complique encore. Vers 1820, l'Économat avait vendu à une société lyonnaise une coupe de 16.000 arbres : la société fit de mauvaises affaires et, le 20 novembre 1825, l'Économat revendit les bois à une nouvelle association. Nicod frères et Bossu, moyennant une somme annuelle de 2.000 francs et toutes charges pesant sur

[1] Arch. H.-S., corr. I. Fy. avec Eccl., 1823, n° 133.
[2] Arch. H.-S., corr. I. Fy. avec sind., 1823, n° 684.
[3] Arch. H.-S., corr. I. Fy. avec Eccl., 1824, n° 173.
[4] Arch. H.-S., corr. I. Fy. avec Eccl., 1825, n° 185.
[5] Arch. H.-S., corr. I. Fy. avec Eccl., n° 186; corr. I. Fy. avec sind., 1815, n° 470.
[6] Abbé FALCONNET, La Chartreuse du Reposoir, chap. II.

28

la forêt. Les acquéreurs demandèrent donc, pour être renseignés exactement sur leurs obligations, le cantonnement des droits d'usage et la fixation des revendications de la commune de Scionzier.

Par jugement du 18 mars 1829. la judicature de Bonneville mit à la charge des exploitants le payement de la somme de 15,785 livres avancées indûment par la commune comme impôts de 1814 à 1822. Appel fut interjeté par devant le Sénat de Savoie : les deux parties. d'accord sur la nécessité d'un cantonnement, étaient divisées sur l'importance de ce cantonnement. Un arrêt du Sénat du 16 août 1831 décida que les surfaces grevées d'usage seraient divisées en trois lots d'égale valeur dont l'un serait attribué en pleine propriété à la commune de Scionzier. Quant aux impôts pour l'avenir, comme pour le passé, ils étaient mis pour un tiers à la charge de Scionzier, ce qui fixait le remboursement dû par la firme Nicod-Bossu à 10,047 fr. 25, intérêts compris.

Le cantonnement ne fut définitif que le 20 octobre 1837 : Scionzier reçut en propriété pleine 225 hect. 85 a. 10 c.; il restait aux associés à exploiter les bois répartis sur la surface des deux autres lots. soit 755 hect. 46 a. 71 c. et, en outre, sur la réserve, soit 198 hect. 13 a. 11 c.

Des procès aussi longs et aussi dispendieux n'avaient pas été sans ébrécher fortement les ressources des marchands de bois qui durent renoncer à bénéficier de la totalité de leur marché. Ce furent deux Genevois, Durouvray et Louis, à qui s'adjoignit le notaire Maret, qui achetèrent de l'Économat le reste du matériel ligneux.

Il n'est pas sans intérêt de rechercher comment se pratiquaient d'aussi vastes exploitations. Il fallait d'abord que les acquéreurs pussent vendre les bois et ce n'était pas dans une région aussi boisée que le moyen Faucigny qu'ils devaient trouver aisément à placer leur marchandise. C'était Genève le centre de consommation : or l'édit du 15 octobre 1822, art. 34, interdisait l'exportation ! La société lyonnaise avait donc besoin de pouvoir commercer avec la Suisse et l'intendant proposa de faire fléchir les dispositions du règlement forestier qui compromettaient gravement la fortune des marchands et de leurs sous-traitants et qui « priveraient même le pays de la grande portion de numéraire que le produit de la vente des planches à l'étranger attirait dans le duché » [1].

Après la déconfiture de cette société, les Nicod-Bossu sollicitèrent en 1828 l'autorisation d'exporter les produits des coupes, « réduits tant en charbon que bois de feu, planches, travettes, etc. . . », et d'établir dans la forêt « un martinet et feu de forge pour utiliser leur charbon » [2]. Mais, à ce moment, l'instance avec la commune de Scionzier était encore pendante et, cette fois, l'intendant de Faucigny, en transmettant la requête au roi, l'accompagna d'un avis défavorable [3].

À raison de la rareté des chemins de vidange, il fallut nécessairement que les acquéreurs pratiquassent des voies praticables au moins aux bêtes de somme, pour la sortie des bois; les arbres qui n'étaient pas traînés ou transportés sur roue, ou convertis sur place en charbon, étaient flottés d'abord sur le Foron et ensuite sur l'Arve. Le 23 juin 1825, deux entrepreneurs, pour avoir le droit de flotter et d'exporter pendant sept ans les bois du Reposoir, s'engagèrent à payer une somme de 21,000 livres : la quantité de

---

[1] Arch. H.-S., corr. I. Ay. avec Min., 1823, n° 81.
[2] Arch. H.-S., corr. I. Fy. avec sind., 1828, n° 125.
[3] Arch. H.-S., rapp. I. Fy., 1829, n° 6.

bois à transporter ainsi annuellement était de 7,000 charges de sapin ou d'épicéa, de 6 quintaux métriques chacune. Ces 7,000 charges devaient être formées en moyenne par 4,500 arbres : elles représentaient un poids total de 4,200 tonnes, soit 0 tonn.923 par arbre. Par suite, l'arbre moyen avait un volume de $\frac{0,933}{0,875} = 1$ m.c.066, 0,875 étant la densité du sapin [1].

Sur le Foron, le flottage se faisait au moyen d'écluses ; mais il paraît que ce mode de transport économique n'était pourtant pas très avantageux à cause de l'échouage de nombreuses pièces et des vols.

Quant à la coupe, elle était la plus simple du monde ; c'était une coupe blanche avec un délai d'exploitation de vingt ans. Les abatages étaient terminés en 1844.

En moins de cinquante ans, la forêt du Reposoir était tombée de 1,857 hect. 74 a. qu'elle avait en 1793 à 1,330 hect. 22 a. en 1813, puis à 953 hect. 60 a. en 1857.

Par décret du 19 décembre 1846, le roi Charles Albert rétablit au Reposoir l'ordre des Chartreux qui reprit possession de ses anciennes forêts.

§ 7. Forêt de Vallon.

Peuplée de sapins et de hêtres nombreux, mais d'accès difficile, la forêt de Vallon était traitée par la méthode du jardinage. Elle avait subi de nombreux empiètements de la part des riverains que la présence d'un garde n'avait pas arrêtés. En 1816, d'après l'état dressé par l'inspecteur forestier du duché, il ne serait plus demeuré de ce massif domanial que 175 hectares sur les 946 qu'il comprenait au début de la Révolution.

On jugea nécessaire de faire procéder au levé, à la délimitation et au bornage de cette forêt. Ces opérations n'étaient pas terminées quand l'Économat ecclésiastique en prit possession au mois de mars 1817 [2] ; le furent-elles jamais ?

Il est à noter que la statistique de 1822 ne mentionne pas cette forêt qui était pourtant encore la propriété de l'Économat, puisqu'en 1827, de même qu'au Reposoir, l'exploitation des peuplements de Vallon vendus à une société de marchands de bois était en cours [3].

§ 8. Forêt de Bellevaux.

Située sur les communes d'École et de Jarsy, la forêt de Bellevaux, avait en 1816, d'après l'inspecteur forestier, « 817 hectares en hêtre, sapin et platane (érables plane et sycomore ?).

« A raison des coupes nombreuses et considérables déjà faites dans la partie restant sous la main du domaine et des droits d'usage et d'affouage qu'y ont 3 communes voisines, on ne pouvait espérer de cette partie annuellement un revenu au-dessus de 600 livres en jardinant ». Les coupes servaient à alimenter un haut fourneau [4].

Les principaux usagers étaient les habitants des hameaux de Carlet et de Très-Roches, qui prétendaient droit au bois et au pâturage, qui n'avaient plus de titres originaux à produire. Profitant de la situation acquise, ces habitants demandèrent une coupe d'af-

[1] Arch. H.-S., corr. I. Fy. avec Min., 1825, n° 317.
[2] Arch. H.-S., corr. I. Ch. avec div., 1817, 23 janv., 20 mars.
[3] Arch. H.-S., corr. I. Ch. avec div., 1827, n° 190.
[4] Arch. S., Q 94.

28.

fouage de 5 journaux : mais, en 1817, l'inspecteur de l'insinuation fit réduire cette surface à 3 journaux, dont 2 pour le village de Carlet.

Il est à noter que c'est encore le Service de l'enregistrement, représenté au Châtelard par un receveur, qui accordait la délivrance des coupes. Comme sous l'Empire, cette Administration s'efforçait de restreindre et de cantonner les servitudes du domaine, ainsi qu'en témoigne cette lettre adressée, le 26 août 1842, à l'intendant général du duché :

« Outre les droits d'affouage que l'on accorde provisoirement et jusqu'à décision de la Chambre des comptes aux habitants des hameaux de l'ancienne abbaye de Bellevaux, Carlet, Très-Roches, La Chapelle et Derrière-Bellevaux, ils jouissent aussi en vertu d'un titre — contestable — du droit de pâturage dans la forêt.

« La propriété du domaine étant exposée à des dommages continuels par l'abus qu'ils font du pâturage sur toute son étendue, l'Administration des finances croit devoir se prévaloir des dispositions du règlement de 1833, section 1, chapitre VII, en circonscrivant l'exercice de ce droit dans les limites convenables.

« J'ai dû recourir, dans cette vue, au titre dont les hameaux s'étayent pour leur jouissance : c'est l'arrêt de la préfecture du Mont-Blanc du 15 octobre 1814.

« Cet arrêt qui a été souvent cité dans la discussion pendante devant la Chambre des comptes déclare que les hameaux de Carlet et Très-Roches ont droit de pâturage dans la forêt « à devoir être exercé dans les lieux les plus à portée, sans arbres et conformément aux lois ».

« Je vois d'abord l'exclusion dans ce titre des hameaux de La Chapelle et de Derrière-Bellevaux et le cantonnement que l'Administration propose pourrait, par conséquent, se réduire aux deux premiers.

« Le hameau de La Chapelle exerce son pâturage sur une pièce qu'il prétend de sa propriété, que le domaine, à son tour, croit empiétée. La Chambre des comptes étant saisie de la question, on peut exclure, en attendant, ce hameau des cantonnements qu'on propose. »

Seuls, les droits des villages de Carlet et de Très-Roches paraissent avoir été reconnus, bien qu'ils fussent tenus par l'Administration des finances pour très incertains, encore ne furent-il pas étendus indistinctement à tous les habitants de ces diverses agglomérations. Le 3 avril 1847, l'intendant général de Chambéry écrivit aux sindics d'École et de Jarsy que le droit d'usage ne pouvait être exercé que « par les descendants des familles qui en profitèrent anciennement et non par ceux établis postérieurement dans lesdits hameaux et que la quantité de bois à leur accorder devait être limitée au nombre des familles qui en recevaient des précédents propriétaires de la forêt ».

Aussi, avant d'accorder, en 1847, l'affouage sollicité par les intéressés, le Service des domaines exigea-t-il, le 15 septembre, « que les habitants des hameaux justifiassent par arbres généalogiques qu'ils étaient les successeurs de ceux de qui provenait le droit invoqué ».

Mais il est arrivé que l'exercice du droit souleva les protestations du reste de la population : en 1815, par exemple, le conseil municipal d'École fit, le 20 octobre, opposition à l'exploitation de la coupe délivrée aux gens de Carlet et de Très-Roches : « Cette coupe, disait la délibération, vu l'endroit escarpé, parsemé de mille cailloux et de gros blocs de rocher mouvant, ne pourra pas s'exécuter sans faire pleuvoir sur la route d'Arclusaz et sur la tête des passants, une grêle continuelle de pierres, de blocs de roche et d'éboulements de toute nature. »

Mais la période sarde prit fin sans que les droits d'usage grevant la forêt de Bellevaux eussent été cantonnés.

Par exception, en 1816, on avait laissé dans le domaine royal la plus grande partie de la forêt de Bellevaux, le reste ayant été attribué à l'Économat ecclésiastique.

D'après la statistique de 1823, le massif se répartissait ainsi :

Commune de Jarsy.. {	Domaine royal......................	280ᵇ 65ᵇ 75ᵉ
	Économat ecclésiastique...............	142 44 82
Commune d'École...	Domaine royal......................	412 07 95
	TOTAL......................	834ᵃ 58ᶜ 52ᵉ

Sur les 692 hect. 13 a. 70 c. maintenus dans le domaine royal, on exécutait des coupes au profit du Trésor. Ces coupes par contenance étaient vendues aux enchères. Ainsi, le 17 septembre 1825, on adjugea à Chambéry une coupe de 26 journ. 89 t. 5 p. = 7 hect. 73 a. 14 c. sur mise à prix de 150 francs par journal, soit 508 fr. 75 par hectare. Par l'importance de la somme on peut conclure qu'il s'agissait sans doute d'une coupe blanche de futaie.

En 1859, un décret du 13 novembre ordonna la mise en vente de la forêt de Bellevaux dont la superficie domaniale n'était plus que de 682 hect. 15 a. 74 c. ; la valeur approximative indiquée était de 250,000 francs.

On a vu plus haut que la Savoie passa à la France avant que cette aliénation fût consommée.

§ 9. FORÊT DE TAMIÉ.

Le traité de Paris, si arbitraire dans son partage de la Savoie, avait eu pour conséquence de déchirer la forêt domaniale de Tamié entre le royaume de France et celui de Sardaigne. Comme le couvent dont dépendaient autrefois les massifs se trouvait sur l'arrondissement d'Annecy, les agents forestiers français commençaient à faire exploiter les coupes, même situées sur le versant de l'Isère. Le comte Caccia envoya l'ordre à l'inspecteur Crusilliat de s'opposer à l'abatage et intima l'ordre au directeur des domaines de donner aux agents forestiers le concours de ses préposés (28 novembre 1814).

C'était d'ailleurs à cette époque que les délits commis sur Outrechaise, en France, par les gens d'Ugines devenus sardes, venaient de provoquer un échange de correspondances aigres-douces entre le baron Finot et les commissions provisoires d'administration : de là, sans doute, la rigueur des ordres donnés.

A Tamié comme à Aillon, les acquéreurs des fermes qui dépendaient jadis du couvent prétendirent à la propriété des forêts voisines. Mais rien de définitif n'avait été décidé, lors du retour de la Savoie au royaume de Sardaigne.

Comme les autres forêts d'origine ecclésiastique, celle de Tamié fut remise en 1816 à l'Économat royal : le massif situé sur Plancherine fut attribué, en 1826, à titre de dotation, à la mense épiscopale de Moutiers. Le 24 décembre de cette année, la municipalité de Plancherine demanda que les cantons boisés des Grandes-Forêts, Combe-Noire et Tamié, fussent désormais soumis à la taille. Après vérification des contenances, par ordonnance du 7 janvier 1828. l'intendant du Genevois prescrivit l'inscription au rôle d'imposition pour un allivrement de 390 livr. 89 [1].

§ 10. Forêt de Sainte-Catherine.

Les renseignements fournis en 1816 par l'inspecteur des forêts du duché de Savoie n'attribuent plus à la forêt de Sainte-Catherine qu'une contenance de 193 hectares : ce chiffre ne comprend, sans doute que les parties réellement boisées, car le domaine comprenait 1 hectare en pré et champ et d'anciens bâtiments [2] à demi ruinés et probablement aussi quelques autres dépendances, de sorte qu'on peut encore admettre comme exact le chiffre de 197 hect. 97 a. 26 c. donné sous l'Empire.

Quand cette forêt revint à la Sardaigne, elle avait été sérieusement pillée : le 5 février 1816, l'intendant dut réquisitionner du maire d'Annecy 5 voitures pour transporter les bois qui avaient été coupés en délit et qu'on fit vendre [3]. La Restauration vit diminuer le nombre et l'importance des contraventions : pourtant, au début de 1830, les maraudeurs s'enhardirent tellement que, par lettre du 12 janvier, l'intendant de Genevois dut inviter le capitaine commandant les carabiniers à mettre deux de ses hommes à la disposition du service forestier «pour l'aider dans la surveillance de la dite forêt et protéger les arrestations qui pourraient avoir lieu» [4]. Il n'y avait plus de garde !

Il faut croire que cette mesure fut bien peu efficace, car le Ministre de l'intérieur, trois ans plus tard, «informé qu'on dévastait chaque jour la montagne dite de *Sainte-Catherine*, ordonna, le 18 février 1833, à l'intendant d'Annecy «d'exercer une surveillance particulière sur cette forêt et de faire faire de fréquentes tournées par les employés (forestiers) sous ses ordres, afin de constater tous les délits qu'on pourrait commettre dorénavant» [5].

Malgré cela, les vols de bois continuèrent; le 27 janvier 1835, l'inspecteur des forêts écrivit à l'intendant pour lui proposer la nomination d'un garde. La proposition fut transmise au chapitre de la cathédrale propriétaire, à toutes fins utiles; mais elle demeura sans réponse. Aussi, le 26 juin 1836, en signalant à l'intendant «que la dilapidation de la forêt continue», l'inspecteur forestier a-t-il soin d'ajouter qu'aucune mesure n'a été prise pour faire cesser les abus qu'il avait lui-même signalés. Cette fois, l'intendant enjoint au chanoine-gérant de se concerter avec l'Administration et «de proposer au plus tôt quelques moyens dans le but de conserver le peu de bois qui reste encore» [6].

Il ne fallut pas moins de deux ans de pourparlers pour arriver à la nomination d'un garde : par ordonnance du 22 septembre 1838, l'intendant de Genevois révoqua le garde des forêts communales de Sevrier et le remplaça par un des préposés demeurés sur le pavé lors de la réorganisation du service, conformément au règlement du 1er décembre 1833. Le nouveau garde fut chargé de la surveillance de la forêt de Sainte-

[1] Arch. H.-S., O. I. Ay., 1828.
[2] Arch. H.-S., corr. I. Ay. avec I. Gl., 1816, n° 178.
[3] Arch. H.-S., corr. I. Ay. avec divers, 1816, n° 131.
[4] Arch. H.-S., corr. I. Ay. avec divers, 1830, n° 1785.
[5] Arch. H.-S., corr. I. Ay. avec comm., 1833, n° 87.
[6] Arch. H.-S., corr. I. Ay. avec comm., 1835 n° 465; 1836, n°° 1183, 1291, 1336.

Catherine avec un salaire de 300 francs par an dont 230 à la charge du chapitre et 70 à celle de la commune [1].

Si la maraude s'était taillé une large part dans les peuplements de Sainte-Catherine, les exploitations licites ne les avaient pas davantage ménagés.

En 1816, le massif était constitué par des taillis mélangés de résineux et l'inspecteur notait qu'on vendait avantageusement 200 sapins tous les ans : cet agent ajoutait qu'on pourrait, par jardinage, en retirer 1.200 francs annuellement.

La société cotonnière d'Annecy, Dupont et Cie ayant fait une consommation considérable de bois pendant le rigoureux hiver 1815-1816 demanda à l'intendant de Genevois la mise en vente de 500 à 600 sapins à prendre dans la forêt royale de Sainte-Catherine.

D'un autre côté, l'été 1816 ayant été fort mauvais, il en résulta une grande disette : l'hospice d'Annecy créa des distributions de soupes économiques. Les administrateurs demandèrent 40 sapins pour les cuisines à l'intendant et ce fut encore la forêt de Sainte-Catherine qui les fournit [2].

Le billet royal du 19 novembre 1816 attribua la forêt, qui provenait des anciennes religieuses de Bonlieu, à l'Économat ecclésiastique et plus spécialement au Chapitre de la cathédrale et au Séminaire de la ville d'Annecy. On vient de voir que cette institution semblait peu soucieuse de jouir en bon père de famille des biens dont elle avait l'usufruit et cherchait à se débarrasser des charges, même les plus indispensables, comme les frais de surveillance. À peine l'Économat était-il entré en possession des bois de Sainte-Catherine que la société Dupont et Cie sollicita « une livrance annuelle et à prix d'estime de 400 plantes de sapin » à prendre dans cette forêt. Mais l'intendant refusa la vente amiable qui menaçait de « priver les autres fabricants ou habitants de la ville d'Annecy et des communes avoisinantes d'un avantage auquel ils ont le même droit que MM. Dupont et Cie » et prescrivit d'adjuger aux enchères [3].

En 1819, une délivrance de bois eut lieu en faveur de la ville d'Annecy [4].

En 1824, la société Dupont traite à l'amiable avec l'Économat et se fait autoriser, le 12 juillet, par le Ministère de l'intérieur à exécuter ce marché passé sans concurrence. Cette même année, on extrait encore 300 sapins de Sainte-Catherine « destinés aux arcs de triomphe et aux embellissements pour le passage de Leurs Majestés » le roi Charles Félix et la reine [5]; 45 attelages ont été réquisitionnés dans les communes voisines pour le transport de ces nombreux arbres.

Estimant sans doute que les formalités administratives étaient bien longues et l'intervention du service forestier superflue, les économes faisaient abattre des sapins sans aucune autorisation. Procès-verbal d'une coupe illicite de 87 réserves ayant été dressé en 1829, l'intendant de Genevois arrêta les poursuites et amena une transaction au taux de 0 livr. 25 par arbre [6].

Le nouveau règlement du 1er décembre 1833 ayant autorisé les ventes de gré à gré, l'Économat s'empressa d'en conclure trois dès 1834. Mais l'inspecteur des forêts pro-

[1] Arch. H.-S., O. I. Ay., 1838, n° 21.
[2] Arch. H.-S., corr. I. Ay. avec divers, 1816, n°s 267, 931.
[3] Arch. H.-S., corr. I. Ay. avec I. Gl., 1817, n° 536.
[4] Arch. H. S., corr. I. Ay. avec sind., 1819, n° 241.
[5] Arch. H.-S., corr. I. Ay. avec sind., 1824, n°s 344, 355, 356, 366.
[6] Arch. H.-S., corr. I. Ay. avec Adm. Int., 1829, n° 403.

posa de refuser l'approbation de ces coupes. «en motivant son avis sur ce que la forêt. d'après les coupes trop fréquentes qui y ont été faites, se trouve presque entièrement détruite et encore sur ce que les plantes vendues n'ont pas 10 centimètres de circonférence et qu'elles sont de beaucoup au-dessous de l'âge qui leur donne l'état de maturité convenable».

Dans une lettre du 4 juin 1834. l'économe insiste ajoutant «qu'il importait à l'Administration ecclésiastique de se procurer un revenu annuel de cette forêt et qu'elle ne pouvait le faire qu'en vendant des bois». En transmettant l'affaire au Ministère de l'intérieur, l'intendant fait remarquer que le motif allégué «ne paraît pas suffisant pour appuyer la demande... parce qu'en autorisant des coupes trop fréquentes et trop considérables, il est hors de doute que la forêt, dont *la destruction est déjà très avancée*, se trouvera en peu d'années entièrement détruite et ne pourra procurer aucun revenu à l'Administration». Comme Panurge. l'Économat ecclésiastique mangeait son blé en herbe. Plus sage, l'intendant d'Annecy mit son veto aux coupes sollicitées [1], le 10 juillet 1834.

Finalement le Chapitre de la cathédrale et le Grand Séminaire d'Annecy vendirent, le 6 avril 1841, le domaine de Sainte-Catherine à M. Jean Germain qui était alors inspecteur des forêts à Annecy, et comme tel chargé de la gestion de la forêt. Le prix d'acquisition fut de 24.000 livres seulement [2]. On ne peut aujourd'hui se défendre d'un certain étonnement en voyant un agent forestier qui eut pour mission d'estimer les peuplements s'aliéner s'en rendre acquéreur.

Il semble que la défense faite aux forestiers d'acheter des coupes devait, *à fortiori*, comprendre l'interdiction d'acquérir, outre la superficie. le fonds même des forêts confiées à leurs soins (règlement forestier du 1er décembre 1833, art. 70).

§ 11. Forêt de Saint-Ruph ou de Bonverdant.

Cette forêt était presque totalement exploitée en taillis et fournissait le combustible nécessaire aux usines métallurgiques de Giez : outre du bêtre et du tremble, on y trouvait aussi des pins et sapins disséminés. En 1816, les renseignements statistiques portent sa surface à 355 hectares. Cette même année, une coupe de 3 hect. 35 a. 65 c. fut vendue au comte de Villette. au prix de 170 francs l'hectare [3].

Remise à l'Économat ecclésiastique, en vertu du billet royal du 19 novembre 1816, la forêt de Saint-Ruph fut accordée en dotation à la manse épiscopale de Moutiers dont l'évêché avait été rétabli, à la demande de Charles Félix, par bulle pontificale du 5 août 1825.

§ 12. Forêt de Beauvoir.

Fortement dégradée par les événements militaires de 1814, la forêt de Beauvoir avait encore été mise à forte contribution par les armées. en 1815 : on en avait extrait 40,000 fascines. 200 gros sapins et 2,000 petits. Couverte d'un taillis avec des sapins disséminés. elle avait une végétation vigoureuse, mais elle était fort épuisée.

Sa surface n'était plus. lors de la Restauration, que de 436 hectares.

[1] Arch. H.-S., corr. I. Ay. avec Adm. Int.. 1834, n° 199; avec comm., 1834, n° 249.
[2] Renseignements dus à l'aimable obligeance de MM. Bouchage et Viard, marchands de bois à Sallanches, propriétaires actuels de la forêt de Sainte-Catherine.
[3] Arch. H.-S., corr. I. Ay. avec I. Gl., 1816, n° 464.

Une surveillance active. remarquait alors l'inspecteur des forêts, est nécessaire «à raison du voisinage de deux hameaux et eu égard au droit d'affouage qu'ont diverses communes». La proximité de la ville de Chambéry. dont le marché offrait un débouché assuré avec les moindres risques, favorisait singulièrement les pillards.

Mais il y eut mieux; en 1824. le garde forestier de Saint-Jean-de-Couz, chargé de Beauvoir, se fit confectionner un faux marteau et trafiqua des bois. L'intendant général de Chambéry résume ainsi les résultats de l'enquête : «Nous avons fait paraître le garde lui-même en notre présence. le 31 juillet 1824 et ensuite le 25 septembre proche passé, en l'assistance de M. le sous-inspecteur Crusilliat. du brigadier Dupuy et du garde royal Ferrant.

«Lors de la première comparution. le garde Perrier a exposé que son brigadier lui avait remis son marteau et le lui avait laissé pendant quelque temps; qu'à la vérité, lui, garde, l'avait remis une fois à un autre particulier qui avait obtenu l'autorisation de couper du bois. mais qu'il ne s'en était pas servi pour son compte.

«Il nous est ensuite résulté des informations prises et des aveux faits par le garde Perrier, le 25 septembre, qu'il était illégalement muni d'un marteau qui nous a été présenté le même jour et dont l'empreinte portait les lettres initiales CF et presque semblables à celles des marteaux de l'Administration forestière. Le garde a cherché à justifier la possession de son marteau en exposant que. dans la commune de Saint-Jean-de-Couz, plusieurs propriétaires ont des marteaux pour marquer les bois à eux appartenant; que lui, garde, pour marquer les siens. avait emprunté celui de son brigadier et que, lorsque celui-ci le lui avait redemandé dans le mois de juin dernier. il en avait fait faire un au serrurier J^h Desgorges domicilié en cette ville[1].»

Le garde fut révoqué et son marteau lui fut rendu ! On ne pouvait mieux encourager le vol. Aussi les délinquants ne disparaissaient guère. au contraire. En 1835. le massif de Beauvoir fut mis au pillage d'une façon inouïe et la correspondance de l'intendant général du duché. du directeur des Domaines et du Service forestier montre bien quel degré de gravité atteignit le mal.

L'origine des dévastations a été l'autorisation accordée à un adjudicataire des coupes de Beauvoir. nommé Collombet, de construire un abri provisoire aux confins de la forêt. A l'entrepôt, l'adjudicataire ajouta une scierie où «on conduisait le bois volé dans la forêt royale et dans celle. communale, de Saint-Jean-de-Couz y confinant. Les délinquants, en plus forte partie de nation française. qui venaient exploiter ces deux forêts étaient favorisés par la circonstance qu'arrêtés sur la route ils déclaraient que le bois qu'ils emmenaient appartenait audit adjudicataire et. par ce moyen difficile à détruire, parce que le bois de Collombet n'avait pas été martelé. les dévastateurs en sortaient. impunis.

«Pour obvier à des inconvénients si graves. ajoute l'intendant. ce bureau ne tarda pas à ordonner la démolition de cette scierie et à enjoindre à l'adjudicataire susdit de faire éloigner de la forêt royale les produits provenant de son adjudication, ce qui a eu lieu avec l'interposition de l'Administration forestière.

«Cette mesure de rigueur et tous les soins donnés à la forêt royale par le directeur (des domaines) n'ont pas obtenu le but qu'on attendait.

«Plusieurs habitants des communes environnantes de la forêt de Beauvoir, d'accord

[1] Arch. S., Fonds sarde, Reg. 35.

avec les délinquants susdits et quelques marchands de bois de nation française, faisant valoir la faculté accordée par le nouveau règlement forestier, ont établi à la proximité de ladite forêt plusieurs scieries à bras qui servent aux mêmes fins que celle qui appartenait audit Collombet et les bois volés sont réduits en liteaux et ouvrés par ces scieries et ensuite transportés en France.

«Ce genre de scierie ne constituant pas des usines... je n'ai pas cru devoir ordonner leur démolition et cette propriété royale, à cause de ces scieries, continue d'être la proie des délinquants qui, pour en imposer aux gardes, se portent dans la forêt susdite en bandes de 15, 20, 25 à la fois.»

Et réellement les préposés forestiers avaient peur; le garde chef des Échelles écrivait à son inspecteur, le 16 juillet 1835, à ce sujet : «Les individus qui dévastent complètement cette pitoyable forêt sont en si grand nombre et ils sont si mauvais sujets (la plupart ont fait partie de la bande d'insurgés qui viola le territoire sarde, le 2 février 1834) que je n'ose les approcher par suite des menaces de m'ôter la vie qu'ils m'ont faites ainsi qu'aux autres gardes et qu'ils ne manqueraient pas d'exécuter... Toutes les nuits a-t-on le regret de rencontrer des voitures chargées... Il m'est impossible de les empêcher, de même qu'aux autres gardes qui tremblent comme moi de les approcher.»

Ce n'étaient pas seulement des Français toujours plus ou moins suspects de propagande libertaire qui pillaient, c'étaient aussi les habitants des communes voisines des peuplements de Beauvoir, ce que l'on ne signalait pas au gouvernement : la lettre adressée le 10 décembre 1835 par le directeur des Domaines à l'intendant général à Chambéry le prouve irrécusablement.

«Le 13 octobre dernier, j'eus l'honneur de vous adresser la copie d'un procès-verbal dressé contre le sindic de Saint-Jean-de-Couz, pour contravention commise dans la forêt royale de Beauvoir. Le lendemain, les gardes royaux et les carabiniers dont ils étaient assistés ont éprouvé une opposition formelle à une saisie qu'ils voulaient faire de plusieurs plantes coupées sur la propriété royale.

«Parmi les opposants figuraient M. le Vice-Sindic de Saint-Jean-de-Couz et M. le Curé de la même commune qui disait s'opposer à la saisie avec votre gré et sous le vain prétexte que les plantes saisissables appartenaient aux communaux de Saint-Jean. La dimension des plantes prouvait qu'elles ne venaient pas des communaux qui ne produisent pas de plantes d'une grosseur égale à celles de la forêt royale. Seulement elles avaient traversé ces mêmes communaux pour sortir de la forêt...

«Informé de cette circonstance, Mgr. l'Archevêque a fait à M. le Curé les observations convenables, ce qui me donnait lieu de croire que le recteur s'abstiendrait à l'avenir de contribuer à paralyser le service des gardes, mais je suis autorisé à croire qu'il est nécessaire que vous interposiez votre médiation auprès des sindics et vice-sindic pour qu'ils se rappellent que leur qualité impose l'obligation, d'une manière toute spéciale, de protéger la conservation des bois dont le règlement forestier les nomme administrateurs-nés.

«Il est de notoriété publique que M. le Sindic favorise les dévastations de la forêt royale et qu'il en fait même l'objet d'une spéculation, car il a à son salaire une douzaine de Français qu'il abrite et qui n'ont d'autre occupation que celle d'ouvrer, pendant le jour, le bois qui a été coupé pendant la nuit sur la propriété domaniale.

«J'ai appelé le concours de M. le Commandant de la province sur le séjour de ces étrangers qui sont réputés dans le pays pour des gens sans aveu, mais ce concours n'aura qu'un effet insuffisant si les administrateurs continuent à être hostiles aux intérêts des finances royales. »

Or, par un comble d'ironie ou pour détourner les soupçons, le 27 juillet 1835, le Conseil municipal de Saint-Jean-de-Couz avait pris une délibération demandant la répression du maraudage tant dans les bois communaux que dans la forêt royale de Beauvoir !

A Saint-Christophe, le syndic, après avis de son conseil du 6 septembre 1836, afferme, de concert avec le curé de la commune, une carrière de sable située dans la forêt domaniale, à raison de 0 fr. 20 par quintal métrique de sable extrait. Malgré deux ordonnances d'inhibition rendues par l'intendant général, syndic et recteur prescrivaient de continuer les extractions qui ne laissaient pas de leur être profitables. Suivant reçu du 10 octobre 1836 et 3 janvier 1837, le curé reconnaît avoir encaissé la première fois 100 livres; la seconde, 158 livr. 90.

L'intendant général ordonne que les sommes dues par la municipalité de Saint-Christophe devront être versées à la caisse du receveur de l'insinuation au Pont-de-Beauvoisin. Vaines paroles ! Le 9 juin, le 15 juillet, le 6 septembre, le 18 octobre 1837, le directeur des Domaines signale que son service n'a rien reçu ! Il cherche le moyen de garantir les intérêts du Trésor. Le 26 janvier 1836, il propose à son Administration d'acenser à long terme la forêt de Beauvoir : « Il croit, dit-il que c'est le moyen le plus convenable à l'intérêt des Finances et à celui du public sous le rapport de la conservation des bois, car il est reconnu que les délinquants, en respectant les forêts de particuliers, dévastent celles du gouvernement et autres établissements publics. D'ailleurs, les propriétaires ont des voies de répression plus expéditives et plus efficaces que celles que doivent employer les administrations ».

L'impunité dont jouissaient les syndics et les curés riverains du massif de Beauvoir ne justifiait que trop cette opinion. Mais où le directeur se trompait, c'est quand il ajoutait : « Si les enchères sont fructueuses, j'espère que l'intensité des dilapidations diminuera, que le trésor s'assurera un revenu certain et qu'en fin de bail il trouvera sa forêt dans un état de prospérité qu'il n'atteindrait pas d'une autre manière. »

Turin adopta cette manière de voir et la forêt de Beauvoir fut offerte en location pour trente ans pour un prix annuel de 2,300 livres. Personne n'en voulut. Nouvelle adjudication le 26 mars 1836, sur une mise à prix réduite à 1,800 livres : même insuccès.

En même temps, se produisaient des protestations des diverses communes prétendant des droits d'usage sur le massif de Beauvoir.

Exploitations. — Tous les taillis situés sur le territoire de Saint-Christophe, soit 103 hect. 12 a. 60 c. dans la parcelle 816, avaient été coupés en 1815 pour la cuisson du pain des armées autrichiennes. La partie située sur Saint-Jean-de-Couz n'était pas moins épuisée par le séjour qu'y avait fait l'armée française en 1814 : c'est ainsi qu'en 1816 un particulier de Saint-Jean ayant sollicité de prendre 20 sapins pour réparer un bâtiment écrasé par la neige, l'intendant dut refuser parce que « la forêt royale de Beauvoir était dans un état de dépérissement qui ne permettait pas de faire la coupe demandée » [1].

[1] Arch. S., Fonds sarde, Reg. 30, 3 nov. 1816.

Le 6 avril 1826, on adjugea une coupe de 2,000 arbres. L'article 2 du cahier des charges portait qu'immédiatement après le contrat il serait procédé au choix et martelage desdites plantes. Que dire d'une clause d'un marché où la chose vendue n'était pas déterminée à l'avance et dont la fixation pouvait donner lieu à des discussions sans fin ou à des accords tout au moins louches entre le forestier et l'adjudicataire [1] ?

« Ces choix et martelage n'ont eu lieu que pour 500 plantes, attendu que l'étendue considérable de la forêt ne permettait pas de reconnaître une quantité aussi nombreuse de plantes. »

En 1831, c'est 30 journaux = 8 hect. 84 a. 49 c. à délivrer pour le service des casernements de Chambéry qui sont demandés à la forêt de Beauvoir-Saint-Christophe; on extrait 200 sapins payés 1 franc l'un [2].

Ces coupes refusées ou incomplètes, rapprochées de l'insuccès de l'adjudication à bail de 1836, démontrent surabondamment en quel état de ruine se trouvaient les massifs. La liquidation des droits d'usage prétendus par les communes activa la perte de la forêt de Beauvoir.

Droits d'usage. — Les communes d'Attignat-Oncin, des Échelles, de Saint-Christophe, Saint-Jean-de-Couz et Saint-Pierre-de-Genebroz qui n'avaient pu fournir à la juridiction française, pourtant si facile, la preuve des droits d'usage au bois et au pâturage qu'elles prétendaient sur la forêt domaniale de Beauvoir, se décidèrent, au milieu du règne de Charles Félix, à revenir à la charge.

En 1826, la municipalité de Saint-Christophe intenta une action contre le domaine royal pour arriver à un cantonnement de ses prétendus droits sur la forêt de Beauvoir : l'instance fut suspendue en 1828, sur l'espoir donné que la contestation pouvait se terminer par voie administrative. Mais bientôt la commune reprit sa demande en justice; puis les autres communes intéressées recoururent, le 20 avril 1836, au ministre des Finances pour être réintégrées dans la jouissance des droits mentionnés sur la mappe.

Le procureur général du roi, à qui furent communiquées les requêtes, reconnut aux cinq communes le droit de prendre leur affouage sur les 534 journaux comprenant la parcelle n° 509 et fut d'avis qu'elles devaient être réintégrées dans ces droits en cédant à chacune une portion du n° 509, correspondant à l'impôt affecté à la charge de ces communes pour droit d'affouage et s'élevant à 1,200 livres neuves.

Dans leur supplique cependant, les cinq municipalités reconnaissaient que l'exercice de la servitude instituée à leur profit « avait discontinué en 1792 par l'effet des lois subversives de la République », mais ni le procureur général, ni le service des domaines ne voulurent invoquer ni la prescription, ni la déchéance proclamée sous le gouvernement français.

L'ingénieur en chef du génie civil, Mosca, reçut la mission de diviser la forêt en lots proportionnels aux droits de chacun.

A la date du 30 juillet 1843, les conseils des cinq communes se réunirent aux Échelles sous la présidence du juge du mandement; ils donnèrent pleine et entière adhé-

[1] Arch. S., Fonds sarde, Reg. 37, 22 août 1826.
[2] Arch. S., Fonds sarde, Reg. 41.

sion au rapport Mosca qui avait déjà été adopté auparavant par l'Administration des finances.

L'ingénieur Mosca, l'ex-syndic de Saint-Thibaud-de-Couz et Claude Venat, géomètre à la Motte-Servolex, furent ensuite chargés, le 2 mai 1844, d'évaluer la surface des bois royaux; le 29 avril précédent, le notaire-géomètre Millioz des Échelles avait fait le plan des lots accordés aux communes usagères et du reste de la forêt. Le 26 mars 1846, l'Administration des finances abandonna aux communes réclamantes, «pour leur tenir lieu du droit de copropriété» qu'elles prétendaient, les surfaces ci-après de la forêt de Beauvoir :

Les Échelles..	94^h 14^a 62^c
Attignat-Oncin	13 46 38
Saint-Christophe..	98 62 63
Saint-Pierre-de-Genebroz...............................	25 82 19
Saint-Jean-de-Couz	26 55 65
Total...........................	258^h 61^a 47^c

Cette transaction fut approuvée par le Roi en audience du 16 mai 1846. Comme la délimitation de la forêt de Beauvoir, terminée au printemps 1827 par le géomètre Millioz des Échelles, avait fixé la contenance de cette forêt à 431 hect. 51 a. 07 c., il ne restait donc au domaine que 172 hect. 89 a. 60 c., évalués en 1844 à 51,613 fr. 17, soit 298 fr. 52 ou, en chiffres ronds, 300 francs l'hectare.

La loi du 8 février 1851 ordonna la mise en vente de la forêt de Beauvoir : une première adjudication tentée·le 28 juin suivant demeura sans résultat. La forêt fut cédée par acte du 18 novembre 1851, passé par devant l'intendant général et approuvé par décret du 09 décembre de la même année, à Auguste Frère et à Joseph Pellissier pour le prix de 86,800 livres. Le prix de l'hectare ressortait donc à 502 livr. 03 [1].

§ 13. Forêts du Mont et de Mont-Tissot.

Ces deux forêts, anciennes propriétés de l'évêché de Maurienne, furent remises à l'Économat ecclésiastique en vertu du Billet royal du 28 septembre 1816. Après le rétablissement du diocèse de Maurienne en vertu de la bulle pontificale du 5 août 1825, elles furent restituées à titre de dotation à la mense épiscopale de Saint-Jean-de-Maurienne.

§ 14. Forêt du Chenay.

Cette forêt de 47 hect. 84, peuplée en hêtre, pin, sapin et tremble, avait été complètement rasée par les coupes blanches pratiquées pendant la période française et dont la dernière ne remontait qu'à 1814.

On ouvrit, en 1816, au milieu du massif, un nouveau chemin pour aller aux Allues : le Billet royal du 19 novembre de la même année fit passer ce petit canton à l'Économat ecclésiastique. Après la restauration de l'évêché de Moutiers, en 1825, le roi Charles Félix le dota de cette forêt.

[1] Arch. S., Dossier spécial Beauvoir, *passim*.

§ 15. Forêt de Villarlurin.

Les renseignements fournis le 1ᵉʳ août 1816 par le garde général à Moutiers portent :

« *Forêt de Champion* : 6 hect. 82 a., même composition (que celle du Chenay). A été rasée, il y a 20 ans ; un quart a été brûlé en l'an v, le reste peut être mis en coupes réglées.

« *Forêt de Bellevillet* : 17 hect. 68 a. A été incendiée entièrement en l'an v. Les bois n'y repoussent que depuis deux ans.

« *Forêt de la Rajat et Chalenson* : 11 hect. 25 a. 43 c. A été emportée par moitié par les avalanches qui y sont très fréquentes et les éboulements. Ne présente plus que rochers et ravins ; le reste peut être mis en coupes. »

Ces divers cantons ont suivi le sort de la forêt du Chenay.

§ 16. — Forêt de la Bathie.

Confisquée sous la Révolution au marquis de Mont-Saint-Jean, la forêt de la Bathie avait, lors de la première Restauration, été réclamée par son propriétaire au préfet du Mont-Blanc, en vertu des ordonnances de Louis XVIII. Les Cent-Jours survinrent, puis le traité de Vienne, qui différèrent la restitution qui n'eut lieu qu'en 1816, en application du Billet royal du 26 janvier de cette même année.

§ 17. Forêt de Vidonne.

Les renseignements de l'inspecteur des forêts n'attribuent plus à la forêt de Vidonne, en 1816, qu'une contenance de 380 hectares. Lors de la Révolution, les prétentions de la commune de Cusy à un droit des trois quarts de la propriété, reconnues par le Conseil de préfecture du Mont-Blanc, n'avaient pas été sanctionnées par le ministère. Le marquis de Saint-André, à qui ce massif avait été confisqué en 1793, pour cause d'émigration, n'ayant pas intenté d'action en revendication, le service forestier continua sa gestion. Des coupes furent marquées et vendues au profit du Trésor.

Toutefois, la municipalité de Cusy, forte des décisions rendues en sa faveur, se mit en 1820 à protester contre les exploitations et obtint l'ajournement des adjudications[1]. La chambre des comptes, à son tour, accueillit les réclamations de Cusy et, par arrêt du 17 août 1822, ordonna le partage de la forêt entre le domaine royal et la commune. L'intendant de Genevois commit, le 16 septembre suivant, un géomètre pour faire cette opération et le résultat du travail fut envoyé à Turin le 21 décembre[2].

Aussi la consigne des bois, faite en exécution du règlement forestier du 15 octobre

[1] Arch. H.-S., corr. I. Ay. avec sind., 1820, nᵒˢ 800, 806.
[2] Arch. H.-S., corr. I. Ay. avec sind., 1822, nᵒ 400 ; avec I. Gl., 1822, nᵒ 190.

1822, n'indique-t-elle plus comme contenance de la forêt domaniale de Vidonne que 94 hect. 74 a. 06 c.

En 1832, le service des domaines fait vendre 4 coupes; deux adjudications ont été tentées sans succès les 7 et 26 septembre 1832. Une nouvelle tentative faite le 6 décembre aboutit pour deux lots qui trouvèrent amateurs à 1664 fr. 37 et 1538 fr. 50 [1].

§ 18. FORÊTS DU SAPENAY ET DE SAINT-GERMAIN.

A la fin de 1815, le comte Carron de Grésy n'avait pu encore rentrer en possession de la forêt du Sapenay dont il avait sollicité du roi de France la restitution. La commune de Cessens qui prétendait avoir un droit d'affouage demanda, en outre, en 1816, à couper 50 sapins; mais la solution de cette affaire fut ajournée et, par ordonnance du 25 janvier 1817 de l'intendant général du duché de Savoie, le comte de Grésy fut «rétabli dans la possession des montagnes et bois situés dans les communes de Saint-Germain et de Cessens, dont il avait la propriété avant 1792».

D'après les numéros des parcelles portés dans l'ordonnance, la restitution porta sur la totalité de ces forêts qui, antérieurement à la Révolution, couvraient sur Cessens 295 hect. 23 a. 11 c. et, sur Saint-Germain, 82 hect. 16 a. 34 c. [2]; or les statistiques de l'inspection des forêts, en 1816, ne portaient plus qu'à 225 hectares la contenance de la forêt du Sapenay sur Cessens et sont muettes sur la partie située sur Saint-Germain!

Deux ans après être redevenu propriétaire des bois du Sapenay, le comte de Grésy adressa une nouvelle requête pour «qu'il lui soit fait compte des sommes qui ont été versées dans la caisse du receveur de l'insinuation et du domaine du bureau de Rumilly, par suite de la condamnation en restitution pour cause de délits forestiers» commis en 1815 dans ces mêmes bois [3].

§ 19. FORÊT DE NANCES OU DE L'ÉPINE.

A la Restauration, les héritiers du marquis de Saint-Séverin, qui n'avaient pu faire admettre par l'Administration le droit d'affouage qu'ils prétendaient avoir sur la forêt de Nances, réclamaient de nouveau l'exercice de cette servitude. Malgré l'interruption prolongée, malgré la décision contraire du décret du 10 mars 1807, l'intendant général de Savoie admit cette revendication par ordonnance du 11 juillet 1816.

Quant à la forêt elle-même, elle demeurait au domaine royal, par suite de la crainte qu'avaient «les héritiers du marquis de Piolenc de la voir saisir par leurs créanciers, si elle leur était restituée».

Le Service des domaines continua donc à faire exploiter des coupes, en prenant toutes les précautions pour respecter les droits des propriétaires absents. Ainsi, en 1831, il fit vendre les sapins existant sur 255 journaux = 75 hect. 18 a. 37 c. au prix de 15 francs le journal (50 fr. 88 l'hectare). La valeur estimative avait été de 22 francs le journal et une première adjudication était même demeurée infructueuse. La cause

[1] Arch. H.-S., corr. I. Ay. avec divers, 1832, n⁰ˢ 1151, 1156, 1174, 1178, 1183.
[2] Arch. S., Q 34.
[3] Arch. H.-S., corr. I. Ay. avec l. Gl. Cy., 1819, n° 1364.

de cet insuccès venait surtout de ce que « par leur situation, les bois à vendre étaient exposés au pillage des communes environnantes ». Cette déclaration du directeur des domaines, jointe au signalement de nombreux délits dans la période antérieure, montre que la forêt de Nances n'était guère mieux respectée que celle de Beauvoir située au sud de la même chaîne de montagnes. En 1832, la forêt fut restituée à M. Royer-Collard, avocat à la Cour d'appel de Paris, héritier de la famille de Piolenc; jusqu'en 1850, elle ne fut l'objet d'aucune exploitation. La commune de Nances en payait d'ailleurs les contributions. A cette date, le propriétaire remboursa à la commune le montant des impôts, soit 3,000 francs environ, et reprit la pleine jouissance du massif. Depuis 1886, la forêt appartient à M. Vadon, banquier à Charlieux, qui l'a achetée de M. Royer-Collard pour un prix voisin de 40,000 francs.

§ 20. Une forêt « res nullius ».

Alors que partout les riverains des forêts domaniales essayaient d'usurper quelques lopins du terrain de l'État, il s'est trouvé, en 1818, une forêt d'origine ecclésiastique, de peu d'étendue, il est vrai, dont personne ne voulut se reconnaître propriétaire. Voici ce qu'écrivit, à l'intendant général du duché, l'intendant de Genevois, à la date du 11 mars :

« Il existe sur le territoire de la commune de Talloires une forêt dite le Bois de Quartier, à Planfey, contenant 135 journaux (39 hect. 80 a.) dépendant de l'ancien couvent des Bénédictins de Talloires et dont la propriété a dû passer en la propriété du Gouvernement français, en vertu des lois par lui rendues. Cette forêt a fait l'objet d'une cote au rôle de la contribution foncière de Talloires, depuis l'an XIII jusqu'en 1817 inclusivement, de laquelle le percepteur n'a jamais pu opérer le recouvrement. Lorsqu'il s'adressait à la commune, elle répondait que cet immeuble, par son origine, appartenait à l'Administration des domaines et les agents de cette administration refusaient aussi de payer comme n'en ayant jamais joui... »

« Maintenant il s'agit toujours de trouver le propriétaire de cette forêt, afin de l'obliger à payer les contributions qui y sont affectées. La commune de Talloires n'a aucune prétention à cette propriété, l'Économat croit, de même, n'avoir aucun droit d'après le billet royal du 28 septembre dernier, et le receveur de l'insinuation et des domaines, au bureau d'Annecy, se fondant sur ce que ladite commune y a pris son affouage et fait paître ses bestiaux, doit en supporter la contribution; il ne s'explique pas relativement à la propriété.... » L'intendant conclut que le Bois de Quartier est bien, à raison de son origine, la propriété de l'Économat [1]. Mais l'Économat, on l'a vu, préférait toucher des revenus plutôt que de payer des contributions et des frais de garde : il ne dut pas être enchanté d'un aussi maigre et peut-être aussi onéreux cadeau.

L'Économat reçut aussi les petits cantons boisés, anciens biens religieux d'avant 1792, de la région de Chablais.

Les nombreux nobles qui avaient émigré rentrèrent en possession de leurs forêts confisquées sous la Révolution, pour la plupart dès le début de la Restauration.

[1] Arch. H.-S., corr. I. Ay. avec I. Gl., cy, 1818, n° 575; avec divers, 1818, n° 508.

CHAPITRE III.

L'ADMINISTRATION FORESTIÈRE.

SECTION I.

Les agents.

§ 1. LES AGENTS FORESTIERS DU DUCHÉ.

Jusqu'au traité de Paris du 30 mai 1814, sauf pendant la retraite des armées impériales, le service forestier avait été assuré par les agents en fonctions. Dans les régions envahies, les gardes généraux avaient été maintenus par les commissions d'administration, notamment en Faucigny et en Chablais[1], dès le mois de janvier. Ces mêmes commissions ayant continué à exister lorsque le traité fut mis en vigueur, rien ne fut changé. Toutefois, on l'a vu, les agents de la portion de Savoie redevenue sarde furent mis en demeure d'opter ou non pour la France. Le garde général Frérot de Saint-Pierre d'Albigny dut alors abandonner son poste.

Le sous-inspecteur de Maurienne, Bernard, bien que né à Moutiers, avait, en décembre 1814, demandé d'être naturalisé français[2]; il ne pouvait donc compter dans les cadres forestiers de Savoie. Le sous-inspecteur de Genève-Bonneville était Français, Français aussi Berthier de Manessy, le garde général de Thonon. Quant aux inspecteurs, ils étaient tous deux hors du duché. Par suite, pour le 2ᵉ semestre 1814, il ne restait en Savoie que des agents subalternes, savoir :

Gabet (Georges-Antoine), garde général à Moutiers;

Berthet, garde général à Saint-Jean-de-Maurienne;

Nomis (Jean-Félix), garde général à Bonneville.

Il fallait pourtant quelqu'un à la tête du service pour centraliser les affaires et provoquer les décisions nécessaires. Aussi la commission centrale d'administration de Saint-Jean-de-Maurienne, par arrêté du 2 août 1814, nomma-t-elle sous-inspecteur des Eaux et Forêts Joseph Crusilliat, habitant au village des Molettes. Par le même acte, elle remplace le garde général Frérot par le brigadier Gueydet, qui fut invité à aviser les maires de cette décision[3]. Le titulaire nouveau du cantonnement de Thonon fut un certain Lugrin.

A Genève, l'ancien garde à cheval, Jean-Jacques Bouchet, originaire de cette ville, depuis le départ des services français, remplissait les fonctions de l'inspecteur du Léman et, le 17 mai 1815, l'intendant de Carouge avait demandé le maintien de cet agent « très entendu dans la partie »[5].

[1] Arch. H.-S., Comm. adm. Fy, 1814, n° 4.
[2] Arch. S., L. 246, f° 128.
[3] Arch. S., L 1764.
[5] Arch. H.-S., corr. I. K. avec I. Gl., 1815, n° 481.

Avant même la publication de l'édit du 28 octobre 1814 qui remettait en vigueur les Royales Constitutions, lesquelles ne prévoyaient pas l'existence d'un service forestier spécial, l'intendant général des Finances, par lettre du 8 octobre, avait avisé l'intendant général de Savoie de la nécessité de prévenir les agents des Eaux et Forêts « que leurs emplois étaient supprimés, dès le premier de ce mois, ne devant plus y avoir que des gardes champêtres aux frais des communes qui en auront besoin ».

En accusant réception de cet ordre, le comte Caccia ajoutait, le 13 octobre : « Je me permettrai de vous observer que je n'ai pas encore pu me procurer des notions exactes si les communes ont des gardes champêtres et même j'ai lieu de croire qu'elles en sont, pour la plupart, dépourvues..., de façon qu'on pourrait craindre qu'en licenciant les gardes forestiers, les forêts seraient absolument livrées à la dévastation, ce qui occasionnerait un dommage très considérable aux communes, puisque c'est dans le produit des forêts que consistent leurs principales ressources. J'ajouterai encore que c'est dans les forêts que consiste la principale richesse de ces provinces, surtout de la Tarentaise. C'est d'elles qu'on retire le bois nécessaire pour les salines, les fonderies des mines et plusieurs autres usines, de façon que cette branche de richesse doit principalement attirer l'attention du Gouvernement.

« D'après ces observations, je serais d'avis de conserver encore pour quelque temps les actuels employés de l'Administration jusqu'à ce que j'aie pu me procurer des notions exactes sur les anciens usages de la Savoie sur cette partie intéressante d'administration et j'aurai l'honneur de vous en faire un rapport et de vous soumettre un projet d'organisation qui sera, autant que possible, conforme aux anciens usages de la Savoye et qui, certes, n'occasionnera pas autant de frais que l'actuelle Administration forestière. »

Au vu de ce rapport, l'intendant général des Finances autorisa l'intendant général de Savoie à différer le licenciement du personnel des Eaux et Forêts, jusqu'à la production du rapport annoncé. En informant de cette décision les intendants de province, le 30 octobre suivant, l'intendant général de Chambéry spécifiait que « pour le moment les attributions des employés de l'Administration forestière demeuraient intactes ».

Victor Emmanuel Ier ayant rendu force de loi aux Constitutions de 1770, il fallut bien concilier l'état de choses actuel avec la législation antérieure à la Révolution. Ce fut l'œuvre des intendants de province : voici, par exemple, comment l'ordonnance rendue, le 16 novembre 1814, par l'intendant de Bonneville, réalisa cet amalgame :

« Le comte de Fenille, intendant de la province de Faucigny,

« Vu l'édit de S. M. du 28 octobre 1814, qui remet en vigueur les Constitutions Royales,

« Informé qu'il se commet des dilapidations journalières dans les bois communaux de cette province, sous prétexte que l'Administration forestière n'a plus aucune surveillance à y exercer;

« Considérant que, pour l'ordre public, l'intérêt des communes et celui des particuliers, il est urgent d'arrêter ces dévastations, ordonne :

« Art. 1er. Jusqu'à ce qu'il ait été autrement pourvu. l'Administration forestière est maintenue dans la Province; tous les employés, jusques et y compris le garde général actuellement en exercice, continueront leurs grades et leurs fonctions comme par le passé.

« L'inspection comme la sous-inspection rentrent dans nos attributions, ainsi que le prescrit le paragraphe 2, titre IX, livre VI, des Constitutions Royales. Le salaire de tous ces employés sera acquitté comme précédemment et sur le même pied.

« Art. 2. Les délits déjà commis et ceux qui se commettront désormais seront constatés par des procès-verbaux dressés par les gardes-bois, affirmés dans les vingt-quatre heures par devant les mêmes autorités que par le passé ou ceux qui en remplissent les fonctions, et rédigés sur papier libre.

« Art. 3. Les procès-verbaux seront transmis au garde général qui les inscrira sur-le-champ, par ordre de date sur son registre; celui-ci les déposera dans les vingt-quatre heures au bureau de l'Intendance.

« Art. 4. Il sera par nous statué sur les délits conformément au titre susénoncé des Royales Constitutions pour ceux commis dès le 13 du courant, époque de la publication de l'édit de S. M. du 28 octobre dernier dans toute la Province et d'après les lois pour lors en vigueur pour les délits commis antérieurement au 13.

« Art. 5. Il sera tenu au bureau d'intendance une audience par semaine; les prévenus y seront assignés par les employés forestiers qui donneront copie des procès-verbaux; il y aura 8 jours francs d'intervalle entre le jour de la citation et celui de la comparution augmenté de 1 jour par chaque 3 myriamètres de distance entre le domicile du prévenu et le lieu de la comparution.

« Art. 6. Le présent sera lu, publié, affiché dans toutes les communes de la province et il sera dressé acte de cette publication.

« Nous recommandons aux agents forestiers de tous grades de mettre toute la justice, le zèle et l'activité possibles à prévenir et arrêter les délits; ils seront secondés dans leurs efforts. »

Le 31 octobre 1814, l'intendant général de Savoie demanda « un tableau nominatif de tous les employés supérieurs et inférieurs, tels que inspecteur, sous-inspecteur, gardes généraux et gardes particuliers, avec indication de leurs traitements respectifs, en plaçant dans des colonnes séparées ceux qui sont à la charge des communes et ceux qui sont à la charge du gouvernement ». L'état réclamé fut transmis le 16 novembre.

Telle fut l'organisation des agents forestiers jusqu'aux traités de Vienne qui arrachèrent à la France ce qui lui restait du département du Mont-Blanc. L'inspection de Chambéry devint vacante ainsi que les cantonnements de Chambéry dont les gardes généraux Frérot et Martin étaient les chefs. L'ex-brigadier Geydet, nommé garde général à Saint-Pierre-d'Albigny en 1814, avait démissionné le 30 mai 1815 pour entrer dans les troupes du roi de Sardaigne. Il fut remplacé par le brigadier de Saint-Hugon, promu garde général provisoire, le 2 juin 1815.

Par contre, le remaniement territorial du royaume avait laissé, en Savoie, le sous-inspecteur Pacoret à Annecy, ainsi que les gardes généraux de Chambéry et d'Annecy, Perret et Peyssard. Pacoret fut nommé inspecteur provisoire et chargé de la direction du service forestier du duché : il était, d'ailleurs, le seul agent supérieur formé sous le régime français.

Jean-Jacques Bouchet, qui faisait fonctions de sous-inspecteur à Carouge, fut remercié. Originaire de Genève, domicilié à Genève, il avait été mis en demeure, le 27 décembre 1815, par l'intendant de Carouge, d'élire domicile dans les États sardes. Cet administrateur s'avisa ensuite, le 27 juin 1816, «qu'il serait plus convenable de faire occuper la place de sous-inspecteur par un sujet du Roi plutôt que d'en avantager M. Bouchet, qui continue d'habiter Genève et n'ayant fait à Carouge qu'une simple élection de domicile» [1]. Le Ministre des finances partagea cette opinion et, le 24 juillet, supprima la sous-inspection de Carouge. Voici en quels termes fut notifiée à l'intéressé cette décision : «S. Exc. le général des finances ayant déterminé qu'à raison du peu d'étendue des forêts de cette province leur surveillance ne nécessitait pas l'emploi d'un inspecteur, je me vois à regret forcé de vous annoncer qu'à dater du 1er avril prochain vous ne jouirez plus d'aucun traitement à cet égard.

«Le zèle constant que vous avez mis dans vos fonctions, l'intelligence que vous avez déployée dans toutes les commissions dont je vous ai chargé à plusieurs reprises me donnent de sincères regrets sur la perte d'un employé auquel je me plairai de donner des marques d'estime et de parfaite considération.» Cette lettre est du 29 juillet [2] ! Elle montre, en même temps que la rapidité avec laquelle on remerciait les fonctionnaires, l'idée qui présidait aux délibérations du Ministre des finances : la réduction des dépenses. On retrouve cette préoccupation dans de nombreux documents. Déjà dans une circulaire aux syndics du Faucigny, du 3 juin 1815, on lisait : «L'intendant général s'occupe d'une organisation forestière qui, en rappelant les anciens règlements sur cette matière et en conservant du régime français, ce qui pourrait être utile, présentera, avec plus d'économie, un système propre à garantir et conserver une partie si intéressante des revenus communaux...» [3]. De même, quantité de lettres témoignent de ce souci. C'est avec la même pensée que, le 20 juillet 1816, l'intendant général de Savoie demanda au nouvel inspecteur s'il était bien nécessaire d'avoir des agents : dans sa réponse du 5 août, ce chef de service affirma la nécessité d'un personnel de gestion à côté et au-dessus du personnel de surveillance.

Le 24 juillet suivant, l'intendant général des finances esquissa au comte Caccia les vues du gouverment : «Le système généralement adopté par les autres provinces de l'État a été de congédier ces employés (forestiers), s'étant le gouvernement borné à la conservation provisoire d'une partie de ceux qui sont particulièrement chargés de la surveillance des bois de propriété directe du domaine royal et cette même méthode doit incessamment être pareillement observée dans l'entière étendue de ce duché...»

La création de l'Économat ecclésiastique, la restitution de leurs biens aux émigrés, ne devaient plus laisser dans le domaine royal que les 104 hectares de la forêt de Mandallaz. On a vu plus haut que le domaine dut conserver certaines forêts que leurs propriétaires ne revendiquaient pas ainsi que certains massifs d'origine ecclésiastique, comme Bellevaux et Beauvoir. Mais, en exécution du programme indiqué, à partir du 1er mars 1817, «le gouvernement n'a conservé à sa charge que le payement des préposés à la garde des forêts restées sous la main du domaine».

Bien plus, le 26 février 1817, le Ministre des finances avait décidé «que les agents

[1] Arch. H.-S., corr. I. K., 1815, n° 839; 1816, n° 1202.
[2] Arch. H.-S., corr. I. K., 1816, n° 1265.
[3] Arch. H.-S., corr. I. Fy. avec sind., 1815, n°ˢ 384, 62; corr. I. K. avec I. Gl., 1815, n° 697.

supérieurs qui constituaient l'administration forestière, pour la conservation en général des bois et forêts dans l'intérêt du pays... devaient être supprimés et cette administration dissoute ».

L'intendant général de Savoie s'adressa le 18 mars 1817 à son prédécesseur, le comte Caccia, qui, l'année précédente, avait été placé à la tête de l'Administration des eaux et forêts, créée à Turin, pour demander de suspendre les effets de cette condamnation du service forestier.

« Il est sans doute inutile, écrivait-il, que je vous fasse connaître les inconvénients majeurs qui résulteraient pour la conservation des bois en général de l'interruption du service de l'administration forestière actuelle, s'il doit en être établi une nouvelle. Les communes mettent trop peu d'intérêt à la conservation de leurs forêts pour qu'on puisse compter sur leur service pour la répression des délits et, s'il n'existait une agence chargée de la provoquer d'office, bientôt les forêts seraient complètement dévastées.

« Je vous prie de prendre ces observations en considération, de les mettre sous les yeux de S. Exc. le Ministre des finances et de me faire connaître les nouvelles déterminations dont elles lui paraîtraient susceptibles. J'ai cru devoir, jusqu'à leur réception, tarder de prévenir les agents forestiers supérieurs que leur traitement cesse d'être à la charge des Finances, parce que rien n'annonçant que l'Économat général et les communes veuillent salarier d'autres agents que les simples gardes, je devrais leur faire connaître en même temps qu'ils doivent cesser leurs fonctions, ne pouvant leur donner aucune assurance de payement... »

L'intendant général pour l'administration de l'intérieur, par lettres des 12 et 26 avril 1817, maintint la décision en ce qui concernait le payement des traitements, mais il n'exigea plus le renvoi des agents : par circulaire aux intendants de province en date du 30 avril 1817, l'intendant général du duché donna les instructions suivantes :

« Je vous ai fait connaître, par une lettre du 4 mars dernier, qu'à dater du 1ᵉʳ même mois, le traitement des employés à la garde des forêts royales concédées à l'Économat général cessait d'être à la charge des royales Finances. Les instructions qui me sont parvenues, dès lors, en explication de cette décision, annoncent qu'elle est également applicable aux autres employés forestiers supérieurs et que, conséquemment, les roïales finances ne conservent à leur charge, dès le dit jour 1ᵉʳ mars, que le salaire des gardes des forêts appartenant maintenant au domaine.

« Cependant la conservation des bois, en général, exige qu'indépendamment des gardes particuliers on maintienne en fonctions les agents supérieurs nécessaires dans chaque province, pour veiller à ce que les gardes remplissent exactement leurs fonctions, constatent régulièrement les délits, dressent les procès-verbaux, les transmettent à votre bureau pour la punition des délinquants, autrement les bois seraient bientôt livrés à une dévastation ouverte, car on ne peut suffisamment compter pour leur conservation sur le zèle des gardes et même sur celui des administrateurs des communes.

« M. l'intendant général des Eaux et Forêts doit s'occuper de la réorganisation de ce service dans ce duché, mais on ignore l'époque à laquelle son règlement à cet égard sera rendu et mis en vigueur.

«Dans cet état de choses, vous reconnaîtrez avec moi, Monsieur, qu'il est indispensable d'organiser dans votre province un service provisoire pour la conservation des bois en général.

«Il n'est pas dans mon intention qu'il soit créé de nouveaux emplois en fait d'agents supérieurs. Un garde général par province ayant surveillance sur les brigadiers et gardes particuliers paraît devoir suffire. Son traitement serait fixé par relation avec l'étendue du sol forestier que présente chaque province, sans qu'il puisse cependant excéder celui dont les employés de ce grade jouissent actuellement; il sera même, autant que possible, réduit : il sera à la charge de la province.

«Il y aurait dans la capitale du duché un inspecteur dont le service s'étendrait à tout le duché; il ferait en même temps fonctions de garde général pour la province de Savoie propre, dont l'étendue nécessite l'emploi de 2 gardes généraux. Son traitement serait, en partie, à la charge du duché comme inspecteur et, en partie, à celle de la Savoie propre comme garde général.

«Quant au traitement des brigadiers et gardes particuliers des bois des communes, il continuerait à être à la charge de ces dernières, comme il l'est à ce moment.»

Tel est le cadre qui allait servir à l'organisation du service; il ne comporte pas de sous-inspecteur. Le 25 novembre 1817, l'intendant général, développant sa circulaire sur ce point, prévient ses intendants qu'il n'est point dans ses intentions de conserver d'agents de ce grade; aussitôt (29 novembre) l'intendant de Haute-Savoie plaida en faveur du maintien de Crusilliat : satisfaction lui fut donnée.

A la date du 5 janvier 1818, l'intendant général du duché arrêta ainsi l'état des agents forestiers de la Savoie :

Inspecteur provisoire à Chambéry : Pacoret.

Maintenus comme garde généraux : de Tarentaise, Gabet; de Genevois, Perret.

Maintenu comme sous-inspecteur de Haute-Savoie, Crusilliat.

Maintenus comme gardes généraux : du Chablais, Tupin; de Faucigny, Curton; de Rumilly, Mollingal.

Le garde général Berthet, de Saint-Jean-de-Maurienne, était oublié, ainsi que le chef du deuxième cantonnement de Chambéry, Peyssard. L'intendant de Carouge nomma, le 1er décembre 1818, un garde général pour sa province [1].

Mais le garde général Janin à Saint-Pierre-d'Albigny, qui figure encore sur les états de 1817, est éliminé de cette liste; son nom ne reparaît plus. Le poste a dû être supprimé.

A la fin de 1818, une nouvelle mesure vint compromettre l'organisation élaborée. Des lettres patentes du 22 décembre vinrent supprimer la caisse du duché sur laquelle était payée le traitement de l'inspecteur. L'intendant général de Chambéry signale à Turin ces conséquences, au moins imprévues, du nouvel édit, remontre la nécessité d'un inspecteur des forêts en Savoie et sollicite des instructions, le 8 janvier 1819. L'intendant général de l'agence économique de l'intérieur répond, le 14 janvier, de maintenir Pacoret en fonctions et, le 8 février, à la suite d'une entente avec la secrétairerie des Finances, annonce que le traitement de l'inspecteur sera à la charge du

[1] Arch. H.-S., corr. avec divers, 1818, 30 déc.; 1819, 17 avril; avec I. Gl., 1818, n° 588.

Trésor et payé par l'administration économique de l'intérieur. Les autres agents devaient être payés par les communes.

A côté du personnel forestier, il faut citer les intendants, juges et châtelains, qualifiés par les Royales Constitutions de conservateurs et de vice-conservateurs des forêts et dont le rôle a déjà été examiné pour la période de 1729 à 1792.

Quand Victor Emmanuel Ier abandonna le trône en 1821, l'organisation provisoire de l'administration des forêts était toujours en vigueur.

§ 2. Recrutement des agents.

Les Royales Constitutions étaient naturellement muettes sur ce point, ainsi que le règlement sur les bois de Tarentaise qui ne prévoyait pour les conservateurs que la nomination par l'intendant.

Dans la période 1814-1822, les agents forestiers, chefs de cantonnement, ont d'abord été confirmés ou nommés par les commissions subsidiaires, sous réserve de l'approbation de la commission centrale d'administration. Ensuite ce furent les intendants qui choisirent ces agents. En 1818, l'intendant général de Chambéry désigna tous les agents provisoires; c'était lui qui avait placé Pacoret à la tête du service.

Il ne semble pas qu'aucune condition d'aptitude professionnelle ou de présence sous les drapeaux ait été exigée.

Pacoret était un vieux praticien : on le trouve en l'an VI, au début de l'administration forestière française, comme garde des 119 hect. 83 a. de bois de Candie, près Chambéry, au traitement de 100 francs par an; garde général en l'an XII à Chambéry, sous-inspecteur à Annecy en l'an VIII.

Quant au sous-inspecteur Crusilliat qui ne quitte pas son village des Mollettes, rien n'indique ses antécédents. Pour avoir été choisi pour sous-inspecteur dès la Restauration, en 1814, pour avoir été maintenu dans ses fonctions de sous-inspecteur en 1818, alors qu'aucun sous-inspecteur ne devait être proposé et qu'il avait été avisé, le 17 décembre 1817, par l'intendant général qu'il ne serait appelé à continuer ses fonctions que comme garde général, on peut conjecturer qu'il avait été certainement un des très chauds partisans du retour de la Savoie au royaume de Sardaigne.

Les mêmes suppositions sont possibles pour la désignation faite d'André Chatrier de Cranves comme garde général de la province de Carouge, le 1er décembre 1818.

Mais, le plus souvent, on prenait, pour en faire des chefs de cantonnement, des brigadiers. Ce fut le cas de Geydet, en 1814, qui succéda à Frèrot à Saint-Pierre-d'Albigny; du brigadier Janin, de Saint-Hugon, proposé par Crusilliat et nommé le le 2 juin 1815 après l'entrée de Geydet dans l'armée. De même, en Faucigny, le successeur du garde général Nomis, décédé, fut le brigadier de Samoens, Curton.

Le sous-inspecteur de Carouge, Bouchet, ancien garde à cheval de Genève, pour être maintenu, après les Cent-Jours, adressa au début d'août 1815 le placet suivant, où il énumère tous ses titres, à l'intendant général du duché :

«Mgr, le soussigné, Jean-Jacques Bouchet, âgé de 44 ans, né à Genève, ex-inspecteur des Eaux et Forêts du ci-devant département du Léman et maintenu jusqu'à présent dans les mêmes fonctions en Savoie, expose... qu'il désirerait vivement être conservé au service de S. M. dans la nouvelle organisation de l'administration forestière...

«Il sert dans l'Administration des eaux et forêts depuis son organisation dans le susdit département; il possède tous les moyens d'administrer sans hésitation et de former de bons agens par la connaissance qu'il a de tout ce qui concerne les Eaux et Forêts dans les provinces de Carouge, Chablais et Faucigny; les règlements qui y ont été appliqués et leurs bons ou mauvais succès; le moyen de faire prospérer cette partie importante du domaine public, les usages et les mœurs y relatives des habitants. Enfin il ne serait pas le premier Suisse admis à l'honneur de servir S. M.» Ce brillant plaidoyer *pro domo* n'eut, on l'a vu, qu'une efficacité éphémère.

D'ailleurs, en 1815, l'Administration sarde n'avait que le choix des candidats. De nombreux émigrés sollicitent des places dans les forêts ou dans les gabelles indifféremment!

Un certain François Eynard, sous-lieutenant du 8 février 1813 au 7e chasseurs à cheval, retraité par Louis XVIII, le 20 février 1815, dont le père était major au régiment de Maurienne, dont un oncle était capitaine de Savoie, demandait une place de garde général.

Même requête de la part d'un ancien géomètre du cadastre qui vient de perdre sa femme! Cette variété de postulants confirme bien qu'aucune restriction, aucune condition n'était imposée pour le recrutement des agents forestiers.

§ 3. TRAITEMENTS ET INDEMNITÉS.

Immédiatement après les traités de Paris et de Vienne, les agents forestiers qui avaient opté pour la Sardaigne recevaient les mêmes traitements que sous le régime français.

En 1816, l'échelle des salaires était ainsi fixée [1] :

Inspecteur..	3,000 francs par an.
Sous-inspecteur..................................	2,000
Garde général...................................	1,100

Dans son arrêté du 5 janvier 1818, l'intendant général avait ensuite fixé la rémunération des chefs de cantonnement : 1,000 francs aux gardes généraux à Moutiers, Annecy, Thonon et Bonneville; 800 francs au garde général à Rumilly.

Par une nouvelle décision du 20 mars suivant, il ordonna que le traitement de l'inspecteur, désormais réduit à 1,600 francs, serait à la charge du duché; que celui du sous-inspecteur, ramené à 1,200 francs, serait pour 800 francs à la charge de la province de Haute-Savoie et pour 400 francs à celle de la Savoie propre; que le garde général Peyssard recevrait annuellement 900 francs sur la caisse provinciale de Savoie propre.

Le garde général André Chatrier, à Saint-Julien-en-Genevois, chargé des forêts de la province de Carouge, était plus mal partagé encore : il ne lui était servi que 700 livres par an.

Sous le régime français, le garde général recevait chaque année une indemnité sur le produit des amendes et les économies réalisées qui, à Moutiers, par exemple, s'élevait à 350 francs environ; en outre, il touchait une remise de 5 p. o/o sur les amendes

---

[1] Arch. S., Reg. 29, *passim*.

forestières qu'il était chargé de recouvrer. On ne voit pas qu'aucune gratification du même genre ait été accordée sous le « Buon governo ».

A tous les degrés de la hiérarchie, les agents avaient donc subi des réductions considérables. Déjà, en 1815, le sous-inspecteur Bouchet, de Genève, à qui on avait enlevé garde général et brigadiers, avait vu, lors de la liquidation de son traitement le 15 octobre, l'intendant général lui supprimer, sans avis préalable, une somme de 500 francs !

On peut juger de l'accueil que reçut la requête suivante adressée à l'intendant général de Savoie : « Expose avec un très profond respect, Georges-Antoine Gabet, garde général, né à Vimines et domicilié à Moutiers, qu'à côté du bonheur inexprimable d'être rangé sous les bannières de ses anciens maîtres il désirerait encore placer l'honneur de servir S. M. dans la partie à laquelle il appartient déjà dans ce moment.

« A cet effet, il a l'honneur d'observer que, depuis longtemps, il était agent municipal de la ville de Moutiers lorsque en l'an VII il fut nommé garde général des forêts pour l'arrondissement de Moutiers; il exerça ses fonctions jusqu'à présent, il ose le dire, à la grande satisfaction de tous ceux qui ont à cœur l'intérêt public; il était, avant le démembrement de la Savoie, le plus ancien garde général du Mont-Blanc, il l'est encore, dans le moment, de la Savoie entière; aussi son directeur lui avait-il plusieurs fois fait l'offre de lui procurer de l'avancement et, si le suppliant n'en a fait usage momentanément, c'est que des affaires de famille et des petites propriétés le retenaient dans cet arrondissement.

« C'est cet avancement qu'il ose aujourd'hui implorer de M. l'intendant général... » Mais au lieu d'avoir de l'avancement, même à l'ancienneté, les agents forestiers voyaient diminuer leurs traitements dans de fortes proportions; de plus, dans les premières années de la Restauration, ils étaient loin de pouvoir toucher les sommes auxquelles ils avaient droit.

Ainsi, au 20 août 1816, ils n'avaient encore rien reçu non seulement depuis le commencement de l'année, mais même depuis le 16 septembre 1815. L'inspecteur Pacoret signale à l'intendant général cette fâcheuse situation du personnel qui avait sa répercussion sur le service. Aux observations faites « les gardes généraux disent que pour faire leurs tournées il faut dépenser de l'argent dans les auberges et qu'ils n'ont pas le sol ».

Aux gardes généraux qui réclament leur dû, les intendants de province répondent que les communes n'ont pas de fonds disponibles, qu'elles sont hors d'état de faire face à la dépense, ayant fait « des pertes considérable en 1814 et 1815, soit par suite de l'épizootie, soit par suite de l'invasion »[1]. Ce ne fut que le 24 mars 1817 que le Ministre des finances approuva l'état des salaires dus aux agents forestiers pour l'exercice 1816[2].

Le 20 mars, l'inspecteur des forêts venait de rappeler encore que des gardes généraux « chargés de famille souffraient du non-payement et étaient forcés, dans ces circonstances, de faire des sacrifices pour se procurer les premiers besoins ». Et ce n'était pas là une banale formule. Des pluies continuelles tombées en 1816 avaient fait périr

[1] Arch. Tse., corr. I., 3 oct. 1816. Arch. H.-S., corr. I. Ay. avec divers, 1816, nᵒˢ 306, 565; nᵒ 21.
[2] Arch. S., Fonds sarde, Reg. 29, 1817, 1ᵉʳ avril.

les récoltes et une « une grande disette » éprouvait la Savoie. Tout était hors de prix ; le blé valait 1 franc le kilogramme. On peut juger de ce qu'endurèrent les forestiers par cette lettre de l'inspecteur Pacoret, du 16 janvier 1817. « Le prix excessif du pain met dans une détresse inexprimable les employés forestiers ; plusieurs ne savent plus où tourner la tête pour s'en procurer en ce moment. Ceux au compte du gouvernement fondent leur espoir dans vos bontés, dans votre bienveillance. Ils vous supplient de vouloir bien leur procurer ce qui leur revient pour le 1er trimestre de la courante année. Je me joins à eux, Monsieur le Comte (intendant général), pour vous faire la même prière. »

Et pour comble de malheur, par décision du 23 avril précédent, le Ministre des finances s'était réservé la signature des mandats de traitement à délivrer aux agents forestiers. Une telle centralisation ne pouvait hâter l'émission de ces mandats.

Sous la pression de la misère, l'inspecteur réclame sans cesse, le 7 août, le 2 octobre, le 10 novembre, le 3 décembre 1817. De leur côté, les intendants de province écrivent à l'intendant général de très nombreuses lettres pour solliciter — vainement — l'autorisation de délivrer des mandats aux chefs de cantonnement.

Les préposés domaniaux reçurent leur traitement bien avant les agents. La portion du traitement des gardes généraux à la charge des communes avait également été payée avec de sérieux retards ; pourtant les délais paraissent avoir été moins longs, cinq mois environ [1] dans la plupart des cas. Il convient cependant de signaler qu'en juin 1818 le garde général de Rumilly, Mollingal, attendait encore son arriéré de 1816 [2].

En 1819, on arriva à la fin de l'année sans que le traitement du sous-inspecteur ait pu être mandaté dans la province de Haute-Savoie : l'intendant, pour réunir les fonds nécessaires, proposa de frapper d'une taxe de 0 fr. 20 à 0 fr. 40 les arbres délivrés pour construction ou réparations (23 novembre 1819).

A partir de 1820, il semble, par l'absence de toute réclamation, que les agents ont pu être payés régulièrement.

§ 4. Fonctions.

La remise en vigueur des Royales Constitutions de 1770, qui faisaient des intendants les juges et conservateurs des forêts, réduisit les agents forestiers à un rôle extrêmement effacé. Les intendants étaient, en fait, substitués aux inspecteurs et conservateurs du système français. Dans son règlement du 28 octobre 1814, l'intendant de Faucigny le spécifiait nettement (art. 1er).

D'après une circulaire du 30 avril 1817 de l'intendant général aux intendants de province, les gardes généraux et sous-inspecteurs conservés provisoirement par le gouvernement sarde avaient à recevoir, enregistrer les procès-verbaux dressés par les préposés et ils les transmettaient aux intendants qui avaient pour mission de prononcer les peines.

Les agents devaient contrôler le service des brigadiers et des gardes. C'est à eux normalement qu'incombait le martelage des coupes, mais, le plus souvent, on voit

[1] Arch. Tse., O. d'I., 20 mai 1818.
[2] Arch. H.-S., corr. I. Ay. avec divers, 1818, n° 703.

dans les ordonnances des intendants autorisant des exploitations, les brigadiers et même les gardes être seuls chargés de l'opération [1]. Fréquemment les demandes de bois sont transmises par l'intendance au chef de cantonnement pour avoir son avis et c'est là que se borne son rôle. Cependant, quand la délivrance sollicitée est importante, l'intendant prescrit « que le martelage sera fait par M. le garde général à qui il est essentiellement recommandé de prendre toutes les précautions qui seront suggérées, soit par l'intérêt des habitants, en général, soit par ceux de l'administration forestière, soit par les localités, enfin par toute autre dont les besoins lui sont confiés par sa charge ». Une telle formule signifie seulement que l'agent doit veiller à ne provoquer ni éboulements, ni ravinements, ni avalanches et à assurer la régénération naturelle [2].

Dans toute cette période incertaine, de 1815 à 1821 inclusivement, les gardes généraux étaient aussi employés par les intendants à dresser des statistiques des forêts soumises à leur gestion, à élaborer des projets d'organisation des triages, des brigades.

Tout aussi vague est le rôle dévolu à l'inspecteur : chargé de la gestion d'un des cantonnements de Chambéry, cet agent se trouvait à la tête d'une chefferie, comme on dit aujourd'hui. Mais son contrôle sur les gardes généraux et le sous-inspecteur est presque annihilé par celui des intendants de province : d'après l'ordonnance de l'intendant général de Savoie, en date du 5 janvier 1818, « les gardes généraux doivent entrer en correspondance avec M. Pacoret, inspecteur provisoire, pour tout ce qui peut intéresser le bien du service ». Ils devront remettre un état des contenances des forêts communales, des brigades et des triages. En somme, l'inspecteur, à ce titre, rassemblait, coordonnait les renseignements d'ensemble sur les forêts du duché, qu'il importait à l'intendant général de connaître.

Une telle organisation méritait au plus haut point son titre de « provisoire ».

SECTION II.

Les préposés.

§ 1. LES GARDES DOMANIAUX.

En léguant au royaume de Sardaigne une importante surface de forêts domaniales, la France avait également cédé un certain nombre de gardes et de brigadiers. Le gouvernement de Victor-Emmanuel Iᵉʳ considéra d'abord comme une charge la propriété de ces massifs boisés et on a vu que l'intendant général des Finances, par lettre du 8 octobre 1814, voulait supprimer les préposés royaux aussi bien que les agents. Pourtant, sur les instances du comte Caccia, l'administration des Finances laissa subsister le personnel de surveillance comme celui de gestion.

Cependant l'Économat ecclésiastique, organisé par lettres patentes du 9 avril 1816, avait été doté par Billet royal du 19 novembre 1815 des anciennes forêts des ordres

---

[1] Arch. Tse, Ord. I., 1816, 18 septembre; 1819, 1ᵉʳ avril.
[2] Arch. Tse, Ord. I., 1819, 26 avril.

religieux dispersés lors de la Révolution. Mais, dès le 24 juillet de cette même année, l'intendant général des Finances avait annoncé qu'il ne conserverait provisoirement que les gardes chargés de la surveillance des forêts demeurées domaniales. Et, en effet, à dater du 1ᵉʳ mars 1817, le Trésor refusa de salarier les préposés attachés aux nombreuses et importantes forêts remises à l'Économat : Aillon, Saint-Hugon, Tamié, Bonverdant, Combe d'Ire, Sainte-Catherine, le Reposoir, Vallon, etc...

Au 1ᵉʳ juin 1817, il ne restait donc de préposés royaux que pour les forêts de Mandallaz, Bellevaux, Beauvoir, de la Bathie, de Nances et de Cusy; et ces trois derniers massifs provenant d'émigrés pouvaient, à tout moment et à première réquisition, être restitués à leurs propriétaires antérieurs.

Les règlements impériaux exigeaient des candidats gardes certaines conditions et des services militaires; les Royales Constitutions remises en vigueur n'imposaient aucune restriction. Ce sont les intendants qui nomment les gardes royaux; en Tarentaise, où l'édit de 1760 avait été remis en vigueur, c'était au garde général ou à l'inspecteur à faire la nomination, sauf approbation de l'intendant.

§ 2. LES PRÉPOSÉS DES COMMUNES ET DES ÉTABLISSEMENTS PUBLICS.

Les frais de surveillance des forêts communales grevaient les budgets municipaux d'une façon sérieuse. Aussi, dès le début de la Restauration, nombreux ont été les maires qui ont demandé aux intendants la suppression des gardes et des brigadiers. Bien des intendants de province ont appuyé ces réclamations et ont proposé le licenciement des préposés, même pour l'exercice 1816, ou au moins la liberté pour les communes de faire ce qui leur paraissait opportun. «La surveillance des forêts, disaient-ils, peut sans inconvénient être confiée aux gardes champêtres, en chargeant les syndics ou les conseillers de veiller à ce qu'ils soient exacts dans leur service et de rendre compte tous les mois de leur conduite, indépendamment des procès-verbaux qu'ils devraient dresser lorsqu'il y aura lieu de constater leur négligence [1]». Mais certaines municipalités n'avaient pas attendu l'autorisation des intendants et avaient purement et simplement remercié les gardes forestiers.

L'inspiration était venue de haut : dès l'automne 1814, l'intendant général des Finances avait ordonné à l'intendant général de Savoie de prévenir tous les employés de l'administration forestière que leurs emplois étaient supprimés le 1ᵉʳ octobre, et que, «d'or en avant, la conservation des forêts serait confiée aux gardes champêtres aux frais des communes». Sur les instances du comte Caccia, l'application de cette décision trop radicale fut ajournée. D'ailleurs, l'Édit du 2 mai 1760 prévoyait l'existence de gardes forestiers spéciaux.

Ici encore il fallut concilier l'état de choses existant avec la législation sarde. Avant la Révolution, c'étaient les communes qui nommaient les gardes champêtres forestiers qui prêtaient serment entre les mains du châtelain; en Tarentaise, d'après le règlement spécial, les gardes forestiers étaient nommés par les conservateurs entre les mains de qui ils prêtaient serment, et agréés par l'intendant. Mais, après 1814, aucun de ces modes ne fut appliqué.

D'ordinaire pour nommer un garde forestier ou un garde champêtre forestier, le

[1] Arch. H.-S., corr. I. Fy. avec divers; 1816, n° 549.

conseil municipal proposait à l'intendant un ou plusieurs candidats; le garde général émettait son avis et l'intendant faisait la nomination. Il arrivait aussi que l'intendant laissait le choix du candidat au syndic [1].

On voit paraître, comme antérieurement à 1792, des propositions de nomination de plusieurs gardes champêtres forestiers; l'intendant en réduit ordinairement le nombre, toujours très exagéré.

En certaines communes, les municipalités avaient, volontairement ou non, négligé de désigner des candidats gardes; les intendants, quand il se produisait des délits un peu sérieux, leur rappelaient cette obligation [2].

Mais ni les Royales Constitutions, ni le Règlement sur les bois de Tarentaise n'avaient parlé des brigadiers; ces préposés étaient une création d'origine française dont l'utilité ne pouvait être niée. Les brigadiers furent donc conservés; mais la tendance fut d'en réduire le nombre.

En 1818, les intendants de province reçurent, le 6 avril, de l'intendant général du duché, l'autorisation de nommer provisoirement des brigadiers jusqu'à l'apparition toujours annoncée du Règlement forestier. Les brigadiers en fonctions furent convoqués dans les bureaux d'intendance pour prêter un nouveau serment [3].

Quand il s'agit de procéder à une nomination nouvelle, au début de la Restauration, l'intendant s'adresse au sindic de la commune du domicile du candidat, l'invite à réunir son conseil pour « exprimer son opinion raisonnée sur la moralité de l'intéressé, sur son aptitude, ses principes et sur le degré de considération et de confiance qu'il peut mériter » [4].

C'est le garde général qui normalement donne aux brigadiers les instructions et ordres de service; mais il n'est pas rare de voir les intendants correspondre directement avec ces brigadiers, par-dessus la tête du chef de cantonnement, leur demander des renseignements, leur prescrire certains actes, leur adresser des reproches ou des blâmes [5]. L'intendant se mêle de tout, décide, par exemple, du point de savoir si un garde doit conserver son marteau ou le déposer à la maison commune; bref, il est tout puissant.

Naturellement il a droit de révoquer gardes ou brigadiers, d'accepter leur démission. Si les préposés avaient aussi la police rurale, ils se trouvaient donc dépendre à la fois de l'intendant, du garde général, du brigadier et des municipalités!

§ 3. Traitements.

I. **Préposés domaniaux.** — Immédiatement après la Restauration les traitements des gardes domaniaux sont demeurés les mêmes que sous le régime français. Après la restitution des forêts d'émigrés à leurs anciens propriétaires, on relève des traitements variant de 100 à 400 livres par an. Là où les massifs étaient trop petits pour néces-

---

[1] Arch. Tse, O. I., 19 juillet 1819. Commission adm., 3 août 1814. Corr. I. avec sind., 4 janvier 1815. Arch. H.-S., corr. I. Fy. avec divers, 1815, n° 388: 1816, n° 165.

[2] Arch. Tse, corr. I., avec sind., 1820, 13 avril.

[3] Arch. Tse, corr. I., avec divers, 1818, 9 avril.

[4] Arch. Tse, corr. I., 23 décembre 1814.

[5] Arch. Tse, corr. I., 6, 7 juin 1818; 1821, 18 décembre; 1822, 9 juillet, 20 août, 4 septembre.

siter un garde, on en confiait la surveillance au garde communal le plus proche. Ainsi, le préposé de la forêt de Mandallaz pour ses 104 hectares, celui de Villarlurin pour 102 hectares, recevaient un traitement annuel de 100 francs, alors que celui de Saint-Hugon, purement domanial, était payé à raison de 400 francs, en Chablais, celui de Vallon, touchait 250 francs [1] et un de ses collègues 402 francs

Durant les premières années, le personnel souffrit beaucoup du défaut de payement. Une première réclamation générale formulée par l'inspecteur Pacoret fut adressée le 9 avril 1816 [2].

Le 30 septembre 1816, le brigadier de Beauvoir abandonna l'administration pour pouvoir vivre; voici sa lettre à l'inspecteur : «Je soussigné Joseph Gabriel Klein, garde particulier de la forêt royale de Malte et brigadier forestier, prie M. l'inspecteur d'accepter ma démission que je me vois forcé de donner, ne pouvant subsister ma famille et moi, ne touchant aucun traitement et le prie de me faire payer les appointements qui me sont dus dès le 16 septembre 1815 jusqu'à ce jour comme garde royal et ce qui m'est aussi dû par les communes comme brigadier de l'an 1815 et pour les neuf mois de 1816.»

Les gardes domaniaux n'étaient pas mieux traités : à la date du 18 mars 1816, celui de Vallon écrit à l'intendant général : «Monseigneur, je vous expose l'état de ma misère, car voici le sixième mois que je suis sans paye. Je n'ai même pas le sou pour acheter une livre de sel. Monseigneur, je suis à la grande misère : je serai obligé d'envoyer ma famille à l'amendicité pour me substenter; je pense que Monseigneur prendra pitié du serviteur de Sa Majesté.»

Bientôt la «grande disette» occasionnée par les intempéries de 1816 vint augmenter la détresse des préposés.

Le 20 août 1816, l'inspecteur écrit à l'intendant général : «D'après l'espoir que j'ai donné aux gardes des forêts royales et aux gardes généraux... que bientôt ils toucheraient leurs traitements, ainsi que votre prédécesseur, M. le comte Caccia, au moment de son départ, me l'avait fait espérer, ils se sont acquittés de leur service, mais leur attente étant vaine, ils me sollicitent tour à tour; je ne sais quoi leur répondre et je ne puis que compatir à leur misère. Ce sont des pères de famille qui n'ont d'autres ressources que dans leurs traitements... Plusieurs manquent absolument de pain, d'autres de souliers et ne peuvent par conséquent parcourir leurs triages; des dilapidations s'y commettent; sur les reproches que je leur en fais, ils me répondent : Donnez-nous de l'argent et vous nous verrez, comme par le passé, zélés et actifs. Nous ne pouvons soutenir les fatigues des courses le ventre vide... Si vous ne venez à leur secours, il est impossible que le service puisse se soutenir, les forêts royales seront dilapidées et on ne pourra pas, avec justice, leur en faire un reproche parce qu'ils auront pour motif le non-payement de leur traitement et la détresse où ils se trouvent, sans pain, sans souliers, sans crédit pour s'en procurer.»

Le service des Finances se décida alors à payer les traitements de 1815 et le premier trimestre de 1816. Mais avec la cherté de la vie ces ressources furent vite épuisées. De nouveau les plaintes se multiplièrent. L'inspecteur s'en fait encore l'écho, le 20 mars 1817. «Monsieur le Comte, écrit Pacoret, les gardes des forêts royales sont

[1] Arch. S., Fonds sarde, reg. 29. Arch. H.-S., corr. I. Ch. avec divers, 1815.
[2] Arch. S., Q 94.

dans la dernière misère : chaque jour, ils me font des réclamations pour le traitement qui leur est dû, dès le 1ᵉʳ avril 1816.

«La plupart de ces gardes sont des militaires retraités qui n'ont point encore retiré leur pension, ils sont tous sans fortune. Vous pouvez juger de leur détresse dans un moment où, même avec de l'argent, on ne peut qu'avec peine se procurer du pain. Dans quelle angoisse ne doit pas être l'employé qui compte sur son argent pour s'en procurer chaque jour et qu'il ne reçoit pas, qui n'a aucun crédit et dont le traitement fixe lui permit, dans un temps où les denrées étaient de moitié moins chères, seulement les moyens de subsister... Je vous prie, Monsieur le Comte, de faire part de leurs réclamations à Son Excellence le Ministre des Finances et de lui faire envisager l'urgence d'autoriser leur payement... »

Le 22 mars 1817, le Ministre des Finances avisa le comte Tornielli, intendant général de Savoie, de l'ouverture de crédits s'élevant au total à 10,417 livres 85, pour le payement de tout le personnel forestier royal du duché pour les neuf derniers mois de 1816 «jusqu'au 1ᵉʳ mars 1817». Lorsque, à la fin de cette année, de nouvelles réclamations se firent entendre, l'intendant général opposa une fin de non-recevoir presque générale : c'était à l'Économat royal, à qui les forêts provenant des corporations religieuses ont été concédées, à supporter les frais de leurs gardes «depuis le 1ᵉʳ mars».

L'ordonnance de l'intendant général de Savoie, du 5 janvier 1818, organisant provisoirement le service forestier du duché, marque le terme des souffrances du personnel domanial et le début de la régularité des payements.

II. **Préposés communaux.** — Les traitements des gardes communaux étaient fort variables; lors de la réaction qui se produisit au début de la Restauration, les communes multiplièrent les préposés et ramenèrent les traitements à des taux infimes, ridicules, tout à fait insuffisants pour nourrir un homme. Chose étonnante, les gardes généraux qui, pour assurer la bonne marche du service, devaient désirer avoir un personnel spécialisé et assez bien payé pour être à l'abri du besoin, et avaient l'expérience des années antérieures, prêtèrent la main à ces combinaisons municipales.

Ainsi, la commune de Montagny en Tarentaise qui, sous l'Empire, payait pour la surveillance de sa forêt, sur le traitement du garde, une somme de 245 fr. 20, fut autorisée par l'intendant, après avis du garde général Gabet, à créer 3 gardes payés chacun 6 francs par an [1] !

Bonneval, qui payait en 1810 pour frais de garde 236 fr. 54, créa, en 1815, 3 gardes à 3 fr. 60 l'un par an.

Saint-Laurent-la-Côte, qui payait en 1810 pour frais de garde 145 fr. 25, créa, en 1815, 2 gardes à 15 francs l'un par an.

Montgirod, qui payait en 1810 pour frais de garde 203 fr. 71, créa, en 1815, 2 gardes à 6 francs l'un par an.

Bellecombe, qui payait en 1810 pour frais de garde 62 fr. 65, créa, en 1815, 2 gardes à 15 francs l'un par an [2].

Mais si l'on prend les états dressés sous l'Empire pour le département du Léman,

[1] Arch. Tse, Ord. I., 30 septembre 1814.
[2] Arch. Tse, corr. I., 3 février 1815.

en 1808 et pour celui du **Mont-Blanc** en 1810, on trouve que le salaire des gardes communaux exigeait alors, dans l'ensemble de la Savoie, 71,442 francs.

Ce chiffre est un maximum, puisqu'il indique le total des traitements des préposés avant la révision du régime forestier ordonnée par les Préfets des deux départements.

Or, d'après les états fournis en 1819, les sommes perçues sur les communes des provinces de Haute-Savoie, Maurienne, Genevois, Carouge et Chablais, s'élèvent à 23,378, au lieu de 38,076, en 1810, soit à peu près une diminution de 35,2 p. 100.

Au moment où les préposés communaux allaient se voir ou congédiés ou réduits à des salaires insuffisants, beaucoup d'entre eux attendaient encore le payement de ce qui leur était dû pour les années antérieures. Des réclamations nombreuses se produisirent, adressées aux communes, aux intendants; il y eut des marchandages. Ainsi le brigadier d'Ugines abandonna à la commune une somme de 53 livres pour pouvoir obtenir le reste de l'arriéré et l'intendant sanctionna un tel pacte [1] !

Mais le plus souvent les revendications se heurtaient à des fins de non-recevoir comme le prouve l'ordonnance rendue par l'intendant général, le 9 décembre 1816 :

«Vu la requête du sieur Louis Mollot, ancien brigadier forestier, par laquelle il demande le payement de la somme de 392 fr. 04 qu'il prétend lui être due par les communes, dépendant de la brigade de Chamoux, pendant les années 1807 et 1808;

«Considérant que, d'après les divers modes adoptés par l'administration forestière pour salarier ses employés, il est impossible aujourd'hui de savoir les sommes qui ont été payées et celles qui étaient réellement dues par les communes.

«Qu'il est à présumer que le requérant s'est jugé lui-même sans droits puisqu'il a différé sa réclamation jusqu'à ce jour ou que, s'il l'a fait précédemment, elle n'aurait pas été accueillie.

«Il est impossible d'admettre aujourd'hui des recours aussi tardifs [2].»

Ailleurs, les maires ne contestent pas la réalité des chiffres, mais protestent que les préposés ne méritent pas des salaires, à raison de leur service défectueux sous le régime français; souvent les dettes des communes remontent jusqu'à 1809 et s'augmentent ensuite d'année en année [3]. Les intendants n'avaient que trop de penchant à accueillir ces refus.

Il est arrivé aussi que les maires ont déclaré avoir dû employer les sommes inscrites au budget pour les gardes forestiers à d'autres dépenses autorisées [4].

Comme, à la fin de l'Empire, les percepteurs refusaient d'acquitter des mandats visés soit par les commissions subsidiaires, soit même par l'intendant général [5].

Aussi, devant le mauvais vouloir des communes et des autorités, un certain nombre

---

[1] Arch. S., Fonds sarde, reg. 30.
[2] Arch. S., Fonds sarde, reg. 30.
[3] Arch. H.-S., corr. I, Ay. avec I. Gl., 1815, n° 15.
[4] Arch. H.-S., corr. I K. avec sind., 25 juin 1817.
[5] Arch. S., L 1158. Arch. H.-S., Com°⁰ sub. Fy., 1814, n° 741.

de préposés adressèrent-ils un recours au Roi [1]. Ce fut le cas pour ceux de la basse Tarentaise; ils exposent : «que les communes ont acquitté régulièrement, jusqu'en 1808, le montant de leurs appointements, mais que, depuis lors jusques en 1814, elles n'ont donné chaque année que des à-comptes, sans avoir jamais voulu solder le tout. Sur les réclamations que les suppliants ont fait à différentes époques, plusieurs communes ont convenu de la légitimité de la dette, ainsi que cela résulte des annotations mises par les maires d'alors au bas des décomptes dont chaque suppliant est nanti. D'autres ont fait des réponses évasives et marquées au coin de la mauvaise foi, mais que le délégué de M. le Préfet a su apprécier à leur juste valeur puisque, le 24 janvier 1814, il a rendu ces décomptes exécutoires pour le montant y mentionné être payé aux parties intéressées sur les fonds communaux recouvrés et à recouvrer. Ces pièces ne pouvant souffrir aucune contestation de la part des communes...

«A ces fins, ils supplient très humblement à ce qu'il plaise à Sa Majesté ordonner qu'il leur sera délivré mandat sur les percepteurs des revenus des dites communes pour le montant des sommes par elles dues, savoir :

Bonneval	1,792 16	Pussy	273 08
Cevins	1,536 75	Rognaix	1,687 90
Conflans	36 14	Saint-Paul	1,226 94
Grignon	83 86	Saint-Thomas et Blay	1,729 14
La Bathie	1,328 50	Tours	1,235 35
Monthion	47 68	Venthon	79 31

Mais le recours au Roi ne fut guère plus heureux et provoqua un avis de l'intendant de Haute-Savoie qui conclut ainsi :

«Presque toutes les communes de la Savoie qui ressortissaient alors du département du Mont-Blanc n'avaient porté dans leur budget qu'une somme proportionnée, mais moindre de celle demandée par l'administration (forestière). Cependant aucune augmentation à ces articles de la part du Préfet. Les agents forestiers ne firent alors aucune réclamation ou, tout au moins, elles furent infructueuses; ils se sont conformés à exiger les sommes approuvées par le Préfet.

«A présent, ils voudraient être payés d'après l'état que les inspecteurs présentèrent, tirés des registres de l'administration et non d'après la dette dûment imposée à chaque commune.

«Or les communes ne peuvent avoir contracté des dettes dès qu'il n'y avait pas l'approbation de l'autorité qui seule pouvait les autoriser. Les mêmes. donc, à mon avis, seraient toujours tenues à payer seulement les sommes qui pourraient être encore dues d'après celles imposées et réglées sur les budget. »

La liquidation de ces dettes communales dura encore quelques années et se termina avec une réduction des créances présentées, «les réclamants ayant trop tardé à faire valoir leurs droits»; Bonneval, par exemple, s'en tira en payant seulement 485 francs [2].

Il convient de dire aussi que les finances municipales étaient loin d'être brillantes

[1] Arch. S.. Fonds sarde, reg. 104, 18 août 1816.
[2] Arch. Tse, I., 16 janvier 1819.

30

et que nombre de communes étaient harcelées par les insinuateurs. Conformément à l'arrêté du 17 nivôse an XII, l'administration des domaines avait fait l'avance des traitements des gardes communaux quand les ressources municipales étaient insuffisantes. Il s'en fallait que cette administration fut remboursée de toutes les sommes ainsi payées quand survint la chute de Napoléon. Lors du démembrement de la France, le royaume de Sardaigne avait été substitué au Trésor français dans ses droits à l'encontre des communes savoisiennes.

Après les premières mises en demeure adressées en 1816 aux communes par les agents de l'insinuation d'avoir à rembourser les avances faites pour le salaire des gardes dans les années XIII, XIV, 1806 et 1807, nombre de conseils se déclarèrent incapables de s'acquitter. Aussi l'intendant général du duché sollicita-t-il du Ministre des Finances des délais; par délibération du conseil des Finances, approuvée par le Roi, le 28 janvier 1815, il fut décidé que le remboursement serait différé «jusqu'à ce que les communes puissent y pourvoir par le moyen de ventes de coupes de leurs bois, à cause du défaut de ressources des communes débitrices et l'excès d'impôt qui en résulterait si les sommes réclamées eussent été portées au budget».

En 1820, l'inspecteur de l'insinuation revint à la charge; de nouveau, l'intendant de Tarentaise agit à Turin. Il représente l'impossibilité pour les communes intéressées de solder leurs dettes, «leurs forêts ayant été très dépeuplées dans ces circonstances passées de guerre sur les lieux, ce qui exige des mesures très conservatoires pour les coupes à exécuter à l'avenir». Mais, le 6 avril 1821, l'intendant général prescrivit d'imposer les communes débitrices, même au delà du 1/12 des contributions[1].

En Tarentaise, par exemple, il y avait 14 communes redevant au fisc 2,378 fr. 67, le prix de vente de leurs bois en 1820 n'était que de 581 fr. 37.

Mais, au moins les gardes communaux qui avaient vu réduire, en moyenne, d'un tiers leurs traitements pouvaient-ils se considérer comme assurés de pouvoir toucher leurs rétributions? Nullement, et les préposés communaux n'étaient guère mieux partagés que leurs collègues du domaine royal. Il y eut des syndics qui refusèrent de remettre les mandats de traitement visés par les intendants[2] ou qui, volontairement ou non, oubliaient, et non pas une année seulement, d'inscrire au budget les sommes nécessaires au payement des gardes[3]. Même quand le service provisoire eut acquis une certaine stabilité, il y eut des préposés qui subirent des retards sérieux, de six mois et plus, dans le payement de leurs traitements[4]. En certaines communes où l'on avait nommé, sans nécessité, plusieurs gardes, certains de ceux-ci se trouvèrent oubliés dans la répartition des salaires; de là, des réclamations des intéressés désireux d'avoir leur part de rémunérations déjà trop insuffisantes. Ainsi à Villaroger, la municipalité avait nommé deux gardes pour surveiller ses 400 hectares de forêts et n'avait voté que 60 francs par an pour ce service; l'un des deux gardes avait d'abord été oublié; ensuite, on avait attribué au triage le moins étendu la plus forte part du crédit. On peut imaginer les protestations que soulevèrent ces répartitions[5].

[1] Arch. Tse., corr. extér., 10 juin 1820; 12 avril 1821; 24 septembre 1816. Arch H.-S., corr. I. Ay., 1820, n° 199, avec syndics; corr. I. Ay., avec I. Gl., 1816, n° 155.
[2] Arch. H.-S., I. Ch. Comptab., 1916, 2 sept. Arch. S., Fonds sarde, Reg. 30, 21 janv. 1818.
[3] Arch. Tse., corr. I. avec sind., 15 juillet 1820.
[4] Arch. H.-S., corr. I. Fy. avec divers. 1819, n° 1544.
[5] Arch. Tse., corr. I., 9 juillet 1822.

Dans quelques localités, les traitements étaient tellement infimes que les préposés préféraient démissionner, et que les intendants eux-mêmes durent intervenir auprès des syndics pour les inviter à accorder des augmentations [1].

Mais, dans les dernières années du règne de Victor-Emmanuel Ier, les intendants de province s'efforçaient d'assurer la surveillance et la conservation des bois communaux en garantissant aux préposés au moins le payement régulier de leurs maigres traitements.

§ 4. MORALITÉ DES PRÉPOSÉS.

Le défaut de payement des salaires, qui suivit la chute de l'Empire, l'incertitude de l'avenir et la famine de 1816 ont été de puissants facteurs de démoralisation du personnel de surveillance dans les premières années de la Restauration. Peut-être faut-il ajouter une certaine survivance du relâchement de discipline qui avait caractérisé les derniers temps du règne de Napoléon et qui était dû à la misère.

Ce qu'on relève le plus fréquemment, ce sont des négligences dans le service : les gardes ne surveillant pas les forêts, les délinquants en profitèrent largement. La sanction de ces manquements est tantôt une réprimande, que le coupable doit venir recevoir dans le bureau de l'intendant, au chef-lieu de la province, tantôt un déplacement [2], tantôt, mais très rarement, la révocation. Parfois aussi, il s'agit de subordination, surtout avec les brigadiers; il arrivait que certains syndics prétendaient commander aux brigadiers forestiers comme aux gardes communaux et que les chefs de brigade refusaient plus ou moins vertement de se soumettre aux injonctions qu'ils recevaient des municipalités. Ces froissements d'amour-propre prenaient vite un caractère aigu [3] et les syndics, pour se débarrasser des contempteurs de leur dignité, n'hésitaient pas à porter contre eux l'accusation toujours grave de concussion ou à demander purement et simplement la suppression des brigadiers.

Et malheureusement, quelques préposés en se rendant coupables de malversation, à ce moment pouvaient, donner quelque créance à ces allégations. N'avait-on pas vu un garde domanial de Saint-Hugon aller au cabaret avec un délinquant qu'il avait surpris et lui imposer une dépense de 8 francs! Ce même garde avait autorisé un particulier d'Arvillard à ramasser des feuilles mortes dans la forêt royale moyennant un don de 3 francs et d'une paire de jeunes poules.

En Faucigny, « beaucoup de gardes, écrit l'intendant, le 9 août 1816, se rendent coupables de concussions en permettant aux particuliers d'aller couper des bois au moyen d'arrangements faits entre les gardes et les délinquants et le plus souvent en présence du syndic... Les forêts immenses de Mieussy sont entièrement dévastées, les surveillants se permettent toutes sortes de concussions; presque tous les délinquants sont conduits devant le syndic qui tient cabaret et, pourvu que l'on fasse de la dépense chez lui, toutes les affaires s'arrangent... » [4].

---

[1] Arch. H.-S., corr. I. Ay. avec sind., 1820; n° 836.

[2] Arch. Tse., corr. I., 1815, 22. 25 juillet. Arch. H.-S., corr. I. Fy., 1815, n° 168. — Comm. subs. Fy., 1814, n° 645. Arch. S , I., 1765.

[3] Arch. Tse., Corr. I., déc. 1814, *passim*.

[4] Arch. H.-S., corr. I. Fy., 1816, n° 223.

30.

Il n'y avait donc pas que les gardes pour tirer parti de la forêt. Mais si les gardes de Mieussy furent révoqués, le syndic conserva ses fonctions.

Ailleurs, les sanctions prises étaient moins sévères et l'intendant se bornait à supprimer, pour un certain temps, le traitement des gardes qui transigeaient à leur profit les délits qu'ils avaient reconnus.

Après l'organisation provisoire du service forestier en 1818, on relève encore un certain nombre d'actes indélicats à la charge des préposés forestiers. Si on en cherche la cause, on la trouve dans l'insuffisance des traitements qui étaient réduits «à tel point qu'ils ne peuvent être acceptés que par des agents incapables et plus souvent infidèles [1]».

A côté de négligences plus ou moins répréhensibles, signalées aux intendants par des particuliers ou des conseils qui avaient à se plaindre de gardes, le plus souvent à raison des contraventions relevées par ces derniers [2], on doit noter le silence de certains préposés sur «les délits et contraventions commis sous leurs yeux [3]». Mais souvent ce mutisme venait de ce que les pillards trouvaient dans les conseils municipaux «des protections et des appuis qui les autorisaient clandestinement dans leurs déprédations [4]».

Il est indiscutable néanmoins que les gardes ne verbalisaient pas contre les délinquants surpris qui leur offraient une compensation en espèces ou en nature : et ce reproche s'applique aussi bien aux gardes domaniaux qu'aux communaux [5].

Aussi, les intendants, tout en tâchant de ne pas suivre les dénonciations portées contre les préposés, en exigeant des preuves, des témoignages à l'appui des plaintes, s'efforcent-ils de remédier au mal par un contrôle plus efficace, plus actif du service. Ils adressent aux gardes généraux et aux brigadiers des instructions dans ce sens; l'une d'elles, celle de l'intendant de Bonneville par exemple, peut en donner une idée [6]; elle est destinée au chef de cantonnement :

«L'indolence générale des gardes-forestiers..... me paraît avoir plus d'une cause. J'en verrais une des plus influentes dans le défaut absolu de surveillance de la part des employés supérieurs, surtout des brigadiers. La plupart ne font aucune tournée, ne visitent jamais leur triage et font de leur emploi une espèce de sinécure qui excite le mécontentement général. De là, ces actions qui se commettent de toutes parts par les gardes subalternes et qui m'ont donné jusqu'ici le regret de voir toutes les plaintes qui me sont parvenues à cet égard prouvées jusqu'à l'évidence. Il est temps de mettre un terme à de tels abus et de rappeler à des principes d'ordre et d'honnêteté des hommes qui devraient d'autant moins s'en écarter qu'ils sont préposés à faire respecter les lois.

«L'un des principaux moyens que je crois indispensable d'adopter, dès à présent, est d'obliger les brigadiers à des tournées périodiques dans les forêts des communes de leurs triages. Ils devront parcourir, au moins une fois par mois, chacune d'elles et, après cette visite, se rendre auprès du syndic de la commune, s'informer de lui

---

[1] Arch. H.-S., corr. I. Ay., 1818, n° 1103.

[2] Arch. Tse., corr. I., 1819, 3 mars, 4 et 28 juillet, 6 décembre.

[3] Arch. H.-S., corr. I. Fy., 1821, n°° 1058, 159.

[4] Arch. H.-S., corr. I. Fy., 1820, n° 743.

[5] Arch. Tse., corr. I., 1821, 17 mai, 7 août. Arch. H. S., corr. I. Ay. avec Min. Fin., 1821. n° 154.

[6] Arch. H.-S., corr. I. Fy. avec div., 1822, n° 2004; corr. I. Ay., 1820, n° 187.

comment le garde fait son service, les plaintes qui ont lieu sur son compte, etc., et vous faire du tout un rapport mensuel. Outre ce rapport, il devra vous transmettre également chaque mois une attestation de chacun des sindics de son triage constatant qu'il a réellement visité les forêts de la commune et s'est transporté auprès de lui, comme il est dit ci-dessus. Vous voudrez bien réunir et me transmettre dans le mois suivant ces attestations en me signalant les principaux abus qui ont eu lieu dans le service pendant le mois précédent.

« Il est indispensable que vous-même vous transportiez de temps en temps, et le plus fréquemment possible, dans les diverses communes de la province pour vérifier les rapports des brigadiers et vous assurer par vous-même de l'exactitude du service des gardes. Ce n'est que par un service de cette nature qu'on pourrait rappeler à sa première utilité une administration coûteuse pour les communes et dont je me verrais dans le cas de solliciter la suppression, si elle ne remplissait pas dorénavant, d'une manière satisfaisante, le but de son institution. »

On distingue déjà nettement l'importance du rôle joué par l'intendant, qu'il est bien le conservateur, le grand maître du service forestier. Ce fonctionnaire commande au garde général, il correspond directement avec les brigadiers, même par-dessus la tête du chef de cantonnement. On remarquera aussi que dans cette organisation il n'y a plus de place marquée pour l'inspecteur des forêts du duché : tout le personnel est dans la main de l'administrateur de la province. qui distribue les blâmes, les sanctions.

§ 5. ARMEMENT, ÉQUIPEMENT.

Sous l'Empire, les gardes des Eaux et Forêts étaient autorisés à porter un fusil simple (Circ. 31 juillet 1806); cet usage s'était maintenu à la Restauration. Mais un édit du 28 février 1817 ayant interdit, d'une manière générale, le port d'armes, les préposés forestiers durent s'y conformer. Le 2 juillet 1818, l'intendant de Genevois signala les inconvénients de cette mesure : « Aujourd'hui, les employés (forestiers) désarmés ne sont plus respectés, ni craints dans leurs tournées. Les dilapidations, que leur activité avait fait cesser, se renouvellent, et la partie haute et escarpée des forêts, où les gardes n'osent plus se transporter sans être en état de défense, devient la proie des dilapidateurs. »

Au même moment, le ministre de la police avait rendu, mais aux gardes royaux seulement, le droit d'avoir des armes : sa décision du 24 juin fut notifiée le 7 juillet 1818 [1].

Comme le domaine royal était des plus réduits, l'arrêté du 24 juin n'avait qu'une application des plus restreintes, et les 119,000 hectares de bois communaux demeuraient sans défense. Il fallut attendre le début de 1822 pour voir le Gouverneur général de la Savoie rendre à tous les gardes le droit d'avoir des armes; le permis de port d'armes était délivré à chacun d'eux par le commandant de la province, au vu d'un certificat du syndic attestant que le requérant était bien forestier [2].

Rien n'indique que les préposés forestiers fussent munis d'un uniforme.

[1] Arch. H.-S., corr. I. Ay, 1818, n° 755.
[2] Arch. H.-S., corr. I. K. avec divers, 1822, n° 125.

CHAPITRE IV.

LA GESTION FORESTIÈRE.

SECTION I.

Le Régime forestier.

L'application des lois antérieures à la Révolution par un personnel qui n'existait pas à ce moment en Savoie devait forcément entraîner quelques modifications. L'intervention de ce personnel embrigadé, organisé assez sommairement il est vrai, pour la délivrance, le martelage des bois, la fixation des cantons défensables, la détermination des surfaces forestières, etc., eut pour conséquence une extension considérable du régime forestier très rudimentaire créé par les Royales Constitutions de 1770.

Bien des communes supportaient impatiemment la gestion par une administration spéciale; beaucoup avaient, au lendemain même des annexions de 1814 et de 1815, réclamé la suppression des agents et préposés forestiers. Il y en eut encore, à la fin du règne de Victor-Emmanuel, qui considéraient comme illicite le maintien d'une organisation léguée par la France. Les intendants durent intervenir auprès des municipalités et rétorquer les arguments contenus dans les délibérations. Voici, à titre d'exemple, la réponse faite par l'intendant de Faucigny à diverses communes [1] :

« C'est avec une surprise que je vois le Conseil considérer l'administration forestière comme indûment établie et maintenue par l'autorité de ce Bureau au préjudice des dispositions du règlement du... janvier 1739, joint à l'édit de la péréquation.

« Le régime forestier a été maintenu dans ce duché, en 1814, par ordre exprès de S. Exc. l'Intendant général des finances, communiqué à mon prédécesseur par lettre de M. l'Intendant général du duché du 30 octobre 1814. Ce maintien a été plusieurs fois confirmé et notamment par M. l'Intendant général du duché, informant ce bureau des déterminations supérieures à cet égard par ses lettres des 30 avril 1817, 5 janvier 1818, 26 avril 1819, et par lettre de M. l'Intendant général des finances du 24 mars 1819.

« M. l'Intendant général du duché, en ordonnant par ses lettres que l'administration forestière fût provisoirement conservée, a fait connaître que l'autorité supérieure s'occupait d'un règlement sur cette matière, qui paraîtrait incessamment, et que même un inspecteur destiné à diriger cette administration existait déjà dans la capitale de ce duché et était rétribué par les royales finances. L'intention de l'autorité supérieure ne peut donc être plus clairement exprimée.

« S'il m'était permis d'interpréter les motifs qui ont pu dicter ces ordres, je croirais ne pas m'écarter de la vérité en les attribuant à l'insuffisance bien sentie des anciennes

[1] Arch. H.-S., corr. I. Fy. avec divers. 1821, n⁰ˢ 1361, 1404.

dispositions législatives et réglementaires sur cette matière. J'en appelle, Monsieur le Sindic, à votre bonne foi, et je vous demande si vous croyez sincèrement que dans les communes qui possèdent des forêts, leur visite, une fois l'an, par un membre du Conseil pourrait en prévenir, je ne dis pas seulement la dégradation, mais même l'entière destruction. Ces dispositions pouvaient être suffisantes dans des temps où une heureuse simplicité de mœurs et l'empire des usages retenaient chacun dans la ligne de l'honnêteté. Mais ces temps sont malheureusement changés, et l'oubli des devoirs demande de nouvelles garanties contre leur violation. Le mode que propose le Conseil de transformer un conseiller en un garde forestier salarié me paraît au-dessous de la dignité du Conseil. . . .

«L'établissement des gardes n'est point une innovation, consacré par le Règlement de Savoye de 1773 et les Royales Constitutions elles-mêmes en supposent l'existence. Si, pour obliger ces gardes à un service exact et pour prévenir des prévarications que le défaut de surveillance rendrait trop faciles, on leur a donné des supérieurs sous le nom de brigadiers, les communes n'ont en cela qu'une garantie de plus pour la conservation de leurs bois et je n'y vois rien d'oppressif pour les habitants.

«La transmission des procès-verbaux aux intendants comme conservateurs ne doit point être le sujet d'un grief contre les gardes; ils ne font que se conformer au paragraphe de l'ordonnance de M. l'Intendant général de ce duché du 29 février 1816, publiée dans toutes les communes. Cette disposition est encore confirmée par lettre de M. l'Intendant général de ce duché du 3 avril 1817. La conservation des bois et les justiciables eux-mêmes n'ont qu'à gagner à ce système qui n'a d'ailleurs rien de contraire à la loi, puisque le garde faisant l'office de dénonciateur, il lui est facultatif de porter sa délation à l'intendant (art. 6, livre 6, titre IX des Royales Constitutions). »

Mais à côté des communes qui repoussaient totalement le régime forestier, il en était d'autres, et pas les moins nombreuses, qui s'efforçaient d'en faire distraire la plus grande surface boisée possible. C'était, en somme, une continuation, une aggravation des révisions qui avaient été faites ensuite des arrêtés des préfets du Mont-Blanc et du Léman des 22 juillet 1807 et du 2 novembre 1811 [1]. Les intendants ordonnent de nouvelles reconnaissances du terrain par le garde général, le syndic et un conseiller des communes intéressées; toutes les demandes présentées invoquent les besoins de l'élevage du bétail.

Pour asseoir le régime forestier et sans doute pour fournir à Turin des éléments en vue de la préparation du futur règlement forestier toujours annoncé, l'intendant général du duché demanda aux intendants de province un état, commune par commune, des forêts communales [2]. Mais les renseignements fournis manquèrent de précision : ce furent des statistiques françaises de 1813 et même antérieures qui furent utilisées et, depuis cinq ans, les défrichements, les empiètements, les opérations de guerre avaient singulièrement modifié les contenances.

En somme, on ignorait la surface exacte des bois confiés à la gestion du service forestier.

[1] Arch. Tse., corr. I., 1818, 17 juin, 5 sept.   Arch. H.-S., corr. I. Ay., 1818, n° 621.
[2] Arch. H.-S., corr. I. K. avec Jgl., 1818, n° 20; 1819, n° 674; 1820, 19 fév.

SECTION II.

Délimitation et bornage.

Sous l'Empire, des géomètres-arpenteurs des Eaux et Forêts avaient été chargés de dresser un plan des forêts domaniales et de séparer dans les propriétés communales les parties qui devaient être considérées comme bois et celles qui allaient être abandonnées au libre usage des habitants et du bétail [1]. Quand les vacations de ces opérateurs furent soldées, ce qui exigea, suivant le cas, d'une à deux années, il ne fut plus guère question de déterminer, ni d'asseoir les limites du sol forestier, afin de prévenir les empiétements ou de fixer les surfaces soumises au régime forestier.

Il y eut pourtant des reconnaissances pour arrêter les lignes de démarcation entre les forêts et les pâturages communaux ; d'ordinaire, le brigadier forestier, avec quelques notables les plus imposés, partant des plus riches propriétaires, procédaient à la visite du terrain et indiquaient jusqu'où les troupeaux pouvaient s'avancer. Procès-verbal de l'opération était ensuite dressé. Un tel travail était exclusif de tout levé géométrique, n'offrant aucune sûreté pour l'avenir et même ne présentait aucune garantie pour l'instant même où il était exécuté. Que pouvait un brigadier que les intendants mettaient dans la dépendance des syndics, mal payé, quand il l'était, en face de gens intéressés à étendre le parcours le plus loin possible et à qui leur situation de fortune donnait une grosse influence [2]. Le procès-verbal, après avoir été soumis au Conseil municipal, était ensuite rendu exécutoire par une ordonnance de l'intendant.

Pourtant il y avait certains cas où délimitation et bornage réels devenaient nécessaires. Nombre de communes avaient des terrains, bois, pâtures ou rocs en indivision ; parfois aussi les mappes de deux communes voisines ne concordaient pas sur leurs confins ; ce dernier cas se présentait surtout quand ce n'était pas la même équipe d'arpenteurs qui avait opéré dans les communes. De là, des conflits entre les habitants qui aboutissaient fatalement à des procès, à des applications du cadastre sur le terrain ou à des opérations de levé toutes nouvelles [3].

Dans certains cas, l'objet du litige était infime, ridicule. Ainsi Celliers et Doucy se disputent une toise d'arcosse (6 m², 5 d'aune vert) [4] !

Il est donc légitime de dire que, pendant cette période intermédiaire, 1815-1821, rien n'a été fait pour fixer les limites du sol forestier.

SECTION III.

Aménagement.

Rien n'indique que les forêts aient été aménagées.

Toutefois, en Tarentaise, le quart des forêts communales continue à être mis en

---

[1] Arch. Tse., corr.. I., 1816, 12 juin.   Arch. H.-S., corr. I. Ch. avec I. Gl., 23 janv. 1817.
[2] Arch. Tse., Reg. ord. I., 25 juillet 1819.
[3] Arch. Tse., corr. I., 1816, 21 août; 1821, 6 fév., 18 mai; 1818, 22 décembre.
[4] Arch. Tse., corr. I., 1819, 4 juillet.

réserve. Ce n'est pas là une application *a posteriori* de l'ordonnance de 1669, mais bien l'exécution des dispositions de l'article 15 de l'Édit du 2 mai 1760 sur les forêts de cette province [1].

SECTION IV.

Coupes et exploitations.

§ 1. AFFOUAGE.

Chaque année, les communes propriétaires de forêts adressaient à l'intendant de la province une demande de coupe de bois d'affouage et, s'il y avait lieu, de bois de construction.

Dans les taillis, la délibération indiquait la surface à exploiter et le canton ; l'intendant communiquait l'affaire au garde général pour renseignements et avis et, ensuite, autorisait ou réduisait la coupe sollicitée [2].

Dans les futaies, la délibération désignait aussi le canton et le nombre d'arbres ou bien celui des toises de bois de feu [3]. L'affaire était instruite d'une façon identique, mais l'ordonnance d'autorisation de l'intendant spécifiait « qu'aucune plante ne pouvait être coupée qu'après l'indication et le martelage qui en auront été faits par le garde-forêts assisté du sindic ou d'un membre du Conseil spécialement députés à cet effet ». Mais le plus souvent c'est le brigadier et quelquefois le garde général que l'arrêté charge du martelage [4].

Dans son avis, le garde général pouvait proposer les mesures qui lui paraissaient propres à assurer la perpétuité de l'état boisé ou l'amélioration du peuplement ; ainsi, il n'est pas rare de voir dans les coupes de taillis l'intendant imposer « la réserve des sapins ».

Mais aucune règle ne semble présider à la fixation des coupes : dans certaines communes, peu nombreuses, on délivre les mêmes surfaces tous les ans, et ceci paraît normal, la population ne variant pas très rapidement et ayant des besoins à peu près identiques chaque année. Le plus souvent, la superficie des coupes oscille dans des proportions énormes. Quelques exemples, résumés dans le tableau ci-après, démontrent mieux que tout l'absence de tout aménagement.

COMMUNES.	1818.	1819.	1820.	1821.	1822.
	journaux.	journaux.	journaux.	journaux.	journaux.
Arith..............	30	30 + 100 sapins	350 + 216 sapins	150	150
Arvillard	"	40	14	20	"
Le Chatelard........	"	56	"	33	49
Entremont le-Vieux.....	"	20	6	100	"
Francin............	"	70	33	36	15
Saint-Jeoire..........	20	20	10	"	53

[1] Arch. Tse., corr. I., 1821, 18 sept.

[2] Arch. S., Fonds sarde, reg. 31 et 33, *passim*.

[3] Arch. Tse., ord. I., 1816, 18 sept.

[4] Arch. S., L 1764. — Arch. H.-S., corr. I. Fy. avec sindic. 1816, n° 113. — Arch. Tse., O. I. 19 juin 1819.

Il n'est pas rare de voir l'intendant réduire dans de sérieuses proportions les demandes des communes. Ainsi, en 1820, Chindrieux propose une coupe de 80 journaux et n'obtient que 50; Novalaise propose une coupe de 40 journaux et n'obtient que 20; Coise propose une coupe de 150 journaux et n'obtient que 40.

Quand une coupe n'était pas complètement exploitée à la fin d'une année, à ce qui en restait on ajoutait quelques journaux pour faire l'affouage de l'exercice suivant. Ainsi, les 20 journaux délivrés en 1819 à Entremont n'ayant pas été abattus, on a délivré 6 journaux supplémentaires pour 1820 : cela représentait une surface moyenne de 13 journaux par an. Il semblait donc logique de ne délivrer pour 1821 qu'une quinzaine de journaux au plus à la population. Au lieu de cela, l'intendant et l'inspecteur accordent 100 journaux!

Il est difficile d'imaginer plus de désordre et d'incohérence.

Les âges des coupes, toujours très bas, varient aussi dans de sérieuses proportions. En 1817, une coupe d'aunes est délivrée à Planaise sur l'emplacement de celle de 1812; elle a donc 5 ans. Ce sont des bois blancs, il est vrai; mais c'est pourtant trop jeune [1]. En 1818, à la Bauche, dans des bois de chêne, de hêtre et de charme, on demande une coupe du dixième de la forêt, ce qui suppose une révolution décennale.

Si on prend les communes où la coupe affouagère a toujours même étendue, on trouve des résultats peu différents : on voit qu'à Barby les taillis se seraient exploités à 6 ans, à Cruet à 11 ans, à Vérel Pragondran à 35 ans, Le Noyer 5 ans. Le chiffre obtenu pour Vérel Pragondran est certainement entaché d'erreur. D'après la consigne des bois de 1823, la presque totalité des peuplements situés sur cette commune est qualifiée de « mixte ». Il y avait donc des parties peuplées en sapin, comme on le voit encore aujourd'hui dans la forêt voisine de Mouxy, où les coupes d'affouage n'étaient vraisemblablement pas assises; ce sont ces surfaces enrésinées dont on ne connaît pas l'importance qui, dans le calcul, devaient être déduites de la superficie totale des forêts communales. Mais on peut retenir que les bois d'affouage s'exploitaient suivant les essences, l'exposition, le sol et l'altitude entre 5 et 12 ans.

§ 2. COUPES VENDUES.

Lorsqu'une commune désirait se procurer des ressources, la municipalité prenait une délibération pour demander une coupe : elle indiquait, comme pour l'affouage, le canton où devaient se faire les exploitations et le nombre d'arbres à abattre [2]. Mais au lieu de porter la quantité de plantes, le conseil mentionnait assez souvent la somme dont il avait besoin, laissant au garde général le soin de délimiter et d'estimer la coupe nécessaire [3].

De même que pour les coupes d'affouage, le chef de cantonnement était appelé à donner son avis sur la demande et ensuite l'intendant rendait son ordonnance. Comme, la plupart du temps, ces coupes ne portaient que sur des arbres de futaie, l'agent ou le brigadier étaient chargés du martelage. S'agissait-il de faire une coupe blanche, ce qui n'était pas rare même dans les sapinières, la municipalité devait proposer en

[1] Arch. S., Fonds sarde. Reg. 30.
[2] Arch. Tse., O. I., 1816, 14 juillet.
[3] Arch. H.-S., corr. I. Fy avec divers, 1818, n° 637.

outre à l'agrément de l'intendant « un expert géomètre pour dresser le plan de l'assiette de la coupe, dresser le cahier des charges et pour fixer la mise à prix qui servira de base, soit dans le cas que l'adjudication se fasse aux enchères comme il était de règle, soit pour celui où l'on procéderait à cette vente sans formalité d'enchères, en cas qu'il résultat évidemment que ce mode fût plus avantageux à la commune » [1].

L'intendant était donc libre d'autoriser les ventes de gré à gré. Cet emploi d'arpenteurs est sans doute un legs du service forestier français : mais la mission confiée à cet auxiliaire de dresser un cahier des charges, de faire l'estimation de la coupe est une innovation qui diminuait encore le rôle déjà si restreint du garde général. L'agent forestier n'avait donc plus que l'estimation des coupes martelées et la rédaction de ce que l'on appellerait aujourd'hui les clauses spéciales [2], pour ces coupes. Et encore, pour établir ce cahier particulier qui devait être approuvé par l'intendant, fallait-il que l'agent s'entendît avec la municipalité intéressée [3].

Chablis. — Le plus souvent, les chablis sont vendus au profit de la caisse communale et aux enchères publiques. Il faut croire que l'exploitation et l'enlèvement de ces chablis n'étaient pas ordinairement soumis à des délais fixés par les clauses et conditions spéciales, car il en résultait des abus : « il arrive assez fréquemment, signale l'intendant de Bonneville, que les acquéreurs, prétextant de ces sortes de ventes pendant l'exploitation de celles qu'ils ont achetées, en abattent et prennent un plus grand nombre que celles qui leur appartiennent et traînent ainsi en longueur la durée de cette exploitation ». De tels errements supposent à la fois l'absence du martelage et du contrôle de la coupe. En Tarentaise, l'intendant avait toujours soin de spécifier qu'avant la mise en adjudication les arbres renversés seraient martelés par le garde qui dresserait procès-verbal de cette opération [4].

Taxes. — Quand la forêt n'était ni assez vaste, ni assez riche pour fournir à la fois des coupes à vendre et l'affouage des habitants et que la nécessité de se procurer de l'argent se faisait sentir, la municipalité décidait alors d'imposer à chaque affouagiste une taxe, d'ordinaire peu élevée, en échange de son lot de bois. Dans les futaies, la redevance est fixée par pied d'arbre. En 1819, à Passy [5], elle était de o fr. 25 ; la coupe portant sur 1.719 sapins ou épicéas, la commune retirait donc 429 fr. 75.

§ 3. Les délivrances d'urgence.

La procédure, ordinairement suivie pour la délivrance de bois dits d'urgence, variait un peu suivant les provinces. Elle comprenait essentiellement : 1° une demande dans laquelle le pétitionnaire exposait les travaux qu'il projetait, réparations, réfection d'un immeuble endommagé par l'incendie, l'avalanche ; le plus souvent avec l'indication du nombre d'arbres nécessaire, se trouvait la désignation du canton de forêt où devait se faire la coupe ;

[1] Arch. Tse., corr. I. avec synd., 27 mai, 18 juin.
[2] Arch. Tse., O. I., 18 juin 1819.
[3] Arch. Tse., O. I., 21 juin 1819.
[4] Arch. Tse., O. I., 31 août 1820. — Arch. H.-S., corr. I. Fy avec divers, 1817, n° 657.
[5] Arch. H.-S., corr. I. Fy avec divers, 1819, n°s 1377, 1397.

2° La requête adressée à l'intendant était par lui transmise à la commune pour avoir l'avis, soit du syndic, soit du conseil, sur la réalité des besoins et l'opportunité de la délivrance;

3° Le garde général était également invité à donner son opinion et à indiquer les précautions à prendre, l'emplacement où on pourrait trouver les bois;

4° L'intendant accordait la coupe et notifiait son arrêté au garde général qui l'enregistrait et le transmettait enfin à l'intéressé.

Toutefois, il ne semble pas qu'un martelage ait toujours précédé l'abatage que le requérant faisait lui-même, après avoir choisi les arbres à sa convenance.

Mais, malgré toutes ces formalités, les coupes d'urgence donnaient lieu aux abus les plus grands. Comme les demandes se produisaient constamment, même quand il n'y avait pas de sinistre à réparer, le personnel forestier était constamment dérangé : cet inconvénient devint même si sérieux que l'intendant de Faucigny fit une circulaire spéciale, le 10 juin 1820, pour y remédier. Sauf en cas de force majeure, toutes les demandes de bois à prendre dans les forêts communales pour réparations de bâtiments devaient être jointes par le conseil à la délibération sur l'affouage [1].

Bien souvent les concessionnaires utilisaient des bois qui leur étaient accordés pour un tout autre usage que celui qui avait été prévu; parfois même ils abandonnaient les troncs après les avoir exploitées et les laissaient pourrir sur place [2]. D'autres, en sollicitant plus de bois qu'il n'était nécessaire, vendaient l'excédent et, avec l'argent ainsi réalisé, payaient au moins une partie de la main-d'œuvre de leurs travaux [3].

Enfin, ce qui montre bien le peu d'efficacité de la procédure, c'est que des particuliers demandèrent et obtinrent de prendre des arbres, avec avis favorable de la municipalité et de l'agent forestier, dans des cantons frappés de bannissement ou mis en réserve [4].

À côté de ces délivrances régulières, il n'était d'ailleurs pas rare de voir les syndics accorder de leur propre autorité des coupes de bois d'urgence à certains de leurs administrés. Les gardes payés sur le budget des communes et à la merci des syndics se gardaient bien de verbaliser [5]. Pour quelques autorisations illicites qui parvenaient à la connaissance des intendants par délation ou autrement, combien demeuraient ignorées ?

Lorsque survenait quelque sinistre, anéantissant parfois tout un village, c'étaient des cantons entiers de forêt qui fournissaient le bois nécessaire à la reconstruction.

Ainsi en 1819, le hameau de Montfort de la commune de Saint-Marcel ayant été incendié le 16 mars, la municipalité demande une première coupe de 600 arbres, au mois d'avril : l'intendant n'en accorde que 400; au mois de mai, un rapport d'expert estime qu'il faut encore 1 134 grosses plantes, 658 petites et 64 sommiers [6]. L'affaire alla jusqu'à Turin qui approuva la délibération, mais interdit de couvrir en chaume les nouveaux bâtiments.

[1] Arch. H.-S., corr. I. Fy. avec divers, 1820, n° 520.

[2] Arch. Tse., corr. I., 25 nov. 1817, 25 juillet 1819.

[3] Arch. S., L 1764. — Arch. Tse., corr. I., 4 janv. 1815.

[4] Arch. Tse., corr. I., 29, 30 juillet 1819.

[5] Arch. Tse., corr. I., 20 mai 1816, 12 août 1818. — Arch. S., L 1763.

[6] Arch. Tse., corr. I., 27 avril, 4 mai, 27 juillet 1819.

En 1814, pour quelques maisons incendiées, la forêt communale livre 720 sapins[1].

D'ordinaire les bois d'urgence étaient délivrés gratuitement, mais quand il ne s'agissait que d'exécuter de simples travaux de réparation ou d'entretien, il arrivait que l'intendant imposait une taxe au bénéficiaire, surtout quand le budget communal se trouvait en déficit[2].

En cas de délivrance de grande importance, l'intendant prescrivait au garde général de faire le martelage des bois:

§ 4. IMPORTANCE ET VALEUR DES COUPES.

Il n'y a plus, comme sous le régime français, d'adjudications générales avec un cahier des charges établi par l'administration. Dans chaque province, l'intendant autorise à des époques variables les mises en vente des coupes demandées par les communes : il n'y a, on l'a vu, aucune uniformité, ni dans la date des ventes, ni dans le mode de vente. On ne trouve plus d'état récapitulatif du produit des coupes de bois.

Ce n'est que par des documents isolés qu'on peut savoir le prix des bois, en certaines localités, sans avoir une vue d'ensemble soit sur les cours, soit sur les quantités de bois.

Ainsi en 1819 la commune de Saint-Marcel vend 300 toises de bois, aux Salines de Moutiers, de gré à gré, au prix de 2,500 livres nouvelles. La toise des salines étant de 7 st. 204, c'était donc 2,161 st. 2 payés à raison de 1 fr. 1567 l'un[3].

SECTION V.

Affectations spéciales des bois.

§ 1. LES SALINES.

La saline de Conflans ayant disparu sous l'Empire, il ne restait donc que celle de Moutiers. Le règlement sur les bois de Tarentaise contenu dans l'édit du 2 mai 1760 avait été reconnu applicable depuis 1814 par l'édit du 28 octobre de cette même année et par diverses décisions, et notamment par l'avis de l'avocat fiscal général près le Sénat de Savoie, en date du 12 juin 1819[4].

Mais la Restauration ne revint pas cependant à la réserve, qui existait en 1792, de certains cantons des forêts communales pour le service des salines. Pourtant, en 1818, il fut question de reprendre des errements de l'ancien régime. Douze communes parmi lesquelles Le Bois, Saint-Marcel, Notre-Dame-du-Pré, Hautecour furent notées comme ayant des forêts suffisantes pour fournir à la fois aux habitants des bois d'affouage et de construction et aux salines le bois de feu annuellement nécessaire. L'intendant de Tarentaise affirmait «que les 12 communes... pourraient aisément seules fournir 250 toises environ aux Salines et ce, continuellement, moyennant les

[1] Arch. Tse., corr. I., 6 juin 1820, 4 mars 1820.
[2] Arch. Tse., Comm. subs. Moutiers, 29 oct. 1814.
[3] Arch. Tse., O. I., 21 juin 1819.
[4] Arch. Tse., corr. extér. I., 25 nov. 1819.

seuls soins que l'on employait alors pour la conservation et reproduction.» Il ajoutait cependant que la reconnaissance des massifs exigerait plusieurs mois et que «plusieurs forêts très élevées et assez éloignées ne sont praticables que pendant quelques jours de l'année [1]».

Mais aucune suite ne fut donnée à ce projet et, comme sous l'Empire, les salines achetèrent les bois dont elles avaient besoin soit dans les adjudications publiques, soit plus fréquemment peut-être, par des ventes de gré à gré.

En 1820, on tenta d'exploiter le roc salé d'Arbonne à Bourg-Saint-Maurice et la direction de l'entreprise fut confiée au directeur de la minière de Peisey, Rosemberg. Cet essai n'eut pas de lendemain; le déboisement total du bassin de l'Arbonne, obligeant à remonter le combustible par des chemins qui n'étaient guère praticables qu'aux mulets, amenait des frais de transport si onéreux qu'une extraction industrielle du sel était fatalement impossible.

§ 2. LES MINES ET LES USINES.

Minière de Peisey. — La minière de Peisey ne vit pas davantage que les royales salines restaurer le privilège dont elle jouissait avant la Révolution sur les Forêts communales de la haute Tarentaise. Dans les premiers temps de la Restauration, les approvisionnements en bois furent assurés par l'exécution des marchés conclus sous le régime français.

Ainsi, en 1815, les communes de Bellentre et de Hauteville-Gondon livrèrent respectivement 600 et 400 stères de bois, à valoir sur la quantité vendue après approbation du Préfet du Mont-Blanc du 21 mai 1813. A ce moment, le prix du stère rendu sur le carreau de la mine était de 8 francs [2].

Bientôt le bois se raréfie et, en 1816, on suspend à Peisey les coulées pour les faire exécuter à Conflans, afin de profiter des bois des vallées de l'Arly et de Beaufort. Mais cette opération ne fut pas avantageuse, les frais de transport du minerai de Peisey ayant absorbé le bénéfice produit par le moindre prix des bois. Aussi par lettre du 10 août 1816, le Ministre des Finances décida-t-il de ne traiter, à Conflans, que les minerais provenant de Macot, ceux de Peisey devant être fondus sur place avec ce qui restait de bois dans les forêts communales du voisinage. De son côté, l'intendant s'engage à faire son possible pour procurer le combustible de manière à réaliser les espérances du ministre qui voudrait avoir par an 100 toises à raison de 50 francs l'une [3], soit 6 liv. 95 le stère.

Ce ne fut que le 7 juin 1818 que le garde général Gabet reçut l'ordre de vérifier «si les forêts de Villaroger, Bourg-Saint-Maurice, Hauteville-Gondon, Landry, Peisey, Bellentre, Macot, Aime et Longefoy permettraient, sans préjudicier aux intérêts du gouvernement ni aux besoins des communes elles-mêmes, de faire quelques coupes de bois pour l'usage des royales mines de Peisey... » [4].

D'après les renseignements fournis, dans toutes ces forêts, celle de Hauteville-Gondon exceptée, on ne trouve que 155 toises = 1,116 st. 6 disponibles. Sur une

[1] Arch. Tse., O. l., 12 oct. 1818.
[2] Arch. Tse., Comm. adm., 25 juin 1815.
[3] Arch. Tse., corr. l., 15 août 1816.
[4] Arch. Tse., corr. l., 7 juin 1818, 24 déc. 1818.

surface d'environ 3.450 hectares c'était peu. En 1819, la mine commença à réaliser ces maigres ressources en achetant 30 toises à Villaroger : on est loin des 13,308 stères consommés en 1770 !

Usines métallurgiques. — Il existait au hameau du Villaret, sur le territoire de Faverges, un haut fourneau appartenant au comte de Villette, où l'on traitait le minerai de fer venant de Cuvat, de Saint-Jorioz ou de Saint-Georges-d'Hurtières. Cette usine fonctionnait 3 mois par an, en donnant par jour de 30 à 36 quintaux de gueuse. Cette fonte travaillée dans les forges de Crans et du Villaret rendait 400 quintaux de fer par mois.

Le comte de Villette conclut avec les communes de Gyez, Doussard, Lathuile et Chevaline un contrat pour l'exploitation des forêts qui leur appartenaient. La vente était faite sans concurrence ni enchères, au prix fixé par le service forestier et des experts choisis par les parties. «La coupe devait être faite par forme d'aménagement et annuellement, dans un laps de temps de 20 à 26 ans pour les bois champêtres et, pour les sapins, dans un terme de 30 à 33 ans [1]. »

En 1821, les manufacturiers du Genevois se plaignirent au Ministre des Finances de l'exploitation qui se faisait des bois et charbons de la province et qui menaçait leurs usines d'être privées du combustible nécessaire [2].

Verreries. — La verrerie de Thorens et celle d'Allex, établies toutes deux dans la région occidentale du massif des Bornes, épuisaient toutes les forêts d'alentour. Pour parer à la disette du combustible, en 1821, les verriers d'Allex demandèrent à scinder leur établissement. A Allex, on ne devait plus fabriquer que du verre noir avec la houille d'Entrevernes; le four à verre blanc serait installé dans la province très forestière du Chablais. L'intendant du Genevois appuya cette proposition et, cette même année, l'autorisation de créer une verrerie en Chablais fut accordée avec privilège exclusif pendant 50 ans de fabriquer concurremment avec l'usine de Thorens : il ne semble pas qu'il ait été fait usage de la permission [3].

On le voit, partout où il y a des industries à feu, le bois devenait d'une rareté extrême, les forêts étaient ruinées et, pour assurer le roulement de leurs établissements, maîtres de forge ou maîtres verriers étaient obligés de louer, en somme, des forêts entières qu'ils exploitaient par coupes annuelles pendant un quart ou un tiers de siècle. C'était, en somme, le retour par voie contractuelle aux affectations spéciales de forêts qui, avant la Révolution, résultaient d'un acte de l'autorité.

§ 3. Hospice du Mont-Cenis.

L'ouverture de la route du Mont-Cenis avait augmenté l'intensité de la circulation entre la France, la Savoie et l'Italie : l'hospice installé sur le Col rendait trop de services pendant la mauvaise saison pour être abandonné, une fois que son restaurateur Napoléon Ier fut détrôné.

[1] Arch. H.-S., corr. l. Ay. avec Min., 1820, n° 120; 1821, n° 126.
[2] Arch. H.-S., corr. l. Ay. avec Min. des Fin., 1821, n° 207.
[3] P. Mougin, *Les torrents de la Savoie*, p. 160.

En 1816, pourtant, on n'avait accordé à cet établissement, à titre d'affouage, que quatre arbres à prendre dans les forêts de Lans-le-Bourg. Le supérieur protesta et demanda que «pour épargner les forêts propres aux deux communes de Lans-le-Bourg et du Mont-Cenis, l'hospice pourrait être autorisé de prendre une partie de son affouage sur les hautes forêts de Bramans et de Lans-le-Villard comme aboutissant au Mont-Cenis et comme cela s'était déjà pratiqué».

Satisfaction dut être donnée.

§ 4. BOIS BANNIS.

La plupart des massifs dont le maintien importait à la sécurité des agglomérations ou des voies de communication étaient, depuis longtemps, placés hors des exploitations; mais, à la Restauration, un certain nombre de communes jugèrent bon de faire confirmer les bans anciens. Le titre nouvel remplaçait alors la décision antérieure, égarée, perdue ou périmée. C'est l'intendant qui prononçait le renouvellement. Un exemple montrera bien la procédure ordinairement suivie [1].

«Vu la requête qui nous a été présentée par le sieur Jean Billat, l'un des conseillers de la commune de Naves, résidant au hameau de Fontaine, chef-lieu de la dite commune, tendante à obtenir le renouvellement du bannissement de la forêt dite de Lépenay de la dite commune, prononcé déjà le 7 août 1685, ainsi que l'annonce une procuration passée le 21 janvier 1750 devant M. Vauthier, notaire, par les habitants et communes du quartier de Fontaine;

«Vu le rapport du sieur garde général forestier, du 29 décembre dernier, duquel il résulte que la dite forêt est effectivement située au-dessus du hameau de Fontaine et de l'église paroissiale, dans une pente très rude d'où les éboulements et les avalanches menacent l'existence du village et de l'église;

«Vu la procuration sus citée du 21 janvier 1750, de laquelle il résulte que, déjà alors, les communiers du dit hameau avaient établi 2 procureurs désintéressés qui s'étaient chargés de surveiller, en vue du bien public, la conservation de cette forêt, en remettant en vigueur les bans de 1685, afin de se garantir des dangers dont ils étaient menacés;

«Vu l'observation du sieur garde général qu'il est d'avis que la demande soit accordée, avec d'autant plus de raisons que la commune de Naves possède une assez grande quantité d'autres forêts pour fournir aux besoins de ses habitants et où les coupes nécessaires peuvent être accordées;

«Nous, vice-intendant de Tarentaise, soussigné, ordonnons avant tout que la dite requête et prière sus narrées ainsi que notre présente seront, à la diligence des sindics et conseil de la dite commune, lues et publiées, pendant 3 jours de fête consécutifs, à l'issue des offices divins et au plus grand concours du peuple, et que les dits sindics et conseil nous ferons résulter de cette publication par un certificat en forme et qu'ils prendront ensuite, sous leur responsabilité particulière tous les autres moyens les plus propres à l'effet que la dite forêt soit tenue et conservée comme forêt bannie.»

[1] Arch. Tse., O. I., 4 janv. 1820.

SECTION VI.

Droits d'usage et pâturage.

---

§ 1. Droits d'usage.

Ce n'est guère que dans les forêts domaniales et dans celles des émigrés que s'exercent encore les droits d'usage. On trouve l'historique de ces droits et de leur évolution jusqu'en 1860 dans les monographies des principales forêts léguées par la France à Victor-Emmanuel Ier (voir ci-dessus, chap. II. Section II).

Il n'apparaît pas que de nouvelles servitudes aient été créées pendant la période 1815-1822.

§ 2. Pâturage.

Sous l'Empire, la question du pâturage avait amené les préfets du Mont-Blanc et du Léman à ordonner une révision du régime forestier, de manière à délimiter nettement les parties plus ou moins boisées où le bétail pourrait circuler librement. Dès l'invasion, les commissions subsidiaires se montrèrent très larges et autorisèrent le parcours en forêt à peu près partout où il fut réclamé. Un peu plus tard, les communes essayèrent de faire réviser le travail entrepris sous le régime français et de faire « abandonner au parcours la partie des communaux produisant des bois non susceptibles d'accroissement [1] ».

Mais les intendants s'en tinrent généralement aux résultats des opérations antérieures et il leur fallut, en outre, lutter contre les abus pastoraux de tous genres qui se commettaient en forêt. Dans des régions où les forêts avaient été assez respectées, comme le Chablais, on vit les particuliers introduire des chèvres dans des taillis où elles n'avaient jamais été admises [2].

En Faucigny, on se plaint partout des ravages des chèvres et l'intendant écrit aux syndics et aux brigadiers de stimuler le zèle des gardes et de faire verbaliser [3]. Dans certaines localités, le syndic était le premier à envoyer ses troupeaux de bêtes ovines et caprines dans les bois communaux.

La province de Savoie propre voyait aussi les chèvres se multiplier et, chose curieuse, l'intendant général exhuma des arrêtés du Préfet du Mont-Blanc fixant dans certaines communes le nombre maximum de ces animaux que pouvaient posséder les propriétaires. En rendant vigueur à ces arrêtés, l'intendant général impartit un délai de quinzaine aux habitants qui avaient plus que le nombre réglementaire de chèvres pour se défaire du surplus, sous peine d'« une amende de 3 fr. 60 pour chaque chèvre, indépendamment de la confiscation au profit de la commune, à teneur du § 17 chap. VI du Règlement de Savoie ». C'est toujours l'amalgame du droit ancien et du droit nouveau.

---

[1] Arch. H.-S., corr. I. Av. avec I. GL., 1818, n° 679.
[2] Arch. H.-S., corr. I. Ch. avec sind., 1816, n° 2.
[3] Arch. H.-S., corr. I. Fy. avec divers, 1816, n° 294; 1818, n° 334.

«Nul habitant ne pouvait faire pâturer ses chèvres ailleurs que dans les cantonnements déterminés par l'administration forestière, de concert avec le sindic de la commune.»

Ainsi donc, ce que l'ordonnance française de 1669, confirmée d'une façon toute spéciale par le décret du 17 nivôse an XIII, interdisait d'une manière absolument formelle demeurait permis [1], licite; mais on y mettait les formes.

La commune de Méry, par exemple, qui avait obtenu, le 31 mai 1819, l'autorisation d'introduire des bêtes aumailles dans ces taillis, voulut y mettre aussi des moutons. Sur avis contraire de l'inspecteur forestier et au vu de l'article 15, livre VI, titre IX des Royales Constitutions, l'intendant refusa [2]. Mais dès qu'il existait quelque droit d'usage au bois, l'usager, commune ou particulier, protestait dès qu'il s'agissait d'ouvrir au pacage un canton peu ou pas défensable [3].

En Tarentaise on remit en vigueur les dispositions de l'article 2 du règlement forestier du 2 mai 1760 et les chèvres purent librement pâturer en forêt [4].

En somme, ce qu'il faut retenir, c'est que la Restauration sarde a abandonné la forêt aux chèvres, aux moutons, la condamnant ainsi à la ruine progressive.

SECTION VII.

Le commerce des bois.

§ 1. COMMERCE EXTÉRIEUR.

La remise en vigueur des Royales Constitutions eut pour conséquence l'interdiction d'exporter des bois. L'article 23 du livre VI, titre IX, prohibait «la sortie de quelque espèce de bois que ce soit». Pourtant, dans les premiers mois qui suivirent la cession de la Savoie, en application du traité de Paris du 30 mai 1814, les commissions d'administration autorisèrent l'exécution des marchés passés antérieurement avec des marchands de bois domiciliés en France.

On vit cependant l'ancien brigadier Geydet, nommé garde général à Saint-Pierre-d'Albigny, pour témoigner sans doute de ses sentiments ultra-royalistes, vouloir faire du zèle, saisir et arrêter des trains de bois descendant l'Isère, malgré la permission de flottage accordée. Il fallut que la commission subsidiaire de Montmélian menaçât le nouvel agent de destitution pour que le radeau pût continuer sa route [5].

Quand les nouveaux intendants vinrent s'installer, le comte Caccia, placé à la tête du duché, déclara, par lettre du 4 novembre 1814, que «l'exportation des bois qui ont reçu une main-d'œuvre quelconque était permise». Le 4 février 1815, une taxe fut frappée sur les bois et charbons transportés hors des États.

Mais bientôt on fit respecter l'interdiction d'exporter les bois bruts; Genève, privée de ses bois de feu et de construction, fit entendre des protestations véhémentes. Son

[1] Arch. S., Fonds sarde, Reg. 33, 15 févr. 1821.
[2] Arch. S., Fonds sarde, Reg. 33, 31 mai 1820.
[3] Arch. S., Fonds sarde, Reg. 30, 23 sept. 1817.
[4] Arch. Tse, corr. I. externe, 1824, 22 mai.
[5] Arch. S., L, 1764.

gouvernement représenta que la taxe imposée constituait, en somme, une mainlevée des prohibitions contenues dans les Royales Constitutions. L'intendant de Carouge céda et autorisa «momentanément l'exportation des bois et charbons pour l'approvisionnement de Genève» [1]. L'intendant général, par lettre du 8 mai 1815, accorda définitivement l'exportation.

Le traité du 16 mars 1816, entre la République de Genève et le royaume de Sardaigne, comprit dans son article 4 les bois et charbons dans les produits dont le transport à Genève était permis.

Le commerce des bois avec cette importante cité était loin d'être négligeable : ainsi pour la province de Faucigny, plus éloignée pourtant que celle de Carouge, l'intendant de Bonneville évaluait, en 1817, «à 200,000 livres nouvelles le produit de l'exportation sur Genève des charbons seulement. Qu'on y ajoute, continuait-il, celui des bois de chauffage et de construction, des planches, liteaux, etc., et on se persuade que cette branche de ressources vaut la peine d'être soignée» [2].

Cependant le gouvernement sarde avait le moyen de restreindre la fuite des bois d'œuvre ou d'industrie, puisqu'il dépendait de lui d'autoriser ou non la coupe des arbres de futaie (art. 12, liv. VI, titre IX. RC). En 1818, il interdit à nouveau toute exportation : le service des douanes reconnaissait que cette mesure, utile pour le Genevois où se trouvaient des verreries et usines qui consommaient beaucoup de bois, était préjudiciable au Chablais et au Faucigny. De Bonneville, l'intendant signalait à l'intendant général que «les divers genres de prohibition pour transportation qui existaient depuis quelque temps avaient déjà sensiblement diminué l'espèce d'aisance qu'on remarquait précédemment dans la vallée et que le numéraire devenait de plus en plus rare» [3].

Aussi la direction des douanes estimait-elle qu'il suffirait, pour accorder ces différents intérêts, d'indiquer les bureaux par où la sortie des bois serait permise».

Malgré ces avis, le principe de l'interdiction fut maintenu pour certaines marchandises et quiconque voulait exporter devait se munir d'une autorisation spéciale que délivrait le ministre de l'Intérieur. Les résultats de cette fermeture des frontières furent déplorables; rien que des écorces produites en Faucigny, les 5/6, au moins, ont été brûlés ou perdus, «faute de débit dans les tanneries de l'intérieur où il s'emploie fort peu de celles de chêne, parce qu'on y prépare rarement de gros cuirs et que, pour les petits, on se sert de l'écorce de sapin beaucoup moins chère et extrèmement abondante» [4].

Il faut croire que Turin ne fut pas encore satisfait par ces pertes, car, par lettre du 19 novembre 1821, le Ministre de l'Intérieur ordonna que «la sortie des États de S. M. des bois à brûler et des charbons fut immédiatement prohibée», et que l'article 23, livre VI, titre IX des Royales Constitutions fut strictement appliqué [5].

Cette décision est publiée le 22 novembre par une circulaire des intendants. «Malgré cette défense, les exportations redoublent d'activité et les bureaux des douanes qui bordent le canton de Genève n'y mettent aucun obstacle». Cette désobéissance invoque

[1] Arch. H.-S. corr. I. K. avec I. Gl., 1815, n° 373.
[2] Arch. H.-S. corr. I. Fy. avec I. Gl., 1817, n°° 241, 409; avec divers, 1817, n° 816.
[3] Arch. H.-S. corr. I. Fy. avec I. Gl., 1819, n° 743; corr. I. Ay. avec I. Gl., 1818.
[4] Arch. H.-S. corr. I. Fy. avec Min. Int., 1819, n° 4.
[5] Arch. H.-S. corr. I. Fy. avec divers, 1821, n° 1616; avec Min. Int., 1821, n°° 87, 88.

« une note adressée   a Royale secrétaireriè d'État pour les affaires étrangères au
général des finances », le 22 avril 1816, comprenant les produits ligneux parmi les
objets dont le transport à Genève était permis en vertu du traité du 16 mars précédent.

Le gouvernement recula et le 31 décembre 1821 le roi approuva la décision suivante
prise par le Ministre de l'Intérieur :

1° Les particuliers qui avaient des bois ou charbons préparés pour l'exportation au
moment où elle a été interdite pourront exporter ledit combustible en obtenant du
bureau de l'intendant le permis nécessaire ;

2° Les propriétaires qui, par suite du traité avec la Suisse, se trouvent résider sur
la partie cédée et conservent néanmoins des propriétés dans cette province pourront
en exporter le bois qu'ils y exploitent annuellement, également avec la permission du
même bureau ;

3° La défense relative à la sortie des combustibles, nécessitée par leur rareté
actuelle n'est point absolue, en ce sens que quiconque à l'avenir croira avoir des
motifs suffisants pour obtenir le permis d'exportation pourra recourir de la mánière
indiquée par les Royales Constitutions » [1].

Ces mesures s'appliquaient aux provinces de Carouge et de Faucigny. En même
temps, les intendants invitaient les gardes généraux à faire surveiller exactement
l'exploitation des coupes et notamment l'établissement de charbonnières [2].

Aussitôt les intendants furent assaillis de demandes d'exportation : celui de Bonneville, en un mois, n'en reçut pas moins de 45. Ce fonctionnaire avait exigé que chaque
requête « fut appuyée d'une attestation de l'autorité locale constatant que le combustible dont on demandait la sortie était réellement préparé avant la défense. Mais il n'a
pas tardé à s'apercevoir que, presque partout, ces attestations ont été des actes de
complaisance qui n'ont été précédées d'aucune vérification propre à en garantir la
vérité ». Il ajoutait qu'un dénombrement était à peu près impossible, que le tenter
coûterait fort cher et qu'« il faudrait nécessairement envoyer pour y procéder des personnes plus sûres que les gardes forestiers. La diminution du prix des combustibles
dans la province, et son augmentation à Genève où on demande à les conduire, fait
qu'il y a un bénéfice très considérable dans les exportations et que ceux qui veulent en
obtenir le permis ne négligent aucun moyen de corruption pour que la quantité soit la
plus considérable possible » [3].

Le pauvre intendant n'était pas au bout de ses constatations ; il découvre d'abord
que ceux qui sollicitent des autorisations d'exportation « ne sont point des propriétaires
de forêts, pressés de tirer parti de leurs propriétés, qui ont recours à ce moyen, faute
d'acheteur dans le pays, mais presque tous des spéculateurs qui trafiquent de leurs
permis ou en profitent pour exporter le charbon qu'ils emplettent de toutes parts ».

Ensuite, il s'aperçut que les marchands n'attendaient pas sa décision sur leurs
demandes d'exportation et qu'ils voituraient leurs charbons en Suisse, malgré les
douaniers [4] ! Le gain à réaliser était trop considérable : à vouloir retenir dans le pays

[1] Arch. H.-S., corr. I. Fy. avec divers, 1822, n° 1735.
[2] Arch. H.-S., corr. I. K. avec divers, 1821, n° 760.
[3] Arch. H.-S., corr. I. Fy. avec Min. Int., 1822, n° 106.
[4] Arch. H.-S., corr. I. Fy. avec Min. Int., 1823, n°° 181, 183, 185, 187, 188, 191, 193, 197, 198.

des produits qui y abondaient, le gouvernement sarde en avait avili les cours alors que, dans une importante cité comme Genève, qui consommait chaque année ces grandes quantités de bois et de charbon, la suppression des arrivages faisait naturellement monter les prix dans des proportions énormes. La corde de bois qui valait de 18 à 20 francs était montée à 33. La prime l'emportait sur les risques.

§ 2. LE COMMERCE INTÉRIEUR.

Le commerce des bois à l'intérieur du duché était assez restreint et aboutissait à l'alimentation des salines, des usines métallurgiques et verreries. Et la nécessité de s'assurer d'avance les quantités de combustible nécessaires au roulement amenait les directeurs ou les propriétaires de ces établissements à acheter tout le matériel d'une forêt pour l'exploiter ensuite dans une série d'années plus ou moins longue.

A côté de ces ventes sur pied, on ne peut guère citer que les marchés des villes comme Chambéry, Annecy, n'ayant que peu ou pas de forêt, donc point d'affouage. Forcément c'était des forêts les plus voisines que venaient les bois de feu et de construction et le charbon nécessaires à ces agglomérations.

SECTION VIII.

La politique forestière.

La Restauration sarde avait pris pour principe la suppression de toutes les institutions établies par la France révolutionnaire et impériale : mais sur les représentations de l'intendant général de Chambéry, elle ne tarda pas à comprendre l'énormité de la faute qu'eût été l'abandon du contrôle et de la gestion par l'État des forêts publiques. De là, ces fluctuations, ces essais d'accommodation de la vieille législation d'avant 1792 avec l'existence d'une administration qu'elle n'avait pas prévue, en attendant qu'une réglementation spéciale aux forêts du royaume de Sardaigne fût élaborée et promulguée.

Quant aux agents forestiers, leur isolement, l'absence d'une hiérarchie, leur assujettissement aux intendants de province les empêchaient d'avoir une unité de vues pourtant bien nécessaire dans leurs fonctions.

Mais, en même temps, on voit les municipalités, pour se procurer des ressources, demander fréquemment à partager les communaux, même les forêts, ou bien les louer en bloc pour un temps plus ou moins long. Elles font valoir, et les intendants accueillent volontiers cet argument, que ces acensements sont «un des meilleurs moyens et des plus urgents à prendre pour parer aux dilapidations qui se commettent dans ces forêts». En amodiant ainsi leurs bois, les communes non seulement voient un revenu annuel assuré, mais aussi la possibilité de s'exonérer des frais de garde et de gestion. Mais, dans la période 1815-1821, le personnel forestier, encore tout imprégné des idées françaises, ne se prête pas à ces combinaisons et fait remarquer, non sans raison, qu'elles n'aboutiraient qu'au défrichement [1]. Il arrivait d'ailleurs que les locataires se refusaient à payer le prix du bail, en arguant de l'irrégularité des contrats.

[1] Arch. H.-S., corr. I. Fv. avec divers, 1815, n°ˢ 307, 308; corr. I. Ay. avec divers, 1817, n° 234; corr. I. K. avec divers, 1821, n° 12. Arch. S., Fonds sarde, Reg. 33, 3 août 1820.

CHAPITRE V.

POLICE ET CONSERVATION DES BOIS, DÉLITS.

SECTION I.

Des délits forestiers.

§ 1. MULTIPLICITÉ DES DÉLITS.

Le pillage des forêts, qui avait caractérisé la fin de la période française, se continua avec presque autant d'intensité pendant tout l'intervalle qui sépara le démembrement de la Savoie, en application du traité de Paris, de la réunion de tout le duché sous le sceptre de Victor-Emmanuel Ier.

De la chute de l'Empire les populations rattachées au royaume de Sardaigne avaient conclu à l'abrogation complète de la législation française et, par suite, à la suppression de l'administration des Eaux et Forêts qui n'existait pas avant 1792. Elles s'étaient aussitôt ruées sur les bois : certains maires effrayés s'adressent aux commissions d'administration, demandant qui, des conseils, qui l'envoi de la force armée (Coise, 5 septembre; La Table, 25 juillet; Les Gêts, 21 octobre 1814). Si quelques municipalités s'efforcent d'empêcher ou d'arrêter les dévastations (Héry, 5 juillet[1]), il en est d'autres, les plus nombreuses d'ailleurs, qui tolèrent, encouragent ou ordonnent l'abatage des bois.

On voit, par exemple, le maire de Thénésol autoriser ses administrés à faire une coupe dans un canton appartenant à la commune voisine de Marthod[2]. Ailleurs, dans la région de Lhopital notamment, les préposés forestiers, qui signalaient aux maires les nombreux délits qu'ils constataient, s'entendaient répondre : «Vous n'avez plus aucun droit d'entrer dans les forêts; votre plus court chemin est de rester tranquilles». Ils recevaient aussi des conseils de ce genre : «Dans des circonstances aussi délicates que celles-ci, il est de la prudence de ne pas opposer une résistance opiniâtre, pour ne pas émeuter le public. Au contraire, il faut avoir l'air de beaucoup menacer pour faire renaître le calme dans un désordre de cette espèce, etc».

Les forêts particulières mêmes n'échappent pas aux pillards qui se mettent par bandes de vingt à vingt-cinq et chassent à coups de cailloux les gardes des propriétaires (Saint-Jean de la Porte). D'après le garde général de Moutiers, originaire du pays et installé depuis l'an VII, la Tarentaise était «le pays où les habitants étaient les plus enclins à enfreindre les lois forestières...» Ils ne se faisaient aucun scrupule de les violer et malheureusement cette erreur fatale était partagée par un grand nombre

---

[1] Arch. S., L, 1157, 1158. Arch. H.-S., corr. I. Fy., 1814, n° 30.
[2] Arch. S., L, 1763, *passim*.

de syndics dont les vues étaient trop étroites pour s'étendre jusqu'au bien général; loin de seconder les efforts des gardes, ils entravaient leurs opérations et favorisaient, au contraire, les intentions coupables de leurs administrés.

Les commissions d'administration de Montmélian, de Moutiers, de Bonneville, rappelèrent aux maires que rien n'était changé dans le service forestier, aux gardes généraux qu'il leur fallait faire constater les délits par des procès-verbaux, « sans égard aux bruits que peuvent faire courir les malveillants » et dénoncer les municipalités qui refuseraient leurs concours [1].

Mais s'agissait-il de sévir, même dans des cas très graves, ces administrateurs se dérobaient. Ainsi, à Gilly, plusieurs habitants, autorisés par le maire, coupaient à qui mieux mieux dans les taillis communaux. Saisie des procès-verbaux, la commission de Montmélian ordonna aux agents forestiers de ne pas poursuivre, « vu les circonstances aggravantes qui se rencontrent contre le maire. Une procédure tendrait à compromettre non seulement les individus contre qui on les a dressés (les procès-verbaux), mais encore le maire et ceux qui ont coupé le bois, autorisés par son arrêté, vu l'illégalité de celui-ci. D'après ce, il en serait résulté que si l'on eut pris tout autre moyen, cette commune était toute en combustion par l'impéritie de son chef et que cette procédure l'aurait infailliblement compromis, attendu qu'il existe déjà, de vieille date, plusieurs dénonciations peut-être trop fondées contre lui » [2].

Aussi, quand les intendants sardes vinrent prendre possession de leurs fonctions au début de l'automne 1814, la situation ne s'était-elle guère améliorée; ils publièrent des arrêtés pour affirmer que les lois forestières subsistaient toujours, mais qu'à l'ordonnance de 1669 seraient désormais substituées les Royales Constitutions de 1770. De nouveau, les gardes généraux furent avisés d'avoir à appliquer leurs règlements, « à envoyer des circulaires aux brigadiers afin qu'ils aient un œil actif sur la conservation des bois de l'État et des communautés et qu'ils donnent à leurs gardes les instructions nécessaires ».

Ces recommandations étaient loin d'être superflues, car on voyait encore des attroupements saccager des forêts particulières aussi bien que les communales [3].

L'intendant général de Savoie intervint lui-même par une circulaire du 30 novembre 1814. Elle devait « persuader aux habitants du duché que le gouvernement, indulgent sur le passé, voulait scrupuleusement faire observer les lois et règlements sur les bois et forêts ».

Cependant l'organisation [4] de la juridiction des intendants commençait à faire sentir ses effets, quand le retour de l'île d'Elbe vint à nouveau agiter les populations et ouvrir une seconde période de troubles; l'invasion des troupes françaises, en faisant fuir les autorités sardes, notamment en Tarentaise, dans la Combe de Savoie, eut pour conséquence d'encourager les pillards. La commission économique, judiciaire et administrative de Moutiers ayant cessé ses fonctions, le 4 juillet 1815, l'intendant reçut de l'avocat fiscal provincial, le 22 août suivant, l'avis ci-après :

« Remontre l'avocat fiscal qu'il est informé qu'il se commet des dévastations de tous genres dans les forêts.

[1] Arch. Tse, Comm. subs., 1814, 18 juillet.
[2] Arch. S., L 1764, 23, 27 août 1814.
[3] Arch. H.-S., corr. I. Fy., 1814; nos 32, 65, 87, 175, 197.
[4] Arch. H.-S., corr. I. Fy. avec sind., 1815, n° 127.

«D'une part, ceux qui ont obtenu des coupes de bois pour bâtisse ou pour affouage en abattent, pour l'ordinaire, au delà du nombre de pièces qui leur a été accordé, ou bien ne se conformant ni aux conditions qui leur ont été imposées dans les permissions par eux obtenues ni à celles portées en général par les Royales Constitutions et les règlements de S. M.

«D'autre part, il existe dans la majorité des communes des dévastateurs de profession qui s'introduisent habituellement dans les forêts et y causent les plus grands dégâts, les uns en y coupant de grosses plantes qu'ils revendent secrètement en nature ou en planches ou qu'ils emploient à la formation de fours à chaux, à plâtre ou charbon; les autres en abattant les menues branches des arbres, les pointes et les extrémités de ces branches dont ils se servent pour litière, ce qui est un abus assez généralement répandu dans les collines élevées; les autres enfin, en y faisant paître leur bétail et notamment des chèvres qui sont le plus grand fléau des forêts. . . »

A la même date, le sous-inspecteur Crusilliat signalait à l'intendant général que toutes les forêts communales, de Saint-Jeoire à Saint-Pierre-d'Albigny, étaient dévastées, même partiellement défrichées; celles qui s'étendaient de Saint-Pierre à Ugines avaient moins souffert, à l'exception du massif de Tamié qui avait été particulièrement ravagé. On a vu plus haut que la forêt de Saint-Hugon n'avait pas été mieux respectée[1].

Dans le Nord du duché, les délits avaient été moins nombreux et moins importants, mais les syndics n'étaient pas toujours les derniers à donner le mauvais exemple. Les intendants durent les avertir de la nécessité où ils se trouvaient «d'établir des surveillants particuliers de leur conduite et de celles des gardes de la commune qui négligent sans pudeur les fonctions qui leur sont confiées», ou bien ils invitent les syndics à stimuler le zèle des gardes, au vu et au su de leurs administrés[2].

L'intendant général de Savoie s'émut encore et publia le 29 février 1816 le manifeste ci-après[3] :

«Gaudence Marie Caccia, comte de Remuntino, etc.

«Il est parvenu à notre connaissance que, dans diverses communes de ce duché, les dispositions réglementaires pour la conservation des bois et forêts ne sont point observées; que plusieurs habitants se permettent chaque jour de faire des coupes dans les forêts royales et communales sans autorisation quelconque, d'y opérer même des défrichements; que les forêts des particuliers ne sont pas à l'abri des dévastations, enfin que, sur plusieurs points, la surveillance pour empêcher les abus n'est pas exercée avec toute l'exactitude et l'impartialité désirables;

«Chargé par les Royales Constitutions de veiller attentivement à la conservation des bois et forêts, de réprimer les délits qui y sont contraires et d'en faire punir les auteurs, il est de notre devoir d'employer tous les moyens pour remplir cette partie importante de nos attributions;

«A ces fins.

«1° Nous rappelons qu'il est défendu à tout habitant de couper aucun bois dans les forêts royales ou communales, sans une autorisation spéciale de M. l'Intendant de la

[1] Arch. S., L 1765.
[2] Arch. H.-S., corr. J. K., 1815, 15 juillet; corr. J. Av., 1816, n° 84, 186.
[3] Arch. Tse, Liasse sur les défrich., 1816-1843.

province; d'y conduire des bestiaux à la pâture et que tout défrichement est expressément prohibé.

« 2° Nous enjoignons aux gardes forestiers établis ou à établir, ainsi qu'aux gardes champêtres, qui en font les fonctions, d'apporter la surveillance la plus exacte dans la garde qui leur est confiée; de dresser avec le plus grand soin procès-verbal des contraventions qu'ils pourront découvrir et de le faire parvenir promptement par la voie de leurs supérieurs à M. l'Intendant de la province, pour les délinquants être poursuivis et condamnés à une peine pécuniaire et même subsidiairement être châtiés par une peine corporelle, suivant les circonstances et en conformité du § 25, titre IX, livre 6 des Royales Constitutions.

« Tout garde qui aurait négligé de constater les délits commis dans son triage, quels qu'en soient les auteurs, sera de suite renvoyé et remplacé.

« 3° Nous invitons MM. les sindics et conseillers des communes à seconder de tous leurs moyens l'action des préposés à la garde des forêts pour la répression des délits, à les protéger de tout leur pouvoir dans l'exercice de leurs fonctions, à veiller à ce qu'elles soient remplies avec toute l'exactitude possible, s'agissant de l'intérêt de l'État et de celui des communes; enfin de concourir eux-mêmes à la conservation des bois et forêts, en signalant les abus de la part des gardes et des particuliers.

« 4° Nous engageons les conseils des communes ayant des bois taillis ou de futaie et qui seraient maintenant dépourvues de gardes forestiers ou de gardes champêtres chargés d'en remplir les fonctions à présenter sans délai à M. l'Intendant de leur province des personnes propres à ces places.

« 5° Il sera pourvu à l'affouage des habitants, d'après le mode actuellement en vigueur et qui continuera provisoirement à être suivi.

« 6° Pour que personne ne puisse prétexter cause d'ignorance, nous ordonnons que le présent soit lu et publié pendant deux dimanches consécutifs, à l'issue des offices divins et au plus grand concours du peuple, dans toutes les communes de ce duché ».

Mais cette intervention du plus haut fonctionnaire du duché fut loin de calmer de suite l'ardeur des délinquants. De nombreux syndics, principalement dans les provinces récemment réunies au Piémont, favorisèrent ou taxèrent encore les pillards et empêchèrent les gardes de verbaliser. En certaines localités même, à la rapine s'ajoutait la malfaisance et les voleurs coupaient à hauteur d'homme [1] de jeunes sapins qu'ils ne pouvaient ni utiliser, ni vendre.

Il arrivait que la négligence ou la complicité des gardes favorisaient la fraude.

En Tarentaise, l'intendant réagit plus énergiquement; ainsi, à Hautecour, où « on se permet des coupes irrégulières à volonté » que ne répriment ni les sindics, ni les préposés forestiers, sous les yeux de qui elles s'opèrent, il écrit au syndic : « vous vous êtes mis dans le cas d'être personnellement responsable ainsi que les gardes forestiers de toutes les coupes illicites qui ont pu avoir lieu jusqu'ici et que je vais faire vérifier par un commissaire spécial. Malheur à ceux qui seront reconnus possesseurs de bois pour la coupe desquels ils ne justifieront pas avoir obtenu une permission du bureau de cette intendance. Sans préjudice des mesures particulières que je vais prendre,

[1] Arch. H.-S., corr. I. Ay. avec divers, 1816, nᵒˢ 337, 395, 427, 441, 821, 871; corr. I. Fy. avec divers, 1816, nᵒˢ 370, 493, 515.

vous ne manquerez pas de vous rendre en personne au bureau de cette intendance, par devant moi, accompagné de vos gardes-forêts vendredi prochain, ... pour y recevoir tels ordres et dispositions que la circonstance comportera [1] ».

On est loin de la faiblesse montrée en 1814 à l'égard du maire de Gilly : il est vrai qu'il n'était plus besoin de conquérir les esprits à la Restauration.

Le garde général de Moutiers n'échappe pas à l'éperon; il reçoit des lettres de ce genre : « Je vous ai communiqué, il y a quelque temps, une note qui m'était parvenue au sujet de dévastations dans la forêt de Fontaine-le-Puits. Vous ne m'avez point encore fait de rapport. Des renseignements ultérieurs que je viens de recevoir annonçant des abus réels et nombreux dans cette commune, sur les coupes de bois que l'on s'y permet sans autorisation de l'intendance, je vous charge, aussitôt la présente reçue, de monter de suite dans la dite commune, d'y parcourir les forêts de l'intérieur de la commune, afin de vous y assurer de l'existence de tous les bois que vous y trouverez coupés. Vous interrogerez les possesseurs de ces bois desquels vous exigerez la production de la permission que chacun d'eux dira avoir obtenue et vous dresserez procès-verbaux réguliers et exacts de tout ce que vous trouverez.

« Je vous recommande la plus grande promptitude et impartialité; quelque soient les délinquants, il faut absolument les punir. Je fais un appel particulier à votre discrétion et à votre prudence. » On peut imaginer le coup de fouet produit par de tels ordres sur des agents maintenus provisoirement, sans l'assurance du lendemain et, pour ainsi dire, révocables *ad nutum* [2].

Les châtelains, rétablis depuis peu, sont aussi vivement menés par l'intendant de Moutiers [3].

En 1817, ce fonctionnaire énergique adresse une circulaire aux syndics, en les « invitant à redoubler de vigilance pour la conservation des forêts et prévenir les nombreuses dilapidations auxquelles elles ont été exposées par le peu de soin que quelques administrateurs ont apporté et apportent encore à cette partie essentielle de leurs attributions » [4].

L'intendant de Genevois, cette même année, également par circulaire, demande aux communes de s'entendre entre elles et avec le chef de cantonnement pour créer des gardes dont le triage s'étendrait sur plusieurs territoires. Dans cette province, les délits étaient toujours très nombreux, mais on n'en découvrait que rarement les auteurs [5]. Il en était de même en Faucigny, dont l'intendant donne aux brigadiers les mêmes ordres qu'avait reçus en 1816 le garde général de Tarentaise [6].

Tant d'efforts, malgré l'absence ou l'insuffisance d'un personnel sérieux, amenèrent une diminution des infractions. On note bien encore, comme à Giez, où les conseillers accordent des autorisations de coupe et où le garde reste muet, quelques dommages assez sérieux, mais le mal n'est plus général [7]. Pourtant les populations ont une tendance à piller les forêts appartenant à des personnes domiciliées à l'étranger (à Genève,

[1] Arch. Tse., corr. I., 1816, 29 avril, 8 mai, 10 mai, 20 mai.
[2] Arch. Tse., corr. I., 1816, 17 mars.
[3] Arch. Tse., corr. I., 1816, 12 nov.
[4] Arch. Tse., corr. I., 1817, 25 nov.
[5] Arch. H.-S., corr. I. Ay., 1817, n°' 127, 186, 234, 258.
[6] Arch. H.-S, corr. I. Fy. avec divers, 1817, n°' 1048, 1049.
[7] Arch. H.-S., corr. I. Fy. avec divers, 1818, n°' 839, 894, 911, 1103; 1820, n° 720.

pour la province de Carouge) ou des bois situés dans une autre province, ce qui rendait les constatations plus difficiles [1]. En Faucigny, en Tarentaise, il semble que c'est à la négligence des préposés parfois influencés par les municipalités qu'il faut attribuer la plupart des contraventions dont se plaignent les intendants [2].

Chose à retenir aussi, dans la haute vallée de l'Isère, plusieurs syndics ou conseillers se sont rendus coupables de délits forestiers, à Aime, à Séez, à Sainte-Foy [3]. Dans ces cas, l'intendant invite l'intéressé à démissionner; au syndic de Sainte-Foy il écrit : «Après le résultat de la procédure forestière qui a été instruite au sujet de la contravention forestière dont vous avez été prévenu..., j'étais en attente de votre demande de démission de la place de sindic, afin de m'éviter le regret de la provoquer d'office et pour ne point porter atteinte à la réputation dont vous jouissez dans la commune et près du gouvernement. Votre âge avancé et vos intérêts de famille pourront vous fournir des motifs légitimes pour cette démarche en cas que vous jugeriez à propos de la faire et je crois que c'est vous donner un conseil salutaire que de vous engager à cela confidentiellement.»

Le syndic devait tenir à ses fonctions, car il ne lui fallut pas moins de onze jours pour se ranger à l'avis de l'intendant.

Avec les conseillers condamnés, l'intendant prenait moins de formes pour leur imposer une démission nécessaire, «l'intention du gouvernement étant que les administrateurs des communes soient des modèles d'obéissance aux lois».

§ 2. Constatation et poursuite des délits.

I. Visites domiciliaires et procès-verbaux. — D'après les Royales Constitutions, pour les délits forestiers, le mode normal de constatation était la dénonciation faite par une personne quelconque par-devant l'intendant, le juge ou le châtelain. Les gardes, dont la création était prévue en Tarentaise par l'édit de 1760, ne procédaient pas autrement. Aucune de ces dispositions législatives n'instituait la recherche du corps du délit au moyen de visites domiciliaires. Néanmoins, les intendants n'hésitèrent pas à admettre l'usage par les gardes des procès-verbaux dressés pour constater les délits et du droit de suite des bois dérobés : ils adaptèrent ainsi les pratiques léguées par la France à l'archaïsme des édits de l'ancien régime. L'un d'eux réglemente ainsi la rédaction des procès-verbaux : tout procès-verbal doit indiquer «1° Si le bois coupé en délit est encore dans la forêt ou s'il est au pouvoir du contrevenant;

«2° Quelle est l'essence du bois, sa grosseur ou son diamètre et sa valeur estimée en conscience;

«4° Si la trace faite par le bois charrié aboutit bien de la forêt au domicile du contrevenant;

«4° Au cas où le bois a déjà été travaillé, ce qu'on en a fait.» En outre, le procès-verbal doit fournir tous les renseignements jugés utiles sur le délinquant, etc.

Le garde remet son procès-verbal au brigadier ou au garde général, qui en accuse réception sur un cahier *ad hoc*; le garde général, qui reçoit les procès-verbaux direc-

---

[1] Arch. H.-S., corr. I. K. avec divers. 1818. 26 févr.; corr. I. Ay. avec I. Gl., 1821, n° 230.
[2] Arch. H.-S., corr. I. Fy avec divers, 1820; n° 743; 1821. n° 1592, 1656; 1822. n° 2004. Arch. Tse., corr. I., 4 juill. 1819, 27 avril 1819.
[3] Arch. Tse.. corr. I.. 2, 8 juill. 1819. 20 mai 1820. 27 juin 1820.

tement du garde ou du brigadier, les transmet ensuite à l'intendance après les avoir inscrits sur un registre spécial [1]. Il ne paraît pas que la formalité de l'affirmation ait été maintenue.

On a vu combien, sous l'Empire, il y avait eu de difficultés pour amener les maires à assister les préposés forestiers dans les visites domiciliaires; les syndics de la Restauration ne montraient guère plus de bonne volonté. L'intendant, néanmoins, les invitait à accompagner les gardes. «Il est bien vrai, répondait celui de Tarentaise à une objection du syndic de Granier, que les Royales Constitutions n'autorisent pas les visites domiciliaires arbitraires, mais quand elles sont faites pour le bien du public et du gouvernement, rien ne s'y oppose [2].» Et les syndics durent accompagner ou faire accompagner par un membre de leur conseil les gardes forestiers dans leurs perquisitions à l'intérieur des maisons, absolument comme cela se passait sous le régime français [3]. Les intendants n'auraient pas toléré de désobéissance ni de protestations.

Il n'y eut guère de résistance de la part des pillards que dans la période très troublée qui suivit l'exécution du traité de Paris, quand il n'existait que des commissions provisoires d'administration. La croyance générale que l'administration forestière était supprimée enhardissait les délinquants et voici comment ils recevaient les autorités. L'adjoint de Chamoux et deux conseillers veulent, le 30 juillet 1814, pénétrer chez un certain Déplante et l'invitant «à exhiber les fascines de bois de montagne que... M. Graffion avait vu, le 28, chez lui, et à qui il avait déclaré avoir été pris sur les bois communaux. Il répondit d'une manière très insolente, accompagnée de gestes on ne peut plus furieux, qu'il s'y refusait et se foutait d'eux et a tenu les propos les plus injurieux en ajoutant que (les délégués) n'avaient aucun pouvoir et qu'il ne les reconnaissait en rien...» [4]. Le maire de Chamoux demanda à la commission subsidiaire d'envoyer trois garnisaires chez ce Déplante : elle en accorda deux.

La réaction sarde, appuyée des célèbres carabiniers royaux, ne permit plus aux sentiments des délinquants de se manifester d'une aussi libre façon.

II. **Poursuites.** — Lors de l'invasion de 1814, la plupart des magistrats se retirèrent devant les troupes autrichiennes, de sorte que le service de la justice se trouva entièrement désorganisé. Après le traité de Paris du 30 mai, les tribunaux se reconstituèrent pour, de nouveau, se dissoudre définitivement lors de la promulgation de l'édit du 28 octobre 1814, qui remettait en vigueur les Royales Constitutions de 1770.

Jusqu'à cette date la justice avait continué à être rendue comme sous le régime français; mais, à ce moment, les judicatures majes et de mandement ne furent pas immédiatement organisées. Les gardes généraux, le sous-inspecteur Crusilliat s'adressèrent, qui aux commissions subsidiaires, qui à l'intendant général récemment installé à Lhopital, pour savoir à qui désormais ils devaient envoyer les procès-verbaux dressés par les gardes. La situation ne laissait pas d'être assez embarrassante, car les délinquants avaient été assignés devant les tribunaux correctionnels supprimés; d'autre

[1] Arch. Tse., corr. I., 16 janv. 1821; 3 mars 1819.
[2] Arch. Tse., corr. I., 2 mars 1815.
[3] Arch. Tse., corr. I., 27 avril 1819.
[4] Arch. S., L. 1157.

part, il s'en fallait que les Royales Constitutions fussent bien connues. Beaucoup des intendants de province, ignorant les pouvoirs judiciaires que leur donnait l'ancienne législation, en matière forestière, craignant d'empiéter sur les attributions des juges majes ou des juges de mandement, saisirent aussi de la question l'intendant général [1], qui lui-même en référa à Turin. À la date du 20 novembre, le gouvernement répondit au comte Caccia : « La marche à suivre dans la poursuite des délits forestiers est amplement tracée par le livre VI, titre IX des générales Constitutions, qui ne laissent rien à désirer dans l'espèce.»

Dès le début de 1815, les intendants se mirent à juger les affaires forestières [2]; mais ils ne se sentaient pas très sûrs de leurs sentences. Certains se demandaient s'ils pouvaient condamner sur le vu de procès-verbaux des gardes, tout en ne trouvant aucun inconvénient à ce mode de constater les délits, ignoré par les lois de 1770.

Sous le régime français, les gardes généraux étaient chargés du recouvrement des frais de procédure et des amendes des instances forestières; ici encore, l'intendant général laissa subsister provisoirement cette pratique [3].

Quand les pillards virent organisées les poursuites en matière forestière, plusieurs d'entre eux s'adressèrent à l'intendant général, protestèrent de leur inaltérable dévouement au roi et sollicitèrent, en faveur de ces bons sentiments, la remise des amendes qu'ils avaient encourues [4]. Un premier édit d'amnistie fut promulgué le 13 décembre 1814; après le retour de toute la Savoie à la couronne de Sardaigne, par un second édit du 29 janvier 1816, Victor-Emmanuel Iᵉʳ amnistia encore, à titre de joyeux avènement, toutes les infractions légères. Seule l'amende fut remise aux coupables, qui restèrent tenus de payer aux communes les dommages-intérêts, et outre des frais, auxquels ils avaient été condamnés [5].

Dès 1816, les gardes généraux cessèrent de poursuivre la rentrée des amendes et des frais. Après avoir rendu son jugement, l'intendant le notifiait au syndic, en le chargeant de prévenir l'intéressé et de l'inviter d'abord à verser dans la caisse du trésorier provincial et, depuis 1819, chez les receveurs de l'insinuation, le montant des condamnations. En cas d'inexécution, le jugement était notifié au délinquant par ministère d'huissier [6].

C'était, de même, le syndic qui devait signifier aux inculpés les assignations à comparaître à l'audience de l'intendant; le syndic dressait procès-verbal de ses citations et notifications. Les exploits étaient établis par les préposés qui en étaient capables; les tarifs étaient les suivants [7] :

Au garde rédacteur du procès-verbal............................	0ᶠ 50
Au même pour la citation à un seul prévenu...................	0 25
Au même pour la copie de cette citation......................	0 10
Pour appel de la cause.......................................	0 15
Pour 2 imprimés d'avis.......................................	0 10

[1] Arch. Tse., corr. I., 1814, 16 déc. Arch. S., L. 1764.
[2] Arch. H.-S., corr. I. K. avec I. Gl., 1815, n° 246.
[3] Arch. H.-S., corr. I. K., 1815, n° 525. Arch. Tse., corr. I., 1815, 7 juin.
[4] Arch. S., L. 1158.
[5] Arch. H.-S., corr. I., Ay., 1816, n° 472.
[6] Arch. Tse. corr. I., 1816, 12, 18, 20 janv., 1ᵉʳ juill., 29 oct.
[7] Arch. Tse., corr. I., 1819, 3 mars.

Frais de justice.

A l'intendant pour le jugement.................................... 1ᵛ50
A l'avocat fiscal.. 1 20
Au secrétaire de l'intendance.................................... 0 87

●

S'il y a renvoi pour vérification, etc. :

A l'intendant 0ᵛ30
A l'avocat fiscal 0 25
Au secrétaire 0 10

S'il y avait plus d'une personne assignée, les frais augmentaient de 0 liv. 40, savoir : citation, 0 liv. 25 ; copie de la citation, 0 liv. 10 ; imprimés, 0 liv. 05.

Les Royales Constitutions fixaient le chiffre des amendes pour l'abatage illicite d'arbres de futaie, pour l'introduction de bestiaux par exemple ; mais, en certains cas, elles étaient muettes sur les pénalités, ainsi pour les coupes de taillis. A certains intendants qui le consultèrent, l'intendant général du duché répondit, le 7 juillet 1817, qu'il fallait appliquer exactement les Royales Constitutions. « Quant aux délits légers, tels que la coupe de quelques buissons ou bois taillis, les Royales Constitutions n'ayant pas textuellement prévu ce cas, qui cependant est le plus fréquent, c'est à la sagesse de MM. les intendants à user de la répression qu'ils croient la plus efficace pour prévenir ce genre de contravention.

« L'esprit, en général, de la loi dont il s'agit, laisse presque toujours à la prudence de l'intendant à apprécier la gravité du délit. »

Quant aux voies d'exécution, elles étaient aussi archaïques que la législation. Sous le régime de l'ordonnance de 1669, le condamné qui ne payait pas l'amende pouvait être contraint par corps. Avec les constitutions sardes, l'intendant autorisait, à la requête du caissier chargé du recouvrement de l'amende et des frais de l'instance, l'envoi d'un soldat chez le condamné, pour une période donnée. Ce garnisaire recevait 20 sols par jour de son hôte. Si, au bout du temps fixé, le délinquant ne s'était pas acquitté, l'intendant pouvait doubler ou tripler la contrainte militaire ou ordonner la saisie mobilière, qui était le moyen extrême. S'il s'agissait d'un insolvable, l'article 25 prévoyait l'emploi de peines corporelles, emprisonnement ou autres.

III. **Règles suivies en Tarentaise** — Avant la Révolution, les forêts de Tarentaise étaient soumises à la législation spéciale de l'édit du 2 mai 1760. L'intendant de cette province commença par appliquer les Royales Constitutions ; puis, en 1819, trouvant sans doute trop nombreuses les instances forestières, d'accord avec l'avocat fiscal provincial, il chargea les châtelains ou, à défaut, les notaires de remplir effectivement les fonctions de vice-conservateurs des forêts prévues par les Royales Constitutions [1]. Mais, au lieu de confier ces fonctions à tous les châtelains indistinctement, il n'y eut que ceux des chefs-lieux de brigade forestière qui eurent mission d'instruire les affaires forestières.

---

[1] Arch. Tse., corr. I., 1819, 31 déc.

L'intendant se réserva le jugement de celles qui entraîneraient une amende supérieure à 24 livres [1].

L'édit du 2 mai 1760, qu'une décision du bureau d'État, communiquée le 12 juin 1819 par l'avocat fiscal général du Sénat, reconnaissait avoir été remis en vigueur par l'édit du 28 octobre 1814, offrait des différences marquées avec les Royales Constitutions au point de vue de l'attribution des amendes; ni le trésor, ni la caisse provinciale ne participaient à ces amendes. L'article 42 du règlement attribuait aux communes propriétaires des bois les 3/6 de l'amende, au garde verbalisateur ou au dénonciateur les 2/6, et le dernier 1/6 aux représentants du fisc qui, d'après les constitutions, eussent dû recevoir 1/4.

A partir de 1820, les amendes forestières ont été recouvrées, chaque trimestre, au profit des communes sur lesquelles on délivrait ensuite un mandat à l'avocat fiscal et au préposé verbalisateur ou au dénonciateur, pour les fractions qui leur revenaient [2].

Il s'agit aussi de savoir si la répartition aurait un effet rétroactif et s'appliquerait aux amendes prononcées en 1815; les forestiers, si mal payés, y avaient grand intérêt et insistaient auprès de l'intendant. Mais il ne semble pas que le Ministre des finances ait consenti à faire un rappel.

§ 3. Transactions et recours en grâce.

L'ordonnance de 1669, non plus que la jurisprudence française, n'admettaient de transactions sur le montant des condamnations prononcées en matière forestière. La législation sarde était muette à ce sujet. On vit pourtant se conclure en Tarentaise une convention qui semble être le premier pas fait dans cette voie.

Des particuliers de Séez ayant indûment coupé 50 arbres dans la forêt de Malgovert appartenant à la commune de Bourg-Saint-Maurice, le 16 septembre 1820, un arrangement fut conclu entre les deux municipalités à ce sujet, que l'intendant de Moutiers approuva le 3 décembre suivant [3].

Si les transactions étaient rares, il n'en était pas de même des recours en grâce. Tout délinquant condamné à une amende un peu forte adressait une supplique au roi. La grande Chancellerie faisait alors procéder à une enquête par l'intendant, qui demandait l'avis de la municipalité, celui du curé, et, dans un rapport, exposait le délit qui avait motivé le jugement, l'état de fortune du recourant et donnait ses conclusions. Il est toujours curieux de parcourir ces documents et de lire les arguments mis en avant; partout on voit affirmer que le payement de l'amende réduirait le pétitionnaire à la misère, invoquer l'ignorance des lois, l'absence de condamnations antérieures; ce sont presque des clauses de style. Il y aussi la promesse «des bénédictions de la plus vive reconnaissance pour l'auguste monarque qui sera venu au secours du suppliant et de redoubler de zèle et de délicatesse dans ses relations avec la société pour justifier et mériter un bienfait aussi signalé».

[1] Arch. Tse., corr. I., 1820, 5. 7 janv.
[2] Arch. Tse., corr. exter., 1822. 16 oct., 27 déc.; corr. l. int., 10 sept. 1820.
[3] Arch. Tse., corr. l. inter.. 1820. 4 déc.

Un certain Claude Berlize de Naves, qui avait enlevé quelque 80 arbres, se serait
«toujours comporté d'une manière irréprochable comme chrétien et comme citoyen.
André Berlize, son père, sergent dans le régiment de Maurienne ayant été tué, le
3 septembre 1793, dans une affaire contre les troupes françaises, la perte de son père
a été très préjudiciable au suppliant». Aussi l'intendant conclut-il à la remise de
l'amende; mais, comme la grâce tardait à venir et que les sergents pressaient le payement, Claude Berlize partit pour la France avec sa femme [1]. Il est vrai que les
bureaux de Turin avaient conservé pendant 10 mois et 21 jours la lettre royale suivante :

«Victor Emmanuel, par la grâce de Dieu, Roi de Sardaigne, de Chypre et de Jérusalem, duc de Savoie et de Gênes, prince de Piémont, etc.

«Ayant vu dans nos audiences la requête ci-jointe et sa teneur considérée par ces
présentes signées de notre main, de notre certaine science, autorité royale, eu sur ce
l'avis de notre conseil,

«Eu égard aux circonstances exposées,
par un effet de notre clémence souveraine, accordons au suppliant la rémission de
l'amende de 480 livres prononcée contre lui par jugement de l'intendance de Tarentaise, rendu le 30 septembre dernier, comme convaincu d'avoir coupé 80 plantes de
bois en contravention des Constitutions générales, car ainsi nous plaît.

«Données à Turin le 8 du mois de mars, l'an 1816 et de notre règne le 15e. Enregistré au contrôle général le 29 janvier 8 17 [2].»

SECTION II.

Des défrichements.

D'après l'article 18, livre VI, titre IX des Royales Constitutions de 1770, tout défrichement devait être autorisé par une décision spéciale du roi. Malgré cette restriction,
de nombreuses destructions de bois avaient eu lieu pour transformer le terrain en culture ou en pâturage [3]. Il est vraisemblable qu'au début de la Restauration la déforestation s'accentua, le plus souvent, à l'insu des autorités. Un peu plus tard, on sollicite l'approbation gouvernementale; des communiers présentent leur requête de la
manière la plus favorable, les conseils indiquent qu'on veut procéder à «l'enlèvement
des bois inutiles existants sur les pâturages de la montagne». Comment pourrait-on
refuser la permission demandée?

Pourtant, quand il s'agit de terrains exposés aux divagations et à l'érosion des
rivières et torrents, les intendants donnent avis défavorable. Pour protéger les voies
de communication, «il est important de laisser croître, de favoriser même l'accroissement des bois dans les terrains encore intermédiaires» [4]. Les préposés forestiers sont
invités à surveiller les cantons dont le maintien à l'état boisé intéresse la circulation
et à y interdire même les coupes et l'introduction du bétail.

[1] Arch. Tse., corr. exter., 1819, 12 juin; corr. I. inter., 1816, 19 janv., 29 oct., 19 nov.
[2] Arch. Tse., O. I., 1817.
[3] Arch. H.-S., corr. I. Fy. avec I. Gl., 1817, n° 241, avec divers, 1817, n° 980.
[4] Arch. H.-S., corr. I. Fy. avec divers, 1819, n° 1167.

En certains cas même, le chef de cantonnement dut reconnaître lui-même les défrichements opérés que l'intendant se proposait de punir [1].

On ne voit pas qu'il y ait eu, à cette époque, de travaux de reboisement ou même qu'il en ait été question.

SECTION III.

Les bois particuliers.

On sait que l'article 12 du titre VI, livre IX des Royales Constitutions interdisait aux propriétaires forestiers de couper aucun arbre de futaie sans une permission de l'intendant. Sa mise en vigueur constituait donc une régression sur la loi du 29 septembre 1791 ; aussi la nécessité de l'autorisation administrative paraît-elle avoir été mal supportée, tout au moins dans les premiers temps. Certains propriétaires ou fermiers, sans même attendre la décision de l'intendant, se mettaient à exploiter et continuaient l'abatage, lors même que cette décision n'était pas favorable [2]. Il semble même que les fermiers ou les gérants de biens ayant appartenu aux émigrés ou aux partisans de la royauté sarde n'étaient pas les derniers à méconnaître l'autorité des intendants.

Mais, peu à peu, les possesseurs de forêts finirent par se soumettre à la loi et, en certaines provinces très boisées, les demandes d'exploitation étaient si fréquentes que l'intendant dut les réglementer pour ne pas déranger sans cesse et le personnel forestier et celui du bureau de l'intendance. Ainsi, en Faucigny, à partir du 1er juillet 1820, l'intendant ne statua plus que le 15 et le 30 de chaque mois sur les requêtes de coupes dans les forêts particulières. Il fallait que chaque pétition fut visée par le syndic de la commune et transmise par lui à l'intendance; la décision prise était communiquée de nouveau au syndic qui était chargé d'aviser l'intéressé.

Toute demande devait indiquer, outre le nom du propriétaire, la quantité d'arbres à abattre, le canton de la forêt et le numéro de la mappe [3].

Quand les limites entre les bois des particuliers et les massifs communaux ou domaniaux contigus n'étaient pas très nettes, il n'était pas rare que l'intendant subordonnât son autorisation à la délimitation préalable du fonds et aux frais du requérant [4].

Pour tous les détails de la législation remise en vigueur par l'édit du 28 octobre 1814, il convient de se reporter à ce qui a été dit plus haut pour la période 1729-1792.

[1] Arch. H.-S., corr. 1. K. avec divers, 1822, n° 397.
[2] Arch. S., Fonds sarde, reg. 104, 14 avril 1816.
[3] Arch. H.-S., corr. 1. Fy. avec divers, 1820, n° 520.
[4] Arch. S., Fonds sarde, reg. 31, 24 juill. 1818.

LE RÉGIME DES LETTRES PATENTES DU 15 OCTOBRE 1822.

CHAPITRE PREMIER.

LA LÉGISLATION FORESTIÈRE NOUVELLE.

SECTION I.

Le nouveau règlement forestier.

Ce fut le 15 octobre 1822 que parut le nouveau règlement forestier annoncé depuis sept années. Il fut promulgué sous forme de Lettres Patentes, comme suit :

« Charles-Félix, par la grâce de Dieu, roi de Sardaigne, etc.

« Nos royaux prédécesseurs avaient déjà donné différentes dispositions pour la conservation des bois et forêts, objet qui intéresse si éminemment le bien public et privé; mais du peu de soin mis à veiller à ce que ces dispositions fussent observées, il est résulté que, menacé de manquer de combustible, l'on a eu aussi à redouter dans les contrées montueuses les descentes de terre et partout les corrosions des fleuves, rivières et torrents; ceux-ci, ne trouvant plus de barrières à leur impétuosité, ruinèrent les propriétés et nuisirent à l'agriculture;

« Voulant faire cesser de si graves dommages, nous avons jugé convenable de faire réunir en un seul règlement les diverses dispositions déjà données pour la conservation des bois et forêts, en y ajoutant quelques autres qui nous ont paru propres à remplir ce but;

« Nous avons aussi jugé à propos de créer une administration pour la garde et la surveillance des bois et de prescrire les règles et les formalités à observer dans les procédures sur les contraventions, pour obtenir leur plus prompte et efficace répression;

« C'est pourquoi, de notre certaine science et autorité royale, eu, sur ce, l'avis de notre Conseil, nous avons ordonné et ordonnons qu'à dater du 1er janvier 1823 on devra observer dans tous nos États de terre ferme le règlement des bois et forêts annexé aux présentes dont il fera partie intégrante et visé de notre ordre par notre premier secrétaire d'État pour les affaires internes, dérogeant aux Constitutions générales et à toutes les autres lois, dans toutes les parties à l'égard desquelles il a été disposé autrement par ledit règlement;

« Données à Stupinis, le 15 du mois d'octobre, l'an de grâce 1822 et de notre règne le 2me.

RÈGLEMENT SUR LES BOIS ET FORÊTS.

TITRE 1er. —— *ADMINISTRATION POUR LA SURVEILLANCE DES BOIS.*

«Art. 1er. Tous les bois, tant taillis que de haute futaie, appartenant soit au domaine, soit à des particuliers, ou à des communes ou à des corps administres sont placés sous la surveillance de l'administration publique. (OC. titres XV, XXIV, XXV, art. 16; XXVI, art. 2; titre I, art. 11; titre III, art. 19, 21, 22. C. F. art. 1.)

«Art. 2. Sont compris parmi les bois taillis ou de haute futaie respectivement le bord des prés, champs, vignes, fleuves, rivières, torrents, ruisseaux, canaux, chemins et semblables, lorsqu'ils sont d'une étendue de 9 mètres au moins de largeur et 3o mètres au moins de longueur.

«Art. 3. La surveillance de l'administration publique sur les bois s'étend aussi sur les lieux qui sont compris dans le grand et le petit districts réservés pour la chasse, à forme de l'Édit du 15 mars 1816.

«Art. 4. L'administration pour la surveillance des bois dépendra de la royale secrétairerie d'État pour les affaires internes et sera composée :

«1° De l'intendant général de l'administration économique de l'intérieur;

«2. Des intendants des provinces respectives;

«3° Du sindic de chaque commune;

«4° D'un inspecteur dans chaque division;

«5° D'un sous-inspecteur dans chaque province;

«6° Du nombre de brigadiers qui sera jugé nécessaire;

«7° Des gardes champêtres des communes (L. P. 18 janvier 1825, art. 1);

«8° Des gardes forêts nommés par les particuliers avec l'autorisation préalable de S. M.

(OC. titres III, IV, V, VI, VII, IX, X, XI. O. R. art. 2, 10, 11.)

«Art. 5. Les inspecteurs et sous-inspecteurs seront nommés par S. M. Les brigadiers seront nommés par l'intendant général de l'administration économique de l'intérieur, sur la proposition des intendants des provinces et sous l'approbation du premier secrétaire d'État pour les affaires internes.

«Les gardes champêtres des communes seront nommés par les conseils des communes, sur la proposition du sindic et sous l'approbation des intendants des provinces (L. P. 18 janvier 1825, art. 1, 2). Sera aussi soumise à l'approbation des intendants des provinces la nomination des gardes forêts particuliers. (OC. titre II, art. 1; titre III, art. 7; titre XXV, art. 14. C. F. art. 94, 95. O. R. art. 12.)

«Art. 6. Les traitements des inspecteurs sont à la charge du trésor royal; ceux des sous-inspecteurs et brigadiers à la charge des respectives provinces et ceux des gardes

3o.

champêtres à la charge des communes où ils exercent. (OC. titre X, art. 3; titre XXV, art. 14. C. F. art. 94.)

« ART. 7. Les traitements sont fixés comme suit :

Pour les inspecteurs....	de 1re classe.........................	2,400 livres.
	de 2e classe.........................	2,000
Pour les sous-inspecteurs.	de 1re classe.........................	1,500
	de 2e classe.........................	1,250
	de 3e classe.........................	1,000
Pour les brigadiers.....	de 1re classe.........................	500
	de 2e classe.........................	400

« Les traitements des gardes champêtres seront fixés par les conseils des communes sous l'approbation des intendants des provinces, ayant égard, dans la fixation, aux autres services dont ils peuvent être chargés pour les communes. (L. P. 18 janvier 1825, art. 8. OC. titre XXV, art. 14. C. F. art. 108.)

« ART. 8. Les brigadiers seront choisis de préférence parmi les militaires invalides ou retraités, ayant les qualités requises et encore propres à ce genre de service. (L. P. 18 janvier 1825, art. 8. OC. titre II, art. 1; X. art. 2.)

« ART. 9. La classification des inspecteurs, sous-inspecteurs et brigadiers, le nombre de ces derniers, ainsi que le mode de service, l'uniforme qu'ils doivent porter et la subordination entre eux seront déterminés par un règlement particulier que formera la secrétairerie d'État pour les affaires internes. (OC. titre X, art. 3. O. R. art. 18.)

« ART. 10. Les inspecteurs, sous-inspecteurs et brigadiers prêteront serment par devant le tribunal de judicature majo de la province de leur résidence; les gardes champêtres et gardes forêts le prêteront devant le juge de mandement où ils doivent exercer leurs fonctions. On n'exigera aucun droit pour la prestation de ce serment. (OC. titre XXV. art. 15. C. F. art. 5.)

TITRE II. — DE LA CONSERVATION DES BOIS.

CHAPITRE 1er. — Déclaration des bois et droits sur iceux.

« ART. 11. Dans les 6 mois qui suivront la publication du présent, tous les propriétaires, usufruitiers et possesseurs de bois, à quelque titre que ce soit, dans les États de S. M. tant deçà que delà les monts, sans exception, par conséquent, aussi les communes, corporations et œuvres administrées doivent faire une fidèle et exacte déclaration par eux signée de tous les bois qu'ils possèdent, dont ils jouissent ou qu'ils retiennent.

« La déclaration doit indiquer la surface ou contenance, la région et les confins, la qualité du bois, s'il est taillis, de haute futaie ou mélangé et, dans le premier cas, l'époque de la dernière coupe et jusqu'à quel âge il faut le laisser croître pour pouvoir le couper. (OC. titre XXIV, art. 1; XXV, art. 1.)

« ART. 12. La déclaration se fait ou par un extrait de la contenance portée sur le cadastre public du lieu où les bois existent, à la charge toutefois par les déclarans de rectifier les erreurs ou omissions qui pourraient y exister à l'égard des propriétés sujettes à la déclaration, ou sur la base d'un mesurage fait par un mesureur ou géomètre approuvé. (OC. titre XXIV. art. 1.)

« ART. 13. Les déclarations seront présentées à double au sindic de chaque commune de la situation des bois : un des originaux sera rendu au déclarant, après avoir été signé par le sindic ou le secrétaire, pour lui servir de reçu.

« ART. 14. Toutes les déclarations des particuliers inscrits au registre de la commune étant réunies, le sindic assisté du secrétaire de la commune en formera un état auquel il joindra celui des bois communaux avec les indications ci-dessus prescrites.

« ART. 15. La susdite déclaration, pour ce qui concerne les communes, les corporations administrées, œuvres pies et semblables, devra être faite par les respectifs sindics et administrateurs; et, quant aux pupilles et mineurs, par leurs respectifs tuteurs ou curateurs, sous peine, quant aux uns et aux autres, d'être tenus, en leur propre nom et sans répétition, des frais auxquels l'omission, l'infidélité ou l'inexactitude de la déclaration pourrait donner lieu. (OC. titre XXIV, art. 1; titre XXV, art. 1.)

« ART. 16. Lorsque la propriété est possédée dans l'indivision par plusieurs communes ou particuliers, les corporations sont solidairement responsables de la présentation de la déclaration, ainsi que de son exactitude et fidélité.

« ART. 17. A l'échéance du terme fixé pour les déclarations, les sindics présenteront l'état rédigé conformément à l'article 14, ainsi que les déclarations originales qui leur auront été remises, aux conseils de la commune, en les invitant à fournir par une délibération consulaire leur sentiment sur la fidélité et l'exactitude des déclarations présentées, faisant au besoin, à cet effet, les vérifications convenables sur les mappes et livres du cadastre du territoire.

« Les conseils de commune dresseront l'état des propriétaires ou possesseurs qui auront omis de faire leur déclaration et ils ajouteront à ces états les renseignements et observations qui leur paraîtront propres à éclaircir les objets sus-mentionnés.

« Une copie de l'état rédigé par le sindic accompagnée des déclarations faites et de la délibération consulaire relative sera transmise par le sindic à l'intendant de la province. On lui transmettra, de même, une copie de l'état des propriétaires qui auront omis de faire la déclaration.

« ART. 18. Ceux qui ometttront de faire la déclaration dans le terme fixé ou qui la feront infidèle ou inexacte supporteront les frais nécessaires pour un commissaire, député par l'intendant de la province, pour procéder à un mesurage, prendre les renseignements nécessaires sur les lieux et faire la déclaration qu'ils auraient dû faire.

« Ces frais seront taxés par une ordonnance de l'intendant et recouvrés par les voies qu'ont établies les Royales Patentes du 22 novembre 1821 pour le recouvrement des amendes et peines pécuniaires. (OC. titre XXIV, art. 1 *in fine.*)

« ART. 19. Les erreurs et les omissions dans les déclarations ayant été rectifiées, celles-ci seront portées sur un registre spécial formé selon le mode particulier qui sera prescrit.

« Ce registre sera formé dans chaque province en double original, l'un desquels sera transmis à l'administration économique de l'intérieur.

« Art. 20. Il est défendu à qui que ce soit de défricher et essarter un terrain quelconque couvert de bois pour le réduire en culture ou en disposer autrement, sans en avoir obtenu la permission de S. M. Lorsque la totalité des terrains couverts de bois n'excédera pas la contenance d'un journal de Piémont[1] et que ces terrains seront au milieu d'autres terrains cultivés, la Royale secrétairerie d'État pour les affaires internes pourra accorder cette permission pourvu qu'il lui résulte la nécessité ou évidente utilité. (OC. titre XXVI, art. 1. L. 9 flor. xi, art. 1, 2. C. F. art. 219.)

« Art. 21. Pour obtenir cette permission, la demande sera présentée à l'intendant de la province où se trouve le terrain à défricher : l'intendant, sur l'avis tant du conseil de la commune que du sous-inspecteur des bois dans la province et de l'inspecteur de la division, adresse la demande accompagnée du sien particulier à l'intendant général de l'administration économique de l'intérieur, lequel la transmet avec son propre sentiment au premier secrétaire d'État ayant le département des affaires internes pour les provisions convenables.

« La permission ayant été accordée, il en sera fait mention sur les registres de l'intendance de l'administration économique de l'intérieur, sur ceux de l'intendance de la province et sur ceux de la commune. L'on ne pourra commencer aucun travail sans qu'il résulte au pied de la permission que ces annotations ont été faites. (L. 9 flor. xi, art. 1.)

« Art. 22. En cas de contravention aux dispositions de l'article 20, le propriétaire sera condamné : 1° à remettre une quantité égale de terrain en nature de bois; 2° à une amende de 50 livres pour chaque journal. (L. 9 flor. xi, art. 3. C. F. art. 221.)

« Art. 23. Si le propriétaire n'effectue pas la plantation dans le terme qui lui sera fixé, l'intendant, sur le rapport des employés de l'administration et sur l'avis du sous-inspecteur de la province, y pourvoira aux frais des contrevenants, lesquels frais seront taxés et recouvrés de la manière prescrite par l'article 18. (L. 9 flor. xi, art. 4. C. F. art. 222.)

« Art. 24. Ne seront pas sujets aux dispositions qui précèdent les parcs et jardins clos de murs, attigus à l'habitation principale. (L. 9 flor. xi, art. 5. C. F. art. 224.)

« Art. 25. Il est défendu à quiconque de conduire, en quelque temps que ce soit, les chèvres à la pâture dans les bois, quels que soient l'âge et la nature de ceux-ci, sous peine de 2 livres pour chaque chèvre, peine qui sera toujours réduite à la moitié si le propriétaire des chèvres l'est aussi du bois. (OC. titre XIX, art. 1 à 13. C. F. art. 78, al. 1, 110.)

« Art. 26. Il est aussi défendu à qui que ce soit, même au propriétaire des bois, d'y conduire aucune sorte de bétail à la pâture avant qu'il se soit écoulé 3 ans entiers

[1] Le journal de Piémont valait 38ᵃ,009588.

depuis la dernière coupe de ces bois, s'ils sont peuplés de bois doux; 5 ans s'ils sont de bois dur, et 10 ans s'il s'agit de bois semés ou plantés de nouveau, en tout ou en partie, dans les emplacements précédemment vides. (OC. titre XXXII, art. 10. L. 6 oct. 1791, titre II, art. 38. C. F. art. 199.)

«Art. 27. Il ne sera permis à personne d'établir des fours à chaux, plâtre, briques, poix, ni de construire des forges, fonderies et autres usines quelconques pour l'exercice desquelles le feu est nécessaire à une distance moindre de 50 mètres des bois voisins, sous peine de la démolition des dits bâtiments et d'une amende de 100 livres au moins et de 300 livres au plus. (OC. titre XXXII, art. 12. CF. art. 151.)

«Art. 28. Les intendants après avoir pris les renseignements convenables et ouï l'avis du conseil de la commune et du sous-inspecteur de la province, ainsi que les parties intéressées, proposeront à l'intendant général de l'administration économique de l'intérieur la démolition des bâtiments de l'espèce énoncée en l'article 27, existant au moment de la publication du présent règlement, à une distance moindre que celle ci-dessus prescrite, qui ne peuvent être conservés sans graves dangers. L'intendant général en référera à la Royale secrétairerie d'État pour les affaires internes qui prendra à cet effet les ordres de S. M. (C. F. art. 151.)

«Art. 29. L'on ne pourra établir des charbonnières sous peine d'une amende de 100 à 300 livres sans la permission de l'intendant de la province, lequel, sur l'avis du sous-inspecteur, prescrira les précautions qu'il croira convenables pour prévenir les incendies. (OC. titre XXVII, art. 19 à 21. C. F. art. 38.)

«Art. 30. Il est défendu à qui que ce soit de construire des cabanes fixes, permanentes, tant dans les bois qu'à la distance de 50 mètres d'iceux, sous peine de 30 livres. Sont exceptées de cette disposition les granges que les propriétaires construisent pour retirer leur récolte. (OC. titre XXVII, art. 17, 18, 29, 30, 33. C. F. art. 152.)

«Art. 31. Il est défendu d'allumer du feu dans quelque saison que ce soit à une distance moindre de 50 mètres des bois, sous peine des dommages que l'incendie pourrait avoir occasionnés et d'une amende de 30 livres, sans préjudice des peines plus fortes aux termes des lois contre les incendiaires, en cas d'incendie prémédité. (OC. titre XXVII, art. 32, 33. C. F. art. 148.)

«Art. 32. Sera soumis à la même amende et à peine du dommage quiconque portera avec lui du feu dans les bois. (OC. titre XXVII, art. 32. C. F. art. 148.)

«Art. 33. En cas d'incendie des bois, tous les habitants, soit de la commune de la situation des bois, soit des communes voisines, sont obligés de faire tout ce qui est en leur pouvoir pour éteindre le feu, sur l'invitation des sindics respectifs et autres administrateurs. (Arrêté du Directoire, 25 pluviôse VI. C. F. art. 149.)

«Art. 34. Il est défendu à quiconque de transporter ou faire transporter hors des États, sans une permission de S. M., des bois de quelque espèce qu'il soit, et du charbon, sous peine de la perte de l'un et de l'autre, de même que des chars, bestiaux, barques et autres voitures servant de transport et d'une amende égale à la valeur des bois et des charbons chargés sur iceux.

«Art. 35. Il n'est permis à personne d'ôter l'écorce des arbres, de pratiquer des trous, tant dans la tige que dans les racines pour en extraire la résine ou sous quelque autre prétexte que ce soit, sous peine de 1 à 6 livres pour chaque plante endommagée. (OC. titre XXVII, art. 22, 28. C. F. art. 196.)

«Art. 36. Quiconque coupera dans les bois qui ne sont pas sa propriété ou volera des bois verts ou secs. même en petite quantité, sera soumis à une amende de 10 à 50 livres pour chaque plante et de 1 à 5 livres pour chaque fagot de bois coupé ou volé.

«En cas de récidive, l'amende sera double et les délinquants seront, en outre, punis de 1 à 3 mois de prison. (OC. titre XXVII, art. 11 ; XXXII. art. 1, 4, 5, 6. C. F. art. 192, 201.)

«Art. 37. Les bois et arbres, de quelque espèce qu'ils soient, qui sont propres à soutenir les neiges et à empêcher les avalanches et éboulements de terrain, ne pourront jamais être coupés, sous peine de 50 à 300 livres et des dommages.

«Art. 38. Outre les peines portées ci-dessus, le contrevenant sera toujours tenu à l'indemnité envers le propriétaire du bois, quoique celui-ci appartiendrait à la commune. (OC. titre XXXVII, art. 8 et 17; XXV, art. 21, 22; XXVI, art. 5. L. 29 septembre 1791. titre XII, art. 18. C. F. art. 202. 204.)

CHAPITRE III. — *Dispositions pour augmenter le nombre des bois et les améliorer.*

«Art. 39. Tout propriétaire, usufruitier ou possesseur, à quelque titre que ce soit, qui fera couper des bois, tant taillis que de haute futaie, devra, dans l'année même de la coupe. semer et planter dans les emplacements vides qui se trouvent dans les bois et qui présentent une qualité de terrain qui y est propre, une quantité convenable d'arbres les plus communs dans la forêt et qui y prennent plus facilement racine, afin que les bois deviennent le plus touffus possible et n'offrent aucun vide. En cas de retard ou de négligence du propriétaire ou usufruitier à exécuter ces dispositions, l'intendant de la province, sur le rapport du sous-inspecteur, ordonnera la plantation et le semis aux frais d'icelui, lesquels frais seront taxés et recouvrés aux termes de l'article 18.

«Art. 40. Les terrains qui bordent les lits des fleuves et rivières non navigables et des torrents devront, dans les trois prochaines années, être plantés et couverts de bois dans la largeur de 6 mètres au moins aux frais des possesseurs respectifs qui devront remplacer les plantations chaque fois qu'il en sera besoin, les années suivantes. La plantation devra commencer depuis la rive solide du fleuve ou torrent.

«Si les circonstances des fleuves, rivières et torrents exigent une plantation d'une plus grande largeur, les possesseurs des terrains latéraux devront se conformer à tout ce qui leur sera prescrit par l'intendant de la province sur l'avis de l'officier ingénieur attaché à celle-ci.

«Les alluvions devront être plantées entièrement avec les modifications toutefois portées par les articles 34 et 35 du règlement sur les eaux.

«Les contrevenants à ces dispositions seront punis d'une amende de 1 livre au moins et de 5 livres au plus pour chaque mètre linéaire sur le bord du fleuve et ils seront, en outre, tenus à faire exécuter ces plantations dans le nouveau terme qui sera fixé.

«En cas de retard ultérieur, l'intendant, sur l'avis de l'officier ingénieur et du sous-inspecteur, ordonnera la plantation d'office, aux frais des contrevenants, lesquels seront taxés et recouvrés de la manière portée par l'article 18.

«Art. 41. Si les pâturages communaux excèdent le besoin ou s'il existe dans un territoire des terrains vagues et abandonnés, l'intendant de la province, sur l'avis du sous-inspecteur, pourra ordonner qu'une partie soit réduite en nature de bois, dans une ou plusieurs années, surtout si le territoire n'en est pas suffisamment pourvu.

«Art. 42. Pour les communes qui abondent de bois, les intendants des provinces, sur le rapport du sous-inspecteur dans la province ou de l'inspecteur dans la division, pourront faire mettre en réserve la quantité de bois qu'ils estimeront convenable pour les laisser croître en haute futaie.

«Cette réserve sera fixée dans chaque emplacement par les employés de l'administration, de concert avec le conseil de commune, dans les lieux du plus facile et commode accès et propres à la végétation. (OC. titre XXIV, art. 2; XXV, art. 2. C.F. art. 93.)

«Art. 43. Le sous-inspecteur de la province procédera à la séparation de la réserve en présence du sindic ou d'un autre député de la commune, aux jour et heure qui seront fixés par l'intendant. On fera résulter de cette séparation par un procès-verbal qui sera signé par les intervenants et qui devra être publié dans la commune après que la séparation aura été approuvée par l'intendant de la province.

«Le procès-verbal contiendra la description des limites de la réserve.

«On choisira de préférence des limites naturelles, telles que chemins, fleuves, rivières, ruisseaux et semblables; à défaut on plantera des bornes selon les règles ordinaires. Les frais des indicateurs, mesureurs et du bornage seront à la charge des communes respectives; mais les employés de l'administration ne pourront rien prendre pour leur assistance à ces opérations. (OC. titre XXIV, art. 2.)

TITRE III. — *COUPES DE BOIS ET OPÉRATIONS RELATIVES.*

«Art. 44. Il est permis aux possesseurs de bois taillis de les couper lorsqu'ils ont atteint la maturité, soit après le laps de temps qui est réputé convenable, selon l'usage des lieux, et eu égard à la diverse qualité des bois.

«Les employés de l'administration veilleront à ce qu'on ne coupe pas ces bois plus tôt. Les contrevenants seront punis d'une amende de 30 livres par chaque journal. (OC. titre XV, art. 1; XXIV, art. 3; XXV, art. 3; XXVI, art. 1. O.R. art. 69.)

«Art. 45. Les bois de haute futaie de toute espèce se coupent lorsqu'ils sont arrivés à un tel degré de maturité qu'en les laissant sur pied ils risquent de dépérir. (OC. titre XV, art. 1; XXIV, art. 4, 5; XXV, art. 8; XXVI, art. 1.)

«Art. 46. Il est défendu à qui que ce soit de couper les bois de haute futaie, tant par le tronc que par les racines et d'en tirer la poix, résine ou térébenthine, sans la permission par écrit de l'intendant de la province. (OC. titre XXXII, art. 2. L. 6 oct. 1791, titre II, art. 14. C.F. art. 16, 196.)

«Art. 47. Quiconque a l'intention de faire couper des arbres de haute futaie doit présenter sa demande à l'intendant de la province, en faisant connaître la situation du bois, la quantité et la qualité des arbres qu'il se propose de faire couper ainsi que le temps dans lequel doit avoir lieu la coupe. L'intendant, sur l'avis du sous-inspecteur de la province, accorde ou refuse la permission, selon les circonstances. (OC. titre XXIV, art. 4, 5; XXV, art. 8 in fine; XXVI, art. 1, 2, 3.)

«Art. 48. Ceux qui auront obtenu de l'intendant la permission de faire opérer des coupes devront faire enregistrer le décret par le secrétaire de la commune de la situation des bois à couper, et ce avant d'entreprendre la coupe; à défaut de quoi ils supporteront les frais des actes qu'on pourrait faire à leur préjudice. (OC. titre XXIV, art. 10; XXV, art. 8 in fine; XXVI, art. 4.)

«Art. 49. Celui qui fera couper des bois de haute futaie sans en avoir obtenu la permission par écrit de l'intendant sera soumis à une amende du double de la valeur de chaque plante coupée. (OC. titre XXIV, art. 4; XXV, art. 8; XXVI, art. 3.)

«Art. 50. Ceux qui veulent tirer des arbres de haute futaie la résine, la poix ou enlever aux chênes l'écorce pour le service des tanneries doivent l'indiquer dans la requête même par laquelle ils demandent la permission de faire la coupe; à défaut de quoi, quiconque se sera permis de semblables opérations encourra la peine de 60 livres pour chaque journal où elles auront été pratiquées (OC. titre XXVII, art. 22, 28; C.F., art. 36, 196.)

«Art. 51. Sont exceptés des prohibitions portées par les articles précédents les arbres de haute futaie qui se trouvent dispersés dans les campagnes et qui ne forment pas forêt ou rive de la qualité exprimée dans l'article 2. Sont sujets, au contraire, à ces dispositions les arbres de haute futaie qui se trouvent dans les bois taillis. (Arr. 19, vent. x, art. 1. O.R., art. 69.)

«Art. 52. Les diverses qualités de peupliers et aunes dont est garnie une forêt ou une rive, s'ils sont de propriété particulière, ne sont pas compris dans la prohibition portée dans les articles ci-dessus : en conséquence, il est permis au propriétaire de les couper lorsqu'il le croit convenable. Il est également permis de couper les châtaigneraies fructifères, quoiqu'il ne le soit jamais de réduire le terrain en culture.

«L'intendant pourra toutefois, sur la demande de l'ingénieur de la province ou du sous-inspecteur des bois, et selon les circonstances, défendre la coupe des dits arbres, lorsqu'ils seront jugés utiles pour soutenir par leurs racines, les terre-pleins ou rives et pour empêcher les éboulements et écroulements de collines et montagne; dans ce cas il est défendu au propriétaire de les couper sous les peines portées à l'article 49. (O.R., art. 69.)

«Art. 53. L'on ne pourra couper les bois, soit taillis, soit de haute futaie appartenant aux communes ou réunions d'habitants qu'avec la permission de l'intendant de la province, auquel la demande en sera formée par délibération consulaire.

«Pour les bois taillis, l'intendant, sur l'avis du sous-inspecteur déterminera la quantité et le lieu où pourra se faire la coupe.

«Pour les bois de haute futaie, l'on procédera au martelage des arbres qui, à raison de leur maturité, pourront être abattus.

«Dans les cas spécifiés, l'intendant, sur l'avis du sous-inspecteur, prescrira les précautions convenables pour fixer par des signes permanents les limites de la coupe et pourvoir tant à la régularité de celle-ci qu'au repeuplement des bois (OC. titre XXV, art. 3, 8, 9, 10. C.F., art. 16, 73, 74, 76 à 80, 90.)

«Arт. 54. Dans les lieux où l'on est en usage d'accorder aux habitants, pour constructions et autres besoins, des bois dans les forêts communales, le conseil fixe la valeur de ces bois à un prix toujours inférieur à celui du commerce et proportionné aux besoins de la commune.

«Personne ne peut profiter de ces bois sans justifier du payement de ce prix. Pour les bois à brûler que l'on est en habitude de prendre dans les bois communaux pour l'usage des habitants, l'on observera les coutumes légalement introduites à cet égard. (OC. titre XXV, art. 11. O.R., art. 122, 123.)

«Arт. 55. Quiconque fera des coupes de bois communaux, soit taillis, soit de haute futaie, sans l'autorisation nécessaire, encourra une amende d'une valeur triple des dits bois, outre l'indemnité due à la commune. (OC. titre XXV, art. 8; XXXII. art. 1 à 6. 8.)

«Arт. 56. La saison pour faire des coupes de bois, tant taillis que de haute futaie, est fixée depuis le 1ᵉʳ novembre jusqu'à la fin d'avril de chaque année. Les coupes faites dans d'autres saisons seront punies d'une amende de 50 livres pour chaque journal de bois taillis coupés et d'une double valeur de chaque arbre de haute futaie abattu. Le terme ci-dessus fixé pour la coupe de bois est de rigueur et ne peut être prorogé. (OC. titre XV, art. 40, 41. C.F. art. 40. O.R. art. 82, 92, 96, 138.)

«Arт. 57. Dans tous les cas d'urgence et lorsqu'il s'agit de réparations de bâtiments menaçant ruine ou d'exécuter des ouvrages imprévus autour des fleuves, rivières, torrents et autres semblables, ou des chemins, les intendants peuvent accorder la permission de couper le nombre d'arbres strictement indispensable pour de tels ouvrages, même hors du terme ci-dessus fixé. (OC. titre XXIV, art. 5 in princip.; XXV, art. 8, in fine. O.R. art. 123 al 4.)

«Arт. 58. Il n'est permis à personne de couper, même sur ses propres fonds, des arbres qui se trouveraient martelés pour le service du gouvernement, sauf le cas où ils ne seraient plus nécessaires pour le service de la marine royale, des arsenaux, ponts, chemins et fortifications et où la permission des coupes aurait été accordée par qui en a le droit, ce sous peine de 50 livres pour chaque arbre. (OC. titre XXI, art. 1, 2; XXVI, art. 3. C.F. 122, 123, 133.)

«Arт. 59. Les employés de l'administration procéderont au martelage des dits arbres, suivant les instructions qui leur seront communiquées; le transport, cependant, de ces arbres pour le service public ne pourra avoir lieu qu'après qu'ils auront été estimés à l'amiable entre les employés de l'administration et le propriétaire, ou par experts choisis par les parties; et, en cas de discordance entre eux, par un expert qui sera nommé d'office par l'intendant de la province. (OC. titre XXI, art. 1, 2, 3; XXV, art. 9. C.F. art. 127.)

«Art. 60. Dans les coupes de bois taillis où l'on trouve de nouveaux arbres de bois dur, on en devra laisser 9 par journal, 3 desquels seront de l'âge de la coupe, 3 de la précédente et 3 des autres coupes; ces arbres que l'on laissera croître en haute futaie seront choisis parmi ceux qui annoncent une meilleure végétation et particulièrement parmi ceux crus sur semis; à défaut de ceux-ci, on les choisira sur les meilleurs troncs.

Tout contrevenant à ces dispositions sera condamné à une amende de 10 livres pour chaque arbre. (OC. titre XV, art. 11, 12; XXIV, art. 3, 4; XXV, art. 3, 10; XXVI, art. 1. O.R. art. 70, 134, 137.)

«Art. 61. Dans les hautes montagnes d'où le transport des arbres d'une excessive grosseur est difficile ou impossible, l'intendant de la province pourra réduire le nombre ci-dessus fixé des arbres de réserve et même, selon les circonstances, dispenser entièrement de l'obligation portée par l'article 60.

«Art. 62. Dans tous les cas où est permise la coupe des arbres de haute futaie, les propriétaires devront semer des glands ou planter de nouveaux arbres en remplacement, sous peine de 2 livres pour chaque place d'arbre abattu qui sera restée vide. (OC. titre III, art. 16. C.F. art. 41.)

«Art. 63. En faisant les coupes, chaque propriétaire ou adjudicataire devra avoir la plus grande attention de ne causer aucun dommage aux arbres voisins et de ne point gâter ceux de la forêt qui doivent rester sur pied, sous peine, dans le premier cas, des dommages à dire d'experts, eu égard à la croissance que les arbres auraient pu faire. (OC. titre XV, art. 43; XXI, art. 4. C.F. art. 34. 37. 44, 196.)

«Art. 64. Il est défendu, en faisant les coupes, de déraciner les arbres; il est également d'arracher les rejetons de la souche. Les coupes devront être faites régulièrement avec la hache, près de la souche même et en forme inclinée pour faciliter l'écoulement des eaux de pluie. Les contrevenants seront punis d'une amende de 1 livre par chaque souche. (OC. titre XV, art. 42. C.F. art. 33, 34, 37, 44.)

«Art. 65. On devra couper les arbres de haute futaie près de terre, sans laisser au dehors aucune partie du tronc, sous peine d'une amende de 1 livre par chaque souche. Sont cependant exceptés les cas auxquels il serait nécessaire de laisser subsister quelque partie du tronc propre à empêcher les avalanches ou les corrosions des fleuves, rivières ou torrents. (OC. titre XV, art. 42; XXIV, art. 9; XXV, art. 11; C.F. art. 37.)

«Art. 66. On n'ouvrira point, à l'occasion des coupes de bois, de nouvelles routes dans les forêts, la vidange devant toujours se faire par celles qu'on a coutume de pratiquer et qui sont indispensables pour le transport de bois, comme elles sont fixées par les employés de l'administration : ce, sous peine de 30 livres pour chaque contravention. (OC. titre XV, art. 52. C.F. art. 39.)

«Art. 67. Il est défendu de laisser dans les bois coupés au delà du terme de la végétation le bois provenant de la coupe, lorsqu'il peut ainsi empêcher la végétation des arbres, tant dans les bois voisins que dans la forêt même; ce, sous peine d'une amende de 15 livres au moins, et de 100 livres au plus. (OC. titre XV, art. 40, 41, 47. C.F. art. 40.)

TITRE IV. — *DISPOSITIONS PARTICULIÈRES POUR LES BOIS COMMUNAUX ET SPÉCIALEMENT POUR LA VENTE DES PRODUITS.*

«Art. 68. Toutes les ventes de bois appartenant aux communes indistinctement seront vendues aux enchères publiques, après les publications ordinaires, tant dans le chef-lieu de la province que dans la commune de la situation des bois et dans les communes voisines.

«L'adjudication aura lieu dans les formes ordinaires par devant l'intendant de la province, lorsque le prix d'estimation excède 1,000 livres; s'il est inférieur l'adjudication se fera devant le conseil de la commune dûment assemblé et sous l'approbation de l'intendant auquel seront communiqués les actes d'enchère. (OC. titre XXV, art. 11, 12. C.F. art. 17.)

«Art. 69. Sont applicables aux enchères des bois communaux les dispositions du titre I du Règlement des contrats pour les eaux et chemins (OC. titre XV, art. 14 à 37; XXV, art. 12.)

«Art. 70. L'administration économique de l'intérieur rédigera le cahier des charges générales pour l'adjudication des coupes de bois communaux; en attendant, ce cahier sera rédigé, le cas arrivant, par le sous-inspecteur des bois et approuvé par l'intendant de la province, sur l'avis de l'inspecteur dans chaque division.

«Le sous-inspecteur, en procédant à la visite des bois à mettre en vente, en calculera approximativement la valeur et il en fera l'estimation qui servira de mise à prix pour les enchères. (OC. titre III, art. 10, 11. O.R. art. 81 al. 3, 82.)

«Art. 71. Les employés de l'administration veilleront avec le plus grand soin à ce que les coupes se fassent avec régularité et suivant le cahier des charges. En cas de contravention, ils en dresseront procès-verbal. (OC. titre III, art. 9; IV, art. 6; V, art. 1; VII, art. 2, 5; IX, art. 4 à 6; XXIV, art. 12; XXV, art. 16. O.R. art. 14.)

«Art. 72. A l'occasion de la première coupe de bois communaux qui sera permise, après publication des présentes, l'on procédera à deux mesurages, dont l'un avant et l'autre après la coupe; ce dernier servira de règle pour la distribution des coupes à l'avenir, à quel effet, l'on en fixera les confins par le moyen de fossés ou d'autres signaux fixés.

«Art. 73. Dans les 6 ans qui suivront la publication du présent, l'on formera aux frais des respectives communes la mappe de tous les bois communaux, selon l'instruction qui sera rédigée à ces fins. Dans cette mappe, l'on indiquera les diverses coupes, les limites de chacune d'elles et les circonstances qui ont rapport à ces bois.

«L'on formera pareillement un registre correspondant à la mappe duquel on transmettra copie à l'intendant de la province. (OC. titre XXV, art. 1. C.F. art. 8, 15, 90. O.R. art. 57, 66, 131.)

«Art. 74. A l'occasion des opérations prescrites par les deux articles précédents, les administrations communales auront soin de vérifier s'il a été commis des usurpations au préjudice de la commune et de les dénoncer à l'intendant de la province pour les provisions convenables. (OR. art. 131, 132.)

TITRE V. — *DE LA FORME DE PROCÉDER SUR LES CONTRAVENTIONS.*

«Art. 75. Les brigadiers, gardes champêtres et gardes bois qui découvriront quelque contravention au présent règlement en formeront aussitôt un verbal qui sera dressé sur papier libre. Ils procéderont, en même temps, à la saisie des arbres et des bois volés ou coupés et des bestiaux surpris en contravention et les placeront sous la garde de quelque personne solvable, faisant résulter du tout dans le même verbal. (OC. titre IX, art. 5; X, art. 4, 7, 9. L 29 sept. 1791, titre IV, art. 2 à 6. C.F. art. 6, 160, 161, 165, 167.)

«Art. 76. Ils pourront aussi procéder à toute perquisition ou visite domiciliaire en l'assistance du juge du mandement ou de son lieutenant, et, à leur défaut, du sindic ou d'un des administrateurs de la commune, lorsqu'il y aura soupçon fondé que les bois ou arbres volés sont cachés dans quelque lieu habité. (L. 29 sept. 1791, art. 5. C.F. art. 161, O.R. art. 182.)

«Art. 77. Ils énonceront dans leur verbal :

«1° Le jour et le lieu de sa rédaction :

«2° Leur nom, prénoms, qualité et résidence;

«3° La qualité et quantité des arbres et bois coupés ou volés ou de bêtes surprises en contravention et toutes les autres circonstances propres à la prouver;

«4° Les interrogats faits aux contrevenants, tant sur leur qualité personnelle que sur les circonstances relatives à la contravention et les déclarations qu'ils auront fournies. Le verbal sera signé par ceux qui l'auront dressé ainsi que par le contrevenant, et, à défaut, l'on exprimera le motif pour lequel celui-ci ne l'a pas signé. (OC. titre X, art. 7. L. 29 sept. 1791, art. 4 et 7. O.R. art. 181.)

«Art. 78. Au cas que la contravention soit accompagnée de quelque délit, les brigadiers, gardes champêtres et gardes forêts n'en rédigeront aucun procès-verbal, mais ils arrêteront le délinquant et le traduiront sur-le-champ par devant le juge du mandement ou son lieutenant pour l'instruction de la procédure criminelle. (OC. titre I, art. 2 à 5, 7, 8, 11.)

«Art. 79. Les procès-verbaux, dans les 2 jours de leur date, seront affirmés avec serment par ceux qui les auront dressés et signés, par devant le juge du mandement ou son lieutenant. L'on donnera lecture aux affirmants du verbal et de l'acte d'affirmation, lequel sera rédigé au bas du verbal même et signé par eux, ainsi que par le juge et son greffier. (OC. titre IX, art. 5; X, art. 8. L. 25 déc. 1790, art. 1. L. 29 sept. 1791, art. 7. C.F. art. 165.)

«Art. 80. Lorsqu'il constera du corps du délit, le procès-verbal rédigé dans la forme ci-dessus prescrite et dûment affirmé par deux des brigadiers, gardes-champêtres ou gardes-forêts, fera pleine foi en justice, sauf du prévenu la preuve contraire.

«Fera, de même pleine foi le verbal rédigé et affirmé par un seul des susnommés, lorsqu'il y aura aveu ou fuite du prévenu, mensonge ou invraisemblance dans ses réponses, récidive dans le délit ou vagabondage ou quelque autre circonstance aggravante, ou bien lorsque l'amende encourue n'excèdera pas 100 livres, sauf, dans tous les cas, la preuve contraire. (OC. titre X, art. 8. L. 29 sept. 1791, titre IX, art. 13, 14. C.F. art. 176 à 178.)

« ART. 81. Aussitôt que le procès-verbal aura été affirmé, il sera transmis à l'inspecteur ou sous-inspecteur de la province et, par celui-ci, présenté à l'avocat fiscal, lequel requerra dans ses conclusions que le contrevenant soit cité par ordonnance du juge-maje, dans un délai de 5 jours au moins, et de 15 jours au plus, à dater de la citation qui lui sera donnée avec notification du procès-verbal. (OC. titre I, IX, art. 5. L. 29 sept. 1791, titre IX, art. 9. C.F. art. 171, 172. O.R. art. 181.)

« ART. 82. Au jour fixé pour la comparution, l'on donnera lecture du verbal à l'audience; le prévenu sera entendu dans ses défenses, en personne ou par le moyen de son avocat ou procureur; l'on entendra pareillement l'inspecteur ou sous-inspecteur dans les demandes qu'ils feront au nom de l'administration et l'avocat fiscal dans ses conclusions; ensuite, comme en cas de contumace, le tribunal prononcera son jugement dans lequel on mentionnera les demandes et exceptions faites par l'administration et le contrevenant et les conclusions du fisc et l'on énoncera les motifs de la décision. Le jugement contiendra la taxe des dépens auxquels sera condamné le prévenu et la commission du juge de son domicile pour l'exécution. (L. 29 sept. 1791, titre IX, art. 11, 12. C.I.C. art. 194, 195. OC. titre IV, art. 1, 3; VI, art. 4. C.F. art. 174, 175, 187.)

« ART. 83. Dans le cas où le procès-verbal ne fera pas une preuve suffisante, aux termes des précédentes dispositions et dans celui où le prévenu demandera à faire la preuve contraire, le tribunal ordonnera que les informations nécessaires seront prises sommairement par le juge instructeur qui pourra déléguer les juges de mandement. (L. 29 sept. 1791, titre IX, art. 13, 14. C.I.C. art. 154 et suiv. 189. C.F. art. 177, 178.)

« ART. 84. Les informations devront être achevées dans le terme d'un mois au plus. Elles seront notifiées par copie au prévenu, en même temps qu'une nouvelle citation à comparaître à l'audience du tribunal qui rendra son jugement en observant les formalités ci-dessus prescrites.

« ART. 85. Lorsqu'il n'aura été dressé aucun procès-verbal, les juges instructeurs ou les juges de mandement devront, sur la dénonciation qui leur en aura été faite ou la connaissance qui leur sera parvenue de quelque contravention, prendre aussitôt des informations nécessaires et procéder aux actes convenables pour constater la contravention et le contrevenant. (C.I.C. art. 63.)

« ART. 86. Les informations, aussitôt qu'elles seront achevées, seront transmises à l'avocat fiscal qui requerra dans ses conclusions que le prévenu soit assigné à comparaître par devant le tribunal. On exprimera dans l'ordonnance de citation l'objet de la contravention et l'on donnera copie au prévenu des informations, en même temps que de la citation. On observera, au surplus, les dispositions de l'article 82. (OC. titre VI, art. 1, 3, 4. C.I.C. art. 127, 132.)

« ART. 87. Pourront appeler des jugements des tribunaux de judicature maje dans les cas prévus par la loi, soit le condamné, soit l'inspecteur ou le sous-inspecteur, au nom de l'administration, soit l'avocat fiscal.

« L'appel sera porté au Sénat, si la contravention a eu lieu dans les bois et forêts appartenant aux communes ou aux particuliers et au magistrat de la Chambre, si elle a lieu dans les bois et forêts de propriété domaniale.

« Dans ce dernier cas, le procureur général du Roi pourra également interjeter appel, encore que les conclusions de première instance n'auraient pas été pour la condamnation; il aura pour interjeter appel 2 mois du jour du jugement. (OC. titre XIII, art. 1, 2, 3. C.I.C. art. 202, 216, 413. C.F. art. 183, 184.)

« ART. 88. Les bestiaux saisis pourront toujours, même avant le jugement, être relâchés par ordonnance du juge de mandement, moyennant caution solvable. (OC. titre XXII, art. 10, 11. C.F. art. 168. L. 29 sept. 1791, titre IX, art. 3.)

« ART. 89. Les pères, tuteurs, curateurs, maris et maîtres sont civilement responsables des amendes, frais et dommages auxquels seraient condamnés leurs enfants, pupilles, mineurs, femmes et domestiques. (OC. titre XIX, art. 13; XXXII, art. 7, 10. C.C. art. 1384, 1385. C.F. art. 206.)

« ART. 90. Les brigadiers, gardes champêtres et gardes bois pourront exercer les fonctions d'huissier pour tous les actes de notification, citation et exécution relatifs aux causes de contravention. (OC. titre X, art. 7, 15. C.F. art. 173.)

« ART. 91. Les amendes seront recouvrées, aux termes des dispositions des Royales Patentes du 22 novembre 1821; elles appartiendront pour moitié à ceux qui auront constaté la contravention. laquelle moitié sera divisée avec le dénonciateur, s'il y en a, et pour l'autre moitié aux congrégations locales de charité. (OC. titre XXV, art. 21, XXVI, art. 5; XXVII, art. 17. C.F. art. 204; 210, 215.)

« ART. 92. Les employés de l'administration qui se rendraient coupables de quelque malversation, concussion ou autre délit, dans l'exercice de leurs fonctions, seront soumis à la juridiction du magistrat de la royale Chambre des Comptes. »

Tel est ce règlement où l'on retrouve des souvenirs évidents de l'ordonnance de 1669 alliés avec des dispositions inspirées par la nature montagneuse du pays et dont la plupart figuraient déjà soit dans les Royales Constitutions, soit dans les Édits relatifs aux bois de Tarentaise.

Ce qui domine dans le règlement c'est, d'une part, la création d'une administration spéciale; l'abandon des juridictions administratives pour revenir aux tribunaux ordinaires.

Mais, si les intendants ont perdu le droit de juger les infractions forestières, par contre, ils ont conservé un pouvoir presque discrétionnaire sur l'application des lois dans nombre de cas. Toutes les dispositions seront examinées en détail dans l'étude des diverses parties du nouveau régime local.

SECTION II.

Dispositions complétant ou modifiant le Règlement de 1822.

De nombreux actes de l'autorité sont venus modifier ou compléter le Règlement forestier de 1822; on ne trouvera ici que ceux émanés du Roi et qui ont un caractère général. Toutes les dispositions particulières seront étudiées sous la rubrique qu'elles concernent.

Afin de permettre de suivre plus aisément les changements apportés au Règlement par les décisions ultérieures, elles ont été classées sous chacun des titres dudit règlement.

§ 1. Administration pour la surveillance des bois.

I. **Indemnités aux agents.** — Lettres Patentes du 30 juillet 1823.

« Si le résultat des opérations qui ont eu lieu pour obtenir dans l'administration des bois et forêts une marche plus avantageuse et plus régulière a démontré que les employés de cette administration s'acquittent, en général, d'une manière satisfaisante des devoirs qui leur sont imposés, il a prouvé en même temps la nécessité de leur accorder de nouveaux moyens de subvenir aux dépenses qu'ils sont souvent dans le cas de faire pour apporter la plus grande exactitude dans l'exercice de leurs fonctions.

« Cette considération nous a déterminé à donner à cet égard quelques dispositions qui, en assurant dans l'intérêt général de l'État, la régularité du service des susdits employés, en fassent supporter la charge par ceux en faveur et pour l'utilité desquels il vient à être requis.

« C'est pourquoi, par les présentes..... nous avons ordonné et ordonnons ce qui suit :

« Art. 1er. Lorsqu'on procédera soit au moyen des enchères publiques, soit au moyen d'une convention particulière, à la vente des plantes de haute futaie ou à celle de la coupe des bois taillis appartenant aux communes ou aux établissements placés sous la tutelle du gouvernement (notre domaine seul excepté), l'adjudicataire ou l'acquéreur sera obligé de verser dans la caisse de la province dans laquelle la vente a lieu le 5 p. 100 du prix d'achat et en sus du dit prix qui sera payé à qui de droit.

« Art. 2. Pour les visites périodiques et fixées à certaines époques que les sous-inspecteurs devront faire dans tous les bois qui se trouvent dans leurs provinces respectives, ainsi que pour celles qui pourront leur être prescrites par l'intendance générale de l'intérieur ou par l'intendant de la province, ils recevront une indemnité de 10 livres par jour, tout compris. Ils transmettront la note contenant la désignation des jours qu'ils auront passés hors de leur résidence à la dite intendance générale de l'Intérieur, qui autorisera l'intendant de la province à leur délivrer un mandat de payement comme cela se pratique à l'ingénieur des eaux et chemins.

« Art. 3. Lorsque les sous-inspecteurs devront, ensuite de l'autorisation de l'intendant, faire une visite des lieux, afin de pouvoir donner avec connaissance de cause leur avis pour l'intérêt soit des communes, soit des particuliers, ils auront droit à une indemnité de 10 livres par jour, lesquelles seront payées par les communes respectives ou par les particuliers qui auront donné lieu à la dite visite. L'intendant visera la note des frais qui seront perçus ensuite par les inspecteurs suivant le mode ordinaire.

« Art. 4. Les indemnités qui devront être payées aux inspecteurs pour les visites qu'ils seront dans le cas de faire pour le service public seront à la charge de notre trésor, pris sur les fonds du dicastère de l'intérieur et payés à raison de 12 livres par jour.

« Art. 5. Pour les frais de bureau et pour toutes les autres dépenses nécessaires, les inspecteurs recevront la somme annuelle de 300 livres et les sous-inspecteurs celle de 250 livres; la première sera payée par notre trésor et la seconde est à la charge de la province. »

II. **Indemnités aux brigadiers.** — Par nouvelles Lettres Patentes du 10 septembre 1824, le roi Charles Félix accorda aux brigadiers une indemnité de tournée journalière de 3 livres sans découcher ou de 5 livres avec découcher.

Cette indemnité était payable comme celle des agents. L'article 1 des Patentes décidait que les brigadiers « pourraient procéder aux visites et reconnaissances qui... étaient confiées jusqu'à présent aux sous-inspecteurs ».

III. **Gardes communaux.** — Lettres Patentes du 18 janvier 1825 ayant pour but d'apporter au règlement sur les bois et forêts des modifications utiles indiquées par l'expérience.

RÈGLEMENT

CONCERNANT LA NOMINATION, LE SERVICE ET LE PAYEMENT DES GARDES FORESTIERS COMMUNAUX.

« Art. 1er. La surveillance des bois, attribuée aux gardes champêtres par le Règlement approuvé par les Royales Patentes du 15 octobre 1822, est confiée à l'avenir aux gardes forestiers communaux. Ceux-ci dépendront directement des sous-inspecteurs de l'administration des bois et forêts et seront nommés sur leur proposition par les intendants des provinces. (L. 29 septembre 1791, titre XII, art. 3. L. 9 flor. xi, art. 10. L. P. 14 oct. 1822, art. 4, 7°. C. F. art. 95.)

« Art. 2. Les gardes forestiers communaux seront choisis de préférence parmi les meilleurs gardes champêtres actuellement en service ou parmi les anciens militaires de l'armée royale, pourvu qu'ils possèdent les qualités nécessaires. (L. 9 flor. xi, art. 10. D. 8 mars 1811, art. 4. L. P. 15 oct. 1822, art. 5, al. 2.)

« Art. 3. Chaque province sera subdivisée en triages forestiers qui comprendront le territoire d'une ou de plusieurs communes, d'après les nécessités locales. Chaque triage sera confié à la surveillance d'un garde forestier. (C. F. art. 97.)

« Art. 4. La répartition en triages forestiers sera faite par l'intendant sur la proposition du sous-inspecteur. L'approbation de cette répartition est réservée à l'administration économique de l'intérieur. (O. R. art. 10, al. 3.)

« Art. 5. Les gardes forestiers pourront être déplacés d'un arrondissement à l'autre, moyennant l'autorisation de la même administration économique.

« Art. 6. Il est loisible à l'intendant de les suspendre de l'exercice de leurs fonctions sur la demande de l'inspecteur de la division ou du sous-inspecteur de la province. Il appartient à l'administration économique de prononcer, au besoin, le déplacement. (L. 9 flor. xi, art. 14. L. 29 sept. 1791, titre XII, art. 3. C. F. art. 98. O. R. art. 38.)

«Art. 7. Le service des gardes forestiers communaux est incompatible avec tout autre emploi étranger à l'administration forestière; il est réglé par les brigadiers sous les ordres du sous-inspecteur. (OC. titre 10, art. 12. L. 29 sept. 1791, titre III, art. 13 à 15. O. R. art. 31, 32.)

«Art. 8. Leur traitement annuel ne sera ni inférieur à 250 livres, ni supérieur à 400; il sera payé par les communes composant le triage, d'après la répartition faite par l'intendant. (OC. titre XXV, art. 14. L. 29 sept. 1791, titre XII, art. 2. L. 9 flor. xi, art. 13. L. P. 15 oct. 1822, art. 7. C. F. art. 97.)

«Art. 9. Le payement du traitement se fera tous les mois, par mandat délivré par l'intendant.

«Art. 10. Les gardes forestiers communaux porteront l'uniforme précédemment imposé aux gardes champêtres. Dans l'exercice de leurs fonctions, ils pourront faire usage du fusil, de la baïonnette et des pistolets réglementaires. (OC. titre 10, art. 13. Circ. n° 328, 31 juillet 1806. OR. art. 30.)

«La dépense totale résultant de l'uniforme et de l'armement est à la charge des communes comprises dans le triage; elle sera répartie entre elles par l'intendant proportionnellement à la part payée par chacune d'elles pour le traitement du garde.

«Art. 11. Sont applicables aux gardes forestiers communaux toutes les dispositions imposées auparavant aux gardes champêtres sur tout ce qui concerne l'exécution du règlement approuvé par les Royales Patentes.

«Art. 12. Les gardes forestiers qui, dans l'accomplissement de leurs devoirs, donneront des preuves de bonne conduite, de zèle et d'habileté, auront la préférence, parmi les postulants, à l'emploi de brigadier. (L. P. 15 oct. 1821, art. 8.)

«Art. 13. Les gardes champêtres des communes qui, à l'avenir, sont principalement chargés de la surveillance des champs seront toutefois tenus de prêter leur concours à l'administration des bois et forêts, puisque le droit de constater les contraventions suivant le mode déterminé pour le dit règlement ne leur a pas été enlevé. »

IV. **Gardes particuliers.** — Par Lettres Patentes, du 10 mars 1832, le roi Charles-Albert a conféré au premier secrétaire d'État des affaires internes la faculté de nommer les gardes particuliers, toutes les autres prescriptions du règlement demeurant en vigueur. (L. P. 15 oct. 1822, art. 4, 8°. C. P. art. 117. O. R. art. 150.). Mais, comme le fisc n'entend jamais renoncer à ses droits, un billet royal du 15 mars suivant décida que les propriétaires forestiers qui obtiendraient l'autorisation d'avoir des gardes de leurs bois ne «devaient pas être exempts de l'obligation de payer au Trésor le droit établi par le tarif général pour une telle concession».

33.

§ 2. Consigne des bois.

Consigne des bois. — Par Lettres Patentes, du 25 mars 1823, le roi Charles-Félix a prorogé jusqu'au 30 juin 1823 le délai de 6 mois accordé par l'article 11 du règlement du 15 octobre 1822 pour déclarer les bois. S. M. «a été informée que, par suite du défaut de cadastres réguliers, on ne pouvait, dans beaucoup de provinces, faire la déclaration. Par d'autres Royales Patentes, du 17 juin 1823, elle a ordonné que la consigne prescrite... fut prorogée encore jusqu'à la fin d'octobre, terme fixe, maintenant, du reste, toutes les autres dispositions du dit règlement. »

§ 3. Coupes et exploitations.

I. Transport et vidange des bois. Billet Royal du 10 octobre 1826. — «Aux intendants des provinces de Savoie propre et du Genevois et aux vice-intendants des 6 autres provinces du duché de Savoie.

«Fidèle et aimé,

«Nous sommes informé que, dans diverses communes de la division de Savoie, l'escarpement des lieux et l'étroitesse de certaines routes communales empêchent absolument de faire usage de chars à roues pour le transport de certains objets qui, par leur poids, leur volume et leur forme ne peuvent être portés ni à dos d'homme, ni sur des bêtes de somme. C'est pourquoi, dans ces cas, il faut revenir aux moyens anciennement usités du traînage et du traîneau.

«Aussi, aux termes des dispositions contenues dans notre billet du 24 mai de cette année, notifié au public par un manifeste de notre Chambre des Comptes, en date du 29 du même mois, il était interdit dans le duché d'user de ces moyens. Seulement les intendants avaient la faculté de permettre uniquement à l'époque où les routes sont tellement couvertes de neige ou durcies par la gelée, nous sommes donc déterminé à pourvoir à ces besoins, afin que, par ces dispositions, les habitants de cette division ne soient pas privés de l'unique moyen qui, dans certains cas, leur permet d'effectuer les transports nécessaires sur les routes visées plus haut.

«En conséquence, quand se présenteront des cas semblables, je vous autorise à accorder en toute saison des permissions spéciales de pratiquer le traînage ou d'employer les traîneaux sur les routes communales. Mais il faut toujours qu'il y ait impossibilité de faire autrement le transport et préalablement les intéressés devront s'engager à supporter tous les dommages que cette manière de transport aura causés aux routes.

«Donné au château d'Aglié, le 10 octobre 1826, de notre règne le 6ᵐᵉ. — Charles-Félix. »

II. Ébranchage. — L'ébranchage des arbres de futaie fut assimilé par Lettres Patentes du 24 octobre 1826 à l'abatage de ces mêmes arbres et, comme lui, assujetti à l'autorisation préalable et écrite de l'intendant. (L. P. 15 octobre 1822, art. 46.)

§ 4. Constatation et poursuite des délits.

I. **Affirmation.** — Les Lettres Patentes, du 27 juin 1823, accordent au châtelain, au syndic et vice-syndic des communes de Savoie où ne résident ni le juge ni son lieutenant le droit de recevoir l'affirmation des procès-verbaux dressés par les gardes, «de recevoir les plaintes et les dénonciations, procéder aux actes et dresser les procès-verbaux de la compétence des officiers de police qu'ils transmettront à l'assesseur instructeur du tribunal de judicature maje, ou bien au juge du mandement, ou bien au châtelain pour les informations prescrites par l'article 85» du règlement de 1822.

Ces dérogations aux articles 79, 85 et 86 dudit règlement étaient justifiées par ce fait qu'en Savoie «l'affirmation des procès-verbaux dressés par les employés de l'administration des bois et forêts ne pouvait que difficilement avoir lieu dans le délai fixé par l'article 79 du règlement..., eu égard aux circonstances locales et surtout à la distance de plusieurs communes du lieu où résident les juges.»

L'année suivante, de nouvelles Patentes, en date du 10 septembre 1824, reconnurent la nécessité d'étendre les mêmes pouvoirs aux châtelains et syndics du reste du royaume. Les procès-verbaux dressés par les inspecteurs et sous-inspecteurs avaient été dispensés de la formalité de l'affirmation par les Patentes du 3 juin 1823.

II. **Transactions.** — L'institution si importante des transactions en matière forestière, jusque-là ignorées de la législation, est due aux Lettres Patentes du 15 avril 1825, dont la teneur suit :

«Charles-Félix, etc...

«Depuis qu'on a mis en vigueur le règlement des bois et forêts, annexé à nos Patentes du 15 octobre 1822, divers cas se sont présentés où la contravention était, soit douteuse, soit évidente mais où les inculpés pouvaient alléguer des excuses propres à exclure la mauvaise foi. Dans ces cas, l'application judiciaire des amendes encourues semblait par trop rigoureuse.

«Aussi avons-nous reconnu qu'il était utile, dans de semblables cas, de régler par voie de transaction ces contraventions. Ce système, tout en garantissant les intérêts de l'administration, permet d'accélérer les poursuites, en raison du moindre nombre de contrevenants. C'est pourquoi, par les présentes, de notre certaine science et autorité royale, eu, sur ce, l'avis de notre conseil, nous avons ordonné et ordonnons ce qui suit :

«1° Les contraventions au règlement et aux lois en vigueur pour l'administration des bois et forêts emportant une simple peine pécuniaire ou même une peine corporelle subsidiaire pourront être transigées, quel que soit l'état de la cause, moyennant le payement d'une somme fixée d'accord avec l'administration. (OC. titre XXXII, art. 15. C.F. art. 159, al. 4.)

«2° Les offres pourront être faites par acte sous seing privé et devront être remises aux inspecteurs et sous-inspecteurs de l'administration chargés de traiter l'affaire.

«3° Si les contraventions emportent une peine pécuniaire inférieure à 100 livres, les transactions proposées comme il est dit ci-dessus pourront être acceptées par les inspecteurs et sous-inspecteurs pourvu qu'elles soient munies de l'avis des avocats fiscaux; c'est après qu'interviendra le consentement écrit de l'intendant général de l'administration économique de l'intérieur.

«Pour les contraventions emportant une peine pécuniaire supérieure à 100 livres, comme pour les causes dont il a déjà été fait appel devant la Chambre ou nos Sénats, les transactions ne pourront être acceptées sans le consentement de notre premier secrétaire d'État pour les affaires internes. Celui-ci décidera, après avis de notre procureur général ou des avocats généraux du fisc auxquels il appartient respectivement de reconnaître si, par leur nature, les infractions à la loi sont susceptibles de transactions, conformément aux présentes.

«4° Les sommes proposées à titre de transaction ne comprendront ni les frais de procédure, ni les indemnités qui, en toute justice, peuvent être dues aux parties lésées.

«Les frais seront taxés par les assesseurs instructeurs et seront payés avec les sommes offertes comme dédommagement des contraventions.

«5° Le total des transactions sera recouvré et réparti conformément à l'article 91 du règlement et à nos Patentes du 18 janvier dernier.

«Données à Gênes, le 15 avril 1825, de notre règne le 5°. — Charles-Félix.»

Malgré les complications qui l'entouraient, telle l'obligation d'avoir l'assentiment de Turin, cette innovation était des plus heureuses et elle permettait de tenir compte de toutes les circonstances qui peuvent amoindrir la responsabilité du délinquant ainsi que de l'importance du délit. L'ancienne législation française en fixant le plus souvent des peines arbitraires donnait toute latitude au juge de proportionner la peine à l'infraction; mais, par le fait même qu'aucune pénalité n'était prévue, elle exposait aussi le contrevenant à des réparations que le juge pouvait taxer fort haut. Les Royales Constitutions n'étaient pas plus justes.

Ce qu'il y a aussi de très original, dans ces Patentes du 15 avril 1825, c'est que ce n'est pas l'administration qui impose sa décision au coupable; elle doit, au contraire, attendre les offres de celui-ci et dire si elle les juge suffisantes.

III. **Attributions des amendes.** — L'article 91 du règlement attribuait la moitié des amendes aux préposés forestiers qui avaient constaté le délit : mais il arrivait parfois que le délit était reconnu sans l'intervention des gardes ou d'un dénonciateur. Dans ce cas, la part de l'amende qui leur était réservée était attribuée au fisc. «Voulant assurer toujours mieux l'exacte observation des importantes dispositions relatives à la conservation des bois et forêts, en encourageant la vigilance des employés le roi Charles-Félix, par ses Patentes du 18 janvier 1825, renonça à la part des amendes revenant au fisc et ordonna qu'elle serait «versée par le receveur des domaines dans la caisse de l'économe de l'administration économique de l'intérieur pour être convertie et distribuée, par les soins du premier secrétaire d'État aux affaires internes, en gratifications au profit des brigadiers des bois et forêts qui se seront le plus distingués dans l'accomplissement de leurs devoirs».

CHAPITRE II.

L'ADMINISTRATION FORESTIÈRE.

SECTION I.

Les agents.

§ I. LES AGENTS DU DUCHÉ.

Le gouvernement sarde maintint à leur poste, après enquête auprès des intendants de province[1], tous les agents en service lors de la promulgation de l'édit de 1822 : le titre seul s'est trouvé modifié. Les gardes généraux sont devenus des sous-inspecteurs; Joseph Crusilliat a conservé son titre ainsi que l'inspecteur Pacoret. Seul le chef de cantonnement de Carouge, André Chatrier, fut remplacé par le chevalier Nicod de Magny, syndic de la commune de Monthoux[2]. Ce nouvel agent ne trouvant pas de logement à Saint-Julien en Genevois fut autorisé provisoirement, par lettre de l'intendant général de l'intérieur du 5 mars 1823, à résider à son domicile; mais il fut invité à venir, sans trop tarder, habiter au chef-lieu de l'intendance. Seul le sous-inspecteur Crusilliat se trouva exempt de cette obligation.

Le 2 janvier 1823, les nouveaux agents reçurent l'instruction provisoire suivante :

« ART. 1. Aussitôt après réception de la présente instruction, MM. les inspecteurs et sous-inspecteurs devront rejoindre les postes qui leur ont été respectivement assignés où ils doivent se trouver le 20 du courant, au plus tard.

« ART. 2. Lorsqu'ils auront rejoint, ils en informeront l'intendant général de l'agence de l'intérieur; ils se présenteront à l'intendant ou vice-intendant de la province avec lesquels ils devront demeurer dans le plus complet accord.

« ART. 3. Ils se présenteront également au tribunal de la province pour prêter le serment prescrit par l'article 10 du règlement.

. . . .

« ART. 5. Les inspecteurs auront sous leurs ordres les sous-inspecteurs et les brigadiers de toute la division, ils correspondront avec l'intendance générale de l'agence économique de l'intérieur, avec l'intendant général de la division, avec les intendants ou vice-intendants des provinces qui la composent et uniquement pour le service avec les sous-inspecteurs et les brigadiers.

« ART. 6. Les sous-inspecteurs auront sous leurs ordres les brigadiers de leur province respective, et ils correspondront avec l'intendance générale de l'agence écono-

---

[1] Arch. H.-S., corr. I. Ay. avec Min. Inter., 1822, n° 459.
[2] Arch. H.-S., corr. I. K. avec diverses, 1823, n°⁸ 148, 399.

mique de l'intérieur, avec l'intendant général, l'inspecteur de la division, avec l'intendant de la province, avec les brigadiers et, suivant le besoin, avec les sindics des communes... »

Mais l'existence d'un seul agent par province paralysait le service : il était matériellement impossible que l'inspecteur ou le sous-inspecteur pût à la fois procéder à des reconnaissances, à des opérations sur le terrain, assurer l'expédition des affaires au bureau et suivre les instances forestières.

Aussi, par circulaire du 19 juillet 1823, le Ministre de l'intérieur autorisa-t-il les inspecteurs « à se faire remplacer aux audiences des tribunaux par un employé qui serait directement nommé par S. M. ». Les inspecteurs et, après eux, les intendants présentèrent généralement à l'agrément du roi des brigadiers ou actifs ou sédentaires[1]. Par la force des choses, cette délégation s'étendit au delà de ses limites juridiques initiales, de sorte qu'en peu d'années plusieurs sous-inspecteurs ou inspecteurs eurent à côté d'eux un véritable suppléant dont le règlement du 15 octobre 1822 ne prévoyait pas l'existence. A partir de 1826, on voit Charles-Félix accorder, par billets royaux, *honoris causa*, à ces auxiliaires le titre de « sous-inspecteur honoraire »[2]. Mais l'intendant général de l'administration de l'intérieur, en expédiant les brevets, fit remarquer aux titulaires « que cette faveur ne les dispensait pas de remplir leurs devoirs comme brigadiers et d'exécuter toutes les commissions qui pourraient leur être données par l'administration soit pour aider, soit pour remplacer au besoin le sous-inspecteur de la province duquel ils continuaient toujours à dépendre ». On relève les noms ci-après des sous-inspecteurs honoraires :

A Bonneville, Anthonioz (Jean), 14 janvier 1826.

A Thonon, Bernaz (Jean), 14 octobre 1826.

A Bonneville, Delètraz (François), 22 février 1828.

A Annecy, Germain (Jean-Joseph), 1829.

A Chambéry, de Rochette (Auguste), 1830.

Ces agents stagiaires pouvaient être placés à la tête d'une sous-inspection, quand se produisait une vacance. Ainsi le sous-inspecteur d'Annecy, Perret, étant décédé le 3 avril 1827 et ayant été remplacé par Peyssard, sous-inspecteur de la Haute-Savoie, ce fut Jean Anthonioz qui prit le poste de Conflans, le 12 février 1828, avec le grade de sous-inspecteur titulaire[3].

§ 2. Recrutement des agents.

Immédiatement après la mise en vigueur du nouveau règlement, le gouvernement ne semble pas se préoccuper des connaissances techniques que peuvent avoir les personnes sur qui porte son choix. Si pour certains brigadiers « intelligents, actifs, de bonne réputation », mais peu enthousiastes pour le « buon governo » les intendants demandent la révocation, on peut juger que les considérations qui ont fait nommer sous-inspecteur le chevalier Nicod de Magny devaient être fort étrangères à l'art forestier.

[1] Arch. H.-S., corr. l. K. avec Min. Inter., 1823, n° 291.
[2] Arch. H.-S., corr. l. Fy. avec adm. div., 1826, n° 233. Corr. l. Ch. avec divers, 1826, n° 179.
[3] Arch. H.-S., corr. l. Fy, avec adm. div., 1848, n° 3.

Avec la création des sous-inspecteurs honoraires pris parmi les meilleurs des brigadiers, il semble que la nécessité pour le personnel de gestion des forêts d'avoir des connaissances techniques soit enfin apparue. Le stage de ces agents auxiliaires auprès des sous-inspecteurs permettait de faire encore une nouvelle sélection, mais toujours influencée par l'arbitraire administratif.

On pourra suivre la carrière, jusqu'à la fin de la période sarde, de deux de ces agents sortis de l'« honorariat » : Jean Germain et Anthonioz.

Il pouvait exister, en outre, auprès de chaque sous-inspection, des volontaires agréés par l'intendant général de l'intérieur, qui, ultérieurement, obtenaient le grade de brigadier. Il y avait là une pépinière de futurs agents au courant du bureau et de l'instruction des affaires[1].

§ 3. Avancement, traitements, indemnités.

I. L'article 7 du règlement fixe les traitements des agents forestiers et celui des brigadiers; et l'article 6 dispose que les inspecteurs seront payés par le trésor royal et les sous-inspecteurs par les provinces.

D'une façon générale, les agents en troquant le titre de garde général contre celui de sous-inspecteur ne reçurent qu'une simple appellation sans aucun des avantages qui s'y rattachaient dans la période impériale. Ainsi, par exemple, le plus ancien des gardes généraux, celui de Tarentaise, Gabet, fut simplement nommé sous-inspecteur de 3ᵉ classe, au traitement de 1,000 livres, dont il jouissait auparavant[2].

En avril 1823 certains intendants, n'ayant reçu aucune instruction au sujet du mandatement du traitement des agents, différèrent le payement jusqu'à la réception des indications qu'ils avaient sollicitées : le retard ne fut d'ailleurs que de quelques semaines. En certaines provinces, l'intendant avait ordonnancé la somme et se borna à faire régulariser ensuite les pièces comptables.

En cas d'indisponibilité d'un agent pour cause de maladie ou autre, le service était assuré par un brigadier ou un sous-inspecteur honoraire[3]. Mais, même quand il s'est agi d'un remplacement de longue durée, comme, par exemple, lors de la dernière maladie et du décès du sous-inspecteur d'Annecy dont le poste demeura virtuellement ou réellement vacant pendant trois ans, l'intérimaire ne touchait que son traitement de brigadier. C'est à peine si on lui tenait compte des pertes ou des débours faits à cette occasion; une simple indemnité et l'espoir d'être titularisé sous-inspecteur constituaient un payement suffisant.

II. **Indemnités.** — Les Lettres Patentes du 30 juillet 1823 ont accordé une indemnité journalière aux agents pour leurs déplacements. Certains intendants de province invitaient les sous-inspecteurs à faire des tournées pour stimuler les préposés, étudier sur place les questions de pâturage[4]; mais, en général, la plupart de ces administrateurs s'efforçaient de réduire le nombre des tournées. Il est vrai de dire que l'ins-

---

[1] Arch. H.-S., corr. I. Ch. avec divers, 1827, n° 269.
[2] Arch. Tse., corr., I., 1823, 28 juin.
[3] Arch. H.-S., corr. I. Ay. avec Min. Inter., 1826, n° 463; 1828, n° 94. Corr. I. K. avec Int, 1831, n° 1188, 1832, n° 1424.
[4] Arch. Tse., corr. I. exter., 1824, 18 déc.; int. 1824, 28 mai; 1825, 21 déc.

struction et l'expédition des affaires, les poursuites des délits prenaient presque tout le temps des agents. «Pour faire des tournées périodiques, telles que les exigent les instructions, écrivait Crusilliat, le 20 novembre 1827, à l'Intendant général, il faudrait y consacrer plus du tiers de l'année et cela suffirait à peine d'après l'étendue des forêts communales et 4 ou 5 mois d'absence de mon bureau laisseraient en souffrance une infinité d'affaires qui léseraient les intérêts de beaucoup de particuliers.» Ce sous-inspecteur propose de ne faire que 30 jours de tournées annuellement, «dans les parties où elles seraient le plus nécessaire». Il fallait de plus que l'agent fît un rapport sur les opérations effectuées, les remarques et les améliorations faites, etc....

En Tarentaise, l'Intendant général de l'intérieur réduisit à une tournée par an les déplacements que le sous-inspecteur exécutait périodiquement [1]. En Tarentaise comme en Faucigny, les sous-inspecteurs et les intendants délèguent pour faire les tournées des brigadiers ou le sous-inspecteur honoraire [2]; les intendants veulent aussi réaliser des économies sur les frais de déplacement à payer par le Trésor ou la province. Mais s'agit-il d'une vacation due par une commune ou un particulier, les intendants rendent exécutoire «la note des frais» [3], sans observations.

Dans certaines provinces, comme celle de Carouge, le sous-inspecteur est accompagné dans ses déplacements par un garde désigné par l'intendant; pendant l'absence de ce préposé le triage est surveillé par les gardes des communes voisines, sur ordre de l'intendant [4]. Mais on ne sait si le préposé-ordonnance recevait une indemnité, ni le montant de cette indemnité, ni la caisse qui en était chargée; il est vraisemblable que ces frais étaient payés soit sur la caisse de la province, soit sur les 5 p. 100 du produit des coupes communales.

III. **Avancement.** —— Les avancements de grade étaient accordés par billet royal; c'est le mode usité pour les sous-inspecteurs honoraires qui sont titularisés.

L'élévation dans un même grade à une classe supérieure était prononcée par le Ministre de l'intérieur.

Le pauvre Gabet sollicita le 4 décembre 1826 sa deuxième classe «avec les appointements relatifs, sans changer de résidence [5]; cette requête fut appuyée auprès de l'administration économique de l'intérieur par l'intendant de Moutiers qui représenta combien le pétitionnaire était «recommandable par son âge avancé, la longue durée de ses services et son attachement au gouvernement». Chaque décision de ce genre était soumise à une enquête préalable auprès des intendants de province et il ne paraît pas que l'inspecteur de la division intervînt pour faire même de simples propositions.

Rien n'indique que Gabet ait obtenu avec sa deuxième classe son augmentation de traitement de 250 livres, depuis si longtemps désirée.

IV. Si le gouvernement n'était pas très large pour ses agents, en revanche, il savait fort bien les mettre à contribution de toutes les façons.

[1] Arch. Tse., corr. I. int. 1826, 1er mars; 1829, 15 mai.
[2] Arch. Tse., corr. exter. 1828, 15 sept. Arch. H.-S., corr. I. Ay. avec sind. 1823, n° 352, corr. I. Fy. avec divers, 1826, n° 350.
[3] Arch. Mme A., 1er oct. 1831.
[4] Arch. H.-S., corr. I K. avec sind., 1829, n° 1483; 1830, n° 1889.
[5] Arch. Tse., corr. I. int. 1826, 21 déc.; corr. I. ext. 1826, 4 décembre.

Le 26 janvier 1826, le sous-inspecteur honoraire Anthonioz reçut de l'intendant de Bonneville l'ordre suivant : « Vos connaissances en matière de comptabilité me déterminent à vous charger d'une opération pressante relative au nouveau cours des monnaies, m'autorisant de la faculté que m'a donnée Son Excellence le Ministre des Finances d'employer pour cet objet les personnes que je jugerais convenables. Je vous invite, en conséquence, à vous rendre immédiatement à Boëge pour y vérifier la caisse du percepteur et reconnaître les espèces dont elle se compose » [1].

Le roi a-t-il besoin d'argent, ouvre-t-il un emprunt comme celui prescrit le 23 août 1831, les fonctionnaires sont mis à contribution et les intendants leur adressent des circulaires de ce genre : « Je ne dois pas vous laisser ignorer que, d'après les instructions particulières données sur cet objet par la Royale Secrétairerie des Finances, Messieurs les employés du gouvernement sont particulièrement invités à faire spontanément une offre pour l'achat de cette rente, qui soit en rapport avec leurs ressources particulières et l'importance des traitements dont ils jouissent. Le gouvernement qui avait d'abord projeté une retenue graduelle sur le traitement de ses employés a préféré laisser à ceux-ci le mérite et l'honneur d'une offre spontanée » [2].

§ 4. Fonctions.

D'après le règlement de 1822, les agents forestiers ont à instruire les affaires de défrichement, de repeuplement, de parcours, de constructions à distance prohibée, de mise en réserve, de coupes dans les bois particuliers et communaux ; ils doivent procéder à l'assiette de quarts en réserve, aux martelages, aux estimations des coupes ; ils ont de plus à tenir note des procès-verbaux de délit, à assister aux audiences pour y présenter leurs observations. Les amendes prononcées par les tribunaux étaient versées pour partie entre les mains des inspecteurs ou sous-inspecteurs, chargés d'en faire la répartition entre les préposés verbalisateurs.

Au début du printemps 1833, l'intendant général de l'Intérieur, probablement à la suite de quelque plainte, prescrivit la vérification des registres des inspecteurs ou sous-inspecteurs au sujet de la comptabilité de ces amendes. Ce contrôle permit de voir qu'il existait au moins un grand désordre dans cette partie du service. Dans la période du 23 février 1823 au 20 mai 1831, pendant laquelle le chevalier Nicod de Magny avait exercé les fonctions de sous-inspecteur dans la province de Carouge, avant que d'être nommé commissaire aux Levées, il avait été versé à cet agent une somme de 9,777 liv. 040 provenant des amendes. Le registre ne portait aucune annotation, et les archives ne contenaient aucune pièce justifiant de la répartition de cette somme entre les préposés [3].

A Moutiers, une junte spécialement réunie pour cet examen constata qu'un certain nombre de pièces justificatives faisaient défaut, qui ne furent fournies par Gabet que 39 jours après [4]. En Faucigny, le sous-inspecteur « n'est nanti d'aucune pièce probante, s'étant plus attaché à effectuer le payement à chaque garde qu'à se mettre à

[1] Arch. H.-S., corr. l. Fy. avec adm. divers., 1826, n° 237.
[2] Arch. H.-S., corr. l. Av., 1831, n° 1605.
[3] Arch. H.-S., corr. l. K., avec divers, 1833, n° 245.
[4] Arch. Tse., corr. l., 1833, 19 mars, 1ᵉʳ mai.

même d'en justifier, parce qu'il ne supposait pas être jamais dans le cas de le faire. » Mais l'intendant se porte garant de sa probité[1].

Quant aux congés, ils étaient accordés jusqu'à un mois au plus par l'administration de l'intérieur; au delà, la décision appartenait au Ministre de l'intérieur. Les demandes étaient adressées directement à Turin, quand elles étaient accueillies, le bénéficiaire devait en aviser l'intendant de la province et l'administration de la division. (Circ. 1er décembre 1825.)

Il n'y avait donc que fort peu de relation entre le sous-inspecteur et l'inspecteur du duché : chaque province était un monde isolé, dont l'intendant assurait l'administration pour les choses courantes, les décisions les plus graves étant réservées au gouvernement (défrichement) ou au service central (constructions à distance prohibée). L'inspecteur n'intervient donc pas comme agent supérieur dans la gestion forestière des provinces.

SECTION II.

Les Préposés.

———

§ 1er. LES GARDES DOMANIAUX.

Le domaine royal en Savoie s'effrittait chaque année davantage : aliénations ou dotations religieuses le démembraient peu à peu. L'importance du personnel domanial diminuait simultanément. Pour l'État, comme pour l'Économat ecclésiastique, les forêts semblaient être une charge dont on s'efforçait d'alléger le poids en réduisant les frais de surveillance et de gestion.

Le 16 février 1829, un billet royal supprima les gardes d'un certain nombre de forêts domaniales, de celles de Vidonne et de Mandallaz notamment, et décida que la surveillance de ces massifs devait être confiée aux préposés communaux les plus voisins[2]. Aussi les gardes royaux ne sont-ils plus qu'une minorité sans importance.

§ 2. LES GARDES COMMUNAUX.

Le règlement forestier de 1822 ne prévoyait pour la surveillance des forêts communales que l'emploi des gardes champêtres (art. 4). La nomination de ces gardes, la fixation de leur salaire étaient laissées aux conseils municipaux, sous réserve de l'approbation de l'intendant de la province (art. 5, 7 *in fine*).

Lorsqu'ils constataient des délits forestiers, les gardes champêtres devaient en dresser procès-verbal, lequel, après affirmation, était transmis au sous-inspecteur de la province. Ils étaient ainsi exposés à mécontenter le syndic et le conseil auxquels ils devaient leur emploi. Certains doutes pourtant s'étaient élevés au sujet de leurs attributions qui furent précisées par une lettre de l'intendant général de l'administration de l'intérieur, adressée à l'intendant général de Savoie; on y lit : «Les gardes cham-

[1] Arch. H.-S., I. Fy. avec Min. int., 1833, n° 81.
[2] Arch. H.-S., corr. I. Ay. avec Fin., 1829, n° 680.

pêtres et forestiers nommés par les communes, soit qu'ils exercent cumulativement les deux fonctions, soit qu'ils n'aient été destinés qu'à l'une d'elles, doivent, dans l'un et l'autre cas, verbaliser non seulement contre les délits forestiers, mais encore contre tous les délits champêtres » [1].

En même temps que l'autorité supérieure affirmait ainsi la nature municipale des fonctions des gardes, elle décidait que tous les gardes des communes, dont la nomination était antérieure au 1er janvier 1823, devaient être l'objet de propositions et de décisions nouvelles avant le 30 juin. Chaque syndic fut prévenu « que, dans le cas où le conseil croirait devoir réclamer le remplacement du garde..., cette mesure ne serait approuvée que dans le cas où des motifs graves et entièrement justifiés en démontreraient la nécessité. Cela étant, on devrait présenter comme candidat une personne apte à ce genre de service, dont la moralité soit publiquement reconnue et qui, autant que possible, sache lire et écrire, au moins signer » [2]. Les préposés en fonctions n'étaient donc pas destitués *ipso facto*.

L'intendant délivrait les commissions aux préposés; puis, dans le courant de septembre, il fit distribuer aux gardes champêtres forestiers des instructions imprimées [3]. Toutes ces communications se faisaient par l'intermédiaire des agents, à l'exclusion du syndic. Le sous-inspecteur devait tenir registre des nom, prénoms, âge, profession de ses gardes, des salaires attribués, de la date d'entrée en fonctions, de leur résidence et de leur capacité professionnelle [4].

Les syndics devaient voir avec un certain dépit des fonctionnaires municipaux recevoir des ordres de personnes indépendantes d'eux; le garde observait-il strictement son devoir, il risquait de mécontenter le syndic dont il dépendait; fermait-il les yeux sur les agissements plus ou moins répréhensibles de ce syndic, des conseillers ou de leurs amis, il encourait les reproches de l'inspecteur des forêts et de l'intendant. Il est vrai que, dans ce cas, il était soutenu par la municipalité qui, aux injonctions de l'intendant, opposait la force d'inertie [5], des arguments que l'éloignement ne permettait pas souvent de vérifier et finalement conservait un préposé si dévoué aux intérêts particuliers de ses membres.

Parfois aussi, devant le refus du conseil de proposer un candidat garde, l'intendant en nommait un d'office; le conseil alors ne voulait pas recevoir le serment du nouveau préposé que l'intendant convoquait à ces fins en son bureau (il y a lieu de noter que d'après l'article 10 du règlement, ce n'était ni le conseil municipal, ni l'intendant, mais le juge du mandement qui devait recevoir ce serment [6]).

Si, le plus souvent, le garde tolérait des délits en ne les signalant pas, il arrivait cependant qu'il refusait de constater régulièrement une infraction découverte par un brigadier et de saisir le corps du délit [7]. Ces refus d'obéissance avaient leur écho jusqu'à Turin.

Enfin les municipalités, souvent appuyées en cela par les intendants, n'entendaient

[1] Arch. H.-S., corr. I. K., 1823, n° 426.
[2] Arch. H.-S., corr. I. K., 1823, n° 356; corr. I. Fy. avec sind., 1823, n° 211.
[3] Arch. Tse., corr. I., 1823, 18 sept.
[4] Arch. Tse., corr. I., 1823, 16 sept.
[5] Arch. Tse., corr. I., 1824, 12 oct.. 2 nov. Arch. H.-S., corr. I. Fy. avec int., 1824, n° 697.
[6] Arch. H.-S., corr. I. K. avec divers, 1824, n°s 342, 742.
[7] Arch. H.-S., corr. I. Fy. avec intér., 1824, n° 742.

pas qu'on déplaçât leurs gardes pour les opérations à faire dans les forêts des communes voisines [1]. De là des réclamations de la part des agents.

Deux mois à peine après la promulgation du règlement du 15 octobre 1822, un intendant signalait déjà la grave lacune qu'il offrait : « il eut été à désirer que ce règlement se fût occupé du sort des simples gardes forestiers, car il n'est pas douteux que c'est du plus ou moins d'exactitude dans l'exercice de leurs fonctions que dépendra désormais l'amélioration des bois et tout le monde sait que cette surveillance rigoureuse et soutenue ne peut s'obtenir qu'en leur assignant un salaire un peu raisonnable. Mais les conseils des communes sont loin de vouloir le leur accorder. . . [2] »

Tels sont les faits d'expérience auxquels fait allusion l'exposé des motifs placé en tête des Royales Patentes du 18 janvier 1825 ; désormais, les gardes forestiers seront distincts des gardes champêtres et placés sous l'autorité directe des agents forestiers. Le traitement de ces gardes, variable de 250 à 400 livres, ne pourra plus tomber aux taux ridicules de 5 ou 6 livres par an. Comme les triages étaient fixés de concert entre les agents et les intendants, que les gardes pouvaient être changés de poste sans l'adhésion des municipalités, les obstacles qui avaient surgi pour les opérations tombaient par là même.

Mais la constitution de ces triages eut pour conséquence la diminution du nombre des préposés chargés de la surveillance des forêts; on sait avec quelle profusion certaines municipalités créaient des emplois des gardes ! Parmi ceux-ci, il en était beaucoup qui ne présentaient pas les qualités requises : être âgé de moins de 60 ans, savoir lire et écrire. Aussi les éliminations furent-elles assez nombreuses dans le personnel subalterne. D'après les instructions données par l'intendant général de l'Intérieur, la nouvelle organisation devait entrer partout en vigueur le 1er mai 1825 [3]. Mais ce ne fut guère qu'à l'automne qu'elle put être appliquée d'une façon générale [4].

Bien des syndics ne virent pas sans regrets cette réforme qui leur enlevait une parcelle d'autorité mais qui affranchissait les gardes des administrations locales souvent si tyranniques. Néanmoins les intendants reconnurent aux municipalités « le droit de surveillance des gardes, ainsi que les moyens. . . de constater les manquements dans leur service et de les porter à la connaissance de l'administration supérieure » [5]; ils décidèrent, de même, qu'il était du devoir des gardes « d'obtempérer aux ordres des syndics, en ce qui a trait au service forestier, toutes les fois qu'ils ne sont pas contraires aux instructions données par leurs chefs immédiats ». Toutefois le cumul des fonctions de garde forestier et de garde champêtre, interdit [6] par l'article 7 des Patentes de 1825, fut généralement observé; l'intendant de Maurienne transgressa ces dispositions en 1831, en chargeant les gardes forestiers de Fontcouverte et de Saint-Martin d'Arc d'une surveillance ordinairement confiée aux gardes champêtres et aux gardes vignes . . .

Il se trouva aussi des intendants comme celui de Chablais qui, un an et demi après

[1] Arch. H.-S., corr. I. Ay. avec intér., 1823, n° 298.
[2] Arch. H.-S., corr. I. K. avec intér., 1822, n° 185.
[3] Arch. H.-S., corr. I. Fy., avec adm. diverses, 1825, n° 186.
[4] Arch. Tsc., corr. I., avec sind., 1825, 23 septembre.
[5] Arch. H.-S., corr. I. Ay. avec sind., 1825, n° 324.
[6] Arch. H.-S., corr. I. Fy. avec sind., 1825, n° 577. Arch. S., Fonds sarde, Reg. 38, 1827, 2 mai.
Arch. Tsc. corr. I. intér., 1833, 7 juin. Arch. M^{nne}, corr. I, avec sind., 1831, 27 août.

la promulgation des Patentes du 10 janvier 1825, faisaient encore élire les gardes par les conseils. Était-ce ignorance de la loi [1]?

Bien entendu, il se produisit quelques incidents entre municipalités et préposés. Ainsi, au Grand-Bornand, en 1831, le conseil demande le remplacement du garde forestier local; l'intendant eut la faiblesse de suspendre ce garde, nommé Rey, de ses fonctions; puis après s'être renseigné auprès du juge du mandement et du curé, il s'aperçut que les accusations portées n'avaient guère de consistance et décida que Rey reprendrait ses attributions, après avoir fait amende honorable pour les quelques peccadilles retenues contre lui. Mais l'administration communale ne voulut rien entendre: «voulant observer à son égard les ménagements auxquels elle a droit, l'intendant lui laissa l'alternative d'adhérer aux moyens de conciliation ci-dessus ou d'établir par devant l'autorité judiciaire les faits à la charge du dit Rey». La commune adopta ce dernier parti et échoua; l'intendant reconnut bien au garde diffamé «la faculté d'agir judiciairement relativement aux inculpations dirigées contre lui», mais décida finalement de le changer de résidence, «quel que fût le résultat des instances» [2].

Cette fois, la municipalité fut débarrassée de son garde; mais il n'en fut pas toujours ainsi. A Giez, le garde avait émis sur le conseil quelques appréciations un peu vives; l'intendant de Genevois écrivit au syndic «si le sieur Paget s'est jamais permis des propos injurieux envers l'administration communale, il faut que celle-ci en fasse l'objet d'une plainte avec indication des preuves et qu'elle la transmette à l'autorité judiciaire qui est seule compétente dans le cas dont il s'agit.

«Pour ce qui me concerne, je ne dois prendre aucune mesure contre ce garde, parce que je n'ai reçu que des renseignements avantageux de la part de ses supérieurs relativement à ses services et parce qu'il m'est revenu que quelques membres de l'administration ne cherchaient les moyens de lui nuire et de l'éloigner de la commune que par le motif qu'il avait constaté des délits forestiers commis par eux-mêmes et pour lesquels ils sont maintenant ou seront poursuivis. Je souhaite que cette affaire vous soit étrangère.

«Vous reconnaîtrez d'après ces détails que ce garde mérite encore quelques ménagements; il est bien éloigné d'avoir perdu la confiance d'une personne bien digne de foi qui a le plus grand intérêt à ce que le service forestier soit fait avec soin dans votre commune. Cette personne le protège et en fait les éloges [3]». Le syndic jugea prudent de ne pas insister.

Il ne faudrait pas conclure de là que le personnel des préposés fut devenu, depuis la réforme de 1825, exempt de tout reproche.

Il n'est pas rare de voir les gardes s'absenter pendant un temps plus ou moins long sans autorisation [4]. Les intendants constatent «que plusieurs abandonnent fréquemment leur poste pour des promenades d'agrément et qu'il ne se passe presque pas de marché ou de foire qu'ils ne se trouvent en grand nombre réunis...»

Certains gardes négligent de faire des tournées, de constater des délits [5]; d'autres

---

[1] Arch. H.-S., corr. I. Ch. avec divers, 1826, n° 135.

[2] Arch. H.-S., corr. I. Ay. avec sind., 1831, nᵒˢ 2325, 2354, 2384, 2449.

[3] Arch. H.-S., corr. I. Ay. avec sind., 1825, n° 172.

[4] Arch. Tse., corr. I. intér., 1825, 28 nov., 9 déc.; 1826, 18 mars; 1828, 6 mai; 1829, 3 juill. Arch. Ch., corr. I. avec divers, 1826, n° 121.

[5] Arch. Tse., corr. I. intern., 1832, 23 sept.; corr. I. Ay., 1830, nᵒˢ 1169, 1836; corr. I. Ch. avec divers, 1825, n° 324.

n'habitent même pas la commune qui leur a été assignée comme résidence. D'aucuns
même se sont refusés à le faire après en avoir reçu l'ordre, ce qui motive une intervention de l'intendant. Bien entendu, tous ceux qui n'avaient pas leur domicile là où
ils devaient exercer leurs fonctions ne faisaient dans les forêts confiées à leur surveillance que de rares apparitions. Dans certaines communes de montagne, il est vrai,
les gardes trouvaient difficilement à se loger. A Tignes, par exemple, où le garde,
«lorsqu'il avait à faire des écritures, était obligé de les faire dans les écuries avec le
public, à défaut d'un autre logement», le syndic fut invité à fournir un local décent
et à fixer le prix de location à dire d'expert[1]. On conçoit que, dans de telles
conditions, les préposés préféraient s'installer ailleurs qu'à leur poste. A la fin du
xixe siècle, nous avons pu nous-même constater la difficulté qu'avaient à se loger
dans quelques localités les gardes forestiers, du fait même du mauvais vouloir de la
population.

Il n'était pas rare de voir les gardes chasser, d'autant mieux qu'ils avaient le droit
de porter des armes[2].

On verra plus loin qu'il y eut aussi des préposés prévaricateurs.

Discipline. — C'était l'intendant de la province qui prononçait les peines disciplinaires après une enquête faite ordinairement auprès du syndic, du conseil, du curé
et de certains notables et au vu de renseignements fournis par l'inspecteur ou le sous-
inspecteur. D'ordinaire l'agent forestier ne prenait jamais l'initiative de déférer à
l'intendant les fautes de ses subordonnés; l'intendant s'en apercevait bien et recommandait à l'inspecteur d'avoir «toujours grande attention à signaler le mérite ou la
négligence des employés»[3]. Le plus souvent aussi l'inspecteur, quand il était saisi par
l'intendant de plaintes contre un préposé, s'efforçait de le défendre : de là encore des
observations de l'intendant. «Lorsque l'autorité supérieure, écrivait celui d'Annecy,
vous demande votre avis sur quelqu'un de vos subordonnés vous ne devez pas le
soutenir en donnant de bons renseignements sur son compte, lorsque, par exemple,
il ne se conduit pas bien; mais, par contre, vous devez indiquer uniquement les
choses telles qu'elles sont, qu'elles soient favorables ou contraires à l'agent forestier dont il s'agit. Si l'on eut toujours suivi cette marche, qui est la seule qu'on
doit adopter, il n'arriverait pas si souvent à l'administration forestière de désigner
comme remplissant exactement ses fonctions celui qui est très négligent à remplir ses
devoirs»[4].

L'inspecteur des forêts n'avait d'ailleurs pas tout à fait tort de prendre parti pour
son personnel : les attaques, les dénonciations ne manquaient pas. Ici on insultait, on
invectivait les gardes; là on les désarmait de force au cours de leurs tournées. Les meilleurs préposés, comme Anthonioz, étaient signalés par des conseillers coupables de
délits constatés comme négligeant leur service ou même comme apportant dans leurs
fonctions «un zèle outré». Quant aux lettres anonymes, on ne les comptait plus[5].

[1] Arch. Tse., corr. I. inter., 1826, 29 décembre.
[2] Arch. H.-S., corr. I. Ay., 1822, n° 400; 1826, n° 247, corr. I. Ch. avec divers, 1828, n° 511.
[3] Arch. Tse., corr. I. intern., 1828, 6 mai.
[4] Arch. H.-S., corr. I. Ay. avec adm., 1829, n° 1121.
[5] Arch. H.-S., corr. I. Ay. avec adm., 1826, n° 98; 1827, n° 350; avec les sind., 1831, n° 1615;
corr. I. Fy. avec sind., 1825, n° 432; corr. I. K. avec int., 1827, n° 409.

Il s'en fallait que tous les préposés fussent de mauvais fonctionnaires; à ceux qui l'étaient on appliquait les pénalités suivantes :

1° L'admonestation ou réprimande simple;

2° Le blâme;

3° La mise en surveillance spéciale par un brigadier;

4° La retenue de traitement;

5° La mutation disciplinaire;

6° La suspension avec ses deux modalités : suspension jusqu'à une décision ultérieure ou bien mise en disponibilité;

7° La rétrogradation;

8° La démission imposée;

9° La révocation;

10° L'envoi en justice pour les faits très graves, tombant sous le coup de la loi pénale [1].

Cette échelle des peines ne se trouve dans aucun document législatif; elle résulte des décisions prises par les divers intendants des provinces de Savoie.

Pour réprimer les absences illicites des gardes, les intendants avaient, en général, prescrit aux agents de tenir compte de la durée de ces absences qui serait déduite sur le traitement de chaque mois.

Mais on peut relever une certaine anomalie dans ces sanctions; alors que l'intendant de province seul peut révoquer un préposé, pour le déplacer il lui faut l'assentiment de l'administration économique de l'Intérieur (L.P. 18 janvier 1825, art. 5, 6).

Gardes épiscopaux. — Ni le règlement du 15 octobre 1822, ni les Patentes du 18 janvier 1825 ne parlaient de la surveillance des forêts dépendant de fondations religieuses et notamment des menses épiscopales. La restauration des diocèses savoyards et les dotations qui en furent la suite firent sortir la question de la pure doctrine. On assimile la mense à un propriétaire particulier qui, aux termes de l'article 4, 8° du Règlement, devait demander au Roi l'autorisation de nommer des gardes particuliers [2]. Naturellement les intendants de province en transmettant la requête émirent l'avis qu'il serait bon de soumettre le choix de ces gardes à leur approbation. L'évêché de Tarentaise fut autorisé à avoir trois gardes, l'un pour les cantons boisés situés à Villarlurin et aux Allues, le second pour les forêts de Mercury-Gémilly-Plancherine et le dernier pour celles du Saint-Ruph.

§ 3. LES BRIGADIERS.

Les brigadiers forestiers créés par la loi du 11 floréal an IX, d'abord simples gardes, avaient pris, depuis 1815, une importance considérable : ils étaient devenus des agents

[1] Arch. Tsc., corr. l. inter., 1839, 1er juil.; 1833, 28 mars: corr. exter., 1830, 16 nov.; 1833, 24 mai. Arch. S., Fonds sarde. Reg. 36, 6 juin 1826. Arch. Mer, 1825, 26 déc.; 1827, 18 janv., 28 avril. Arch. H.-S., corr. l. Ay. avec divers, 1822, n° 302; 1828, n° 182: corr. l. Ch. 1830, n° 1169; avec divers, 1828, n° 369: corr. l. K. avec inter., 1827, 268.
[2] Arch Tsc., corr. l. inter., 1827, 14 juill.: ext. 1827, 16 juillet.

d'exécution, alors que les gardes généraux étaient réduits de plus en plus à un travail de bureau. Pendant cette première période les brigadiers étaient payés par toutes les communes comprises dans leur brigade; le règlement du 15 octobre 1822 mit leur traitement à la charge de la caisse de chaque province, comme celui du sous-inspecteur (art. 6); c'était l'indépendance du brigadier vis-à-vis des municipalités.

La nomination des brigadiers était à la signature de l'intendant général de l'administration économique de l'intérieur, sous réserve de l'approbation du premier secrétaire d'État pour les affaires internes (art. 5); elle faisait donc du brigadier un fonctionnaire de l'État et de la province tout à la fois.

Une autre disposition les différenciait des gardes; alors que le simple garde prêtait serment devant le juge de mandement, c'était devant le juge-maje que le brigadier prêtait le sien. Aussi le brigadier pouvait-il verbaliser dans toute l'étendue de la province, ainsi que le reconnut dans sa circulaire du 10 juin 1823 l'intendant général de Savoie.

D'après l'article 8 du règlement, les brigadiers devaient être choisis de préférence parmi les militaires invalides ou retraités, ayant les qualités requises et encore propres à ce genre de service. Un tel recrutement ne pouvait guère assurer un bon travail et il avait l'inconvénient de barrer à peu près tout avancement des gardes. Aussi, dans leur article 12, les Patentes de 1825 stipulèrent-elles que parmi les candidats brigadiers la préférence serait donnée aux gardes qui auraient fait «preuve de bonne conduite, de zèle et d'habileté».

Après la promulgation du règlement, les intendants firent remarquer aux sous-inspecteurs qu'il était «à propos de ne conserver parmi les brigadiers (alors en service) que ceux qui avaient donné des preuves de capacité et de zèle dans leurs fonctions et particulièrement d'intégrité et de délicatesse [1]». Ils les engagèrent aussi «à proposer pour brigadier du chef-lieu de la province une personne qui fut en état, par son instruction et ses qualités, de les suppléer en cas d'absence ou empêchement».

Et, de fait, en Savoie, du moins, toutes les brigades furent pourvues de titulaires déjà en fonctions; comme le nombre de ces brigades avaient été légèrement réduit, quelques anciens brigadiers restèrent sans emploi [2].

Aussitôt le règlement forestier connu, des demandes de postes de brigadier s'étaient produites : on relève parmi les candidats deux habitants de Moutiers d'une bonne réputation; «un ancien militaire au service de la France», de bonne vie et mœurs, «mais d'une timidité incompatible avec l'emploi qu'il sollicite(!)»; un ex-greffier du mandement de Frangy et châtelain de diverses communes [3].

Au bout de plusieurs années, des vacances se produisirent; mais déjà il était question d'un remaniement au règlement forestier et, le 25 novembre 1830, la Royale secrétairerie d'État de l'Intérieur donna l'ordre «de suspendre toute nomination, promotion et concession de grade parmi les employés de l'administration forestière [4]».

---

[1] Arch. Tse., corr. l. inter., 1823, 21 janv.

[2] Arch. Tse., corr. l. inter., 1823, 29 avril, 28 juin, 3, 18 juill., ext., 1823, 19 avril. Arch. H.-S., corr. l. Ay. avec Int., 1822, n° 467.

[3] Arch. Tse., corr. ext. 1822, 7, 12 déc.; 1823, 11 janv. Arch. H.-S., corr. l. K. avec divers, 1822, n° 778.

[4] Arch. H.-S. corr. l. Ay. avec sind., 1820, n° 2112; avec Int. 1830, n° 692, corr. l. Fy. avec Int., 1830, n° 290. Corr. l. Ay. avec divers 1831, n° 776.

Parmi les postulants de cette époque se trouvent le garde de Montmin, militaire retraité, satisfaisant à la fois au règlement de 1822 et aux Patentes de 1825, le garde de Magland, en fonctions depuis 1808, un ex-capitaine en demi-solde, Charlet, originaire de Chamonix, et un jeune homme sur qui ont été fournis « des renseignements très avantageux de la part de l'administration et de quelques personnes marquantes de Thorens ».

L'avancement des brigadiers dépendait, comme leur nomination, de l'intendant général de l'Intérieur. Le plus souvent, c'était l'intéressé qui sollicitait son élévation à la classe supérieure : à sa requête il joignait un certificat délivré par le sous-inspecteur attestant « la moralité et bonne conduite du suppliant, sa capacité, zèle, activité et exactitude dans l'exercice de ses fonctions et ses droits et mérite à l'avancement demandé, soit en raison de son ancienneté de service et des qualités relevées ci-dessus, soit par les services essentiels qu'il est à même de rendre... »

L'intendant à qui le dossier était communiqué attestait à son tour la vérité de la déclaration du sous-inspecteur et proposait à Turin de faire droit à la pétition [1].

D'ordinaire, il n'y avait pas plus de 2 brigadiers de 1re classe par province.

§ 4. Traitements et indemnités.

I. **Brigadiers.** — Les traitements des brigadiers sont à la charge des provinces. En cas de mutation, ils ne devaient être payés que jusqu'au jour de la nomination du titulaire nouveau du poste et non jusqu'au jour de la cessation réelle de service. (Circ. de l'Intendant général de l'Intérieur du 5 février 1825.) Mais une telle disposition n'était pas sans inconvénient, lorsque le mouvement administratif était suspendu ou modifié : et certains brigadiers placés ainsi, parfois assez longtemps dans une situation indécise, étaient obligés de s'adresser aux trésoriers de plusieurs provinces [2].

A côté des indemnités de tournées de 3 ou de 5 francs par jour, certains brigadiers touchaient, en quelques communes, des sommes complémentaires, sans doute en souvenir des vacations instituées par le décret du 15 août 1791 et appliquées jusqu'à la loi du 16 nivôse an IX. C'est ainsi qu'à Nancy-sur-Cluses le brigadier recevait 2 sols par chaque lot de bois martelé, et avec l'assentiment de l'intendant, « malgré que ce mode de perception soit abusif et contraire aux instructions [3] ». Mais parfois, l'intendant se refusait à autoriser les brigadiers à percevoir ces 2 sols par arbre ou autres redevances, sans qu'on puisse expliquer ces variations autrement que par l'arbitraire.

II. **Gardes.** — Jusqu'aux Lettres Patentes du 18 janvier 1825, la nomination et le salaire des gardes communaux étaient au choix des municipalités. C'est dire que les traitements étaient, comme auparavant, demeurés dérisoires et ne pouvaient charger les budgets des provinces; en Tarentaise, par exemple, ils variaient de 40 à 100 livres au maximum [4].

[1] Arch. H.-S., corr. I. Fy. avec Inter., 1828, n° 59, avec divers, 1828, n° 74.
[2] Arch. Tse., corr. I. exter. 31 janvier 1829.
[3] Arch. H.-S., corr. I. Fy. avec sind., 1830, n° 124; avec adm. divers, 1826, n° 255
[4] Arch. Tse.., corr. I. int., 29 sept. 1823.

34.

Et encore, en 1823, sur l'ordre de l'intendant général de l'Intérieur, les gardes n'avaient été payés que sur le taux infime antérieur [1].

Les Lettres Patentes du 18 janvier 1825 avaient bien amélioré la situation des préposés. Mais, en général, les conseils n'avaient alloué que le minimum de 250 livres prévu par l'édit. Les intendants avaient pourtant envoyé aux secrétaires des communes des circulaires pour les inviter à constituer des triages comprenant plusieurs forêts communales et à répartir ainsi les frais de surveillance; c'est ce qui eut lieu, mais les gardes ne s'en trouvèrent pas mieux payés pour cela. Les intendants eux-mêmes constataient l'insuffisance d'un salaire annuel de 250 livres et proposaient son relèvement, tout en avertissant l'administration de l'intérieur que «ce changement occasionnerait une augmentation sensible dans les allocations portées sur les budgets communaux pour les dépenses de ce service [2]».

Mais les frais de garde payés par les communes n'étaient nullement proportionnels aux surfaces boisées : quand plusieurs municipalités s'étaient entendues pour faire surveiller leurs forêts par un garde, elles fixaient la portion de salaire qui leur incombait sans que le service forestier intervint. Il n'était pas rare qu'un peu plus tard l'un des conseils, comparant ses charges aux surfaces boisées et s'apercevant qu'il payait plus cher à l'hectare, réclamait un dégrèvement et le report correspondant des frais sur le budget des autres paroisses intéressées. La question se compliquait, en outre, du fait que l'on faisait intervenir les contenances des forêts particulières, pour renforcer ou atténuer les conséquences tirées de la comparaison des superficies boisées communales [3]. Qu'il eut été plus simple et plus équitable d'imposer une redevance fixe par hectare réellement surveillé!

En général, les traitements des gardes étaient payés assez régulièrement vers le 10 de chaque mois [4] : mais il arrivait cependant des cas où le retard mis à acquitter les mandats fut assez considérable. Ainsi, en juin 1826, le garde de Lully n'avait rien reçu de son traitement de 1824 et du premier trimestre de 1825. A ce moment, des plaintes se produisirent contre lui et l'intendant le suspendit de ses fonctions et retint les mandats émis par le syndic. Si ce préposé eût été payé régulièrement, il se serait probablement mieux acquitté de son service [5].

Parfois, c'était le percepteur qui employait vis-à-vis des préposés des procédés qui rappelaient un peu trop ceux de la fin de l'Empire. Ainsi le percepteur d'Albens différait le payement des mandats des gardes et accompagnait «ce procédé de traits injurieux ayant trait aux fonctions qu'ils exercent». Ce même percepteur faisait aussi d'office des retenues sur ces mandats au profit des créanciers des gardes. De tels agissements n'entraînaient contre le coupable qu'un avis d'avoir à s'amender [6].

Il convient de noter enfin une réclamation formulée en 1824 par le garde forestier de Bonneval relativement à son traitement dès le 18 février 1806. La somme réclamée s'élevait à 1,646 fr. 80. Par ordonnance du 23 août 1824. l'intendant de Tarentaise décida qu'il serait payé 181 liv. 60. Peu satisfait, l'intéressé reproduisit sa demande,

[1] Arch. H.-S., corr. I. Ay. avec Int. 1822, n° 492.
[2] Arch. Tse., corr. I. int., 4 juin 1825. Arch. H.-S., corr. I. Ay. avec int. 1830, n° 902.
[3] Arch. Tse., corr. ext., 23 mars 1827.
[4] Arch. Tse., corr. int., 9 novembre 1825.
[5] Arch. H.-S., corr. I. Ch. avec divers, 1826, n° 107.
[6] Arch. H.-S., corr. I. Ay. avec syndic. 1833, n° 154; 1832, n° 2007.

le 29 juillet 1827, que, par ordonnance du 7 mars 1828, l'intendant rejeta purement et simplement : parmi les raisons invoquées par cet administrateur il en est de curieuses, comme celle-ci « il n'était pas naturel que ce garde laissât arrérager ses salaires de 1808 à 1814 sans faire des démarches ou abandonner son poste [1]. » On a vu plus haut (p. 465) ce que valait un tel argument, puisque, dès 1816, le garde de Bonneval, avec plusieurs de ses collègues, avait recouru au Roi pour obtenir le payement de son dû. Ce malheureux préposé se trouva donc frustré de son salaire.

III. **Charges et avantages divers.** — A. Si quelques percepteurs témoignaient de la malveillance aux préposés, il en était d'autres, par contre, qui utilisaient les gardes comme garnisaires chez les contribuables récalcitrants. Les intendants durent interdire une telle pratique qui avait pour résultat d'empêcher la surveillance des massifs boisés [2].

B. Certains gardes avaient été requis de concourir aux travaux d'entretien des routes; ces préposés réclamèrent auprès de leur sous-inspecteur. Ces agents en référèrent à l'inspecteur des forêts du Duché; l'affaire enfin fut portée par devant l'intendant général de l'intérieur. Il fut constaté que les intéressés étaient propriétaires et que, à ce titre, ils devaient, ainsi que les autres propriétaires, concourir aux travaux en question répartis entre les habitants au prorata de leur cote.
Les gardes non propriétaires ne devaient pas être appelés pour les corvées [3].

C. Les gardes jouissaient de la franchise postale avec les brigadiers et ceux-ci avec le sous-inspecteur, mais non avec l'intendant de la province. Aussi, afin d'éviter le payement de taxes, furent-ils, sur l'ordre des intendants, invités à correspondre avec eux par l'intermédiaire des agents.
Cette mesure d'un caractère économique n'empêcha pas les intendants d'écrire directement aux brigadiers, par-dessus les sous-inspecteurs [4].

D. Les congés étaient accordés par les intendants aux brigadiers, à titre gratuit. Mais ces administrateurs demandaient aux syndics de les renseigner sur la date à laquelle ces préposés avaient cessé leur service. C'est toujours la mise à l'écart des agents.

§ 5. MORALITÉ DES PRÉPOSÉS.

I. **Brigadiers.** — Les brigadiers étant des fonctionnaires provinciaux, choisis plus minutieusement que les gardes et jouissant d'un salaire modeste mais qui paraît avoir été suffisant pour vivre à cette époque, devaient, semble-t-il, mériter peu de reproches. Pourtant on voit des plaintes, des dénonciations nombreuses se produire contre ces demi-agents.
Dans certaines contrées difficiles comme la Haute-Tarentaise, municipalités, secrétaires, curés même, réclament sans cesse auprès de l'intendant contre les actes des brigadiers; ces préposés refusant de déférer à la moindre réquisition des syndics, aux sollicitations des populations et peut-être d'humeur bourrue, étaient alors déplacés, bien

[1] Arch. Tse., corr. I. ext., 1er octob. 1828.
[2] Arch. Tse., corr. I. int., 4 mars 1826.
[3] Arch. H.-S., corr. I. Ay. avec Int., 1824, n° 28, avec sind., 1824, n° 82.
[4] Arch. Tse., corr. I. int., 30 juin 1826.

que leur honnêteté fut reconnue. L'intendant de Tarentaise reproche ainsi au notaire de Sainte-Foy de s'être fait l'interprète des rancunes du conseil, d'avoir rédigé et envoyé « une diatribe virulente contre le sieur Berthod, brigadier forestier »; il lui signale « qu'il existe dans la commune de Sainte-Foy des personnes, même dans les classes aisées et qu'il y en a eu parmi les administrateurs qui regrettent de voir la surveillance des forêts confiée à une personne qui ne se laisse point corrompre et qui exerce ses droits de la manière que l'honneur et sa conscience lui prescrivent [1] ». Au bout de quelques années, le 12 janvier 1828, le brigadier Berthod fut nommé à Aime.

Mais si les bons brigadiers n'étaient pas rares, il en était aussi qui exerçaient leurs fonctions d'une manière douteuse ou même qui devenaient concussionnaires. À peu près dans toutes les provinces, on découvre de ces fonctionnaires négligents ou prévaricateurs.

Dans les régions les plus montueuses, les brigadiers donnent leurs marteaux aux gardes pour marquer des bois d'urgence; et naturellement le martelage se fait à proximité des hameaux, enlève les arbres d'avenir [2].

Ailleurs, les brigadiers s'installent en dehors de leur résidence, vont passer l'hiver et se soigner dans leur famille; ou bien, sous prétexte d'aller toucher leur traitement, ils s'absentent plusieurs jours [3], laissant le service à l'abandon.

Certains rédigent pour les particuliers des demandes de délivrance de bois qu'ils sont ensuite chargés d'instruire et pour lesquels ils émettent — naturellement — des avis favorables [4].

On a vu que, dans la province de Carouge, le sous-inspecteur était le plus souvent accompagné dans ses tournées par un garde; quelques brigadiers, celui de Cruseilles notamment, voulurent, comme leur chef, avoir un homme d'escorte et se firent accompagner aussi par un garde qui recevait on ne sait quelle compensation [5].

À diverses reprises, dans le Genevois, des brigadiers forestiers tinrent cabaret. L'un d'eux reçut l'ordre de fermer son débit : « l'administration communale a jugé convenable dans l'intérêt public de réclamer la continuation de ce cabaret. La délibération prise à ce sujet par le conseil est revêtue d'une attestation défavorable du curé [6] ».

Si le service forestier de la région du Haut-Giffre va mal, la cause en est à l'ivrognerie du brigadier de Samoens qui « a entraîné dans sa malheureuse passion sa femme même, au point qu'ils ont été vus tous les deux se livrer, à nuit très avancée, au misérable plaisir jusqu'à ivresse complète [7] ».

Mais à côté de ces fautes graves, on relève des faits qui montrent jusqu'où pouvaient descendre certains brigadiers. Ainsi, en 1831, le brigadier de Chamonix dut s'enfuir à l'étranger « afin d'éviter une arrestation [8] ».

---

[1] Arch. Tse., corr. l. int., 26 janv. 1824, 7 et 31 août 1824, 29 juin 1827, 12 janv. 1828, Arch. H.-S., corr. l. Fy. avec sind., 1829, n° 184.

[2] Arch. Tse., corr. l. int., 21 janv. 1828, 25 novembre 1831.

[3] Arch. Tse., corr. l. int., 23 mars 1831. Corr. ext., 28 mars 1831. Arch. H.-S., corr. l. Ay. avec sind. 1827, n° 169.

[4] Arch. H.-S., corr. l. K. avec divers, 1824, n° 356.

[5] Arch. H.-S., corr. l. K. avec divers, 1825, n° 465.

[6] Arch. H.-S., corr. l. Ay. avec int., 1826, n° 81, avec divers, 1824, n° 427.

[7] Arch. H.-S., corr. l. Fy. avec int., 1829, n° 212.

[8] Arch. H.-S., corr. l. Fy. avec divers, 1831, n° 41.

Un certain Brunet, d'inconduite notoire, avait d'abord, par mesure disciplinaire, été transféré de Bonneville à Chamonix, puis à Cluses : il fallut le poursuivre pour concussion. Le Roi ordonna, par billet du 21 septembre 1830, de suspendre la procédure et Brunet fut simplement révoqué [1].

Le brigadier Claudius de Lans-le-Bourg ne valait pas mieux : il fut destitué [2]. Mais le pire de tous fut le brigadier Henriquet, ivrogne, d'un caractère bouillant et impétueux, ne supportant aucun frein. Envoyé successivement à Cruseilles, à Chamonix, à Sainte-Foy, partout il se rendit coupable des plus graves abus. Il fallut l'arrêter et l'envoyer en justice. Voici les chefs d'accusation retenus contre lui :

« 1° Après avoir assigné des individus et avoir dressé un acte d'offres de leur part, il en aurait exigé 5 francs par vacation ;

« 2° Il aurait autorisé, moyennant des cadeaux en comestibles et des politesses reçues au cabaret, un particulier à construire un chauffour, quoiqu'il n'y eut pas de permission obtenue, en promettant de ne pas dresser procès-verbal ;

« 3° Il aurait supprimé un verbal dressé par le garde Tronchet, au moyen d'une somme de 12 livres 12 sols, et des politesses au cabaret ;

« 4° Enfin il aurait été taxé de se livrer à des malversations et concussions dans l'exercice de ses fonctions [3] ».

Ce brigadier ne pouvait manquer d'être condamné.

Ces trop nombreux exemples montrent surabondamment que les sous-agents qu'étaient les brigadiers étaient loin d'être tous irréprochables. De là, naturellement, un défaut de considération pour le service forestier, qui, dans les vallées les plus reculées, se traduisait assez souvent par des insultes [4].

II. Gardes. — Si certains brigadiers montraient une telle négligence ou un si total oubli de leurs devoirs, on peut prévoir que les gardes n'apportaient pas plus de zèle dans la surveillance des forêts.

Les préposés, en effet, tantôt n'habitent pas la résidence qui leur est assignée ou s'absentent pendant un temps plus ou moins long, tantôt ils négligent de faire des tournées et se livrent à des occupations entièrement étrangères à leur profession. Certains ne font que s'enivrer [5].

Fréquemment aussi les gardes trafiquent de leur autorité et, parfois, de connivence avec les brigadiers. Tel « pour écarter les plaintes qui pourraient être portées contre lui, répand dans le public qu'il est inamovible et ne peut être déplacé, ni renvoyé » ; tel autre délivre des bois à ses amis avant toute autorisation et en refuse à des gens munis d'une permission de l'intendance. Souvent le garde, et notamment avant 1825, est d'accord avec le conseil ou au moins avec le syndic ; il taxe les délinquants qu'il

---

[1] Arch. H.-S., corr. I. Fy. avec divers, 1828, n° 12, 1830, n° 198, avec int., 1828, n° 1147.

[2] Arch. Mne, corr. avec int., 5 juillet 1826.

[3] Arch. Tse., corr. avec ext., 1829, 30 déc.; 1830, 20 janv., 21 mai. Arch. H.-S., corr. I. K. avec divers, 1825, n° 599, 623.

[4] Arch. Tse., corr. I. int., 1833, 17 mai.

[5] Arch. Tse., corr. I. int., 1825, 28 nov., 9 déc. Arch. H.-S., corr. I. Ay. avec int., 1832, n° 1277; 1826, n° 399. Corr. I. Ch. avec divers, 1828, n° 511.

surprend et le produit de cette amende arbitraire est versé au syndic qui en use à son gré; il autorise des coupes, accorde du bois d'affouage de sa propre autorité, soit au syndic, soit au curé, soit au juge.

La partialité des gardes se manifeste aussi dans la constatation des infractions forestières [1]. Mais les malversations de ces préposés pouvaient s'expliquer par l'insuffisance bien reconnue des traitements accordés. Il y eut des gardes qui ne pouvant vivre de leur salaire préférèrent abandonner leurs fonctions pour aller travailler la terre. Que n'ont-ils été plus nombreux!

Il convient aussi de mentionner que, dans nombre de localités, les gardes se servaient de leurs armes pour chasser.

Vivant au milieu des populations qu'ils avaient à surveiller, les gardes, du fait même que leurs actes étaient connus de tous, étaient moins respectés que les brigadiers. Au lieu de les injurier, les habitants se portaient contre eux à des voies de fait [2] qui restaient sans sanction.

Aussi, en 1828, l'administration de l'Intérieur, «informée que le règlement et les dispositions relatives au service forestier n'étaient pas, en général, mis à exécution, que les brigadiers forestiers les ignoraient même en grande partie, que les agents forestiers ne procédaient pas avec le zèle nécessaire pour détruire les abus et conserver les forêts», prescrivit-elle aux intendants de donner les instructions nécessaires aux sous-inspecteurs.

Ces agents furent donc invités à rappeler les prescriptions du règlement aux brigadiers et à leur ordonner «de surveiller sévèrement le service des gardes forestiers». Les brigadiers étaient déclarés responsables de toute négligence ou abus qu'ils n'auraient pas signalé; les fautes des gardes devaient être punies, une première fois, d'une retenue de traitement; en cas de récidive, de révocation. Tous les trois mois, les sous-inspecteurs devaient rendre compte aux intendants de la conduite des préposés [3].

Quant aux gardes domaniaux (p. 44) ils méritaient au moins les mêmes reproches que leurs collègues communaux.

De toutes ces défaillances, la misère, l'insuffisance des traitements n'en étaient pas les causes!

§ 6. ARMEMENT, ÉQUIPEMENT.

L'article 9 du règlement du 15 octobre 1822 prévoyait pour les préposés, comme pour les agents, une tenue uniforme; dans leur article 10, les Patentes du 18 janvier 1825 stipulèrent à nouveau que les gardes communaux devaient porter l'uniforme précédemment imposé aux gardes champêtres-forestiers et qu'ils pouvaient faire usage des armes, fusil, baïonnette ou pistolet. Les dépenses de l'équipement et de l'armement des préposés demeuraient à la charge des communes.

Par lettre du 12 juillet 1823, l'intendant général de l'Intérieur prescrivit d'établir sans retard les états de commande. Tous les brigadiers étaient tenus de porter l'uniforme; mais avant 1825, parmi les gardes champêtres, seuls ceux qui avaient la sur-

[1] Arch. H.-S., corr. I. K. avec int., 1827, n° 268; 1830, n° 982. Corr. I. Ay. avec sind., 1824, n° 226; 1829, n° 1121, 1137. Corr. I. K. avec divers, 1824, n° 266.
[2] Arch. Mme, corr. I. avec sind., 1830, 1er décembre.
[3] Arch. H.-S., corr. I. Ay. avec sind. 1828, n° 423. Arch. Tse., corr. I. int., 1828, 6 mai.

veillance des forêts étaient soumis à la même obligation [1] et il appartenait aux communes de faire les commandes d'effets.

Les brigadiers avaient la liberté de demander des effets d'un drap plus fin que celui qui était prévu par la circulaire du 12 juillet 1823, à charge naturellement de supporter le supplément de dépense [2]. La dépense nécessaire pour l'achat de 'uniforme était retenue pendant 4 trimestres consécutifs sur le traitement des brigadiers.

Pour les gardes, c'était aux municipalités à faire l'avance [3].

Mais bien des conseils montrèrent peu d'empressement à déférer sur ce point aux invitations des intendants. Les uns invoquaient l'insuffisance de leurs ressources : les autres prétextaient « que les gardes forestiers venant seulement d'être établis, il était bon d'attendre quelque temps à les habiller pour voir s'ils s'acquittent parfaitement de leurs devoirs, afin de ne pas s'exposer à habiller un homme qui serait remplacé dans quelque temps après et dont les habillements ne seraient plus de mesure pour un autre [4] ».

Certains gardes même menaçaient de démissionner plutôt que de se voir astreints à porter un uniforme. Ils arguaient, et les syndics également, que l'uniforme avait l'inconvénient d'être visible de loin et que les délinquants auraient ainsi toute facilité de fuir, « ce qu'ils peuvent faire beaucoup plus difficilement lorsque le garde à les mêmes vêtements que les autres habitants ».

Après les patentes du 18 janvier 1825, l'administration générale de l'Intérieur prescrivit par lettre du 3 novembre suivant « que tous les gardes forestiers indistinctement fussent pourvus de l'uniforme; la dépense devait être répartie entre les communes au prorata de la partie du traitement du garde à leur charge [5] ».

L'armement des gardes demeurait la propriété des communes; quant aux objets d'habillement, ils devenaient la propriété du garde qui subissait une retenue sur son traitement. Si le préposé cessait ses fonctions avant d'avoir entièrement payé l'uniforme, les communes se remboursaient moyennant une retenue sur le dernier trimestre ou différemment [6].

La fourniture des objets d'équipement et d'armement a été réservée aux commerçants de Turin [7], alors que les agents et préposés des provinces de Chablais, de Faucigny et de Carouge désiraient en faire l'achat à Genève.

Ce ne fut guère qu'au début de 1827 que les gardes et brigadiers furent nantis de tout l'uniforme réglementaire; en certaines régions, il fallut même attendre jusqu'à la fin de 1828; il est juste de reconnaître que le retard ne fut pas imputable seulement aux communes. Ainsi, le 4 septembre 1826, l'intendant de Maurienne dut insister pour que l'administration de l'intérieur envoyât au plus vite les armes; il signala

[1] Arch. H.-S., corr. l. K. avec int., 1823, n° 295. Corr. l. Ay. avec int., 1824, n° 8.
[2] Arch. H.-S., corr. l. Ay. avec int., 1823, n° 258.
[3] Arch. H.-S., corr. l. K., avec divers. 1823, n° 495.
[4] Arch. Tse., corr. l. ext., 1823, 4 oct. Arch. H.-S., corr. l. Fy. avec int., 1823, n° 568; 1826, n° 893.
[5] Arch. Tse., corr. l. int. 1825, 7 nov.; 1826, 16 fév. Arch. H.-S., corr. l. Fy. avec sind., 1825, n° 865.
[6] Arch. Tse, corr. l. int., 1823, 16 sept.
[7] Arch. H.-S., corr. l. Fy. avec Intér., 1823, nᵒˢ 568, 578.

«que plusieurs gardes de cette province s'étaient trouvés, lors de leurs tournées, dans des positions dangereuses pour être dépourvus d'armes à feu et par là dans l'impossibilité de se faire respecter [1]».

L'uniforme réglementaire comprenait :

	LIVRES.
Un habit et un pantalon d'une valeur de	46 5o
Un sabre	6 o3
Un baudrier	2 4ə
Bretelles	o 87
Un chapeau noir	?,
Une bandoulière	ə 9o
Une capote	3o oo

La tenue des gardes coûtait 88 livres 9o ; celle des brigadiers, absolument semblable, mais avec quelques galons et broderies en plus, valait pour la 2ᵉ classe 11o livres et, pour la première 11ə livres [2]. Au lieu du sabre, les brigadiers portaient une épée.

L'armement proprement dit comportait une carabine avec baïonnette, tire-bourre, une poudrière, etc. ; la carabine était comptée au prix de ə4 livres.

§ 7. Marteaux.

L'usage des marteaux pour la désignation des arbres abandonnés ou réservés avait été introduit en Savoie par le Service forestier français : en outre du marteau de l'État les agents ou préposés se servaient de marteaux qui leur appartenaient. (L. ə9 septembre 1791, titre V, art. 9 ; titre VI ; art. 11. Instruct. 7 prairial IX ; art. 6. Instruct. 16 ventôse XIII, art. ə0.) La pratique des martelages s'était maintenue pendant la période transitoire qui suivit la chute de l'Empire et le Règlement du 15 octobre 18əə la consacra définitivement (art. 53, 58, 59).

Dans certaines régions, les gardes abusèrent de leur marteau particulier et, en Tarentaise, l'intendant ordonna que chaque garde déposât son marteau contre reçu chez le syndic de sa résidence [3]. Après la promulgation des Patentes du 18 janvier 18ə5, les gardes livrèrent les marteaux spéciaux dont ils étaient propriétaires et furent remboursés du montant du prix [4]. En 18ə8, tous ces marteaux n'avaient pas encore été remis aux sous-inspecteurs.

Un peu plus tard, l'administration de l'Intérieur envoya des marteaux destinés aux inspecteurs et sous-inspecteurs pour leurs opérations. Ces marteaux devaient être déposés chez les inspecteurs et sous-inspecteurs et envoyés par eux aux brigadiers pour les martelages. Quelques intendants demandèrent au ministère que chaque brigadier fût détenteur de l'un de ces marteaux [5], afin d'éviter les difficultés de transmission et les retards dans les délivrances de bois.

[1] Arch. Mne., corr. I. avec Intér., 18ə6, 4 sept. ; 18ə7, 14 fév., ə8 avril, 4 juill. Arch. H.-S., corr. I. Fy. avec Intér., 18ə7, n° 1o36. Corr. I. Ay. avec Inter., 18ə7, n° ə85 ; 18ə8, n° ə18.

[2] Arch. H.-S., corr. I. Ay. avec Inter., 18ə7, n° 1ə8.

[3] Arch. Tse, corr. I. int., 18ə3, 1ᵉʳ nov.

[4] Arch. Tse, corr. I. int., 18ə5, ə6 fév. Arch. H.-S., corr. I. Ay. avec sind., 18ə8, n° 6o9.

[5] Arch. Mne, corr. I. avec Inter., 18ə7, 31 mars.

CHAPITRE III.

LA GESTION FORESTIÈRE.

— · —

SECTION I.

Le régime forestier.

D'après l'article 1 du Règlement forestier du 15 octobre 1822, toutes les forêts, qu'elles fussent domaniales, communales ou particulières, étaient, à des degrés divers, soumises au régime forestier. Alors que les bois appartenant au roi, aux communes, aux établissements publics, ecclésiastiques ou autres, étaient régis par l'administration forestière, ceux des simples citoyens étaient assujettis à un contrôle et à une surveillance spéciale.

Pour faire connaître l'étendue des forêts, le titre II du Règlement eut recours au moyen qui avait déjà été utilisé au xviiie siècle, aussi bien par les Royales Constitutions de 1729 et de 1770 que par les Patentes de 1760 sur les bois de Tarentaise. Comme on possède la consigne prescrite par l'article 11 du Règlement et la correspondance à laquelle a donné lieu sa rédaction, on peut donc juger de la valeur de ce document et, par suite, de celle des déclarations antérieures. Il faut cependant faire exception pour l'état établi en vertu des constitutions de 1729 qui a été la reproduction du nouveau cadastre sarde rendu exécutoire par l'édit de péréquation de 1738.

Le règlement accordait aux propriétaires de forêts un délai de six mois, se terminant au 15 avril 1823, pour donner l'état des contenances et la nature de ces forêts.

En Savoie, chaque année un certain nombre d'habitants s'expatrient pour aller travailler dans les grandes villes de France pendant l'hiver ; fatalement ces migrateurs périodiques se sont trouvés dans l'impossibilité de satisfaire aux prescriptions de la loi [1]. Par Patentes du 25 mars, le roi prorogea donc au 30 juin 1823 le délai prescrit.

Les intendants des diverses provinces avaient, par des circulaires détaillées, indiqué aux syndics la manière d'établir la consigne ; ils avaient même fait imprimer des formules que devaient remplir tous les propriétaires forestiers, ils avaient dispensé les municipalités du travail toujours ingrat de la transformation des mesures anciennes en mesures métriques, se réservant de faire faire le calcul dans leurs bureaux : le mois de juin arriva sans qu'on eut, à beaucoup près, les déclarations des particuliers. Le domaine royal, les communes, l'économat ecclésiastique et autres établissements publics étaient en règle pour la plupart. Un nouveau délai fut accordé jusqu'à la fin d'octobre, mais l'année 1823 se termina sans que la statistique put être établie : les rappels réitérés des intendants étaient demeurés vains.

Au milieu de juin 1824, en Maurienne, à raison de l'inertie des propriétaires, l'intendant dut charger un commissaire spécial de dresser un état des bois particu-

___

[1] Arch. Tse, corr. 1. ext., 1823, 12 avril.

liers dans chaque commune, après reconnaissance sur le terrain avec des indicateurs locaux [1]. Dans la province peu montueuse de Carouge, le 7 mai 1824, les choses n'étaient pas plus avancées; en Faucigny, où la propriété était des plus morcelées, au début de 1824 rien n'était achevé et pourtant on avait déjà reçu 11650 feuilles de déclarations. Plusieurs intendants demandèrent à Turin l'autorisation de déléguer des commissaires chargés, aux frais et au lieu et place des retardataires, de faire les déclarations légales : le plus souvent ce fut un géomètre qui fut envoyé pour faire la mensuration des bois particuliers. Quelques-uns de ces opérateurs ne cherchèrent qu'à augmenter le nombre des vacations et furent tancés de ce fait par l'intendant général (Chamonix, 24 octobre 1825) [2].

Avec les nobles, on prit plus de ménagements : les autorités se bornèrent à leur signifier un délai pour répondre.

Une fois les déclarations remises au syndic, le conseil de chaque paroisse devait émettre un avis sur l'exactitude et la sincérité des documents. Bien entendu, cette assemblée n'a jamais manqué de certifier fidèle la note remise par chaque habitant. Il était bien difficile qu'il en fut autrement. Pourtant, à l'intendance générale du duché, on reconnut «d'innombrables erreurs qui frappaient d'inadmissibilité les 7/8 des états transmis et qui ont nécessité leur premier, deuxième et parfois leur troisième renvoi aux secrétaires des communes qui les avaient dressés».

Une fois réunies dans chaque commune, les déclarations devaient être condensées en un état par le syndic (art. 14) aidé du secrétaire. Cet état, accompagné des déclarations individuelles et de la délibération du conseil, était transmis à l'intendant de la province. L'article 19 prescrivait d'établir dans chaque province un double de ces états et déclarations : dans certaines régions où les forêts étaient très morcelées, le travail de copie était considérable et il fallut recourir à des auxiliaires [3] dont l'emploi et le salaire furent approuvés par le ministre des Finances. Ainsi, en Tarentaise, la consigne des bois exigea dix mois et comprit quatre gros volumes in-folio; en Faucigny, il fallut huit volumes. Le gouvernement ne fut donc en possession de sa statistique qu'à la fin de 1825 ; la production des états des provinces s'était échelonnée depuis le 3 janvier 1824 jusqu'au bout de l'année suivante [4].

L'ingénieur des mines de Tarentaise, Despines, qui, à ce titre, avait à se préoccuper de pourvoir de bois les exploitations de cette province, put, en 1827, porter sur la consigne des bois ce jugement sévère, relaté plus haut (p. 45) [5].

Bientôt des changements soit dans la nature des propriétaires, soit dans le genre des peuplements vinrent encore accroître l'incertitude de la statistique. Ainsi plusieurs communes demandèrent et furent autorisées à aliéner certaines parties de leurs forêts, soit pour exécuter des travaux d'intérêt commun, le plus souvent des réparations aux églises, soit pour éteindre des dettes. Fréquemment des coupes à blanc étoc en détrui-

[1] Arch. Mne, corr. I. avec Inter., 1824, 3 janvier, 5 avril, 24 mai, 16 juin. Arch. H.-S., corr. I. Ay. avec sind., 1823, n° 64. Corr. I. K. avec sind., 1823, n°ˢ 79, 150, 577 ; 1824, n° 264. Corr. I. Fy. avec Inter., 1824, n° 615 ; avec sind.. 1823, n° 388.

[2] Arch. H.-S., corr. I. Ch. avec sind., 1825, n° 168.

[3] Arch. Tse, corr. I. ext., 1824, 3, 22 janv. Arch. H.-S., corr. I. K. avec Inter., 1823, n° 379. Corr. I. Fy. avec Inter., 1824, n° 761 ; avec les I., 1824, n° 677.

[4] Arch. Tse, corr. I. ext., 1824, 3 janv.

[5] Arch. Turin. Agriculture, n° 76.

sant les futaies, leur substituaient des taillis ; nombre de défrichements licites ou clandestins faisaient aussi disparaître l'état boisé [1].

SECTION II.

Délimitation et Bornage.

Sous l'Empire, en exécution des arrêtés des Préfets du Mont-Blanc et du Léman,
respectivement en date des 17 avril 1809 et du 2 novembre 1811, le service forestier
avait fait établir le plan géométrique d'un certain nombre de forêts appartenant aux
communes. «Ces plans, verbaux de mensuration, états de la consistance des bois, etc.,
ont été emportés par les agents forestiers supérieurs à l'époque où les armées alliées
entrèrent en ce pays. . . [2]». Tout le travail fait était donc perdu.

Aussi n'était-il pas rare de voir les riverains des massifs communaux empiéter
ouvertement sur ces propriétés [3] : mais on ne voit pas soulever, comme avant 1815,
l'exception de propriété qui entraînait souvent la délimitation et bornage des surfaces
contestées.

Ce ne fut guère qu'au moment où s'établit la statistique forestière prescrite par le
Règlement de 1822 que certaines forêts se trouvèrent levées.

Lorsque les propriétaires forestiers se trouvèrent en retard, peut-être par ignorance
de la contenance boisée qu'ils possédaient, les intendants envoyèrent des géomètres
«pour faire la mensuration des surfaces»; les limites étaient reconnues et marquées
sur le terrain, avant l'opération géométrique, par les indicateurs qui accompagnaient
le géomètre. Mais malgré le nombre de ces propriétaires négligents ou inertes, l'importance de ces délimitations demeura des plus réduites.

L'article 73 du Règlement ordonnait de dresser un plan des forêts communales dans
un délai de six ans; mais rien n'indique que cette prescription pourtant si utile ait
été suivie. Le délai eut été d'ailleurs insuffisant.

SECTION III.

Aménagements.

D'après le Règlement de 1822, il semble bien que l'idée, sinon le mot, d'aménagement ait déjà fait quelque progrès. La délimitation et le bornage prescrits par les
articles 72 et 73 devaient servir de base solide aux exploitations et à la division de la
forêt en coupons.

Taillis. — Chaque coupe annuelle devait être arpentée et bornée, de sorte qu'au
bout d'un certain temps l'aménagement de la forêt se trouvait assis sur le terrain et
tracé sur le plan.

Quant à la durée de la révolution, elle demeurait des plus variables. L'article 42

[1] Arch. S., Fonds sarde, Reg. 39 : 1828. 14 nov.; 1829, 4 juillet. Arch. H.-S., corr. I. Ay. avec
sind., 1826, n° 218; 1829, n° 1373; avec Inter., 1832, n° 1349.
[2] Arch. H.-S., corr. I. Fy. avec Inter., 1823, n° 416.
[3] Arch. Mne, corr. I. avec sind., 1830, 26 juin.

exigeait seulement que le bois eût atteint sa maturité. Ce terme était fort élastique et on a vu qu'avant 1822 on exploitait même à 6 ans.

Ces errements continuèrent et, en 1827, l'ingénieur Despine signale que dans la province de Savoie propre les taillis d'aune sont exploités à 4 ans et les autres à 4, 5 et 6 ans et qu'on n'en retire que des fascines.

En Chablais, les coupes de furetage revenaient tous les 3 ans sur le même point. Aussi les rendements en matière ne dépassent-ils guère 15 à 20 stères par hectare [1].

Il convient également de remarquer que les coupes pouvaient fort bien avoir, suivant les années, des contenances différentes et n'être pas poursuivies à tire et aire, puisque, aux termes de l'article 53, la municipalité devait en faire la demande par délibération régulière et que l'intendant, sur l'avis du sous-inspecteur, arrêtait la superficie et l'emplacement des coupes. Ainsi, à Arvillard, on délivre en 1827 une coupe de 150 journaux (44 hect. 22 ares 57 centiares, mesure de Savoie) et, en 1828, 80 journaux seulement (23 hect. 58 ares 70 centiares) [2]. On n'établissait donc pas à l'avance de règlement d'exploitation.

Il devait être réservé, par journal, 3 baliveaux de l'âge, 3 modernes et 3 anciens ou vieilles écorces, à prendre d'abord parmi les brins de semence et, à défaut, parmi les rejets de souche les plus vigoureux. Comme le Règlement s'appliquait à tous les états de terre ferme, il est probable que le journal mentionné à l'article 60 était le journal de Piémont de 0 hect. 38, de sorte que la réserve comprenait en tout 24 arbres par hectare. C'était la condamnation du taillis simple; mais les arbres de futaie ne pouvaient, si clairsemés, donner beaucoup de plus-value au taillis.

En pratique, on ne balivait guère dans les taillis : le maintien d'arbres de réserve eut été un obstacle à un mode de vidange déplorable, mais assez répandu en Savoie, le roulage des fascines. Aujourd'hui encore cet usage n'a pas complètement disparu.

Futaies. — Comme les articles 72 et 73 du Règlement ne distinguent pas entre les taillis et les futaies, il en résulte que leurs prescriptions sont d'application générale. Les plans des coupes rapportés sur le plan général de chaque forêt devaient finir par constituer un parcellaire. Avec ce parcellaire on peut concevoir deux modes d'exploitation :

1° Les coupes à blanc étoc, si fréquentes alors, pratiquées à tire et aire ou en damier plus ou moins irrégulier. On les désignait aussi sous le nom de «coupes réglées». Ce mode d'exploitation, évidemment avantageux, avait l'inconvénient de favoriser les avalanches, les éboulements et les ravinements : aussi y avait-il une tendance à l'abandonner;

2° Des coupes par contenance, en prélevant dans chaque coupon les bois arrivés à maturité, ou viciés, ou dépérissants. C'est l'hypothèse prévue par l'article 45 du Règlement. Particuliers ou communes devaient demander à l'intendant l'autorisation d'exploiter les arbres de futaie en spécifiant le nombre de pieds nécessaires (art. 47, 53, 55); la permission accordée, il fallait de plus que les arbres fussent martelés

[1] Turin, archives d'État. Agriculture, n° 76.
[2] Arch. S., Fonds sarde, Reg. 38.

par le personnel forestier (art. 53). Il semble donc que seules des considérations culturales devaient entrer en jeu, lors des martelages. On ne trouve rien qui rappelle une possibilité par pied d'arbre ou par volume ; on ne voit pas même que des rotations aient été établies pour parcourir les parcelles dans un ordre et dans un temps donnés.

Pourtant, le service forestier et les intendants furent amenés à se préoccuper de la possibilité de la forêt ; outre les coupes ordinaires de futaie, les populations réclamaient fréquemment après un événement désastreux, incendie, inondation ou avalanche, des bois d'œuvre pour réparer ou pour reconstruire les bâtiments ou édifices détruits ou endommagés. Le plus souvent ces « bois d'urgence » étaient pris à proximité du lieu d'emploi et on ne se préoccupait guère de savoir si les arbres abandonnés pouvaient ou non prospérer encore longtemps : on choisissait les plus beaux, on pratiquait une sélection à rebours qui ne laissait dans le peuplement que des sujets tarés ou rabougris.

C'est principalement en Tarentaise où la consommation du bois était considérable, du fait de l'existence de la minière de Peisey et des salines de Moutiers, que l'intendant, avant de statuer sur les demandes de coupes, invitait le sous-inspecteur à examiner « l'état de force et de prospérité des forêts », la quantité des plantes dont la forêt peut supporter la coupe [1].

Une circulaire de l'administration de l'Intérieur généralise d'ailleurs cette excellente mesure. L'intendant de Tarentaise réclama même « un tableau présentant ce que chaque forêt communale comporterait de coupe, sans qu'on nuisît à sa conservation... afin de servir de base pour les concessions de bois ». Cet administrateur faisait avec raison remarquer au service central « que les bois se conserveraient aussi bien que par les assiettes, quoique la coupe ait lieu par jardinage ». Il arrivait donc à reconnaître la nécessité d'un règlement d'exploitation pour chaque forêt, ce qu'il ne put d'ailleurs jamais obtenir.

Il n'était pas sans intérêt de noter cette évolution qui coïncida avec l'apparition du Code forestier français.

Mise en réserve. — Dans les forêts dont la production dépassait les besoins de la population, les intendants pouvaient ordonner la mise en réserve d'une partie des peuplements qui devaient être traités en futaie. Aucune distinction n'était faite ; il importait peu que les forêts fussent des taillis ou des futaies. La portion à mettre en réserve n'était pas une fraction définie à l'avance de la surface totale des bois ; on la choisissait dans les endroits les plus fertiles et de l'accès le plus commode, avec des limites naturelles bien déterminées.

Une telle disposition, sérieusement appliquée, eût enrichi considérablement nombre de communes de la région alpine.

On peut donc noter dans le Règlement forestier de 1822 une tendance très nette à régulariser la gestion des forêts communales et des établissements publics ; l'administration n'intervenait dans les forêts particulières que pour y prévenir des exploitations abusives.

[1] Arch. Tse, corr. I. int., 1827, 15 mai, 11 déc. Corr. I. ext., 1828, 15 sept.

·SECTION IV.

Coupes et exploitations.

§ 1. Demandes et autorisations de coupes.

Forêts communales. — Aucune coupe soit de taillis, soit de futaie, ne devait être autorisée par l'intendant de la province (art. 53) que sur demande spéciale faite par le conseil dans une délibération régulière. Aucune date n'était fixée pour la production de ces demandes de coupes périodiques. Aussi, par circulaires du 24 octobre et du 1er décembre 1823, l'intendant général de l'Intérieur manifesta-t-il le désir que ces demandes fussent présentées aux intendants chaque année à la même époque, de manière que le personnel forestier ne fût obligé de faire qu'une seule tournée avant d'émettre un avis sur la requête ; il indiquait les mois de juillet ou d'août comme les plus convenables. Les municipalités furent consultées sur le choix de la date. Toutes les délibérations sollicitant des bois . qui n'auraient pas été fournies en temps voulu, devaient rester dans les bureaux d'intendance jusqu'à l'année suivante pour éviter «l'embarras d'être constamment assailli de demandes [1]».

En Savoie, ce fut le mois de juillet qui fut adopté [2] et les intendants rédigèrent des circulaires donnant des instructions aux syndics et aux secrétaires sur la manière dont devaient être établies les demandes.

L'intendant adressait les délibérations de l'espèce au sous-inspecteur de la province, pour renseignements et avis, puis, au vu du rapport de cet agent, il rendait son ordonnance. L'autorisation de l'intendant était transmise à la commune propriétaire des bois, pour être enregistrée avant toute exploitation [3] ; elle était également communiquée au sous-inspecteur chargé d'en surveiller l'exécution (lettre de l'intendant général de l'Intérieur en date du 22 mars 1823) [4].

Il appartenait au sous-inspecteur de signaler à l'intendant toutes les mesures propres à assurer la satisfaction des besoins des communes, sans exagération, et celles qui avaient pour but d'assurer le maintien ou l'amélioration de l'état boisé ou la protection contre les raviuements et les avalanches. Quand la délibération omettait de fournir des indications souvent essentielles, comme la contenance à exploiter, le nombre des affouagistes, l'importance des réparations ou des constructions à faire, l'intendant refusait son autorisation; mais il n'était pas rare de voir l'intendant charger le brigadier local de s'entendre avec le syndic. Parfois aussi, à la réserve de 9 arbres de bois dur par journal, l'ordonnance d'autorisation ajoutait le maintien de tous les sapins ou épicéas existants [5].

Un des points sur lesquels l'administration de l'intérieur voulait être spécialement

---

[1] Arch. Tse, corr. I. int., 1823, 29 déc.
[2] Arch. Tse, corr. I. int., 1824, 18 juillet.
[3] Arch. Tse, corr. I. int., 1828, 7 mai.
[4] Arch. H.-S., corr. I. Ay. avec sind., 1823, n° 106.
[5] Arch. S., Fonds sarde. Reg. 38 ; 1828, 23 oct. Reg. 40 ; 1830, 5 avril. Arch. H.-S., corr. I. Fy avec sind., 1826, n° 1234.

renseignée était la possibilité de vendre tout le surplus des bois communaux non utilisés pour l'affouage ou les constructions [1]. Dans l'impossibilité où ils étaient de procéder eux-mêmes aux reconnaissances, les sous-inspecteurs chargeaient les préposés sous leurs ordres, brigadiers, gardes même, de leur fournir les données indispensables à la rédaction du rapport ; il pouvait arriver que le préposé qui avait déjà rédigé la requête de coupe au nom de la municipalité était appelé à instruire l'affaire. Pour sauvegarder au moins les apparences, les intendants exigeaient que la signature du préposé, tout au moins pour les gardes, ne figurât pas sur l'avis transmis par le service forestier [2].

Bois particuliers. — Tout propriétaire désireux d'abattre dans ses bois des arbres de futaie était tenu également d'obtenir l'autorisation de l'intendant. Sa demande était instruite comme celle d'une commune (art. 46). Une circulaire de l'Intérieur du 9 décembre 1827 excepta de cette formalité les fruitiers, même situés dans un massif.

Quant aux taillis, les particuliers pouvaient les exploiter à leur convenance, pourvu qu'ils aient atteint la maturité.

Coutumes spéciales. — L'article 54 du Règlement, en stipulant que les coutumes en vigueur pour les coupes communales seraient maintenues, détruisait une partie des dispositions précédentes. Une circulaire du 1er décembre 1823 vint en donner aux intendants et aux inspecteurs forestiers l'interprétation par le Secrétaire d'État des affaires intérieures; elle prescrivait aux intendants de donner aux communes des instructions conformes. Elle était divisée en deux chapitres :

CHAPITRE I. — *Bois de chauffage.*

« 1. Dans les communes où il est de coutume ancienne d'autoriser les particuliers à couper dans les forêts communales le bois de chauffage à leur usage, que la concession fût gratuite ou non, le conseil devra, dans le mois de juillet ou d'août de chaque année, indiquer la forêt d'où le bois devra être extrait, la quantité totale de bois à abattre, les familles à qui les permissions seront accordées et la quantité de bois à accorder à chaque famille, en tenant compte du besoin plus ou moins grand de chaque famille et du rendement des forêts. Là où les concessions ne se font pas à titre gratuit, la délibération fixera les prix.

« 2. Une copie de cette délibération sera immédiatement transmises à l'intendant de la province qui, sur l'avis du sous-inspecteur forestier, l'approuvera, lorsque les concessions sont conformes aux usages locaux; sinon, il enverra au sindic des instructions à ce sujet.

« 3. En suite de cette approbation, le sindic fera publier un avis par lequel il indiquera le bois concédé à chaque famille et, s'il y a lieu, la taxe fixée, le canton à exploiter.

« 4. Aussitôt reçue l'approbation de l'intendant et avant de procéder à la coupe, le sindic transmettra au sous-inspecteur de la province, une copie de la délibération et de

[1] Arch. Tse, corr. l. int., 1833, 10 juin.
[2] Arch. H.-S., corr. l. Ay. avec sind., 1827, n° 662.

35

l'approbation susdites, en l'invitant à se rendre sur place ou à déléguer un brigadier pour désigner. le bois à abattre.

« 5. Si le sous-inspecteur ne peut, lors de sa tournée d'automne, effectuer cette visite et les opérations nécessaires, il déléguera à ces fins, après entente avec l'intendant et par économie, le brigadier local.

« 6. Les limites de la coupe fixées, le sindic désignera le nombre de personnes qu'il jugera nécessaire pour exécuter l'abatage dans un court délai qui n'excédera pas 20 jours, ces personnes seront responsables de l'application des prescriptions établies par le Règlement et par les présentes et de celles ordonnées par le sous-inspecteur : elles présenteront au sindic deux cautions.

« 7. Le sous-inspecteur ou, à son défaut, le brigadier, marquera avec le marteau les plantes à réserver soit pour le repeuplement du bois, soit pour toute autre cause ainsi que les parois.

« 8. Les plantes concédées par les communes comme combustible devront être abattues et enlevées dans les délais prescrits par le sous-inspecteur lors du martelage et, dans le cas où le brigadier serait délégué pour cette opération, le sous-inspecteur lui donnera les instructions nécessaires pour fixer ces délais...

« 9. L'abatage terminé, le sindic fera former les parts aux termes des concessions accordées et approuvées par l'intendant; on déposera ensuite ces parts sur le bord de la forêt où les habitants iront les prendre.

« 10. Une fois le bois déposé au bord de la forêt, le sous-inspecteur ou le brigadier délégué se rendra sur le parterre de la coupe pour reconnaître si elle a été exécutée conformément au Règlement, aux présentes et à la délibération du conseil. Si aucune contravention n'a été commise, le sindic donnera mainlevée aux bûcherons et aux cautions de leurs obligations; dans le cas contraire, il en dressera un rapport pour le sous-inspecteur qui le transmettra à l'intendant de la province pour ses déterminations.

« 11. Les bûcherons devront débarrasser le parterre de la coupe de tous les copeaux, éclats, ronces, fougères qui resteraient après abatage et avant qu'il leur soit donné mainlevée.

« 12. Les concessionnaires ne pourront, sans autorisation spéciale de l'administration, retarder d'un an la coupe qui leur aura été accordée.

« 13. Les coupes d'affouage accordées par les communes aux particuliers restent soumises, en dehors des prescriptions ci-dessus, aux dispositions contenues dans les articles 60, 62 à 67 du Règlement du 15 octobre 1822.

CHAPITRE II. - *Bois de construction et d'industrie.*

« 14. Les particuliers, habitants des communes où il existe cette coutume légale, qui désirent des bois pour construction ou autres besoins, à prendre dans les forêts communales, présenteront au sindic une demande du nombre de plantes qui leur sont nécessaires.

« 15. S'il s'agit de travaux qui peuvent être prévus, il est recommandé particulièrement de présenter les demandes dans les mois de juillet et d'août, pour qu'il puisse être procédé aux opérations préalables nécessaires.

« 16. De telles requêtes seront toujours accompagnées de l'avis d'un homme de l'art reconnu capable, probe et honnête, par lequel il déclarera, sous la foi du serment, que la quantité de plantes et de bois demandée est essentiellement nécessaire au pétitionnaire; il indiquera dans ce même avis les usages auxquels les bois sont destinés.

« 17. Le sindic soumettra ces demandes au conseil qui, par délibération, se prononcera sur le mérite de chacune d'elles; désignera la forêt où seront pris les bois, la quantité à accorder à chaque requérant, eu égard sur ce aux besoins à satisfaire et à la richesse de la commune en arbres de haute futaie; la délibération fixera la valeur des bois accordés conformément au § 1 de l'article 54 du Règlement.

« 18. Copie de cette délibération sera immédiatement transmise à l'intendant de la province qui, après avoir pris l'avis du sous-inspecteur, l'approuvera si les concessions sont conformes aux usages locaux; sinon, il enverra au sindic des instructions à ce sujet.

« 19. L'autorisation de l'intendant accordée, le sindic avise les intéressés des quantités de bois concédés, du lieu fixé pour la coupe et des prix arrêtés.

« 20. Les articles 4 à 13 du premier chapitre des présentes sont applicables aux concessions de bois de construction et d'industrie.

« 21. Chaque année, les sous-inspecteurs transmettront à l'administration et à l'intendant de la division un rapport rappelant les communes où ces usages existent, les quantités de bois de feu, d'œuvre ou d'industrie accordées, les sommes perçues de ce chef dans chaque commune; ils indiqueront les réductions possibles et feront toutes observations qu'ils croiront convenables... Signé : Maggiora. »

Mais ces délivrances de bois étaient fréquemment la source de sérieux abus.

Les particuliers à qui étaient accordés des bois d'affouage ou de construction dans les forêts communales, moyennant le payement d'une redevance toujours minime (art. 54, al. 1), ou bien en changeaient la destination ou même les revendaient au prix fort. Aussi, le 9 octobre 1824, le Ministre de l'Intérieur dût-il prescrire « que ceux qui seraient reconnus avoir commis un tel abus ne pourraient plus avoir part aux distributions de bois qui se font dans les forêts communales ». L'exclusion était prononcée par l'intendant de la province sur un rapport, soit du syndic et du conseil de la commune intéressée, soit du sous-inspecteur, soit même sur d'autres informations. L'ordonnance d'exclusion devait être transcrite sur le registre des délibérations du Conseil [1].

§ 2. Affouage.

D'après l'article 68 du Règlement, en principe aucune coupe ne doit être délivrée en nature à une commune : la vente aux enchères est de règle. C'est l'article 54, on

---

[1] Arch. H.-S., corr. I. Fy. avec sind., 1824, n° 115; 1826, n° 1238.

vient de le voir, qui sert de correctif à une disposition aussi absolue : ces distributions de bois de feu et de construction à prendre dans les massifs communaux sont l'objet de la procédure indiquée par la circulaire du 1er décembre 1823.

Mais une fois l'exploitation faite, le service forestier ne pouvait s'immiscer dans la répartition du matériel ligneux et, en certaines localités, tout au moins, la plus parfaite équité ne paraît pas avoir présidé à cette opération [1]. Certains conseillers ont été accusés devant les intendants d'« oublier le pauvre pour favoriser le riche ».

En certaines localités, malgré les règles posées par la circulaire de 1823, l'exploitation se faisait par l'ensemble des communiers et chacun avait pour sa part ce qu'il avait abattu : de là, suivant la vigueur et l'habileté de chacun, une inégalité des portions d'affouage. Ailleurs, on vit certains chefs de famille se rendre en forêt bien avant l'heure indiquée et se tailler ainsi la part du lion dans le bien commun [2]; s'étant approprié, aux dépens de leurs concitoyens, plus de bois qu'ils n'en pouvaient brûler, ces égoïstes n'hésitaient pas à vendre tout ce qu'il leur était impossible de consommer; la loi ne prévoyait pas de sanction pour ces abus.

Il y eut aussi des hameaux qui donnèrent mandat à leur conseiller de vendre leur affouage afin de se procurer l'argent nécessaire à divers travaux ou à des œuvres pieuses. Quand l'intendant apprenait ces marchés clandestins, il s'efforçait de les régulariser, d'empêcher toute gestion occulte; toutefois ces rappels aux principes ne pouvaient empêcher que les habitants ainsi privés de combustible ne fussent tentés de s'en procurer en délit [3].

L'article 54, alinéa 1, du Règlement prévoyait d'ailleurs le prélèvement d'une taxe inférieure à la valeur commerciale des bois, sur les bénéficiaires. Cette taxe était fort variable : tantôt elle était fixée par tête, de manière à obtenir une somme dont la municipalité avait besoin, tantôt elle était fonction de la quantité de bois délivrée à chacun. Quand le budget communal était en déficit, une telle taxe pouvait fournir les moyens de le boucler et les intendants le faisaient entendre au conseil [4]. Aussi le taux de la taxe affouagère était des plus irréguliers : à Arvillard, en 1828, la toise de bois rapportait à la caisse municipale 0 livre 40 et à Séez, en 1829, 3 livres. A Doucy en Beauges, chaque affouagiste doit payer 10 livres 15 en 1833; il faut réparer l'église, tandis qu'à Vulbens il n'est tenu de verser que 1 livre 50.

§ 3. COUPES VENDUES.

Pour les forêts publiques, la vente des coupes aux enchères publiques est prescrite par l'article 68 du Règlement. Après la demande de la commune propriétaire et son approbation par l'intendant, le service forestier devait procéder à l'assiette de la coupe, il faisait donc exécuter un arpentage de la parcelle à exploiter en relevant les parois et pieds corniers. Le plan portant ces limites permettait de calculer la contenance exacte, ce qui fournissait le nombre des réserves à maintenir par application de l'article 60.

[1] Arch. Mne., corr. I. avec sind., 1830, 24 juin.
[2] Arch. H.-S., corr. I. Ay. avec sind., 1823. n° 135; 1825, n° 491.
[3] Arch. Mne., corr. I. avec sind., 1832, 24 fév., 4 mai.
[4] Arch. S. Fonds sarde., Reg. 38, 1828; Reg. 43, 1833, 28 août. Arch. Tse., corr. I. Fy. avec sind., 1829, 5 mai. Arch. H.-S., corr. I. K. avec sind., 1830, n°s 1786, 1787.

Enfin le sous-inspecteur dressait un cahier des clauses spéciales à la vente projetée : époque de l'abatage, délais de vidange, précaution à prendre, etc. [1].

Après les formalités de publication et d'affichage, les avis insérés au *Journal de Savoie*, feuille officielle du duché, l'adjudication avait lieu dans les bureaux de l'intendant de la province, si l'estimation était supérieure à 1,000 livres; sinon devant le conseil (art. 68). D'après l'article 21 des Règles générales admises par l'administration de l'Intérieur, on ne pouvait adjuger qu'après une enchère au moins sur la mise à prix. Aussi n'était-il pas rare de voir les syndics solliciter des marchands de bois des offres de prix avant la séance afin d'assurer une rentrée à la caisse municipale. Il arrivait parfois que cette pratique entraînait des conséquences inattendues.

N'y avait-il qu'une soumission? L'intendant, s'il la jugeait suffisante, adjugeait provisoirement et demandait à Turin l'approbation du marché conclu sous réserve, il représentait sa conviction «que les bois ont été estimés à leur grande valeur ainsi que tous les assistants l'ont d'ailleurs hautement manifesté» et sa crainte «de nuire aux intérêts de la commune en agissant différemment [2]».

Si l'offre était trop minime, l'intendant refusait de l'accepter ou de la confirmer, dans le cas où elle aurait été reçue par son prédécesseur. Ainsi le directeur de la verrerie de Thorens n'ayant proposé que 0 livre 27 par pied d'arbre pour une coupe de 4,000 sapins à prendre dans la forêt de cette commune, l'intendant d'Annecy différa la vente qui était destinée à l'achat d'une cloche pour l'église paroissiale [3].

La commune des Clefs voulait reconstruire son église et elle avait obtenu l'autorisation de vendre du bois pour couvrir au moins une partie de la dépense. La coupe martelée était estimée 13,090 francs par le sous-inspecteur. «Les principaux habitants au nombre de vingt, dirigés par l'espoir d'obtenir une plus grande concurrence dans les enchères et d'augmenter ainsi considérablement le produit de la vente, ont offert de cette coupe de bois la somme de 20,000 livres, en se soumettant à toutes les charges et conditions imposées.» Le jour de l'adjudication aucun marchand ne se présenta «parce que le prix offert dépassait la vraie valeur de la coupe» et les vingt communiers furent déclarés adjudicataires [4].

Les adjudications infructueuses n'étaient pas rares à ce moment et le domaine royal n'y échappait pas plus que les communes. Ainsi, en 1832, le directeur des domaines tenta de vendre une coupe assez importante en quatre lots, dans la forêt de Vidonne. Les enchères tentées les 7 et 26 septembre demeurèrent sans résultat; le 6 décembre, trois lots trouvèrent preneur et, le 18 décembre, un nouveau marchand mit surenchère de 1/12, se déclarant amateur de la totalité, mais à la condition d'avoir un délai d'abatage et de vidange de quatre ans au lieu de deux qu'accordait le cahier des charges. Ce marchandage ayant été repoussé, il fallut remettre en vente, le 28 décembre, les lots non adjugés [5].

Quand des usines métallurgiques, dont le fonctionnement n'était jamais continu, à raison de la difficulté de l'approvisionnement en minerai et en combustible, rentraient en activité, c'était pour les communes forestières le placement assuré de leurs

[1] Arch. S., corr. I. K. avec sind., 1824, n° 152.
[2] Arch. Tse., corr. I. ext., 1828, 5 janv.
[3] Arch. H.-S., corr. I. Ay. avec S., 1827, n° 509.
[4] Arch. H.-S., corr. I. Ay. avec Inter., 1829, n° 357.
[5] Arch. H.-S., corr. I. Ay. avec div., 1832, n°ˢ 1151, 1156, 1174, 1178, 1183.

bois : il n'était pas rare de voir, après un essai de vente demeuré vain, la municipalité
aussi bien que l'intendant et le service forestier attendre la réouverture de ces établissements pour tenter une nouvelle adjudication [1].

Des Patentes du 5 août 1823 ordonnèrent de prélever 5 o/o des sommes produites
par les ventes de bois des communes et établissements publics au profit des caisses
provinciales chargées du payement des traitements des sous-inspecteurs et brigadiers
forestiers [2]. Une instruction de l'intendance générale de l'Intérieur du 1er décembre 1823 décida que les délivrances de bois faites aux communes n'étaient pas
assujetties à cette redevance, non plus que les ventes des bois du domaine royal.
Ce 1/20 forestier n'était pas suffisant pour couvrir les provinces des frais de gestion
qui leur étaient imposés par l'article 6 du Règlement. Ainsi, en Maurienne, le 5 o/o
a rendu, en 1826, environ 1,000 francs (970 fr. 91.) alors que le salaire du sous-
inspecteur et des sept brigadiers de la province exigeait 4,000 livres. Pour rétablir
à peu près l'équilibre il eut fallu soumettre à la redevance de 5 o/o les coupes délivrées en nature.

Malgré tous les règlements, nombreux étaient les syndics qui recouraient à des
ventes illégales des bois communaux ou qui accordaient des arbres à titre de payement
de dettes ou de fournitures, de frais de réception ou de fête ou même de simple libéralité. Parfois ces ventes et exploitations avaient lieu avec la complicité tacite ou
expresse des gardes et brigadiers [3]. Que faisaient les intendants lorsqu'ils découvraient
de telles irrégularités? On ne voit qu'ils aient fait appliquer les dispositions pénales
des articles 49, 55, 92 du Règlement : ils se bornaient à adresser des reproches plus
ou moins vifs aux syndics, aux conseils, à prescrire le versement dans la caisse du percepteur de l'argent provenant des ventes et dans celle de la province du 5 o/o des
sommes réalisées.

§ 4. Délivrances d'urgence.

L'article 57. en dehors des coupes ordinaires, prévoyait le cas où des exploitations
de bois anormales deviendraient nécessaires ensuite de phénomènes exceptionnels.
Quand les arbres étaient extraits des forêts communales, le bénéficiaire devait payer le
prix fixé par le conseil qui statuait aussi sur le bien fondé de la demande, sous
réserve de l'approbation de l'intendant. La procédure était la même que celle des
coupes ordinaires, à la différence près de l'époque d'envoi de la requête, qui ne pouvait
être prévue à l'avance.

Quand il s'agissait de réparer les dégâts d'un sinistre, le plus souvent la délivrance
était faite à titre gratuit. La taxe perçue pour les concessions ayant pour but l'entretien
de bâtiments variait suivant les communes et les époques.

Ainsi, à Saint-François de Sales, où un hameau fut incendié en 1827, il fut accordé
à titre gracieux aux victimes du feu 950 sapins; mais l'année suivante, pour mieux

[1] Arch. H.-S., corr. I. Ay. avec sind., 1828, n° 167; 1833, n° 141.

[2] Arch. Tse., corr. I. ext., 1823. 10, 22 déc. Arch. Mne., corr. I. avec Intér., 1826, 4 déc. Arch.
H.-S., corr. I. Ay. avec sind., 1823, n° 536.

[3] Arch. Tse., corr. I. int., 1830, 6 mars; 1833, 19 mars. Arch. H.-S., corr. I. Ay. avec sind.,
1824, n° 131; L 827, n° 495; avec Inter., 1824, n°ˢ 45, 61. Corr. I. Fy. avec div. adm., 1824,
n° 119; avec sind., 1825, n° 322; 1828, n° 242. Corr. I. K. avec sind., 1831; n° 1769, 1772. Corr.
I. Ch. avec div., 1825, n° 214.

aménager les maisons, il fallut encore 693 plantes. En autorisant cette coupe supplémentaire par ordonnance du 31 mai, l'intendant imposa une redevance de 1 livre par arbre. Au Bourget-en-Huile, les grands sapins délivrés étaient taxés o livre 50 et ceux ne pouvant donner que des chevrons o fr. 35 ; à Saint-Thibaud de Couz le prix imposé était o livre 25 par sapin [1] ; aux Déserts 1 livre ; à Arvillard, à Aillon, 1 livre 50. En Maurienne, les prix sont plus élevés, le sapin se paye 1 livre à Fontcouverte, 1 livre 50 à Saint-Alban des Villards, 1 livre 75 à Saint-André, 3 livres au Freney [2].

Parfois, l'intendant autorisait des coupes d'urgence dans les forêts d'autres communes que celles de la situation des immeubles à réfectionner; mais de telles concessions n'étaient pas sans soulever les protestations des municipalités propriétaires des bois [3].

Comme dans la période précédente, les délivrances d'urgence furent souvent l'origine de sérieux abus : elles faisaient dans les massifs une sélection à rebours et trop fréquemment elles étaient une des causes de leur épuisement [4]. Le manque de contrôle aussi bien sur les demandes que sur l'emploi des arbres engendrait le gaspillage : il n'était pas rare de voir des habitants, eux-mêmes propriétaires de bois, solliciter et obtenir une délivrance pour vendre les plantes concédées. Certains intendants, comme celui de Tarentaise, essayèrent de réagir : ils invitèrent les conseils à être moins larges, à surveiller l'emploi du bois, à faire vendre tout ce qui n'aurait pas été mis en œuvre dans un temps donné. Il y eut des municipalités, notamment en Faucigny, qui écoutèrent ces sages recommandations et édictèrent des peines pécuniaires contre ceux qui abuseraient des bois délivrés pour un travail déterminé. Mais les tribunaux refusèrent de reconnaître la validité des clauses pénales auxquelles étaient soumises les concessions [5], alléguant le silence du Règlement forestier sur ce point.

§ 5. Exploitations.

On pourrait croire qu'une fois la coupe vendue ou délivrée il ne reste plus qu'à l'exploiter. C'est vrai, en général; mais en plusieurs cas il fallut attendre le martelage. Si singulier que cela puisse paraître, l'administration sarde adjugea des coupes de futaie sans que les arbres fussent marqués ! Bien plus, elle laissa commencer l'abatage avant que le nombre d'arbres vendus fût complètement martelé. On est en droit de se demander sur quelles bases l'acheteur faisait son estimation et quels marchandages avaient lieu entre le marchand de bois et le brigadier chargé de l'opération [6]! Et ceci se passait même dans les forêts royales.

Les articles 56, 59, 63, 64, 65, 66, 67 du Règlement déterminent les conditions et le temps de l'abatage et de la vidange des bois. Mais l'application de l'article 56 donna lieu à de sérieuses difficultés : cet article fixait du 1er novembre au 30 avril le délai d'abatage et ajoutait que ce terme était de rigueur et ne pouvait être prorogé. Dans une région aussi montagneuse que la Savoie, où la neige arrive de bonne heure

[1] Arch. S. Fonds sarde. Reg. 38, 39, 40, passim.
[2] Arch. Mne., O. I., 1831, passim.
[3] Arch. Mne., corr. l. avec sind., 1831, 7 août.
[4] Arch. Tse., corr. l. int., 1829, 5 mai; 1830, 23 fév.; 1831, 29 mars.
[5] Arch. H.-S., corr. l. Fy. avec Inter., 1824, n° 716.
[6] Arch. S., Fonds sarde., Reg. 37, 1826, 22 août.

et persiste souvent jusqu'en avril et mai, l'observation stricte de l'article 56 eût entraîné pour nombre de forêts des régions alpine et subalpine une impossibilité d'exploiter presque complète.

L'intendant de Tarentaise surtout fit entendre de vives protestations à ce sujet auprès de l'intendant général de l'Intérieur; il exposa la situation des forêts de sa province. il représenta que l'article 23 de l'Édit du 2 mai 1760 relatif aux bois de Tarentaise accordait six mois pour l'abatage à compter du 1er octobre, et demanda, sur l'avis du sous-inspecteur à Moutiers, que dans la haute vallée de l'Isère, le temps accordé pour l'exploitation commençât le 15 août pour se terminer au 31 mars. L'intendant devait pouvoir, dans ces limites, fixer les délais nécessaires pour les coupes des diverses forêts, quitte à faire approuver à l'avance le classement de ces forêts en plusieurs catégories à chacune desquelles serait attribué un délai spécial [1].

Les manufacturiers et notamment ceux du bassin d'Annecy sollicitèrent également de l'administration de l'Intérieur une modification de l'article 56.

Par billet du 4 mars 1823, le roi Charles-Félix autorisa, pour cette année seulement, une dérogation à l'article 56; c'était obliger à réclamer tous les ans la même faculté.

Au milieu d'avril 1824, il y avait encore de trois à cinq pieds de neige dans nombre de forêts de Tarentaise et l'intendant de Moutiers rappela sa proposition d'obtenir pour la Savoie une modification définitive au Règlement [2].

Il était difficile de méconnaître les raisons invoquées et on a vu que la circulaire du Secrétaire d'État pour les affaires intérieures (p. 545), en date du 1er décembre 1823, avait déjà admis pour les bois délivrés en nature que les délais d'abatage et de vidange seraient fixés par le service forestier; il n'y avait aucun motif de ne pas étendre cette décision aux coupes vendues.

Des Lettres Patentes du 24 octobre 1826 vinrent prohiber une pratique très répandue et fort nuisible à la production ligneuse : les habitants avaient, en effet, coutume d'étêter, d'éhoupper et d'élaguer les arbres feuillus pour utiliser les ramilles et le couvert. Il est certain que ces têtards et arbres d'émonde ne fournissaient que de piètres bois.

SECTION V.

Affectations spéciales des bois.

§ 1. LES SALINES.

L'article 68 du Règlement de 1822 qui exigeait la vente aux enchères des coupes communales vint gêner considérablement l'exploitation des salines de Moutiers qui, auparavant, pouvaient par des marchés de gré à gré se procurer le combustible nécessaire. En 1826, le directeur des Gabelles à Chambéry demanda à l'intendant de Tarentaise d'acheter à l'amiable 400 sapins, mis en adjudication par une des com-

[1] Arch. Tse., corr. l. ext., 1823, 5 juil.; 1824, 15 mai, 26 août. Arch. H.-S., corr. I. Ay. avec sind., 1823, n° 106.
[2] Arch. Tse., corr. l. ext., 1824. 20 avril.

munes voisines de Moutiers. Mais il se heurta à un refus, l'intendant exigeant un billet royal d'exemption d'enchères[1].

La question de l'alimentation en bois des Royales Salines fut donc portée à Turin, et, le 20 mars 1827, Charles-Félix promulgua les Lettres Patentes ci-après :

«Nous avons été informé que l'administration des Salines royales de Moutiers éprouve de très grandes difficultés à se procurer le bois nécessaire dont elle a besoin; voulant faire cesser cet inconvénient qui peut compromettre la prospérité d'un établissement si important, nous avons jugé à propos de donner les dispositions suivantes pour assurer à ladite administration les moyens de se procurer facilement le combustible qui lui est nécessaire.

«C'est pourquoi, par les Présentes, de notre science certaine et autorité royale, eu sur ce l'avis de notre Conseil, nous avons ordonné et ordonnons ce qui suit :

«1. La direction des Salines royales de Moutiers aura le droit de préférence dans la vente des coupes de bois appartenant aux communes dont les territoires, tant par leur position que par l'abondance des plantes dont ils sont garnis, peuvent fournir, avec des moyens faciles de transport et en quantité suffisante, le combustible nécessaire auxdits établissements.

«2. Les communes qui se trouvent dans ce cas étant celles de Hautecour, Montgirod, Saint-Marcel, Fessons-sur-Salins, les Allues, la Perrière, Saint-Bon, Villarlurin, Fontaine-le-Puits, Pralognan, le Bois et Nâves, les syndics de ces communes devront, en conséquence, toutes les fois qu'ils voudront vendre des coupes de bois, en donner avis au directeur des Salines. Après les visites qui seront jugées nécessaires, tant de la part du directeur que des syndics, ils rédigeront l'acte de vente pour être soumis à l'approbation définitive du vice-intendant de la province.

«Il appartiendra également à celui-ci de nommer un expert d'office pour prononcer sur les questions qui peuvent s'élever relativement au prix des plantes.

«3. En cas de besoin, le directeur des Salines aura aussi la faculté d'acheter les coupes de bois appartenant à la commune de Notre-Dame-du-Pré et les autres non indiquées ci-dessus, qui pourront convenir auxdits établissements, pourvu que le Directeur des minières royales y donne son adhésion.

«Les questions qui pourront s'élever à cet égard entre les deux directeurs seront résolues par la Secrétairerie royale d'État pour les affaires de l'Intérieur.

«4. Les coupes dont il s'agit seront exemptes du droit de 5 p. 100 porté par les Lettres Patentes du 5 août 1823».

Par manifeste du 31 mars 1827, la Chambre des Comptes promulgua ces Patentes à Moutiers et dans toutes les communes de Tarentaise.

Quand les communes placées dans la zone d'achat des Salines ne mettaient pas assez de bois en vente, l'intendant, après s'être fait renseigner sur le volume exploitable dans chaque forêt par le brigadier et le garde de Moutiers, poussait les syndics à faire des offres au directeur des salines[2].

[1] Arch. Tse., corr. ext., 1826, 2 nov.
[2] Arch. Tse., corr. l. int., 1832, 6 nov.

En somme, le privilège des établissements de Moutiers se trouvait à peu près complètement rétabli.

§ 2. Mines et usines.

I. Minière de Peisey. — La fonderie de Conflans est toujours une dépendance de la minière de Peisey : la pénurie des bois est une gêne sérieuse de l'exploitation. Aussi, par billet du 6 janvier 1824, le roi Charles-Félix ordonna-t-il «que toutes les communes possédant des bois qui, par leur position et leur qualité, pouvaient servir aux besoins des usines de Conflans étaient obligées de leur en vendre la coupe par préférence et sur le prix d'estime qui serait convenu entre les parties après rapport d'experts et, à défaut, selon celui qui sera arbitré par l'intendant» [1].

Les Lettres Patentes du 10 septembre 1824 et l'instruction du 22 juin 1825 précisent les dotations faites aux mines de Peisey et de Macot.

L'intendant de Tarentaise réserve donc dans les forêts communales certains cantons pour l'usage exclusif de la mine : ainsi à Peisey, à Macot; il convient de dire qu'il avait laissé à la disposition des habitants les parties de forêt où ils pouvaient «se procurer beaucoup plus commodément les bois nécessaires à leur affouage et à leurs autres besoins».

C'était également un retour aux errements d'avant la Révolution, mais avec moins d'extension.

II. Verreries. — La verrerie d'Alex qui avait demandé l'autorisation de se transporter en Chablais, en 1821, n'avait subi aucun transfert; la verrerie de Thorens fonctionnait toujours. Ces deux établissements consommaient énormément de bois et, à ce titre, ils durent solliciter, en 1825, leur maintien; le sous-inspecteur d'Annecy joignit aux requêtes présentées par les directeurs de ces usines un rapport indiquant la quantité de bois nécessaire annuellement, la manière dont les directeurs se procuraient le combustible et «si ces moyens étaient de nature à dépeupler les forêts d'une manière trop sensible» [2].

L'autorisation demandée fut accordée après enquête. Mais les exploitations considérables pratiquées pour alimenter les verreries soulevaient des difficultés de tous genres; souvent les bûcherons outrepassaient les quantités vendues ou endommageaient les peuplements. On a vu aussi que l'usine de Thorens voulait acheter de cette commune 4 000 sapins à raison de 0 livre 27 l'un; que cette opération, agréée le 7 décembre 1826, ne fut pas approuvée par l'intendant de Genevois [3].

Il n'y avait donc pas de privilège réel consenti par l'autorité sur les forêts communales.

III. Usines métallurgiques. — Les usines à fer durent, comme les verreries, faire renouveler leur autorisation. Les demandes des propriétaires étaient communiquées pour avis aux conseils de communes de la situation et des communes avoisinantes. Une véritable enquête *commodo et incommodo* était ouverte où les intéressés pouvaient se

---

[1] Arch. Tse., corr. l. int., 1824, 27 avril, 11 juin.
[2] Arch. H.-S., corr. l. Ay. avec sind., 1825, n°· 26, 375.
[3] Arch. H.-S., corr. l. Ay. avec sind., 1826, n° 574; 1827, n° 509.

faire entendre ; les concurrents n'y manquaient pas. Le service forestier, de son côté, recherchait si les forêts proches des fourneaux et martinets étaient suffisantes pour en assurer le roulement ; « si cette grande consommation de combustible n'entraînerait pas la destruction de ces forêts ou la chute et la ruine des usines royales » [1].

Malgré les termes formels de l'article 68 du Règlement, on voit que l'on tolérait souvent les achats de coupes de bois communaux de gré à gré ; de même, le ministre de l'Intérieur autorisait, surtout pour les usines royales, des prorogations de délai d'abatage en dehors des périodes réglementaires [2].

Les autorisations de faire fonctionner les usines n'étaient jamais données que pour un certain temps : à l'époque fixée pour la fermeture, un brigadier forestier allait s'assurer de l'arrêt. S'il restait encore du travail à faire, le propriétaire devait solliciter une prorogation de délai de la royale secrétairerie de l'Intérieur [3].

§ 3. Bois pour la marine, les travaux publics et la guerre.

Marine. — Les articles 58 et 59 du Règlement consacraient un droit de préemption pour les services de la marine, de la guerre et des travaux publics. Par Lettres Patentes du 16 août 1825, le roi Charles-Félix édicta certaines dispositions complémentaires pour la conservation des arbres nécessaires à la marine.

Séparée du littoral sarde par la barrière des Alpes, la Savoie ne pouvait fournir de bois pour la marine royale et le privilège légal réservé à ce service ne pouvait s'exercer utilement de ce côté des monts.

Travaux publics. — Au contraire, dans la régularisation des cours d'eau torrentiels surtout, il était fréquemment fait usage de bois. Le sous-inspecteur ou le brigadier forestier martelait les arbres nécessaires à la construction des épis, chevalets ou digues, à l'établissement de ponts. Le représentant du génie civil débattait amiablement le prix des plantes avec le propriétaire ou avec le syndic ; si aucun accord n'intervenait, la valeur des bois était fixée par un expert nommé par l'intendant de la province.

Dans les cas urgents, les syndics étaient autorisés par l'intendant à faire abattre les arbres jugés indispensables, avant tout martelage [4]. Il est arrivé pourtant qu'en cas de contestation sur la propriété des forêts une des parties pouvait obtenir du Sénat des lettres inhibant toute extraction de bois, même pour des travaux publics [5].

Guerre. — Les formalités pour la délivrance de bois au service de la guerre étaient les mêmes : martelage, fixation du prix à l'amiable ou à dire d'expert. En Savoie, le gouvernement sarde venait de barrer la vallée de l'Arc, à l'amont de Modane, par une série de forts étagés sur une base rocheuse formant la cluse de l'Esseillon. On recourut, pour la fourniture des bois nécessaires à cette place, à la procédure organisée par les articles 58 et 59 du Règlement forestier de 1822.

Le 21 septembre 1826, le sous-inspecteur de Maurienne, Berthet, le capitaine du

[1] Arch. H.-S., corr. I. Ay. avec inter., 1824, n° 129 ; 1825, n° 287 ; 1829, n° 355.
[2] Arch. H.-S., corr. I. Ay. avec sind., 1824, n° 344 ; 1825, n° 201, 375.
[3] Arch. H.-S., corr. I. Ay. avec sind., 1826, n° 374 ; 1831, n° 387.
[4] Arch. H.-S., corr. I. Ey. avec sind., 1825, n° 735, 748.
[5] Arch. H.-S., corr. I. Ay. avec I. Gl., 1826. n° 25.

génie Olivero, le sous-intendant de Maurienne, Rosset, les syndics de Sollières, Aussois, Bramans, Avrieux et Villarodin-Bourget tinrent une conférence et dressèrent un procès-verbal pour déterminer les bois à affecter aux forts de l'Esseillon. Les conférents adop-tèrent la méthode pratiquée pour les Salines et la minière de Peisey. Au lieu de fixer la quantité de bois à extraire annuellement de chaque commune, ils préférèrent affecter dans chaque forêt un canton uniquement destiné à fournir les arbres demandés. « La susdite cession, stipulait le procès-verbal, ne comprend que le simple droit d'usage et la propriété du fond demeure aux communes respectives ; il est, en conséquence, expres-sément convenu que, si le fort de l'Esseillon venait à être démoli, les communes rentreraient en pleine jouissance des territoires ci-devant cédés, sans remboursement d'aucune indemnité... » [1].

Les cantons concédés devaient être levés et délimités, et le matériel ligneux estimé ensuite par experts convenus ou nommés d'office.

On pouvait croire cette affaire entièrement réglée. Mais bientôt le commandant du fort se plaint à l'intendant des difficultés qu'il éprouve à se procurer du bois de chauf-fage dans les communes d'Aussois, Villarodin-Bourget, Avrieux et Bramans. Les syndics avaient interdit la sortie des bois du territoire de leurs communes respectives. L'inten-dant dut inviter les municipalités à rapporter leur défense en 1829 ; en 1830, il lui fallut réitérer cet ordre. Aussi, en présence de ces obstacles, les entrepreneurs de la fourniture des bois de feu n'hésitèrent pas à acheter des bois de délit pour pouvoir remplir leurs engagements [2].

Les quantités de bois d'œuvre et de feu livrées annuellement à l'Esseillon ne lais-saient pas d'être fort considérables. Ainsi, en 1832, l'intendant autorise la coupe par les entrepreneurs du fort de 100 mélèzes dans les bois de Bramans, de 100 autres à Avrieux, de 64 à Villarodin et en plus de 100 résineux quelconques dans ces mêmes forêts. Ces entrepreneurs étaient tenus de payer le 5 p. 100 en sus du prix de vente, comme dans les ventes ordinaires [3].

§ 4. Bois bannis.

L'ancienne interdiction d'exploiter les bois propres à empêcher la formation des avalanches et des éboulements a été reproduite par l'article 37 du Règlement de 1822. Par suite, les ordonnances antérieures prononçant la mise en ban de certains cantons boisés demeuraient en vigueur. Normalement, les exploitations étaient interdites dans les forêts bannies [4] et, quand il s'en produisait, l'intendant recevait de nombreuses plaintes de la part de ceux des habitants qui avaient intérêt au maintien de l'état boisé.

Il arrivait cependant qu'une coupe fut accordée dans la zone de protection. Ainsi, à Hauteville-Gondon on construisait, en 1832, une maison commune. Les arbres néces-saires pour la charpente et les planches devaient être pris d'abord dans les cantons du Clos et du Planay laissés libres ; mais, pour les plantes qu'on ne pouvait trouver ailleurs, le conseil fut autorisé à les exploiter dans le bois banni, « en ayant soin toute-

---

[1] Arch. Mnc., corr. I. avec inter., 1826, 21 sept.
[2] Arch. Mnc., corr. I. avec sind., 1829, 20 fév. ; 1830, 28 avril ; 1831, 13 avril.
[3] Arch. Mnc., O. de l., 1832, 6 juillet.
[4] Arch. Tsc., corr. I. int., 1829, 17 juin ; 1830, 16 mars.

fois de ne faire aucune clairière..., mais plutôt de manière à donner jour et vigueur aux jeunes plantes» [1]. Il serait difficile, avec de tels exemples, de prétendre que le bannissement comportait la prohibition absolue de toute exploitation; les coupes étaient exceptionnelles et avaient pour but d'assurer la régénération et l'avenir du recrû.

La mise en ban d'un canton «n'emportait pas prohibition d'y faire paître le bétail»; pour fâcheuse que fût cette tolérance, elle n'en était pas moins reconnue par les intendants tout acquis à la dépaissance en forêt, comme on le verra plus loin [2].

De nouveaux bannissements furent ordonnés. La procédure suivie montre de quelles garanties s'entourait une telle opération.

En 1823, soixante habitants du quartier de Saint-Germain, commune de Séez, demandèrent par pétition à l'intendant de Moutiers de mettre en ban une forêt figurant à la mappe de la commune sous les nᵒˢ 5650 et suivants, au total 13 parcelles cadastrales et «appartenant pour une petite portion audit quartier et pour la plus grande portion à différents particuliers». Le 17 avril 1824, l'intendant transmit la requête à l'ingénieur de la province pour son avis; l'ingénieur, après visite des lieux, conclut à l'adoption de la mesure sollicitée qui servait, non seulement à la protection du quartier de Saint-Germain, mais aussi à celle de la route du Petit-Saint-Bernard. Le service forestier fut également consulté. Le 25 avril 1826, l'intendant rendit son ordonnance de bannissement; mais, comme les propriétaires devaient être privés de leur jouissance, il déclarait nécessaire l'achat par la section de Saint-Germain de la partie des bois appartenant aux particuliers. Le secrétaire de la commune et un géomètre furent chargés, le 23 mai suivant, par l'intendant de se rendre sur place et de procéder à l'estimation de ces bois, afin de pouvoir en indemniser les possesseurs [3].

Ce fut à la même époque, en 1825, que les habitants du hameau du Miroir, commune de Sainte-Foy, demandèrent le bannissement de la forêt située au-dessus de leur village [4] sur les pentes de la montagne du Bec-Rouge. En 1833, les gens de Versoie et des Echines, hameaux de Bourg-Saint-Maurice, sollicitent la mise en banc de la forêt de Céry appartenant à la commune de Séez [5].

Parfois c'était l'administration elle-même qui prenait l'initiative d'une semblable mesure: ainsi le 18 novembre 1828, l'intendant général de Savoie créa une zone de protection pour la route de Chambéry à Belley par le Col-du-Chat:

«La rectification de la route provinciale de Chambéry en France dans la traversée du Mont-du-Chat, entre le col et le village des Prés-Berthet, étant maintenant terminée, il devient indispensable d'aviser aux moyens d'en assurer la conservation en prohibant tout ce qui pourrait tendre à causer des éboulis de terrain supérieurs et inférieurs et des dégradations aux murs de rive et de soutènement qui y ont été construits.

«A ces fins, nous avons ordonné et ordonnons ce qui suit:

«Art. 1ᵉʳ. Il est expressément défendu d'opérer aucune coupe de bois et broussailles

---

[1] Arch. Tse., corr. l. int., 1832, 6 janv.
[2] Arch. H.-S., corr. l. K. avec sind., 1831, nᵒ 1925.
[3] Arch. Tse., corr. l. inter., 1823, 21 nov.; 1826, 16 fév., 23 mai.
[4] Arch. Tse., corr. l. inter., 1825, 3 juin. P. Mougin, *Les Torrents de la Savoie*, p. 722.
[5] Arch. Tse., corr. l. inter., 1833, 8 mars.

dans les parties du Mont-du-Chat supérieures à la partie de route rectifiée, entre le col et le village des Prés-Berthet..., à une distance moindre de 150 mètres de la route, mesure en ligne droite. En conséquence, dans toutes les demandes qui nous seront soumises en autorisation de couper du bois dans lesdites parties supérieures, on devra indiquer le point sur lequel la coupe est demandée.

« Art. 2. A l'effet d'empêcher les éboulements de terrain, la chute des pierres sur la route et faciliter la reproduction des bois, il est également défendu de conduire toute espèce de bétail à la pâture dans les endroits désignés à l'article ci-dessus.

« Art. 3. Il est aussi défendu de faire rouler ou diriger par des couloirs les bois coupés dans les parties supérieures à la route et sur toute l'étendue de celle-ci où les bois, ainsi roulés ou descendus, pourraient rencontrer le sol de cette partie neuve de la route ou les murs de rive.

« Art. 4. Les cantonniers ..., aussi bien que les gardes forestiers du district, sont spécialement chargés de veiller sévèrement à ce qu'il ne soit pas contrevenu aux défenses ci-dessus et de dresser procès-verbal contre les contrevenants, s'il s'en trouvait... » [1]

Dans cette espèce, il n'est pas dit un mot au sujet d'une indemnité aux propriétaires des bois ainsi frappés d'indisponibilité.

SECTION VI.

Droits d'usage et pâturage.

———

§ 1. Droits d'usage.

Les droits d'usage antérieurement établis continuèrent à s'exercer, et rien n'indique qu'il en ait été créé de nouveaux. Toutefois, certains propriétaires tentèrent de s'affranchir des charges qui pesaient sur leurs forêts ; on a vu notamment que l'administrateur du domaine de Hautecombe fit opposition aux prétentions des communes de Conjux et de Saint-Pierre de Curtille (p. 428).

Mais c'est au sujet de la montagne des Princes en Genevois qu'on peut le mieux suivre l'esprit de la lutte entre propriétaires et usagers, ainsi que les tendances de l'administration sarde. Depuis un temps immémorial, paraît-il, les habitants de la commune de Droisy tiraient leurs bois d'affouage de la montagne dite des Princes, appartenant au comte Clermont de Vars. Afin de faire restreindre cette jouissance, le comte actionna la commune par devant le Sénat de Savoie et en obtint, le 21 novembre 1829, un arrêt interdisant aux gens de Droisy toute exploitation et enlèvement de bois.

En présence de ces défenses, l'intendant de la province de Carouge refusa au conseil de Droisy la coupe qu'il avait demandée pour l'affouage de 1829 ; mais son successeur, « considérant sans doute que les inhibitions du Sénat tendraient à mettre les communes dans une privation absolue d'une des premières nécessités de leur existence, puisqu'il est de fait que la montagne dont il s'agit est la seule dans la commune dont ils pou-

[1] Arch. S., Fonds sarde, Reg. 37, 1828.

vaient jouir pour leur affouage, octroya auxdits habitants, malgré les susdites inhibitions, l'autorisation de prendre leur affouage dans la montagne jusqu'à concurrence de 12 journaux». Il est vrai qu'on était en 1830 et que tous les trônes de l'Europe se sentaient ébranlés par la révolution de Juillet. Mais le précédent était créé et, en 1831, en 1832, l'intendant, ne pouvant se déjuger, dut encore violer l'arrêt du Sénat. En 1833, l'intendant fut changé et son successeur, saisi d'une demande du conseil de Droisy et reculant à la pensée de violer de sa propre autorité une décision de justice, demanda un avis à Turin par lettre du 20 novembre. Courrier par courrier, le 23 novembre 1833, le ministre de l'Intérieur répondit à son subordonné qu'il ne «devait point hésiter à octroyer cette autorisation, surtout s'il y avait lieu de craindre de plus grands malheurs pour la tranquillité publique».

Le conseil double de Droisy, peut-être habilement conseillé, par nouvelle délibération du 1er décembre, joua de cette même corde; il «exposa qu'il ne pouvait répondre des fâcheux accidents qui arriveraient dans la commune si on refusait la coupe d'affouage».

L'intendant avisa donc, le 14 décembre, le comte Clermont de Vars «qu'il n'avait pas cru pouvoir se dispenser d'accorder la coupe, de crainte de se compromettre auprès du gouvernement, si par hasard cette population se portait à des excès». Il plaide les circonstances atténuantes, il fait valoir que certains usagers ont des titres et qu'il «a borné la coupe de cette année à 6 journaux, tandis que les autres fois elle avait lieu sur une surface de 14 à 15 journaux»; il informe en même temps le premier président du Sénat des motifs qui l'ont déterminé à octroyer cette autorisation, ainsi qu'on l'a fait les dernières années, malgré son désir de respecter les inhibitions!

On surprend ainsi sur le vif la difficile pratique de l'art de ménager et la chèvre et le chou, en même temps que les arrêts de justice.

Le même propriétaire possédait sur le territoire de Clermont une forêt située sur l'autre versant de la même montagne et qui avait fait l'objet de la même instance; les habitants de Clermont pratiquèrent leurs coupes d'affouage dans les taillis contestés, sans même en demander l'autorisation [1]. Ce fut d'ailleurs sans autre conséquence.

Il n'y a pas fort longtemps qu'on vit pareilles choses dans le midi de la France, dans l'Aude.

§ 2. Le pâturage en forêt.

Très sagement, l'article 25 du Règlement de 1822 avait formellement proscrit l'introduction des chèvres en forêt; l'article 26 ne tolérait le pâturage des autres animaux que dans les bois jugés défensables. Il est vrai que l'âge légal de défensabilité était fort bas, 3 ans pour les bois blancs, 5 ans pour les bois durs et 10 ans pour les semis ou plantations; l'Ordonnance de Colbert ne fixait pas d'âge; c'était une question de fait, cependant le bétail ne pouvait être admis dans des bois abroutis et recépés que six ans après l'opération (tit. XXV, art. 13).

Dès qu'il fut appliqué, l'article 25 souleva une tempête de réclamations et de protestations dont les intendants se firent les ardents interprètes. Ce furent surtout les communes de la région alpine qui se firent le plus entendre. Voici, par exemple, le plaidoyer *pro capris* qu'adresse à l'intendant général de l'intérieur le vice-intendant de Moutiers: «La chèvre coûte très peu pour l'achat; son entretien est de nul prix et elle

---

[1] Arch. H.-S., corr. I. K. avec inter., 1833, n° 7; avec divers, 1833, n° 3439.

procure, pendant l'été, au moyen du fromage et du lait, un aliment sain à la famille
et, pendant l'hiver encore, par sa chair salée. Le produit de la vente de la peau forme
aussi une ressource qui n'est pas à négliger. Enfin la classe d'habitants, pauvre ou
moins aisée et qui n'est pas en état d'entretenir du gros bétail, entretient une ou
plusieurs chèvres dans les pays de montagne, et elles lui sont d'une grande utilité...

« Il serait nécessaire de permettre aux communes qui n'ont pas d'autres pâturages
publics que les forêts de laisser pâturer un nombre déterminé de chèvres dans les
forêts qui seraient moins dommageables, c'est-à-dire dans celles qui seraient le plus
à l'abri de leur dent..... Pour obtenir ce résultat, la portion de forêt dans laquelle
on voudrait introduire le bétail devrait être indiquée annuellement par l'intendant, sur
la proposition du conseil et après avoir entendu les agents forestiers; le nombre de
chèvres qu'on pourrait tenir dans chaque commune boisée devait être aussi fixé sur
la proposition des conseillers municipaux, afin que la trop grande quantité ne devint
point un sujet de fréquentes contraventions au Règlement forestier. »

On rappelait que l'article 12 de l'Édit du 2 mai 1760 pour les forêts de Tarentaise
permettait de faire paître les chèvres dans les bois et que l'administration forestière
avait respecté cet usage.

L'intendant de Bonneville, de son côté, représente au Ministre que les endroits où
on demande le pâturage des chèvres « sont d'un accès si difficile qu'il est impossible
d'exploiter les bois qui y croissent, que ces bois sont très chétifs et d'une très mauvaise
venue et qu'il est impossible de tirer un parti avantageux de ces sortes de propriétés
autrement qu'en y faisant pâturer les chèvres [1].

« Un peu plus tard, on affirme à Turin que le lait des chèvres est « nécessaire dans
une certaine proportion avec celui des vaches pour obtenir des fromages de qualité
supérieure. » Les intendants n'oublient qu'une chose c'est qu'il y a dans les communes
alpines, en dehors des forêts, suffisamment de surfaces escarpées et rocheuses pour
nourrir les chèvres. Mais les arguments produits avec tant d'ensemble suffirent à faire
brèche immédiatement dans le Règlement forestier.

Par billet royal du 4 mars 1823, l'intendant de Moutiers fut avisé qu'il pouvait
transmettre à Turin pour être examinées les demandes des communes de montagne
pour qui le pâturage des chèvres en forêt était une nécessité (!) [2].

L'intendant général de Chambéry, de sa propre autorité, autorisa un particulier à
faire paître dans les bois communaux de Jarsy une chèvre pour allaiter un enfant dont
la mère n'avait pas de lait [3]. Certains curés même envoyaient leurs chèvres pâturer
en forêt sans solliciter aucune permission [4].

Aussi bientôt la fissure créée par la décision bienveillante du 4 mars s'élargit-elle
et la Secrétairerie d'État pour les affaires intérieures édicta, le 15 septembre 1823, un
nouveau règlement sur le pâturage des chèvres :

« ART. 1er. La permission de faire paître les chèvres dans les bois ne sera accordée
qu'aux seules communes dont la situation montagneuse manque de biens cultifs ou qui

[1] Arch. Tse, corr. I. ext., 1823, 28 juin; 1824, 22 mai. Arch. H.-S., corr. I. Ay. avec Int., 1823,
n° 201. Corr. I. Fy. avec inter., 1823, n° 451. Corr. I. Ay. avec sind., 1823, n° 127.
[2] Arch. Tse, corr. I. ext., 1823, 19 août.
[3] Arch. S., Fonds sarde, Reg. 34, 16 mai 1823.
[4] Arch. H.-S., corr. I. Ay. avec sind., 1823, n° 308.

ne possèdent pas de pâturages suffisants et qui, depuis un long espace de temps, ont coutume d'avoir des chèvres.

«Cette permission sera refusée à toute commune en plaine ou en coteau et dont les chèvres sont déjà interdites par un ban champêtre.

«Art. 2. Les communes qui pourront être autorisées à faire pâturer les chèvres dans les bois devront adresser leurs demandes à l'intendant de leur province respective; cette demande sera accompagnée d'un état des chèvres existant dans la commune. . . . .

«Art. 3. L'intendant remettra la demande au sous-inspecteur de la province qui vérifiera sur place les raisons données par la commune, consultera le conseil municipal, visitera les lieux où l'on doit faire paître les chèvres, indiquera les limites et les confins où elles pourront être admises, en ayant soin de prendre, de préférence, autant que possible, les endroits incultes et les montagnes broussailleuses.

«Art. 4. Il appartiendra aux intendants d'accorder ou non l'autorisation demandée.

«Art. 5. Si la permission est accordée, on notifiera au sous-inspecteur ou brigadier du district les limites entre lesquelles les chèvres seront admises au pâturage. limites fixes et apparentes.

«Art. 6. En cas de réclamation au sujet de la fixation des limites, soit de la part des communes, soit de la part du sous-inspecteur, l'inspecteur de la division, après avoir visité les lieux, se prononcera définitivement sous l'approbation de l'agence de l'Intérieur.

«Art. 7. Les demandes d'autorisation seront renouvelées tous les 3 ans; les sous-inspecteurs seront alors obligés, à l'occasion de leurs tournées ordinaires, de voir si la limite du pâturage n'a pas été changée.

«Art. 8. La demande et la permission accordée contiendront l'indication de l'époque où commencera et finira le pâturage.

«Art. 9. Une famille ne pourra faire pâturer dans les bois plus de 3 chèvres.

«Art. 10. Les chèvres ne pourront être introduites, pour pâturer, dans les bois taillis, quand ils seraient propriété privée.

«Art. 11. Les chèvres pourront seulement être introduites, sous l'observation de la discipline prescrite par la présente, dans les bois de haute futaie qui auront au moins 25 ans et dans les bois de têtards élevés qui auront au moins 8 à 10 ans.

«Art. 12. Pour le pâturage des chèvres, on devra toujours préférer les bois exposés au nord et au couchant, en excluant autant que possible ceux exposés au levant et plus particulièrement au midi.

«Art. 13. Les chèvres seront gardées par un ou plusieurs chevriers reconnus probes et honnêtes, nommés par le conseil municipal, payés par le propriétaire des chèvres. Ces chevriers sont obligés de donner bonne caution pour les dommages que les chèvres pourraient causer aux bois, aux prés, champs, vignes, etc., situés sur leur passage ou avoisinant l'emplacement fixé pour le pâturage.

«Art. 14. Le salaire des chevriers sera fixé par le conseil communal et réglé à raison de tant par chèvre.

«Art. 15. Lorsque le nombre des chèvres à garder excédera 50, il devra y avoir 2 chevriers; si le nombre outrepasse 100, il y en aura 3 et ainsi de suite.

«Art. 16. Est interdit l'usage d'envoyer pour la garde des chèvres une personne successivement par chaque famille, la garde devant être confiée à une personne pratique et responsable. Il sera permis au maître de 2 ou 3 chèvres de les faire mener au pâturage établi par quelqu'un de la famille, attachées et conduites à la main.

«Art. 17. Il ne sera pas accordé, sinon pour de graves motifs et dans des cas à part, de permission de faire paître les chèvres dans les endroits où se trouvent des mines de métaux ou des fonderies de quelque importance : cette interdiction s'étendra à 2 milles à l'entour des endroits précités.

«Art. 18. On ne devra pas mener les chèvres en pâture au sommet des montagnes, ni dans les endroits escarpés ou ébouleux et elles seront également tenues loin des bois touchant à d'autres communes.

«Art. 19. Les chèvres seront conduites muselées au pâturage, au moyen d'une bande de cuir qui ne leur sera enlevée que lorsqu'elles seront arrivées sur le lieu de pâturage et cela sous la responsabilité du chevrier.

«Art. 20. Les administrations, les autorités et les employés à qui il appartient d'assurer l'exécution des précédentes dispositions devront spécialement avertir que le but principal de la loi est de faire cesser les motifs de dévastations considérables qui se sont produits ces derniers temps dans les bois et qui, en grande partie, doivent être attribuées aux chèvres dont les dommages incalculables doivent être aussitôt arrêtés. C'est pour ce but important que nous avons écrit la présente, sans perdre de vue la fin principale où tend la loi elle-même.»

Il n'est pas peu surprenant de voir le gouvernement livrer à la dent des chèvres les forêts de montagne dont la conservation s'impose plus encore que celle des forêts de plaine et affirmer en même temps sa volonté de mettre fin «aux dommages incalculables» causés aux peuplements.

Dans la pensée du Secrétaire d'État, le pâturage des chèvres ne devait être autorisé que très exceptionnellement; aussi ne jugea-t-il pas à propos de faire traduire en français le règlement précédent, comme le demandait l'intendant de Moutiers [1]. Mais ce fonctionnaire, tenant à satisfaire ses administrés, proposa à ses collègues de Haute-Savoie, du Val d'Aoste et de Maurienne de transposer en français la circulaire du 15 septembre et de la faire imprimer pour la répandre dans toutes les communes.

Finalement, l'intendant général de l'Intérieur se détermina à publier en français sa décision en février 1824 [2]. Cependant il fallait un certain temps pour faire produire aux communes les demandes de pâturage des chèvres, pour les faire vérifier et instruire par le service forestier, les transmettre au ministère et en obtenir l'autorisation. Toujours empressé, l'intendant de Moutiers sollicita de l'Administration de l'intérieur la permission de pouvoir accorder provisoirement et sans plus attendre «à ses pauvres

[1] Arch. Tse., corr. 1. ext., 1823. 9 oct.
[2] Arch. Tse., corr. 1. ext., 1824, 5 fév.

montagnards» l'introduction des chèvres dans les lieux les moins sujets à souffrir de cette mesure[1]. Cette requête fut accueillie et, en Tarentaise, en 1824 et 1825, d'après les conditions mises par l'intendant général de l'intérieur, les chèvres purent «être tolérées dans les rocailles parsemées de mauvais buissons», quand aucun éboulement n'était à redouter. En Faucigny, le Règlement de 1822 ne fut pas strictement appliqué.

Ce ne fut qu'à l'automne 1825 que les dossiers complets des demandes du parcours des bêtes caprines en forêt purent être enfin communiquées à Turin[2]. Un grand nombre de communes sollicitèrent et obtinrent de faire pâturer dans leurs forêts les bêtes caprines de leurs habitants. En Tarentaise, 35 municipalités sur 54, soit 65 p. 100, eurent cette autorisation et l'intendant appuie énergiquement les délibérations prises; il affirme toujours aussi gratuitement que «plusieurs communes manquent absolument de pâturage pour le bétail, si on excepte les broussailles et terres vaines situées au milieu des bois..... Quantité de familles, dit-il encore, seraient privées de la plus grande partie de leurs ressources. Bien souvent, le contribuable de ces communes aurait bien de la peine à solder ses contributions s'il était privé du produit des chèvres [3].» Le gouvernement pouvait-il faire autrement que d'approuver les propositions qui lui étaient soumises?

Naturellement d'autres conseils vinrent ensuite solliciter la même faveur qui était accordée aux paroisses voisines [4]. Et les autorisations une fois accordées se renouvellent presque toujours [4].

Les troupeaux admis au parcours en forêt étaient considérables : Sainte-Foy envoyait dans les bois 650 chèvres, Villaroger 300, Hauteville-Gondon 280, Villard-de-Beaufort 400, Notre-Dame-de-Bellecombe 192, Beaufort 800, Cevins 319, Cohennoz 153. Le Petit Bornand 580, Viuz-en-Sallaz 121, Mieussy 255, Entremont 275, Saint-Jeoire 200, Onnion 250, etc. Les massifs des Beauges, des Bornes, des Dranses ont aussi leurs massifs boisés ouverts aux chèvres [5].

Mais bientôt les municipalités se montrent plus exigeantes : elles veulent envoyer toujours plus d'animaux en forêt. Villaroger avait droit au parcours de 300 chèvres en 1829, il réclame et obtient de porter ce nombre à 460. D'autres sollicitent l'ouverture de nouveaux cantons ou prétendent à l'exercice illimité et sans contrôle du pâturage [6].

Le Ministre accorde la dispense de la muselière pourtant exigée par l'article 19 de l'instruction du 15 septembre 1823; contrairement à l'article 9 de la même instruction, il autorise certains particuliers à faire pâturer 100 chèvres au lieu de 3[7]!

Après l'expiration du délai de 3 ans pendant lequel étaient valables les permissions

[1] Arch. Tse., corr. l. ext., 1824, 22 mai, 22 juin.

[2] Arch. Tse., corr. l. int., 1825, 22 oct. Arch. H.-S., corr. l. Ay. avec sind., 1823, n° 483. Corr. l. Fy. avec sind., 1824, n° 28; 1825, n°s 762, 763.

[3] Arch. Tse., corr. l. ext., 1825, 1er déc.

[4] Arch. Tse., corr. l. ext., 1827, 14 avril; 1831, 17 août.

[5] Arch. H.-S., corr. l. Fy. avec divers, 1832, n°s 88, 102, 104, 105; 1835, n°s 63, 68. Arch. Tse., corr. l. int., 1830, 13 avril. Arch. Albert O. l., 1828, 17 juillet; 1829, 9 mai, 13 août, 3 sept.

[6] Arch. Tse., corr. l. int., 1829, 30 juin; 1831, 23 mai, 4 juin. Arch. H.-S., corr. l. Ch. avec sind., 1825, n°s 192, 193.

[7] Arch. Tse., corr. l. int., 1826, 12 juillet.

de parcours, il fallait reproduire la demande et recommencer la procédure. L'intendant de Moutiers estime que ces formalités sont trop longues : il demande donc à Turin les pouvoirs nécessaires pour autoriser lui-même sans nouveaux renseignements les licences accordées antérieurement, sous les mêmes conditions [1].

Que restait-il après cela de l'article 25 du Règlement de 1822 ?

Dans quantité de communes où les prohibitions dudit article n'ont pas été levées, les habitants agissent comme s'ils s'étaient munis d'une autorisation. Les intendants essaient de réagir: ils signalent les contraventions aux agents forestiers, mais l'audace des délinquants ne connaît guère de bornes.

A la porte de Moutiers, les troupeaux continuent à parcourir les bois bannis des Essérieux et font tomber sur la grande route du Petit Saint-Bernard, entre la ville et Aigueblanche, une grêle de pierres. A l'aval de l'Hôpital, en 1833, à la vue de l'intendant de Haute-Savoie, «tous les propriétaires de bœufs, vaches, chèvres et moutons se permettent de faire paître dans les îles récupérées de l'Isère, ce qui peut détruire la végétation des arbustes qui commencent à pousser . . . . . » Les menaces du surveillant demeurant sans effet [2].

Le plus souvent les syndics, les conseillers favorisent les abus et s'efforcent d'en mettre les auteurs à l'abri de toute poursuite. Ainsi, en 1825, le sous-inspecteur de la province de Carouge procédait avec le syndic et un conseiller de Collonge-Archamp à la reconnaissance des bois de la commune. On trouve dans le taillis des chèvres et autres bestiaux; le conseiller se hâte d'aller prévenir les bergers de la présence d'un agent forestier, de les faire fuir, après avoir caché le bétail [3].

A Arâches, c'est pis encore! Mais, cette fois, l'intendant de Faucigny saisit le Ministre de l'intérieur et juge nécessaire de sévir; son rapport est typique :

«Transmis un dossier de pièces qui constatent la culpabilité grave des habitants de la commune d'Arâches envers les employés de l'administration forestière contre lesquels ils se mettent en opposition ouverte au sujet du pâturage des chèvres, dont la faculté leur avait été accordée pendant quelques années, mais qui ne fut point renouvelée à l'expiration du terme, parce qu'ils en avaient abusé d'une manière trop grave en sortant du cantonnement pour se répandre dans les bois voisins.

«Aujourd'hui, nonobstant l'absence de toute nouvelle concession, ils se permettent de continuer le pâturage des chèvres et, lorsqu'elles sont saisies par l'administration forestière, ils s'ameutent et les enlèvent de force des mains des employés en leur prodiguant mille injures, se permettant même de leur lancer des pierres. Il est à désirer qu'un exemple de sévérité apprenne aux habitants d'une commune à respecter tout employé quelconque dans l'exercice de ses fonctions et surtout à se conformer aux lois de l'administration forestière, quelque gênantes qu'elles puissent être.

«Une instruction judiciaire produirait, je crois, peu de choses, attendu qu'ils se soutiennent tous dans ces circonstances. Il n'y aurait qu'un logement militaire qui pourrait faire impression et dont la dépense devrait être à la charge de tous les habitants et ce logement devrait rester sur la commune jusqu'à ce qu'ils se fussent défait de toutes leurs chèvres et eussent passé soumission de n'en plus tenir, excepté

---

[1] Arch. Tse., corr. I. ext., 1833, 14 juin.
[2] Arch. H.-S., corr. I. Av. avec sind., 1828, n° 231. Corr. I. Fy. avec sind., 1830, n° 317. Arch. Mne., corr. I. avec sind., 1833, 31 mai. Arch. Tse., corr. I. int., 1827, 22 sept.
[3] Arch. H.-S., corr. I. K. avec sind., 1825, n° 248.

ce qui serait nécessaire pour le service des malades et de se conformer à l'avenir aux lois de l'administration forestière.

«Si ce moyen ne convient pas, Votre Excellence jugera ce qui peut le remplacer avec avantage, mais il est essentiel qu'il y ait un châtiment infligé, car si la conduite que les habitants de cette commune viennent de tenir reste impunie, cette circonstance se répandra dans la province et il ne sera plus permis de compter sur l'efficacité du service des employés forestiers. L'insubordination sera à l'ordre du jour et si l'on apprend au peuple le secret de sa force par ce moyen, il est à craindre qu'il n'en fasse usage dans toutes les circonstances où il voudrait obtenir une concession que la justice réprouve[1].»

Rien ne montre mieux la difficulté qu'il y a à lutter contre les abus, à les vouloir déraciner quand on n'a pas eu l'énergie d'appliquer la loi qui les interdisait. Rien de plus éloquent que cette crainte de la force populaire, preuve de la profonde impression causée sur les gouvernements étrangers par la Révolution française de 1830!

SECTION VII.

Les acensements de forêts communales.

En France, sous l'ancien régime, certaines communes adjugeaient, pour une ou plusieurs révolutions, les coupes à faire dans une forêt aux époques fixées par l'usage ou par l'aménagement, et moyennant une redevance annuelle. Mais, en général, ces opérations étaient interdites par les règlements et arrêts du conseil : seul, en effet, celui qui est intéressé à la conservation d'une forêt peut l'exploiter sans abus. Il est donc de bonne administration de ne pas abandonner à un fermier la jouissance d'un bois; les lois du 24 août et 1er décembre 1790 interdisaient d'ailleurs aux ecclésiastiques de contracter pour leurs bois des baux emphytéotiques. Il n'y avait pas d'antécédents à invoquer dans la période française.

D'autre part, le règlement de 1822, en confiant à un personnel spécial la gestion directe des forêts du Roi, des communes et des établissements publics, interdisait par là même le louage de ces forêts.

Dans la période qui suivit la chute de l'Empire, on a vu que les municipalités avaient déjà sollicité la location et le partage de leurs forêts mais que leurs instances n'avaient pas trouvé grand écho. La nécessité de faire des dépenses souvent assez considérables pour construire ou réparer des bâtiments publics et notamment les églises ou pour participer aux travaux d'endiguement des rivières et torrents devint très pressante. Les intendants fléchirent : le simple louage des bois d'abord envisagé se transforma. En bien des localités, il fut question de diviser en lots la forêt communale et d'attribuer un de ces lots à chaque chef de famille, moyennant une redevance annuelle assez minime : «l'acensement-partage» était créé. On ne manquait pas d'arguments pour justifier cette opération : «une vérité de fait. disait-on, c'est que les biens et les bois communaux, loin de subvenir aux besoins du pauvre, profitent exclusivement, autant que leur état de détérioration le comporte, aux plus riches et aux plus aisés; qu'on ne

[1] Arch. H.-S., corr. I. Fr. avec Inter, 1832, n° 272.

pourra jamais changer cette position de fait tandis que les conseils communaux seront composés, comme il est juste et convenable, des plus forts imposés.

« Il en résulte toujours en fait que ce qui reste des biens communaux n'est d'aucun avantage ni aux classes pauvres, ni à l'agriculture et ne sert qu'à défigurer la province, présentant à côté de terrains cultifs des terrains incultes, des bois horriblement dévastés [1]. »

On ajoutait que tous les habitants devenant possesseurs de bois n'auraient plus la tentation d'aller commettre des délits, qu'ils veilleraient à la conservation de leurs lots et en tireraient bien plus de produits : c'est l'application aux forêts du thème sur la propriété individuelle.

Il convient de dire que toutes les municipalités ne proposaient pas toujours, tant s'en faut, le partage par feu : les conseils doubles demandaient seulement la division en un certain nombre de lots assez conséquents, dont les plus riches seuls peuvent prendre la ferme. Une protestation s'élevait-elle au nom des pauvres ainsi dépouillés, le conseil répondait « qu'elle ne méritait aucune considération » [2].

Ordinairement les acensements avaient une durée de 29 ans, afin qu'il fût impossible d'invoquer la prescription trentenaire : ce détail montre bien chez les communes le désir de demeurer, malgré tout, propriétaires de leurs bois. Voici la procédure suivie pour un acensement-partage entre tous les chefs de famille, à Saint-Jean-d'Arvey : elle peut servir de type.

1° Délibération du conseil du 29 septembre 1826 demandant l'autorisation de procéder à un acensement-partage des bois communaux pour une durée de 29 ans, entre les faisant feu;

2° Ordonnance de l'intendant général du duché du 15 novembre suivant, permettant l'opération demandée et fixant à 186 le nombre des feux de la commune. Des Lettres Patentes du 1er mars 1832 soumirent les délibérations, projets et contrats « qui emportent aliénation ou mutation de propriété, les partages de biens communaux... les emphytéoses, les ventes ou rachats de cens.... » à l'examen du Conseil d'Etat et de la section de l'intérieur de ce même conseil, pour avis. L'approbation du projet était ensuite donnée, s'il y avait lieu, par un billet royal adressé à l'intendant de la province pour exécution;

3° Nouvelle délibération du Conseil du 12 août 1827 demandant que le partage fut fait par voie amiable;

4° Exécution d'un lotissement par un géomètre;

5° Le plan de la forêt et de ses divisions est soumis au conseil qui l'approuve, le 30 octobre 1827; les lots sont attribués par le conseil;

6° Le plan déposé à la maison commune est soumis à une enquête au sujet de la répartition des lots; les réclamations des intéressés sont recueillies et

7° Soumises au conseil qui, par délibération du 21 décembre 1827, accueille celles d'entre elles qu'il juge fondées;

8° L'entrée en jouissance est fixée au 1er juillet 1828 par une dernière délibération du 19 juillet;

[1] Arch. H.-S., corr. I. Ay. avec Inter, 1832, n° 1349; 1833, n° 260.
[2] Arch. S., Fonds sarde, Reg. 39, 1825, 30 mars, 26 avril.

9° Lettre de l'intendant général désignant des experts pour estimer le revenu des divers lots.

Dans l'exemple qui précède, les lots sont de valeur inégale, ce qui nécessite une évaluation de la redevance à payer par le possesseur de chacun d'eux ; une telle méthode permet de proportionner chaque part aux besoins du chef de famille à qui elle est destinée. Mais très fréquemment les lots sont d'égale valeur et distribués par voie de tirage au sort.

Il est arrivé également que les communes propriétaires de forêts, au lieu de procéder par voie d'acensement, préférèrent abandonner à leurs habitants la pleine propriété : elles proposent de telles aliénations quand elles ont besoin de sommes très considérables. On doit reconnaître que les administrateurs sardes ne se montraient guère favorables à des mesures aussi radicales, dépouillant complètement les communes de leurs ressources foncières ; le louage, qui réservait l'avenir, avait leur préférence [1]. Certains intendants convaincus des inconvénients et des abus des partages de bois communaux concluaient nettement au rejet des demandes présentées. Mais quand il fallait en arriver à la vente, on suivait une procédure beaucoup plus rigoureuse que pour la simple location.

La demande d'aliénation contenant toutes les indications nécessaires sur la forêt à vendre, la somme à réaliser, les travaux à exécuter, était faite par le conseil double de la commune, c'est-à-dire par le conseil ordinaire doublé par l'adjonction des plus imposés. Elle était transmise après publication par l'intendant de la province au Sénat de Savoie ; l'avocat fiscal général, après examen du dossier, donnait ses conclusions et ses observations par écrit. Son rapport était ensuite transmis par l'intendant de la province avec son propre avis au Ministre de l'intérieur. Parfois le gouvernement, avant de prendre une décision, consultait l'inspecteur forestier de la division et l'inspecteur des mines de Savoie [2]. Ensuite intervenait l'autorisation, accordée par Lettres Patentes. Les ventes-partages se faisaient aux enchères entre communiers.

En 1824, la commune de Leschaux saisit d'une demande d'aliénation de ses bois, afin de pouvoir réparer son église et construire un chalet en montagne, non pas l'autorité administrative, mais bien le Sénat de Savoie et cette haute juridiction acquiesça à la requête qui lui avait été soumise. Pourtant des Lettres Patentes du 11 novembre 1818 avaient réservé toutes les affaires d'administration au ministère de l'intérieur [3]. On retrouve là une réminiscence du rôle universel que jouait, en Savoie, le Sénat avant l'installation de la royauté sarde et, dans la méconnaissance d'un édit qu'il ne pouvait ignorer, peut-être le vieux tribunal a-t-il cherché à faire revivre, ne fut-ce qu'un jour, ses anciennes attributions toujours regrettées.

Quant à l'importance des partages, elle était souvent considérable [4] :
Pour avoir une idée de la valeur relative de ces opérations, il faut comparer

[1] Arch. H.-S., corr. I. Ay. avec sind., 1826, n° 218 ; 1829, n° 1373 ; avec Inter., 1830, n°ˢ 741, 800 ; 1827, n° 175.
[2] Arch. H.-S., corr. I. Ay. avec sind., 1834, n° 1203.
[3] Arch. H.-S., corr. I. Ay. avec Inter., 1834, n° 86.
[4] Arch. H.-S., corr. I. Ay. avec Inter., 1824, n° 85 ; 1832, n° 1349 ; 1833, n° 260. Arch. S. Fonds sarde, Reg. 39 ; 1829, 26 avril, Reg. 41, 42 passim.

les surfaces partagées à la contenance des forêts communales à la même époque, d'après la consigne des bois [1].

COMMUNES.	FORÊTS		
	POSSÉDÉES.	MISES EN PARTAGE.	
	SURFACE TOTALE.	SURFACE ABSOLUE.	SURFACE RELATIVE.
			p. 100.
Marlens.............................	411ʰ 93ᵃ 92ᶜ	244ʰ 42ᵃ 77ᶜ	59.3
Cusy................................	360 18 70	183 15 45	50.8
Saint-Martin........................	33 52 96	33 31 67	99.3
Viuz-la-Chiésaz.....................	174 27 14	147 40 90	84.6
Sainte-Reine........................	202 47 95	41 46 78	20.5
Mouxy...............................	106 20 62	88 59 98	83.4
Francin.............................	107 00 00	38 20 06	35.7

La redevance à payer par les copartageants était toujours assez faible, sauf dans le cas où la surface était réduite et la somme à réaliser assez forte. Dans les acensements elle était ordinairement de 1 à 3 francs par journal, soit 3 fr. 39 à 10 fr. 18 par hectare et par an; à Viuz la Chiesaz, le nombre des lots étaient de 125, leur contenance 1 hectare 18 ares, le cens annuel de 8 francs l'un; dans les ventes-partages, la somme était naturellement plus élevée. A Sainte-Reine, le journal était estimé 120 livres, soit 407 francs l'hectare et à Saint-Jorioz 274 fr. 22 [2].

Une fois livrées aux locataires, les forêts communales n'étaient guère mieux traitées qu'auparavant : ici, les fermiers pratiquaient des coupes à leur fantaisie, sans solliciter la moindre autorisation, contrairement à l'article 55 du règlement du 15 octobre 1822 ; là, ils détruisaient, défrichaient la chose louée. C'est à cela qu'aboutissaient les belles affirmations sur la meilleure conservation des forêts confiées à la sollicitude des particuliers! La réalité faisait ainsi justice des utopies dont les échos retentirent jusqu'à l'Académie de Savoie : le partage des forêts communales entre les familles devait être la panacée de l'état boisé en Savoie; on vient de voir ses conséquences [3].

L'acensement-partage emphytéotique aboutit lui-même à l'aliénation-partage. Au bout d'un certain temps, les locataires, surtout s'ils étaient conseillers, oubliaient de payer leur fermage et ils finissaient ainsi, par prescription, à transformer leur possession précaire en une pleine et entière propriété.

Mais que penser d'une administration qui laissait ainsi dégrader, transformer, usurper des biens dont elle avait la charge, qui se condamnait elle-même à mort en acceptant des modes de gestion amenant la perte de la chose gérée et en reconnaissant sa propre impuissance ?

[1] Arch. H.-S., corr. I. Av. avec Inter., 1833, nᵒˢ 155, 860.
[2] Arch. H.-S., corr. I. K. avec sind., 1826, nᵒ 14, 2.
[3] Mémoire Acad. Savoie, t. I, 1ʳᵉ série, Dʳ Gouvert. Observations sur les causes de la dégradation des terrains inclinés, 19 avril 1848.

SECTION VIII.

LE COMMERCE DES BOIS.

§ 1. COMMERCE INTÉRIEUR.

Comme au début de la Restauration, le commerce intérieur des bois était peu actif. Les établissements consommateurs de bois, les salines, les usines métallurgiques achetaient fréquemment les coupes sur pied et les faisaient exploiter en régie ou bien avaient des traités avec des fournisseurs. Les marchés de gré à gré si fréquents, malgré les termes formels de l'article 68 du Règlement de 1822, arrivaient par la suppression de la concurrence à fausser le cours des bois : ainsi, on a vu la verrerie de Thorens offrir le prix de o fr. 27 par pied d'arbre résineux à la commune propriétaire des bois.

Dans les hautes vallées, la valeur des bois était assez basse; en Tarentaise, où la consommation des minières de Peisey et des salines de Moutiers la maintenait assez élevée; elle était de 6 livres par toise, à Séez, en montagne, soit o livre 833 le stère[1]. En 1772, la toise était payée 30 sols dans la même localité (p. 179); en moins de 60 ans, le prix du bois avait quadruplé.

Dans les communes proches des centres importants de consommation qu'étaient les villes, la cherté du bois devait être considérable. A Chambéry, on brûlait des fagots formés de brins de 2 à 3 ans[2], amenés au marché par les paysans des environs; l'âge d'exploitation est une mesure de la rareté du combustible ligneux et partant de sa valeur.

D'après l'ingénieur Despine, on consommait, en 1827, dans l'ensemble du duché : 2,304,000 stères de bois de chauffage, 245,000 arbres employés pour la bâtisse; 31,200 stères de bois de feu destiné aux fours et forges[3].

§ 2. COMMERCE EXTÉRIEUR.

Toute exportation de bois hors des états sardes était prohibée par l'article 34 du Règlement forestier de 1822, sauf autorisation spéciale du roi. Mais cette mesure ne s'appliquait qu'aux bois bruts ou en grume, à ceux qui se trouvaient simplement dégrossis ainsi qu'aux poutres, perches et planches; la sortie des bois de feu et des charbons était également interdite.

«Au contraire, les bois qui se trouvent déjà travaillés et réduits à une forme déterminée comme les douves, cerceaux, rames et autres objets semblables qui sont déjà, par la main-d'œuvre, destinés à un usage particulier, ne tombent pas dans la prohibition. De tels travaux ont déjà profité à l'industrie nationale»[4].

[1] Arch. Tse, corr. I, interne, 1829, 5 mai.
[2] Acad. Sav., Dr Gouvert, loc. cit., 1re série, t. I.
[3] Turin, Arch. d'État. Agriculture, n° 76.
[4] Journal du Barreau, 1846, 21 janvier.

L'application immédiate et intégrale de la défense portée par l'article 34 eut causé des pertes sensibles aux marchands qui avaient acheté des coupes pour en exploiter les produits; les intendants ne manquèrent pas de signaler cette situation à Turin. Notamment les acquéreurs des bois du Reposoir (p. 433), qui comptaient bien exporter la majeure partie des 16,000 résineux que leur avait vendus l'Économat ecclésiastique, eussent été gravement lésés [1].

De leur côté, les habitants des provinces de Chablais, de Faucigny et de Carouge, qui portaient leurs bois à Genève, protestèrent comme ils l'avaient déjà fait antérieurement, représentèrent la difficulté qu'ils auraient désormais à payer l'impôt. Cet argument ne pouvait manquer d'être entendu et, le 15 juillet 1823, Charles-Félix promulga les Lettres Patentes suivantes :

«Informé que les provinces de Chablais, de Carouge et de Faucigny contiennent une grande quantité de bois; que le commerce de ce produit forme le seul revenu de plusieurs communes des dites provinces; que celles qui les avoisinent en renferment aussi beaucoup et qu'il serait trop dispendieux de le transporter dans l'intérieur de l'État,

«Nous avons cru convenable de déroger provisoirement à l'égard des dites provinces à la défense portée par l'article 34 du règlement approuvé par nos Patentes du 15 octobre 1822, dont le seul objet est de pourvoir aux besoins de nos sujets et de favoriser l'industrie intérieure. C'est pourquoi, de notre science certaine et autorité royale, eu sur ce l'avis de notre conseil,

«Nous avons ordonné et ordonnons ce qui suit :

«Art. 1er. Les vice-intendants des provinces du Chablais, du Faucigny et de Carouge sont autorisés à accorder directement et en notre nom la permission de transporter et de faire transporter hors de nos États les bois et charbons de leurs provinces, chaque fois que les demandes qui leur seront faites à cet égard par les particuliers leur sembleront mériter d'être admises.

«Art. 2. Pour l'expédition des dites permissions, ils ne pourront exiger d'autres droits que 6 livres neuves dues au Trésor pour chaque concession.

Art. 3. Ils tiendront un registre sur lequel ils devront inscrire, 1° le nom et le domicile du requérant; 2° la quantité de charbon ou de bois à exporter avec la désignation de la qualité du bois; 3° les motifs pour lesquels la permission a été accordée ou refusée; 4° la date de son expédition et le temps pendant lequel elle sera valable; 5° le montant du droit perçu d'après l'article 2.

Art. 4. Ces permissions, dans lesquelles devra toujours être fait mention expresse de l'obligation imposée aux impétrants de payer les droits ordinaires de sortie, tiendront lieu, en tout et partout, de celles qui seront accordées par Nous et elles-produiront le même effet à l'égard des douanes.

Art. 5. Les vice-intendants des dites provinces devront, à la fin de chaque mois, rendre à la Royale Secrétairerie d'État pour les affaires internes un compte motivé des permissions accordées ou refusées, ils devront aussi faire connaître quels sont les fonds perçus en faveur du Trésor pour l'expédition des dites permissions.

[1] Arch. H.-S., corr. I. Av. avec Inter., 1823, n° 81.

«Art. 6. Ils devront, à la fin de chaque année, transmettre à l'intendance générale de l'intérieur un état désignant la quantité et qualité des bois exportés, ainsi qu'un rapport sur l'état des bois et forêts dans leur province respective, sur le produit des bois qu'elle fournit, sur les besoins publics et particuliers du pays et sur la convenance de confirmer les présentes mesures provisoires ou de restreindre la faculté qu'elles accordent.

«Art. 7. L'intendant général de l'intérieur transmettra ces états et rapports auxquels il joindra ses observations particulières à notre premier secrétaire d'État pour les affaires internes qui devra nous les soumettre pour nos souveraines déterminations.»

Il faut donc distinguer les trois provinces qui jadis formaient le Léman savoyard du reste du duché. La faculté d'exporter engendre immédiatement de graves abus dans ces provinces. «Certains individus sont parvenus, au moyen de quelques certificats délivrés de complaisance par des administrations communales, à se procurer des permis d'exportation pour des quantités considérables de bois ou charbon qu'ils n'ont jamais eu en leur pouvoir et qu'ils n'ont jamais eu l'intention d'acquérir. Ils ont pu, au moyen d'une rétribution clandestine, faire passer sous leur nom les bois ou charbons de tous ceux qui ont voulu jusqu'ici en exporter.

«Le sous-inspecteur signale un nommé Bidal de Mieussy qui serait parvenu à se procurer un permis pour l'exportation de 2,000 voitures de charbon provenant des forêts de la province de Chablais et, par le moyen de ce permis, il continuerait encore à faire sortir sous son nom, pour 2 francs par voiture, le charbon de tous ceux qui en veulent exporter...»[1].

La conséquence de tels agissements fut la raréfaction des bois de feu et charbons et l'élévation rapide du prix de ces marchandises. Il convient d'ajouter que nombre de marchands sollicitaient des permis d'exportation et commençaient à transporter les bois qu'ils achetaient avant même d'avoir obtenu l'autorisation demandée[2]. Dès le 6 septembre 1823, l'intendant de Bonneville, pour remédier à la pénurie de bois à brûler, dut refuser des permis d'exportation : mais comme les prix étaient encore plus hauts à Genève qu'en Faucigny, les propriétaires de forêts firent des dépôts aux frontières du duché, à Nangy, à Annemasse, le long de la route et ils sollicitaient alors de l'intendant de Saint-Julien le permis qu'ils ne pouvaient obtenir de celui de Bonneville[3].

Malgré les efforts des administrateurs, les abus continuaient et, le 6 septembre 1825, sur l'ordre de l'intendant général de l'intérieur, le vice-intendant de Bonneville informa par circulaire les syndics de sa province de son intention de n'autoriser de coupes qu'après vérification de l'exploitabilité du peuplement par le service forestier. Quiconque demandait une coupe devait indiquer sa destination et les gardes étaient chargés de s'assurer que les bois abattus étaient bien employés pour l'usage stipulé et non exportés[4].

[1] Arch. H.-S., corr. l. Fy. avec Inter., 1823, n° 479.
[2] Arch. H.-S., corr. l. Fy. avec divers, 1823, n°° 181, 183, 185, 187, 188, 191, 193, 197, 198.
[3] Arch. H.-S., corr. l. Fy. avec Intend., 1823, n° 626.
[4] Arch. H.-S., corr. l. Fy. avec siud., 1825, n° 773.

L'année suivante, le Ministre de l'intérieur décide : 1° qu'aucun permis d'exportation de bois ne sera accordé si le demandeur « ne fait d'abord conster que les objets qu'il demande à exporter sont prêts à l'être, c'est-à-dire, si c'est du bois à brûler, qu'il est coupé et entassé, si c'est du charbon qu'il est fait; si ce sont des bois de construction tels que poutres, planches, etc., qu'ils sont réduits en l'état dans lequel on entend les exporter; 2° que toute demande indique le bureau de douane par lequel on veut faire sortir les bois et soit accompagnée d'un certificat de provenance délivré par le syndic de la commune; 3° que, si les bois proviennent d'une futaie, le permis d'exploitation soit annexé à la demande de sortie [1].

Aussi l'intendance de Faucigny se montre-t-elle de plus en plus difficile dans la délivrance des permis d'exporter [2] : elle y était d'ailleurs invitée par une lettre du 16 mars 1826 de l'intendant général de Savoie.

Dans le reste du duché, le roi accordait généralement l'autorisation d'exporter quand l'intendant était de cet avis. Parfois l'opinion de ce fonctionnaire se basait sur des considérations au moins inattendues. Ainsi, l'intendant de Moutiers, en transmettant à Turin une requête d'exportation pour 1,000 sapins, ajoute : « il me paraîtrait convenable que cette demande fût accueillie, afin que les communes voyant qu'elles peuvent utiliser convenablement leurs bois se déterminassent enfin à les considérer comme une branche de prospérité pour elles et les aménager en coupes régulières [3]. »

Par contre, l'intendant d'Annecy est résolument hostile à toute exportation : « si quelque province, dit-il, a intérêt de voir prohiber la sortie à l'étranger des bois à brûler, c'est sans contredit celle du Genevois où le grand nombre de verreries, usines et manufactures en fait une si grande consommation qu'elle fait concevoir des craintes de voir dans quelques années, ce pays en état de souffrance sous ce rapport. » Il fait valoir aussi la nécessité d'avoir un manteau forestier bien complet, afin de prévenir les avalanches, les érosions et les inondations [4].

Le gouvernement, on vient de le voir, s'était préoccupé des abus et des inconvénients de l'exportation. En 1827, il demanda aux intendants de province leur avis sur l'opportunité du maintien des Patentes du 15 juillet 1823. Les opinions varièrent; certains opinèrent pour, les autres contre, plusieurs déclaraient qu'il fallait s'inspirer des nécessités du moment.

L'intendant d'Annecy concluait : « la prohibition de la sortie des bois étant reconnue d'une nécessité absolue pour la province de Genevois et, par suite, prononcée par le gouvernement ne deviendrait-elle pas illusoire, si, dans quelques autres provinces voisines où les mesures de prohibition n'existent pas, la sortie en était permise? » Donc interdiction générale.

Bien différent était le ton de l'intendant de Bonneville. Le Faucigny, écrivait-t-il, « est tellement peuplé en forêts de bois de construction qu'y interdire la sortie de ces bois serait lui enlever une de ses principales ressources, car la consommation intérieure ne pourrait lui procurer un écoulement suffisant. D'un recensement aussi exact que possible des bois sapins en maturité il me résulta que la quantité de plantes à pouvoir être actuellement coupées excédait 200,000. Je pense donc que la sortie des

[1] Arch. H.-S., corr. I. Fy. avec sind., 1826, n° 1224.
[2] Arch. H.-S., corr. I. Fy. avec sind., 1826, n°⁵ 1361, 1555.
[3] Arch. Tse, corr. I. ext., 1827, 19 fév.
[4] Arch. H.-S., corr. I. Ay. avec I. Gl., 1827, n° 32; avec Inter., 1828, n° 136.

bois de cette province devrait continuer à avoir lieu»[1]. Mais ces raisons ne peuvent convaincre l'administration de l'intérieur et, le 24 septembre 1828, le roi déclara qu'ayant atteint le but qu'il s'était proposé en facilitant pour quelque temps l'exportation des bois et charbons des provinces de Carouge, Chablais et Faucigny, il supprimait les dispositions des Patentes du 15 juillet 1823.

Cette décision causait un préjudice sérieux aux propriétaires et aux communes de la zone franche qui, alors, ne s'étendait qu'à la banlieue de Genève et non sur le territoire des trois provinces qui forment aujourd'hui les arrondissements de Saint-Julien, Thonon et Bonneville. Aussi, le 23 janvier 1830, Charles-Félix donna-t-il les Lettres Patentes ci-après :

«Comme il nous a été représenté que les communes de la province de Carouge qui se trouvent en dehors de la ligne de douane ne peuvent tirer des forêts situées sur le territoire de la zone tout le bois de chauffage qui leur est nécessaire, nous nous sommes déterminé à pourvoir à ce que ces communes aient, chaque année, la quantité de combustible dont elles ont besoin.

«C'est pourquoi, par les présentes, nous avons ordonné et ordonnons ce qui suit :

«1. Est autorisé le transport annuel de l'intérieur sur la zone de 24,000 quintaux métriques de bois de chauffage et de 4,000 quintaux de charbons.

«2. Le vice-intendant de la province de Carouge dressera, chaque année, et soumettra à l'approbation de notre premier secrétaire d'État pour les affaires de l'intérieur un état de répartition de la quantité totale de ce combustible entre les communes comprises dans la zone et entre les différentes familles habitant chacune de ces communes.

«3. Cette répartition une fois approuvée, le vice-intendant expédiera les permissions d'exportation établies d'après cette répartition...»

La suppression des Patentes du 15 juillet 1823 n'avait pourtant pas tari le commerce d'exportation; les restrictions étaient plus théoriques que réelles. Ainsi, en 1829, de la province de Faucigny, on exporta :

En bois de feu, 68,040 quintaux métriques, 255 voitures, 2,600 mesures et 560 moules;

En charbon, 10,800 quintaux métriques, 230 voitures; 1,200 fagots et 50 toises de planches [2], soit en tout 18 permis d'exportation.

Or, sous le régime des Patentes de 1823, l'intendant de Bonneville n'avait accordé en 1823 que 24 permis; 18 en 1824, 20 en 1826, 20 en 1827 [3].

Et nombre des permissions de 1829 portaient sur plusieurs années [4] et sur des quantités considérables.

On peut se faire une idée de la valeur des bois sur pied d'après la vente consentie

[1] Arch. H.-S., corr. I. Fy. avec I. Gl. Gy., 1827, n° 916.
[2] Arch. H.-S., corr. I. Fy. avec divers, 1829, n°s 86, 90, 98, 103, 125, 127, 128, 130, 134, 161, 165,... 229.
[3] Arch. H.-S., corr. I. Fy. avec divers, 1829, n° 224.
[4] Arch. H.-S., Corr. I. Fy. avec Inter., 1831, n° 186; 1833, n° 187. Corr. I. Ay. avec sind., 1829, n° 1357. Corr. I. K. avec Inter.. 1829, n°s 704, 705, 709, 753.

dans les forêts du Reposoir en 1825 à la société Nicod-Bossu. Le nombre de sapins à exploiter annuellement pendant 7 ans était de 4,500 faisant 7,000 charges de 6 quintaux métriques, soit, au total $7 \times 7,000 \times 0,6 = 29,400$ tonnes. Par suite, l'arbre moyen pèse 0 ton. 930. Le mètre cube de sapin vert pesant 0 ton. 875, le volume de l'arbre moyen ressort à 1 mc. 063. Le prix était de 2,000 livres par an, plus les charges estimées à 10,047 (p. 434), soit $7 \times 2,000 + 10,047 = 24,047$. Le cube total étant $1,063 \times 31,500 = 33,480$ m³, la valeur du mètre cube est donc 24,047 : 33,480 = 0 liv. 718[1].

Dans l'ensemble du duché on exportait, en 1827, toujours d'après l'ingénieur des mines Despine, annuellement 37,400 stères de bois de feu, 14,600 arbres résineux, sapins, épicéas ou mélèzes et 4,000 arbres feuillus à bois dur.

CHAPITRE IV.

POLICE ET CONSERVATION DES BOIS.

SECTION I.

Délits forestiers.

§ 1. IMPORTANCE ET NOMBRE DES DÉLITS.

Malgré la sévérité du règlement forestier du 15 octobre 1822, le nombre et l'importance des délits ne diminuèrent pas beaucoup. Il est des habitudes de pillage qui disparaissent bien difficilement et, quand les syndics et les conseillers n'hésitent pas à contrevenir à la loi, quoi d'étonnant si la masse de la population suit un aussi mauvais exemple? Il est vrai qu'en général les intendants sont enclins à tout excuser chez les administrateurs municipaux.

Les raisons alléguées pour ne pas donner cours aux poursuites sont des plus variées : tantôt le délit n'est pas assez important, tantôt il faut conserver intacte la considération dont les conseillers ont besoin dans leurs fonctions. A Cusy, en faveur du syndic coupable d'avoir fait couper illégalement des arbres et d'en avoir encaissé le prix, l'intendant invoque «la faiblesse, l'ignorance, l'influence de quelques parents»; à Sixt, le vice-syndic et un conseiller autorisés à prendre 14 sapins abattus par le vent s'approprient 175 autres chablis et 71 arbres sur pied, l'intendant les invite seulement à en verser le prix dans la caisse communale; à Viuz en Sallaz, le syndic qui fait ébrancher 630 arbres et couper 46 autres, sans autorisation, ne reçoit qu'une simple réprimande. La récidive même ne suffit pas à entraîner la comparution devant le tribunal : ce fut le cas pour le syndic et le conseil de Giez, dont les agissements avaient fait l'objet d'un procès-verbal dont l'intendant suspendit le cours «espérant que pour

[1] Arch. H.-S., corr. I. Fy. avec Inter., 1825, n° 317.

l'avenir lesdits administrateurs rempliront mieux leurs devoirs » [1]. A Montgirod, c'est le syndic accompagné de plusieurs conseillers qui montre comment on méprise les lois.

Il y eut pourtant quelques cas-où des sanctions furent prises, mais elles avaient un caractère purement administratif et non judiciaire. Un exemple montrera jusqu'à quel point les conseillers municipaux se croyaient assurés de l'impunité : dans une lettre au Ministre de l'intérieur, l'intendant de Bonneville écrit :

« M. le sindic de Saint-Jeoire m'a fait part dans le courant de l'année dernière que le garde forestier du lieu avait surpris déjà, différentes fois, le sieur Bernard Chapuis, l'un des membres du conseil de la commune de Saint-Jeoire, ainsi que ses fils à commettre des dévastations dans les forêts communales. En m'annonçant qu'attendu que toutes les observations qui lui ont été faites à ce sujet tant par lui en particulier que par le conseil assemblé, afin de l'engager à cesser les dilapidations, ont été méprisées par les père et fils Chapuis, le dit conseil priait de vouloir bien le rayer de l'état des administrateurs de la commune. Alors je le fis inviter par M. le Sindic à donner sa démission de conseiller en lui donnant connaissance qu'à ce défaut le Conseil était formellement décidé à provoquer sa destitution. N'ayant pas obtempéré à cette invitation le dit conseil a pris sa délibération. »

A Saint-Paul, en Chablais, un conseiller fait couper indûment 336 perches de hêtre, sans que le garde ose verbaliser; l'intendant fit venir le coupable pour le sermonner.

Deux conseillers d'Orelle chargés de la répartition de l'affouage, non seulement y procédaient de la manière la plus injuste, mais s'appropriaient une partie des bois pour les vendre. Que va faire l'intendant de Maurienne ? Il ordonne au syndic de perquisitionner chez les coupables... et de les faire comparaître devant le conseil double [2].

Pour être gratuites, les fonctions de syndic ou de conseiller pouvaient devenir pour les gens peu délicats singulièrement lucratives.

Aussi les administrés, enhardis par l'exemple, cherchent-ils à tirer des bois communaux tous les profits possibles; les gardes, on l'a vu, fermaient parfois les yeux et leur cécité volontaire n'était pas toujours désintéressée. Aussi pâturage illicite, même des chèvres, enlèvement de bois se multiplient-ils partout en mainte commune : « les contraventions se commettent particulièrement la nuit et plusieurs des plus aisés font eux-mêmes la grande partie de ces contraventions et les favorisent. » [3] Ici on recherche l'anthracite, là on exploite de l'ardoise, et l'on bouleverse, on déchire le sol forestier. Ailleurs on fait usage de faux marteaux.

[1] Arch. H.-S., corr. I. Fy. avec divers. 1828, n° 83; 1825, n° 5. Corr. I. Ay. avec I. Gl., 1825, n° 65. Corr. I. Fy. avec sind., 1825, n° 623; 1831. n° 299; 1832, n° 137. Corr. I. Ay. avec sind., 1829. n° 967. Corr. I. Ch. avec divers, 1825, n° 214. Arch. Tse, corr. I. int., 1823, 14 janvier.
[2] Arch. H.-S., corr. I. Fy. avec Inter., 1832, n° 204. Corr. I. Ch. avec divers, 1825, n° 346. Arch. Mne, corr. I. avec sind., 1833, déc.
[3] Arch. H.-S., corr. I. Fy. avec div., 1831, n° 60; 1832, n°ˢ 174, 227, 231; avec Int., 1829, n° 184; avec sind., 1825, n° 772; avec div., 1828, n° 162; 1829, n° 1121; 1831, n° 2500. Corr. I. Ay. avec sind., 1823, n° 2; 1824, n° 19. Corr. I. K. avec sind., 1827, n° 1053. Corr. I. Ch. avec sind., 1826, n° 106; 1827, n°ˢ 157, 190. Arch. Mne, corr. I. avec sind., 1831, 13 mars. Arch. Tse, corr. int., 1832, 12 juillet; 1823, 26 décembre; 1832, 6 novembre; 1833, 17 juin.

L'indivision de plusieurs forêts est la cause des dévastations qu'on y commet : un massif appartenait aux communes de Rognaix et de Pussy situées l'une dans la province de Tarentaise et l'autre dans celle de Haute-Savoie. Les gardes verbalisaient-ils, aussitôt le délinquant, s'il était de l'autre commune, arguait de l'incompétence du préposé et, ce qu'il y a de plus curieux, c'est que les tribunaux de Moutiers et de Lhopital se déclaraient eux-mêmes incompétents [1].

L'audace des délinquants ne connaît pas de bornes. Aux portes d'Annecy, la forêt de Sainte-Catherine est journellement pillée. Le chapitre de la Cathédrale, à qui elle avait été attribuée, adresse des plaintes au Ministre de l'Intérieur; sur l'ordre de l'intendant, le commandant des carabiniers envoie deux de ses hommes prêter main-forte au personnel forestier. Rien n'y fit; effrayés un moment par cette apparition des gendarmes, les dévastations ne tardent pas à recommencer; de là, de nouvelles réclamations de l'économe à l'autorité.

Dans la même région, et toujours sur les flancs du Semnoz, la forêt communale de Viuz la Chiésaz était la proie de la population. En 1830, les habitants vont en bandes dans les bois communaux, abattent quantité de sapins et molestent le garde quand il vient s'opposer à ces ravages. Le 15 juin, l'intendant avise le syndic qu'il ait à prévenir ses concitoyens que l'administration est décidée à user de rigueur vis-à-vis des premiers contrevenants qui seront signalés. L'intendant général de l'Intérieur était d'avis de nommer un garde spécial pour la forêt de Viuz, mais l'intendant de Genevois proposait [2] «de s'assurer des noms des principaux moteurs du désordre et de les mander devant l'une des trois autorités civile, judiciaire ou militaire pour y être vivement admonestés et prévenus des mesures de rigueur auxquelles ils s'exposeraient en cas de récidive.»

Le 14 août 1831, les mêmes abus se reproduisant, le garde cherchait à surprendre un délinquant; «il fut assailli, par trois particuliers qu'il n'a pu connaître et qui, après l'avoir maltraité, lui ont enlevé sa carabine». L'intendant général de l'Intérieur décida qu'une nouvelle arme serait achetée aux frais de la commune et qu'il serait créé, si le pillage se continuait, un nombre de gardes suffisant qui demeureraient à la charge de la localité jusqu'à ce que le besoin ne s'en fît plus sentir.

Finalement l'intendant d'Annecy proposa à la municipalité de partager sa forêt entre les habitants : «chacun devenant propriétaire au moyen du payement d'une redevance annuelle ou d'un capital convenu, ou fixé par expert, d'une partie de la forêt, même plus que suffisante pour ses besoins, s'occuperait sans doute d'en améliorer l'état en n'y faisant que des coupes régulières et en rapport avec son étendue et cesserait, par là même, de concourir aux dilapidations qu'on commet chaque jour dans la forêt communale et qui tendent à la destruction prochaine de tous les bois... Indépendamment de ces avantages déjà bien précieux, la commune sans avoir recours à aucune imposition, trouverait là les fonds dont elle a besoin pour la reconstruction de son église et toutes autres dépenses à sa charge [3].»

Ces délits en bandes, avec ou sans violences contre les préposés, ne constituaient

---

[1] Arch. Tse, corr. I. ext., 1825, 8 janvier. Voir Mougin et Minoret, *Monographie de Saint-Julien de Maurienne*, p. 67 et suiv.

[2] Arch. H.-S., corr. I. Ay. avec sind., 1830, n° 1785; 1833, n° 87.

[3] Arch. H.-S., corr. I. Ay. avec sind., 1830, n° 1870; 1831, n° 1615; avec Inter., 1830, n° 807; 1831, n° 1100; avec sind., 1832, n° 1894.

pas des exceptions. Ainsi, en 1824, 95 habitants du village de La Tour en Faucigny ravagent les forêts de la commune; à Cornier, en 1831, tout le monde conduit les chèvres dans les bois; à Mont-Saxonnex, les communiers enlèvent 100 voitures de bois [1].

Sur la frontière du département de l'Isère certaines forêts de la région de Chappareillan étaient surveillées par des gardes français assermentés pour la Savoie; le 8 juillet 1823, le Préfet de Grenoble signala à l'intendant général à Chambéry que 3 hommes d'Apremont étaient venus couper du bois vers Chappareillan, qu'ils avaient assailli le garde des Eaux et Forêts, l'avaient désarmé et avaient brisé la crosse de son fusil.

Quand le service forestier saisissait des bois de délit, ils étaient remis au syndic de la commune propriétaire qui était autorisé à les faire vendre : mais, très fréquemment, le prix était insignifiant et ainsi les coupables pouvaient se procurer la légitime possession, pour une somme dérisoire, des arbres qu'ils avaient tenté de dérober. Ainsi à Arâches en 1824, 142 sapins et 1 hêtre coupés en délit ont été adjugés pour 15 livres 05 [2]!

§ 2. Constatation et poursuite des délits.

I. Visites domiciliaires et procès-verbaux. — Pour la recherche et la constatation des délits, l'article 76 du Règlement autorisait les perquisitions par les préposés forestiers, en présence du juge de mandement, du syndic ou d'un conseiller de la commune. Mais, pas plus que par le passé, l'obligation d'accompagner les gardes dans les visites domiciliaires ne souriait aux administrateurs municipaux; ceux-ci refusaient assez souvent de déférer à la requête des préposés. Les intendants durent, à diverses reprises, rappeler à l'ordre les syndics qui méconnaissaient ainsi la loi.

Parfois les agents communaux ne se bornaient pas à refuser leur concours, ils allaient prévenir les personnes chez qui il s'agissait de pénétrer, de la visite que le garde se proposait de faire [3].

Une fois le délit découvert, les préposés devaient en dresser procès-verbal, conformément à un formulaire spécial, et affirmer ce procès-verbal devant le juge, le châtelain, le syndic ou le vice-syndic dans un délai de 2 jours (art. 79, Règlement de 1822. LP. 27 juin 1823). Cette procédure, calquée entièrement sur les lois françaises, souleva les mêmes difficultés que sous l'Empire.

Fréquemment les syndics qui étaient le plus à portée de recevoir les affirmations se refusaient à l'accomplissement de ce devoir; il en résultait la nullité du procès-verbal. Le syndic coupable s'en tirait toujours avec une semonce de l'intendant et un rappel du Règlement; aux explications qui lui étaient demandées, il répondait par des allégations très fantaisistes. Tantôt le syndic prétend que le délit n'apparaît pas, alors même que le délinquant sollicite une transaction; ou bien, il argue du peu d'importance de la contravention. Ici, il signale que le coupable n'est pas de sa commune; là, il oppose sa conviction du peu d'exactitude du procès-verbal; ailleurs, il se retranche

---

[1] Arch. H.-S., corr. l. Fy. avec sind., 1824, n° 1181; avec div., 1830, n° 318; 1831, n° 60; 1832, n° 231.

[2] Arch. H.-S., corr. l. Fy. avec sind., 1824, n°ˢ 139, 155.

[3] Arch. Tse, corr. l. int., 1827, 15 et 27 mai; 1832, 22 février. Arch. H.-S., corr. l. Fy, avec sind., 1831, n° 123.

derrière une prétendue liaison avec le coupable. Certains de ces administrateurs vont plus loin encore et retiennent le procès-verbal qui leur a été remis pour y porter l'affirmation [1].

II. **Poursuites.** — Les procès-verbaux, en due forme, sont transmis par le sous-inspecteur à l'avocat fiscal provincial qui décide des poursuites (art. 81) et peut ordonner un supplément d'enquête, s'il le juge à propos. Une circulaire du 17 juin 1823, commentant l'article 83, signifia que les procès-verbaux forestiers «ne pouvaient jamais être reconnus nuls... Lorsqu'ils sont dépourvus de l'une des formalités essentielles prescrites par la loi, ils se résolvent en une simple dénonciation». Il appartient alors au Fisc d'exiger les vérifications sommaires opportunes tant sur le fait que sur l'auteur de la contravention. Mais l'agent forestier, à l'instance, exposait les demandes de son administration; d'autre part, les actions forestières n'étaient plus de la compétence de la juridiction administrative, mais des tribunaux ordinaires. On était donc sorti des anciens errements consacrés par les Royales Constitutions; le Règlement de 1822 s'était rapproché du système français mais sans accorder au représentant du service forestier la place privilégiée qu'il occupait en France. Cette tendance est encore accusée par une instruction du 9 avril 1831 au sujet des poursuites à intenter aux personnes coupables de tentative d'exportation de bois sans autorisation (art. 34 du Règlement): bien que la contravention fût le plus souvent constatée par un procès-verbal des préposés des douanes la poursuite est entreprise par l'agent forestier qui procède comme d'ordinaire, mais après avoir pris les conclusions du receveur des douanes.

Il convient de noter que tout procès-verbal rédigé par 2 préposés ou agents forestiers ne fait foi que jusqu'à preuve contraire et non jusqu'à inscription de faux comme en France (Cass. 24 oct. 1806, 13 oct. 1808, 17 avril 1812). Un procès-verbal dresssé par un seul préposé ne faisait foi qu'à la condition d'être étayé d'une autre circonstance défavorable au prévenu.

Le nombre des audiences forestières fut fixé après entente entre l'avocat fiscal et le sous-inspecteur de chaque province; il était, en Tarentaise, de deux par semaine en temps normal et d'une par quinzaine en vacance; en Genevois, une par semaine, le vendredi; en Maurienne, une par semaine, le mardi; en Faucigny, une par semaine pendant toute l'année, etc. C'est d'après la quantité des instances forestières en 1823 que fut déterminé le nombre des audiences spéciales. Ainsi, à Bonneville, on jugea, en 1823, 336 délits ce qui, sur 52 semaines, représente 6 à 7 causes par audience [2].

Il y avait également lieu de prévoir qui pourrait remplacer aux audiences le sous-inspecteur empêché; une circulaire du Ministre de l'Intérieur décida que le substitut de cet agent serait «un employé nommé directement» par le roi. D'une manière générale, les sous-inspecteurs, appuyés par les intendants, présentèrent pour cette lieutenance les brigadiers qui travaillaient à leur bureau. Mais le Ministre représenta qu'il

[1] Arch. H.-S., corr. I. K. avec sind., 1832, n° 2162; 1826, n° 1, avec div., 1826, n° 74. Corr. I. Ay. avec sind., 1828, n° 469; 1829, n° 1031, 1071; 1830, n° 1915; 1831, n° 2393. Arch. Tse, corr. I. int., 1828, 30 juin; ext. 1830, 25 septembre; 1825, n° 392.
[2] Arch. Tse, corr. I. ext., 1824, 5 février. Arch. H.-S., corr. I. Ay. avec Inter., 1824, n° 43; corr. I. Fy. avec Inter., 1824, n° 614. Arch. Mne, corr. I. avec Inter., 1824, 22 mai.

ne pouvait ratifier ce choix, la nomination des brigadiers, d'après l'article 5 du Règlement, n'étant faite que par l'Intendant général de l'administration économique de l'Intérieur. C'était donc à l'avocat fiscal qu'il appartenait de remplacer aux audiences forestières le sous-inspecteur[1].

Bientôt la pratique fit surgir différentes questions; une des plus importantes fut celle du cumul des peines; par circulaire du 31 décembre 1824, le gouvernement se prononça en principe pour le cumul.

§ 3. AMENDES ET TRANSACTIONS.

I. **Amendes**. — De nombreux articles du Règlement fixaient les pénalités assignées aux divers délits, en attribuant la moitié des amendes aux congrégations de charité et le reste aux agents verbalisateurs; l'article 91 souleva quelques questions. Le Règlement de 1760 sur les forêts de Tarentaise avait accordé 1/6 des amendes à l'avocat fiscal, 2/6 au garde ou dénonciateur, 3/6 aux communes propriétaires. Ces sommes n'étaient pas tellement négligeables qu'on n'en fît état dans les budgets municipaux; la nouvelle répartition devait fatalement troubler l'équilibre des finances en certaines localités. Aussi l'intendant de Moutiers signala-t-il cet inconvénient au gouvernement qui n'en eut cure[2].

Dans tout le duché, à partir de 1823, ce furent les insinuateurs qui furent désormais chargés du recouvrement des amendes, alors qu'en Tarentaise ce soin incombait auparavant aux percepteurs.

On pourra se faire une idée du rendement des amendes d'après la part attribuée aux agents et préposés de la province de Savoie propre qui, de 1824 à 1832 inclusivement, s'est élevée à 22,896 livres 84. Par année moyenne, dans cette province, le chiffre des amendes était de 5,088 livres.

II. **Transactions**. — Le Règlement du 15 octobre 1822 ne faisait aucune allusion à la possibilité de transiger sur les condamnations encourues pour délit forestier. Bien plus, la circulaire du 17 juin 1823 décidait qu'en présence du mutisme du règlement aucun système de transaction ne pouvait être adopté et concluait ainsi : « Il convient nécessairement que les procédures soient décidées par sentences. »

Les Lettres Patentes du 15 avril 1825, en adoptant le principe contraire, provoquèrent des réclamations de la part des municipalités; les syndics représentèrent aux intendants que « depuis que les délinquants en matière forestière sont admis à transiger avec l'administration, leurs communes, au préjudice desquelles les délits sont commis, ne reçoivent point les indemnités qui leur compètent suivant le règlement en vigueur. Ils observèrent à ce sujet que les transactions ne peuvent porter atteinte aux droits des communes relativement à l'indemnité et que la perte de celle-ci est le plus souvent une diminution des ressources communales[3]. »

En Tarentaise, les communes qui avaient déjà perdu leur part dans les amendes se trouvaient par là plus gravement lésées et l'intendant de Moutiers se fit une fois encore

[1] Arch. H.-S., corr. l. K. avec Inter., 1823, n° 291; avec div., 1823, n° 561; 1824, n° 156.
[2] Arch. Tse, corr. l. ext., 1823, 2 septembre; 1823, 31 janvier; 1830, 1er décembre.
[3] Arch. H.-S., corr. l. Fy. avec Inter., 1829, n° 141; 1830, n° 279.

leur interprète; cet administrateur avait même demandé au sous-inspecteur de recevoir, de la part des délinquants, des offres spéciales pour les dommages-intérêts auxquels les communes avaient droit. Mais une instruction de l'administration générale de l'Intérieur, du 16 juillet 1825, vint couper court à cette pratique.

SECTION II.

Déboisement et reboisement.

§ 1. Défrichement.

La première mesure de conservation des forêts portée par le Règlement de 1822 a été l'interdiction absolue de défricher sans autorisation. C'est le Ministre qui accorde la permission, quand la surface à mettre en culture est isolée au milieu de terres arables et ne comprend pas plus de 38ᵃ (1 journal de Piémont); dans tous les autres cas, il faut un billet royal.

Toute demande de défrichement est soumise à une enquête où donnent leur avis le conseil de la commune de la situation des bois, le sous-inspecteur forestier de la province et l'inspecteur de la division, l'intendant de la province et l'intendant général de l'administration de l'Intérieur. Les délais nécessaires pour obtenir la permission de déboiser pouvaient ne pas excéder trois mois; ainsi, le 12 juillet 1830, la commune de Talloires sollicite l'autorisation de vendre 20 journaux de bois communaux avec faculté de défricher et le brevet royal d'approbation est du 12 octobre suivant [1]. Toutes les considérations que fait valoir l'intendant d'Annecy à l'appui de cette requête sont exclusives de l'utilité générale : «le sol où la coupe de bois est projetée est placé sur la plus haute montagne de cette province; l'exploitation des bois y sera toujours difficile et dispendieuse, par conséquent de peu de valeur. Les pâturages qui l'avoisinent sont d'un grand produit et il est hors de doute que la commune trouvera un grand avantage en laissant en pâturage le sol dont il s'agit.»

Il n'arrivait pas toujours que le permis de défricher fût pur et simple; en maintes circonstances, la décision royale imposait des réserves ou un reboisement en compensation [2]. Ainsi, sur une requête faite en 1829 par le conseil de Villette, dans son billet d'autorisation du 23 avril 1830, le roi met comme «condition expresse de faire une plantation régulière ou semis sur les fonds inscrits sous les numéros 2861, 2862, 2749, 2864 et 1025, de manière qu'ils soient réduits en bois épais et sans vides et qu'on observe à leur égard l'article 26 du Règlement (interdiction du pâturage) [3]».

Comme le défrichement pouvait avoir des conséquences désastreuses et immédiates, l'autorité se montrait assez énergique contre les déboiseurs qui étaient pourtant admis à faire des offres de transaction [4].

Un des motifs les plus puissants invoqués par les communes à l'appui de leurs

---

[1] Arch. H.-S., corr. I. Ay. avec sind., 1830, n° 2059; avec Inter., 1830, n° 800.
[2] Arch. H.-S., corr. I. Fy. avec Inter., 1825, n° 817; avec sind., 1825, n° 743.
[3] Arch. Tse, corr. I. extér., 1829, 2 septembre; int., 1833, 7 mai.
[3] Arch. H.-S., corr. I. K. avec sind., 1826, n° 2. Corr. I. Fy. avec div., 1826, n° 323.

demandes, c'était la nécessité de se procurer de l'argent pour payer leur part de grandes entreprises d'utilité publique où le gouvernement lui-même était intéressé. On voit des localités comme Bourgneuf, Aiton [1], dans la vallée de l'Arc, solliciter la mise en culture, jusqu'à concurrence de la somme mise à leur charge dans le diguement de l'Arc, des terrains communaux boisés.

Mais si la répression des défrichements complets était aisée, il n'en était pas de même de celle des défrichements indirects et ce n'étaient par les moins nombreux. Le mémoire présenté en 1828, par le Dr Gouvert à l'Académie de Savoie, dénonçait les conséquences fâcheuses de cette déforestation progressive.

Les particuliers coupaient leur bois en herbe; les communes les imitaient dans leurs taillis. De plus, l'ignorance de la possibilité des massifs résineux, l'abus des délivrances de tous genres amenaient vite la ruine des meilleurs massifs; le parcours du bétail, surtout des chèvres, en entravant la reproduction par semis avait vite fait ensuite de transformer une futaie en une propriété qui était tout à la fois pâture, lande et forêt, aussi incapable de bien nourrir un troupeau que de fournir de beaux arbres. C'est un danger que l'intendant de Tarentaise surtout dénonçait, ce qui ne l'empêchait d'ailleurs pas, on l'a vu, de réclamer en même temps l'introduction des chèvres en forêt [2].

L'excès des exploitations n'était pas dû seulement au gaspillage de la population mais aussi aux exigences des industries minière, saline, métallurgique non moins qu'à la spéculation du commerce d'exportation. En Maurienne, «les forêts qui avoisinent l'Esseillon ont tellement été dépeuplées par l'effet de nombreuses coupes qui y ont été faites. . . que leur conservation nécessite une mesure qui en proscrive l'exploitation pendant quelques années [3]». En certains endroits, comme au Petit-Bornand qui possédait pourtant 1,189 hectares de bois, l'épuisement des futaies était tel qu'on n'y pouvait trouver, en 1823, 14 pièces de bois de service pour réparer la maison d'école [4].

Mais les plus néfastes étaient certainement les coupes blanches; ruissellement intense, avalanches, glissements et éboulements en étaient souvent la suite fatale, avec la destruction définitive de l'état boisé. Quand une agglomération se trouvait menacée par ces exploitations vandales, elle protestait généralement auprès de l'intendant et arrivait parfois à obtenir une interdiction.

Dans les vallées secondaires, la déforestation s'accomplissait plus vite, plus complètement, plus silencieusement. Ainsi à Saint-Martin de Belleville les habitants détruisirent la seule forêt qui existât sur le territoire de la commune «par esprit de dilapidation et par l'insatiable cupidité de quelques individus de posséder des pâturages en abondance». Et ce boqueteau, formé des parcelles nᵒ 17915 et 18200, ne comprenait que 12 hect. 83 ares 87 cent. L'intendant de Tarentaise, désireux de reconstituer un petit massif nécessaire pour la protection du chemin des Encombres, ordonna de reboiser 5 hect. 89 ares 67 cent. de cette surface dévastée [5].

[1] Arch. Mne, corr. I. O., 1832, 14 novembre.
[2] Arch. Tse, corr. I., 1826, 23 mai; exter., 1831, 21 septembre.
[3] Arch. H.-S., corr. I. Ay. avec I. Gl., 1827, nᵒ 34; avec Int., 1829, nᵒ 483. Arch. Mne, corr. I. avec Inter., 1825, 10 octobre.
[4] Arch. H.-S., corr. I. Fy. avec sind., 1823, nᵒ 571.
[5] Arch. Tse, corr. I. int., 1823, 12 octobre.

§ 2. REBOISEMENT.

La nécessité non seulement de maintenir, mais aussi d'accroître la surface boisée était apparue aux yeux de tous; l'accroissement de la torrentialité qui suivit immédiatement la ruine des massifs nombreux avait été la démonstration irréfutable de l'utilité de la forêt. Aussi le chapitre III du titre II du Règlement forestier de 1822 est-il consacré uniquement à l'augmentation et à l'amélioration des bois. On vient de voir au paragraphe précédent que fréquemment le gouvernement subordonnait une autorisation de défricher à l'engagement par le propriétaire de reboiser une surface équivalente; c'était une extension amiable de l'article 22.

Mais, en pratique, il s'en fallait que tout allât aussi bien. Tout d'abord le personnel forestier ne paraît pas avoir été techniquement à la hauteur de sa tâche, ainsi qu'en témoigne la lettre suivante, adressée, le 24 février 1824, par l'inspecteur de la division à l'intendant général de Savoie : «Les dispositions de l'article 39 du Règlement forestier sont d'une assez difficile exécution dans nos forêts, presque toutes situées dans les montagnes. Les semis pratiqués sous l'Empire français n'ont point réussi; on n'a pas essayé les plantations parce qu'il n'y avait point de pépinières d'arbres propices à nos forêts. Les plantations ne sont efficaces que dans les forêts en plaine et en colline et lorsqu'il s'agit de bois de châtaigniers.»

Du côté des communes, aucun empressement à améliorer les peuplements existants ou à accroître le taux de boisement. En 1823, le Ministre de l'intérieur décide que les vides des forêts communales de Sixt seraient «rétablis en bois par le moyen de semis»; la superficie forestière communale était, en 1811, de 1,208 hect. 82; elle est actuellement de 1,205 hect. 23. La consigne de 1823 donnait 1,486 hect. 21 [1].

L'article 41 du Règlement prévoyait le reboisement des terrains vagues et des pâturages en excédent. A Saxel, il y avait, par exemple, 424 journaux = 125 hectares de friches; en 1833, l'intendant de Chablais invita la municipalité à en mettre une partie en valeur par un reboisement. Fut-il écouté? la statistique de 1823 donne comme contenance aux forêts communales 136 hect. 06; celle de 1909, 143 hect. 01. Les 7 hectares de différence sont-ils dus à des travaux [2]?

La commune des Chapelles, en Tarentaise, est fort vaste; elle n'a, en 1824, que 2 hect. 02 de broussailles communales et ses besoins en bois sont assez considérables. En 1824, donc, l'intendant de Moutiers écrit au syndic de convoquer le conseil double et de proposer le reboisement de deux parcelles où naturellement le pâturage serait interdit. Aujourd'hui les bois des Chapelles ne sont pas plus étendus [3].

Il semble donc bien que toutes les dispositions du Règlement relatives au reboisement soient demeurées lettre morte. Ce qui confirme encore cette opinion, ce sont les reproches qu'adresse au sous-inspecteur de Moutiers le vice-intendant de Tarentaise, «sur le point de savoir si les dispositions prescrites par le chapitre III du

[1] P. MOUGIN, État des contenances des forêts de Savoie à diverses époques. Arch. H.-S., corr. I. Fy. avec sind., 1823, n° 677.

[2] Arch. H.-S., corr. I. Ch. avec sind., 1833, n° 11. P. MOUGIN, État des contenances des forêts de Savoie à diverses époques.

[3] Arch. Tse, corr. I. int., 1824, 8 octobre.

Règlement des bois et forêts sont mises à exécution et de quelle manière elles le sont [1]. »

Si le gouvernement et la bourgeoisie voyaient l'utilité du reboisement, il n'en était malheureusement pas encore de même de la masse de la population.

SECTION III.

Dispositions diverses de police.

§ 1er. INCENDIES.

Les articles 31 et 32 du Règlement interdisaient d'allumer du feu à proximité ou à l'intérieur des forêts; l'article 33 faisait une obligation aux populations voisines des forêts où un incendie s'était déclaré de déférer aux injonctions des syndics et autres administrateurs pour aller combattre les flammes.

Les sanctions portées par les articles 27 à 30 ont également, au moins pour partie, pour but de prévenir les dangers d'incendie.

Quand le feu se déclarait, on appliquait les instructions ci-après données par les intendants : «La masse des habitants des communes intéressées se porte de suite sur les lieux, sous la direction des sindics de chaque commune, et, après avoir attentivement examiné la direction du feu, on se porte en avant de cette direction et l'on fait une coupe d'une certaine largeur pour intercepter la communication du feu. Le bois abattu sera de suite enlevé pour être conduit en lieux de sûreté... Si le feu est aux racines des arbres en même temps qu'il est dans la partie supérieure, en outre de l'abatif des arbres ci-dessus désignés, faire dans le même endroit un fossé large et profond, afin d'intercepter aussi la communication du feu par les racines [2]. »

Les incendies de forêts n'étaient d'ailleurs pas rares; dus parfois à la malveillance, ils étaient le plus souvent causés par l'imprudence des bergers ou des riverains [3]. Certaines années, les conditions météorologiques favorisaient singulièrement les sinistres. Ce fut le cas en 1825 : le mois d'avril avait été très doux et la neige faisait défaut. On commença à conduire le bétail dans les hauts pâturages. Survint un froid très vif accompagné de vent violent : les feux allumés par les bergers pour se réchauffer embrasèrent en maint endroit les herbes, les feuilles mortes et les bois [4].

Après chaque incendie, le syndic de la commune où il s'était produit devait en dresser un rapport soit à l'avocat fiscal, soit au juge du mandement, ainsi qu'au sous-inspecteur [5] : une enquête était ordonnée, le cas échéant, et des poursuites entreprises contre les coupables à l'intervention du service forestier.

[1] Arch. Tse., corr. I. interne, 1825, 21 déc.
[2] Arch. H.-S., corr. I. Fy. avec sind., 1832, n° 265.
[3] Arch. H.-S., corr. I. Fy. avec sind., 1825, nos 499, 604; 1831, n° 142; avec divers, 1827, n° 429.
[4] Arch. H.-S., corr. I. Fy. avec I. Gl., 1825, n° 801.
[5] Arch. H.-S., corr. I. K. avec sind., 1824, n° 596.

§ 2. Transports.

I. Traînage. — La vidange des bois se faisait fréquemment en lançant les troncs sur les pentes des montagnes : il en résultait un double inconvénient, d'abord la mutilation et parfois le bris des arbres laissés sur pied et ensuite l'ébranlement et le labourage du sol, souvent cause de glissements. Aussi l'article 66 du Règlement avait-il interdit de faire de nouvelles voies et obligé propriétaires, affouagistes ou adjudicataires de coupe à suivre les couloirs et chemins existants.

En dehors des forêts, les lourdes pièces de bois étaient traînées sur les chemins, tirées par un ou plusieurs couples de bœufs, pour le plus grand dommage des chaussées.

Quand la tige se trouvait tronçonnée en plusieurs morceaux longs ordinairement de 3 à 4 mètres, propres à faire de la planche, on la chargeait fréquemment sur un traîneau qu'un homme dirigeait sur les versants, ou que les bœufs traînaient dès que la déclivité ne permettait plus d'utiliser l'action de la pesanteur. Un billet royal du 24 mai 1826 vint compléter sur ce point spécial les dispositions du Règlement et obliger les exploitants de faire usage de chariots à roues sur tous les chemins classés comme communaux.

Mais, sur les réclamations formulées par les divers intendants de Savoie au nom de leurs administrés, Charles Félix admit un tempérament aux règles antérieurement posées, mais pour les provinces savoyardes seulement. par nouveau billet du 10 octobre 1826 [1].

Le Genevois fut une des provinces qui profitèrent les premières des facilités données par le Roi [2].

II. Flottage. — Dans une région où les routes étaient rares, le flottage était un des moyens le plus fréquemment employés pour le transport des bois. Les cours d'eau faisaient partie du domaine royal, il fallait naturellement pour les utiliser en obtenir licence. Comme les « flots » emportant troncs et bûches risquaient d'endommager les rives, les digues et les ponts, l'impétrant devait prendre l'engagement de réparer tous les dégâts que l'exercice de la permission concédée pouvait entraîner [3]. Les intéressés avaient d'ailleurs à produire leurs objections avant l'octroi par l'autorité de la faculté de flotter [4].

Enfin le permissionnaire avait, en outre, à payer une redevance affectée tantôt au Trésor royal. tantôt à une entreprise d'endiguement, reconnue d'utilité publique. Ainsi les adjudicataires des bois du Reposoir sont taxés à 21,000 livres pour avoir le droit de flotter pendant sept ans 7,000 charges de 6 quintaux métriques de sapin, chaque année, soit environ 0 livre 07 par quintal [5] ou 0 livre 666 par arbre moyen, ou encore 0 livre 627 par mètre cube.

---

[1] Voir p. 516.
[2] Arch. H.-S., corr. I. Ay. avec sind., 1826, n° 475.
[3] Arch. Tse., corr. I. int., 1827, 22 mai.
[4] Arch. H.-S., corr. I. Ay. avec Inter., 1827, n° 77.
[5] Arch. H.-S., corr. I. Fy. avec Inter., 1825, n° 317.

§ 3. Usines à feu.

Pour prévenir tout danger d'incendie ou autre, le Règlement forestier (art. 27 à 29) exigeait une autorisation préalable pour la construction d'usines à feu, telles que fours à chaux et à plâtre, tuileries et briqueteries, etc. Si de tels établissements existaient au 15 décembre 1822, ils devaient solliciter une permission pour pouvoir continuer à fonctionner; on a vu plus haut que les fonderies et martinets de la région annécienne avaient observé sur ce point le Règlement.

Le contrôle des fours à chaux et à plâtre a, par contre, beaucoup laissé à désirer, notamment en Tarentaise; le gypse étant très abondant dans la région alpine, les plâtrières étaient nombreuses. En 1825, on en créa même de nouvelles aux Chapelles et à Bourg-Saint-Maurice sans l'approbation de l'autorité. L'intendant de Moutiers reprocha au sous-inspecteur de Moutiers le défaut de surveillance du personnel forestier : cet agent proposa alors, en 1828, à l'Administration de l'intérieur de faire une visite spéciale de contrôle des chauffours; mais l'intendant général de cette Administration répondit, le 27 septembre 1828, qu'il serait très suffisant de faire faire les constatations utiles par les brigadiers [1].

SECTION IV.

Les bois particuliers.

Le Règlement du 15 octobre 1822 n'aggravait pas sensiblement la situation des propriétaires forestiers. D'après les Royales Constitutions de 1770, les taillis ne pouvaient être exploités qu'à la condition d'« être parcourus à leur maturité »; à cette prescription il manquait les moyens de contrôle et une sanction qui se trouvent dans la loi de 1822.

De même, tout abatage d'arbres de futaie était subordonné, dans les deux législations, à l'obtention d'une permission de l'intendant; de même encore, l'interdiction du pâturage dans les bois non défensables existait, après comme avant 1822, et, dans ce dernier cas, la peine qui était de 1 écu par bête quelconque est réduite à 2 ou 1 livre par chèvre en 1822.

Tout défrichement était interdit : mais l'infraction à cette disposition, punie en 1770 d'une amende de 100 écus par journal, ne l'est plus en 1822 que d'une amende de 50 livres.

Le règlement de 1822 était donc loin d'avoir aggravé la situation du propriétaire forestier, au contraire. Les Royales Constitutions de 1770 n'avaient, avant la Révolution, guère été suivies, en matière forestière notamment, faute d'un personnel spécial. Tout se passait en famille dans chaque commune et le syndic, les conseillers ou le secrétaire ne dénonçaient pas volontiers des actes contraires au règlement, mais, en somme, assez fréquents. A la Restauration, le maintien des agents légués par l'Empire assura plus efficacement la surveillance des massifs boisés et on sentit mieux la lourdeur des pénalités anciennes; sous le régime· français, le propriétaire forestier avait la liberté de gérer ses bois comme il l'entendait au défrichement près, depuis la

[1] Arch. T'se., corr. l. int., 1826, 30 mars; 1828, 1er oct.

loi du 29 septembre 1791, et la restriction de son droit dut lui paraître plus pénible encore. On s'explique donc qu'après la réaction du début, la royauté sarde, si imbue qu'elle fût de principe d'autorité, fut amenée à atténuer les sanctions de jadis, sans vouloir aller cependant jusqu'à reconnaître le droit de tout propriétaire de traiter son bien à sa convenance — toujours sous réserve du défrichement.

Les intendants s'efforcent aussi de rendre moins gênantes les formalités légales : les propriétaires furent avisés par affiches, dès 1823, qu'ils pourraient remettre leurs demandes aux syndics chargés de les faire tenir ensuite à l'intendance. « Cette mesure, dit une circulaire, a principalement pour but d'éviter aux habitants des communes éloignées du chef-lieu de la province des déplacements onéreux [1]. »

D'autre part, l'obligation d'autoriser les coupes particulières ne laissait pas d'être lourde pour les intendants : ainsi, dans le 1er semestre 1823, qui vit l'application du nouveau Règlement, l'intendant de Bonneville ne donna pas moins de 1,627 permis de coupes [2]. Une modification du Règlement ne devait donc pas être moins désirée, sur ce point, par les administrateurs que par les administrés.

LE RÉGIME DES LETTRES PATENTES DU 1er DÉCEMBRE 1833.

CHAPITRE PREMIER.

LA DERNIÈRE LÉGISLATION FORESTIÈRE SARDE.

SECTION I.

Le nouveau règlement forestier.

Le dernier code forestier appliqué en Savoie avant l'annexion de 1860 est intitulé : « Nouveau règlement pour l'administration des bois, approuvé par Lettres Patentes du 1er décembre 1833 »; il est précédé d'un exposé des motifs qui ont amené l'abandon du règlement du 15 octobre 1822 :

« Le roi Charles-Félix, notre auguste prédécesseur, de glorieuse mémoire, avait reconnu, en montant sur le trône, la nécessité de pourvoir à la conservation des bois en faisant cesser les nombreux abus qui s'étaient introduits dans cette branche importante de la richesse publique.

« Une loi générale fut, à cet effet, publiée le 15 octobre 1822.

« Les dispositions qu'elle renfermait parurent sévères sous le rapport des propriétés particulières; mais elles avaient été conseillées par le bien général de l'État et par le propre avantage des propriétaires.

[1] Arch. H.-S., corr. I. Ay. avec sind., 1823, n° 433.
[2] Arch. H.-S., corr. I. Fy. avec Inter., 1823, n° 511.

«Et tels ont été, en effet, les heureux résultats que l'on a obtenus dans les dix ans qui se sont écoulés depuis la publication de cette loi que nous apercevons qu'il n'est plus nécessaire de maintenir aujourd'hui les restrictions qu'elle apportait à l'exercice du droit de propriété.

«Nous avons, en conséquence, déterminé de restreindre l'inspection immédiate de l'administration aux bois appartenant à l'État à ceux placés sous notre protection spéciale et à ceux encore dont la conservation doit former le sujet plus particulier de nos soins.

«Les bois des particuliers ne seront assujettis qu'aux seules dispositions commandées par l'autorité publique. Nous nous sommes d'autant plus volontiers déterminé à abroger les règlements qui mettaient des entraves à la libre jouissance de cette espèce de propriété, attendu que les différentes branches d'économie rurale dont la direction est abandonnée à la libre disposition des propriétaires ayant prospéré pendant ces dernières années, nous ne doutons point que les bois appartenant aux particuliers ne soient administrés avec intelligence et avec succès, lorsqu'ils ne seront plus assujettis au régime de lois spéciales.

«Nous avons encore voulu que le transport des bois à l'étranger fût libre, au moyen du payement d'un droit de douane, étant persuadé que le débit plus facile de ce genre de produits, en augmentant la valeur des terrains boisés, encouragera de nouvelles plantations.

«Si la nécessité de pourvoir aux besoins de notre service de terre et de mer ne nous a pas permis de supprimer, comme nous l'aurions désiré, le martelage, nous l'avons cependant rendu moins onéreux à nos sujets. Nous l'avons restreint aux seuls cas d'absolue nécessité en assurant, en même temps, une juste indemnité.

«Nous nous sommes ensuite spécialement appliqué à rendre la surveillance des bois bien moins dispendieuse qu'elle ne l'était d'après les lois en vigueur jusqu'ici.

«Enfin nous avons simplifié et abrégé les formes de procéder sur les contraventions et, en même temps, modéré les dispositions pénales en pensant que la répression des contraventions par le moyen de peines légères, mais infligées avec célérité ne serait pas moins assurée qu'elle ne l'aurait été par des peines plus fortes qui, jointes aux frais de procédures prolongées, étaient trop onéreuses pour les contrevenans.

«Données à Gênes, le 1er décembre 1833 et de notre règne le 3e. — Charles-Albert.

TITRE 1er. — *DE LA CONSERVATION DES BOIS.*

«Art. 1er. Les bois des États de terre ferme sont soumis à la surveillance de l'Administration publique de la manière déterminée par le présent règlement.

«Art. 2. Sont régis par les dispositions particulières qui y sont contenues les bois appartenant :

«1° Au domaine ou au patrimoine royal, quelle que soit l'administration dont ils dépendent;

«2° Aux apanages;

«3° A la Religion sacrée et ordre militaire des SS. Maurice et Lazare;

«4° Aux communes et fractions d'icelles;

« 5° Aux établissements publics, aux hospices, aux œuvres pies et aux autres corps administrés, aux bénéfices et chapellenies tant ecclésiastiques que laïques et aux autres fondations d'utilité publique;

« 6° Aux particuliers ou autres, toutes les fois que le domaine ou patrimoine royal, l'ordre des SS. Maurice et Lazare, les communes, les établissements publics, les autres corps et possesseurs ci-dessus indiqués ont sur les bois par eux possédés des droits indivis de propriété ou d'usufruit à quelque titre que ce soit.

« ART. 3. Les bois des particuliers sont seulement soumis aux dispositions qui se trouvent expressément établies pour eux dans le présent règlement.

« ART. 4. Est considéré comme bois soumis aux dispositions du présent règlement tout terrain non clos et boisé d'une superficie de 1.000 mètres carrés, lors même qu'il serait divisé entre divers particuliers.

« Les rives et lisières de terrains garnies de bois sont aussi considérées comme bois, lorsqu'elles ont plus de 10 mètres dans leur plus grande largeur, pourvu que leur surface s'étende à 1,000 mètres carrés au moins et qu'elles appartiennent à un seul possesseur.

« ART. 5. Ne sont pas soumis aux dispositions du règlement les bois existants dans les parcs ou jardins attigus aux habitations et fermés de murs, haies ou fossés.

TITRE II. —— *DE L'ADMINISTRATION CHARGÉE DE LA CONSERVATION DES BOIS.*

CHAPITRE Iᵉʳ. — *Des employés de l'Administration des bois.*

« ART. 6. La conservation des bois est confiée aux intendants des provinces sous les ordres du premier secrétaire d'État pour les affaires de l'Intérieur, dont ils recevront les ordres et les instructions nécessaires. (O. R. art. 2.)

« ART. 7. Pour veiller à la conservation des bois sont établis des agents du gouvernement, spécialement chargés du service actif. (O. R. art. 10.)

« ART. 8. Pour l'exercice de cette surveillance, les États de terre ferme sont divisés en 21 arrondissements composés d'une ou plusieurs provinces et ces arrondissements se sous-divisent en districts. Un district ne pourra appartenir à plus d'une province. (O. R. art. 10, 11.)

« ART. 9. Les agents particuliers pour le service actif sont :

« 1° Un inspecteur pour chaque arrondissement;

« 2° Un garde-chef pour chaque district;

« 3° Le nombre de gardes qui sera nécessaire d'après la nature, l'étendue ou la situation des bois et les autres circonstances particulières qui seront représentées à l'autorité chargée de les nommer. (O. R. art. 11.)

« ART. 10. Outre les agents spécialement chargés de la surveillance pour la conservation des bois, les sindics veillent aussi, sur le territoire de leur commune, à l'observance du règlement et informent l'intendant de la province de toutes les contraventions qui parviennent à leur connaissance. (C. F. art. 94, 95.) Ils peuvent, à cet effet, employer les gardes champêtres de chaque commune.

« Art. 11. Les inspecteurs sont nommés par S. M. par brevet royal sur la proposition du premier secrétaire d'État pour les affaires de l'intérieur.

« Les gardes-chefs sont nommés par le premier secrétaire d'État pour les affaires de l'intérieur, sur la proposition de l'intendant général de l'Administration, ensuite des informations reçues des intendants de province. (O. R. art. 12.)

« Art. 12. Sur la proposition de l'intendant général de l'Administration, le premier secrétaire d'État pour les affaires de l'intérieur déterminera pour les inspecteurs et les gardes-chefs la destination et les changements d'un lieu à l'autre qui seront jugés convenables pour la marche du service. (O. R. art. 7. 8.)

« Art. 13. Les administrations du patrimoine et des biens appartenant au domaine royal, aux apanages et à la religion des SS. Maurice et Lazare, nomment elles-mêmes les gardes destinés à la surveillance de leurs bois.

« Elles donnent ensuite immédiatement avis de ces nominations à l'Administration économique de l'intérieur qui les fait connaître à l'intendant de la province. Les gardes destinés à la surveillance de tous les autres bois indiqués à l'article 2 sont nommés par les intendants des provinces, après avoir pris l'avis de l'inspecteur de l'arrondissement et des personnes intéressées. (C. F. art. 94, 95.)

« Art. 14. Les gardes-chefs et tous les gardes doivent, avant d'entrer dans l'exercice de leurs fonctions, se présenter au bureau de l'intendance de la province, munis de l'acte du serment qu'ils auront prêté ensuite de leur nomination et en conformité des dispositions portées à l'article 19. (C. F. art. 5.)

« Art. 15. Il y a 3 classes d'inspecteurs, savoir : 4 de première, 7 de seconde et 10 de troisième; il est assigné aux inspecteurs de 1re classe un traitement annuel de 2,400 livres; aux inspecteurs de 2e classe, 2,000 livres; aux inspecteurs de 3e classe, 1,600 livres. Il n'est dû aux inspecteurs aucune indemnité lorsqu'ils se transportent quelque part pour le service, tant ordinaire qu'extraordinaire, si ce n'est dans le cas où ils sont indispensablement obligés de passer la nuit hors de leur résidence, auquel cas l'indemnité est fixée à 8 livres pour chaque nuit. Pour avoir droit à cette indemnité, les inspecteurs doivent, avant leur départ, en donner avis à l'intendant de la province, à moins qu'ils n'en soient empêchés par des motifs d'urgence, ils sont toutefois obligés, dans ce dernier cas, d'en faire part à l'intendant, aussitôt leur retour.

Les indemnités ci-dessus fixées cessent d'avoir lieu lorsque les inspecteurs reçoivent une destination fixe ou lorsque leur résidence dans le même lieu excède le terme de quinze jours. La note des transports sera approuvée par l'intendant.

« Art. 16. Le traitement des gardes-chefs est fixé à 720 livres pour ceux de 1re classe et à 600 livres pour ceux de seconde.

« Le traitement des gardes sera, suivant les circonstances des lieux, de 250 à 450 livres dans lesquelles sont comprises les dépenses d'habillement, mais non celles des armes qui seront fournies par les Administrations.

« L'intendant de la province déterminera le traitement des gardes destinés à la surveillance des bois désignés aux numéros 4 et 5 de l'article 2 et même de ceux mentionnés au numéro 6 comme indivis avec communes, établissements publics et autres corps ou possesseurs indiqués aux numéros 4 et 5. Le traitement des autres gardes est déterminé par les Administrations.

« Aucune indemnité n'est due aux gardes-chefs et aux gardes pour les voyages, visites et autre service quelconque qui leur sera commandé dans l'étendue du district, à part la portion qui leur sera assignée sur les amendes. (C. F. art. 108.)

« Art. 17. Il est accordé aux inspecteurs une somme de 250 livres pour frais de bureau et pour toutes autres dépenses accessoires.

« Art. 18. Les dépenses pour frais de bureau, ainsi que celles pour le traitement des inspecteurs et des gardes-chefs sont à la charge des provinces et portées dans les budgets provinciaux.

« Celles relatives aux gardes sont à la charge des possesseurs des biens confiés à leur surveillance. Dans le cas cependant qu'un ou plusieurs gardes soient chargés de surveiller les biens appartenant aux diverses administrations désignées à l'article 2, la dépense sera répartie proportionnellement en raison de la qualité, de la quantité et de l'étendue des bois.

« Les indemnités pour transport des inspecteurs sont à la charge de la province pour laquelle le transport aura été ordonné. Toutefois ces indemnités sont payées par les possesseurs de bois lorsque les transports ont lieu uniquement dans leur intérêt particulier. (C. F. art. 108. O. R. art. 35.)

« Art. 19. Les employés de l'Administration des bois doivent, avant d'entrer dans l'exercice de leurs fonctions, prêter serment, savoir : les inspecteurs par devant le tribunal de judicature-maje de la province de leur résidence et ils en fourniront le certificat à l'intendant et aux autres tribunaux de judicature-maje de leur arrondissement ; les gardes-chefs, par devant le tribunal de judicature-maje de la province dans laquelle leur district se trouve compris et les gardes, par devant le juge de leur mandement.

« Il ne sera dû aucun droit pour la prestation de serment ni pour la mention qui devra en être faite au dos de l'acte de nomination. (C. F. art. 5.)

CHAPITRE II. --- *Des inspecteurs.*

« Art. 20. La circonscription des arrondissements, ainsi que le lieu de résidence des inspecteurs sont déterminés par le tableau joint au présent règlement. (O. R. art. 10.)

« Art. 21. Les inspecteurs des diverses classes ont les mêmes attributions. Ils correspondent avec les intendants des provinces desquelles ils dépendent, avec les autorités judiciaires, avec les gardes-chefs placés sous leurs ordres. Ils correspondent aussi directement avec l'Administration économique de l'intérieur, dans les cas prévus par le règlement et par les instructions qui leur seront données. (O. R. art. 15.)

« Art. 22. Les inspecteurs sont spécialement chargés :

« 1° De préparer et de transmettre à l'Administration par la voie des intendants les projets d'instructions que l'on pourrait donner dans l'intérêt du service, comme aussi d'émettre leur avis sur tous les objets sur lesquels ils seront consultés par l'Administration ou les intendants des provinces ;

« 2° De tenir les registres et les papiers relatifs aux bois, de la manière qui leur sera prescrite;

« 3° De diriger et surveiller le service actif des agents de l'Administration dans leur arrondissement, en rendant immédiatement un compte exact à l'intendant général de l'Administration et à l'intendant de la province de tout ce qui intéresse ce service;

« 4° De reconnaître dans leurs visites quel est l'état des bois, quelles sont les améliorations que l'on pourrait y introduire et si l'assiette des coupes a été faite suivant les règles prescrites;

« 5° De porter une attention spéciale sur les bois et les terrains de réserve;

« 6° De prendre des informations sur la conduite des gardes-chefs et des gardes;

« 7° De vérifier l'état de leurs armes et de leur habit d'uniforme;

« 8° D'examiner les registres par eux tenus et de les approuver;

« 9° De faire leur rapport au chef de l'Administration et aux intendants de tout ce qu'ils auront eu l'occasion d'observer dans leurs visites, en proposant les dispositions qu'ils jugeront nécessaires soit pour la bonne administration des bois, soit à l'égard des agents commis à la garde de ces bois;

« 10° De se procurer les notices nécessaires pour former la statistique des bois:

« 11° De fournir aux autorités administratives et judiciaires les éclaircissements, les avis et les informations qui leur sont demandés;

« 12° D'annoter chaque jour, dans un registre spécial, quand ils sont en tournée, tout ce qu'ils ont opéré, reconnu et observé pour le bien du service;

« 13° De présenter à l'intendant ce registre journalier pour le faire examiner et viser une fois par mois et toutes les fois que l'intendant le requerra. (O. R. art. 14, 16, 17.)

« ART. 23. Les inspecteurs peuvent intervenir dans les séances des tribunaux de judicature-maje dans lesquels il se traite d'affaires qui intéressent l'administration des bois et ils prennent place immédiatement après l'avocat fiscal et ses substituts. (D. 9 juin 1809.)

CHAPITRE III. — *Des gardes-chefs et des gardes.*

« ART. 24. Le nombre et la circonscription des districts dans lesquels les arrondissements des inspecteurs se sous-divisent sont déterminés par la Secrétairerie d'État sur la proposition de l'Administration de l'intérieur. (O. R. art. 7, 10, 25.)

« ART. 25. Les gardes-chefs et les gardes résident dans les lieux les plus rapprochés des bois soumis à leur surveillance. Cette résidence peut être changée suivant les besoins du service; elle est déterminée, relativement aux gardes-chefs par l'intendant général de l'Administration économique de l'intérieur, sur la proposition de l'inspecteur de l'arrondissement et ensuite de l'avis de l'intendant de la province; et, relativement aux gardes, par l'intendant de la province sur l'avis de l'inspecteur. (O. R. art. 25.)

« ART. 26. Les gardes-chefs reçoivent les ordres et les instructions de l'inspecteur de l'arrondissement, avec lequel ils correspondent directement pour tout ce qui concerne le service et auquel ils doivent immédiatement faire rapport de tout abus ou autre objet qui peut intéresser l'administration ou la conservation des bois. Les gardes dépendent de leur garde-chef et en prennent les ordres. (O. R. art. 14, 15, 27.)

« Art. 27. Les gardes-chefs et les gardes ont les mêmes obligations relativement à la surveillance des bois; ils sont également tenus :

« 1° De parcourir journellement les bois qui leur sont confiés et de constater par le moyen d'un acte spécial chaque contravention qu'ils découvrent;

« 2° De tenir un registre affolié et visé par l'inspecteur de l'arrondissement pour y transcrire régulièrement, par numéro d'ordre et par date, tous les actes par eux rédigés, sur lequel ils doivent aussi annoter le numéro de la page de ce registre sur lequel l'acte a été transcrit;

« 3° D'annoter, dans ce même registre et dans le même ordre, les assignations dont ils sont chargés;

« 4° D'y annoter également les plantes qu'ils auront trouvées arrachées par le vent ou coupées en contravention, ayant soin d'informer aussitôt l'inspecteur de l'arrondissement;

« 5° De présenter à la fin de chaque trimestre et même plus souvent, si on le leur ordonne, ce registre à l'inspecteur de l'arrondissement pour être par lui examiné et visé, après y avoir fait telles annotations qu'il jugera à propos;

« 6° D'être munis d'un livret duquel il devra résulter de toutes les visites dans les communes, ils le feront viser, lors de leur transport, par le sindic ou par un conseiller ou par le secrétaire de la commune et, à défaut de ceux-ci, par un propriétaire habitant du lieu. (C. F. art. 173. O. R. art. 24, 26.)

CHAPITRE IV. — *Dispositions générales.*

« Art. 28. Les agents de l'Administration des bois doivent toujours, dans l'exercice de leurs fonctions, être vêtus de l'habit d'uniforme qui sera déterminé. (O. R. art. 34.)

« Art. 29. Ils ne peuvent cumuler aucun autre emploi, ni exercer aucune autre sorte de profession. (C. F. art. 4. O. R. art. 31.)

« Art. 30. Il est défendu aux employés de tout grade de l'administration des bois :

« 1° De faire aucun commerce de bois ouvré ou non ouvré, soit pour leur propre compte, soit pour autrui;

« 2° De s'ingérer en aucune manière dans l'exercice de quelque manufacture, fonderie, usine, forge et autre laboratoire ou établissement dont les travaux exigent le feu, comme encore dans l'exercice de quelque scie ou autre fabrique destinée à la préparation des bois, lorsqu'elles se trouvent dans l'arrondissement des bois confiés à leur surveillance. (C. F. art. 21. O. R. art. 31, 32.)

« Art. 31. Les inspecteurs, les gardes-chefs et les gardes sont pourvus d'un marteau destiné au martelage des plantes coupées en contravention et de celles arrachées ou tombées accidentellement.

« Il est également fourni à chaque inspecteur un autre marteau pour la marque des plantes de réserve et de limite, dont il sera fait mention au titre III du présent Règlement.

«L'inspecteur sera, en outre, pourvu d'un marteau destiné à marquer les plantes vendues dans les coupes qui doivent s'exécuter sur des plantes choisies. La forme et l'empreinte de ces marteaux seront déterminées par l'administration sous l'approbation de la Royale Secrétairerie d'État pour les affaires de l'Intérieur. (C. F. art. 7. O. R. art. 36, 37.)

«Art. 32. Les employés de l'administration des bois ne peuvent être destitués que par l'autorité chargée de leur nomination. (O. R. art. 38.)

«Art. 33. Ils ne peuvent être suspendus de l'exercice de leurs fonctions que pour des causes graves, savoir : les inspecteurs par le premier secrétaire d'État pour les affaires de l'intérieur ; les gardes-chefs et les gardes par l'intendant général de l'administration de l'Intérieur et par l'intendant de la province. L'autorité qui a prononcé la suspension des gardes-chefs et des gardes doit en faire immédiatement rapport pour les dispositions ultérieures. (O. R. art. 38.)

«Art. 34. Dans le cas de suspension, l'employé peut être privé de la moitié de son traitement pendant sa durée. (D. 9 novembre 1853.)

«Art. 35. Il est défendu aux employés de l'administration des bois de s'éloigner sans permission du lieu de leur destination, sous peine de destitution. Les permis d'absence sont accordés aux inspecteurs par l'intendant général de l'administration de l'intérieur ; aux gardes-chefs et aux gardes par l'intendant de la province. (D. 9 juin 1853. art. 17. Arr. min. 25 avril 1854.)

«Art. 36. Toutes les fois que l'employé dépasse le terme fixé par la permission, sans en avoir obtenu la prorogation, il est privé de son traitement depuis l'échéance du terme jusqu'au jour auquel il sera rendu à son poste. (D. 9 juin 1853, art. 17.)

«Art. 37. Le traitement des inspecteurs est payé par trimestre; celui des gardes-chefs et des gardes pourra leur être payé à la fin de chaque mois.

«Art. 38. Lorsque les agents de l'administration des bois seront commis par les tribunaux pour se transporter dans l'intérêt des particuliers, il leur sera alloué une indemnité pour chaque jour, fixée de la manière suivante : aux inspecteurs. 8 livres; aux gardes-chefs, 4 livres; aux gardes, 2 livres. Le payement sera ordonnancé par les tribunaux dans les formes ordinaires. (Pr. Civ. art. 319.)

«Art. 39. Tout garde ou garde-chef qui néglige de constater régulièrement les contraventions dont il a eu connaissance sera puni, suivant le cas, par la suspension ou même par la destitution. (C. F. art. 6.)

TITRE III. — *DE L'ADMINISTRATION DES BOIS SPÉCIALEMENT SOUMIS AU RÉGIME FORESTIER.*

CHAPITRE I. - *De la description des bois.*

«Art. 40. — Les bois indiqués à l'article 2 du présent Règlement seront décrits dans un registre spécial qui sera tenu à chaque bureau d'inspection. (O. R. art. 128.)

«Art. 41. Cette description sera puisée dans les consignations qui ont été faites en exécution du Règlement approuvé par les Royales Patentes du 15 octobre 1822, après que les inspecteurs en auront vérifié l'exactitude dans leur tournée, afin de suppléer aux erreurs ou omissions qu'elles pourraient présenter.

« Art. 42. Les possesseurs et les usufruitiers de bois, les conseils de communes et, en particulier, les secrétaires et teneurs de cadastre devront fournir toutes les indications qu'il est en leur pouvoir de donner et qu'on pourra leur demander.

« Art. 43. Au nombre des indications qui peuvent être requises par les agents de l'administration des bois est comprise la vision des mappes existantes sans que, cependant, on puisse, en cela, prescrire ni la formation de mappes nouvelles, ni l'expédition de copies de celle que l'on a , ni aucune mesure des bois, à moins qu'elle ne soit ordonnée à l'occasion des ventes de coupes ou par autorité de justice.

« Art. 44. Les variations qui surviendraient dans la suite en augmentation ou en diminution de la surface boisée sont annotées sur ce registre ci-dessus désigné et les agents pourront, à ces fins, demander les indications nécessaires.

« Art. 45. Chaque fois que les tribunaux ou les bureaux d'intendance auront besoin de consulter ce registre, l'inspecteur devra le leur présenter et même leur en expédier des extraits. Il n'est dû aucune indemnité pour semblable travail. (O. 10 mars 1831, art. 2.)

CHAPITRE II. — *De la division des bois en assiettes et des réserves.*

« Art. 46. Les bois taillis devront être divisés en assiettes, s'ils en sont susceptibles. Cette division devra être faite dans le terme de 5 ans à dater de la publication du présent; elle sera proposée et approuvée de la manière prescrite par les articles suivants. (C. F. art. 15, 90. O. R. art. 67 à 69.)

« Art. 47. Les administrateurs et possesseurs de bois ou les personnes agissant à leur nom font connaître au bureau de l'intendance de la province le mode et la répartition suivie par le passé dans la coupe des bois taillis; ils indiquent les divisions qu'ils croiraient plus convenable d'établir à l'avenir pour le règlement des coupes et le temps dans lequel on devrait les effectuer. (O. R. art. 135.)

« Art. 48. S'il s'agit de bois indivis ou soumis à quelque droit d'usage en faveur du public, l'intendant fait publier la répartition proposée afin de recevoir dans le terme par lui fixé les oppositions qu'on pourrait y faire. (C. F. art. 113, 115.)

« Art. 49. L'intendant transmet ensuite toutes les pièces à l'inspecteur de l'arrondissement pour son avis.

« Art. 50. Après avoir reçu l'avis de l'inspecteur, l'intendant approuve par son décret l'établissement de la division par assiettes, en statuant sur les oppositions qui auraient été faites. pourvu qu'il ne s'agisse pas de prononcer sur l'existence de droits d'usage ou de propriété, ce qui est réservé à la connaissance du tribunal compétent. (C. F. art. 15, 182.)

« Art. 51. Copie du décret de l'intendant relatif à la division en assiettes est transmise à l'avocat fiscal qui en fait le dépôt dans les archives du tribunal de judicature-maje, afin d'y avoir recours au besoin.

« Art. 52. Après que cette division en assiettes aura été déterminée, l'on devra observer les mêmes formalités ci-dessus prescrites relativement aux variations que l'on serait dans le cas d'y faire. (C.F. art. 15. 90.)

« ART. 53. La coupe des bois taillis devra s'exécuter suivant l'ordre établi par la division en assiettes et l'on ne pourra y faire aucune variation sans y être dûment autorisé, sous peine d'une amende de 60 livres par chaque hectare de bois que l'on aura coupé. (C.F. art. 17. O.R. art. 73, 74.)

« ART. 54. Lors de chaque coupe de bois taillis, on devra, quand la nature du bois le permettra, mettre en réserve le nombre de plantes qui sera déterminé dans la division en assiettes. (O.R. art. 70, 73. 74, 78, 137.)

« ART. 55. L'époque à laquelle on pourra couper les bois taillis qui ne seront pas susceptibles de division en assiettes sera déterminé par les administrations et par les possesseurs, en suite de la déclaration faite à l'intendant de la province. (O.R. art. 73.)

CHAPITRE III. — *Des plantes de haute futaie et de l'extraction de la résine.*

« ART. 56. On ne peut couper aucune plante de haute futaie dans les bois désignés aux n°s 1, 2 et 3 de l'article 2 sans une autorisation spéciale de l'administration à laquelle ils appartiennent et cette autorisation est enregistrée au bureau de l'intendance.

Avant d'autoriser la coupe des plantes de haute futaie, cette administration ou ceux qui agissent à son nom en doivent faire part à l'intendant de la province qui leur fera connaître si cette coupe est convenable ou non. (C.F. art. 16, 90, 102, O.R. art. 141, 142.)

« ART. 57. Pour la coupe des plantes de haute futaie dans les bois indiqués aux n°s 4 et 5 de l'article 2. l'administration à qui ces bois appartiennent en fait la demande à l'intendant de la province qui donne les provisions nécessaires. (C.F. art. 16. 90.)

« ART. 58. On ne coupera point les plantes de haute futaie existantes dans les bois avant qu'elles soient parvenues à maturité. Dans les cas cependant de besoin ou d'utilité évidente, les administrations, pour ce qui concerne les bois mentionnés aux n°s 1. 2 et 3, et l'intendant de la province relativement à ceux indiqués aux n°s 4 et 5 de l'article 2. pourront permettre la coupe de plantes de haute futaie avant leur maturité, en observant les formalités prescrites dans les deux articles qui précèdent. (O.R. art. 123. 146.)

« ART. 59. Dans les cas d'urgence, le syndic de la commune dans laquelle le bois est situé peut permettre la coupe des plantes qui sont indispensables à l'usage pour lequel la demande lui a été proposée et justifiée. Mais. dans ce cas, le syndic doit, sans retard, donner connaissance à l'intendant du permis qu'il a accordé et des motifs qui l'ont déterminé. (O.R. art. 123, 146. D°n min. 11 déc. 1813.)

« ART. 60. Si le permis du syndic lui était surpris avec mauvaise foi, à l'aide d'intrigues et de manœuvres illicites. l'on n'aura aucun égard au permis ainsi surpris et le ·coupable sera puni comme s'il ne l'avait pas obtenu, sans préjudice des peines plus fortes qui peuvent lui être applicables.

« ART. 61. Les formalités prescrites aux articles 56 et 57 pour la coupe des plantes de haute futaie devront être également observées lorsqu'il s'agira de permettre d'enlever

3 ,.

l'écorce et d'extraire la résine et la térébenthine des arbres qui ne doivent pas être abattus. (C.R. art. 36, 192, 196, 201.)

«ART. 62. Tout fermier, agent ou commis des administrations auxquelles appartiennent les bois mentionnés à l'article 2 qui se permettrait d'y couper des plantes de haute futaie ou de pratiquer à quelques-unes de ces plantes des trous ou des incisions pour en extraire la résine ou la térébenthine ou de les dépouiller de l'écorce, sans en avoir obtenu la permission requise, encourra une amende égale à la moitié de celle fixée par l'article 162 lorsque celle-ci ne sera pas applicable. Si les plantes coupées ou endommagées sont des plantes de réserve ou de limite, l'amende sera celle établie audit article 162 sans préjudice de la disposition renfermée dans l'article 73. (C.F. art. 36, 192, 196, 201.)

Chapitre IV. - *De la vente et de la coupe des bois.*

Section I. — Formalités à observer dans les ventes.

«ART. 63. Dans tous les cas où il s'agit de procéder soit par la voie des enchères, soit par convention particulière, à la vente des coupes, l'on devra, au préalable, déterminer d'une manière précise la quantité et la qualité des bois compris dans la coupe. (O.R. art. 77, 81, 84, 85.)

«ART. 64. La publication des avis d'enchères ainsi que les actes d'adjudication et de caution ont lieu suivant les formes prescrites par les lois en vigueur. (C.F. art. 17, 19. O.R. art. 85.)

«ART. 65. Toute contestation sur l'admission des enchérisseurs et sur la solvabilité et l'acceptation de la caution sera décidée sur-le-champ par l'autorité par devant laquelle l'enchère aura lieu. (C.F. art. 20.)

«ART. 66. La caution fournie s'étendra non seulement au prix de vente, mais encore aux dommages et aux amendes auxquelles l'adjudicataire pourra être tenu par suite de son contrat. (C.F. art. 28, 46.)

«ART. 67. Quiconque sera convaincu de manœuvres pour nuire au succès des enchères, quoiqu'il ne se serait pas rendu adjudicataire, sera tenu à la réparation des dommages. L'adjudication faite en faveur d'un ou plusieurs coupables de pareilles manœuvres sera déclarée nulle et l'on procédera à de nouvelles enchères à leurs risques et dépens, sans qu'aucun d'eux puisse y être admis. Mais lorsque les manœuvres qui auront eu lieu ne seront découvertes qu'après que le contrat aura reçu son exécution, de manière qu'il ne soit plus possible de reconnaître et de vérifier le dommage causé, le coupable devra payer le double du prix convenu dans le contrat et c'est indépendamment des peines encourues par les coupables aux termes des lois. (C.F. art. 22.)

«ART. 68. L'adjudicataire, avant de mettre à exécution son contrat, est tenu d'en donner copie à l'intendant de la province, ainsi que du cahier des charges, sans qu'il puisse jamais en être dispensé, à moins qu'il ne s'agisse d'actes passés dans le bureau même de l'intendant. (C.F. art. 68. O.R. art. 92.)

« Art. 69. L'intendant de la province autorise la vente des produits des bois communaux, approuve le cahier des charges et les conditions qui s'y réfèrent et détermine aussi le lieu dans lequel, suivant les circonstances, il est plus convenable d'ouvrir les enchères, en prenant toujours l'avis de l'inspecteur de l'arrondissement. (C. F. art. 16. O. R. art. 7, 9°; 82.)

« Art. 70. Il est défendu aux employés de l'administration des bois, de quelque grade que ce soit, dans l'étendue de leurs arrondissements et districts, aux administrateurs des bois désignés à l'article 2, aux secrétaires et aux autres employés ou sergents des communes, comme aussi aux employés de l'intendance et aux percepteurs des contributions du district, de prendre aucun intérêt pour eux-mêmes ou par le moyen de personnes interposées dans les achats des bois dépendant des administrations auxquelles ils appartiennent, sous peine de la nullité de la vente, de la refusion, des dommages et des dépens et du double prix de vente, conformément à ce qui est prescrit dans l'article 67. (C. F. art. 21.)

« Art. 71. Quand la vente d'un bois taillis ou de plantes de haute futaie a été effectuée, l'on ne peut plus former aucun changement dans les conditions, sans observer les mêmes formalités qui sont prescrites pour autoriser la vente elle-même. On ne peut insérer dans le contrat de vente aucune condition ou pacte contraire à cette disposition. (C. F. art. 29.)

Section II. — Règles à observer dans les coupes.

« Art. 72. Quiconque dépasse les limites de la coupe ou le nombre des plantes dont il a fait acquisition est tenu à la réparation des dommages; et, dans le cas de mauvaise foi reconnue, il encourt, en outre, une amende deux fois plus forte que celle prescrite par les articles 162 et 165 du présent, suivant la nature de la contravention.

« Art. 73. — L'acquéreur qui couperait des arbres de confins ou ceux mis en réserve, quoiqu'ils n'auraient été réservés ou martelés que par erreur, encourt une amende du quintuple de celle déterminée par l'article 162. (C. F. art. 33, 34, 192 et suiv.)

« Art. 74. Il est permis à l'acquéreur, à moins qu'il n'en ait été fait défense expresse dans le contrat, d'extraire la résine des arbres et de les dépouiller de l'écorce avant de les abattre. S'il contrevient à la défense exprimée dans son contrat, il encourt une amende égale à la moitié de celle établie dans l'article 162. (C. F. art. 36, 196.)

« Art. 75. L'adjudicataire ou l'acquéreur répond de tous les dommages et de toutes les contraventions qui auraient lieu dans le bois par lui acquis, depuis le jour auquel la coupe aura commencé jusqu'à celui du récolement, sauf son recours contre qui de droit. (C. F. art. 46. O. R. art. 93, 99.)

« Art. 76. A l'époque à laquelle, aux termes du contrat, la coupe vendue doit être terminée, l'on procède dans les 30 jours qui suivent cette époque au récolement de la coupe, sans qu'il soit besoin que l'acquéreur fasse aucune instance à ces fins. (C. F. art. 47, al. 1.)

« Art. 77. Le récolement des coupes devra se faire par les inspecteurs ou gardes-chefs, au choix de l'intendant de la province, lorsque, pour les bois désignés aux n°ˢ 1,

2, 3 et 5 de l'article 2, il n'y aura pas été pourvu de la part des administrations ou des possesseurs, par la nomination d'un autre expert. (C. F. art. 48. O. R. art. 98.)

« Art. 78. L'adjudicataire sera averti dans les formes voulues, 5 jours à l'avance, du jour que le récolement devra avoir lieu et l'on pourra ensuite y procéder dans son absence. (C. F. art. 48.)

« Art. 79. Lorsque l'acquéreur aura demandé le récolement, s'il n'a pas lieu dans les 30 jours qui suivront sa demande, il sera, après l'expiration de ce terme, libéré de plein droit. (C. F. art. 47, al. 2.)

« Art. 80. Toute inobservation de la part de l'acquéreur de ce qui est prescrit par le contrat ou le cahier des charges le rend passible d'une amende double de la valeur des dommages qui peuvent en résulter, toutes les fois qu'il n'aura pas été établi une peine particulière. (C. F. art. 37.)

« Art. 81. L'adjudicataire ou l'acquéreur qui n'exécutera pas la coupe ou le transport des bois dans le terme fixé par le contrat encourra une amende de 10 à 200 livres, outre la réparation du dommage en faveur du propriétaire ou du possesseur des bois, à moins qu'il n'en ait obtenu la prorogation dans les formes voulues, de la part du propriétaire lui-même ou du possesseur, de concert avec l'administration des bois. (C. F. art. 39. 40. O. R. art. 96.)

« Art. 82. Il est défendu de dégarnir et arracher les souches lorsqu'il n'en a pas été donné la faculté dans le contrat, sous peine de la réparation des dommages, outre une amende de 2 à 10 livres pour chaque souche. (C. F. art. 37.)

« Art. 83. Les contestations qui pourraient naître entre les communes et les adjudicataires au sujet de l'interprétation et de l'exécution des contrats de vente des produits des bois communaux seront décidées sommairement par l'intendant de la province, sauf toujours le cas de contravention dont la connaissance appartient aux tribunaux de judicature-maje.

CHAPITRE V. — *De l'amélioration des bois.*

« Art. 84. L'inspecteur, en faisant la visite des bois de son arrondissement, propose les améliorations qu'il reconnaît plus nécessaires ou utiles et en remet un rapport détaillé à l'intendant de la province. (O. R. art. 7, 15° et 17°, 103. O. 10 mars 1831, 2°, 3°, 4°. 7°.)

« Art. 85. Ceux de ces rapports qui concernent les bois désignés sous les n°ˢ 1, 2, 3 et 5 de l'article 2 sont transmis par l'intendant aux administrations qu'ils intéressent pour que l'on adopte les mesures qui seront jugées plus convenables. Ceux relatifs aux bois communaux sont également communiqués aux administrations des communes et l'intendant détermine ensuite les améliorations à faire et le mode de leur exécution. (C. F. art. 41, 90 al. 2 et 4.)

« Art. 86. Tout terrain situé sur le sommet des montagnes ou dans des sites escarpés dans lesquels on peut craindre des éboulements ou dans les terrains déserts, marécageux ou sablonneux, spécialement sur les rives des fleuves ou des torrents, qui sera, par la suite, garni de bois, ne sera soumis à aucune augmentation de taille cadastrale. (C. F. art. 226.)

Chapitre VI. — *Des bois affectés à un service particulier pour cause d'utilité publique.*

« Art. 87. On ne peut faire aucune coupe, soit de bois taillis, soit de plantes de haute futaie, dans les bois affectés à quelque service particulier en vertu d'ordres souverains, sans en avoir, au préalable, obtenu la permission de l'intendant de la province qui ne l'accorde qu'après avoir entendu l'agent de l'administration des bois et les parties intéressées. (C. F. art. 100, 102. O. R. art. 73.)

« Art. 88. Les restrictions de même nature auxquelles on voudrait, à l'avenir, soumettre pour cause d'utilité publique les bois indiqués à l'article 2 du présent Règlement, devront toujours être autorisées par dispositions souveraines.

Chapitre VII. — *Des droits d'usage tant en faveur des communautés que des particuliers.*

Section I. — Du pâturage.

« Art. 89. Le droit de faire paître le bétail dans les bois ne peut s'exercer que dans les vides pour lesquels le pâturage aura été déclaré libre dans les formes voulues. (C. F. art. 61, 67, 112, 119, 199. O. R. art. 117, 119.)

« Art. 90. Le pâturage ne peut être déclaré libre que dans les pièces de bois seulement où les plantes ont acquis un tel degré de grosseur et de hauteur qu'elles ne peuvent plus être endommagées par le bétail. (C. F. art. 61. 67, 112. 119, 199. O. R. art. 117, 119.)

« Art. 91. Les administrations et les possesseurs des bois désignés à l'article 2 doivent indiquer à l'intendant de la province les lieux où le pâturage doit être déclaré libre; ils pourront charger les agents de l'administration des bois d'en faire la déclaration à leur nom. L'intendant de la province, après avoir pris l'avis de l'agent de l'administration, lorsque l'indication ne lui aura pas été fournie par celui-ci, détermine par son décret les sites où le pâturage est libre, en prescrivant les précautions que l'on devra suivre dans la jouissance du pâturage. (C. F. art. 67, 69, 112, 119. O. R. art. 119, 151.)

« Art. 92. Le décret de l'intendant qui renferme la désignation des sites où le pâturage est libre devra être ensuite publié et toute inobservance ou infraction des précautions qui s'y trouvent prescrites sera punie par une amende qui ne sera pas moindre de 1 livre, ni plus forte de 10 livres. (C. F. art. 76.)

« Art. 93. Quiconque fera paître dans les parties de bois où le pâturage n'aura pas été permis encourra une amende de 3 livres pour chaque bête à cornes, de 2 livres pour chaque cheval ou autre animal de trait ou de charge, de 1 livre pour chaque porc et de 0 livre 50 pour chaque brebis ou mouton. L'amende sera double si on a fait paître dans les bois où il ne s'est pas encore écoulé trois ans depuis la dernière coupe ou dans ceux qui ont été replantés ou nouvellement formés depuis moins de six ans. (C. F. art. 199.)

«Art. 94. En cas de récidive, l'amende est toujours du double de celle fixée à l'article précédent. (C. F. art. 201.)

«Art. 95. Lorsque, dans quelque bois, les coupes auront été faites de telle manière que le bois ait besoin d'être nouvellement semé ou planté, le pâturage sera restreint à la portion du bois qui en sera susceptible, sauf aux usagers telle indemnité que de droit. (C. F. art. 65, 112, 119.)

Section II. — Des concessions.

«Art. 96. Ceux qui ont le droit de prendre leur bois d'affouage ou des plantes de haute futaie dans les bois mentionnés à l'article 2 en adresseront leur demande à l'intendant de la province qui devra les communiquer aux administrations ou possesseurs auxquels les bois appartiennent pour leurs délibérations sur les sites qui devront être désignés pour la coupe dont il s'agit.

L'intendant de la province, après avoir reçu cette indication et pris l'avis de l'agent de l'administration des bois, donne les provisions requises en ayant égard aux usages et aux coutumes locales qui ne seraient pas contraires aux dispositions du présent Règlement et en prescrivant, en outre, les précautions que l'on devra suivre en exécutant la coupe. (C. F. art. 79, 81, 112, 120; O. R. art. 123.)

«Art. 97. Les concessionnaires devront, en effectuant la coupe du bois d'affouage ou des plantes de haute futaie, se conformer à toutes les conditions et mesures prescrites par le décret de l'intendant, sous peine des mêmes amendes qui ont été établies contre les adjudicataires des coupes de bois à la section II, chapitre IV, du présent titre. (C. F. art. 82.)

«Art. 98. Celui qui sera convaincu d'avoir vendu hors de la commune le bois ou les plantes de haute futaie qui lui auront été concédées gratuitement encourra l'amende du double de la valeur du bois ou des plantes, à moins qu'il n'existe dans la commune quelque usage contraire. (C. F. art. 83.)

«Art. 99. Il est facultatif à toutes les administrations désignées à l'article 2 d'affranchir leurs bois de l'obligation de fournir des bois de chauffage ou de travail en cédant, en propriété, aux ayants droit, une partie de leurs dits bois. (C. F. art. 63, 112.) Cette faculté ne sera jamais invoquée de la part des usagers.

«Art. 100. Lorsque, dans le cas prévu à l'article précédent, les administrations y désignées ne pourront pas convenir de gré à gré avec les usagers sur la portion du bois qui devrait leur être cédée, elle sera déterminée par le tribunal compétent. Les affaires de ce genre seront décidées sommairement et toujours après avoir pris l'avis de l'agent de l'administration des bois. (C. F. art. 63, O. R. art. 112 à 115.)

«Art. 101. Ceux qui auront droit de ramasser dans les bois les feuilles vertes ou sèches, les glands ou autres semences, l'herbe, les bruyères, les genêts, les chablis ou arbustes, ne pourront exercer ce droit qu'en se conformant aux mesures qui pourront être prescrites par l'intendant de la province, suivant ce qui se trouve établi dans l'article 96 relativement aux concessions de bois d'affouage. Les contraventions à cet article seront punies des peines portées à l'article 169. (C. F. art. 57, 79, 85.)

CHAPITRE VIII. — *Prohibitions diverses.*

«ART. 102. Il est défendu de faire des excavations dans les bois pour en extraire de la terre, des pierres, du gravier ou du sable, ou pour y ramasser des gazons ou mottes de terre, sans en avoir obtenu l'autorisation de l'intendant de la province qui ne l'accordera que dans le cas seulement où il n'y aura pas de danger de nuire à la conservation du terrain boisé. (C. F. art. 144, O. R. art. 169.)

«ART. 103. L'agent de l'administration des bois qui sera délégué par l'intendant vérifiera, de concert avec le possesseur du bois, les sites dans lesquels on demande de creuser et marquera les plantes qui devraient être coupées pour exécuter ces opérations. Si les matériaux à extraire sont destinés pour quelques travaux publics, la personne chargée de l'exécution de ces travaux auxquels les dits matériaux doivent être employés assistera également à cette visite. (C. F. art. 145, O. R. art. 170 à 172.)

«ART. 104. Lorsque la permission de faire des excavations dans les bois n'aura été accordée que pour extraire seulement des gazons ou autres matériaux destinés à l'exécution de quelques travaux publics, et si l'adjudicataire ou autre personne chargée de ces travaux faisait un emploi différent de celui pour lequel la permission aura été accordée, sans y être spécialement autorisé, il encourra une amende du triple de la valeur des matériaux extraits. (C. F. art. 144, O. R. art. 173.)

«ART. 105. Celui qui fera des excavations ou prendra des gazons ou mottes de terre dans les bois, sans y être dûment autorisé, encourra une amende de 2 à 10 livres pour chaque voiture ou pour chaque charge de bête de somme ou pour chaque charge à dos d'homme, outre la confiscation des outils ou autres objets servant au transport et la réparation des dommages envers qui de droit. (C. F. art. 144, 202.)

«ART. 106. On ne pourra établir des charbonnières dans les bois, si ce n'est dans les lieux qui seront à cet effet désignés par l'administration propriétaire ou par le possesseur, après avoir pris l'avis de l'agent de l'administration des bois et sous telles précautions que l'on jugera convenables. L'adjudicataire ou tout autre personne qui contreviendrait à cette disposition encourra une amende de 40 à 100 livres pour chaque charbonnière en contravention. (C. F. art. 38, 42, 148.)

«ART. 107. On ne pourra non plus construire des maisons ou habitations, baraques, hangars, cabanes et autres semblables abris si ce n'est dans les lieux et avec les précautions indiquées dans les contrats qui auront été passés et avec le permis préalable de l'administration ou du possesseur du bois qui devra en faire part à l'intendant de la province. Les contrevenants aux dispositions du présent article encourront l'amende de 40 à 200 livres et seront obligés de détruire les travaux qu'ils auront faits et de rétablir les choses dans leur état primitif dans le terme qui leur sera fixé dans la sentence de condamnation. (C. F. art. 152, 153; O. R. art. 177 à 179.)

«ART. 108. Il est défendu à l'adjudicataire, acquéreur ou concessionnaire d'une coupe quelconque d'y mettre la main sans la permission spéciale du possesseur, sous peine de l'amende de 5 à 50 livres. (C. F. art. 30, 90 al. 3.; O. R. art. 92.)

«ART. 109. Il est défendu de faire paître les chèvres dans les bois, sous peine de 1 livre pour chaque chèvre et du double, en cas de récidive, outre la réparation des dommages envers qui de droit. On autorisera le pâturage des chèvres sur les bois communaux dans les territoires seulement où la rareté du pâturage, le peu de valeur du bois, comme encore la nature et l'âge des bois pourront conseiller quelque exception aux dispositions du présent article. (C. F. art. 78, 110, 120.)

« Art. 110. La permission de faire paître les chèvres dans les bois communaux sera donnée par l'intendant de la province avec l'autorisation de la Royale Secrétairerie d'État pour les affaires de l'Intérieur et l'on y indiquera le rayon du terrain dans lequel le pâturage pourra avoir lieu, le nombre des chèvres (qui sera fixé et déterminé, au besoin pour chaque famille), la durée du temps pour lequel cette permission sera accordée et toutes les autres précautions qui seront jugées convenables pour prévenir tous dommages.

« Art. 111. Cette permission sera publiée dans les lieux et de la manière accoutumée et toute contravention à icelle sera punie comme à l'article 109.

« Art. 112. Les chèvres admises au pâturage qui leur aura été réservé dans les bois communaux seront soumises à une taxe en faveur de la commune, sous l'approbation de l'intendant de la province. Cette taxe sera toujours le double de celle qui pourrait être établie dans la même commune pour le pâturage des brebis et des moutons.

CHAPITRE IX. — Des bois indivis.

« Art. 113. Les bois indivis désignés au numéro 6 de l'article 2 du présent Règlement sont régis par les mêmes règles qui sont établies pour les autres bois appartenant à l'administration, à la corporation ou possesseur avec lesquels il y a communauté de droits. (C. F. art. 113, O. R. art. 147.)

TITRE IV. — DISPOSITIONS SPÉCIALES POUR LES BOIS DES PARTICULIERS.

« Art. 114. Les opérations qui sont prohibées par le présent Règlement relativement aux bois qui sont soumis à la surveillance de l'administration sont également défendues pour les bois des particuliers lorsqu'elles ne sont pas exécutées avec le consentement du propriétaire. Il est, en conséquence, du devoir des employés de l'administration d'exercer aussi leur surveillance sur ces bois et de procéder à la constatation des contraventions qui s'y commettraient.

« Art. 115. L'administration des bois doit former par le moyen des inspecteurs un registre sommaire des bois de propriété particulière, en y réunissant les consignes qui ont été faites par les possesseurs en exécution du Règlement approuvé par les Lettres Patentes du 15 octobre 1822. On devra, à cette occasion, exécuter toutes les rectifications qui seraient nécessaires et les administrations communales devront fournir aux inspecteurs toutes les indications dont ils auraient besoin.

« Cet état sommaire devra rester public pendant quinze jours à la salle des assemblées de commune, afin que chacun puisse l'examiner. L'intendant de la province statue sur les oppositions, après avoir entendu les parties intéressées, sans frais d'expertise ou autres à la charge des possesseurs. Mais s'il s'élève quelque question de propriété, il devra renvoyer l'affaire par devant le tribunal ordinaire.

«Art. 116. Il est permis aux particuliers d'établir dans leurs bois des charbonnières ou des séchoirs, comme aussi d'y construire des maisons ou habitations, des baraques, des hangars, des cabanes et autres abris, dans les lieux qu'ils jugeront le plus convenables; bien entendu qu'ils seront toujours responsables des dommages qui pourront en résulter, nonobstant toute convention ou pacte à ce contraire. Les propriétaires voisins ont toutefois le droit de mettre en opposition à ce qu'il soit établi des charbonnières dans des lieux où elles pourraient occasionner des dommages à leurs propriétés. Les constestations relatives à ce sujet seront décidées par le tribunal compétent. (C. F. art. 148.)

«Art. 117. Il est facultatif aux particuliers d'invoquer en leur faveur les dispositions contenues dans le chapitre VII, titre III, pour l'exercice des droits d'usage auxquels leurs bois se trouveraient assujettis. Les contestations qui pourraient s'élever, tant sur l'existence du droit que relativement à son exercice, seront toutes décidées par les tribunaux. (C. F. art. 120, 121.)

«Art. 118. Les exemptions établies à l'article 86 sont également applicables aux bois des particuliers. (C. F. art. 226.)

«Art. 119. Indépendamment de l'autorisation qui pourra être accordée, aux termes de l'article 109, il est réservé aux particuliers le droit de tenir le nombre de chèvres qu'ils justifieront auprès du conseil municipal pouvoir entretenir avec les pâturages existants dans leurs bois ou sur les autres terrains de leurs propriétés privées, lorsque la disposition des bans champêtres n'y mettra pas obstacle. (C. F. art. 119.)

«Art. 120. Les particuliers ont la faculté d'établir des gardes particuliers pour la garde de leurs bois; ces gardes ne peuvent cependant être nommés sans l'approbation de l'intendant de la province. (C. F. art. 117 al. 1, O. R. art. 150.)

«Art. 121. L'intendant pourra, après avoir entendu le propriétaire, suspendre et même renvoyer définitivement ceux de ces gardes qui se seraient rendus indignes par leur conduite de l'approbation qu'ils avaient obtenue.

«Art. 122. Les gardes particuliers ne peuvent point porter l'habit d'uniforme établi pour les gardes des bois soumis à la surveillance particulière de l'administration, mais ils doivent porter un signe distinctif dont la forme et la couleur seront déterminés. (C. F. art. 259.)

«Art. 123. Avant d'entrer en fonctions, les gardes particuliers doivent prêter serment devant le tribunal de judicature-maje de la province et obtenir le permis de port d'armes. (C. P. art. 117, al. 2.) ,

«Art. 124. Les gardes particuliers ne peuvent pas exercer leur surveillance au delà des bois qui auront été confiés à leur garde dans l'acte de leur nomination. Ils peuvent toutefois faire encore le service des gardes champêtres jurés, à la teneur des lois en vigueur. Il est également permis à un seul garde particulier de servir à plusieurs propriétaires, pourvu qu'il en soit fait mention dans l'acte de sa nomination ou par d'autres commissions subséquentes qui sont également approuvées par l'intendant de la province.

CHAPITRE I. — *Des terrains réservés.*

«ART. 125. Pour prévenir la chute des masses de neige, les avalanches, les éboulements, les descentes et les dénudations de terrains et les corrosions qui sont causés par les fleuves, torrents, ruisseaux et les ravins, particulièrement près des habitations, sont déclarés mis en réserve et soumis à des prohibitions spéciales à qui qu'ils appartiennent et sans exception aucune :

«1° Les terrains boisés de toute espèce, lors même qu'ils seraient d'une superficie moindre de 1,000 mètres carrés;

«2° Les terrains incultes, stériles ou en broussailles, lorsqu'ils ne portent point d'arbres;

«3° Les terrains cultivés ou non cultivés ou en nature de pré, dans lesquels il se trouve des plantes de bois, bien qu'isolées, lorsque, par les motifs ci-dessus exprimés, il y a lieu de soumettre ces fonds à une prohibition spéciale. (C. F. art. 91, 220, 224.)

«ART. 126. L'intendant fera publier dans chaque commune un état des terrains actuellement réservés ou par des dispositions spéciales ou par suite d'une coutume ancienne; et, sur la demande des particuliers et même d'office, il fera successivement, le cas échéant, reconnaître par la voie des agents de l'administration des forêts et même par les employés du génie civil quels sont les autres terrains qui, d'après les dispositions de l'article précédent, doivent être mis au nombre des terrains réservés et, comme tels, ajoutés à l'état ci-dessus mentionné.

«ART. 127. Le rapport qui sera fait à l'intendant, ensuite des reconnaissances qu'il aura prescrites, sera communiqué aux administrations communales; celles-ci devront le faire publier avec leurs observations pendant trois jours consécutifs de fête ou de marché. Quinze jours après la dernière publication, on transmettra à l'intendant toutes les pièces ainsi que les observations et oppositions qui auront été présentées par le propriétaire ou par tous autres possesseurs du terrain qui aura été désigné pour être mis en réserve.

«ART. 128. Lorsque les formalités ci-dessus auront été remplies et que les oppositions auront été résolues, l'intendant déclarera spécifiquement par une ordonnance les terrains mis en réserve. Cette ordonnance sera publiée pendant trois jours de fête ou de marché dans la commune où les terrains réservés sont situés; une copie en sera expédiée à l'inspecteur de l'arrondissement. Un tableau des terrains réservés sera exposé dans le bureau de l'intendant de la province, dans celui de l'administration des forêts et dans les salles des communes.

«ART. 129. Aucun terrain réservé ne pourra cesser de l'être ou être rayé du tableau sans une ordonnance spéciale de l'intendant de la province. Cette ordonnance ne pourra être rendue qu'après une délibération favorable du conseil municipal qui devra être publiée de la manière ci-devant prescrite par les articles 127, 128 et après avoir entendu l'ingénieur ou l'inspecteur de l'arrondissement. En cas de divergence d'opinion, l'intendant, avant de statuer, transmettra toutes les pièces avec son avis motivé au bureau de l'administration de l'Intérieur pour les provisions convenables.

« ART. 130. Il est défendu de déraciner et de couper dans les terrains réservés aucune plante, qu'elle soit broussaille ou arbuste; il est aussi défendu d'y pratiquer aucune excavation ou travaux sans avoir obtenu une permission spéciale de l'intendant de la province et sans se conformer aux conditions et aux mesures de sûreté qui seront par lui prescrites, après avoir entendu le conseil municipal, l'agent de l'administration forestière et, au besoin, l'officier du génie civil. Quiconque ne se conformera pas à ces dispositions ou exercera quelqu'un des actes ci-dessus indiqués, sans y être dûment autorisé, sera puni d'une amende de 3 à 300 livres, suivant les circonstances; il encourra, en outre, la perte des bois, des matériaux et des autres objets et il sera tenu d'exécuter tous les travaux qui seront reconnus nécessaires pour prévenir les dommages qui peuvent en résulter.

CHAPITRE II. — *De l'essartage et des défrichements.*

« ART. 131. Il est défendu à tout propriétaire, possesseur, administrateur ou usufruitier, encore qu'il soit de condition privée, de pratiquer sans autorisation préalable aucun défrichement pour mettre un terrain boisé en culture ou pour en disposer de toute autre manière, cette autorisation ne sera jamais accordée si le terrain en question, quoique non réservé, se trouve dans une situation tellement rapide qu'elle puisse faire craindre quelque dommage.

« Cependant la défense ci-dessus ne sera pas applicable à celui qui, après la publication du présent Règlement, aurait volontairement converti en bois un terrain, si ce n'est après le laps de temps de vingt ans à courir dès l'époque où sa plantation ou semis aura eu lieu. Ne sont point compris dans ladite défense les terrains entièrement plantés de diverses espèces de peupliers, de saules et d'aunes, lorsqu'ils ne se trouvent pas de la nature de ceux mentionnés en l'article 125 ; sont particulièrement exceptés les terrains non réservés qui, à raison de leur qualité ou qui, d'après l'usage des lieux, sont soumis à des assolements alternatifs et qu'on a coutume de laisser en jachère pour être rendus de nouveau à la culture. (C. F. art. 91, 219, 220, 224.)

« ART. 132. La permission de défricher les autres bois non compris dans les exceptions contenues en l'article précédent sera accordée par la Royale Secrétairerie d'État pour les affaires internes en suite des ordres de S. M. (O. R. art. 197.)

« ART. 133. Les demandes pour être autorisé à essarter et défricher un terrain seront présentées à l'intendant de la province; elles devront indiquer le territoire sur lequel le fonds est situé, le mas, le numéro de la mappe dans les lieux cadastrés et ses attenances ou confins. Les demandes seront communiquées à l'administration de la commune où le bois se trouve situé; le sindic en fera faire la publication et les soumettra au conseil pour ses délibérations. (C. F. art. 219, O. R. art. 192.)

« ART. 134. Ces demandes seront successivement transmises par l'intendant à l'inspecteur de l'arrondissement pour avoir son avis et fournir les observations qu'il jugera convenables. (O. R. art. 192, al. 2.)

«Art. 135. L'intendant de la province émettra son avis sur chaque demande et la transmettra à l'administration de l'Intérieur, laquelle en référera à la Secrétairerie d'État pour les affaires de l'Intérieur. (C. F. art. 219, O. R. art. 196.)

«Art. 136. L'autorisation d'essarter ou de défricher un terrain boisé, avant d'être délivrée au titulaire, sera enregistrée d'office dans les bureaux de l'administration de l'Intérieur et dans ceux de l'intendance de la province, celle-ci devra en donner avis à l'agent de l'administration forestière et au sindic de la commune où se trouve le terrain à défricher.

«Art. 137. Quiconque fera essarter ou défricher un terrain sans une autorisation sera condamné à une amende calculée à raison de 100 à 300 livres par chaque hectare de bois défriché et, en outre, à replanter ou semer dans le terme d'un an, à dater de la condamnation, une surface égale à celle qui aurait été défrichée. Si le terrain défriché se trouve dans le nombre de ceux réservés, il devra être remis de nouveau en bois dans le terme ci-dessus fixé, de la manière qui sera prescrite par l'intendant de la province, sur l'avis de l'agent de l'administration forestière ou de l'officier du génie civil. (C. F. art. 91, 221.)

«Art. 138. A défaut de l'accomplissement de cette obligation dans le délai déterminé, l'intendant de la province ordonnera que la plantation ou semis soit exécuté sous la surveillance des agents de l'administration forestière, aux frais du contrevenant, lesquels seront taxés par l'intendant et recouvrés ensuite de la même manière que les contributions directes et les revenus des communes. (C. F. art. 222.)

«Art. 139. Le terrain nouvellement planté ou semé d'après les dispositions des deux articles précédents ne jouira pas de la faveur accordée par l'article 131. Il est, en outre, défendu de faire paître dans ce terrain jusqu'à ce que le pâturage ait été autorisé par l'intendant, sous peine de l'amende portée par les articles 93, 94 et 109. (C. F. art. 67, 68, 110, 112, 226.)

«Art. 140. Dans le cas où il sera nécessaire de renouveler un bois, le propriétaire qui voudra exécuter une semblable opération devra en faire la déclaration à l'intendant de la province en se soumettant à l'obligation d'opérer ce renouvellement dans un délai qui ne pourra excéder deux ans.

CHAPITRE III. — Des édifices, des feux allumés dans les bois.

«Art. 141. Il est défendu à toute personne d'allumer du feu dans les bois ou à une distance de ceux-ci moindre de 150 mètres, sous peine d'une amende de 10 à 100 livres et c'est indépendamment des peines établies contre les incendiaires. (C. F. art. 148.)

«Art. 142. Les feux d'écobuage, vulgairement appelés feux de mottes, ne peuvent être établis qu'à la distance de 15 mètres des bois d'autrui, sous peine d'une amende de 1 livre pour chaque feu. Cependant l'intendant de la province pourra permettre de les établir à une distance moindre, sans préjudice des dommages-intérêts qui pourraient avoir lieu.

«Art. 143. Lorsque l'autorisation d'essarter ou de défricher aura été légalement obtenue, l'intendant de la province, dans le cas de nécessité ou d'un avantage privé et dans l'intérêt de l'agriculture, pourra, sur l'avis préalable de l'administration forestière, permettre d'allumer des feux dans les bois ou à une distance moindre de 150 mètres, en prescrivant les précautions convenables dont l'inobservation sera punie d'une amende de 10 à 50 livres, sans préjudice des dommages-intérêts, s'il y a lieu.

Art. 144. En cas d'incendie des bois, tous les habitants, soit de la commune de la situation des bois, soit des communes voisines, sont obligés de faire tout ce qui est en leur pouvoir pour éteindre le feu, sur l'invitation des sindics et autres administrateurs. (C.F. art 149.)

« Art. 145. Aucun four à chaux, à plâtre, aucune briqueterie, tuilerie ou poterie ne pourront être établis à moins de 200 mètres des forêts, sans l'autorisation préalable de l'intendant de la province qui, avant de l'accorder, devra prendre l'avis de l'administration communale et celui de l'agent de l'administration forestière; il prescrira ensuite les conditions qu'il jugera convenables dans l'intérêt public et dans l'intérêt de la conservation des bois. (C.F. art. 151. O.R. 177, 179.)

« Art. 146. Les nouvelles fabriques de poix résine, de goudron, de noir de fumée, d'acide pyroligneux, les fours destinés à la purification de la tourbe ou du charbon fossile, les fabriques de potasse et tous les autres établissements d'un genre quelconque qui, pour leur exploitation, nécessitent l'exploitation d'une quantité considérable de bois, ne pourront être établis sans la permission de l'intendant qui ne pourra l'accorder sans y avoir été autorisé par la Royale Secrétairerie d'État pour les affaires de l'Intérieur.

« Art. 147. La contravention à la dispositions des deux articles précédents sera punie d'une amende de 50 à 200 livres et le contrevenant sera tenu à démolir aussitôt son établissement. (C.F. art. 151.)

« Art. 148. L'autorisation d'établir une usine dans le voisinage des bois ne dispensera point de remplir les autres formalités exigées pour son établissement; elle ne préjudiciera point non plus aux droits que les tiers peuvent avoir d'y former opposition. (C.R. art. 177.)

« Art. 149. Les usines et fours établis en conformité des lois en vigueur avant le présent règlement qui se trouveront à une distance des bois moindre que celle prescrite à l'article 145 pourront être maintenus et réparés, moyennant les précautions qui seront prescrites par l'intendant.

« Art. 150. Aucun bâtiment ou abri existant à une distance moindre de 500 mètres des bois ne pourra se servir de magasin pour faire le commerce des bois ou d'atelier pour les équarrir ou scier, à moins que ces édifices n'appartiennent au propriétaire même des bois qui, en ce cas, sera tenu d'en faire la déclaration à l'avance à l'intendant de la province et de se conformer aux conditions et précautions que celui-ci jugera convenable de lui prescrire. Si le magasin ou l'atelier n'est pas destiné à l'usage du propriétaire du bois on pourra, avec le consentement de celui-ci, obtenir la même autorisation de l'intendant qui, après avoir pris l'avis de l'agent de l'administration forestière et après la publication préalable de la demande, prescrira dans son ordonnance les conditions et les précautions qu'il jugera nécessaires. Les contrevenants à cet article encourront une amende de 40 à 100 livres et la perte tant des bois bruts que de ceux ouvrés. (C. F. art. 154.)

«Art. 151. Aucune scierie de bois ne pourra être établie sans autorisation spéciale de l'intendant de la province, qui, avant de l'accorder, devra faire publier la demande dans la commune où l'établissement doit se faire; il devra, en outre, prendre l'avis de l'administration communale et celui de l'inspecteur de l'arrondissement.

«Les possesseurs ou propriétaires des bois pourront cependant construire semblables établissements, lorsque l'usage sera restreint au travail des seules plantes provenant de leur propre fonds, pourvu qu'ils en fassent une déclaration préalable à l'intendant de la province, avec soumission d'observer les conditions et prescriptions qu'il jugera convenable de leur prescrire.

«Les contrevenants à la disposition de cet article encourront une amende de 50 à 200 livres et seront, en outre, tenus à la démolition de la scierie. (C. F. art. 155.)

TITRE VI. —— *DES ARBRES RÉSERVÉS POUR LE SERVICE PUBLIC,*
DE LEUR EXPORTATION HORS DES ÉTATS ET DU TRANSPORT DES BOIS PAR EAU.

CHAPITRE Iᵉʳ. — *Des arbres réservés pour le service public.*

«Art. 152. L'amirauté, l'administration de l'artillerie, des fortifications et bâtiments militaires, auront la faculté, dans les cas de nécessité absolue, de faire choisir dans tous bois, rivage ou autre terrain quelconque, sauf ceux réservés, les arbres nécessaires pour le service royal et public. Les entrepreneurs ne jouiront point de ce droit. Pour marquer ces arbres, on se servira d'un marteau dont la forme sera déterminée par un manifeste de la Chambre des Comptes; ce marteau sera déposé et gardé à l'administration économique de l'Intérieur. (C. F. art. 122. O. R. art. 192.)

«Art. 153. Les administrations qui seront dans le cas de se prévaloir du droit qui leur est réservé dans l'article précédent devront, conformément à cet article, faire constater de l'absolue nécessité et être ensuite spécialement autorisées par provision souveraine qui sera provoquée par la Royale Secrétairerie d'État pour les affaires de l'Intérieur et qui déterminera la nature des arbres à marteler, la quantité de ces arbres, le rayon dans l'étendue duquel le choix en devra être fait, ainsi que le délai dans lequel ces arbres devront être coupés. Le chef d'administration chargé du service auquel ces arbres sont destinés les fera désigner par un de ses délégués et il sera procédé ensuite au martelage par un agent de l'administration des forêts, en présence du délégué susdit et du propriétaire à qui on aura préalablement notifié les provisions souveraines. (C. F. art. 122.)

Art. 154. Après l'expiration du délai fixé dans lesdites provisions souveraines, le possesseur des arbres martelés sera libre de les faire abattre et d'en disposer à son gré, hors le cas où le délai aurait été prorogé par une détermination souveraine notifiée en temps utile. (C. F. art. 128.)

«Art. 155. Les royales provisions qui seront données en conformité des deux articles précédents 153 et 154 seront enregistrées non seulement à l'administration de l'Intérieur, mais encore à l'intendance de la province dans laquelle la coupe de bois doit avoir lieu.

«Art. 156. Lorsqu'on procédera au martelage de ces bois déclarés nécessaires, on dressera un procès-verbal contenant la quantité des arbres marqués, leur âge approximatif, leur situation et le propriétaire auquel ils appartiennent. Il sera dressé immédiatement deux copies authentiques de ce procès-verbal de l'intendant de la province, l'une pour être transmise à l'inspecteur de l'arrondissement et l'autre, après avoir été certifiée par l'intendant, sera déposée au tribunal de préfecture à la diligence de l'avocat fiscal. Un extrait authentique du même procès-verbal sera remis par l'intendant au possesseur du fonds sur lequel se trouvent les arbres martelés.

«Art. 157. La valeur des arbres, le délai dans lequel ils devront être abattus, les conditions et les termes pour le payement du prix seront convenus de gré à gré entre le propriétaire et l'administration ou son délégué. En cas de discordance entre eux, le tribunal de préfecture sur la réquisition de l'avocat fiscal nommera un expert d'office, sur le rapport duquel le même tribunal prononcera, sans autre formalité d'acte, tant sur le prix des arbres que sur les autres clauses et conditions mentionnées au précédent article et, dans ce cas, les dépens sont à la charge de la partie qui succombera. (C.F. art. 127.)

«Art. 158. Ceux qui se permettraient, avant l'expiration des délais mentionnés aux articles 153 et 154, de couper ou de faire couper plusieurs arbres martelés, en conformité de l'article 153, lors même que les formalités prescrites par l'article 156 n'auraient pas été remplies, encourront une amende de 30 livres par chaque mètre de circonférence d'arbres coupés, mesurés suivant les dispositions prescrites par l'article 162 et cela indépendamment de la peine infligée pour vol, dans le cas où le prévenu ne serait pas propriétaire. (C.F. art. 133.)

Chapitre II. — De l'exportation.

«Art. 159. L'exportation des bois hors des états de S. M., qu'ils soient bruts ou travaillés ou réduits en charbon, est permise moyennant le payement des droits de douane et l'observation des règlements qui pourront être établis sur la proposition du premier Secrétaire des Finances, concertée avec le premier Secrétaire d'État pour les affaires de l'Intérieur.

Chapitre III. — Du transport des bois par eau.

«Art. 160. Il ne pourra être effectué aucun transport de bois par eau, sur les fleuves, rivières, torrents ou ruisseaux, soit en troncs épars, soit en radeaux, sans une autorisation spéciale de l'intendant, en conformité des Règlements et dispositions existant sur la matière.

TITRE VII. — DES DÉVASTATIONS DES BOIS ET DES VOLS.

«Art. 161. Quiconque sera trouvé dans les bois d'autrui, hors des routes et chemins ordinaires, avec des voitures ou avec des animaux de charge, de trait ou autres.

encourra une amende de 5 livres pour chaque voiture et de o,5 à 2 livres pour chaque tête d'animal, si le bois a dix ans d'âge depuis la dernière coupe ou depuis la plantation ou le semis qui en a été fait; l'amende sera du double si le bois est au-dessous de cet âge. (C. F. art. 147.)

« ART. 162. Quiconque coupera ou enlèvera dans les bois d'autrui des plantes destinées à devenir arbres de haute futaie sera condamné à une amende réglée en raison de la circonférence de la plante coupée et enlevée. Cette amende sera de 1 livre pour chaque plante dont la circonférence n'excédera pas 1 décimètre et s'accroîtra progressivement de 5 centimes pour chacun des autres décimètres de circonférence, conformément au tableau des graduations annexé au présent Règlement. La circonférence de l'arbre sera mesurée à 1 mètre de hauteur du sol. (C. F. art. 192.)

« ART. 163. Si l'arbre auquel s'applique la disposition de l'article précédent a été équarri, le tour sera calculé dans la proportion de 1/5 en sus de la dimension totale des 4 faces. Dans le cas où l'arbre ne puisse être retrouvé, l'amende sera réglée par la circonférence de la souche. Lorsque l'arbre et la souche auront disparu, l'amende sera arbitrée par le tribunal d'après les documents du procès. (C. F. art. 193.)

« ART. 164. Ceux qui, dans les bois d'autrui, auront écorcé, mutilé des arbres, qui en auront coupé des principales branches, qui auront pratiqué à l'extérieur des arbres des incisions pour en extraire de la résine, de la poix ou qui les auront endommagés de manière à les faire périr, seront punis comme s'ils avaient coupé les plantes. (C. F. art. 196.)

« ART. 165. Quiconque enlèvera dans les bois d'autrui ou y coupera des plantes de bois taillis, qu'elles soient vertes ou sèches, sera condamné à une amende de 10 livres pour chaque voiture; à une amende de 5 livres pour chaque traîneau. de 3 livres pour chaque charge de bête de somme et à une amende de 1 livre pour chaque charge d'homme. (C. F. art. 194, al. 1.)

« ART. 166. Si les arbres ont été endommagés, coupés ou enlevés dans un bois nouvellement semé ou planté, l'amende sera toujours de 3 livres pour chaque plante; le contrevenant sera, en outre, condamné à la peine de la prison qui ne pourra excéder 15 jours, ni être moins de 6. (C. F. art. 194, al. 2 et 3.)

« ART. 167. Les amendes établies dans le présent chapitre seront augmentées du double, chaque fois que les contraventions auront été commises avant le lever ou après le coucher du soleil ou par le moyen d'une scie, ou que le contrevenant sera en récidive; la peine de la prison, dans ce cas, ne pourra être moindre de 15 jours. (C. F. art. 201.)

« ART. 168. Ceux qui auront déjà été condamnés pour vols commis dans les bois qui seront trouvés munis de scies, de serpes, de haches ou d'autres instruments de ce genre, hors des chemins ordinaires et sans pouvoir en donner de justes motifs, encourront une amende de 5 à 20 livres. Si les individus dont il s'agit sont trouvés portant ou conduisant du bois, bien qu'ils soient hors des bois et à une distance qui ne dépasse pas celle de 2,000 mètres, les bois pourront être mis sous le séquestre par les agents de l'administration forestière jusqu'à ce qu'il ait été justifié de leur provention. (C. F. art. 146.)

« Art. 169. Quiconque, sans en avoir le droit, recueillera dans les bois d'autrui des feuilles, des graines et autres semblables produits encourra une amende de 4 livres pour chaque voiture ou traîneau, de 1 livre pour chaque bête de somme et de o liv. 5o par chaque charge d'homme. (C. F. art. 144.)

« Art. 170. Ceux qui se permettront d'introduire des bestiaux en pâture dans les bois d'autrui, quelle que soit l'espèce de ces bestiaux, encourront une amende de o,5 à 4 livres pour chaque tête de bétail. Cette amende sera du double si les bestiaux sont trouvés dans quelque partie d'un bois taillis dont la coupe aurait eu lieu depuis moins de 3 ans ou dans un bois semé ou planté nouvellement.

« Néanmoins sont maintenues les prohibitions portées par l'article 109, relatives au pâturage des chèvres, et l'amende infligée dans ce cas pour récidive. (C. F. art. 199.)

« Art. 171. Les amendes portées au présent chapitre seront toujours prononcées indépendamment des peines corporelles auxquelles les délinquants pourraient être condamnés en conformité des lois criminelles bien que la condamnation n'emporterait pas une peine plus grande que celle de la prison et c'est encore sans préjudice des dommages-intérêts. (C. F. art. 202.)

TITRE VIII. — *DE LA PROCÉDURE, DES JUGEMENTS SUR LES CONTRAVENTIONS ET DES PRESCRIPTIONS.*

Chapitre Iᵉ. — *De la procédure.*

« Art. 172. Les employés de l'administration des forêts devront, chacun dans leur arrondissement et district, rechercher et constater toutes les contraventions au présent Règlement. (C. F. art. 160. O. R. art. 14.)

« Art. 173. A cet effet, ils dresseront sur papier libre des procès-verbaux qui énonceront : 1° le jour et le lieu de la rédaction ; 2° leurs noms, prénoms, qualités et résidence ; 3° le lieu, le jour dans lequel la contravention est commise et toutes les circonstances propres à qualifier la contravention suivant les différentes espèces, ainsi que les preuves et indices à la charge des prévenus ; 4° les interrogatoires faits aux prévenus sur leurs noms, prénoms, lieu de naissance, profession et domicile et sur les circonstances relatives à la contravention et leurs déclarations. (C. I. C. art. 16, 18. O. R. art. 181.)

« Art. 174. Les procès-verbaux sont écrits par les agents qui les dressent et signés par eux et par les contrevenants. En cas de refus de la part des contrevenants désignés par le procès-verbal, on fera constater du motif de ce refus. Dans les 24 heures de la date de ces procès-verbaux, les agents qui les auront dressés devront les affirmer par serment dans la commune où la contravention a été commise devant le juge de mandement ou son lieutenant ou même par devant le châtelain et, à défaut ou en leur absence, devant le sindic (C. F. art. 165, al. 1.)

« Si les procès-verbaux n'ont pas été écrits en entier par les agents, les fonctionnaires ci-devant désignés qui en recevront l'affirmation devront faire constater qu'ils en ont donné lecture aux dits agents et mentionner dans l'acte les motifs pour lesquels les procès-verbaux n'ont pas été écrits et signés par eux. Les procès-verbaux dressés par les inspecteurs ne sont pas soumis à l'affirmation. (C. F. art. 165, al. 2, 166.)

«Art. 175. Les agents de l'administration des forêts sont autorisés à saisir les objets dérobés ou pris en contravention, ainsi que les bestiaux, instruments qui ont servi à les commettre; les dits objets, bestiaux et instruments seront mis en séquestre et confiés à la garde d'une personne solvable; on fera conster du tout par le procès-verbal. (C. F. art. 161, al. 1.)

«Art. 176. Ils pourront aussi procéder à toute réquisition ou visite domiciliaire, toutes les fois qu'il y aura soupçon fondé que les plantes ou les bois dérobés ou coupés en contravention se trouvent cachés dans les lieux habités, mais il leur est défendu de s'introduire dans les maisons, bâtiments ou usines, dans les cours intérieures et fermées, sans être accompagnés du juge ou du commissaire de police ou du sindic ou de l'un des administrateurs de la commune. (C. F. art. 161, al. 2.)

«Le procès-verbal de perquisition devra être signé par le fonctionnaire qui y aura assisté. Les fonctionnaires ci-dessus désignés ne pourront se refuser à la réquisition qui leur sera faite par les agents de l'administration des forêts et, en cas de refus, on en fera conster par un procès-verbal spécial. (C. F. art. 162.)

«Art. 177. Les contrevenants surpris en flagrant délit, quand ils seront inconnus, pourront être arrêtés par les gardes; mais ils devront être traduits immédiatement devant le juge du mandement ou le châtelain, s'il en existe, ou devant le sindic de la commune dans laquelle la contravention a été commise, dans le cas où le châtelain ou le juge n'y résideraient pas. (C. F. art. 163.)

«Le fonctionnaire devant lequel ils seront traduits peut les faire mettre en liberté, pourvu toutefois qu'il conste de leurs nom, prénoms, domicile et de leur responsabilité ou qu'ils fournissent caution valable pour les dépens, l'amende et les dommages-intérêts.

«Art. 178. Si le contrevenant a commis en même temps un délit qui emporte la peine de la prison ou une peine plus grave, les gardes n'en dresseront point procès-verbal, mais ils dénonceront le fait au juge et traduiront devant lui le prévenu, afin qu'il soit procédé contre lui que de droit. (C. I. C. art. 16.)

«Art. 179. Les agents de l'administration des forêts peuvent, dans les cas prévus aux trois articles précédents, requérir la force publique de l'autorité compétente qui ne pourra se refuser. (C. F. art. 164.)

«Art. 180. Chaque fois qu'il y aura lieu à la saisie, suivant les dispositions de l'article 175, les dits agents déposeront dans les 24 heures, à dater de l'affirmation de leur procès-verbal au greffe du juge de mandement, afin qu'il en soit donné communication à ceux qui auraient à réclamer les objets saisis. (C. F. art. 167.)

«Art. 181. Les juges de mandement pourront ordonner la restitution des bestiaux et instruments saisis, moyennant caution de les représenter en nature ou en valeur. En cas de contestation sur la validité de la caution, le juge décidera ainsi que de droit. (C. F. art. 168.)

«Art. 182. Si, dans les 10 jours à dater du procès-verbal de saisie, les bestiaux sequestrés n'ont pas été réclamés, le juge est autorisé à en ordonner la vente aux enchères publiques, dans les formes ordinaires. La somme provenant de cette vente sera consignée au percepteur du mandement jusqu'à ce qu'il ait été statué définitivement sur la contravention par le tribunal compétent. Toutefois, on prélèvera sur la somme susdite les dépens occasionnés par la saisie et ceux des enchères, lesquels seront taxés par le juge. (C. F. art. 169).

«Art. 183. Le juge de mandement devra donner connaissance à l'agent de l'administration des forêts de la restitution des objets saisis. (O. R. art. 184.)

«Art. 184. Les procès-verbaux dressés par les inspecteurs font foi en justice pour les faits matériels relatifs aux contraventions, pourvu que dans leur rédaction on ait observé les formes prescrites par les articles 173 et 174 et qu'il n'y ait aucun motif légal de récusation contre ceux qui auront signé le procès-verbal; toutefois le prévenu sera admis à la preuve contraire. (C. F. art. 176 à 178.)

«Art. 185. Les procès-verbaux dressés par les gardes-chefs et les gardes suivant les formalités requises feront aussi pleine foi en justice, d'après les dispositions de l'article précédent quand l'amende n'excédera pas 100 livres, sauf la preuve contraire. (C. F. art. 176 à 178.)

«Art. 186. Si le procès-verbal est dressé contre différentes personnes prévenues de différentes contraventions commises séparément, il aura la même force que celle établie dans le précédent article pour chaque contravention qui n'emporterait pas une amende excédant 100 livres, quelle que soit d'ailleurs la somme à laquelle pourrait monter le total des amendes encourues en raison du nombre des contraventions. (C. F. art. 181.)

«Art. 187. Les procès-verbaux qui, par défaut de formalités requises, ne feraient pas foi ou preuve suffisante, pourront être corroborés au moyen d'autres preuves légales. (C. F. art. 175, 178.)

«Art. 188. Les procès-verbaux devront être transmis par ceux qui les auront dressés et, au plus tard. le troisième jour après leur affirmation à l'inspecteur de l'arrondissement. Celui-ci les transmettra sans retard avec ses observations au juge du mandement ou à l'avocat fiscal près le tribunal compétent en se conformant aux dispositions indiquées ci-après. (C. I. C. art. 18.)

«Art. 189. Le juge ou celui qui, aux termes de l'article 174, aura reçu l'affirmation du procès-verbal de l'agent de l'administration des forêts devra, dans les 10 jours qui suivront, en donner avis à l'avocat fiscal près le tribunal compétent.

«Art. 190. Les assesseurs instructeurs ou les juges de mandement à qui on aura dénoncé ou qui auront connaissance de quelque contravention devront, d'office, prendre les informations nécessaires et procéder. en conséquence, à constater les faits dénoncés et à découvrir les coupables. Les informations terminées, ils devront aussitôt les transmettre à l'avocat fiscal et celui-ci fera telles réquisitions qu'il jugera convenables. (C. I. C. art. 16, 17. 22, 48, 49. 61.)

«Art. 191. Lorsque, d'après l'examen des procès-verbaux, des actes et des informations, l'avocat fiscal reconnaîtra que le fait n'est pas qualifié de contravention par la loi ou qu'il n'existe aucune preuve ni indice pour poursuivre ou enfin que la cause est de la compétence du juge de mandement ou d'un autre tribunal, l'assesseur-instructeur, sur les conclusions du dit avocat fiscal, fera son rapport au tribunal lequel, en audience privée, statuera comme de raison et de justice. (C. I. C. art. 127 à 133.)

« Art. 192. Les dispositions contenues dans les articles 173 à 182, 185 à 187, 190 à 258, ainsi que les formes de procédure et de jugement déterminées dans le chapitre suivant sont encore applicables aux délits et aux contraventions constatées par les gardes champêtres, les sergents des communes et par les gardes des particuliers. Les procès-verbaux dressés par ces derniers seront, après leur affirmation, transmis dans le délai indiqué à l'article 188 au juge de mandement ou à l'avocat fiscal, suivant la compétence.

Chapitre II.   Des jugements.

Section I. — Dispositions générales.

« Art. 193. Les juges de mandement connaîtront de toutes les contraventions au présent règlement qui n'emporteront pas une amende excédant 50 livres, quelles que soient d'ailleurs la valeur des objets saisis et la somme demandée à titre de dommages. (C. F. art. 171. C. I. C. art. 137, 179.)

« Art. 194. Sont attribuées à la connaissance des tribunaux de préfecture les contraventions qui excèdent la compétence des juges de mandement.

« Art. 195. Les employés de l'Administration des forêts prévenus de malversations, de concussion ou d'autres délits dans l'exercice de leurs fonctions seront soumis à la juridiction de la Chambre des comptes. (C. F. art. 186. C. I. C. art. 479, 483.)

« Art. 196. Sont maintenues les juridictions spéciales appartenant au conseil juridique de la Religion et ordres des SS. Maurice et Lazare, ainsi qu'à la conservation des chasses royales et, à cette fin, les juges de mandement et les tribunaux de préfecture procéderont et jugeront dans ce cas comme délégués.

Section II. — De la procédure devant les juges de mandement.

« Art. 197. Les juges de mandement procéderont sommairement sur les contraventions qui sont de leur compétence.

« Art. 198. Avant le jugement et sur l'instance des demandeurs ou du procureur fiscal, le juge de mandement pourra faire procéder à l'estimation des dommages, faire toutes visites par lui-même ou par un délégué, faire, en outre, ou ordonner tous les actes qu'il croira nécessaires pour mettre la cause en état d'être jugée.

« Art. 199. Si l'auteur de la contravention est désigné, le juge, à l'instance des demandeurs ou du fisc, fera citer les prévenus. (C. I. C. art. 182, in fine.)

« Art. 200. La citation contiendra l'objet de la contravention avec l'indication du jour et de l'heure de la comparution pour le jugement. Si la citation est faite à la requête du fisc, le plaignant en sera prévenu et, quand même il ne comparaîtra pas, il sera passé outre au jugement. (C. I. C. art. 183.)

«Art. 201. La citation n'est pas nécessaire si le prévenu se présente volontairement sur un simple avis. Le prévenu pourra se faire représenter par un procureur spécial, à moins que le juge n'ait ordonné qu'il comparaîtra en personne. (C. I. C. art. 185.)

«Art. 202. A l'audience, le juge fera lire par le greffier les procès-verbaux et les actes, s'il y en a; il entendra le plaignant et le prévenu, s'ils sont présents; il procédera ensuite à l'audition des témoins et toujours en présence des représentants du fisc. Le prévenu proposera ses moyens de défense et présentera ses témoins qui ne seront entendus qu'autant que la preuve que le prévenu veut administrer sera jugée admissible. (C. I. C. art. 154. 190.)

«Art. 203. Le greffier dressera procès-verbal sommaire des faits reprochés au prévenu, de ses réponses, des dépositions des témoins, des conclusions du fisc et des moyens de défense. (C. I. C. art. 195.)

«Art. 204. Le juge, à la même audience ou à la suivante. prononcera son jugement dans lequel il énoncera les motifs en citant la loi dont il aura fait application. (C. I. C. art. 190, in fine; 195, al. 2.)

«Art. 205. Tout condamné sera tenu au payement des dépens avancés par le Trésor et à la réparation des dommages-intérêts, s'il y a lieu; les uns et les autres seront liquidés dans le même jugement. (C. I. C. art. 191. C. P. art. 10.)

«Art. 206. On inscrira dans un registre à ce destiné ledit procès-verbal, les actes présentés à l'audience et le jugement: le greffier en expédiera copie authentique à ceux qui la demanderont. (C. F. art. 209. O. R. art. 181, 189.)

«Art. 207. Si le prévenu ne comparaît pas, il sera jugé par contumace (C. I. C. art. 186.)

«Art. 208. La condamnation par contumace sera censée non avenue si, dans les cinq jours de la notification qui en sera faite au prévenu, il se présente et fait opposition au jugement. (C. I. C. art. 187, al. 1.)

«Art. 209. L'opposition au jugement en contumace peut être faite par une déclaration apposée au pied de l'exploit original de notification ou par un acte présenté au juge. (C. I. C. art. 181, al. 1.)

«Art. 210. Dans l'un et l'autre cas, l'opposition sera notifiée au plaignant, s'il est intervenu dans la cause, et au procureur fiscal; la notification à ce dernier sera faite par l'entremise du greffier. (C. I. C. art. 181, al. 1.)

«Art. 211. La citation pourra être renouvelée sur l'instance du plaignant, du fisc ou du prévenu. (C. I. C. art. 188, al. 1.)

«Art. 212. Dans tous les cas, les dépens de contumace seront toujours à la charge de l'opposant qui devra les payer avant d'être entendu dans ses défenses. (C. I. C. art. 188, al. 2.)

«Art. 213. Si le prévenu ne fait pas opposition et si, après l'opposition, il ne comparaît pas, le premier jugement deviendra définitif. (C. I. C. art. 188.)

«Art. 214. Le prévenu comparaissant, il sera procédé en contradictoire dans la forme ci-devant prescrite.

Art. 215. L'appel des sentences du juge de mandement pourra être interjeté par devant le tribunal de préfecture : 1° par le prévenu, si l'amende et les réparations civiles auxquelles il a été condamné excédent la somme de 50 livres ou même s'il a été condamné à la peine subsidiaire de la prison; 2° par le plaignant, pour ses intérêts civils, lorsque, ayant demandé à titre de réparations de dommages-intérêts une somme au-dessus de 50 livres, le prévenu aura été absous ou condamné à une somme moindre que celle demandée; 3° par le procureur fiscal, dans le cas d'incompétence ou de violation manifeste de la loi. (C.F. art. 183, 184. C.I.C. art. 199, 201, 202.)

« Art. 216. Le délai d'appel pour le condamné et sa caution est de trois jours à dater de la notification du jugement. Ce délai ne courra que depuis l'expiration de celui accordé pour l'opposition à l'égard des jugements rendus en contumace et contre lesquels l'opposition est admise. (C.I.C. art. 203.)

« Art. 217. Le délai d'appel pour le fisc et pour le plaignant est de vingt-quatre heures. (C.I.C. art. 203, 205.)

« Art. 218. L'appel sera interjeté par une simple déclaration faite au greffe du juge de mandement. (C.I.C. art. 203, al. 1.)

« Art. 219. L'avocat fiscal et les agents de l'Administration des forêts pourront aussi appeler du jugement des juges de mandement dans les cas mentionnés au numéro 3 de l'article 215. (C.F art. 183, 184. C.I.C. art. 202.)

« Art. 220. L'acte d'appel dont il est parlé dans le précédent article devra avoir lieu dans les vingt jours à dater du jugement, au moyen d'une déclaration insérée au greffe du tribunal de préfecture et signée par le fonctionnaire et les agents appelants. Dans les trois jours qui suivront, le greffier remettra une copie de cette déclaration au greffe du juge qui aura rendu la sentence. (C.F. art. 187. C.I.C. art. 203 à 205.)

« Art. 221. Le greffier qui a reçu la déclaration d'appel devra, dans les trois jours, transmettre au greffier du tribunal de préfecture le jugement et tous les actes du procès et celui-ci les transmettra immédiatement à l'avocat fiscal. (C.I.C. art. 203, 204, al. 3.)

« Art. 222. Le prévenu, sa caution et le plaignant devront introduire leur appel dans le délai et suivant le mode prescrit par les appels des jugements des juges de mandement rendus en matière civile, mais l'appel ne sera admis que sur l'avis préalable de l'avocat fiscal. Il ne sera point fait de citations aux avocats et procureurs fiscaux, mais on y suppléera par des communications qui auront lieu entre les greffes respectifs du juge et du tribunal. (C.I.C. art. 207.)

« Art. 223. Dans les cas d'appel interjeté par le fisc ou les agents de l'Administration des forêts, les prévenus et leurs cautions seront cités devant le tribunal par ordonnance du juge-maje rendue sur les réquisitions de l'avocat fiscal et dans le délai fixé par l'article 226. Cette citation contiendra l'avis qu'ils peuvent prendre connaissance des actes au tribunal. Le plaignant sera également cité à comparaître, si bon lui semble. (C.I.C. art. 146, 153, 184.)

« Art. 224. Les dispositions relatives aux formalités de l'instruction et des jugements pour les causes qui sont de la compétence du tribunal de préfecture seront observées dans les causes d'appel des jugements des juges de mandement.

«Art. 225. Les juges de mandement devront transmettre à l'avocat fiscal deux copies sur papier libre de tous les jugements qu'ils auront rendus et ce, dans les trois jours de leur acte et l'avocat fiscal transmettra une de ces copies à l'inspecteur des forêts de la province. (O.R. art. 188, 189.)

Section III. — De la procédure devant les tribunaux de préfecture.

«Art. 226. Dans les causes en contravention au règlement des bois reconnus de la compétence des tribunaux de préfecture, l'avocat fiscal, lorsqu'il trouvera des preuves suffisantes de la contravention et de son auteur, requerra que le prévenu soit cité pour comparaître devant le tribunal à jour et à heure fixes; la citation devra comprendre la notification du procès-verbal et des autres actes qui constatent la contravention. La citation sera décernée par ordonnance du juge-maje. Le délai pour la comparution ne pourra être moindre de cinq jours ni excéder le terme de quinze jours, à dater de la signification. (C. I. C. art. 183, 203, 205.)

«Art. 227. S'il s'agit d'une contravention commise dans les bois mentionnés à l'article 2, le greffier devra en donner avis à l'agent de l'Administration à laquelle ces bois appartiennent, afin qu'il puisse prendre connaissance des actes au greffe du tribunal. (C.F. art. 107, al. 2.)

«Art. 228. Dans les causes qui n'emporteront qu'une peine pécuniaire, le prévenu pourra se faire représenter par un procureur exerçant près le tribunal, à moins qu'il ne soit ordonné par le tribunal qu'il comparaisse en personne. (C. I. C. art. 185, 204.)

«Art. 229. Dans le cas où le prévenu comparaîtra en personne, il devra faire élection de domicile dans le lieu où siège le tribunal.

«Art. 230. Au jour fixé pour l'audience, le rapporteur nommé fera son rapport, le tribunal entendra le prévenu en personne ou par le ministère de son avocat ou de son procureur; il entendra aussi l'inspecteur ou le garde-chef dans ses réquisitions au nom de l'Administration des bois et enfin l'avocat fiscal dans ses conclusions auxquelles le prévenu ou son défenseur pourront répliquer. (C. I. C. art. 209, 210. C.F. art. 183, 187.)

«Art. 231. Le tribunal prononcera successivement son jugement motivé dans lequel il sera fait mention des réquisitions et exceptions faites par l'Administration et par l'accusé et des conclusions du fisc. Le jugement contiendra, en outre, les faits dont le prévenu est déclaré coupable et la peine qu'il a encourue, en citant l'article de la loi dont le tribunal a fait application. Dans le cas même où le tribunal reconnaîtrait que le fait ne constitue qu'une contravention de la compétence du juge de mandement, il ne prononcera pas moins sur le fait, ainsi que de raison et de justice. Le condamné sera toujours tenu des dépens avancés par le Trésor et des dommages-intérêts s'il y a lieu. Le jugement contiendra, en outre, la taxe des dépens et la commission au juge du domicile du condamné pour l'exécution de ce jugement. (C. I. C. art. 192, 194, 195, 211.)

«Art. 232. Dans les cas où la citation aurait été donnée au prévenu en suite du seul procès-verbal et que celui-ci ne fasse pas preuve suffisante, aux termes du présent règlement, ou si le prévenu insiste pour la preuve contraire, le tribunal ordonnera que les informations nécessaires soient prises par l'assesseur-instructeur qui pourra déléguer le juge du mandement. (C. F. art. 175. C. I. C. art. 154.)

« Art. 233. Les faits que le prévenu veut prouver pour sa défense doivent être spécifiés par articles distincts et séparés, avec indication du temps, du lieu et des personnes et, à défaut, le tribunal n'y aura aucun égard.

« Art. 234. A l'écriture contenant les faits articulés et qui doit être signée par un procureur on joindra la note des témoins qui doivent être entendus sur les faits articulés. On n'admettra aucune nouvelle note, excepté dans le cas où, pour une cause légitime, les témoins indiqués ne pourraient être entendus. (C. I. C. art. 153, 154.)

« Art. 235. Les informations terminées, elles seront notifiées par copie au prévenu, en la personne de son procureur ou au domicile élu, avec nouvelle assignation pour comparaître à l'audience du tribunal qui prononcera son jugement de la manière ci-dessus prescrite. Avant le jour fixé pour l'audience, il sera facultatif à l'agent de l'Administration des bois de prendre connaissance des informations au greffe du tribunal, après l'avis que doit lui en donner le greffier.

« Art. 236. Si le prévenu excipe du droit de propriété ou d'un autre droit réel, il doit présenter les titres sur lesquels il se fonde ou déduire avec précision des faits d'une possession équivalente. (C. F. art. 182.)

« Art. 237. L'exception préjudicielle ne sera admise que dans le cas où les droits prétendus étant prouvés devant l'autorité compétente, ils seraient de nature à exclure la contravention. Si l'exception est admise, les parties seront renvoyées à la juridiction civile et l'on suspendra le jugement jusqu'à ce que, sur l'instance de la partie la plus diligente, il ait été prononcé par le tribunal compétent sur l'exception proposée. (C. F. art. 182.)

« Art. 238. Lorsque le prévenu régulièrement cité ne paraîtra pas, il sera procédé en contumace. (C. I. C. art. 186, 208, al. 1.)

« Art. 239. Le jugement par contumace sera considéré comme non avenu si le prévenu y forme opposition dans le délai de dix jours, dès la date de la signification du jugement. (C. I. C. art. 187, 208, al. 1.)

« Art. 240. L'opposition se fera par un recours que le condamné présentera au tribunal qui, après avoir entendu l'avocat fiscal, fixera une audience pour la comparution du prévenu. Le recours devra être signé par un procureur et la notification de l'ordonnance du tribunal qui sera faite à celui-ci à la diligence de l'avocat fiscal tiendra lieu d'assignation au prévenu. (C. I. C. art. 188, 203.)

« Art. 241. Les dispositions des articles 212 et 213 sont communes aux jugements des tribunaux de préfecture.

« Art. 242. On pourra appeler des jugements des tribunaux de préfecture, lorsqu'il s'agira de délits et contraventions qui emporteront une amende qui excédera 300 livres ou la peine de prison pour un terme excédant quinze jours, soit que ladite peine de prison soit principale ou seulement subsidiaire. L'interjection et l'introduction de l'appel auront lieu dans les délais fixés par les lois en vigueur.

« Art. 243. La faculté d'appeler appartient au condamné, à sa caution, au plaignant pour son seul intérêt civil, à l'Administration des forêts et à l'avocat fiscal. (C. I. C. art. 202.)

« Art. 244. L'appel sera porté au magistrat de la Chambre des comptes. si la contravention a été commise dans les forêts du domaine ou du patrimoine royal ou des apanages; au conseil juridique de la Religion et ordre des SS. Maurice et Lazare, si la contravention a eu lieu dans les bois de l'ordre, et aux Sénats pour toutes les autres.

« Art. 245. L'avocat fiscal général, le procureur général, l'avocat patrimonial de l'ordre des SS. Maurice et Lazare pourront également appeler des tribunaux de préfecture, lors même qu'en première instance le fisc n'aurait pas conclu à une condamnation. Il leur est accordé un délai de deux mois, à dater de la sentence, pour interjeter appel. Quand le jugement ordonnera la mise en liberté du détenu, l'appel ne sera pas suspensif à cet égard. (C. I. C. art. 205. 203, al. 3.)

« Art. 246. Les gardes de l'Administration des forêts pourront remplir les fonctions d'huissier et de sergents pour tous les actes de notification et d'exécution dépendant de la présente procédure et, dans ce cas, ils pourront exiger les mêmes droits que les sergents près les juges de mandement. (C. F. art. 173.)

« Art. 247. Les avocats fiscaux sont chargés de veiller à l'exécution des sentences portant peines corporelles; quant au recouvrement des amendes, on suivra les formalités établies par les Royales Patentes du 22 novembre 1821. (C. I. C. art. 197. C. F. art. 210, 211.)

« Art. 248. Les dispositions des lois en vigueur relatives à la procédure criminelle seront observées dans les causes sur les contraventions au présent règlement en tout ce qui n'y sera pas contraire.

Chapitre III. — *Des transactions et des prescriptions.*

Section I. — Des transactions.

« Art. 249. On pourra transiger sur les contraventions au présent règlement lorsqu'elles emporteront une simple amende et même lorsqu'elles pourront donner lieu à la peine subsidiaire de la prison, moyennant le payement d'une somme à titre d'offre. (C. F. art. 159, al. 4.)

« Art. 250. Ceux qui seront en récidive, selon la teneur de l'article 264, ceux encore qui déjà se seraient libérés par deux transactions précédentes ne seront pas admis à faire des offres.

« Art. 251. Les offres pourront toujours être acceptées, même pendant l'appel et tant qu'il n'aura pas été rendu de jugement définitif au dernier ressort. (C. F. art. 159, al. 4.)

« Art. 252. L'offre doit être inscrite sur le registre de la judicature de mandement du lieu où la contravention a été commise. Le greffier en remettra une copie au garde-chef du district et en expédiera une autre au contrevenant sur sa requête.

«Art. 253. L'acceptation de l'offre devra être faite par l'inspecteur de l'arrondissement pour les contraventions n'emportant pas une amende excédant 5o livres, toutefois, après le visa de l'avocat fiscal près le tribunal de préfecture et avec l'approbation de l'intendant; et pour celles emportant une amende excédant cette somme, il faudra le consentement de l'intendant général de l'Administration économique de l'intérieur.

«En ce qui concerne les contraventions commises dans les bois de l'ordre des SS. Maurice et Lazare et dans le district des chasses royales, l'acceptation devra être approuvée, suivant les cas, par l'auditeur général de l'ordre susdit ou par le conservateur général des chasses royales et après avoir entendu l'avocat patrimonial ou l'avocat fiscal près ladite conservation.

«Art. 254. Quant aux causes d'appel qui ont déjà été introduites devant la Chambre, les Sénats ou le Conseil juridique de l'ordre des SS. Maurice et Lazare, l'offre ne pourra être acceptée que par l'intendant général de l'Administration économique de l'intérieur ou par le conseil économique de l'ordre des SS. Maurice et Lazare, après avoir entendu, suivant les cas, l'avocat fiscal général où l'avocat patrimonial général dudit ordre.

«Art. 255. Ne seront jamais censés compris dans l'offre : 1° les dépens du procès fait antérieurement à son acceptation; 2° l'indemnité due aux parties lésées. Les dépens devront, au contraire, être payés en même temps que la somme convenue pour offres, après avoir été, avant tout, taxés par le juge de mandement, par l'assesseur-instructeur ou par le rapporteur, suivant la juridiction à laquelle la cause appartenait.

«Art. 256. Le recouvrement des offres se fera comme celui des amendes, à la teneur de l'article 247 et leur répartition se fera de la manière déterminée par l'article 266.

Section II. — Des prescriptions.

«Art. 257. Les contraventions de la compétence du juge de mandement se prescrivent par le laps de trois mois, à compter du jour où elles auront été constatées, si les prévenus sont indiqués aux procès-verbaux; dans le cas contraire, elles ne se prescrivent que par le laps de six mois à compter dudit jour.

«Quant aux contraventions de la connaissance des tribunaux de préfecture, la prescription n'est acquise qu'après un espace de temps double de celui établi dans les cas ci-dessus indiqués. (C.F. art. 185, 225. C.I.C. art. 636, 638, 640.)

«Art. 258. Si les contraventions n'ont pas été constatées, elles seront prescrites par le laps d'un an, du jour où elles auront été commises, sans préjudice cependant des dispositions contenues dans l'article 75 à l'égard des adjudicataires et des preneurs de la coupe des bois. (C.F. art. 45. 47, 50, 51, 82, 185. 225. C.I.C. art. 636, 638, 640.)

«Art. 259. La prescription est interrompue dans le cas où, dans l'intervalle, il serait fait quelque acte d'instruction ou qu'il aurait été commis une autre contravention par le prévenu. Dans ces cas, la prescription ne courra que depuis le dernier acte ou du jour auquel commencera la prescription de la dernière contravention. (C.I.C. art. 637, 638, 640.)

« Art. 260. La prescription de l'action civile est réglée par les dispositions de la loi civile. (C. F. art. 185. C. I. C. art. 637, al. 2.)

« Art. 261. Les dispositions des précédents articles ne sont pas applicables aux délits et contraventions commis par les employés de l'administration des bois, par les sergents et gardes champêtres des communes et par les gardes des particuliers dans l'exercice des fonctions qui leur sont attribuées par le présent règlement; la prescription est réglée à cet égard par les lois générales. (C. F. art. 186.)

TITRE IX. — DISPOSITIONS DIVERSES OU TRANSITOIRES.

Chapitre 1er. — Dispositions diverses.

« Art. 262. Indépendamment de l'amende à laquelle le contrevenant est condamné, en conformité du présent règlement, il sera tenu au payement des dommages envers le possesseur en faveur de qui on devra ordonner la restitution des bois et des autres objets que le contrevenant se serait indûment appropriés.

« Le possesseur peut néanmoins refuser cette restitution pour obtenir le montant intégral du dommage qu'il a souffert. Dans tous les cas où la restitution du bois ou des objets indûment appropriés n'aura pas lieu, l'indemnité en faveur du possesseur ne pourra être inférieure à l'amende simple encourue par la contravention elle-même. (C. F. art. 202.)

« Art. 263. Le père, le mari, les tuteurs et les maîtres sont civilement responsables des amendes, frais et dommages auxquels seraient condamnés ses enfants non émancipés, sa femme, leurs pupilles demeurant avec eux et les personnes attachées à leur service. (C. F. art. 206.)

« Art. 264. Celui qui contreviendra au présent règlement après sa publication sera considéré comme récidif si, dans les deux années précédentes, il a été condamné pour une contravention semblable ou une plus grave. Cependant s'il s'agit de vol commis dans les bois, la récidive sera déterminée par les lois criminelles. (C. F. art. 201, al. 2.)

« Art. 265. Dans tous les jugements de condamnation, pour contravention au présent règlement, la peine subsidiaire de la prison pourra toujours être prononcée lorsque la réquisition en aura été faite par le fisc ou par l'administration des bois. Cette peine subsidiaire sera de 24 heures de prison pour chaque 2 livres d'amende; elle ne pourra jamais excéder trois mois. (C. F. art. 211 à 213.)

« Art. 266. Le produit des amendes sera divisé en trois parts égales, une appartiendra à ceux qui auront constaté la contravention; l'autre aux établissements de charité du lieu et la troisième sera mise en réserve pour être employée en gratifications ou secours. A la fin de chaque année, le fonds en réserve sera distribué aux gardes-chefs et aux gardes de la province qui seront jugés les plus dignes d'être récompensés ou secourus.

« L'intendant général de l'administration économique de l'intérieur, sur la proposition des intendants des provinces, soumettra le projet de répartition des dits fonds au premier secrétaire d'État pour les affaires de l'intérieur. (C. F. art. 204.)

«Art. 267. Les dispositions contenues au présent règlement ne dérogent en aucun point à tout ce qui est établi à l'égard des bois qui forment le district des chasses royales. Cependant lorsque le Grand Veneur aura autorisé des coupes de bois de l'espèce de ceux mentionnés à l'article 2, on devra observer les dispositions contenues dans les chapitres III et IV du titre III du présent règlement.

CHAPITRE II. — *Dispositions transitoires.*

«Art. 268. — Dans la division en coupes réglées qui doit être faite aux termes de l'article 46, on aura égard aux contrats existants qui sont maintenus dans toute leur force, suivant les lois en conformité desquelles ils auront été stipulés.

«Art. 269. Il est accordé une pleine amnistie à tous les contrevenants aux lois préexistantes sur les bois, pour toutes les amendes qu'ils auraient encourues et qui ne leur seraient plus applicables à teneur du présent règlement, pourvu qu'il n'y ait point de condamnation prononcée par jugement définitif et qu'il n'existe point d'offre acceptée».

TABLEAU DE GRADUATION DES AMENDES PORTÉES PAR L'ARTICLE 162 POUR CHAQUE PLANTE À RAISON DE SA CIRCONFÉRENCE.

(Cf. art. 192.)

DÉCIMÈTRES de CIRCONFÉRENCE.	AMENDE		DÉCIMÈTRES de CIRCONFÉRENCE.	AMENDE	
	pour chaque DÉCIMÈTRE.	pour chaque PLANTE.		pour chaque DÉCIMÈTRE.	pour chaque PLANTE.
	livres.	livres.		livres.	livres.
1.............	1,00	1,00	14.............	1,65	23,10
2.............	1,05	2,10	15.............	1,70	25,50
3.............	1,10	3,30	16.............	1,75	28,00
4.............	1,15	4,60	17.............	1,80	30,60
5.............	1,20	6,00	18.............	1,85	33,30
6.............	1,25	7,50	19.............	1,90	36,10
7.............	1,30	9,10	20.............	1,95	39,00
8.............	1,35	10,80	21.............	2,00	42,00
9.............	1,40	12,60	22.............	2,05	45,10
10.............	1,45	14,50	23.............	2,10	48,30
11.............	1,50	16,50	24.............	2,15	51,60
12.............	1,55	18,60	25.............	2,20	55,00
13.............	1,60	20,80			

ÉTAT DES ARRONDISSEMENTS ET DES LIEUX DE RÉSIDENCE DES INSPECTEURS DES FORÊTS.

Savoie propre et Maurienne.	Chambéry.
Tarentaise et Haute-Savoie.	Moutiers.
Genevois et Carouge.	Annecy.
Faucigny et Chablais.	Bonneville.

Sans entrer dans une étude complète du règlement de 1833, il faut du moins faire
ressortir l'influence certaine exercée par le Code forestier français de 1827,
tout en montrant les différences qui séparent ces deux monuments législatifs.

Alors que le règlement du 15 octobre 1822 s'était surtout inspiré de l'ancienne
ordonnance de Colbert, conservant les mêmes désignations que l'administration française, les Patentes du 1ᵉʳ décembre 1833 marquent une évolution parallèle à celle
du Code forestier. Désormais, les particuliers propriétaires sont affranchis de la tutelle,
de l'ingérence de l'État dans la gestion de leurs bois. De même, l'exportation des bois
devient désormais libre, sous la condition d'acquitter certains droits. Certaines
prescriptions soit du Code, soit de l'Ordonnance réglementaire français sont presque
textuellement reproduites dans le règlement sarde. Ainsi, par exemple, les articles 28,
29, 32, 33 de ce règlement ont avec les articles 34, 31, 38 de notre ordonnance
réglementaire des ressemblances qui ne peuvent être fortuites; même parallélisme
entre les articles 65, 66 du règlement et les articles 20, 46 du Code civil; entre les
articles 76, 79 et 113 du règlement et les articles 47 et 147 du Code, entre les
articles 94, 141 du règlement et les articles 201, 148 du Code, etc.

Mais, par contre, la législation sarde, fidèle en cela à ses traditions, donne la
totalité du pouvoir administratif aux intendants; les agents forestiers ne sont guère
que des conseillers, à qui on demande leur avis aussi bien dans les actes de gestion
que dans la poursuite des délits.

Continuant, développant les tendances du règlement de 1822, celui de 1833 réduit
encore le nombre des agents forestiers et des gardes; les anciens brigadiers devenus
des gardes-chefs, nom qui évoque le souvenir des gardes généraux, reçoivent des
attributions plus étendues qui, sous l'Empire, faisaient partie de celle des chefs de
cantonnement.

Les contraventions, suivant leur importance, sont jugées tantôt devant le tribunal de
mandement, tantôt par devant celui de judicature-maje, alors qu'en France c'est le
tribunal correctionnel qui connaît de toutes les infractions.

Une autre divergence existe dans les modes de transaction : le règlement de 1833
confirme le système d'offres par le coupable inauguré par les Lettres Patentes de 1825.
De plus, les agents et préposés sardes participent à la répartition des amendes provenant des contraventions forestières alors qu'en France le personnel des eaux et forêts
ne jouit pas de cette faveur.

Quant à la foi attribuée aux procès-verbaux de délit, elle ne va jamais au delà de la
preuve contraire.

Du reste, des observations plus détaillées seront présentées en examinant les diverses
parties du service forestier pendant la période 1834-1860.

SECTION II.

Dispositions complétant ou modifiant le règlement de 1833.

— —

§ 1. MODIFICATION DU NOMBRE DES PROVINCES.

Les inspections forestières de Savoie, qui coïncidaient avec les intendances, se trouvèrent modifiées par les changements opérés dans le nombre et la composition des

provinces. Par Lettres Patentes du 2 septembre 1837, le roi Charles-Albert supprima, à dater du 1er janvier suivant, la province de Carouge, ce qui entraîna la réorganisation ci-après : les mandements de Saint-Julien et de Seyssel furent rattachés à la province de Genevois; ceux d'Annemasse et de Reignier à la province de Faucigny. Par contre, les mandements d'Albens et de Faverges, qui dépendaient jusqu'alors du Genevois, furent incorporés l'un à la Savoie propre et l'autre à la Haute-Savoie; en même temps le mandement de Chamoux fut transféré de la Savoie propre à la Maurienne.

Une décision, du 19 août 1838, prise par la Royale Secrétairerie d'État pour les affaires internes, ramena, à partir du 1er septembre suivant, l'inspection d'Annecy aux nouvelles limites du Genevois[1].

§ 2. Création d'intendances générales et de conseils d'intendance.

Un édit, du 20 juin 1837, avait annoncé la publication par le roi Charles-Albert d'un code destiné à remplacer les anciennes constitutions et ordonnances. La Restauration sarde commençait à abandonner sa législation archaïque.

Par nouvelles Lettres Patentes, en date du 25 août 1842, le roi augmenta le nombre des intendances générales, établit auprès de chacune d'elles un conseil pour décider des questions de contentieux administratif. La Savoie se trouva divisée en deux intendances générales : l'une de 1re classe, à Chambéry, englobant les intendances de Haute-Savoie, de Tarentaise et de Maurienne, outre la province de Savoie propre; l'autre de 3e classe, dont le chef-lieu était à Annecy, s'étendait sur le Genevois, le Faucigny et le Chablais.

Auprès de chaque intendance générale était créé un conseil formé de deux membres présidé par l'intendant général; il y avait, en outre, des congrès provinciaux dont le concours et l'avis étaient requis pour le règlement et l'établissement des comptes et budgets des provinces et qui se réunissaient aux intendances générales. On voit ainsi s'esquisser un système administratif semblable à celui de la France : le préfet placé à la tête des sous-préfets et autres fonctionnaires, assisté d'un conseil de préfecture et collaborant avec un conseil général créé par la loi du 10 mai 1838 dans chaque département.

Ce fut par les Lettres Patentes du 31 décembre 1842 que se trouvèrent réglées les attributions des intendants généraux, des intendants et des conseils d'intendance ainsi que la procédure à suivre devant ces conseils dans les instances qui leur étaient réservées. Les dispositions intéressant plus spécialement les questions forestières sont les suivantes :

« Art. 6. L'intendant général exercera une surveillance continuelle et attentive sur l'administration des communes et, à cet effet, il lui appartiendra... 6° de permettre l'accensement des forêts communales, futaies ou taillis, jusqu'au terme de 9 ans; ...

« Art. 8. Il est de la compétence de l'intendant général :

« 1° D'autoriser le défrichement des bois de moins de 1 hectare de superficie;

« 2° De permettre le pâturage des chèvres dans les bois communaux indiqués

[1] Arch. Albert, O. de l'I., 1839, 27 fév.

à l'article 110 du règlement forestier approuvé par Lettres Patentes du 1ᵉʳ décembre 1833;

« 3° De déterminer si un terrain doit être ou non considéré comme réservé, en cas de dissentiment, comme il est question à l'alinéa 2 de l'article 129 du règlement précité;

« 4° D'approuver l'établissement de fours à chaux, à plâtre, à briques, etc., et des nouvelles fabriques de poix, goudron et autres indiquées par les articles 145 et 146 du règlement ci-dessus mentionné.

« Art. 10. À l'intendant général est attribué le pouvoir :

« 1° D'approuver les transactions pour contraventions aux règlements d'eaux et routes, pour transport des bois par flottage et pour délits forestiers, lorsque le montant de l'amende encourue n'excède pas 300 livres...

« Art. 12. Appartient aux intendants la faculté... 10° d'approuver les actes d'acensement des biens et revenus communaux pour un temps qui ne dépasse pas 3 ans et pour une somme qui n'excède pas, en tout, 1,000 livres par an.

« Art. 14. Est réservée aux intendants :

« 1° L'approbation de la nomination, la suspension et la destitution des... gardes champêtres et autres agents salariés par les communes;

« 2° La nomination, le déplacement et la révocation des gardes forestiers communaux et ceux des autres bois indiqués aux paragraphes 5 et 6 de l'article 2 du règlement forestier déjà cité;

« 3° L'approbation de la nomination des gardes des bois appartenant aux particuliers;

« 4° La faculté de permettre dans les bois ou à leur proximité les différentes opérations indiquées par les articles 50, 57, 58, 61, 87, 96, 102, 142, 143 du susdit règlement forestier...

« Art. 17. Dans les affaires d'administration ordinaire, les communes et les personnes morales transmettront directement leurs délibérations ou demandes au bureau d'intendance de leur province, bureau qui recevra aussi toute autre communication ou requête à l'effet d'y être pourvu ou d'en référer à l'intendant général, suivant les cas...

« Art. 20. Sont de la connaissance des Conseils d'intendance :

« 1° Les controverses relatives à la perception des revenus et crédits domaniaux attribués auparavant à la connaissance des intendants par Lettres Patentes du 29 octobre 1816 et celles concernant l'interprétation et l'exécution des contrats de louage des biens et droits du domaine;

« 2° Les questions soulevées par la perception des recettes provinciales et communales de n'importe quelle nature...

« 4° Les contestations relatives à l'interprétation et à l'exécution... des contrats de louage des biens ou revenus communaux.

« Art. 22. Les Conseils d'intendance se prononcent sur les litiges qui concernent... 2° les travaux qui s'opposent ou qui nuisent au libre cours des fleuves, torrents, rivières et canaux publics, les obstacles à la navigation sur les fleuves, l'édification des chaussées, digues et de tout ouvrage servant à la défense des berges et au bon régime des eaux...;

« 7° La réparation des dommages causés par le flottage des bois.

« Art. 24. Sont tranchées par les Conseils d'intendance les controverses relatives au fait et à l'extension d'usurpations commises sur les biens communaux.

« Art. 27. L'appel des sentences des Conseils d'intendance interlocutoires ou définitives sera porté devant notre Chambre des comptes, si la valeur de la cause excède 1,200 livres...

« Art. 38. Les Conseils d'intendance connaissent des contraventions qui n'entraînent pas une peine ou une amende supérieure à 50 livres, et relatives... 3° aux dispositions des Lettres Patentes du 28 janvier 1834 sur le flottage des bois dans les eaux des fleuves, torrents et lacs.

« Art. 41. Les Conseils d'intendance sont appelés à donner leur avis dans les cas spécifiés aux articles suivants et toutes les fois que l'intendant général le demandera soit d'office, soit par ordre de notre secrétariat d'État des affaires intérieures et des finances.

« Art. 42. L'avis des conseils est nécessaire, dans l'intérêt des communes :

« 1° Dans les questions de fermage des biens ou revenus, si la somme sur laquelle ils sont mis aux enchères est supérieure à 1,000 livres par an ou si la location doit avoir lieu par sous seing privé, bien que la somme soit inférieure à 1,000 livres.

« 2° Sur les demandes des administrateurs pour être autorisés à participer aux adjudications publiques de vente ou d'acensement des biens...

« 4° Sur les projets de contrat d'achat, vente, échange ou partage de propriétés... de louage dépassant 9 ans...

Le titre III traite de la procédure devant les Conseils d'intendance jugeant au contentieux. Les sentences des Conseils produisaient les mêmes effets que celles des tribunaux et étaient exécutoires suivant les mêmes modes. (Art. 68.)

§ 3. Extension des pouvoirs des intendants généraux.

Une loi du 6 décembre 1852 et un décret du 31 décembre suivant élargirent les attributions des intendants généraux. Par circulaire du 20 janvier 1853, le Ministre de l'intérieur réunit toutes celles de ces dispositions qui se rapportaient aux forêts.

« Appartiennent désormais à l'intendant général dans chaque division administrative les attributions ci-après qui étaient précédemment dévolues à l'intendant général de l'administration de l'intérieur, savoir :

« 1° De proposer sur rapport de l'intendant de la province les gardes-chefs à nommer (art. 11 du règlement);

« 2° A recevoir les rapports que MM. les inspecteurs forestiers, aux termes de l'article 22 du règlement, sont tenus de fournir et de leur donner cours auprès du ministre;

« 3° De mouvoir les propositions à faire touchant les circonscriptions des districts et la résidence des gardes-chefs, s'il y a utilité d'y varier (art. 24 et 25);

« 4° De suspendre les gardes-chefs en cas de motifs graves (art. 33) en référant au ministre;

« 5° D'accorder des permis d'absence à MM. les Inspecteurs.

« 6° De référer au ministre des cas de défrichement qui excèdent la contenance de 1 hectare (art. 135);

« 7° D'approuver l'acceptation des oblations, même pour les amendes excédant 300 livres, par extension aux dispositions de l'article 10 des Lettres Patentes du 31 décembre 1842. Et cette formalité leur est concédée tant pour les cas prévus à l'article 253 du règlement forestier que pour ceux de l'article 254;

« 8° De proposer au ministre à la fin de chaque année le partage du 1/3 des amendes (art. 266) et à la fin de chaque secrétaire (*sic*)[1] les subsides à accorder aux agents forestiers devenus incapables du service par leur âge et leurs infirmités ou à leurs veuves et à leurs familles;

« 9° De soumettre au ministre les parcelles des transports et des vacations extraordinaires dont les employés forestiers ont été chargés dans l'intérêt du service.

« 10° Enfin, c'est à l'intendant général de la division que doivent être régulièrement transmis:

« I. Les avis des nouvelles nominations ou des variations survenues dans le personnel des gardes forestiers, selon la circulaire de l'administration générale de l'intérieur en date du 20 juillet 1842.

« II. L'état des procès-verbaux pour contraventions forestières existant en première instance ou en appel (circ. du 12 fév. 1836);

« III. Les états de reboisements (circ. du 15 juin 1836);

« IV. Les rapports sur les visites des bois de chaque arrondissement (circ. du 30 août 1839);

« V. Enfin, tous les travaux périodiques que MM. les inspecteurs transmettaient précédemment à l'administration générale de l'intérieur[2]».

Est-il nécessaire de rappeler qu'en France les décrets de décentralisation du 25 mars 1852 avaient augmenté les attributions des préfets et que la législation sarde, ici encore, a suivi le mouvement donné de l'autre côté du Rhône!

SECTION III.

Projets de réforme de la législation forestière.

On ne tarda pas à s'apercevoir des lacunes du règlement du 1er décembre 1833 aussi bien au point de vue du personnel que de la conservation des massifs boisés. Pour les préposés en particulier, les intendants signalaient leur insuffisance comme

[1] Il faut sans doute lire «exercice».
[2] Arch. S., Fonds sarde, Reg. 188, n° 6.

40.

nombre et leur subordination complète aux municipalités. Le 12 octobre 1845, l'inspecteur de Chambéry, Germain, demandait la création de brigades ambulantes.

Les inspecteurs furent invités à adresser sous le contrôle des intendants généraux des propositions de réorganisation dès 1847, en vue de l'élaboration d'un nouveau règlement[1]. Mais les augmentations préconisées par les agents de Savoie furent jugées trop considérables, ainsi qu'en témoigne une lettre adressée le 4 avril 1848 par le ministre des travaux publics, de l'agriculture et du commerce à l'intendant général de Chambéry.

«Le projet de règlement pour le personnel de l'administration forestale (*sic*) fixe, d'après les propositions des inspecteurs, le nombre auquel il est convenable de porter les gardes et chefs gardes. En examinant les augmentations proposées pour chaque province, j'ai lieu de remarquer que ces augmentations sont beaucoup plus considérables pour la Savoie que pour les autres provinces. En effet, tandis que pour celles-ci le nombre des gardes serait augmenté de 342 à 700, c'est-à-dire dans le rapport de 2 à 1, l'augmentation pour la Savoie serait de 85 à 277, c'est-à-dire dans le rapport de 3,25 à 1... «Le ministre invite donc les inspecteurs et l'intendant général à «donner leur avis définitif sur la possibilité ou l'impossibilité de réduire le nombre des agents forestiers par eux proposé, sans nuire aux intérêts du service».

Deux projets furent rédigés et transmis aux intendants généraux par le ministre de l'agriculture et du commerce avec la circulaire suivante, le 5 novembre 1849 :

«L'étendue considérable de forêts existantes dans le royaume et la très grande influence que leur prospérité exerce sur l'économie domestique et sur le fonctionnement d'importantes industries diverses a, à diverses époques, excité la sollicitude du gouvernement et provoqué diverses dispositions ayant pour but tant la conservation des dites forêts que leur reproduction et leur accroissement.

«Les principales dispositions sur cette matière sont : la loi de 1822 et le règlement annexé aux Royales Patentes du 1er décembre 1833 avec la loi de 1822 notablement améliorée.

«Les nouvelles précautions introduites dans l'administration forestière par le règlement de 1833 ne pouvaient avoir une longue durée, puisqu'on les a suspendues depuis 1840; le gouvernement a confié à des hommes compétents la mission d'entreprendre de nouvelles études sur la matière et d'établir un projet de loi correspondant mieux que les précédents à ces buts multiples.

«Les diverses personnes qui en furent chargées soit isolément, soit cumulativement, justifièrent la confiance du gouvernement et ont élaboré un projet relatif à l'administration des forêts et au personnel.

«Les vicissitudes politiques, les changements administratifs dans toutes les parties de l'État, la nécessité d'étendre à la Sardaigne les dispositions législatives et le régime administratif en vigueur sur la Terre Ferme firent que l'on ne put exécuter la réforme projetée.

«Le gouvernement veut interroger l'opinion publique sur les deux projets. De cette opinion, les principaux organes doivent être les conseils provinciaux et divisionnaires

[1] Arch. S., Fonds sarde, Reg. 81, n° 279.

composés d'élus du peuple et qui ont pour mandat spécial d'étudier les intérêts principaux des régions qu'ils représentent.

«Les droits au pâturage et les droits d'usage en vigueur en diverses localités sont conciliés avec les dispositions qui influent le plus sur la prospérité des bois : il est à désirer que les conseils y consacrent avec le plus de soin leurs méditations.

«Le personnel forestier a été soumis à un examen. Aussi rien ne sera-t-il négligé par le gouvernement pour pouvoir, au moyen d'améliorations opportunes apportées aux écoles forestières existantes, rendre les aspirants aux grades dignes d'entrer dans cette importante administration [1]».

Mais les choses traînèrent en longueur, le parlement de Turin avait sans doute mieux à faire que de refondre la loi sur les forêts. Pourtant la population elle-même souhaitait une révision du règlement : les idées de liberté répandues par la Révolution de 1848, la promulgation du «Statut» dans le royaume de Sardaigne faisaient supporter impatiemment toute tutelle. L'intendant général de Chambéry se faisait l'interprète de cette évolution en écrivant, le 19 juin 1848, au ministre des travaux publics et de l'agriculture :

«Les principes des libertés aujourd'hui proclamées et définitivement acquises conseillent une décentralisation toujours plus large et manifeste, et les corps moraux doivent y participer également que les particuliers, sauf cette surveillance de tutelle qui règle la jouissance sans restreindre cependant les droits de propriété.

«Jusqu'à présent, les lois forestières, chez nous, paraissent se préoccuper davantage de la conservation des bois dans l'intérêt général de l'État que dans celui des corps moraux. Aujourd'hui l'État doit voir l'intérêt public dans celui des particuliers. S'il se complait, à cet égard, dans la liberté qu'il laisse à ces derniers, pourquoi pas quant aux corps moraux? et pourquoi ceux-ci seraient-ils soumis à des principes restrictifs qui entameraient les droits de propriété et de jouissance? La réglementation conséquemment ne doit plus atteindre que le mode de jouissance, mais encore avec infiniment de réserve pour qu'elle ne vienne pas atteindre, quoique indirectement, le droit de propriété qui ne doit fléchir que pour une vraie cause d'utilité publique, tel que pour protéger les habitations, les chemins ou d'empêcher les inondations et cela par une mesure commune à tous les propriétaires de forêts tant particuliers que corps moraux. Je ne compterais pas au nombre des causes d'utilité publique la reproduction des bois en elle-même, car je crois que ce produit n'est pas plus avantageux que celui des pâturages ou d'autres cultures. Le défaut de bois n'est pas à craindre car l'industrie sait y suppléer ou dirigera elle-même ses soins en dernier lieu et en provoquera la production...»

Le projet de loi, en 1849 et 1850, fut soumis aux délibérations des conseils provinciaux et divisionnaires : il prévoyait notamment l'embrigadement de tous les gardes forestiers ou champêtres chargés de la surveillance des forêts; la location des bois communaux. Au point de vue répressif, il autorisait la condamnation à la prison comme peine principale.

Mais, par contre, il réservait à Turin un certain nombre de décisions qui eussent dû

[1] Arch. S., 14, C: n° 126. Tour des Archives, Rayon gén.

revenir aux intendants, ce qui ne pouvait que ralentir l'expédition des affaires. Projet et avis consultatif des assemblées régionales allèrent s'enfouir dans les bureaux[1].

Le désir de décentralisation aboutit à la loi du 6 décembre 1852 mais sans plus. Les grandes inondations de cette même année 1852 n'avaient pu amener les pouvoirs publics à améliorer la législation forestière. Mais, au moins, on n'avait pas laissé aux municipalités la libre administration de leurs forêts qu'elles sont bien incapables, en général, de conserver et de gérer. L'affranchissement de la tutelle forestière était pourtant au programme de 1848[2]. Le 6 octobre 1855, le conseil divisionnaire de Chambéry émit le vœu «que le gouvernement cherche à améliorer le plus promptement possible le régime forestier.» En transmettant cette résolution à Turin, l'intendant général ajoutait : «la dilapidation sur une large échelle des forêts de la Savoie et les conséquences de la destruction des bois dans les montagnes, conséquences ruineuses pour l'industrie et pour l'agriculture parlent haut en faveur de ce vœu émis par le conseil divisionnaire. Chaque jour des éboulements occasionnés par les eaux que les arbres et les racines ne retiennent plus, des avalanches plus fréquentes et le débordement des torrents grossis avec rapidité par les pluies d'orages font regretter que le régime forestier actuel n'ait ni la force, ni les moyens nécessaires pour arrêter la destruction des bois, cause immédiate de ces accidents fâcheux et irréparables».

Le 19 décembre 1855, le Ministre de l'intérieur accusait réception du vœu de la Savoie et reconnaissant «que vraiment le Règlement du 1er décembre 1833 avait besoin d'être réformé, mais malheureusement il était obligé d'avouer que le Parlement ne pouvait s'en occuper dans sa session actuelle et qu'un projet de loi forestière serait l'objet de sa première discussion dans la prochaine session. . . .».

De nouveau la politique extérieure et intérieure retint l'attention du gouvernement et des Chambres. Ce fut la campagne de 1859 contre l'Autriche, la paix de Villafranca (12 juillet 1859) et enfin le traité du 24 mars 1860 qui cédait la Savoie à la France.

L'annexion mettait fin en deçà des Alpes au régime du Règlement forestier de 1833.

CHAPITRE II.

L'ADMINISTRATION FORESTIÈRE.

—

SECTION I.

§ I. **Les agents du Duché de Savoie.**

Le nouveau Règlement réduisait de 8 à 4 le nombre des agents forestiers qui se trouvaient en Savoie. Certains des sous-inspecteurs en fonctions étaient fort âgés : ainsi, par exemple, Gabet, qui exerçait à Moutiers depuis le 9 nivôse, an VII, était octogénaire. Il était nécessaire de procéder à un rajeunissement du personnel.

[1] Délib. du conseil divisionnaire Ay., séances des 20 et 26 sept. 1850.
[2] Arch. H.-S., corr. I. Fy. avec sind., 1848, n° 5.

Par Billet du 24 décembre 1833, le Roi nomma à Chambéry comme inspecteur de 2ᵉ classe Coppa Joseph-Léon et comme inspecteurs de 3ᵉ classe à Annecy, Germain Jean, à Bonneville, Rossi Paul et à Moutiers, Anthonioz Jean [1]. Deux seulement des nouveaux promus appartenaient déjà à la Savoie; Anthonioz était sous-inspecteur de la province de Haute-Savoie depuis le 12 février 1828 et Germain faisait fonctions de sous-inspecteur à Saint-Julien-en-Genevois, depuis le 20 mai 1831. Quant aux deux autres ils étaient originaires des provinces italiennes.

De nouvelles décisions du 26 décembre suivant «accordèrent une retraite, en les dispensant de la continuation de leurs fonctions de sous-inspecteurs», à Crusilliat des Mollettes, Gabet de Moutiers, Curton de Bonneville et Tupin de Thonon [2]. En notifiant aux intendants des provinces ces mesures, l'administration générale de l'Intérieur les chargeait de vérifier la comptabilité des sous-inspecteurs et de faire dresser l'inventaire des titres, registres et documents existant dans les bureaux de ces agents. Un procès-verbal de ces opérations devait être établi, dont le double était destiné aux archives d'État à Turin.

Le chiffre de la pension accordée était de 600 livres.

Il fallut un certain temps aux anciens sous-inspecteurs pour mettre leur service et leurs inventaires à jour. Ainsi, à Chambéry, l'intendant général du duché arrêta les registres à la date du 26 mars 1834; à Moutiers, ce fut le 8 février que l'intendant de Tarentaise put remettre le service à Anthonioz.

Une junte spéciale fut réunie à Chambéry le 18 juin 1834 pour examiner les livres des agents retraités : elle constata des négligences dans la comptabilité de Crusilliat, «dans les émargements et quittances dont beaucoup n'avaient pas de dates et où les gardes n'indiquaient pas les sommes reçues». Il s'agissait évidemment de la distribution du produit des amendes.

Malgré les termes du Règlement et ceux des billets royaux de nomination, certaines provinces cherchèrent à obtenir la résidence des nouveaux agents. La question ne pouvait se poser pour Chambéry, pour Annecy par exemple. Mais la province de Haute-Savoie essaya de faire fixer à Lhopital le siège de l'inspection commune avec la Tarentaise; cette prétention provoqua une protestation de l'intendant de Moutiers qui fit valoir l'importance des massifs boisés de la Haute-Isère, le chiffre de la population et les raisons historiques [3]. L'état des arrondissements forestiers annexé au Règlement du 1ᵉʳ décembre 1833 ne subit aucune modification.

Jusqu'en 1860, l'inspection de Chambéry eut 6 titulaires, celle de Moutiers, un seul (Anthonioz); celle d'Annecy 4 et celle de Bonneville 7 [4].

§ 2. Recrutement des inspecteurs.

L'origine des inspecteurs forestiers est loin d'être uniforme.

Les uns, comme Anthonioz et Germain, ont suivi la filière administrative et ont été sous-inspecteurs honoraires avant d'avoir le grade d'agent.

[1] *Journal de Savoie*, 1834, 18 janv.
[2] Arch. H.-S., corr. I. Fy. avec divers, 1834, n° 1; Corr. I. Ch. avec sind., 1834, n° 312. Arch. Tse., corr. I. ext., 1835. 28 oct.; corr. inter., 1834, 4 janv., 8, 15 févr.
[3] Arch. Tse., corr. I. exter., 1834, 10 janv.
[4] P. Mougin, *Liste chronologique des agents forestiers de la Savoie*. Autographie. 1910.

D'autres qualifiés d'avocats, donc gradués en droit, ont dû aussi emprunter la même voie. Ainsi on voit le chevalier–avocat Pianavia-Vivaldi faire en qualité de garde-chef l'intérim de l'inspection de Bonneville, du 22 juin 1844 au 31 mars 1847; nommé ensuite inspecteur à Chambéry, il occupe ce poste du 1ᵉʳ avril 1847 au 9 janvier 1850. Le chevalier–avocat Cordero de Montezemolo, d'abord inspecteur à Bonneville (1840-1844), puis à Chambéry (1854-1856), a sans doute eu la même origine.

Mais comme le Règlement du 1ᵉʳ décembre 1833 n'exigeait aucune condition pour l'exercice des fonctions d'inspecteur, la nomination de ces agents demeurait arbitraire.

Cependant le Gouvernement sarde finit par s'apercevoir que certaines connaissances étaient nécessaires pour la bonne gestion du domaine forestier de l'État, des communes et établissements publics. Aussi créa-t-il dans les bâtiments de la Vénerie royale un institut agraire, vétérinaire et forestier en même temps que le Ministère de l'Agriculture et du Commerce. Ce décret de Charles-Albert du 22 août 1848 fut rapporté le 9 décembre 1851 par Victor-Emmanuel II. D'après l'article 4 du nouveau décret, « l'enseignement des sciences appliquées à l'agriculture et à l'art forestier » devait se donner désormais à Turin dans des chaires spéciales créées à l'Université.

L'inspecteur Papa qui occupa divers postes en Savoie, entre le 1ᵉʳ avril 1847 et 1854, avait certainement reçu cette instruction sylvo-agricole et se trouvait professeur de l'École vétérinaire. Étant inspecteur à Bonneville, il s'occupa d'une épizootie survenue dans certaines communes de la province [1] en 1848 et 1849.

Nommé à Chambéry, Papa ajouta à ses fonctions forestières « quelques leçons hebdomadaires d'économie rurale et vétérinaire données aux élèves du pensionnat de La Motte Servolex » [2].

On voit donc que l'instruction forestière des agents était en somme assez rudimentaire, en général, et que l'enseignement forestier, ébauché depuis 1848, était loin d'avoir reçu le développement nécessaire. Il appartenait au royaume d'Italie de combler cette lacune.

§ 3. Avancement, Traitement, Indemnités.

I. **Traitement.** — L'article 15 du Règlement fixe respectivement à 1,600, 2,000 2,400 livres les traitements correspondants aux 3 classes d'inspecteurs. Le payement de ces traitements était laissé à la charge des provinces (art. 18); par brevet du 13 septembre 1834, Charles-Albert avait décidé qu'à partir du 1ᵉʳ octobre suivant tous les fonctionnaires dont le traitement augmenté de toutes les indemnités n'atteignait pas 2,000 livres devaient être payés mensuellement et non plus trimestriellement comme c'était la règle. Cette mesure ne pouvait intéresser que les inspecteurs de 3ᵉ classe; mais il s'en fallait qu'elle fût partout en vigueur. Le 4 mars 1844, l'intendant général d'Annecy exigea l'application de l'édit de 1834 [3] en Faucigny où elle avait été oubliée jusque-là.

[1] Arch. H.-S., corr. I. Fy. avec Agric. 1849, n° 22; avec sind., 1848. n° 3.
[2] Arch. S., Fonds sarde, reg. 85, n° 72.
[3] Arch. H.-S., corr. I. Fy. avec divers, 1844, n° 678, avec I. Sav., 1836, n° 135.

Une circulaire du 19 mars 1834 fixa ainsi la répartition des traitements et des indemnités attribués aux inspecteurs forestiers entre les provinces intéressées [1].

INSPECTION.	PROVINCES.	SOMMES DUES.			SOMMES À PAYER PAR PROVINCE.
		TRAITEMENT.	FRAIS DE BUREAU.	TOTALES.	
		francs.	francs.	francs.	fr. c.
Chambéry	Savoie Propre. . . .	2.000	250	2,250	1.436 44
	Maurienne				813 56
Moutiers	Tarentaise	1,600	250	1,850	1,142 22
	Haute-Savoie.				707 78
Annecy.	Genevois	1,600	250	1.850	1,250 50
	Carouge.				599 50
Bonneville	Faucigny	1,600	250	1.850	1,259 04
	Chablais.				590 96

Il y avait donc en Savoie 1 inspecteur de 2e classe et 3 de 3e, en 1834. Un peu plus tard, après la création de l'intendance générale d'Annecy, l'inspection de Genevois fut élevée à la 2e classe.

Mais il ne faudrait pas croire que l'administration observât fidèlement les dispositions de l'article 15 du Règlement : elle s'efforçait de rogner sur les traitements des nouveaux promus. Quand il était à l'inspection de Bonneville, Papa ne touchait annuellement que 1,400 livres. De même, le 12 janvier 1850, l'intendant général de l'Intérieur annonce qu'il a nommé « régent de l'inspection de Bonneville » le garde-chef Vossenat de Chambéry qui avait fait l'intérim de son inspecteur malade pendant plusieurs mois. Le régent — terme nouveau — « a la faculté de revêtir l'uniforme, de percevoir les frais de bureau, les droits de transport et de découcher assignés aux inspecteurs forestiers », mais il ne touche que 1,200 livres de traitement au lieu de 1.600 [2] : c'est un inspecteur sans les émoluments. Une fois de plus, on retrouve la fâcheuse tendance du Gouvernement sarde de vouloir faire faire du service au rabais !

D'après la circulaire de 1834, il semble bien que la classe de chaque inspection soit attribuée à la résidence et qu'un inspecteur allant de Chambéry à Turin ou à Alexandrie doive passer de la seconde à la première classe. Il n'en était rien et le chevalier-avocat Pianavia-Vivaldi en fit l'expérience, également en 1850 [3]. Il est vrai qu'on était à réparer les résultats malheureux de la campagne contre l'Autriche qui aboutit à la défaite de Novare.

II. **Indemnités, secours.** — Le chiffre des indemnités de déplacement et celui des frais de bureau ne paraît pas avoir varié.

Mais à côté de ces allocations fixes et réglementaires, l'État accordait à titre de secours des sommes plus ou moins importantes aux agents ou anciens agents et à leurs veuves, sur demandes spéciales [4].

[1] *Raccolta delle Circolari sull' l'adm. de' Boschi e Selve*, t. IV, 1828-1844, p. 274.
[2] Arch. H.-S., conseil div. Av., 1852. Budget, p. 16; corr. I. Fr. avec forêts, 1850, n° 36. Arch. S. Fonds sarde, Reg. 73, n° 325.
[3] Arch. S., Fonds sarde, Reg. 188, n° 9.
[4] Arch. S., Fonds sarde, Reg. 80, n° 389.

Ainsi en 1834 et 1835, l'ancien sous-inspecteur Gabet, gratifié d'une pension de 600 livres, insuffisante à raison des soins que nécessitait son grand âge, sollicita un secours de 150 livres qui lui fut accordé [1]. Après son décès, sa veuve reçut aussi du roi un secours de 250 livres par an.

III. **Retraites**. — On a vu que les retraites accordées aux sous-inspecteurs qui ont exercé jusqu'au 1er janvier 1834 avaient été assez minimes, et égales à peu près à la moitié du traitement d'activité.

En 1844, l'inspecteur de Chambéry, Léon Coppa, a été admis à la retraite par décision du 7 septembre et sa pension a été fixée à 1,875 livres alors que le traitement d'un inspecteur de 2e classe se trouvait être de 2,000 livres. Il y a lieu de présumer que l'intéressé, qui occupait son poste depuis le 1er janvier 1834, devait avoir d'autres états de services antérieurs.

§ 4. Uniforme.

Par Billet du 26 novembre 1834, Charles-Albert fixa l'uniforme des agents forestiers. L'habit était de drap bleu avec col, parements et bordures de drap vert; il se fermait sur la poitrine au moyen de 2 rangées de 9 boutons dorés. Sur les côtés, deux poches avec revers à 3 pointes, fermant au moyen d'un bouton.

Le pantalon était de drap bleu, se portait avec des bottes; réglementaires aussi étaient la culotte et les bas blancs avec boucle dorée.

Des broderies en or de feuilles de chêne ornaient le col et les parements de l'habit; une rosace entre les boutons de la taille, dans le dos, des branchettes de chêne, toujours brodées en or, complétaient la partie décorative. On reconnaissait la classe de l'inspecteur à l'importance des broderies du col et des parements.

Un chapeau à 3 pointes, bordé d'un galon de soie noire, frangé d'or, portait la cocarde bleue de la maison de Savoie.

Le tout était complété par une épée à poignée de nacre, à garde dorée, portée par un ceinturon de cuir noir.

Sur le bouton d'uniforme l'aigle de Savoie tenant dans une de ses serres un marteau-hachette et dans l'autre une branche de chêne; il était en métal doré.

L'usage de la capote en drap bleu avec boutons d'uniforme était facultatif.

§ 5. Savoir professionnel, Moralité.

I. **Savoir professionnel**. — Le stage préliminaire ou l'instruction technique imposés aux agents forestiers sardes ont eu pour conséquence de les arracher à la gestion pure des forêts et d'appeler leur attention sur quelques-uns des nombreux problèmes botaniques, géologiques ou hydrauliques qui se lient intimement aux questions de boisement. La dégradation des montagnes, la torrentialité et les avalanches, conséquences de la déforestation, devaient en premier lieu frapper l'imagination, provoquer la recherche des remèdes à un état de choses déplorable.

On voit l'administration économique de l'Intérieur signaler aux agents, dans un index spécial ajouté aux volumes de circulaires, toute une bibliographie sur la science fores-

[1] Arch. Tse, corr. I. ext., 1835, 28 oct.; int. 1835, 27 janv.; 1842, ext. 11 févr.

tière, en italien et en français. Baudrillart, Dralet, Duhamel du Monceau, la traduction française de «la culture des bois» de Hartig, etc., etc., figurent dans cette table. (Tome I du *Recueil des circulaires sardes*.)

Aussi les inspecteurs forestiers commencent-ils à rassembler des observations, à tenter quelques essais et à publier le résultat de leurs études ou de leurs travaux; trois d'entre eux ont fait imprimer leurs mémoires ou les ont fait paraître dans les journaux. Jusqu'alors les questions forestières n'avaient été discutées que par l'élite, devant l'Académie de Savoie [1]; après 1840, elles pénètrent dans le peuple par les comices agricoles aussi bien que par les gazettes [2]. On dénonça à la population les graves abus journellement commis dans les massifs boisés, les délits, le pâturage, l'enlèvement des feuilles mortes, les exploitations vicieuses et excessives; on en signale les néfastes conséquences. Mais les remèdes proposés par les agents témoignent parfois de connaissances techniques un peu superficielles.

Aussi en 1846, l'inspecteur d'Annecy, Rossi, frappé de la disparition de la terre végétale, ensuite du décapage et de l'érosion sur les versants déboisés et de la nécessité de reconstituer «le sol végétatif» pour reboiser ensuite, expose un projet pour couvrir de lierre les montagnes du Genevois, «même dans quelques localités de la haute région des mélèzes et des arolles». Sous l'abri du rideau de lierre on pourra introduire des arbustes et des arbrisseaux qui prépareront les voies à la grande végétation ligneuse [3].

Dans un mémoire imprimé à Moutiers en 1851, Anthonioz étudie les causes du déboisement en Tarentaise, les méthodes de reboisement, semis et plantations; il indique ensuite comment on récolte les cônes de résineux et comment on en extrait la graine. Il recommande spécialement l'emploi du pin Weymouth (*p. strobus*) dont il aurait fait des pépinières à Bozel, Champagny, Pralognan, Albertville, Grignon, Monthion, les Millières. Mais on ne voit aujourd'hui guère de traces de cet essai d'introduction d'une essence à croissance rapide, à qui les conditions de sol et de climat n'ont peut-être pas convenu. Dans tous les cas, la plantation dans les sols et aux altitudes les plus divers, si elle eût été bien suivie, eût sans doute permis de tirer des conclusions sur l'utilisation de cette espèce en Savoie [4]. L'Administration fit distribuer cet opuscule à toutes les communes de Tarentaise et de Haute-Savoie.

Deux ans plus tard, l'inspecteur de Chambéry, Papa, a publié dans le journal officiel de Savoie des «Considérations sur les forêts de la Savoie». Il passe en revue la plupart des questions relatives au dépérissement et à la destruction des massifs, aux exploitations et à l'aménagement, à la défense et au rendement des forêts.

Cette étude, publiée ensuite en une petite brochure, renferme de précieux renseignements sur les bois de Savoie à la fin du régime sarde. L'intendant général de Chambéry tenait cet agent pour «très capable», mais estimait «qu'il ne fallait cependant pas, sans autre, quoique ses observations paraissent fondées, les accepter toutes sans réserves ni examen».

II. **Moralité**. — D'une façon générale on peut dire que les inspecteurs forestiers étaient gens intègres. Il y eut cependant quelques défaillances. Ainsi l'inspecteur Papa

[1] *Mémoires Acad. Sav.*, 1re série, t. I., mémoires Burdet, Gouvert.
[2] *Courrier des Alpes*, 1845, 5 juin, 11 sept.
[3] *Courrier des Alpes*, 1846, nos 17 à 52.
[4] ANTHONIOZ, *Mémoire sur le reboisement des montagnes*, Moutiers, 1851, imp. Bocquet.

fut révoqué pour concussion : c'était un besogneux, chargé de famille, qui cherchait à se procurer de l'argent. Il avait sollicité en 1853 d'être remboursé des 200 livres que lui avait coûtées la publication de son mémoire sur les forêts de Savoie; ses leçons d'agronomie à La Motte-Servolex étaient sans doute pour lui un moyen d'accroître ses ressources insuffisantes.

Il convient de rappeler aussi que, le 19 juin 1848, l'intendant général de Savoie déclarait au Ministre des travaux publics et de l'agriculture que les agents forestiers n'étaient pas «convenablement rétribués».

SECTION II.

Les Gardes-Chefs.

L'institution de ces sous-agents est caractéristique du Règlement forestier du 1er décembre 1833; c'est le dernier terme de l'évolution du brigadier créé par l'instruction ministérielle du 7 prairial an IX.

Du garde, le garde-chef a toutes les obligations (art. 27 du Règlement) en même temps que lui incombent certaines opérations réservées ailleurs aux agents, telles que marquer les arbres de réserve et les parois, ou procéder aux récolements (art. 77, Circ. 16 mars 1835). En certaines provinces, comme la Haute-Savoie, le garde-chef eut même la surveillance d'un triage.

Le règlement du 1er décembre 1833 faisait table rase de l'ancienne organisation et supprimait les brigadiers, comme les sous-inspecteurs. Pour ménager le passage au nouveau régime et assurer en même temps la surveillance des forêts, par billet royal du 28 décembre 1833, Charles-Albert ordonna aux brigadiers et gardes de continuer leurs fonctions. En transmettant aux intéressés la teneur de cet édit, les intendants ajoutaient à l'usage spécial des brigadiers qu'ils comptaient «sur leur zèle pour assurer au mieux l'exécution de cet ordre souverain en donnant les instructions nécessaires : ce serait un moyen de mériter les regards de l'Administration». Et de fait, ce fut parmi les brigadiers en fonctions que le gouvernement recruta les nouveaux gardes-chefs [1] dont la nomination parut vers le 1er mai 1834. Mais un certain nombre des brigadiers demeurèrent sans emploi. Parmi eux se trouvaient des pères de plusieurs enfants, ayant 30 ans et plus de service, trop vieux pour songer à entreprendre quelque autre métier. Aucun ne voulut rentrer dans l'administration comme garde, comme l'intendant général de l'intérieur le leur avait fait proposer [2]. A certains de ces brigadiers licenciés, le roi alloua des secours en 1834 et en 1835; puis, lorsque l'occasion se présenta, ces brigadiers furent pourvus du grade de garde-chef [3].

Plus tard, quand il s'agit de pourvoir des postes devenus vacants, il semble qu'aucune règle n'ait été suivie dans le choix des candidats. Ainsi en 1844 l'inspecteur de Chambéry propose pour être garde-chef au Chatelard le garde-rayon de Lescheraines, alors que l'intendant général présente un ancien sous-officier de la brigade de Savoie

[1] Arch. Tse., corr. I. int., 1834, 4 janv., 1er mai.
[2] Arch. Mue, corr. I. avec Int., 1834, 18 déc.
[3] Arch. H.-S., corr. I. Ay. avec sind., 1836, n° 1071, 1119; Corr. I. Fy. avec I., 1836, n° 106, avec sind., 1835, n° 41; Corr. I. Ay. avec Int., 1835, n° 523.

recommandé par son colonel [1]. Le choix de candidats militaires sans aucune connaissance technique pour un emploi qui était la cheville ouvrière du service ne devait pas beaucoup contribuer à la bonne gestion des forêts.

En Maurienne, l'intendant propose un garde-rayon ayant fait des études classiques.

Certains commis des bureaux d'intendance sollicitèrent aussi des emplois de garde-chef et les obtinrent grâce à l'appui des intendants. Ces sous-agents, s'ils avaient des notions d'administration, devaient à peu près totalement manquer de savoir forestier [2].

On a vu que les projets de remaniement du Règlement de 1833 prévoyaient une amélioration du personnel. Si ce règlement subsista jusqu'à l'annexion de 1860, il fut du moins complété par un décret du 5 juillet 1857 qui exigea un concours pour l'admission à l'emploi de garde-chef [3] et organisait ainsi une sélection.

Le nombre des gardes-chefs fut fixé par décision du Ministre des Finances ainsi qu'il suit [4] :

INSPECTIONS.	PROVINCES.	NOMBRE DE GARDES CHEFS		DÉPENSE.
		DE 1ʳᵉ CLASSE.	DE 2ᵉ CLASSE.	
				livres.
Chambéry...............	Savoie Propre.............	1	4	3,120
	Maurienne...............	1	3	2,520
Moutiers.............	Haute-Savoie...........	»	3	1,800
	Tarentaise..............	»	4	2,400
Annecy.............	Genevois..............	»	4	2,400
	Carouge..............	»	3	1,800
Bonneville...........	Faucigny.............	1	3	2,520
	Chablais.............	1	1	1,320

L'uniforme des gardes-chefs était, aux broderies près, le même que celui des inspecteurs: pantalon et habit de drap bleu, parements, bordures de drap vert. Au collet, les gardes-chefs de 1ʳᵉ classe portaient une simple branche de chêne, brodée en or, de 12 centimètres de longueur; ceux de 2ᵉ classe n'avaient qu'un double galon d'or. Le chapeau était à trois pointes avec cocarde bleue; l'épée et ceinturon noir complétaient le costume semblable à celui des agents supérieurs.

Le traitement des gardes-chefs était laissé par l'article 18 du Règlement à la charge des provinces. A partir du 1ᵉʳ juillet 1854, les mandats destinés aux gardes-chefs cessèrent d'être délivrés par les intendants; ils émanèrent du Ministre de l'Intérieur. de sorte que les destinataires purent toucher leurs émoluments auprès des comptables des Finances dans le lieu même de leur domicile [5].

D'après le Règlement (art. 16), aucune indemnité n'était due aux gardes-chefs pour leurs déplacements. Étant donné le montant plus que modeste du traitement de ces

[1] Arch. S., Fonds sarde, Reg. 75 bis, n° 215.
[2] Arch. Mne., corr. I. avec Inter., 1841, 1ᵉʳ déc. Arch. H.-S., corr. I. Fy. avec Int., 1842, n° 572; avec Min. T. P., 1842, n° 51.
[3] Arch. H.-S., corr. I. Ay. avec I. Fy., 1857, n° 428.
[4] Raccolta delle Circolari sull l'adm. de Boschi e Selve, 1828-1844, t. IV, p. 291.
[5] Arch. H.-S., corr. I. Gl. Ay. avec Forêts, 1854, n° 98.

sous–agents, un tel refus ne pouvait guère exciter d'activité ni de zèle. Même lorsqu'ils suppléaient leur inspecteur, les gardes-chefs ne pouvaient prétendre à aucun dédommagement [1]; il n'y avait à cette règle qu'une seule exception, quand il y avait commission donnée par les tribunaux aux gardes-chefs de procéder à une reconnaissance, à une estimation ou à une opération dans l'intérêt de particuliers (art. 38). L'avancement de classe n'avait lieu qu'à l'ancienneté [2].

Aussi les malheureux gardes-chefs pouvant vivre à grand peine étaient-ils dans l'impossibilité de rien économiser. Survenait-il une maladie, ou bien étaient-ils purement et simplement remerciés par suite de réorganisation, comme en 1834, c'était la misère la plus profonde. Quand le Gouvernement se décidait à pourvoir d'un emploi un ancien serviteur, il lui fallait le plus souvent accorder un secours au malheureux pour qu'il pût rejoindre son poste [3].

Quand il fut question de refondre la législation sur les forêts, les gardes-chefs de plusieurs provinces adressèrent par voie hiérarchique au Ministre une requête où ils exposaient leur lamentable situation et le désir qu'ils avaient de voir relever leurs salaires et d'être traités comme les employés des autres administrations [4]. Cette pétition eut le sort de la réforme toujours projetée, jamais réalisée.

Comme le Gouvernement n'accordait pas de retraite à ces modestes fonctionnaires, il les maintenait à leur poste le plus longtemps possible et enfin consentait à les dispenser de tout service quand il ne pouvait plus naturellement l'exiger. Et le roi accordait une certaine somme, témoignant parfois «l'intention d'allouer à l'intéressé, à la fin de chaque année, s'il en faisait la demande, telle autre somme que les circonstances pouvaient exiger [5]».

Moralité. — On peut prévoir qu'avec un traitement insuffisant les gardes-chefs arrivaient parfois à oublier leurs devoirs ou bien cherchaient à vivre chez eux autant qu'ils le pouvaient. Ainsi le garde-chef de Saint-Paul, malgré des ordres réitérés, continuait d'habiter Évian; il fallut que l'intendant de Chablais retint son mandat trimestriel de traitement jusqu'à son installation dûment constatée par le syndic [6].

Mais les agissements des gardes-chefs n'étaient pas toujours aussi anodins.

En 1839, par exemple, le garde-chef de Taninges, chargé de remettre aux délinquants un avis des amendes qu'ils avaient à payer, se fait verser et s'approprie le montant des condamnations ou des transactions [7].

En Maurienne, c'est pis encore : le garde-chef de la Chambre, originaire de cette localité, «homme ruiné de biens et de considération», examine les procès-verbaux dressés par les gardes sous ses ordres et «fait tomber ceux qui atteignent les personnes dont il redoute l'influence ou dont il caresse l'amitié». Son collègue d'Aiguebelle commet aussi de nombreux abus de pouvoir [8].

[1] Arch. Alb., corr. I. avec autor., 1837, 9 sept.
[2] Arch. H.-S., corr. I. Ay. avec A. F., 1857, n° 132.
[3] Arch. H.-S., corr. I. Ay. avec Int. 1836, n° 882.
[4] Arch. S., Fonds sarde, Reg. 88, n° 64.
[5] Arch. S., Fonds sarde, Reg. 184, n° 173.
[6] Arch. H.-S., corr. I. Ch. avec sind, 1835, n° 957.
[7] Arch. H.-S., corr. I. Fy. avec Inter., 1839, n° 89.
[8] Arch. S., Fonds sarde, Reg. 86, n° 86 ; Reg. 88, n° 469.

Ces détestables sous-agents se montrent plein d'arrogance ; celui-ci dépouille toute déférence dans sa correspondance avec les autorités et avec ses chefs ; celui-là ne parle à ses gardes «qu'avec aigreur jusqu'à les troubler».

Savoir professionnel. — Au point de vue du savoir professionnel, mêmes dissemblances chez les gardes-chefs, ce qui s'explique aisément par le recrutement arbitraire et sans garanties. Certains même rédigent si mal leurs procès-verbaux ou les adressent avec tant de retard que toute poursuite est impossible, à raison de la nullité du document ou de la prescription [1].

De nombreux gardes-chefs s'intéressent à leur métier, tentent des essais de repeuplement des vides dans les forêts confiées à leurs soins, ou de reboisement dans les friches. Et ce ne sont pas seulement les essences de la localité même qu'ils propagent, ce sont aussi des résineux de la région alpestre qu'ils introduisent [2].

Par contre, tel autre «ne connaît ni les principes de l'économie forestière, ni les lois et règlements qui régissent cette matière». Comme toujours, ces détestables praticiens sont les pires au point de vue de l'honnêteté.

On le voit, tout ce personnel d'exécution laissait fort à désirer.

SECTION III.

Les gardes.

§ I. Les gardes-rayons.

I. L'article 24 du Règlement de 1833 ne fixe pas le nombre des districts ou triages dépendant de chaque inspection : il charge de ce soin le secrétaire d'État pour les affaires de l'Intérieur. Ce fut une circulaire de l'Administration générale de l'Intérieur du 15 octobre 1834 qui arrêta que le nombre des gardes ne pouvait excéder le double de celui des gardes-chefs. La conséquence de cette décision fut de ne laisser subsister dans tout le duché de Savoie que 58 gardes-forestiers.

Par Lettres Patentes du 28 décembre 1833, Charles-Albert avait ordonné que les gardes en fonctions devaient continuer leur service jusqu'au jour de leur remplacement et au moins jusqu'au 31 mars 1834. Les délais nécessaires pour réorganiser le service, le retard apporté par l'Administration de l'Intérieur à prendre son arrêté, firent reporter au 1er janvier 1835 la date de cessation de service des préposés si brutalement remerciés [3].

Les brigadiers maintenus en qualité de gardes-chefs durent fournir aux intendants des renseignements sur l'étendue, la valeur et la nature des forêts, afin de permettre la constitution des nouveaux triages ou rayons [4]. Dans le Genevois, sur 32 gardes-forestiers, 9 furent nommés gardes-rayons dans l'inspection, 14 furent choisis pour gardes champêtres dans les communes, sur la recommandation de l'intendant, 9 res-

[1] Arch. Alb., corr. I. avec A. F., 1844, 21 août.
[2] Arch. S., Fonds sarde, Reg. 86, n° 56.
[3] Arch. Tse., corr. I. int., 1834, 31 oct.
[4] Arch. Tse., corr. I. int., 1834, 3 avril.

tèrent sans place [1]; dans le Genevois, le nombre des gardes-champêtres avait augmenté d'un tiers.

En Maurienne, sur 38 gardes, 8 ont été conservés comme gardes-rayons, 10 sont devenus gardes champêtres et 20 demeurèrent sans emploi. De ces derniers, les «uns ne s'étaient pas rendus recommandables par leurs services passés; les autres étant étrangers aux communes auxquelles ils étaient appliqués, il ne leur convenait pas d'y continuer leur domicile avec le modique traitement de gardes champêtres» [2].

Plusieurs des préposés licenciés adressèrent des requêtes aux intendants, sollicitant tantôt un secours, tantôt une indemnité en remplacement d'objets qu'ils n'auraient pas touchés, dont la livraison, antérieure à la réforme, avait été différée [3]. Le roi avait commencé par «accorder un subside aux gardes forestiers licenciés et qui se trouvaient privés d'emploi»; par une décision du 31 mai 1835, les gardes forestiers de Sollières-Sardières, de Villargondran reçurent ainsi chacun 50 livres, celui de Saint-Martin d'Arc 60 livres [4]. Mais bientôt la générosité du prince fléchit et, malgré les instances de divers intendants, «la Royale Secrétairerie de l'Intérieur déclara par lettre du 22 août 1835 qu'elle ne pouvait prendre en considération les motifs exposés... par quelques anciens gardes forestiers, vu qu'ils ont été payés pour toute la durée effective de leur service et qu'ils ont été prévenus de leur licenciement assez longtemps d'avance pour se procurer de l'occupation ailleurs» [5].

Le Ministre de l'Intérieur s'était pourtant rendu compte que le licenciement ordonné allait mettre nombre de gardes dans la plus profonde misère : dès le 11 mars 1835, il avait adressé aux intendants une dépêche leur demandant si, parmi ces gardes, il en était «qui, profitant de l'ignorance des paysans et en leur faisant croire qu'ils conservaient une certaine influence auprès de l'Administration, qu'ils allaient bientôt être réintégrés dans leurs fonctions, leur avaient inspiré de la crainte, s'étaient fait donner à manger par-ci, par-là et avaient même extorqué des uns et des autres du vin, des denrées et même de l'argent [6]». Il résulta de cette enquête ordonnée par le Gouvernement que les gardes ne se rendirent pas coupables de grivèlerie : la plupart demeurèrent dans les communes de leur résidence et se mirent à travailler aux champs [7].

II. **Nomination et recrutement.** — D'après l'article 13 du Règlement, les gardes des bois appartenant au domaine royal, aux apanages et établissements religieux sont nommés par les Administrations de ces biens. C'est ainsi que l'Administration générale des Finances a nommé un garde spécial pour la forêt royale de Sangle ou de Mandallaz, au traitement annuel de 300 livres, le 29 décembre 1834 [8], non sans de nombreux pourparlers avec les communes propriétaires de forêts voisines.

---

[1] Arch. H.-S., corr. I. K. avec Inter., 1835, n° 248; corr. I. Ay. avec Inter., 1834, n° 408.

[2] Arch. Mne., corr. I. avec Inter., 1835, 25 fév.

[3] Arch. Tse., corr. I. ext., 1835, 6 fév.

[4] Arch. Mne., corr. I. avec sind., 1835, 10 juin.

[5] Arch. Tse., corr. I. inter., 1835, 5 sept.

[6] Arch. Tse., corr. I. inter., 1835, 14 mars. Arch. H.-S., corr. I. Ay. avec sind., 1835, n° 517. Arch. Mne., corr. I. avec sind., 1836, 16 mars.

[7] Arch. H.-S., corr. I. K. avec Inter., 1835, n° 248.

[8] Arch. H.-S., corr. I. Ay. avec sind., 1834, n° 436; avec Inter., 1834, n° 338.

Le chanoine préposé à la gestion des biens du diocèse d'Annecy fut invité par l'intendant de Genevois à choisir un garde pour la forêt de Sainte-Catherine [1]. Mais pas plus qu'auparavant l'économat n'était pressé d'engager des dépenses, mêmes utiles, et ce ne fut que le 22 septembre 1838 qu'un ancien garde, victime des réductions de 1834, obtint moyennant le salaire de 300 livres par an, dont 230 payées par le diocèse, la surveillance des bois de Sainte-Catherine et de Sevrier [2].

Quant aux gardes-rayons, ils étaient nommés par les intendants des provinces, qui se refusaient bien à choisir ceux qu'ils connaissaient enclins à l'ivrognerie ou qu'ils savaient préférer la culture de leurs terres à un service de surveillance [3].

Mais aucune condition n'était imposée pour être nommé garde, ni au point de vue de l'âge, ni à celui de l'instruction. Bien entendu, les influences n'étaient pas étrangères aux choix faits par les intendants. Les demandes étaient adressées à ces fonctionnaires par les candidats; elles étaient communiquées pour avis, propositions et renseignements à l'inspecteur forestier et les intendants prenaient ensuite leur arrêté. Voici de quelle manière l'inspecteur était avisé que l'attention de l'Administration avait été appelée d'une manière toute particulière sur un candidat :

« Communique une demande faite par le sr Pinaud, ancien militaire dans les troupes de S. M. et maintenant sindic de la commune de Draillant, tendant à obtenir une place de garde forestier dans la province de Chablais et autant que possible dans le district de Thonon. Cette demande m'a été transmise par M. l'intendant général de l'Intérieur avec recommandation d'y avoir tous les égards possibles à l'occasion de la première vacance d'une place de cette nature dans le cercle y indiqué. L'intérêt que paraît prendre M. l'intendant général de l'Intérieur me paraît suffisant pour vous faire connaître celui que vous devez mettre vous-même à l'accueil de cette demande d'ailleurs appuyée des qualités du recourant qui ferait certainement un bon garde forestier ».

Il eut fallu être sourd et aveugle pour ne pas comprendre. Aussi, un an après, le sieur Pinaud était-il nommé garde-chef à Saint-Paul, c'est-à-dire chez lui. Pour un syndic protégé de l'intendant général de l'Intérieur, les degrés de la hiérarchie n'existent pas [4].

III. **Salaire.** — D'après l'article 16 du Règlement, le traitement des gardes-rayons variait entre 250 et 450 livres, suivant les circonstances. Il n'est pas sans intérêt de voir à quel chiffre ce traitement a été fixé en pratique : ce chiffre a dû varier nécessairement suivant les provinces. Les intendants arrêtaient à la fois les triages d'après les renseignements fournis par les inspecteurs, le montant des salaires et les tableaux d'organisation étant soumis à l'approbation de la royale Secrétairerie de l'Intérieur. Le traitement des gardes était réparti entre toutes les communes comprises dans leurs rayons, n'eussent-elles aucune forêt [5]; de là des réclamations justifiées.

Dans la Haute-Savoie, 4 gardes-rayons touchaient 400 et deux 450 livres, soit en

[1] Arch. H.-S., corr. I. Av. avec sind., 1835, n° 465.
[2] Arch. H.-S., O. I. Ay., 1838, n° 21.
[3] Arch. S., Fonds sarde, Reg. 186, n° 3.
[4] Arch. H.-S., corr. I. Ch. avec AF., 1844, n° 1 : 1845, n° 7.
[5] Arch. H.-S., corr. I. Fy. avec sind., 1850, n° 4 ; avec I. Gl. Ay., 1849, n° 481. Arch. Mne., corr. I. avec AF., 1840, 14 janv.

moyenne 416 liv. 66. En Genevois, les traitements variaient entre 350 et 400 livres [1] : la moyenne était de 370 livres. Dans la Savoie Propre [2], le minimum était de 360, le maximum de 400, la moyenne de 376 liv. 6.

IV. **Uniforme.** — L'uniforme des gardes, fixé par le brevet royal du 26 novembre 1834, comportait pantalon et veste courte, en drap bleu ; le col, les parements et bords de l'habit étaient de drap vert. Cette veste fermait au moyen de deux rangées de 9 boutons de métal portant l'inscription « Bois ». Le képi était de feutre noir, orné des armes royales, une bandoulière de cuir noir avec giberne, un baudrier de même nature avec sabre ; une carabine et un pistolet complétaient l'équipement.

Les gardes pouvaient, à leur volonté, porter aussi, une capote de drap gris brun munie des boutons d'uniforme.

En 1851, le 8 avril, le roi autorise le remplacement de la veste par une tunique également en drap bleu avec collet et parements verts. Cette substitution devait se faire graduellement, au fur et à mesure du renouvellement des effets [3].

Ce n'était pas l'Administration qui fournissait leur uniforme aux gardes ; les inspecteurs s'adressaient ordinairement à un marchand de leur résidence qui se chargeait de confectionner les effets réglementaires [4]. On retenait ensuite à chaque préposé la somme nécessaire au payement.

Quant à l'armement, il provenait des anciens gardes. Aussitôt après la promulgation du nouveau Règlement de 1833, l'Administration de l'Intérieur fit établir dans chaque province un état des armes du personnel forestier subalterne, indiquant la nature, le nombre, le lieu du dépôt de ces armes. En possession de ces renseignements, elle ordonna aux intendants de conserver dans leurs bureaux les carabines, sabres, pistolets et gibernes provenant des gardes licenciés pour les distribuer, le cas échéant, aux gardes spéciaux et champêtres [5].

Mais quand on demanda aux préposés mis à pied en exécution du Règlement de verser l'armement dont ils étaient pourvus, il s'en trouva pour opposer un refus pur et simple. Les intendants durent leur enjoindre d'en faire la remise, dans les vingt-quatre heures, aux nouveaux gardes-chefs, « sous peine d'être dénoncés et poursuivis comme détenteurs d'effets publics [6] ».

V. **Discipline et moralité.** — La discipline était assez molle. Chargé de deux provinces, l'inspecteur retenu, d'ailleurs, par un grand travail de bureau, ne pouvait être en contact très étroit avec son personnel. Quant aux gardes-chefs, choisis parfois arbitrairement, sans connaissances professionnelles souvent, ou partageant la misère de leurs subordonnés, ils étaient sans grande autorité. On voit, par exemple, le garde-rayon de Beaufort, « d'un caractère hautain, impérieux et insubordonné », prononcer dans un lieu public des mots injurieux et offensifs contre son garde-chef, en lui repro-

[1] Arch. H.-S., corr. l. Ay. avec services, 1838, n° 88.
[2] Arch. S., Fonds sarde, Reg. 185, n° 203.
[3] Arch. H.-S., corr. l. Ch. avec AF., 1851, n° 21.
[4] Arch. Tse., corr. l. exter., 1835, 28 fév. ; corr. int., 1835, 1er oct. Arch. H.-S., corr l. Ay. avec Inter. 1835, n° 42.
[5] Arch. Tse., corr. l. inter. 1834, 11 nov.; 1835, 7 fév.
[6] Arch. Mne., O. l., 1834, 2 déc.

chant d'avoir fait destituer son père de cette place pour s'en emparer et d'avoir gagné ses galons pour cette destitution [1] ».

Il n'était pas rare de trouver chez les gardes-rayons qui, pourtant, étaient de beaucoup le mieux traités, outre quelques manquements à la discipline, des agissements tout aussi répréhensibles dans l'exercice de leurs fonctions.

Celui-ci se dispense de faire des tournées dans ses forêts que les délinquants mettent au pillage. Le syndic prévient-il le garde? celui-ci réplique que ses occupations l'empêchent d'aller sur place et qu'au reste sa santé ne le lui permettait pas [2].

Celui-là n'habite pas la commune qui lui a été assignée comme résidence « et se livre plus à des spéculations particulières qu'à la surveillance des forêts et ne veille pas sur les braconniers [3] ».

Tel garde-rayon fréquente assidument les cabarets, est continuellement en état d'ivresse. Aussi, les délinquants ont-ils beau jeu; quand ils sont surpris, il n'y a de procès-verbaux que pour les « pauvres malheureux qui n'ont pas le sou [4] ».

Tel autre s'approprie des bois [5] ou bien accepte de fréquents dîners pour fermer les yeux. Comme par leurs fonctions les préposés sont loin d'acquérir les bonnes grâces de la population, leurs moindres fautes sont dénoncées, non pas à l'inspecteur ou au garde-chef, mais le plus souvent à l'intendant de la province. Ordinairement, ce sont les municipalités qui signalent l'inconduite, les vexations ou les actes de prévarication des gardes [6]; ou même les syndics seulement; mais on put voir des gardes communaux dévoiler les faits délictueux dont les gardes-rayons se rendaient coupables [7].

Il s'en fallait pourtant que toutes les dénonciations fussent fondées : nombre d'entre elles n'étaient que la manifestation du désir de vengeance que les délinquants, particuliers ou conseillers, avaient à l'encontre du garde qui avait verbalisé contre eux. On vit même certains conseils prononcer la destitution des gardes-rayons, contre tout droit [8].

Les sanctions disciplinaires prises contre les préposés coupables étaient le plus souvent la réprimande prononcée par l'inspecteur, parfois à l'instigation de l'intendant, le blâme, la retenue de salaire; à partir de 1844, la révocation ou la suspension par l'intendant. Parfois, le garde offrait ou était invité à offrir sa démission, pour éviter une peine plus retentissante ([5] et [9]). Dans les cas très graves, l'intendant saisissait la justice. Ainsi, à Modane et à Termignon, 46 arbres avaient été marqués à l'aide d'un marteau portant la lettre B, qui était celle de marteaux provenant des brigadiers antérieurs à 1833, et maintenus dans le service : le tribunal eut à connaître de cette grave affaire [10].

[1] Arch. Alb., O. I., 1837, 4 fév.
[2] Arch. H.-S., corr. I. Fy. avec AF., 1848, n° 64.
[3] Arch. Tsc., corr. I., 1857, 30 janv.
[4] Arch. S., Fonds sarde, Reg. 184, n° 87.
[5] Arch. Tsc., corr. I., ext., 1848, 11 mars.
[6] Arch. S., Fonds sarde, Reg. 186, n° 4.
[7] Arch. S., Fonds sarde, Reg. 187, n° 209.
[8] Arch. H.-S., corr. I. Av. avec sind. 1837, n° 4; 1838, n° 1; corr. I. Fy. avec sind., 1855, n° 5. Arch. Alb., corr. I. avec sind., 1853, 18 mars.
[9] Arch. Alb., corr. I. avec AF., 1848, 1er août; avec forêts, 1844; n° 666.
[10] Arch. Mne., corr. I. avec Inter., 1848, 12 oct.

41.

VI. Étendue des rayons. — Il y avait 29 gardes-chefs et 58 gardes-rayons dans tout le duché de Savoie. En admettant que tous les gardes-chefs fussent placés à la tête d'un rayon, comme les gardes, en admettant aussi comme exact, ce qui est faux, le chiffre étant trop faible, la surface forestière donnée par la consigne des bois de 1824, on voit que le rayon moyen comprenait 1,368 hectares de bois. Si l'on songe que dans la région alpine la végétation ligneuse va du fond des vallées jusqu'à une altitude voisine de 2,300 mètres, que dans la zone extérieure aux chaînes subalpines et jusqu'au Rhône les forêts sont littéralement émiettées, éparses, on peut juger de l'impossibilité absolue pour un homme, si robuste, si actif qu'il soit, d'assurer journellement la surveillance d'une pareille étendue de terrains. Que l'on se souvienne de l'article 16 du Règlement qui refuse aux gardes et aux gardes-chefs la moindre indemnité «pour les voyages, visites et autre service quelconque» et l'on comprend aussi que ces préposés payés à peine 1 ou 2 livres par jour et subissant encore des retenues pour l'uniforme n'aient pu, sous peine de mourir de faim, entreprendre des déplacements onéreux dans les forêts trop lointaines.

Certains districts de gardes-chefs étaient assez lourds : ainsi celui d'Ugines comprenait 3,454 hectares seulement de bois. Le triage du garde-chef était de 1,251 hectares, alors que ceux des gardes de Flumet et de Pallud comprenaient respectivement 1,280 hectares et 923 hectares. Le garde-chef avait donc une surveillance égale à celle de l'un de ses gardes et les 4/3 de celle de l'autre.

A Beaufort, l'anomalie est plus saisissante encore : le garde-chef surveille personnellement 1,847 hectares et son garde 980 hectares [1].

Dans la Savoie Propre, les gardes-chefs n'ont pas de triage : mais les rayons sont constitués de manière, semble-t-il, à rendre impossible l'action du garde. Ainsi, dans le district de Chambéry, le garde-rayon de la Motte-Servolex a 1,872 hectares à parcourir, répartis entre le Mont l'Épine et les pentes du Nivolet-Revard ; celui d'Apremont est chargé de 2,098 hectares couvrant les pentes du Granier, du Mont de Joigny, du Pennay, du Revard et du Margeria !

En Haute Tarentaise [2], le rayon du garde de Sainte-Foy s'étend sur six communes et 3,600 hectares. Dans cette province, la surface moyenne du rayon n'est pas inférieure à 2,178 hectares. En Maurienne [3], les 22,340 hectares de forêts publiques se répartissent entre 4 gardes-chefs et 8 gardes, ce qui fait ressortir le rayon moyen à 1.861 hectares ! Et cette province, comme la Tarentaise, est d'un parcours très dur.

Il est nécessaire de faire ressortir de telles fautes d'organisation, car ce sont elles qui expliquent comment un règlement forestier, pourtant si voisin de notre Code dans les dispositions ne concernant pas l'Administration, n'a pu empêcher l'appauvrissement ou la destruction des massifs forestiers.

§ 2. LES GARDES COMMUNAUX, CHAMPÊTRES ET FORESTIERS.

I. Nécessité de compléter le personnel de surveillance. — Il eut fallu un singulier aveuglement pour ne pas voir l'insuffisance du personnel forestier. Le Règlement

[1] Arch. Alb., O. I., 1834, 30 nov.
[2] Arch. Tse., corr. exter., 1835, 14 janv.
[3] Arch. Mne., corr. I. avec Inter., 1834, 31 déc.

lui-même (art. 10) prescrit l'emploi des gardes champêtres, alors qu'en France aucun texte législatif ne prévoit leur utilisation en forêt. Après l'apparition du Règlement de 1833, les intendants de provinces reconnurent l'impossibilité d'assurer la surveillance des massifs boisés avec des éléments administratifs aussi réduits [1]. L'Administration générale de l'intérieur s'en rendait elle-même tellement compte que, par une circulaire du 15 octobre 1834, après avoir donné des instructions pour la nomination des gardes-rayons, elle demandait aux intendants de pousser les municipalités à proposer des gardes spéciaux ou champêtres « pour assurer la surveillance plus assidue » des forêts.

Par une lettre du 4 février 1835, le Ministre de l'Intérieur fit connaître son intention de voir les anciens gardes forestiers, mis à pied ensuite de la réduction du personnel, compris sur les listes de nominations à faire. Les syndics reçurent alors des intendants des circulaires comme la suivante [2] : « En suite des instructions récemment reçues, le nombre des gardes-forêts doit être réduit à.... dans cette province. Il résultera de là que la plupart des communes en seront dépourvues et que celles qui seront comprises dans le triage des gardes ne pourront être suffisamment surveillées à cause de la grande étendue des bois qui sera sous sa surveillance.

« En conséquence, dans l'intérêt de la conservation des forêts qui nous est confiée, il est indispensable de nommer dans chaque commune un garde champêtre ou un garde particulier qui sera chargé en même temps de la surveillance des forêts et de seconder les efforts du garde-forestier qui, seul, ne peut suffire aux obligations que lui impose son service en raison de l'étendue de son triage. Les communes dont les forêts sont voisines peuvent même se réunir pour nommer un garde particulier. A cet effet, vous voudrez bien assembler de suite le Conseil pour me proposer un, deux ou trois candidats que vous aurez soin de choisir parmi les personnes probes et de bonnes mœurs, sachant lire et écrire, autant qu'il sera possible, en indiquant le salaire que vous croyez convenable de lui fixer, à prendre sur la somme allouée au budget pour le garde forêts.

« Je vous observerai, relativement à la proposition ci-dessus, qu'il est dans les vues de la Royale Secrétairerie de l'intérieur que l'on choisisse de préférence les gardes-forêts actuels qui, à cause de cette réduction, ne seront pas maintenus en activité. »

II. **Les gardes champêtres-forestiers; leur situation administrative.** — Les municipalités prirent les délibérations réclamées et présentèrent leurs candidats au choix des intendants de chaque province. Les arrêtés de nomination spécifient bien la situation de ces nouveaux gardes; l'arrêté ci-après de l'intendant de Haute-Savoie peut être pris comme type :

« ART. 1er. Nous avons nommé et nommons gardes particuliers des bois et champs pour les communes de cette province les individus portés dans l'état ci-joint, avec le salaire annuel y respectivement indiqué et, moyennant ces nominations, tous les gardes champêtres qui ne seront pas conservés par la présente sont supprimés.

« ART. 2. Le salaire de ces gardes commencera à courir à dater du 1er avril prochain

_____

[1] Arch. Tse., corr. I. ext., 1835, 14 janv.; corr. I. int., 1834, 21 nov. Arch. Mne, corr. I avec Intér., 1834, 31 oct.

[2] Arch. H.-S., corr. I. K. avec sind., 1834, n° 270.

et ils jouiront, en outre, des droits qui ont été légitimement attachés jusqu'ici à l'emploi de garde champêtre.

« ART. 3. Les gardes devront prêter, au plus tôt possible, entre les mains de M. le Juge du mandement, le serment voulu par l'article 19 du Règlement forestier, et se présenteront de suite après à notre bureau pour en faire conster et recevoir les armes dont ils doivent être pourvus dans l'exercice de leurs fonctions.

« ART. 4. Les agents forestiers susdits sont sous la dépendance de MM. les Sindics des communes respectives et ils devront aussi exécuter les ordres et instructions qu'ils recevront de la part de M. l'Inspecteur forestier et du garde-chef de leur district. Ils devront garder soigneusement les bois des communes qui leur sont confiés, y faire de fréquentes tournées pour reconnaître et constater les contraventions dont ils devront dresser procès-verbal.

« ART. 5. Ils auront soin de s'instruire de leurs devoirs et attributions et particulièrement de ceux énoncés dans les chapitres 3 et 4 du nouveau Règlement forestier [1]. »

On imaginerait difficilement un rôle plus complexe : les nouveaux promus étaient gardes forestiers sans l'être ; ils doivent obéissance aux agents forestiers, mais ils dépendent des municipalités. Aussi n'est-il pas difficile de prévoir que des hommes tiraillés en sens divers, vrais maîtres Jacques, ne fourniront qu'un service douteux, qu'ils obéiront à qui les paye et profiteront souvent de l'ambiguïté de la situation pour ne rien faire.

Il convient aussi de noter qu'en imposant aux communes d'employer les gardes forestiers dont il avait supprimé la fonction le Gouvernement arriva à enlever leur gagne-pain à un certain nombre de gardes champêtres qu'il fallut remercier.

Nomination. — Il appartenait aux municipalités de choisir leurs candidats et aucune condition n'était imposée. On a vu que les intendants exigeaient que ces candidats fussent gens honnêtes, sachant lire et écrire : on ne pouvait moins demander. Avant d'agréer un homme présenté par le Conseil, l'intendant sollicitait l'avis du garde-chef [2]. Mais, malgré ces précautions, le choix n'était pas toujours heureux : « au sujet de ces gardes, écrit à l'administration l'intendant de Maurienne, je me permettrai de vous observer qu'il en est peu qui soient sans reproches. Ce sont ordinairement des individus de peu de considération, ne mettant de zèle dans leurs fonctions qu'autant qu'ils sont payés, agissant souvent avec partialité et subjugués par les administrateurs communaux qui enchaînent à leurs caprices et à leur autorité abusive toute l'action de ces agents de police champêtre et forestière ».

On voit aussi réapparaître la vieille habitude des municipalités d'avoir de multiples gardes champêtres-forestiers [3]. Les intendants s'opposent à de telles pratiques qui « ne permettent pas de faire un assez fort salaire aux gardes pour les avoir actifs, zélés et faire respecter les forêts communales ». A Bonneval, en Tarentaise, le Conseil demande

---

[1] Arch. Albert., O. l., 1835, 14 mars.
[2] Arch. Mne., corr. l. avec Inter., 1842, 24 août.
[3] Arch. H.-S., corr. l. Fy. avec sind., 1850, n° 6. Arch. Tse., corr. l. int., 1855, 31 janv.

quatre gardes : «chaque quartier voudrait avoir son garde, c'est-à-dire son homme, avec lequel les délinquants pourraient s'arranger lorsqu'il devrait les prendre en contravention. Chaque garde ne faisant son service que dans les bois de son quartier éprouve de la difficulté à le faire exactement, car il n'ose ou craint de dresser procès-verbal contre un habitant de son village». Ce moyen permet aussi au Conseil d'éliminer les gardes sérieux en ne les portant pas sur la liste nouvelle. La commune est-elle divisée en deux clans, le Conseil présente deux candidats pris dans chaque parti.

Il arrive aussi qu'un homme intègre, nommé garde champêtre-forestier par l'intendant, n'en soit pas avisé, le syndic refusant de notifier la décision [1]. Il s'est trouvé aussi des conseillers pour s'offrir à assurer bénévolement la surveillance des forêts, sans qu'on ait pu bien dévoiler le motif d'un tel dévouement [2].

Il est donc légitime de conclure qu'en général les gardes champêtres-forestiers créés après le 1er décembre 1833 étaient loin de présenter les qualités nécessaires pour faire respecter les forêts.

Traitements. — Si les gardes-rayons avaient juste de quoi vivre, à la condition de n'avoir pas de lourdes charges de famille, les gardes champêtres-forestiers, dont le salaire était fixé par les municipalités très pauvres, ne touchaient que des traitements de famine, pour la plupart. Et bien souvent, au bout de quelques années, les Conseils réduisaient-ils encore ces maigres allocations.

Certaines communes, comprenant la nécessité d'assurer la protection de leurs forêts en allouant à leurs gardes un traitement modeste, avaient porté à leur budget des sommes de 350 livres pour un préposé (Yenne) [3], ou seulement augmenté un peu le salaire antérieur; mais c'était une infime minorité. Celles qui accordaient 300 livres étaient encore bien rares. Le plus fréquemment, les gardes champêtres-forestiers étaient payés entre 100 et 200 livres [4]; mais en bien des localités ces malheureux ne recevaient que 80, 70 et même 50 livres. La commune de Champagny a deux gardes et elle donne à l'un 42, à l'autre 28 livres ! En plusieurs localités, la surveillance des forêts communales fut mise à l'encan, au rabais [5] !

Quant au payement des gardes champêtres-forestiers, il se faisait par semestre [6].

Le but avoué des modifications apportées dans le personnel forestier par le Règlement de 1833 avait été la réalisation d'économies et d'alléger les budgets communaux. Ici encore la réalité a donné un démenti aux prévisions. Les 55 communes de Tarentaise eurent à payer en moins 2,269 livres. soit en moyenne 41 liv. 25 par commune, soit 0 liv. 13 par habitant. En Maurienne, la réduction a été moindre encore. 1,073 liv. 12, soit, en moyenne, 16 livres par commune et 0 liv. 048 par habitant [7] ! Et les communes de montagne étant les plus pauvres. on peut se demander quelle exonération ressentirent les contribuables.

[1] Arch. Tse., corr. l. inter. 1842, 10 juillet.
[2] Arch. Tse., corr. ext., 1849, 14 juillet.
[3] Arch. S., Fonds sarde, reg. 188, n° 36 et suiv. Reg. 80, n° 17 à 21 et passim. Reg. 45, 1835, 17 avril.
[4] Arch. Albert. O.l., 1835, 14 mars.
[5] Arch. Tse., corr., l. int., 1839, 28 janv. Arch. dép. H.-S., corr. l. Fy. avec sind., 1849, n° 3; 1855, n° 18.
[6] Arch. H.-S., corr. l. K. avec sind., 1835, n° 430.
[7] Arch. Mne., corr. l. avec Inter., 1834, 18 déc.

Moralité. — Étant donnés leur recrutement peu sélectionné, leur salaire insuffisant, les gardes champêtres-forestiers devaient fatalement être amenés à abuser de leurs fonctions; il ne pouvait y avoir d'exception que pour ceux qui, possesseurs de terres, ne considéraient le traitement que comme un appoint ou un supplément. Aussi, de toutes parts s'élevaient des plaintes contre la vénalité de ces fonctionnaires hybrides.

Certains pourtant recouraient pour vivre à des moyens licites, tel ce garde de Villargerel qui s'absentait pour «enseigner la jeunesse à Villarlurin [1]». Le garde de Flumet travaillait comme ouvrier et servait au curé de clerc et de marguillier.

Mais, d'ordinaire, les gardes peu consciencieux préféraient faire à leur profit une transaction avec les délinquants surpris [2]. Le coupable donnait tantôt une petite somme d'argent, tantôt du blé ou autres denrées alimentaires. Plus rarement, sans doute à cause de la notoriété qui en résultait, les gardes acceptaient un repas au cabaret. Afin de mieux cacher ces arrangements, le contrevenant ou sa femme remettait à la femme du garde les victuailles fixées d'un commun accord : ainsi le garde champêtre-forestier de Montagny reçoit indirectement de l'un deux pots de vin, d'un autre quatre pots de vin, d'un troisième, qui avait dû faire un sérieux délit, 11 pots de vin, avec pain, viande et fromage.

On vit même des gardes couper, enlever et même vendre du bois dans les forêts dont ils avaient la surveillance, quand ils ne fermaient pas les yeux sur les contraventions de leurs proches [3], ou aidaient les délinquants. Il y eut même des procès-verbaux dressés par les gardes-rayons contre leurs collègues des communes.

Quant aux gardes qui ne font pas leur métier, ils sont légion. Une telle inertie n'est peut-être pas toujours désintéressée, mais il est bien difficile d'établir une relation pécuniaire entre l'indifférence des préposés et les dévastations qui s'accomplissent dans les bois communaux. Il convient également de tenir compte de la sujétion dans laquelle étaient placés ces petits fonctionnaires communaux vis-à-vis du syndic, des conseillers [5]. Si le préposé s'avisait de verbaliser contre l'un des potentats du village ou contre l'un de leurs amis, cela arrivait quelquefois, les dénonciations officielles et autres pleuvaient à l'intendance; il fallait la révocation du mal avisé. Heureusement que les intendants ne se prêtaient pas volontiers à ces mesquines vengeances et maintenaient en fonctions l'imprudent qui avait déchaîné la tempête [5]. Il était plus sûr de rester coi, comme cet Ancenay, de Saint-Jean de Belleville, qui déclarait «n'avoir ni la volonté, ni le temps de continuer l'exercice de ses fonctions, vu que ses collègues n'ont jamais fait le moindre service».

Enfin, l'ivrognerie n'était pas un vice inconnu chez les gardes champêtres-forestiers. Et, pour qu'on ne croie pas un tel tableau poussé trop au noir, il convient de citer la

[1] Arch. Tse., corr. I. Inter., 1837, 18 fév. Arch. Albert., corr. l. avec sind., 1853, 18 juin.

[2] Arch. Tse., corr. I. int., 1838, 1er mars, 12, 13 déc.; 1839, 10 janv., 31 mai; 1842, 21 avril; 1843, 17 févr., 22 sept. Arch. S., Fonds sarde, reg. 184, nᵒˢ 79, 536, 552; reg. 185, nᵒˢ 9, 10, 57, 60, 114; reg. 188, *passim*; reg. 189, nᵒ 76.

[3] Arch. Tse., corr. I., 1836, 17 mai; 1845, 5 mai, 4 oct.; 1847, 19 janv., 25 août. Arch. S., Fonds sarde, reg. 187; 1847, 14 janv. Arch. H. S., corr. l. Fy. avec A. F., 1838, nᵒ 24, 42; 1840, nᵒ 151.

[4] Arch. Tse., corr. I., 1834., 6 juin; 1842, 31 août. Corr. l. int., 1845, 12 mai. Arch. S., Fonds sarde, 1839, nᵒ 67, 27 mai. Reg. 184, nᵒˢ 160, 169, 194.

[5] Arch. Tse., corr. I. int., 1847, 29 mars. Arch. S., Fonds sarde, reg. 185, nᵒˢ 9, 10, 114, 125, 181, 404; reg. 186, 1844. 30 janv., 8 fév.; reg. 198, nᵒˢ 15, 36,

plus haute autorité judiciaire du duché. L'intendant général de Chambéry écrit, le 17 mai 1847 : «Le Ministre de l'Intérieur m'informe que le Sénat de Savoie a fait observer à Son Excellence le Ministre de Grâce et de Justice que les agents forestiers ont l'habitude de rédiger les procès-verbaux de contraventions longtemps après les avoir découvertes et qu'ils profitent de cet intervalle pour extorquer aux contrevenants des sommes au moyen desquelles ils se désistent, puis de donner cours aux procès-verbaux dont il s'agit [1].»

D'autre part, au sujet d'un projet de réforme de l'administration forestière, l'intendant de Maurienne dit au ministre, le 17 mai 1847 : «Parmi les agents forestiers des communes, il n'y en a presque pas de bons tant ils sont sous l'influence directe des administrations locales qui cherchent plus ou moins à ne pas laisser atteindre leurs administrés par des procès-verbaux». L'intendant d'Albertville n'est pas moins explicite : «Bien que la plupart des communes aient des gardes champêtres-forestiers à leur solde, les forêts sont très mal gardées parce que, outre que ces gardes sont très peu payés, étant nommés et révoqués par les Conseils municipaux, ils ferment souvent les yeux sur les délits commis par les conseillers municipaux ou par leurs parents, dans la crainte de s'en faire des ennemis et de provoquer ainsi leur révocation [2].»

Peines disciplinaires. — Les gardes champêtres-forestiers étaient à peu près à l'abri de toute sanction de la part des inspecteurs forestiers. Des municipalités auxquelles ils avaient cessé de plaire, ils avaient à supporter tracasseries et dénonciations. Mais quand leurs fautes professionnelles devenaient notoires, les intendants des provinces révoquaient les coupables, le plus souvent en invitant les conseils ou les administrateurs à présenter d'autres candidats ou bien en faisant demander aux préposés infidèles de donner leur démission [3]. Il arrivait bien que le garde demeurait sourd aux suggestions qui lui étaient faites; aux admonitions par devant le conseil, il opposait la force d'inertie. L'intendant faisait venir en son bureau le récalcitrant, essayait de lui arracher par menaces ou par promesses une lettre de démission. Sur certains, rien ne fit et on vit pendant sept mois un garde champêtre-forestier se refuser obstinément à abandonner des fonctions qu'un simple acte d'énergie pouvait lui enlever [4].

Heureusement que les intendants ne montraient pas toujours une si inconvenante faiblesse ; en cas de prévarication bien établie, il y en eut pour déférer à la justice les gardes [5]. En 1848, le garde de Saint-Roch fut même condamné par la Cour d'appel de Chambéry pour concussion, ce qui ne l'empêcha pas d'être recommandé pour être maintenu en fonctions. Ce n'est donc pas d'aujourd'hui que l'on voit des personnages influents intervenir en faveur d'escrocs dont ils avaient utilisé l'habileté et le manque de scrupules [6].

Habillement et équipement. — Les gardes champêtres-forestiers ne pouvaient porter l'uniforme (sauf les boutons) réglementaire pour les gardes-rayons. Mais ils

[1] Arch. S., Fonds sarde, reg. 187, n° 140.
[2] Arch. Albert., corr. l. avec Inter., 1856, 13 juin.
[3] Arch. Tse., corr. ext. l. 1836, 17 oct.; 1838, 1er mars; 1856, 22 août. Arch. dép. H.-S., corr. l. Fy. avec sind., 1855, n° 3.
[4] Arch. Albert, corr. l. avec sind., 1844, 7, 8 mai, 19 nov. *passim.*
[5] Arch. Tse., corr. l. inter., 1838, 1er mars.
[6] Arch. H.-S., corr. l. Fy. avec sind., 1849, n°s 2, 4.

devaient, pour se distinguer, porter au bras gauche un brassard de drap vert muni d'une plaque ronde où devaient figurer le nom et, s'il y avait lieu, les armoiries de la commune propriétaire des bois. (Brevet royal du 26 nov. 1834, art. 9.)

Par lettre du 7 janvier 1837, le Ministre de l'Intérieur avait décidé que les gardes champêtres n'avaient que le droit de porter un sabre, et que pour avoir des armes à feu, il leur fallait une autorisation spéciale délivrée moyennant un droit de 16 livres. Jusqu'alors, les gardes champêtres-forestiers avaient eu, sous ce rapport, les mêmes prérogatives que les gardes-rayons, et une lettre de la Royale Secrétairerie d'État du 4 mai 1835 les avait dispensés de se pourvoir de la permission réglementaire. Les intendants firent donc valoir l'état de choses établi auprès du Ministre et représentèrent que, dans certaines communes riches en bois, ces gardes spéciaux n'étaient rien moins que de véritables gardes forestiers [1].

Une lettre de la Royale Secrétairerie d'État pour les affaires internes, adressée à l'administration générale de l'Intérieur, le 2 août 1837, décida que pour des raisons particulières, qu'ils devaient au préalable exposer, les syndics pouvaient demander le permis de port d'armes à feu pour certains de leurs administrés. Les municipalités à qui incombait la redevance d'autorisation furent donc consultées par les intendants sur l'opportunité de munir du fusil les gardes champêtres-forestiers; dans quelques communes, il fallut même demander l'avis des Conseils doubles [2].

§ 3. LES GARDES PARTICULIERS.

D'après le Règlement du 1er décembre 1833, les particuliers propriétaires de forêts ont le droit d'établir des gardes pour la surveillance de ces bois, sous réserve de l'approbation de l'intendant de la province (art. 120). L'intendant a la faculté de destituer ces gardes (art. 121).

Ne pouvant porter l'uniforme des gardes forestiers, les gardes particuliers se reconnaissent au brassard de drap vert portant le nom du propriétaire des bois et, s'il y a lieu, ses armoiries ou son chiffre. Avant d'entrer en fonctions, ils doivent prêter serment par devant le juge-maje et obtenir le permis de port d'armes. Ces gardes peuvent être assermentés pour la surveillance de plusieurs massifs appartenant à des propriétaires différents.

CHAPITRE III.

LA GESTION FORESTIÈRE.

—

SECTION 1.

Le Régime forestier.

L'article 2 du Règlement du 1er décembre 1833 énumère tous les bois soumis au régime forestier; ce sont les mêmes bois qu'en France, savoir : ceux de l'État ou du

---

[1] Arch. Tse., corr. l. ext., 1837, 3 mars.
[2] Arch. H.-S., corr. l. Fy. avec Int., 1837, n° 590.

domaine royal, des apanages, des communes et sections de commune, des établissements publics et ceux indivis entre les particuliers et les personnes morales.

Pour fixer l'étendue des forêts ainsi soumises au régime forestier, le chapitre 1er du titre II dudit Règlement prescrit d'utiliser les chiffres de la consigne des bois faite en exécution des Patentes du 15 octobre 1822, après vérification par les inspecteurs de leur exactitude. Les articles 42 et 43 spécifient bien que les propriétaires forestiers devront fournir des renseignements aux agents. Mais, même avec ce correctif, on ne conçoit guère que le Gouvernement sarde ait voulu continuer à user d'une statistique dont la fausseté lui avait été dénoncée. On peut d'ailleurs se demander ce que pouvait bien valoir ce contrôle, puisque l'article 43 interdisait de faire aucun plan, aucun levé !

Toujours est-il que les inspecteurs ayant chacun dans sa circonscription des surfaces énormes, réparties sur deux provinces, ne pouvaient trouver le temps matériel pour parcourir les confins des forêts soumises à leur gestion. Ainsi, l'inspecteur de Moutiers n'a fait aucune tournée périodique en 1838 et en 1839 ; en 1840, il n'a fait son travail de révision que dans 38 communes (les provinces de Tarentaise et de Haute-Savoie en renfermaient 97) et il doit consacrer dix journées seulement à cet objet [1]. Anthonioz était consciencieux et, à ce train, il lui eut fallu encore onze ans pour terminer la visite de tous les massifs ; nombre de ses collègues étaient moins scrupuleux.

Au syndic de Cordon, qui avait réclamé en 1834 contre la dénomination donnée aux forêts communales, l'intendant de Bonneville répond : «l'on a vérifié et reconnu que les déclarations faites en 1824 des bois communaux de Cordon sont des plus inexactes. Ces déclarations n'ont donc pas pu être prise en considération soit sous le rapport de leur qualité et nature, soit par rapport à leur étendue» [2]. Or, si l'on se reporte à l'«état des districts forestiers de la province de Faucigny, conformément aux Lettres Patentes du 1er décembre 1833», on trouve, pour les bois communaux et particuliers de Cordon, exactement les chiffres portés à la consigne des bois de 1824 !

Les états fournis sur la demande de l'intendant général du duché de Savoie au début de 1838 [3] pour l'organisation du service ne sont, en somme, que la reproduction de la Consigne de 1824 ; les modifications qu'on y a apportées sont de très minime importance. Les différences qu'on note avec cette consigne portent soit sur les défrichements autorisés, soit sur les aliénations ou les revendications de parcelles boisées au profit ou à l'encontre des communes. Ainsi, par exemple, pour le Faucigny, qui, d'après la statistique de 1824, renfermait 29,954 hect. 59 a. 79 c. de bois, on ne trouve en moins, en 1838, que 6 hect. 61 a. 71 c. Dans l'arrondissement de Maurienne, on note une diminution de 70 hect. 44 a. 79 c. sur les 28,482 hect. 41 a. 21 c. déclarés en 1824, et encore cette différence porte-t-elle presque uniquement sur la commune de Saint-Michel (66 hect. 93 a. 31 c.); le surplus se répartissant entre 16 communes.

Pas plus qu'auparavant, on ne connaissait l'importance exacte de la superficie boisée soumise au régime forestier.

---

[1] Arch. Tse., liasse «visite des bois», 1840, 5 sept.

[2] Arch. H.-S., corr. I. Fy. avec sind., 1834, n° 142.

[3] Arch. H.-S., corr. I. Fy. avec I. Gl., 1838, n° 218.

SECTION II.

Délimitation et bornage.

D'après le chapitre II du titre III du Règlement de 1833 tous les taillis devaient être divisés en coupes assises sur le terrain dans un délai de 5 ans. L'établissement de ces «assiettes» suppose la connaissance exacte des limites des forêts; d'autre part, l'article 43 du chapitre 1er du même titre suppose bien que des plans d'arpentage étaient établis pour les coupes, à l'exclusion de toute opération topographique générale.

Il est donc infiniment probable que le plan des forêts devait théoriquement s'établir par juxtaposition de ces plans successifs d'arpentage des coupes, la fixation de chaque coupon pouvant donner lieu à des réclamations de la part des riverains intéressés dont le recours était toujours réservé (art. 50).

Mais, en réalité, cette disposition du Règlement est demeurée lettre morte [1]. Aussi, quand, par hasard, il s'agit de délimiter une forêt, les géomètres relèvent-ils une grande quantité d'empiétements au préjudice des communes [2]. S'il avait fallu porter devant les Conseils d'intendance, créés par les Lettres Patentes du 31 décembre 1842, toutes les questions de ce genre mises dans leurs attributions (art. 24), ces tribunaux administratifs eussent été certainement fort encombrés.

SECTION III.

Aménagements.

§ 1. AMÉNAGEMENT DES TAILLIS.

On a vu que les articles 45 à 55 du Règlement de 1833 prévoyaient l'exploitation des taillis en coupes régulières assises sur le terrain ; toutefois aucune disposition ne fixait l'âge minimum de la révolution.

D'après l'article 54, des réserves devaient être maintenues sur pied lors du passage des coupes, «quand la nature du bois le permettait», sans que fussent déterminés le nombre ou la nature de ces arbres de réserve. Mais quand les sujets réservés devenaient assez gros pour être qualifiés arbres de futaie, leur exploitation ne pouvait plus se faire que sur propositions spéciales, conformément aux prescriptions du chapitre III du titre III du Règlement.

Ici encore il y a loin de la loi à l'application. L'inspecteur forestier de Chambéry, Papa, qui avait géré les forêts du Chablais, du Faucigny, de la Maurienne et de la Savoie Propre, dans une brochure parue en 1853, signale l'indigence et la ruine des massifs savoisiens.

[1] PAPA, *Considérations sur les forêts de Savoie*, p. 30.
[2] Arch. S., Fonds sarde, reg. 188. n° 12.

«Leur état de dégradation, dit-il[1], doit être attribué au défaut d'aménagement...
Si l'on parle des taillis, presque partout ils sont l'image du désordre et de la dégradation végétale. Des arbres, des arbrisseaux, des buissons taillés, brisés à toutes les
hauteurs : la hache, la serpe, la pioche toujours en guerre avec la nature la plus
féconde ; le parcours des bestiaux de toute espèce aidant à appauvrir une végétation
lente et imparfaite à cause des coupes exagérées et intempestives.

«Rien de plus désolant que ces vastes étendues de mauvais taillis et de broussailles
des montagnes entourant le bassin de Chambéry, des environs d'Annecy, de Bonneville... Au lieu des chênes, des fayards, des châtaigniers, on n'y voit plus que des
coudriers, des trembles, des arbustes de nulle valeur. Les bonnes essences ont disparu
et le sol n'est plus couvert que de ronces et d'épines... Les 2/5 des taillis ne sont
peuplés que de mauvaises essences et ne donnent presque aucun produit ; 1/5 n'est
garni qu'à moitié ; les 2/5 restant sont seuls dans un état de végétation passable,
mais ils sont remplis de clairières ou places vides que personne ne se soucie de remplir
et les produits sont loin d'être en proportion du sol qu'ils occupent...

«Pour la plus grande partie des habitants ce n'est que vexation fiscale, l'attention
toute particulière que l'Administration des forêts déploie pour conserver les bois, pour
les défendre des dilapidations, pour *régler les coupes* quand elles sont opportunes, pour
s'opposer à la tentation d'en faire de prématurées, pour faciliter ou assurer la reproduction...

«Il est tout à fait irrationnel et contraire aux règles d'une sage économie de faire
les coupes de taillis à 5 ou 6 ans d'âge comme cela se pratique dans tous les bois des
communes.

«Le balivage est encore un moyen d'assurer la reproduction mais cette opération
forestière si importante est presque partout négligée dans les coupes affouagères...
Les coupes réglées sont un autre moyen puissant de conservation des taillis : elles sont
commandées par les lois en vigueur... A quelques exceptions près, les communes ne
s'y sont jamais conformées».

Dans l'exposé des mesures propres à améliorer les forêts[2], l'inspecteur Papa revient
encore sur la nécessité «d'aménager convenablement» les taillis, de «les soumettre à
des coupes réglées à un âge convenable, 15 à 20 ans, ayant égard aux essences, au
sol, à l'exposition, au climat, etc.», d'«établir un bon système de réserves ou baliveaux, suivant la nature du sol et les espèces, afin de pourvoir à leur reproduction...»
Ces vœux ne devaient pas se réaliser sous le régime du règlement de 1833.

§ 2. Aménagement des futaies.

D'après le chapitre III du titre III du Règlement forestier de 1833, aucune exploitation de futaie ne peut avoir lieu que sur une autorisation spéciale (art. 56) et sur
demande du propriétaire. Pour être abattus, les arbres de futaie doivent être arrivés à
maturité (art. 58). Ce mot de «maturité», d'un sens assez indéterminé, semble indiquer
le moment où l'arbre cesse de s'accroître : s'agirait-il donc de l'exploitabilité physique ?

[1] Papa, *loc. cit.*
[2] Cf. Règlement forestier, 1833, art. 22, 4°.

D'après ce que l'on a vu plus haut, sur les âges des arbres reconnus bons pour être jetés bas, il est plus probable que la législation sarde envisageait l'exploitabilité absolue qui se réalise alors que les accroissements annuels passent par un maximum.

Il en résulte que les futaies ne s'exploitaient que suivant le mode du jardinage sans plan établi à l'avance, par pieds d'arbre (art. 72).

En pratique, c'est le jardinage qui est le mode de traitement général des futaies résineuses, mais il n'y a aucune dimension minima imposée. Aussi, écrit encore l'inspecteur Papa[1], «dans la plupart des futaies ne voyons-nous que des plantes rares, à tige peu élevée, à tête arrondie, branchues, dont le bois est mou, gras, spongieux, grossier, inégal, incapable de résister à l'action des agents extérieurs et de qualité tout à fait inférieure comme bois de construction.»

Les coupes blanches n'étaient pas rares et souvent elles entraînaient le glissement ou le ravinement du sol ou provoquaient le départ de puissantes avalanches de neige. Notre agent recommande donc de «ne couper que des arbres de 60 à 80 ans, en ayant soin de ne faire des coupes rases ou trop étendues qu'avec la plus grande circonspection et toujours par triages ou par bandes alternatives, réserver des lisières ou brosses sur les cimes et du côté du vent dominant et des porte-graines pour pourvoir à l'ensemencement naturel si difficile dans les pays froids et montagneux».

En somme, dans les forêts publiques, taillis ou futaie, il n'y avait pas d'aménagement.

§ 3. Bois particuliers.

Les particuliers propriétaires de forêts étaient libres de les gérer à leur convenance (art. 3, Règlement 1833) sous la restriction des mesures imposées dans l'intérêt général et qui seront examinées plus loin. Plus sages que les communautés, ont-ils mieux administré leurs bois en suivant un plan d'aménagement ou de simples règlements d'exploitation? C'est encore l'inspecteur Papa qui nous renseigne à ce sujet.

«Les particuliers, alléchés sans doute par l'élévation du prix du bois, par le revenu facile et assuré qu'offre au propriétaire l'exploitation d'un terrain boisé mis en comparaison avec les avantages éloignés et éventuels que peut offrir sa conservation, imitèrent l'exemple des communes; ils vendirent leurs futaies à des entrepreneurs qui enlevaient et faisaient transporter à l'aide du flottage dans des pays lointains les masses de bois qu'ils avaient achetées à vil prix.»

Les forêts privées traitées en futaie étaient exploitées par coupes rases totales. Les propriétaires de taillis y prenaient journellement le bois dont ils avaient besoin et le plus fréquemment en furetant. «Les particuliers, même les plus directement intéressés, répugnent aux améliorations qui ne profitent pas à eux seuls. Chacun ne voudrait travailler que pour soi[2]». Cette constatation qui date de 1853 est toujours vraie; sur le territoire de Montagnole, l'État français a acquis récemment des taillis particuliers exploités entre 6 et 12 ans, qu'il eut suffi de laisser croître et de préserver du parcours du bétail pour empêcher le ruissellement intense et les érosions énergiques qui s'y produisaient.

[1] Papa, op. cit., p. 45.
[2] Papa, op. cit.

SECTION IV.

Coupes et exploitations.

§ 1. DEMANDES ET AUTORISATIONS DE COUPES.

I. Seule la coupe d'arbres de futaie était soumise à l'autorisation préalable ; pour le domaine royal, les apanages et l'ordre militaire des SS. Maurice et Lazare, cette autorisation devait émaner de l'administration dont les forêts dépendaient et être enregistrée au bureau de l'intendance de la province de la situation. L'intendant local devait préalablement donner son avis sur l'opportunité de l'exploitation projetée.

Pour les bois des communes ou d'établissements publics ou religieux c'était à l'intendant de la province qu'il appartenait d'accorder l'autorisation (Règlement 1833, art. 46. 57). Toutes ces demandes de coupes étaient communiquées pour avis et renseignements à l'inspecteur forestier par l'intendant (Règlement 1833, art. 22, 11°); l'agent forestier indiquait les modifications ou les restrictions qu'il jugeait utile d'apporter aux demandes formulées par les propriétaires, le plus souvent en dehors de toute préoccupation culturale et de tout souci du maintien de l'état boisé.

Après cette instruction préalable, où le service technique n'avait qu'un rôle purement consultatif, l'autorisation de la coupe était accordée ou refusée, et, dans le premier cas, avec l'indication des conditions imposées.

Parfois même l'intendant allait plus loin encore et consultait sur l'opportunité de la coupe les communes non propriétaires mais qui pouvaient s'y trouver intéressées.

Une telle organisation qui semblait apporter de sérieuses garanties n'était pourtant pas sans présenter des lacunes et sans provoquer des décisions souvent contradictoires.

1° Dans l'ignorance, en l'absence de tout aménagement, de la production ligneuse, il était bien difficile de résister aux exigences des propriétaires des forêts publiques, souvent pressés par la nécessité de réaliser des sommes assez considérables.

Ainsi, en 1853, la commune de Morzine achète la montagne pastorale de Cuides et, pour faire face à la dépense, demande diverses coupes de bois, dont plusieurs à blanc étoc, dans les cantons de Tamalax. Laiguit. du Gros-Devant et du Crozet. L'inspecteur eut beau proposer que les exploitations fussent moins radicales; sur l'insistance de la municipalité, l'intendant général d'Annecy autorisa la coupe [1].

A Chamonix, en 1851, le Conseil demande en affouage 2,744 sapins, épicéas, etc. En réponse à l'avis de l'inspecteur forestier qui propose de n'en délivrer que 200, il objecte que cet agent ne connaît pas les forêts de la haute vallée de l'Arve et l'intendant de conclure que «les populations ont le droit de puiser dans les forêts communales les bois d'affouage dont elles ont besoin et que ces droits consacrés par un long usage ne sauraient être contestés». On transigea au petit bonheur et Chamonix reçut 2,000 arbres [2]. Sans un inventaire du matériel, que pouvait dire de sérieux un agent nouvel-

---

[1] Arch. H.-S., corr. I. Gl. Ay. avec I. Ch., 1853, n° 194.
[2] Arch. H.-S., corr. I. Fy. avec I. Gl. Ay. 1851, n° 82.

lement arrivé? L'inspecteur de Bonneville n'avait pour le guider que la surface déclarée de la forêt communale, soit 834 hectares. C'était insuffisant.

On peut citer pourtant des cas où l'avis du service forestier fut écouté. Le chanoine Liardeur qui présidait, en 1834, à l'économat de l'évêché d'Annecy, sollicite à quatre reprises différentes des coupes dans la forêt de Sainte-Catherine ; l'inspecteur du Genevois représente que « cette forêt est épuisée par une suite des coupes fréquentes qui ont eu lieu et qu'elle n'offre plus de plantes parvenues à maturité ». Malgré de nouvelles instances de l'économe, il persiste dans son avis négatif si bien que l'intendant prend une ordonnance de rejet, ayant « reconnu que ces coupes multipliées tendent réellement à la destruction de cette forêt ». Sainte-Catherine étant aux portes de la ville, il était facile de contrôler les assertions de l'inspecteur [1].

Toutes les demandes de coupes de futaie étaient soumises à des vérifications sur le terrain, à des discussions souvent renouvelées où propriétaires, forestiers, intendants généraux et intendants de province intervenaient ; les arguments qu'on échangeait n'étaient ordinairement que simples appréciations personnelles, affirmation du besoin d'argent, etc. On peut juger du temps qu'exigeait l'instruction de ces affaires [2].

2° Aucune époque n'était fixée par le Règlement pour la production des demandes de coupes de futaie. Mais une instruction de l'intendant général de l'administration de l'Intérieur, en date du 16 mars 1835, avait prescrit (art. 7) que les demandes de coupes devaient être faites par délibérations consulaires. Ces délibérations transmises aux intendants chaque année, à la fin de juin, étaient communiquées aux inspecteurs pour les fins nécessaires. Mais cette disposition d'ordre demeura lettre morte. De là encore pour les agents forestiers l'obligation de procéder aux vérifications à toute époque de l'année et par suite une déplorable méthode de travail, des pertes de temps continuelles. Il n'était pas rare qu'il fallût à peu d'intervalle aller reconnaître les exploitations sollicitées dans deux forêts voisines qu'on eût pu visiter en une seule tournée. L'inspecteur forestier à Chambéry signala tous les inconvénients de ce désordre à l'intendant général du duché par la lettre suivante qui peut s'appliquer à toutes les provinces :

« Les administrations des nombreuses communes qui composent les provinces de Savoie Propre et de Maurienne ne forment habituellement leurs demandes pour coupes de bois, ventes, etc., qu'au moment même où il serait nécessaire d'exécuter ces opérations, ces projets, et souvent après que ceux-ci auraient dû recevoir leur exécution...

« Lorsque les communes, après quelque dépense faite, ont naturellement des dettes à payer, elles attendent plus d'une fois l'échéance avant de savoir de quel côté elles se tourneront pour avoir les fonds nécessaires; et si, comme cela se pratique presque toujours, leurs regards se portent sur les forêts communales, il devient encore très urgent de faire une vente de bois. Après avoir négligé pendant des années entières les intérêts des communes, les administrations communales exigeraient que leurs demandes fussent expédiées du jour au lendemain par l'Administration forestière qui ne peut pas, sans trahir sa mission, donner complaisamment un avis, mais qui doit, au contraire, prendre tous les renseignements, toutes les précautions nécessaires

---

[1] Arch. H.-S., corr. I. Ay avec sind., 1834, n°ˢ 243, 249.
[2] Arch. Mᵐᵉ, corr. I. avec I. Gl. Cy., 1847, 17 fév. Corr. avec forêts, 1837, 18 août.

pour empêcher la dévastation des bois dont le progrès est malheureusement trop rapide.

« Indépendamment du retard que mettent les administrations communales à se pourvoir, lorsqu'il s'agit de ventes de coupes et autres questions dans les bois, leurs demandes sont adressées à toutes les époques de l'année, et ce, contrairement aux dispositions législatives et instructions particulières.

« Cet abus contraire aux lois est très préjudiciable en ce que : 1° il multiplie à l'infini les transports des agents forestiers peu nombreux ; 2° il leur fait perdre en marches et contremarches sur les routes un temps qui serait plus utilement employé à la surveillance des forêts et autres services ; 3° en ce qu'il met les employés dans l'impossibilité de remplir toutes les commissions qu'ils reçoivent . . . »

3° Dans la même forêt les modes d'exploitation variaient suivant les fonctionnaires en exercice au moment de la coupe. Ici encore l'absence de tout aménagement, de toute étude préalable, avait les plus fâcheuses conséquences sur le traitement des massifs.

La région de Doussard, très boisée, devait fatalement être l'objet de sérieuses exploitations ; les forêts de sapin, d'épicéa et de hêtre qu'on y trouve appartiennent aux communes de Doussard, de Chevaline, de la Thuile et d'Entreverne. En 1846, la municipalité d'Entreverne demande une coupe : le conseil de Doussard consulté réclame et propose que l'exploitation soit faite par bandes transversales et alternes. Entreverne voulait une coupe blanche, l'intendant n'autorise « la coupe qu'en jardinant et fixant le choix sur les plantes résineuses d'une circonférence de 8^{dm} et au-dessus, mesure prise à 1^m de hauteur du sol [1] ».

En 1850 et 1851, Chevaline est autorisée à vendre en sept lots, 1,000 sapins pris suivant la méthode du jardinage [2] ; de même, la Thuile pour 1,140 sapins. Pour prescrire le jardinage, conseils, forestiers et intendants arguaient que, « sans ce mode d'exploitation, on aurait à craindre de graves dommages causés par les eaux pluviales et provenant de la fonte des neiges, lesquelles ramassées dans une quantité de ravins forment autant de torrents qui font irruption dans les propriétés inférieures . . . »

Mais en 1855 et 1856, quand il s'agit de vendre la forêt d'Ire, indivise entre les quatre communes, soit 250 hectares pour 195,000 francs, il n'est plus question que de coupe blanche. La rondeur de la somme, pourtant assez faible, a fait perdre de vue les inconvénients des exploitations à blanc étoc [3].

Si une pareille diversité de traitement se rencontrait dans le même massif, on peut juger qu'elle se retrouvait partout. Chaque fois que l'importance du matériel, l'éloignement de la situation exigeaient une organisation sérieuse, des avances, c'était la coupe rase qui était la règle [4] et les prix de vente s'en trouvaient majorés. Parfois les arguments les plus inattendus sont mis en avant pour justifier ces exploitations si dangereuses en montagne. Ici, on ne veut pas du jardinage parce qu'il « enlève les

[1] Arch. Albert., corr. l. Albert, avec forêts, 1846, 9 avril, avec l. Gl., 1846, 28 mai.
[2] Arch. Albert., O. I. 1850, 12 mars ; 1851, 18 sept.
[3] Arch. Albert., corr. l. avec forêts, 1855, 13 déc.; O. I. 1856, 28 avril.
[4] Arch. Albert., O. I. Albert., 1840, 26 sept., Corr. l. avec forêts 1844, 31 août, 17 sept. Arch. H.-S. corr. l. Fy. avec forêts, 1844, n° 610. Arch. M^{ne} corr. l. avec siud. 1837, 18 août ; 1843. 31 mars.

plus belles plantes dont une partie doit être conservée pour construction »; ailleurs, on préfère la coupe réglée parce que la forêt a besoin d'être renouvelée.

Il ne faudrait pourtant pas généraliser, outre mesure, les défauts de cette procédure. Quand l'intendant de la province était conseillé par un forestier consciencieux, bien au courant du service des forêts qu'il avait à gérer, les ordonnances ou décrets d'autorisation de coupes renfermaient des prescriptions utiles pour l'avenir des massifs. Ainsi l'inspecteur de Moutiers, Anthonioz, réussit à faire imposer, après le passage des coupes, des repeuplements artificiels dans les forêts communales épuisées et manquant de porte-graines, et, malgré les protestations des municipalités, ces décisions furent maintenues [1].

II. **Taillis.** — Les taillis devaient être aménagés et divisés en assiettes (art. 46 et suiv. du Règlement de 1833); par suite, leur exploitation ne devait, en règle, donner lieu à aucune formalité. Chaque année un nouveau coupon, contigu à celui exploité durant la campagne précédente, devait être livré à la hache. Mais, on l'a vu, les dispositions légales étaient demeurées inappliquées. La question se posait de savoir comment il convenait d'opérer. Aucun document général ne la résolut. Ce furent des décisions intendantielles qui fixèrent les errements à suivre; voici, à titre d'exemple, l'une d'elles :

« Si l'article 57 du nouveau Règlement des bois et forêts n'assujettit les communes à faire la demande préalable d'une permission de coupe que pour les bois de haute futaie, il ne s'ensuit pas que les conseils communaux puissent permettre la coupe des bois taillis sans la participation de l'intendant de la province. Ce ne sera, d'après l'article 46 et suivants du même règlement, que lorsque les bois taillis communaux auront été régulièrement divisés par assiettes, soit mis en coupes réglées, que les conseils pourront autoriser chacune de ces coupes sans recourir au bureau de l'Intendance, en sorte que la dispense de la permission de ce bureau n'est relative qu'aux bois taillis susceptibles de division en assiettes et lorsque cette division aura réellement eu lieu, suivant les formalités prescrites par la loi. D'après cette distinction, nul doute que le Conseil de la commune ne doive recourir à ce bureau pour obtenir l'autorisation de la coupe affouagère [2] ».

En somme, c'est le régime institué par le Règlement forestier du 15 octobre 1822 (art. 53) qui restait en vigueur.

III. **Forêts royales.** — C'est l'administration générale de l'Intérieur qui autorise les coupes dans les forêts royales et fixe la quotité [3].

§ 2. MARTELAGES ET BALIVAGES.

Il existait trois genres de marteaux, d'après l'article 31 du Règlement forestier du 1er décembre 1833.

[1] Arch. Albert., O. I., 1840, 20 juin.
[2] Arch. H.-S., corr. I. Fy. avec sind., 1834, n° 63.
[3] Arch. H.-S., corr. I. Ay. avec sind. 1837, n° 3.

1° Les marteaux particuliers, spéciaux aux inspecteurs, ~~gardes-chefs~~ et gardes particuliers : ils étaient destinés à la marque des chablis et bois de délit. Un règlement devait fixer la forme de ces marteaux ; il est probable qu'elle se rapprochait de celle des marteaux antérieurs, légués par le régime français. Les gardes-chefs étaient autorisés à se servir des anciens marteaux des brigadiers portant la lettre B.

2° Les marteaux servant à la marque des arbres de réserve ou de limite ; ils étaient confiés aux inspecteurs. L'existence de ce marteau spécial est une ressouvenance de l'ordonnance de 1669 qui imposait aux arpenteurs forestiers l'obligation d'avoir un marteau pour en frapper les pieds-corniers et parois. Pour empreinte, ce marteau portait au centre les lettres RC[1]. En principe, l'inspecteur n'avait qu'un marteau de cette espèce ; mais exceptionnellement il en pouvait recevoir un second, afin de pouvoir se faire aider par ses subordonnés, si sa circonscription était considérable (circ. 16 mars 1835).

3° Pour indiquer les arbres à vendre (ce qui exclut l'hypothèse de la coupe rase), il fallait les marquer avec une troisième sorte de marteau dont l'inspecteur se trouvait également détenteur.

À côté de ces marteaux ordinaires, il existait un marteau déposé et gardé à Turin, à l'administration économique de l'Intérieur : ce marteau servait à marquer les arbres choisis pour le service de la marine, de l'artillerie ou du génie militaire (art. 152 du Règlement de 1833).

Les quatre inspections de Savoie étaient munies de deux marteaux du second genre dont le coût (24 livres) était laissé à la charge des provinces : les frais d'envoi de ces marteaux étaient payés par les agents.

Une instruction du 16 mars 1835 spécifie que les pieds-corniers et tournants doivent être marqués différemment des parois, et les arbres de réserve autrement que ceux destinés à être vendus.

Les opérations dans les bois du domaine royal, des apanages et des ordres militaires et religieux étaient réservées aux inspecteurs, quand ils étaient requis par les possesseurs ; dans les forêts des communes et établissements publics, ces agents devaient faire les martelages lorsque les intendants les y invitaient. En pratique, c'était le garde-chef qui faisait la marque des arbres à réserver ou à abandonner. Et souvent, en l'absence de tout aménagement, le martelage portait sur plusieurs milliers de plantes (6,000 sapins à Morzine)[2].

Il n'était pas rare d'ailleurs que l'intendant de la province donnât directement l'ordre de marteler aux gardes-chefs.

On peut imaginer qu'avec des sous-agents généralement sans connaissances techniques, ni grande instruction, les questions culturales ne devaient guère tenir de place dans la conduite des opérations. Tout l'objet de la coupe était de réaliser avec un certain nombre de pieds d'arbres une somme déterminée. Malgré cette conception simplifiée du travail, fréquemment les gardes-chefs demeurèrent au-dessous de leur tâche[3].

[1] Manifeste Chambre des Comptes, 6 mai 1835.
[2] Arch. H.-S., Corr. 1. Ch. avec sind., 1834, n° 404.
[3] Arch. Tse, Corr. 1. int., 1849, 27 juin.

42.

§ 3. Affouage.

I. Les communes demandent à l'intendant de la province l'autorisation d'exécuter une coupe d'affouage. Cette formalité est toujours obligatoire quand il s'agit d'abattre des arbres de futaie ; pour les taillis, elle ne l'est que lorsque les coupons annuels ne sont pas assis sur le terrain ; c'est le cas général.

La délibération est transmise à l'inspecteur forestier compétent qui, au vu des renseignements fournis par le personnel local, adopte ou propose de modifier la coupe sollicitée. D'après les données du dossier ainsi constitué, l'intendant statue, fixe la quotité de la coupe et les délais d'abatage et de vidange. Mais une telle procédure n'allait pas sans entraîner des délais et des retards[1].

En présence de l'épuisement des forêts, surtout des futaies résineuses, il arrivait assez souvent que l'inspecteur était d'avis de réduire l'importance de la coupe demandée[2] et l'ordonnance de l'intendant était prise dans ce sens. On peut suivre cette tendance à la restriction dans un certain nombre de grandes forêts communales : ainsi, en 1854, l'affouage de Chamonix ne porte plus que sur 2,000 arbres, après avoir été de 3,306 arbres, neuf ans plus tôt. Il eut fallu être plus énergique encore ; n'avait-on pas constaté officiellement qu'une coupe de 2,551 arbres avait suffi à tous les besoins des habitants pendant les deux années 1844 et 1845 ?

Tout ce bois inutilisé était l'objet de gaspillages sans nom, quand les bénéficiaires ne le vendaient pas. Tantôt les arbres abattus étaient abandonnés pendant de longues années en forêt où ils pourrissaient[3] ; tantôt ils n'étaient exploités que peu à peu et on peut juger que ces coupes ininterrompues sur le même point entravaient singulièrement la régénération et favorisaient les délits. Assez fréquemment aussi les affouagistes trafiquaient des plantes qui leur étaient délivrées[4], au mépris des dispositions de l'article 98 du Règlement de 1833.

Une autre sorte de gaspillage se trouve dans la nature des arbres accordés en affouage. On voit des gardes-chefs délivrer comme bois de feu des mélèzes propres à la bâtisse et il est à noter que, depuis la Révolution, les sujets de cette essence étaient devenus fort rares. Aussi les municipalités protestent-elles avec énergie et accusent-elles, non sans quelque apparence de raison, l'Administration de contribuer «ainsi à la destruction des bois, au lieu de veiller à leur conservation[5]».

II. **Taxes d'affouage.** — L'affouage était ordinairement accordé aux habitants des communes, à titre gratuit. Pourtant dans un certain nombre de localités où la caisse communale se trouvait en déficit, où des dépenses urgentes étaient à faire, les conseils taxaient les bois de feu. C'était aussi un moyen de limiter le trafic des bois d'affouage que de réduire par une imposition le bénéfice des ayants droit, bien qu'en général la somme demandée ne fut jamais bien forte. Quand l'intendant vou-

[1] Arch. H.-S., Corr. I. Ch. avec Forêts, 1853, n° 508 bis.
[2] Arch. H.-S., Corr. l. Fy. avec I. Gl. Ay., 1844, n° 560; avec sind., 1854, n° 13; 1846, n° 29.
[3] Arch. Tse, Corr. l. int., 1839, 6 juillet; 1842; 20 mars.
[4] Arch. Tse, Corr. l. int., 1840, 14 mai. Arch. Mne., Corr. l. avec sind., 1834, 14 août.
[5] Arch. Tse, Corr. l. int., 1837, 19 juin.

lait en faire relever le montant, il se heurtait à l'opposition des intéressés et du conseil[1].

La redevance était fixée par arbre ou par feu ou par tête, suivant que l'affouage était donné en arbre de futaie ou en taillis; le pied d'arbre était délivré moyennant o l., 2350[2] ou 1 l., 75 au plus, suivant qu'il était bon au feu ou à la construction. L'affouagiste de taillis payait à peu près 2 livres et, en cas d'indigence, il était généralement exonéré de taxe[3]; le prix était moindre quand le bénéficiaire se contentait de chablis dont le conseil avait obtenu la disposition.

Lorsque l'affouage était accordé moyennant finance, il y avait toujours quelques habitants pour essayer d'obtenir au moins un délai «indéterminé» pour leur permettre de s'acquitter. Au besoin même, leur demande était apostillée par quelque notable ou noble bien en cour[4].

C'était l'intendant qui approuvait le rôle d'affouage et autorisait ainsi la perception de la taxe.

III. **Exploitation et partage**. — Le Règlement forestier de 1833 ne s'occupait que des coupes vendues; les coupes d'affouage une fois mises à la disposition du syndic, leur exploitation s'en faisait par les intéressés.

«L'opération de la coupe affouagère, constate encore l'inspecteur Papa[5], se fait presque toujours avec un désordre tel qu'elle ressemble presque à un pillage; chacun coupe ce qu'il y a de mieux en laissant intactes les ronces et les épines; on dégarnit, on écime, on arrache les souches, on abat les arbres à toute hauteur, de manière à laisser sur les racines une partie considérable du tronc; en un mot, on n'a aucune attention à faire les coupes de manière à faciliter la reproduction...»

La précipitation, la confusion, la rivalité des travailleurs occasionnent souvent beaucoup d'accidents et de querelles; les arbres qui tombent à l'improviste, les billots, les fagots qui roulent sur les pentes, les blocs de pierre détachés par la précipitation des mouvements, l'usage impétueux des instruments tranchants font de nombreuses victimes. Si les agents forestiers prennent des mesures d'ordre pour surveiller les coupes, pour réprimer les abus, pour constater les contraventions, pour assurer autant qu'il est possible l'exécution des ordonnances de l'autorité administrative, on lui répond : les forêts sont à nous et ne vous regardent pas; nous les dévastons, mais c'est notre affaire et non la vôtre.

Les documents confirment d'ailleurs cette peinture et permettent d'ajouter encore quelques touches au tableau. Ici, c'est un syndic et ses partisans qui s'approprient la coupe de 15 journaux au détriment de la communauté, sans que le garde, pourtant présent, signale un tel abus[6]. Ailleurs, chaque hameau a son affouage assigné sur un canton distinct; les habitants de plusieurs de ces agglomérations se réunissent

[1] Arch. Albert., Corr. I. avec Forêts, 1845, 17 mai; 1849, 9 juillet.
[2] Arch. Albert., O. I., 1849, 18 mai, 9 juillet. Arch. H.-S., Corr. I. Ay. avec sind., 1839, 29 août, 4 sept., 20 nov.
[3] Arch. H.-S., Corr. I. Fy. avec sind., 1839, n° 574; 1846, n° 31.
[4] Arch. H.-S., Corr. I. Ay. avec sind., 1839, 29 août, 4 sept.
[5] Papa, op. cit.
[6] Arch. S., Fonds sarde. Reg. 184, n° 440.

pour aller piller le lot de leurs voisins; ou bien les plus violents s'approprient la coupe entière[1].

Dans une autre localité, les affouagistes sous la surveillance de conseillers coupent quatre-vingt cinq arbres de futaie, en dehors des limites assignées; le syndic refuse de communiquer au personnel forestier les rôles approuvés par l'intendant, afin d'éviter un contrôle[2].

Au lieu de se faire à jour fixe, par l'ensemble de la population, les coupes d'affouage étaient exploitées à la convenance des participants : aussi étaient-elles rarement terminées aux dates déterminées par l'ordonnance de l'intendant : l'administration adressait-elle des remontrances, les conseils arguaient des travaux de la campagne, de l'âge, de la maladie, même du veuvage[3].

IV. **Règlements spéciaux d'affouage**. — En certaines localités, il existait des coutumes, ne reposant sur aucune charte, qui avaient subsisté malgré les bouleversements politiques et la promulgation de tous les règlements. On en trouve un exemple à Lans-le-Bourg :

«Le Conseil forme chaque année une demande pour la coupe de 1,000 à 1,200 plantes de bois pour l'affouage. Après avoir consulté l'administration forestière (l'intendant) en accorde la coupe. Cette exploitation se fait par les habitants, sous la surveillance d'un garde forestier et de quelques membres du conseil. Lorsque la coupe est achevée, le conseil fait la distribution des plantes par feu, sans égard au plus ou moins grand nombre de membres qui composent chaque famille. L'on calcule qu'une année commune chaque famille a droit à 3 ou 4 plantes et, comme il arrive quelquefois que cette quantité n'est pas suffisante, en raison de la longueur et de la dureté de l'hiver, l'administration accorde pendant un temps déterminé la faculté d'aller ramasser les bois secs ou souches et branches abattues.

«Toutefois, à Lans-le-Bourg, les étrangers qui habitent la commune et qui n'y payent aucune contribution ne jouissent pas de cette faveur...[4]»

Par étrangers, il ne faut pas entendre seulement les personnes d'un autre pays que le royaume de Sardaigne, mais même les régnicoles non domiciliés dans la commune.

V. **Quotité de l'affouage**. — En l'absence d'aménagement, chaque demande étant soumise à une instruction, on peut s'attendre à voir la quotité de l'affouage varier dans de certaines proportions. Dans la province de Savoie propre, en 1850, l'affouage comprend 9,700 voitures de rondins et menus bois[5]. En 1852, le bois délivré en affouage dans cette même région porte sur 27,843 voitures et sur 888 arbres de futaie[6]; c'est-à-dire que le volume délivré est passé de 1 à 3.

[1] Arch. H.-S., Corr. I. Ch. avec sind., 1836, n° 1522. Corr. I. Ay. avec sind, 1836, n° 1464. Arch. S. Fonds sarde, Reg. 185, n° 270.
[2] Arch Albert., Corr. I. avec sind., 1849, 13 sept.
[3] Arch. S., Fonds sarde, Reg. 187, n°° 319, 321.
[4] Arch. Mne, Corr. I. avec int., 1837, 17 octobre.
[5] PAPA, op. cit.
[6] Arch. S., 14° Cat. A., n° 123.

§ 4. Coupes vendues.

Tout un chapitre du nouveau Règlement forestier de 1833 est consacré aux ventes de bois ; il s'applique à toutes les forêts, publiques ou privées. Ses dispositions (art. 63 à 71) rappellent en beaucoup de points celles de notre code forestier et de notre ordonnance réglementaire.

Toutefois, certains principes primordiaux admis aussi bien chez nous que par le Règlement de 1822 ont été complètement abandonnés. C'est ainsi que la vente des coupes de bois ne se fait plus obligatoirement par adjudication ; l'article 63 prévoit, à côté des enchères, la possibilité de faire des conventions particulières.

Dans les forêts du domaine royal la vente aux enchères est la règle toujours suivie [1].

Pour les bois communaux, les intendants autorisent le plus souvent la vente, par voie d'adjudication publique [2]. Mais, quand les coupes portaient sur un nombre d'arbres ou d'hectares considérable, que la concurrence était nulle ou à peu près, si les offres faites par les acquéreurs étaient raisonnables, les ventes de gré à gré étaient admises ; dans ces cas, les amateurs étaient le plus souvent des maîtres de forge, qui tenaient à assurer pour un certain temps l'approvisionnement de leurs usines en combustible. Ainsi, en 1855, la commune de N.-D. des Millières vend à M. Grange, de Randens, environ 50 hectares de sapin à parcourir en jardinant, moyennant une somme de 12,000 livres. Cette même année, la forêt indivise entre les communes de Chevaline, Doussard, Entreverne et La Thuile est vendue amiablement pour 190,000 livres à deux Suisses ; les sollicitants demandaient qu'on leur accordât de suite la coupe « sans formalité d'enchères » [3].

On peut cependant citer des ventes peu importantes faites sans concurrence. Certaines même ne laissent pas d'être quelque peu étranges, telle cette concession faite par la municipalité d'Albiez-le-Jeune à un habitant de cette localité de prendre, pendant douze ans, tout le bois mort, dans le canton du Mont, moyennant une redevance de 5 livres par an. Il est vraisemblable que le bois sec n'a jamais dû manquer au bénéficiaire qui n'ignorait sans doute pas l'art de charmer les arbres [4].

Quand il s'agissait de forêts communales, la vente se faisait par devant le conseil municipal ; l'acte, qu'il fût le résultat d'une adjudication ou d'un accord, était soumis à l'approbation de l'intendant de la province. Mais il arrivait que la vente était faite, en dehors de toutes les formes prescrites, soit par le procureur d'un hameau ou même par un garde. Les ventes clandestines même n'étaient pas inconnues [5].

Le cahier des charges était rédigé par le conseil municipal intéressé : c'est dire qu'il n'y avait pas grande uniformité dans les marchés [6]. Ce document devait être

---

[1] Arch. H.-S., Corr. I. Av. avec services, 1838, n° 93 ; 1834, n° 259 ; 1837, n° 506.

[2] Arch. Mne, Corr. I. avec sind., 1843, 7-31 mars ; 3, 14, 19 juillet ; 31 août ; 16, 20 oct., 7 nov. Arch. H.-S., Corr. I. Fy. avec Int., 1843, n° 597 ; avec sind. 1848, n° 3. Corr. I. Ch. avec Forêts, 1842, n° 43. Arch. Albert., Corr. I. avec Forêts ; 1842, 23 mars.

[3] Arch. Albert., Corr. I. avec Forêts, 1842, 23 mars ; 1855, 12 janv., 13 nov. ; avec div., 1855, 20 sept.

[4] Arch. Mne, Corr. I. avec sind. 1834, 13 nov. Arch. H.-S., Corr. I. Ch. avec Forêts, 1854, n° 23.

[5] Arch. H.-S., Corr. I. Fy. avec sind., 1855, n° 1. Arch. Mne, Corr. I. avec sind., 1833, 5 déc. Arch. Tse., Corr. I. Int., 1843, 8 avril. Arch. Albert., Corr. I. avec Forêts, 1843, 20 mars.

[6] Arch. Mne, Corr. I. avec sind., 1834, 14 janv.

approuvé par l'intendant après avis de l'inspecteur forestier; de même, le lieu de vente était également fixé par l'autorité administrative (Règlement 1833, art. 69). Il s'en fallait cependant que les coupes fussent toujours vendues : ainsi, en 1847, dans la seule province de Maurienne, les coupes de douze communes, mises à prix 30,270 liv. 40, ne trouvèrent pas preneur[1].

Parfois les causes de l'insuccès sont pour le moins inattendues : ainsi, en 1846, on met en adjudication à Cluses les chablis et les bois dépérissants d'Araches. Aucun marchand ne se présenta. D'après l'intendant de Bonneville, « l'intrigue de la généralité des gens d'Araches, qui préfèrent s'en emparer par délit et peut être encore le mauvais vouloir des membres du conseil qui partagent cette manière d'agir, paraissent la cause la plus directe de la désertion des enchères[2]. »

Ce n'est pas d'ailleurs le seul cas où l'on ait à constater les entraves mises par une municipalité aux adjudications ou dans la confection des lots à mettre en vente[3]. Inversement, il s'est trouvé des sindics qui, de leur propre chef, autorisaient les adjudicataires à exploiter plus qu'il ne leur avait été vendu![4] Et il ne faut point s'étonner de ces abus, puisqu'il y eut des coupes vendues avec approbation des intendants sans avoir été l'objet d'une délimitation préalable[5]!

§ 5. Délivrances d'urgence.

Sous ce nom sont comprises aussi bien les délivrances de bois destinées à parer à des besoins individuels pour l'entretien ou la réfection de bâtiments que les exploitations faites, en cas de sinistre, par exemple d'inondation. Mais alors que les premières sont soumises à la procédure prescrite par les articles 56 à 58 du Règlement forestier, les autres sont laissées à la discrétion du syndic de la commune, qui donne connaissance à l'intendant de la province des autorisations qu'il aura accordées (art. 59). Les dispositions de l'article 60 ont pour but d'éviter les abus; elles étaient fortifiées de celles incluses dans les articles 97 et 98 relatifs aux usagers, et étendues aux bénéficiaires de bois d'urgence comme aux affouagistes (v. p. 660). Mais il ne paraît pas que le but du législateur ait été atteint.

Voici d'abord ce que constate l'inspecteur Papa[6] : « on sait que, dans toute la Savoie, une grande partie des habitations sont en bois et que presque toutes les réparations aux bâtiments ruraux se font avec le bois extrait des forêts communales grevées de la servitude dévorante de fournir au moyen de concessions gratuites ou à vil prix le bois nécessaire aux constructions et aux réparations susdites.

« Eh bien! sans parler des gaspillages, des dégradations, des pertes annuelles que les forêts communales ont à supporter par le fait même de ces concessions, il n'y a personne qui n'ait été frappé d'étonnement de la prodigieuse quantité de bois employée dans la construction des édifices ruraux. On dirait que la plupart de nos paysans s'appliquent à démontrer comment il est possible de charger

[1] Arch. S., Fonds sarde, Rég. 101, n° 261.
[2] Arch. H.-S., Corr. l. Fy. avec Forêts, 1846, n° 124.
[3] Arch. H.-S., Corr. l. Ch. avec sind., 1836, n° 1309.
[4] Arch. H.-S., Corr. l. Ch. avec sind. Forêts, 1849, n° 64.
[5] Arch. H.-S., Corr. l. Ch. avec sind. Forêts, 1836, n° 1212.
[6] Papa, op. cit., p. 48.

les murs d'un édifice de la plus grande masse possible de bois sans en amener la rupture.

«J'ai parcouru une très grande partie de la Savoie : dans tous les villages, mais surtout dans ceux des hautes vallées des Alpes, où le morcellement du territoire a multiplié à l'infini les granges, les fenils, les chalets, j'ai remarqué que le bois était presque exclusivement employé aux constructions malgré l'abondance de la pierre à bâtir et de celle à chaux que la nature a partout mise sous la main des habitants. Dans un seul village du Faucigny habité par 80 familles environ, qui possèdent 150 maisons et 400 granges, fenils, chalets, etc., ces diverses constructions ont exigé la coupe de 50,000 pièces de sapin environ.

«Plusieurs communes de montagne qui emploient toutes les années 3,000 ou 4,000 plantes pour la réparation des bâtiments fourniraient en matière, aux mêmes observations, sur la consommation prodigieuse de bois de charpente, qu'elles font.»

Les constatations de l'inspecteur forestier Papa sont absolument confirmées par les documents officiels qui font ressortir d'autres abus. Particuliers et syndics battent monnaie avec les bois d'urgence, comme des affouagistes le font avec les bois de feu qui leur sont délivrés[1], ou bien ils les affectent à d'autres usages. Souvent les autorités locales, afin de tromper l'intendant ou le service forestier et de couvrir les coupables, fournissent des attestations mensongères sur l'emploi des arbres accordés[2]. Chaque demande présentée par un particulier est accueillie favorablement par la municipalité : il n'en est d'ailleurs pas autrement aujourd'hui. Il importe peu que l'impétrant soit lui-même propriétaire de bois, qu'il exagère le nombre de tiges dont il a besoin, toujours avis conforme à la requête[3] est donné par le conseil. Le service forestier et l'intendant refusent-ils de laisser dépouiller la forêt communale au profit de riches propriétaires, il y a recours au gouvernement, au roi même.

Le gaspillage est tel parfois que les arbres délivrés gisent pendant de longs mois après leur abatage, pourrissent sur place ou risquent tout au moins d'être enlevés frauduleusement. Ce n'est pas seulement à des particuliers qui, sans doute, n'en ont pas trouvé un placement assez avantageux que le reproche s'adresse, c'est aussi aux syndics, qui ont fait couper des sujets d'élite pour des réparations urgentes à des ponts emportés par les eaux[4].

Fréquemment ces délivrances de bois d'urgence sont faites à titre gratuit. Mais en certaines communes, on exige des bénéficiaires une redevance assez minime, (1 fr. 47 par arbre à Chamonix en 1846). Les arbres accordés étant destinés à la bâtisse sont toujours les plus beaux de la forêt : cette sélection appauvrit les peuplements de tous les sujets d'avenir. Malgré cela, des réclamations véhémentes s'élèvent contre les taxes imposées et ici encore les conseils municipaux, oublieux des intérêts des communes qu'ils représentent, font chorus avec les protestataires[5]; 3 francs par arbre pouvant donner une poutre et 2 francs par tige capable d'un chevron semblent des maxima.

[1] Arch. Tse, Corr. I. Int., 1838, 1er, 12 déc; 1845, 20 sept.
[2] Arch. H.-S., Corr. I. Ay. avec sind., 1835, n° 614.
[3] Arch. H.-S., Corr. I. Fy. avec Inter., 1842, n° 427; avec comm., 1836, n° 118.
[4] Arch. H.-S., Corr. I. Fy. avec sind., 1853, n° 6. Arch. Albert., Corr. I. avec Forêts, 1858, 22 fév.
[5] Arch. Tse, Corr. I. avec sind., 1846, 9 juill. Arch. S., Reg, 187, n° 278.

Certains intendants avaient vu dans l'imposition d'une redevance le moyen à la fois de diminuer les demandes de bois d'urgence et partant d'enrayer la ruine des forêts et de créer des ressources aux communes. Les explications fournies, à ce sujet, à l'intendant général de Chambéry par l'intendant de Tarentaise complètent l'exposé de l'inspecteur Papa [1].

« ... Le motif qui m'a déterminé cette année à faire augmenter dans toutes les communes de la province qui sont en usage de concéder des bois à leurs habitants le prix de ces bois, c'est d'avoir acquis la certitude que, dans plusieurs de ces communes, les concessionnaires, au lieu d'employer leurs bois pour la reconstruction de leurs bâtiments, ils en livraient frauduleusement une grande partie au commerce. Ainsi le nombre des demandes de l'espèce allait en augmentant toutes les années et d'une manière effrayante.

« Le personnel actuel de l'administration forestière étant insuffisant pour surveiller l'emploi de ces bois, j'ai reconnu d'après l'avis de M. l'inspecteur forestier qui m'a assuré que semblable mesure avait déjà produit l'année dernière dans la province de Haute-Savoie les meilleurs résultats, que pour enlever un tel abus il n'y avait d'autre moyen que celui de faire augmenter dans la même proportion dans toutes les communes la taxe desdits bois de concession, de manière cependant que le prix fût toujours bien en dessous de celui du commerce. C'est ce qui a eu lieu.

« Quant à la commune de Peisey, c'est à tort que ses habitants se plaignent de cette légère augmentation, tandis qu'eux-mêmes ils avouent dans leur recours que les forêts sont dépeuplées et les plantes sont de petites dimensions... Au reste, il est de fait que les plantes que les autres années les habitants obtenaient de la commune au prix de 1 livre, qui seraient maintenant portées à 2 livres pour les sapins et à 2 livres 50 pour les mélèzes, ils les vendaient soit à des particuliers, soit à la mine, au prix de 6 à 7 livres chaque pièce. D'après cela, l'augmentation dont ils se plaignent est encore trop modique et il est presque le cas de l'augmenter... Cette mesure a déjà produit un excellent effet dans quelques communes dont plusieurs habitants qui avaient demandé des bois cette année ont retiré leur demande, à peine ils ont appris l'augmentation de la taxe... Si les concessions avaient toujours eu lieu comme les années précédentes, il y aurait des communes qui, dans quelques années, auraient leurs forêts épuisées et, dans un cas de sinistre, elles n'auraient pas de quoi se rebâtir. Comme je suis informé que d'autres communes ont l'intention de recourir au Ministre pour le même objet, j'ai pensé d'entrer dans ces détails pour que l'autorité supérieure soit à même d'apprécier la mesure que j'ai prise... ».

L'intendant de Moutiers fit faire une enquête, l'année suivante, par des experts, afin de savoir « s'il ne serait point le cas d'augmenter le prix des bois de concession et à quel taux il pourrait être porté comparativement à celui du commerce ». Les renseignements fournis furent aussi peu concordants que possible, et, une fois de plus, la maxime « in dubio abstine » triompha : le statu quo subsista et les réclamations cessèrent [2]. N'était-ce pas le mieux ?

Mais si les intendants pouvaient intervenir pour ces concessions de bois, ils se trouvaient désarmés quand les syndics usaient de la prérogative qui leur était conférée par

[1] Arch. Tse., corr. 1, avec I. Gl. Cy., 1845, 8 oct.
[2] Arch. Tse., corr. 1. int., 1846, 16 avril.

l'article 59 du règlement. En cas de danger public, le syndic ordonnait valablement l'abatage du nombre d'arbres nécessaire, qui étaient martelés par le préposé local [1] ; les digues, les ponts endommagés par les crues des rivières et torrents, l'irruption des eaux rentraient bien dans les prévisions du législateur. Comme la facilité prévue par cet article 59 était infiniment commode, il était naturel que les officiers municipaux l'étendissent pour le plus grand profit de leurs administrés. Ainsi les habitants du hameau de Béranger, de Saint-Martin de Belleville, obtinrent 18 plantes du conseil de la commune de Saint-Laurent de la Côte ! A Cohennoz, le syndic fait exploiter et débiter en planches des sapins, afin de rendre en nature les bois empruntés pour la réparation du presbytère. En Chablais, à La Forclaz, le besoin de construire un four à chaux pour avoir de quoi continuer la construction du presbytère paraît un motif suffisant au syndic pour autoriser la coupe de 1,500 fagots dans les bois de la commune.

A Passy, les gens de Chedde construisent un épi contre l'Arve, avec des bois pris dans la forêt communale, sous la conduite de deux conseillers. Au garde-chef qui les surprend et les interroge, ils répondent «que cela ne le regardait pas et que c'était d'après les ordres du syndic qu'ils travaillaient [2]».

Les motifs, bons ou mauvais, ne manquaient pas pour dépeupler les forêts et les syndics s'en tiraient toujours avec une semonce de l'intendant.

§ 6. EXPLOITATIONS.

On a vu plus haut (p. 660) avec quel désordre se faisait l'exploitation des coupes délivrées aux habitants des communes, à titre d'affouage, et il n'était pas très rare que les affouagistes coupent «des plantes non martelées en remplacement d'autres qui leur avaient été accordées [3]».

Quant aux délais d'abatage et de vidange, on les outrepassait fréquemment et il arrivait parfois aux conseils de demander des prorogations de délai de 1 ou 2 ans : nouvelle preuve que les délivrances étaient supérieures aux besoins [4].

Il n'était pas jusqu'aux bénéficiaires de bois d'urgence qui n'eussent besoin de délais supplémentaires pour la coupe et le transport des arbres accordés. Toutefois il convient d'ajouter que ces lenteurs, quand elles ne démontraient pas l'inutilité de la concession, servaient à dissimuler des exploitations délictueuses [5].

Pour les coupes vendues, le règlement forestier (art. 72 à 83) édictait de nombreuses sanctions à l'appui des règles posées par la loi ou le cahier des charges ; des récolements étaient prévus. Il y a lieu de noter que les récolements n'étaient pas obligatoirement exécutés par le service forestier (art. 77) et que les adjudicataires n'étaient pas responsables des délits commis en dehors, mais à proximité de leurs ventes (art. 75). Pourtant il ne faudrait pas conclure de là que tout se passait comme en France, malgré la similitude des dispositions du Code forestier de 1827 et de la

[1] Arch. H.-S., corr. I. Fy. avec forêts, 1845, n° 58.
[2] Arch. Tse., corr. int. et ext. I., 1840, 10 janv., 12 nov. Arch. Albert, corr. I. avec forêts, 1859, 2 avril. Arch. H.-S., corr. I. Fy. avec comm., 1838, n° 53. Corr. I. Ch. avec forêts, 1843, n° 69. Arch. Tse., corr. I. int. et ext., 1838, 9 mai.
[3] Arch. Tse., corr. I. int. et ext., 1834, 22 déc.
[4] Arch. Albert., corr. I. avec comm., 1830, 27 avril.
[5] Arch. S., fonds sarde, 1839, n° 405. Arch. Tse., corr. I. int. et ext., 1838, 18 juin.

législation sarde. La pénurie du personnel administratif était un obstacle à la bonne surveillance non moins que l'insuffisance des salaires.

Aussi constate-t-on que « les adjudicataires, au lieu d'abattre les plantes destinées et martelées, coupent bien souvent d'autres pièces d'une valeur plus forte et d'une belle croissance [1] ».

D'autre part, l'inspecteur Papa [2] constate que les charbonniers employés par les adjudicataires sont un véritable fléau pour les peuplements qu'ils mettent au pillage, conséquence de la responsabilité limitée par l'article 75. Cet agent ne se montre pas moins hostile au jardinage, cause de bris de nombreux arbres réservés, de l'écrasement du semis naturel, rendant difficiles et vidange et surveillance. Que conclure de là, sinon que l'abatage et le traînage des grands résineux se faisait sans soin, ni précaution, sans sanction pour les dégâts causés. Et il est de fait qu'on ne voit guère de marchands de bois actionnés ou punis à raison de leur mauvaise exploitation.

Le traînage des troncs sur les routes endommageait gravement les chaussées, il avait été interdit par Manifeste caméral du 29 mai 1826. On reconnut l'impossibilité d'appliquer strictement cet édit [3] dans les pays de montagne.

SECTION V.

Affectations spéciales des bois.

§ 1. SALINES, MINES, USINES.

I. **Salines et mines.** — Les salines royales de Tarentaise continuent à jouir du droit de préférence sur les bois de feu, qui leur avait été octroyé par les Patentes du 20 mars 1827 [4]. Ce privilège avait été étendu par manifeste caméral du 31 mars 1827 aux minières de Peisey. Toute coupe dans une forêt assujettie ne pouvait être mise en vente qu'après renoncement de l'administration de l'établissement intéressé. Mais il arrivait parfois que les crédits dont disposait la saline ou la mine n'atteignaient pas la valeur de la coupe ou se trouvaient inférieurs aux offres faites par le commerce. De là, de cruels embarras tant pour l'intendant de la province que pour le directeur de l'exploitation à fournir de combustible [5].

II. **Usines.** — Tout en cherchant à favoriser le développement de l'industrie en Savoie, le Gouvernement s'efforçait cependant de ne pas consommer la ruine des forêts déjà si épuisées. De ces tendances opposées résultait nécessairement un flottement dans la gestion des forêts communales. Alors que les usines Frèrejean, à Épierre, sont dotées de la coupe exclusive de 40 hectares de taillis, l'intendant de Faucigny « seconde autant que possible l'exploitation des usines des mandements de Taninges et de Samoëns et surveille en même temps à ce qu'elle ne nuise au bien des habitants par

---

[1] Arch. H.-S., corr. I. Ay. avec int. et div., 1837, n° 40.
[2] PAPA., *op. cit.*
[3] Arch. H.-S., corr. I. Fy. avec Int., 1838, n° 18.
[4] Arch. Tse., corr. I. int. et ext., 1834, 21 juin; 1835, 14 fév.
[5] Arch. Tse., corr. I. int. et ext., 1843, 4 févr., 16 mai.

l'exclusive consommation de combustible [1]». Suivant les localités, suivant les fonction-naires, le combustible bois est délivré tantôt largement, tantôt avec parcimonie aux usines qui traitent les minerais du sol.

§ 2. Bois pour l'armée.

Bien qu'aucune disposition législative n'accordât de privilège à l'armée pour ses besoins en bois, en fait, tout se passait comme si un droit de préemption eût existé.

Les fournisseurs militaires sont autorisés à s'entendre directement avec les communes propriétaires de forêts et, en cas d'insuffisance des disponibilités ligneuses, l'intendant de la province assigne le contingent nécessaire sur plusieurs massifs. Le prix à payer, ordinairement par pied d'arbre, est fixé à dire d'experts.

Toutefois, afin d'éviter les protestations des populations jalouses de leur affouage, les intendants limitent à un cube assez faible les coupes qu'ils accordent [2].

Sur l'inspiration des intendants, les communes où sont des garnisons édictent des règles spéciales pour la partie de leurs forêts consacrées à l'entretien des ouvrages fortifiés et au chauffage des troupes. Ainsi le conseil d'Aussois a adopté pour les cantons réservés aux forts de l'Esseillon un règlement analogue à celui de Fenestrelle et qui fut approuvé par décret royal du 9 mars 1853. La commune de Modane chargée aussi d'alimenter en bois ces mêmes forts fit de même [3].

§ 3. Bois pour le Mont-Cenis.

L'entretien de l'hospice du Mont-Cenis situé sur un col de plus en plus fréquenté avait amené l'autorité à permettre au recteur de cet établissement de prendre dans les forêts communales les plus proches les arbres nécessaires soit à la charpente, soit au chauffage. Les communes de Lans-le-Villard, Lans-le-Bourg, Sollières-Sardières, Termignon et Bramans étaient frappées de cette sorte de servitude; plusieurs d'entre elles essayèrent d'y échapper, mais succombèrent dans leurs instances devant les tribunaux d'intendance. Elles essayèrent ensuite sans plus de succès d'un recours gracieux au Roi.

Il faut reconnaître d'ailleurs que les exploitations faites pour le compte de l'hospice n'étaient pas toujours fort bien conduites et justifiaient les plaintes et la résistance des municipalités [4].

§ 4. Bois bannis.

Le chapitre 1 du titre V du règlement forestier de 1833 est entièrement consacré aux terrains à mettre en réserve; d'après l'article 125, on voit que le bannissement ne s'appliquait pas seulement aux surfaces boisées, mais aux terres incultes et stériles comme aux cultures.

Le bannissement pouvait résulter soit d'un usage ancien, donc sans titres, soit d'une

[1] Arch. Mne., corr. l. avec sind., 1834, 28 juill. Arch. H.-S., corr. l avec int., 1837, n° 637.

[2] Arch. Mne., O. I., 1834, 10 févr.

[3] Arch. S., fonds sarde, reg. 88, n° 125.

[4] Arch. S., fonds sarde, reg. 96, 1843, 2 mars. Arch. Mne, corr. l. avec sind., 1834, 19 juin.

décision antérieure à 1833, soit d'une ordonnance de l'intendant de la province, rendue après enquête et avis de la municipalité (art. 127).

Aussi, après la publication du règlement du 1er décembre 1833, les intendants adressèrent-ils aux syndics des circulaires pour connaître les terrains réservés : «Jaloux, écrit l'intendant de Bonneville [1], de faire jouir toutes les communes de cette province du bienfait de la mise en réserve des bois qui, par leur position, sont destinés à prévenir la chute des masses de neige, les avalanches, les éboulements, les descentes et les dénudations de terrains, ainsi que les corrosions qui sont causées par les fleuves, rivières, torrents, ruisseaux et ravins, je viens vous inviter, Monsieur le sindic, à vouloir bien, de suite, me transmettre un état détaillé de tous les bois actuellement mis en réserve dans votre commune par des dispositions spéciales ou par suite de coutumes anciennes. Cet état contiendra la date des dispositions ou de cet usage, les motifs qui les ont fait obtenir ou consacrer avec le nom de ces bois et la désignation exacte de leurs confins et je vous invite à joindre à cet état celui de tous les bois qu'il serait encore nécessaire de mettre en réserve pour atteindre le but sagement prévu par l'article 125 du règlement forestier du 1er décembre 1833.

«De quelque nature que soient ces bois, qu'ils se trouvent d'une superficie moindre de 1,000 mètres carrés et qu'ils soient de propriété publique ou privée, cet état devra comprendre comme le premier : 1° les motifs pour lesquels la mise en réserve est demandée; 2° l'étendue des bois dont on demande la mise en réserve; 3° le nom des bois et la désignation de leurs confins d'une manière claire et précise, et, dans les considérations qui détermineront le conseil à faire cette demande, ce dernier doit avoir principalement en vue de protéger les habitations et les grandes routes de tous les dangers ci-dessus détaillés.

«Aussitôt que ces pièces me seront parvenues, je m'empresserai de remplir, de mon côté, les formalités qui me sont prescrites pour remplir à ce sujet les intentions du Gouvernement relatives aux prohibitions spéciales dont ces bois doivent être frappés».

Après ce recensement des bois bannis (à noter qu'il n'est pas question en Savoie d'autres terrains) la liste continua à s'accroître, tantôt à la requête des municipalités, tantôt sur l'intervention des particuliers menacés.

En août 1841, par exemple, une partie des bois communaux et particuliers de Montmélian et d'Arbin avaient été mise en réserve «pour empêcher les rocs d'arriver aux vignes inférieures».

En 1846, c'est le canton des Écomales de la forêt communale de Brison-Saint-Innocent dont le bannissement est demandé pour la protection de la nouvelle route d'Aix à Chindrieux, le long du lac du Bourget. «Comme le site est extrêmement rapide, explique le rapport de l'ingénieur du génie civil, il serait dangereux qu'il fût fréquenté soit par des coupeurs de bois, soit par le bétail, parce que le pâturage, ainsi que les exploitations détermineraient la descente de quelques pierres que ne retiendraient pas les faibles arbustes qui existent aujourd'hui et qui, dans leur chute, pourraient compromettre la sûreté des voyageurs».

Pour prévenir les glissements de terrains qui obstruent le chemin de Taninges à Morzine, le délégué aux routes réclame, le 9 juillet 1842, la déclaration en réserve «de

[1] Arch. H.-S., corr. I. Fy. avec sind., 1834, n° 191.

la forêt dite le Bois des Gets, possédée par divers individus qui, par les coupes qu'ils y opèrent, occasionnent des éboulements qui tôt ou tard emporteront la route [1]».

Ailleurs c'est la crainte des avalanches de neige qui provoque la mise en ban [2] : tel est le cas pour le boqueteau d'épicéa qui protège le village de Salvagny, à Sixt, contre les neiges dévalant du bassin de réception du torrent de Nancet. En 1848, quelques habitants du Reposoir réclament le bannissement de bois appartenant à d'autres particuliers; l'absence de toute opposition, même de la part des propriétaires, suffit à démontrer combien cette mesure était fondée [3]. Et l'on sait combien les montagnards sont jaloux de leurs biens.

Dans son article 130, le règlement forestier ne prévoyait que l'interdiction de couper du bois ou de modifier la surface des terrains mis en réserve. En Savoie, les prohibitions étaient plus étendues et plus rigoureuses en nombre de cas. Jusqu'en 1846 il fut inhibé dans la forêt des Cloux, appartenant à Saint-Jean de Belleville, en outre des défenses légales, «de ramasser même les bois secs et renversés par les vents. les avalanches et d'y faucher l'herbe [4]».

En prononçant le bannissement de la forêt de la Folatière, parcelles n° 3399 et 3400 de la mappe de Sixt, l'intendant de Bonneville spécifie par son ordonnance du 19 juillet 1837 : «en conséquence, il est défendu et inhibé de couper et enlever aucun bois soit vert, soit sec, d'introduire en pâturage aucun bétail, de pratiquer aucun dépôt, ni entrepôt quelconque [5].»

Ces additions faites à la loi soulignent encore la nécessité de ces mesures si restrictives du droit de propriété! Et il n'y a pas à crier à l'exagération, car l'intérêt des propriétaires ou des communiers était de faire rapporter les ordonnances non justifiées par le danger encouru. En fait, on voit à diverses reprises la levée totale ou partielle du bannissement prononcée à la requête de particuliers ou de municipalités, conformément à l'article 129 du règlement. Souvent aussi le conseil. appelé à donner son avis sur une déclaration de réserve, stipule des restrictions; il se réserve dans les cantons à bannir la «faculté de pouvoir y faire pâturer le bétail et d'y ramasser le bois sec, pourri et abattu par le vent [6]». Le parcours des animaux en forêt ayant au moins pour résultat la suppression de la régénération naturelle et partant la destruction lente du massif, son maintien était directement opposé au but poursuivi. Mais il était rare de voir les intendants repousser les vœux même déraisonnables de leurs administrés [4]; il arrivait cependant que les raisons de sécurité l'emportaient sur toutes les autres [7].

Parfois ces heurts d'intérêts opposés aboutissent à des conventions assez originales. Ainsi plusieurs habitants de Beaufort réclamant la mise en réserve du canton forestier communal, portant le n° 11324 de la mappe. firent avec les opposants un pacte dont les principales clauses étaient :

1° «Les demandeurs retirent leur proposition à condition que les exploitations se

[1] Arch. H.-S., corr. I. Fy. avec sind., 1842, n° 135.
[2] Arch. H.-S., corr. I. Fy. avec forêts, 1845, n° 160; avec comm., 1845, n° 19.
[3] Arch. H.-S., corr. I. Fy. avec I. Gl. Ay., 1848, n° 8.
[4] Arch. Tse.. corr. I. avec sind. et forêts; 1846, 27 oct., 23 nov.
[5] Arch. H.-S., corr. O. I. Fy, 1837, n° 600.
[6] Arch. Tse., corr. I. avec I. Gl. Cy., 1847, 5 mai.
[7] Arch. H.-S. corr. I. Ch. avec forêts, 1844, n° 41.

limiteront à couper les seules plantes de la grosseur d'un pied de roi de diamètre, mesuré à 1 mètre de hauteur au-dessus du sol supérieur de chacune d'elles ;

2° Ceux-ci laisseront les souches de la longueur de 2 pieds toujours au-dessus du sol ;

3° Aucune coupe ne s'effectuera sans que les plantes aient été au préalable mesurées en conformité de ce que dessus par un agent forestier à ce commis, à la racine et à 1 m. 3o de terre et martelée par le même agent, auquel effet les acquéreurs devront présenter requête et se pourvoir devant ce bureau ;

4° L'agent qui sera chargé des opérations sera assisté par les parties intéressées [1] ».

Cette convention fut approuvée par l'intendant de Haute-Savoie, le 18 septembre 1835. L'importance, le nombre des décisions relatives à la mise en ban des forêts de montagne en Savoie, font d'autant plus regretter l'absence dans notre code forestier de dispositions analogues à celles du règlement sarde de 1833.

Que de désastres dus aux avalanches de neige et aux crues torrentielles n'eût-on pas évité si notre législation eût permis de mettre un frein au droit d'*uti et abuti* reconnu à tout propriétaire de peuplements forestiers situés sur les pentes !

SECTION VI.

Droits d'usage et pâturage.

§ 1. DROITS D'USAGE.

Tout le chapitre VII du titre III du règlement forestier est consacré aux droits d'usage en forêt ; sa seconde section est spéciale au droit d'usage au bois, au feuillerin, aux herbes et fruits forestiers divers.

L'exercice du droit est soumis à l'approbation préalable de l'intendant de la province qui, au vu de la demande de l'usager et de la validité de son titre, fixe l'emplacement et la quotité de l'extraction et prescrit les précautions à prendre (art. 96).

Il ne semble pas qu'aucun droit d'usage nouveau ait été créé pendant la période 1833-1860. Les usagers, ordinairement des communiers, obtiennent leur bois d'affouage ou de construction. régulièrement. Parfois cependant l'assignation des coupes qui leur sont destinées soulève des protestations. Ainsi, en 1855, une coupe ayant été accordée aux gens de Carlet et de Très-Roche, dans le canton du Reposet, forêt domaniale de Bellevaux. la municipalité d'Ecole prit une délibération, le 2 octobre de cette année, pour s'opposer à la délivrance. « Cette coupe, disait le conseil, vu l'endroit escarpé, parsemé de mille cailloux et de gros blocs de rocher mouvant ne pourra s'exécuter sans faire pleuvoir sur la route d'Arclusaz et sur la tête des passants une grêle continuelle de pierres, de blocs de roche et d'éboulements de toute nature. »

Déjà en 1847. les mêmes usagers alors qu'ils réclamaient à l'administration des domaines la délivrance de leur affouage se virent demander par l'intendant général, à

[1] Arch. Albert., O. 1. Albert., 1835, 18 sept.

la requête du service des finances, la justification «par arbres généalogiques qu'ils étaient les successeurs de ceux de qui provenait le droit invoqué».

C'était l'insinuateur du Chatelard qui fixait l'emplacement de la coupe [1].

Les particuliers dont les bois étaient frappés de servitudes usagères ne montraient pas moins d'exigences vis-à-vis des ayants droit; souvent ils allaient en justice, portaient les instances jusque devant le Sénat de Savoie [2].

Rien d'étonnant que, devant ces résistances de la part des propriétaires des forêts grevées, les usagers aient songé à solliciter l'octroi d'un cantonnement qu'ils ne pouvaient exiger. De son côté, à Bellevaux, l'administration des finances songeait, dès 1842, à se prévaloir des dispositions de l'article 99 du Règlement forestier.

Ailleurs, dans la forêt de Beauvoir, par exemple, les droits d'usage au bois reconnus aux communes des Échelles, Attignat-Oncin, Saint-Christophe, Saint-Pierre-de-Genebroz et Saint-Jean-de-Couz furent éteints par voie de cantonnement en 1846 [3]. De ce fait même, les redevances versées au trésor par les communes usagères en compensation de l'exercice de leur droit disparurent, non sans que les conseils aient réclamé cette suppression (1850). Dès le début de 1850, les communes de Saint-Jean-de-Couz et de Saint-Pierre-de-Genebroz demandèrent d'aliéner respectivement 26 hect. 53 a. 54 c. et 25 hect. 82 a. 05 c. des forêts qui leur étaient échues par suite du cantonnement [4].

Ainsi donc, alors qu'aucun droit nouveau d'usage au bois n'était créé, tous les droits anciens de ce genre tendaient peu à peu à disparaître soit par rachat, soit par cantonnement, soit ensuite de décisions de justice.

§ 2. PÂTURAGE.

Avec le nouveau Règlement forestier du 1er décembre 1833, le pâturage en forêt est la règle. Vaches, moutons, chèvres même, tout peut entrer dans les massifs (Titre III, chap. VII, section 1; chap. VIII, art. 109 à 112; titre IV, art. 119), pourvu qu'ils soient défensables. Sont déclarés tels les peuplements «dont les plantes ont acquis un tel degré de grosseur et de hauteur qu'elles ne peuvent plus être endommagées par le bétail». Il n'y a plus d'âge fixé; désormais c'est une question de fait. C'est évidemment théoriquement parfait; mais encore faut-il que les agents aient fait la reconnaissance sérieuse des cantons, qu'ils soient intègres et osent dire, maintenir la vérité sans fléchir.

La première conséquence de la récente liquidation est l'abandon des procès-verbaux des délits de pâturage, qui ont été dressés en application de l'article 25 du Règlement du 15 octobre 1822 [5].

Pour les bêtes aumailles et ovines, le pâturage est libre dans les parcelles reconnues défensables; l'intendant fixe seulement les conditions de son exercice. Pour les chèvres, il faut une autorisation de la secrétairerie d'État pour les affaires de l'intérieur, qui arrête le nombre d'animaux autorisé pour chaque famille et la durée du par-

---

[1] Arch. S., 14, Col. A., n° 123.

[2] Arch. H.-S., corr. I. K. avec sind., 1836, n° 106.

[3] Voir *supra*, p. 444 et suiv. Arch. S., Fonds sarde, Reg. 75, n° 166; Reg. 184, n° 261.

[4] Arch. S., Fonds sarde, Reg. 84, n°s 11, 20.

[5] *Raccolta delle Circolari*, t. IV, p. 276.

cours; de plus, l'article 119 interdisait aux particuliers de tenir plus de chèvres qu'ils n'en pouvaient nourrir sur leurs propriétés.

L'insuffisance des restrictions apparut dès 1834. Pour appliquer l'article 119, il fallut bien établir un recensement des chèvres; le service forestier signala à l'intendant général du duché de Savoie que tout le monde, indigents comme gens aisés, possédait de ces animaux [1] envoyés journellement dans les bois. L'inspecteur des forêts de Chambéry proposa à l'intendant général de publier un manifeste à ce sujet:

Cet avis fut favorablement accueilli, car, au mois de juillet 1834, fut promulgué l'arrêté suivant:

« L'Intendant général de la Savoie,

« D'après le rapport qui a été présenté par M. l'Inspecteur des forêts, ayant dû observer que des dégâts considérables viennent se commettre presque journellement dans les bois communaux par les détenteurs des chèvres qui font paître cette espèce de bétail sur leurs fonds cultifs, non seulement sans user des précautions prescrites par la loi, mais en les conduisant dans les broussailles communales, lorsqu'ils peuvent échapper à la surveillance des agents forestiers;

« Vu les articles 17 et 18 du livre III, chap. IV du Règlement particulier pour la Savoie, annexé aux Lettres Patentes du 22 novembre 1773 et aussi les articles 109 et 119, du nouveau Règlement forestier, portant défense aux habitants des paroisses ou villages non situés dans les montagnes ou aboutissant à des vignobles, de tenir des chèvres, à peine de confiscation et de 3 livres d'amende pour chaque chèvre, et prescrivant les normes à suivre par ceux qui, en cas de nécessité, ont besoin d'en tenir une ou deux;

« Considérant que la plus grande partie des habitants détenteurs des chèvres ne se sont pas pourvus d'une autorisation spéciale et désirant ôter l'abus sus-énoncé, trop nuisible à l'économie forestière, rappelant l'exécution des dispositions contenues dans l'article 17 du Règlement sus-énoncé,

« Avons ordonné et ordonnons ce qui suit:

« ART. Ier. Tous les habitants, aisés ou indigents, qui possèdent des chèvres sans en avoir obtenu une permission formelle, sont tenus de s'en défaire dans le terme péremptoire, à dater d'aujourd'hui.

« ART. 2. Ce terme échu, il sera procédé aux infractions contre les royales Lettres Patentes susdites et des gardes champêtres seront par nous nommés pour surveiller les pâturages illicites des chèvres dans les fonds cultivés, tandis que les agents forestiers constateront, selon les formes prescrites, les pâturages semblables dans les bois.

« ART. 3. Les individus qui, conformément aux dispositions contenues dans l'article 17 du Règlement sus-énoncé, font paître leurs chèvres dans les montagnes, sont tenus d'en faire la consigne aux sindics de la commune.

« ART. 4. Cette consigne nous sera transmise dans le même terme de 50 jours, accompagnée d'une délibération du conseil, contenant ses observations sur les abus ou

[1] Arch. S., corr. Isp. Cy. avec l. GL, 9 juin 1834.

avantages de cette espèce de pâturage, comparés aux besoins des habitants qui possèdent des chèvres et sur ceux qui se trouvent aboutissant à des vignobles.

«Art. 5. Les habitants compris dans l'article 1ᵉʳ de notre présente ordonnance qui, par leurs besoins particuliers ou par leur indigence, désirent avoir 1 ou 2 chèvres, présenteront leur demande au sindic de la commune de leur demeure, qui nous la fera parvenir dans les mêmes formes que ci-dessus, savoir :

«Accompagnée de l'avis du conseil sur le mérite de la demande et sur la durée de la permission et, dans le cas que leur demande soit accueillie favorablement, ils devront se conformer aux dispositions prescrites par l'article 18 du Règlement susdit.

«Art. 6. Les habitants des communes ou les communes mêmes qui ont été autorisés de tenir des chèvres et de les faire paître dans les communaux boisés ou dans un autre endroit quelconque sont aussi tenus de nous faire parvenir dans le même délai l'état des chèvres par eux actuellement possédées avec désignation de la date de l'ordonnance d'autorisation.

«Art. 7. Les communes dont il n'existe aucune chèvre nous transmettront un état négatif.

«Art. 8. La présente sera publiée dans les lieux et formes accoutumés, à l'issue des offices divins, par trois dimanches consécutifs, et la relation authentique des trois publications nous sera transmise dans les premiers jours d'août prochain [1].»

Mais peu convaincu de la légitimité d'un emprunt fait au droit ancien, l'intendant général saisit de la question l'administration de l'Intérieur le 13 août suivant. Il n'était pourtant pas sans esprit traditionnaliste, ce rappel d'une législation antérieure, périmée et remise ainsi en vigueur.

Un bon nombre de communes se mirent en règle avec la loi et sollicitèrent l'autorisation de mener leurs chèvres en forêt, notamment dans la région alpine [2]. Le conseil municipal prenait donc une délibération pour obtenir le droit d'envoyer les chèvres et autres animaux en forêt, en indiquant le nombre de têtes de chaque espèce; le service forestier, auquel la demande était communiquée, procédait à la reconnaissance de la forêt, émettait un avis et indiquait, le cas échéant, les conditions dans lesquelles le pâturage devait s'exercer. Le dossier était alors transmis avec les observations des intendants régionaux à l'administration de l'Intérieur, qui prenait la décision d'autorisation ou de rejet. Les Lettres Patentes du 31 décembre 1842, au sujet des attributions des intendants et conseils d'intendance, simplifia la procédure; l'article 8 mit dans la compétence des intendants généraux les permissions de pâturage des chèvres dans les bois communaux. Le plus souvent le soin de prendre les arrêtés d'autorisation était laissé aux intendants de province. Il suffit de donner un de ces arrêtés pour connaître

---

[1] Arch. H.-S., corr. I. Ay. avec sind.

[2] Arch. Tse, corr. I. int. et ext., 1835, 11 avril; 1837, 11 avril; 1836, n° 910; 1845, 5 juin, 16 juillet. Avec I. Gl., 1844, 2 mai. Arch. Albert. O. de I., 1840, 22 mai; 1844, 19 avril., 24 sept. Corr. avec I. Gl., 1843-1844. Arch. H.-S., corr. I. Ay. avec sind., 1839, 18 juillet. Corr. I. Fy., avec sind., 1840, n° 59; avec Inter., 1835, n°ˢ 79, 95; 1837, n° 621; avec forêts, 1839, n° 96. Arch. S., Fonds sarde. Reg. 187, n°ˢ 131, 133; Reg. 105, n° 230; Reg. 106, n°ˢ 327, 364, 370; Reg. 184; n°ˢ 64, 86, 141.

les conditions ordinairement imposées : voici celui rendu le 16 septembre 1846 pour les bois de Mieussy :

« Vu la délibération du conseil municipal de Mieussy du 7 février dernier, aux fins d'obtenir prorogation du pâturage des chèvres, autorisé par ordonnance de ce bureau du 3 décembre 1840 ;

« Vu l'état dressé par le conseil, le 16 août dernier, publié le 6 septembre courant, sans réclamation aucune, portant à 320 le nombre des chèvres qui sera admis au pâturage ;

« Vu l'avis de l'administration forestière du 8 mai dernier, portant les conditions sous lesquelles le pâturage peut être permis ;

« Vu la lettre de M. l'intendant général d'Annecy du 29 août dernier ;

« Nous, Intendant de la province de Faucigny, autorisons le pâturage des chèvres demandé par la délibération du 6 février dernier sous les conditions suivantes :

« 1° Le nombre des chèvres admises au pâturage ne pourra excéder le nombre de 320 porté par l'état ci-devant, sans qu'aucune personne puisse en entretenir plus de 3 ;

« 2° En conformité de l'article 112 du Règlement forestier, les chèvres sont soumises à une taxe, en faveur de la caisse municipale, de 0 fr. 50 chaque ;

« 3° Les chèvres seront, depuis les étables jusqu'aux cantons, ainsi qu'au retour, muselées ;

« 4° On ne pourra faire paître que dans les localités indiquées dans l'avis de l'administration forestière du 21 mai 1835 et dans les 6 autres désignées dans l'autre avis du 30 juin 1836. Les chèvres trouvées hors des confins donnés ou dans d'autres localités seront prises en contravention ;

« 5° Le conseil nommera un gardien ou chevrier, qui devra fournir caution et qui sera, en outre, responsable des contraventions ;

« 6° On observera, au surplus, les prescriptions renfermées dans le Règlement forestier sur la matière, outre celles contenues dans la présente ordonnance ;

« 7° Le présent permis n'est valable que pour 2 ans à dater de ce jour [1]. »

Entre la date de la délibération et celle de la décision, plus de 8 mois s'étaient écoulés, et il ne s'agissait que du renouvellement d'une permission déjà accordée. Malgré la décentralisation résultant des Patentes de 1842, il fallait donc de longs délais à la machine administrative pour fonctionner ; fréquemment ces délais s'allongeaient encore quand il était nécessaire de procéder à une reconnaissance effective des cantons défensables [2]. Souvent aussi, les municipalités modifiaient leurs premières délibérations, demandaient pour le pâturage des espaces toujours plus grands ; de là de nouvelles procédures [3] à suivre, ab ovo.

Il s'en fallait pourtant que toutes les communes se fussent conformées au nouveau Règlement forestier et à l'ordonnance de l'intendant général du duché, de juillet 1834. Après avoir fait la déclaration du nombre des chèvres, obtenu le pâturage en forêt pour un certain nombre de ces animaux, il arrivait le plus souvent que les habitants

[1] Arch. H.-S., corr. l. Fy. avec sind., 1846, n° 48; 1849 (M à V), n° 6.
[2] Arch. Tse, corr. l. int. et ext., 1845, 5 juin.
[3] Arch. Tse, corr. l. avec l. Gl. de Cy. 1845, 8 mars. Arch. S., Fonds sarde, Reg. 73, n° 113. Arch. H.-S., corr. l. Fy. avec Int., 1836, n° 547.

conservaient une plus grande quantité de bêtes que celle autorisée par l'intendant et naturellement les envoyaient dans les bois. Quand l'abus devenait trop criant, l'intendant se décidait à agir, surtout quand les dommages étaient causés aux cultures et aux vignobles. Ainsi à Étercy, à Hauteville, les propriétaires qui ont contrevenu au Règlement de 1773, particulier à la Savoie, comme détenteurs de chèvres, sont signalés à l'avocat fiscal d'Annecy, aux fins de poursuites par l'intendant du Genevois [1].

Mais s'agissait-il de dégâts en forêt, les foudres administratives se réduisaient à de simples menaces, les syndics, les particuliers ne souffraient pas personnellement des excès du pâturage, dont ils profitaient d'ailleurs souvent et ils ne songeaient guère à déclancher une action judiciaire. Parfois cependant les gardes forestiers verbalisaient ; c'était alors une indignation des municipalités, qui protestaient énergiquement [2]. Ce n'était pas seulement l'intendant ou l'intendant général qui était saisi de ces récriminations ; le roi même recevait des suppliques.

L'intendant général de Chambéry écrit à ce sujet, en 1847 : « Il paraît effectivement que l'intérêt privé, l'intérêt du moment est le moteur de cette insistance et que le pâturage abusif a été une des causes principales de la dévastation des bois communaux dans cette province. On a voulu, en ces derniers temps, faire cesser tout à coup les abus ; la loi était là et il n'y avait rien à redire. Mais, dès lors, les hauts cris de la part de toutes les communes où ces abus existaient sont arrivés jusqu'au trône. Il eût été à désirer que l'on pût faire revenir les populations peu à peu sur la bonne voie. Je n'y ai point réussi. On m'opposait toujours l'article 90. Ainsi, en conclusion, je pense qu'on pourrait fixer des cantonnements proportionnés aux besoins du moment...... choisir les endroits moins nuisibles en restreignant leur étendue à la quantité du bétail possédé par les familles pauvres [3]. »

Alors que les intendants se déclaraient impuissants à réagir, que pouvaient faire les agents forestiers ? Voulaient-ils s'opposer au pâturage dans les bois trop jeunes ! Les municipalités proposaient « de faire reconnaître l'état des localités par des experts qui, pris en dehors de l'administration forestière, agiraient en contradiction de ses agents [4] ».

Ailleurs, on voit une commune, Arvillard, à qui, en 1838, on avait déclaré non défensable une coupe vendue en 1836, protester qu'il y avait erreur, qu'il s'agissait pour elle d'une coupe dont l'exploitation s'était achevée en 1836 ! Elle recourt au prince et, du coup, malgré les conclusions contraires de l'inspecteur des forêts, l'intendant appuie cette belle demande [5]. Et ce n'est pas là un cas isolé ; les forêts sont délibérément abandonnées aux appétits pastoraux [6] par les intendants peu soucieux des avis du service forestier. On ne pouvait pourtant pas taxer les inspecteurs d'intransigeance et il fallait une situation bien grave pour les empêcher de chercher, de proposer des accommodements. Quand il n'est pas possible d'ouvrir au parcours de nouvelles parcelles, ne les voit-on pas demander d'autoriser l'introduction en forêt d'un plus grand nombre d'animaux. Ainsi à Onnion, l'inspecteur de Bonneville ne pouvant accroître les

[1] Arch. H.-S., corr. I. Av. avec sind., 1835, n° 813 ; 1836, n°˙ 910, 1121.
[2] Arch. H.-S., corr. I. Fy. avec sind., 1846, n° 13. Arch. Tse, corr. I. int. et ext., 1837, 13 mai.
[3] Arch. S., Fonds sarde. Reg. 80, n° 329.
[4] Arch. S., Fonds sarde. Reg. 101, n° 123.
[5] Arch. S. Fonds sarde. Reg. 69, 19 mai 1838 ; Reg. 184, n° 22.
[6] Arch. S. Fonds sarde. Reg. 79, n°˙ 90.

surfaces à pâturer propose d'élever de 250 à 500 les chèvres à admettre dans les bois [1].

Tout le monde, intendant, commune, ministère sont enchantés de la combinaison. Parfois, c'est un nouveau canton qui, sans l'être, est déclaré défensable, afin de tenir les autres à l'abri de la dent du bétail. Ne faut-il pas faire la part du feu [2]? Ailleurs, au lieu de laisser le parcours dans les bois communaux à la libre disposition des habitants, comme l'exige l'article 90 du Règlement, l'inspecteur est d'avis de l'accenser au profit de la caisse municipale [3].

Il serait difficile d'être plus coulant. Cependant le forestier n'est pas suivi. Propose-t-il de réduire à 3 ans, au lieu de 5 ou de 10, l'autorisation d'introduire les chèvres en forêt, l'intendant lui donne tort contre le syndic [4]. Aussi bientôt tout passe sans obstacle. Les boisés de Sixt seront dévorés par 600 chèvres, ceux de la Bathie par 270; 300 chèvres à Queige, 200 à Chevaline et autant à Doussard [5] supprimeront tout recrû et partout de même [6].

La partialité de certains intendants est telle qu'aux raisons données par les inspecteurs des forêts pour réduire la voracité des troupeaux ils n'opposent plus le moindre argument. Ce fut au point que l'intendant général d'Annecy se vit un jour forcé d'en faire l'observation à l'intendant de Bonneville : «L'intendant général remarque que l'intendant du Faucigny se prononce pour le favorable accueil de la proposition faite par l'administration communale de Cluses touchant la prorogation du pâturage des chèvres. M. l'Intendant, en donnant son avis sur l'admission pure et simple de la délibération communale, a ajouté ne pas partager, à cet égard, les observations faites par M. l'Inspecteur forestier dans son avis du 25 mai dernier, sans exprimer les motifs de cette opinion. Le soussigné ne saurait apprécier la manière de voir de M. l'Intendant sur ce qu'elle a de contraire aux observations contenues dans l'avis sus-visé, sans que des motifs spéciaux soient énoncés à l'appui, d'autant plus que les mesures proposées par M. l'Inspecteur forestier semblent avoir pour but la conservation des forêts communales et d'éviter les grands abus qui ont eu lieu jusqu'aujourd'hui au préjudice des fonds communaux et cela par défaut des clauses spéciales et des prescriptions nécessaires dans les délimitations des pâturages et dans la liberté trop étendue peut-être à l'égard de l'admission de ce bétail [7].»

Ainsi donc l'intendant général reconnaît la valeur d'arguments que son subordonné ne daigne même pas réfuter et combattre. Un tel document éclaire la mentalité d'administrateurs désavouant les services publics, oubliant les intérêts généraux et privés des communes et de la région et cela au lendemain des désastreuses inondations de 1852 et 1853!

---

[1] Arch. H.-S., corr. I. Fy. avec Int., 1836, n° 78.
[2] Arch. H.-S., corr. I. Fy. avec Int. 1836, n° 547.
[3] Arch. S., Fonds sarde. Reg. 75 bis, n° 359.
[4] Arch. H.-S., corr. I. Fy. avec I. Gl. Ay., 1848, n° 44, 273. Arch. S. Fonds sarde, Reg. 188, n° 73.
[5] Arch. H.-S., O. I. Ay., 1852, 25 mai, 28 juin.
[6] Arch. H.-S., corr. I. Gl. avec I. Fy., 1854, n° 132; I., 1858, n°32. O. I. Fy.; 1849, n° 47. Arch. Tse, corr.I. avec sind., 1848, 27 mars; 1855, 28 juin, 4 juillet, 3 oct.; avec I. Gl. int. 1851, 5 août. Arch. S., Fonds sarde, Reg. 111, n° 223; Reg. 113, n° 123.
[7] Arch. H.-S., corr. I. Gl. Ay, avec I. Fy., 1855, n° 190.

Certains agents avaient pourtant essayé de résister à ce déchainement d'appétits, ils avaient signalé le danger aux autorités. Ainsi, le 1er juin 1850, l'inspecteur Papa écrit à l'intendant général de Chambéry : «Tous ceux qui s'occupent de la culture des bois... sont d'accord à admettre dans le pâturage la cause principale et sans cesse renaissante de la dégradation et destruction de forêts.

«Le fléau contre lequel tous les efforts de l'intérêt, toutes les combinaisons de surveillance ont été jusqu'à ce jour impuissants parce qu'il est certain que l'abus aggrave le mal, il est incontestable que le mal existe déjà dans l'usage même et indépendamment de l'abus... »

On peut citer aussi quelques décisions d'intendants désireux de sauver les forêts : elles sont peu nombreuses, mais d'autant plus typiques.

C'est d'abord, en 1845, l'intendant de Bonneville qui s'avise «que la commune des Contamines possédant beaucoup de pâturages hors des forêts, il serait le cas de resserrer sur ces localités le bétail ou de n'en permettre que le gros bétail dans les forêts de haute futaie et d'en exclure totalement les chèvres, moutons et porcs. » Et il justifie son opinion par l'énumération des dommages causés par les bêtes aumailles, ovines, caprines et porcines [1].

Quatre ans plus tard, par ordonnance du 4 août 1849, l'intendant de Haute-Savoie interdit au petit bétail l'entrée des bois de Cléry-Frontenex, car «la commune ne possède que des bois taillis où les chèvres et les brebis ne peuvent être introduites à la pâture, sans leur nuire considérablement». Battue cette année-là, la municipalité renouvela sa demande le 23 mai 1857, mais pour les moutons seulement; le 23 juin 1858, l'inspecteur forestier donna son adhésion à la requête après quelques observations et, le 28 juin suivant, un nouvel intendant d'Albertville prit une décision d'autorisation. L'invasion des chèvres avait pu être évitée [2]!

Enfin le garde-chef de Saint-Paul se fait tancer, en 1851, pour n'avoir pas constaté par procès-verbaux le pâturage des chèvres dans les bois communaux acensés [3].

Cantons défensables. — D'après l'article 91 du Règlement forestier, il appartenait aux propriétaires d'indiquer aux intendants les cantons où ils voulaient introduire du bétail. Après vérification de l'exactitude de la déclaration par le service forestier, l'intendant déclarait libre le pâturage dans les parcelles reconnues défensables (art. 92) et son décret était publié. Aucun âge n'était fixé par la loi, la défensabilité était une question de fait.

D'une façon générale, le parcours était prohibé dans les forêts de protection ou bois bannis. Mais dans les autres massifs les animaux domestiques n'étaient admis que 3 ans après la coupe, au plus tôt; on attendait ordinairement 6 à 7 ans [4].

Parfois le pâturage offrait aux municipalités un moyen d'arriver indirectement et, par suite, à l'agrandissement des alpages; on procédait d'abord au récépage des bois qualifiés broussailles, sapins rabougris; les moutons et les chèvres achevaient l'ouvrage. Et il y avait des agents forestiers pour prêter la main à de semblables opéra-

[1] Arch. H.-S., corr. I. Fy. avec sind., 1845, n° 1.
[2] Arch. Albert., O. I., 1849, 4 août. Corr. I. avec I. Gl. Cy., 1858, 28 juin.
[3] Arch. H.-S., corr. I. Ch. avec forêts, 1851, n° 40.
[4] Arch. Tse. corr. I. avec sind., 1856, 23 juill. Arch. H.-S., corr. I. Fy. avec sind., 1852, n° 39.

tions ! A Mégève, 187 journaux (55 hect.) ont été ainsi convertis en pelouses; de même aux Gets [1]. Cela s'appelait « découvrir les pâturages communaux ».

En Maurienne, l'intendant déclare sérieusement que dans la commune de Saint-Jean d'Arves, « une des plus grandes de la province, il est hors de doute que les pâturages sont insuffisants. Mais, ajoute-t-il, si, d'un côté on jette un coup d'œil sur le peu de forêts de la commune et les besoins toujours croissants des bois et les fréquents incendies, on verra que l'interdiction du parcours dans les forêts est impérieusement commandée ». On pourrait croire après cela à la nécessité de respecter les forêts; tout au contraire, le rapport conclut « que l'on pourrait livrer au pâturage la partie de la forêt dite de la Brachettaz..., que l'on pourrait même livrer au parcours toute la vallée de Val froide qui n'est qu'une étendue de teppes parsemée d'arbrisseaux de peu de valeur et de bouquets de sapin presque inexploitables et où, par conséquent, les coupes sont très rares. Bien entendu que le parcours serait limité aux seuls animaux de la commune.

« Dans ces localités, le terrain, étant très frais de sa nature, se couvre beaucoup d'herbes et d'arbrisseaux, en sorte que le pâturage sagement réglé sert à les nettoyer et par ce moyen les bois y croîtraient encore mieux [2]. » Ce moyen d'améliorer les peuplements, tout en les empêchant de se reproduire et de s'étendre, méritait bien d'être rappelé. Le territoire de Saint-Jean-d'Arves, d'une étendue totale de 6,763 hectares, comprend 481 hectares de bois communaux, 3,636 hectares de pâturages ou de prairies.

Taxes de pâturage. — Le Règlement forestier du 1er décembre 1833 n'exigeait l'imposition de taxes de pâturage que pour les chèvres et cette taxe devait obligatoirement être le double de celle payée par les moutons (art. 112).

Une loi du 31 octobre 1848 (art. 151) obligea les municipalités à tirer des redevances des produits extraits des terrains communaux, donc à taxer les animaux de toute espèce introduits dans les forêts communales.

Les taxes imposées étaient toujours fort modiques; ainsi, à La Bathie [3], elles étaient de : 0 fr. 75 pour une vache, une génisse ou un veau; 0 fr. 50 pour une chèvre; 0 fr. 25 pour une brebis.

On relève pour les chèvres des taxes de 0 fr. 60 [4], mais aussi de 0 fr. 20. Fréquemment une taxe double était appliquée pour les animaux admis au parcours sans avoir été hivernés dans les localités.

Il n'était d'ailleurs pas rare de voir les conseils municipaux demander la gratuité du pâturage en forêt, « attendu que les habitants sont dans un état peu éloigné de la détresse »; tantôt ils allèguent « surtout l'intérêt de la classe pauvre » et tantôt proposent simplement la dispense de payer [5]. Quand la délibération sollicitant le parcours du bétail dans les bois parle de taxe, il n'est pas rare qu'une opposition soit présentée par les habitants contre l'imposition de la taxe votée [6]. C'est toujours la

[1] Arch. H.-S., corr. l. Fy. avec sind., 1849, n° 6; avec I. Gl. Ay., 1848, n° 453.
[2] Arch. S., fonds sarde, Reg. 82, n° 251.
[3] Arch. Albert., O. I., 1844, 24 sept.
[4] Arch. H.-S., corr. l. Fy., avec sind., 1848, n° 12.
[5] Arch. H.-S., corr. l. Fy., avec sind., 1848, n° 11. Arch. Mne., corr. l., avec I. Gl. Cy., 1851, 10 juin, 13 août.
[6] Arch. Mne., corr. l. avec I. Gl. Cy., 1851, 21 août.

charité qui est le prétexte, alors que ce sont les propriétaires aisés, détenteurs de nombreuses bêtes, qui sont le plus intéressés à ne rien verser à la caisse communale.

Possibilité. — Quand les pâturages proprement dits sont soumis à une réglementation sérieuse, on ne voit pas que des limites aient été posées contre les abus de la dépaissance en forêt. Des quantités de bêtes aumailles, ovines ou porcines à admettre dans les peuplements, pas un mot dans les ordonnances des intendants : seul le nombre des chèvres est fixé. Il varie non point d'après la quantité de fourrage, mais d'après l'importance de la population : chaque famille a le droit d'envoyer en forêt de 2 à 4 chèvres, suivant les localités et paye la taxe d'après un rôle dressé et rendu exécutoire par l'intendant entre les mains du percepteur.

Taillis ou futaies étaient donc livrés à un pâturage effréné où bêtes ovines, porcines, caprines aussi bien que les bêtes aumailles dévoraient tout recrû, piétinaient, tassaient le sol, détruisaient les pousses annuelles des arbres et parfois même leur écorce.

SECTION VII.

Les acensements de forêts communales.

Sous le régime du Règlement forestier du 1er décembre 1833, les acensements et partages des bois communaux continuèrent tout comme par le passé. Ce furent les Lettres Patentes du 31 décembre 1842 sur les attributions des intendants généraux, des intendants et conseils d'intendance qui vinrent donner la consécration légale à ces pratiques et à l'interprétation, extensive sur ce point, des dispositions contenues dans les Patentes du 1er mars 1832 sur la gestion des biens communaux.

L'article 6, 6° du chapitre II du titre premier déclare, en effet, qu'aux intendants généraux il appartiendra «de permettre l'affermage des forêts communales, soit des futaies, soit des taillis, jusqu'au terme de 9 ans».

Aux intendants de province, l'article 12, chapitre III du même titre, accordait par le paragraphe 10 le droit «d'approuver les actes d'affermage des biens et revenus communaux pour un temps qui ne dépasse pas 3 ans et pour une somme qui n'excède pas, au total, 1,000 livres par an».

Mais déjà depuis longtemps les tendances gouvernementales poussaient à la désagrégation de la propriété commune; elles trouvèrent leur formule dans une instruction ministérielle du 30 mai 1840. Les articles 139 et 140 notamment préconisaient l'affermage des communaux [1]; les bois soumis au régime forestier n'étaient pas, il est vrai, visés par cette circulaire. Mais cette exception n'existait pas en pratique.

Dès 1836, le Conseiller d'État, commissaire royal extraordinaire, comte Petiti, dans une tournée en Savoie, avait recommandé aux intendants des provinces d'inviter le service forestier «à réduire en coupes réglées les principales forêts communales, dans le but de les louer sous la charge aux adjudicataires d'en faire la garde pour mieux en assurer la conservation [2]». Aussi la limitation posée par l'instruction du

[1] Arch. H.-S., Corr. I. Ay. avec sind., 1840, 3 déc.
[2] Arch. Tsc., liasse : visite des bois. Rapport isp., 1er oct. 1836. Corr. Tsc., int. et ext. 1836, 21 sept.

3o mai 184o demeura-t-elle lettre morte, les intendants, avant tout soucieux de plaire au pouvoir, pressaient les conseils municipaux de prendre des délibérations «pour l'acensement total des communaux [1]». Mais il convient d'ajouter que si l'administration préconisait le bail, même à long terme, l'emphytéose des bois communaux, elle s'opposait le plus souvent à l'aliénation du droit de propriété [2].

Pour autoriser la vente, fonds et superficie, des forêts communales, qui était de la compétence de Turin, le Gouvernement exigeait une étude complète de la question; il fallait que ni des coupes extraordinaires, ni la location des communaux ne pussent produire les sommes considérables dont les municipalités devaient avoir un besoin urgent. Le plus souvent c'était pour exécuter ou payer des travaux importants, routes, presbytère, église, acquitter des dettes au Trésor, faire des achats indispensables, comme celui d'une pompe à incendie ou d'une cloche ou pour coopérer à de grandes entreprises d'utilité publique comme le diguement de l'Isère [3]. On voit aussi invoquer à l'appui des demandes de mise en vente d'une forêt l'absence de revenu du massif «qui est constamment la proie des dévastateurs, puisqu'il manque les moyens de le faire surveiller et où la plupart des plantes périssent par vétusté» (Mieussy, Montmin)... [4].

Ce même argument est mis en avant plus fréquemment encore quand il s'agit d'acensement de forêts communales, non seulement par les conseils municipaux, mais aussi par les intendants. Sous la plume de certains de ces administrateurs, ce soi-disant remède contre la destruction des peuplements se présente sous des formes encore inédites :

«Vous avez sans doute connaissance, écrit le 23 janvier 184o, l'intendant de Faucigny à l'administration de l'Intérieur, des diverses dispositions données ces années dernières par le ministère de l'Intérieur pour provoquer, dans l'intérêt de l'agriculture, l'acensement et le successif défrichement des propriétés communales jusqu'ici incultes, livrées à la libre pâture sans livrer aucun produit, ni aucun revenu aux caisses publiques. C'est pour seconder ces vues d'une sage économie publique que faisant, en 1838, ma tournée administrative dans les 26 communes de l'ancienne province de Carouge, agrégée au Faucigny, que je parvins à engager les conseils à proposer l'acensement de tous les communaux susceptibles d'être réduits à la culture.

«Cette utile amélioration ne rencontra aucun obstacle dans les localités en plaine couvertes de landes... Mais le même besoin se faisait sentir dans les communes à mi-coteau, dont le terrain cultivable avait été, dans les temps calamiteux, envahi par les bois qui garnissent les sommités. Quelques conseils, entre autres ceux de Lucinges et de Cranves-Sales, qui n'avaient pas simplement des pâturages à mettre en culture proposèrent d'y adjoindre quelques broussailles et bois taillis qu'on pouvait rayer du sol forestier sans nuire aux besoins des populations.

[1] Arch. H.-S., corr. l. Fy. avec sind. 184o, n° 247. Corr. l. Ay., avec sind., 1836, n° 1449.

[2] Arch. H.-S., corr. l. Ay. avec sind. 1834, n° 357; 1854, n° 23; 1835, n° 542; 1836, n° 977, avec div. 1834, n° 93. Arch. Tse., corr., l., avec sind., 1856, 26 fév., 27 mai, 29 sept. Arch. S., fonds sarde, reg. 187, n° 204.

[3] Arch. S., fonds sarde, reg. 84, n°° 11, 20, 84; reg. 186, n°° 359, 373. Arch. Mne., corr. l. avec Fin., 1834, 29 juil. Arch. H.-S., corr. l. Ay. avec Int. 1836, n° 961; 1839, n° 13 ; avec sind., 1837, n°° 1, 2. 1. Corr. l. Fy., avec sind. 1839, n°° 516, 523; avec l. Gl. Ay., 1844, n° 401. Arch. Albert., corr. l. avec Forêts, 184o, 25 nov.

[4] Arch. H.-S., corr. l. Fy., avec Forêts, 1843, n° 473, corr. l. Ay., avec Int. 1836, n° 991.

« Ces terrains, quoique déclarés bois, n'étaient d'aucun produit pour les communes et ne donnaient aucune espérance pour l'avenir, parce que le pâturage y étant permis, on ne devait qu'au hasard la croissance de quelques plantes éparses qui avaient échappé à la dent meutrière des bestiaux ou à des mains dévastatrices contre lesquelles est impuissante la surveillance de l'administration forestière.

« Dans les projets d'acensement qui me furent soumis, on fit mal, sans doute, de ne pas désigner et de distinguer spécialement ce qui était bois... Les acensements avaient eu lieu en juillet et août et les habitants s'étaient mis de suite en devoir de travailler leur terrain en le défrichant... C'est dans cet état de choses que l'administration forestière fit verbaliser sans vouloir permettre aucun atermoiement et sans égard aux circonstances atténuantes...

« Je ne cherche pas à blâmer la conduite tenue dans cette circonstance par l'administration forestière. Elle doit être, sans doute, jalouse de maintenir l'intégrité du sol boisé dont la surveillance lui est confiée, mais je crois que ce serait une grave erreur en administration et porter trop loin les conséquences de ce principe que de s'opposer à toutes les améliorations que réclament les progrès de l'agriculture.

« Dans ces circonstances, et ce bureau se trouvant encore sur la voie de donner des provisions au sujet d'autres acensements de biens communaux de cette nature, il est de toute nécessité que les employés forestiers se mettent d'accord avec l'autorité provinciale... pour convenir des concessions qu'on pourrait soumettre à l'autorité supérieure dans les cas où des terrains implantés en bois pourront recevoir une destination plus avantageuse au public et plus analogue aux besoins des habitants [1] ».

La tendance est nette; elle s'accuse davantage lorsqu'il est question de modifier le règlement forestier : « Je ne suis point d'avis, écrit à ce sujet l'intendant de Bonneville, le 1ᵉʳ février 1849, que l'administration forestière étende son inspection aux bois des particuliers. Les particuliers se protègent généralement d'eux-mêmes beaucoup mieux que tous les agents du gouvernement et surtout à moindres frais et cela avec un excellent résultat.

« Si tous les bois communaux devenaient propriétés particulières, la richesse forestière serait garantie; entre les mains des communes, elle dépérit chaque jour et dépérira. Elle est, en outre, une cause je dirais presque de démoralisation, parce qu'elle occasionne des vols continuels dont on finit par ne faire aucun cas. Aussi les administrations communales qui devraient travailler à la conservation des bois sont généralement d'une impassibilité désolante à cet égard [2] ». Ainsi donc s'il y a des délinquants, c'est la faute des bois; pour supprimer les vols dans les forêts communales, il suffit de faire disparaître cette sorte de propriété. On ne conçoit pas de braconniers sans gibier. On le voit, le remède est simple.

Rien d'étonnant que les acensements se multiplient partout et pour les raisons si clairement exposées par l'intendant de Faucigny; ainsi à Montcel, à Loisin, à Sainte-Reine, à Chignin, à Thoiry, à La Compote, à Saint-Thibaud-de-Couz, La Thuile, Les Déserts, Lescheraines dans la Savoie Propre [3]; à Collonges-sous-Salève, Nancy-sur-Cluses, Reignier, Archamps, Juvigny, Cranves-Sales, Etaux, Saint-Gervais, La Muraz,

---

[1] Arch. H.-S., corr. I. Fy., avec Int., 1840, n° 211.

[2] Arch. H.-S., corr. I. Fy., avec I. Gl. Ay., 1849, n° 65.

[3] Arch. S., fonds sarde, reg. 67, 15 avril, 16 mai, 31 juil. 1839 : reg. 71, 1840, 22 juil., 18 oct.; reg. 72, n° 178; reg. 75 bis, n° 359; Reg. 188, n° 107.

Esserts-Essery, à Scionzier, à Vougy, en Faucigny [1]; à Saint-Jorioz, en Genevois; à Thollon, à Vinzier, à Allinges en Chablais [2]; à Entrevernes, en Haute-Savoie [3].

Quand prennent fin des acensements antérieurs, non seulement les municipalités en demandent le renouvellement, mais elles en proposent l'extension ou l'aggravation. «Les habitants de Thoiry font des difficultés pour payer la redevance imposée par la commune», les 705 hectares de bois communaux loués pour 9 ans ne sont plus taxés qu'à 371 livres, soit o liv. 526 par hectare! Des partages provisoires deviennent définitifs [4]; ainsi à Saint-Jean-la-Porte, à Aiguebelette [4], la municipalité autorisée à acenser ses taillis pour 15 ans, avec limitation pour les preneurs de n'exploiter qu'au bout de 5 ans et à la fin du bail, se ravise, veut louer pour 3 ans avec faculté d'abatage au bout de ce terme. Dans les bois acensés de Scionzier, l'acte d'adjudication permet la coupe tous les 4 ans et pose comme une restriction que «le pâturage ne pourra avoir lieu que lorque les bois auront atteint l'âge de 2 ans!». Parfois, au cours d'un bail, la municipalité de la commune propriétaire autorise les locataires à défricher leur lot! (Sainte-Reine) [5].

Il arrive cependant que l'autorité intervient, mais le plus souvent c'est dans l'intérêt de la caisse municipale et avant la période d'engouement pour la destruction de la propriété communale. En 1834, par exemple, le conseil de Saint-Jorioz veut faire un acensement-partage de 75 jx. 26 toises de boisés, moyennant une somme préfixe de 628 liv. 04. Le Ministre de l'Intérieur estima que c'était insuffisant et que les 228 hect. 65 devaient rendre plus de 2 fr. 75 par hectare et par an. A ces objections le conseil double répliqua «que les bois dont il demandait le partage se trouvaient dans un état de dépérissement après lequel on ne doit pas craindre de plus amples détériorations; qu'au contraire, le partage était le seul moyen pour parvenir à leur amélioration». Néanmoins il augmenta jusqu'à 1,000 livres la redevance à imposer [6]. Les municipalités n'étaient pas toutes aussi obéissantes; il en était, comme celle de Cranves-Sales qui ne tenaient compte ni des observations du service forestier, ni des invitations de l'intendant général à s'y conformer [7]. Il y eut même des conseils pour passer des baux sans autorisation ni intervention des intendants, de sorte que ces fonctionnaires, placés en face du fait accompli, se bornaient à ratifier des actes illicites au premier chef [8].

Enfin au Conseil divisionnaire d'Annecy, tout récemment créé par le Statut du 8 mars 1848, un des membres, M. de la Charrière, fit une motion en faveur du partage des bois communaux : «qu'il soit présenté un projet de loi, lequel déclare facultatif aux communes de faire procéder à la division des biens communaux, à l'exception des bois de haute futaie, en autant de lots qu'il y a de faisants feu, pour chaque habitant entrer en possession de son lot au moyen d'un bail à long terme et sous la

[1] Arch. H.-S., corr. I. Fy. avec sind. 1839, nᵒˢ 489, 516, 542, 545, 642; 1846, nᵒ 20; 1848, nᵒ 1; avec J. Gl. Ay. 1848, nᵒˢ 386, 392, 393; 1849, nᵒ 369.

[2] Arch. H.-S., corr. I. Ay. avec Int. 1835, nᵒˢ 476, 524. Corr. I. Ch. avec Forêts, 1843, nᵒ 68; 1846, nᵒ 29. Corr. I. gl. Ay. avec I. Ch. 1855, nᵒ 119.

[3] Arch. Albert., corr. I. avec divers, 1847, 26 mars.

[4] Arch. S., fonds sarde, reg. 84, nᵒ 83; reg. 187, nᵒ 314.

[5] Arch. S., fonds sarde, reg. 85, nᵒ 113.

[6] Arch. H.-S., corr. I. Ay., avec Int. 1835, nᵒˢ 476, 524.

[7] Arch. H.-S., corr. I. Fy., avec sind., 1848, nᵒ 5.

[8] Arch. S., fonds sarde, reg. 83, nᵒ 114.

condition que la partie boisée sera maintenue en nature de bois et qu'il ne pourra être procédé à aucun défrichement sans une autorisation spéciale de M. l'Intendant général, laquelle ne pourra être accordée que sur une délibération du conseil municipal, de l'avis de l'intendant ». L'auteur motivait sa proposition sur le mauvais état où se trouvent les biens communaux et sur la nécessité d'appeler à leur conservation le secours de l'intérêt privé [1].

En face de ce mouvement général, si satisfaisant pour les appétits des particuliers, et des vues économiques affichées par le Gouvernement, que pouvaient faire les agents forestiers? Le plus souvent se sentant abandonnés par le pouvoir, par les intendants, ils n'essaient même pas de lutter: aux demandes de partage des forêts communales les forestiers timides ou faibles apportent un acquiescement pur et simple [2]. Certains inspecteurs essaient pourtant de réagir, discutent pied à pied les arguments, essayent de tracer les règles à imposer aux locataires de bois communaux, puisque décidément les acensements sont vus avec faveur à Turin. De ce petit nombre se trouve être notamment l'inspecteur de Moutiers, Anthonioz. Dans un rapport du 1er octobre 1836 il se déclare nettement opposé à la location des futaies résineuses pures. Là où il y a un mélange de feuillus et de résineux, il préconise la réserve absolue de ces derniers, les amodiataires n'ayant de droit que sur les essences phanérogames angiospermes dicotylédonnées; mais on voit qu'il est loin d'être favorable à de telles conventions. C'est tout au plus s'il admet l'acensement des taillis de bois dur, en collines, et d'aune vert, dit arcosse, en montagne, et sous les conditions suivantes [3] :

« Pour louer une forêt de manière à ne pas compromettre les intérêts de la commune propriétaire, on pense qu'il serait à propos de passer un bail dont le terme fût aussi long qu'il faudrait d'années pour la croissance de ses bois jusqu'à leur maturité, suivant la nature du sol et l'usage des lieux.

« On suppose une forêt à louer de la contenance de 60 journaux taillis, dont les bois ayant l'âge de 20 ans sont en maturité, il serait convenable de la louer pour 20 ans, sous condition qu'on y fit chaque année une coupe sur une surface de 3 journaux; par ce moyen, le propriétaire, à la fin du bail retrouverait sa forêt en état d'être exploitée de la même manière à perpétuité qui, en lui assurant un revenu annuel, ne diminuerait point la somme de ses bois.

« On aurait soin, dans les forêts dont le sol est incliné, de réserver une lisière dans la partie supérieure pour laisser croître le bois en haute futaie, afin d'obtenir de la graine pour l'ensemencement de la partie inférieure.

« *Conditions qu'on pourrait imposer aux adjudicataires :*

« 1° De faire déterminer par un homme de l'art, à leurs frais, la contenance à couper chaque année;

2° De commencer les coupes dans la partie supérieure de la forêt, lorsque le sol serait incliné et ne permettrait pas de les asseoir de haut en bas, par le motif qu'en les commençant par la partie basse de la forêt le jeune plant pourrait être facilement endommagé par l'exploitation des lieux supérieurs.

[1] Délib. du Cons. div. Ay., 1848, p. 19.
[2] Arch. S., fonds sarde, reg. 74, n° 192; reg. 75, n° 114. Arch. H.-S., corr. I. Fy. avec I. Gl., 1846, n° 369.
[3] Arch. Tse., visites des bois (1824-1848). Rapport du 1er oct. 1836 de l'inspect. de Moutiers.

3° D'effectuer les coupes et la vidange à partir du 15 août au 1er novembre, par le motif que les coupes de bois feuillus, au moment de la sève montante, sont très pernicieuses et que, d'ailleurs, la coupe des bois de l'espèce, à l'époque susdite, donne au propriétaire du feuillerin propre à nourrir ses bestiaux;

« 4° D'exécuter les coupes à tire et aire et non en furetant, sans dégarnir ni arracher les souches;

« 5° De laisser sur pied le nombre de baliveaux qui serait jugé nécessaire;

« 6° De n'introduire aucun bétail à la pâture dans les coupes, avant le terme voulu par la loi, à l'expiration duquel on laisserait paître les aumailles seulement, avec défense expresse d'y laisser entrer les chèvres, moutons, bêtes de somme et porcs, tous animaux nuisibles au repeuplement des bois;

« 7° Prohiber l'enlèvement des feuilles mortes, opération qui appauvrit le sol et nuit considérablement à la reproduction;

« 8° De ne pouvoir couper aucune plante pendant la durée du bail dans les parcelles exploitées, sous quelque prétexte que ce soit.

« *Inconvénient qui pourrait résulter de laisser la garde d'une forêt louée à l'adjudicataire pendant toute la durée du bail :*

« En laissant la surveillance exclusive des coupes déjà effectuées à l'adjudicataire, on ne pourrait être sûr de l'exécution des conditions imposées dans le bail qui sont une garantie pour assurer au propriétaire le repeuplement de ses bois et les préserver de détérioration.

« On croit donc indispensable de remettre sous la surveillance directe de l'administration forestière toutes les parcelles de bois immédiatement après leur coupe et laisser à l'adjudicataire celles des coupes à effectuer successivement jusqu'à la fin du bail ».

Il ne saurait donc être surprenant que dans l'inspection de Moutiers, dont M. Anthonioz est resté le chef jusqu'en 1860, les acensements de forêts communales soient toujours restés des plus rares.

Il serait d'ailleurs injuste de ne pas reconnaître que la faveur dont les baux de forêts avaient joui avait singulièrement diminué à la fin de la période sarde. Déjà, en examinant le projet de loi destiné à remplacer le Règlement forestier du 1er décembre 1833 et dont l'article 63 prévoyait la location des forêts des communes, le conseil divisionnaire d'Annecy, analogue à notre conseil général français, avait déclaré, dans sa séance du 20 septembre 1850, que « l'acensement des bois de haute futaie était tout à fait inadmissible, que les mêmes raisons s'opposaient au bail des bois taillis » et qu'en somme « le bail des bois communaux ne saurait être admis ».

Les formidables inondations de 1852 avaient causé trop de dégâts en Savoie pour ne pas attirer l'attention des pouvoirs publics et des populations; celles de 1856 amenèrent un échange de correspondances avec la France [1]; de plus les questions de la corrélation des crues torrentielles avec le déboisement agitaient l'opinion. Aussi voit-on la mentalité gouvernementale se modifier profondément; les inspecteurs d'Annecy, de

[1] Voir P. MOUGIN, *Les torrents de la Savoie*, p. 204.

Bonneville osent émettre des avis nettement défavorables aux acensements[1]. Au lieu de consulter à nouveau les municipalités sur ces arguments, ce qui amenait naturellement le maintien énergique des premières délibérations, on voit des intendants, comme celui de Faucigny, écrire à des syndics : «L'acensement des propriétés cultivables des communes est, à mon avis, un bienfait immense pour les communes elles-mêmes et pour les habitants... Je ne puis être de l'avis du conseil en ce qui regarde l'acensement des forêts que je dois, au contraire, considérer comme une cause immédiate de leur destruction. En conséquence, non seulement je ne pourrai pas appuyer votre projet, mais je devrai même le combattre[2].»

Il y avait donc quelque chose de changé; les faits, plus forts que toutes les utopies et théories économiques, avaient fait apparaître enfin la vérité.

SECTION VIII.

Le commerce des bois.

§ 1. Commerce intérieur.

En dehors des bois de feu et de construction nécessaires à la population, les forêts fournissaient de combustible les usines métallurgiques de la région; dans la période 1834-1860, beaucoup de ces établissements industriels disparurent. Le plus important d'entre eux, la minière de Peisey, s'anémiait de jour en jour. Il est vrai que de nouvelles entreprises naissent : ainsi, à Séez s'installe une fabrique d'allumettes[3]; si les hauts fourneaux de la basse Maurienne perdent de leur activité, ceux du bassin de Modane exigent énormément de bois et de charbon[4]. D'autre part, la liberté du commerce des bois, déclarée par l'article 159 du Règlement forestier, favorise l'exode de la matière ligneuse et l'élévation des prix; de là, des plaintes qui retentissent jusqu'à Turin. «L'augmentation se porte principalement sur les bois de chauffage. On a remarqué que, depuis 1833, le prix en a augmenté chaque année par suite de l'exportation considérable qui s'en fait journellement, à tel point qu'aujourd'hui on a de la peine à trouver pour le prix de 32 livres un moule de bois hêtre, tandis que, en 1833, le prix n'était que de 24 à 26 livres et l'on ne payait, à cette époque, que 12 à 13 francs le moule de bois de sapin, tandis qu'aujourd'hui on le paye 20 livres. Quant aux bois de service, ils n'ont pas éprouvé une hausse aussi forte; cependant elle est encore assez considérable pour mériter de la part du gouvernement une attention toute spéciale[5].»

A ces causes de renchérissement, il faut aussi ajouter les coalitions de marchands de bois ou l'opposition des municipalités qui font échouer les adjudications et empêchent l'approvisionnement du marché[6].

---

[1] Arch. H.-S., corr. I. Fy. avec sind., 1855, n° 3.
[2] Arch. H.-S., corr. I. Fy. avec sind., 1854, n° 8.
[3] Arch. Tse, corr. avec admin. gle, 1851, 28 mars.
[4] Arch. Mne, corr. I. avec Int. 1838, 8 mars.
[5] Arch. H.-S., corr. I. Fy. avec Int., 1837, n° 703.
[6] Arch. H.-S., corr. I. Fy. avec For., 1846, n° 124.

Enfin l'épuisement des massifs, conséquence d'une mauvaise gestion, amenait aussi la raréfaction, donc le renchérissement de la marchandise.

§ 2. Commerce extérieur.

L'article 159, formant le chapitre II du titre VI du Règlement forestier, proclame la liberté de l'exportation des bois. C'est la rupture avec les errements du passé et la mise en application de l'affranchissement commercial. Un manifeste de la Chambre des Comptes du 13 septembre 1834 sert de commentaire et de complément à l'article précité.

«Depuis que, dit ce document, par le nouveau Règlement sur les bois a été révoquée l'interdiction d'exporter des bois, S. M. a reconnu nécessaire de modifier les droits existants afin de mieux concilier avec la liberté laissée au propriétaire de disposer de ses produits l'intérêt général de la conservation des forêts. Aussi, par son Billet royal, en date du 11 de ce mois, elle a daigné prendre à ce sujet les dispositions convenables en nous ordonnant d'en informer le public par un Manifeste.

«En exécution des ordres souverains, nous notifions par le présent ces dispositions dont la teneur suit :

«1. A partir du 1er octobre prochain, les charbons, les bois de feu et de construction seront soumis aux droits indiqués dans le tableau ci-dessous, signé d'ordre de S. M. par le premier secrétaire des Finances... »

Tableau du changement des droits de sortie.

Bois de feu...................................	o liv. 2 par quintal.
Charbon de bois.........	1 livre —
Bois de construction { en grume ou simplement équarris à la hache.	6 p. 100 de la valeur.
débité en planches ou en solives........	3 p. 100 —

Malgré les termes absolus de l'article 159, dans les communes ayant des règlements particuliers approuvés par le Sénat de Savoie, la sortie des bois hors du territoire communal demeurera interdite [1]; les barrières intérieures subsistaient donc toujours comme sous l'ancien régime.

Mais, en dépit de ces entraves locales, les transports de bois à l'étranger se multiplièrent au point de gêner considérablement la consommation du pays, comme on vient de le voir. C'est surtout dans les environs de la Suisse que le drainage fut le plus intense et, le 21 juin 1838, l'intendant de Bonneville, en signalait le danger en ces termes au Ministre de l'Intérieur [2] : «Depuis que le Règlement du 1er décembre 1833 a permis la libre exportation des bois, l'on a vu de toutes parts cette branche de commerce prendre une activité extraordinaire. Le Faucigny qui possède une vaste superficie boisée, peuplée des plus belles plantes pour la construction et des bois les plus propices pour le chauffage, qui a, en outre, l'avantage d'un transport prompt et presque sans frais par le moyen du flottage sur l'Arve et la Dranse, s'est vu, dès cette époque, exploité par une foule de spéculateurs étrangers dont le nombre grossit chaque jour, en raison des bénéfices assurés que cette industrie leur procure.

[1] Arch. Mne, corr. I. avec sind., 1835, 1er juin.
[2] Arch. H.-S., corr. I. Fy. avec Int., 1838, n° 18.

«En effet, sachant de pouvoir presque doubler leurs capitaux en écoulant cette matière dans les pays limitrophes où elle a une valeur excessive, toujours croissante, ils accaparent dans cette province tous les bois, tant communaux que particuliers, qui se trouvent en vente et, par l'appât du numéraire comptant qu'ils répandent dans le pays, ils engagent les propriétaires à leur livrer jusqu'aux dernières dépouilles de leurs forêts, sans prévoyance pour l'avenir et souvent pour leurs propres besoins du moment. De là vient le dépeuplement rapide des forêts qui s'opère d'une manière effrayante, sans que l'autorité ait aucun moyen d'arrêter ce mouvement destructeur. Si l'on énumère l'énorme quantité de bois qui s'exporte par le flottage et celle qui se consomme pour les besoins locaux dans une province de 100,000 habitants pour le service des diverses manufactures qui s'agitent à l'aide du combustible, que l'on tienne compte ensuite du temps nécessaire pour la reproduction des plantes dans un pays montagneux où la croissance est lente et la maturité tardive, on acquerra la conviction que cet état de choses ne peut durer. Cette province n'ayant aucune carrière de tourbe, lignite et fossile, n'est-il pas à craindre que les forêts ne pouvant, dans peu d'années, suffire à la consommation, les fabriques et manufactures ne viennent à chômer au préjudice du pays qui redeviendrait par là tributaire de l'étranger pour certaines productions que l'industrie a nationalisées.

«L'augmentation du prix des bois qui résulte de la grande exportation qui s'en fait n'est pas moins préjudiciable, d'abord parce qu'elle compromet les droits des usagers, l'existence des industries créées et qu'elle éloigne l'idée de former de nouveaux établissements dans le pays. En second lieu, cette hausse dans le prix sert d'encouragement au système de dévastation qui a prévalu contre toutes les règles et contribue puissamment à accroître le nombre des délits. »

«N'est-il pas piquant de voir les administrateurs du Faucigny réclamer la suppression de la liberté d'exporter les bois, alors que, vingt ans auparavant, ils protestaient contre elle et toujours au nom des intérêts régionaux ! Il semble bien cependant qu'après la levée des interdictions et formalités du titre III et de l'article 34 du Règlement du 15 octobre 1822, les forêts chablaisiennes et faucignerandes surtout aient été la proie de spéculateurs. Alors comme aujourd'hui, des bandes d'exploitants achetaient à beaux deniers aux propriétaires ignorants et aux communes mal administrées et mal défendues aussi bien par leurs conseils et sindics que par les intendants et les forestiers des massifs bien au-dessous de leur valeur.

«Cependant les autorités demandent au Gouvernement «s'il ne croit pas pouvoir revenir encore de la fatale mesure qui autorise l'exportation des bois. Il l'a accordée dans des vues philanthropiques sans doute, mais il était loin de soupçonner jusqu'où l'abus corromprait le beau côté de cette mesure. Mais alors qu'une malheureuse expérience a démontré toute l'étendue du mal dont elle est la source, il serait digne de sa sollicitude de porter un prompt remède qu'on ne peut trouver que dans une prohibition absolue de toute exportation du bois de chauffage pendant 15 ans au moins [1]. »

Ces appels furent entendus et de nouvelles défenses vinrent mettre des bornes aux exportations de bois de sapin, mélèze, noyer, etc. [2] Mais, comme il arrive dans

[1] Arch. H.-S., corr. 1. Fy. avec Int., 1836, n° 65.
[2] Fortis, État actuel de la Savoie, 1846, p. 88.

LES FORÊTS DE SAVOIE.   44

toutes les questions économiques, ces restrictions ne laissèrent pas de soulever également des critiques.

RELEVÉ DE QUELQUES PRIX DE VENTE.

ANNÉES.	COMMUNES.	PRIX DE L'UNITÉ.	NATURE DE L'UNITÉ.
1834......................	Queige............	1.385	Le sapin.
1850................... ..	La Thuile (H.-S.)........	3.98	Le sapin.
1851........... ,..	Grignon................	271.00	L'hectare (hêtre et sapin).
1851............... ...	Chevaline...............	8.50	Le sapin.
1853............... .	Giez...................	2.30	Le sapin.
1855...	Bonvillard	283.55	L'hectare.

CHAPITRE IV.

POLICE ET CONSERVATION DES BOIS.

SECTION I.

Délits forestiers.

§ 1. IMPORTANCE ET NOMBRE DES DÉLITS.

Après la mise en vigueur du Règlement forestier du 1er décembre 1833, les délits
ne furent ni moins nombreux, ni moins importants qu'auparavant. Les particuliers
se gênent d'autant moins que le nombre des préposés forestiers est réduit à 2 par
mandement; quant aux gardes champêtres, même chargés spécialement de la surveillance des bois, ils sont impuissants à rien réprimer.

C'est bien en vain que, le 19 mai 1838, l'intendant général du duché adresse
une circulaire aux syndics pour les inviter à veiller à « la conservation des bois dans
leurs communes et à réprimer les abus et les dilapidations continuelles qui s'y commettent, malgré les efforts des agents forestiers. » Par ordre de l'administration générale de l'Intérieur, il leur rappelle les dispositions de l'article 10 du Règlement.

Non seulement les syndics ne tiennent aucun compte de ces recommandations, mais
trop souvent ils sont les premiers délinquants de leur commune. Celui d'Albiez-
le-Jeune, en tête de ses administrés, va piller la forêt de Villargondran en 1844 et
le curé écrit à l'intendant général pour solliciter la remise de la peine prononcée
contre ses ouailles.

Dans la forêt domaniale de Beauvoir, le syndic de Saint-Jean de Couz coupe frauduleusement 16 arbres, le 29 septembre 1835; son collègue et le curé de Saint-

Christophe font exploiter une carrière de sable et perçoivent des redevances de 100 livres en 1836, de 158 livres 90 en 1837!

Lors de la délivrance de la coupe affouagère, le syndic de Loisieux s'attribue 15 journaux, sans que le garde relève le fait (1840)! Celui de Saint-Jean d'Arvey s'approprie 600 sapins [1]. A la Compote [2], à Feissons-sur-Salins, à Bellecombe [3], à la Chapelle d'Abondance [4], à Cohennoz [5], à Saint-Martin près Sallanches [6], dans toutes les provinces, les syndics dévastent les bois. Certains potentats au petit pied se créent des revenus dont la forêt fait le fonds; ainsi, en Tarentaise, le syndic de Montagny, se fait payer des sommes plus ou moins fortes par les délinquants surpris, pour leur épargner des poursuites; il vend des bois gisants, abattus et même ceux du couvert de l'église! A son collègue de Montgirod on reproche d'avoir envoyé son neveu couper des arbres en forêt, et sa femme avec ce même neveu, enlever des planches sciées pour la cure; il leur est également fait grief d'avoir retenu aux victimes d'un incendie une somme de 280 à 300 livres pour payer les frais de martelage des bois délivrés, tandis que le garde n'a rien touché, et d'avoir permis à certains de ses conseillers d'aller marauder du bois. Les syndics de Villargerel, de Villaroger font avec les bois communaux «des politesses» aux conseillers, au curé, au garde-chef même [7]!

Les conseillers municipaux ne montrent d'ailleurs pas plus de réserve; tantôt ils font leurs parts d'affouage plus grandes que les autres (Villargerel) ou bien se servent dans les endroits les plus commodes (Montgirod), tantôt ils vont couper frauduleusement des bois (Naves [8], Saint-Laurent [9]), tantôt vendent le droit d'exploiter des arbres en forêt [10].

Comment s'étonner qu'avec de tels exemples nombre d'habitants se transforment en délinquants. On ne compte plus les infractions ordinaires aux lois forestières; les exploitations illicites varient d'importance, voilà tout; parfois il s'y ajoute la complicité tacite ou rémunérée du garde champêtre-forestier. Sous la hache ou sous la dent du bétail, les peuplements fondent, disparaissent. Mais c'est surtout quand il se fait dans la forêt de la commune voisine que le délit est surtout avantageux; on a vu les gens d'Albiez descendre dans les bois de Villargondran; la population d'Allèves fait de même sur Leschaux et celle de Morzine dans le massif de Fretrole, appartenant à Samoens. Les scieries, installées nombreuses auprès des grandes étendues boisées, favorisent d'ailleurs les fraudeurs en débitant rapidement tous les arbres qu'on leur livre, sans se conformer aux formalités légales (art. 150) [11].

A diverses reprises, les délits se présentent sous les formes les plus graves; on releva des traces de faux marteaux dans plusieurs provinces, à Modane, à Doussard et

[1] Arch. Fonds sarde, Reg. 184 n° 440. Reg. 188, n° 25.
[2] Arch. Fonds sarde, Reg. 188, n° 102.
[3] Arch. Tse, corr. I. int. et ext., 1835, 9 janv.: 1838, 16 août.
[4] Arch. H.-S., corr. I. Ch. avec Forêts, 1844, n° 23.
[5] Arch. Albert., corr. I. avec Forêts, 1859, 2 avril.
[6] Arch. H.-S., corr. I. Fy. avec Forêts, 1839, n° 84.
[7] Arch. Tse, corr. I. int. et ext. 1838, 22 fév.; 18 juin, 20 sept., 1er déc.; 1839, 27 fév.
[8] Arch. Tse, corr. I. int. et ext., 1839, 19 juin.
[9] Arch. H.-S., corr. I. Fy. avec sind., 1850, n° 9.
[10] Arch. H.-S., corr. I. Fy. avec sind., 1845, n° 5.
[11] Arch. H.-S., Fonds sarde, Reg. 184, n° 264; Reg. 185, n° 270; Reg. 186, n° 4. Arch. Tse, corr. I. int. et ext., 1842, 22 juin, 25 juillet; 1843, 22 sept. Arch. Albert., corr. I. avec Forêts, 1843.

44.

dans les localités plus proches. Dans cette dernière région, l'intendant signale «que ce n'est pas la première fois que des empreintes fausses dans le martelage des plantes de bois ont été reconnues dans la commune de Doussard et qu'elles s'étendent même dans les communes voisines, de manière que cela devient un véritable brigandage organisé» [1]. Il ne semble pas que les coupables aient été découverts.

Parfois enfin les pillards opèrent en bandes, résistent par la force aux gardes. C'est ainsi qu'en 1838 le conseil d'Aillon demande à l'intendant général du duché «l'autorisation de faire escorter le garde forestier par deux hommes armés lorsqu'il doit faire des tournées dans la forêt sur les confins de Thoiry et le Noyer, attendu que les délinquants se révoltent contre lui et le menacent de la mort [2].»

Aux environs d'Annecy, de même qu'au début du xixᵉ siècle, il y a de véritables rébellions que l'intendant de Genevois dénonce ainsi, à l'avocat fiscal : «Depuis longtemps les forêts communales de Viuz-la-Chiesaz sont dévastées par les habitants de la dite commune qui compte un grand nombre de voleurs de bois. Dans le but de mettre un terme à cette dévastation et en même temps de surprendre quelques-uns des voleurs, pour faire un exemple, M. l'inspecteur des forêts avait réuni sur ce point plusieurs gardes, lesquels dans la nuit du 7 courant (février 1849) s'étaient embusqués dans la forêt et étaient venus à bout de surprendre et de saisir un des dévastateurs qui, ce jour-là, étaient en grand nombre. Dès que cet individu se vit arrêté, il s'est mis à crier et de toutes parts sont arrivés des hommes mal intentionnés sortant, les uns de la forêt, les autres des habitations voisines; lesquels par leur nombre et les menaces qu'ils proféraient ont obligé les agents forestiers à relâcher l'individu saisi [3].» A Leschaux, il faut renforcer la surveillance par l'envoi du garde-rayon et des deux gardes champêtres de la commune d'Allèves. Le conseil des Déserts prend, le 8 août 1858, une délibération demandant «que les gardes des communes environnantes, avec l'intervention, au besoin, de la force armée, puissent prêter main-forte au garde des Déserts..., attendu que le garde de cette commune ne pourrait sans danger s'exposer pendant la nuit à reconnaître les délinquants.»

Les forêts situées même aux portes d'Annecy étaient tout aussi effrontément ravagées, celle de Sainte-Catherine notamment, par les habitants des faubourgs. En raison de l'insuffisance des préposés forestiers, l'intendant général invite, en 1850, le commandant des carabiniers royaux à faire des patrouilles, arrêter tous les gens suspects, chargés de bois pour en faire vérifier la provenance [4].

30 mars; 1841, 3 nov.: 1845, 24 janv.; 1846, 24 juillet; 1847, 27 nov.; 1852, 3 mars. Arch. Mne, corr. I. avec sind., 1835, 7 mai, 17 juin, 17 déc., avec Forêts, 1839, 11 mars; 1840, 30 janv., 11 juin. Arch. Albert, corr. I. avec Forêts, 1836, n° 1449; 1840, 28 janv.; 1841, 24 mars, 3 avril. O. I. Albert., 1834, 5 juillet, 15 oct.; 1840, 7 mars; avec div., 1846, n° 479; avec Forêts, 1851 n° 4. Arch. H.-S., corr. I. K. avec comm., 1836, n° 41, avec div.; 1835, n° 250. Corr. I. Fy. avec sind., 1834, n° 196; 1838, n° 371; 1840, n° 112; avec Fin., 1849, n° 325; 1853, n° 7; 1854, n° 34; 1855, n° 3; 1851, n° 1, 17, 29; 1853, n° 12. Corr. I. Gl. Ay. avec div., 1858, n° 1314; avec Forêts, 1837, n° 40, 42, 46.

[1] Arch. Mne, corr. I. avec Int., 1848, 12 oct. Arch. Albert., corr. I. avec Forêts, 1851, 11 janv.; avec sind., 1851, 10 janv.

[2] Arch. S., Fonds sarde, Reg. 184, n° 100.

[3] Arch. H.-S., corr. I. Gl. Ay. avec div., 1849, n° 111.

[4] Arch. H.-S., corr. I. Gl., Ay. avec div., 1850, n° 1424; avec sind., 1836, n° 1183; 1858, n° 1314.

Pas plus que les forêts royales ou communales, on ne respectait les bois particuliers et on voit des propriétaires, comme le baron de Viry, demander au Ministre de l'Intérieur le secours de la force armée pour garantir leurs bois des déprédations continuelles [1].

Toutes les autorités, consciemment ou non, semblent favoriser ces habitudes de pillage. En 1844, la ville de Cluses ayant été détruite par un incendie, le Gouvernement ordonna que les délinquants qui avaient alors dépeuplé les forêts voisines ne fussent pas condamnés à la prison par voie de contrainte par corps; cette disposition qui pouvait se justifier par la nécessité de créer rapidement des abris pour les sinistrés ne servait, cinq ans plus tard, qu'à encourager les délits [2].

Des syndics sont-ils verbalisés pour coupes illicites? les intendants prient aussitôt les inspecteurs forestiers de ne pas donner de suite à l'affaire et une simple admonestation est toute la peine encourue par les coupables! Il en est de même quand les officiers municipaux se font remettre de l'argent par les délinquants [3].

Si l'on descend d'un échelon, on voit qu'il est d'usage constant que les syndics emploient tous les moyens d'épargner à leurs administrés l'application des lois forestières si couramment violées. C'est chaque jour un refus de leur part de recevoir l'affirmation des procès-verbaux dressés par les gardes. Un préposé exerce-t-il une active surveillance, c'est sa révocation que le conseil demande [4]. Souvent aussi le syndic retient les procès-verbaux de ses gardes champêtres-forestiers et les empêche, par péremption, de recevoir leur cours; ou bien il essaye de tromper l'intendant pour arriver à l'annulation des poursuites intentées. Ainsi, par exemple, à Chessenaz, à propos d'un délit de pâturage, la municipalité soutient que le bétail surpris était dans une friche communale alors qu'il broutait un canton de forêt borné et délimité sept ans auparavant [5]; de plus le syndic refuse d'apposer sa signature sur le procès-verbal affirmé. La sanction a été un blâme que cet administrateur peu intègre dut venir entendre de la bouche de l'intendant, à Saint-Julien en Genevois.

Malgré tant d'obstacles et de mauvaises volontés, si une condamnation intervient, il n'est pas rare que le syndic tente encore d'épargner à ses concitoyens malhonnêtes le châtiment qu'ils ont mérité. Ainsi, en 1840, le pedon (facteur) de Saint-Pierre d'Albigny est verbalisé; le 8 janvier 1842, le syndic de la commune écrit à l'intendant général de Chambéry à ce sujet : «Quant au procès-verbal dont il se plaint, je vous dirai qu'il n'en est rien résulté de fâcheux pour lui, attendu que moi-même je lui ai délivré un certificat de pauvreté qui l'a prémuni contre toutes plus amples poursuites». Tous les syndics n'indiquent pas avec autant d'ingénuité ou de cynisme les procédés qu'ils emploient, mais nombreux sont ceux qui accordent, les yeux fermés, des attestations d'indigence. Ces errements ne sont pas encore totalement inconnus aujourd'hui.

---

[1] Arch. H.-S., corr. I. Gl. Ay. avec div., 1847, n° 5.
[2] Arch. H.-S., corr. I. Fy. avec I. Gl. Ay., 1849, n° 235.
[3] Arch. Tse, corr. I. int. et ext., 1838, 9 mai; 27 févr. 1839.
[4] Arch. S., Fonds sarde, Reg. 188, n° 44.
[5] Arch. H.-S., corr. I. K. avec sind., 1836, n°ˢ 22, 41; avec div.; 1835, n° 350; 1836, n° 291; Arch. Albert., corr. I. avec sind., 1851, 16 sept.

§ 2. Constatation des délits.

Aux termes de l'article 10 du Règlement forestier de 1833, ont pouvoir de constater les contraventions forestières aussi bien les inspecteurs, gardes-chefs et gardes-rayons que les syndics et gardes champêtres des communes. Les juges ou leurs assesseurs reçoivent également de l'article 190 le droit de rechercher d'office les coupables des délits dont ils auraient eu connaissance. Mais, en fait, ce sont les gardes-chefs et gardes-rayons (art. 27, 172) et surtout les gardes champêtres-forestiers qui relèvent les infractions commises, malgré la dépendance où ils se trouvent vis-à-vis des municipalités. Ils sont autorisés par la loi (art. 175) : 1° à saisir les instruments et animaux qui ont servi à commettre les délits ainsi que les objets dérobés ; 2° à procéder à des visites domiciliaires, à condition d'être accompagnés du juge ou du commissaire de police, du syndic ou de l'un des conseillers de la commune (art. 176).

Une fois le délit découvert, les préposés en dressent un procès-verbal qu'ils affirment par devant le juge de mandement, le châtelain ou le syndic de la commune (art. 174).

Les procès-verbaux des inspecteurs sont dispensés de cette dernière formalité. Par suite de l'éloignement du chef-lieu, c'est presque toujours au syndic local que les préposés s'adressent pour l'affirmation.

On ne peut guère s'attendre à trouver des procès-verbaux dressés par des syndics contre leurs concitoyens : le souci de ne pas se créer d'ennemis et d'éviter aussi des vengeances, des rancunes, toujours terribles au village, les en eût détournés plus que le désir beaucoup moins actif alors qu'aujourd'hui de faire de la popularité. D'ailleurs, on l'a vu, nombre de syndics ne reculaient pas devant un délit : comment, dans ces conditions, faire condamner quelqu'un pour un fait qui semblait si naturel ?

Rien de plus facile que de s'expliquer ainsi la répugnance des syndics et des conseillers municipaux à accompagner les gardes dans une perquisition ; ces administrateurs eussent paru encourager, diriger même les recherches. Quelle indignation surtout, si le garde émet la prétention de visiter la maison du syndic ou d'un conseiller [1] ! Quand l'intendant est saisi par une plainte du service forestier des obstacles mis par un refus à la découverte des coupables, il se borne le plus souvent à inviter «les membres de l'administration de la commune à ne pas commettre semblable incongruité à l'avenir». Si le préposé forestier dresse procès-verbal du refus, l'intendant fort embarrassé, «parce que le réglement forestier n'indique ni l'usage de ce procès-verbal, ni la peine à infliger», transmet le document à Turin ; ou bien il s'avise que le cas est prévu par le Code pénal et il invite l'inspecteur forestier à «ne pas donner cours à des poursuites contre le conseiller, sauf à ne garder aucun ménagement en cas de récidive» [2].

Pour recevoir les affirmations des procès-verbaux dressés par les préposés, les syndics ne font pas moins de difficultés, bien que l'absence de cette formalité empêche d'attribuer foi complète à la déclaration écrite des gardes (art. 185, 187). C'est partout et tous les jours que le personnel forestier se heurte à leur mauvais vouloir. Parfois, pour décider les gardes à ne pas maintenir leur procès-verbal, «le syndic

[1] Arch. S., Fonds sarde, Reg. 185, n° 154. Arch. Tsc., corr. l. int. et ext., 1842, 6 avril.
[2] Arch. H.-S., corr. l. Fy. avec Int, 1835, n° 138. Corr. l. Gl. Ay. avec Forêts, 1855, n° 123.

les emmène au cabaret où il a porté des œufs». Tous n'usent pas d'arguments aussi concluants [1].

Mais il ne paraît pas que ni les intendants, ni les tribunaux aient jamais sévi. Le plus souvent, l'intendant renvoie au syndic récalcitrant le procès-verbal avec ordre de le signer et en lui demandant les raisons de son refus. Il arrive que le syndic nie purement et simplement, ou bien il allègue pour excuse la pauvreté des délinquants, ou encore déclare avoir renvoyé la formalité au lendemain.

Quant aux sanctions encourues pour ces manquements à leurs fonctions, les syndics ne s'en soucient guère : ils ne reçoivent, en effet, des intendants que des invitations «à ne plus dorénavant entraver le service forestier». parfois un blâme, et plus rarement une vaine menace des dispositions renfermées dans l'article 315 du Code pénal.

Il faut ajouter que le personnel subalterne, de son côté, était loin d'être à l'abri de tout reproche, et le Ministre de l'Intérieur fut avisé, en 1847, par le Sénat de Savoie «de l'abus mis en usage par les agents forestiers de rédiger les procès-verbaux de contravention longtemps après les avoir découvertes, pendant lequel intervalle on assure que les dits agents extorquaient des sommes des contrevenants, moyennant lesquelles ils ne donnent plus cours aux poursuites relatives» [2].

Ces pratiques, en dehors de la question d'honnêteté, pouvaient avoir pour conséquence de faire courir la prescription d'un an qui mettait les coupables à l'abri de toute poursuite.

§ 3. POURSUITES ET JUGEMENTS.

Comme sous le régime du règlement du 15 octobre 1822, aucun procès-verbal ne fait foi jusqu'à inscription de faux; rédigé par un inspecteur, un procès-verbal fait foi jusqu'à preuve contraire, sans limites, tandis que s'il l'est par des préposés il n'aura cette valeur que si l'amende encourue n'excède pas 100 livres (art. 184, 185).

Les tribunaux compétents sont les tribunaux ordinaires; celui de mandement jusqu'à 50 livres d'amende, celui de préfecture (qui a remplacé les anciennes judicatures-majes) au delà de ce chiffre. Mais en appel, il n'y a plus d'unité; l'appel des sentences du juge de mandement est adressé et porté par le prévenu devant le tribunal de préfecture, quand le total de l'amende et des réparations civiles excède 50 livres; par le plaignant, quand les dommages-intérêts qu'il réclame sont supérieurs à cette même somme; par le procureur fiscal dans l'intérêt de la loi ou en cas d'incompétence (art. 215).

Des jugements du tribunal de préfecture on peut appeler quand l'amende excède 300 livres, et la durée d'incarcération quinze jours : le condamné et sa caution, le plaignant pour ses dommages-intérêts, l'avocat fiscal et l'administration des forêts, nommée pour la première fois, sont admis à interjeter appel. Si le bois où a été commis

---

[1] Arch. S., Fonds sarde, Reg. 184, n° 500; Reg. 186, n° 269; Reg. 188. n° 55. Arch. Mne., corr. I. avec sind., 1850, 20 août. Arch. H.-S., corr. I. Ay. avec sind., 1834, n° 128; 1836, n° 1070; 1838, n° 2. Corr. I. Gl. Ay. avec Forêts, 1857, n° 127. Corr. I. K. avec sind., 1835, n° 497; 1836, n° 1. Corr. I. Fy. avec sind., 1841, n° 72, 263. Arch. Albert., corr. I. avec sind. 1849, 24 avril.

[2] Arch. H.-S., corr. I. Ch. avec Forêts, 1847, n° 11. Corr. I. Fy. avec Forêts, 1847, n° 216.

le délit est domanial, c'est la Cour des Comptes qui reçoit l'appel; pour les bois communaux ou d'établissements publics, c'est le Sénat; pour les bois de l'ordre des SS. Maurice et Lazare, c'est le conseil juridique de l'ordre (art. 242 à 244). L'avocat fiscal général, le procureur général et l'avocat patrimonial de l'ordre des SS. Maurice et Lazare ont toujours le droit d'appel. Il y a donc pour le second degré de juridiction de véritables privilèges, puisque normalement c'est le Sénat qui est compétent pour les appels (art. 245).

Pour tous les détails de procédure, il suffit de parcourir le titre VIII du règlement de 1833. Ce qui frappe, c'est que, dans les instances devant les juges de mandement, il n'est nullement question d'agents forestiers : seul le procureur fiscal requiert l'application de la loi. Pas une fois, même pour interjeter appel, l'inspecteur des forêts n'intervient, sauf en cas d'incompétence du tribunal ou dans l'intérêt de la loi (art. 219 et 223).

Au contraire, devant le tribunal de préfecture, l'inspecteur des forêts ou le garde-chef est obligatoirement entendu dans ses réquisitions, mais c'est toujours le ministère public. ici l'avocat fiscal, qui conclut (art. 230); l'agent forestier n'est pas le ministère public, il n'est que partie jointe au ministère public. Aussi quand le procès-verbal du garde ne fait pas preuve complète, qu'il y a lieu à une instruction complémentaire, l'agent forestier n'a nullement mission de rassembler les renseignements nécessaires : c'est l'assesseur-instructeur ou, par commission rogatoire, le juge du mandement où a eu lieu le délit, qui est chargé de cette tâche. Une fois l'affaire en état, s'il veut la connaître, l'agent forestier doit venir au greffe prendre connaissance du dossier : on ne le lui communique pas autrement.

Enfin, au vu des pièces rassemblées et sur les témoignages faits à l'audience, le juge rend sa sentence. C'est toujours l'avocat fiscal et non l'inspecteur des forêts qui veille à l'exécution des jugements comportant des peines corporelles.

Les préposés jouent le rôle d'huissier tant pour les notifications que pour les actes d'exécution (art. 246).

Par Lettres Patentes du 3 novembre 1834, le roi Charles-Albert approuva le tarif des droits dus aux secrétaires des juges de mandement, aux procureurs fiscaux et vice-fiscaux dans les procédures pour contraventions au règlement des bois et forêts du 1er décembre 1833. On voit que la justice était loin d'être gratuite; l'affirmation des procès-verbaux même était taxée. D'après l'inspecteur Papa [1]. les frais de justice auraient atteint à peu près le double du chiffre des amendes.

§ 4. AMENDES ET TRANSACTIONS.

I. **Amendes.** — D'une façon générale, on peut dire que le règlement forestier de 1833 a abaissé les pénalités portées par celui du 15 octobre 1822; il est probable que cet adoucissement des sanctions n'a pas été sans contribuer à la multiplicité des délits constatés. Il n'était pas inutile de mentionner cette cause. Le tableau ci-après donne, d'un coup d'œil, le tarif des amendes appliquées de 1815 à 1860 pour les principales infractions aux lois forestières.

[1] PAPA. *Considérations sur les forêts de la Savoie*, 1853.

NATURE DES DÉLITS.		PÉNALITÉS PORTÉES		
		par LES ROYALES CONSTITUTIONS. de 1770.	par LE RÈGLEMENT du 15 OCTOBRE 1822.	par LE RÈGLEMENT du 1er DÉCEMBRE 1833.
			livres.	livres.
Coupe d'arbres de 1 décimètre de tour et plus	pour 1 décimètre...	5 livres.	10 à 50	1
	par décimètre de tour en plus........			0,05
Coupe de bois de moins de 1 décimètre de tour ou de brins de taillis	par voiture......	5 livres.	1 à 5 livres ou le triple de la valeur du bois, selon le cas.	5
	par bête de somme..			3
	par charge d'homme.			1
Coupe..	avec la scie................	"	"	Amende double.
	pendant la nuit...........	"	"	Idem.
	avec récidive...........	"	Amende double et de 1 à 3 mois de prison.	Amende double et 15 jours de prison au minimum.
Mutilation, écorcement, résinage des arbres, par arbre.....		"	1 à 6	Comme pour la coupe.
Enlèvement d'arbres ou de matériaux dans un bois banni............		50 écus.	50 à 300	3 à 300
Défrichements, essartements illicites, l'hectare.		363 écus.	131,55	100 à 300
Enlèvement de menus produits..........	par voiture..	"	"	4
	par bête de somme..	"	"	1
	par charge d'homme.	"	"	0,50
Pâturage	dans le bois d'autrui, bêtes diverses.	"	"	0.50 à 3
	dans les cantons non défensables..... — bêtes à cornes...	1/2 écu par tête.	Aucune sanction à la défense.	3
	bêtes de somme..			2
	porc..			1
	mouton..			0.5
	chèvre		"	1
Construction à distance prohibée de four à chaux, briqueterie, tuilerie, poterie, fabriques utilisant le bois..............		"	100 à 300	50 à 400
Atelier ou magasin à bois installé à distance prohibée..... ,...		"	"	40 à 100
Feu allumé en forêt ou à distance prohibée....		25 livres.	30	10 à 100
Construction de cabanes, abris, à distance prohibée..............		"	30	"
Feu d'écobuage, à distance prohibée..		"	"	1
Passage.	Bois de plus de 10 ans hors des chemins ordinaires.. ..... — avec voiture.	"	"	5
	avec collier..	"	"	0.50 à 2
	Bois de moins de 10 ans........	"	"	Amende double.
Passage hors des chemins ordinaires, de suspects munis d'instruments à couper le bois, sans motif valable......... ...·......		"	"	5 à 20

On peut voir que le nombre des faits qualifiés délits s'était notablement accru depuis 1770 surtout; mais il convient de remarquer que beaucoup de ces infractions non portées dans les Royales Constitutions figuraient dans le règlement forestier spécial à la Tarentaise du 2 mai 1760. L'inspecteur Papa déclare que dans toute la Savoie les contraventions s'élèvent en moyenne, chaque année, à 8,000 environ, et qu'il est impossible de constater tous les délits [1] et il évalue à 30,000 livres le montant annuel des amendes infligées par les tribunaux. Pour considérable que soit ce chiffre, il est pourtant confirmé par les correspondances administratives : ainsi les amendes prononcées dans la Savoie Propre ont été en moyenne de 6,614 livres 55; dans la Haute-Savoie, de 3,451 livres 05; dans le Genevois, de 5,347 livres 68; de 4,578 livres 63 en Faucigny; 4,207 livres 38 en Tarentaise; de 1,199 livres en Chablais. Pour la Maurienne, le chiffre de 2,135 livres 50, correspondant à l'année 1850, est probablement bien au-dessous de la moyenne. On constate, en effet, une très importante diminution du total des amendes qui se produit en 1848, plus de moitié en certaines provinces; puis, de nouveau, l'importance des condamnations augmente et revient à la normale vers 1852 : c'est le résultat de la guerre de Lombardie et peut-être aussi des mouvements politiques qui aboutirent à la promulgation du Statut.

En totalisant les chiffres, on obtient 27,531 livres; et, sous le bénéfice de la remarque précédente, on arrive au chiffre de 30,000 livres.

En somme, les procès forestiers coûtaient, bon an, mal an, à la Savoie, une somme de 200,000 livres que l'inspecteur Papa répartit ainsi :

Amendes.......	30,000 francs.
Dommages-intérêts (art. 262).......	30,000
Frais de justice, peut-être le double ...	60,000
Journées de travail perdu.......	40,000
Frais de voyage, honoraire des avocats et procureurs......	40,000

Sur ce chiffre, il faut imputer le montant des transactions.

II. **Transactions.** — Le système de transactions instauré par les Lettres Patentes du 15 avril 1825 fut confirmé par le chapitre III, section I du titre III du règlement forestier de 1833. Tout délinquant, s'il n'est pas en récidive (art. 250), peut offrir, pour éviter des poursuites, et en tous cas avant le prononcé du jugement définitif, une certaine somme (art. 249). Pour les infractions de la compétence des juges de mandement, c'est l'inspecteur qui accepte ou refuse l'oblation, après cependant le visa de l'avocat fiscal et sous réserve de l'approbation de l'intendant (art. 253). Dans les affaires dépendant du tribunal de préfecture, les transactions, jusqu'en 1842, furent réservées à l'intendant général de l'administration économique de l'intérieur. Mais les Lettres Patentes du 31 décembre 1842, par l'article 10 du chapitre II du titre I, attribuèrent aux intendants généraux le droit «d'approuver les transactions aux règlements d'eaux et routes, pour transport des bois par flottage et pour les délits forestiers, lorsque le montant de l'amende encourue n'excédait pas 300 livres».

Aux termes de l'article 255, la transaction ne portait que sur la peine, amende ou prison, et non sur les frais déjà faits et les dommages-intérêts. Il fallait donc conclure à l'obligation pour les coupables d'indemniser les propriétaires forestiers intégralement. Néanmoins, l'usage s'établit de comprendre dans les oblations une somme destinée à dédommager les parties lésées et de faire délibérer sur ce sujet les communes, bien que le règlement réservât l'acceptation des offres uniquement aux autorités administratives.

[1] Papa, *op. cit.*, p. 21 et 57.

On vit alors des choses cocasses : ainsi un pillard est surpris à couper du bois dans les forêts de Montagny et Feissons-sur-Salins. Il fait ses oblations; la municipalité de Montagny accepte l'une, celle de Feissons refuse les 54 livres proposées et exige l'indemnité intégrale, soit 248 livres 50. Indigné, le délinquant assigne la commune de Feissons devant le tribunal de Moutiers «pour voir, après expertise, décider sur le montant des indemnités dont il s'agit [1]». Le vrai peut quelquefois n'être pas vraisemblable.

Il n'est pas rare non plus de voir les conseils municipaux renoncer à toute indemnité ou en accepter de dérisoires [2]. Et les intendants généraux approuvent les délibérations.

Dans une lettre du 4 décembre 1850 [3], l'inspecteur Papa appelait l'attention de l'intendant général de Chambéry sur toutes les irrégularités dont s'accompagnaient les transactions : «Je me permets, écrit cet agent, de vous exposer quelques observations sur le cours qu'on fait suivre aux transactions forestières avant leur approbation, lequel donne lieu à des inconvénients assez graves pour être signalés.

«Arrivés à votre bureau les actes d'offres, je vois qu'ils sont envoyés aux conseils des communes lésées, afin qu'ils aient à délibérer sur l'indemnité qui peut revenir à la commune. Eh bien, ces actes d'offres restent en route, trois, six, huit mois, quelquefois de plus encore, de manière que si, par hasard, un acte d'offre vient à être refusé, les prévenus trouvent un moyen pour se soustraire aux peines sanctionnées par la loi en vigueur, en se prévalant de la prescription encourue.

«Quelquefois ces actes s'égarent : en effet, il y en a de ceux transmis depuis un an qui ne sont plus revenus.

«Les conseils traînent en longueur l'expédition de leurs délibérations relatives aux actes d'offres et la peine ne suivant pas de près les délits commis, vient à manquer le presque unique moyen que nous avons pour réprimer les délits forestiers, parce que le prévenu n'en subira la peine que quand il aura déjà perdu toute mémoire de la contravention commise.

«Les conseils communaux, en général, dans leurs délibérations, font grâce de l'indemnité revenant à la commune; de celle-ci qui est, en définitive, une véritable restitution, viennent à être privées les communes lésées, contre toute justice et presque toujours pour favoriser les délinquants.

«Les personnes influentes du conseil font presque toujours une espèce de commerce immoral de leur délibération, et quelquefois le prévenu qu'on veut grâcier, en vin, en services ou autres, vient à payer plus qu'il aurait dû débourser en payant la somme évaluée ou fixée indemnité.»

L'inspecteur souligne ensuite l'illégalité des transactions sur les dommages-intérêts et conclut ainsi : «Pour obvier aux inconvénients sus-désignés et surtout celui de voir les communes privées de l'indemnité leur revenant pour les contraventions commises dans leurs bois, je pense que, quand l'agent rédacteur (du procès-verbal), seul et unique expert légal, a évalué l'indemnité, ou bien elle fut fixée, en vertu de l'article 262, par l'inspecteur forestier en ses réquisitions, il n'y aurait aucune nécessité de transmettre

[1] Arch. Tse., corr. I. int. et ext., 1843, 17 oct.
[2] Arch. Tse., corr. I. int. et ext., 1839, 27 fév. Arch. Albert., corr. I. avec Forêts, *passim*. Arch. H.-S., corr. I. Gl. avec Fy., 1854, n°° 137, 160, 233, 452; 1857, n° 137.
[3] Arch. S., liasse 14, cot. A. n° 123.

les actes d'offres aux délibérations des conseils des communes lésées, comme je pense que doit être nulle et de nul effet la stipulation qu'on introduit souvent dans ces mêmes actes que l'indemnité sera fixée par l'autorité compétente qui, dans tous les cas, doit être l'autorité judiciaire et non l'inculpé, et encore moins les conseils de communes».

Il n'en fut pas davantage et les errements dénoncés continuèrent à être suivis.

III. **Gratifications.** — L'article 266 du règlement prévoyait que un tiers des amendes devait être attribué aux préposés verbalisateurs et qu'un autre tiers devait être mis en réserve «pour être employé en gratifications ou secours». A la fin de chaque année, le fonds en réserve était attribué aux gardes-chefs et aux gardes des provinces qui seront jugés les plus dignes d'être récompensés ou secourus, sur la proposition des intendants».

La distribution d'environ 20,000 livres permettait d'améliorer un peu la situation du personnel subalterne en Savoie. Tout se passa normalement pendant vingt ans. Puis intervint une loi du 12 juin 1853 qui attribua au Trésor royal le produit des amendes. Le ministère de l'Intérieur eut à son budget un crédit de 50,000 livres pour compenser la perte qu'allaient subir les préposés forestiers du royaume. La répartition fut faite sur propositions des inspecteurs «en raison des attributions respectives et spéciales d'un chacun, du lieu de la résidence, de la conduite, du zèle dans le service, en raison de l'ancienneté du grade, de l'appointement, comme aussi en raison de la position de famille [1]».

Mais les gratifications deviennent d'année en année plus minimes. En 1857, l'intendant général avisa les inspecteurs qu'il n'y aurait pas de répartition. La dégression de ces gratifications dans une des provinces donne une idée des réductions opérées par exercice.

Les préposés de la province de Haute-Savoie reçurent comme tiers des amendes, en 1852, 1,753 livres 77. Ils reçurent comme gratification, en 1853, 564 livres 62; en 1854, 156 livres 85; en 1855, 107 livres 35; en 1856, 4 livres et, en 1857, néant [2].

SECTION II.

Déboisement, reboisement.

§ 1. Défrichements.

D'après le règlement de 1822, l'interdiction générale de défricher (art. 20) ne s'appliquait pas aux bois d'une contenance inférieure à un journal de Piémont (0 hect. 38). Cette distinction n'existe plus dans le règlement de 1833 qui, par contre, excepte de la prohibition les plantations de moins de vingt ans et les terrains couverts de bois blancs, sauf dans le cas où ils sont mis en réserve dans l'intérêt général;

C'est toujours au Secrétaire d'État pour les affaires de l'Intérieur qu'il appartient

[1] Arch. S., Fonds sarde, reg. 189, n° 77.
[2] Arch. Albert., corr. I. avec Forêts, 1845-1859, passim.

d'autoriser les défrichements, et l'instruction des demandes se fait suivant la même procédure qu'auparavant : avis de la municipalité de la commune où aura lieu le défrichement projeté, avis de l'inspecteur forestier et de l'intendant de la province.

Les Lettres Patentes du 31 décembre 1842 ont transféré aux intendants généraux le droit d'autoriser les défrichements de 1 hectare et au-dessous (art. 8, 1°).

La sanction prévue est une amende de 100 à 300 francs par hectare (au lieu de 131 fr. 55), et le reboisement d'une surface égale à celle qui aura été défrichée indûment est toujours de règle.

Si l'on examine la pratique, on voit d'abord des demandes de défrichement assez nombreuses présentées par des particuliers: d'une façon générale, elles étaient favorablement accueillies et le plus souvent sous la condition que les propriétaires intéressés reboiseraient une surface égale à celle qu'ils étaient autorisés à mettre en culture. Mais il n'est pas rare que les requêtes, au lieu de le précéder, suivent le défrichement; elles ne sont, en réalité, que des pétitions aux fins de régularisation [1].

Quant à exécuter les reboisements imposés, les bénéficiaires n'y songent guère : ainsi, en 1841, dans 28 communes de Faucigny, 51 propriétaires n'ont encore rien fait des repeuplements auxquels ils devraient procéder. L'intendant de la province les fait prévenir par les syndics qu'il leur accorde de nouveaux délais et menace, en cas d'inertie, de faire faire le travail en régie : il fallait, pour les décider, que l'administration se fâchât sérieusement [2].

Plus importants étaient les défrichements opérés dans les communaux : avec la tendance générale d'alors, de favoriser l'accroissement des surfaces agricoles, les demandes présentées par les municipalités avaient toutes chances d'être accueillies. Pourtant, il y eut de ces opérations qui furent absolument désastreuses; cela ne suffisait pas à dessiller les yeux. Ainsi, la commune de Villette, en Tarentaise, obtient la permission de défricher 74 a. 47 c.; elle essaie vainement de trouver un preneur voulant se charger du travail moyennant la jouissance gratuite du terrain pendant un certain temps. Malgré cette indication, la municipalité persiste : c'est elle qui va se charger de débroussailler, d'épierrer le sol; en 1846, elle obtient d'employer à ce travail une somme de 800 livres appartenant aux écoles; c'est insuffisant : en 1847, c'est un nouveau capital de 500 livres qu'elle emprunte à la même caisse : enfin tout fut fini, il n'avait pas fallu moins de 1,016 livres 25 pour rendre propre à la culture cette petite parcelle du mas de la Glière [3].

Le plus souvent, le prétexte invoqué c'est l'amélioration des pâturages, c'est l'augmentation des pelouses pour permettre l'accroissement du cheptel. Il y a assez ou trop de bois, ou des bois rabougris, sans avenir : inutile de les conserver, il vaut mieux les remplacer par de l'herbe et faire de l'élevage (Les Gets, Esserts-Essery, etc.). Si l'intendant demande quelles sont les surfaces qu'on pourrait reboiser en compensation, il se trouve que la commune n'en a jamais. Lorsque l'étendue à défricher paraît trop

---

[1] Arch. S., liasse 14, col. A, 1841. Fonds sarde, Reg, 188, n° 18. Arch. Tse., corr. I., 1857, 20 janv. Arch. Mne., corr. I. avec sind., 1834, 19 nov. Arch. H.-S., corr. I. Ay, avec J. 1836, n° 433; avec I. Gl. Int. 1836, n° 70; 1837, n° 609. Corr. I. Ay. avec I. Fy. 1857, n° 1. Corr. I. Fy. avec Forêts, 1835, n° 165; 1836, n°ˢ 352, 355, 370, 371. Corr. I. Cb. avec Forêts, 1856, n° 115.

[2] Arch. H.-S., corr. I. Fy. avec sind. 1842, n°ˢ 412 et suiv.

[3] Arch. Tse., corr. I. avec sind., 1846, 7 mars; avec I. Gl. Cy., 1847, 2 avril; 1848, 21 janv.

considérable pour que raisonnablement de tels déboisements puissent être autorisés, l'intendant ou l'intendant général en fait retrancher tout ce qui n'est pas soumis au régime forestier, fût-il peuplé de buissons ou d'un taillis d'aunes verts. C'est ce qui eut lieu aux Gets où le conseil avait réclamé le défrichement de 2,230 journaux, soit 847 hectares. Mais on trouva mieux encore [1].

Parfois l'opération se dissimule sous un qualificatif plus anodin : il n'est plus question de défrichement ! Voici comment on présente les choses à l'autorité supérieure : «La commune de Mévège, dans sa délibération du 18 juin 1849, demande à faire opérer des coupes blanches sur divers fonds communaux, afin de découvrir les importants pâturages pour le parcours tant du gros bétail que des moutons et chèvres [2].

« Cette pièce a été communiquée à l'administration forestière qui, par son avis du 28 courant (juillet 1849), a déclaré que le permis sollicité pouvait être accordé..... Je vous observe seulement qu'il ne s'agit point d'un défrichement, mais seulement d'une coupe blanche de bois rabougris qui existent sur les communaux et que, là où on demande le parcours des chèvres, ce sont des localités arides, des rocailles où les bois ne peuvent se produire pour arriver à en tirer un parti quelconque». Rien de plus innocent; inutile de porter l'affaire à Turin, aussi, dès le 8 août, est rendue l'ordonnance d'autorisation. Le mensonge des mots s'y continue, mais la réalité apparaît : il n'y aura pas arrachage des souches, mais défrichement indirect. Voici ce document :

« Vu de nouveau la délibération du conseil municipal de Mévège du 10 juin dernier, l'avis de l'administration forestière du 28 juillet suivant, ainsi que la lettre de M. l'intendant général du 4 du courant;

« Considérant qu'il ne s'agit point d'un défrichement.... mais simplement de coupe blanche des broussailles existantes pour découvrir les pâturages;

« Autorisons la commune de Mégève à couper le plus près de terre possible :

« 1° Tous les arbustes et plantes rabougris qui existent sur une étendue superficielle de 12 journaux, aux Frasses, et à l'introduction des chèvres et des moutons sur une étendue d'environ 100 journaux de terrain en rocaille, implanté de bruyère et de verne de nul produit;

2° Est permise l'introduction au Plan-de-Lar des chèvres et des moutons sur une étendue de 60 journaux... implantée de quelques sapins sur leur retour, de peu de valeur;

« 3° Ladite commune est autorisée à faire raser le plus près de terre possible les sapins rabougris et à demi secs sur pied, les bruyères et les rhododendrons sur une étendue de 15 journaux... ».

Pour le défrichement des Gets, dont l'importance avait fait reculer le ministère, on opéra de même; le changement d'étiquette fut justifié en décidant que 108 journaux sur les 2,230 seraient laissés en forêt et qu'une coupe blanche de pâturage serait faite sur tout le reste [3]. Ce fut par son ordonnance du 22 juin 1849 que l'intendant de Faucigny, avec la complicité de l'inspecteur Papa, réalisa cet étonnant escamotage.

---

[1] Arch. Mne., corr. avec I. Gl. Cy., 1850, 27 juin. Arch. H.-S., corr. I. Ch. avec Forêts, 1848, n° 31. Corr. I. Fy. avec sind., 1848, n° 68; avec I. Gl., Ay., 1848, n° 453. Corr. I. Gl. Ay. avec Min., 1853, n° 180; 1859, n° 207.

[2] Arch. H.-S., corr. I. Fy., avec I. Gl. Ay., 1849, n° 383; avec les sind. 1849, n° 6.

[3] Arch. H.-S., corr. I. Fy. avec sind. 1849, n°° 10, 11.

Ces déforestations n'étaient pas, comme les défrichements de peu d'importance, soumises à la condition du reboisement d'une surface équivalente. Il est vrai d'ajouter que cette stipulation n'embarrassait guère les municipalités et que ni les intendants provinciaux, ni les inspecteurs des forêts ne tenaient guère la main à ce qu'elle fût remplie. Ainsi, par exemple, la commune de Samoens, avait été autorisée, par ordonnance ministérielle du 16 décembre 1835, à défricher divers terrains et elle devait avoir planté 3 hect. 09 a. 26 c. dans le délai d'un an. Rien n'avait été fait encore en 1847 [1] !

De grands défrichements furent aussi la conséquence de l'acensement des forêts communales: tantôt c'était le conseil municipal qui demandait, avec le droit de louer ses immeubles boisés, celui de les laisser défricher par les preneurs, tantôt c'étaient les acensataires eux-mêmes qui sollicitaient cette autorisation. Dans ce cas, on ne pouvait imposer le reboisement d'autres surfaces [2]. C'est ainsi qu'en 1841 les communaux de Chamonix, sis sur les bords de l'Arve et de l'Arveyron, furent l'objet d'une ordonnance d'autorisation de défrichement.

Mais à côté de ces défrichements réguliers, que de déboisements illicites favorisés par l'insuffisance du personnel de surveillance, le silence complice des populations et des municipalités et parfois aussi par la complaisance des autorités. Des syndics même y prirent part [3] et la montagne de Pralin est en partie l'œuvre de celui de Bozel. Les intendants n'apprenaient guère la vérité que lorsque la destruction des bois portait ombrage à quelque jaloux ou menaçait quelque route ; il y eut pourtant des défrichements constatés et signalés par des gardes forestiers [4]. On vit même le conseil municipal de Mieussy se plaindre des défrichements exécutés par les acensataires des bois communaux [5] !

C'est en vain qu'en 1858 l'intendant général de Chambéry répondait aux questions du préfet de l'Isère, en suite des désastreuses inondations de 1856... «D'après le Règlement (du 1er décembre 1833) qui est exactement suivi, aucun défrichement n'a eu lieu sans autorisation... ce n'est qu'avec une extrême réserve que les défrichements sont accordés... Rien n'a été défriché dans les bois domaniaux et presque rien dans les bois communaux! »

Cet optimisme officiel avait déjà reçu en 1853 un premier démenti de l'inspecteur Papa très versé, on en a eu la preuve plus haut, dans l'art de concilier les exigences du règlement avec celles des intendants : «Possédés comme nous le sommes, écrivait cet agent [6], de la manie des défrichements et des déboisements irréfléchis, dans le but de satisfaire aux besoins de l'époque qui réclame des capitaux et qui ne rêve que spéculations ; poussés, pour faire monnaie avec les futaies et les réserves, à promener impitoyablement la hache et la pioche sur le restant de nos bois, broutés, en outre, journellement par les bestiaux, dégradés par les dévastations, appauvris par les exploitations inintelligentes et par les gaspillages de toutes sortes, qui sait si les générations futures

---

[1] Arch. H.-S., corr. I. Fy. avec sind. 1847, n° 57 ; 1848, n° 7.
[2] Arch. S. Fonds sarde, Reg. 85, n° 113. Arch. H.-S., corr. I. Fy. avec div. 1843, 3 août; avec forêts, 1841, n° 215. Corr. Igl. Ay. avec Min. 1854, n° 299.
[3] Arch. Tse., corr. I. int. et ext. 1837, 30 juin, 5 août; 1838, 17 oct.
[4] Arch. H.-S., corr. I. Ch. avec Forêts, 1856, n° 45.
[5] Arch. H.-S., corr. I. Fy. avec sind. 1850, n° 20.
[6] Papa, op. cit. p. 9, 10.

n'auront pas à gémir sur les conséquences désastreuses de notre imprévoyance ou de notre cupidité qui nous pousse à mépriser les intérêts généraux pour ne satisfaire qu'à nos vœux égoïstes et aux besoins du moment! »

Les dommages causés par les crues de 1852 avaient déjà répondu à ces questions auxquelles de nouveaux débordements des rivières savoisiennes allaient donner plus d'actualité encore !

Mais, en outre, des documents officiels avaient par avance infirmé les assertions de l'intendant général de Chambéry. C'est, d'abord, le rapport de l'intendant général au conseil divisionnaire d'Annecy, en 1854 : « Les demandes toujours plus nombreuses de rechercher des mines de houille auront peut-être pour résultat d'arrêter la destruction de ces forêts séculaires qui faisaient autrefois l'ornement de nos montagnes et que la plus imprévoyante avidité aura bientôt fait de faire disparaître, si une loi ne vient pas, sans retard, mettre un frein à des dévastations contre lesquelles désormais l'autorité est impuissante. »

C'est aussi le vote émis par le conseil divisionnaire d'Annecy, le 16 novembre 1854, qui, « prenant en considération la détérioration toujours croissante du sol forestier et le besoin d'un nouveau code qui réglât la matière…, appuie vivement ce vœu, d'autant plus que le conseil a eu déjà précédemment à répondre à ce sujet aux propositions formulées par le Ministre de l'Agriculture et du Commerce [1]. »

§ 2. REBOISEMENT.

Alors que le Règlement forestier de 1822 prescrivait de reboiser les vides des massifs, les pâturages surabondants, de manière à augmenter les surfaces boisées, celui de 1833 ne consacre à cette importante question que trois petits articles, dont la faible longueur représente bien le peu de portée. Il n'y a plus aucune obligation imposée : il est vrai que pendant la période 1822-1833 la loi en stipulait, mais les propriétaires forestiers ne s'y conformaient guère. Est-ce pour avoir aperçu l'inanité de ses ordres que le Gouvernement s'est résigné à n'en plus donner ?

Désormais il appartient à l'inspecteur des forêts de signaler les repeuplements utiles à l'État, aux communes ou aux établissements publics ; les administrations prennent les mesures convenables ; pour les communes, quand le conseil a délibéré, c'est l'intendant qui ordonne les améliorations à faire et les moyens à employer (art. 85).

Pour les reboisements sur la pente des montagnes et les berges des rivières et torrents, il y a seulement promesse de ne pas augmenter l'impôt foncier, la taille. C'est un maigre encouragement (art. 86).

Il y eut cependant des inspecteurs qui s'occupèrent sérieusement de la reconstitution ou de l'agrandissement des surfaces forestières : celui de Moutiers, Anthonioz, adressa à ce sujet un rapport à l'administration économique de l'Intérieur, le 29 février 1836. Il donne ensuite, en 1843, un « Mémoire sur la manière et les moyens de boiser avec moins de frais et avec plus de célérité et de garantie de succès les parties montagneuses des provinces de Tarentaise, de Haute-Savoie et autres parties montueuses de la Savoie qui se trouvent dans des conditions analogues à ces deux provinces, d'après l'expérience et les meilleurs auteurs ». Après avoir noté les diverses causes naturelles ou humaines

[1] Cons. div. Ay. 1854, p. 29, 156.

de la déforestation, la grande étendue qu'occupe la lande alpine, cet agent propose des plantations résineuses en potets de o mc. 66. Il indique la manière d'extraire les graines des cônes ; il recommande un espacement de 1 m. 5o entre les potets, le mélange des essences, l'entretien des plantations ou des semis. Toutefois son calcul de la dépense à l'hectare est erroné, puisqu'il se base sur 666 potets à l'hectare. Mais ce *lapsus calami* se trouve réparé dans la brochure parue en 1851, où l'on trouve pour dépense estimative de la plantation en potets de 1 hectare une somme de 592 livres, pour celle du semis par potets 398 livres, entretien compris. Le prix du kilogramme de graines de pin sylvestre était alors de 8 livres ; de graines d'épicéa, de sapin, de mélèze ou d'arolle, 6 livres ; de graines de pin Weymouth, 20 livres [1].

Les propositions présentées par d'autres inspecteurs sont loin de valoir le programme d'Anthonioz ; certaines se distinguent par des conceptions d'une haute fantaisie. Ainsi, par exemple, une étude de l'inspecteur d'Annecy, publiée dans le *Courrier des Alpes*, en 1846 [2], après avoir exposé les progrès du déboisement et leurs conséquences, conduit à la nécessité d'améliorer et de conserver les forêts encore existantes et à celle du rétablissement des massifs disparus. Jusque-là tout est bien, mais pour reconstituer la forêt, là où la terre a disparu, où le rocher nu affleure, l'auteur préconise l'emploi du lierre en boutures, dans la zone forestière... «Même dans quelques localités de la haute région des mélèzes et des arolles... Il faudra peu de temps aux plants de lierre pour jeter leurs rameaux et à mesure qu'en s'étendant ils recouvrent les rochers et que le dépôt de matière végétale se forme sous ces mêmes rameaux, il faut faire des semis d'arbustes et d'arbrisseaux». Une fois que ce manteau de verdure «très épais» aura produit une certaine quantité d'humus, c'est-à-dire au bout de deux ans, on recèpera tous les ans, «afin d'augmenter le développement des racines» et on sème alors les graines des grands végétaux ligneux feuillus qu'on traitera en taillis et ensuite seulement on sèmera ou on plantera les essences susceptibles de donner de la futaie. Rien de plus simple donc que la restauration des terrains en montagne, sur le papier ; il ne semble pas qu'on ait jamais essayé d'appliquer ces belles conceptions.

On retrouve l'action heureuse de l'inspecteur Anthonioz en diverses localités de Tarentaise aux Avanchers, à la Côte-d'Aime, Granier, Saint-Jean de Belleville, Tessens, Villette, Montgirod où les préposés plantent quelques centaines de mélèzes ; elle ne put aboutir aux Chapelles, à Valezan, à Saint-Martin de Belleville «qui ne possédait aucune forêt communale mais bien des terrains propres à créer [3]», bien que l'intendant de Moutiers ait rappelé aux syndics «qu'il est du devoir d'une bonne administration de ne rien négliger pour augmenter le patrimoine des communes».

Après le passage des coupes d'affouage, Anthonioz pousse les municipalités à entreprendre et l'intendant à autoriser les plantations de mélèzes et de sapins en plus des taxes. Ainsi, en 1838, dans 13 forêts communales, il fait planter 9,460 résineux [4] indigènes. Toutefois il semble avoir été séduit par la croissance rapide du pin Weymouth qu'il s'est efforcé de propager : à Bozel, à Champagny, à Pralognan, à Montvalezan, à Séez, Sainte-Foy, Tignes et Val-d'Isère, on exécute des semis de cette essence ; la graine

[1] Arch. Tse, liasse sur les défrichements. Même mémoire imprimé. Moutiers, 1851.
[2] *Courrier des Alpes*, 1846, n°s 17, 19, 28, 37, 47 et 54.
[3] Arch. Tse, liasse : Visite des bois, 1840, 5 sept. Corr. 1. int. et ext. 1840, 16 sept.
[4] Arch. Tse., corr. 1. int. et ext. ; 1838, 3 sept.

45

avait coûté 692 liv. 66 [1]. Dans la province de Haute-Savoie, on sème également du pin, du mélèze. Et Anthonioz surveille lui-même tous ces travaux ; aussi a-t-il la satisfaction de voir ses efforts couronnés de succès, reconnus par les intendants qui l'en félicitent [2].

Un tel exemple trouve peu d'imitateurs; on peut citer cependant quelques plantations de mélèzes et autres espèces tentées par le garde-chef des Échelles. Les intendants demandent bien en Maurienne, en Genevois, en Faucigny et en Chablais aux inspecteurs forestiers des propositions sur les reboisements utiles ; ils insistent même auprès des municipalités qui ont une tendance à déclarer « que les terrains communaux ne sont pas susceptibles d'amélioration » : leurs invitations restent sans écho [3], même quand il s'agit de planter les rives ou les îles des rivières et torrents. Aussi, quelques années après la promulgation du nouveau Règlement forestier, n'est-il plus question de reboisements, sauf dans l'inspection de Moûtiers.

Les seules étendues plantées ou semées l'ont été en exécution de décisions relatives à des défrichements, pour compenser la déforestation. Mais, on l'a vu, les propriétaires, communes ou particuliers, ne se résignent à l'exécution des travaux imposés qu'après avoir épuisé tous les moyens dilatoires, y compris l'emploi de la force d'inertie. Avant de transmettre aux particuliers tenus de remettre en bois des parcelles indûment défrichées l'ordre d'obéir à la décision de condamnation, des syndics intercèdent auprès de l'intendant général en faveur du délinquant. En Maurienne surtout, les défrichements illicites sont fréquents.

En 1851, l'administration générale de l'intérieur, informée de la négligence que mettaient les propriétaires obligés à reboiser certaines surfaces conformément aux articles 137 et 140 du Règlement, adressa le 22 mars une circulaire aux intendants pour les inviter à donner aux intéressés un nouveau et dernier délai, passé lequel les travaux seraient effectués d'office par l'administration forestière, suivant teneur de l'article 138 [4].

En résumé, sous le régime du Règlement du 1er décembre 1833, l'aire forestière de la Savoie était loin d'avoir augmenté.

SECTION III.

Dispositions diverses de police.

§ 1er. INCENDIES.

L'insuffisance du règlement forestier de 1822 avait été tellement manifeste que l'on dut augmenter la rigueur des prescriptions sur les feux en forêt. De 50 mètres, la distance des forêts à laquelle il était interdit d'allumer des feux fut portée au triple (art. 141). Toute infraction à cette prescription fût punie d'une amende de 10 à 100 livres au lieu de 30 livres.

[1] Arch. Tse., corr. I. avec sind. 1847, 5 mars. 1848, 31 janv.
[2] Arch. Albert., corr. I. avec forêts, 1848, 21 avril. Arch. Tse., corr. I. int. et ext. 1839, 17 sept.
[3] Arch. S. Fonds sarde, Reg. 86, n° 56. Arch. Mne., corr. I. avec forêts, 1837, 8 mai. Arch. H.-S., corr. I. Ch. avec sind. 1833, n° 11 : 1834, n° 371. Corr. I. Ay. avec sind. 1834, n° 355.
[4] Arch. S. Fonds sarde, Reg. 98; 1845, 15 avril; Reg. 188, n° 35. Arch. Mne., corr. I. avec forêts, 1840, passim.

Mais, par une inconséquence marquée, les feux d'écobuage des propriétés riveraines purent être établies à 15 mètres seulement des bords des forêts; et trop fréquemment ces feux mal surveillés ou mal dirigés sont la cause des sinistres.

Quant à l'intervention des populations dans la lutte contre les incendies en forêt, elle est réglée par les mêmes dispositions que sous la législation antérieure. Mais il arrive que les municipalités et les habitants se désintéressent complètement de la protection de leurs bois et de la lutte contre le feu; et, dans ce cas même, de pressantes invitations de l'inspecteur des forêts ne peuvent décider les syndics. Une telle inertie paraît heureusement avoir été assez rare [1].

Dès 1834 à 1860, les grands incendies de forêts ont été peu fréquents; un des plus sérieux a été celui d'août 1857 qui a dévasté les bois de Dingy-Saint-Clair, Villaz et Aviernoz. Mais, par contre, les incendies dus à l'imprudence des charbonniers ont été assez nombreux.

§ 2. Usines à feu.

Pour mieux prévenir les incendies, autant que pour rendre les délits plus difficiles, l'article 145 du nouveau Règlement stipule que les fours à chaux et à plâtre, les briqueteries et tuileries ne pourront être établis à moins de 200 mètres des forêts, alors que, de 1822 à 1833, cette distance n'était que de 150 mètres. La procédure d'autorisation n'a d'ailleurs pas varié.

Par suite du développement de l'industrie, le Règlement du 1er décembre 1833 ne soumet plus seulement à l'autorisation obligatoire et préalable les charbonnières mais toutes les usines où l'on consomme du bois, soit comme combustible, soit comme matière première, de la tourbe ou des charbons minéraux. L'approbation de l'intendant ne suffit pas, il faut celle du ministère de l'Intérieur (art. 146) : mais la peine encourue, auparavant de 100 à 300 livres, est réduite à une amende de 50 à 200 livres outre la démolition de l'usine.

Après la promulgation des Lettres Patentes du 31 décembre 1842, ce fut aux intendants généraux que fut dévolu le soin d'autoriser tous ces établissements (art. 8, 47).

§ 3. Scieries.

Les scieries étaient, d'après l'inspecteur Papa [2], « le fléau le plus redoutable des forêts environnantes ». Avant 1833, l'établissement de scieries n'était, en effet, soumis à aucune restriction et il est clair que la multiplicité de telles usines favorisait singulièrement les délits, en permettant aux délinquants de faire débiter de suite les arbres qu'ils avaient dérobés.

Rien d'étonnant que le législateur ait subordonné la création des scieries à une autorisation préalable donnée par l'intendant de la province, après avis du conseil de la commune intéressée et de l'inspecteur des forêts. Mais à côté du principe se trouve immédiatement la fissure par où pourront passer les fraudeurs; en effet, aux propriétaires désireux de débiter leurs propres bois, il suffit pour installer une scierie d'en faire la déclaration à l'intendant (art. 150, 151).

[1] Arch. H.-S., corr. I Gl. Ay. avec int. 1857, n° 733; 1858, n° 738.
[2] Papa, op cit., passim.

45.

L'audace des scieurs ne connaît d'ailleurs pas plus de bornes que celle des délinquants; on les voit établir leurs usines au milieu des forêts communales, sans autorisation, loin des bois qu'ils peuvent posséder. Le conseil municipal et l'inspecteur des forêts consultés sont d'avis qu'il y a lieu d'ordonner la démolition et l'on voit l'intendant hésiter à prendre un arrêté dans ce sens; il demande auparavant l'opinion de Turin[1]. Et ces installations frauduleuses n'ont pas lieu seulement au début de l'application du nouveau Règlement forestier; elles se produisent même dans les dernières années de la période sarde.

En Haute-Savoie, l'intendant constate «que la dévastation considérable des bois dans les forêts communales, indivises entre les communes de Chevaline, Doussard et La Thuile, provient du grand nombre de scies qui existent dans l'étendue du territoire de ces trois communes», que ces scies ne sont pas autorisées: que fait-il? il ordonne à tous les scieurs de s'engager à observer le Règlement. A Giez la situation est identique, mais l'intendant déclare à l'inspecteur forestier qu'«il est inutile de faire passer des actes de soumission; cette mesure administrative serait illusoire; les conditions imposées seraient négligées dans une commune où les administrateurs paraissent intéressés. Les dévastations continueraient[2].»

Enfin, si un intendant s'avise de prescrire la démolition de scieries établies à distance prohibée, après avoir épuisé tous les moyens dilatoires, le propriétaire adresse un recours au roi et, appuyé par la municipalité, toujours consultée, finit par avoir gain de cause[3].

Ce n'était donc pas seulement des forêts que les scieries étaient le fléau, elles l'étaient aussi des fonctionnaires.

§ 4. TRANSPORTS.

I. **Traînage**. — La pratique du traînage des bois, interdite en principe, continue à être tolérée dans les régions de montagne: certains intendants déclarent même que c'est le seul mode de transport possible dans certaines communes «où on ne se sert pas du tout du chariot[4]».

II. **Flottage**. — Le chapitre III du titre VI du Règlement forestier du 1er décembre 1833 permettait le flottage des bois, après autorisation de l'intendant: on suivait pour ces transports les prescriptions du règlement des eaux du 29 mai 1817. Dès le 28 janvier 1834, de nouvelles Lettres Patentes vinrent modifier ou compléter les mesures antérieures ainsi qu'il suit:

«ART. 1er. Le transport des bois à la surface des fleuves, torrents, rivières ou lacs, soit à bûches perdues, soit par radeaux, ne pourra être pratiqué que sur autorisation spéciale.

«ART. 2. La demande sera adressée à l'intendant et elle indiquera la nature et la quantité des bois que l'on veut flotter; l'endroit où ils se trouvent et la forêt d'où ils

---

[1] Arch. Tse., corr. l. int. et ext. 1837, 12 avril, 27 mai. Arch. Albert., corr. l. avec Forêts, 1853, 3 sept.
[2] Arch. Albert., O. I. 1840, 7 mars. Corr. l. avec forêts, 1841, 3 avril.
[3] Arch. Tse., corr. l. int. et ext. 1843, 20 mai, 1er juillet.
[4] Arch. H.-S., corr. l. Fy. avec int. 1838, n° 18.

proviennent; le lieu où l'on a l'intention de les transporter; le trajet à suivre; les écluses, digues et autres ouvrages que le demandeur se propose de construire pour effectuer ou faciliter le transport.

«Art. 3. L'intendant transmettra la demande aux administrations des communes où le transport devra s'effectuer, pour la faire publier et examiner en conseil. Il la communiquera ensuite avec les délibérations : 1° à l'ingénieur de la province..., 2° à l'inspecteur des bois de la province, pour qu'il indique les précautions à prendre pour la conservation des bois et des rivages boisés.

«Après avoir reçu ces réponses, l'intendant statue sur la demande.

«Art. 4. Le flottage à bûches perdues ne sera autorisé que si le transport par radeaux est impossible.

«Art. 5. La licence une fois concédée est signifiée aux administrations communales intéressées qui la feront publier, ainsi qu'à l'ingénieur et à l'inspecteur des forêts de la province, chargés de veiller, chacun en ce qui le concerne, à l'observation des conditions qu'ils auront imposées.

«Art. 6. Le concessionnaire donne caution pour l'observation des conditions imposées.

«Art. 7. Quiconque fera flotter des bois sans la licence prescrite par l'article 1er ou qui aura contrevenu aux conditions de l'article 6 encourra une amende de 50 à 100 livres selon les cas, sans préjudice de la confiscation des bois pris en contravention.

«Art. 8. Si plusieurs demandes sont présentées simultanément pour le flottage sur le même cours d'eau, les licences seront accordées pour des temps différents, de manière qu'il y ait entre elles un intervalle suffisant pour terminer les opérations sans confusion.

«Art. 9. S'il est nécessaire de pratiquer le flottage à bûches perdues à une époque indéterminée, au moyen de grandes crues, les concessionnaires pourront apposer sur leurs troncs des marques distinctives. Les empreintes seront déposées aux secrétariats des communes où les bois seront mis à l'eau. A défaut de cette formalité, passé un certain délai, les troncs seront réputés abandonnés.

«Art. 10. Quand le flottage doit avoir lieu sur plusieurs provinces, l'intendant de la province où aura lieu la mise à l'eau devra, avant de statuer sur la demande, la communiquer aux intendants des autres provinces pour avoir leurs observations.

«Art. 11. Tout propriétaire, possesseur ou fermier des fonds des eaux courantes, des moulins, écluses, vannes, etc., est tenu de laisser passer les bois flottants et les ouvriers chargés de les diriger, moyennant une indemnité à fixer amiablement ou judiciairement.

«Art. 12. Les bois déposés par les crues sur les propriétés riveraines pourront être repris par leur propriétaire, après qu'il en aura donné avis au détenteur du terrain et le payement d'une juste indemnité.

«Art. 13. Quiconque s'appropriera des bois flottants ou arrêtés sur les berges sera puni des peines portées contre le vol.

~Art. 14. Toutes les questions relatives au flottage qui n'auraient pu être tranchées amiablement seront portées devant les tribunaux, mais sans que le flottage puisse être suspendu, puisqu'une caution a été donnée pour cela. »

Par l'article 10 des Lettres Patentes du 31 décembre 1842, les intendants généraux reçurent le pouvoir «d'approuver les transactions pour contraventions aux règlements d'eaux, routes, pour le flottage des bois..., lorsque le montant de l'amende n'excédait pas 300 livres ».

Les conseils d'intendance créés par cette même loi ont dans leurs attributions les litiges relatifs aux travaux qui s'opposent ou nuisent au libre cours des fleuves, rivières, aux obstacles à la navigation des fleuves ; à l'exécution des chaussées, digues et autres ouvrages servant à la défense des berges et au bon régime des eaux et les indemnités qui en sont la conséquence; à l'exercice de la servitude de marchepied le long des cours d'eau navigables ou flottables ; à la réparation des dommages causés par le flottage des bois (art. 22, 2°, 3° et 7°).

Ils connaissent également, quand le maximum de l'amende excède 50 francs, des infractions aux Lettres Patentes du 28 janvier 1834 sur le flottage des bois (art. 38, 1° et 3°).

Enfin, par Lettres Patentes du 1er mai 1843, le roi Charles-Albert étendit aux contraventions en matière d'eaux, routes et de flottage des bois les dispositions des articles 173, 174, 184 et 185 du Règlement forestier du 1er décembre 1833; il accordait aux officiers du génie civil, aux carabiniers, aux gardes forestiers et aux gardes champêtres le pouvoir de constater ces délits.

La rareté de bonnes voies de communication, même à cette époque, rendait le flottage très actif; l'Arve, l'Arly, l'Isère, l'Arc, portent une quantité considérable de bûches ou de troncs. La Dranse surtout, qui draine toute la région du Chablais, porte des milliers de stères de bois de feu ou de billots propres à faire de la planche ou de la charpente; elle amène au Léman 12,650 moules de bois de chauffage en 1835, 6,300 en 1839; 6.000 stères et 5,000 billots en 1853; 1,500 stères en 1855[1].

SECTION IV.

Bois particuliers.

En rendant aux particuliers la gestion de leurs bois, en même temps qu'il proclamait la liberté des exportations, le Règlement forestier du 1er décembre 1833 a favorisé le dépeuplement des massifs et aussi le déboisement. Les propriétaires, par l'article 119, étaient en effet, autorisés à introduire des chèvres dans leurs bois, en plus des autres animaux domestiques, et s'il leur était interdit de défricher par extirpation des souches, ils arrivaient ainsi au même résultat.

En fait, la seule restriction réelle à leur droit de propriété consistait dans la mise en ban; et ici trop de gens étaient intéressés au maintien de l'état boisé, garantie contre

[1] Arch. Albert. O. l. 1834, 17 oct. Arch. H.-S., corr. l. Ch. avec génie. 1835, n° 975; 1839, n° 11; 1843, n° 75; 1845, n° 57; 1846. n° 24, 53; 1853, n°s 10, 11; 1856, n° 26. Corr. l. Gl. Ay. avec l. Ch., 1855, n° 55. Corr. l. Fy. avec l. Gl. Ay. 1848, n° 341.

les avalanches et les chutes de rocs, pour que la moindre atteinte sérieuse aux peuplements ne fût pas aussitôt signalée à l'autorité.

Quant aux gardes[1] des bois particuliers, ils devaient être agréés par l'intendant de la province qui pouvait les suspendre et les révoquer à la demande du propriétaire. Les Lettres Patentes du 31 décembre 1842 confirmèrent aux intendants le pouvoir d'approuver les nominations de ces gardes (art. 14, 3°).

[1] Voir *supra*, Chap. II, Section III, § 3.

CINQUIÈME PÉRIODE.

Les forêts de Savoie de 1860 à nos jours.

CHAPITRE PREMIER.

L'ANNEXION DE LA SAVOIE À LA FRANCE EN 1860.

A la suite de la guerre de 1859 qui aboutit au traité de Villafranca (12 juillet 1859), le royaume de Sardaigne s'agrandit de la Lombardie; l'empereur Napoléon III exprima au roi Victor-Emmanuel II le désir de voir réunir la Savoie et l'arrondissement de Nice à la France. Les pourparlers qui eurent lieu aboutirent au traité du 24 mars 1860, par lequel le roi de Sardaigne renonçait à ses droits et titres sur lesdits territoires en faveur de l'Empire français, sous bénéfice de l'adhésion des populations et du Parlement.

Par l'article 5, le Gouvernement français s'engageait à tenir «compte aux fonctionnaires de l'ordre civil et aux militaires appartenant par leur naissance à la province de Savoie... et qui deviendraient sujets français des droits qui leur étaient acquis par les services rendus au Gouvernement sarde....»

Avant de procéder au referendum, le roi rappela en Piémont les principaux fonctionnaires de l'ordre administratif n'appartenant pas à la Savoie et les remplaça momentanément par des Savoisiens entourés de l'estime et de la considération générale[1]. Ce fut le 22 avril 1860 qu'eut lieu le vote du pays; les procès-verbaux de dépouillement du scrutin établis par les municipalités furent transmis à la Cour d'appel de Savoie[2] et, après vérification, les résultats furent proclamés le 28 avril suivant par un arrêt : 130,533 votants furent partisans de l'annexion, 235 seulement y furent opposés.

Par loi du 11 juin 1860, le parlement sarde ratifia le traité du 24 mars. Dans une convention passée à Chambéry, le 14 juin 1860 à midi, les commissaires sarde et français complétèrent la remise de la Savoie à la France en stipulant «que les fonctionnaires de tout ordre et de tout grade, ...continueront à remplir les emplois dont ils étaient chargés jusqu'à ce qu'ils aient été confirmés ou qu'il soit pourvu à leur remplacement. »

Devenue française depuis le 14 juin 1860, la Savoie fut divisée en deux départements, qui, par dérogation à la règle posée par la Constituante, conservèrent le nom de l'ancien duché, au lieu de reprendre les noms qu'ils avaient sous la période révolutionnaire et impériale. Peut être est-on en droit de regretter que l'un de ces départements n'ait pas reçu le nom du Mont-Blanc rappelant l'annexion de 1792 et l'existence sur le territoire français de la plus haute cime de l'Europe. La loi du 23 juin 1860 qui constituait les deux nouvelles circonscriptions fut complétée par des décrets des 25 juin, 24 novembre, 20 décembre 1860, organisant les cantons et les arrondissements.

[1] Proclamation du roi Victor-Emmanuel du 1er avril 1860.
[2] Qui a remplacé l'ancien Sénat depuis 1848.

L'ancienne province de Carouge révivait sous le nom d'arrondissement de Saint-Julien ; les nouveaux arrondissements étaient, à peu de chose près, identiques aux provinces sardes.

D'autres décrets des 12, 28 juin appliquèrent à la Savoie les lois pénales et l'organisation représentative des départements, arrondissements et communes ; ce fut le 17 octobre 1860 que parurent les décrets relatifs au régime forestier, au domaine et à l'enregistrement.

Enfin, un décret du 21 novembre 1860 régla « la rémunération des services rendus au Gouvernement sarde par les fonctionnaires qui ont opté pour la nationalité française ».

Ce ne fut qu'à partir du 1er janvier 1861 que toute la législation française entra partout en vigueur.

CHAPITRE II.

L'ADMINISTRATION FORESTIÈRE.

SECTION I.

Les agents.

Les départements savoisiens constituèrent la 33e conservation forestière, dont le chef-lieu fut placé à Chambéry.

Les quatre inspections sardes furent remplacées par 7 autres dont les titulaires résidaient à Chambéry, Albertville, Moutiers et Saint-Jean de Maurienne, pour la Savoie ; à Annecy, Bonneville et Thonon pour la Haute-Savoie.

Chacune de ces inspections était divisée en 3 cantonnements au moins, dont les sièges étaient, pour l'inspection de Chambéry, à Chambéry, Pont-de-Beauvoisin, le Châtelard ; pour l'inspection d'Albertville, à Albertville (N. et S.), Saint-Pierre d'Albigny ; pour l'inspection de Moutiers, à Moutiers (E. et W.), Bourg-Saint-Maurice ; pour l'inspection de Saint-Jean de Maurienne, à Saint-Jean de Maurienne (N. et S.), Modane ; pour l'inspection d'Annecy, à Annecy, Faverges, Thones ; pour l'inspection de Bonneville, à Bonneville, Cluses, Taninges, Saint-Gervais ; pour l'inspection de Thonon, à Thonon, Évian, Saint-Julien, Le Biot, soit 23 cantonnements ; au total, en y comprenant le conservateur, les inspecteurs, 32 agents, dont les fonctions étaient les mêmes qu'aujourd'hui.

Il ne semble pas qu'aucun des inspecteurs de la période antérieure ait conservé ses fonctions. Au contraire, un certain nombre des gardes-chefs furent promus gardes généraux adjoints et conservés dans la nouvelle organisation : ainsi, les cantonnements de Pont-de-Beauvoisin, Modane, Thones, Thonon, Saint-Julien et Le Biot furent gérés par d'anciens forestiers sardes, qui durent apprécier les changements sérieux survenus dans leurs fonctions et surtout dans leurs traitements.

À côté de ces agents de gestion, il faut mentionner ceux de la commission d'aménagement et des travaux d'art organisée au lendemain de l'annexion et ceux des commissions de reboisement, créées dès le 22 mars 1879. Dans chaque commission, outre un inspecteur ou un inspecteur adjoint, chef de service, on a compté parfois jusqu'à 5 membres du grade de garde général ou d'inspecteur adjoint; ce qui augmentait de 12 le nombre total des agents de la conservation.

Un décret du 1er août 1882, réorganisant le service forestier, suivi d'un autre décret du 25 septembre 1882, vint créer une conservation à Annecy comprenant le département de la Haute-Savoie; cette nouvelle circonscription portait le n° 44. Le nombre des inspections se trouvait augmenté, chaque inspection n'était constituée que par 2 des anciens cantonnements, en général.

La 33e conservation, comprenant désormais le seul département de la Savoie, avait 7 inspections, savoir :

Chambéry. — Cantons d'Aix-les-Bains, Albens, Chambéry N. et S., Les Échelles, La Motte-Servolex, Montmélian, Pont-de-Beauvoisin, Ruffieux, Saint-Genix et Yenne.

Saint-Pierre d'Albigny. — Cantons de Chamoux, La Rochette, Le Châtelard, Saint-Pierre d'Albigny, Aiguebelle (partie).

Moutiers. — Cantons de Moutiers, Bozel, Aime (partie).

Bourg-Saint-Maurice. — Cantons de Bourg-Saint-Maurice, Aime (partie).

Albertville. — Cantons d'Albertville, Beaufort, Grésy-sur-Isère, Ugines.

Saint-Jean de Maurienne. — Cantons d'Aiguebelle (partie), La Chambre, Modane (partie), Saint-Jean de Maurienne, Saint-Michel.

Modane. — Cantons de Modane (partie), Lans-le-Bourg.

La 44e conservation avait 5 inspections ainsi composées :

Annecy N. — Cantons d'Annecy N. (partie), Annecy S. (partie), Rumilly, Thorens, Annemasse (partie), Cruseilles, Frangy, Reignier (partie), Saint-Julien-en-Genevois, Seyssel.

Annecy S. — Cantons d'Annecy N. (partie), Annecy S. (partie), Alby, Faverges, Thônes.

Bonneville. — Cantons de Bonneville, Cluses, La Roche, Saint-Jeoire, Taninges, Samoens (partie).

Saint-Gervais. — Cantons de Chamonix, Sallanches, Saint-Gervais.

Thonon. — Cantons de Samoens (partie), Annemasse (partie), Reignier (partie), Abondance, Le Biot, Boëge, Douvaine, Évian, Thonon.

Dans cette organisation où le conservateur avait toujours les mêmes attributions qu'auparavant, l'inspecteur dirigeait les opérations relatives aux coupes, instruisait les affaires et seul était chargé de la correspondance. Il préparait les projets de travaux et en surveillait l'exécution.

Le garde général, autant que possible logé en maison forestière, sans bureau, ni archives, est chargé de la direction de tous les travaux sur le terrain, des levés d'arpentage, du martelage des chablis et des coupes qui lui sont confiées par l'inspecteur.

Quant aux inspecteurs adjoints, ce sont désormais des aspirants à l'inspection, chargés transitoirement des anciennes fonctions des chefs de cantonnement.

Par un nouveau décret du 22 janvier 1884, la conservation d'Annecy prenait le n° 6, le titre de garde général était supprimé. Les inspecteurs adjoints étaient recrutés pour les 2/3 parmi les élèves de l'École nationale forestière, et 1/3 parmi les gardes généraux en fonction sortant d'une école secondaire et parmi les préposés ayant 15 ans de service et moins de 50 ans, reconnus aptes à remplir les fonctions d'agents (art. 4); leur nombre était déterminé par les besoins du service.

Une école secondaire d'enseignement professionnel était créée aux Barres. Cette organisation du service fut très éphémère et un décret du 17 décembre 1884 réduisit à 35 le nombre des conservations forestières en France : la conservation d'Annecy disparut.

Enfin un dernier décret du 29 décembre 1889, réduisant à 32 le nombre des conservations, attribua à celle de Savoie le n° 5 qu'elle a conservé jusqu'alors; on revenait à l'organisation administrative antérieure.

En 1914, la conservation de Chambéry était ainsi constituée :

DÉPARTEMENT.	INSPECTION.	CANTONNEMENTS.
Savoie	Chambéry	Chambéry, Aix-les-Bains.
	Albertville (chefferie)...	Albertville.
	Moutiers.............	Moutiers, Bourg-Saint-Maurice.
	Saint-Jean de Maurienne.	Saint-Jean de Maurienne, Aiguebelle, Modane.
Haute-Savoie	Annecy.....	Annecy-W., Annecy-E.
	Bonneville	Bonneville, Sallanches, Taninges.
	Thonon	Thonon (n° 1), Thonon (n° 2), Saint-Julien-en-Genevois.
Toute la conserva-tion.........	Reboisements....	Chambéry, Albertville, Saint-Jean de Maurienne, Annecy.
	Aménagements.......	Trois agents à Chambéry.

Les cantonnements du Chatelard, d'Albertville, Moutiers, Faverges, Cluses, Le Biot, Saint-Pierre d'Albigny ont été ainsi successivement supprimés. Si la disparition de certains d'entre eux se trouve parfaitement justifiée par l'accroissement et la facilité des communications, celle de quelques autres est considérée comme regrettable. Pour louable qu'il soit, le désir de réaliser des économies sur les frais de gestion ne devrait jamais l'emporter sur les besoins réels du service. Les régions de montagne si difficiles, si pénibles à parcourir, ne peuvent être mises en parallèle au point de vue des étendues boisées avec celles de la plaine.

SECTION II.

Les préposés.

§ I. LES BRIGADIERS.

I. **Service actif.** — Les anciens gardes-chefs étant devenus des agents à l'annexion, il fallut nécessairement nommer des brigadiers.

Comme l'État français n'avait reçu du royaume de Sardaigne qu'une seule forêt domaniale, celle de Bellevaux, il n'y avait donc qu'un brigadier mixte, à École, tous les autres étant communaux. Ces brigadiers reçurent un traitement analogue à celui des anciens gardes-chefs.

Au fur et à mesure que l'administration accroissait les surfaces domaniales par des acquisitions de terrains à restaurer ou de forêts, le nombre des brigadiers domaniaux ou mixtes eût dû augmenter : il n'en fut rien. Lors du rattachement du service de la pêche à celui des forêts, il fallut pourtant créer des postes mixtes, on ne pouvait communaliser les gardes-pêche. De ce fait, on compte aujourd'hui en Savoie deux brigadiers domaniaux ou mixtes et 24 communaux; en Haute-Savoie, un brigadier domanial et 22 communaux, soit au total 49 brigadiers remplaçant les 29 gardes-chefs sardes.

II. Services spéciaux. — A côté des brigadiers chargés du service de surveillance, on trouve dans les commissions d'aménagement et de reboisement d'autres préposés ayant mission d'exécuter des levés topographiques, des bornages des forêts ou terrains à reboiser, de diriger des chantiers de plantations et de travaux divers. Ces auxiliaires, géomètres ou conducteurs de travaux, étaient, en 1914, au nombre de 4; leur nombre fut jadis plus considérable au moment des études des périmètres de restauration où des brigades, dites topographiques, levaient, rapportaient et établissaient les plans des diverses séries.

III. Services sédentaires. — Alors que sous le régime sarde, on choisissait pour la résidence des inspecteurs, des préposés assez instruits pour pouvoir servir de secrétaires, qui ne pouvaient remplir ce rôle sans négliger leur service extérieur ou inversement, on trouve dans les bureaux de la conservation et des inspections des préposés, dits séden-taires, véritables commis, chargés de l'expédition des minutes et des divers registres d'ordre ou de comptabilité.

En 1914, il y avait 4 brigadiers sédentaires à la conservation et 7 dans les inspections.

Les brigadiers des services spéciaux comme les sédentaires sont domaniaux.

§ 2. Les gardes.

I. Gardes domaniaux. — La surveillance des bois de l'État, des séries de reboise-ment et de la pêche a exigé la nomination de 10 gardes domaniaux ou mixtes dans la Savoie, de 6 dans la Haute-Savoie.

A côté d'eux il existe encore des préposés domaniaux dans les commissions d'aména-gement (2) et de reboisement (2) qui ont les mêmes fonctions que les brigadiers attachés à ces services spéciaux.

Enfin, dans les bureaux de la conservation et des inspections, les emplois sé-dentaires peuvent également être remplis par des gardes; il en existe actuellement trois.

II. Gardes communaux. — Payés par les fonds communaux, mais nommés par les Préfets sur la présentation du Conservateur, ces préposés, s'ils subissent en-core l'influence des maires et des municipalités dans une certaine mesure, ne leur sont, du moins, pas asservis comme l'étaient les gardes champêtres-forestiers du régime sarde. Ils ne reçoivent d'ordres que des agents et préposés forestiers, leurs supérieurs.

En 1914, il existait dans le département de la Savoie 135 gardes communaux et 102 dans la Haute-Savoie.

III. **Gardes et brigadiers indemnitaires**. — Depuis 1860, l'État français a fait l'acquisition d'un certain nombre de forêts sectionales ou particulières ainsi que de terrains compris dans des périmètres dont la restauration a été déclarée d'utilité publique.

Il est de règle que tout préposé chargé de surveiller à la fois des bois appartenant à l'État et d'autres appartenant à des communes, ou des bois indivis, est un garde mixte dont la nomination, la révocation et le salaire dépendent seulement de l'administration des Eaux et Forêts (C. F. art. 97, 115).

Dans les communes où existent des terrains périmétrés, « les *gardes domaniaux*, appelés à veiller à l'exécution et à la conservation des travaux dans les périmètres de reboisement, sont chargés en même temps de la..... surveillance des bois communaux, de manière que, pour le tout, il n'y ait désormais qu'un seul service commandé et soldé par l'État ». (Art. 22 de la loi du 4 avril 1882.)

Malgré des textes aussi formels, l'Administration forestière s'est le plus généralement bornée à considérer les préposés qui surveillaient, en même temps que ses bois ou périmètres, des forêts communales comme de simples gardes communaux. Là où il y a un périmètre, la commune ne paye plus de frais de garde, mais l'État délivre au préposé deux mandats, l'un égal au salaire communal antérieur à l'acquisition, l'autre représentant une rétribution allouée pour le supplément de surveillance exigée du préposé pour les surfaces nouvelles confiées à sa garde. Le total des deux mandats demeure inférieur au traitement d'un garde domanial. On compte comme indemnitaires en Savoie, 20 brigadiers et 28 gardes; en Haute-Savoie, 9 brigadiers et 25 gardes. Il y a plus encore :

Depuis 1886, l'État a acquis, pour les restaurer, 5,264 hectares (1er janvier 1910); malgré cette augmentation sérieuse des surfaces soumises à sa gestion, il n'a pas établi un garde de plus. La situation matérielle des préposés existants a seule été améliorée.

§ 3. Moralité.

D'une façon générale, on peut dire que le personnel de surveillance mieux payé, bien encadré, a vu son niveau moral se relever dans des proportions considérables : son affranchissement de la dépendance étroite dans laquelle il se trouvait vis-à-vis des municipalités n'a pas peu contribué à cet excellent résultat.

Nous avons cependant connu à la fin du xixe siècle quelques vieux préposés à la veille de leur retraite, qui avaient conservé quelques-unes des habitudes d'antan. Assez vigilants, ils découvraient bien les délinquants, mais ils faisaient eux-mêmes des transactions tout à leur profit et payables quelquefois en argent, mais le plus souvent en nature, sous forme de vin, de victuailles ou autrement. Mais ce type archaïque a disparu et l'augmentation des salaires n'a pas peu contribué à prévenir les actes d'indélicatesse.

SECTION III.

Les traitements.

§ 1. LES AGENTS.

I. Un décret du 9 janvier 1861 et un arrêté ministériel du 7 janvier précédent ont fixé respectivement les traitements des agents supérieurs de la façon suivante : conservateurs (4 classes) à 8,000, 9,000, 10,000 et 12,000 francs; inspecteurs (3 classes) à 4.500, 5,000 et 6,000 francs.

Les traitements des agents subalternes étaient, lors de l'annexion, ceux qui avaient été arrêtés par le directeur général des Eaux et Forêts, le 23 novembre 1847, savoir : sous-inspecteurs (2 classes) 2,700 et 3,200 francs; gardes généraux (3 classes) 1.800, 2,000 et 2.200 francs.

La loi de finances du 4 juin 1858 venait de relever de 1,200 à 1,500 francs le traitement des gardes généraux adjoints[1].

En 1882, le traitement des conservateurs était toujours le même; une quatrième classe d'inspecteur aux appointements de 4,000 francs avait été créée, supprimée, puis rétablie.

Aux trois classes d'inspecteurs adjoints payées 3,000, 3,400, 3,600, fut ajoutée, le 14 octobre 1885, une classe exceptionnelle à 4,000 francs en faveur des agents qui, «en raison de leur âge ne pourraient arriver au grade d'inspecteur».

Les gardes généraux recevaient annuellement, suivant leur classe, 2,000, 2,300 ou 2,600 francs et les gardes généraux stagiaires 1,500 francs[2].

Actuellement, aucune modification n'est survenue dans la situation des conservateurs; les traitements des autres agents ont été relevés par décret du 8 février 1916 : les inspecteurs touchent par an, suivant la classe, 5,150, 5,650, 6,150, 6,750 francs; les inspecteurs adjoints, 3.750, 4,250, 4.750 francs; les gardes généraux, 2,850, 3,300 francs; enfin les gardes généraux stagiaires, 2,400 francs.

II. **Indemnités.** — A. *Indemnités de tournées.* — En plus des indemnités allouées aux agents pour leurs déplacements en dehors de leur service, des indemnités fixes leur étaient accordées pour les tournées ordinaires.

En 1865[3], cette indemnité était de 450 francs par an pour les sous-inspecteurs à Chambéry, Albertville, Moutiers, Saint-Jean de Maurienne et Bonneville; de 500 francs pour le sous-inspecteur à Annecy et le garde général à Saint-Julien-en-Genevois qui était tenu d'être monté; de 400 francs pour les gardes généraux à Albertville, Saint-Pierre d'Albigny, le Châtelard, Pont-de-Beauvoisin, Moutiers, Bourg-Saint-Maurice, Saint-Michel, Lans-le-Bourg, Faverges, Thônes, Cluses, Sallanches, Le Biot, et pour

[1] Circ. anc. A, E, F, nᵒˢ 602, 774, 799.
[2] Circ. nouv. A, E, F, nᵒˢ 338, 354.
[3] Circ. anc. nᵒ 852.

le sous-inspecteur à Thonon. Au cantonnement d'Évian il n'y avait qu'une indemnité de 3oo francs.

Un arrêté ministériel du 8 avril 1884 attribua les indemnités ci-après :

Inspections....	Chambéry, Annecy et Thonon.....................	5oo francs.
	Albertville et Bonneville.........................	6oo
	Moutiers et Saint-Jean de Maurienne...............	7oo
Cantonnements.	Chambéry, Saint-Pierre d'Albigny, Annecy, Thonon, Évian.	5oo
	Albertville (N. et S.), Pont-de-Beauvoisin, Le Chatelard, Moutiers (E. et W.), Bourg-Saint-Maurice, Saint-Jean de Maurienne, La Chambre, Modane, Faverges, Thônes, Saint-Julien, Bonneville, Sallanches et Taninges......	6oo

Elles ont été modifiées depuis, à la suite de réorganisation de service, et sont actuellement fixées comme il suit :

Inspection....	Saint-Jean de Maurienne......................	8oo
	Albertville, Moutiers et Annecy...............	7oo
	Chambéry....................................	65o
	Bonneville..................................	6oo
	Thonon.....................................	5oo
Cantonnements.	Saint-Julien en-Genevois......................	9oo
	Aix-les-Bains, Chambéry et Annecy-Est.........	8oo
	Albertville-Ouest, Moutiers, Bourg-Saint-Maurice, Saint-Jean-de-Maurienne, Modane, Aiguebelle, Annecy-Est, Thonon (N° 1)............................	7oo
	Bonneville, Sallanches et Taninges.............	6oo
	Thonon (N° 2)...............................	3oo

Le conservateur reçoit une indemnité journalière de 2o francs.

Les agents faisant partie des commissions d'aménagement et de reboisement ont droit à une indemnité annuelle de 1,000 francs[1].

B. *Frais de bureau.* — Le conservateur et les chefs de service des reboisements et des aménagements touchent, en outre, une indemnité de bureau, alors que les inspecteurs et les agents du service ordinaire n'en reçoivent qu'exceptionnellement.

§ 2. Les préposés.

I. **Préposés domaniaux et mixtes.** — 1° Lors de l'annexion, le salaire annuel des brigadiers domaniaux était, suivant la classe, de 8oo, 9oo ou 1.ooo francs et celui des gardes domaniaux de 6oo et de 7oo francs.

S'ils étaient gardes, les sédentaires des inspections et de la conservation touchaient par an 7oo ou 8oo francs, et comme brigadiers 9oo, 1,000 ou 1,100 francs.

Un arrêté ministériel du 26 avril 1889 majora ainsi les traitements :

Service actif. — Brigadiers : 9oo, 1,000, 1.100 et 1,200 francs; gardes : 7oo, 8oo francs.

[1] Circ. anc. n° 796; 7 déc. 1860.

Service sédentaire. --- Brigadiers : 1,000, 1.100, 1,200 et 1,300 francs; gardes : 900 francs.

L'attribution aux préposés de la médaille d'honneur créée par le décret du 15 mai 1883, augmente de 50 francs le traitement des bénéficiaires.

Aujourd'hui, d'après l'arrêté ministériel du 9 mars 1916, les traitements du personnel de surveillance sont :

Service actif. — Brigadiers : 1,300, 1,400, 1,500, 1.600 francs; gardes : 1,000, 1,100, 1,200, 1,300 francs.

Service sédentaire. — Brigadiers : 1,400, 1.500, 1.600, 1,700 francs; gardes : 1,300 francs.

2° **Indemnités.** — A. *Indemnité de chauffage.* — En vertu d'une circulaire ministérielle du 7 août 1861, les préposés domaniaux reçoivent leur chauffage en nature : les préposés des services spéciaux et les sédentaires ont, en remplacement, une indemnité de 100 francs.

B. *Logement.* — Normalement les préposés sont logés en maison forestière et ont la jouissance d'un terrain de culture de 1 hectare au plus. A défaut, ils touchent une indemnité de 90 francs portée à 120 francs pour les préposés de pêche et à 150 francs pour les sédentaires.

C. *Divers.* — Aux préposés qui ont exécuté des travaux d'amélioration dans les forêts, qui ont participé aux études d'aménagement et aux ouvrages de restauration de terrains en montagne, sont allouées des gratifications allant jusqu'à la moitié de la valeur de ces travaux ou des indemnités pouvant s'élever jusqu'à 3 francs par jour.

De même, ils sont rémunérés pour les déplacements qui leur sont imposés pour les opérations relatives aux coupes.

II. **Préposés communaux.** — 1° En principe, le salaire des préposés communaux est réglé par le préfet sur la proposition du conseil municipal et l'avis du conservateur. De bonne heure, dans les départements savoisiens, au lieu de payer les préposés suivant la plus ou moins grande générosité des municipalités, on fit de toutes les cotisations communales un fonds commun qui servit à payer également les gardes et brigadiers chargés de surveiller des forêts d'une contenance à peu près similaire au point de vue de l'étendue et de la difficulté du parcours. Seuls, les gardes à qui étaient confiés de petits cantons boisés, éloignés, ne pouvant être rattachés à aucun autre, eurent des triages, dits anormaux, avec un salaire réduit, proportionnel à la faible étendue des triages. On put faire ainsi des classes de gardes et de brigadiers, permettant de reconnaître les services rendus par les meilleurs.

Le minimum du traitement des gardes forestiers, qui était de 450 francs en 1864, fut élevé à 500 francs en 1869; à 550 en 1872, puis à 600 un peu plus tard, grâce aux efforts de M. le conservateur Watier secondé par les conseils généraux des deux départements, depuis le 1er janvier 1910; et, grâce à la loi du 21 février 1910 (art. 1er), dite loi Empereur, du nom de son auteur, sénateur de la Savoie, qui accorda aux préposés communaux sur les fonds du trésor une allocation annuelle de 160 francs, les salaires que reçoivent les préposés savoisiens sont les suivants :

Brigadiers communaux (3 classes) : 1,060, 1,160, 1,260 francs et une classe exceptionnelle, 1,390 francs; gardes communaux (2 classes) : 860 et 910 francs.

2° **Indemnités.** — Si, d'une façon générale, les préposés communaux n'ont ni logement, ni chauffage, ni indemnité en tenant lieu, il est arrivé en quelques communes, dispensées des frais de surveillance par l'article 22 de la loi du 4 avril 1828, que les municipalités ont concédé ou même fait construire des maisons pour l'usage de leurs gardes forestiers.

Ainsi le brigadier des Eaux et Forêts de Chambéry est logé dans la maison communale des Monts, au milieu même des reboisements qu'a fait exécuter la Ville. La commune de Magland a fait édifier deux maisons forestières, et celle de Chamonix une pour le brigadier et le garde locaux, avec appartements pour les agents en tournée.

Mais, par contre, tous les préposés communaux peuvent recevoir les indemnités prévues pour les travaux de reboisement et d'aménagement.

Avec les indemnités pour la surveillance des terrains périmétrés ou des cours d'eau du domaine public, les traitements sont devenus suffisants pour éviter aux préposés de demander à des moyens plus ou moins illicites, comme jadis c'était si fréquent : les ressources nécessaires à la vie. N'ayant plus à choisir entre leur devoir et la faim, le garde n'a pu que gagner en moralité et en considération.

CHAPITRE III.

LA GESTION FINANCIÈRE.

SECTION I.

Le régime forestier.

Un décret impérial du 17 octobre 1860 a soumis au régime forestier, outre la forêt domaniale de Bellevaux, tous les bois des communes et des établissements publics. La surface était donnée d'après la consigne des bois de 1824, diminuée des aliénations de forêts consenties sous le régime antérieur : elle était, pour le département de la Savoie, de 79,198 hectares et, pour celui de la Haute-Savoie, de 37,000 hectares.

L'étendue des forêts soumises au régime forestier a varié annuellement suivant les délimitations exécutées et aussi suivant les distractions de terrains destinés spécialement aux pâturages. Les acquisitions de terrains faites par l'État en vue de leur restauration, par application de la loi du 4 avril 1882, sont venues s'ajouter aux superficies boisées proprement dites.

Le tableau ci-après donne pour chaque département la moyenne quinquennale des forêts soumises au régime forestier.

PÉRIODES.	SURFACES SOUMISES AU RÉGIME FORESTIER.		
	SAVOIE.	HAUTE-SAVOIE.	TOTALES.
	hectares.	hectares.	hectares.

I. FORÊTS DOMANIALES [1].

1861–1890............................	735	"	735
1891–1895............................	921	372	1,293
1896–1900............................	4,848	759	5,607
1901–1905............................	5,100	878	5,978
1906–1910............................	5,710	1,098	6,808
1911–1915............................	6,544	1,904	8,448

II. FORÊTS COMMUNALES.

1861–1865............................	81,252	50,290	131,542
1866–1870............................	85,081	50,522	135,603
1871–1875............................	80,310	45,000	125,310
1876–1880............................	76,565	44,269	120,834
1881–1885............................	75,986	43,910	119,896
1886–1890............................	76,342	43,527	119,869
1891–1895............................	75,766	43,767	119,553
1896–1900............................	75,112	44,000	119,112
1901–1905............................	75,237	44,066	119,303
1906–1910............................	75,510	44,099	119,609
1911–1915............................	75,822	44,633	120,455

III. ENSEMBLE DES FORÊTS SOUMISES.

1861–1865............................	81,987	50,290	132,277
1866–1870............................	85,816	50,522	136,338
1871–1875............................	81,045	45,000	126,045
1876–1880............................	77,300	44,269	121,569
1881–1885............................	76,721	43,910	120,631
1886–1890............................	77,077	43,527	120,604
1891–1895............................	76,687	44,139	120,826
1896–1900............................	79,960	44,759	124,719
1901–1905............................	80,337	44,944	125,281
1906–1910............................	81,220	45,197	126,417
1911–1915............................	82,366	46,537	128,903

[1] Forêts proprement dites et périmètres de restauration.

Ce qui frappe dans l'examen des derniers de ces tableaux, c'est d'abord l'augmentation des surfaces soumises au régime forestier jusque vers 1870, puis la diminution progressive de cette surface pendant un tiers de siècle, auquel succède une nouvelle période de croissance.

Aussitôt après l'annexion, les reconnaissances faites par les agents des parcelles cadastrales confiées à leur gestion, la réintégration, par résiliation ou l'annulation des contrats, des forêts accusées à des particuliers, ont eu pour résultat l'augmentation des superficies soumises à la gestion de l'administration forestière.

Fig. 2. — Forêt communale de la Balme de Thuy.
Reconstitution par les feuillus d'une parcelle coupée a blanc étoc.

EMOULIN Frères sc.

Fig. 3. — FORÊT COMMUNALE DE BEAUFORT SOUMISE AU RÉGIME FORESTIER.
RÉGÉNÉRATION NATURELLE DANS UNE TROUÉE DE CHABLIS.

DEMOULIN Frères sc

Après la chute de l'empire eurent lieu des revisions du régime forestier analogues à celles du premier Empire dans le Mont-Blanc et le Léman et pour les mêmes causes : de là, des distractions importantes qui avaient pour but l'abandon à la libre pâture de parties englobées dans le décret du 17 octobre 1860 [1]. Ce mouvement de réaction fut particulièrement accusé de 1870 à 1872. En deux ans, 4,953 hectares en Savoie, 5,769 en Haute-Savoie, soit au total 10,722 hectares, furent ainsi remis à la disposition des communes. Au fur et à mesure que les délimitations, d'abord générales puis amiables, se poursuivaient, souvent sur l'insistance réitérée et appuyée des municipalités, les agents chargés des aménagements, pour obtenir l'assentiment des conseils, abandonnaient çà et là des bordures, des saillants boisés. De là, un émiettement incessant du sol forestier qui se manifeste jusqu'en 1900. À partir de ce moment, les aménagements et surtout les acquisitions de terrains à restaurer en vertu de la loi du 4 avril 1882 viennent non seulement compenser les pertes des forêts communales soumises, mais accroître l'aire forestière de la Savoie.

SECTION II.

Aménagements et délimitations.

§ 1er. — Forêts soumises au régime forestier.
(Fig. 2 et 3.)

En 1860, il n'existait aucun plan de forêt autre que des copies de la mappe. Sur le terrain, nulle limite dans la grande majorité des cas, sinon des accidents du sol, ravins, couloirs, crêtes et rochers. Rien d'étonnant que les usurpations des riverains des massifs fussent des plus fréquentes. Cette incertitude des confins était également un obstacle à la surveillance et à la répression des délits.

Aussi, un des premiers soucis du service des Eaux et Forêts fut-il de délimiter et de borner les cantons boisés : une fois connue la superficie de la forêt, il était facile d'en faire l'étude et de dresser un règlement d'exploitation, en un mot d'en faire l'aménagement.

Dans une région à relief aussi âpre que la Savoie, il n'était pas possible de confier un aussi lourd travail aux agents du service ordinaire. Une commission spéciale fut créée, qui eut pour mission d'asseoir sur le terrain les surfaces soumises au régime forestier et de déterminer l'importance des coupes annuelles. En 1876, l'unique forêt domaniale de Bellevaux et 42 forêts communales sur 570 étaient seules levées, délimitées et bornées; 147 autres forêts communales, soit 40,879 hectares, étaient partiellement délimitées et 378 autres, soit 71,799 hectares, ne l'étaient pas. Cette œuvre de longue haleine n'est pas encore achevée, mais des résultats heureux se font sentir.

Taillis. — Les taillis ne sont plus coupés en herbe : ils s'exploitent de 20 à 30 ans. Plusieurs sont enrichis d'une réserve dont la valeur s'accroît annuellement. Malheureusement, il est encore des municipalités qui résistent systématiquement à la transformation des taillis simples en taillis composés ou même en futaies, alors même que ce

[1] C. G. S. et C. G. H.-S., 1870, 1871 notamment.

46.

changement s'opère par le seul effet des forces naturelles. On vit des communes exiger, lors des aménagements, la destruction des résineux poussant spontanément et dont le maintien eut donné une plus-value considérable.

Ailleurs, tout balivage est impossible, par suite de la routine des populations habituées à faire de gros fagots qui roulent ensuite sur les pentes jusqu'au bas du versant.

Dans la région chablaisienne, la vieille méthode de furetage continue à se pratiquer : elle est de beaucoup la meilleure au point de vue de la protection du sol et du ruissellement.

Futaies. — Il n'existe que des futaies résineuses : elles sont traitées par la méthode du jardinage. La durée de la révolution oscille suivant les espèces, le sol, l'altitude et l'exposition entre 120 et 264 ans.

Les futaies résineuses, complètement épuisées par les exploitations sans contrôle de la période précédente, durent être soumises à un régime de reconstitution et d'épargne d'autant plus pénible pour les populations, immédiatement après l'annexion, qu'auparavant c'était presque toujours le principe du laisser faire qui seul s'appliquait. Calculées sur le même matériel existant, les possibilités étaient donc des plus faibles. Ce rationnement était impatiemment supporté et n'était pas fait pour rendre populaire le service des Eaux et Forêts : nombre de communes sollicitent la distraction de leurs forêts du régime forestier et les conseils généraux, celui du département de la Savoie notamment, appuient ces requêtes. Mais, peu à peu, la densité des peuplements s'accroît : des révisions de possibilité augmentent le cube de bois à vendre ou à délivrer. Chaque jour enrichit la forêt et fait voir davantage aux municipalités que la reconstitution normale des futaies sert mieux les intérêts communaux que la licence d'antan : l'agent forestier cesse de paraître un gêneur ou un intrus.

Les conseils de l'administration ne sont pas encore partout suivis; ils le seront toujours plus à mesure que les habitants verront les résultats économiques d'une gestion qui n'avait eu que le tort de succéder à des habitudes d'exploitations effrénées.

Le tableau suivant montre les modifications de traitement des forêts soumises au régime forestier, domaniales ou communales, d'après les statistiques de 1876, 1892 et 1912 :

MODES DE TRAITEMENT.	ANNÉE.	SAVOIE.	HAUTE-SAVOIE.	TOTAL.	P. 100.
		hectares.	hectares.	hectares.	
Taillis simple................	1876	27,568	17,271	44,839	36.78
	1892	23,297	2,988	26,285	21.55
	1912	14,022	1,662	15,684	12.42
Tailllis sous futaie............	1876	419	29	448	0.36
	1892	2,103	10,895	12,998	10.65
	1912	7,457	7,367	14,824	11.77
Futaie...................	1876	49,539	26,986	76,525	62.77
	1892	48,082	28,361	76,443	62.67
	1912	54,569	32,259	86,828	68.89
Surfaces improductives ou séries de reboisement...............	1876	86	"	86	0.09
	1892	3,945	2,310	6,255	5.13
	1912	4,893	3,827	8,720	6.92

Fig. 4. — Forêt communale de Beaufort, non soumise au régime forestier.

EMOULIN Frères sc.

Fig. 5. — FORÊT COMMUNALE DE CHATEL, NON SOUMISE AU RÉGIME FORESTIER.
PEUPLEMENT ÉPUISÉ EN VOIE DE DISPARITION.

DEMOULIN Frères sc.

Toute l'histoire de la gestion de l'administration des Eaux et Forêts depuis 1860 tient dans ce tableau. A côté de l'allongement des révolutions de taillis déjà signalées, on voit l'abandon du régime du taillis simple pour celui du taillis composé et de la futaie. Il est à remarquer combien cette transformation heureuse est plus lente dans le département de la Savoie que dans celui de la Haute-Savoie : c'est un effet des résistances opposées par les populations, mais aussi du plus ou moins grand intérêt que les agents forestiers locaux de l'époque ont attaché à ces améliorations pourtant si désirables.

Bien que le régime du taillis simple ait diminué des deux tiers, il est encore trop pratiqué; l'allongement des révolutions, le maintien d'une réserve abondante, l'enrésinement qui se fait naturellement en de nombreuses localités, ne peuvent qu'avoir les plus heureuses conséquences sur la prospérité des massifs et les finances communales. On verra plus loin les résultats de la transformation de 14.400 hectares de taillis simple en taillis composés et de 10.300 hectares de ces taillis en futaies.

§ 2. — Forêts non soumises au régime forestier.
(Fig. 4 et 5.)

I. **Forêts de communes et d'établissements particuliers.** — La statistique forestière de 1876 donne comme étendue à ces bois :

DÉSIGNATION DES BOIS.	SAVOIE.	HAUTE-SAVOIE.	TOTAL.
	hectares.	hectares.	hectares.
251 bois communaux.....................	7,721	4,498	12,219
139 bois de sections de commune............	1,438	1,810	3,248
50 bois d'établissements publics...........	29	84	113
Totaux.................	9,188	6,392	15,580

Mais ce travail ne donne pas de renseignement sur le mode de traitement de ces forêts. La statistique de 1912 [1], si elle n'indique pas le nombre ni l'importance de chaque catégorie de propriétaires, détaille au contraire les régimes appliqués aux bois publics non soumis au régime forestier. Ces données sont résumées ci-dessous :

MODE DE TRAITEMENT.	SAVOIE.	HAUTE-SAVOIE.	SURFACE TOTALE.	P. 100.
	hectares.	hectares.	hectares.	
Taillis simple..............	2,165	1.396	3,561	33.6
Taillis composé.............	362	356	718	6.8
Futaie.....................	3,379	2.942	6.321	59.6
Totaux.............	5.906	4.694	10.600	100.0

[1] Pour pouvoir en comparer les chiffres avec les précédents, il faut en déduire les surfaces improductives.

Il ne faudrait pas croire que ces 10,600 hectares laissés à la libre disposition des municipalités soient traités d'une façon méthodique et régulière. Partout à peu près la plus complète licence. A-t-on jamais vu un conseil refuser du bois à qui en sollicite ? et le plus souvent on n'en demande pas. Quiconque a besoin d'une perche pour un tas de foin, de montants d'échelle, d'une solive, va dans le « non soumis » et taille à hache que veux-tu. Tous ces communaux boisés ne sont pas seulement exploités tous les jours, le bétail y pâture en liberté et dévore le recrû par le fer épargné.

Il n'est pas de plus lamentable spectacle que celui d'un bois communal non soumis au régime forestier : à vrai dire, on n'y pratique aucun mode de traitement. Et pourtant, parmi ces 10,600 hectares livrés au pillage, il y a des massifs considérables « susceptibles d'aménagement ou d'une exploitation régulière », qui devraient être soumis à la gestion de l'administration des Eaux et Forêts. Il arrive que les municipalités, ignorantes des abus commis, mises en face des peuplements dévastés, s'indignent et du coup demandent la soumission au régime forestier[1] (Bozel). Combien d'autres devraient faire de même et notamment Bonneval-Tse (266 hectares), Pussy (233 hectares), Bramans (485 hectares), Le Freney (250 hectares), Dingy-Saint-Clair (316 hectares), les Houches (265 hectares), Samoëns (280 hectares), La Chapelle-d'Abondance (264 hectares), Châtel (440 hectares), pour ne citer que les communes ayant plus de 200 hectares de boisés non soumis.

Les forestiers qui arriveront à soustraire aux appétits de la masse ces importantes surfaces auront bien mérité des générations à venir.

II. **Forêts particulières.** — En 1876, on évaluait la surface des bois particuliers dans le département de la Savoie à 39,889 hectares et à 56,536 hectares dans celui de la Haute-Savoie. soit, au total, 96.425 hectares, mais sans donner aucune précision sur le traitement auquel ils étaient soumis.

Dans le tableau ci-après sont condensées les données tirées de la statistique de 1912 :

MODE DE TRAITEMENT.	SAVOIE.	HAUTE-SAVOIE.	SURFACE TOTALE.	P. 100.
	hectares.	hectares.	hectares.	
Taillis simple......................	24,197	36,407	60,604	57.8
Taillis composés...................	6,289	5,215	11,504	10.9
Futaie.............................	6,645	26,079	32,724	31.3
TOTAUX..............	37,131	67,701	104,832	100.0

D'ordinaire, les particuliers ménagent mieux leurs bois que ceux des communes ; d'une façon générale, on coupe sans plan d'exploitation et sans aménagement ; suivant les besoins. Il faut cependant faire exception pour les forêts qui servaient jadis à alimenter les établissements métallurgiques : ainsi les forêts particulières d'Argentine, de Saint-Rémy, ont une révolution de 20 ans assez bien observée ; mais, le plus souvent, c'est aux environs de 10 à 15 ans que les propriétaires coupent leurs taillis ; à cet âge,

[1] P. MOUGIN, *Les torrents de la Savoie*, p. 119, al. final.

on n'a que des fagots et du bois de boulange. Les vernets (aulnaies) donnent des produits dès 6 ans.

Quant aux futaies, d'ordinaire leurs propriétaires les vendent aux associations de marchands de bois qui les coupent à blanc étoc : c'est la vieille méthode barbare qui déchaîne les torrents, les éboulements et les avalanches. On ne saurait dire que, dans ce cas, il y ait un aménagement (forêts de Sainte-Catherine, à Annecy; des Chartroux, à la Combe-d'Ire; des Voirons; de Saint-Hugon; de la Montagne-des-Frêtes, à Thorens); dans la vallée de l'Arve, de la Roche-sur-Foron à Cluses, on voit nombre de coupes blanches de moindre importance zébrer les flancs des montagnes. Rien ne caractérise mieux l'absence de toute idée sylvicole.

SECTION III.

Coupes et exploitations.

§ 1. — OPÉRATIONS RELATIVES AUX COUPES.

Avec les règlements français, la régularité s'est introduite dans les exploitations des forêts soumises au régime forestier. Au début, on portait dans l'état d'assiette, dont l'approbation était réservée au conservateur, les coupes à faire selon les usages, avec cette différence toutefois qu'il fallut réduire les contenances ou le nombre de pieds d'arbres, afin d'allonger les révolutions et de revenir au matériel normal.

Au fur et à mesure que se multiplient les aménagements, on inscrit sur les états les coupes approuvées par les décrets et le nombre des coupes établies d'après l'usage se réduit. L'application des aménagements sur le terrain, la confection de plans des forêts eurent aussi pour conséquence une diminution progressive du nombre des arpentages.

Une fois l'importance des coupes fixée, les agents procèdent au martelage, qui se fait tantôt en réserve, tantôt en délivrance; le premier système se pratique dans les taillis sous futaie, le second dans les futaies jardinées.

En principe, les martelages sont dirigés par deux agents; de là nombre de garanties qu'on ne pouvait attendre d'une opération jadis faite par un pauvre garde-chef sans instruction ni traitement suffisants.

Les maires des communes propriétaires de bois sont prévenus par écrit du jour de l'opération et, bien souvent, ces magistrats, accompagnés de quelques conseillers, viennent assister à la marque des bois. Il n'est pas rare qu'ils se fassent suivre d'un mulet chargé de provisions que les délégués partagent avec les forestiers.

S'il n'est plus nécessaire pour les municipalités de demander chaque année une coupe, une délibération est toujours exigée pour toute coupe à faire par anticipation ou par interversion, ou dans les portions de bois mises en dehors des exploitations, soit dans un but de protection, soit comme quart en réserve, soit en vue d'un résultat cultural. Ces demandes doivent parvenir au conservateur avant le 30 juin, sinon elles sont reportées à l'exercice suivant (arrêté ministériel du 4 février 1837). Grâce à cette disposition, le service n'est plus assailli comme sous le régime sarde par des pétitions présentées à toute époque, qui entraînaient un sérieux gaspillage de temps.

Ces coupes extraordinaires sont autorisées par décret.

§ 2. — Coupes vendues.

La guerre européenne a fait ajourner les adjudications de coupes de 1914 et 1915 ; elle a profondément troublé le marché, de sorte que les résultats des ventes faites en 1915 offrent un caractère tellement anormal que la moyenne quinquennale 1911-1915 ne correspond plus ni à des exploitations, ni à des coupes régulières. Il paraît préférable de laisser de côté cette période qui ne comprend pas toutes les coupes de cinq exercices et où les prix se sont trouvés faussés par la raréfaction de la main-d'œuvre et les besoins considérables de l'armée.

I. **Forêts domaniales.** — L'État adjuge tous les ans (C. F. art. 17, 18, 19), après publication, les produits principaux de ces forêts. En Savoie, les ventes ne portent que sur les bois sur pied ; elles sont résumées dans le tableau ci-après par moyenne quinquennale :

PÉRIODES.	RENDEMENT EN MATIÈRE.			RENDEMENT EN ARGENT.		
	SAVOIE.	HAUTE-SAVOIE.	TOTAL.	SAVOIE.	HAUTE-SAVOIE.	TOTAL.
	mètres cubes.	mètres cubes.	mètres cubes.	francs.	francs.	francs.
1861–1875.............	?	"	?	?	"	?
1876–1880.............	307	"	307	714	"	714
1881–1885.............	307	"	307	209	"	209
1886–1890.............	59	"	59	114	"	114
1891–1895.............	434	"	434	923	"	923
1896–1900.............	498	"	498	1,912	"	1,912
1901–1905.............	558	67	625	3,050	183	3,233
1906–1910.............	1,251	232	1,483	4,772	922	5,694

II. **Forêts des communes et des établissements publics.** — Le plus souvent, les bois sont vendus sur pied ; quelquefois ils l'ont été après façonnage. Mais il semble que les ventes de cette dernière sorte n'aient été qu'un essai. Il est probable que l'administration a voulu ménager les peuplements si maigres confiés à sa gestion en prenant dans les exploitations toutes les précautions possibles. Mais ce système obligeait les communes à faire l'avance des frais de façonnage, grave inconvénient pour des caisses généralement peu pourvues ; de plus, outre la comptabilité compliquée imposée aux agents, il pouvait être nuisible aux finances communales, car les marchandises préparées risquaient de ne pas répondre aux besoins du commerce au moment de leur adjudication.

On ne relève donc de ventes de produits façonnés, en Savoie, que de 1873 à 1875 et elles n'ont donné comme prix dans chacune de ces années que 1,908, 5,110 fr. 50 et 694 francs [1]. En Haute-Savoie, cette méthode semble avoir eu plus de succès ; elle

[1] C. G. S., 1874, p. 250 ; 1875, p. 208 ; 1876, annexe 7.

fut appliquée de 1866 à 1876 ; l'importance des exploitations a été parfois considérable, comme l'indique le relevé ci-après :

1865	42,396ᶠ oo	1871	10,836ᶠ oo
1866	8,243 oo	1872	6,221 3o
1867	12,950 75	1873	7,253 85
1868	6,935 oo	1874	5,790 4o
1869	3,696 oo	1875	1,666 oo
1870	19.328 oo	1876	1,272 oo

Depuis cette époque, il ne semble pas qu'on ait façonné les produits des coupes avant de les mettre en vente.

Il est à noter que la statistique forestière de 1878 (p. 370, 371) n'indique pour 1876 aucune vente après façonnage, alors que le rapport du conservateur au conseil général de la Haute-Savoie [1] fournit le chiffre donné plus haut.

Les résultats des ventes de bois faites dans toute la Savoie sont résumés par période de cinq ans dans le tableau suivant d'où ressort, d'une part, l'augmentation du cube grume offert annuellement ; de l'autre, l'accroissement du prix du mètre cube. Si celui-ci est dû à la concurrence plus active d'un commerce mieux organisé, à l'établissement d'usines utilisant le bois pour le transformer en pâte de cellulose ou en papier, à l'ouverture de voies de communications plus nombreuses, celle-là, du moins, est le résultat indiscutable de la gestion forestière française.

PÉRIODES.	RENDEMENT EN MATIÈRE.			RENDEMENT EN ARGENT.			PRIX MOYEN du MÈTRE CUBE.
	SAVOIE.	HAUTE-SAVOIE.	TOTAL.	SAVOIE.	HAUTE-SAVOIE.	TOTAL.	
	mètres cubes.	mètres cubes.	mètres cubes.	francs.	francs.	francs.	francs.
1861–1865	?	?	?	?	?	?	?
1866–1870	?	?	?	?	123,309	?	?
1871–1875	?	?	?	88,113	223,916	312,029	?
1876–1880	19.250 [1]	30,199 [1]	49,449 [1]	127,665	144,602	372,267	4.77 [1]
1881–1885	13,703	12,106	25,809	94,919	93,317	188,236	7,29
1886–1890	20,579	14.590	35,169	82,083	98,374	180,457	5,13
1891–1895	16,505	14.488	30,993	130,219	141,266	271,485	8,76
1896–1900	24.025	17,062	41,087	248,207	203,871	452,078	11,00
1901–1905	30,793	28,733	59,526	277,115	322.699	599.414	10,07
1906–1910	49,469	40,777	90,246	381,774	528,607	910,381	10,09

[1] En 1876, d'après la statistique forestière de Mathieu, page 370, la valeur du mètre cube est trop faible, car, en 1879, on estimait 7 fr. 35 le mètre cube de bois d'urgence ; le mètre cube de bois d'œuvre valait 6 fr. 20 en 1876, 8 fr. en 1877 en Savoie.

III. **Forêts non soumises au régime forestier.** — Il est impossible de connaître soit exactement le volume, soit le prix des bois particuliers vendus, de même que l'importance du matériel ligneux que les propriétaires consomment soit comme combustible, soit comme bois d'œuvre ou d'industrie.

[1] C. G. H.-S., 1877, p. 129.

§ 3. COUPES DÉLIVRÉES.

Très souvent, au lieu de vendre leurs coupes, les communes se les font délivrer sur pied et désignent un entrepreneur responsable chargé de l'exploitation; les produits sont ensuite partagés entre les habitants, soit à titre gratuit, soit moyennant une taxe, sans l'intervention de l'administration.

La répartition ordinaire est faite par feux; c'est ce qui reste du droit ancien des communiers; elle peut avoir lieu aussi par tête ou moitié de chaque façon.

Dans le tableau ci-après sont résumées par périodes quinquennales l'importance et la valeur moyenne de ces coupes affouagères :

PÉRIODES.	RENDEMENT EN MATIÈRE			RENDEMENT EN ARGENT			VALEUR ESTIMATIVE du MÈTRE CUBE.
	SAVOIE.	HAUTE-SAVOIE.	TOTAL.	SAVOIE.	HAUTE-SAVOIE.	TOTAL.	
	mètres cubes.	mètres cubes.	mètres cubes.	francs.	francs.	francs.	francs.
1861–1865.....	?	?	?	175,000	132,935	307,935	?
1866–1870.....	?	?	?	?	125,708	?	?
1871–1875.....	?	?	?	185,795	133,081	318,876	?
1876–1880.....	?	?	110,065[1]	183,887	132,499	316,386	2,32[1]
1881–1885.....	63,485	41,994	105,479	209,825	103,262	313,087	3,17
1886–1890.....	58,689	46,939	105,628	209,354	137,914	347,268	3,29
1891–1895.....	56,703	36,474	93,177	185,284	86,551	271,835	2,92
1896–1900.....	54,561	33,354	87,915	233,599	100,485	334,084	3,80
1901–1905.....	65,864	36,895	102,759	396,933	194,215	591,148	5,75
1906–1910.....	69,425	42,884	112,309	466,785	242,049	708,834	6,31

[1] En 1876, d'après la statistique forestière, p. 370.

Ce qui ressort des données numériques ci-dessus, c'est d'abord la constance du cube ligneux délivré : ceci n'a rien d'étonnant; la population demeurant stationnaire ou étant en décroissance, les besoins n'ont pas augmenté. Tout le supplément de production des forêts communales se trouve donc livré au commerce.

Mais, par contre, le prix estimatif des bois a été en décroissant; cela vient évidemment en premier lieu de l'élévation des cours que les ventes ont fait apparaître et aussi de la valeur marchande plus considérable des produits. L'accroissement de densité des massifs, les opérations plus régulières, menées dans des vues culturales, ont donné des bois d'œuvre plus longs, plus abondants, de moins en moins tarés, à mesure que les plantes abrouties sous le régime sarde étaient réalisés [1].

Il faut cependant remarquer que la valeur moyenne estimée du mètre cube délivré

[1] En 1876, les forêts communales de Savoie ont donné 115,377 mètres cubes de bois de feu pour 44,137 mètres cubes de bois d'œuvre (stat. for. 1878); en 1892, la production de bois de feu était de 84,078 mètres cubes pour 57,689 mètres cubes de bois d'œuvre ou d'industrie; en 1912, elle était de 89,563 mètres cubes de bois de feu pour 86,557 mètres cubes de bois d'œuvre. Ainsi, le bois d'œuvre, qui n'était d'abord que les 38 p. 100 du bois de feu en 1876, et moins encore en 1861, arrive aux 96.65 p. 100 du volume de combustible en 1912.

est moindre que le prix du mètre cube grume vendu. Deux causes apparaissent à cette infériorité : d'une part, la proportion plus grande de bois de feu dans l'ensemble des coupes délivrées alors que, dans les coupes vendues, c'est le bois d'œuvre qui est surtout recherché par le commerce ; de l'autre, c'est que l'estimation est faite aujourd'hui principalement en vue de fixer le 1/20 revenant à l'État pour frais d'administration ; mais comme ces frais ne peuvent dépasser 1 franc par hectare et par an, l'estimation, faite avec moins de précision, est très généralement au-dessous de la réalité (L. 25 juin 1841; 15 juillet 1850) suivant le vœu des communes toujours désireuses de réduire leurs frais de gestion.

Ces dernières remarques ne s'appliquent pas à la Savoie seulement.

§ 4. Délivrance d'urgence.

Il était aisé de prévoir que l'annexion ne pouvait tellement modifier les habitudes qu'elle fît disparaître ou simplement réduire les délivrances d'urgence. De la part des bénéficiaires on constata les mêmes abus et, chez les municipalités, la même complaisance. Ces coupes enlèvent les plus belles plantes dans les forêts qui subissent ainsi une sélection à rebours, en opposition avec les efforts de l'administration qui cherche à éliminer des peuplements tous les éléments vicieux, tarés ou dépérissants avant de toucher aux arbres sains. En certaines localités même, sans qu'aucun désastre fût à déplorer, les libéralités du conseil ont été si loin qu'elles ont absorbé toute la possibilité, de sorte qu'une partie de la population s'est trouvée privée de bois. Si encore les administrateurs communaux exigeaient des pétitionnaires, très souvent aisés, le payement de la valeur marchande des arbres, la caisse municipale n'aurait pas à souffrir; mais malheureusement il n'en est rien. Ainsi, dans le département de la Haute-Savoie, les délivrances d'urgence ont été [1] :

ANNÉES.	DÉLIVRANCES.			PERTE.
	VOLUME.	VALEUR.	PRIX DE CESSION.	
	mètres cubes.	francs.	francs.	francs.
1902	2,243	30,935	6,673	24,262
1903	935	11,785	3,378	8,407
1904	2,155	48,574	5,148	23,426
1905	1,326	17,437	5,122	12,315
Totaux	6,659	88,731	20,321	68,410

En somme, les bénéficiaires ont à peine payé en moyenne 23 p. 100 de la valeur des bois et pourtant, la plupart d'entre eux pouvaient verser le montant de l'estimation ou se procurer, dans le commerce, le bois dont ils avaient besoin.

Mais au moins, actuellement, les délivrances d'urgence ne dépassent plus, si elles l'égalent parfois, la possibilité de la forêt.

À ce point de vue donc, il reste une profonde réforme à accomplir; les municipalités

[1] C. G. H-S. 1903, page 39 : 1904, p. 36, 1905, p. 53, 1906. p. 158.

devront apprendre à se montrer plus soucieuses de l'intérêt de la généralité et des ressources à tirer de leurs forêts.

Depuis l'annexion jusqu'au début du xxᵉ siècle, les délivrances d'urgence étaient régies par les dispositions d'une décision ministérielle du 11 décembre 1819 et de l'article 123 de l'ordonnance réglementaire; les seuls cas où il y avait lieu à de telles concessions étaient ceux d'incendie, d'inondation et de ruine imminente. A très juste titre on y avait ajouté les reconstructions nécessitées du fait des avalanches de neige, des éboulements et glissements de terrain, des laves torrentielles; mais, à tort, on avait fait bénéficier des «bois de requête» les propriétaires désireux d'édifier des bâtiments nouveaux ou simplement d'agrandir, d'entretenir des édifices existants.

Une loi du 19 avril 1901, modifiant l'article 105 du Code forestier, spécifiant que l'affouage communal doit être partagé par feu, ou par tête d'habitant ou moitié par feu et moitié par tête et que «tous les usages contraires à ces modes de partage sont et demeurent abolis», condamne par là les délivrances d'urgence. Armés de ce texte, les agents des Eaux et Forêts pourront désormais s'opposer aux abus invétérés de ces délivrances, mais ce sera une œuvre de patience et d'éducation forestière que seuls peuvent entreprendre des fonctionnaires stables, connus dans le pays, ayant l'oreille et la confiance des populations tout en sachant résister à leurs demandes déraisonnables. Malheureusement les mutations sont trop fréquentes dans le personnel de gestion[1]; néanmoins des résultats encourageants ont déjà été obtenus dans la vallée de l'Arve.

Il faut reconnaître toutefois que la suppression absolue des délivrances d'urgence équivaudrait, dans une région aussi accidentée que la Savoie, à l'abandon d'un certain nombre de chalets de montagne, de bergeries ou d'abris qui ne peuvent tirer de bois que des massifs communaux voisins : les propriétaires de la plupart des alpages, particuliers ou communes, ont, en effet, détruit toute végétation ligneuse dans leurs pelouses, non sans dommage d'ailleurs pour celles-ci[2].

Le tableau suivant donne les moyennes quinquennales des délivrances effectuées depuis 1860 :

PÉRIODES.	VOLUME.			ESTIMATION.		
	SAVOIE.	HAUTE-SAVOIE.	TOTAL.	SAVOIE.	HAUTE-SAVOIE.	TOTAL.
	mètres cubes.	mètres cubes.	mètres cubes.	francs.	francs.	francs.
1861–1865.............	?	3,003	?	?	15,111	?
1866–1870.............	?	?	?	?	16,010	?
1871–1875.............	?	?	?	42,362	24,163	66,525
1876–1880.............	5,692	2,225	7,917	38,602	19,296	57,898
1881–1885.............	7,007	1,721	8,728	57,377	16,398	73,775
1886–1890.............	6,271	1,762	8,033	46,675	13,863	60,538
1891–1895.............	6,852	2,373	9,225	47,486	20,904	68,390
1896–1900.............	9,593	2,596	12,189	81,093	23,630	104,723
1901–1905.............	6,182	1,705	7,887	67,237	21,591	88,828
1906–1910.............	5,213	1,266	6,479	57,890	17,029	74,919

[1] Voir P. MOUGIN. *Liste chronologique des agents forestiers de la Savoie jusqu'au 31 décembre 1910.*
[2] P. MOUGIN, *Les Torrents de la Savoie*, p. 132 et 1ʳᵉ partie, ch. IV, section 1, S. 4.

En résumé, on voit que les délivrances d'urgence qui enlèvent les meilleurs arbres des forêts communales constituent environ 5.76 p. 100 des coupes d'affouage et les 7.18 p. 100 des coupes vendues, pendant la dernière quinquennie.

§ 5. Rendement total des forêts.

Les résultats de la gestion par l'Administration forestière française des forêts qui lui ont été confiées, en y comprenant les produits principaux, secondaires et accessoires, ainsi que les menus produits, sont résumés par périodes quinquennales dans les tableaux ci-après qui donnent le revenu annuel en argent :

FORÊTS DOMANIALES.

PÉRIODES.	RENDEMENT EN ARGENT.			REVENU [2] MOYEN PAR HECTARE et par an.
	SAVOIE.	HAUTE-SAVOIE.	TOTAL.	
	francs.	francs.	francs.	francs.
1861–1875...............................	?	"	?	?
1876–1880...............................	1,482	"	1,482	2,01
1881–1885...............................	1,598	"	1,598	2,22
1886–1890...............................	1,598	"	1,598	2,23
1891–1895...............................	2,548	40 [1]	2,588	2,11
1896–1900...............................	3,130	20	3,150	2,08
1901–1905...............................	4,212	183	4,395	2,91
1906–1910...............................	6,012	929	6,941	4,59

[1] Depuis 1892 inclus. — [2] Il n'a été tenu compte que des forêts proprement dites, abstraction faite des périmètres de restauration.

Les surfaces des forêts domaniales sont actuellement de 1,147 hect. 48 en Savoie et de 364 hect. 78 en Haute-Savoie.

FORÊTS DES COMMUNES ET DES ÉTABLISSEMENTS PUBLICS.

PÉRIODES.	RENDEMENT EN BOIS D'ŒUVRE.			RENDEMENT EN ARGENT.			REVENU MOYEN PAR HECTARE et par an.
	SAVOIE.	HAUTE-SAVOIE.	TOTAL.	SAVOIE.	HAUTE-SAVOIE.	TOTAL.	
	mètres cubes.	mètres cubes.	mètres cubes.	francs.	francs.	francs.	francs.
1861–1865.....	?	?	?	224,782	238,730	463,512	3,52
1866–1870.....	?	?	?	364,255	281,682	645,937	4,76
1871–1875.....	?	?	?	333,090	436,200	769,290	6,14
1876–1880.....	21,521 [1]	20,628 [1]	42,149 [1]	396,896	378,685	775,581	6,42
1881–1885.....	41,443	17,276	58,719	427,281	264,816	692,097	5,77
1886–1890.....	45,537	23,923	69,460	354,384	264,180	618,564	5,16
1891–1895.....	48,031	26,778	74,809	436,155	327,239	763,394	6,39
1896–1900.....	61,047	36,998	98,045	641,648	497,837	1,139,485	9,55
1901–1905.....	61,032	41,068	102,100	773,403	551,928	1,325,311	11,08
1906–1910.....	89,803	61,087	150,890	928,125	779,244	1,707,369	14,50

[1] En 1876. *Statistique forestière*, 1878, p. 335, 337, 678 et suiv.

Rien ne fait mieux ressortir l'heureuse action du régime forestier que l'étude de ces tableaux. Depuis 1881, la production des bois d'œuvre a doublé et depuis 1861, le rendement en argent a quadruplé : ainsi se trouve réalisée la prévision du conservateur Bramand-Boucheron faite dans les rapports aux conseils généraux de Savoie en 1864 [1] et 1865. Si l'on prend pour base de comparaison les rendements de 1861 qui avaient été par hectare moyen de 1 fr. 16 dans le département de la Savoie et de 3 fr. 02 en Haute-Savoie, soit 1 fr. 86 en moyenne, on apprécie encore davantage l'importance des résultats obtenus, puisqu'à la veille de la grande guerre de 1914, l'hectare moyen de forêt communale rendait 14 fr. 15, soit 7.6 fois davantage.

§ 6. Exploitations.

Dès l'organisation du service forestier, les dispositions de la section IV du titre III du Code forestier furent mises en vigueur. Il convenait de couper court au plus vite aux méthodes vicieuses d'exploitation jusqu'alors usitées. Pour les adjudicataires, liés par un marché, c'était l'exécution des clauses d'un contrat. Pour les affouagistes, il n'en était pas de même : aussi les préfets, en 1861, tinrent-ils à prévenir les conseils généraux qu'«à partir de cette année les règlements forestiers seraient appliqués «en rappelant» à quels abus donnaient lieu, sous le régime sarde, la délivrance et l'exploitation des coupes affouagères [2]. »

Ainsi prirent fin les violences, les répartitions irrégulières qui caractérisaient, pendant la période antérieure, l'abatage des bois concédés aux habitants. Et le besoin d'ordre était tellement ressenti par tous que la suppression des errements jusqu'alors suivis pour le plus grand dommage de la généralité put se faire d'un seul coup sans soulever d'opposition.

Il ne faudrait pourtant pas conclure à la disparition totale des pratiques vicieuses : c'est ainsi qu'aujourd'hui encore subsiste la vidange par roulage des produits des coupes affouagères, ce qui empêche tout maintien de baliveaux. L'ouverture de chemins, l'installation de câbles, sont évidemment les remèdes à un tel mode de dévestiture.

Dans les forêts des particuliers et dans celles des communes, non soumises au régime forestier, rien ne changea.

SECTION IV.

Affectations spéciales des bois.

Il n'existe plus de forêts affectées spécialement à des usines ou à des exploitations industrielles ou minières, ou encore à des établissements publics.

Seuls les bois bannis subsistent, mais sous un nom différent. Lors de l'aménagement des forêts on distrait des exploitations régulières les cantons destinés à servir d'écran contre les chutes de pierres, les avalanches : on n'y fait de coupes que sur propositions spéciales pour réaliser les bois viciés, dépérissants. Les parcelles ainsi traitées forment

[1] C. G. S., 1865. — C. G. H-S, 1864, p. xi, note 1.
[2] C. G. H-S., 1861, Rapport du P.

des séries dites de protection. Ce sont les décrets rendant exécutoires les aménagements qui donnent existence légale à ces modernes bois de ban : c'est donc la procédure prévue par l'article 135 de l'ordonnance réglementaire du 1er août 1837 qui remplace celle instituée sous le régime sarde pour les bannissements.

SECTION V.

Droits d'usage et pâturage.

§ 1. Droits d'usage.

I. **Forêts domaniales.** — Lors de l'annexion, la seule forêt domaniale de Savoie, celle de Bellevaux, se trouvait grevée au profit des habitants des hameaux de Carlet et de Très-Roche, commune de Jarsy, d'un droit d'usage au bois de feu (122 mc.) d'une valeur de 630 francs et d'un droit d'usage au pâturage évalué à 275 francs[1].

Cette servitude fut l'objet d'un cantonnement.

II. **Forêts communales.** — Cinq forêts communales seulement étaient, en 1860, grevées de droits d'usage; leur superficie était de 1 768 hect. 53. Les usagers étaient au nombre de 7, savoir : 1 commune, 1 section de commune et 5 particuliers; leurs droits portaient : 1 sur le marronnage, 1 sur le pâturage et 4 sur l'affouage. L'usage au bois portait sur la coupe annuelle de 58 mc. et avait une valeur de 192 francs; le pâturage était estimé 350 francs[2].

Au 1er janvier 1877, la forêt du Sappey (Haute-Savoie) fut dégrevée judiciairement des droits au marronnage et à l'affouage qui pesaient sur elle au profit d'une commune voisine, au moyen d'un cantonnement[3].

Il est à noter que les autres forêts tenues de droits d'usage se rencontrent seulement dans les massifs subalpins des Bornes et des Beauges. On ne trouve plus, en effet, que des droits au pâturage dans la forêt départementale de la Combe-d'Aillon, dans les peuplements âgés de 10 ans au moins sur 63 hect. 70 au canton du Clocher, au profit de la ferme de Pauloup; sur 47 hect. 65 du canton de Motzon, au profit de la ferme de Saint-Blaise et sur 36 hect. 94 du canton de Saint-Bruno, au profit de la ferme du couvent.

Dans la forêt de Talloires, de 503 hect. 10, les chalets de l'Eau et du Casset jouissent d'un droit d'affouage résultant des actes d'aliénations consenties par la commune les 22 septembre et 26 octobre 1814. Ce droit a été reconnu par arrêté préfectoral du 14 octobre 1863.

Il existait aussi divers droits d'usage au profit de cures diverses qui ont disparu en suite de la loi du 9 décembre 1905.

---

[1] Statistique forestière de 1878, p. 420, 421.
[2] Statistique forestière de 1878, p. 422, 423.
[3] Statistique forestière par cantonnement de 1879, p. 710.

§ 2. PÀTURAGE.

Ainsi qu'on vient de le voir au paragraphe précédent, l'introduction du bétail dans les forêts peut résulter de droits d'usage anciens provenant de conventions spéciales. Il existait de ces droits dans le forêt domaniale de Bellevaux, qui sont aujourd'hui éteints, et dans une forêt communale des Beauges.

Mais le plus ordinairement le pâturage s'exerce dans les bois communaux avec l'autorisation du conseil municipal, conformément aux dispositions du titre III, section VIII du Code forestier, en ce qui concerne les bêtes aumailles et les porcs (C. F., art. 112). Pour les moutons, l'article 110, après les avoir exclus en principe, en permet cependant l'entrée en vertu d'autorisations ministérielles spéciales valables pour 5 ans au plus. Avant la loi du 18 juillet 1906, un décret était nécessaire.

Quant aux chèvres, elles sont absolument bannies des bois.

On conçoit que l'application de ces règles ne pouvait se faire que progressivement puisque toutes les forêts savoisiennes pullulaient d'animaux de toutes espèces. Le petit bétail particulièrement nuisible devait être éliminé au plus tôt : la régénération des massifs était à ce prix.

Dans le département de la Savoie, bêtes ovines et caprines furent, dès le 26 mai 1861, confinées « dans les cantons non susceptibles d'exploitation forestière [1] ». Alors qu'auparavant le parcours s'exerçait en fait dans tous les peuplements, « toutes les parties de forêt ruinées et en état de régénération furent mises en défends ».

En 1862, l'action de l'administration se poursuit : « partout les bêtes aumailles sont admises dans les forêts défensables. Quant aux moutons et chèvres, ils ont dû être exclus de tous les bois bien venants et à l'état d'exploitation régulière. On ne les admit, dès lors, que dans les terrains embroussaillés ou déjà dénudés et perdus par les abus anciens du pâturage des moutons et chèvres. Personne ne conteste plus que le maintien des anciennes et abusives tolérances serait en contradiction avec le but réparateur que poursuit l'Administration forestière. C'est à peine si quelques administrations communales continuent à faire entendre quelques réclamations... [2] ».

Mais, peu à peu, tous ceux qui profitaient, avant 1860, de la ruine des forêts, c'est-à-dire les gens riches [3], propriétaires de troupeaux, qui forment les assemblées locales et régionales, réclament plus ou moins ouvertement le retour aux errements du passé.

Dès 1866, le conseil d'arrondissement de Moutiers demande l'ouverture au parcours des cantons de grande altitude, « inexploités et inexploitables à cause des difficultés des lieux et de l'absence de voies de communication ». Et pourtant ce sont les arbres épars, à la limite supérieure de la végétation forestière, à l'avant-garde des futaies denses, qui seuls supportent l'effort des tempêtes et des neiges : ce sont eux qui ont besoin d'être soutenus, d'essaimer pour qu'une brèche ne se produise pas, le jour où ils chancelleront, brisés par l'orage.

L'année suivante, le conseil général de la Savoie sollicite la distraction du régime

[1] C. G. S., 1861, Rapport du Conservateur.
[2] C. G. S., 1862, Rapport du Préfet.
[3] C. G. S., 1863, Rapport du Préfet.

forestier des bordures des forêts, abrouties, mal peuplées; comme si de telles lisières n'étaient pas la protection des massifs situés en arrière contre les animaux des pâturages voisins, comme si, une fois enlevées à la gestion de l'Administration, elles n'étaient pas condamnées à une prompte et totale destruction. Cet écran disparu, c'est le peuplement lui-même qui souffre des atteintes du berger, des outrepasses du troupeau et qui s'étiole sur toute sa périphérie[1]; et la gangrène gagne ainsi vers le cœur du massif.

Quand le second Empire prit fin, chèvres et moutons n'étaient pas encore extirpés des forêts; leur nombre avait cependant bien diminué, il n'était plus, en 1871, que de 2,543.

Pendant l'été 1870, une sécheresse exceptionnelle fit ouvrir largement les forêts aux troupeaux; mais ces concessions ne furent pas maintenues en 1871 et il se produisit quantité de demandes de distractions du régime forestier pour augmenter les pâturages. La seule commune de Montsapey obtint ainsi 208 hectares pour les bêtes aumailles et 92 hectares pour les chèvres et moutons : ce qui était forêt est aujourd'hui une lande improductive[2]. Des centaines d'hectares dans de nombreuses communes furent ainsi distraites du régime forestier[3].

Très ordinairement les conseils généraux appuyaient les délibérations des municipalités : leurs rapporteurs s'étayaient des arguments spécieux invoqués chaque fois qu'il s'agit de mettre à mal la forêt. «D'après les vues de l'Administration forestière, disait l'un d'eux[4], telle ou telle parcelle doit être soumise au régime forestier aux termes de l'article 90 du Code, parce qu'elle est susceptible d'une exploitation régulière ou encore parce que, située sur des versants à pente rapide, son état boisé est nécessaire au maintien des terres. A ceci les conseillers municipaux répondent que leur manière de voir est différente, que les ressources en bois étant superflues, il importe de ne pas restreindre les pâturages d'une utilité beaucoup plus directe et plus incontestable...»

Dans sa séance du 27 août 1873, le conseil général de la Savoie développa ainsi ses théories sylvo-pastorales : «les forêts, en Savoie du moins, appartiennent presque exclusivement aux communes. Or les communes ainsi imposées de servitudes inhérentes à la conservation du sol forestier, expropriées de l'administration de cette nature de biens, n'ont pas reçu et ne reçoivent pas d'indemnité de cette expropriation, la compensation de ces servitudes...

«La situation actuelle est onéreuse pour les communes. Un rapport présenté au conseil d'arrondissement de Moutiers met en regard la prospérité des communes forestières avec celle des communes qui ne le sont pas ou qui le sont moins et établit la supériorité d'aisance dans les premières. Ce fait ainsi reconnu dans sa généralité, il faut, pour échapper à ses conséquences logiques, recourir aux calculs de l'avenir... Les calculs de probabilité ont leur vice saillant que nous n'avons pas besoin de faire ressortir. A un certain point de vue, s'il est vrai, comme le fait observer l'Administration, que les générations futures ne doivent pas souffrir de l'imprévoyance de la

[1] Mathey, Le Pâturage en Forêt, p. 87.
[2] Voir dans Les Torrents de la Savoie, par P. Mougin, p. 95, une photographie de ce «distrait».
[3] C. G. S., 1872, passim.
[4] C. G. S., 1873, 1re session. — Petit-Cœur, Distractions.

génération actuelle, est-il juste que la génération actuelle se sacrifie aux jouissances problématiques de la génération future ?

« Et enfin, ces calculs, qui sont d'ailleurs dépourvus de faits et de chiffres, se heurtent directement à ce fait bien simple, c'est que l'exploitation d'un épicéa, par exemple, qui aura lieu dans 80 ou 100 ans, a exigé un sacrifice entier de revenu pendant la même période que, si minime que l'on suppose le produit pastoral de la surface occupée et stérilisée par l'épicéa, la capitalisation successive de ce produit par le bétail dans 80 ou 100 ans aura acquis un chiffre supérieur à celui de l'épicéa en fin de cette même période.

« La conclusion de ceci est que l'intérêt général ne doit pas être, comme il l'est, la loi prédominante et que, dans ses transactions nécessaires avec l'intérêt communal c'est à celui-là qu'il appartient de demander des concessions et à celui-ci de les accorder. Dans tous les cas, l'intérêt général n'étant pas en jeu, l'intérêt communal, soit pastoral, doit prédominer. »

Ainsi l'anémie des massifs, résultat des abus antérieurs de tous genres, servait à justifier tous les appétits; les prévisions de rendement en matière étaient qualifiées d'utopies. Les torrents n'avaient donc pas suffisamment ravagé le pays pour que la conservation des terrains en montagne par la forêt parût désirable !

Aujourd'hui la lutte contre la torrentialité, les résultats de la gestion administrative résumés plus haut, une meilleure éducation forestière ont fait des prétendues chimères de sérieuses réalités. Mais alors il fallait remonter le courant, reconstituer le matériel ligneux indispensable au fonctionnement normal des massifs, il fallait résister aux appétits locaux désireux de voir revivre tous les abus d'antan ! Aussi les communes, se sentant appuyées par l'assemblée départementale, se montrent-elles exigeantes, insatiables. Les exemples suivants, pris entre de nombreux autres, le démontrent.

Des 763 hectares que comprenait la forêt soumise de Saint-Paul sur Albertville, le service forestier propose de distraire 115 hectares en une seule fois, soit les 15 p. 100; c'est insuffisant au gré de la commune.

Par décret du 30 décembre 1868, on avait distrait 394 hectares pour faire un pâturage de bêtes aumailles et 210 hectares pour un pâturage de petit bétail à Feissons-sous-Briançon; il ne restait que 390 hectares de boisés régis par l'Administration. Le conseil municipal, par délibération du 18 février 1872, réclame une nouvelle distraction.

Sous la poussée, l'Administration forestière lâche pied, perd du terrain ; elle abandonne en Haute-Savoie, de 1870 à 1873, 5,918 hectares et 5,568 hectares en Savoie, soit en chiffres ronds, 11,500 hectares pour l'ensemble de la conservation ! Et ce déclassement est fait uniquement « pour abandonner à la libre pâture des parties soumises au régime forestier par le décret collectif du 17 octobre 1860 » [1]. On put craindre, un moment, comme on le verra à la section suivante, le retour intégral à tous les abus anciens : l'Administration n'avait pas encore de résultats bien nets à opposer aux arguments produits contre elle; ses prévisions n'apparaissaient que comme de pures spéculations de l'esprit. Du moins, elle continua à lutter, au cours de sa retraite, elle put cependant enregistrer un succès; elle parvint à éliminer des

[1] C. G. H.-S., 1871, Rapport du Conservateur.

forêts la chèvre en 1880 [1] et plus tard le mouton. Seules les bêtes aumailles sont admises aujourd'hui dans les massifs. Le retour à la légalité eut les plus heureux effets sur le développement des peuplements et la régénération naturelle. Qui pourrait maintenant prétendre qu'en montagne l'arbre «stérilise» le sol et qu'il n'est de revenu que dans le pâturage?

SECTION VI.

Acensements de forêts communales.

Lorsque les agents forestiers français eurent pris possession de leurs nouveaux postes, ils se heurtèrent aussitôt aux locataires des bois communaux qui entendaient profiter jusqu'au bout des droits de jouissance concédés par des actes d'amodiations en due forme.

Aussitôt, le conservateur de Chambéry, Jacquot, entreprit de faire rentrer ces bois sous la gestion administrative. «Aucune des générations qui passent, écrivait-il dans son rapport au conseil général, n'a le droit de dénaturer son titre et de se constituer propriétaire ou possesseur de son autorité privée. Quelque sacré que soit le principe d'indivisibilité (des biens communaux) et bien qu'il ait été de tout temps considéré comme inhérent au droit public européen, il y a été dérogé par les lois révolutionnaires du 14 août 1792 et du 10 juin 1793, lesquelles autorisaient le partage des propriétés communales; toutefois ces lois exceptaient formellement les bois de ces partages agraires et les réclamations qu'elles soulevèrent de toutes parts obligèrent bientôt l'Assemblée constituante à faire surseoir à leur exécution par la loi du 10 juin 1796.

«Eh bien! ce que la Révolution n'a pu accomplir dans ses écarts les plus dangereux, de simples délibérations des conseils municipaux, revêtues d'une approbation intendancielle, l'ont autorisé en Savoie, dans des temps de calme et de prospérité, en violation de la loi forestière de 1833 qui aurait été assez puissante pour couvrir le régime forestier d'une entière protection, si elle n'avait pas été négligée par ceux-là même qui avaient mission de la faire respecter... [2]. Les détenteurs à titre précaire se montrent avides d'une jouissance exagérée et, non contents de faire des coupes répétées, ils épuisent les souches, ils introduisent le bétail dans les bois de tout âge pour réaliser le plus grand bénéfice possible pendant la période de l'acensement...».

De son côté, le Préfet insistait auprès de l'assemblée régionale: «M. le Conservateur des Forêts signale comme un des abus les plus regrettables de l'Administration précédente, l'usage d'acenser à vil prix les forêts aux habitants... La durée des acensements varie de 8 à 29 ans; quelques-uns vont à 90 ans. Ce mode de jouissance n'était pas moins contraire aux dispositions du Code forestier sarde qu'à celle du Code forestier aujourd'hui en vigueur. En fait, les communes ont été dépouillées de toute la superficie de la forêt dont le bois a presque entièrement disparu par suite d'exploitations abusives.

«Une pareille situation appelle un remède. M. le Conservateur pense qu'il y a lieu de provoquer l'annulation de ces conventions contraires à l'intérêt des communes et faites au mépris de la loi. Peut-être sera-t-il possible dans un grand nombre de cas, en

[1] C. G. S., 1881; 1882, 2ᵉ session. Rapport du Conservateur. — C. G. H.-S., 1878, 1ᵉ session, Rapport du Conservateur.
[2] Cf. *supra*, p. 723.

raison de l'état même d'épuisement où se trouve le sol acensé, d'obtenir un abandon amiable. Dans d'autres cas, des concessions temporaires amèneront une solution favorable. Enfin, s'il était nécessaire d'avoir recours aux voies judiciaires, ce serait après avoir épuisé tous les moyens de conciliation. Ainsi le droit de l'Administration paraît évident ».

Appelé à délibérer sur cette question, dès 1861, le Conseil général de la Savoie adopta le rapport de la commission chargée de l'étudier : «dans les 3 cantonnements de Chambéry, le Châtelard et Saint-Pierre-d'Albigny, pour une surface forestière de 6.203 hectares, il se trouve 5,061 hectares acensés à des particuliers et, par suite, il n'y a que 1/5 à la disposition des communes; même dans certaines communes, la totalité de la jouissance des bois est attribuée à des particuliers. Tout en reconnaissant encore que cette jouissance est anormale, essentiellement contraire aux intérêts communaux et au bon aménagement de leurs richesses forestières; tout en désirant qu'un pareil état de choses si contraire aux principes exprimés soit par le Code forestier actuel, soit par le Règlement sarde de 1833, puisse cesser de subsister; considérant, d'autre part, que cet état anormal est basé sur des baux approuvés par l'autorité supérieure de l'époque où ils ont été conclus et que, par suite, il se présente une question légale sur laquelle le Conseil général, assemblée administrative, ne pourrait peut-être donner son avis, la commission émet le vœu que ces acensements subversifs soient résiliés amiablement et, à défaut, supprimés par les moyens que l'Administration jugera convenables [1] ».

Dans l'ensemble du département de la Savoie, la proportion des forêts communales acensées était moins considérable que dans les 3 cantonnement cités : elle était de 38,678 hect. 61 répartis en 5,584 parcelles cadastrales. Comme la superficie officielle des forêts communales soumises était de 81,963 hectares, il y avait donc les 47.2 p. 100 de ces forêts ainsi acensées.

Dès 1862 [2], le Préfet de Chambéry pouvait annoncer qu'en ce qui concernait les acensements, il était «arrivé à mettre presque partout fin à cet abus, sans soulever de réclamations sérieuses». Évidemment les détenteurs des parcelles exploitées, dont le recrû était dévoré par le bétail, ne pouvaient beaucoup tenir à conserver la jouissance de terrains d'un maigre rendement et dont ils devaient payer le prix de location. En certains cas, quand on était près de la fin du bail, il suffit d'attendre l'expiration du contrat en cours qui ne fut pas renouvelé. Il fallut pourtant recourir parfois à la justice pour obtenir l'annulation de conventions dont les bénéficiaires refusaient d'entendre raison.

En moins de 10 ans, l'Administration avait repris l'entière gestion des forêts communales soumises et pouvait commencer son œuvre de réparation et de mise en valeur.

Il y eut pourtant un retour offensif d'acensataires inconsolables qui se manifesta par le vœu suivant, voté le 17 novembre 1871 par le Conseil général de la Savoie : «Les communes devraient avoir l'administration de leurs biens communaux boisés et non boisés, sous le contrôle de l'Administration forestière et du Conseil général. Celles qui ont des bois en donneraient la jouissance aux habitants par attribution d'un lot par ménage pour leur affouage; le surplus, que l'on réserverait de préférence dans les bois de belle venue, serait gardé par le garde ou les gardes champêtres, si l'importance de cette

[1] C. G. S., 1861, passim.
[2] C. G. S., 1862, p. 81.

réserve ne permettait pas de faire les frais d'un garde forestier; dans le cas contraire, c'est-à-dire pour une réserve importante qui dépasserait par exemple 100 hectares on emploierait le système forestier».

Heureusement pour les forêts savoisiennes qu'il n'y eut pas de recul sur ce point; c'eût été le retour à la ruine et à l'anarchie, la perte de 10 ans d'efforts et d'épargne. L'acensement-partage était bien mort.

SECTION VII.

Forêts non soumises au régime forestier.

§ 1. Superficie des bois particuliers.

A l'heure actuelle encore, les données précises sur l'étendue des bois particuliers font encore partiellement défaut. Dans un certain nombre de communes des départements savoisiens, il n'existe comme cadastre que la vieille mappe de 1730, qui n'a pas été tenue à jour. Mais comme, chaque année, de nouveaux cantons sont levés par le service du cadastre, cette lacune se réduit de plus en plus. D'après les documents officiels forestiers :

	SAVOIE.	HAUTE-SAVOIE.	TOTAL.
	hectares.	hectares.	hectares.
1876 [1]	39,889	56,536	96,425
1911 [2]	39,703	70,418	110,121

Le chiffre pour le département de la Savoie est sensiblement identique; celui de la Haute-Savoie pour 1876 paraît beaucoup trop faible et celui de 1912 trop fort. En tenant compte des derniers levés cadastraux que n'ont pas eus les agents qui ont collaboré à la statistique de 1911, on arrive au chiffre de 66,028 hectares [3], qui semble plus près de la vérité.

D'autre part, il serait étonnant que de nouveaux bois particuliers se soient créés, alors que les coupes blanches suivies de pâturage ont progressivement détruit en maint endroit la végétation ligneuse.

Si l'on recherche les surfaces reboisées au moyen des subventions de l'État et des départements, en application des lois du 28 juillet 1860 et 4 avril 1882, on trouve que dans la Haute-Savoie les particuliers ont semé ou planté 314 hectares jusqu'au 1er janvier 1910. Il y a loin de ces 314 hectares aux 14,000 ou aux 10,000 hectares, suivant qu'on adopte le chiffre administratif de 1911 ou le nôtre, gagnés depuis 1876 en Haute-Savoie. Il est vraisemblable qu'en Haute-Savoie il en a été comme en Savoie où la surface forestière privée se serait maintenue sensiblement la même [4].

---

[1] *Statistique forestière*, 1876, p. 19, Imp. nat.

[2] *Statistique et atlas des forêts de France*, p. 186-195, 1912, Imp. nat. Les chiffres s'appliquent à l'année 1911.

[3] P. Mougin, *État des contenances des forêts de Savoie à diverses époques*.

[4] D'ailleurs Mathieu, l'auteur de la statistique de 1878, ne donne pas comme absolument sûrs les chiffres qu'il indique pour la Savoie et la Haute-Savoie, p. 41, *in fine*.

Les chiffres de la statistique de 1912 renferment les surfaces improductives qui sont de 2,737 hectares pour la Haute-Savoie et de 2,572 hectares pour la Savoie, soit, au total, 5,309 hectares : en ne considérant donc que les surfaces fertiles on a pour étendue des forêts particulières :

Savoie . . . . 37,139 hectares.
Haute-Savoie . . . . 67,681 [1]

TOTAL 104,820

Notre chiffre 102,994 hectares est assez voisin de ce dernier. On peut donc admettre qu'il existe 103,000 hectares de bois particuliers dans la conservation de Chambéry soit :

Savoie. 36,966
Haute-Savoie. 66,027

TOTAL 102,993

§ 2. RENDEMENT EN MATIÈRE ET EN ARGENT.

I. **Rendement en matière.** — On déduit des tableaux n°ˢ 18 à 20 et 38 à 43 de la statistique de 1878 pour l'ensemble de la Savoie, en 1876, les renseignements suivants sur la production des bois particuliers :

	PRODUCTION	
	TOTALE.	MOYENNE par hectare.
	mètres cubes.	mètres cubes.
Bois d'œuvre	41,125	0,399
Bois de feu.. { Bois de corde.	79,965	0,776 } 1,171
{ Fagots	40,720	0,395 }
TOTAUX	161,810	1,570

La statistique des forêts de France de 1911 fournit les données ci-après sur le rendement actuel en matière des forêts privées, par an :

DÉSIGNATION DES BOIS.	SAVOIE.	HAUTE-SAVOIE.	TOTAL.	PRODUCTION MOYENNE PAR HECTARE.
	mètres cubes.	mètres cubes.	mètres cubes.	mètres cubes.
Bois d'œuvre	19,747	33,426	53,173	0,516
Bois de feu	52,152	87,920	140,072	1,360
TOTAUX	71,899	121,346	193,245	1,876

La production ligneuse moyenne par hectare aurait augmenté de 1876 à 1908 de 19.4 p. 100. On a exploité, au moment de l'établissement de la statistique et à la fin

[1] La plus grande part de la différence de 1,654 hectares qui sépare le chiffre administratif du nôtre se trouve sur le canton de Faverges; après vérification faite contradictoirement avec M. l'inspecteur des eaux et forêts à Annecy, il s'est trouvé que le chiffre de la statistique officielle était trop fort de 1,277 hectares. C'est pourquoi nous donnons la préférence aux chiffres que nous avons trouvés.

du xix⁰ siècle, des forêts particulières considérables, à peu près à blanc étoc. La forêt des Chartreux, dans la Combe-d'Ire, 183 hectares; celle des Voirons, à Saint-Cergues, 112 hectares; celle de Saint-Hugon, 856 hectares; la forêt de Sainte-Catherine, 185 hectares; les forêts d'Ablon et des Frètes sur Thorens ont été ainsi abattues.

Mais en utilisant les renseignements de la statistique forestière par cantonnements de 1879 (p. 678 à 710) et en les combinant avec ceux des tableaux 19, 20 et 43 de la statistique générale de 1878, il est possible de faire ressortir les variations de production ligneuse dans chaque département, de 1876 à 1903.

DÉPARTEMENTS.	NATURE DES PRODUITS.	RENDEMENT ANNUEL.				DIFFÉRENCE.	
		1876.		1910.			
		TOTAL.	par HECTARE.	TOTAL.	par HECTARE.	RÉELLE.	P. 100.
		mètr. cub.	mètr. cub.	mètr. cub.	mètr. cub.	mètr. cub.	mètr. cub.
Savoie.........	Bois d'œuvre ...	19,965	0,540	19,477	0,535	— 218	— 1,1
	Bois de feu	53,685	1,452	52,152	1,410	— 1,533	— 2,6
	TOTAUX.....	73,650	1,992	71,899	1,945	— 1,751	— 2,4
Haute-Savoie ...	Bois d'œuvre ...	21,160	0,320	33,426	0,506	+ 12,266	+58
	Bois de feu	67,000	1,015	87,920	1,332	+ 20,920	+ 31,2
	TOTAUX.....	88,160	1,335	121,346	1,838	+ 33,186	+ 38

Ce qui ressort au premier coup d'œil, c'est la différence d'allure des deux départements; alors que celui de la Savoie voit ses forêts s'appauvrir, celui de la Haute-Savoie accroît le rendement des siennes.

Ce phénomène n'est pas accidentel; il semble bien qu'il y ait toujours eu, en Savoie, des tendances plus marquées à abuser de la forêt. Les déboisements faits depuis 1730 dans le département actuel de la Savoie ne vont pas à moins de 35,843 hectares, alors que dans la Haute-Savoie ils n'atteignent que 13.069 hectares. Il y a là un danger à signaler.

En second lieu, il est à noter que les propriétaires de la Haute-Savoie ont pu accroître de 58 p. 100 la production en bois d'œuvre dont la valeur augmente de jour en jour, alors que le bois de feu dont le prix est infiniment moindre, sans grand avenir, n'a augmenté que de 31 p. 100.

II. **Rendement en argent.** — On tire des tableaux nᵒˢ 21 et 62 de la statistique forestière de 1878 et de la statistique forestière par cantonnements de 1879 les renseignements ci-après sur la production en argent des forêts non soumises au régime forestier, en 1876 :

	RENDEMENT	
	TOTAL.	MOYEN par hectare.
Savoie........................	338.695ᶠ	9ᶠ 16ᶜ
Haute-Savoie	453,844	6 87
	792,539ᶠ	7ᶠ 70ᶜ

La statistique de 1911 est muette sur le rendement en argent : mais il est facile de suppléer à ce silence. Comme on connaît la production en matière, il suffit de prendre la valeur moyenne du mètre cube de bois dans chacun des deux départements, en 1908, et de faire le produit des nombres ainsi trouvés [1].

En 1908, le mètre cube grume de futaie valait en Savoie 8 fr. 90 et en Haute-Savoie 11 fr. 10.

En 1908, le mètre cube de bois de feu valait en Savoie 2 fr. 80 et en Haute-Savoie 1 fr. 25.

Par suite, le rendement en argent a été :

DÉPARTEMENTS.	BOIS D'ŒUVRE.	BOIS DE FEU.	RENDEMENT	
			TOTAL.	MOYEN PAR HECTARE.
	francs.	francs.	francs.	fr. c.
Savoie......................	175,841	145,853	321,694	8 70
Haute-Savoie	371,040	110,200	481,240	7 29
TOTAUX.................	546,881	256,053	802,934	7 80

Alors que le rendement moyen en argent par hectare et par an pour l'ensemble a à peine varié, on voit le revenu de l'hectare boisé augmenter en Haute-Savoie et décroître en Savoie: cette action de bascule serait plus accusée encore si, en Haute-Savoie, les bois n'étaient pas évalués à moins de la moitié de leur valeur en Savoie.

SECTION VIII.

Le commerce des bois.

On a vu plus haut [2] l'importance croissante des quantités de bois jetées sur le marché, en provenance des forêts soumises au régime forestier. Les exploitations à blanc étoc des grands massifs particuliers, acquis par des sociétés de marchands, s'ajoutant aux produits fournis par les autres propriétés boisées, ont fourni des quantités également considérables de matière ligneuse, sans qu'il soit possible de préciser par un chiffre le cube et la valeur des bois fournis au commerce.

D'ailleurs la création dans la région delphino-savoisienne d'importantes papeteries et râperies à pulpe de bois a fait croître le prix du bois en même temps que l'ouverture de nombreux chemins vicinaux permettait l'exploitation de peuplements jadis dépourvus de toute voie de vidange.

[1] C. G. S., C. G. H.-S., 1909, Rapports du Conservateur.
[2] Pages 728-729.

CHAPITRE IV.

POLICE ET CONSERVATION DES BOIS.

SECTION I.

Délits forestiers.

Les habitudes de pillage, favorisées par une surveillance des plus réduites, ne pouvaient disparaître dès l'installation du régime forestier français. Mais peu à peu, sous l'action d'un personnel plus nombreux, plus sérieux, sans complaisances intéressées, plus dans la main des agents que les anciens gardes champêtres, les délinquants s'abstiennent de plus en plus de leurs pratiques. A la longue aussi les plus irréductibles d'entre eux s'éliminent, l'éducation forestière se répand et les pénalités du Code sont capables de ramener au devoir ceux qui auraient tendance à revenir aux errements du passé. Grâce aux transactions, dont elle use largement en vertu de la loi du 18 juin 1859, l'Administration atténue la rigueur des sanctions légales pour les contrevenants occasionnels, coupables d'infractions légères. C'était suffisant.

Malheureusement une loi du 18 juillet 1906 vint «réduire considérablement le taux des amendes pour un certain nombre de délits sous le prétexte d'épargner à des malheureux que le besoin pousse à commettre ces infractions les peines estimées excessives d'une loi d'ancien régime qu'il s'agissait de mettre d'accord avec les principes d'humanité et de solidarité sociale».

M. le député Marin, dans l'exposé des motifs présentés à l'appui de sa proposition de loi de 1914 sur ce même sujet, apprécie ainsi les modifications apportées au Code forestier huit ans auparavant :

«Les délinquants sont loin d'être toujours des malheureux et ils jouissent la plupart du temps du bénéfice des transactions qui leur sont accordées dans une large mesure depuis 1859.

«Quant aux amendes du Code de 1827, elles n'étaient pas excessives : non seulement l'emprisonnement facultatif a été supprimé mais l'abaissement de ces amendes a été consenti par le Parlement d'une façon considérable.

«Aujourd'hui les amendes pour coupe de bois sont de beaucoup inférieures à la valeur des arbres volés, de sorte que le maraudage en forêt tend à devenir une opération très avantageuse pour une catégorie d'individus qui ne sont pas du tout les malheureux auxquels on voulait étendre la mansuétude de la loi.

«En attendant une refonte de cette partie du Code forestier devenue — notamment pour certains articles — trop incohérente depuis 1906, nous nous bornons à proposer de rétablir, pour les récidivistes tout au moins, l'emprisonnement facultatif».

Sa situation est aujourd'hui la même qu'en 1914 et l'on ne peut, comme M. le député Marin, que désirer voir le Parlement réviser la loi de 1906.

PÉRIODES.	NOMBRE MOYEN ANNUEL DE DÉLITS.			MONTANT MOYEN ANNUEL DES CONDAMNATIONS ENCOURUES.			MONTANT MOYEN ANNUEL DES TRANSACTIONS ACCORDÉES.		
	SAVOIE.	HAUTE-SAVOIE.	TOTAL.	SAVOIE.	HAUTE-SAVOIE.	TOTAL.	SAVOIE.	HAUTE-SAVOIE.	TOTAL.
				francs.	francs.	francs.	francs.	francs.	francs.
1861–1865.	2,167	1,324	3,491	?	40,918	?	1,407	814	2,221
1866–1870.	1,798	861	2,659	?	9,737	?	1,642	593	2,235
1871–1875.	1,676	900	2,576	?	18,427	?	1,213	641	1,854
1876–1880.	1,287	907	2,194	77,696	51,445	129,141	969	600	1,569
1881–1885.	1,192	715	1,907	86,373	43,063	129,436	974	431	1,405
1886–1890.	1,181	790	1,971	79,669	62,254	141,923	946	498	1,444
1891–1895.	1,070	762	1,832	63,388	48,896	112,284	859	542	1,401
1896–1900.	938	731	1,669	55,294	76,819	131,113	741	514	1,255
1901–1905.	681	532	1,213	56,777	49,120	105,897	525	357	882
1906–1910.	547	389	936	27,671	33,399	61,070	408	271	679

Le nombre des délits constatés a donc diminué progressivement et il n'est plus guère que le quart de ce qu'il était au lendemain de l'annexion. Par contre, la gravité des délits paraît avoir augmenté, en faisant abstraction de la dernière quinquennie dont les pénalités sont abaissées des trois quarts. De 1876 à 1880, le délit moyen encourait une condamnation de 58 fr. 86 et en 1901–1905, 87 fr. 30. Mais, d'une façon générale, on peut dire que la situation s'est considérablement améliorée et que la forêt, non moins que la moralité, a gagné à une surveillance plus exacte des massifs.

SECTION II.

Déboisement, Reboisement.

§ 1. Défrichements.

On peut affirmer qu'en Savoie les défrichements indirects, dont on ne connaît pas l'importance, sont beaucoup plus étendus que les défrichements autorisés. Très fréquemment, on l'a vu, les particuliers, les communes, exécutent des coupes blanches ou à peu près qui ne sont soumises à aucune autorisation préalable : l'introduction du bétail, parfois l'incendie, amène en un temps plus ou moins court la destruction de l'état boisé. C'est au fond des vallons les plus reculés, loin des massifs soumis au régime forestier, dans des régions où, par conséquent, les préposés ne vont guère, que se dissolvent ainsi des cantons boisés, souvent à la limite même de la végétation ligneuse.

Nous avons signalé [1] la disparition, par ces procédés, d'un certain nombre de peuplements communaux arrachés au régime forestier, exploités à blanc étoc et livrés ensuite à un pâturage intensif.

Chez les particuliers, on pratique les mêmes errements : on peut le vérifier dans les bois du Laitelet, au fond de la vallée des Allues (alt. 1,800 m.); à la montagne d'Arba-

[1] P. Mougin, Les Torrents de la Savoie, p. 119.

rétan, aux sources du torrent de Corbière (alt. 1,600 m.) en Maurienne; aux abords du hameau du Bois, sous le Col de la Bathie, à Beaufort et ailleurs.

Aussi convient-il de n'accepter que sous réserves les chiffres donnés par M. Charles Dumont, ministre des Finances, dans son rapport sur l'évaluation des propriétés non bâties [1]. D'après ce document, la surface boisée appartenant aux communes, aux établissements publics et aux particuliers se serait augmentée de 1879 à 1908, dans le département de la Savoie, de 1.139 hectares et dans celui de la Haute-Savoie de 7,207 hectares. Or, dans la période égale qui s'étend de 1880 à 1909, les reboisements effectués avec subvention de l'État par ces diverses catégories de propriétaires n'ont été, en Savoie, que de 248 hectares et de 808 hectares en Haute-Savoie [2]. Il semble, et c'est fort naturel, que les importantes surfaces ayant fait l'objet de défrichements indirects sont restées classées comme forêts, alors que l'arbre en a été banni. Les contrôleurs des contributions directes ne sont jamais avertis de ces transformations et il leur serait bien difficile de prévoir à quel moment une forêt ainsi maltraitée cesse de mériter ce nom.

Quant aux défrichements régulièrement autorisés, le tableau ci-après indique leur importance :

PÉRIODES.	DÉFRICHEMENTS AUTORISÉS.		
	SAVOIE.	HAUTE-SAVOIE.	TOTAL.
	h. a. c.	h. a. c.	h. a. c.
1861–1865.................................	3 27 68	39 43 22	42 70 90
1866–1870.................................	49 86 16	169 91 43	219 77 59
1871–1875.................................	8 43 44	49 12 86	57 56 30
1876–1880.................................	72 32 79	70 39 70	142 72 49
1881–1885.................................	9 00 56	11 15 57	20 16 13
1886–1890.................................	60 26 70	18 78 95	79 05 65
1891–1895.................................	5 14 58	12 34 06	17 48 64
1896–1900.................................	17 18 06	2 33 25	19 51 31
1901–1905.................................	3 08 50	3 66 95	6 75 45
1906–1910.................................	2 71 00	»	2 71 00
1911–1915.................................	10 00	45 63	55 63
TOTAUX.....................	231 39 47	377 61 62	609 01 09

Les défrichements licites sont donc allés constamment en diminuant et on ne pourrait que se féliciter de cette tendance si les déboisements clandestins n'apportaient un troublant inconnu au sujet de la conservation et du maintien de l'aire forestière.

§ 2. Reboisements [3].

I. Reboisements facultatifs. — A peine était réalisée l'annexion de la Savoie à la France que parut la loi ayant pour but «le reboisement des terrains situés sur le som-

---

[1] Journal Officiel, 10 janv. 1914. Annexe, p. 146-147.
[2] Les Torrents de la Savoie, p. 210.
[3] Voir P. Mougin, Les Torrents de la Savoie, p. 203 et suiv.

met ou la pente des montagnes», le 28 juillet 1860. Une seconde loi, du 8 juillet 1864, permit de substituer ou de combiner le gazonnement au reboisement.

Aucune de ces lois ne fut appliquée en Savoie, dans leurs dispositions impératives, et nul périmètre de reboisement obligatoire ne fut déclaré d'utilité publique. Du moins, un certain nombre de communes et de particuliers exécutèrent des reboisements à l'aide des subventions du département et de l'État en vertu des articles 1 et 2 de la loi de 1860 : ainsi furent mis en valeur des terrains peu propres à d'autres cultures.

Le tableau ci-après donne la situation de ces travaux au 1er janvier 1879 :

DÉPARTEMENT.	PROPRIÉTAIRES SUBVENTIONNÉS.		DÉPENSES SUPPORTÉES.				SURFACES REBOISÉES.
	NATURE.	NOMBRE.	par le PROPRIÉ-TAIRE.	par le DÉPARTE-MENT.	par L'ÉTAT.	TOTALES.	
			francs.	francs.	francs.	francs.	h. a.
Savoie . . . . {	Communes.	96	46,352	37,695	73,534	157,581	2,068 86
	Particuliers.	183	13,920	"	6,756	20,676	133 80
	Totaux	279	60,272	37,695	80,290	178,257	2,202 66
Haute-Savoie . . . {	Communes.	96	30,404	8,866	39,451	78,721	723 42
	Particuliers.	110	8,708	50	5,179	13,937	93 83
	Totaux	206	39,112	8,916	44,630	92,658	817 25
	Totaux généraux . . .	485	99,384	46,611	124,920	270,915	3,019 91

Il est à noter que c'est pendant les premières années que la plupart des semis et plantations furent exécutés. Ainsi, en Savoie[1] on a reboisé :

ANNÉES.	SURFACES REBOISÉES.	DÉPENSES.		
		DE L'ÉTAT.	du DÉPARTEMENT.	DES COMMUNES
	h. a.	francs.	francs.	francs.
1861–1862	465 00	61,678	12,000	10,000
1863	237 00	10,986	5,874	100
1864	314 26	16,944	"	"
1866	239 00	"	0	"
1867	275 00	"	"	"
1868	173 00	"	"	"
1870	42 31	"	"	"

La réaction qui se produisait alors contre la gestion forestière se fait donc sentir très nettement ici, aussi bien que par les distractions importantes du régime forestier.

Avec la nouvelle loi du 4 avril 1882, les travaux de restauration obligatoire furent

[1] C. G. S., Conseil général, 1862 à 1865. Rapports du Préfet et du Conservateur des forêts.

limités aux terrains dégradés, présentant un danger né et actuel; l'Administration était mise dans l'impossibilité d'agir par voie d'autorité et d'expropriation pour arriver à la régularisation du régime des eaux. Elle pouvait lutter contre l'érosion, mais non contre l'inondation et le ruissellement. Sur l'initiative de M. Fernand David, député de la Haute-Savoie, qui s'était rendu compte sur place de la gravité de cette lacune, le Parlement a voté, le 13 août 1913, une loi modifiant et complétant celle de 1882 à ce point de vue.

L'article 5 de la loi du 4 avril 1882 maintient le principe des subventions accordées par l'État aux personnes morales et privées désireuses d'exécuter des reboisements sur des terrains en montagne. L'article 6 accorde à ces propriétaires l'exemption trentenaire d'impôts prévue par l'article 226 du C. F., modifié par la loi du 18 juin 1859. Les communes et les particuliers ont continué à planter quelques terrains improductifs ou à fixer des éboulis, à corriger des avalanches et des ravins non compris dans des périmètres de restauration obligatoire. Mais il s'en faut que les reboisements facultatifs aient l'ampleur nécessaire pour la mise en valeur de nombreuses friches ou landes stériles qui existent encore dans toutes les vallées de Savoie, pour l'ombrage indispensable aux troupeaux qui estivent dans les hauts pâturages et l'alimentation en bois d'œuvre et de feu des chalets de la zone pastorale.

On trouvera dans le tableau suivant le résumé des reboisements effectués depuis 1880 jusqu'au 1ᵉʳ janvier 1915.

DÉPARTEMENT.	PROPRIÉTAIRES SUBVENTIONNÉS.	DÉPENSES SUPPORTÉES				SURFACES REBOISÉES.
		par le PROPRIÉTAIRE.	par le DÉPARTEMENT.	par L'ÉTAT.	TOTALES.	
		fr. c.	fr. c.	fr. c.	fr. c.	hect. a.
Savoie......	Communes.......	79,954 03	55,328 07	144,857 63	280,139 73	2,390 30
	Particuliers......	18,087 90	50 00	8,802 66	26,940 56	220 48
	TOTAUX........	98,041 93	55,378 07	153,660 29	307,080 29	2,610 78
Haute-Savoie .	Communes.......	114,789 78	39,263 50	143,986 44	298,039 72	1,567 21
	Particuliers......	21,784 45	50 00	13,484 64	35,319 09	325 82
	TOTAUX........	136,574 23	39,313 50	157,471 08	333,358 81	1,893 03
	TOTAUX GÉNÉRAUX.	234,616 16	94,691 57	311,131 37	640,439 10	4,503 81

II. Reboisements obligatoires. — D'après l'article 2 de la loi du 4 avril 1882, les travaux de restauration et de reboisement reconnus nécessaires dans l'intérêt général sont déclarés d'utilité publique par une loi.

Diverses lois spéciales, rendues en exécution de ces dispositions, ont donc proclamé l'utilité publique des travaux de restauration prévus dans les bassins des principales rivières de Savoie, savoir :

Celles du 26 juillet 1892 pour les périmètres de la Haute-Isère (17 communes) et de l'Arc Supérieur (13 communes); du 27 juillet 1898 pour les périmètres de l'Arc Inférieur (15 communes) et de l'Arve (15 communes); du 10 août 1904 pour le périmètre du Fier (3 communes); du 18 juillet 1906 pour le périmètre des Dranses (13 communes).

Une loi complémentaire du 7 août 1910 a étendu sur de plus grandes surfaces le périmètre de l'Arc Inférieur dans les communes de Jarrier (496 h. 2058) et de Saint-Pancrace (261 h. 136). D'autres torrents dont la menace s'est révélée depuis, ceux du Charmaix dans l'Arc Supérieur, de Pontamafrey dans l'Arc Inférieur, du Nant de Saint-Clément, du Fournieux et de la Lavanche dans la Haute Isère présentent bien tous les caractères nécessaires pour être également incorporés aux périmètres obligatoires existants.

Il convient d'ailleurs de noter que diverses communes, ou même des particuliers, ont cédé ou vendu à l'État des terrains dégradés mais non périmétrés ; les surfaces destinées à être reboisées ou améliorées ont été, pour ordre, rattachées aux périmètres dans le bassin desquels elles se trouvaient. Ainsi le Nant-Agot à Villette, le Bonrieu de Bozel ont été agrégés au périmètre de la Haute-Isère ; le ravin des Moulins à Épierre l'a été au périmètre de l'Arc-Inférieur ; le torrent d'Ire (Chevaline), la Haute-Filière (Thorens) au périmètre du Fier ; les ravins de Chandouze et de Panfonnay (Saint-Cergues) au périmètre de l'Arve ; les ravins de Merdellet et de la Gorgeat (Saint-Cassin) au périmètre projeté de la Leysse.

Si, dans quelques cas, il a suffi d'exécuter des travaux de reboisement, notamment dans les forêts exploitées à blanc étoc (La Combe-d'Ire, les Voirons, la Filière), le plus souvent il a été impossible d'installer immédiatement la végétation forestière. L'affouillement des thalwegs et des berges, l'instabilité des versants ont exigé au préalable des travaux de fixation et de consolidation des terrains, toujours onéreux ; ce n'est qu'après la stabilisation des surfaces qu'on peut introduire l'arbre. De là, des dépenses qui seraient hors de proportion pour la seule mise en valeur du sol par la reforestation, si la protection d'agglomérations, parfois conséquentes, et de voies de communication de terre ou de fer d'une importance capitale, la garantie des grandes vallées alpestres, ne les justifiaient amplement. Outre les destructions des propriétés, l'arrêt du commerce sur les chemins de fer, l'interruption du trafic international, les torrents par leurs laves peuvent amener la mort de personnes et même compromettre la sécurité, la défense du pays [1].

N'a-t-on pas vu en juillet 1914, à la veille même du conflit formidable qui mit l'Europe à feu et à sang, des torrents, des rivières, comme le Charmaix, l'Isère, détruire les voies ferrées reliant les places de Modane et de Grenoble avec Lyon ; quand fut ordonnée la mobilisation, la libre circulation n'était pas encore rétablie. De quelle conséquence eût été cette interruption si l'Italie était entrée en ligne contre nous ?

Cette lutte contre les torrents, menée avec énergie et souvent avec succès, non moins que la renaissance forestière constitue une des caractéristiques de l'action de l'Administration des Eaux et Forêts en Savoie. A une époque où les conséquences de la gestion économe et prudente des peuplements n'étaient pas encore sensibles, les résultats décisifs obtenus par les agents du service du reboisement ont commencé à agir favorablement sur les esprits et à dissiper l'hostilité et la méfiance, auxquelles, en général, se heurtaient les forestiers. C'est de 1890 à 1895 que commença à se produire cette évolution dont nous avons été le témoin : la correction du Sécheron en Tarentaise, celle du torrent de Saint-Julien en Maurienne en fixent la date.

---

[1] Voir P. MOUGIN, *Les Torrents de la Savoie.*

Le tableau ci-après résume l'œuvre de la restauration des montagnes savoisiennes, entreprise depuis 1880 jusqu'au 1ᵉʳ janvier 1916.

DÉPARTEMENT.	PÉRIMÈTRE.	SURFACES				DÉPENSES.
		D'APRÈS LA LOI OU LE PROJET.	ACQUISES.	À ACQUÉRIR.	REBOISÉES.	
		hect. a. c.	hect. a. c.	hect. a. c.	hect. a. c.	francs.
Savoie	Haute-Isère	1,638 81 93	1,961 14 79	240 70 67	1,011 00 00	3,866,376
	Arc Supérieur ..	3,382 45 66	2,591 71 97	569 36 90	1,030 00 00	2,770,097
	Arc Inférieur...	2,682 10 13	857 28 65	1,427 27 90	186 00 00	404,450
	Leysse	748 05 40	186 37 25	561 68 15	160 00 00	288
	TOTAL........	8,451 43 12	5,596 52 66	2,799 03 62	2,387 00 00	7,041,211
Haute-Savoie .	Dranses	723 18 27	"	723 18 27	"	"
	Arve..........	988 70 62	901 35 45	619 78 73	189 00 00	924,580
	Fier..........	646 54 77	1,085 56 02	273 82 35	636 00 00	113,929
	TOTAL......	2,358 43 66	1,986 91 47	1,616 79 35	825 00 00	1,038,509
	TOTAL GÉNÉRAL.	10,809 86 78	7,583 44 13	4,415 82 97	3,212 00 00	8,079,720

Si la plupart des terrains compris dans les périmètres de la Haute-Isère et de l'Arc Supérieur ont été acquis par voie d'expropriation, en 1894, ceux qui sont englobés dans les autres périmètres sont achetés au fur et à mesure, par voie amiable [1].

Divers ravins du bassin de la Leysse ont été compris dans un projet de périmètre obligatoire; le torrent de Charmaix en Haute-Maurienne, celui de Pontamafrey en Basse-Maurienne, ceux de Fournieux, de Saint-Clément dans la Combe-de-Savoie ont fait l'objet de projets complémentaires des périmètres de l'Arc Supérieur, de l'Arc Inférieur et de la Haute-Isère.

[1] Étude détaillée dans Demontrey et Kuss. *L'extinction des torrents en France par le reboisement*, Imp. nat., 1894. — Restauration et conservation des terrains en montagne, Imp. nat., 1911. — P. Mougin, *Les Torrents de la Savoie*.

CONCLUSION.

L'historique des forêts de Savoie montre la diminution progressive de l'étendue et de la densité des massifs, au cours des âges. Laissés à la discrétion des propriétaires ou des administrations locales ou régionales, jusqu'à la création du royaume de Sardaigne, les bois n'ont été l'objet de mesures générales que depuis 1729. Bientôt, afin d'assurer la permanence des exploitations minérales de Tarentaise, l'autorité royale dut se préoccuper de réglementer les coupes dans cette province et de fixer par un aménagement rudimentaire, sans doute, mais nécessaire, aux salines de Moutiers et aux mines de plomb argentifère de Peisey, le contingent de combustible ligneux indispensable à ces entreprises : de là, les Lettres Patentes de 1739 et l'édit de 1760 qui créaient le premier service de gestion forestière. Mais, dans le reste de la Savoie, c'était toujours l'intendant qui demeurait l'administrateur lointain des forêts publiques.

La tourmente révolutionnaire balaya toutes les institutions sardes et, pendant 6 ans, toutes les forêts savoisiennes demeurèrent à l'abandon. Nationalisés, communaux et particuliers, les massifs furent soumis au pillage. Ce ne fut qu'en l'an VI que des agents forestiers français vinrent s'installer dans la Savoie devenue le département du Mont-Blanc, pour gérer les forêts de l'État, des communes et des établissements publics, suivant les règles de l'ordonnance de 1669. La période consulaire et impériale marqua un temps d'arrêt dans la course à la ruine : le rétablissement de l'ordre, l'application des règles des nouveaux codes français et de celles de l'Ordonnance de Colbert eurent d'heureux effets. Malheureusement, les frais qu'entraînaient la surveillance et l'administration de peuplements anémiés et, partant, peu productifs, les regrets de la liberté qu'avait, avant 1792, la population savoyarde de s'approvisionner de bois de feu et d'industrie, avaient provoqué dans toute la région une hostilité marquée contre le régime forestier. Ce sont les gardes communaux qui pâtissent de cet état d'esprit ; nombreux ont été ceux qui, faute du payement de leur salaire, ont été réduits à la plus profonde misère.

Aussi la chute de l'Empire amena-t-elle de nouvelles dévastations. L'intensité de la déforestation fut telle que le gouvernement sarde, qui avait remis en vigueur la législation d'avant 1792 et décidé de supprimer par conséquent toute l'administration forestière, fit maintenir en fonctions les agents des Eaux et Forêts d'origine savoyarde. Après sept ans d'incertitudes, d'hésitations, fut promulgué un véritable code forestier; les Lettres Patentes du 15 octobre 1822, visiblement inspirées de l'Ordonnance de 1669, eussent pu exercer une heureuse influence sur la prospérité des massifs. Mais, dès leur apparition, des atténuations y furent apportées. Ces reculs successifs, souvent sollicités par les intendants eux-mêmes, paralysèrent l'application de la loi qu'un personnel technique trop peu nombreux et insuffisamment rémunéré ne pouvait qu'imparfaitement imposer. De nouvelles patentes du 1er décembre 1833, apportant de plus amples atténuations, réduisant encore l'effectif des agents et des préposés, achevèrent la débâcle.

Sous l'assaut des appétits, les forêts des communes s'émiettèrent, furent divisées en lots loués par baux emphytéotiques ou à long terme; les forêts royales furent vendues, sauf une; les inspecteurs forestiers, pour la plupart, non seulement ne réagissaient pas, mais prêtaient les mains au dépouillement des communes. Les désastres causés par les grandes inondations de 1852, 1856, 1859 ont été la conséquence directe de tant d'abus; les forêts savoisiennes étaient alors parvenues au dernier degré de la décadence. Leur état d'épuisement était tel qu'en 1861, dans le département de la Savoie, les bois communaux n'ont fourni en moyenne que 1 fr. 16 par hectare. Pour les sauver d'une ruine complète, il fallut l'annexion de 1860.

L'installation d'un personnel technique instruit, en nombre suffisant, la nomination de gardes échappant à l'influence des municipalités, l'application ferme du Code forestier français ont permis de remonter la pente, de rendre aux peuplements leur matériel normal. Il est encore trop tôt pour porter sur l'œuvre de l'administration française un jugement assuré, définitif : trop de personnes qui y ont travaillé ou participé sont encore en vie, enfin la pierre de couronnement de l'édifice reconstitué est loin d'être posée. Mais des tableaux et renseignements de sèche statistique que contient l'exposé des actes accomplis dans le demi-siècle écoulé de 1860 à 1910 font nettement ressortir l'effort ininterrompu, souvent heureux, du service forestier dans les forêts nationales et communales. La constitution d'un nouveau domaine de l'État, la délimitation et le bornage de presque tous les bois communaux, l'annulation des acensements illicites de ces bois, l'augmentation continue des rendements en matière et en argent, conséquence d'aménagements prudents et de l'expulsion des moutons et des chèvres, la diminution progressive des délits, enfin la lutte contre la torrentialité, telles sont les caractéristiques de l'action de l'administration des Eaux et Forêts en Savoie. Si importants que soient les résultats déjà acquis, ils sont cependant incomplets.

Ne reste-t-il pas encore 10,500 hectares de terrains communaux boisés non soumis au régime forestier? Aujourd'hui que la gestion de l'administration des Eaux et Forêts a fait ses preuves, quelle objection pourrait-on faire à son extension à ces surfaces livrées au pillage des particuliers et à la dent d'innombrables troupeaux?

Et dans les bois soumis, si l'assiette sur le terrain des cantons non encore bornés n'est plus l'affaire que de quelques années, n'y a-t-il pas à réaliser l'enrichissement des massifs? Dans les taillis, l'allongement des révolutions, le balivage et le maintien de plus nombreuses réserves, parfois l'enrésinement naturel ou artificiel sont au plus haut point désirables. Tout en laissant aux populations une superficie de taillis suffisante pour leur affouage, il semble possible d'accroître encore aux dépens de ces taillis l'étendue des futaies, parure et richesse de la montagne. En admettant même qu'en l'état actuel les taillis ne puissent être réduits d'importance, qui ne voit que l'exploitation des cépées à 25, 30 ou 35 ans au lieu de 20 permettrait une conversion si avantageuse sans diminuer la production en bois de feu?

L'étude et l'établissement de chemins de desserte ou de câbles méritent également une attention toute particulière; la commodité des transports, la meilleure utilisation de produits de grandes dimensions, alors que le chablage risquait toujours d'endommager des pièces de quelque longueur, sont les conséquences de l'existence d'un bon réseau de voies de vidange. En cette matière, il reste aujourd'hui presque tout à faire et pourtant l'augmentation de valeur des bois en dépend.

A ces mesures d'amélioration, il faut ajouter l'achèvement des travaux d'extinction des torrents et de correction des avalanches, si importants pour les régions inférieures, les grandes voies de communication locales, régionales ou internationales, routes ou chemins de fer. La lutte engagée dès 1880 est actuellement fort active : avec la loi du 4 avril 1882, qui réduisait l'action administrative à la plaie vive, il n'eut pas été possible de garantir la victoire. Grâce à la loi Fernand David, du 16 août 1913, qui permet de déclarer l'utilité publique des travaux de reboisement en vue de régulariser le régime des eaux, les bassins de réception et les versants abrupts recevront l'armature forestière indispensable pour la suppression des crues violentes et soudaines et le maintien des terrains en montagne.

Un tel programme a de quoi occuper longtemps l'activité des forestiers de l'avenir : les résultats obtenus par la gestion d'un demi-siècle, le revirement de l'opinion depuis la fin du xixᵉ siècle, permettent d'assurer qu'il n'y aura plus contre la gestion administrative la vive hostilité qui s'est manifestée de 1870 à 1890, tant dans les municipalités que dans les assemblées régionales. Mais il ne faut pas se dissimuler qu'il y aura toujours à se défendre contre les appétits locaux et à vaincre des habitudes routinières, ennemies de tant de progrès. Les agents des Eaux et Forêts auront toujours besoin, pour atteindre le but, de gagner la confiance des populations : ils devront encore posséder fermeté, loyauté, mesure et tact. Leurs anciens ont montré ce qu'on pouvait obtenir malgré des difficultés de tous genres, à eux de prouver qu'on peut faire mieux encore et de mener à bien l'œuvre entreprise.

P. MOUGIN.

48

BIBLIOGRAPHIE.

ADMINISTRATION DES EAUX ET FORÊTS. — Recueil des circulaires.
—— Statistique forestière de 1876.
—— Statistique forestière par cantonnement, 1876.
—— Statistique des forêts soumises au régime forestier, 1892.
—— Statistique et atlas des forêts de France, 1911.

ANTHONIOZ. — Mémoire sur le reboisement des Montagnes, Moutiers, 1851.

BEAUMONT (Albanis). — Description des Alpes grecques et cottiennes, 1802.
—— Fonderie et exploitation des mines de fer de la vallée de Sixt.

BÉNEVENT (Ernest). — La pluviosité de la France du Sud-Est.

BORREL. — Les monuments anciens de la Tarentaise.

COMBAZ (Abbé). — Le glaciaire et le fluvio-glaciaire du massif des Beauges.

DEMONTZEY ET KUSS. — L'extinction des torrents en France par le reboisement, 1894.

DUBOIN. — Raccolta delle leggie dei Sovrani della real casa di Savoia.

DUFAYARD. — Histoire de Savoie.

FALCONNET (Abbé). — La Chartreuse du Reposoir.

FOLLIET. — Monographie de Beaumont.

FORTIS. — État actuel de la Savoie, 1846.

GRILLET. — Dictionnaire du Mont-Blanc et du Léman, 1807.

GOUVERT. — Observations sur les causes de la dégradation des terrains inclinés, 1828.

HUFFEL. — Économie forestière.

JOANNE (Adolphe). — Géographie de la Savoie = de la Haute-Savoie.

JOUSSET. — La France illustrée.

LA BROSSE (DE). — Étude des grandes forces hydrauliques, région des Alpes (Ministère de l'agriculture).

MARÉCHAL DE LUCIANE. — Franchises de Lans-le-Bourg.

MATHEY. — Le pâturage en forêt.

MATHIEU. — Flore forestière.

MERCIER (Chanoine). — Le Chapitre de Saint-Pierre de Genève et d'Annecy.

MORAND (L.). — Les Beauges.

MOUGIN (P.). — Les torrents de la Savoie.
—— Liste chronologique des agents forestiers de Savoie jusqu'en 1910 (autographie).
—— État des contenances des forêts de Savoie à diverses époques (autographie).
—— Études glaciologiques en Savoie (Ministère de l'agriculture).

MUGNIER (F.) — L'abbaye de Cisterciennes de Sainte-Catherine.

PAPA. — Considérations sur les forêts de Savoie.

Pérouse (Docteur). — Les communes et les institutions de l'ancienne Savoie.

—— Une Communauté rurale sous l'ancien régime.

Poncet (Abbé). — Monographie de Marthod.

Raccolta delli circolari sull' administrationé de' Boschi e Selve, 1828-1844.

Saussay. — Statistique du Mont-Blanc.

Surell et Cézanne. — Les torrents des Hautes-Alpes.

Tardy. — La Savoie de 1814 à 1860.

Tavernier. — Mieussy.

Truchet (Chanoine). — Montvernier, Montpascal, Le Villaret.

Vallot J. — Annales de l'Observatoire météorologique, physique et glaciaire du Mont-Blanc.

Verneilh. — Statistique du Mont-Blanc.

PÉRIODIQUES.

Académie de Savoie. (Mémoires.)
Académie Chablaisienne. (Mémoires.)
Académie Florimontane. (Mémoires, Revue Savoisienne.)
Académie Salésienne. (Mémoires.)
Académie de la Val d'Isère. (Mémoires.)
Annuaire du département du Mont-Blanc.
Annuaire du département du Léman.
Annuaire du duché de Savoie, 1818-1859.
Calendario générale del Regno, 1824-1859.
Conseil divisionnaire de Chambéry. (Bulletin, 1848-1859.)
Conseil divisionnaire d'Annecy. (Bulletin, 1848-1859).
Conseil général de la Savoie. (Rapports et comptes rendus, 1861-1914.)
Conseil général de la Haute-Savoie. (Rapports et comptes rendus, 1861-1914.)
Courrier des Alpes.
Journal du Barreau.
Journal officiel de la République française.
Journal de Savoie.
Revue des Eaux et Forêts.
Société d'histoire naturelle de la Savoie. (Bulletin.)
Société savoisienne d'histoire et d'archéologie. (Mémoires et documents.)
Société d'histoire et d'archéologie de la Maurienne.
Commission de météorologie de la Savoie.
Commission de météorologie de la Haute-Savoie.

ABRÉVIATIONS.

A. . . . . Arrêté.
Ac. Chab. . . . . Académie Chablaisienne.
Ac. Flor. . . . . Académie Florimontane.
Ac. Sal. . . . . Académie Salésienne.
Ac. S. . . . . Académie de Savoie.
Ac. Tse . . . . Académie de la Val d'Isère.
Adm. . . . . Administration.
Adm. Cant. . . . . Administration cantonale.
Adm. Mun. . . . . Administration municipale.
A. F. . . . . Administration forestière.
A. M. . . . . Arrêté ministériel.
Arch. Alb. . . . . Archives de la sous-préfecture d'Albertville.
Arch. Genève. . . . . Archives de l'Hôtel de Ville de Genève.
Arch. H.-S. . . . . Archives départementales de la Haute-Savoie.
Arch. Mne. . . . . Archives de la sous-préfecture de Saint-Jean-de-Maurienne.
Arch. S. . . . . Archives départementales de la Savoie.
Arch. Tse. . . . . Archives de la sous-préfecture de Moutiers.
Arr. . . . . Arrondissement.
Ay . . . . Annecy.
Blle. . . . . Bonneville.
Cant. . . . . Canton.
C. C. . . . . Code civil français.
C. F. . . . . Code forestier français.
Cg. H.-S. . . . . Conseil général de la Haute-Savoie.
Cg. S. . . . . Conseil général de la Savoie.
Ch. . . . . Chablais.
Chev. . . . . Chevalier.
Circ. Anc. . . . . Anciennes circulaires des Eaux et Forêts.
Cm. . . . . Conseil municipal.
Comm. Prov. . . . . Commission provisoire.
Comm. Subs. . . . . Commission subsidiaire.
Cons. Div. . . . . Conseil divisionnaire.
Corr. . . . . Correspondance.
Corr. Ext. . . . . Correspondance extérieure.
Corr. Int . . . . Correspondance intérieure.
Cy. . . . . Chambéry.
D. . . . . Décret.
Délib. . . . . Délibération.
Dist. . . . . District.
Div. . . . . Divers.
Fin. . . . . Finances.
Fy. . . . . Faucigny.
Gg. . . . . Garde général.
I. Intendant.
I. Gl . . . . Intendant général.
Int., Intér . . . . Intérieur.
Isp. . . . . Inspecteur.
K. . . . . Carouge.

L. P. . . . . Lettres patentes.
Min. . . . . Ministère.
Mne. . . . . Maurienne.
O. . . . . Ordonnance.
O. C. . . . . Ordonnance des Eaux et Forêts. de 1669.
O. R. . . . . Ordonnance des Eaux et Forêts du 1ᵉʳ août 182-
P. . . . . Préfet.
R. C. . . . . Royales Constitutions sardes.
Reg. . . . . Registre.
S. Isp. . . . . Sous-inspecteur.
Sind. . . . . Sindic.
S. P. . . . . Sous-Préfet.
Soc. *ou* Sté Mne. . . . . Société d'histoire et d'archéologie de la Maurienne.
Soc. *ou* Sté Sav. Hist. Arch. Société Savoisienne d'histoire et d'archéologie.
Tse. . . . . Tarentaise.

ERRATUM.

Page 150, *au lieu de :* Chapitre III, *lire :* Section VI.

Page 188, *au lieu de :* Chapitre IV, *lire :* Section VI.

Page 192, *au lieu de :* Chapitre V, *lire :* Chapitre III.

Page 766, *au lieu de :* Chapitre III, *lire :* Section VI.

Page 767, *au lieu de :* Chapitre IV, *lire :* Section VI.

Page 767, *au lieu de :* Chapitre V, *lire :* Chapitre III.

TABLE DES MATIÈRES.

PREMIÈRE PARTIE.

RENSEIGNEMENTS GÉNÉRAUX.

SECONDE PARTIE.

HISTOIRE DES FORÊTS DE SAVOIE.

PREMIÈRE PÉRIODE (JUSQU'EN 1729).

LES FORÊTS DE SAVOIE AVANT 1729.

TROISIÈME PÉRIODE (1792-1815).

LES FORÊTS DE SAVOIE SOUS LA RÉVOLUTION ET L'EMPIRE.

QUATRIÈME PÉRIODE (1815-1860).

LES FORÊTS DE SAVOIE SOUS LE RÉGIME SARDE CONTEMPORAIN.

— · · · —

1° Époque de transition. Règne de Victor Emmanuel Ier.